Practical Technical Manual
for Concrete

商品混凝土
实用技术手册

余成行　葛兆明　韩兆祥　黄智山　编著

U0235120

化学工业出版社
·北京·

内容简介

《商品混凝土实用技术手册》主要讲述了商品混凝土名词术语、商品混凝土原材料、商品混凝土配合比设计、商品混凝土技术性能、新型商品混凝土、商品混凝土生产制备、商品混凝土施工、商品混凝土生产与施工设备、商品混凝土质量管理及商品混凝土质量通病分析与防治。本书内容丰富，信息量大，实用性与可操作性强。

本书可供从事商品混凝土研究与生产，混凝土建筑工程设计、施工、监理及检测的工程技术人员，以及大专院校无机非金属材料专业、土木工程专业、道路桥梁工程专业的师生阅读参考。

图书在版编目（CIP）数据

商品混凝土实用技术手册/余成行等编著. —北京：
化学工业出版社，2022.11
ISBN 978-7-122-42105-0

Ⅰ．①商… Ⅱ．①余… Ⅲ．①混凝土-技术手册
Ⅳ．①TU528-62

中国版本图书馆 CIP 数据核字（2022）第 162475 号

责任编辑：李仙华　窦　臻　　　　　　　　　　文字编辑：段曰超　师明远
责任校对：李　爽　　　　　　　　　　　　　　装帧设计：张　辉

出版发行：化学工业出版社（北京市东城区青年湖南街 13 号　邮政编码 100011）
印　　装：中煤（北京）印务有限公司
787mm×1092mm　1/16　印张 40¾　字数 1072 千字　2023 年 7 月北京第 1 版第 1 次印刷

购书咨询：010-64518888　　　　　　　　　　　售后服务：010-64518899
网　　址：http://www.cip.com.cn
凡购买本书，如有缺损质量问题，本社销售中心负责调换。

定　　价：198.00 元

前　言

　　混凝土是当今世界用途最广，用量最大，最具生命力的土木工程材料之一。伴随我国经济建设大规模、高速度、高质量的发展需要，不仅商品混凝土的从业者愈来愈多，且商品混凝土的品种日益增多、性能更优、应用领域更广、应用环境和技术更加复杂。如何科学地生产制备商品混凝土，怎样正确地应用商品混凝土，已成为土木工程与混凝土工程技术人员迫切需要了解、掌握以及回答的专业性技术问题。

　　在此背景下，应化学工业出版社之邀，我们编著了这本《商品混凝土实用技术手册》。书中内容涵盖商品混凝土名词术语、商品混凝土原材料、商品混凝土配合比设计、商品混凝土技术性能、新型商品混凝土、商品混凝土生产制备、商品混凝土施工、商品混凝土生产与施工设备、商品混凝土质量管理及商品混凝土质量通病分析与防治。

　　作为一本工具书，力求做到让读者能随时查阅、深化学习混凝土的基本知识与理论、熟知重要标准与规程、结合典型工程案例了解某些新材料、新技术和新工艺在商品混凝土中的研究与应用成果，并力求通过对商品混凝土应用中所经常涉及的相关热点、难点以及质量通病的分析与探讨，进一步提高土木工程与混凝土工程技术人员在实践中分析问题和解决问题的能力。

　　本书内容丰富，信息量大，实用性与可操作性强，可供从事商品混凝土研究与生产，混凝土建筑工程设计、施工、监理及检测的工程技术人员，以及大专院校无机非金属材料专业、土木工程专业、道路桥梁工程专业的师生阅读参考。

　　本书在编写中，参考了本领域诸多位专家、学者以及工程技术人员的学术论文、专著、研究与应用成果，在此表示诚挚的谢意！

　　本书由北京市中超混凝土有限责任公司余成行，哈尔滨工业大学葛兆明、韩兆祥与黄智山共同编著。限于编著者水平与囿于见闻，不当之处恳请读者批评指正。

编著者

2022 年 1 月 1 日于哈尔滨工业大学

目　录

第三章　商品混凝土配合比设计　　89

第四章　商品混凝土技术性能　　125

第五章 新型商品混凝土 187

第六章　商品混凝土生产制备　391

第七章　商品混凝土施工　421

第八章　商品混凝土生产与施工设备　　468

第九章 商品混凝土质量管理   **535**

第一章
商品混凝土名词术语

　　凡是我国国家标准已确定的名词术语，均采用标准释名。同一名词术语有不同标准释名时，释名采用标准的顺序为：国家标准（GB）、国家推荐标准（GB/T）、行业标准。无标准释名的名词术语，将按本行业专业技术人员惯用或公认的表述予以释名。为方便比对，对名词术语释名的标准号均予以注明。

　　名词术语按其首字汉语拼音的字母顺序排列。

　　安全性鉴定　对民用建筑的结构承载力和结构整体稳定性所进行的调查、检测、验算、分析和评定等一系列活动。（GB 50292—2015）

　　板柱结构　由楼板和柱为主要构件承受竖向和水平作用的结构。

　　保护年限　防腐蚀附加措施能够维持对混凝土或钢筋有效保护的年限。（GB/T 50476—2019）

　　饱水体积密度　硬化混凝土饱水试件的表干质量与总体积之比，总体积是混凝土固体体积、内部闭口孔隙体积与开口孔隙体积三者之和。（GB/T 50081—2019）

　　硬化混凝土的饱水体积密度，应按式(1-1)计算：

$$\rho_s = \frac{m_s}{V_t} \tag{1-1}$$

　　式中　ρ_s——硬化混凝土的饱水体积密度，精确至 10kg/m^3，kg/m^3；

　　　　　m_s——饱水试件的表干质量，kg；

　　　　　V_t——试件的总体积，应按式(1-2)计算，m^3。

$$V_t = \frac{m_s - m_w}{\rho_w} \tag{1-2}$$

　　式中　m_w——试件在水中的质量，kg；

　　　　　ρ_w——水的密度，当水温为20℃时，取值为 998kg/m^3。

　　保水性　指混凝土拌合物具有一定的保持其内部水分的能力，在施工过程中不致产生严重的泌水现象。

　　泵送混凝土　可在施工现场通过压力泵及输送管道进行浇筑的混凝土。（JGJ 55—2011）

　　比弹性模量　又称劲度-质量比或比劲度，即材料弹性模量与密度的比值。其含义是材料单位质量所能提供的弹性模量。

　　比强度　即材料强度与密度的比值。其含义是材料单位质量所能提供的强度。

　　比热容　单位质量混凝土的热容量，即单位质量混凝土改变单位温度时吸收或放出的热

量。(GB/T 50081—2019)

变形性能　指混凝土与环境作用下发生的各类收缩和荷载长期作用下发生的变形。

表观密度　硬化混凝土烘干试件的质量与表观体积之比，表观体积是硬化混凝土固体体积加闭口孔隙体积。(GB/T 50081—2019)

硬化混凝土的表观密度，应按式(1-3)计算：

$$\rho_a = \frac{m_d}{V_a} \tag{1-3}$$

式中　ρ_a——硬化混凝土的表观密度，精确至 $10kg/m^3$，kg/m^3；

m_d——烘干试件的质量，kg；

V_a——试件的表观体积，应按式(1-4)计算，m^3。

$$V_a = \frac{m_d - m_w}{\rho_w} \tag{1-4}$$

式中　m_w——试件在水中的质量，kg；

ρ_w——水的密度，当水温为20℃时，取值为 $998kg/m^3$，kg/m^3。

表面活性剂　是分子中带有性质不同的亲水基和疏水基的两亲结构化合物，少量使用即可使表面或界面的一些性质（如乳化、增溶、分散、润湿、渗透等）发生显著变化的物质。

标准养护　混凝土在温度为（20±2）℃、相对湿度为90%以上的条件下进行的养护，称为标准养护。

泊松比　混凝土试件轴向受压时，横向正应变与轴向正应变的绝对值的比值。(GB/T 50081—2019)

混凝土泊松比试验采用的棱柱体试件尺寸为 150mm×150mm×300mm。

棱柱体试件的泊松比，应按式(1-5)计算：

$$\mu = \frac{\varepsilon_{ta} - \varepsilon_{t0}}{\varepsilon_a - \varepsilon_0} \tag{1-5}$$

式中　μ——混凝土试件的泊松比，精确至0.01；

ε_{ta}——最后一次 F_a（应力为轴心抗压强度 f_{cp} 的1/3时的荷载值）时，试件两侧横向应变的平均值，$\times 10^{-6}$；

ε_{t0}——最后一次 F_0（基准应力为0.5MPa的初始荷载值）时，试件两侧横向应变的平均值，$\times 10^{-6}$；

ε_a——最后一次 F_a 时，试件两侧竖向应变的平均值，$\times 10^{-6}$；

ε_0——最后一次 F_0 时，试件两侧竖向应变的平均值，$\times 10^{-6}$。

泊松比通常取值为 0.20~0.21，但其变化范围在 0.15~0.25 之间，具体取决于混凝土骨料、水分含量、养护龄期、抗压强度等。大多数混凝土结构设计计算一般不关注泊松比，但在隧道、薄壳屋顶、拱形坝和其他超静定结构进行结构分析时要用到泊松比。

补偿收缩混凝土　由膨胀剂或膨胀水泥配制的自应力为 0.2~1.0MPa 的混凝土。(JGJ/T 178—2009)

部分预应力混凝土　结构采用预应力筋和非预应力筋混合配筋的混凝土。这是一种新型的加筋混凝土结构，既能有效地控制使用条件下应力、裂缝与变形，破坏前又具有较高的延性和能量吸收能力。

常规品　常规品应为除表 1-1 特制品以外的普通混凝土，代号 A，混凝土强度等级代号 C。(GB/T 14902—2012)

表 1-1　特制品混凝土的种类及其代号

混凝土种类	高强混凝土	自密实混凝土	纤维混凝土	轻骨料混凝土	重混凝土
混凝土种类代号	H	S	F	L	W
强度等级代号	C	C	C（合成纤维混凝土） CF（钢纤维混凝土）	CL	C

长期性能　硬化混凝土的长期收缩和徐变等变形性能。

常压泌水率比　受检混凝土与基准混凝土在常压条件下的泌水率之比［见式(1-22)］，以百分数表示。(GB/T 8075—2017)

超静定结构　指具有多余约束的几何不变结构，亦称静不定结构。多余约束是指在静定结构上附加的约束。每个多余约束都带来一个多余未知广义力，使广义力的总数超过了所能列出的独立平衡方程的总数，超出的数目称为结构的静不定度或静不定次数。

成熟度　混凝土在养护期间养护温度和养护时间的乘积。(JGJ/T 104—2011)

成熟度，应按式(1-6)计算：

$$M = \sum (T + 15)\Delta t \tag{1-6}$$

式中　M——混凝土养护的成熟度，℃·h；

　　　T——在时间段 Δt 内混凝土的平均温度，℃；

　　　Δt——某温度下养护的持续时间，h。

稠度　表征混凝土拌合物流动性的指标，可用坍落度、维勃稠度或扩展度表示。(GB/T 50080—2016)

触变性能　是指材料在剪切应力保持一定时，其表观黏度随着剪切应力作用的持续时间而减小，剪切应变速率将不断增加，或者剪切应变速率不变时剪切应力逐渐下降，当除去外力后，表观黏度又逐渐得到恢复的现象。其原因是黏性流体随着剪切应变速率的增加其结构变得松散，表观黏度减小，但当无剪切应力时，其结构缓慢恢复紧密，黏度也缓慢地恢复增大。

触变性是混凝土流变性能的一个重要参数，由于新拌混凝土是一种混合物的黏性结构，其静止时是胶体，呈网状絮凝结构，没有流动性。加外力时静止状态被破坏，其结构也随之破坏而恢复了流动性。若再静置又能重新形成网状结构，可重复多次。从流态渐变到凝聚状态是逐渐变化的，变化过程中黏度不断增高，直至完全失去流动性。

除冰盐混凝土　北方冬季，为了防止混凝土路面积冰雪影响道路交通正常运行，通常采用撒盐的方法来降低水的冰点，从而自动融化去除冰雪。然而这些盐类会渗透到混凝土中，不仅会锈蚀钢筋，也会导致混凝土遭受严重的盐冻剥蚀破坏。

为保证混凝土路桥等工程的耐久性，而采用的能抵抗盐冻剥蚀的混凝土称为除冰盐混凝土。

出厂检验　在预拌混凝土出厂前对其质量进行的检验。(GB/T 14902—2012)

初凝时间　混凝土从加水拌和开始，到贯入阻力达到 3.5MPa 时所需要的时间。(GB/T 8075—2017)

通常表示的是浇筑施工可操作的时间极限。

次要结构　其破坏可能产生后果不严重的结构；在可靠度设计中指安全等级为三级的次要建筑物的结构。(GB 50292　2015)

大流动性混凝土　拌合物坍落度不小于 160mm 的混凝土。(JGJ 55—2011)

大模板施工　大模板即采用专业化设计和工业化加工制作而成的一种工具式模板，其尺寸和面积较大且有足够承载能力。大模板施工就是采用这种工具式模板在施工现场现浇混凝土的施工方法。

大模板施工速度快、结构整体性强、混凝土表面光滑平整，已成为剪力墙结构工业化施工的主要方法。

大体积混凝土　混凝土结构物实体最小尺寸不小于1m的大体量混凝土，或预计会因混凝土中胶凝材料水化引起的温度变化和收缩而导致有害裂缝产生的混凝土。(GB 50496—2018)

单面冻融法（或称盐冻法）　用于测定混凝土试件在大气环境中且与盐接触条件下，以能够经受的冻融循环次数或者表面剥落质量或超声波相对动弹性模量来表示混凝土抗冻性能的方法。(GB/T 50082—2009)

电通量法　用通过混凝土试件的电通量来反映混凝土抗氯离子渗透性能的试验方法。(GB/T 50082—2009)

热导率　在稳定传热状态和单位温差作用下通过单位厚度、单位面积混凝土材料的热流量。(GB/T 50081—2019)

导温系数　表征混凝土材料在加热或冷却时，各部分温度趋于一致的速率。(GB/T 50081—2019)

等效龄期　混凝土在养护期间温度不断变化，在这一段时间内，其养护的效果与在标准条件下养护达到的效果相同时所需的时间。(JGJ/T 104—2011)

第二次抗渗压力　水泥基渗透结晶型防水材料的抗渗试件经第一次抗渗试验透水后，在标准养护条件下，带模在水中继续养护至56天，进行第二次抗渗试验所测定的抗渗压力。(GB/T 8075—2017)

低温早强混凝土　通常是指在5℃以下的低温或不很低的负温下施工，只采取加热拌和水再辅以综合蓄热法使其保持在正温下硬化和增强的混凝土。

叠合构件　由预制混凝土构件（或既有混凝土结构构件）和后浇混凝土组成，以两阶段成型的整体受力结构构件。[GB 50010—2010（2015 版）]

叠合预应力混凝土构件　由预制预应力混凝土构件（或既有预应力混凝土结构构件）和后浇混凝土组成，以两阶段成型的整体受力结构构件。

冻融环境　混凝土结构或构件经受反复冻融作用的暴露环境。(GB/T 50476—2019)

断面加权平均温度　根据测试点位各温度测点代表区段长度占厚度权值，对各测点温度进行加权平均得到的值。(GB 50496—2018)

放射性比活度　物质中的某种核素放射性活度与该物质的质量之比值。(GB 6566—2010)

放射性比活度，应按式(1-7)计算：

$$C = \frac{A}{M} \tag{1-7}$$

式中　C——放射性比活度，Bq/kg；

A——核素放射性活度，Bq；

M——物质的质量，kg。

非活性混合材　活性指标分别低于 GB/T 203、GB/T 18046、GB/T 1596、GB/T 2847标准要求的粒化高炉矿渣、粒化高炉矿渣粉、粉煤灰、火山灰质混合材料、石灰石和砂岩，其中石灰石、砂岩中亚甲蓝值不大于 1.4g/kg。(GB 175—2007)

非离子型表面活性剂　在水溶液中不电离，其亲水基主要由具有一定数量的含氧基（一般为醚基和羟基）构成，如：辛基酚聚氧乙烯醚 $[C_8H_{17}C_6H_4O(CH_2CH_2O)_nH]$。

非离子型表面活性剂因其亲水基团不是离子型的，因此不受介质 pH 值和电解质的影响，在溶液中的稳定性高，可与其他类型表面活性剂混合使用，在水、有机溶剂中均可溶解，在固体表面上可强烈吸附。

分散　通常，把一种物质的颗粒或液滴以极微小的形态分布到另一介质中的过程叫分散。

所得到的均匀、稳定的体系叫分散体，把被分散的颗粒或液滴叫分散相，分散相所进入的介质叫分散介质。

减水剂通过降低混凝土混合料体系的自由能、增加粒子间静电斥力和空间保护作用实现对水泥粒子的分散作用。

浮浆百分比　筛析实验中，混凝土静置（120±5）s后，流过标准筛的浆体质量与混凝土质量的比例（%）。(JGJ/T 283—2012)

复合截面加固法　通过采用结构胶黏剂黏结或高强聚合物改性水泥砂浆（聚合物砂浆）喷抹，将增强材料黏合于原构件的混凝土表面，使之形成具有整体性的复合截面，以提高其承载力和延性的一种直接加固法。根据增强材料的不同，可分为外粘型钢、外粘钢板、外粘纤维增强复合材料和外加钢丝绳网-聚合物砂浆面层等多种加固法。(GB 50367—2013)

腐蚀　建筑构件直接与环境介质接触而产生物理和化学的变化，导致材料的劣化。(GB/T 50344—2019)

负温混凝土　负温下施工的混凝土，不仅对粗、细骨料和拌合水采取预热措施，且混凝土浇筑后及硬化过程中要采取保温防护、蓄热法等措施，尽量延长混凝土在正温状态下硬化增强的时间。若气温不低于−5℃可选用早强型防冻剂；若气温低于−5℃，应选用防冻型防冻剂。

负温养护法　在混凝土中掺入防冻剂，使其在负温条件下不断硬化，在混凝土温度降到防冻剂规定温度前达到受冻临界强度的施工方法。(JGJ/T 104—2011)

蜂窝　构件的混凝土表面因缺浆而形成的石子外露、疏松等缺陷。(GB/T 50344—2019)

干缩　混凝土浇筑成型后，往往由于养护措施不当，导致混凝土早期失水而引起的体积收缩的现象，称为混凝土干缩。

混凝土干缩的机理，主要有毛细管张力学说和表面吸附（张力）学说。毛细管张力学说认为，毛细管张力的产生和增大是造成干缩的根本原因所在。

毛细管张力可用拉普拉斯方程表示：

$$\Delta P = \sigma\left(\frac{1}{r_1} + \frac{1}{r_2}\right) \tag{1-8}$$

式中　ΔP——毛细管张力；

σ——液体的表面张力；

r_1，r_2——毛细管水的曲率半径。

由式(1-8)可见，影响ΔP的重要参数是σ和r。随着毛细管水的散失，r_1和r_2变小，ΔP增大，毛细管张力作用在孔壁上产生拉力，进而导致在宏观上的混凝土收缩。

表面吸附学说认为，吸附水一旦从水泥凝胶中脱除，表面张力就要增加，胶粒层间距离缩小，凝胶体积变小，导致混凝土收缩。

干硬性混凝土　拌合物坍落度小于10mm且须用维勃稠度（s）表示其稠度的混凝土。(JGJ 55—2011)

钢筋混凝土　配置受力的普通钢筋、钢筋网或钢筋骨架的混凝土。(JGJ/T 191—2009)

钢筋混凝土保护层　从混凝土表面到钢筋公称直径外边缘之间的最小距离；对后张法预应力筋，为套管或孔道外边缘到混凝土表面的距离。(GB/T 50476—2019)

钢筋混凝土结构　配置受力普通钢筋的混凝土结构。[GB 50010—2010（2015 版）]

钢纤维混凝土　掺加短钢纤维作为增强材料的混凝土。(JGJ/T 191—2009)

高强混凝土　强度等级不低于 C60 的混凝土。(GB/T 14902—2012)

高抛免振混凝土　具有高流动性、稳定性、抗离析性，浇筑时从高处下抛就能实现流动自密实的混凝土。(JGJ/T 296—2013)

公称最大粒径　指骨料能全部通过或有少量不通过（一般容许筛余不超过 10%）的最小标准筛筛孔尺寸。通常比骨料最大粒径小一个粒级，以 mm 计。

工作性　混凝土拌合物满足施工操作要求及保证混凝土均匀密实应具备的特性，主要包括流动性、黏聚性和保水性。(GB 50666—2011)

混凝土工作性多用坍落度和坍落流动度（用拌合物坍落稳定时所铺展的直径表示）之比值来评价，如图 1-1。

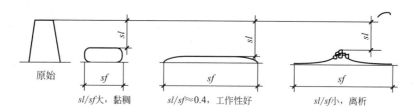

图 1-1　混凝土拌合物工作性的简易评价
sl—坍落度；sf—坍落流动度

贯穿性裂缝　贯穿混凝土全截面的裂缝。

合成纤维混凝土　掺加合成纤维作为增强材料的混凝土。(JGJ/T 191—2009)

烘干体积密度　硬化混凝土烘干试件的表干质量与总体积之比，总体积是混凝土固体体积、内部闭口孔隙体积与开口孔隙体积三者之和。(GB/T 50081—2019)

硬化混凝土的烘干体积密度，应按式(1-9)计算：

$$\rho_d = \frac{m_d}{V_t} \tag{1-9}$$

式中　ρ_d——硬化混凝土的烘干体积密度，精确至 $10kg/m^3$，kg/m^3；

　　　m_d——烘干试件的质量，kg；

　　　V_t——试件的总体积，应按式(1-2)计算，m^3。

后浇带　为适应环境温度变化、混凝土收缩、结构不均匀沉降等因素影响，在梁、板（包括基础底板）、墙等结构中预留的具有一定宽度且经过一定时间后再浇筑的混凝土带。(GB 50666—2011)

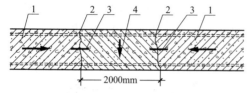

图 1-2　后浇式膨胀加强带结构示意图
1—补偿收缩混凝土；2—施工缝；3—钢板
止水带；4—膨胀加强带混凝土

后浇式膨胀加强带　与常规后浇带浇筑方式相同。其结构示意如图 1-2 所示。

后张法　结构构件混凝土达到规定强度后，张拉预应力筋并用锚具永久锚固而建立预应力的施工方法。(GB 50666—2011)

滑模施工　滑模即滑动模板，是以滑模千斤顶、电动提升机等为提升动力，带动模板（或滑框）沿着混凝土（或模板）表面依次滑动，边浇筑混凝土边进行同步滑动提升和连续作业的一种现浇混凝土结构施工方法。

滑模施工速度快、结构整体性强、节省模板，且有利于施工安全。此种方法施工的建筑物，沿垂直方向形体应一致或变化不大。

化学腐蚀环境 混凝土结构或构件受到自然环境中化学物质腐蚀作用的暴露环境。具体包括水、土中化学腐蚀环境和大气污染腐蚀环境。（GB/T 50476—2019）

化学收缩 由于水泥水化而引起混凝土总体积减小的现象，称为混凝土化学收缩。

对硅酸盐水泥来说，每 100g 水泥水化的减缩总量约为 7～9mL。如果混凝土的水泥用量为 $250kg/m^3$，则体系的理论减缩量将约达 $20L/m^3$，这会引起混凝土孔隙率的增加，并影响抗冻性、抗渗性及其他耐久性等。

环境作用 温、湿度及其变化以及二氧化碳、氧、盐、酸等环境因素对结构或材料性能的影响。具体环境类别和环境作用等级见表 1-2 和表 1-3。（GB/T 50476—2019）

表 1-2 环境类别（GB/T 50476）

环境类别	名称	劣化机理
I	一般环境	正常大气作用引起钢筋锈蚀
II	冻融环境	反复冻融导致混凝土损伤
III	海洋氯化物环境	氯盐侵入引起钢筋锈蚀
IV	除冰盐等其他氯化物环境	氯盐侵入引起钢筋锈蚀
V	化学腐蚀环境	硫酸盐等化学物质对混凝土腐蚀

表 1-3 环境作用等级（GB/T 50476）

环境作用等级 环境类别	A 轻微	B 轻度	C 中度	D 严重	E 非常严重	F 极端严重
一般环境	I-A	I-B	I-C	—	—	—
冻融环境	—	—	II-C	II-D	II-E	—
海洋氯化物环境	—	—	III-C	III-D	III-E	III-F
除冰盐等其他氯化物环境	—	—	IV-C	IV-D	IV-E	—
化学腐蚀环境	—	—	V-C	V-D	V-E	—

混凝土 以水泥、骨料和水为主要原材料，根据需要加入矿物掺合料和外加剂等材料，按一定配合比，经拌和、成型、养护等工艺制作的，硬化后具有强度的工程材料。（GB/T 50081—2019）

混凝土混合料 指混凝土的各组成材料（水泥、粗细骨料、水等）按一定的比例搅拌而得到的尚未凝结硬化的材料，亦称为新拌混凝土或混凝土拌合物。

混凝土夹渣 混凝土中夹有杂物且深度超过保护层厚度的缺陷。（GB/T 50344—2019）

混凝土结构 以混凝土为主制成的结构，包括素混凝土结构、钢筋混凝土结构和预应力混凝土结构。按施工方法可分为现浇混凝土结构和装配整体式混凝土结构。（GB 50204—2015）

混凝土强度 主要指混凝土立方体抗压强度、抗拉强度、抗弯强度、抗剪强度和与钢筋的黏结强度等。同一强度等级的混凝土，其抗压强度＞抗弯强度＞抗剪强度＞抗拉强度。

活性混合材 应符合 GB/T 203、GB/T 18046、GB/T 1596、GB/T 2847 标准要求的粒化高炉矿渣、粒化高炉矿渣粉、粉煤灰、火山灰质混合材料。（GB 175—2007）

活性指数 采用矿物外加剂的受检胶砂试件与基准胶砂试件在标准条件下养护至相同规定龄期的抗压强度之比。（GB/T 18736—2017）

活性指数，应按式(1-10) 计算：

$$A = \frac{R_t}{R_0} \times 100 \tag{1-10}$$

式中　A——矿物外加剂的活性指数，%；

　　　R_t——受检胶砂相应龄期的抗压强度，MPa；

　　　R_0——基准胶砂相应龄期的抗压强度，MPa。

J-环扩展度　指 J-环扩展度实验中，混凝土停止流动后，展开圆形的最大直径和与最大直径呈垂直方向的直径的平均值（mm）。(JGJ/T 283—2012)

基准混凝土　用于进行对比试验的混凝土。

加固设计使用年限　加固设计规定的结构、构件加固后无需重新进行检测、鉴定即可按其预定目的使用的时间。(GB 50367—2013)

（水泥）假凝　水泥用水调和几分钟后，发生的一种不正常的早期固化或过早变硬现象。发生假凝的水泥浆体经激烈搅拌后又可恢复塑性，并达到正常凝结。假凝对强度影响不大。一般认为，假凝是由于水泥粉磨时温度过高，使二水石膏脱水成半水石膏，当水泥与水调和后，立即形成硫酸钙的过饱和溶液，使 $CaSO_4 \cdot 2H_2O$ 析晶，形成假凝。

此外，对于某些含碱较高的水泥，所含的硫酸钾会依下式反应：

$$K_2SO_4 + CaSO_4 \cdot 2H_2O === K_2SO_4 \cdot CaSO_4 \cdot H_2O + H_2O$$

所生成的钾石膏迅速结晶长大，也是造成假凝的原因之一。

鉴定　实施一组工作活动，其目的在于证明被鉴定建筑物今后使用的可靠性程度。(GB 50292—2015)

碱-骨料反应　混凝土中的碱（包括外界掺入的碱）与骨料中的碱活性矿物成分发生化学反应，导致混凝土膨胀开裂等现象。(GB/T 50733—2011)

碱-骨料反应主要有碱-硅酸反应和碱-碳酸盐反应两种类型。

碱含量　混凝土及其原材料中当量 Na_2O 含量；当量 $Na_2O = Na_2O + 0.658K_2O$。(GB/T 50733—2011)

碱活性　骨料在混凝土中与碱发生反应产生膨胀并对混凝土具有潜在危害的特性。(GB/T 50733—2011)

剪跨比　截面弯矩与剪力和有效高度的乘积的比值。[GB 50010—2010 (2015 版)]

剪力墙结构　由墙体组成的承受竖向和水平作用的结构。

减水率　在混凝土坍落度基本相同时，基准混凝土和掺外加剂的受检混凝土单位用水量之差与基准混凝土单位用水量之比，以百分数表示。(GB/T 8075—2017)

减水率，应按式(1-11) 计算：

$$W_R = \frac{W_0 - W_1}{W_0} \tag{1-11}$$

式中　W_R——减水率，%；

　　　W_0——基准混凝土单位用水量，kg/m^3；

　　　W_1——受检混凝土单位用水量，kg/m^3。

间隙通过性　混凝土拌合物均匀通过间隙的性能。(GB/T 50080—2016)

间歇式膨胀加强带　指膨胀加强带部位的混凝土与一侧相邻的混凝土同时浇筑，另一侧是施工缝。其结构示意，如图 1-3 所示。

检验　对被检验项目的特征、性能进行量测、检查、试验等，并将结果与标准规定的要求进行比较，以确定项目每项性能是否合格的活动。(GB 50204—2015)

检验批　按相同的生产条件或规定的方式汇总起来供抽样检验用的、由一定数量样本组成的检验体。(GB 50204—2015)

检验期　为确定检验批混凝土强度的标准差而确定的统计时段。(GB/T 50107—2010)

见证检验　施工单位在工程监理单位或建设单位的见证下，按照有关规定从施工现场随机抽取试样，送至具备相应资质的检测机构进行检验的活动。(GB 50204—2015)

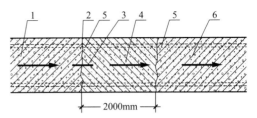

图 1-3　间歇式膨胀加强带结构示意图

1—先浇筑的补偿收缩混凝土；2—施工缝；3—钢板止水带；4—后浇筑的膨胀加强带混凝土；5—密孔钢丝网；6—与膨胀加强带同时浇筑的补偿收缩混凝土

建筑结构检测　为评定建筑结构工程的质量或鉴定既有建筑结构的性能等所实施的检测工作。(GB/T 50344—2019)

降温速率　散热条件下，混凝土浇筑体内部温度达到温升峰值后，24h 内断面加权平均温度下降值。(GB 50496—2018)

搅拌　两种或两种以上物料在外力作用下而相互分散的混合工艺过程。

混凝土的搅拌机理主要有重力搅拌机理、剪切搅拌机理和对流搅拌机理。

交货检验　在交货地点对预拌混凝土质量进行的检验。(GB/T 14902—2012)

胶浆量　混凝土中胶凝材料浆体量占混凝土总量之比。(GB 50496—2018)

结构表面系数　指混凝土结构冷却面面积（m^2）与结构体积（m^3）的比值。

结构缝　根据结构设计需求而采取的分割混凝土结构间隔的总称。[GB 50010—2010(2015 版)]

结构功能性检测　为评估混凝土结构安全性、适用性、耐久性或抗灾害能力提供数据所实施的现场检测。

结构加固　对可靠性不足或业主要求提高可靠度的承重结构、构件及其相关部分采取增强、局部更换或调整其内力等措施，使其具有现行设计规范及业主所要求的安全性、耐久性和适用性。(GB 50367—2013)

结构耐久性　在环境作用和正常维护、使用条件下，结构或构件在设计使用年限内保持其适用性和安全性的能力。(GB/T 50476—2019)

结构实体检验　在结构实体上抽取试样，在现场进行检验或送至有相应检测资质的检测机构进行的检验。(GB 50204—2015)

结构性能检验　针对结构构件的承载能力、挠度、抗裂性能等各项指标所进行的检验。(GB 50204—2015)

进场验收　对进入施工现场的材料、构配件、器具及半成品等，按相关标准的要求进行检验，并对其质量达到合格与否做出确认的过程。主要包括外观检查、质量证明文件检查、抽样检验等。(GB 50204—2015)

静定结构　指仅用平衡方程可以确定全部内力和约束力的几何不变结构。因为静定结构撤销约束或不适当地更改约束配置可以使其变成可变体系，而增加约束又可以使其成为有多余约束的不变体系（即超静定结构）。在静定结构中，未知广义力的数目恰好等于结构中所能列出的独立平衡方程的数目，因此通过平衡方程就能求出静定结构中全部广义力。

静力受压弹性模量　混凝土棱柱体试件或圆柱体试件轴向承受一定压力时，产生单位变形所需要的应力。(GB/T 50081—2019)

棱柱体标准试件尺寸为 150mm×150mm×300mm；棱柱体非标准试件尺寸为 100mm×100mm×300mm 或 200mm×200mm×400mm。

混凝土棱柱体试件静力受压弹性模量，应按式(1-12)、式(1-13) 计算：

$$E_c = \frac{F_a - F_0}{A} \times \frac{L}{\Delta n} \tag{1-12}$$

$$\Delta n = \varepsilon_a - \varepsilon_0 \tag{1-13}$$

式中　E_c——混凝土棱柱体试件静力受压弹性模量，精确至 100MPa，MPa；

　　　F_a——应力为 1/3 轴心抗压强度时的荷载，N；

　　　F_0——应力为 0.5MPa 时的初始荷载，N；

　　　L——测量标距，mm；

　　　A——试件承压面积，mm²；

　　　Δn——最后一次从 F_0 加荷至 F_a 时试件两侧变形的平均值，mm；

　　　ε_a——F_a 时试件两侧变形的平均值，mm；

　　　ε_0——F_0 时试件两侧变形的平均值，mm。

当采用圆柱体试件时，标准试件尺寸为 $\phi150mm \times 300mm$；非标准试件尺寸为 $\phi100mm \times 200mm$ 或 $\phi200mm \times 400mm$。

混凝土圆柱体试件静力受压弹性模量，应按式(1-14)、式(1-15) 计算：

$$E_c = 4\frac{F_a - F_0}{\pi d^2} \times \frac{L}{\Delta n} = 1.273\frac{F_a - F_0}{d^2} \times \frac{L}{\Delta n} \tag{1-14}$$

$$\Delta n = \varepsilon_a - \varepsilon_0 \tag{1-15}$$

式中　E_c——混凝土圆柱体试件静力受压弹性模量，精确至 100MPa，MPa；

　　　F_a——应力为 1/3 轴心抗压强度时的荷载，N；

　　　F_0——应力为 0.5MPa 时的初始荷载，N；

　　　d——圆柱体试件的计算直径，mm；

　　　L——测量标距，mm；

　　　Δn——最后一次从 F_0 加荷至 F_a 时试件两侧变形的平均值，mm；

　　　ε_a——F_a 时试件两侧变形的平均值，mm；

　　　ε_0——F_0 时试件两侧变形的平均值，mm。

绝热温升　混凝土在绝热状态下，由胶凝材料水化导致的温度升高。(GB/T 50080—2016)

混凝土绝热温升，应按式(1-16) 计算：

$$\theta_n = a(\theta'_n - \theta_0) \tag{1-16}$$

式中　θ_n——n 天龄期混凝土的绝热温升值，℃；

　　　a——试验设备绝热温升修正系数，应大于 1，由设备厂家提供；

　　　θ'_n——仪器记录的 n 天龄期混凝土的温度，℃；

　　　θ_0——仪器记录的混凝土拌合物的初始温度，℃。

龟裂　构件表面呈现的网状裂缝。(GB/T 50344—2019)

抗冻标号　用慢冻法测得的最大冻融循环次数来划分的混凝土抗冻性能等级。(GB/T 50082—2009)

抗冻等级　用快冻法测得的最大冻融循环次数来划分的混凝土抗冻性能等级。(GB/T 50082—2009)

抗冻混凝土　抗冻等级不低于 F50 的混凝土。(JGJ 55—2011)

抗冻耐久性指数 (DF)　采用标准试验方法、经规定次数快速冻融循环后混凝土的动弹性模量与初始动弹性模量的比值，通常用百分比表示。(GB/T 50476—2019)

混凝土抗冻耐久性指数，应按式（1-17）计算：

$$DF = \frac{E_1}{E_0} \times 100 \tag{1-17}$$

式中　DF——混凝土抗冻耐久性指数；

　　　E_1——规定次数快速冻融循环后混凝土的动弹性模量，MPa；

　　　E_0——混凝土的初始动弹性模量，MPa。

抗冻性　混凝土抵抗冻融破坏的能力。

抗冻融循环次数　受检混凝土经快速冻融相对动弹性模量折减为60%或质量损失5%时的最大冻融循环次数。（GB/T 8075—2017）

抗化学侵蚀性　指混凝土抵抗硫酸盐、淡水、酸性水以及碱类侵蚀的能力。

抗离析性　混凝土拌合物中各种组分保持均匀分散的性能。（GB/T 50080—2016）

抗硫酸盐等级　用抗硫酸盐侵蚀试验方法测得的最大干湿循环次数来划分的混凝土抗硫酸盐侵蚀性能等级。（GB/T 50082—2009）

抗渗混凝土　抗渗等级不低于P6的混凝土。（JGJ 55—2011）

抗渗性　混凝土抵抗各种介质（包括水、油、气）进入其内部的能力。

抗压强度　立方体试件单位面积上所能承受的最大压力。（GB/T 50081—2019）

常作为评定混凝土质量的指标，并作为确定混凝土强度等级的依据。

标准试件尺寸为150mm×150mm×150mm；非标准试件尺寸为100mm×100mm×100mm或200mm×200mm×200mm。

混凝土立方体试件抗压强度试验结果，应按式（1-18）计算：

$$f_{cc} = \frac{F}{A} \tag{1-18}$$

式中　f_{cc}——混凝土立方体试件抗压强度，精确至0.1MPa，MPa；

　　　F——试件破坏荷载，N；

　　　A——试件承压面积，mm^2。

混凝土强度等级小于C60时，若立方体试件边长为100mm或200mm，则测定的混凝土立方体抗压强度值应分别乘以换算系数0.95和1.05。

混凝土强度等级不小于C60时，宜采用标准试件；若采用非标准试件，混凝土强度等级不大于C100时，尺寸换算系数宜经试验确定，在未进行试验确定的情况下，对边长为100mm试件，可取为0.95；混凝土强度等级大于C100时，尺寸换算系数应经试验确定。

当采用圆柱体试件时，标准圆柱体试件尺寸为$\phi150mm \times 300mm$；非标准圆柱体试件尺寸为$\phi100mm \times 200mm$或$\phi200mm \times 400mm$。

混凝土圆柱体试件抗压强度试验结果，应按式（1-19）计算：

$$f_{cc} = \frac{4F}{\pi d^2} \tag{1-19}$$

式中　f_{cc}——混凝土圆柱体试件抗压强度，精确至0.1MPa，MPa；

　　　F——试件破坏荷载，N；

　　　d——试件计算直径；$d = \frac{d_1 + d_2}{2}$，mm；

　　d_1，d_2　试件两个垂直方向的直径，mm。

若圆柱体试件尺寸为$\phi100mm \times 200mm$或$\phi200mm \times 400mm$时，测定的混凝土圆柱体抗压强度应分别乘以换算系数0.95和1.05。

抗压强度比　受检混凝土与基准混凝土同龄期抗压强度之比，以百分数表示。(GB/T 8075—2017)

抗折强度　混凝土试件小梁承受弯矩作用折断破坏时，混凝土试件表面所承受的极限拉应力。(GB/T 50081—2019)

标准抗折试件尺寸为150mm×150mm×600mm（或550mm）的棱柱体试件，经标准养护到28d龄期进行测试，按三分点加荷方式测定抗折破坏荷载。

混凝土试件抗折强度试验结果，应按式(1-20)计算：

$$f_{\mathrm{f}} = \frac{Fl}{bh^2} \tag{1-20}$$

式中　f_{f}——混凝土试件抗折强度，精确至0.1MPa，MPa；

　　　F——试件破坏荷载，N；

　　　l——支座间跨度，mm；

　　　b，h——试件截面的宽度和高度，mm。

采用100mm×100mm×400mm的非标准试件测得的抗折强度值应乘以尺寸换算系数0.85；当混凝土强度等级不小于C60时，宜采用标准试件；当采用非标准试件时，尺寸换算系数应经试验确定。

抗折强度比　检验外加剂时，受检胶砂与基准胶砂同龄期抗折强度之比，以百分数表示。(GB/T 8075—2017)

可泵性　可泵性是表征混凝土混合料泵送特征的一个综合性指标。目前，对它尚没有一个统一的定义和评价方法。1913年美国学者Ball首次提出可泵性概念，定义如下：可泵性是在压力作用下的混凝土工作性。Gray认为：可泵性是指在压力下，混凝土在管道接头或弯曲处通过的能力。Popovits认为：可泵性良好的混凝土必须同时满足压送阻力减少和防止离析这两个条件。总之，可泵性要求混凝土拌合物具有一定的流动性，能被泵送，且在泵送过程中不易离析、堵塞管道和失去工作性，它是混凝土泵送施工顺利进行的前提条件。

可靠性鉴定　对民用建筑的安全性（包括承载能力和整体稳定性）和使用性（包括适用性和耐久性）所进行的调查、检测、验算、分析和评定等一系列活动。(GB 50292—2015)

可吸入颗粒物　环境空气中空气动力学当量直径不大于10μm的颗粒物。(JGJ/T 328—2014)

孔洞　混凝土中超过钢筋保护层厚度的孔穴。(GB/T 50344—2019)

快凝　当水泥中铝酸三钙含量高，溶解进入水泥浆液相中的硫酸钙不能满足正常凝结需要时，就会很快形成单硫型水化硫铝酸钙和水化铝酸钙，使水泥浆体在45min内凝结，称为快凝。

框架剪力墙结构　由剪力墙和框架共同承受竖向和水平作用的结构。

快速氯离子迁移系数法　通过测定混凝土中氯离子渗透深度，计算得到氯离子迁移系数来反映混凝土抗氯离子渗透性能的试验方法。(GB/T 50082—2009)

扩展度　混凝土拌合物坍落后，扩展的直径。(GB/T 50080—2016)

扩展时间　混凝土拌合物坍落后扩展直径达到500mm所需的时间。(GB/T 50080—2016)

力学性能　指混凝土的抗压、抗拉、抗折和抗剪切等强度性能和混凝土的弹性模量、泊松比等。

裂缝　从建筑结构构件表面伸入构件内的缝隙。(GB/T 50344—2019)

流变性能　指混凝土这种特殊的固-液混合体系的变形和应力关系随时间变化的发展规

律，即体系在不变的剪切应力下随时间而产生的连续变形。传统上，混凝土拌合物被认为是一种黏、弹、塑性材料，其流变性质可用宾汉姆（Bingham）模型及其公式予以研究，详见第四章第一节"新拌混凝土流变性能"中的有关内容。

流动性　指混凝土拌合物在自重或机械振捣力的作用下，能产生流动并均匀密实地充满模型的性能，反映混凝土拌合物的稀稠程度。

流动性混凝土　拌合物坍落度 $100\sim150$mm 的混凝土。（JGJ 55—2011）

冷混凝土　除拌合水必须保持预热外，粗、细骨料均不采取预热措施，混凝土入模温度低（5℃左右），浇筑后也不采取任何保温措施，在负温自然条件下硬化的混凝土。为保证混凝土免遭冻害，在负温下强度能缓慢增长，应选用以无机盐降低冰点的防冻型防冻剂，且防冻剂掺量应加大。

里表温差　混凝土浇筑体内最高温度与外表面内 50mm 处的温度之差。（GB 50496—2018）

立方体抗压强度标准值　按照标准方法制作和养护的边长为 150mm 的立方体试件，按照标准的测定方法在 28 天龄期测定的其抗压强度总体分布中的一个值，强度低于该值的概率为 5%（即具有 95% 保证率的抗压强度），以 MPa 计。（GB/T 50107—2010）

理论生产率　在标准测试工况下，混凝土搅拌站（楼）每小时生产合格的混凝土量（按捣实后的体积计）。（GB/T 10171—2016）

理论生产率，应按式（1-21）计算：

$$Q_L = 3600 \times \frac{q}{T_1} \tag{1-21}$$

式中　Q_L——理论生产率，kg/h；

　　　　q——新鲜混凝土质量，kg；

　　　　T_1——测定时间，s。

计算后，将理论生产率单位换算成 m^3/h。

离析　新鲜混凝土的匀质性遭到破坏的现象。（GB/T 10171—2016）

离析率　标准法筛析试验中，拌合物静置规定的时间后，流过公称直径为 5mm 的方孔筛的浆体质量与混凝土质量的比例。

连续式膨胀加强带　指膨胀加强带部位的混凝土与两侧相邻的混凝土同时浇筑，其结构示意，如图 1-4 所示。

两性型表面活性剂　又称两性离子表面活性剂。它在水溶液中，同一分子上可形成一阳离子和一阴离子，在分子内构成内盐。某些两性离子表面活性剂，根据介质的 pH 值变化可呈现阳离子性质（酸性）或阴离子性质（碱性）。有的存在等电点，在等电点时，两性型表

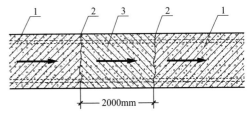

图 1-4　连续式膨胀加强带结构示意图
1—补偿收缩混凝土；2—密孔钢丝网；
3—膨胀加强带混凝土

面活性剂呈电中性。酸性基主要有羧酸盐型和磺酸盐型两种；碱性基主要是铵基或季铵。例如：丙氨酸 $[CH_3CH(NH_2)COOH]$。

pH<6.00 时，和氢离子结合，生成阳离子：

$$H_3C-CH-NH_2 + H^+ \Longrightarrow H_3C-CH-NH_3^+$$
$$\quad\quad\quad | \quad\quad\quad\quad\quad\quad\quad\quad | $$
$$\quad\quad COOH \quad\quad\quad\quad\quad\quad COOH$$

pH>6.00 时，离解出氢离子，而变成阴离子：

$$H_3C-\underset{\underset{COOH}{|}}{CH}-NH_2 \Longrightarrow H_3C-\underset{\underset{COO^-}{|}}{CH}-NH_2 + H^+$$

pH＝6.00 时，离解后生成的正负电荷相等，分子呈电中性：

$$H_3C-\underset{\underset{COOH}{|}}{CH}-NH_2 \Longrightarrow H_3C-\underset{\underset{COO^-}{|}}{CH}-NH_3^+$$

劣化 材料或结构在所处环境中性能随时间的衰减。（GB/T 50476—2019）

龄期 自加水搅拌开始，混凝土所经历的时间，按天或小时计。（GB/T 50107—2010）

硫铝酸盐水泥混凝土负温施工方法 冬期条件下，采用快硬硫铝酸盐水泥且掺入亚硝酸钠等外加剂配制混凝土，并采取适当保温措施的负温施工法。（JGJ/T 104—2011）

露筋 构件内的钢筋未被混凝土包裹而外露的缺陷。（GB/T 50344—2019）

氯化物环境 混凝土结构或构件受到氯盐侵入作用并引起内部钢筋锈蚀的暴露环境。具体包括海洋氯化物环境和除冰盐等其他氯化物环境。（GB/T 50476—2019）

氯离子扩散系数 表示氯离子在混凝土中从高浓度区向低浓度区扩散速率的参数。（GB/T 50476—2019）

麻面 混凝土表面因缺浆而呈现麻点、凹坑和气泡等缺陷。（GB/T 50344—2019）

密实成型 密实系指混凝土拌合物向其内部空隙流动（内部流动），填充空隙强化结构的工艺过程；成型系指混凝土拌合物在模型内流动并充满模型（外部流动），从而获得所需外形的工艺过程。密实和成型是同时进行的，即拌合物在向模型四周流动的同时，也向其内部空隙流动。

泌水 混凝土拌合物析出水分的现象。（GB/T 50080—2016）

泌水率 单位质量新拌混凝土泌出水量与其用水量之比，以百分数表示。（GB/T 8075—2017）

泌水率比 受检混凝土与基准混凝土的泌水率之比，以百分数表示。（GB/T 8075—2017）
泌水率比，应按式(1-22) 计算：

$$R_B = \frac{B_t}{B_c} \tag{1-22}$$

式中 R_B——泌水率比，精确至 1%，%；

B_t——受检混凝土的泌水率，%；

B_c——基准混凝土的泌水率，%。

耐久性能 混凝土在所处工作环境下，长期抵抗内、外部劣化因素的作用，仍能维持其应有结构性能的能力。（CECS 207—2006）

混凝土耐久性能通常用抗渗性、抗冻性、碱-骨料反应、钢筋锈蚀、抗化学侵蚀性和抗碳化性等来评价。

耐久性再设计 根据结构检测，在使用年限内为保持结构耐久性而采取的技术措施和方法。（GB/T 50476—2019）

内分层 混凝土中粗骨料下方形成水囊的现象，称为混凝土内分层。

内照射指数 建筑材料中天然放射性核素镭-226 的放射性比活度与标准规定的限量值之比值。（GB 6566—2010）

内照射指数，应按式(1-23) 计算：

$$I_{Ra} = \frac{C_{Ra}}{200} \tag{1-23}$$

式中 I_{Ra}——内照射指数，放射性比活度，Bq/kg；

C_{Ra}——建筑材料中天然放射性核素镭-226的放射性比活度，Bq/kg；

200——仅考虑内照射情况下，标准规定的建筑材料中天然放射性核素镭-226的放射性比活度限量，Bq/kg。

黏聚性 新拌混凝土的组成材料之间有一定的黏聚力，不离析分层、保持整体均匀的性能。（GB/T 8075—2017）

黏结强度 通过劈裂抗拉强度试验测得的新老混凝土材料之间的黏结应力。（GB/T 50081—2019）

黏结强度试验操作如下：

（1）用与被黏结的混凝土相近的原材料和配合比，成型三块150mm×150mm×150mm的立方体试件，标养14天后劈成6块。

（2）将劈开试件的劈开面清洗干净后，垂直放入试模一侧，劈开面与试模之间形成尺寸约为150mm×150mm×75mm的空间。

（3）将搅拌好的混凝土混合料浇筑于试模中，标养至规定龄期后，将黏结面作为劈裂面进行新老混凝土黏结强度测试。

混凝土试件黏结强度试验结果，应按式（1-24）计算：

$$f_b = \frac{2F}{\pi A} = 0.637 \frac{F}{A} \tag{1-24}$$

式中 f_b——混凝土试件黏结强度，精确至0.01MPa，MPa；

F——试件破坏荷载，N；

A——试件黏结面面积，mm^2。

凝结时间 混凝土从加水拌和开始，至失去塑性或达到硬化状态时所需要的时间。（GB/T 8075—2017）

凝结时间差 受检混凝土与基准混凝土凝结时间差值。（GB/T 8075—2017）

配合比 即混凝土中水泥、粗细骨料、掺合料、水及外加剂等原料组分之间的比例关系。

混凝土配合比设计过程一般分为三个阶段，即初步计算、试拌调整和确定。通过这一系列的工作，从而确定混凝土各原料组分的最佳配合比例。

配筋率 混凝土构件中配置的钢筋面积（或体积）与规定的混凝土截面面积（或体积）的比值。[GB 50010—2010（2015版）]

喷射混凝土 采用喷射设备喷射到浇筑面上的、可快速凝结硬化的混凝土。（JGJ/T 191—2009）

按其作用方式不同，又有干法喷射混凝土和湿法喷射混凝土之分。

（1）干法喷射混凝土 是将粗细骨料、水泥、掺合料、外加剂等，经搅拌机搅拌后的干混合料，用压缩空气通过管道送至喷嘴，并与高压水混合成混凝土，再喷射到工作面上。

（2）湿法喷射混凝土 是将制备好的混凝土拌合物，吸入混凝土喷射机中，从喷嘴喷至工作面上。

两种方法相比，前者施工设备较简单，凝结时间易控制，但由于后加水，所以混凝土均匀性较差，粉尘较大；而后者由于水泥水化相对充分，强度增长较快。

膨胀加强带 通过在结构预设的后浇带部位浇筑补偿收缩混凝土，减少或取消后浇带和伸缩缝、延长构件连续浇筑长度的一种技术措施，可分为连续式、间歇式、后浇式三种。（JGJ/T 178—2009）

劈裂抗拉强度 混凝土立方体试件或圆柱体试件上下表面中间承受均布压力劈裂破坏时，压力作用的竖向平面内产生近似均布的极限拉应力。(GB/T 50081—2019)

立方体标准试件的边长应为 150mm；非标准试件的边长应为 100mm 或 200mm。

混凝土立方体试件劈裂抗拉强度，应按式(1-25) 计算：

$$f_{ts} = \frac{2F}{\pi A} = 0.637 \frac{F}{A} \tag{1-25}$$

式中 f_{ts}——混凝土立方体试件劈裂抗拉强度，精确至 0.1MPa，MPa；

$\quad\quad F$——试件破坏荷载，N；

$\quad\quad A$——试件劈裂面积，mm^2。

若采用边长为 100mm 的非标准试件测得的劈裂抗拉强度值，应乘以尺寸换算系数 0.85；当混凝土强度等级≥C60 时，应采用标准试件。

当采用圆柱体试件时，标准试件尺寸为 $\phi150mm \times 300mm$；非标准试件尺寸为 $\phi100mm \times 200mm$ 或 $\phi200mm \times 400mm$。

混凝土圆柱体试件劈裂抗拉强度，应按式(1-26) 计算：

$$f_{ts} = \frac{2F}{\pi dl} = 0.637 \frac{F}{A} \tag{1-26}$$

式中 f_{ts}——混凝土圆柱体试件劈裂抗拉强度，精确至 0.1MPa，MPa；

$\quad\quad F$——试件破坏荷载，N；

$\quad\quad d$——劈裂面的试件直径，mm；

$\quad\quad l$——试件的高度，mm；

$\quad\quad A$——试件劈裂面面积，mm^2。

普通混凝土 干表观密度为 $2000 \sim 2800kg/m^3$ 的混凝土。(GB/T 14902—2012)

强度等级 根据混凝土立方体抗压强度标准值来确定。表示方法：用"C"和"立方体抗压强度标准值"表示。如："C30"即表示混凝土立方体抗压强度标准值 $f_{cu,k} = 30MPa$。现行国家标准 GB 50010 规定，普通混凝土按立方体抗压强度标准值划分为 C15、C20、C25、C30、C35、C40、C45、C50、C55、C60、C65、C70、C75、C80 共 14 个强度等级。其中≥C60 的混凝土称为高强混凝土。

强化混凝土 通过采用混凝土硬化剂、混凝土中掺强化丝、混凝土表面干撒耐磨骨料等方法，提高其耐磨、抗渗、防尘、抗腐蚀能力的混凝土，主要用于重要建筑的地面工程。

起泡 "泡"就是由液体薄膜包围着的气体，是气体在液体中的分散体系，气体是分散相，液体是分散介质。引气剂或引气减水剂对混凝土拌合物的引气功能主要是通过降低体系的表面张力，或提高气泡表面膜强度，或提高气泡表面膜黏度、降低气体的透过性以及提高液膜 ζ 电位值，增加静电斥力作用予以实现的。

气泡间隔系数 表示硬化混凝土或水泥浆体中相邻气泡边缘之间距离的参数。(GB/T 50476—2019)

轻骨料混凝土 用轻粗骨料、轻砂或普通砂等配制的干表观密度不大于 $1950kg/m^3$ 的混凝土。(GB/T 14902—2012)

清水混凝土 直接以混凝土成型后的自然表面作为饰面的混凝土。(JGJ/T 191—2009)

全预应力混凝土 结构全部是预应力的混凝土。

缺陷 混凝土结构施工质量中不符合规定要求的检验项或检验点，按其程度可分为严重

缺陷和一般缺陷。(GB 50204—2015)

绕丝加固法　该法系通过缠绕退火钢丝使被加固的受压构件混凝土受到约束作用，从而提高其极限承载力和延性的一种直接加固法。(GB 50367—2013)

入模温度　混凝土拌合物浇筑入模时的温度。(GB 50496—2018)

润湿　固体表面常因有多余的能量而会吸附气体（通常为空气）。当液体与固体表面接触时，气体被排斥，原来的固-气界面消失，代之以固-液界面，这种现象称为润湿。

润湿现象主要有三种基本类型：

（1）液体沿固体表面铺展开称为铺展润湿；

（2）液体吸附在固体表面上称为吸附润湿；

（3）固体全部浸入液体中称为浸润润湿。

减水剂对水泥粒子的润湿功能主要是通过其在固-液界面上的定向吸附予以实现的。

闪凝　当磨细的水泥熟料中石膏掺量很少或未掺时，水泥加水后铝酸三钙很快水化，水泥瞬间凝结，同时产生大量的热，称为闪凝。

设计使用年限　设计规定的结构或结构构件不需进行大修即可按预定目的使用的年限。(GB/T 50476—2019)

升板法施工　就地预制、提升安装楼板而建造多层钢筋混凝土板柱结构的施工方法。首先做好基础和柱子，再在柱网之间的地面上重叠制作各层楼板或屋面板，待板达到应有强度后，通过安装在柱子上的提升机，以柱子为支承和导杆，将各层楼板或屋面板依次提升到设计指定的位置，然后将板和柱子固定。此法与传统的混凝土施工相比，施工效率高、节约模板、减少高空作业，不需要大型起重设备和过大的施工场地。

深梁　跨高比小于2的简支单跨梁或跨高比小于2.5的多跨连续梁。[GB 50010—2010（2015版）]

深受弯构件　跨高比小于5的受弯构件。[GB 50010—2010（2015版）]

施工缝　按设计要求或施工需要分段浇筑，先浇筑混凝土到达一定强度后继续浇筑混凝土所形成的接缝。(GB 50666—2011)

使用性鉴定　对民用建筑使用功能的适用性和耐久性所进行的调查、检测、验算、分析和评定等一系列活动。(GB 50292—2015)

受冻临界强度　冬期浇筑的混凝土在受冻以前必须达到的最低强度。(JGJ/T 104—2011)

受检混凝土　进行对比试验时，掺加了相应外加剂或掺合料的混凝土。

收缩应力　混凝土收缩变形受到约束时，在混凝土内部所产生的应力。(GB 50496—2018)

竖向施工缝　混凝土不能连续浇筑时，浇筑停顿时间有可能超过混凝土的初凝时间，在适当位置留置的垂直方向的预留缝。(GB 50496—2018)

水化热　指物质与水化合时所放出的热量。水泥水化所放出的热量称为水泥水化热，混凝土凝结时放出的热量称为混凝土水化热。

影响水泥水化热的主要因素是水泥熟料矿物的组成与含量，水泥各矿物完全水化所放出水化热大小的次序是 $C_3A > C_3S > C_4AF > C_2S$。

水陆强度比　水下成型的受检混凝土与空气中成型的受检混凝土抗压强度之比。(GB/T 37990—2019)

水陆强度比，应按式(1-27)计算：

$$R_s = \frac{f_W}{f_A} \times 100 \tag{1-27}$$

式中　R_s——水陆强度比，%；

f_W——水下成型的受检混凝土的抗压强度，MPa；

f_A——空气中成型的受检混凝土的抗压强度，MPa。

水泥净浆流动度 在规定的试验条件下，水泥浆体在玻璃平板上自由流淌后，净浆底部互相垂直的两个方向直径的平均值。(GB/T 8075—2017)

水泥强度等级值的富余系数 水泥28天胶砂抗压强度的实测值与水泥强度等级值之比值，用以表征水泥强度的离散程度。

水泥强度等级值的富余系数 γ_c，应按式(1-28)计算：

$$\gamma_c = \frac{f_{ce}}{f_{ce,g}} \qquad (1-28)$$

式中 f_{ce}——水泥28天胶砂抗压强度的实测值，MPa；

$f_{ce,g}$——水泥强度等级值，MPa。

水平施工缝 混凝土不能连续浇筑时，浇筑停顿时间有可能超过混凝土的初凝时间，在适当位置留置的水平方向的预留缝。(GB 50496—2018)

水下不分散混凝土 可在水下浇筑、不分散并可凝结硬化的混凝土。(JGJ/T 191—2009)

素混凝土 无筋或不配置受力钢筋的混凝土。(JGJ/T 191—2009)

素混凝土结构 无筋或不配置受力钢筋的混凝土结构。[GB 50010—2010（2015 版）]

疏松 混凝土中局部不密实的缺陷。(GB/T 50344—2019)

塑性混凝土 拌合物坍落度 10～90mm 的混凝土。(JGJ 55—2011)

塑性收缩 混凝土尚处于塑性阶段时，由于水泥水化或失水所引起的体积收缩。

此阶段混凝土结构已经初步形成，失去了流动性，但强度很低，塑性收缩会导致骨料受压，水泥石受拉，因此，常会引起新浇筑的混凝土表面出现形状不规则、深度较浅的塑性收缩裂缝。

坍落度 混凝土拌合物在自重作用下坍落的高度。(GB/T 50080—2016)

坍落度经时变化量 混凝土拌合物按规定条件存放一定时间后坍落度的变化值。(GB/T 8075—2017)

坍落度试验 宜用于骨料最大公称粒径不大于 40mm、坍落度不小于 10mm 混凝土坍落度的测定。用一个上口直径 100mm±1mm、下口直径 200mm±1mm、高 300mm±1mm 的呈喇叭状的坍落度圆锥筒，分三次装入混凝土拌合物，每次添装后用捣棒由边缘到中心按螺旋形均匀插捣 25 次，捣实后每层混凝土拌合物试样高度约为筒高的 1/3。

筒口抹平后拔起筒，混凝土因自重产生坍落，当混凝土拌合物不再坍落或坍落持续时间已达 30s 时，用钢尺测量出筒高与坍落后混凝土试体最高点之间的高度差，作为该混凝土拌合物的坍落度值（mm），测量应精确至 1mm，结果应修约至 5mm，如图 1-5 所示。

坍落度（经时）损失 混凝土初始坍落度与某一规定时间的坍落度保留值的差值。(GB/T 8075—2017)

碳化 混凝土中水泥水化产物氢氧化钙 $[Ca(OH)_2]$ 与空气中二氧化碳（CO_2）发生反应逐渐变成碳酸钙而使其碱度降低的作用。碳化发生的反应表示如下：

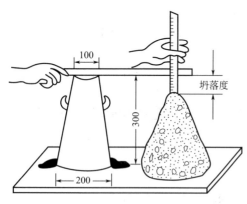

图 1-5 混凝土坍落度试验（单位：mm）

$$Ca(OH)_2 + CO_2 + H_2O \longrightarrow CaCO_3 + 2H_2O$$

碳化由表及里发生，混凝土碳化后，虽然其承载能力不会马上降低，但当碳化层深入到钢筋部位后，混凝土就不能起到保护钢筋免于锈蚀的作用。此外，碳化反应释放出的水可以促进未水化水泥的水化，碳化反应的产物 $CaCO_3$ 沉淀在水泥石的孔隙中，使混凝土表面致密，减小渗透性。降低混凝土的水灰比，提高混凝土密实度，是防止碳化深入的有效措施之一。

碳化收缩　大气中的二氧化碳在存在水分的条件下与水泥的水化产物发生化学反应产生 $CaCO_3$、硅胶、铝胶和游离水，从而引起混凝土收缩。碳化收缩将伴随混凝土碱度的降低以及有时发生的混凝土强度的降低，并可能产生混凝土表面裂纹。

弹性模量　是表征材料产生弹性变形难易程度的物理量，可定义为理想材料有小变形时应力与相应的应变之比。

如图 1-6 所示，混凝土弹性模量可分为初始切线弹性模量、切线弹性模量和割线弹性模量。初始切线弹性模量是应力-应变曲线原点上切线的斜率，不易测准，实用性也较小。切线弹性模量是应力-应变曲线上任一点的切线斜率，仅适用于很小的荷载变化范围。割线弹性模量是应力-应变曲线上任一点与原点的连接线的斜率，较易测准，工程上常被采用。影响混凝土弹性模量的主要因素有：混凝土强度、孔隙率、龄期以及骨料的性质和含量等。

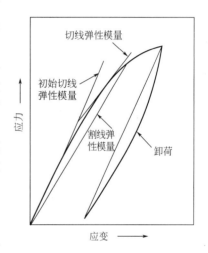

图 1-6　混凝土的应力-应变曲线

体外预应力加固法　通过施加体外预应力，使原结构、构件的受力得到改善或调整的一种间接加固法。(GB 50367—2013)

填充性　混凝土拌合物在无需振捣的情况下，能均匀密实成型的性能。(JGJ/T 283—2012)

跳仓施工法　将超长的混凝土块体分为若干小块体间隔施工，经过短期的应力释放，再将若干小块体连成整体，依靠混凝土抗拉强度抵抗下段温度收缩应力的施工方法。(GB 50496—2018)

U 型箱填充高度　U 型箱试验中，将混凝土拌合物装满 U 型箱一侧，打开间隔板后混凝土在 U 型箱另一侧上升的最大高度。(T/CECS 203—2021)

V 漏斗排空时间　V 漏斗试验中，从出料口底盖开启至混凝土拌合物排空为止的时间。(T/CECS 203—2021)

外包型钢加固法　对钢筋混凝土梁、柱外包型钢及钢缀板焊成的构架，以达到共同受力并使原构件受到约束作用的加固法。(GB 50367—2013)

外分层　混凝土明显呈现水泥浆层、砂浆层及混凝土层的现象，称为混凝土外分层。发生外分层时混凝土匀质性变差。

外照射指数　建筑材料中天然放射性核素镭-226、钍-232 和钾-40 的放射性比活度分别与其各单独存在时标准规定的限量值之比值的和。(GB 6566—2010)

外照射指数，应按式(1-29)计算：

$$I_\gamma = \frac{C_{Ra}}{370} + \frac{C_{Th}}{260} + \frac{C_K}{4200} \tag{1-29}$$

式中 I_γ——外照射指数；

C_{Ra}，C_{Th}，C_K——建筑材料中天然放射性核素镭-226、钍-232、钾-40 的放射性比活度，Bq/kg；

370，260，4200——仅考虑外照射情况下，建筑材料中天然放射性核素镭-226、钍-232、钾-40 在其各自单独存在时标准规定的放射性比活度限量，Bq/kg。

弯拉强度比 检验外加剂时，受检混凝土与基准混凝土同龄期弯拉强度之比，以百分数表示。（GB/T 8075—2017）

微膨胀混凝土 指在普通混凝土中添加一定量的膨胀剂，使混凝土在其水泥水化硬化过程中，依靠膨胀剂的作用而发生一定体积膨胀的混凝土。

温度场 混凝土温度在空间和时间上的分布。（GB 50496—2018）

温度应力 混凝土温度变形受到约束时，在混凝土内部所产生的应力。（GB 50496—2018）

温度收缩 混凝土结构中温度分布不均匀（温度梯度）或混凝土内外温度不同而产生温差应力，在温差应力作用下混凝土会发生温度收缩。温度收缩常会引起混凝土结构产生温度裂缝。

温升峰值 混凝土浇筑体内部的最高温升值。（GB 50496—2018）

物理性能 指混凝土的密实度、表观密度、渗透性能和热性能（热膨胀性能、比热容、热传导性能、热扩散性能）等性能。

无黏结预应力混凝土结构 配置与混凝土之间可保持相对滑动的无黏结预应力筋的后张法预应力混凝土结构。[GB 50010—2010（2015 版）]

细颗粒物 环境空气中空气动力学当量直径不大于 $2.5\mu m$ 的颗粒物。（JGJ/T 328—2014）

现场检测 对混凝土结构实体实施的原位和取样的检验、测定、测试、检查和识别。

现浇混凝土结构 在现场原位支模并整体浇筑而成的混凝土结构，简称现浇结构。（GB 50204—2015）

线胀系数 混凝土温度每升高 1℃时，混凝土试件单位长度的伸长量。（GB/T 50081—2019）

纤维混凝土 掺加钢纤维或合成纤维作为增强材料的混凝土。（GB/T 14902—2012）

先张法 在台座或模板上先张拉预应力筋并用夹具临时锚固，在浇筑混凝土并达到规定强度后，放张预应力筋而建立预应力的施工方法。（GB 50666—2011）

限制膨胀率 掺有膨胀剂的试件在规定的纵向限制器具限制下的膨胀率。（GB/T 8075—2017）

限制膨胀率 混凝土的膨胀被钢筋等约束体限制时导入钢筋的应变值。用钢筋的单位长度伸长值表示。（JGJ/T 178—2009）

限制膨胀率，应按式(1-30) 计算：

$$\varepsilon = \frac{L_t - L}{L_0} \times 100 \tag{1-30}$$

式中 ε——所测龄期的限制膨胀率，%；

L_t——所测龄期的试件长度测量值，mm；

L——初始长度测量值，mm；

L_0——试件的基准长度，300mm。

相对耐久性指标 受检混凝土经快冻快融 200 次后动弹性模量的保留值，以百分数表示。（GB/T 8075—2017）

相容性 含减水组分的混凝土外加剂与胶凝材料、骨料、其他外加剂相匹配时，拌合物的流动性及其经时变化程度。（GB 50119—2013）

相容性　混凝土原材料共同使用时相互匹配、协同发挥作用的能力。（GB/T 8075—2017）

新拌混凝土性能　指混凝土拌合物所具有的性能，如：混凝土的流变性、工作性、表观密度、水化热和凝结时间等性能。

新鲜混凝土　由混凝土搅拌设备拌制、未经捣实的匀质性混凝土拌合物。（GB/T 10171—2016）

型式检验　依据产品标准，由质量技术监督部门或检验机构对产品各项指标进行的抽样全面检查。（GB/T 10171—2016）

锈蚀　金属材料由于水分和氧气等的电化学作用而产生的腐蚀现象。（GB/T 50344—2019）

徐变　在一定的荷载持续作用下，混凝土变形随时间而缓慢增加的一种性质，称为混凝土徐变。由恢复性徐变和非恢复性徐变两部分组成。前者是指荷载去除后能逐渐恢复的变形，后者是指最后残留下来不能恢复的变形。

蓄热法　混凝土浇筑后，利用原材料加热以及水泥水化放热，并采取适当保温措施延缓混凝土冷却，在混凝土温度降到 0℃ 以前达到受冻临界强度的施工方法。（JGJ/T 104—2011）

需水量比　受检胶砂的流动度达到基准胶砂相同流动度时的用水量与基准胶砂用水量之比。（GB/T 18736—2017）

需水量比，应可按式（1-31）计算：

$$R_w = \frac{W_t}{225} \times 100 \tag{1-31}$$

式中　R_w——受检胶砂的需水量比，%；

　　　W_t——受检胶砂的用水量，g；

　　　225——基准胶砂的用水量，g。

压力泌水　混凝土拌合物在压力作用下的泌水现象。（GB/T 50080—2016）

压力泌水率比　受检混凝土与基准混凝土在压力条件下的泌水率之比，以百分数表示。（GB/T 8075—2017）

延迟性钙矾石反应　指水泥水化硬化后，在其长期养护过程中，钙矾石（AFt 相）的形成反应。按反应所需硫酸盐的来源方式不同，主要有以下四种类型：

（1）水泥水化初期被 C-S-H 凝胶吸附的 SO_4^{2-}，在后期被释放出来，与铝酸盐反应生成 AFt 相；

（2）水化初期的 AFt 相和 AFm 相，分解生成的硫酸钙，在后期释放 SO_4^{2-}，与铝酸盐反应生成 AFt 相；

（3）由 AFm 相直接发生晶型转变，生成 AFt 相；

（4）其他来源，如外加剂、掺合料带入的 SO_4^{2-}，与铝酸盐反应生成 AFt 相。

严重缺陷　对结构构件的受力性能、耐久性能或安装、使用功能有决定性影响的缺陷。（GB 50204—2015）

样本容量　代表检验批的用于合格性评定的混凝土试件组数。（GB/T 50107—2010）

养护　为使已密实成型的混凝土进行水化或水热合成反应，达到所需物理力学性能及耐久性指标而采取的保温（或加热）和保湿的工艺措施称为养护。根据对混凝土采取的温、湿条件不同，通常可将养护分为标准养护、自然养护和快速养护等。

阳离子型表面活性剂　分子结构中含有一个或两个长链烃基疏水基，并与一个或两个亲水基相连，亲水基大多是含氮化合物，少数是含磷、砷、硫的化合物。在水溶液中离解为带有表面活性的阳离子和平衡阴离子，如：十六铵盐酸盐（$C_{16}H_{33}NH_3^+ + Cl^-$）。

一般构件　其自身失效为孤立事件，不影响承重结构体系整体工作的承重构件。（GB

50367—2013)

一般环境　无冻融、氯化物和其他化学腐蚀物质作用的混凝土结构或构件的暴露环境。(GB/T 50476—2019)

一般结构　安全等级为二级的建筑物中的承重结构。(GB 50367—2013)

其破坏可能产生严重后果的结构；在可靠度设计中指安全等级为二级的一般建筑物的结构。(GB 50292—2015)

一般缺陷　对结构构件的受力性能、耐久性能或安装、使用功能无决定性影响的缺陷。(GB 50204—2015)

阴离子型表面活性剂　在水溶液中能电离出简单阳离子，而与憎水基相连的亲水基是阴离子，通常由 $C_{10} \sim C_{20}$ 长链烃基疏水基和羧酸、磺酸、硫酸、磷酸等亲水基组成，如烷基羧酸钠（$C_{15}H_{31}COO^- + Na^+$）、烷基磺酸钠（$C_{12}H_{25}SO_3^- + Na^+$）等。

应变　物体内任一点因各种作用引起的相对变形称为应变。

应变，应按式(1-32)计算：

$$\varepsilon = \frac{l - l_0}{l_0} \tag{1-32}$$

式中　ε——应变；

l_0——试样的原始标距长；

l——试样变形后之长。

硬化混凝土性能　指凝结硬化以后的混凝土所具有的性能，如：混凝土的物理性能、力学性能、变形性能和耐久性能、长期性能等。

应急鉴定　为应对突发事件，在接到预警通知时，对建筑物进行的以消除安全隐患为目标的紧急检查和鉴定；同时也指突发事件发生后，对建筑物的破坏程度及其危险性进行的以排险为目标的紧急检查和鉴定。突发事件包括各种自然灾害和事故灾害。(GB 50292—2015)

应力　受力物体截面上内力的集度，即单位面积上的内力称为应力。

应力，应按式(1-33)计算：

$$\sigma_{ij} = \lim_{\Delta A_i \to 0} \frac{\Delta F_j}{\Delta A_i} \tag{1-33}$$

式中　σ_{ij}——应力；

ΔF_j——在 j 方向的施力；

ΔA_i——在 i 方向的受力面积。

永久变形缝　将建（构）筑物垂直分割开永久留置的预留缝，包括伸缩缝和沉降缝。(GB 50496—2018)

有害裂缝　影响结构安全或使用功能的裂缝。(GB 50496—2018)

有黏结预应力混凝土结构　通过灌浆或与混凝土直接接触使预应力筋与混凝土之间相互黏结而建立预应力的预应力混凝土结构。[GB 50010—2010（2015 版）]

有效截面面积　扣除孔洞、缺损、锈蚀层、风化层等削弱、失效部分的截面。(GB 50367—2013)

预拌混凝土　在搅拌站（楼）生产的、通过运输设备送至使用地点、交货时为拌合物的混凝土。(GB/T 14902—2012)

预拌混凝土分为常规品和特制品。

与钢筋握裹强度　钢筋混凝土结构中，钢筋与混凝土这两种物质特性完全不同的材料之所以能够共同作用，成为一个整体，主要是依靠钢筋与混凝土之间的握裹强度。

握裹强度试验的试模尺寸为 150mm×150mm×150mm，试模应能埋入一水平钢筋，钢筋轴线距离模底为 75mm。握裹强度试验装置如图 1-7 所示。

混凝土与钢筋握裹强度，应按式（1-34）、式（1-35）计算：

$$\tau = \frac{F_1 + F_2 + F_3}{3A} \tag{1-34}$$

$$A = \pi DL \tag{1-35}$$

式中　τ——钢筋握裹强度，精确至 0.1MPa，MPa；

F_1——滑动变形为 0.01mm 时的荷载，N；

F_2——滑动变形为 0.05mm 时的荷载，N；

F_3——滑动变形为 0.10mm 时的荷载，N；

A——埋入混凝土的钢筋表面积，mm²；

D——钢筋的公称直径，mm；

L——钢筋的埋入长度，mm。

钢筋与混凝土之间的握裹强度实际上是由三部分作用力构成：

（1）水泥的水化产物对钢筋表面产生的化学胶结力。

（2）混凝土硬化时体积收缩，对钢筋握裹而产生的摩阻力。

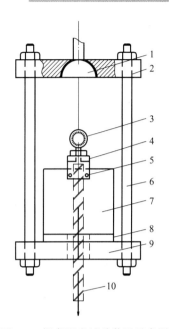

图 1-7　握裹强度试验装置示意图
1—带球座拉杆；2—上端钢板；3—千分表；4—量表固定架；5—止动螺栓；6—钢杆；7—试件；8—垫板；9—下端钢板；10—埋入试件的钢筋

（3）由于钢筋表面凸凹不平或变形肋与混凝土之间形成机械咬合作用而形成的挤压力。

对于光圆钢筋，握裹强度主要由化学胶结力与摩阻力两部分组合而成。

预应力度　指施加于预应力混凝土结构上预应力大小的程度，它直接影响结构在受外荷载作用下受拉边缘混凝土的应力状态。

预应力混凝土　由配置受力的预应力钢筋通过张拉或其他方法建立预加应力的混凝土。（JGJ/T 191—2009）

按预应力度大小分为：全预应力混凝土和部分预应力混凝土；按施工方式分为：预制预应力混凝土、现浇预应力混凝土和叠合预应力混凝土等；按预加应力的方法分为：先张法预应力混凝土和后张法预应力混凝土。

预应力混凝土结构　配置受力的预应力筋，通过张拉或其他方法建立预加应力的混凝土结构。［GB 50010—2010（2015 版）］

原样体积密度　硬化混凝土试件在收样原状态下的质量与总体积之比，总体积是混凝土固体体积、内部闭口孔隙体积与开口孔隙体积三者之和。（GB/T 50081—2019）

硬化混凝土的原样体积密度，应按式（1-36）计算：

$$\rho_r = \frac{m_r}{V_t} \tag{1-36}$$

式中　ρ_r——硬化混凝土的原样体积密度，精确至 10kg/m³，kg/m³；

m_r——试件原样状态下的质量，kg；

V_t——试件的总体积，应按式（1-2）计算，m³。

匀质混凝土　拌合物中各物料成分含量、混凝土的坍落度和抗压强度的相对偏差等测定值满足相应要求的混凝土。（GB/T 9142—2021）

再生骨料混凝土　全部或部分采用再生骨料作为骨料配制的混凝土。（GB/T 14902—2012）

增大截面加固法 增大原构件截面面积并增配钢筋，以提高其承载力和刚度，或改变其自振频率的一种直接加固法。（GB 50367—2013）

植筋 以专用的结构胶黏剂将带肋钢筋或全螺纹螺杆种植于基材混凝土中的后锚固连接方法之一。（GB 50367—2013）

质量证明文件 随同进场材料、构配件、器具及半成品等一同提供用于证明其质量状况的有效文件。（GB 50204—2015）

重混凝土 用重晶石等重骨料配制的干表观密度大于 2800kg/m³ 的混凝土。（GB/T 14902—2012）

综合蓄热法 掺早强剂或早强型复合外加剂的混凝土浇筑后，利用原材料加热以及水泥水化放热，并采取适当保温延缓混凝土冷却，在混凝土温度降到 0℃ 以前达到受冻临界强度的施工方法。（JGJ/T 104—2011）

终凝时间 混凝土从加水拌和开始，至贯入阻力达到 28MPa 时所需要的时间。（GB/T 8075—2017）

重要构件 其自身失效将影响或危及承重结构体系整体工作的承重构件。（GB 50367—2013）

重要结构 安全等级为一级的建筑物中的承重结构。（GB 50367—2013）

其破坏可能产生很严重后果的结构；在可靠度设计中指安全等级为一级的重要建筑物的结构。（GB 50292—2015）

轴向拉伸（抗拉）强度 混凝土试件轴向单位面积上所能承受的最大拉力。（GB/T 50081—2019）

室内成型的轴向拉伸试件中间截面尺寸应为 100mm×100mm，如图 1-8（a）、图 1-8（b）、图 1-8（c）所示，钻芯试件应采用 φ100mm 圆柱体试件，如图 1-8（d）所示。

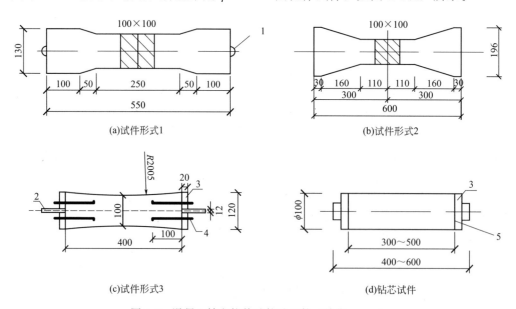

图 1-8 混凝土轴向拉伸试件及埋件（单位：mm）

1—拉环；2—拉杆；3—钢拉板；4—M6 螺栓；5—环氧树脂黏结剂

混凝土试件轴向拉伸强度，应按式（1-37）计算：

$$f_t = \frac{F}{A} \tag{1-37}$$

式中　f_t——混凝土试件轴向拉伸强度，精确至 0.1MPa，MPa；

　　　　F——试件破坏荷载，N；

　　　　A——试件截面面积，mm^2。

轴心抗压强度　混凝土棱柱体试件轴向单位面积上所能承受的最大压力。（GB/T 50081—2019）

棱柱体标准试件尺寸为 150mm×150mm×300mm；非标准试件尺寸为 100mm×100mm×300mm 或 200mm×200mm×400mm。

混凝土试件轴心抗压强度，应按式(1-38) 计算：

$$f_{cp} = \frac{F}{A} \tag{1-38}$$

式中　f_{cp}——混凝土试件轴心抗压强度，精确至 0.1MPa，MPa；

　　　　F——试件破坏荷载，N；

　　　　A——试件承压面积，mm^2。

混凝土强度等级小于 C60 时，采用尺寸为 100mm×100mm×300mm 或 200mm×200mm×400mm 非标准试件测得的轴心抗压强度值应分别乘以尺寸换算系数 0.95 和 1.05；当混凝土强度等级不小于 C60 时，应采用标准试件；若采用非标准试件，尺寸换算系数应经试验确定。

专项鉴定　针对建筑物某特定问题或某特定要求所进行的鉴定。（GB 50292—2015）

自密实混凝土　无需振捣，能够在自重作用下流动密实的混凝土。（GB/T 14902—2012）

自然养护　指混凝土在自然气候条件下采取覆盖保温、浇水润湿、防风防干、保温防冻等措施而进行的养护。

自应力　混凝土的膨胀被钢筋等约束体限制时导入混凝土的压应力。（JGJ/T 178—2009）

总悬浮颗粒物　环境空气中空气动力学当量直径不大于 100μm 的颗粒物。（JGJ/T 328—2014）

装配式混凝土结构　由预制混凝土构件或部件装配、连接而成的混凝土结构，简称装配式结构。（GB 50204—2015）

第二章
商品混凝土原材料

原材料是混凝土的物质基础，只有合理选用，才能获得性价比理想的商品混凝土。

第一节　水　　泥

凡细磨成粉末状，加入适量水后，可成为塑性浆体，既能在空气中硬化，又能在水中硬化，并能把砂、石等材料牢固地胶结在一起的水硬性胶凝材料，称为水泥。商品混凝土最常用的水泥是通用硅酸盐水泥。

一、通用硅酸盐水泥

我国现行行业标准《建筑材料术语标准》（JGJ/T 191）给出的定义是：由硅酸盐水泥熟料和适量的石膏以及规定的混合材料制成的水硬性胶凝材料，称为通用硅酸盐水泥。

1. 硅酸盐水泥熟料

由主要含 CaO、SiO_2、Al_2O_3、Fe_2O_3 的原料，按适当比例磨成细粉烧至部分熔融所得以硅酸钙为主要矿物成分的水硬性胶凝物质。其中硅酸钙矿物含量（质量分数）不小于 66%，氧化钙与氧化硅质量比不小于 2.2。

（1）熟料的矿物成分与特性

硅酸三钙、硅酸二钙、铝酸三钙和铁铝酸四钙是硅酸盐水泥熟料的主要矿物，其在熟料中的含量及其单独与水作用时的技术特性如表 2-1 所示。

表 2-1　硅酸盐水泥熟料的矿物成分、含量与特性

矿物名称		硅酸三钙	硅酸二钙	铝酸三钙	铁铝酸四钙
矿物成分		$3CaO \cdot SiO_2$	$2CaO \cdot SiO_2$	$3CaO \cdot Al_2O_3$	$4CaO \cdot Fe_2O_3$
简写式（或简称）		C_3S	C_2S	C_3A	C_4AF
矿物含量/%		37～60	15～37	7～15	10～18
矿物特性	水化硬化速度	快	慢	最快	快
	早期强度	高	低	低	中
	后期强度	高	高	低	中
	水化热	大	小	最大	中
	耐腐蚀性	差	好	最差	中

除上述四种矿物成分外，还存在一些其他组分，如：玻璃相、游离氧化钙（f-CaO）和氧化镁（f-MgO）以及少量的碱（R_2O+Na_2O）等。这些组分虽然含量不高，但对水泥性能有着不可忽视的影响。

游离氧化钙，又称游离石灰，多呈过烧状态，因此水化速度极慢，常常在水泥水化硬化以后，游离氧化钙的水化才开始进行，生成氢氧化钙，产生体积膨胀，在水泥石内部产生内应力，使水泥抗拉、抗折强度有所降低，严重时甚至引起水泥安定性不良。

游离氧化镁也呈过烧状态，水化较慢，一般是在水泥水化硬化以后，才与水反应生成氢氧化镁，也会产生体积膨胀，引起水泥安定性不良。

水泥生料原料中所含有的碱，在熟料煅烧过程中，会固溶在熟料矿物中，对水泥有明显的促凝和早强作用，使水泥的流变性能变差，后期强度降低。

（2）熟料矿物的水化

① 硅酸钙水化。硅酸三钙（C_3S）与硅酸二钙（C_2S）统称为硅酸钙矿物，其水化反应可用下式分别描述：

$$C_3S+nH \longrightarrow C\text{-}S\text{-}H+(3-x)CH$$
$$C_2S+mH \longrightarrow C\text{-}S\text{-}H+(2-x)CH$$

式中，H 表示水；C-S-H 表示（C/S）组成不固定的常温下通常呈凝胶状的水化硅酸钙；CH 表示氢氧化钙结晶体。

② 铝酸三钙水化。铝酸三钙（C_3A）水化产物的组成与结构受环境温度、湿度以及溶液中氧化钙离子浓度的影响很大。在常温下，铝酸三钙的水化反应可用下式描述：

$$2C_3A+27H =\!=\!= C_4AH_{19}+C_2AH_8$$

C_4AH_{19} 在低于 85% 的相对湿度时，即失去结晶水而成为 C_4AH_{13}。

在温度较高（35℃以上）的情况下，C_3A 甚至还会直接生成 C_3AH_6 晶体，即

$$C_3A+6H =\!=\!= C_3AH_6$$

在液相的氧化钙浓度达到饱和时，C_3A 还能依下式水化：

$$C_3A+CH+12H =\!=\!= C_4AH_{13}$$

式中，C_4AH_{19}、C_2AH_8、C_3AH_6、C_4AH_{13} 统称为水化铝酸钙。

研究表明，C_4AH_{13} 在常温下能够稳定存在，其数量迅速增多，并阻碍水泥粒子的相对移动，是使水泥浆体产生瞬时凝结的一个主要原因。为此，在水泥粉磨时要掺有石膏来调节水泥水化的凝结时间。在石膏、氧化钙同时存在的条件下，C_3A 虽然开始也快速生成 C_4AH_{13}，但接着就会与石膏（$CaSO_4 \cdot 2H_2O$）依下式反应：

$$C_4AH_{13}+3C\overline{S}H_2+14H =\!=\!= C_3A \cdot 3C\overline{S} \cdot H_{32}+CH$$

式中，$C\overline{S}H_2$ 表示石膏；$C_3A \cdot 3C\overline{S} \cdot H_{32}$ 表示三硫型硫铝酸钙，又称钙矾石，常以 AFt 相表示。

当 C_3A 尚未完全水化而石膏已经耗尽时，则 C_3A 水化所生成的 C_4AH_{13} 又能与先前生成的钙矾石依下式反应：

$$2C_4AH_{13}+C_3A \cdot 3C\overline{S} \cdot H_{32} =\!=\!= 3(C_3A \cdot C\overline{S} \cdot H_{12})+2CH+20H$$

式中，$C_3A \cdot C\overline{S} \cdot H_{12}$（或 $C_4A\overline{S}H_{12}$）表示单硫型水化硫铝酸钙，常以 AFm 相表示。

当石膏掺量极少，在所有钙矾石都转化成单硫型水化硫铝酸钙后，可能还有未水化 C_3A 剩余。在这种情况下，则会依下式反应：

$$C_3A+C_4A\overline{S}H_{12}+3CH+11H =\!=\!= 2C_3A(C\overline{S},CII)H_{12}$$

式中，$C_3A(C\overline{S}、CH)H_{12}$ 表示单硫型固溶体。

由上述可知，伴随实际参加反应的石膏量不同，C_3A 可能有各种不同的水化产物。

③ 铁铝酸四钙水化。铁铝酸四钙（C_4AF）的水化反应及其产物与 C_3A 极为相似，主要差别是水化产物中部分 Al_2O_3 被 Fe_2O_3 所置换，生成水化铝酸钙和水化铁酸钙的固溶体，其反应可用下式描述：

$$C_4AF + 13H \Longrightarrow C_4(A、F)H_{13}$$

式中，$C_4(A、F)H_{13}$ 表示水化铝酸钙和水化铁酸钙的固溶体。

在有石膏存在时，则会依下式反应：

$$C_4(A、F)H_{13} + 3C\bar{S}H_2 + 13H \Longrightarrow C_4(A、F) \cdot 3C\bar{S} \cdot H_{32}$$

式中，$C_4(A、F) \cdot 3C\bar{S} \cdot H_{32}$ 表示铁置换过的钙矾石型固溶体。

当 C_4AF 尚未完全水化而石膏已经耗尽时，则 C_4AF 水化所生成的 $C_4(A、F)H_{13}$ 又能与先前生成的钙矾石型固溶体依下式反应：

$$2C_4(A、F)H_{13} + C_4(A、F) \cdot 3C\bar{S} \cdot H_{32} \Longrightarrow 3C_4(A、F) \cdot C\bar{S} \cdot H_{12} + 22H$$

式中，$C_4(A、F) \cdot C\bar{S} \cdot H_{12}$ 表示单硫型水化硫铁铝酸钙。

当石膏掺量极少，在所有铁置换过的钙矾石型固溶体都转化成单硫型水化硫铁铝酸钙后，可能还有未水化 C_4AF 剩余。在这种情况下，则会依下式反应：

$$C_4AF + C_4(A、F) \cdot C\bar{S} \cdot H_{12} + CH + 12H \Longrightarrow 2C_4(A、F)(C\bar{S}、CH)H_{12}$$

式中，$C_4(A、F)(C\bar{S}、CH)H_{12}$ 表示铁置换过的单硫型固溶体。

2. 硅酸盐水泥的水化

（1）水泥的水化过程

水泥既含有上述各种矿物，又含有一定量的石膏和混合材，因此其水化反应较熟料单矿物水化反应复杂得多。根据已有的研究结果，可以对硅酸盐水泥的水化过程做以下描述。

如图 2-1 所示，水泥加水后，C_3A 立即水化，C_3S 和 C_4AF 也很快水化，而 C_2S 水化较

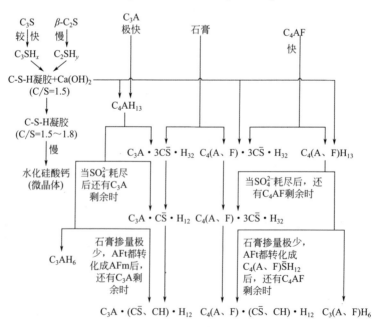

图 2-1　硅酸盐水泥的水化

慢。在电镜下观察，几分钟后可见在水泥颗粒表面生成钙矾石（AFt 相）针状晶体、无定形的水化硅酸钙以及 $Ca(OH)_2$ 或六方板状水化铝酸钙等晶体。钙矾石的不断生成，使液相中 SO_4^{2-} 离子逐渐减少并在耗尽之后就会有单硫型水化硫铝（铁）酸钙（AFm 相）出现。若石膏不足，还有 C_3A 或 C_4AF 剩余，则会生成单硫型水化物和 $C_4(A、F)H_{13}$ 的固溶体，甚至单独的 $C_4(A、F)H_{13}$，而后者再逐渐转变成稳定的等轴晶体 $C_3(A、F)H_6$。

根据硅酸盐水泥的水化放热曲线，可将水泥的水化过程简单地划分为如图 2-2 所示的几个阶段。

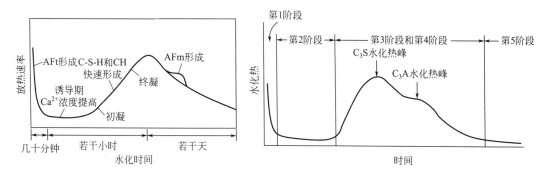

图 2-2　硅酸盐水泥的水化放热曲线

第 1 阶段为"湿热"或 C_3A、C_3S 的初始水化反应阶段；第 2 阶段为诱导期，对应于初凝；第 3 阶段为加速反应期，决定硬化的速度和终凝时间；第 4 阶段为减速期，决定获得早强的速度；第 5 阶段为比较缓慢、持久水化产物形成阶段，决定获得后期强度的速度

① 钙矾石形成期。C_3A 率先水化，在石膏存在条件下，迅速形成钙矾石，是导致第一放热峰出现的主要因素。

② C_3S 水化期。C_3S 迅速水化，大量放热，出现第二放热峰。有时会有第三放热峰或在第二放热峰上出现一个"峰肩"，一般认为是由钙矾石转化为单硫型水化硫铝（铁）酸钙而引起的。当然，C_2S 与铁铝酸四钙亦以不同程度参与了这两个阶段的反应，生成相应的水化产物。

③ 结构形成和发展期。放热速率很低，趋于稳定。随着各种水化产物的增多，填入原先由水所占据的空间，再逐渐连接，相互交织，发展成硬化的浆体结构。

综上，可以看出，熟料矿物或水泥的水化是一个极其复杂的反应过程。

（2）水泥凝结硬化机理

关于硅酸盐水泥的凝结硬化机理，曾提出下述理论或观点。

① 结晶理论。认为水泥中各熟料矿物首先溶解于水，与水反应，生成的水化产物由于溶解度小于反应物，所以就结晶沉淀出来。随后熟料矿物继续溶解，水化产物不断结晶沉淀，如此，溶解-结晶沉淀不断进行，伴随水化产物结晶沉淀的相互交联，水泥浆体凝结、硬化。

② 胶体理论。认为水泥水化后生成大量的胶体物质，而未水化的水泥颗粒继续水化产生"内吸作用"而失水，从而使胶体凝聚变硬。

此后，基于上述理论的认识，又提出水泥的凝结、硬化是一个凝聚-结晶三维网状结构的发展过程。

目前，对水泥凝结硬化机理的认识已基本趋于一致：水泥的初始水化主要受控于化学反应，当所生成的水化物包覆水泥颗粒后，反应历程又要受到离子通过水化物包覆层时扩散速率的影响。伴随水化反应的持续进行而生成的各种水化物，将逐渐填充原来由水所占据的空间，固体粒子逐渐靠近。由于钙矾石针状晶体的相互穿插搭接，特别是大量箔片状、纤维状C-S-H 的交叉攀附，从而使尚未完全水化的水泥颗粒以及水化物连接起来，构成一个三维空间牢固结合、密实的整体。

3. 硅酸盐水泥的基本性能及其影响因素

（1）凝结

水泥与水拌和后，其浆体的可塑性逐渐失去，开始凝结，到达"初凝"。接着就进入凝结阶段，继续变硬，待完全失去可塑性，有一定结构强度，即为"终凝"。

试验结果表明，水泥的矿物成分、颗粒组成以及水灰比等，都是影响水泥凝结时间的因素。

① 矿物成分。C_3A 水化最快，能在较短时间内生成足够量的水化产物，形成松散的网状结构，因此，C_3A 含量高的水泥，凝结时间短。但是水泥在粉磨时通常掺有石膏缓凝剂，因此其凝结时间在很大程度上又受到 C_3S 水化速度的制约。

此外，熟料内所含的 Na_2SO_4、K_2SO_4 以及含碱矿物，也能促进水泥的水化，使凝结时间不同程度缩短。

② 颗粒组成。颗粒组成即水泥的细度及粗细颗粒的级配。显然，水泥颗粒越细，其水化速度越快，凝结时间越短。在相同的比表面积时，颗粒级配差、颗粒分布差，则水泥的水化速度快，凝结时间短。

③ 水灰比。一般说来，水泥水化速度快会加速水泥的凝结过程。但是，水化和凝结并非等同，例如水灰比大，会加速水泥水化，但由于用水量增多后水泥颗粒间距大，网状凝聚结构较难形成，使凝结过程变慢。

值得注意的是，水泥水化过程中偶尔会出现一种不正常的早期固化、过早变硬或明显放热等现象，称之为假凝、闪凝或快凝。究其原因，详见第一章假凝、闪凝和快凝词条。

（2）强度

强度是评价水泥质量的最重要指标。矿物成分、颗粒组成、水灰比以及养护温度等是影响水泥强度的最重要因素。

① 矿物成分。表 2-2 给出了熟料各矿物的水泥石强度的一组试验数据，可以看出 C_3S 是水泥石强度的主要来源，C_2S 的水泥石早期强度低，但后期强度较高，C_4AF 对水泥石的早期强度和后期强度都有一定的贡献，而 C_3A 对水泥石的强度的影响较小。

表 2-2 水泥熟料各矿物的水泥石强度

矿物成分	抗压强度/MPa				
	3d	7d	28d	2 个月	6 个月
C_3S	29.6	32.0	49.6	55.6	62.6
C_2S	1.4	2.2	4.6	19.4	28.6
C_3A	6.0	5.2	4.0	8.0	8.0
C_4AF	15.4	16.8	18.6	16.6	19.6

由于水泥熟料中各矿物的水化是相互影响的，因而水泥熟料的水泥石各龄期强度并非该龄期熟料单矿物的水泥石强度的叠加。从表 2-3 给出的 C_3S/C_3A 对水泥石抗压强度的影响试验数据中可以看出，单矿物间的比例会对水泥石强度有明显的影响，尽管 C_3A 对强度的

影响较小，但熟料中含有适量的 C_3A 却可以使水泥石强度提高，特别是可以使早期强度有所提高。

表 2-3　熟料中 C_3S/C_3A 比值对水泥石抗压强度的影响

C_3S/C_3A	（抗压强度/MPa）/（相当于28d的强度/%）				
	3d	7d	28d	2个月	6个月
100/0	24.7/57	31.8/74	43.0/100	58.8/137	59.0/137
95/5	27.1/47	39.2/68	57.0/100	58.8/103	62.7/110
90/10	34.0/68	41.8/83	50.1/100	58.8/117	64.3/128
85/15	34.4/56	48.4/80	61.0/100	52.7/86	59.4/97
75/25	29.4/61	39.8/82	48.3/100	41.3/86	53.0/110
0/100	7.7/107	8.3/115	7.2/100	9.6/133	6.6/92

注：表中的分子与分母分别为 C_3S/C_3A 不同比值的水泥石龄期强度和龄期强度占28天强度的百分比。

此外，当水泥拌水后，熟料内的含碱矿物，也能迅速以 K^+、Na^+、OH^- 等离子的形式进入溶液，使水泥浆体 pH 值升高，Ca^{2+} 离子浓度减小，$Ca(OH)_2$ 的最大过饱和度也相应降低。因此，碱的存在会使 C_3S 等熟料矿物的水化速度加快，水泥石的早期强度提高，但28天及以后的强度则有所降低。另有研究表明，熟料中若含有适量的 P_2O_5、Cr_2O_3（0.2%～0.5%）或者 BaO、TiO_2、Mn_2O_3（0.5%～2.0%）等氧化物，并以固溶体的形式存在时，都能促进水泥的水化，提高早期强度。

②　颗粒组成。在相同水灰比条件下，水泥颗粒越细，其水化速度越快，因此水泥石的强度发展也越快。然而过细的水泥其颗粒分布狭窄，在相同的净浆流动度条件下，水泥的需水量必然增加，又将会导致水泥石密实度下降，影响水泥石强度。此外，水泥过细，也会对新拌水泥浆体的流动性产生不利影响。因此，水泥颗粒应有恰当的级配，既能保证水泥石强度正常增长，又能得到良好的流变性能。研究结果表明，水泥中 $3\sim30\mu m$ 的颗粒主要起强度增长作用，其中小于 $10\mu m$ 的颗粒主要起早强作用；大于 $60\mu m$ 的颗粒对强度影响作用不大，但能改善水泥浆体的流动性。据此，从强度角度考虑，水泥中 $3\sim30\mu m$ 的颗粒应当占90%以上。

③　水灰比。水灰比与水泥石的密实度密切相关。鲍维斯（Powers）提出用"胶空比"（X）来反映浆体的密实度。所谓"胶空比"是指水泥石中凝胶固相体积占水泥石总体积的比例，也就是凝胶体填充水泥石内原有孔隙的程度，即

$$X = \frac{凝胶体积}{水泥石总体积} = \frac{凝胶体积}{凝胶体积+毛细孔体积}$$

根据大量的试验结果，水泥浆体的强度（f）与胶空比（X）存在如下关系：

$$f = f_0 X^n \tag{2-1}$$

式中　f_0——毛细孔隙率为零（即 $X=1$）时的水泥浆体强度；

n——试验常数，与水泥种类以及试验条件有关，波动于 2.6～3.0 之间。

另外，胶空比与水灰比有如下关系：

$$X = \frac{凝胶体积}{水泥石总体积} = \frac{2.2C\alpha V_C}{C\alpha V_C+W} = \frac{0.704\alpha}{0.32\alpha+W/C} \tag{2-2}$$

式中　C——水泥质量；

W——水的质量；

V_C——水泥的比容，即单位质量水泥所占的绝对体积，一般取 $0.32m^3/g$；

α——水化程度。

因此，从式(2-2)可得出如下结论：在熟料矿物组成大致相近的条件下，水泥石的密实程度主要与水灰比和水化程度有关，且与水灰比成反比，即水灰比越大，水泥石密实度越小，水泥强度越低。

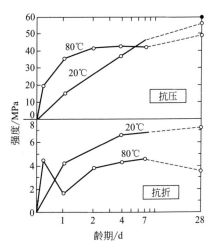

图 2-3　养护温度对水泥浆体
强度增长的影响

④ 养护温度。如图 2-3 所示，提高养护温度，水泥水化加速，强度在初期能较快发展，但后期强度发展有所降低，特别是抗折强度更为严重。相反，在较低温度下水化时，虽然强度发展缓慢，但可能获得较高的后期强度。这是因为在常温或较低温下，水化反应较慢，水化物有充分的时间，扩散于原始的水泥-水体系的空间，形成比较均匀的凝聚结构空间网；而高温时，不仅水泥颗粒早期就会被密集的凝胶产物包裹，致使水泥水化缓慢，而且也会因水化物不能充分扩散，导致凝聚结构空间网出现稀疏部位的弱点。

（3）水化热

影响水泥水化热的因素，除熟料矿物成分、颗粒组成外，还有熟料的煅烧和冷却条件等。

① 矿物成分。表 2-4 给出了熟料各矿物的水化热的一组实验数据，可以看出，C_3A 水化热最大，C_3S 次之，且这两种矿物水化放热速率快，3d 放热量分别达到其 28d 总放热量的 84% 和 86%，是决定水泥水化热的主要因素。而 C_2S 水化热最小，放热速率缓慢，3d 放热量仅为其 28d 总放热量的 43%。

表 2-4　水泥熟料各矿物的水化热

矿物成分	水化热/(kJ/kg)					
	3d[1]	7d	28d	3 个月	6 个月	1 年
C_3S	410/86	461	477	511	507	569
C_2S	80/43	75	184	230	222	260
C_3A	712/84	787	846	787	913	—
C_4AF	121/60	180	201	197	306	—

① 分子与分母分别为矿物 3d 放热量和 3d 放热量占 28d 总放热量的百分比。

由表 2-4 也可以看出，水泥水化热的释放周期虽然很长，但大部分热量是在 3d 以内释放。

对于水化热的测算，除了在混凝土施工中对混凝土温升进行实时测量外，也可按经验公式(2-3)进行理论计算。

$$Q_H = a(C_3S) + b(C_2S) + c(C_3A) + d(C_4AF) \qquad (2-3)$$

式中　　　　　Q_H——水泥水化热的龄期释放量，kJ/kg；

$a，b，c，d$——分别为 C_3S、C_2S、C_3A 与 C_4AF 矿物单独水化时的水化热，见表 2-4，kJ/kg；

$(C_3S)，(C_2S)，(C_3A)，(C_4AF)$——各矿物在水泥熟料组成中的百分比。

【例 2-1】　某一硅酸盐水泥熟料矿物成分 C_3S 为 45%，C_2S 为 25%，C_3A 为 10%，C_4AF 为 10%，计算龄期为 3d、28d 的水泥的水化热释放量。

解：计算如下

$$Q_{3d}=410\times45\%+80\times25\%+712\times10\%+121\times10\%=287.8(kJ/kg)$$

$$Q_{28d}=477\times45\%+184\times25\%+846\times10\%+201\times10\%=365.4(kJ/kg)$$

上述水化热计算公式的理论依据是"认为硅酸盐水泥的水化热具有加和性"，当然，这与实际不可能完全相符，因为没有考虑熟料矿物间的水化相互影响，计算结果仅能对水泥水化热做大致估计。

② 颗粒组成。水泥颗粒越细，颗粒分布越窄，其水化速度越快，水化热释放速率也越快，如图 2-4 所示。

此外，研究结果表明，水泥熟料的冷却条件对其水化热的影响较大，通常，急冷熟料的水化热大。因为急冷熟料的矿物结构处于热力学不稳定的高能量状态，而水化反应则是由这种高能量状态向稳定状态转变，将伴随以热的形式释放能量。

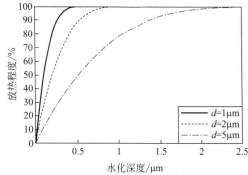

图 2-4　水泥颗粒粒径不同时放热速率示意图

（4）收缩

水泥水化常伴随发生硬化浆体的体积减小，即收缩。影响水泥水化收缩性能的因素主要有矿物成分、颗粒组成及外界环境条件（如温度、湿度变化以及大气作用）。

① 矿物成分。水泥水化过程中，熟料矿物转变为水化物，固相体积逐渐增加，但水泥-水体系的总体积却在不断缩小。由于这种体积减缩是化学反应所致，故称化学减缩。化学减缩量可以通过理论进行计算，以 C_3S 水化反应为例：

$$2(3CaO \cdot SiO_2)+6H_2O===3CaO \cdot 2SiO_2 \cdot 3H_2O+3Ca(OH)_2$$

密度（g/cm³）	3.14	1.00	2.44	2.23
物质的量（g/mol）	228.23	18.02	342.48	74.10
摩尔体积（cm³/mol）	72.71	18.02	140.40	33.23
占体系中体积（cm³）	145.42	108.12	140.40	99.69

由此可见，反应前体系总体积为 253.54cm³（即 145.42cm³＋108.12cm³），而反应后则为 240.09cm³（即 140.40cm³＋99.69cm³），体积减缩 13.45cm³（即 253.54cm³－240.09cm³），占水化反应前体系总体积的 5.31%。其他熟料矿物也都有不同程度的类似减缩，其大小顺序为 $C_3A>C_4AF>C_3S>C_2S$。尽管化学减缩会产生数值相当可观的孔隙，不过，随着水化反应的进行，化学减缩虽在相应增加，但固相产物却有较快增长，特别是膨胀型钙矾石的生成，水泥石的总孔隙率不断减少。

② 颗粒组成。颗粒组成对水泥收缩性能的影响，主要来自以下两方面原因：

a. 水泥颗粒细，或者水泥的颗粒分布狭窄时，水泥水化反应速度加快，由水泥水化反应而引起的化学减缩也必然加快。

b. 水泥颗粒细，或者水泥的颗粒分布狭窄时，在相同的净浆流动度条件下，水泥的需水量必然增加，从而可失去的水量会增大。若毛细孔水失水，毛细孔孔径就会变小，毛细管张力就会增大，由毛细管张力引起的收缩就会增大。

③ 外界环境条件。外界环境条件对水泥石收缩性能的影响，主要是指以下两种情况：

a. 温、湿度变化引起的干燥收缩。根据图 2-5 给出的温、湿度变化引起的硬化水泥石的干燥收缩曲线的斜率，可将干燥收缩过程分为四个阶段：

（a）第一阶段。相当于相对湿度为 100%～30%，此阶段水分损失约为 14.5%，收缩量约为 0.36%；

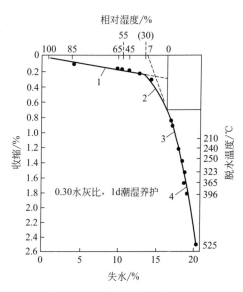

图 2-5　水泥石收缩与脱水时
湿度和温度的关系
（1、2、3、4 表示干燥收缩曲线的四个阶段）

（b）第二阶段。相当于相对湿度为 $30\% \sim 1\%$，此阶段水分损失约为 1.8%，收缩量约为 0.30%；

（c）第三阶段。相当于相对湿度为 1% 到脱水温度为 $200℃$，此阶段，水分损失约为 1%，收缩量约为 0.40%；

（d）第四阶段。相当于脱水温度从 $200 \sim 525℃$，此阶段水分损失约为 1.4%，收缩量为 1.40%。

这些试验数据表明，尽管每一阶段的水分损失逐渐减少，但引起的收缩量却逐渐增加，这意味着上述四个阶段的收缩机理不同。一般认为，第一阶段为毛细孔水失水，由毛细管张力引起收缩。第二阶段为凝胶失水，水泥凝胶具有巨大的比表面积，胶粒表面上的分子由于排列不规整，具有较高的表面能，胶粒表面所受到的张力极大，其作用如弹性薄膜，使胶粒受到相当大的压缩应力。因此，受湿时由于水分子的吸附，胶粒的表面张力降低，相应使所承受的压缩应力减小，体积就增大（湿胀），而干燥时则相反，即干缩。第三阶段为层间水和部分结晶水脱水，层间水的脱出，将使胶粒依靠范德华力而靠拢，结果产生收缩。第四阶段为化学结合水脱水。化学结合水也称结构水，它并不是真正的水分子，而是以 OH^- 离子的形式参与组成水化物的结晶结构，只有在较高温度下当晶格破坏时才能释放出来，因而由此产生的收缩变形更大。

b. 二氧化碳引起的碳化收缩。空气中的二氧化碳，在有水（汽）存在的条件下，会和水泥浆体内所含的氢氧化钙作用，生成碳酸钙和水，而其他水化产物也会与二氧化碳反应，即

$$Ca(OH)_2 + CO_2 + H_2O \Longrightarrow CaCO_3 + 2H_2O$$
$$3CaO \cdot 2SiO_2 \cdot 3H_2O + CO_2 \Longrightarrow CaCO_3 + 2(CaO \cdot SiO_2 \cdot H_2O) + H_2O$$
$$CaO \cdot SiO_2 \cdot H_2O + CO_2 \Longrightarrow CaCO_3 + SiO_2 \cdot H_2O$$

在上述反应的同时，硬化水泥浆体的体积减小，出现不可逆的碳化收缩。图 2-6 为在不同相对湿度下，硬化水泥砂浆的碳化收缩曲线。由图 2-6 可见，碳化收缩值相当可观，并随环境湿度变化较大。对于先干燥再碳化的水泥浆体，在环境相对湿度 50% 时碳化收缩最大；而干燥与碳化同时进行的，则在相对湿度 25% 左右具有最大的碳化收缩值。

研究结果表明，收缩是否引起硬化水泥浆体破坏，主要在于收缩的均匀性、硬化水泥浆体收缩与强度发展的协调性以及硬化水泥浆体的约束条件。剧烈而不均匀的收缩，收缩的发展比强度发展快以及约束条件下的收缩，都将会引起硬化水泥浆体的开裂。

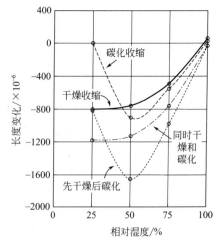

图 2-6　不同相对湿度下的硬化水泥
砂浆的干燥收缩与碳化收缩曲线

4. 通用硅酸盐水泥分类与技术要求

（1）分类

按混合材料的品种和掺量分为硅酸盐水泥、普通硅酸盐水泥、矿渣硅酸盐水泥、火山灰质硅酸盐水泥、粉煤灰硅酸盐水泥和复合硅酸盐水泥。各品种的组分和代号见表2-5～表2-7。

表 2-5　硅酸盐水泥的组分要求（GB 175）

品种	代号	组分（质量分数）/%		
		熟料＋石膏	粒化高炉矿渣	石灰石
硅酸盐水泥	P·I	100	—	—
	P·II	95～100	0～5	—
			—	0～5

表 2-6　普通硅酸盐水泥、矿渣硅酸盐水泥、粉煤灰硅酸盐水泥和
火山灰质硅酸盐水泥的组分要求（GB 175）

品种	代号	组分（质量分数）/%				替代组分
		主要组分				
		熟料＋石膏	粒化高炉矿渣	粉煤灰	火山灰质混合材料	
普通硅酸盐水泥	P·O	80～95	5～20①			0～5②
矿渣硅酸盐水泥	P·S·A	50～80	20～50	—	—	0～8③
	P·S·B	30～50	50～70	—	—	
粉煤灰硅酸盐水泥	P·F	60～80	—	20～40	—	0～5④
火山灰质硅酸盐水泥	P·P	60～80	—	—	20～40	

① 组分材料由符合标准规定的粒化高炉矿渣、粉煤灰、火山灰质混合材料组成。

② 替代组分为符合标准规定的石灰石、砂岩、窑灰中的一种材料。

③ 替代组分为符合标准规定的粉煤灰、火山灰、石灰石、砂岩、窑灰中的一种材料。

④ 替代组分为符合标准规定的石灰石。

表 2-7　复合硅酸盐水泥的组分要求（GB 175）

品种	代号	组分（质量分数）/%						替代组分
		主要组分						
		熟料＋石膏	粒化高炉矿渣	粉煤灰	火山灰质混合材料	石灰石	砂岩	
复合硅酸盐水泥	P·C	50～80	20～50①					0～8②

① 组分材料由符合标准规定的粒化高炉矿渣、粉煤灰、火山灰质混合材料、石灰石和砂岩中的三种（含）以上材料组成，其中石灰石和砂岩的总量小于水泥质量的20%。

② 替代组分为符合标准规定的窑灰。

（2）技术要求

① 化学要求。通用硅酸盐水泥的化学成分应符合表2-8的规定。

② 水泥中水溶性铬（VI）。水泥中水溶性铬（VI）含量不大于 $10.00mg/kg$。

③ 碱含量。水泥中的碱含量按 $Na_2O+0.658K_2O$ 计算值表示。当用户要求提供低碱水泥时，由买卖双方协商确定。

表 2-8　通用硅酸盐水泥的化学成分要求（GB 175）　　　　　单位：%

品种	代号	不溶物（质量分数）	烧失量（质量分数）	三氧化硫（质量分数）	氧化镁（质量分数）	氯离子（质量分数）
硅酸盐水泥	P·I	≤0.75	≤3.0	≤3.5	≤5.0	≤0.10①
	P·II	≤1.50	≤3.5			
普通硅酸盐水泥	P·O	—	≤5.0			
矿渣硅酸盐水泥	P·S·A	—	—	≤4.0	≤5.0	
	P·S·B	—	—		—	
火山灰质硅酸盐水泥	P·P	—	—	≤3.5	≤6.0	
粉煤灰硅酸盐水泥	P·F					
复合硅酸盐水泥	P·C					

① 当有更低要求时，由买卖双方协商确定。

④ 物理要求。

a. 凝结时间。硅酸盐水泥初凝时间不小于 45min，终凝时间不大于 390min。

普通硅酸盐水泥、矿渣硅酸盐水泥、火山灰质硅酸盐水泥、粉煤灰硅酸盐水泥和复合硅酸盐水泥初凝时间不小于 45min，终凝时间不大于 600min。

b. 安定性。沸煮法检验合格。压蒸安定性合格。

c. 细度。硅酸盐水泥细度以比表面积表示，不低于 300m²/kg，但不大于 400m²/kg；普通硅酸盐水泥、矿渣硅酸盐水泥、粉煤灰硅酸盐水泥、火山灰质硅酸盐水泥和复合硅酸盐水泥的细度以 45μm 方孔筛筛余表示，不小于 5%。有特殊要求时，供需双方协商确定。

⑤ 强度。硅酸盐水泥、普通硅酸盐水泥分为 42.5、42.5R、52.5、52.5R、62.5、62.5R 六个等级；矿渣硅酸盐水泥、粉煤灰硅酸盐水泥和火山灰质硅酸盐水泥分为 32.5、32.5R、42.5、42.5R、52.5、52.5R 六个等级；复合硅酸盐水泥分为 42.5、42.5R、52.5、52.5R 四个等级。通用硅酸盐水泥不同龄期强度应符合表 2-9 的规定。

表 2-9　通用硅酸盐水泥的强度等级及龄期强度（GB 175）

强度等级	抗压强度/MPa		抗折强度/MPa	
	3d	28d	3d	28d
32.5	≥12.0	≥32.5	≥3.0	≥5.5
32.5R	≥17.0		≥4.0	
42.5	≥17.0	≥42.5	≥4.0	≥6.5
42.5R	≥22.0		≥4.5	
52.5	≥22.0	≥52.5	≥4.5	≥7.0
52.5R	≥27.0		≥5.0	
62.5	≥27.0	≥62.5	≥5.0	≥8.0
62.5R	≥32.0		≥5.5	

⑥ 放射性。放射性比活度应同时满足内照射指数不大于 1.0，外照射指数不大于 1.0。

5. 通用硅酸盐水泥品种对混凝土性能的影响

对于未掺或少掺混合材的硅酸盐水泥和普通硅酸盐水泥，其水化过程即为熟料或水泥的水化过程，前面已经论及；对于混合材掺量较大的矿渣、火山灰质、粉煤灰和复合硅酸盐水泥，其水化反应可视为由熟料的水化反应和混合材的火山灰反应两类反应组成。所谓混合材的火山灰反应，是指混合材中的活性组分 SiO_2 和 Al_2O_3 与水泥熟料水化后生成的 $Ca(OH)_2$ 发生反应，生成低碱度的水化硅酸钙和水化铝酸钙等水化产物。当有余量石膏存在时，也可以生成水化硫铝酸钙等水化产物。掺混合材水泥水化的两个反应并非孤立，而是互为条件，相互影响而共存。由于这类水泥的水化行为不等同于硅酸盐水泥和普通硅酸盐水泥的水化行为，加之混合材自身特性（粒形、孔结构等），都会导致用这类水泥和用硅酸盐水泥、普通硅酸盐水泥配制的混凝土的性能有所不同，了解和掌握这些不同之处，对合理选用水泥品种，保证混凝土工程质量尤为重要。

（1）对新拌混凝土性能的影响

混合材多为疏松多孔结构，且机械粉磨时其表面积增加，因而，用混合材掺量较大的这类硅酸盐水泥配制混凝土时，常常表现为在相同的流动性条件下，需水量有所增加。尤其是采用含碳量较高的粉煤灰为混合材时，需水量增加会更明显。

由于矿渣颗粒表面的憎水性，因此，矿渣硅酸盐水泥的保水性能较其他品种水泥差，用其配制混凝土时，易产生泌水。与此相反，当采用内比表面积较大的多孔结构的矿物质（如沸石）作为混合材的火山灰质硅酸盐水泥来配制混凝土时，其保水性好。

由于矿渣活性远低于水泥熟料，其他混合材的火山灰反应也缓慢，因此，用矿渣硅酸盐水泥、火山灰质硅酸盐水泥和粉煤灰硅酸盐水泥配制的混凝土其凝结时间（初、终凝）较长些。

此外，这类水泥其水化速度缓慢，因此，其水化热低，放热速度缓慢，这对大体积混凝土极其有利。

（2）对硬化混凝土性能的影响

采用矿渣硅酸盐水泥、火山灰质硅酸盐水泥、粉煤灰硅酸盐水泥和复合硅酸盐水泥配制的混凝土其早期强度低，抗冻性差，而后期强度不一定低。

由于火山灰质硅酸盐水泥、粉煤灰硅酸盐水泥需水量大，因而，所配制的混凝土的干缩变形也较大，如养护不当，很容易产生早期开裂。

一般来说，矿渣硅酸盐水泥和粉煤灰硅酸盐水泥配制的混凝土由于泌水性大，因而抗渗性差，但均具有较好的抗环境介质侵蚀性，因为在这类水泥石中，游离的 $Ca(OH)_2$ 和水化铝酸钙含量少，因而表现出较强的抗淡水溶出性侵蚀能力和抗硫酸盐侵蚀能力。

由于混合材对碱-骨料反应都有一定的抑制作用，因而用这类水泥配制的混凝土一般都具有较好的抗碱-骨料反应的能力。

值得注意的是，由于在这类水泥石中，$Ca(OH)_2$ 较少，因而其混凝土对酸性水和镁盐侵蚀的抵抗能力较差，抗碳化性差。

综上，将通用硅酸盐水泥中的六类品种水泥的组成、性质及应用特点概括在表 2-10 中，供在商品混凝土应用中作参考。

二、其他品种水泥

对于某些特殊工程，如：耐热、耐火、抢建、抢修、低温、抗渗及补偿收缩等混凝土工程，需要采用某些特性的水泥。

1. 铝酸盐水泥

现行国家标准《铝酸盐水泥》（GB/T 201）给出的定义是：由铝酸盐水泥熟料磨细制成的水硬性胶凝材料，称为铝酸盐水泥，代号为 CA。按水泥中 Al_2O_3 含量（质量分数）分为 CA50、CA60、CA70 和 CA80 四个品种，各品种作如下规定：

表 2-10　六类品种水泥的组成、性质和应用特点

项目		硅酸盐水泥	普通硅酸盐水泥	矿渣硅酸盐水泥	火山灰质硅酸盐水泥	粉煤灰硅酸盐水泥	复合硅酸盐水泥
组成	组分	硅酸盐水泥熟料，无或很少量(0~5%)粒化高炉矿渣或石灰石，适量石膏	硅酸盐水泥熟料，少量(5%~20%)粒化高炉矿渣、粉煤灰、火山灰质混合材料，适量石膏	硅酸盐水泥熟料，大量(20%~70%)粒化高炉矿渣，适量石膏	硅酸盐水泥熟料，大量(20%~40%)火山灰质混合材料，适量石膏	硅酸盐水泥熟料，大量(20%~40%)粉煤灰，适量石膏	硅酸盐水泥熟料，大量(20%~50%)的两种或两种以上规定的混合材料，适量石膏
	共同点	硅酸盐水泥熟料、适量石膏					
	不同点	无或很少量的混合材料(粒化高炉矿渣或石灰石)	少量混合材料(粉煤灰)	大量活性混合材料(化学组成或化学活性基本相同)			大量活性或非活性混合材料
				粒化高炉矿渣	火山灰质混合材料	粉煤灰	两种以上活性或非活性混合材料
性质		1. 早期、后期强度高　2. 耐腐蚀性差　3. 水化热大　4. 抗碳化性好　5. 抗冻性好　6. 耐磨性好　7. 耐热性差　8. 抗渗性好	1. 早期强度稍低，后期强度高　2. 耐腐蚀性稍好　3. 水化热略小　4. 抗碳化性好　5. 抗冻性好　6. 耐磨性较好　7. 耐热性稍好　8. 抗渗性好	早期强度低，后期强度不一定低			
				1. 早期强度高；2. 对温度敏感，适合高温养护；3. 耐腐蚀性好；4. 水化热小；5. 抗冻性较差；6. 抗碳化性较差；7. 抗碱-骨料反应好		
				1. 泌水性大、抗渗性差　2. 干缩较大　3. 耐热性较好	1. 保水性好、抗渗性好　2. 干缩大　3. 耐磨性差	1. 泌水性大(快)，易产生失水裂纹，抗渗性差　2. 干缩较大　3. 耐磨性差	干缩较大，其他性质因混合材料不同而异
应用	优先使用	早期强度要求高的混凝土，有耐磨要求的混凝土，严寒地区反复遭受冻融作用的混凝土，抗碳化性要求高的混凝土，掺混合材料的混凝土		水下混凝土，海港混凝土，大体积混凝土，耐腐蚀性要求较高的混凝土，高温下养护的混凝土			
		高强度混凝土	普通气候及干燥环境中的混凝土，有抗渗要求的混凝土，受干湿交替作用的混凝土	有耐热要求的混凝土	有抗渗要求的混凝土	受载较晚的混凝土	普通气候及干燥环境中的混凝土
	可以使用	一般工程	高强度混凝土，水下混凝土，高温养护混凝土，耐热混凝土	普通气候环境中的混凝土			
				有耐磨性要求的混凝土			
	不宜或不得使用	大体积混凝土，耐腐蚀性要求较高的混凝土		早期强度要求较高的混凝土，低温或冬季施工混凝土			—
				防冻性要求较高的混凝土，抗碳化要求较高的混凝土，掺混合材料的混凝土，低温或冬季施工混凝土			—
		耐热混凝土、高温养护混凝土	—	抗渗要求高的混凝土	干燥环境中的混凝土，有耐磨要求的混凝土		—
					—	有抗渗要求的混凝土	—

① CA50　$50\% \leqslant w(Al_2O_3) < 60\%$，该品种根据强度分为 CA50-Ⅰ、CA50-Ⅱ、CA50-Ⅲ 和 CA50-Ⅳ。

② CA60　$60\% \leqslant w(Al_2O_3) < 68\%$，该品种根据主要矿物组成分为 CA60-Ⅰ（以铝酸一钙为主）和 CA60-Ⅱ（以二铝酸一钙为主）。

③ CA70　$68\% \leqslant w(Al_2O_3) < 77\%$。

④ CA80　$w(Al_2O_3) \geqslant 77\%$。

铝酸盐水泥熟料是以钙质和铝质材料为主要原料，按适当比例配制成生料，煅烧完全或部分熔融，并经冷却所得以铝酸钙为主要矿物组成的产物。

铝酸盐水泥熟料的主要化学成分为氧化铝、氧化钙、氧化硅、氧化铁及少量的碱。其中，氧化铝是保证生成低碱性铝酸钙的基本成分；氧化钙是保证生成铝酸钙的基本成分；适量的氧化硅能促使生料更均匀烧结，加速矿物形成或使熔融均匀。

铝酸盐水泥的主要矿物组成如下：

① 铝酸一钙（CA）　具有很高的水硬活性，凝结正常，硬化迅速，是铝酸盐水泥强度的主要来源。

② 二铝酸一钙（CA_2）　其水化硬化较慢，早期强度低，但后期强度能不断提高。

③ 七铝酸十二钙（$C_{12}A_7$）　其水化极快，但强度不高。

④ 铝方柱石（C_2AS）　水化活性很低。

铝酸盐水泥的水化主要是铝酸一钙（CA）的水化，其水化产物与温度有关，当温度 $T \leqslant 20℃$ 时，水化产物为 CAH_{10}；当 $20℃ \leqslant T \leqslant 30℃$ 时，水化产物为 C_2AH_8；当 $T \geqslant 30℃$ 时，水化产物为 C_3AH_6。水化产物 CAH_{10}、C_2AH_8 都属六方晶系，常呈片状和针状，互相交错搭接，可形成坚强的结晶联生体，又填充于晶体骨架的空隙，形成比较致密的结构，能使水泥早期就获得很高的机械强度。

各类型铝酸盐水泥各龄期强度指标应符合表 2-11 的规定。

表 2-11　铝酸盐水泥各龄期强度（GB/T 201）

类型		抗压强度/MPa				抗折强度/MPa			
		6h	1d	3d	28d	6h	1d	3d	28d
CA50	CA50-Ⅰ	≥20[①]	≥40	≥50	—	≥3.0[①]	≥5.5	≥6.5	—
	CA50-Ⅱ		≥50	≥60	—		≥6.5	≥7.5	—
	CA50-Ⅲ		≥60	≥70	—		≥7.5	≥8.5	—
	CA50-Ⅳ		≥70	≥80	—		≥8.5	≥9.5	—
CA60	CA60-Ⅰ	—	≥65	≥85	—	—	≥7.0	≥10.0	—
	CA60-Ⅱ	—	≥20	≥45	≥85	—	≥2.5	≥5.0	≥10.0
CA70		—	≥30	≥40	—	—	≥5.0	≥6.0	—
CA80		—	≥25	≥30	—	—	≥4.0	≥5.0	—

① 用户需求时，生产厂家应提供结果。

铝酸盐水泥具有较好的抗环境介质侵蚀性，对海水、碳酸水、稀酸等均具有较好的稳定性。

铝酸盐水泥水化热大，发热量集中，故不宜用于大体积混凝土工程；又由于 CAH_{10}、C_2AH_8 都是亚稳相，要逐渐转化为稳定的 C_3AH_6，因此，其长期强度不稳定，尤其在湿热环境下易倒缩，故不宜用于永久承重结构混凝土工程。

此外，铝酸盐水泥具有一定的耐高温性能，低温下（如－10℃）也有很好的硬化性能。

铝酸盐水泥主要用于抢建、抢修、抗硫酸盐侵蚀和冬季施工等特殊需要工程；配制不定型耐火和耐热混凝土；配制膨胀水泥和自应力水泥。

值得注意的是，铝酸盐水泥与硅酸盐水泥或石灰相混不但产生闪凝，而且由于生成高碱性的水化铝酸钙，使混凝土开裂，甚至破坏。因此，施工时除不得与石灰或硅酸盐水泥混合外，也不得与未硬化的硅酸盐水泥接触使用。

2. 硫铝酸盐水泥

现行国家标准《硫铝酸盐水泥》（GB 20472）给出的定义是：以适当成分的生料，经煅烧所得以无水硫铝酸钙和硅酸二钙为主要矿物成分的水泥熟料掺加不同量的石灰石、适量石膏共同磨细制成，具有水硬性的胶凝材料。

硫铝酸盐水泥分为快硬硫铝酸盐水泥、低碱度硫铝酸盐水泥和自应力硫铝酸盐水泥。

（1）快硬硫铝酸盐水泥

由适当成分的硫铝酸盐水泥熟料和少量石灰石（掺加量应不大于水泥质量的15％）、适量石膏共同磨细制成的，早期强度高的水硬性胶凝材料即快硬硫铝酸盐水泥，代号 R·SAC。

快硬硫铝酸盐水泥以 3 天抗压强度分为 42.5、52.5、62.5 和 72.5 四个强度等级，各强度等级水泥的抗压、抗折强度见表 2-12，其他技术要求见表 2-13。

表 2-12　各强度等级快硬硫铝酸盐水泥的强度指标（GB/T 20472）

强度等级	抗压强度/MPa			抗折强度/MPa		
	1d	3d	28d	1d	3d	28d
42.5	≥30.0	≥42.5	≥45.0	≥6.0	≥6.5	≥7.0
52.5	≥40.0	≥52.5	≥55.0	≥6.5	≥7.0	≥7.5
62.5	≥50.0	≥62.5	≥65.0	≥7.0	≥7.5	≥8.0
72.5	≥55.0	≥72.5	≥75.0	≥7.5	≥8.0	≥8.5

表 2-13　硫铝酸盐水泥物理性能、碱度和碱含量指标要求（GB/T 20472）

项目			指标		
			快硬硫铝酸盐水泥	低碱度硫铝酸盐水泥	自应力硫铝酸盐水泥
比表面积/(m²/kg)		≥	350	400	370
凝结时间[①]/min	初凝	≤	25		40
	终凝	≥	180		240
碱度(pH 值)		≤	—	10.5	—
28d 自由膨胀率/%			—	0.00～0.15	—
自由膨胀率/%	7d	≤	—	—	1.30
	28d	≤	—	—	1.75
水泥中的碱含量(Na₂O＋0.658 K₂O)/%		<	—	—	0.50
28d 自应力增进率/(MPa/d)		≤	—	—	0.010

① 用户要求时，可以变动。

快硬硫铝酸盐水泥的主要特点是凝结快、膨胀快、早期强度高。

其适用于配制早强、高强混凝土，用于抢修工程、快速施工工程、低温工程及地下工程。因水化热大，发热量集中，不宜用于大体积混凝土工程。

（2）低碱度硫铝酸盐水泥

由适当成分的硫铝酸盐水泥熟料和较多量石灰石（掺加量应不小于水泥质量的 15%，且不大于水泥质量的 35%）、适量石膏共同磨细制成的，碱度低的水硬性胶凝材料即低碱度硫铝酸盐水泥，代号 L·SAC。

低碱度硫铝酸盐水泥以 7 天抗压强度分为 32.5、42.5 和 52.5 三个强度等级，各强度等级水泥的抗压、抗折强度见表 2-14，其他技术要求见表 2-13。

表 2-14 各强度等级低碱度硫铝酸盐水泥的强度指标（GB/T 20472）

强度等级	抗压强度/MPa		抗折强度/MPa	
	1d	7d	1d	7d
32.5	≥25.0	≥32.5	≥3.5	≥5.0
42.5	≥30.0	≥42.5	≥4.0	≥5.5
52.5	≥40.0	≥52.5	≥4.5	≥6.0

低碱度硫铝酸盐水泥主要用于制作玻璃纤维增强水泥制品（GRC），用于配有钢纤维、钢筋、钢丝网、钢埋件等混凝土制品和结构时，所用钢材应为不锈钢。

（3）自应力硫铝酸盐水泥

由适当成分的硫铝酸盐水泥熟料加入适量石膏磨细制成的具有膨胀性的水硬性胶凝材料即自应力硫铝酸盐水泥，代号 S·SAC。

自应力硫铝酸盐水泥所有自应力等级的水泥抗压强度 7 天不小于 32.5MPa，28 天不小于 42.5MPa。

自应力硫铝酸盐水泥以 28 天自应力值分为 3.0、3.5、4.0 和 4.5 四个自应力等级，各自应力等级水泥的自应力值见表 2-15，其他技术要求见表 2-13。

表 2-15 自应力硫铝酸盐水泥各龄期自应力值指标（GB/T 20472）　单位：MPa

级别	7d	28d	
	≥	≥	≤
3.0	2.0	3.0	4.0
3.5	2.5	3.5	4.5
4.0	3.0	4.0	5.0
4.5	3.5	4.5	5.5

自应力硫铝酸盐水泥的主要特点是水泥水化所形成的水化产物绝大部分是钙矾石，因而不仅具有较大的膨胀应力值，而且具有较高的早期强度和后期强度，主要用于配制抗渗、气密、抗冻以及补偿收缩混凝土。

3. 硫铝酸钙改性硅酸盐水泥

现行行业标准《硫铝酸钙改性硅酸盐水泥》（JC/T 1099）给出的定义是：以含少量无水硫铝酸钙的硅酸盐水泥熟料，与规定的混合材料和适量石膏，共同磨细制成的具有早强微膨胀性的水硬性胶凝材料，称为硫铝酸钙改性硅酸盐水泥，代号 S. M. P.。

硫铝酸钙改性硅酸盐水泥组分应符合表 2-16 的规定。

表 2-16　硫铝酸钙改性硅酸盐水泥组分（JC/T 1099）　　　单位：％

品种	代号	组分		
		熟料＋石膏	粒化高炉矿渣	粉煤灰
硫铝酸钙改性硅酸盐水泥	S. M. P.	＞50 且≤80	＞20 且≤50①	—
			—	＞20 且≤35②
			＞20 且≤50①②	

① 可用不超过水泥质量 8％且符合 GB/T 2847 规定的火山灰质混合材或三氧化二铝含量不大于 2.5％的石灰石代替。
② 其中粉煤灰不得大于 35％。

不同强度等级硫铝酸钙改性硅酸盐水泥各龄期的强度与线膨胀率应符合表 2-17 的规定。

表 2-17　硫铝酸钙改性硅酸盐水泥各龄期的强度与线膨胀率（JC/T 1099）

强度等级	抗折强度/MPa		抗压强度/MPa		线膨胀率/％		
	3d	28d	3d	28d	1d	7d	28d
32.5	≥2.5	≥5.5	≥12.0	≥32.5	不小于 0.05	不小于 0.10	不大于 0.60
32.5R	≥3.5		≥17.0				
42.5	≥3.5	≥6.5	≥17.0	≥42.5			
42.5R	≥4.0		≥22.0				
52.5	≥4.0	≥7.0	≥23.0	≥52.5			
52.5R	≥5.0		≥27.0				

硫铝酸钙改性硅酸盐水泥的矿物组成的一般范围是：硅酸三钙（C_3S）30％～60％、硅酸二钙（C_2S）10％～30％、硫铝酸钙（$C_4A_3\bar{S}$）5％～10％、铁铝酸四钙（C_4AF）少于 10％以及少量的铝酸三钙（C_3A）和硫酸钙（$CaSO_4$）。

硫铝酸钙改性硅酸盐水泥既具有硅酸盐水泥的优良性能，又具有硫铝酸盐水泥水化硬化快、早期强度高、水化硬化时微膨胀、体积稳定性好等特点。目前，已在道路、桥梁、港口码头等基础建设中得到广泛应用。

第二节　骨　　料

骨料又称集料，是在混凝土或砂浆中起骨架和填充作用的岩石颗粒等粒状松散材料。

一、骨料分类

通常，骨料可根据其颗粒粒径大小、密度和形成过程进行以下分类。

1. 根据颗粒粒径大小

（1）细骨料

粒径小于等于 4.75mm 的骨料。普通细骨料又叫作砂。

（2）粗骨料

粒径大于 4.75mm 的骨料。普通粗骨料又叫作石子。

2. 根据密度

（1）轻骨料

堆积密度不大于 1200kg/m³ 的骨料，如：浮石、陶粒等。其中，堆积密度不大于 500kg/m³

的骨料，称为超轻骨料；密度等级为 600、700、800、900，筒压强度和强度标号对应达到 4.0MPa 和 25、5.0MPa 和 30、6.0MPa 和 35、6.5MPa 和 40 的骨料，称为高强轻骨料。

（2）普通骨料

表观密度在 $2500\sim3000kg/m^3$ 范围的骨料，如：砂，其表观密度不小于 $2500kg/m^3$，松散堆积密度不小于 $1400kg/m^3$；石，其表观密度不小于 $2600kg/m^3$。

（3）重骨料

表观密度大于 $3000kg/m^3$ 的骨料，如：重晶石等。

3. 根据形成过程

（1）天然骨料

由天然岩石经机械破碎而成，或经自然条件风化、磨蚀而成的骨料统称为天然骨料。其中，经机械破碎的粗骨料，又称碎石、碎卵石；经机械破碎的细骨料，又称人工砂；经自然风化的骨料依其粒径大小分别称为砂或卵石。

（2）人造骨料

由工业化生产的骨料，如：页岩陶粒、粉煤灰陶粒等。其中，利用废弃混凝土或碎砖等生产的骨料，又称为再生骨料。

二、骨料作用

骨料在混凝土中既具有技术作用又具有经济作用。

1. 骨架增强

对于普通混凝土，骨料的强度远比硬化水泥石的强度高。混凝土试件在单向压力荷载作用下，当荷载达到极限荷载的 $50\%\sim70\%$ 时，在水泥石与粗骨料界面处出现裂缝，裂缝形成时的应力虽然大多取决于粗骨料的表面状况，但也会有相当一部分应力由骨料承担。而对于高强度混凝土，混凝土试件在单向压力荷载作用下，相当一部分粗骨料将会发生断裂破坏，破坏应力主要由粗骨料来承担。可见，骨料在混凝土中起到了骨架增强的作用。

2. 增加体积稳定性

混凝土中发生干缩变形的主要组分是水泥石，而骨料能起到限制水泥石收缩的作用，其弹性模量越高，对水泥石收缩的限制程度越大。此外，由于骨料的徐变很小，因而也会对水泥石徐变产生较大的约束作用，这种约束作用也会随着骨料弹性模量增大而增加。可见，骨料有利于增加混凝土的体积稳定性。

3. 调整混凝土密度

由于骨料约占混凝土总体积的 3/4 以上，因此，混凝土密度主要取决于骨料的密度。例如，采用轻骨料可配制干表观密度不大于 $1950kg/m^3$ 的轻质混凝土；采用普通骨料可配制干表观密度 $2000\sim2800kg/m^3$ 的普通混凝土；而采用重骨料则可配制干表观密度大于 $2800kg/m^3$ 的重质混凝土。

4. 降低成本

骨料是混凝土组成材料中除水以外价格最便宜的材料，因此，在单方混凝土中骨料所占比例越大，混凝土的成本也就越低。

三、骨料的主要技术性质

1. 密度

（1）表观密度

骨料颗粒单位体积（包括内封闭孔隙）的质量，定义式如下：

$$\rho = \frac{m}{v} \qquad (2-4)$$

式中　ρ——骨料的表观密度，kg/m^3；

　　　m——骨料的绝干或饱和面干质量，kg；

　　　v——骨料颗粒单位体积，m^3。

测定骨料的表观密度 ρ 时，直接采用排水法测定骨料的体积 V。根据骨料试样质量计量方法的不同，可有两种不同的骨料表观密度。一种是以干燥骨料（烘干至恒重）的试样质量作为计算基准的绝干表观密度，另一种是以饱和面干状态骨料的试样质量作为计算基准的饱和面干表观密度。事实上，后者更适合于商品混凝土的配合比计算，因为骨料（多孔轻骨料除外）孔隙中的水不会影响新拌混凝土的水胶比；反之，干燥骨料在混凝土混合料中却要吸收水分，影响水胶比。

（2）堆积密度

骨料在堆积状态下，单位体积的质量称为堆积密度，定义式如下：

$$\rho' = \frac{m'}{v'} \qquad (2-5)$$

式中　ρ'——骨料的堆积密度，kg/m^3；

　　　m'——骨料在自然堆积状态下的质量，kg；

　　　v'——骨料在自然堆积状态下的体积，m^3。

骨料的堆积密度反映了骨料在堆积状态下的空隙率，它取决于骨料堆积的紧密程度（即捣实方法）以及骨料的颗粒形状和粒径分布。单一粒径的骨料只能堆紧到一定的极限程度，而不同粒径的骨料颗粒才有可能使小的颗粒填充到大颗粒间的空隙中，使堆积密度增加。根据捣实方法不同，骨料的堆积密度可分为松散堆积密度和紧密堆积密度。

2. 骨料空隙率

即骨料在堆积状态下，颗粒间空隙的体积 V_v 占堆积体积 v' 的百分率。定义式如下：

$$P = \frac{V_v}{v'} \qquad (2-6)$$

式中　P——骨料的空隙率，%。

由于骨料的堆积密度分为松散堆积密度和紧密堆积密度，因而相应地也可以得到松散状态空隙率和紧密状态空隙率。

在配制混凝土时，选用空隙率小的粗、细骨料有利于节约水泥和改善混凝土的性能。

3. 骨料级配

骨料级配即组成骨料的不同粒径颗粒的比例关系，它表征骨料中各级粒径颗粒的分布情况。骨料的级配对新拌与硬化混凝土的性能有着不可忽视的重要影响。

（1）细骨料级配

细骨料的级配可通过筛析试验确定。根据现行国家标准《建设用砂》（GB/T 14684），筛分析是用一套规格为 $150\mu m$、$300\mu m$、$600\mu m$、$1.18mm$、$2.36mm$、$4.75mm$ 及 $9.50mm$ 的标准方孔筛，将 $500g$ 干砂由粗到细依次过筛，称量各筛上的筛余量（g），计算各筛上的分计筛余百分率（%），再计算累计筛余百分率（%）。

现行行业标准《普通混凝土用砂、石质量及检验方法标准》（JGJ 52）采用的方孔筛筛孔边长与国家标准 GB/T 14684 相同，但砂的公称粒径和筛孔的公称直径均表述为 $5.00mm$、$2.50mm$、$1.25mm$、$630\mu m$、$315\mu m$、$160\mu m$ 及 $80\mu m$。两个标准的测试和计算方法均相同。目前，混凝土行业多习惯采用 JGJ 52 标准。

分计筛余百分率，即某号筛上的筛余量占试样总质量的百分率；累计筛余百分率，即某号筛的分计筛余百分率和大于该号筛的各筛分计筛余百分率的总和；通过百分率，即通过某号筛的质量占试样总质量的百分率，即 100 与某号筛的累计筛余之差。

细骨料粗细程度的表示方法有三种，即级配曲线法、细度模数法和平均粒径法。

① 级配曲线法　是以筛孔尺寸为横坐标，累计筛余百分率（％）为纵坐标，将细骨料筛分后计算出的累计筛余百分率绘制成级配曲线，如图 2-7 所示。级配曲线法可以直观地判断出细骨料的粗细程度、级配是否符合要求以及哪些细骨料偏多或偏少，有助于调整细骨料的级配。根据 JGJ 52 的规定，砂的级配划分为三个区段，如表 2-18 所示，Ⅰ 区属于粗砂或中粗砂；Ⅱ 区基本属于中砂；Ⅲ 区基本属于细砂。凡级配曲线能落在上述各区域内的砂都是适宜的。

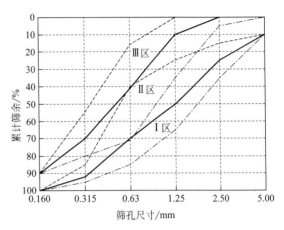

图 2-7　细骨料级配区筛分曲线

表 2-18　细骨料颗粒级配区（JGJ 52）

级配区 公称粒径	累计筛余/%		
	Ⅰ 区	Ⅱ 区	Ⅲ 区
5.00mm	10～0	10～0	10～0
2.50mm	35～5	25～0	15～0
1.25mm	65～35	50～10	25～0
630μm	85～71	70～41	40～16
315μm	95～80	92～70	85～55
160μm	100～90	100～90	100～90

② 细度模数法　是细骨料粒径分布的一个重要参数，定义为各号筛上的累计筛余百分数的总和，即

$$M_x = \sum A_i \qquad (2\text{-}7)$$

式中　M_x——细度模数；

A_i——各号筛上的累计筛余，％。

根据细骨料的定义，5mm 筛上的筛余部分不属于细骨料的范围，因此，各号筛上的累计筛余必须扣除 5mm 筛上的筛余，即

$$M_x = \frac{(\beta_2 + \beta_3 + \beta_4 + \beta_5 + \beta_6) - 5\beta_1}{100 - \beta_1} \qquad (2\text{-}8)$$

式中，β_1、β_2、β_3、β_4、β_5、β_6 分别为 5.00mm、2.50mm、1.25mm、630μm、315μm、160μm 各筛上的累计筛余百分数。

细度模数越大，表示细骨料越粗。根据 JGJ 52 的规定，按细度模数，将砂分为粗砂、中砂、细砂和特细砂。

$M_x=3.7\sim3.1$，粗砂；$M_x=3.0\sim2.3$，中砂；$M_x=2.2\sim1.6$，细砂；$M_x=1.5\sim0.7$，特细砂。

③ 平均粒径法　细骨料的平均粒径可用式(2-9)计算：

$$d_a=\frac{1}{2}\sqrt[3]{\frac{\sum a_i}{11a_{0.16}+1.37a_{0.315}+0.171a_{0.63}+0.02a_{1.25}+0.024a_{2.5}}} \tag{2-9}$$

式中　　　　　　　　　d_a——细骨料的平均粒径，mm；

$a_{0.16}$，$a_{0.315}$，$a_{0.63}$，$a_{1.25}$，$a_{2.5}$——分别为筛孔尺寸160μm、315μm、630μm、1.25mm、2.5mm筛上的分计筛余，%；

$\sum a_i$——$a_{0.16}$、$a_{0.315}$、$a_{0.63}$、$a_{1.25}$、$a_{2.5}$之和。

按平均粒径，砂可分为：

$d_a\geqslant0.5$mm，粗砂；$d_a=0.35\sim0.49$mm，中砂；$d_a=0.29\sim0.34$mm，细砂。

【例2-2】　某砂样质量（m）500g，筛分析结果如表2-19所示，计算该砂的细度模数。

表2-19　砂样（500g）筛分析结果

筛孔尺寸	5.00mm	2.50mm	1.25mm	630μm	315μm	160μm	<160μm
筛余量/g	24	67	82	103	117	101	6

解：① 分计筛余和累计筛余计算结果如表2-20所示。

表2-20　砂样分计筛余和累计筛余计算结果

筛孔尺寸	筛余量/g	分计筛余	累计筛余/%
5.00mm	$m_1=24$	$a_1=m_1/m=24/500=4.8\%$	$\beta_1=a_1=4.8$
2.50mm	$m_2=67$	$a_2=m_2/m=67/500=13.4\%$	$\beta_2=\beta_1+a_2=18.2$
1.25mm	$m_3=82$	$a_3=m_3/m=82/500=16.4\%$	$\beta_3=\beta_2+a_3=34.6$
630μm	$m_4=103$	$a_4=m_4/m=103/500=20.6\%$	$\beta_4=\beta_3+a_4=55.2$
315μm	$m_5=117$	$a_5=m_5/m=117/500=23.4\%$	$\beta_5=\beta_4+a_5=78.6$
160μm	$m_6=101$	$a_6=m_6/m=101/500=20.2\%$	$\beta_6=\beta_5+a_6=98.8$

② 细度模数计算如下：

$$M_x=\frac{(\beta_2+\beta_3+\beta_4+\beta_5+\beta_6)-5\beta_1}{100-\beta_1}=2.75$$

实际使用的砂的颗粒级配可能不完全符合要求，除了5.00mm和630μm对应的累计筛余百分率外，其余各筛的累计筛余百分率允许略有超出，但超出总量应小于5%。当某一砂的实际颗粒级配出现5.00mm或630μm的累计筛余超出规定级配区范围，或其他筛的累计筛余超出规定级配区范围的总量达5%以上时，均说明该砂的级配很差，视作不合格砂，不能单独配制混凝土，需要采取措施对砂的级配进行调整。方法是将粗、细不同的两种砂按适当的比例试配，直至合格。

（2）粗骨料级配

通常分为连续粒级和单粒级，如表2-21所示。连续粒级是指某一粗骨料在标准套筛中进行筛分后，颗粒由大到小逐级粒径都有（即连续分布），并按比例互相搭配组成。单粒级是指在粗骨料颗粒分布的整个区间里，从中间剔除一个或连续几个粒级，形成一种不连续的级配。通常，混凝土用石应采用连续粒级；单粒级宜用于组合成满足要求的连续粒级，也可与连续粒级混合使用，以改善其级配或配成较大粒度的连续粒级。

当卵石的颗粒级配不符合表 2-21 要求时，应采取措施并经试验证实能确保工程质量后，方允许使用。

表 2-21　碎石或卵石的颗粒级配范围 (JGJ 52)

级配情况	公称粒级/mm	方孔筛筛孔边长尺寸/mm											
		2.36	4.75	9.5	16.0	19.0	26.5	31.5	37.5	53.0	63.0	75.0	90.0
		累计筛余 (按质量计)/%											
连续粒级	5～10	95～100	80～100	0～15	0	—	—	—	—	—	—	—	—
	5～16	95～100	85～100	30～60	0～10	0	—	—	—	—	—	—	—
	5～20	95～100	90～100	40～80	—	0～10	—	0	—	—	—	—	—
	5～25	95～100	90～100	—	30～70	—	0～5	0	—	—	—	—	—
	5～31.5	95～100	90～100	70～90	—	15～45	—	0～5	0	—	—	—	—
	5～40	—	95～100	70～90	—	30～65	—	—	0～5	0	—	—	—
单粒级	10～20	—	95～100	85～100	—	0～15	—	0	—	—	—	—	—
	16～31.5	—	95～100	—	85～100	—	—	0～10	—	0	—	—	—
	20～40	—	—	95～100	—	80～100	—	—	0～10	—	0	—	—
	31.5～63	—	—	—	95～100	—	75～100	45～75	—	0～10	0	—	—
	40～80	—	—	—	—	95～100	—	70～100	—	30～60	0～10	0	—

通常，出于对混凝土各种性能的综合考虑，好的骨料级配应满足以下要求：①较小的骨料空隙率，可以减少水泥浆的填充量，以节约水泥用量；②较小的骨料总表面积，以减少润湿骨料表面的需水量；③适宜的细骨料含量，以满足混合料工作性的要求。

4. 最大粒径

粗骨料中公称粒级的上限称为最大粒径。骨料的颗粒越大，则单位质量的骨料需润湿的表面积越小。因此，满足骨料级配要求的前提下，最大粒径达到较大数值时，可降低混凝土拌合物的需水量，在混凝土工作性和水泥用量一定的条件下，可降低水胶比而提高混凝土的强度。但有试验研究发现，当最大粒径大于 38.1mm 时，由于需水量减少而引起的混凝土强度的增加，却被较小的骨料黏结面积以及较大粒径骨料引起混凝土的不连续性和骨料内部缺陷概率增大的不利影响所抵消。由图 2-8 可见，这种现象在富水泥混凝土（如高强混凝土）拌合物中更为明显。因此，建议：对于一般强度等级的混凝土，不宜使用最大粒径超过 40mm 的骨料；对于高强度等级的混凝土，不宜使用最大粒径超过 25mm 的骨料。

尽管降低粗骨料的最大粒径会导致混凝土拌合物需水量增加，水胶比增大，或在需水量一定的条件下拌合物的坍落度有所降低，然而，商品混凝土中减水剂的广泛掺用，完全可以保证拌合物的水胶比在适宜的范围内，满足施工要求。

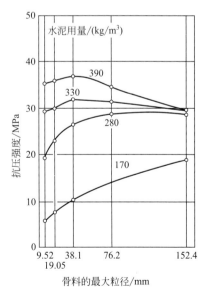

图 2-8　骨料最大粒径对不同水泥用量混凝土 28 天抗压强度的影响

5. 颗粒形状和表面状态

颗粒形状主要是指由不同形状的颗粒所组成的整体骨料的特征。骨料的颗粒形状大致可分为如表 2-22 所示的四种类型。

表 2-22　骨料颗粒形状分类

分类	描述	例子
球形或蛋形	由风化、磨蚀而成,具有光滑的表面,没有棱边	各种卵石、冲积而成的砂
棱角形	具有粗糙的表面和棱边	所有碎石、破碎炉渣
片状	厚度小于平均粒径 0.4 倍的颗粒	薄片状岩石
针状	长度大于平均粒径 2.4 倍的颗粒	

注：平均粒径指该粒级上、下限粒径的平均值。

骨料的颗粒形状对新拌混凝土的流动性影响较大。在相同配合比条件下，具有光滑表面的卵石制备的混凝土其流动性比碎石混凝土的大；针状、片状骨料含量越多，新拌混凝土的流动性越差，如表 2-23 所示。

表 2-23　骨料针、片状含量对混凝土流动性和强度的影响

项目	针、片状含量/%					
	0	15	30	45	60	75
3d 抗压强度/MPa	26.2	24.9	23.1	21.0	18.9	17.2
28d 抗压强度/MPa	45.7	44.9	42.6	40.6	36.5	34.5
坍落度/cm	22.0	21.5	20.5	18.5	17.0(泌浆)	15.5(泌浆明显)
扩展度/cm	56.5	56.0	54.0	51.5	46.5	—

注：混凝土配合比为 C : S : G : W＝360 : 830 : 1010 : 165。

此外，针、片状骨料的压碎指标值也会随着针、片状颗粒含量的增加而增大，从而造成混凝土抗压强度降低。因此，在混凝土制备中应按表 2-24 规定，予以控制其含量。

表 2-24　碎石、卵石中针、片状颗粒含量的规定（JGJ 52）

混凝土强度等级	≥C60	C55～C30	≤C25
针、片状颗粒含量(按质量计)/%	≤8	≤15	≤25

粗骨料的表面状态主要是指表面粗糙程度和表面含孔特征。它们影响骨料与水泥石的黏结，进而影响混凝土的强度，特别是对混凝土抗折强度的影响更为明显。表面粗糙且含开放孔的骨料能与水泥石间形成相互嵌合的黏结。例如：碎石表面比卵石粗糙，且多棱角，与水泥石黏结性能好；卵石表面较光滑，少棱角，与水泥石黏结性能较差。因此，配合比相同时，碎石混凝土较卵石混凝土强度高。但值得一提的是，若保持流动性相同，由于卵石可比碎石少用适量水，因此，对于贫配合比混凝土而言，卵石混凝土强度也并不一定比碎石混凝土强度低。

6. 骨料吸水率和含水率

（1）吸水率

骨料吸收水分的性质，可用质量吸水率（简称吸水率）W_m 来表示，是指骨料在吸水饱和状态下，所吸水的质量占骨料绝干质量的百分率，定义式如下：

$$W_m = \frac{m_{sw}}{m} \times 100\% = \frac{m'_{sw} - m}{m} \times 100\%$$

（2-10）

式中　m_{sw}——骨料吸水饱和时所吸水的质量，kg；

$\quad\quad m$——骨料的绝干质量，kg；

$\quad\quad m'_{sw}$——骨料吸水饱和时的质量，kg。

吸水率在一定程度上反映骨料含孔的特性（孔隙率、孔大小及贯通性），是骨料的固有属性，不会随环境的变化而变化。通常情况下，对普通混凝土而言，所用骨料的吸水率对其强度以及坍落度没有明显的影响。但有时骨料来源不同其吸水率发生较大变化时，就要考虑对混凝土配合比最佳用水量的影响。由于骨料的吸水将因水泥浆覆盖颗粒表面而减缓或停止，因此，通常测定骨料在 10～30min 内的吸水量来代替在实际生产中不可能达到的总吸水量。

（2）含水率

骨料的实际含水状态，可用含水率 W'_m 来表示，是指骨料所含水的质量 m_w 占骨料绝干质量的百分率，定义式如下：

$$W'_m = \frac{m_w}{m} \times 100\% \tag{2-11}$$

骨料的含水状态如图 2-9 所示，饱和面干状态的骨料存放在干空气中，毛细孔中的部分水就会蒸发，而成气干状态。若放在烘箱里长时间干燥，骨料中所有的水分就可能完全蒸发，处于全干状态。若遇雨水淋洒，则骨料毛细孔中不但水饱和，且颗粒表面还有水润湿，骨料处于湿润状态。

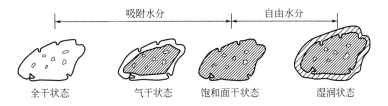

图 2-9　骨料含水状态示意图

含水率不是骨料的固有属性，它会随气候环境的变化而变化，尤其对于露天堆放的骨料，即使同一料堆也会因位置不同其含水率不同，因此，在配制混凝土时应经常取样测定，以便及时调整混凝土中水和骨料的用量。

7. 砂容胀

湿润的砂，其颗粒表面有层水膜，将引起一定质量的砂子体积增加，这种现象称为砂的容胀。

砂容胀程度取决于其细度和含水率。不同细度砂的容胀随含水率变化的规律，如图 2-10 所示。随着砂含水率增加到大约 5%～8% 时，砂的体积将增加 20%～30%，再继续增加含水率时，砂的体积随着含水率的增加而减小，最终与干砂的体积近似相等。这是因为砂含水率增加，其表面水膜增厚，当水的自重超过砂粒表面对水的吸附作用时，即要发生流动，并迁移到砂粒间的空隙中，随之砂粒表面的水膜消失，体积减小。细砂的湿胀要比粗砂大得多，且达到最大湿胀时的含水率也比粗砂高。

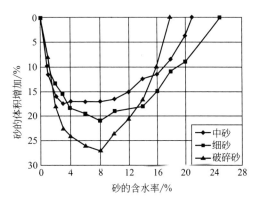

图 2-10　砂的容胀与含水率的关系

值得一提的是，采用体积法配制混凝土时，若忽视砂的容胀，将导致混凝土混合料缺砂，出现离析和坍落度变差的现象。

8. 骨料体积稳定性

体积稳定性是指骨料抵抗自然环境条件变化，如冻融循环、干湿交替等，而引起体积过分变化的能力。

通常，骨料都具有较好的体积稳定性，但是，有些多孔燧石、页岩、带有膨胀黏土的石灰岩等常表现为体积稳定性差。例如，一种变质粗玄武岩，干湿交替引起的体积变化可达 600×10^6 之多，含有这类骨料的混凝土在干湿交替变化的环境下就可能发生局部开裂、剥落甚至整个结构破坏。还有些多孔岩石制成的骨料，当它们吸水至临界水量时容易受冻而破坏。因此，当采用这些骨料配制混凝土时，应对其体积稳定性予以注意。

9. 骨料强度和弹性模量

碎石的强度用岩石的抗压强度和碎石的压碎指标值来表征，卵石的强度用压碎指标值来表征。

岩石的抗压强度是用 $50mm \times 50mm \times 50mm$ 立方体试件或 $\phi 50mm \times 50mm$ 的圆柱体试件，在饱水状态下测定的抗压强度。

混凝土在压力作用下，即使骨料本身具有足够强度而不会破坏，但也会出现部分骨料破碎的现象。这是因为混凝土内骨料颗粒接触点的实际应力可能会远远超过所施加的名义压应力，所以要求骨料的强度应远高于混凝土强度设计值。通常，骨料岩石的抗压强度与混凝土的设计强度的比值，对于强度等级小于 C30 的混凝土应在 1.5 以上；对于强度等级等于或大于 C30 的混凝土应在 2 以上。表 2-25 给出各种岩石的抗压强度。

表 2-25　各种岩石的抗压强度

极限抗压强度/MPa	岩石名称
<20	胶结不良的砾岩、各种不坚固的页岩、硅藻岩、石膏
20～40	中等坚固的泥灰岩、凝灰岩、浮石、中等坚固的页岩、软而有裂缝的石灰岩、贝壳石灰岩
40～60	钙质胶结的砾岩、风化强烈的泥质砂岩、坚固的页岩、坚固的泥灰岩
60～80	硬石膏、泥灰质石灰岩、云母及砂质页岩、角砾状花岗岩
80～100	风化强烈的软弱花岗岩、片麻岩、正长岩、蛇纹岩、致密灰岩、带有沉积岩卵石的硅质胶结的砾岩、砂岩、砂质石灰质页岩、菱铁矿、菱镁矿
100～120	白云岩、坚固石灰岩、大理岩、石灰质胶结的致密砂岩、坚固的砂页岩
120～140	粗粒花岗岩、非常坚固的白云岩、蛇纹岩、含有岩浆岩卵石的石灰质胶结的砾岩、硅质胶结的坚固砂岩、粗粒正长岩
140～160	有风化痕迹的安山岩和玄武岩、片麻岩、非常坚固的石灰岩、含有岩浆岩卵石的硅质胶结的砾岩、粗面岩
160～180	中砾花岗岩、坚固的片麻岩、辉绿岩、玢岩、坚固的粗面岩、中粒正长岩
180～200	非常坚固的粗粒花岗岩、花岗片麻岩、闪长岩、最坚固的石灰岩、坚固玢岩
200～250	安山岩、玄武岩、最坚固的辉绿岩、闪长岩、坚固的辉长岩和石英岩
>250	钙钠斜长石的橄榄玄武岩(钠长石的橄榄玄武岩)、特别坚固的辉绿辉长石、石英岩及玢岩

粗骨料对混凝土强度的影响不仅受控于粗骨料本身的强度，而且很大程度上受控于其颗粒形状和表面状态。这是因为混凝土受压时，大部分骨料处于受折、受剪的情况。所以为了更接近实际地反映骨料在混凝土中的受力状态，常采用压碎指标值试验，测定压碎指标值，

来表征粗骨料抵抗受压碎裂的能力，以间接地推测其相应的强度。粗骨料压碎指标值试验方法如表 2-26 所示，其值宜符合表 2-27 的规定。

表 2-26　粗骨料压碎指标值试验方法（JGJ 52）

项目	主要内容
仪器设备	(1)压碎值指标测定仪：承压筒内径 77mm，承压筒高度 70mm，压头直径 75mm。 (2)试验筛：筛孔公称直径为 10.0mm 和 20.0mm 的方孔筛各一只。 (3)压力试验机：荷载 300kN。 (4)秤：称量 5kg，感量 5g
样品制备	(1)标准试样一律采用公称粒径为 10.0～20.0mm 的颗粒，并在风干状态下进行试验。 (2)对多种岩石组成的卵石，当其公称粒径大于 20.0mm 颗粒的岩石矿物成分与 10.0～20.0mm 有显著差异时，应将大于 20.0mm 的颗粒人工破碎后，再筛取 10.0～20.0mm 的颗粒，另外进行压碎值指标试验。 (3)将缩分后的样品先筛除试样中公称粒径 10.0mm 以下及 20.0mm 以上的颗粒，再用针片状规准仪去除针片状颗粒后，然后称取每份 3kg 的试样 3 份备用
试验步骤	(1)称取 3kg 样品； (2)将样品分两层装模，每装完一层试样后，在底盘的下面垫放一个直径为 10mm 的圆钢，左右交替颠击地面各 25 次，两层颠实后，平整模内试样表面，盖上压头； (3)将装有样品的试模置于压力试验机上，在 160～300s 内均匀加荷到 200kN，稳压 5s 后卸载； (4)倒出样品称量质量 M_0； (5)将样品过 2.50mm 筛，称取筛上样品质量 M_1
结果计算	压碎指标值：$Q_c = (M_0 - M_1)/M_0 \times 100$ 取三次试验的平均值作为试验结果，计算精确至 0.1%

表 2-27　碎石与卵石的压碎指标值（JGJ 52）

混凝土强度等级	碎石/%			卵石/%
	沉积岩	变质岩或深成的火成岩	喷出的火成岩	
C60～C40	≤10	≤12	≤13	≤12
≤C35	≤16	≤20	≤30	≤16

注：沉积岩包括石灰岩、砂岩等；变质岩包括片麻岩、石英岩等；深成的火成岩包括花岗岩、正长岩、闪长岩和橄榄岩等；喷出的火成岩包括玄武岩、辉绿岩等。

通常，骨料弹性模量越高，其制备的混凝土的弹性模量也越高，因此，强度和弹性模量高的骨料通常用来制备高质量的混凝土。但是，混凝土并非骨料的强度和弹性模量越高越好。这是因为，中等或较低强度和弹性模量的骨料可以减小因水泥石收缩而产生的内应力，降低混凝土开裂的概率。

10. 骨料中有害杂质

骨料中的有害杂质主要有以下几类：

（1）妨碍水泥水化的杂质

是指天然骨料（砂）中所含的动植物腐烂产生的鞣酸和它的衍生物，会不同程度地妨碍水泥水化，影响混凝土的凝结时间，降低混凝土强度。

（2）妨碍骨料与水泥石黏结的覆盖物

是指骨料中所含的黏土、淤泥以及人工砂或混合砂中的石粉，它们妨碍骨料与水泥石的黏结，增加混凝土的需水量，或造成干缩湿胀体积不稳定等，对混凝土的强度、耐久性及变形等性能带来不利影响。为此，标准 JGJ 52 对粗、细骨料中的含泥量和泥块含量以及人工砂或混合砂中的石粉含量都做出了严格限制，分别见表 2-28～表 2-30。

表 2-28　粗骨料中含泥量和泥块含量（JGJ 52）

混凝土强度等级	含泥量（按质量计）/%	泥块含量（按质量计）/%
≥C60	≤0.5	≤0.2
C55～C30	≤1.0	≤0.5
≤C25	≤2.0	≤0.7

表 2-29　细骨料中含泥量和泥块含量（JGJ 52）

混凝土强度等级	含泥量（按质量计）/%	泥块含量（按质量计）/%
≥C60	≤2.0	≤0.5
C55～C30	≤3.0	≤1.0
≤C25	≤5.0	≤2.0

表 2-30　人工砂或混合砂中的石粉含量（JGJ 52）

混凝土强度等级		≥C60	C55～C30	≤C25
石粉含量/%	MB<1.4（合格）	≤5.0	≤7.0	≤10.0
	MB≥1.4（不合格）	≤2.0	≤3.0	≤5.0

注：MB 为人工砂中亚甲蓝测定值。

（3）骨料中的一些软弱颗粒

主要指砂中的云母、表观密度小于 $2000kg/m^3$ 的轻物质和贝壳，即使其含量甚少，也会对混凝土的需水量和强度产生极其不利的影响。标准 JGJ 52 规定：砂中云母含量不大于 2.0%（按质量计），对于有抗冻、抗渗要求的混凝土用砂，其云母含量不应大于 1.0%（按质量计）；轻物质含量不大于 1.0%（按质量计）。海砂中贝壳含量的规定见表 2-31、表 2-32。

表 2-31　海砂中贝壳含量（JGJ 52）

混凝土强度等级	≥C40	C35～C30	C25～C15
贝壳含量（按质量计）/%	≤3.0	≤5.0	≤8.0

表 2-32　海砂中贝壳含量（GB 50164）

混凝土强度等级	≥C60	C55～C40	C35～C30	C25～C15
贝壳含量（按质量计）/%	≤3.0	≤5.0	≤8.0	≤10.0

（4）盐类

骨料中的盐主要有以下几种：

① 硫化物。主要是指硫铁矿（FeS_2），是骨料中常见的有害杂质。硫铁矿会与水和氧气反应生成硫酸或硫酸盐，对混凝土形成硫酸或硫酸盐腐蚀。

② 硫酸盐。主要是指生石膏（$CaSO_4 \cdot 2H_2O$），会与水泥水化产物反应生成具有膨胀性的硫铝酸钙（钙矾石），对混凝土形成硫酸盐腐蚀。

标准 JGJ 52 规定：硫化物、硫酸盐的含量（折算成 SO_3，按质量计）不大于 1.0%。

③ 海盐。主要是指氯化钠（NaCl）。对混凝土的侵蚀作用，主要是引起钢筋锈蚀。现行国家标准《混凝土结构通用规范》（GB 55008）中规定：钢筋混凝土和预应力混凝土用砂的氯离子含量（以干砂的质量分数计）分别不应大于 0.03% 和 0.01%。

第三节　混凝土外加剂

现行国家标准《混凝土外加剂术语》（GB/T 8075）给出的定义是：混凝土外加剂是混凝土中除胶凝材料、骨料、水和纤维组分以外，在混凝土拌制之前或拌制过程中加入的，用以改善新拌混凝土和（或）硬化混凝土性能，对人、生物及环境安全无有害影响的材料。

一、外加剂分类与选择

1. 外加剂分类

混凝土外加剂的种类繁多，通常，按混凝土外加剂的主要使用功能进行以下分类：

① 改善混凝土拌合物流变性能的外加剂，如各种减水剂和泵送剂等。

② 调节混凝土凝结时间、硬化过程的外加剂，如缓凝剂、早强剂、促凝剂和速凝剂等。

③ 改善混凝土耐久性的外加剂，如引气剂、防水剂、阻锈剂等。

④ 改善混凝土其他性能的外加剂，如膨胀剂、防冻剂和着色剂等。

值得一提的是，往往一种外加剂同时具有多种功能，如减水剂，既能改善混凝土流变性能，又能改善混凝土硬化性能和耐久性能。

2. 外加剂选择

外加剂种类应根据工程设计、施工要求以及外加剂的主要作用进行选择，并应通过试验与技术经济比较确定，选择中应严格执行下述规定：

① 含有六价铬、亚硝酸盐和硫氰酸盐成分的混凝土外加剂，不应用于饮水工程中或建成后与饮用水直接接触的混凝土。

② 含有强电解质无机盐的早强型普通减水剂、早强剂、防冻剂和防水剂，严禁用于下列混凝土结构：

a. 与镀锌钢材或铝材相接触部位的混凝土结构；

b. 有外露钢筋、预埋件而无防护措施的混凝土结构；

c. 使用直流电源的混凝土结构；

d. 距高压直流电源 100m 以内的混凝土结构。

③ 含有氯盐的早强型普通减水剂、早强剂、防水剂和氯盐类防冻剂，不应用于预应力混凝土、钢筋混凝土和钢纤维混凝土结构。

④ 含有硝酸铵、碳酸铵的早强型普通减水剂、早强剂和含有硝酸铵、碳酸铵、尿素的防冻剂，不应用于民用建筑工程。

⑤ 含有亚硝酸盐、碳酸盐的早强型普通减水剂、早强剂、防冻剂和含亚硝酸盐的阻锈剂，不应用于预应力混凝土结构。

二、减水剂

在混凝土坍落度基本相同的条件下，使用减水剂能减少拌和用水量。

1. 减水剂品种

常用的减水剂主要有下述品种：

（1）普通减水剂

减水率不小于8%，主要用于配制强度等级不高、减水要求较低的混凝土。其品种主要有：木质素磺酸盐减水剂、腐植酸减水剂与糖钙减水剂，常用的是木质素磺酸盐减水剂。它是将植物原料（如木材）采用亚硫酸盐法生产纤维浆或纸浆后的副产品（废液）经适当加工处理而得到的产品，主要有木质素磺酸钙（木钙）、木质素磺酸钠（木钠）和木质素磺酸镁（木镁）三种，兼有缓凝、引气和减水作用。通常，掺量在0.2%～0.3%。

（2）高效减水剂

减水率不小于14%，主要用于配制强度等级较高、减水要求较高的混凝土。

（3）高性能减水剂

减水率不小于25%，与高效减水剂相比坍落度保持性能好，干燥收缩小，且具有一定的引气性。主要用于配制强度更高、减水要求更高的混凝土。

根据合成原料的不同，高效或高性能减水剂的品种主要有以下几种：

（1）萘系高效减水剂

化学名称为聚亚甲基萘磺酸钠，其结构式为：

以工业萘（或精萘）为原料，单体经浓硫酸磺化（在苯环β位上磺化），然后以甲醛为缩合剂将磺化单体缩合为一定聚合度的大分子，用稀碱溶液中和至pH＝8后，即得到萘系减水剂液体产品，若经喷雾干燥即得到粉体产品。粉体产品中硫酸钠含量通常在20%左右，称之为低浓产品。若在中和时先加入适量石灰乳去除多余的硫酸，再加氢氧化钠中和缩合物，即可得到硫酸钠含量在5%以下的高浓产品。通常，该种减水剂掺量在0.5%～1.0%；配制高强混凝土时，掺量在1.2%～1.5%。

（2）三聚氰胺系高效减水剂

化学名称为磺化三聚氰胺甲醛树脂，其结构式为：

$$M=Na^+,\ K^+,\ NH_4^+$$

以三聚氰胺（亦称蜜胺）为原料，经加成、磺化和缩聚反应，最终生成的具有一定聚合度的大分子聚合物即三聚氰胺系高效减水剂。用稀碱溶液调pH 7～9，即得到浓度20%左右的水溶液产品；或经真空脱水浓缩，喷雾干燥后得白色粉状产品。通常，该种减水剂掺量在0.5%～1.5%。

（3）氨基磺酸系高效减水剂

化学名称为芳香族氨基磺酸盐聚合物，其主要产物可能的结构通式为：

$$R=H,\ CH_2OH,\ CH_2NHC_6H_4SO_3M,\ CH_2C_6H_4OH$$
$$(M=Na^+,\ K^+,\ NH_4^+)$$

氨基磺酸系高效减水剂通常以对-氨基苯磺酸钠、苯酚为单体，经加成、缩聚反应，最终生成具有一定分子量（10000～20000）的聚合物。反应结束后用稀碱溶液中和至 pH＝8，即得浓度为 35％左右棕红色液体，通常，其掺量为 0.5％～0.75％。

（4）聚羧酸系高性能减水剂

主要有甲基丙烯酸/烯酸甲酯共聚物（一代）、丙烯基醚共聚物（二代）、酰胺/酰亚胺共聚物（三代）和聚酰胺/聚乙烯乙二醇共聚物（四代）等多种类型。其产品特点是掺量低，一般掺量为 0.2％～0.4％（以含固量计）。

掺上述各类减水剂的混凝土性能指标应符合现行国家标准《混凝土外加剂》（GB 8076）的规定，见表 2-33。

表 2-33　掺减水剂混凝土性能指标（GB 8076）

项目		外加剂品种									
		高性能减水剂（HPWR）			高效减水剂（HWR）		普通减水剂（WR）			引气减水剂（AEWR）	泵送剂（PA）
		早强型（HPWR-A）	标准型（HPWR-S）	缓凝型（HPWR-R）	标准型（HWR-S）	缓凝型（HWR-R）	早强型（WR-A）	标准型（WR-S）	缓凝型（WR-R）		
减水率/%，≥		25	25	25	14	14	8	8	8	10	12
泌水率比/%，≤		50	60	70	90	100	95	100	100	70	70
含气量/%		≤6.0	≤6.0	≤6.0	≤3.0	≤4.5	≤4.0	≤4.0	≤5.5	≥3.0	≤5.5
凝结时间之差/min	初凝	−90～+90	−90～+120	>+90	−90～+120	>+90	−90～+90	−90～+120	>+90	−90～+120	
	终凝			—		—			—		
1h含气量经时变化量	坍落度/mm	—	≤80	≤60	—					—	≤80
	含气量/%	—								−1.5～+1.5	
抗压强度比/%≥	1d	180	170		140		135				
	3d	170	160		130		130	115		115	
	7d	145	150	140	125	125	110	115	110	110	115
	28d	130	140	130	120	120	100	110	110	100	110
收缩率比/%≤	28d	110	110	110	135	135	135	135	135	135	135
相对耐久性（200次）/%≥		—	—	—	—	—	—	—	—	80	—

注：1. 表中抗压强度比、收缩率比、相对耐久性（200次）为强制性指标，其余为推荐性指标。

2. 除含气量和相对耐久性外，表中所列数据为掺外加剂混凝土与基准混凝土的差值或比值。

3. 凝结时间之差性能指标中的"－"号表示提前，"＋"号表示延缓。

4. 相对耐久性（200次）性能指标中的"≥80"表示将 28 天龄期的受检混凝土试件快速冻融循环 200 次后，动弹性模量保留值≥80％。

5. 1h含气量经时变化量指标中的"－"号表示含气量增加，"＋"号表示含气量减少。

6. 其他品种的外加剂是否需要测定相对耐久性指标，由供、需双方协商确定。

7. 当用户对泵送剂等产品有特殊要求时，需要进行的补充试验项目、试验方法及指标由供需双方协商决定。

2. 减水剂对混凝土性能影响

（1）对新拌混凝土性能的影响

减水剂是一种典型的表面活性剂。其强烈的分散、润湿等功能将对新拌混凝土性能产生显著的影响。

① 对工作性影响。如图 2-11 和图 2-12 所示，由木钙减水剂和几种高效减水剂对新拌混凝土坍落度影响的试验结果可以看出，坍落度随减水剂掺量的增加而增大，且当掺量增加到一定程度（称饱和点）时，坍落度增加的幅度将明显下降。值得注意的是，掺用减水剂的新拌混凝土其坍落度经时损失值通常较基准混凝土明显增大。

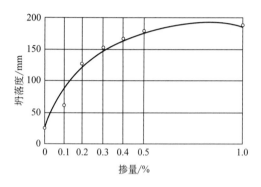

图 2-11　木钙减水剂掺量对混凝土坍落度的影响　　图 2-12　高效减水剂掺量对混凝土坍落度的影响
（图中 MF、FDN、UNF、SNⅡ、JN 为不同品牌萘系高效减水剂）

② 对含气量影响。如图 2-13 和图 2-14 所示，多数减水剂会使混凝土的含气量有所增加。木钙减水剂在常用掺量 0.2%～0.3% 时，其混凝土的含气量为 3%～5%（比基准混凝土高 3% 左右）；引气型减水剂 MF（甲基萘磺酸盐甲醛缩合物）在常用掺量 0.5%～0.75% 时，其混凝土含气量为 4%～5%；非引气型减水剂 FDN 在常用掺量 0.5%～0.75% 时，其混凝土含气量一般不到 2.0%（人工捣实情况下，比基准混凝土高 1.2% 左右；在机械振捣情况下，增加 0.5% 左右）。

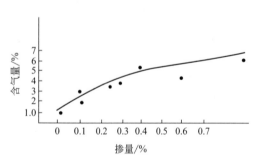
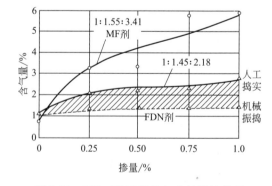

图 2-13　木钙掺量与含气量的关系　　　　　图 2-14　MF、FDN 掺量与含气量的关系

③ 对水化热影响。试验结果表明，掺入缓凝型减水剂后，28 天内水泥水化总的放热量与不掺者大致相同，所不同的在于改变了水泥水化放热过程。如图 2-15 所示，木钙减水剂掺量为 0.25% 时，水泥初期水化热峰值不仅降低，且水化热峰至少要推迟 3～8h 出现。

④ 对泌水和沉降影响。多数减水剂，尤其是引气型减水剂能减少混凝土的沉降和泌水。这是因为减水剂的吸附作用、电性斥力作用、减水作用、引气托浮增黏作用提高了混凝土拌合物这一非均相悬浮体系的稳定性。但某些高效减水剂，特别当其掺量过大时，会增加沉降和泌水，如氨基磺酸系高效减水剂。

⑤ 对凝结时间影响。普通减水剂，如木钙、糖钙类减水剂，因分子结构中含有羟基和羧基，因而都有延缓混凝土凝结的作用。若超掺，将会使混凝土严重缓凝，甚至长时间不凝。

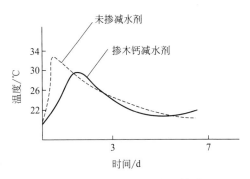

图 2-15　普通硅酸盐水泥掺减水剂后水化放热曲线

高效减水剂一般没有缓凝作用。萘系高效减水剂对混凝土凝结时间影响的一组试验结果见表 2-34，可以看出，萘系高效减水剂对混凝土凝结时间的影响不大。

表 2-34　萘系减水剂（FDN、UNF）对混凝土凝结时间的影响

品种	掺量/%	水灰比（W/C）	坍落度/cm	凝结时间		水泥品种
				初凝	终凝	
FDN	0	0.43	8～12	8～9h	11～12h	硅酸盐水泥
	0.5	0.36	8～12	9～10h	12～13h	
UNF	0	0.612	4.0	5h55min	9h20min	普通硅酸盐水泥
	0.5	0.593	5.0	6h30min	9h15min	
	1.0	0.576	4.5	5h55min	8h40min	

（2）对硬化混凝土性能影响

混凝土中掺入减水剂后，若适当减少拌和用水量，则大都可提高其强度和改善其耐久性等性能。

① 对抗压强度影响。对混凝土抗压强度影响的一组试验结果，如表 2-35 所示。在保持坍落度与基准混凝土相同条件下，高效减水剂掺量越大，减水率也越大，其增强效果越明显。

表 2-35　减水剂对混凝土的增强效果

减水剂	掺量/%	坍落度/cm	减水率/%	含气量/%	（抗压强度/MPa）/（抗压强度比/%）			
					1d	3d	7d	28d
空白	—	8.0	—	—	4.5/100	10.4/100	18.2/100	30.2/100
木钙	0.25	7.5	10.5	3.6	3.2/71	8.5/85	18.5/102	31.3/104
UNF-2(萘系)	0.75	8.0	16.8	1.8	6.0/133	14.1/136	21.2/116	36.3/120
FDN(萘系)	0.75	8.0	18.5	2.3	7.7/171	17.8/171	26.5/146	39.6/131
PCE(聚羧酸系)	0.35	8.0	26.6	2.1	8.9/198	21.2/204	31.3/172	47.9/159

值得注意的是，对于引气型减水剂都有一个适宜的掺量，超出该掺量就会导致含气量明显增加，强度反而下降。

掺引气型减水剂混凝土的强度与减水率、含气量之间的关系，可由经验公式（2-12）给出：

$$\sigma=\sigma_0\left(1-0.05\times\Delta A+\alpha\times\Delta\frac{W}{C}\right) \tag{2-12}$$

式中　σ——掺引气减水剂混凝土强度；

　　　σ_0——基准混凝土强度；

　　　ΔA——混凝土增加的含气量（掺与不掺引气减水剂的混凝土含气量差值）；

　$\Delta(W/C)$——水灰比降低值（掺与不掺引气减水剂的混凝土水灰比差值）；

　　　α——减水能力系数（水灰比减少 1% 时的强度增长系数）。

② 对收缩影响。一般而言，掺加减水剂都会使混凝土的收缩值有不同程度增加，尤其是在不改变水灰比条件下，掺加减水剂以增加坍落度为目的时，收缩值增加更为明显。

工程实践中常常发现，掺高效减水剂或泵送剂的混凝土，在浇筑后的 $4\sim12h$ 就有裂缝发生，可见高效减水剂对混凝土早期收缩影响较大。钱晓倩教授根据表 2-36 所示配合比，在自然养护条件下，采用 GB/T 50082 中的非接触法，对掺不同类型减水剂混凝土的早期收缩性能进行试验研究，结果如图 2-16 所示，可以看出，在用于对比试验的几种减水剂中，聚羧酸高性能减水剂对混凝土早期收缩的影响最小。

表 2-36　不同减水剂对混凝土早期收缩影响的试验配合比

系列编号	单方混凝土材料用量/(kg/m³)					坍落度/mm
	水泥	水	砂	碎石	减水剂/(掺量%)	
F	352	176	751	1126	FDN/2.64	150
T	352	170	751	1126	TA-201/5.63	155
P	352	172	751	1126	PCA/4.22	160
S	352	173	751	1126	SP-8/3.52	160

注：FDN、TA、PCA、SP 分别为萘系高效减水剂、脂肪族系高效减水剂、聚羧酸系高效减水剂和氨基系高效减水剂。

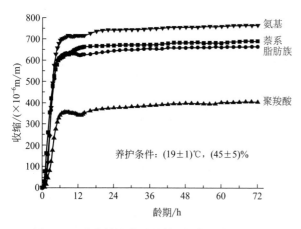

图 2-16　减水剂品种对混凝土早期收缩的影响

③ 对抗冻融性影响。水灰比和含气量是影响混凝土抗冻融性的两个重要因素。混凝土中掺入减水剂后，由于其减水作用，降低了水灰比，使存在于混凝土结构中可冻结的游离水明显减少；由于其引气作用，混凝土中引入一定数量独立微小气泡可缓解结冰和过冷水迁移所产生膨胀压力的集中。此外，减水-引气作用使混凝土中孔结构得到改善，毛细管孔径变得更细，其中水溶液的冰点就会下降得越多。可见，减水剂能改善混凝土的抗冻融性。由表 2-37 中数据可以看出，掺高效减水剂的混凝土抗冻效果优于掺普通减水剂（木钙）的，掺引气型（MF）的优于非引气型（FDN）的。

④ 对抗渗性影响。减水剂的减水作用，可降低混凝土的水灰比，减少孔隙率，混凝土的密实性提高；其分散作用，可改善孔结构和孔分布；引气型减水剂引入的封闭气泡也会阻断毛细管的通道，变开放孔为封闭孔。因此，减水剂可显著提高混凝土的抗渗性。

表 2-37 减水剂对混凝土抗冻融性的影响

减水剂品种	掺量/%	水灰比(W/C)	坍落度/cm	冻融循环					
				50 次		100 次		200 次	
				质量损失率/%	28d 强度损失率/%	质量损失率/%	28d 强度损失率/%	质量损失率/%	28d 强度损失率/%
空白	0	0.50	5.5	0.5	35	8.3	68	—	—
木钙	0.25	0.45	6.0	0	0	0.1	16	5.2	62
FDN	0.75	0.41	6.5	0	0	0.2	8	1.8	38
MF	0.75	0.43	6.5	0	0	0.1	5	0.9	12

注：FDN 为萘磺酸盐甲醛缩合物，非引气型减水剂；MF 为甲基萘磺酸盐甲醛缩合物，引气型减水剂。

3. 减水剂应用技术要点

（1）与水泥的适应性

减水剂对用天然石膏作调凝剂的通用硅酸盐水泥均有良好的适应性。若用硬石膏或工业石膏作水泥调凝剂，在掺用木钙或糖钙减水剂时常会引起假凝或速凝。

（2）控制掺量

普通减水剂具有缓凝、引气功能，掺量过大会引起强度下降，或超时凝结；高效减水剂掺量过大会引起混凝土离析、泌水以及坍落度经时损失大。

此外，萘系、脂肪族类等减水剂均存在掺量的"饱和点"，逾此，减水效果将下降。因此，常常将其饱和掺量作为应用的技术参数之一。但聚羧酸系减水剂，因其分散能力较强，不宜将饱和掺量作为其应用技术参数。

（3）与其他外加剂相容性

混凝土中使用引气型减水剂时，不要同时加入氯化钙类早强剂，后者有消泡作用，否则不仅削弱引气效果也会降低减水效果。复合使用时也须注意相容性问题，如木钙与某些高效减水剂在配成溶液时就会产生沉淀；萘系减水剂与聚羧酸减水剂不能混合使用等。

（4）加强养护

掺减水剂混凝土应及时采取洒水、覆盖塑料薄、喷洒养护剂等养护措施。

（5）做凝结时间试验

为避免过度缓凝或假凝等现象发生，使用减水剂，尤其是普通减水剂之前应做凝结时间试验，当水泥品种更换时也应做试验。

（6）适宜的搅拌时间

掺聚羧酸系高性能减水剂宜采用强制式搅拌机搅拌，搅拌的最短时间应符合表 2-38 的规定。

表 2-38 混凝土搅拌的最短时间（GB 50164） 单位：s

混凝土坍落度/mm	搅拌机类型	搅拌机出料量/L		
		<250	250~500	>500
≤40	强制式	60	90	120
>40 且<100	强制式	60	60	90
≥100	强制式	60		

4. 减水剂适用范围

（1）普通减水剂

宜用于日最低气温5℃以上，强度等级为C40以下的混凝土。早强型的宜用于常温、低温和最低温度不低于−5℃环境中施工的有早强要求的混凝土，炎热环境条件下不宜使用；缓凝型的可用于大体积、大面积浇筑、长时间停放或长距离运输、滑模施工或拉模施工的混凝土。

（2）高效减水剂

可用于素混凝土、钢筋混凝土、预应力混凝土，并可制备高强混凝土。标准型的宜用于日最低气温0℃以上施工的混凝土；缓凝型的宜用于日最低气温5℃以上施工的混凝土，以及用于大体积、自密实、大面积浇筑、长时间停放或长距离运输、避免冷缝产生、滑模施工或拉模施工的混凝土。

（3）聚羧酸系高性能减水剂

可用于素混凝土、钢筋混凝土、预应力混凝土，宜用于制备高强、自密实、泵送、清水、预制构件和钢管混凝土，以及具有高体积稳定性、高耐久性和高工作性要求的混凝土。缓凝型的宜用于大体积混凝土，不宜用于日最低气温5℃以下施工的混凝土；早强型的宜用于有早强要求或低温季节施工的混凝土，不宜用于日最低气温−5℃以下施工的混凝土。

此外，具有引气性的聚羧酸系高性能减水剂用于蒸养混凝土时，应经试验验证。

三、引气剂

引气剂是指能通过物理作用引入均匀分布、稳定而封闭的微小气泡，且能将气泡保留在硬化混凝土中的外加剂。引气剂主要是通过降低溶液的表面张力实现引气功能。

掺引气剂混凝土性能指标应符合标准GB 8076的规定，见表2-39。

表2-39　掺引气剂混凝土性能指标（GB 8076）

项目	减水率/%	泌水率比/%	含气量/%	凝结时间差/min		含气量1h经时变化量/%	抗压强度比/%			28d收缩率比/%	相对耐久性(200次)/%
				初凝	终凝		3d	7d	28d		
指标	不小于6	不大于70	≥3.0	−90～+120		−1.5～+1.5	≥95	≥95	≥90	≤135	≥80

1. 引气剂品种

通常使用的引气剂主要有以下几种：

（1）松香皂类引气剂

将松香粉碎至粉状，置于空气中氧化一段时间，然后与碱液进行皂化反应。当反应物加热水稀释后溶液澄清透明、无浑浊、无沉淀时，可视为皂化完全。其成品为棕色膏状体，含水约22%，pH值8～10，表面张力值约（2.9～3.1）×10^{-2}N/m。

（2）松香热聚物类引气剂

将松香与苯酚（俗称石炭酸）、硫酸和氢氧化钠以一定比例在反应釜中加热，经酯化、缩聚和中和反应制得的膏状体。其性能与松香皂类相似。

（3）烷基苯磺酸盐类引气剂

由苯环上带有一个长链烷基的烷基苯，以浓硫酸、发烟硫酸或液体三氧化硫为磺化剂进行磺化反应，再用碱中和成钠盐而制得。此类引气剂的典型产品是十二烷基苯磺酸钠，其极易溶于水起泡，泡沫丰富，但泡沫较粗大，易消失。烷基苯酚聚氧乙烯醚（OP）也属于此类。

（4）皂角苷类引气剂

将榨油后的皂角植物的豆荚或豆粒的残渣破碎后经浸泡、过滤，再将浸出液熬成膏状或加工成粉状产品。其主要成分是三萜皂苷属非离子型表面活性剂，引气性能好，形成的气泡分子膜较厚，气泡壁的弹性和强度较高，气泡能保持相对稳定。

（5）α-烯基磺酸钠（AOS）

其结构式为 $RCH{=}CH(CH_2)_nSO_3Na$，具有优良的润湿性，良好的起泡力，泡沫丰富而稳定。

2. 引气剂对混凝土性能的影响

（1）改善新拌混凝土的工作性

引气剂多数为阴离子型表面活性剂。引气剂的减水率一般为 6%～9%，其减水作用尽管远不如高效减水剂，但也能对新拌混凝土的流动性有所改善；其增稠作用利于改善新拌混凝土的黏聚性和保水性。

（2）改善硬化混凝土的耐久性

硬化混凝土中的微小气泡能缓解因水的冻结而产生的膨胀压力，减少冰冻破坏；微小气泡能切断硬化混凝土中的毛细管，减少由毛细作用引起的渗透。

（3）对混凝土强度有所削弱

对混凝土强度削弱的大小主要取决于引气剂所产生的气泡的数量、气泡直径的大小以及气泡的分布等。当然，引气剂的减水作用又会对引气所造成的强度削弱有一定的补偿。

3. 影响引气量因素

掺用引气剂时，应准确控制引气量，使其既能改善混凝土的工作性和耐久性，又不会造成混凝土强度的明显下降。

（1）引气剂品种与掺量

不同的引气剂品种对混凝土引气量的影响不一样，但都是随着掺量的增加而增加。一般规律：直链型表面活性剂如十二烷基磺酸钠与十二烷基苯磺酸钠都具有较大的引气量，但泡沫较大，稳定性差；非离子型引气剂如烷基苯酚聚氧乙烯醚的引气能力差些；松香皂类、松香热聚物类、皂角苷类及 α-烯基磺酸钠不仅引气能力好，且气泡均匀而稳定。

（2）水泥品种和用量

在相同引气量的条件下，普通硅酸盐水泥混凝土与矿渣硅酸盐水泥混凝土相比，前者引气剂掺量要比后者低 30%～40%；在引气剂掺量相同的条件下，随着混凝土水泥用量的增加，引气量会减小，一般水泥用量每增加 $50kg/m^3$，含气量约减少 1%。

（3）粗、细骨料

引气剂相同掺量时，对卵石混凝土的引气量要大于对碎石混凝土的引气量；石子最大粒径越大，对混凝土的引气量越小，即混凝土的含气量越小，如图 2-17 所示。

砂子粒径和级配对混凝土引气量影响较大。引气剂相同掺量，粒径范围在 0.3～0.6mm 时，对混凝土的引气量最大，而小于 0.3mm 或大于 0.6mm 时，引气量（即混凝土的含气量）都显著下降。

砂率对混凝土引气量影响也较明显，引气量会随砂率的提高而增加，如图 2-18 所示。

在相同引气量的条件下，采用人工砂时，引气剂掺量要比天然砂多一倍用量。

（4）温度

温度对新拌混凝土引气量即含气量有明显影响，从表 2-40 中数据可以看出，随着温度的提高，混凝土含气量明显降低。其原因可能是溶液表面张力随气温的变化导致引气能力下降，也可能是气泡体积随温度升高而增大，气泡逸出或破灭的结果。

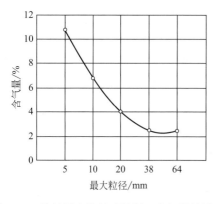

图 2-17　骨料最大粒径对混凝土含气量的影响

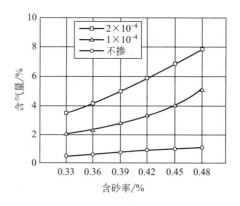

图 2-18　混凝土含砂率对含气量的影响

表 2-40　温度对含气量的影响

引气剂掺量	0.01%				0.04%			
混凝土温度/℃	5	7	20	23.5	5	9	21	25
含气量/%	5.4	5.3	5.0	4.5	10.8	9.8	7.5	6.5

（5）混凝土搅拌

搅拌机种类、搅拌混凝土量以及搅拌时间等都会影响引气剂对混凝土的引气量。强制式搅拌比自落式搅拌引气量要小；搅拌混凝土量增加，引气量也相应增加；搅拌时间延长会导致引气量减少。

综上所述，影响引气量的因素较为复杂，比如高海拔地区引气较为困难，因此，当混凝土掺用引气剂时，一定要通过试验来确定引气剂品种和掺量。

4. 引气剂应用技术要点

若使引气剂正常发挥效果，必须掌握正确的使用方法。

（1）掺量和掺加方法

引气剂掺量一般只有水泥质量的万分之几，所以必须按使用说明准确计量。一般先配成溶液，再稀释到一定的浓度摇匀后掺入。对有抗冻融要求的混凝土，引气后的含气量应符合表 2-41 的规定；用于改善新拌混凝土工作性时，新拌混凝土含气量宜控制在 3%～5%。

表 2-41　掺引气剂混凝土含气量的限值

粗骨料最大公称粒径/mm	10	15	20	25	40
混凝土含气量限值/%	7.0	6.0	5.5	5.0	4.5

注：表中含气量，C50、C55 强度等级混凝土可降低 0.5%；C60 及 C60 以上强度等级混凝土可降低 1.0%，但不宜低于 3.5%。

（2）水泥和掺合料

水泥含碱量高、水泥细度大会降低引气量，应增加引气剂掺量。粉煤灰掺合料对引气剂有强烈的吸附作用，使用粉煤灰时应适当增加引气剂掺量。

（3）混凝土混合料温度

料温每升高 10℃，含气量约减少 20%～30%，所以在炎热夏季施工时应适当增加引气剂掺量。

（4）施工方法

搅拌时间不宜过长，高频振动、过振都会使混凝土引气量损失大。

（5）配合比设计

由于引气量增加，会导致混凝土体积的增加和强度的下降，所以在配合比设计时应加以考虑。

5. 引气剂适用范围

宜用于有抗冻融要求的、泵送的和易产生泌水的混凝土；可用于抗渗、抗硫酸盐、轻骨料、人工砂、有饰面要求的混凝土以及贫混凝土；不宜用于蒸养和预应力混凝土。

四、早强剂

能加速混凝土早期强度发展的外加剂即早强剂。

掺早强剂混凝土性能指标应符合标准 GB 8076 的规定，见表 2-42。

表 2-42　掺早强剂混凝土性能指标（GB 8076）

项目	泌水率比/%　不大于	凝结时间差/min	抗压强度比/%，≥			28d 收缩率比/%，≤
		初凝	3d	7d	28d	
指标	100	−90～+90	135	130	110	100

1. 早强剂品种

早强剂按其化学成分可分为下述二类。

① 强电解质无机盐类：硫酸盐、硫酸复盐、硝酸盐、亚硝酸盐、氯盐、硫氰酸盐等。

② 水溶性有机物类：三乙醇胺、甲酸盐、乙酸盐、丙酸盐等。

③ 复合类型：有机物与无机盐复合。

2. 常用早强剂对混凝土作用特点

（1）三乙醇胺 $[N(CH_2CH_2OH)_2]$

早强效果明显，后期也有一定增强作用，对混凝土作用特点如下。

① 分子中 N 原子上的未共用电子对，易与金属离子形成共价键，发生络合，生成的络合物易溶于水，会在水泥颗粒表面生成可溶区点，使 C_3A、C_4AF 溶解速率提高而与石膏的反应加快，硫铝酸钙生成量增多，对硬化后水泥石的致密性和早期强度的提高极为有利。

② 络合物的生成，使液相中 $Ca(OH)_2$ 的过饱和度提高，会更有效地阻止 C_3A 水化初期形成疏松结构的趋势，从而提高了水泥石的致密性和强度。

③ 硫铝酸钙生成量增多，消耗了 C_3A，也就减少了 C_3A 水化物的数量，因而，C_3A 水化物由非晶型向晶型转化对强度产生的不利作用（即结晶内应力）将大大减弱，所以对中、后期强度有利。

④ 三乙醇胺对 C_3S、C_2S 早期水化过程有一定的抑制作用，这将对后期水化物的生成有利，保证了混凝土后期强度的提高。

三乙醇胺的适宜掺量为 $0.03\% \sim 0.05\%$。

（2）硫酸钠（Na_2SO_4）

硫酸钠又名元明粉、无水芒硝。早强效果明显，但会导致混凝土后期强度略有降低。对混凝土的作用特点是：

① 硫酸钠易溶于水，能较快地与水泥水化产生的氢氧化钙作用生成石膏和碱。反应式表示如下：

$$Na_2SO_4 + Ca(OH)_2 + 2H_2O \longrightarrow CaSO_4 \cdot 2H_2O + 2NaOH$$

（新生二水石膏）

新生二水石膏颗粒细小，比水泥粉磨时加入的二水石膏会更快地参与水泥水化反应，加速生成水化硫铝酸钙，其发生的体积膨胀促使水泥石更为致密。反应式表示如下：

$$CaSO_4 \cdot 2H_2O + C_3A + 10H_2O \longrightarrow 3CaO \cdot Al_2O_3 \cdot CaSO_4 \cdot 12H_2O$$

（水化硫铝酸钙）

② 新生颗粒细小的二水石膏能激发水泥中的混合材和混凝土中掺合料的潜在活性（硫酸盐激发），生成钙矾石。反应式表示如下：

$$活性 Al_2O_3 + 3Ca(OH)_2 + 3(CaSO_4 \cdot 2H_2O) + 23H_2O \longrightarrow 3CaO \cdot Al_2O_3 \cdot 3CaSO_4 \cdot 32H_2O$$

（钙矾石）

因此，硫酸钠对采用火山灰质、粉煤灰和矿渣硅酸盐水泥的及掺有活性超细矿物掺合料的混凝土早强作用更为明显。

硫酸钠的适宜掺量为 1.0%～2.0%，用于蒸养混凝土时一般不超过 1%。

（3）氯化钙（$CaCl_2$）

氯化钙早强作用尤为明显，是具有低温早强和降低冰点作用的早强剂。对混凝土的作用特点是：

① 氯化钙与水泥中的铝酸三钙（C_3A）反应生成水化氯铝酸钙。反应式表示如下：

$$CaCl_2 + C_3A + 10H_2O \longrightarrow C_3A \cdot CaCl_2 \cdot 10H_2O$$

（水化氯铝酸钙）

② 氯化钙能加速 C_3A 和 $CaSO_4 \cdot 2H_2O$ 反应，首先生成 $C_3A \cdot 3CaSO_4 \cdot 32H_2O$；当 SO_4^{2-} 耗尽时，C_3A 与 $CaCl_2$ 反应生成 $C_3A \cdot CaCl_2 \cdot 12H_2O$，这些硫铝酸盐和氯铝酸复盐的生成，发生体积膨胀，促使水泥石体更为致密，从而能提高早期强度。但值得注意的是，氯化钙能促进水泥水化放热，因此，掺氯化钙早强剂会增加因温差应力而导致混凝土开裂的倾向。

氯化钙的适宜掺量为 1.0%～2.0%。

（4）三乙醇胺-氯盐系复合早强剂

主要有以下两种配方：

① 三乙醇胺（0.03%～0.05%）+氯化钠（0.5%～2.0%）。

② 三乙醇胺（0.03%～0.05%）+氯化钠（0.5%）+亚硝酸钠（1.0%）。

如表 2-43 所示，上述两种复合早强剂对混凝土早强效果明显，28 天强度与空白相比基本不降低。配方②因复合有阻锈剂亚硝酸钠，因而可用于一般钢筋混凝土结构中。

表 2-43 三乙醇胺-氯盐系复合早强剂对混凝土的增强效果

编号	各组分剂量/%			龄期抗压强度比/%				
	三乙醇胺	氯化钠	亚硝酸钠	1d	3d	7d	28d	56d
1	0	0	0	100	100	100	100	100
2	0.05	0.5	0	146	131	121	98	95
3	0.05	0.5	1	168	152	134	102	99

注：1. 采用哈尔滨天鹅 P·O 42.5 水泥。

2. 混凝土水灰比 $W/C=0.42$，水泥：砂：碎石：粉煤灰＝1：2.20：3.63：0.25，萘系减水剂 0.85%，坍落度 190mm。

（5）三乙醇胺-硫酸盐系复合早强剂

主要有以下两种配方：

① 三乙醇胺（0.03%～0.05%）+硫酸钠（1%～2%）。

② 三乙醇胺（0.03%～0.05%）+硫酸钾（1%～2%）。

配方①是最常使用的复合早强剂，早强效果明显，但较长龄期强度有所降低，如表2-44所示。

表 2-44　三乙醇胺-硫酸盐系复合早强剂对混凝土的增强效果

编号	各组分剂量/%			龄期抗压强度比/%				
	三乙醇胺	硫酸钠	硫酸钾	1d	3d	7d	28d	56d
1	0	0	0	100	100	100	100	100
2	0.05	2.0	0	171	159	136	105	97
3	0.05	0	2.0	166	152	130	101	95

注：1. 采用哈尔滨天鹅 P·O 42.5 水泥。

2. 混凝土水灰比 $W/C = 0.42$，水泥∶砂∶碎石∶粉煤灰 $= 1∶2.20∶3.63∶0.25$，萘系减水剂 0.85%，坍落度 190mm。

3. 早强剂应用技术要点

早强剂中大多含有无机盐类电解质，若应用不当不仅达不到早强目的，甚至对混凝土产生副作用，使用时应注意以下规定。

① 对含有亚硝酸盐、硫氰酸盐的早强剂应按有关化学品的管理规定进行储存与使用。

② 早强剂在素混凝土中引入氯离子的含量不应大于胶凝材料质量的 1.8%。

③ 早强剂中硫酸钠掺入混凝土的量应符合表 2-45 的规定。

表 2-45　硫酸钠掺量限值（GB 50119）

混凝土种类	使用环境	掺量限值（胶凝材料质量分数）/%
预应力混凝土	干燥环境	≤1.0
钢筋混凝土	干燥环境	≤2.0
	潮湿环境	≤1.5
有饰面要求的混凝土	—	≤0.8
素混凝土	—	≤3.0

④ 三乙醇胺掺入混凝土的量不应大于胶凝材料质量的 0.05%。

⑤ 掺粉状早强剂的混凝土宜延长搅拌时间 30s。

⑥ 掺早强剂的混凝土应加强保温保湿养护，尤其是掺无机盐类早强剂的混凝土应格外加强早期湿养护，防止因失水过快析霜泛白。

值得一提的是，若强电解质无机盐类早强剂与减水剂共同使用，无机盐电离的带电离子，都将不同程度地压缩吸附减水剂的水泥粒子的双电层结构，削弱减水剂对水泥粒子的分散作用。

4. 早强剂适用范围

凡是需要加快工程进度、提高混凝土早期强度以及低温或负温（≤−5℃）下施工的混凝土，都应使用早强剂。

① 宜用于蒸养、常温、低温和最低温度不低于−5℃环境中施工的有早强要求的混凝土工程。

② 不宜用于大体积混凝土；三乙醇胺等有机胺类早强剂不宜用于蒸养混凝土。

③ 无机盐类早强剂不宜用于下列情况：

a. 处于水位变化部位的混凝土结构；

b. 露天及经常受水淋、受水流冲刷的混凝土结构；

c. 相对湿度大于80％环境中使用的混凝土结构；

d. 直接接触酸、碱或其他侵蚀性介质的混凝土结构；

e. 有装饰要求的混凝土，特别是要求色彩一致的或是表面有金属装饰的混凝土。

五、缓凝剂

能延长混凝土凝结时间的外加剂即缓凝剂。

掺缓凝剂混凝土性能指标应符合标准 GB 8076 的规定，见表 2-46。

表 2-46　掺缓凝剂混凝土性能指标（GB 8076）

项目	泌水率比/％ 不大于	凝结时间之差/min	抗压强度比/％，$\geqslant$		收缩率比/％，$\leqslant$
		初凝	7d	28d	
指标	100	$>+90$	100	100	135

1. 缓凝剂品种

缓凝剂按其化学成分可分为无机盐和有机物两大类。

（1）无机盐类

常用的品种有：磷酸盐、锌盐、硼酸及其盐、氟硅酸盐等，其中三聚磷酸钠因与水泥适应性强，缓凝效果稳定而得到广泛应用，其掺量一般控制在 0.06％～0.10％。

（2）有机物类

有机物类缓凝剂是目前较为广泛使用的一大类缓凝剂，根据其组成及分子结构特点可分成如下几类：

① 羟基羧酸及其盐类。常用的品种有：柠檬酸（钠）、酒石酸（钾钠）、葡萄糖酸（钠）、水杨酸及其盐类等，其分子结构特点是含有一定数量的羟基（—OH）和羧基（—COOH）。

羟基羧酸及其盐是络合物形成剂，在碱性介质中能与水泥中的 Ca^{2+} 离子形成不稳定的络合物，被覆水泥颗粒表面，在水化初期控制了液相中 Ca^{2+} 离子浓度，产生缓凝作用，随水化过程的进行，这种不稳定的络合物将会破坏，水化将继续正常进行。

掺量通常为：0.05％～0.15％。

② 多羟基糖类化合物。常用的品种有：葡萄糖、蔗糖、糖蜜、糖钙等。

由于其表面活性作用，在固-液界面产生吸附，分子中的羟基吸附在水泥粒子表面，阻碍水泥水化过程。

掺量通常为 0.10％～0.30％，若掺量过大，如蔗糖掺量达到 4％反而会起促凝作用。

③ 多元醇及其衍生物。常用的品种有：山梨醇、甘露醇及其衍生物等。

其分子结构中含有多个羟基（—OH），羟基被水泥粒子表面的 Ca^{2+} 离子吸附形成吸附膜，或与水泥粒子表面的 O^{2-} 形成氢键（—O…H—O—），从而延缓水泥水化。

多元醇类缓凝剂的缓凝作用较为稳定，特别是在使用温度变化时有较好稳定性。其掺量通常为 0.05％～0.20％。

④ 有机膦酸及其盐类。常用的品种有：2-膦酸丁烷-1,2,4-三羧酸（PBTC）、氨基三亚甲基膦酸（ATMP）及其盐类。

这是一类缓凝效果较强的缓凝剂，其作用机理在于膦酸是 Ca^{2+} 离子的螯合剂，生成的螯合物将延缓水泥的水化；或是膦酸在水泥胶体粒子的扩散层内富集，形成双电层结构，阻止水泥胶体粒子的凝聚。其掺量通常为 0.05%～0.20%。

2. 缓凝剂对混凝土性能影响

（1）对新拌混凝土性能影响

① 延缓初、终凝时间。常用缓凝剂及缓凝型减水剂对混凝土凝结时间影响的一组试验结果，见表 2-47。

表 2-47　缓凝剂与缓凝型减水剂的缓凝效果

名称	掺量/%	凝结时间/(h:min)		
		初凝	终凝	初、终凝时间差
空白	0	7:20	10:10	2:40
木钙	0.3	10:30	13:55	3:25
木钠	0.3	9:30	12:15	2:45
糖钙	0.3	18:55	23:55	5:00
蔗糖	0.05	11:25	14:50	3:25
柠檬酸	0.1	20:25	24:40	4:15
葡萄糖	0.1	11:30	18:10	6:40
酒石酸	0.2	14:50	22:20	7:30
三聚磷酸钠	0.1	9:50	16:30	6:40
聚乙烯醇	0.1	8:00	11:10	3:10
羧甲基纤维素	0.05	9:50	14:55	5:05

② 降低水化放热速率和峰值。缓凝剂因能抑制水泥早期水化速度，从而降低混凝土的水化放热速率和峰值。因此，对减少或避免因水化热过度集中产生的温差应力所造成的混凝土结构裂缝，尤其对夏季或大体积混凝土的施工尤为重要。

磷酸盐缓凝剂对水泥水化热影响的一组对比试验结果，如图 2-19 所示。

③ 降低坍落度经时损失。若将减水剂与缓凝剂复合使用，可以有效降低混凝土的坍落度经时损失。

（2）对硬化混凝土性能影响

① 早期强度降低。通常，缓凝剂会降低混凝土早期强度，但对中、后期强度无不良

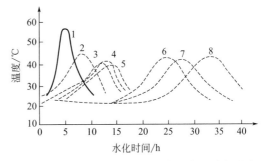

图 2-19　几种磷酸盐缓凝剂对水泥水化热的影响

（450LN 波特兰水泥）

（2～8 掺量以 P_2O_5 计为水泥质量 0.3%）

1—不掺；2—H_3PO_4；3—$NaH_2PO_4 \cdot 2H_2O$；
4—$Na_2HPO_4 \cdot 2H_2O$；5—$Na_3PO_4 \cdot 10H_2O$；
6—$Na_6P_4O_{13}$；7—$Na_5P_3O_{10}$；8—$Na_4P_2O_7$

影响。但随掺量的增大，混凝土早期强度降低增多，强度增长速度变缓，达到设计强度的时间加长。若掺量过大，不仅会造成混凝土超时缓凝，甚至引起混凝土严重的质量事故。从表 2-48 所示的一组试验结果中不难看出，当柠檬酸掺量为 0.25% 时，混凝土 7 天、28 天的强度仅是空白混凝土的 7 天、28 天强度的 40.5%、50.2%。

表 2-48　柠檬酸对混凝土强度的影响

掺量/%	凝结时间/(h:min)		缓凝时间/(h:min)		(抗压强度/MPa)/(抗压强度比/%)	
	初凝	终凝	初凝	终凝	7d	28d
0	9:13	16:29	—	—	11.87/100	21.87/100
0.05	14:12	21:21	4:59	4:52	12.65/107	24.52/112
0.10	23:29	32:57	14:16	16:28	14.92/126	26.18/120
0.15	29:57	45:57	20:44	29:28	12.35/104	23.92/109
0.25	28:37	73:10	19:24	56:41	4.81/40.5	10.98/50.2

② 收缩增大。一般来说，掺缓凝剂的混凝土的收缩较未掺者大一些。因此，在标准 GB 8076 中，规定掺缓凝剂混凝土的收缩率比值不大于 135%。

③ 耐久性提高。掺缓凝剂的混凝土，由于早期水化物生长变慢，有利于其充分生长和均匀分散，密实强化混凝土结构，因此，有利于提高混凝土的抗渗性和抗冻融性等性能。

3. 缓凝剂应用技术要点

① 凡掺用缓凝剂的混凝土都应做与水泥适应性试验，合格后方可使用。

② 宜以溶液掺加，使用时应加入拌合水中，缓凝剂溶液中的水量应从拌合水中扣除。

③ 难溶或不溶的粉状缓凝剂应采用干掺法，并宜延长搅拌时间 30s。

④ 缓凝剂可与减水剂复合使用。配制溶液时，若产生絮凝或沉淀等现象，应分别配制溶液，分别加入搅拌机中。

⑤ 当环境温度波动超过 10℃时，应经试验调整缓凝剂掺量。

⑥ 混凝土浇筑、振捣后应及时抹压并加强保湿养护。

⑦ 柠檬酸（钠）及酒石酸（钾钠）等缓凝剂不宜单独用于贫混凝土。

4. 缓凝剂适用范围

宜用于延缓凝结时间的混凝土、对坍落度保持能力有要求的混凝土、需较长时间停放或长距离运输的混凝土、自密实混凝土以及日最低气温 5℃以上施工的混凝土；可用于大体积混凝土。

六、膨胀剂

能使混凝土在硬化过程中产生一定体积膨胀的外加剂。

1. 膨胀剂品种

（1）硫铝酸钙类膨胀剂（代号 A）

与水泥、水拌和后经水化反应能生成钙矾石的混凝土膨胀剂。通常，是由硫铝酸钙熟料、明矾石和石膏共同磨细制成，如：U 型膨胀剂（UEA）是目前国内产量最大、应用面最广的膨胀剂。其产生膨胀的化学反应是：

$$C_4A_3\bar{S}+6Ca(OH)_2+8CaSO_4 \cdot 2H_2O+80H_2O \longrightarrow 3(C_3A \cdot 3CaSO_4 \cdot 32H_2O)$$
（硫铝酸钙）

$$2KAl_3(OH)_6(SO_4)_2+13Ca(OH)_2+5CaSO_4 \cdot 2H_2O+68H_2O \longrightarrow$$
$$3(C_3A \cdot 3CaSO_4 \cdot 32H_2O)+2KOH$$
（明矾石）

硫铝酸钙（$C_4A_3\bar{S}$）活性较高，在水化初期就生成钙矾石，产生膨胀，而明矾石 $[KAl_3(OH)_6(SO_4)_2]$ 水化较慢，多在水化中期生成钙矾石，这就使水泥强度的发展和膨胀作用协调起来，使具有补偿收缩能力的膨胀期能稳定在一个较长时间内，更有利于抑制混凝土初期裂缝。

目前，对 UEA 的膨胀机理比较一致的观点是：膨胀相是钙矾石。在液相 CaO 饱和时，通过固相反应形成针状钙矾石，其膨胀力较大。在液相 CaO 不饱和时，通过液相反应形成柱状钙矾石，其膨胀力较小，但有足够数量钙矾石时，也能产生体积膨胀。对膨胀原动力的认识，一种观点为结晶膨胀学说；另一种观点为吸水肿胀学说。前者认为水泥石孔缝中存在钙矾石结晶体，其结晶生长力能产生体积膨胀；而后者认为钙矾石表面带负电荷，钙矾石吸水肿胀是水泥石膨胀的主要根源。因此，有理由认为，结晶状钙矾石对孔缝产生的膨胀压以及凝胶状钙矾石吸水肿胀的共同作用，是对 UEA 膨胀机理的较为合理的解释。

研究结果表明，钙矾石的形成速度和生成数量将显著影响混凝土的膨胀效能。若钙矾石形成速度过快，其大部分膨胀能将消耗在混凝土塑性阶段；若钙矾石形成速度过慢，可能对已硬化混凝土的结构产生破坏。当混凝土具有初始结构强度后，钙矾石的生成数量将决定混凝土的最终膨胀率。

硫铝酸钙掺量一般为水泥质量的 8%～12%（内掺）。

但值得一提的是，以低水胶比和大掺量矿物掺合料为特征的高性能混凝土，因低渗透性降低了自由水的扩散能力以及矿物掺合料的二次火山灰反应大量消耗了体系中 $Ca(OH)_2$，以致在某些难以进行湿养护的地方，硫铝酸钙类膨胀剂的掺入反而有增大混凝土收缩开裂的风险。并且钙矾石是一种物理化学性质很不稳定的结晶体，其结晶水的吸附和脱离是可逆过程，在 70～80℃ 即可分解，造成延迟性钙矾石的形成，会增加混凝土开裂的倾向。

（2）氧化钙类膨胀剂（代号 C）

与水泥、水拌和后经水化反应生成氢氧化钙的混凝土膨胀剂，是由石灰石、石膏、黏土作原料，在高温煅烧成含 40%～50% 游离氧化钙的熟料，再经粉磨而成。其产生膨胀的化学反应是：

$$CaO + H_2O \longrightarrow Ca(OH)_2$$

CaO 水化生成 $Ca(OH)_2$，固相体积将增加 94.1%，这是氧化钙类膨胀剂的膨胀动力所在。关于氧化钙类膨胀剂的膨胀过程或机理，一种观点认为，水泥中的游离氧化钙的膨胀不是因溶解于液相再结晶为 $Ca(OH)_2$，而是由固相反应生成 $Ca(OH)_2$ 所致。另一种观点认为，首先在水泥水化初期，在水泥颗粒骨架间隙中生成凝胶状 $Ca(OH)_2$ 产生第一期膨胀；接着发生 $Ca(OH)_2$ 重结晶开始第二期膨胀，这一过程在氧化钙水化反应到 $Ca(OH)_2$ 晶体全部转化为大的异方型、六角板状结晶后才结束。从宏观上看，随着晶体的转化，体积不断膨胀。

为了控制 CaO 的水化速度，氧化钙类膨胀剂在磨制过程中要加入硬脂酸（或将其浸于松香乙醇溶液中），硬脂酸一方面起助磨剂作用，另一方面在球磨过程中，氧化钙颗粒表面将黏附一层厚度不同的硬脂酸膜（故又称氧化钙类脂膜膨胀剂），这层脂膜有憎水作用，使水不能与氧化钙颗粒直接接触。但在水泥水化后形成的碱性溶液中，这层脂膜会发生皂化反应而变成可溶性物质溶于水中，不同厚度的膜其溶解的快慢会不同，这就控制了氧化钙与水接触表面的多少，从而起到控制氧化钙类水化反应的作用。

与 UEA 膨胀剂相比，氧化钙类膨胀剂具有膨胀速度快、膨胀能大等特点，一般在 3～4 天基本达到稳定的膨胀率，在限制条件下，与普通混凝土相比，膨胀混凝土的抗压强度可提高 5%~10%，抗拉强度可提高 10%～15%。

由于氧化钙类膨胀剂的膨胀速率对温度、湿度等环境变化十分敏感，因此，其生产与使用时间不能间隔过长。其掺量一般为水泥质量的 10% 左右。

（3）硫铝酸钙-氧化钙类膨胀剂（代号 AC）

与水泥、水拌和后经水化反应生成钙矾石和氢氧化钙的混凝土膨胀剂即硫铝酸钙-氧化钙类膨胀剂。

上述三种混凝土膨胀剂的性能指标应符合现行国家标准《混凝土膨胀剂》（GB 23439）的规定，见表 2-49。

表 2-49　混凝土膨胀剂的性能指标（GB 23439）

项目			指标值	
			Ⅰ 型	Ⅱ 型
细度	比表面积/(m²/kg)	≥	200	
	1.18mm 筛筛余/%	≤	0.5	
凝结时间	初凝/min	≥	45	
	终凝/min	≤	600	
限制膨胀率/%	水中 7d	≥	0.035	0.050
	空气中 21d	≥	−0.015	−0.010
抗压强度/MPa	7d	≥	22.5	
	28d	≥	42.5	

（4）氧化镁类膨胀剂

氧化镁类膨胀剂系指与水拌和后经水化反应生成氢氧化镁，使混凝土产生体积膨胀的外加剂，一般是在 850～900℃的温度下，煅烧白云石并将其磨细至 300～1180μm 制得。其产生膨胀的化学反应是：

$$MgO + H_2O \longrightarrow Mg(OH)_2$$

其膨胀过程与氧化钙类膨胀剂基本相同，氧化镁水化生成氢氧化镁结晶（水镁石），体积可增加 94%～124%。研究表明，最初，$Mg(OH)_2$ 消耗自由水，减少了混凝土中的孔隙；后期，又释放出这部分水，从而促进水泥更充分地水化，使混凝土的微观结构更加密实。

快速型（R）、中速型（M）、慢速型（S）氧化镁类膨胀剂的理化性能指标应符合现行（团体）中国建筑材料协会标准《混凝土用氧化镁膨胀剂》（CBMF 19）的规定，见表 2-50。

表 2-50　氧化镁类膨胀剂的理化性能指标（CBMF 19）

项目			品质指标		
			R 型	M 型	S 型
MgO 含量/%		≥	80.0		
烧失量/%		≤	4.0		
含水率/%		≤	0.3		
反应时间/s			<100	≥100 且<200	≥200 且<300
细度	80μm 方孔筛筛余/%	≤	5.0		
	1.18mm 方孔筛筛余/%	≤	0.5		
限制膨胀率/%	20℃水中 7d	≥	0.020	0.015	0.015
	20℃水中 Δε	≥	0.020	0.015	0.010
	40℃水中 7d	≥	0.040	0.030	0.020
	40℃水中 Δε	≥	0.020	0.030	0.040

续表

项目			品质指标		
			R 型	M 型	S 型
凝结时间/min	初凝	≥	≥45		
	终凝	≤	≤600		
抗压强度/MPa	7d	≥	≥22.5		
	28d	≥	≥42.5		

注：$\Delta\varepsilon$ 为胶砂试件在指定条件下养护 28 天的限制膨胀率与养护 7 天的限制膨胀率的差值。

与 UEA 膨胀剂、氧化钙类膨胀剂相比，氧化镁类膨胀剂具有水化需水量少、水化产物稳定、膨胀过程较长、延迟膨胀、可调控设计等特点。其掺量一般为水泥质量的 5% 左右。

2. 膨胀剂对混凝土性能影响

（1）对新拌混凝土性能影响

① 流动性降低。与空白混凝土相比，通常，掺膨胀剂混凝土流动性或坍落度有所降低，且坍落度经时损失也会增大，主要是由膨胀剂需水量大、早期水化快、水化产物丰富所致。

② 凝结时间缩短。与空白混凝土相比，掺膨胀剂的混凝土凝结时间都会缩短，这主要是由膨胀剂需水量大，且水化产物，如钙矾石、氢氧化钙等生成速率快所致。

③ 泌水率有所降低、沉降收缩减少。掺膨胀剂的混凝土，其泌水率与沉降均较空白混凝土有所降低或减少，这主要是由膨胀剂需水量大，早期水化快，水化产物丰富，体系的黏度增大所致。

④ 碱度（或 pH 值）变化。掺 UEA 膨胀剂的混凝土，由于钙矾石的生成消耗 $Ca(OH)_2$，导致其碱度或 pH 值有所降低，而含有一定量明矾石或氧化钙类的膨胀剂，其新拌混凝土的碱度较未掺者有所提高。

（2）对硬化混凝土性能影响

① 对强度无不利影响。在限制条件下，膨胀剂所产生的膨胀除能用于混凝土的补偿收缩外，还部分用于水泥硬化浆体的结构致密化，因此，掺膨胀剂混凝土的早期强度、抗拉强度较未掺者有所提高；而对于后期强度常常受延迟性钙矾石反应是否发生及发生程度而影响。但若养护条件好（避免过高温度，早期水中养护），一般不会对其后期强度造成不利影响。

② 抗渗性提高。在限制条件下，膨胀剂所产生的膨胀能推动凝胶体朝着毛细孔产生黏性流动，使水泥硬化浆体内部孔隙减少（压缩、迁移或堵塞）、致密化，从而提高了混凝土的防水抗渗能力。

③ 抗冻性改善。由于掺膨胀剂混凝土提高了结构的密实性，因此，抗冻性能应有所改善。

④ 护筋性与抗碳化能力。混凝土的密实度与其碱度是影响混凝土护筋性与抗碳化能力的两个基本因素，虽然掺 UEA 膨胀剂混凝土的碱度会有所降低，但混凝土的密实度有所提高，因而，对掺 UEA 膨胀剂混凝土的护筋性与抗碳化能力不能作出简单的评价，有待于进一步深化研究。而对于能明显提高混凝土碱度的膨胀剂，无疑会改善混凝土的护筋性，提高混凝土的抗碳化能力。

⑤ 碱-骨料反应发生的可能性增加。以明矾石作为膨胀组分的膨胀剂，由于明矾石中碱（R_2O）含量高，可达 2%～4%，加之膨胀剂掺量大，因此掺此类膨胀剂混凝土碱含量较未掺者明显提高，碱 骨料反应发生的可能性增加。

3. 膨胀剂应用技术要点

① 使用前试验。应根据实际工程条件（如水泥品种、混凝土强度等级、配合比、养护

温度、湿度等）进行掺膨胀剂混凝土的试验，以便确定最佳掺量。

② 计量准确。掺量应准确计量，膨胀剂有内、外掺之别。内掺时，水泥用量为实际水泥用量与膨胀剂用量之和，应按掺量比例扣除水泥用量。

③ 加强搅拌。膨胀剂一般为粉剂，为了混合均匀，混凝土搅拌时间应适当延长 1～2min。

④ 加强养护。掺膨胀剂混凝土必须在潮湿状态下养护，以保证膨胀剂充分水化所需要的水，一般养护时间在 14 天以上；采用蒸汽养护，其养护温度不得高于 80℃；在气温低于 5℃时应采取保温养护措施。

⑤ 控制拆模时间。用于补偿收缩、抗裂密实、防水抗渗、增加自应力的掺膨胀剂混凝土不能拆模过早，应保证足够的限制条件的时间，一般不少于 48h，以保证产生足够的膨胀应力。

⑥ 掺膨胀剂混凝土的胶凝材料最少用量应符合表 2-51 的规定。

表 2-51　胶凝材料最少用量（GB 50119）

用途	胶凝材料最少用量/(kg/m³)
用于补偿收缩混凝土	300
用于后浇带、膨胀加强带和工程接缝填充	350
用于自应力混凝土	500

⑦ 含硫铝酸钙类、硫铝酸钙-氧化钙类膨胀剂配制的膨胀混凝土（砂浆）不得用于长期环境温度 80℃以上的工程。

4. 膨胀剂适用范围

① 膨胀剂应用于钢筋混凝土工程和填充性混凝土工程。

② 用膨胀剂配制的补偿收缩混凝土，宜用于混凝土结构自防水、工程接缝、填充灌浆、采取连续施工的超长混凝土结构、大体积混凝土工程。

③ 用膨胀剂配制的自应力混凝土，宜用于自应力混凝土输水管、灌注桩等。

七、防水剂

能提高水泥砂浆和混凝土抗渗性能的外加剂即防水剂。

掺防水剂砂浆和掺防水剂混凝土技术性能指标应分别符合现行行业标准《砂浆、混凝土防水剂》（JC 474）的规定，见表 2-52 和表 2-53。

表 2-52　掺防水剂砂浆技术性能指标（JC 474）

试验项目			性能指标	
			一等品	合格品
安定性			合格	合格
凝结时间	初凝/min	≥	45	45
	终凝/h	≤	10	10
抗压强度比/% ≥	7d		100	85
	28d		90	80
透水压力比/%		≥	300	200
吸水量比(48h)/%		≤	65	75
收缩率比(28d)/%		≤	125	135

注：安定性和凝结时间为受检净浆的试验结果，其他项目数据均为受检砂浆与基准砂浆的比值。

表 2-53　掺防水剂混凝土技术性能指标（JC 474）

试验项目			性能指标	
			一等品	合格品
安定性			合格	合格
泌水率比/%		≤	50	70
凝结时间差/min	≥	初凝	−90[①]	−90[①]
抗压强度比/%	≥	3d	100	90
		7d	110	100
		28d	100	90
渗透高度比/%		≤	30	40
吸水量比(48h)/%		≤	65	75
收缩率比(28d)/%		≤	125	135

① "−" 表示提前。

注：安定性为受检净浆的试验结果，凝结时间差为受检混凝土与基准混凝土的差值，表中其他数据为受检混凝土与基准混凝土的比值。

1. 防水剂品种

可分为无机化合物类、有机化合物类、混合型及复合型四类。

（1）无机化合物类防水剂

① 氯化铁类防水剂。是由氧化铁皮（FeO、Fe_2O_3、Fe_3O_4 混合物）、铁粉、盐酸等按一定比例配合，在容器中反应后生成的一种酸性液体，主体成分是氯化铁，在混凝土中与 $Ca(OH)_2$ 反应生成氢氧化铁凝胶与促进水泥水化的氯化钙，使混凝土具有较高密实性和抗渗性，其反应式如下：

$$Fe(FeO、Fe_2O_3、Fe_3O_4) + HCl \longrightarrow FeCl_3 + H_2 \uparrow (H_2O)$$
$$2FeCl_3 + 3Ca(OH)_2 \longrightarrow 2Fe(OH)_3 + 3CaCl_2$$

使用氯化铁防水剂的混凝土必须加强养护，蒸汽养护时最高温度不可超过 50℃，温度过高过低均可使抗渗性能下降。自然养护时，温度最好保持在 10℃ 以上，浇筑 8h 后即可湿养护，24h 后浇水养护 14 天。

② 硅酸钠（水玻璃系）类防水剂。多以水玻璃（硅酸钠）为基料，辅以硫酸铜、硫酸铝钾、重铬酸钾、硫酸亚铁配制而成油状液体。主要是利用硅酸钠与水泥水化产物氢氧化钙生成不溶性硅酸钙，堵塞渗水的通路，从而提高混凝土或砂浆的抗渗性。其反应式如下：

$$Na_2SiO_3 + Ca(OH)_2 \longrightarrow \underset{\text{硅酸钙}}{CaO \cdot SiO_2} + 2NaOH$$

此外，硫酸盐类辅料则起到促进水泥产生凝胶物质的作用，以增强水玻璃的水密性。

③ 无机铝盐类防水剂。以铝盐和碳酸钙为主要原料，辅以多种无机盐为配料经化学反应而生成的黄色液体。

无机铝盐既与水泥水化后生成的氢氧化钙反应，生成氢氧化铝等凝胶物质，又与水泥中的水化铝酸钙作用，生成具有一定膨胀性的硫铝酸钙复盐晶体。这些凝胶物质和晶体填充在水泥石结构的孔隙中，阻塞水分迁移通道，提高混凝土防水抗渗能力。

④ 锆化合物类防水剂。锆化合物能与水泥中的钙结合形成不溶性物，具有憎水作用。因价格较高，此类防水剂市售稀少。

（2）有机化合物类防水剂

① 脂肪酸（盐）类防水剂。高级饱和与不饱和脂肪酸（RCOOH），如硬脂酸、棕榈酸、油酸、松香酸等以及它们的碱金属的水溶性盐（RCOONa 等）——皂类，属于憎水性表面活性剂。它们的羧基（—COOH 或—COONa）与水泥水化产物氢氧化钙作用，形成不溶性钙皂的薄的络合吸附层，长链的烷基在水泥表面形成憎水层，其表面与水的接触角（或润湿角）$\theta=160°$，比石蜡表面（$\theta=105°$）的憎水性还高。其中，最有效和最便宜的憎水性表面活性剂是环烷酸皂。

② 有机硅类防水剂。属于此类防水剂的有：甲基硅酸钠、乙基硅酸钠、苯基硅酸钠、聚烷基羟基硅氧烷以及聚硅氧烷等，均具有憎水性。在水泥砂浆或混凝土搅拌时，不仅使混凝土气孔和毛细孔内表面具有憎水性，且能在混凝土中引入独立、均匀分散的微气泡，阻断孔道，因而提高了抗渗性。或者以水溶液或乳液喷涂在混凝土表面，产生化学结合，形成牢固的憎水性表面层，提高建筑物的防水性和耐久性。

③ 聚合物乳液、乳化石蜡和水溶性树脂类防水剂。聚合物乳液、天然和合成橡胶乳液、热固性树脂乳液以及乳化石蜡和乳化沥青等，主要用于配制聚合物水泥混凝土，其掺量（即聚合物水泥比）在 $10\%\sim20\%$。这类物质对砂浆或混凝土强度、变形性、黏结性等改变的同时，也降低了它们的吸水性，提高了防水抗渗性。

水溶性树脂如聚乙烯醇、水溶性环氧树脂等能使混凝土孔隙率下降 $10\%\sim20\%$，并且使气泡减小和均匀分布，因而大大提高了混凝土的抗渗性。

（3）混合型防水剂

混合型防水剂是指无机化合物防水剂的混合物、有机化合物防水剂的混合物以及无机化合物防水剂与有机化合物防水剂的混合物。

（4）复合型防水剂

上述各类防水剂与引气剂、减水剂、缓凝剂等外加剂复合即复合型防水剂。

2. 防水剂应用技术要点

① 防水剂使用前应检验：pH 值、密度（或细度）、含固量（或含水率），以及掺无机化合物类防水剂混凝土的钢筋锈蚀等。

② 宜选用普通硅酸盐水泥，有抗硫酸盐要求时，宜选用抗硫酸盐硅酸盐水泥或火山灰质硅酸盐水泥，并应经试验确定。

③ 宜采用最大粒径不大于 25mm 连续级配的石子。

④ 搅拌时间应较普通混凝土延长 30s。

⑤ 应加强早期养护，湿养护时间不少于 7 天。

⑥ 混凝土结构表面温度不宜超过 100℃，超过 100℃时，应采取隔断热源措施。

⑦ 处于腐蚀介质中掺防水剂的混凝土，应采取防腐蚀措施。

3. 防水剂适用范围

可用于有防水抗渗要求的混凝土工程；对有防冻要求的防水混凝土宜选用复合引气组分的防水剂。

八、防冻剂

能使混凝土在负温下硬化，并在规定时间内达到足够防冻强度的外加剂即防冻剂。

掺防冻剂混凝土性能指标应符合现行行业标准《混凝土防冻剂》（JC 475）的规定，见表 2-54。

表 2-54 掺防冻剂混凝土性能指标（JC 475）

试验项目		性能指标					
		一等品			合格品		
减水率/% ≥		10			—		
泌水率比/% ≤		80			100		
含气量/% ≥		2.5			2.0		
凝结时间差/min	初凝	−150～+150			−210～+210		
	终凝						
抗压强度比/% ≥	规定温度/℃	−5	−10	−15	−5	−10	−15
	R_{-7}	20	12	10	20	10	8
	R_{28}	100		95	95		90
	R_{-7+28}	95	90	85	90	85	80
	R_{-7+56}	100			100		
28d 收缩率比/% ≤		135					
渗透高度比/% ≤		100					
50 次冻融强度损失率比/% ≤		100					
对钢筋锈蚀作用		应说明对钢筋有无锈蚀作用					

1. 防冻剂类别

可分为无机盐类、有机化合物类、有机化合物与无机盐复合类及复合型四类。

（1）无机盐类

① 氯盐类。以氯化钠、氯化钙等为防冻组分，兼有早强与防冻作用，因其价格低，防冻效果好，在防冻剂产品中占有较大市场份额。

② 氯盐阻锈类。含有亚硝酸钠等阻锈组分，并以氯盐为防冻组分，兼有阻锈与防冻作用。

③ 无氯盐（氯离子含量不大于 0.1%）类。以亚硝酸盐、硝酸盐和碳酸盐等为防冻组分。

（2）有机化合物类

多以醇类（如甲醇、乙二醇）为防冻组分，此外，乙酸钠、尿素、氨水也具有理想的防冻效果，但因尿素、氨水会产生刺激性气味，因此严禁用于办公、居住等建筑工程。

（3）有机化合物与无机盐复合类

作为防冻剂的防冻组分既有有机化合物又有无机盐，两者优势互补，是一类理想的防冻剂。

（4）复合型

上述各类防冻剂与早强、引气、减水等外加剂复合的复合型防冻剂，不仅防冻效果好，而且可以改善混凝土的其他性能（如工作性、抗渗性等），是最理想的高效型防冻剂。

值得注意的是，含有钠盐的防冻剂（如氯化钠、亚硝酸钠、碳酸钠、硫酸钠等）若使用不当，常常会发生以下两种现象：

① 引发碱-骨料反应。钠盐是强电解质，在水泥浆体中会离解出钠离子，而水泥浆体溶液中含有氢氧根离子，若遇到活性骨料，就会发生碱-骨料反应而破坏混凝土结构，即钠盐易引发碱-骨料反应。

② 降低混凝土后期强度、产生膨胀。硫酸钠不但会离解出钠离子，而且会离解出硫酸根离子，硫酸根离子与水泥浆体溶液中钙离子结合则生成石膏。水泥中已掺有足量的石膏，若又增加了生成石膏，虽有一定的早强作用，但会因含量过大，降低混凝土后期强度，甚至发生混凝土膨胀裂缝，破坏混凝土结构。

2. 防冻剂应用技术要点

① 使用前应检验：氯离子含量、密度（或细度）、含固量（含水率）、碱含量和含气量等。

② 宜用于硅酸盐水泥、普通硅酸盐水泥。

③ 防冻剂品种与掺量，应以混凝土浇筑后 5 天内的预计最低气温选用。在日最低气温 $-10 \sim -5℃$、$-15 \sim -10℃$、$-20 \sim -15℃$ 时，分别选用规定温度为 $-5℃$、$-10℃$、$-15℃$ 的防冻剂。

④ 混凝土拌合物的入模温度不应低于 5℃。

⑤ 混凝土浇筑后，应立即用塑料薄膜及保温材料覆盖，初期养护温度不得低于规定温度。

3. 防冻剂适用范围

可用于冬期施工的各类混凝土；亚硝酸钠防冻剂或亚硝酸钠与碳酸锂复合防冻剂，可用于冬期施工的硫铝酸盐水泥混凝土。

九、泵送剂

能改善混凝土拌合物泵送性能的外加剂即泵送剂。

掺泵送剂混凝土技术性能指标应符合标准 GB 8076 的规定，见表 2-55。

表 2-55　掺泵送剂混凝土技术性能指标（GB 8076）

试验项目	减水率/%≥	泌水率比/%≤	含气量/%	凝结时间差（初凝）/min	坍落度 1h 经时变化量/mm	抗压强度比/%，≥			收缩率比/%≤
						3d	7d	28d	28d
性能指标	12	60	≤5.5	＞+90	≤100	120	115	110	135

1. 泵送剂品种

通常，可选用一种减水剂或多种减水剂复合作为混凝土泵送剂；或减水剂与其他组分通过以下方式复合而成。

① 一种减水剂与缓凝组分、引气组分、保水组分、黏度调节组分复合。

② 两种或两种以上减水剂与缓凝组分、引气组分、保水组分、黏度调节组分复合。

2. 泵送剂应用技术要点

① 使用前应检验：pH 值、密度（或细度）、含固量（含水率）、减水率以及坍落度 1h 经时变化值。

② 泵送剂使用时，减水率应符合表 2-56 的规定。

表 2-56　泵送剂减水率的选择（GB 50119）

序号	混凝土强度等级	减水率/%
1	C30 及 C30 以下	12～20
2	C35～C55	16～28
3	C60 及 C60 以上	≥25

注：用于自密实混凝土泵送剂的减水率不宜小于 20%。

③ 掺泵送剂混凝土的坍落度 1h 经时变化量可按表 2-57 的规定选择。

表 2-57　坍落度 1h 经时变化量的选择（GB 50119）

序号	混凝土运输和等候时间/min	坍落度 1h 经时变化量/mm
1	＜60	≤80
2	60～120	≤40
3	＞120	≤20

④ 泵送剂宜用于日平均气温 5℃ 以上的施工环境。

⑤ 液体泵送剂宜与拌合水预混，液体泵送剂中的水量应从拌合水中扣除；粉状泵送剂应与胶凝材料一起加入搅拌机中，并宜延长搅拌时间 30s。

⑥ 混凝土浇筑、振捣后，应及时抹压，并进行保湿或保温养护。

3. 泵送剂适用范围

用于泵送施工的各类混凝土。

第四节　矿物掺合料

随着现代混凝土技术的发展，已将矿物掺合料越来越广泛地应用到商品混凝土中，它如同某些外加剂一样，可以降低混凝土温升、改善工作性和内部结构、增加后期强度、提高耐久性能，对碱-骨料反应有良好的抑制作用等。因此，国外将这类材料称为辅助胶凝材料，而我国将这类"具有一定细度和活性的、用于改善新拌混凝土和硬化混凝土性能（特别是混凝土耐久性）的某些矿物产品"定义为"矿物外加剂"，并颁布《高强高性能混凝土用矿物外加剂》（GB/T 18736）标准。

矿物掺合料按其品质大体分为以下四类：

① 有胶凝性（或称潜在活性）的，如：粒化高炉矿渣粉（磨细矿渣）、水硬性磨细石灰等。

② 有火山灰性的。火山灰性系指其本身没有或极少有胶凝性，但其粉末状态在水存在时，能与 $Ca(OH)_2$ 在常温下发生化学反应，生成具有胶凝性的组分，如：粉煤灰、硅灰等。

③ 同时具有胶凝性和火山灰性的，如：高钙粉煤灰、增钙液态渣粉等。

④ 其他未包括在上述三类中的，本身具有一定化学反应性的材料，如石灰石粉等。

商品混凝土中经常使用的矿物掺合料，主要是硅灰（粉）、磨细（或风选）粉煤灰、磨细矿渣、磨细天然沸石、偏高岭土和石灰石粉。

一、硅灰

在冶炼硅铁合金和工业硅时，通过烟道排出的粉尘，经收集得到的以无定形 SiO_2 为主要成分的粉体材料为硅灰。

硅灰呈灰白色，颗粒形貌见图 2-20。质量好的硅灰 SiO_2 含量在 90% 以上，其中活性

图 2-20　硅灰颗粒的扫描电镜照片
（放大 5000 倍）

（在饱和石灰水中可溶的）SiO_2 达到 40% 以上。硅灰的比表面积巨大，比水泥颗粒细两个数量级，可达 15000～25000m^2/kg，相对密度约为 2.1～2.2，松散堆积密度 250～430kg/m^3，平均粒径小于 0.1μm，因而具有很高的火山灰活性。

用于砂浆和混凝土的硅灰其技术要求应符合现行国家标准《砂浆和混凝土用硅灰》（GB/T 27690）的规定，见表 2-58；作为矿物外加剂用于高强高性能混凝土的硅灰，其技术要求应符合现行国家标准 GB/T 18736 的规定，见表 2-59。

表 2-58　硅灰技术要求（GB/T 27690）

项目	指标	项目	指标
固含量（液料）	按生产厂控制值的±2%	需水量比	≤125%
总碱量	≤1.5%	比表面积（BET法）	≥15m^2/g
SiO_2 含量	≥85.0%	活性指数（7d 快速法）	≥105%
氯含量	≤0.1%	放射性	I_{Ra}≤1.0 和 I_r≤1.0
含水率（粉料）	≤3.0%	抑制碱骨料反应性	14d 膨胀率降低值≥35%
烧失量	≤4.0%	抗氯离子渗透性	28d 电通量之比≤40%

注：1. 液料（硅灰浆）折算为固体含量按此表进行检验。
2. 抑制碱骨料反应性和抗氯离子渗透性为选择性试验项目，由供需双方协商决定。

表 2-59　矿物外加剂的技术要求（GB/T 18736）

试验项目			磨细矿渣		粉煤灰	磨细天然沸石	硅灰	偏高岭土
			I	II				
氧化镁（质量分数）/%	≤		14.0		—	—	—	4.0
三氧化硫（质量分数）/%	≤		4.0		3.0	—	—	1.0
烧失量（质量分数）/%	≤		3.0		5.0	—	6.0	4.0
氯离子（质量分数）/%	≤		0.06		0.06	0.06	0.10	0.06
二氧化硅（质量分数）/%	≥		—		—	—	85	50
三氧化二铝（质量分数）/%	≥		—		—	—	—	35
游离氧化钙（质量分数）/%	≤		—		1.0	—	—	1.0
吸铵值/（mmol/kg）	≥		—		—	1000	—	—
含水率（质量分数）/%	≤		1.0		1.0	—	3.0	1.0
细度	比表面积/（m^2/kg）	≥	600	400	—	—	15000	—
	45μm 方孔筛筛余（质量分数）/%	≤	—		25.0	5.0	5.0	5.0
需水量比/%	≤		115	105	100	115	125	120
活性指数/%	≥	3d	80	—	—	—	90	85
		7d	100	75	—	—	95	90
		28d	110	100	70	95	115	105

硅灰能改善混凝土拌合物的黏聚性和保水性。

硅灰可显著提高混凝土的早期和后期强度，因此常用于配制高强、超高强及高性能混凝土。有资料报道，以 10% 的硅灰等量取代水泥，混凝土强度可提高 25% 以上；掺入水泥质量 5%～10% 的硅灰，可配制出 28 天强度达 100MPa 的超高强混凝土；掺入水泥质量 20%～30% 的硅灰，可配制出抗压强度达 200～800MPa 的活性粉末混凝土。

硅灰还可改善混凝土的孔结构，提高其耐久性。混凝土中掺入硅灰后，虽然水泥石的总孔隙率与不掺时基本相同，但其大孔隙减少，微细孔隙增加，水泥石的孔隙结构显著改善。因此，掺硅灰的混凝土耐久性显著提高。试验结果表明，硅灰掺量 10%～20% 时，抗渗性、抗冻性明显提高。掺入水泥质量 4%～6% 的硅灰，还可有效抑制碱骨-料反应。

硅灰混凝土的抗冲磨性随硅灰掺量的增加而提高，它比其他抗冲磨材料具有价廉、施工方便等优点，故硅灰混凝土适用于水工建筑物的抗冲刷部位及高速公路路面。

硅灰混凝土抗侵蚀性较好，适用于要求抗溶出性侵蚀及抗硫酸盐侵蚀的工程。

试验结果表明，硅灰的需水量为普通硅酸盐水泥需水量的 120%～140%，所以混凝土的流动性在一般情况下随硅灰掺量的增加而减小。为了保持混凝土流动性，必须掺用高效或高性能减水剂，否则增大用水量，混凝土自收缩将增大。掺硅灰后，混凝土的含气量略有减小。若要保持混凝土含气量不变，可适当增加引气剂用量。当硅灰掺量为 10% 时，引气剂用量通常需增加 2 倍左右。

综上所述，若非配制超高强混凝土或超高性能混凝土，硅灰掺量并不是越高越好，超过包裹骨料表面及填充水泥颗粒间空隙所需用量的那部分硅灰，没有任何有利作用。通常，宜将硅灰的掺量控制在 5%～10% 之间，并将其和粉煤灰、磨细矿渣复合使用，用减水剂调节用水量。

二、粉煤灰

用燃煤炉发电的电厂排放出的烟道灰或对其风选、粉磨后得到的具有一定细度的产品为粉煤灰。

粉煤灰常呈浅灰色或深灰色，相对密度为 1.9～2.4（也有的高达 2.8），松散堆积密度 550～800kg/m³，平均粒径为 8～20μm，比表面积为 300～600m²/kg，其主要矿物组成是铝硅玻璃体，并有莫来石、α-石英、方解石、β-硅酸二钙等少量晶态矿物。粉煤灰的化学成分主要为：氧化硅（SiO_2）、氧化铝（Al_2O_3）、氧化铁（Fe_2O_3）、氧化钙（CaO），还有少量未燃尽的炭（C），颗粒形貌见图 2-21。

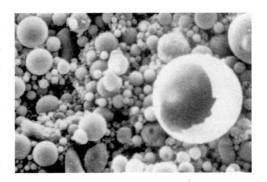

图 2-21　粉煤灰颗粒的扫描电镜照片
（放大 1000 倍）

商品混凝土中作为掺合料使用的粉煤灰，按燃煤不同可分为 F 类和 C 类。F 类是由无烟煤或烟煤煅烧收集的粉煤灰，颜色为灰色或深灰色；C 类是由褐煤或次烟煤煅烧收集的粉煤灰，其氧化钙质量分数一般大于 10%，为高钙粉煤灰，颜色为褐黄色。粉煤灰的活性主要取决于玻璃体的含量，即活性氧化硅与活性氧化铝的含量。

C 类粉煤灰自身具有一定的胶结性（水硬性），因为它所含的氧化钙能够与二氧化硅和氧化铝化合。有时，C类粉煤灰中氧化镁的含量可能稍高一些，部分氧化镁和部分氧化钙可能会引起有害的膨胀。此外，高钙粉煤灰对温度很敏感，温度较高时，其对混凝土强度的贡献减弱。

在相同水胶比条件下，粉煤灰的掺量不超过20%时，对混凝土的性能影响不大，当掺量超过25%时，粉煤灰对混凝土的性能才会有明显的改善。

粉煤灰在混凝土中的作用可归结为物理作用与化学作用。物理作用即指粉煤灰的微骨料效应与形态效应，正是由于粉煤灰具有玻璃微珠的颗粒特征，才有利于减少新拌混凝土的用水量、改善混凝土的流动性、保水性和可泵性，提高混凝土的密实程度。化学作用即指粉煤灰的火山灰效应，粉煤灰中的硅、铝玻璃体，即粉煤灰中的活性 SiO_2 和活性 Al_2O_3 在常温常压条件下可与水泥水化产物 $Ca(OH)_2$ 发生二次水化反应，生成具有胶凝性的水化硅酸钙和水化铝酸钙，其化学反应式可表示如下：

$$（活性）SiO_2 + xCa(OH)_2 + nH_2O \longrightarrow xCaO \cdot SiO_2 \cdot (n+1)H_2O$$
$$（活性）Al_2O_3 + yCa(OH)_2 + nH_2O \longrightarrow yCaO \cdot Al_2O_3 \cdot (n+1)H_2O$$

这种潜在的活性效应会随着混凝土龄期的增长而逐渐表现出来，因此对混凝土的后期强度发展有利。此外，粉煤灰还能降低混凝土的水化热，抑制其碱-骨料反应，提高其抗化学腐蚀等耐久性能。但混凝土的凝结时间通常会有所延长，早期强度有所降低。

粉煤灰的品质指标直接关系到其在混凝土中的作用效果。粉煤灰细度越细，其微骨料效应越显著，需水量比也越低，其减水效应越显著。通常，细度小、需水量比低的粉煤灰（Ⅰ级灰），其化学活性也较高。烧失量主要是含碳量，未燃尽的炭粒是粉煤灰中的有害成分，它不仅是惰性颗粒，且多孔，比表面积大，吸附性强，带入混凝土后，降低新拌混凝土的流动性，增加新拌混凝土的需水量。对硬化混凝土来说，炭粒影响水泥浆与骨料之间的黏结强度，成为混凝土中强度的薄弱环节，还易增大混凝土的干缩值，因此，烧失量是粉煤灰品质中的一项重要技术指标。

拌制砂浆和混凝土用粉煤灰理化性能应符合现行国家标准《用于水泥和混凝土中的粉煤灰》（GB/T 1596）的规定，见表2-60；作为矿物外加剂用于高强高性能混凝土的粉煤灰，其技术要求应符合现行国家标准 GB/T 18736 的规定，见表2-59。

表 2-60　拌制砂浆和混凝土用粉煤灰理化性能要求 （GB/T 1596）

项目		理化性能要求		
		Ⅰ级	Ⅱ级	Ⅲ级
细度（45μm 方孔筛筛余）/%	F类粉煤灰	≤12.0	≤30.0	≤45.0
	C类粉煤灰			
需水量比/%	F类粉煤灰	≤95	≤105	≤115
	C类粉煤灰			
烧失量/%	F类粉煤灰	≤5.0	≤8.0	≤10.0
	C类粉煤灰			
含水量/%	F类粉煤灰	≤1.0		
	C类粉煤灰			
三氧化硫（SO_3）质量分数/%	F类粉煤灰	≤3.0		
	C类粉煤灰			
游离氧化钙（f-CaO）质量分数/%	F类粉煤灰	≤1.0		
	C类粉煤灰	≤4.0		

续表

项目		理化性能要求		
		Ⅰ级	Ⅱ级	Ⅲ级
二氧化硅(SiO_2)、三氧化二铝(Al_2O_3)和三氧化二铁(Fe_2O_3)总质量分数/%	F类粉煤灰	≥70.0		
	C类粉煤灰	≥50.0		
密度/(g/cm^3)	F类粉煤灰	≤2.6		
	C类粉煤灰			
安定性(雷氏法)/mm	C类粉煤灰	≤5.0		
强度活性指数/%	F类粉煤灰	≥70.0		
	C类粉煤灰			

值得一提的是，实际使用中的粉煤灰其质量波动较大，尤其是出于环保或节能减排的需要，在燃煤过程中，进行的"脱硫""脱硝"处理或添加"助燃剂"后，所获得的脱硫灰、脱硝灰和浮黑灰，都会不同程度地改变粉煤灰的纯度和质量，使用这类粉煤灰时尤其要注意。

（1）脱硫灰

为了减少锅炉燃烧高硫煤过程中 SO_2 的排放量，采取脱硫措施，产生的脱硫粉煤灰，其成分亚硫酸钙具有缓凝作用，会显著影响混凝土的正常凝结。

（2）脱硝灰

为了减少锅炉燃煤过程中 NO_x 的排放，需要进行"脱硝"处理，若脱硝工艺不当，可能会造成脱硝粉煤灰中存在部分 NH_4^+ 或相应混合物，当其在水泥水化的碱性环境条件下，就会释放出 NH_3 气体。

（3）浮黑灰

为了提高锅炉中燃煤的燃烧效率，有时要在煤燃烧过程中添加柴油或者其他油性物质（如炼油副产品等）作为助燃剂，这些助燃剂不能完全燃烧，会在粉煤灰中残留油分。特别是经过风选的粉煤灰，其残留油分会更多，拌制混凝土后，这些油分上浮至混凝土拌合物表面，表现为漂浮的黑色油状物，即浮黑灰，往往造成混凝土的表面呈现较大色差。但有时，未使用助燃剂工艺的粉煤灰因含碳量较高也会出现"浮黑"现象。

三、磨细矿渣

高炉冶炼生铁时所得以硅酸钙和硅酸铝为主要成分的熔融物，经淬冷成粒后即为粒化高炉矿渣，经粉磨（可掺加一定量的石膏）后，即可得到比表面积在 $300m^2/kg$ 以上的粒化高炉矿渣粉，又称磨细矿渣粉或磨细矿渣。通常，磨细矿渣相对密度为 $2.85\sim2.95$，松散堆积密度 $1050\sim1375kg/m^3$，平均粒径小于 $45\mu m$，比表面积在 $300\sim600m^2/kg$ 之间。

矿渣结构以玻璃体为主，颗粒形貌见图 2-22。化学成分主要有氧化钙（CaO）、氧化硅（SiO_2）、氧化铝（Al_2O_3）、氧化镁（MgO）和氧化锰（MnO）。磨细矿渣具有较高的活性，其活性不仅取决于内部结构、冷却速度、粉磨细度，而且与

图 2-22　矿渣粉颗粒的扫描电镜照片
（放大 2100 倍）

化学组分有一定的关系。因此，可以根据化学组成采用活性系数和碱性系数对磨细矿渣的活性作一个粗略的评定，通常，活性系数和碱性系数越大，磨细矿渣活性也越高。活性系数是指磨细矿渣中 Al_2O_3 含量（%）与 SiO_2 含量（%）之比，即

$$活性系数 = \frac{Al_2O_3\,含量}{SiO_2\,含量}$$

碱性系数是指磨细矿渣中碱性氧化物含量（%）与酸性氧化物含量（%）之比，即

$$碱性系数\ k = \frac{CaO\,含量 + MgO\,含量}{SiO_2\,含量 + Al_2O_3\,含量}$$

根据碱性系数，将磨细矿渣分为：碱性矿粉（$k>1$）、中性矿粉（$k=1$）和酸性矿粉（$k<1$）三类。

通常，磨细矿渣的强度活性效应要比粉煤灰的大，前者因含有一定数量的具有胶凝性的水泥熟料矿物，因此，既能直接与水反应生成水化产物，又能与水泥熟料水化生成的 $Ca(OH)_2$ 反应，生成水化产物；而后者不具有胶凝性。基于上述原因，混凝土中磨细矿渣的掺量，通常要比粉煤灰的掺量大。用于水泥、砂浆和混凝土中的磨细矿渣，其技术指标应符合现行国家标准《用于水泥、砂浆和混凝土中的粒化高炉矿渣粉》（GB/T 18046）的规定，见表 2-61；作为矿物外加剂用于高强高性能混凝土的磨细矿渣，其技术要求应符合现行国家标准 GB/T 18736 的规定，见表 2-59。

表 2-61　用于水泥、砂浆和混凝土中的粒化高炉矿渣粉的技术要求（GB/T 18046）

试验项目			级别		
			S105	S95	S75
密度/(g/cm³)		≥	2.8		
比表面积/(m²/kg)		≥	500	400	300
活性指数/%	≥	7d	95	70	55
		28d	105	95	75
流动度比/%		≥	95		
初凝时间比/%		≤	200		
含水量(质量分数)/%		≤	1.0		
三氧化硫(质量分数)/%		≤	4.0		
烧失量(质量分数)/%		≤	1.0		
氯离子(质量分数)/%		≤	0.06		
不溶物(质量分数)/%		≤	3.0		
玻璃体含量(质量分数)/%		≥	85		
放射性			$I_{Ra}≤1.0$ 且 $I_r≤1.0$		

磨细矿渣直接掺入（或部分取代水泥）混凝土中，可使混凝土的多项性能如后期强度、流变性能、坍落度经时损失等得到较大的改善，但混凝土的保水性差，对早期强度也会产生不利影响。

四、磨细天然沸石

沸石是一族架状构造的多孔性碱金属或碱土金属的含水铝硅酸盐矿物，主要含 Na^+ 和 Ca^{2+} 及少数的 Sr^{2+}、Ba^{2+}、K^+、Mg^{2+} 等金属离子。其结构基本单元是以 Si（或 Al）为

中心和周围 4 个氧离子排列而成硅氧四面体 $[SiO_4]^{4-}$ 或铝氧四面体 $[AlO_4]^{4-}$。沸石结构的特点是具有大量多样化的开放性孔穴和孔道，因而具有巨大的内表面，其平均粒径为 $5.0\sim6.5\mu m$。

磨细天然沸石具有火山灰活性效应，将其加入水泥或混凝土中，不仅促进水泥颗粒及其水化产物的分散，加大水泥水化的空间，促进水泥中、后期的水化反应，而且沸石富含的 SiO_2 和 Al_2O_3 可与水泥水化生成的 $Ca(OH)_2$ 反应生成 C-S-H 和 C-Al-H 凝胶，在有足量石膏存在时，将生成 AFt 相，降低 $Ca(OH)_2$ 液相浓度，进一步促进水泥继续水化。此外，沸石孔隙中的吸附水还可以对水化产物进行"自养护"，使水泥粒子界面附近反应充分进行，界面结构得到加强。试验结果表明，磨细天然沸石的火山灰活性效应和填充效应能使混凝土的密实度增加，混凝土的吸水率、氯离子渗透系数及电阻率大幅度下降；磨细天然沸石的巨大内表面所产生的吸附效应，能改善新拌混凝土的黏聚性，减少混凝土离析与泌水的发生。

用于混凝土中的磨细天然沸石主要是丝光沸石粉和斜发沸石粉。混凝土和砂浆用磨细天然沸石的技术指标应符合现行行业标准《混凝土和砂浆用天然沸石粉》（JG/T 566）的规定，见表 2-62；作为矿物外加剂用于高强高性能混凝土的磨细天然沸石，其应符合现行国家标准 GB/T 18736 的规定，见表 2-59。

表 2-62　混凝土和砂浆用天然沸石粉的技术指标（JG/T 566）

试验项目		Ⅰ级	Ⅱ级	Ⅲ级
吸铵值/(mmol/100g) ≥		130	100	90
细度(45μm 方孔筛筛余,质量分数)/% ≤		12	30	45
活性指数/% ≥	7d	90	85	80
	28d	90	85	80
需水量比/% ≤		115		
含水量(质量分数)/% ≤		5.0		
氯离子(质量分数)/% ≤		0.06		
硫化物及硫酸盐含量(按 SO_3 计)(质量分数)/% ≤		1.0		
放射性		$I_{Ra}\leqslant1.0$ 且 $I_r\leqslant1.0$		

五、偏高岭土

以高岭土矿物为原料，在适当温度下煅烧后经粉磨形成的以无定形铝硅酸盐矿物为主要成分的产品为偏高岭土。

高岭土是以高岭石为主，多种黏土矿物组成的含水铝硅酸盐混合体，其结构式为 $Al_4[Si_4O_{10}](OH)_8$，简式为 $Al_2O_3 \cdot 2SiO_2 \cdot 2H_2O$，晶体结构特点是：由 Si-O 四面体层和 Al-(O，OH) 八面体联结而成，在联结面上，Al-(O，OH) 八面体层中的 3 个(OH)，有两个的位置被 O 代替，使每个 Al 周围被 4 个(OH) 和 2 个(O) 所包围，结构单元层间靠氢键结合，(OH) 在其中结合牢固。当高岭土被煅烧，其层状结构因脱水而破坏，形成结晶度很差的过渡相，即偏高岭土（$Al_2O_3 \cdot SiO_2$），呈热力学不稳定状态，在碱激发下具有火山灰活性，可与水泥水化生成的 $Ca(OH)_2$ 反应生成 C-S-H 和 C-Al-H 凝胶。

混凝土中掺入一定量的偏高岭土，其较高的比表面积、强烈的火山灰效应、填充效应以及对水泥水化反应的加速效应，能明显改善新拌混凝土的黏聚性和保水性，减小混凝土的收缩，改善混凝土的耐久性能。但值得一提的是，掺加偏高岭土的混凝土，通常其流动性会降低，需水量会增大，凝结时间会缩短。

作为矿物外加剂用于高强高性能混凝土的磨细偏高岭土，其技术要求应符合标准 GB/T 18736 的规定，见表 2-59。

六、石灰石粉

以一定纯度的石灰石为原料，经粉磨至规定细度的粉状材料为石灰石粉。

石灰石粉的主要成分是 $CaCO_3$，约占 95% 以上，还有少量 SiO_2、Fe_3O_4、MgO、Al_2O_3 等，其表观密度约为 $2700kg/m^3$。用于混凝土中的石灰石粉的技术指标应符合现行国家标准《石灰石粉混凝土》（GB/T 30190）的规定，见表 2-63，应用时应符合现行行业标准《石灰石粉在混凝土中应用技术规程》（JGJ/T 318）的规定。

表 2-63　石灰石粉技术要求（GB/T 30190）

项目	$CaCO_3$含量/%	细度(45μm 方孔筛筛余)/%	活性指数/%		流动度比/%	含水量/%	亚甲蓝值/(g/kg)	放射性
			7d	28d				
技术指标	≥75	≤15	≥60	≥60	≥100	≤1.0	≤1.4	I_{Ra}≤1.0 且 I_r≤1.0

石灰石粉虽然能够在水化后期参与反应，但反应程度很低，即石灰石粉在混凝土中的化学作用贡献很小，而主要是填充效应、加速效应和分散效应等这些物理作用起贡献。

（1）填充效应

作为一种微集料能够更好地填充在水泥浆基体和水泥石与骨料界面过渡区的孔隙中，改善孔结构，使结构更加密实。

（2）加速效应

由于石灰石粉基本不消耗体系的水分，因此，用石灰石粉替代部分水泥后，增大了混凝土的实际水灰比，从而改善了水泥的水化环境；同时，细小的石灰石粉充当了水泥水化产物结晶析出的成核基体，也会加速水泥的水化。

（3）分散效应

石灰石粉具有较低的表面能，分散性良好，能够增大水泥颗粒间距，对水泥水化过程中形成的"絮凝结构"有着解絮作用。

试验结果表明，当石灰石粉中的含泥量较大时，其需水量比会高于 100%。用需水量比小的石灰石粉配制混凝土，能够提高混凝土的流动性，减小混凝土坍落度经时损失，降低高强混凝土的黏度。在混凝土用水量不变的前提下，用石灰石粉替代部分水泥，会导致混凝土的抗冻性和抗渗性变差。

采用石灰石粉制备混凝土时，应优先选用碳酸钙含量高、细度适宜、流动度比大、亚甲蓝值小的石灰石粉；宜选用硅酸盐水泥或普通硅酸盐水泥，并应考虑尽量与其他掺合料复合使用；石灰石粉掺量不宜超过 20%。

七、矿物掺合料的应用

每种矿物掺合料都有着各自的特性和合理的使用方法，使用中应最大限度地发挥其正面作用，避免其负面作用。

矿物掺合料对混凝土性能的影响及影响程度，不但与矿物掺合料的自身质量和掺量有关，也与整个混凝土材料体系、混凝土使用环境等因素有关。矿物掺合料的选择与掺量的确定，往往根据商品混凝土搅拌站自身（或当地的）使用经验，并结合现场或实验室试验数据来确定。一般情况下，粉煤灰、磨细矿渣和硅灰的最大掺量分别为胶凝材料质量的40％、50％和10％，且矿物掺合料的总量不应超过胶凝材料总量的50％，矿物掺合料掺量高于或低于这些限定值的混凝土，某些情况下可能仍具有较好的耐久性，而有些情况下耐久性很差。

对于新拌混凝土来说，掺加硅灰的混凝土需水量将随硅灰掺量增加而增加，除非使用减水剂或塑化剂。当硅灰用量很小（5％以下）时，一些贫胶凝材料的拌合物也有可能不出现需水量增加的现象。粉煤灰和磨细矿渣，通常能改善同坍落度空白混凝土的工作性能。使用粉煤灰的混凝土通常泌水和离析比空白混凝土小，粉煤灰这一作用使得粉煤灰特别适用于细骨料不足的混凝土拌合物，能减少泌水主要是由粉煤灰混凝土需水量较低所致。然而，掺有与水泥细度相近磨细矿渣的混凝土与空白混凝土相比，泌水量和泌水速度都会有所增加。但比水泥更细的磨细矿渣可以减少泌水。

对于引气混凝土，所需的引气剂用量不仅与矿物掺合料品种、细度有关，而且与其含碳量、碱含量、有机物含量、烧失量和杂质含量等有很大关系。一般情况下，随上述组分含量的增加，引气剂用量增加。当在非引气混凝土中掺加矿物掺合料时，通常可以减少混凝土中引入的气体含量。

通常，掺加矿物掺合料都会延长混凝土的凝结时间，因此在低温施工中应格外注意，必要时，可用促凝剂（或早强剂等）予以调解。此外，为促进掺加矿物掺合料混凝土强度的发展和抑制塑性收缩开裂，其养护时间一般不应低于7天。

第五节　纤　　维

纤维作为增强材料掺加在混凝土中，此类混凝土称作纤维混凝土，或称纤维增强混凝土。商品混凝土中所使用的纤维主要是钢纤维与合成纤维，碳纤维因其价格高多用于结构补强混凝土中。

一、钢纤维

用钢材经加工制成的短纤维。

1. 分类

（1）按生产工艺

分为冷拉钢丝切断型、薄钢板剪切型、钢锭铣削型、钢丝削刮型和熔抽型。

（2）按材质

分为碳钢型、低合金型和不锈钢型。

（3）按形状

分为平直形或异形。异形钢纤维又可分为压痕形、波形、端钩形、大头形和不规则麻面形等，如表2-64所示。

（4）按表面涂覆与否

分为表面不涂覆纤维与表面涂覆纤维，如纤维表面镀锌、铜、锡、铬等，以提高纤维与基体的黏结力和提高纤维的防腐能力。

表 2-64　钢纤维的外形与制造方法

名称	外形	制造方法
长直形圆截面		冷拔-切断,ϕ0.25～0.75mm,长 20～60mm,超短型 ϕ0.25～0.75mm
变截面		冷拔-压型-切断
波纹形		冷拔-压型-切断;剪切法
哑铃形		冷拔-压型-切断;剪切法
带弯钩(单根)		冷拔-压型-切断;ϕ0.3～0.5mm,长 40～60mm 剪切法:横截面为矩形
带弯钩(集束状)		冷拔(冷拉)-压型-切割-水溶性胶水黏结
平直形		剪切薄钢板,厚 0.15～0.5mm,宽 0.25～0.9mm,长 10～60mm
凹凸形		剪切法(0.25～0.5)mm×0.5mm×(25～40)mm
凸痕形		剪切法
球痕形		剪切法

2. 主要几何参数

钢纤维的外形及几何参数:长度、直径(等效直径)及长径比等都将影响钢纤维对混凝土的增强效果。试验结果表明:钢纤维增强作用随长径比增大而提高。而且,应具备以下条件:当把它投入搅拌机中后,其形状、尺寸一定要适合于能够均匀地分散到混凝土中去,若纤维过细过长,搅拌过程中多数纤维将会呈纤维球,在拌和过程中被弯折,影响拌合物的质量,施工较困难。反之,若纤维过粗过短,在相同体积掺入率时,其增强效果较差,振捣时容易与混凝土分离而下沉。基于上述两点,钢纤维的直径 0.3～0.6mm,长度 40mm 左右,长径比在 30～100 范围内为好。如超出上述范围,经试验在其增强效果和施工性能方面能满足要求时,也可根据需要采用。不同用途钢纤维混凝土对钢纤维几何参数的要求见表 2-65。

表 2-65　不同用途钢纤维混凝土对钢纤维几何参数的要求 (JGJ/T 221)

用途	长度/mm	直径(当量直径)/mm	长径比
一般浇筑钢纤维混凝土	20～60	0.3～0.9	30～80
钢纤维喷射混凝土	20～35	0.3～0.8	30～80
钢纤维混凝土抗震框架节点	35～60	0.3～0.9	50～80
钢纤维混凝土铁路轨枕	30～35	0.3～0.6	50～70
层布式钢纤维混凝土复合路面	30～120	0.3～1.2	60～100

3. 质量要求

① 钢纤维抗拉强度应按表 2-66 的规定进行分级,任一单根钢纤维抗拉强度不应低于最小规定值的 90%。

表 2-66　钢纤维抗拉强度等级 (JG/T 472)

钢纤维抗拉强度等级	钢纤维抗拉强度(f_{sf})/MPa	钢纤维抗拉强度等级	钢纤维抗拉强度(f_{sf})/MPa
380 级	$600 > f_{sf} \geqslant 380$	1300 级	$1700 > f_{sf} \geqslant 1300$
600 级	$1000 > f_{sf} \geqslant 600$	1700 级	$f_{sf} \geqslant 1700$
1000 级	$1300 > f_{sf} \geqslant 1000$		

② 钢纤维长度与其标称值的偏差、钢纤维直径与其标称值的偏差、钢纤维长径比与其标称值的偏差均应不超过±10%。

③ 钢纤维应能经受一次向最易弯折方向的90°弯折而不发生折断。

④ 钢纤维表面不应粘有油污和其他妨碍钢纤维与混凝土黏结的有害物质。

二、合成纤维

以合成高分子化合物为原料制成的化学纤维。

1. 分类

（1）按材料组成

分为聚丙烯纤维（代号 PP）、聚丙烯腈纤维（代号 PAN）、聚酰胺纤维（代号 PA）、聚乙烯醇纤维（代号 PVA）、聚甲醛纤维（代号 POM）。用于砂浆和混凝土中的聚酰胺纤维主要有尼龙6和尼龙66两种纤维。

（2）按外形粗细

分为单丝纤维（代号 M）、膜裂网状纤维（代号 S）和粗纤维（代号 T）。

（3）按用途

分为用于混凝土的防裂抗裂纤维（代号 HF）和增韧纤维（代号 HZ）、用于砂浆的防裂抗裂纤维（代号 SF）。

合成纤维不锈蚀、耐酸、耐碱性能好，且一般都经过特殊防静电及抗紫外线处理，使纤维在混凝土中更易分散均匀并能在长期发挥其功效。经过化学接枝和物理改性及纤维表面处理技术使其表面粗糙多孔，大大提高了纤维与水泥石的黏结力。此外，异型截面纤维可以增加纤维表面面积。但值得注意的是，某些合成纤维如聚丙烯纤维，对紫外线非常敏感，长期暴露在阳光下会产生氧化反应，影响纤维质量。

合成纤维的主要性能参数见表2-67。

表 2-67 合成纤维的主要性能参数（GB/T 21120）

项目	聚丙烯腈纤维（代号 PAN）	聚丙烯纤维（代号 PP）	聚酰胺纤维（代号 PA）	聚乙烯醇纤维（代号 PVA）	聚甲醛纤维（代号 POM）
密度/(g/cm³)	1.16～1.18	0.90～0.92	1.14～1.16	1.28～1.30	1.40～1.44
熔点/℃	190～240	160～176	215～225	215～220	160～170

2. 规格

用于混凝土和砂浆中的合成纤维的规格应根据需要确定，应符合现行国家标准《水泥混凝土和砂浆用合成纤维》（GB/T 21120）的规定，见表2-68。

表 2-68 水泥混凝土和砂浆用合成纤维规格（GB/T 21120）

外形分类	公称长度/mm		当量直径/μm
	用于水泥砂浆	用于水泥混凝土	
单丝纤维	3～20	4～40	5～100
膜裂网状纤维	5～20	15～40	—
粗纤维	—	10～65	>100

注：经供需双方协商，可生产其他规格的合成纤维。

3. 主要技术性能

合成纤维的性能指标应符合标准 GB/T 21120 的规定，见表2-69。

掺合成纤维水泥混凝土和砂浆性能指标应符合 GB/T 21120 的规定，见表2-70。

表 2-69　合成纤维的性能指标（GB/T 21120）

项目			用于混凝土的合成纤维		用于砂浆的合成纤维
			防裂抗裂纤维（代号 HF）	增韧纤维（代号 HZ）	防裂抗裂纤维（代号 SF）
单丝纤维膜裂网状纤维	断裂强度/MPa	≥	350	500	270
	初始模量/MPa	≥	3.0×10^3	5.0×10^3	3.0×10^3
	断裂伸长率/%	≤	40	30	50
	耐碱性能(极限拉力保持率)/%	≥	95.0		
粗纤维	断裂强度/MPa	≥	—	400	—
	初始模量/MPa	≥	—	5.0×10^3	—
	断裂伸长率/%	≤	—	30	—
	耐碱性能(极限拉力保持率)/%	≥	95.0		

表 2-70　掺合成纤维水泥混凝土和砂浆的性能指标（GB/T 21120）

项目		用于混凝土的合成纤维		用于砂浆的合成纤维
		防裂抗裂纤维（代号 HF）	增韧纤维（代号 HZ）	防裂抗裂纤维（代号 SF）
分散性相对误差/%	≥	$-10 \sim +10$		
混凝土和砂浆裂缝降低系数/%	≥	55		
混凝土抗压强度比/%	≥	90		—
砂浆抗压强度比/%	≥	—	—	90
砂浆透水压力比/%	≥			120
弯曲韧性	能量吸收值	≥	—	应符合设计要求	—
抗冲击次数比	≥	1.5	3.0	—

注：砂浆透水压力比、弯曲韧性、抗冲击次数比三项指标的试验，可由供需双方协商选用。

三、碳纤维

　　碳纤维是有机纤维前躯体经过热解获得的所含碳的质量分数至少 90% 的纤维。碳纤维习惯上是按其力学性能分类，特别是它们的拉伸强度和模量，分类如下：

　　（1）通用纤维

　　用作塑料增强的纤维，以改善电气、静电、电磁、热和摩擦性能，该类拉伸性能较低。

　　（2）高韧性（TH）纤维

　　其拉伸强度超过 2500MPa 而拉伸模量在 200～280GPa 之间。这种类型也称作高强度（HR）、高密度（HS）或标准级纤维。

　　（3）中模量（IM）纤维

　　拉伸模量在 280～350GPa 之间的纤维。该类型也是有非常高的韧性的纤维，其断裂强度等于或大于 5000MPa。

　　（4）高模量（HM）纤维

　　拉伸模量在 350～600GPa 之间的纤维。

　　（5）超高模量（UHM）纤维

　　拉伸模量超过 600GPa 的纤维。

　　碳纤维兼具碳材料的高强抗拉力和纤维柔软可加工性两大特征。不仅具有高的拉伸强度、拉伸模量，还具有优异的耐碱、耐酸（除硝酸等强酸外）、耐海水等抗化学腐蚀性；较好的导电性和超高温耐热特性以及抗辐射、抗放射、吸收有毒气体和减速中子等特性。但使用成本较高，只用作高增强材料。

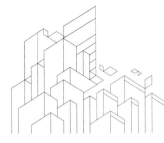

第三章
商品混凝土配合比设计

混凝土配合比即指混凝土中各组成材料之间的比例关系。配合比设计是混凝土生产制备中一项极其重要的技术工作，对混凝土的质量以及经济成本有着举足轻重的影响作用。

本章主要介绍普通商品混凝土的配合比设计，有特殊要求或特殊品种的混凝土，如高强、高性能、自密实、纤维、膨胀、防水等商品混凝土的配合比设计详见本书第五章。

第一节　配合比设计基本依据与原则

一、基本依据

设计依据即设计的基础或出发点，通常应涵盖以下内容：

1. 充分掌握工程需要

主要是指混凝土的品种与强度等级、工程结构部位与特点、施工方式与浇筑速度、拆模时间与外观质量的要求等，以及工程设计图纸中可能明确的其他要求，如：最大或最小水泥用量、最大水灰（胶）比、混凝土碱含量、氯离子含量、含气量、抗渗/抗冻等级、耐久性指标等。

2. 全面考虑其他因素

包括工程地理位置、气候条件等对混凝土运输、浇筑施工等的影响。

以上内容都应在施工前以合同或技术协议的形式进行书面确认。

二、基本原则

1. 保证混凝土结构设计强度

强度是混凝土技术性能的第一属性，是混凝土结构工程质量优劣的表征，保证强度是配合比设计的最基本、最重要的原则。

2. 满足混凝土工作性

工作性不仅影响混凝土的施工，也会影响混凝土结构工程质量，满足混凝土工作性是配合比设计不可忽视的原则。

3. 重视混凝土耐久性

虽然配合比设计时，一般不对耐久性予以检测或评定，但也要充分重视。应根据以往的试验研究结果或经验，采取措施确保混凝土的耐久性。必要时，也需对混凝土耐久性进行试验，根据试验结果对配合比做出必要的调整。

4. 降低经济成本

成本是由原材料、管理费用（劳动力等）、设备折旧、运输和税金等构成，一般情况下，管理费用、设备和税金等成本与生产的混凝土的种类和质量无关，影响混凝土配合比经济性的主要因素就是原材料的成本。

综上所述，这些基本原则既独立又相互关联，只有统筹兼顾才能保证配合比设计既能满足混凝土技术性的要求，又能满足经济性的要求，即获得性价比理想的混凝土配合比。

第二节 配合比设计基本过程

设计前，应通过试验等优化选择混凝土的各组成材料，然后按以下步骤进行：

① 通过计算得出"计算配合比"或称"基准配合比"。

② 进行试配与调整，得出"实验室配合比"或称"试配配合比"。

③ 对"实验室配合比"做出必要的调整转化为"施工配合比"，并进行小方量的试生产。

上述过程的简单描述就是：设计计算→实验室试配与调整→小方量试生产。

特别指出的是，实验室试配与调整，是商品混凝土搅拌站生产制备中的核心技术工作，因此，商品混凝土企业应保持每周不少于 2 次的配合比复验工作（实验室试配），以便及时、准确地掌握实际使用原材料之间的适应性和混凝土性能的波动等情况，及时对"施工配合比"做出必要的调整，确保商品混凝土生产质量的稳定性。

一、配合比计算

配合比计算过程即确定配合比参数的过程，主要按以下几个步骤进行：

确定配制强度→计算水胶比→计算单方用水量→计算单方胶凝材料（矿物掺合料和水泥）用量→计算外加剂用量→选择砂率→计算单方骨料用量，最终得到计算配合比。

1. 确定配制强度

依据现行行业标准《普通混凝土配合比设计规程》（JGJ 55），当混凝土的设计强度等级小于 C60 时，配制强度应按式(3-1) 计算：

$$f_{cu,o} \geq f_{cu,k} + 1.645\sigma \tag{3-1}$$

式中　$f_{cu,o}$——混凝土配制强度，MPa；

　　　$f_{cu,k}$——混凝土立方体抗压强度标准值，取设计混凝土强度等级值，MPa；

　　　　σ——混凝土强度标准差，MPa。

当混凝土设计强度等级大于或等于 C60 时，配制强度应按式(3-2) 计算：

$$f_{cu,o} \geq 1.15 f_{cu,k} \tag{3-2}$$

σ 应根据近 1～3 个月的同一品种、同一强度等级混凝土强度资料，按式(3-3) 计算：

$$\sigma = \sqrt{\frac{\sum\limits_{i=1}^{n} f_{cu,i}^2 - nm_{fcu}^2}{n-1}} \tag{3-3}$$

式中　$f_{cu,i}$——第 i 组的试件强度，MPa；

m_{fcu}——n 组试件的强度平均值，MPa；

n——试件组数，n 值应大于或者等于 30。

对于强度等级不大于 C30 的混凝土：当 σ 计算值不小于 3.0MPa 时，应按照计算结果取值；当 σ 计算值小于 3.0MPa 时，σ 应取 3.0MPa。对于强度等级大于 C30 且不大于 C60 的混凝土：当 σ 计算值不小于 4.0MPa 时，应按照计算结果取值；当 σ 计算值小于 4.0MPa 时，σ 应取 4.0MPa。

当没有近期的同一品种、同一强度等级混凝土强度资料时，σ 可按表 3-1 取值。

表 3-1 混凝土强度标准差 (JGJ 55)

混凝土强度等级	≤C20	C25～C45	C50～C55
σ/MPa	4.0	5.0	6.0

2. 计算水胶比

当混凝土强度等级不大于 C60 时，混凝土的水胶比宜按式(3-4)计算：

$$W/B=\frac{\alpha_a f_b}{f_{cu,o}+\alpha_a\alpha_b f_b} \tag{3-4}$$

式中 W/B——水胶比；

α_a, α_b——回归系数；

f_b——胶凝材料（水泥与矿物掺合料按使用比例混合）28d 胶砂抗压强度，可实测，试验方法应按现行国家标准《水泥胶砂强度检验方法（ISO 法）》(GB/T 17671) 执行，MPa。

回归系数 α_a、α_b 可根据工程所使用的原材料，通过试验建立的水胶比与混凝土强度关系式确定。当不具备上述试验统计资料时，回归系数可按表 3-2 选用。

表 3-2 回归系数选用表 (JGJ 55)

回归系数	碎石	卵石
α_a	0.53	0.49
α_b	0.20	0.13

当 f_b 无实测值时，可按式(3-5)确定：

$$f_b=\gamma_f\gamma_s f_{ce} \tag{3-5}$$

式中 γ_f, γ_s——粉煤灰影响系数和粒化高炉矿渣粉影响系数，可按表 3-3 选用；

f_{ce}——水泥 28d 胶砂抗压强度，MPa。

表 3-3 粉煤灰影响系数和粒化高炉矿渣粉影响系数 (JGJ 55)

掺量/%	种类 粉煤灰影响系数 γ_f	粒化高炉矿渣粉影响系数 γ_s
0	1.00	1.00
10	0.85～0.95	1.00
20	0.75～0.85	0.95～1.00
30	0.65～0.75	0.90～1.00
40	0.55～0.65	0.80～0.90
50	—	0.70～0.85

注：1. 采用 I 级或 II 级粉煤灰宜取上限值。

2. 采用 S75 级粒化高炉矿渣粉宜取下限值，采用 S95 级粒化高炉矿渣粉宜取上限值，采用 S105 级粒化高炉矿渣粉可取上限值加 0.05。

3. 当超出表中的掺量时，粉煤灰和粒化高炉矿渣粉影响系数应经试验确定。

当水泥 28 天胶砂抗压强度无实测值时，可按式(3-6) 确定：

$$f_{ce} = \gamma_c f_{ce,g} \tag{3-6}$$

式中 γ_c——水泥强度等级值的富余系数，可按实际统计资料确定，当缺乏实际统计资料时，可按表 3-4 选用；

$f_{ce,g}$——水泥强度等级值，MPa。

表 3-4 水泥强度等级值的富余系数 （JGJ 55）

水泥强度等级值	32.5	42.5	52.5
富余系数	1.12	1.16	1.10

由式(3-4) 计算出的水胶比应符合现行国家标准《混凝土结构设计规范》（GB 50010）的规定，不应大于表 3-5 中的最大水胶比，否则应按规定的最大水胶比取值。

表 3-5 混凝土的最大水胶比 （GB 50010）

环境等级	混凝土结构所处环境	最低强度等级	最大水胶比
一	室内干燥环境； 无侵蚀性静水浸没环境	C20	0.60
二 a	室内潮湿环境； 非严寒和非寒冷地区的露天环境； 非严寒和非寒冷地区与无侵蚀性的水或土壤直接接触的环境； 严寒和寒冷地区的冰冻线以下与无侵蚀性的水或土壤直接接触的环境	C25	0.55
二 b	干湿交替环境； 水位频繁变动环境； 严寒和寒冷地区的露天环境； 严寒和寒冷地区的冰冻线以上与无侵蚀性的水或土壤直接接触的环境	C30(C25)	0.50(0.55)
三 a	严寒和寒冷地区冬季水位变动区环境； 受除冰盐影响的环境； 海风环境	C35(C30)	0.45(0.50)
三 b	盐渍土环境； 受除冰盐作用的环境； 海岸环境	C40	0.40

注：1. 配制 C15 级及其以下等级的混凝土时，可不受本表限制。

2. 处于严寒和寒冷地区二 b、三 a 类环境中的混凝土应使用引气剂，并可采用括号中的有关参数。

3. 计算用水量

掺外加剂时，每立方米流动性或大流动性混凝土的用水量，可按式(3-7) 计算：

$$m_{w0} = m'_{w0}(1-\beta) \tag{3-7}$$

式中 m_{w0}——计算配合比（满足实际坍落度要求）每立方米混凝土的用水量，kg/m³；

m'_{w0}——未掺外加剂时，推定的满足实际坍落度要求的每立方米混凝土用水量，kg/m³；

β——外加剂的减水率，应经混凝土试验确定，%。

未掺外加剂的每立方米混凝土用水量 m'_{w0} 的推定计算，可按下述方法进行：

依据 JGJ 55 的规定，以表 3-6 中坍落度 90mm 的塑性混凝土用水量为基础，按坍落度每增大 20mm 用水量增加 5kg，计算出未掺外加剂时混凝土用水量。但当坍落度增大到 180mm 以上时，随坍落度相应增加的用水量可减少。

表 3-6　塑性混凝土的用水量（JGJ 55）　　　　　　　单位：kg/m³

拌合物坍落度	卵石最大粒径/mm				碎石最大粒径/mm			
/mm	10.0	20.0	31.5	40.0	16.0	20.0	31.5	40.0
10～30	190	170	160	150	200	185	175	165
35～50	200	180	170	160	210	195	185	175
55～70	210	190	180	170	220	205	195	185
75～90	215	195	185	175	230	215	205	195

注：1. 本表用水量系采用中砂时的取值；采用细砂时，每立方米混凝土用水量可增加 5～10kg；采用粗砂时，则可减少 5～10kg。

2. 掺用外加剂或矿物掺合料时，用水量应相应调整。

水胶比小于 0.40 的混凝土、采用人工砂（混合砂）拌制的混凝土以及采用特殊成型工艺的混凝土用水量可通过试验确定。

按式(3-7)计算出的混凝土用水量，仅是一个"计算值"，而目前商品混凝土搅拌站在配合比设计时，常常根据生产经验来确定用水量。在目前的外加剂质量水平以及企业成本控制要求下，大部分商品混凝土搅拌站所用配合比的每立方米用水量基本控制在 150～180kg 范围内，强度等级高则混凝土用水量少些，强度等级低则混凝土用水量多些，而目标坍落度是在试配过程中通过调整外加剂掺量或品种予以实现。

4. 计算胶凝材料用量

（1）胶凝材料用量

每立方米混凝土胶凝材料用量，应按式(3-8)计算：

$$m_{b0} = \frac{m_{w0}}{W/B} \tag{3-8}$$

式中　m_{b0}——计算配合比每立方米混凝土中胶凝材料用量，kg/m³。最小胶凝材料用量应符合表 3-7 的规定。

表 3-7　混凝土的最小胶凝材料用量（JGJ 55）

最大水胶比	最小胶凝材料用量/(kg/m³)		
	素混凝土	钢筋混凝土	预应力混凝土
0.60	250	280	300
0.55	280	300	300
0.50	320		
≤0.45	330		

（2）矿物掺合料用量

每立方米混凝土矿物掺合料用量，应按式(3-9)计算：

$$m_{f0} = m_{b0}\beta_f \tag{3-9}$$

式中　m_{f0}——计算配合比每立方米混凝土中矿物掺合料用量，kg/m³；

β_f——矿物掺合料掺量，可按表 3-8 和表 3-9 选用，%。

表 3-8　钢筋混凝土中矿物掺合料的最大掺量（JGJ 55）

矿物掺合料种类	水胶比	最大掺量/%	
		采用硅酸盐水泥时	采用普通硅酸盐水泥时
粉煤灰	≤0.40	45	35
	>0.40	40	30
粒化高炉矿渣粉	≤0.40	65	55
	>0.40	55	45
钢渣粉	—	30	20
磷渣粉	—	30	20
硅灰	—	10	10
复合掺合料	≤0.40	65	55
	>0.40	55	45

注：1. 采用其他通用硅酸盐水泥时，宜将水泥混合材掺量 20% 以上的混合材量计入矿物掺合料。

2. 复合掺合料各组分的掺量不宜超过单掺时的最大掺量。

3. 在混合使用两种或两种以上矿物掺合料时，矿物掺合料总掺量应符合表中复合掺合料的规定。

表 3-9　预应力钢筋混凝土中矿物掺合料的最大掺量（JGJ 55）

矿物掺合料种类	水胶比	最大掺量/%	
		采用硅酸盐水泥时	采用普通硅酸盐水泥时
粉煤灰	≤0.40	35	30
	>0.40	25	20
粒化高炉矿渣粉	≤0.40	55	45
	>0.40	45	35
钢渣粉	—	20	10
磷渣粉	—	20	10
硅灰	—	10	10
复合掺合料	≤0.40	55	45
	>0.40	45	35

注：1. 采用其他通用硅酸盐水泥时，宜将水泥混合材掺量 20% 以上的混合材量计入矿物掺合料。

2. 复合掺合料各组分的掺量不宜超过单掺时的最大掺量。

3. 在混合使用两种或两种以上矿物掺合料时，矿物掺合料总掺量应符合表中复合掺合料的规定。

（3）水泥用量

每立方米混凝土水泥用量，应按式（3-10）计算：

$$m_{c0} = m_{b0} - m_{f0} \qquad (3-10)$$

式中　m_{c0}——计算配合比每立方米混凝土中水泥用量，kg/m^3。

值得一提的是，磨细矿渣与粉煤灰双掺时，混凝土的多项性能往往都优于两者单掺时的性能，但两者的最佳掺加比例尚没有得到指导性的规律。北京地区的试验和应用实践表明，通常，粉煤灰与磨细矿渣的适宜比例为 6∶4、5∶5 或 4∶6。

5. 计算外加剂用量

每立方米混凝土外加剂的用量，应按式（3-11）计算：

$$m_{a0} = m_{b0} \beta_a \qquad (3-11)$$

式中 m_{a0}——计算配合比每立方米混凝土中外加剂用量，kg/m^3；

β_a——外加剂的掺量，应经混凝土试验确定，%。

6. 选择砂率

选择砂率，通常遵循以下原则：

① 粗骨料的最大粒径越大，最佳砂率应越小。

② 碎石混凝土的最佳砂率比卵石的大。

③ 细砂混凝土的最佳砂率比粗砂的小。

④ 胶凝材料用量越大，砂率应该越小。

商品混凝土的坍落度一般都超过 60mm，其最佳砂率应经试验确定，也可在表 3-10 的基础上，按坍落度每增大 20mm，砂率增大 1% 的幅度予以调整。

表 3-10　混凝土的砂率（JGJ 55）　　　　　　单位：%

水胶比（W/B）	卵石最大粒径/mm			碎石最大粒径/mm		
	10.0	20.0	40.0	16.0	20.0	40.0
0.40	26～32	25～31	24～30	30～35	29～34	27～32
0.50	30～35	29～34	28～33	33～38	32～37	30～35
0.60	33～38	32～37	31～36	36～41	35～40	33～38
0.70	36～41	35～40	34～39	39～44	38～43	36～41

注：1. 本表数值系中砂的选用砂率，对细砂或粗砂，可相应地减小或增大砂率。采用人工砂时，砂率可适当增大。

2. 只用一个单粒级粗骨料配制混凝土时，砂率应适当增大。

3. 对薄壁构件，砂率取偏大值。

选择的砂率是否适宜，可通过混凝土拌合物性能的对比试验来确定，方法如下：

① 在胶凝材料用量、用水量和外加剂掺量不变的情况下，以选择的砂率值，增加 1%～2% 的间隔进行变动，至少拌制五组不同砂率的混凝土拌合物。

② 测定每组混凝土拌合物的坍落度及其经时损失值，并同时检验其黏聚性与保水性。

③ 以坍落度为纵坐标、砂率为横坐标作出坍落度-砂率关系图，坍落度极大值所对应的砂率即为最佳砂率，同时要保证黏聚性和保水性良好。

通常，商品混凝土的砂率大都在 34%～52% 之间，泵送混凝土的砂率宜控制在 40%～52% 之间。

商品混凝土生产中采用"天然细砂＋人工粗砂"或人工中砂代替天然中砂的做法越来越普遍，这种情况下，必须考虑天然砂中超过 5mm 的颗粒含量以及人工砂中的石粉含量对混凝土砂率的影响，即应根据实际情况（如砂的颗粒级配、含石量和比表面积变化等）对所选取的砂率进行必要的调整。

7. 计算粗、细骨料用量

确定粗、细骨料用量，应采用质量法或体积法进行计算。

（1）质量法

质量法是配合比设计中采用最多的方法。首先假定一个混凝土拌合物的质量，然后按式（3-12）和式（3-13）计算出粗、细骨料的用量：

$$m_{c0} + m_{f0} + m_{g0} + m_{s0} + m_{w0} = m_{cp} \tag{3-12}$$

$$\beta_s = \frac{m_{s0}}{m_{s0} + m_{g0}} \times 100\% \tag{3-13}$$

式中 m_{g0}——计算配合比每立方米混凝土的粗骨料用量，kg/m^3；

m_{s0}——计算配合比每立方米混凝土的细骨料用量，kg/m^3；

m_{cp}——每立方米混凝土拌合物的假定质量，其值可取 $2350\sim2450kg/m^3$，或参考表 3-11 选取，kg/m^3；

β_s——砂率，%。

表 3-11　每立方米混凝土拌合物的假定质量参考值

骨料最大粒径/mm		9.5	12.5	19	25	37.5	50	75
初步估计的混凝土质量/(kg/m³)	非引气混凝土	2285	2315	2355	2375	2420	2445	2490
	引气混凝土	2200	2230	2280	2285	2320	2345	2400

注：1. 本表数据来自 ACI 211.1。

2. 每立方米混凝土中水泥用量 $330kg/m^3$，坍落度为 $75\sim100mm$，骨料表观相对密度为 2.7。

（2）体积法

体积法的依据是：混凝土体积应等于各组成材料体积（包括含气量）之和，应为 1。按式(3-13) 和式(3-14) 计算出粗、细骨料的用量：

$$\frac{m_{c0}}{\rho_c}+\frac{m_{f0}}{\rho_f}+\frac{m_{g0}}{\rho_g}+\frac{m_{s0}}{\rho_s}+\frac{m_{w0}}{\rho_w}+0.01\alpha=1 \tag{3-14}$$

式中　ρ_c——水泥密度，应按现行国家标准《水泥密度测定方法》（GB/T 208）经试验测定，也可取 $2900\sim3100kg/m^3$，kg/m^3；

ρ_f——矿物掺合料密度，可按现行国家标准 GB/T 208 经试验测定，kg/m^3；

ρ_g——粗骨料的表观密度，应按现行行业标准 JGJ 52 测定，kg/m^3；

ρ_s——细骨料的表观密度，应按现行行业标准 JGJ 52 测定，kg/m^3；

ρ_w——水的密度，可取 $1000kg/m^3$，kg/m^3；

α——混凝土的含气量百分数，在不使用引气型外加剂时，α 可取为 1。

通过上述计算与选择过程所得到的混凝土配合比，通常称为"计算配合比"或"基准配合比"。

二、配合比试配、调整与确定

通常情况下，"计算配合比"不可能很好地满足混凝土实际生产与施工要求。因此，必须在"计算配合比"的基础上，通过实验室的多次试配与调整，获得更能符合实际生产的配合比，即"实验室配合比"。

1. 配合比试配

（1）配合比试配的基本要求

① 原材料选择与处理。

a. 原材料应与生产使用的原材料相同。粗、细骨料的取样要充足、均匀，以降低材料匀质性对试验结果的影响。

b. 准确计算粗、细骨料的含水量以及细骨料的含石率，并经计量、折算，在计算配合比中准确扣除。

② 混凝土的试拌与成型。

a. 在计算配合比的基础上进行试拌，宜保持计算水胶比不变。

b. 采用强制式搅拌机进行搅拌，并应符合现行行业标准《混凝土试验用搅拌机》（JG

244）的规定，搅拌工艺尤其是投料顺序，应宜与批量生产时使用的方法相同。

c. 每盘最小搅拌量应符合表 3-12 的规定，并不应小于搅拌机公称容量的 1/4 且不应大于搅拌机公称容量。

表 3-12 混凝土试配的最小搅拌量 （JGJ 55）

粗骨料最大公称粒径/mm	拌合物量/L	粗骨料最大公称粒径/mm	拌合物量/L
≤31.5	20	40.0	25

d. 成型条件应符合现行国家标准《普通混凝土拌合物性能试验方法标准》（GB/T 50080）的规定。

（2）试拌混凝土性能的检测

通常检测的技术性能指标是：

① 检测出机、1h、2h 甚至更长时段混凝土的工作性（坍落度），观察混凝土的保水性、黏聚性以及离析、泌水情况等。

② 检测凝结时间。

③ 检测强度，应符合以下规定：

a. 用于强度检测的拌合物性能应符合设计和施工要求。

b. 应至少采用三个不同的配合比，当采用三个不同的配合比时，其中一个应为确定的试拌配合比，另外两个配合比的水胶比宜较试拌配合比分别增大和减小 0.05，用水量应与试拌配合比相同，砂率可分别增大和减小 1%。

c. 强度试验时，每个配合比至少制作一组试件并应标养到 28 天或设计规定的龄期时试压。通常情况下，可制作 3 天、7 天、28 天、60 天和其他龄期的试件，以掌握配合比的强度增长规律，积累分析数据。

④ 检测其他需要控制的性能指标，如含气量和体积稳定性等。

根据检测结果，进一步调整除水胶比以外的其他参数，修正"计算配合比"，使混凝土拌合物性能符合设计与施工要求，提出试拌配合比。

2. 配合比调整与确定

（1）配合比调整

通过对试拌配合比的调整，以确定"实验室配合比"。

① 配合比调整主要内容。

a. 若初始坍落度或其经时损失不满足要求。保持水胶比不变，主要通过改变外加剂（减水剂或泵送剂）的掺量或品种予以调整。若混凝土强度富余系数较大，亦可考虑采用少量增加用水量的调整方法，一般情况下，坍落度增减 20mm，用水量增减 2～3kg/m³。

但值得注意的是，外加剂掺量的增加可能会引起拌合物离析、泌水，甚至过度缓凝等现象发生。拟采取的解决办法是：

（a）适当增加砂率或减少砂的细度模数（即增大比表面积），抑制拌合物离析与泌水；

（b）调整外加剂中缓凝组分的比例或更换缓凝组分的品种。

若增加外加剂掺量仍不能满足坍落度要求，表明外加剂与水泥的相容性不好，应及时考虑更换外加剂或水泥品种。

b. 若含气量不满足要求。应改变引气剂的掺量或更换引气剂品种，此时应对配合比进行重新设计计算。

c. 若拌合物黏度较大。应适当提高含气量或增加用水量，降低粉体用量、砂率，或调整外加剂组分，此时亦应对配合比进行重新设计计算。

d. 若 28 天强度低于设计强度或强度发展不能满足设计要求。可以通过采取降低水胶比、减少用水量或调整矿物掺合料的用量等措施予以解决。

② 配合比调整规定。

a. 根据强度试验结果，绘制强度与胶水比的线性关系图，用图解法或插值法确定出略大于配制强度的强度所对应的胶水比。

b. 用水量和外加剂用量，可在试拌配合比的基础上，根据确定的水胶比做适当调整。

c. 胶凝材料用量应以用水量乘以胶水比计算得出。

d. 粗、细骨料用量应根据用水量和胶凝材料用量进行调整。

（2）配合比确定

配合比调整后的混凝土拌合物的表观密度，应按式（3-15）进行计算：

$$\rho_{c,c} = m_c + m_g + m_s + m_{w0} + m_f \qquad (3-15)$$

式中　$\rho_{c,c}$——混凝土拌合物表观密度计算值，kg/m^3；

m_c——每立方米混凝土的水泥用量，kg/m^3；

m_g——每立方米混凝土的粗骨料用量，kg/m^3；

m_s——每立方米混凝土的细骨料用量，kg/m^3；

m_{w0}——每立方米混凝土的用水量，kg/m^3；

m_f——每立方米混凝土的矿物掺合料用量，kg/m^3。

混凝土配合比校正系数，应按式（3-16）进行计算：

$$\delta = \frac{\rho_{c,t}}{\rho_{c,c}} \qquad (3-16)$$

式中　δ——混凝土配合比校正系数；

$\rho_{c,t}$——混凝土拌合物表观密度实测值，kg/m^3。

当混凝土拌合物的表观密度实测值与计算值之差的绝对值不超过计算值的 2% 时，材料用量可不做修正。当二者之差超过计算值的 2% 时，应将配合比中每项材料的用量均乘以校正系数 δ 进行配合比校正，校正后的配合比即确定为"实验室配合比"。

三、施工配合比

通常，"实验室配合比"仍需通过小方量试生产，对其进行必要的修正，消除生产线大机组搅拌与实验室搅拌机搅拌不尽相同而对混凝土质量的影响。此外，现场原材料的质量（如含水率等）波动等也应对"实验室配合比"进行小幅度的调整，经调整后的配合比称为"施工配合比"。

然而，即使是"施工配合比"，也仍然是一个需要不断修正的"理想"配合比。

当遇有下列情况之一时，应重新进行配合比设计：

① 对混凝土性能有特殊要求时；

② 水泥、外加剂或矿物掺合料品种质量有显著变化时；

③ 该配合比的混凝土生产间断半年以上时。

四、水溶性氯离子、含气量和碱含量控制

配合比调整后，应测定拌合物水溶性氯离子含量，测定方法应按照现行行业标准《水运工程混凝土试验检测技术规范》（JTS/T 236）中相关方法进行，氯离子最大含量应符合表 3-13 的要求。

表 3-13 混凝土拌合物中水溶性氯离子最大含量 (JGJ 55)

环境条件	水溶性氯离子最大含量(水泥用量的质量分数)/%		
	钢筋混凝土	预应力混凝土	素混凝土
干燥环境	0.30	0.06	1.00
潮湿但不含氯离子的环境	0.20	0.06	1.00
潮湿且含氯离子的环境、盐渍土环境	0.10	0.06	1.00
除冰盐等侵蚀性物质的腐蚀环境	0.06	0.06	1.00

对长期处于潮湿或水位变动的寒冷或严寒环境以及盐冻环境的混凝土应进行含气量测定，最小含气量应符合表 3-14 的规定，最大不宜超过 7.0%。

表 3-14 掺用引气剂的混凝土最小含气量 (JGJ 55)

粗骨料最大公称粒径/mm	混凝土最小含气量/%	
	潮湿或水位变动的寒冷和严寒环境	盐冻环境
40.0	4.5	5.0
25.0	5.0	5.5
20.0	5.5	6.0

注：含气量为气体占混凝土的体积分数。

有预防碱-骨料反应要求的混凝土，混凝土中最大碱含量不应大于 3.0kg/m^3。

粉煤灰碱含量可取实测值的 1/6，硅灰和磨细矿渣碱含量可取实测值的 1/2。

第三节 多组配合比的优化选择

配合比设计中，尽管所采用的原材料品种或者比例不同时，有时也会得到多组符合技术性能要求的混凝土配合比，这就需要对配合比进行优化选择。优化选择的基本原则应是在保证混凝土强度的前提下，兼顾实际工程的特殊要求，同时追求混凝土成本的最低化。通常，优化选择采用的方法是：比较优化法和等值图优化法。

一、比较优化法

所谓比较优化法，就是选取一些强度和工作性满足要求的混凝土配合比，进行其他性能试验，根据试验结果和成本核算进行比较、分析，选择性价比最佳的配合比作为最终配合比。

此种方法简捷，混凝土同种性能之间的差别一目了然，因此，是一种普遍采用的优化选择方法。

但是，这种方法只是在所试验的几个配合比中进行优化选择，因此，优化所得到的配合比仅仅是"相对好"的配合比，不一定是"更理想"的配合比。此外，这种方法也不可能揭示出配合比中各参数的变化对其性能的影响规律。

二、等值图优化法

等值图优化法即首先根据试验结果绘制出主要性能和成本的等值曲线，如等强曲线、等放热量曲线、等变形曲线、等耐久性曲线、等成本曲线等，再根据这些曲线的走势来判断各种性能之间的相互关系，并以此来确定"更理想"的混凝土配合比。

例如，某工程大体积混凝土基础底板，强度等级 C40、抗渗等级 P10、验收龄期 R60。显然，混凝土的水化热（或温升）应作为配合比主要控制目标，成本作为必要指标，强度作为限制条件。即在保证强度满足要求的前提下，寻求混凝土最高温升最小，并实现成本最低。分析可知，为降低温升，粉煤灰掺量是重要影响因素，当粉煤灰掺量增加时又会影响水胶比的变化，由此可见，粉煤灰掺量和水胶比这两个参数直接影响着混凝土的强度、温升和成本。将粉煤灰掺量和水胶比作为混凝土配合比设计时的变量，进行不同粉煤灰掺量、不同水胶比的配合比混凝土试验，测定所对应的 60 天混凝土的强度、绝热温升，并进行成本计算，分别画出等强度曲线（由满足强度要求时的水胶比与对应的粉煤灰掺量回归所得）、绝热温升曲线和成本曲线，然后根据曲线的变化趋势，进行混凝土配合比的优化选择。

此种方法虽然复杂、烦琐，但能揭示出配合比中主要参数的变化对其性能的影响规律，有利于更好地指导混凝土配合比的设计。

第四节　配合比设计示例与配合比实例

一、配合比设计示例

1. 配合比设计指标

某办公楼，主体为钢筋混凝土结构，混凝土设计强度等级为 C30，泵送施工，混凝土拌合物到达施工现场时，其坍落度应不小于 180mm。

2. 原材料选用

所用原材料技术指标，如表 3-15 所示。

表 3-15　原材料主要技术性能指标

序号	名称	品种	主要性能指标
1	水泥	P·O 42.5	密度(ρ_c) 3100kg/m³，28d 强度(f_{ce}) 52.0MPa
2	砂	河中砂	Ⅱ区级配,细度模数(M_x) 2.5,表观密度(ρ_s) 2650kg/m³
3	碎石	5～31.5mm	连续级配,表观密度(ρ_g) 2700kg/m³
4	粉煤灰	Ⅱ级	表观密度(ρ_f) 2200kg/m³
5	磨细矿渣	S95 级	表观密度(ρ_{sl}) 2850kg/m³
6	外加剂	聚羧酸系	掺量 2.2% 时,减水率为 24%

3. 配合比设计过程

（1）配合比计算

① 确定配制强度（$f_{cu,o}$）。已知 $f_{cu,k}=30MPa$，标准差（σ）由于无历史统计资料，查表 3-1 取 $\sigma=5MPa$；考虑到施工现场条件与实验室试配条件的差异较大，配制强度在满足强度标准值保证率的基础上提高 10%，由式（3-1）求得：

$$f_{cu,o}=1.1(f_{cu,k}+1.645\sigma)=1.1\times(30+1.645\times5)=42.0(MPa)$$

② 计算水胶比。已知混凝土配制强度 $f_{cu,o}=42.0MPa$，水泥 28 天实测强度值 $f_{ce}=52.0MPa$，掺 25% 的Ⅱ级粉煤灰、20% 的 S95 级磨细矿渣，影响系数经试验确定为 $\gamma_f=$

0.85、$\gamma_s = 1.0$，由式（3-5）求得：

$$f_b = \gamma_f \gamma_s f_{ce} = 0.85 \times 1.0 \times 52.0 = 44.2 (\text{MPa})$$

工程采用碎石，回归系数由表 3-2 取 $\alpha_a = 0.53$，$\alpha_b = 0.20$，由式（3-4）计算水胶比（W/B）：

$$W/B = \frac{\alpha_a f_b}{f_{cu,o} + \alpha_a \alpha_b f_b} = \frac{0.53 \times 44.2}{42.0 + 0.53 \times 0.20 \times 44.2} = 0.50$$

③ 计算用水量。已知混凝土拌合物要求坍落度为 180mm，碎石最大粒径为 31.5mm。

查表 3-6，坍落度为 90mm 不掺外加剂时，混凝土的用水量为 205kg/m³；按每增加 20mm 坍落度增加 5kg 水，计算出未掺高效减水剂时的用水量（m'_{w0}）为：

$$m'_{w0} = 205 + \frac{180 - 90}{20} \times 5 = 227.5 (\text{kg/m}^3)$$

确定掺减水率（β）为 24% 的高减水剂后，由式（3-7）计算混凝土拌合物坍落度达到 180mm 时的用水量：

$$m_{w0} = m'_{w0}(1 - \beta) = 227.5 \times (1 - 24\%) = 173 (\text{kg/m}^3)$$

④ 计算胶凝材料用量、粉煤灰用量、磨细矿渣用量、水泥用量和外加剂用量。

a. 胶凝材料用量（m_{b0}），由式（3-8）求得：

$$m_{b0} = \frac{m_{w0}}{W/B} = \frac{173}{0.50} = 346 (\text{kg/m}^3)$$

b. 粉煤灰用量（m_{f01}）、磨细矿渣用量（m_{f02}）。粉煤灰掺量 25%（$\beta_f = 25\%$），磨细矿渣掺量 20%（$\beta_{sl} = 20\%$），由式（3-9）求得矿物掺合料用量：

$$m_{f01} = m_{b0}\beta_f = 346 \times 25\% = 87 (\text{kg/m}^3)$$
$$m_{f02} = m_{b0}\beta_{sl} = 346 \times 20\% = 69 (\text{kg/m}^3)$$

则：

$$m_{f0} = m_{f01} + m_{f02} = 87 + 69 = 156 (\text{kg/m}^3)$$

c. 水泥用量（m_{c0}）。由式（3-10）求得：

$$m_{c0} = m_{b0} - m_{f0} = 346 - 156 = 190 (\text{kg/m}^3)$$

d. 计算高效减水剂用量（m_{a0}）。高效减水剂掺量 2.2%，由式（3-11）计算可得：

$$m_{a0} = m_{b0}\beta_a = 346 \times 2.2\% = 7.61 (\text{kg/m}^3)$$

⑤ 选择砂率（β_s）。本例混凝土采用泵送施工，其砂率宜控制在 40%～52% 之间。砂为中砂（细度模数 $M_x = 2.5$），根据施工经验砂率采用 42%。

⑥ 计算粗、细骨料用量。

a. 质量法。已知混凝土用水量 $m_{w0} = 173\text{kg/m}^3$，胶凝材料用量 $m_{b0} = 346\text{kg/m}^3$，砂率 $\beta_s = 42\%$。每立方米混凝土拌合物的假定质量 $m_{cp} = 2400\text{kg/m}^3$，由式（3-12）和式（3-13）计算可得：

$$m_{c0} + m_{f0} + m_{g0} + m_{s0} + m_{w0} = 190 + 156 + 173 + m_{g0} + m_{s0} = 2400 (\text{kg/m}^3)$$

$$\frac{m_{s0}}{m_{g0} + m_{s0}} = \beta_s = 0.42$$

$$m_{s0} = 1881 \times 0.42 = 790 (\text{kg/m}^3)$$

$$m_{g0} = 1881 - 790 = 1091 (\text{kg/m}^3)$$

综上，采用质量法计算得到的混凝土配合比，如表 3-16 所示。

表 3-16　采用质量法计算得到的混凝土配合比　　　　　　单位：kg/m^3

胶凝材料			砂(m_{s0})	碎石(m_{g0})	水(m_{w0})	高效减水剂(m_{a0})
水泥(m_{c0})	粉煤灰(m_{f01})	磨细矿渣(m_{f02})				
190	87	69	790	1091	173	7.61

计算配合比中的胶凝材料用量为 346kg，水胶比为 0.50，均符合表 3-5 的规定。

b. 体积法。已知水泥密度 $\rho_c=3100kg/m^3$，粉煤灰表观密度 $\rho_f=2200kg/m^3$，磨细矿渣表观密度 $\rho_{sl}=2850kg/m^3$，河砂表观密度 $\rho_s=2650kg/m^3$，碎石表观密度 $\rho_g=2700kg/m^3$，砂率 $=42\%$，由式(3-13) 和式(3-14) 计算可得：

$$\frac{m_{c0}}{\rho_c}+\frac{m_{f0}}{\rho_f}+\frac{m_{g0}}{\rho_g}+\frac{m_{s0}}{\rho_s}+\frac{m_{w0}}{\rho_w}+0.01\alpha=\frac{190}{3100}+\frac{87}{2200}+\frac{69}{2850}+\frac{m_{g0}}{\rho_g}+\frac{m_{s0}}{\rho_s}+\frac{173}{1000}+0.01\times1=1$$

$$\frac{m_{s0}}{m_{g0}+m_{s0}}=\beta_s=0.42$$

$$m_{s0}=779kg/m^3$$

$$m_{g0}=1075kg/m^3$$

综上，采用体积法计算得到的混凝土配合比，如表 3-17 所示。

表 3-17　采用体积法计算得到的混凝土配合比　　　　　　单位：kg/m^3

胶凝材料			砂(m_{s0})	碎石(m_{g0})	水(m_{w0})	高效减水剂(m_{a0})
水泥(m_{c0})	粉煤灰(m_{f01})	磨细矿渣(m_{f02})				
190	87	69	779	1075	173	7.61

可以看出，两种方法求得的混凝土计算配合比略有差别。质量法的前提条件是混凝土所用原材料固定，且其表观密度稳定。通常，质量法设计得到的结果，混凝土体积易产生较大偏差，但简单，被普遍采用；而体积法设计得到的结果，混凝土体积较精确，但烦琐。

（2）配合比试配

① 混凝土试拌。按质量法的计算配合比进行混凝土试拌，试拌量取 20L，各组成材料用量如下：

水泥：$190\times0.02=3.80$（kg）

粉煤灰：$87\times0.02=1.74$（kg）

磨细矿渣：$69\times0.02=1.38$（kg）

水：$173\times0.02=3.46$（kg）

砂：$790\times0.02=15.80$（kg）

石：$1091\times0.02=21.82$（kg）

高效减水剂：$7.61\times0.02=152.2$（g）

② 检验、调整混凝土拌合物的工作性（坍落度）。经测试，试拌混凝土拌合物的坍落度为 130mm，无法满足施工要求，因此在保持水胶比不变的情况下，增加 2% 浆量（也可增加一定量的高效减水剂调整）。经重新搅拌后的混凝土拌合物的坍落度为 180mm，黏聚性、保水性良好，满足施工要求。拌合物工作性调整后的试拌混凝土配合比的各组成材料用量如下：

水泥：$190\times(1+0.02)=194$（kg/m^3）

粉煤灰：$87\times(1+0.02)=89$（kg/m^3）

磨细矿渣：$69\times(1+0.02)=70$（kg/m^3）

水：$173\times(1+0.02)=176$（kg/m^3）

综上，拌合物工作性调整后的试拌混凝土配合比，如表 3-18 所示。

表 3-18　拌合物工作性调整后的试拌混凝土配合比　　单位：kg/m^3

胶凝材料			砂（m_{s0}）	碎石（m_{g0}）	水（m_{w0}）	高效减水剂（m_{a0}）
水泥（m_{c0}）	粉煤灰（m_{f01}）	磨细矿渣（m_{f02}）				
194	89	70	790	1091	176	7.61

（3）配合比调整与确定

① 配合比调整。即进行混凝土强度检验与拌合物性能检验。

根据表 3-18 所示的试拌混凝土配合比，另外再确定两个配合比，其配合比的水胶比较试拌混凝土配合比分别增加和减少 0.05，用水量应与试拌混凝土配合比相同，砂率可分别增加和减少 1%。

三个混凝土配合比均拌制 20L 混凝土，进行混凝土拌合物性能和混凝土抗压强度试验。试验所用的三个混凝土配合比的材料用量如表 3-19 所示，混凝土拌合物性能与混凝土抗压强度试验结果，如表 3-20 所示。

表 3-19　拌制 20L 混凝土的材料用量　　单位：kg

配合比编号	水泥	粉煤灰	磨细矿渣	砂	石	水	高效减水剂
试拌 Ⅰ	3.88	1.78	1.40	15.80	21.80	3.52	0.1552
试拌 Ⅱ	3.52	1.60	1.28	16.45	21.81	3.52	0.1408
试拌 Ⅲ	4.30	1.96	1.56	15.16	21.82	3.52	0.1720

注：试拌 Ⅰ 配合比的 W/B 为 0.50，砂率 β_s 为 0.42；试拌 Ⅱ 配合比的 W/B 为 0.55，砂率 β_s 为 0.43；试拌 Ⅲ 配合比的 W/B 为 0.45，砂率 β_s 为 0.41。

表 3-20　混凝土拌合物性能和混凝土抗压强度试验结果

配合比编号	出机坍落度/扩展度	60min 经时坍落度/扩展度	初凝时间/(h:min)	表观密度/(kg/m^3)	抗压强度/MPa			
					3d	7d	28d	60d
试拌 Ⅰ	210mm/510mm	190mm/450mm	9:40	2400	23.4	32.3	43.7	51.6
试拌 Ⅱ	195mm/480mm	180mm/410mm	9:10	2390	19.8	27.9	38.1	43.2
试拌 Ⅲ	220mm/530mm	185mm/460mm	10:30	2410	26.5	34.7	48.5	57.4

试验结果表明，三个试拌配合比的混凝土拌合物无离析、无泌水，运达施工现场时（≤60min），其坍落度不小于 180mm；混凝土抗压强度满足 C30 要求。

根据表 3-20 中混凝土 28 天抗压强度试验结果，可用作图法求出与混凝土配制强度（$f_{cu,o}$）相应的胶水比（B/W），并可得到相应的回归方程为：$f_{cu,o}=25.68(B/W)-8.487$，如图 3-1 所示。

要求混凝土配制强度 $f_{cu,o}=42.0MPa$，可用回归方程计算求得胶水比 $B/W=1.97$，即水胶比 $W/B=0.51$。也可以将配制强度

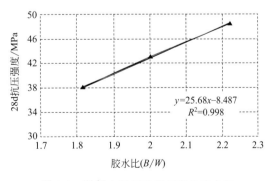

图 3-1　混凝土配制强度相应的胶水比

（$f_{cu,o}$）与三个试配结果的 28 天（或 60 天）强度比较，选取适宜的水胶比，此处仍选取 0.50 水胶比的配合比作为实验室配合比。

② 配合比确定。配合比调整后的混凝土拌合物的表观密度（$\rho_{c,c}$）应按式（3-15）进行计算：

$$\rho_{c,c} = 2416.76 \text{kg/m}^3$$

校正系数（δ）应按式（3-16）进行计算：

$$\delta = \frac{\rho_{c,t}}{\rho_{c,c}} = \frac{2400}{2416} = 0.99$$

实测值（2400kg/m³）与计算值之差的绝对值为 $2400-2416=16$（kg/m³），小于计算值（2416kg/m³）的 2%，因此可不用校正系数调整配合比。

最终确定的混凝土实验室配合比，如表 3-21 所示。

表 3-21　混凝土实验室配合比　　　　　单位：kg/m³

胶凝材料			砂（m_{s0}）	碎石（m_{g0}）	水（m_{w0}）	高效减水剂（m_{a0}）
水泥（m_{c0}）	粉煤灰（m_{f01}）	磨细矿渣（m_{f02}）				
194	89	70	790	1091	176	7.61

（4）施工配合比

在商品混凝土正式生产前，对所使用的骨料应检测其含水率，这里现场砂的含水率为 8.5%，石为 0.1%（可不计），故施工配合比的计算结果如下：

水泥用量：$m'_c = 194 \text{kg/m}^3$

粉煤灰用量 $m'_f = 89 \text{kg/m}^3$

磨细矿渣用量 $m'_{sl} = 70 \text{kg/m}^3$

石用量 $m'_g = 1091 \text{kg/m}^3$

砂用量 $m'_s = 790 \times (1+0.085) = 857$（kg/m³）

用水量 $m'_w = 176 - (790 \times 0.085) = 109$（kg/m³）

最终确定的混凝土施工配合比，如表 3-22 所示。

表 3-22　混凝土施工配合比　　　　　单位：kg/m³

胶凝材料			砂（m_{s0}）	碎石（m_{g0}）	水（m_{w0}）	高效减水剂（m_{a0}）
水泥（m_{c0}）	粉煤灰（m_{f01}）	磨细矿渣（m_{f02}）				
194	89	70	857	1091	109	7.61

二、商品混凝土配合比实例

表 3-23～表 3-26 所示为配合比实例，由北京市某商品混凝土企业提供，仅供参考。

表 3-23　掺合料为粉煤灰的配合比实例

标号	配合比/（kg/m³）						表观密度/（kg/m³）
	P·O 42.5 水泥	Ⅰ级粉煤灰	天然中砂	5～25mm 碎石	水	泵送剂	
C10	150	120	950	950	185	4.9	2360
C15	180	90	930	970	185	5.1	2360
C20	190	80	910	1000	180	5.4	2360

标号	配合比/(kg/m³)						表观密度/(kg/m³)
	P·O 42.5水泥	Ⅰ级粉煤灰	天然中砂	5～25mm 碎石	水	泵送剂	
C25	230	90	830	1030	180	6.7	2370
C30	270	90	790	1040	175	7.9	2370
C35	310	90	750	1040	175	9.2	2370
C40	340	100	730	1040	175	10.6	2390
C45	370	100	700	1050	170	11.3	2400
C50	390	110	670	1050	170	12.5	2400
C55	410	120	640	1070	165	6.4	2410
C60	440	120	600	1080	165	7.3	2410

注：1. 本配合比为泵送混凝土配合比，出机坍落度为200～230mm。

2. 水泥28天强度为53～56MPa；泵送剂除C55和C60系聚羧酸系外，其他强度等级的均为萘系。

表 3-24　掺合料为粉煤灰与磨细矿渣的配合比实例

标号	配合比/(kg/m³)							表观密度/(kg/m³)
	P·O 42.5水泥	Ⅱ级粉煤灰	S95级磨细矿渣	天然中砂	5～25mm 碎石	水	泵送剂	
C10	130	40	60	1000	950	185	4.6	2370
C15	130	44	66	980	960	185	4.8	2370
C20	150	52	78	960	960	180	5.1	2380
C25	180	56	84	920	960	180	5.9	2380
C30	200	60	90	870	980	175	7.0	2380
C35	230	64	96	840	980	175	8.1	2390
C40	250	68	102	800	990	175	9.4	2390
C45	260	76	114	730	1030	170	10.8	2390
C50	290	80	120	650	1080	170	12.5	2400
C55	330	88	132	610	1080	170	6.6	2410
C60	360	88	132	560	1100	170	7.3	2410

注：1. 本配合比为泵送混凝土配合比，出机坍落度为200～230mm。

2. 水泥28天强度为53～56MPa；天然砂的含石量为13%；泵送剂除C55和C60为聚羧酸系外，其他强度等级的均为萘系。

表 3-25　砂为天然细砂与人工粗砂的配合比实例（一）

标号	配合比/(kg/m³)								表观密度/(kg/m³)
	P·O 42.5水泥	Ⅱ级粉煤灰	S95级磨细矿渣	细砂	粗砂	5～25mm 卵石	水	减水剂	
C10	122	81	68	350	763	790	179	6.6	2360
C15	141	75	72	330	757	810	174	6.3	2360
C20	202	51	48	310	761	830	167	6.0	2370
C25	209	44	84	290	729	850	167	6.7	2380
C30	234	40	91	270	707	870	166	7.3	2380

续表

标号	配合比/(kg/m³)								表观密度 /(kg/m³)
	P·O 42.5 水泥	Ⅱ级粉煤灰	S95级磨细矿渣	细砂	粗砂	5～25mm 卵石	水	减水剂	
C35	269	41	98	250	670	890	164	8.2	2390
C40	311	44	89	230	640	910	162	8.9	2390
C45	343	48	92	200	616	930	161	9.7	2400
C50	371	52	99	170	593	950	160	10.4	2400
C60	431	85	59	120	565	980	160	11.6	2410

注：1. 本配合比为泵送混凝土配合比，出机坍落度为 200～230mm。

2. 水泥 28 天强度为 50～55MPa；细砂细度模数 1.4～2.0，粗砂细度模数 3.0～3.4；减水剂为聚羧酸系。

表 3-26　砂为天然细砂与人工粗砂的配合比实例（二）

标号	配合比/(kg/m³)								表观密度 /(kg/m³)
	P·O 42.5 水泥	Ⅱ级粉煤灰	S95级磨细矿渣	细砂	粗砂	5～25mm 碎石	水	泵送剂	
C10	130	40	60	310	710	950	185	5.3	2390
C15	130	44	66	300	700	960	185	5.5	2390
C20	150	52	78	280	690	960	180	6.2	2390
C25	180	56	84	270	660	960	180	7.0	2390
C30	200	60	90	260	630	980	175	7.4	2400
C35	230	64	96	240	600	990	175	8.2	2400
C40	250	68	102	230	580	990	175	9.2	2400
C45	260	76	114	220	530	1020	170	10.8	2400
C50	290	80	120	200	480	1060	170	12.5	2410
C55	330	88	132	190	420	1080	170	6.6	2410
C60	360	88	132	180	400	1080	170	7.3	2410

注：1. 本配合比为泵送混凝土配合比，出机坍落度为 200～230mm。

2. 水泥 28 天强度为 53～56MPa；细砂细度模数 1.7～2.0，粗砂细度模数 3.1～3.3；泵送剂除 C55 和 C60 为聚羧酸系外，其他强度等级的均为萘系。

第五节　配合比设计基本理论与方法

配合比设计的基本理论与方法是指导混凝土配合比设计、调整乃至施工的重要依据，如：混凝土强度可以用水灰比理论予以调整；泌水可以用水膜厚度理论和填充效应理论予以解释与调整；泵送堵塞可以用水膜厚度理论与颗粒间相互作用理论进行解释与控制等。

一、配合比设计基本理论

1. 水灰比理论

1918 年，美国混凝土专家阿伯拉姆氏（Abrams）提出：在一定的工作试验条件下，只要混凝土混合物是塑性的，混凝土强度则取决于拌合水的数量。

该理论影响深远，被称为水灰比理论（Abrams 定则或定律），揭示了"抗压强度与水灰比"之间的本质关系，即混凝土的龄期、温度和水泥品种一定时，抗压强度随着水灰比的减小而增大，符合式(3-17)关系：

$$f_c = \frac{K_1}{(K_2)^{\frac{w}{c}}} \qquad (3-17)$$

式中　f_c——混凝土抗压强度；

　　　W/C——混凝土的水灰比；

　　K_1，K_2——常数，取决于混凝土养护龄期、温度以及水泥品种。

2. 填充效应理论

该理论（颗粒填充密度理论）认为，在水泥浆体积一定时，提高骨料之间以及水泥、矿物掺合料等微粒之间的填充密度都将会有效提高混凝土的工作性；或在流动性要求相同时，会减少水泥浆的体积。

混凝土可视为由骨料与水泥浆组成，其中水泥浆又可视为由水泥和矿物掺合料等微粒与水组成。通常，骨料颗粒之间发生的彼此连续的填隙作用必然有效减少骨料间的空隙体积，增大骨料间的填充密度。由于水泥浆会首先填充骨料间空隙，填隙以外的水泥浆才能用于润滑、带动骨料流动，所以在水泥浆体积一定时，提高骨料间的填充密度无疑会增加用于润滑、带动骨料流动的水泥浆，有效提高混凝土的工作性；或在流动性要求相同时，会减少水泥浆的体积。

同理，微粒之间发生的彼此连续填隙作用，同样能有效减少微料间的空隙体积，增大微粒间的填充密度。由于水会首先填充微料颗粒间的空隙，填隙以外的水才能用于润滑、带动水泥浆流动，所以在水体积一定时，提高微料间的填充密度无疑也会增加用于润滑、带动水泥浆流动的水，有效提高混凝土的工作性；或在流动性要求相同时，减少拌合水的用量。

需要指出的是，颗粒填充密度的大小不仅取决于材料颗粒的粒径范围和级配，也会受制于材料颗粒粒形的影响。

可以认为，填充效应理论，实质上就是宏观上的胶空比（Powers）理论，无疑为混凝土配合比设计时，尽可能优化选择材料颗粒的粒径范围、级配和粒形提供了理论支持。

3. 水膜层厚度理论

如图 3-2 所示，混凝土的拌合水除用于水泥水化、固体颗粒间空隙填充外，剩余水将被固体颗粒表面吸附形成水膜。

不难理解，混凝土拌合物若要具有较好的流动性，首先就要有足够厚的水膜。但是，水膜厚度过大，拌合物中的自由水可能过多，浆体黏度过小，拌合物易出现泌水、离析现象；反之，水膜厚度越小，表明自由水也越少，浆体就越黏，拌合物的流动性变差。所以，对于混凝土拌合物施工性能的控制，主要是水膜厚度的调整与控制。

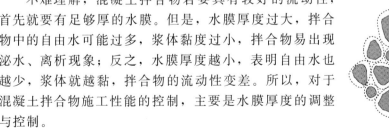

图 3-2　水膜层厚度示意图

水膜层厚度理论揭示了影响混凝土拌合物流动性的因素，因此，在混凝土配合比设计时，通常采取化学的或物理的措施，在总用水量一定的前提下提高颗粒的水膜厚度，如：掺加减水剂、采用需水量较小的矿物掺合料、合理减少固体颗粒表面面积或提高胶凝材料堆积密度等。

4. 颗粒间相互作用理论

如图 3-3 所示，当固液相混合物一起流动时，混合物内就会产生位于不同层间的颗粒的剪切现象。一层中的颗粒会与邻近层的颗粒以一定的倾角相互碰撞再横向偏移，在流动的固液混合物里形成不规则的横向膨胀，需要维持固液混合物流动状态所需的剪切应力会随之增大，此现象在固液混合物流过窄口时尤为明显。基于此现象的发生，颗粒间相互作用理论认为，适当加大细颗粒材料的用量直至其超过填充较大颗粒材料间空隙所需数量，即"剩余颗粒层"的出现，不仅起到滚珠效应，使固液混合物的窄口通过能力得到明显改善（如图 3-4 所示），且"剩余颗粒层"加大了粗颗粒之间的距离，减少了粗颗粒之间的相互碰撞，也会改善混合料的流动性。

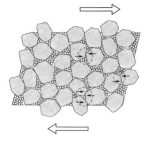

较大的颗粒间相互作用　　　　较小的颗粒间相互作用

图 3-3　颗粒间相互作用示意图　　　　图 3-4　颗粒间相互作用"漏斗"效应示意图

颗粒间相互作用理论进一步揭示了影响混凝土拌合物流动性的因素。

5. 最小单位用水量或胶凝材料用量理论

当原材料一定时，水胶比固定后，选用满足混凝土工作性要求的最小用水量或最小胶凝材料用量，即最小浆体用量，可以提高硬化混凝土的体积稳定性；同时，降低混凝土的水化温升、提高混凝土抵抗环境侵蚀的能力，也可以降低混凝土的成本。当然，有时也同时提出最小水泥用量要求，以达到满足混凝土早期强度要求。

综上所述，混凝土配合比设计的实质是一个全面揭示各组成材料数量、性质及其相互作用关系的过程，一个科学的混凝土配合比设计，或最佳、最理想的混凝土配合比的提出，绝非是一个简单的配合比计算、试配与调整过程。对于混凝土工作者来说，系统学习和掌握各种关于混凝土配合比设计的理论，无疑对混凝土配合比设计会起到"高屋建瓴"的指导作用。

二、配合比设计方法

自混凝土问世以来，混凝土配合比设计方法就成为混凝土工作者关注和研究的重点，相继提出了若干种配合比设计方法，至今，这些方法对混凝土配合比设计仍具有可借鉴的指导意义。

1. 美国 ACI 法

该法认为，粗骨料的公称最大粒径（NMPS）与最佳用量是影响混凝土性能的本质所在。为此提出：

① 当粗骨料公称最大粒径（NMPS）一定时，用水量决定了混凝土的工作性，与其他配合比因素基本无关，并由此编制了混凝土不同坍落度时，NMPS 对拌和用水量的需求，如表 3-27 所示。

表 3-27　ACI 211.1 给出的不同坍落度和 NMPS 所需的近似拌和用水量和含气量的要求

坍落度/mm		NMPS 对应的用水量/(kg/m³)							
		9.5mm	12.5mm	19mm	25mm	37.5mm	50mm	75mm	150mm
非引气混凝土	25～50	207	199	190	179	166	154	130	113
	75～100	228	216	205	193	181	169	145	124
	150～175	243	228	216	202	190	178	160	—
	大致含气量/%	3	2.5	2	1.5	1	0.5	0.3	0.2
引气混凝土	25～50	181	175	168	160	150	142	122	107
	75～100	202	193	184	175	165	157	133	119
	150～175	216	205	197	184	174	166	154	—
含气量/%	改善工作性	4.5	4.0	3.5	3.0	2.5	2.0	1.5	1.0
	暴露条件适中	6.0	5.5	5.0	4.5	4.5	4.0	3.5	3.0
	极端暴露条件	7.5	7.0	6.0	6.0	6.0	5.0	4.5	4.0

② 粗骨料的最佳用量取决于粗骨料的 NMPS 和细骨料的细度模数，与粗骨料的粒形无关，据此编制了不同细度模数的细骨料对不同 NMPS 粗骨料所要求的粗骨料堆积体积，如表 3-28 所示。

表 3-28　ACI 211.1 给出的单位体积混凝土粗骨料堆积体积

细骨料细度模数	所需粗骨料堆积体积/m³							
	NMPS/mm							
	9.5	12.5	19	25	37.5	50	75	150
2.40	0.50	0.59	0.66	0.71	0.75	0.78	0.82	0.87
2.60	0.48	0.57	0.64	0.69	0.75	0.76	0.80	0.85
2.80	0.46	0.55	0.62	0.67	0.71	0.74	0.78	0.83
3.00	0.44	0.53	0.60	0.65	0.69	0.72	0.76	0.81

采用此法进行配合比设计的步骤如下：

① 根据粗骨料 NMPS 和混凝土的工作性（坍落度）要求，查表 3-27 获得用水量。

② 根据细骨料细度模数和粗骨料 NMPS，查表 3-28 求得粗骨料的最佳体积用量。

③ 综合强度和耐久性（抗冻、抗硫酸盐腐蚀）要求，确定水灰比。

④ 依据绝对体积法求得细骨料用量，其中考虑含气量。

⑤ 混凝土的试配和调整。

经过多年的完善和修正，ACI 法已发展成为国外目前最为流行的一种混凝土设计方法，该法的最大优点在于首先设计粗骨料主骨架，符合体积层次设计理念，加上充分考虑了含气量的影响，设计的混凝土范围较大，并能够很容易地实现计算机程序化。

ACI 法对粗骨料体积分量的取值非常严格，虽然是在总结大量经验数据的基础上提出，但针对不同技术性质的粗细骨料，应用上仍存在较大偏差，因此，对于我国目前的粗骨料技术性质状况，只能借鉴采用。

2. 拨开系数法

该法由苏联提出，我国早期曾借鉴使用。其配合比设计的基本出发点是认为混凝土是一个粗骨料悬浮于连续水泥砂浆的结构体系，砂浆性能和用量是影响混凝土性能的主要因素，只有砂浆的体积大于粗骨料的空隙体积，粗骨料才可以自由运动，并提出了砂浆拨开系数的概念。砂浆拨开系数又称砂浆剩余系数或砂浆富裕系数，定义为：砂浆体积与粗骨料空隙体积的比值，其表达式如式(3-18)。

$$\alpha = \frac{V_m}{V_0} \qquad (3-18)$$

式中 α——砂浆拨开系数；

V_m——砂浆体积，见式(3-19)；

V_0——粗骨料空隙体积，见式(3-20)。

$$V_m = 1 - Y/\rho_y \qquad (3-19)$$

式中 ρ_y——粗骨料密度，kg/m^3；

Y——每立方米混凝土中粗骨料用量，kg/m^3。

$$V_0 = PY/\rho_y' \qquad (3-20)$$

式中 P——粗骨料空隙率，%；

ρ_y'——粗骨料的松散堆积密度，kg/m^3。

采用此法进行配合比设计的步骤如下：

① 根据骨料的性质和混凝土的流动性选择单位用水量。

② 根据强度设计目标按水灰比定则初步计算水灰比，并按耐久性要求核准并确定水灰比。

③ 由式(3-18)～式(3-20)联立得式(3-21)，计算粗骨料的用量，并按照体积法计算细骨料用量。

$$Y = 1/(\alpha P/\rho_y' + 1/\rho_y) \qquad (3-21)$$

对于塑性混凝土，砂浆拨开系数可由表3-29选择。显然，对于目前普遍应用的流动性商品混凝土而言，表3-29所给出的数据已不再适用。实际生产经验表明，流动性混凝土，砂浆拨开系数一般为2.1～2.3，对于自密实混凝土，拨开系数更大，一般都会超过3.0。

表 3-29 砂浆拨开系数

水泥用量/(kg/m³)	α 值	
	碎石	卵石
200	1.25	1.30
250	1.30	1.37
300	1.35	1.42
350	1.42	1.50
400	1.47	1.57

3. 富裕浆体量法

目前，大流动性混凝土在商品混凝土中的比例越来越大，混凝土的流动性成为配合比设计的一个重点，富裕浆体量法就比较适合此类混凝土的配合比设计。

该配合比设计方法的基本观点是：粗骨料的空隙由砂浆填充，且富裕的砂浆包裹粗骨料使之流动；细骨料的空隙由净浆填充，富裕的净浆包裹细骨料并保证砂浆的流动性。因此，水灰比、砂浆填充粗骨料空隙后的富裕体积和净浆填充细骨料空隙后的富裕体积是混凝土配合比设计的3个基本参数。其中，水灰比表征混凝土的强度，砂浆填充粗骨料空隙后的富裕体积和净浆填充细骨料空隙后的富裕体积表征混凝土工作性，而混凝土耐久性又和这三个参数以及所用原材料品种有关，利用这三个参数设计混凝土配合比。由此，可以建立如下计算模型：

混凝土体积：

$$\frac{G}{\rho_G} + V_{砂浆} = 1 \qquad (3\text{-}22)$$

砂浆体积：

$$V_{砂浆} = \frac{G}{\rho_G(1-G_{空隙})}G_{空隙} + \beta_{砂浆} \qquad (3\text{-}23)$$

$$V_{砂浆} = \frac{S}{\rho_S} + V_{净浆} \qquad (3\text{-}24)$$

净浆体积：

$$V_{净浆} = \frac{S}{\rho_S(1-S_{空隙})}S_{空隙} + \beta_{净浆} \qquad (3\text{-}25)$$

$$V_{净浆} = \frac{C}{\rho_C} + \frac{W}{\rho_W} + V_\alpha \qquad (3\text{-}26)$$

水泥用量：

$$C = \frac{W}{W/C} \qquad (3\text{-}27)$$

式中　G，S，C，W——粗骨料、细骨料、水泥（或胶凝材料）、水的用量，kg/m^3；

$\qquad V_\alpha$——混凝土中含气量所占的体积，％；

ρ_G，ρ_S，ρ_C，ρ_W——粗骨料、细骨料、水泥（或胶凝材料）、水的表观密度，kg/m^3；

$\qquad \beta_{砂浆}$，$\beta_{净浆}$——砂浆和净浆富裕体积，％；

$\qquad G_{空隙}$，$S_{空隙}$——粗骨料和细骨料空隙率，％；

$\qquad W/C$——水灰（胶）比。

采用此法进行混凝土配合比设计时，具体设计步骤如下：

① 测定原材料的密度或表观密度；测定粗、细骨料的空隙率；普通混凝土含气量可定为 1.5％，含气量有要求的混凝土要测定混凝土含气量。

② 根据强度目标按水灰比定则计算水灰比，按耐久性要求核准并确定水灰比。

③ 根据混凝土拌合物性能要求确定 $\beta_{砂浆}$、$\beta_{净浆}$ 的值。

④ 按式（3-22）～式（3-27）计算得出 G、S、C、W。

应注意的是，$\beta_{砂浆}$、$\beta_{净浆}$ 的变化对混凝土性能影响很大，其值越小混凝土体积稳定性越好，但是太小则无法满足工作性的要求。如果 $\beta_{砂浆}$、$\beta_{净浆}$ 为 0，则为紧密填充的干硬性混凝土的配合比；若 $\beta_{砂浆}$、$\beta_{净浆}$ 小于 0 则为多孔性混凝土的配合比；$\beta_{砂浆}$ 为 1 则为同强度等级砂浆混凝土的配合比。一般情况下，普通泵送混凝土坍落度 220mm 时，$\beta_{砂浆}$ 取 0.335 左右，$\beta_{净浆}$ 取 0.165。当计算出的用水量太低或外加剂的减水率达不到要求时，可以适当增加 $\beta_{净浆}$。对于不同性能要求的混凝土来说，最佳 $\beta_{砂浆}$、$\beta_{净浆}$ 值仍需在实践中进行总结。

本方法可以用于设计普通混凝土、高性能混凝土、轻骨料混凝土等各类混凝土。不足之处在于，未考虑粗、细骨料粒径或比表面积大小变化对混凝土性能的影响。

第六节　配合比设计的几点思考

一、混凝土工作性的规定

工作性是商品混凝土最重要的质量评定指标之一。

目前，评价混凝土工作性最直观的技术指标是混凝土的坍落度及其经时损失值。如表3-30所示，虽然有关的技术标准或规程都给出了对坍落度及其经时损失值的规定，但现场施工对坍落度的期望值要大于这些规定值。迫于施工对"大坍落度"要求的压力，常常在现场通过加入额外的水，而不是加入适量的减水剂或更多的浆体予以实现，从而导致混凝土水灰比增大，混凝土强度受损，甚至引发强度质量事故。为此，建议配合比设计时，混凝土的试配应采用允许的最大坍落度（包括使用允许的最大含气量），而不是坍落度的平均值，无疑这将有利于防止过高的强度预估值，最大限度地保证配合比投入使用后的混凝土的质量。

表 3-30　混凝土拌合物坍落度（扩展度）及其经时损失的规定

序号	坍落度要求	标准名称
1	常规品的泵送混凝土坍落度控制目标值不宜大于 180mm，并应满足施工要求；坍落度经时损失不宜大于 30mm/h；特制品混凝土坍落度应满足相关标准规定和施工要求	《预拌混凝土》（GB/T 14902—2012）第 6.2 条
2	泵送混凝土坍落度设计值不宜大于 180mm，经时损失不宜大于 30mm/h。泵送高强混凝土的扩展度不宜小于 500mm；自密实混凝土的扩展度不宜小于 600mm	《混凝土质量控制标准》（GB 50164—2011）第 3.1.3、第 3.1.4 和第 3.1.5 条
3	泵送混凝土的入泵坍落度不宜小于 100mm，对于强度等级超过 C60 的混凝土，入泵坍落度不宜小于 180mm	《混凝土泵送施工技术规程》（JGJ/T 10—2011）第 5.3.4 条
4	泵送高强混凝土的坍落度不宜小于 220mm，经时损失不宜大于 10mm/h	《高强混凝土应用技术规程》（JGJ/T 281—2012）第 5.3.4 条
5	入泵宜控制在 120～160mm，损失值 20mm/h	《地下工程防水技术规范》（GB 50108—2008）第 4.1.16 条

二、矿物掺合料的掺量限值

混凝土中矿物掺合料的掺量限值，不同的标准或规程都提出了不同的规定，如表3-31所示。

表 3-31　混凝土中矿物掺合料的掺量限值

序号	掺量限值	标准名称
1	粉煤灰掺量宜大于 20%，优质粉煤灰的最大掺量可达 50%，磨细矿渣掺量宜小于 50%，硅灰掺量宜小于 8%	《混凝土结构耐久性设计与施工指南》（CCES01）第 4.0.4 条；《钢筋混凝土结构裂缝控制指南》第 4.2.3 条
2	高性能混凝土的磨细矿渣适宜掺量为 60%～70%，粉煤灰为 20%～30%，同时掺加时总量不宜大于 60%	《水运工程混凝土质量控制标准》（JTS 202-2）第 3.3.20 条

不难看出，上述标准或规程所给出的矿物掺合料的掺量限值不尽相同，且有时差别较大。

众所周知，混凝土中，矿物掺合料的二次水化反应将大量消耗 $Ca(OH)_2$，使混凝土体系碱度降低。因此，是否会导致"钢筋腐蚀"，以及加速"混凝土碳化"已成为混凝土工作者关注的课题。

德国 R. Hardtl 等人开展了"混凝土的碱性及钢筋防蚀对火山灰掺加限制"的研究，通过对硅酸盐水泥（参比样）试件、掺 60％粉煤灰硅酸盐水泥（FA）试件及掺 25％硅灰硅酸盐水泥（SF）试件中，不同龄期 $Ca(OH)_2$ 含量的测试，发现：当测试龄期为 365 天时，SF 试件所含 $Ca(OH)_2$ 已为零，FA 试件剩余 $Ca(OH)_2$ 仅为 8～10g/100g 水泥，如图 3-5 所示。可以看出，孔溶液的 $Ca(OH)_2$ 含量不同程度降低，并随龄期延长而加剧。

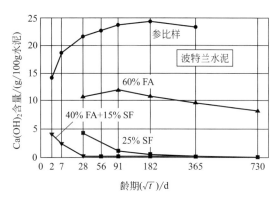

图 3-5　硅酸盐水泥试件的 $Ca(OH)_2$ 含量

中国建筑材料科学研究总院游宝坤教授等人依据水泥化学反应，对胶凝材料组成不同的混凝土中的 $Ca(OH)_2$ 浓度进行了理论计算，计算结果见表 3-32 和图 3-6。

表 3-32　混凝土的 $Ca(OH)_2$ 浓度

胶凝材料组成/%		水胶比 (B/W)	水泥熟料水化溶出 $Ca(OH)_2$ /(g/100g 水泥)	掺合料水化吸收 $Ca(OH)_2$ /(g/100g 水泥)	水泥浆体中剩余 $Ca(OH)_2$ /(g/100g 水泥)	液相中 CaO 浓度 /(g/L)
水泥	掺合料					
70	30	0.45	24.22	7.60	16.62	368
60	40	0.45	20.76	10.62	10.64	250
50	50	0.45	17.30	12.68	4.62	102
40	60	0.45	13.84	15.21	−1.37	<0
30	70	0.45	10.38	17.25	−7.37	<0

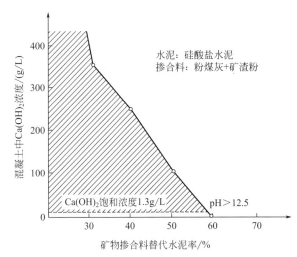

图 3-6　掺合料不同掺量与混凝土中 $Ca(OH)_2$ 浓度的关系

计算结果表明，当水泥浆体中矿物掺合料掺量超过一定量时，水泥熟料水化溶出的 $Ca(OH)_2$ 已不能满足矿物掺合料水化所需 $Ca(OH)_2$ 的量。

鉴于此，笔者认为，矿物掺合料在混凝土中的最大掺量，应根据不同结构设计要求和使用环境来确定，为追求混凝土的最低成本，而盲目加大矿物掺合料掺量的做法必须杜绝。

三、多种骨料混合的级配调整

目前，由于粗细骨料资源匮乏，导致其品质波动较大，在实际质量控制过程中常常把几种粗细不同的骨料按一定比例混合，以减少级配不佳给混凝土质量带来的不良影响。

1. 颗粒最佳级配理论基础

在进行固体颗粒的最佳颗粒粒径分布（级配）设计时，常用的理论是 Bolomey 等式，即

$$P_{sd} = A_B + (100 - A_B) \times \sqrt{\frac{d}{D_{max}}} \tag{3-28}$$

式中　P_{sd}——固体颗粒（水泥和骨料）通过筛孔 d 的百分比；

D_{max}——骨料的最大颗粒；

A_B——常数，其值取决于新拌混凝土的坍落度和骨料类型，通常在 8～14 之间，可按表 3-33 选取。

表 3-33 混凝土坍落度和骨料类型对 A_B 的影响

骨料类型	A_B		
	坍落度/mm		
	0～50	50～150	150～250
天然骨料	8	10	12
人工骨料	10	12	14

我们常说的 Füller "理想"骨料的级配曲线，就是常数 A_B 取 0 时 Bolomey 等式的特殊形式。

2. 骨料"最佳"级配方法

在商品混凝土生产中，为了获得所谓的"最佳"骨料级配，主要有以下几种方法：

（1）图像法

即借鉴式(3-28)，采用图像法来获得所谓的"最佳"骨料级配。

以三种骨料搭配级配为例。混凝土配合比设计参数为：坍落度 150mm；天然骨料，最大粒径 26.5mm；水泥用量 350kg/m³。

图 3-7(a) 显示的是 Bolomey 方程理想曲线 ［由式(3-28) 计算得到，此时 $A_B=10$］，图 3-7(b) 显示的是 Bolomey 方程理想曲线和三种骨料（砂、4.75～19mm 的小石、9.52～26.5mm 的大石）的筛分曲线；图 3-7(c) 中的 M、N 点分别为 Bolomey 方程理想曲线与直线 AB（约为 4.75mm，砂与小石的分界点）和 CD（约为 19mm，小石与大石的分界点）的交点，M、N 点分别对应的纵坐标值为 30% 和 79%，采用以下方法计算：

① 砂的比例为 30%（这是唯一一种全部通过 4.75mm 筛的骨料）；

② 砂和小石的比例为 79%（这两种骨料都能全部通过 19mm 筛）；

③ 计算出小石的比例：79%－30%＝49%；

④ 第三种骨料（大石）的比例即为 100%－79%＝21%。

分别将砂、小石、大石的分计筛余百分率乘以 0.30、0.49、0.21，即每种骨料相应筛孔的颗粒占混合后整个骨料的百分比，然后将筛分后计算出的累计筛余百分率绘制成"最佳"骨料级配曲线，即整个骨料的级配曲线，如图 3-7(d) 所示。

需说明的是，这种方法的不足之处是只考虑到了最大粒径对"最佳"骨料级配的影响。显然，最大粒径相同而各种骨料的具体级配不同时，其"最佳"骨料级配是不同的。

（2）数值法

数值法主要是确定"理想"骨料级配的特征参数。一般来讲，这些参数可表示为细度模数。数值法的计算体系中包含细骨料和粗骨料，而骨料的最大颗粒粒径确定后，粗、细骨料的"最佳"组合就是使混合骨料的筛分曲线与理想 Bolomey 曲线尽可能一致。由筛分曲线可以计算得到粗、细骨料的细度模数（欧洲标准计算的细度模数呈线性关系）M_g 和 M_s，"最佳"组合中细骨料的数量以 x 表示，粗骨料的数量以 $(1-x)$ 表示，则其细度模数应与理想 Bolomey 骨料的细度模数 M_B 相同，即

$$M_B=xM_s+(1-x)M_g \tag{3-29}$$

通过式(3-29)即可计算出粗、细骨料比例。当推广到两种以上粗细骨料组合时，结合

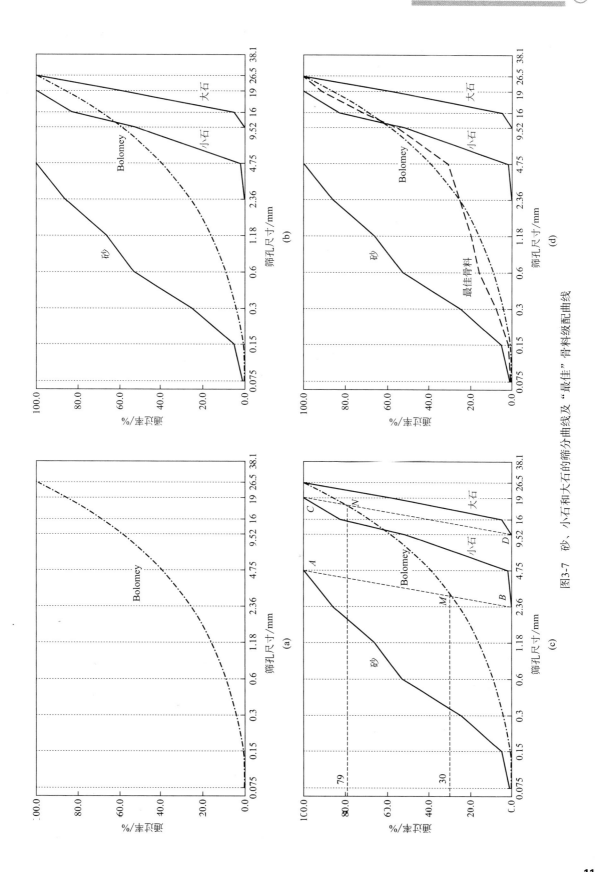

图3-7　砂、小石和大石的筛分曲线及"最佳"骨料级配曲线

Bolomey 曲线中的"理想"细度模数来进行求解即可。这种方法在欧洲国家应用较多。需说明的是，欧洲标准中计算细度模数的方法与我国标准有所不同，具体使用时可参照欧洲相关标准。在实际工作中，也可选择某一粒径（如不同细度的砂常常选择 0.63mm）的筛分值为目标值进行组合计算，得到近似"最佳"组合。举例如下：

表 3-34 所示为细骨料、粒径 4.75～19.0mm 和粒径 9.52～26.5mm 的粗骨料的级配情况。由 Füller "理想"骨料的级配可知，其 19.0mm 筛的通过率为 84%，4.75mm 筛的通过率为 32%，假定 x、y、z 分别为 3 种骨料混合后的百分比，可得以下两等式：

$$1.0x + 1.0y + 0.46z = 0.84(x+y+z)$$
$$1.0x + 0.02y + 0.01z = 0.32(x+y+z)$$
$$x + y + z = 1$$

由此计算可得：$x:y:z = 1:1.28:0.96$，即其比例分别是：31%、39%、30%。

表 3-34　各骨料的级配与组合　　　　单位：%

颗粒尺寸	累计通过率			(1)×0.31	(2)×0.39	(3)×0.30	组合骨料级配 (4)+(5)+(6)
	细骨料	4.75～19.0mm	9.52～26.5mm				
	(1)	(2)	(3)	(4)	(5)	(6)	(7)
26.5mm	100	100	100	31	39	30	100
19mm	100	100	46	31	39	14	84
16mm	100	83	12	31	32	4	67
9.52mm	100	25	5	31	10	2	42
4.75mm	100	2	1	31	1	0	32
2.36mm	86	0	0	27	0	0	27
1.18μm	66	—	—	20	—	—	20
600μm	53	—	—	16	—	—	16
300μm	25	—	—	8	—	—	8
150μm	5	—	—	2	—	—	2
筛底	1	—	—	0	—	—	0

（3）堆积密度最大化法

目前，也常常采用密度最大化理论寻找不同粗细骨料的最佳混合比例。一般情况下，骨料的堆积密度越大，其空隙率也越小。当颗粒粒径或级配不同的骨料搭配使用时，可以采用不同的混合比例 [如（2:8）～（8:2）] 测试混合料的紧密堆积密度方法，寻求堆积密度最大时的组合比例作为骨料的最佳组合。虽然这一方法得到的比例只是近似"最佳"，但因其便捷、简单、实用的特点而得到广泛应用。

需要指出的是，在优化粗细骨料级配时，应充分重视细骨料细度模数和表面积对新拌混凝土性能的影响，前者低估了细颗粒的作用，后者又过分强调。对于给定的骨料最大粒径及粒形而言，在水泥用量、混凝土稠度等给定条件下，细度模数存在一个最优值，一个最大容许值。如细模数小于最大容许值，需水量将增加；如大于最优值，拌合物黏度可能较大。但是，在骨料中细颗粒及极细颗粒含量太多或太少时，细度模数可能无法体现而作出级配良好的判断。它不能充分反映细颗粒多少对混凝土性能的影响；细度模数相同而级配不同的骨料配制的混凝土，其渗水和泌水性能可能有显著差别。所以说，细度模数为判断级配提供了一个必要的而不是充分的条件。

骨料的表面积直接决定着润湿所有固体所需的水量和覆盖骨料表面所需水泥浆数量，因此，它在一定程度上控制了混凝土的流变性能，它和混凝土两个最重要组分（水泥和水）用量直接相关，而和级配细节无关。因此，控制骨料级配的主要因素是：骨料的表面积、骨料所占的相对体积，拌合物的流动性及离析趋势等。

所以，在评估骨料级配时，通常使用 3 个参数：最大粒径、细度模数和表面积，前两个控制粗颗粒部分，后两个控制细颗粒部分。在进行固体颗粒搭配组合时要兼顾颗粒级配的细度模数，即保证模数合理，又保证表面积合理。

第七节　正交设计在混凝土配合比中的应用

与传统混凝土相比，现代混凝土的组成材料品种（统称为因素）不仅在增加，而且同一材料用量或设计参数的变化（统称为水平）对混凝土的性能影响更加明显与复杂。因此，采用普通的混凝土配合比设计方法对现代混凝土进行配合比设计，不仅试验工作量大，配合比设计方案不尽"理想"，且不能揭示出各种材料或设计参数对混凝土性能的影响规律。无疑，需要一种更为科学的设计方法。

一、正交设计方法

正交设计方法是利用"均衡分散性"与"整齐可比性"两条正交性原理设计的规格化表格——正交表，来研究与处理多因素试验的方法。试验后，通过统计分析方法（极差分析方法、方差分析方法等）筛选出最优方案，并揭示出各因素对试验考核指标的影响规律。

正交设计的基本步骤如下：

（1）明确试验目的，确定考核指标

所确定的考核指标，应该都能直接用量来表示，如：混凝土的强度、坍落度、抗渗等级、水化热和收缩值等。

（2）选因素、定水平，制定因素水平表

所谓因素是指对考核指标有影响的那些最本质的成分、原因或条件。诸因素中，其水平能用量表示的，称为定量因素，如：混凝土的水胶比、胶凝材料用量、矿物掺合料掺量、外加剂用量等；不能用量表示的，称为定性因素，如：水泥品种、减水剂品种等。

所谓水平是指各因素在试验中要比较的条件。因素与水平是根据试验条件、试验目的，并在一定的试验基础上或凭借专业知识来确定的。

混凝土配合比设计中常用的因素水平表有：$L_9(3^4)$、$L_{16}(4^5)$ 等。其中："L"代表正交表；L 右下角的数字（9、16 等）代表水平的组合数，即因素水平表的行数；括号内的底数（3、4 等）代表因素的水平数；括号内底数（3、4 等）的指数（4、5）代表因素的数，即因素水平表的列数。

（3）安排试验方案

将选定的因素与水平安排在因素水平表中，具体步骤是：

① 选出对口的正交表因素水平表中的水平个数和对口正交表中的水平数要完全一致，而因素的个数可以小于或等于对口正交表的纵列数。

② 将具体的因素与水平逐一填到所选的正交表中，即因素顺序上列，水平对号入座。

（4）试验结果分析

进行试验，记录试验结果，并对考核指标的试验结果进行分析，确定最佳试验方案（最佳配合比）。分析方法主要有：

① 极差分析方法。通过计算 K 值（即所选各水平相应的试验结果之和），优化水平、优化组合以及通过计算极差 R 值（即某列因素各水平下的指标值的最大值与最小值之差），确定因素主次顺序，确定最佳试验方案；绘制因素指标趋势图。此法计算量小，简单易懂，直观。但是，没有把试验过程中由于试验条件的改变所引起的数据波动与由试验误差所引起的数据波动严格区别开来。

② 方差分析方法。计算各列偏差平方和、自由度，列方差分析表，进行 F 检验，分析检验结果，确定最佳试验方案。

二、正交设计在混凝土配合比中应用示例

1. 工程概况

北京某工程地下室东西长约 136m，南北宽约 84m。底板混凝土厚度分别为 2.5m、4.5m、6.5m，强度等级为 C50，抗渗等级为 P12，设计要求混凝土强度验收按 60 天强度考虑，一次浇筑的最大体量约 6.2 万 m^3。混凝土的主要技术性能指标要求，见表 3-35。

表 3-35　混凝土主要技术性能指标要求

混凝土初凝时间	混凝土终凝时间		入泵坍落度	最大入模温度
不小于 16h	不大于 24h		200～230mm	20℃
经时坍落度损失		含气量	60d 抗压强度	砂率
1h	2h			
＜20mm	＜30mm	＜5％	50～60MPa	35％～45％

混凝土拌合物要求不离析、不泌水、不黏结、不起皮，流动性、匀质性、稳定性好，保塑性能良好，可泵性好。

2. 原材料选用

（1）水泥

普通硅酸盐水泥，其主要技术性能指标见表 3-36。

表 3-36　水泥主要技术性能指标

品种	安定性	抗压强度/MPa		水化热/(kJ/kg)	
		3d	28d	3d	7d
P·O 42.5	合格	24～27	52～56	265	300

（2）矿物掺合料

Ⅰ级粉煤灰和 S95 级磨细矿渣，其主要技术性能指标，分别见表 3-37 和表 3-38。

表 3-37　粉煤灰主要技术性能指标

粉煤灰产地	等级	细度/％	需水量比/％	含水量/％	烧失量/％
唐山	Ⅰ级	7～11	90～92	0.5	1.4～2.5
山东	Ⅰ级	7～10	90～94	0.5	1.6～3.5
规范要求值		≤12	≤95	1	≤5

表 3-38　磨细矿渣主要技术性能指标

磨细矿渣产地	等级	比表面积/(m²/kg)	流动度比/%	7d 活性指数/%	28d 活性指数/%
唐山	S95 级	405～420	97～104	78～86	98～113
规范要求值		≥400	≥95	≥75	≥95

（3）外加剂与水

缓凝型聚羧酸系高性能减水剂，拌和用水符合现行行业标准《混凝土用水标准》（JGJ 63）的规定。

（4）骨料

粗骨料采用粒径为 5～25mm 连续级配且含泥量小于 1％的机碎石（石灰岩）；细骨料采用细度模数不小于 2.4，含泥量不大于 2％的天然中粗砂。

3. 配合比设计

采用正交设计方法进行。

（1）确定考核指标

以坍落度 2h 经时损失值、混凝土绝热温升和抗压强度作为混凝土性能的考核指标。

（2）选因素、定水平，制定因素水平表

借鉴国内外类似大体积混凝土工程配合比设计的成功经验和对 C50 P12 R60 混凝土进行的初步试配与试验测试结果，制定因素水平表，如表 3-39 所示。

表 3-39　L₁₆(4⁵) 正交试验因素水平表

水平	试验因素			
	水胶比(A)	胶凝材料总量/(kg/m³)(B)	矿物掺合料掺量/%(C)	粉煤灰与磨细矿渣比例(D)
1	0.34(A1)	410(B1)	35(C1)	1:0(D1)
2	0.37(A2)	440(B2)	40(C2)	6:4(D2)
3	0.40(A3)	470(B3)	45(C3)	4:6(D3)
4	0.43(A4)	500(B4)	50(C4)	0:1(D4)

（3）安排试验方案

将选定的因素与水平安排在因素水平表中，正交试验安排表见表 3-40，配合比设计方案见表 3-41。

表 3-40　混凝土正交试验安排表

配合比编号	水胶比(A)		胶凝材料总量(B)		矿物掺合料掺量（占胶凝材料的百分数）(C)		粉煤灰与磨细矿渣比例(D)			空列
	列号	比例	列号	单方用量/(kg/m³)	列号	比例/%	列号	比例/%	粉煤灰占比	
1	1	0.34	1	410	1	35	1	1:0	1.00	1
2	1	0.34	2	440	2	40	2	6:4	0.60	2
3	1	0.34	3	470	3	45	3	4:6	0.40	3
4	1	0.34	4	500	4	50	4	0:1	0.00	4
5	2	0.37	1	410	3	45	2	6:4	0.60	4
6	2	0.37	2	440	4	50	1	1:0	1.00	3
7	2	0.37	3	470	1	35	4	0:1	0.00	2

续表

配合比编号	水胶比(A)		胶凝材料总量(B)		矿物掺合料掺量（占胶凝材料的百分数）(C)		粉煤灰与磨细矿渣比例(D)			空列
	列号	比例	列号	单方用量/(kg/m³)	列号	比例/%	列号	比例/%	粉煤灰占比	
8	2	0.37	4	500	2	40	3	4:6	0.40	1
9	3	0.4	1	410	4	50	3	4:6	0.40	2
10	3	0.4	2	440	3	45	4	0:1	0.00	1
11	3	0.4	3	470	2	40	1	1:0	1.00	4
12	3	0.4	4	500	1	35	2	6:4	0.60	3
13	4	0.43	1	410	2	40	4	0:1	0.00	3
14	4	0.43	2	440	1	35	3	4:0	0.40	4
15	4	0.43	3	470	4	50	2	6:4	0.60	1
16	4	0.43	4	500	3	45	1	1:0	1.00	2

表 3-41　混凝土配合比设计试验方案

配合比编号	正交试验配合比/(kg/m³)						
	水泥	粉煤灰	磨细矿渣	砂子	石子	水	外加剂/%
1	267	144	0	750	1126	139	3.0
2	264	106	70	731	1097	150	2.2
3	259	85	127	710	1066	160	1.9
4	250	0	250	695	1042	170	1.8
5	226	111	74	739	1108	152	2.2
6	220	220	0	707	1060	163	1.7
7	306	0	165	703	1054	174	1.3
8	300	80	120	673	1010	185	1.0
9	205	82	123	727	1091	164	1.5
10	242	0	198	710	1065	176	1.1
11	282	188	0	673	1009	188	0.7
12	325	105	70	656	984	200	0.6
13	246	0	164	721	1082	176	1.0
14	286	62	92	692	1038	189	0.8
15	235	141	94	660	990	202	0.6
16	275	225	0	629	944	215	0.5

（4）试验结果分析

① 新拌混凝土工作性。新拌混凝土拌合物状态、初始坍落度及经时坍落度损失试验结果，如表 3-42 所示，表中数据显示，配合比编号为 5、6、9 的混凝土拌合物不仅状态良好，且 2h 的坍落度值可以满足入泵坍落度为 200～230mm 的设计要求。

表 3-42　拌合物状态、坍落度及 2h 坍落度损失试验结果

配合比编号	1	2	3	4	5	6	7	8	9	10	11	12	13	14	15	16
拌合物状态	黏	黏	稍黏	黏	良好	良好	良好	离析	良好	良好	较差	差	较差	较差	一般	较差
坍落度/mm 初始	180	210	230	240	240	240	220	240	230	220	200	180	200	200	210	200
坍落度/mm 1h	180	205	220	240	230	240	210	230	220	190	200	180	170	185	190	185
坍落度/mm 2h	165	190	200	210	220	230	185	205	200	165	180	165	120	155	165	160
坍落度 2h 损失值/mm	15	25	30	30	20	10	35	35	30	55	20	15	80	45	45	40

2h 坍落度损失值的极差计算结果，如表 3-43 所示，表中数据显示，各因素影响新拌混凝土 2h 坍落度损失值的主次顺序是：因素 A（水胶比）＞因素 D（粉煤灰与磨细矿渣比例）＞因素 C（矿物掺合料掺量）＞因素 B（胶凝材料总量），由此，较好的组合应为 A12B23C14D12。

表 3-43　新拌混凝土 2h 坍落度损失值的极差计算结果

项目		因素 A(水胶比)	因素 B(胶凝材料总量)	因素 C(矿物掺合料掺量)	因素 D(粉煤灰与磨细矿渣比例)	空列
K	1	95	145	110	85	150
	2	100	130	155	100	125
	3	120	130	145	140	135
	4	210	120	115	200	115
K平均	1	23.8	36.3	27.5	21.3	37.5
	2	25.0	32.5	38.8	25.0	31.3
	3	30.0	32.5	36.3	35.0	33.8
	4	52.5	30.0	28.8	50.0	28.8
R		28.7	6.3	11.3	28.7	8.7

② 混凝土绝热温升。混凝土绝热温升模拟计算结果见表 3-44，绝热温升极差计算结果见表 3-45。

表 3-44　混凝土绝热温升模拟计算结果

配合比编号	1	2	3	4	5	6	7	8	9	10	11	12	13	14	15	16
绝热温升/℃	42.2	49.3	55.6	66.5	45.8	42.0	60.7	59.1	48.4	57.9	47.1	56.5	53.4	52.0	51.9	49.0

注：模拟计算数学模型为检测单位长期检测结果统计分析回归曲线，与实测值误差小于 1.3℃。

表 3-45　绝热温升极差计算结果

项目		因素 A(水胶比)	因素 B(胶凝材料总量)	因素 C(矿物掺合料掺量)	因素 D(粉煤灰与磨细矿渣比例)	空列
K	1	213.6	189.8	211.4	180.3	211.1
	2	207.6	201.2	208.9	203.5	207.4
	3	209.9	215.3	208.3	215.1	207.5
	4	206.3	231.1	208.8	238.5	211.4
K平均	1	53.4	47.5	52.9	45.1	52.8
	2	51.9	50.3	52.2	50.9	51.9
	3	52.5	53.8	52.1	53.8	51.9
	4	51.6	57.8	52.2	59.6	52.9
R		1.8	10.3	0.8	14.6	1.0

从表 3-45 中数据可以看出，各因素影响混凝土绝热温升的主次顺序是：因素 D（粉煤灰与磨细矿渣比例）＞因素 B（胶凝材料总量）＞因素 A（水胶比）＞因素 C（矿物掺合料掺量），较好的组合为 A24B12C23D12。

③ 混凝土 60 天抗压强度。混凝土抗压强度试验结果见表 3-46，60 天抗压强度的极差计算结果见表 3-47。

表 3-46　不同龄期混凝土强度试验结果　　　　　　单位：MPa

配合比编号	3d	7d	28d	60d
1	35.3	57.8	80.0	94.6
2	30.4	54.6	75.5	92.0
3	31.1	54.7	77.6	79.3
4	34.4	59.0	83.0	89.4
5	23.8	45.1	63.3	77.1
6	20.0	37.9	61.2	70.1
7	29.2	52.4	70.4	79.6
8	26.9	46.2	69.9	73.9
9	20.6	41.7	59.0	72.2
10	24.3	45.7	67.0	75.1
11	22.0	37.8	61.8	73.6
12	19.1	35.2	59.8	66.8
13	21.0	40.4	62.0	67.9
14	20.8	38.0	57.5	68.1
15	13.8	29.4	50.9	57.0
16	13.6	24.4	48.9	54.4

表 3-47　60 天抗压强度极差计算结果

项目		因素 A（水胶比）	因素 B（胶凝材料总量）	因素 C（矿物掺合料掺量）	因素 D（粉煤灰与磨细矿渣比例）	空列
K	1	355.3	311.8	309.1	292.7	300.6
	2	300.7	305.3	307.4	292.9	298.2
	3	287.7	289.5	285.9	293.5	284.1
	4	247.4	284.5	288.7	312.0	308.2
$K_{平均}$	1	88.8	78.0	77.3	73.2	75.2
	2	75.2	76.3	76.9	73.2	74.6
	3	71.9	72.4	71.5	73.4	71.0
	4	61.9	71.1	72.2	78.0	77.1
R		26.9	6.9	5.8	4.8	6.1

从表 3-47 中数据可以看出，各因素影响混凝土 60 天抗压强度的主次顺序是：因素 A（水胶比）＞因素 B（胶凝材料总量）＞因素 C（矿物掺合料掺量）＞因素 D（粉煤灰与磨细矿渣比例）。

工程要求混凝土的 60 天抗压强度控制水平应为 100%～120%，即 60 天抗压强度应为

60～72MPa，由此，较好的组合应为A23B23C34D12。

（5）配合比初步选定

综合分析新拌混凝土工作性、混凝土绝热温升以及混凝土抗压强度试验结果，较好的配合比组合应为A23B23C34D12，即水胶比为0.37～0.40，胶凝材料总量440～470kg/m³，掺合料掺量45%～50%，粉煤灰与磨细矿渣比例1:0或6:4。

最终选定表3-48所示的六组配合比，用于做对比试验。

表3-48　用于做对比试验的混凝土配合比

试验编号	材料名称	水泥	细骨料	机碎石	粉煤灰	矿粉	外加剂	水
	产地厂家	琉璃河P·O 42.5	河北滦平	北京密云	唐山	唐山	天津	自来水
	规格品种	P·O 42.5	中砂	5～25mm	Ⅰ级	S95	UNF	
1	用量 /(kg/m³)	250	690	1060	120	80	2.0%	165
2		250	660	1070	210	0	1.9%	165
3		230	660	1060	180	50	2.0%	165
4		230	650	1060	230	0	1.9%	165
5		210	680	1060	180	50	2.0%	165
6		210	660	1060	230	0	2.0%	165

（6）配合比对比试验

对比试验时，测试混凝土拌合物性能、抗压强度（7天、14天、28天、60天）、混凝土绝热温升、抗渗等级和体积稳定性（自收缩），测试结果分别见表3-49与表3-50。

表3-49　混凝土拌合物性能测试结果

试验编号	坍落度/mm		扩展度/mm		凝结时间/(h:min)		状态描述
	出机	2h	出机	2h	初凝	终凝	
1	220	170	640	610	16:30	19:10	良好,稍黏
2	220	200	655	625	17:10	20:20	良好,2h时稍黏
3	230	180	670	640	16:40	20:00	良好
4	230	200	680	655	17:20	20:30	良好
5	230	210	660	640	17:40	20:40	良好
6	230	220	675	650	18:10	21:20	良好

表3-50　混凝土技术性能测试结果

试验编号	抗压强度/MPa				绝热温升/℃	自收缩 /×10⁻⁶	抗渗等级
	7d	14d	28d	60d			
1	39.9	52.0	57.7	66.7	50.9	220.9	＞P12
2	39.4	53.8	57.9	68.2	46.0	197.2	＞P12
3	38.4	52.4	55.4	65.5	47.6	201.5	＞P12
4	37.5	51.5	55.2	64.6	43.1	165.2	＞P12
5	35.3	52.2	54.8	65.9	45.6	177.7	＞P12
6	34.1	48.5	55.7	63.4	41.1	150.8	＞P12

注：绝热温升与自收缩试验由清华大学土木系完成。

分析测试结果可知，各配合比的混凝土拌合物性能、抗压强度与抗渗等级均满足工程要求。但对大体积混凝土而言，混凝土绝热温升和自收缩是两项不可忽视的技术指标，据此，较为适宜的混凝土配合比应为编号 4、5、6，其绝热温升在 45℃ 左右，自收缩小于 200×10^{-6}。

底板混凝土由 4 家混凝土供应商同时供应，各供应商的混凝土其抗压强度的测试结果，如表 3-51 所示，抗压强度测试曲线，如图 3-8 所示。

表 3-51　各供应商混凝土抗压强度测试结果

试验编号	60d 抗压强度/MPa				
	A	B	C	D	均值
1	69.3	63.7	66.8	69.1	67.2
2	71.0	65.8	65.5	72.0	68.6
3	69.3	65.6	61.5	70.2	66.7
4	68.9	60.6	64.3	71.5	66.3
5	68.5	59.0	58.1	65.3	62.7
6	67.3	57.7	53.9	64.8	60.9

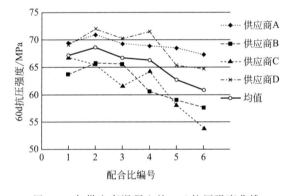

图 3-8　各供应商混凝土的 60d 抗压强度曲线

从 60 天抗压强度测试结果来看，虽然各编号配合比的混凝土抗压强度都能满足强度要求，但不同供应商间的混凝土强度波动较大，综合上述测试结果，最终确定的理想配合比应为编号 4 与 5，优先选择的是编号 4，其配合比如表 3-52 所示。

表 3-52　C50 P12 R60 大体积混凝土的配合比

原编号	材料名称	水泥	细骨料	机碎石	粉煤灰	矿粉	外加剂	水
	产地厂家	琉璃河 P·O 42.5	河北滦平	北京密云	唐山	唐山	天津	自来水
	规格品种	P·O 42.5	中砂	5～25mm	Ⅰ级	S95	UNF-5AST	
4	用量 /(kg/m³)	230	650	1060	230	0	1.9%	165
5		210	680	1060	180	50	2.0%	165

第四章
商品混凝土技术性能

技术性能是材料的基本属性。通过对新拌与硬化商品混凝土技术性能的讨论，将有助于深化这一多组分、多尺度、多相复合材料的研究与应用。

第一节 新拌混凝土流变性能

新拌混凝土可视为由固体颗粒、水和少量气体共同组成的分散体系，它具有弹性、塑性、黏性等特性，这些特性随时间推移而发生的变化，通常采用流变学理论予以描述和研究。

一、流变学大意

流变学，即"研究物质形变和流动的科学"，是力学的一个重要分支。其研究对象几乎包括了所有材料，但主要是流体材料，即指一种受到任何微小剪切应力作用时，都能连续变形的物质。其研究内容是流体材料在应力、应变、温度、湿度、辐射等外力作用下或条件下，与时间因素有关的变形和流动的规律。对水泥混凝土而言，则研究水泥浆、砂浆和新拌混凝土黏、塑、弹性的演变，以及硬化混凝土的强度、弹性模量和徐变等。

流变学又分为理论流变学与实验流变学，前者是运用数学的基本概念和基本规律来描述流体的流变现象；后者是在理论流变学的基础上，运用各种先进的实验仪器与实验方法来测定流体的流变现象。

1. 流体的黏性与黏度
（1）黏性

当流体层间出现相对运动时，随之产生阻抗流体层间相对运动的内摩擦力，流体产生内摩擦力的这种性质称为黏性。

（2）黏度

表征流体黏性或内摩擦力的最常用的定量指标即黏度，其定义为：当将两块面积为 $1m^2$ 的板浸于流体中，两板距离为 $1m$，若施加 $1N$ 的剪切力，使两板之间的相对速率为 $1m/s$

时，则此流体的黏度为 1Pa·s。

2. 流体的流动状态

流动是流体变形的一种特殊形式，即在不变的剪切应力下，流体随时间产生的连续性变形。流体的流动状态有两种形式，即层流与紊流。

（1）层流

流体分层沿力的方向作线性运动，层与层之间的流体不相互混合，称为层流或片流。层流时，各液层的流速随其与固体表面的距离增大而增加，即液层离固体表面距离越近，流速越慢；距离越远，流速越快；达到一定距离时，流速为常量；紧贴固体表面的一层流体流速几乎为零。

如图 4-1 所示，当流体在圆形管（管道较长且断面均匀）内以层流的形式流动时，如果流速较小，流体呈"套管式"流动，各层呈同心圆状，即中心快而外围慢。整个圆管流体横截面的速度分布呈抛物线状。

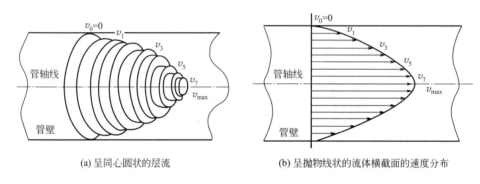

(a) 呈同心圆状的层流　　　　　(b) 呈抛物线状的流体横截面的速度分布

图 4-1　圆形管内"套管式"的层流

（2）紊流

流体流动时，呈完全无规则、无秩序的乱流状态，已无液层可言，称为紊流或扰流。

层流或紊流是可以相互转换的，流体流速慢时多为层流，流速加快时逐渐转变为紊流。层流与紊流之间的相互过渡，除了与流体的流速大小有关外，还受流体密度、黏度及圆管半径的影响。

3. 流变基本模型

流变学研究中，通常采用下述三种理想材料的流变基本单元模型，以不同的方式组合来建立一般材料的流变方程，研究材料在某一瞬间的应力和应变的定量关系。

（1）虎克（Hooke）弹性固体模型

具有完全弹性的理想材料，其流变方程为：

$$\tau = G\gamma \tag{4-1}$$

式中　τ——剪切应力，N/mm^2；

　　　　γ——应变，mm/mm；

　　　　G——弹性模量，N/mm^2。

（2）圣·维南（St. Venant）塑性固体模型

超过屈服应力后仅有塑性变形的理想材料，其流变方程为：

$$\tau = \tau_0 \tag{4-2}$$

式中　τ_0——屈服剪切应力。

（3）牛顿（Newton）黏性液体模型

仅有黏性的理想材料，其流变方程为：

$$\tau = \eta \frac{d\gamma}{dt} \tag{4-3}$$

式中　η——黏度，Pa·s；

$\dfrac{d\gamma}{dt}$——剪切应变速率，1/s。

流体在力的作用下发生流动，流体内部各流层都将同时受着大小相等、方向相反的一对力，即向前推力和向后拖力的作用，具有这种特点的力称为剪切力或切变力。由剪切力引起的变形又称为剪切变形或切变变形。

单位面积上所承受的剪切力称为剪切应力，简称切应力。由切应力产生的应变称为切应变。单位时间内发生的剪切应变称为剪切应变速率，简称切变率。流体流动时的剪切应力 τ、剪切应变速率 $\dfrac{d\gamma}{dt}$ 和黏度 η 三者间有着密切的关系。因此，一切流体的流动性质均可以用剪切应力和剪切应变速率之间的关系来表现，并可以由两者之间的关系描绘出该流体的流变曲线（或模型）。

二、新拌混凝土流变性能

固体材料在外力作用下要发生弹性变形和流动，材料的这种特性称为流变性。应力小则作弹性变形，应力大于某一限度时发生流动。新拌混凝土基本上具有类似的变形性质。

1. 流变方程

对于某些流体来说，只有当切应力超过一定值后，流体才能产生流动。这一能引起流体流动的最低应力值，称为屈服剪切应力值（简称屈服应力值或屈服值）。屈服应力值的存在表明该流体具有塑性，故这种流体又叫塑性流体，通常称为宾汉姆（Bingham）体。宾汉姆体模型的理论流变方程可由式（4-4）表示：

$$\tau = \tau_0 + \eta \frac{d\gamma}{dt} \tag{4-4}$$

大流动性的新拌混凝土接近于非牛顿液体，一般的新拌混凝土接近于一般宾汉姆体，如图 4-2 所示。

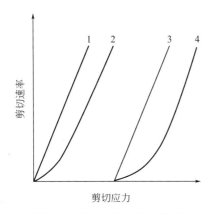

图 4-2　流动曲线的基本类型

1—牛顿液体；2—非牛顿液体；3—宾汉姆体；
4—广义宾汉姆体

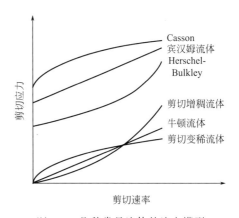

图 4-3　几种常见流体的流变模型

宾汉姆模型作为目前水泥基材料领域内最常用的模型，其流变方程形式简单，计算方便，流变参数能利用流变仪进行测量，可以满足工程对大部分普通水泥基材料流变参数测量的要求。但随着矿物掺合料与外加剂的普遍应用，宾汉姆模型描述剪切稀化与剪切增稠现象明显的混凝土的流变性能时误差较大，于是有人提出使用 Herschel-Bulkley（赫歇尔-巴克利）、Modified Bingham（修改的宾汉姆）模型、Casson（卡森）模型等流变模型（如图 4-3、表 4-1 所示）来描述大流动性新拌混凝土的流变性能。相对于宾汉姆模型，虽然 Herschel-Bulkley 等模型在描述混凝土的剪切稀化与剪切增稠现象时更具优势，但这些模型中的参数的物理意义不明确，在描述混凝土的流变性能时的误差也无法量化。

表 4-1　新拌混凝土流变模型

模型种类	Bingham	Herschel-Bulkley	Modified Bingham	Casson
方程表达式	$\tau = \tau_0 + \eta\dot{\gamma}$	$\tau = \tau_0 + K\dot{\gamma}^n$	$\tau = \tau_0 + \mu\dot{\gamma} + c\dot{\gamma}^2$	$\sqrt{\tau} = \sqrt{\tau_0} + \sqrt{\eta\dot{\gamma}}$
参数数量	2	3	3	2

注：$\dot{\gamma} = \dfrac{\mathrm{d}\gamma}{\mathrm{d}t}$；$n$ 表示剪切速率的 n 次方。

2. 流变参数

由新拌混凝土的流变方程式（4-4）可知，屈服剪切应力 τ_0 和黏度 η 是决定新拌混凝土流变特性的两个主要参数。

（1）屈服剪切应力

屈服剪切应力（τ_0）是材料发生塑性变形所需的最小应力，也即材料阻止发生塑性变形的最大应力，也称塑性强度。屈服剪切应力是由组成材料各颗粒表面存在电荷，颗粒间产生内聚力引起的，其大小主要取决于固相的类型及其表面电荷、固相含量和液相中离子的浓度。当固相比表面积增加，或者固相含量增加导致颗粒间的距离减小，或者固相颗粒凝聚（絮凝）时，屈服剪切应力就会增大。

对于大坍落度的新拌混凝土，因由重力产生的剪切应力值大于其屈服剪切应力，则发生坍落、流动，直到重力所产生的剪切应力值小于其屈服剪切应力时，才停止坍落流动。一般情况下，新拌混凝土的坍落度或扩展度越大，其屈服剪切应力越小。研究结果表明，当混凝土坍落度为 180mm 时，新拌混凝土的屈服剪切应力 τ_0 约为 $100 \sim 300\mathrm{Pa}$；当坍落度为 0 时，τ_0 约为 $4000 \sim 9000\mathrm{Pa}$。

（2）黏度

黏度（η）是流体内部结构阻碍流动的一种性能，反映了流体所受应力与流动变形速度之间的关系。黏度是由于流动的液体，平行流动方向的流层之间，产生与流动方向相反的阻力（黏滞力）。其主要影响因素有固相的浓度、固相颗粒的特征以及液相的黏度。一般随着固相含量的增加，结构黏性系数增大；或者是固相含量不变，随着固相颗粒数量的增加（颗粒变细）而增大，也即颗粒比表面积增加，结构黏性系数增大。

像水泥浆、新拌混凝土这样带有分散粒子、能形成凝聚结构的流体，其黏度并非一个常数，它是会随剪切应力或剪切应变速率而变化，实质上是随其凝聚结构的破坏程度而变化。这种随结构破坏程度而变化的黏度通常称为结构黏度。由图 4-4 与图 4-5 可见，当剪切应力 τ 小于 τ_1 时，凝聚结构实际上未破坏，此时黏度具有恒定的最大值（η_0），虽然也会发生缓慢的流动，但实际上觉察不到。当 τ 接近 τ_y 时，黏度 η 大大降低，结构将发生"雪崩"式的破坏，此种现象亦称为剪切变稀现象；反之，则称为剪切增稠现象。当结构完全破坏时，黏度 η 就会达到最低值 η_m，此时黏度不再随剪切应力值的变化而变化。

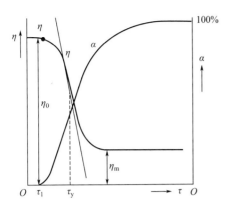

图 4-4　在稳定流动下，结构黏度（η）、结构
破坏程度（α）与剪切应力（τ）的关系曲线

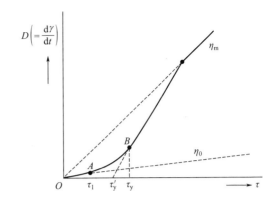

图 4-5　在具有凝聚结构的系统中，剪切应变
速率（$\mathrm{d}\gamma/\mathrm{d}t$）与剪切应力（$\tau$）的关系曲线

新拌混凝土的屈服剪切应力和结构黏度，主要取决于水泥浆体与骨料之间的黏附力，或水泥砂浆与粗骨料之间的黏附力以及骨料间的摩擦力等，这与混凝土材料组成与数量、水灰比、材料性质等有关。一般情况下，结构黏度越大，屈服剪切应力也越大。研究表明，当结构黏度较低的时候，新拌混凝土的坍落扩展度随着结构黏度的增加而降低；当结构黏度较高的时候，坍落扩展度随着屈服应力的增加而降低。坍落度相同但结构黏度不同的新拌混凝土，结构黏度大的泵送压力损失也大。

3. 影响新拌混凝土流变性能的主要因素

（1）原材料

影响新拌混凝土流变性能的主要因素是用水量和化学外加剂等。一般来说，混凝土的单方用水量越大，屈服应力和黏度越小；减水剂的加入也可以降低屈服应力和黏度。不同掺合料及其掺量对新拌混凝土的流变性能的影响也不相同，其本质是对颗粒水膜厚度的影响。图4-6为新拌混凝土流变性能随掺合料掺量的增加而变化的典型曲线。

采用聚羧酸系减水剂配制的新拌混凝土通常比萘系减水剂具有更低的黏度，而且，聚羧酸系减水剂（PCE）的种类不同其降黏效果也不同，这与其分子的 HLB 值（亲水-油平衡值）有关，具有较高 HLB 值的 PCE 具有较好的亲水性，由其拌制的新拌混凝土具有较低的黏度。其机理可能是 PCE 能够减少其亲水基团对浆体

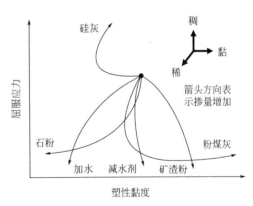

图 4-6　不同掺合料对新拌混凝土
流变性能的影响

中自由水的束缚，使更多的自由水参与到颗粒间的润滑，从而达到降黏效果。试验数据表明，APEG 类（醚类，棒状结构）的 PCE 具有最好的降黏效果，其次是 IPEG 类（醚类，星形结构）的 PCE，而 MPEG 类（酯类，梳状结构）的 PCE 降黏效果较弱。

不同的引气剂因引入气泡的多少、大小以及气泡膜壁厚薄等不相同，对新拌混凝土的屈服应力和黏度的影响也各不相同，有的引气剂掺加后屈服应力低，结构黏度大，有的屈服应力高，黏度小，差异较大，无规律可循。在实际工程中，应根据所采用的具体材料进行充分试验后选择适宜的引气剂。

（2）配合比

一般来说，水泥用量多的新拌混凝土，其黏度有增大的倾向。使用减水剂而减少单位用水量的新拌混凝土，与不掺减水剂但坍落度相同的新拌混凝土相比，黏度要大很多。

赫尔姆斯（R. A. Helmuth）认为，水泥细度和水灰比两者是决定水泥浆流动的主要因素，这两个因素加在一起决定了水膜的平均厚度和浆体中固体颗粒的间距，而水膜厚度直接影响浆体的流变性能。对于现代混凝土来说，粉体颗粒的数量与比表面积、用水量和减水剂等是影响水膜厚度的关键因素。

试验结果表明，当砂率保持一定时，新拌混凝土的屈服应力和黏度均随着水灰比的增加而减小。当单位体积水泥用量和水灰比保持一定而变动砂率时，屈服应力变化不大。此外，骨料颗粒的级配适宜、表面圆滑时，在水泥浆体一定量的情况下，颗粒之间就会有较厚的浆体层，新拌混凝土的屈服应力和黏度都会相应减小。

在混凝土配合比设计时，浆骨比的增加（准确地说应是骨料裹浆厚度的增加），通常意味着浆体量的增加、骨料的减少，本质上会引起骨料颗粒间相互作用减弱，在保持水胶比不变时，屈服应力和黏度也会有一定程度的减小。

4. 流变参数测定

目前，关于新拌混凝土流变参数的测定尚缺少统一的标准仪器和标准方法。尽管国内外研究者先后提出了诸如：两点式、H型、平行平板型、圆筒型、ICAR等多种类型的流变仪，但试验结果发现，不同流变仪所测的同一批次混凝土的屈服剪切应力绝对值并不相同，仅存在统计意义上的关系。

对比这些流变仪的特点可以发现，它们的最大差别是搅拌叶片（图4-7）。能否正确地测定新拌混凝土的流变参数，叶片的选择最重要。研究结果表明，叶片的形状、尺寸、与料筒的间隙以及表面摩擦等都会对新拌混凝土流变参数的测定产生明显的影响。叶片的形状简单，插入混凝土时引起的扰动小，对测量结果的干扰就小；叶片尺寸小，叶片上测量的扭矩就小，测量误差要大；反之，叶片的尺寸大，需要的驱动电机功率大，能耗高；与料筒的间隙小，骨料之间的机械啮合对结果有影响；与料筒的间隙大，混凝土不能完全被剪切，容易出现死区、离析等现象。

两点式　　H型　　圆筒型　　平行平板型　　ICAR

图4-7　几种常见流变仪的叶片示意图

第二节　新拌混凝土性能

一、新拌混凝土工作性

1. 工作性表征

关于新拌混凝土的工作性，迄今为止，尚缺少一个公认的确切定义。1932年，Powers

首次将新拌混凝土的工作性定义为：它是一种确定拌合物浇灌难易程度和抵抗离析能力的性能。1983 年，黄大能教授将新拌混凝土的工作性（和易性）定义为：混凝土拌合物在拌和、输送、浇筑、捣实、抹平一系列操作过程中，在消耗一定能量情况下，达到稳定和密实的程度。可见，工作性是混凝土易于各工序施工操作，并能获得质量均匀、结构密实的混凝土性能的一项综合技术性质，主要应通过新拌混凝土的流动性、黏聚性和保水性等予以表征或评价。

（1）流动性

流动性是新拌混凝土在自重或机械振捣作用下，能流动并均匀密实地填满模板的性能。它影响施工振捣的难易和浇筑的质量，是混凝土结构获得良好物理力学性能的保证。

（2）黏聚性

黏聚性是新拌混凝土各组成材料之间所具有的黏滞力，是商品混凝土在运输和泵送浇筑过程中不致发生分层离析，整体质量均匀稳定（匀质性）的保证。

（3）保水性

保水性是新拌混凝土具有的保持内部水分的能力，是商品混凝土不致发生泌水的保证。

保水性差的新拌混凝土易于在混凝土内部形成泌水通道，降低混凝土的密实度和抗渗性，使硬化混凝土的强度和耐久性受到影响。

除了上述三方面含义，有些人提出用易密实性、易浇筑性、抹面性、可泵性、抗离析性等概念评价新拌混凝土的工作性，但究其本质仍可看作是新拌混凝土的流动性、黏聚性和保水性在相应施工条件下的不同表现形式。

应当指出，上述三种性能在一定程度上既相互依存又相互矛盾。通常情况下，新拌混凝土的黏聚性好则其保水性也会好，但其流动性往往会受到影响；若流动性增大，则其保水性和黏聚性往往会变差。工作性良好的新拌混凝土既具有满足施工要求的流动性，又具有良好的黏聚性和保水性。因此，不能简单地将流动性大的混凝土称为工作性好，或者流动性减小说成工作性变差。

值得一提的是，为了提高施工速度，易于操作，时而会过分追求大流动度的工作性，这种片面追求往往会以损失硬化混凝土性能为代价。从混凝土性能的利用时效看，新拌混凝土的工作性仅仅体现在凝结硬化前的这段时间内，而硬化混凝土性能则贯穿于结构工程的整个使用期。因此，新拌混凝土的工作性必须首先服从硬化混凝土性能的需要。

2. 影响工作性因素

（1）原材料

① 水泥。试验结果表明，水泥标准稠度用水量越大，在相同水灰比情况下，新拌混凝土的黏度和屈服剪切应力也越大，则新拌混凝土的流动性降低，但黏聚性和保水性相对较好。

因此，凡是影响水泥标准稠度用水量的因素，如：水泥熟料的矿物组成（尤其是 C_3A 含量）与碱含量、石膏的形态、水泥的比表面积与颗粒分布以及混合材品种与掺量等都将影响新拌混凝土的工作性。

② 矿物掺合料

a. 粉煤灰。掺入适当比例的粉煤灰可改善新拌混凝土的工作性，其原因主要是粉煤灰的形态效应。形态效应是指粉煤灰颗粒形貌、内部结构、表面性质、细度、级配等特征在混凝土中产生的综合作用效应。粉煤灰中富含铝硅玻璃体微珠，表面光滑，颗粒细小，有助于促进水泥颗粒扩散，减小颗粒之间的摩擦，拆散水泥浆体的絮凝结构，使新拌混凝土的黏度降低，提高流动性。此外，粉煤灰的密度比水泥的密度小得多，即使等量取代水泥，也能使混凝土中浆体的体积增大，进而增强骨料间的润滑作用，改善混凝土的工作性。需要注意的是，如果粉煤灰形态不良、疏松多孔的颗粒或碳含量过多，则会明显削弱粉煤灰的形态效应，甚至会因需水量上升等原因导致新拌混凝土离析、泌水，工作性变差。

b. 磨细矿渣。磨细矿渣虽然不具有粉煤灰那样良好的形态效应，但它的填充润滑作用也会对新拌混凝土的工作性有一定的改善作用。由于磨细矿渣具有一定的胶凝性，所以在混凝土中掺入适量的磨细矿渣（一般控制在 20%～50%），能改善新拌混凝土的黏聚性。但值得注意的是，磨细矿渣掺量过大或级配不好就会出现较为严重的泌水现象，对新拌混凝土工作性的改善产生负面效应。

c. 硅灰、磨细天然沸石。此类矿物掺合料具有极高的外比表面积（硅灰）或内比表面积（磨细天然沸石），因此会导致新拌混凝土的需水量显著提高，掺量适宜能提高新拌混凝土的黏聚性，减少混凝土离析、泌水，但掺量过高则会导致新拌混凝土变得黏稠，流动性降低，增加泵送阻力而影响施工操作。

③ 化学外加剂。能改善新拌混凝土工作性的化学外加剂主要是减水剂和引气剂。

a. 减水剂。减水剂对水泥粒子的强烈吸附和分散作用将使水泥粒子和二次凝聚粒子分散开来，释放出凝聚体中所包裹的水和空气，本质上增加了新拌混凝土中的"有效"用水量。对水泥粒子的润湿和润滑作用将使水泥颗粒表面形成一层稳定的溶剂化水膜，这种膜起到了空间保护作用，阻止水泥颗粒间的直接接触，降低摩擦阻力，从而改善新拌混凝土的工作性。

减水剂对新拌混凝土工作性的改善作用取决于诸多因素，如减水剂品种、掺量与掺加方式、水泥品种与用量、骨料种类、环境温湿度等。

b. 引气剂。引气剂在新拌混凝土中引入的大量微小气泡，对水泥与骨料颗粒具有浮托、隔离、分散及"滚珠"润滑作用，分散与润滑的双重作用使新拌混凝土的流动性得到明显改善，特别是在骨料粒形不好的碎石或人工砂混凝土中使用效果更佳。此外，引气剂尚可改善新拌混凝土的黏聚性与保水性。

c. 膨胀剂。膨胀剂可以明显增加新拌混凝土的屈服应力和黏度，有助于改善混凝土的黏聚性和保水性，但往往会降低其流动性。

④ 骨料。卵石表面光滑，碎石粗糙且多棱角，因此卵石配制的新拌混凝土流动性较好，但黏聚性和保水性则相对较差。河砂与人工砂的差异与上述相似。

级配良好的砂石骨料总表面积和空隙率小，包裹骨料表面和填充空隙所需的水泥浆用量少，对新拌混凝土的流动性有利。对于级配符合要求的砂石骨料来说，粗骨料粒径越大，砂子的细度模数越大，则新拌混凝土的流动性越大，但黏聚性和保水性有所下降。粗骨料中针、片状颗粒含量高，则新拌混凝土的工作性变差。

（2）配合比参数

① 单方用水量。混凝土的单方用水量越大，屈服剪切应力值和黏度越小，因此，单方用水量是影响新拌混凝土流动性的最主要因素。新拌混凝土流动性与用水量之间变化规律的研究表明，二者关系可以用式(4-5)表示：

$$y = kW^n \tag{4-5}$$

式中　y——新拌混凝土流动性（坍落度），mm；

　　　W——混凝土的单方用水量，kg/m^3；

　　k，n——常数，取决于原材料特性和试验方法。

由式(4-5)可知，用水量增大，流动性随之增大。

试验结果表明，在新拌混凝土的常见用水量范围（150～190kg/m^3）内，当组成材料品质一定时，单方用水量一旦确定，单位水泥用量增减 50～100kg/m^3，新拌混凝土的流动性基本保持不变，这一规律称为固定用水量定则。这一定则给混凝土的配合比设计带来极大便利，可通过固定用水量保证混凝土流动性的同时，通过调整水泥用量，即调整水灰比，来满足强度和耐久性要求。

② 水灰比和浆骨比。在水泥用量不变的情况下，水灰比增大意味着单位用水量增大，水泥浆和新拌混凝土流动性必然增大。但水灰比不宜过大或过小，过大，会降低混凝土的保水性和黏聚性，产生流浆、离析等现象；过小，水泥浆过稠，会导致新拌混凝土流动性过低，进而影响混凝土的振捣密实，产生麻面和空洞等缺陷。

浆骨比是指水泥浆与粗细骨料的体积比。浆骨比越大，即水泥浆量越多，填充骨料颗粒间的空隙后，包裹粗细骨料的水泥浆层越厚，水泥浆的润滑作用越大，骨料间摩擦阻力越小，新拌混凝土的流动性就越好。但浆骨比不宜过大或过小，过大，会导致混凝土黏聚性下降，易产生流浆，对硬化混凝土的强度和耐久性都会产生不良影响；过小，水泥浆将不能完全包裹骨料表面，甚至不能填满骨料空隙，骨料间缺少润滑体，摩擦阻力增大，流动性和黏聚性变差。试验结果表明，最佳浆骨比约为 35：65。

③ 砂率。砂率的变动会使骨料的空隙率和总表面积发生显著改变，因此可对新拌混凝土的工作性产生较大影响。在水泥用量和水灰比一定的条件下，砂率合理增大，有助于增加起到润滑和"滚珠"作用的砂浆在粗骨料间的填充与增加粗骨料表面包裹的砂浆厚度，从而提高新拌混凝土的流动性，改善黏聚性和保水性。

若砂率过大，一方面骨料表面积将显著增加，在水泥浆含量不变的情况下，水泥浆的相对含量减小，骨料表面包裹水泥浆的厚度减薄，水泥浆的润滑作用减弱；另一方面粗骨料间的空隙虽被砂浆过度填满，但细骨料的空隙率会增大。反之，若砂率过小，砂的填充润滑作用不足。显然，砂率过大或过小都将导致新拌混凝土工作性下降（如表 4-2 所示），甚至发生泌水、离析和流浆现象。

表 4-2　砂率对新拌混凝土坍落度（流动性）的影响

试验编号	W/C	砂率/%	坍落度/mm	28d 抗压强度/MPa	试验编号	W/C	砂率/%	坍落度/mm	28d 抗压强度/MPa
1	0.4	34	155	50.7	6	0.3	34	205	60.3
2	0.4	38	180	57.3	7	0.3	38	205	62.1
3	0.4	42	200	58.4	8	0.3	42	215	67.0
4	0.4	46	190	55.3	9	0.3	46	240	68.6
5	0.4	50	140	61.9	10	0.3	50	215	72.0

合理砂率应是砂子在填满粗骨料空隙后有一定的富余量，在粗骨料间形成适宜厚度的砂浆层，以减小粗骨料间的摩擦阻力，使新拌混凝土的流动性（坍落度）达最大值；或者在保持流动性不变及良好的黏聚性与保水性的情况下，使水泥浆用量达最小值。

（3）环境条件

新拌混凝土工作性不仅会因时间的延长变差，更会因气温高、湿度小、风速大等环境条件所导致的水分蒸发和水泥水化反应加快而加速变差。

3. 工作性调整

调整新拌混凝土工作性可遵循以下原则：

① 若新拌混凝土流动性小于设计要求，为了保证混凝土的强度和耐久性，不能单独加水，必须保持水灰比不变，适当增加水泥用量或减水剂用量。但水泥用量不宜增加过多，否则混凝土成本不仅将提高，且将增大混凝土的收缩和水化热等。

② 若新拌混凝土流动性大于技术要求，可在保持砂率不变的前提下，增加砂石用量，实际上相当于减少水泥浆数量。

③ 改善骨料级配，降低骨料表面积和空隙率，既可增加混凝土流动性，也能改善黏聚性和保水性。

④ 适量掺用减水剂或引气剂，是改善新拌混凝土工作性的最有效措施。

⑤ 合理选用砂率。实际选择时，可遵循以下原则：

a. 当粗骨料最大粒径较大、表面较光滑、级配良好时，由于粗骨料的表面积和空隙率较小，可采用较小的砂率。

b. 当砂的细度模数较小时，由于砂中细颗粒多，混凝土的黏聚性容易得到保证，可采用较小的砂率。

c. 当水灰比小、水泥浆较稠时，由于混凝土的黏聚性容易得到保证，可采用较小的砂率。

d. 当掺用引气剂或减水剂等外加剂时，可适当减小砂率。

e. 当施工要求混凝土的流动性较大时，粗骨料常出现离析，为保证混合料的黏聚性，需采用较大的砂率。

4. 工作性评价方法

新拌混凝土的工作性是一项复杂的综合技术性能，目前尚不能用单一指标来评价新拌混凝土的工作性。通常，是以定量测定新拌混凝土的流动性为主，再辅以直观观察或经验评价新拌混凝土的黏聚性和保水性。针对新拌混凝土的离析和泌水现象，则可采用粗骨料冲洗试验以及泌水率试验进行评价。

（1）流动性评价方法

评价新拌混凝土流动性的方法很多，但对于商品混凝土而言，大多是流动性较大的混凝土，因此有些方法如：维勃稠度（工作度）试验方法、重塑数试验方法、密实因素试验方法已不适合，而常用的方法主要有坍落度、扩展度以及 J 环扩展度试验方法等。

① 坍落度试验方法。坍落度试验具体操作方法详见第一章"坍落度试验"词条。此法设备简单，操作方便，目前被广泛用来评价新拌混凝土的流动性。作为泵送施工的新拌混凝土，由于流动性较大，因此，建议在试验操作时可根据实测混凝土流动性的大小，适量减少装填和捣棒插捣混凝土的次数。

② 扩展度试验方法。试验应按现行国家标准《普通混凝土拌合物性能试验方法标准》（GB/T 50080）规定的方法进行，如表 4-3 所示。

表 4-3　扩展度试验方法（GB/T 50080）

项目	主要内容
适用范围	宜用于骨料最大公称粒径不大于 40mm、坍落度不小于 160mm 混凝土扩展度的测定
仪器设备	1. 坍落度仪：应符合现行行业标准《混凝土坍落度仪》（JG/T 248）的规定。 2. 钢尺：量程不应小于 1000mm，分度值不应大于 1mm。 3. 底板：平面尺寸不小于 1500mm×1500mm，厚度不小于 31mm 钢板，其最大挠度不应大于 3mm
主要操作步骤	1. 坍落度筒内壁和底板应润湿无明水，底板应放置在坚实水平面上，筒放在底板中心。然后用脚踩住两边的脚踏板，并始终保持此位置。 2. 混凝土拌合物试样分三层均匀地装入筒内，每装一层试样，应用捣棒由边缘到中心按螺旋形均匀插捣 25 次。捣实后每层混凝土拌合物试样高度约为筒高的 1/3。 3. 插捣底层时，捣棒应贯穿整个深度，插捣第二层和顶层时，捣棒应插透本层至下一层的表面。 4. 顶层混凝土拌合物装料应高出筒口，插捣过程中，混凝土拌合物低于筒口时，应随时添加。 5. 顶层插捣完后，取下装料漏斗，应将多余混凝土拌合物刮去，并沿筒口抹平。 6. 清除筒边底板上的混凝土后，应垂直平稳地提起坍落度筒。坍落度筒的提离过程宜控制在 3～7s；当混凝土拌合物不再扩散或扩散持续时间已达 50s 时，应使用钢尺测量混凝土拌合物展开扩展面的最大直径以及与最大直径呈垂直方向的直径，测量精确至 1mm。 7. 扩展度试验从开始装料到测得混凝土扩展度的整个过程应连续进行，并应在 4min 内完成

项目	主要内容
结果计算 与评定	1. 当两直径之差小于 50mm 时,应取其算术平均值作为扩展度试验结果,并修约至 5mm;当两直径之差不小于 50mm 时,应重新取样另行测定; 2. 若发现粗骨料在中央堆集或边缘有浆体析出时,应记录说明

③ 间隙通过性试验（J 环扩展度试验）方法。试验应按现行国家标准 GB/T 50080 规定的方法进行，如表 4-4 所示。

表 4-4　J 环扩展度试验方法（GB/T 50080）

项目	主要内容
适用范围	宜用于骨料最大公称直径不大于 20mm 的混凝土拌合物间隙通过性的测定
仪器设备	1. J 环:如下图所示,由钢或不锈钢制成,圆环中心直径和厚度应分别为 300mm、25mm,并用螺母和垫圈将 16 根圆钢锁在圆环上,圆钢直径应为 16mm,高应为 100mm,圆钢中心间距应为 58.9mm。 2. 坍落度筒:不应带有脚踏板,其材料和尺寸应符合现行行业标准 JG/T 248 的规定。 3. 底板:应采用平面尺寸不小于 1500mm×1500mm、厚度不小于 3mm 的钢板,其最大挠度不应大于 3mm。 4. 铲子、抹刀、钢尺(精度 1mm)、盛料容器辅助工具 16 根圆钢均匀间隔分布在环上 | 直径	mm
---	---
A	300+/-3.3
B	38+/-1.5
C	16+/-3.3
D	58.9+/-1.5
E	25+/-1.5
F	100+/-1.5	
主要操作 步骤	1. 底板、J 环和坍落度筒内壁应润湿无明水;底板应放置在坚实的水平面上,J 环应放在底板中心。 2. 坍落度筒应正向放置在底板中心,应与 J 环同心,将混凝土拌合物一次性填充至满。 3. 用刮刀刮除坍落度筒顶部混凝土拌合物余料,应将混凝土拌合物沿坍落度筒口抹平;清除筒边底板上的混凝土后,应垂直平稳地向上提起坍落度筒至 250mm±50mm 高度,提起时间宜控制在 3～7s;自开始入料至提起坍落度筒应在 150s 内完成;当混凝土拌合物不再扩散或扩散持续时间已达 50s 时,测量展开扩展面的最大直径以及与最大直径呈垂直方向的直径,测量应精确至 1mm
结果计算 与评定	1. J 环扩展度应为混凝土拌合物坍落扩展终止后扩展面相互垂直的两个直径的平均值,当两直径之差大于 50mm 时,应重新试验测定。 2. 混凝土扩展度与 J 环扩展度的差值作为混凝土间隙通过性能指标结果,结果修约至 5mm。 3. 当骨料在 J 环圆钢处出现堵塞时,应予记录说明

（2）黏聚性评价方法

黏聚性尚不能进行定量测定。通常，伴随坍落度试验定性地来评价新拌混凝土的黏聚性。即当测量完坍落度值后，可用捣棒轻轻敲打混凝土锥体的侧面，若锥体不易被打散，且拌合物渐渐下沉，则表明这一混凝土具有较好的黏聚性。然而，作为泵送施工的新拌混凝土，通常由于流动性较大，坍落度试验后已不明显存在混凝土锥体，此时，可通过观察坍落混凝土的流动状况予以评价。当坍落的混凝土能均匀向周边塌落扩散，没有明显的砂浆或净浆从混凝土中流出、粗骨料滞后或局部堆积现象时，则表示新拌混凝土黏聚性良好。

（3）保水性评价方法

保水性的评价也只能通过观察进行。当在坍落度筒中装填和捣棒插捣混凝土过程中，若有较多的稀水泥浆从底部析出或提起坍落度筒后，发现锥体部分的混凝土因失浆而骨料外露，则表示新拌混凝土保水性不良。

二、新拌混凝土凝结与硬化

1. 初凝与终凝

混凝土混合料加水拌和后，水泥水化反应开始发生。最初，水泥水化产物较少，不能形成网状的凝聚结构，新拌混凝土处于可流动或塑性状态。随着水化反应的进行，水化产物逐渐增多，水化产物间接触点增多，水化产物的网状凝聚结构初步形成，使新拌混凝土基本丧失流动性，此时新拌混凝土即达到初凝，所经历的时间称为初凝时间。水化反应继续进行，水化产物不断填充网状凝聚结构，混凝土完全丧失流动性开始硬化（开始具有强度），此时新拌混凝土就达到终凝，自加水拌和到终凝所经历的全部时间称为终凝时间。

终凝之后，混凝土便进入漫长的硬化期，即结构强度增长期。其间，水泥与矿物掺合料水化反应所生成的各种水化产物，不仅进一步填充与密实网状凝聚结构，且不断改善与强化了水泥石与骨料间的"过渡区"结构。

凝结时间对保证混凝土工程的质量与施工进度非常重要。通常，初凝时间不宜过早，以便有足够的时间完成混凝土的搅拌、运输、浇筑、振捣、成型等施工作业。终凝时间不得过迟，以便于尽快进入下一个施工工序，尽快拆除模板，提高模板周转率，并可减小混凝土开裂概率。

2. 影响凝结时间因素

影响混凝土凝结时间的因素很多，既有材料组成、配合比参数等内部因素，又有环境温度、湿度等外部因素。

（1）水泥品种

水泥品种不同，其凝结时间也不同。水泥凝结越快，其对应的新拌混凝土的凝结时间就越短。

（2）外加剂

具有调凝功能的外加剂，如：速凝剂、缓凝剂、早强剂等对凝结时间都有显著影响。目前，多数商品混凝土搅拌站将缓凝剂与减水剂复合使用，形成具有一定缓凝作用的泵送剂。但在使用时，不仅应根据减水剂品种、胶凝材料品种、环境温度和施工要求等来选用适宜的缓凝剂，且应根据环境的变化或泵送剂掺量的变化及时调整泵送剂中缓凝组分的用量，避免发生混凝土超时缓凝造成的质量工程事故。

（3）矿物掺合料

矿物掺合料会不同程度地影响水泥的水化反应速度，因而也将影响混凝土的凝结时间。通常，矿物掺合料掺量越大，混凝土的凝结时间就会越长。粉煤灰对混凝土凝结时间的影响一般较大些，而磨细矿渣、硅粉对混凝土凝结时间的影响相对小些。

（4）水灰比

通常，对同一品种水泥而言，水灰比越大，水化产物间相互交叉搭接形成网状凝聚结构所需时间就会越长，新拌混凝土的凝结时间就会越长。

（5）环境温度

与其他化学反应一样，水泥的水化反应会随温度的升高而加快。因此，随着环境温度的提高，新拌混凝土的凝结时间会缩短。

（6）环境湿度

环境湿度的减小或增大，决定着混凝土中水分蒸发速度的快与慢，必然导致新拌混凝土凝结时间的缩短与延长。

3. 凝结时间测试方法

凝结时间的测试采用贯入阻力方法，应按现行国家标准 GB/T 50080 规定的试验方法进行，如表 4-5 所示。

表 4-5　混凝土凝结时间试验方法（GB/T 50080）

项目	主要内容
适用范围	从混凝土拌合物中筛出的砂浆用贯入阻力法来确定坍落度值不为零的混凝土拌合物的凝结时间
仪器设备	1. 贯入阻力仪:手动(如右图所示)或自动,最大测量值不应小于1000N,精度应为±10N;测针长为100mm,在距贯入端25mm处应有明显标记;测针的承压面积应为 100mm²、50mm² 和 20mm² 三种。 2. 砂浆试样筒:上口径为 160mm,下口径为 150mm,净高为 150mm;刚性不透水的金属圆筒,带盖。 3. 试验筛:筛孔公称直径为 5.00mm,符合现行国家标准《试验筛技术要求和检验　第二部分:金属穿孔板试验筛》(GB/T 6003.2)的规定。 4. 振动台:符合现行行业标准《混凝土试验用振动台》(JG/T 245)的规定。 5. 捣棒:符合现行行业标准 JG/T 248 的规定
主要操作步骤	1. 用试验筛从混凝土拌合物中筛出砂浆,每次应筛净,拌和均匀,一次性分别装入三个试样筒中。 2. 当混凝土坍落度不大于 90mm 时宜用振动台振实,振动应持续到表面出浆为止,不得过振;当混凝土坍落度大于 90mm 时,采用人工捣实,沿螺旋方向由外向中心均匀插捣 25 次,然后用橡皮锤轻轻敲打筒壁,直至插捣孔消失为止。 3. 振实或插捣后,砂浆表面应低于砂浆试样筒口约 10mm;试样筒应立即加盖。将试样筒置于温度为 20℃±2℃ 的环境中或现场同条件下待测,并始终保持在此条件下测试。在整个测试过程中,除在吸取泌水或进行贯入试验外,试样筒应始终加盖。 4. 凝结时间测定从混凝土搅拌加水开始计时,根据混凝土拌合物的性能,确定测针试验时间,以后每隔 0.5h 测试一次,在临近初、终凝时,应缩短测试间隔时间。 5. 在每次测试前 2min,将一片 20mm±5mm 厚的垫块垫入筒底一侧使其倾斜,用吸液管吸去表面的泌水,吸水后应复原。 6. 测试时,将砂浆试样筒置于贯入阻力仪上,测针端部与砂浆表面接触,然后在 10s±2s 内均匀地使测针贯入砂浆 25mm±2mm 深度,记录最大贯入阻力值,精确至 10N;记录测试时间,精确至 1min。 7. 每个砂浆筒每次测 1~2 个点,各测点的间距不应小于 15mm,测点与试样筒壁的距离不应小于 25mm。 8. 每个试样的贯入阻力测试不应少于 6 次,直至单位面积贯入阻力大于 28MPa 为止。 9. 根据砂浆凝结状况,按下表适时更换测针:

贯入阻力/MPa	0.2~3.5	3.5~20	20~28
测针面积/mm²	100	50	20

续表

项目	主要内容
结果计算	1. 单位面积贯入阻力应按下式计算： $$f_{PR}=\frac{P}{A}$$ 式中　f_{PR}——单位面积贯入阻力，精确至 0.1MPa，MPa； 　　　P——贯入压力，N； 　　　A——测针面积，mm^2。 2. 凝结时间宜通过线性回归方法确定，建立下述回归方程式： $$\ln(t)=A+B\ln(f_{PR})$$ 式中　t——时间，min； 　　　f_{PR}——贯入阻力，MPa； 　　　A,B——线性回归系数。 3. 求得当贯入阻力为 3.5MPa 时对应的时间 t_s 为初凝时间，贯入阻力为 28MPa 时对应的时间 t_e 为终凝时间。 $$t_s=e^{[A+B\ln(3.5)]}$$ $$t_e=e^{[A+B\ln(28)]}$$ 4. 凝结时间也可用绘图拟合方法确定，方法是以贯入阻力为纵坐标、测试时间为横坐标（精确至 1min），绘制出两者的关系曲线，以 3.5MPa 和 28MPa 画两条平行于横坐标的直线，分别与曲线的两个交点的横坐标即为混凝土拌合物的初凝和终凝时间
结果评定	应以三个试样的初凝和终凝时间的算术平均值作为此次试验的初凝和终凝时间。如果三个测值的最大值或最小值中有一个与中间值之差超过中间值的 10%，则以中间值为试验结果；如果最大值和最小值与中间值之差均超过中间值的 10%时，则此次试验无效。凝结时间用 h:min 表示，并修约至 5min

　　值得一提的是，采用贯入阻力法测量混凝土的凝结时间，测试结果往往受人为因素影响较大，并且当混凝土流动性较小或黏度较大时，要筛出足够量的砂浆非常困难。此外，当混凝土中掺有缓凝剂时，测量时间也会过长。

　　在试验研究中，有时采用电阻率来表征混凝土的凝结时间。此方法的原理是通过测出新拌混凝土自拌和后的电阻率随时间的变化曲线，来反映与凝结过程相关联的混凝土水化过程、离子浓度及微观结构的动态变化过程，通过对曲线定量分析，从电阻率发展特征点就可以获得混凝土的初凝时间和终凝时间。

三、新拌混凝土含气量

1. 新拌混凝土中的气体

　　在不使用引气剂的情况下，新拌混凝土在搅拌过程中也会俘入少量的空气，并以离散、不连续的气泡存在于水泥浆中，或溶解于拌合水中，或存在于骨料颗粒间的空隙中。当新拌混凝土振动密实成型时，就会有相当数量的气泡上浮到混凝土表面而破裂。但是，在具有足够的颗粒尺寸和高比表面积的骨料下部仍有少量气泡被截留，如图 4-8 所示，其截留空气量通常为基体体积的 2%～3%。

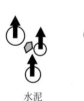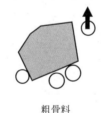

水泥　　　　细骨料　　　　粗骨料

图 4-8　振动密实中空气被俘入的机理

　　若使用引气剂或加气剂，则新拌混凝土中含气量可达基体体积的 20%以上，且气孔呈球状，尺寸小（100～1000μm），分布均匀，结构稳定。

2. 含气量对混凝土性能的影响

（1）改善工作性

气泡对新拌混凝土工作性的改善作用，如本章第二节"一、新拌混凝土工作性"下的"影响工作性因素"中所述。含气量影响新拌混凝土坍落度与泌水率的一组试验结果，如图4-9和图4-10所示。

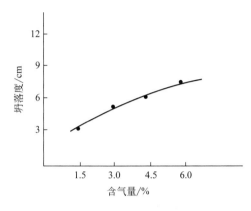
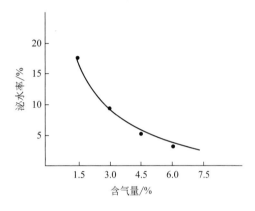

图 4-9　新拌混凝土含气量与坍落度的关系　　图 4-10　新拌混凝土含气量与泌水率的关系

（2）降低强度

留在混凝土中的气泡在水泥石中形成了孔，孔的存在势必会减小水泥石与骨料间的黏结面积，削弱水泥石与骨料间的黏结强度，导致混凝土强度的降低。含气量对强度影响的一般规律是混凝土含气量每增加基体体积的1%，混凝土的抗压强度约降低2%～6%，抗折强度降低约2%～3%。

含气量对混凝土强度的影响与水泥用量，或者说与混凝土的强度等级有关，对于低水泥用量的贫配合比混凝土，由含气量所引起的强度降低几乎可以忽略不计。强度不降低的原因，可以认为是贫配合比混凝土中，水泥砂浆不足以填充骨料间空隙，含气量的增加相当于增大了水泥砂浆体积，使骨料间空隙得到充实，从而弥补了由于含气量增加所引起的强度降低。然而对于富配合比的高强混凝土而言，必须重视含气量增加而带来的强度损失。

（3）提高耐久性

引气剂引入混凝土中的气泡所形成的孔是无水的封闭孔，它们的存在可以缓解混凝土因冻融而产生的破坏应力。

表4-6给出了含气量对混凝土抗渗性影响的一组试验结果，可以看出，同一配合比混凝土，其含气量增加，混凝土的抗渗性能提高，因为这些封闭孔多汇集于毛细管的通路上，切断毛细管，只有在更大静水压力下混凝土才会产生渗透。

表 4-6　含气量对混凝土抗渗性的影响

灰骨比	水灰比/%	砂率/%	含气量/%	坍落度/mm	试件最大不透水压力平均值/MPa
1：7	0.75	45	1.3	55	0.13
			4.8	105	0.68
			9.5	145	0.82

（4）增加体积

如图4-11所示，新拌混凝土含气量增加，会导致混凝土体积增加，表观密度减小，所以在配合比设计时必须加以考虑。

混凝土表观密度与材料组分间的关系，可由式（4-6）给出。

$$\rho = 10\gamma_a(100-\alpha)+C(1-\gamma_a/\gamma_c)-W(\gamma_a-1)$$

式中　ρ——混凝土的表观密度，kg/m³；　　（4-6）

　　　　α——含气量的体积分数，%；

　　　　C——每立方米混凝土的水泥用量，kg/m³；

　　　　W——每立方米混凝土的水用量，kg/m³；

　　　　γ_a——骨料平均饱和面干视密度，kg/m³；

　　　　γ_c——水泥的表观密度，kg/m³。

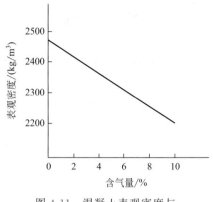

图4-11　混凝土表观密度与
含气量之间的关系

由式（4-6）可知，在混凝土材料组分不变，配合比相同的情况下，含气量增加，混凝土的表观密度减小。

在此要说明的是，硬化混凝土中气泡的评价指标通常是含气量的大小（气泡数量的多少）、气泡平均直径和气泡间隔系数。通常认为，引气剂主要通过改变孔溶液的表面张力和接触角的大小影响硬化混凝土的性能。研究表明，气泡平均直径对混凝土抗压强度影响最大，气泡数量对混凝土干燥收缩影响较大，气泡间隔系数是混凝土抗冻性的主要影响指标。

3. 影响含气量因素

虽然混凝土的组成材料与特性（如：水泥品种、骨料性质、矿物掺合料种类、水的硬度）、水胶比的大小、搅拌（搅拌机类型、搅拌量、搅拌时间）、运输时间以及振捣（振捣器类型、振捣时间、振捣频率）、环境温度等诸多因素都会对新拌混凝土的含气量产生一定的影响，但总体来说，影响不大。若要增加混凝土的含气量，必须掺用引气剂。通过引气剂的掺用，可在混凝土混合料中引入基体体积3%～5%或更高含量的细小且均匀分布的封闭气泡。掺量越大，引气量越大，如图4-12所示。影响引气剂引气量的因素以

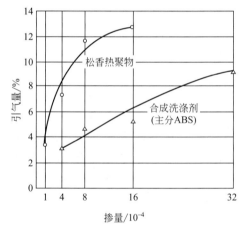

图4-12　引气剂掺量与引气量关系

及引气剂应用技术要点，详见第二章第三节下"引气剂"中的有关内容。

值得注意的是，某些减水剂与引气剂复合使用时，会降低混凝土的含气量，因此当两者复配使用时，其影响效果应经过试验予以验证。

4. 含气量测试方法

测试应按现行国家标准GB/T 50080规定的试验方法进行，如表4-7所示。

四、新拌混凝土温升

1. 温升对混凝土影响

温升是指新拌混凝土浇筑后，凝结硬化期间，由胶凝材料水化放热所引起的内部温度的

表 4-7　混凝土含气量测试方法

项目	主要内容
适用范围	宜用于骨料最大公称粒径不大于 40mm 的混凝土拌合物含气量的测定
仪器设备	1. 含气量测定仪：如右图所示，应符合现行行业标准《混凝土含气量测定仪》(JG/T 246)的规定；由容器及盖体两部分组成。 (1)容器应由硬质、不易被水泥浆腐蚀的金属制成，内径应与深度相等，容积为 7000mL±25mL。 (2)盖体应用与容器相同的材料制成。打气筒加压的含气量测定仪，盖体部分主要由进水阀、进气阀、气室、操作阀、排气阀及含气量-压力表或数码显示系统等组成。采用手泵加压的含气量测定仪，盖体部分主要由进水阀、手泵、气室、气室排气阀、操作阀、排气阀及含气量-压力表或数码显示系统等组成。 容器及盖体之间应设置密封垫圈，用螺栓连接，连接处不得有空气存留，并保证密封。压力表测量范围为 0～0.25MPa，精度应满足 GB/T 1227 所规定的要求。 2. 捣棒：应符合现行行业标准 JG/T 248 的规定。 3. 振动台：应符合现行行业标准《混凝土试验用振动台》(JG/T 245)的规定。 4. 电子天平：最大量程应为 50kg，感量不应大于 10g。 1—含气量压力表；2—操作阀；3—排气阀； 4—固定串子；5—流体；6—室器；7—流水阀；8—手泵；9—气室；10—取水管； 11—标定管；12—气室排气阀
主要操作步骤	1. 测定混凝土拌合物含气量之前，先按下列步骤测定拌合物所用骨料的含气量。 (1)按下式计算每个试样中粗、细骨料的质量： $$m_g = \frac{V}{1000} \times m'_g$$ $$m_s = \frac{V}{1000} \times m'_s$$ 式中　m_g, m_s——每个试样中的粗、细骨料质量，kg； 　　　m'_g, m'_s——配合比中每立方米混凝土拌合物中粗、细骨料质量，kg； 　　　V——含气量测定仪容器容积，L。 (2)在容器中，先注入 1/3 高度的水，把质量为 m_g、m_s 的粗、细骨料称好、拌匀，倒入容器并同时搅拌；水面每升高 25mm 左右，轻轻插捣 10 次，加料过程中应始终保持水面高出骨料的顶面；骨料全部加入后，应浸泡约 5min，再用橡皮锤轻轻敲容器外壁，排净气泡，除去水面泡沫，加水至满，擦净容器口及边缘，加盖拧紧螺栓，保持密封不透气。 (3)关闭操作阀和排气阀，打开排水阀和加水阀，通过加水阀向容器内注入水；当排水阀流出的水流中不出现气泡时，在注水的状态下，同时关闭加水阀和排水阀。 (4)关闭排气阀，开启进气阀，向气室内打空气，应加压至大于 0.1MPa，待压力表显示值稳定；微开排气阀，调整压力至 0.1MPa，然后关紧排气阀。 (5)开启操作阀，使气室里的压缩空气进入容器，待压力表显示值稳定后记录压力值 P_{g1}，然后开启排气阀，压力表显示值应回零；应根据含气量与压力值之间的关系曲线确定压力值对应的骨料的含气量 A_g，精确到 0.1%。 (6)混凝土所用骨料的含气量 A_g 应以两次测量结果的平均值作为试验结果；两次测量结果的含气量相差大于 0.5%时，应重新试验。 2. 混凝土拌合物含气量试验应按下列步骤进行： (1)用湿布擦净容器内壁和盖的内表面，装入拌合物试样。 (2)拌合物的装料及密实方法应根据拌合物的坍落度而定，并应符合下列规定：

续表

项目	主要内容
主要操作步骤	①坍落度不大于 90mm 时,拌合物宜用振动台振实;振动台振实时,应一次性将拌合物装填至高出容器口;振实过程中拌合物低于容器口时,应随时添加;振动直至表面出浆为止,并应避免过振。 ②坍落度大于 90mm 时,拌合物宜用捣棒插捣密实,插捣时,拌合物应分 3 层装入,每层捣实后高度约为 1/3 容器高度;每层装料后由边缘向中心均匀地插捣 25 次,捣棒应插透本层至下一层的表面;每一层捣完后用橡皮锤沿容器外壁敲击 5~10 次,进行振实,直至拌合物表面插捣孔消失。 ③自密实混凝土应一次性填满,且不应进行振动和插捣。 (3)刮去表面多余的拌合物,用抹刀刮平,表面有凹陷应填平抹光。 (4)擦净容器口及边缘,加盖并拧紧螺栓,应保持密封不透气。 (5)应按步骤 1 中(3)~(5)的操作步骤测得拌合物的未校正含气量 A_0,精确至 0.1%。 (6)拌合物未校正的含气量 A_0 应以两次测量结果的平均值作为试验结果;两次测量结果的含气量相差大于 0.5%时,应重新试验

结果计算	混凝土拌合物含气量应按下式计算: $$A = A_0 - A_g$$ 式中 A——混凝土拌合物含气量,%;
	   A_0——混凝土拌合物的未校正含气量,%;
	   A_g——骨料含气量,%。
	计算精确至 0.1%

注:含气量测定仪使用前,应按 GB/T 50080 的规定进行标定和率定。

升高。虽然温升可以加速混凝土的水化硬化过程,但对大体积或富配合比的混凝土结构来说,温升现象会格外明显,实际温度甚至可高达 85℃以上。当混凝土结构中的温度变化或温度分布不均匀时就会产生温差应力,若温差应力超过混凝土的极限抗拉应力或其产生的拉应变超过混凝土的极限拉应变时,混凝土将产生开裂。因此,必须严格控制混凝土浇筑后的温度升高幅度,即最大温升值。

2. 影响温升因素

混凝土所用的原材料和配合比参数对混凝土的温升有很大影响。

(1)水泥矿物组成

水化热是水泥固有的技术性质,因此,凡影响水泥水化放热的因素,如:矿物组成、颗粒组成等必定影响混凝土的温升,详见第二章第一节"一、通用硅酸盐水泥""3"下的"水化热"中有关内容。

(2)水泥用量

混凝土中的水泥用量越大,总发热量也越大,其温升越高。为降低温升,在混凝土配合比设计中,应当尽量减少水泥用量,以水化热较小的矿物掺合料来取代。

(3)矿物掺合料

矿物掺合料对混凝土水化热及其对温升的影响作用,主要表现在两个方面。

① 矿物掺合料水化反应时也要放热,势必增加混凝土的总发热量,而且,矿物掺合料活性越高,其放热量越大。因此,从理论上讲,混凝土中增掺(外掺或超量取代)矿物掺合料对控制混凝土的水化热及其温升并非有利。

② 矿物掺合料的水化反应缓慢,将会改变胶凝材料(水泥)的水化放热历程,既能降低混凝土的水化热峰值,又能推迟水化热峰值出现的时间。显然,这对控制混凝土的水化热及其温升又是有利的。

温升对混凝土的不利影响主要表现在混凝土强度相对较低的早龄期(一般认为≤7 天),因此,为了控制温升对大体积混凝土或富配合比混凝土结构可能产生的开裂破坏,掺加适量的矿物掺合料应是一个积极而有效的措施。

试验结果表明，矿物掺合料对混凝土温升影响的利与弊，不仅与矿物掺合料的品种或活性有关，而且受制于矿物掺合料的掺量。因此，对于混凝土温升敏感的混凝土，应通过试验予以确认矿物掺合料的品种与掺量，只有在适宜的范围内才能起到降低混凝土水化热与降低温升的作用。

（4）水胶比

目前，普遍认为，水胶比越大，水分越充足，水泥水化速率就会越快，水化程度就会越高，混凝土发热量与温升就会越大。但也有试验结果表明，水胶比只有在一个适宜的范围内，这种影响作用才明显，逾此范围，这种影响作用将失去。

（5）外加剂

凡是能明显改变水泥水化速率或水化程度的外加剂，都会影响混凝土的发热量与温升。如：氯化钙早强剂具有较强的促进水泥水化作用，混凝土的水化热与温升不仅会随其掺量的增加而增大，且其最大温升明显提前；与其相反，缓凝剂及其具有缓凝作用的减水剂如木质素磺酸钙，不仅能明显降低混凝土的水化热峰值，且能推迟混凝土水化热峰值出现的时间。

除上述主要因素外，混凝土的初始（入模）温度的大小、结构的体积尺寸等，都会对混凝土温升有影响。对于重点工程的特殊部位的混凝土，在配合比优化设计过程中，应对其胶凝材料的水化热和混凝土的温升值进行计算或测试。有关混凝土温升的控制与温升计算详见第五章第九节下"大体积混凝土有关计算"中的有关内容。

第三节　硬化混凝土性能

尽管针对不同工程要求而制备的混凝土，其各项技术性能千差万别，但所有这些看似随机变化的性能都与混凝土的内部组织结构存在着密切的依存关系。因此了解和掌握混凝土的结构特征，对于设计和改善混凝土性能，解释各种混凝土宏观性能现象，采取措施保证混凝土工程质量均具有重要意义。

一、硬化混凝土结构

混凝土是由各种不规则形状和不同大小的粗、细骨料颗粒（约占65%～75%体积）和水泥石（约占25%～35%体积）所组成的复合材料。其宏观组织如图4-13所示，呈堆聚状。其中，水泥石与骨料间的界面过渡区结构是其最典型的结构特点。

混凝土还具有毛细管-孔隙结构的特点。这些毛细管-孔隙包括混凝土成型时残留下来的气泡，水泥石中的毛细管孔腔和凝胶孔，以及水泥石和骨料接触处的孔穴等。此外，还可能存在着由于收缩引起的微裂缝。

由于固体颗粒的沉降作用，流动性混凝土混合料在浇筑成型过程中和在凝结以前，常常会发生不同程度的内、外分层现象。图4-14所示为混凝土内分层示意图，区域1位于粗骨料下方，称为充水区域，水含量最大，水蒸发后则形成孔穴，是混凝土中最薄弱的部位，也是混凝土渗水的主要通道和内部裂缝的

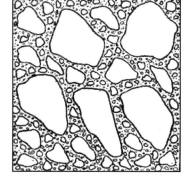

图4-13　普通混凝土的宏观堆聚组织

发源地。区域 2 的混凝土则比较正常，称为正常区。位于粗骨料上方的区域 3 是混凝土中最密实和最强的部位，称为密实区。混凝土的内分层，不利水泥石与骨料的黏结，不仅会导致混凝土强度性能降低，也将使混凝土抗渗和抗冻等耐久性能降低。图 4-15 为混凝土外分层形成过程示意图，图 4-15(a) 表示不同粒径的骨料在流动性混凝土混合料中的沉降距离；图 4-15(b) 表示分层的开始；图 4-15(c) 表示分层的结果。混凝土外分层，将导致混凝土沿浇筑方向呈现明显的混凝土层、砂浆层和水泥浆层，使表层混凝土成为最疏松和最薄弱的部位。

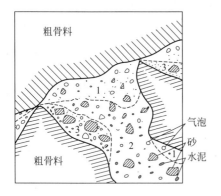

图 4-14　混凝土内分层示意图　　　　图 4-15　混凝土外分层形成过程示意图

1. 水泥石组成与结构

水泥石是由多种水化产物、未水化水泥颗粒及矿物掺合料颗粒所构成的固相以及存在于孔隙中的水和空气所组成，所以是固-液-气三相非匀质体系。它具有一定的机械强度和孔隙率，通常情况下，对混凝土的性能影响起着主导作用。

（1）水化产物的组成与结构

水泥石的固态基质是结晶的和无定形的水化产物的混合物。对于硅酸盐水泥来说，完全水化后的水泥石中大概的固相组成见表 4-8。从表 4-8 中可以看出，分子式缩写为 C-S-H 的水化硅酸钙是主要的成分，约占固相体积的 50%，因其结晶程度较差，具有胶体的性质，因而被称为 C-S-H 凝胶体。

表 4-8　水泥石的组成（$W/C=0.5$）

水泥石组成	大概的体积分数/%	观察结果
C-S-H	50	无定形、含微孔隙
CH	12	晶体
AFt[①]、AFm	13	晶体
孔隙	25	取决于 W/C

① 被认为是 C_3A 和 C_4AF 的最终产物。

① C-S-H 凝胶体。其溶解度极低，是水泥石中最为稳定的组分，其强度最高。C-S-H 的化学组分多变，通常其 Ca/Si 为 1.5～2.0，其分子中结构水的含量变化更大。C-S-H 的结构非常复杂，通过电子显微镜观察，C-S-H 的形貌常变动于结构很差的纤维和错综复杂的网状或席状组织之间，并有成簇的倾向。有很多模型用来解释这种材料的性质，最为典型的是 Powers-Brunauer 模型。Powers 认为：C-S-H 是一种具有很高比表面积的层状多孔结构物质（图 4-16），已有文献证明其比表面积可高达 $400m^2/g$ 以上。C-S-H 的强度主要归结于如此巨大表面积的薄层之间的范德华力。根据近藤模型，C-S-H 凝胶体中存在凝胶粒子间微

孔和凝胶粒子内微孔。

② 氢氧化钙（CH）。具有固定的化学组成，分子式为 $Ca(OH)_2$，简写为 CH，其微观形貌呈六方薄板层状的晶体，在水泥石中常形成六方柱状的大晶体，但通常会受到有效空间、水化程度、存在于系统中的杂质以及矿物掺合料等影响，而表现为不太规则的形状甚至大的板状堆积形状。与 C-S-H 相比，氢氧化钙不仅表面积非常小，由范德华力所提供的强度潜力很有限，且其溶解度相对于 C-S-H 来说较高，因而它是水泥石中最薄弱也是最容易受到外界化学侵蚀的成分。但是，水泥石中必须存在足量的氢氧化钙以维持孔隙溶液碱度，以保证 C-S-H 的稳定存在和防止钢筋锈蚀。

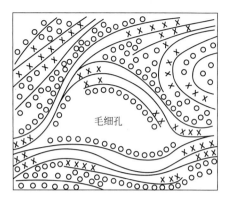

图 4-16 C-S-H 结构模型示意图
×粒子内孔；○粒子间孔；—— C-S-H 层

③ 硫铝酸钙（AFt 相、AFm 相）。AFt 相，又称钙矾石或三硫型水化硫铝酸钙，分子式为 $3CaO \cdot Al_2O_3 \cdot 3CaSO_4 \cdot 32H_2O$。其微观形貌呈六方棱柱状、针棒状晶体，棱面清晰，其早期膨胀作用有利于密实水泥石，提高早期强度，补偿收缩，而后期生成（延迟性钙矾石）常常会引起膨胀性破坏，详见第十章第五节"一、裂缝类型、成因及其预防措施"下"延迟钙矾石裂缝"中的有关内容。

AFm 相，又称单硫型水化硫铝酸钙，分子式为 $3CaO \cdot Al_2O_3 \cdot CaSO_4 \cdot 12H_2O$。其微观形貌为六方板状。

AFt 相和 AFm 相在水泥水化产物固相体积中所占比例不高，约 13%，因而对水泥石性能仅起次要作用。

（2）孔及其结构特征

孔是水泥石的一个重要组成。孔分布、孔径、孔隙率、孔的形貌以及孔隙壁所形成的巨大内表面积，都是水泥石的重要结构特征，对水泥石的性能有着极其重要的影响。

① 内表面积。由于 C-S-H 凝胶的高度分散，以及又包含数量众多的微细孔隙，所以水泥石具有极大的内比表面积，内比表面积通常采用水蒸气吸附法进行测定。将经过一定方法干燥过的样品在不同蒸汽压下，测定其对蒸汽平衡时的吸附量，再根据 BET 公式计算出在固相表面上形成单分子吸附层所需的水蒸气量，然后按式(4-7)计算出水泥石的比表面积。

$$S = aV_m N/M \tag{4-7}$$

式中 S——比表面积，m^2/kg；

a——每一个吸附气体分子的覆盖面积，水蒸气 $a = 1.14nm^2$（25℃），氮气 $a = 1.62nm^2$（-195.8℃），nm^2；

V_m——在每公斤被测固体表面形成单分子吸附层所需蒸汽的量，kg；

N——阿伏伽德罗常数，6.02×10^{23}；

M——被吸附气体的分子量。

用此法测得水泥石的比表面积约为 $210 \times 10^3 m^2/kg$，与未水化的水泥相比，提高达三个数量级。

② 孔分布、孔径及孔隙率。据计算，每 $1cm^3$ 的水泥完全水化后约占据 $2.2cm^3$ 的空间。即约 45% 的水化产物处于水泥颗粒原来的周界之内，成为内部水化产物；另有 55% 则为外部水化产物，占据着原先充水的空间。这样，随着水化过程的进行，原先充水的空间减少，而没有被水化产物填充的空间，则逐渐被分割成形状极不规则的毛细孔。另外，在 C-S-H 凝胶所占据的空间内还存在着尺寸极为细小的凝胶孔。

表 4-9 给出孔的一种分类方法。由表 4-9 可见，孔径尺寸在极宽的范围内变动，即使不计入粗孔，单是毛细孔和凝胶孔两类的孔径就要从 $15\mu m$，一直小到 0.5nm 以下，大小相差达五个数量级。至于孔的分类方法还有很多，看法也不完全一致，实际上孔的分布具有连续性，不可能有明确的区分界限。

表 4-9　孔的分类方法

类别	名称	孔径	孔中水的作用	对水泥石性能的影响
粗孔	球形大孔	$1000\sim15\mu m$	与一般水相同	强度、渗透性
毛细孔	大毛细孔	$10\sim0.05\mu m(50nm)$	与一般水相同	强度、渗透性
	小毛细孔	$50\sim10nm$	产生中等强的表面张力	强度、渗透性、高湿度下的收缩
凝胶孔	胶粒间孔	$10\sim2.5nm$	产生强的表面张力	相对湿度 50% 以下时的收缩
	微孔	$2.5\sim0.5nm$	强吸附水，不能形成弯月面	收缩、徐变
	层间孔	$0.5nm$	结构水	收缩、徐变

孔隙率可用测定密度的方法求得，即当水泥石的表观体积已知后，再测定该水泥石的密度，便可计算出孔隙率。根据测定密度所采用的介质不同，所得到的孔隙率值会有所不同，如表 4-10 所示。

表 4-10　不同介质测得 D-干燥水泥石的孔隙率　　　　　单位：%

水灰比	介质种类		
	氦	水	甲醇
0.4	23.3	37.8	19.8
0.5	34.5	44.8	36.6
0.6	42.1	51.0	—
0.8	53.4	59.5	—

注：D-干燥，即在干冰温度（-78℃）所创造的水蒸气压为 1066.576×10^{-4}Pa 的环境中干燥。

（3）水及其存在的形式

水泥石中水的存在形态和含量的变化，影响着水泥石的体积稳定性和其他力学性能，其存在形式有以下三种基本类型：

① 结晶水。又称化学结合水，据其结合的强弱，分为强、弱结晶水。前者又称晶体配位水，以 OH^- 状态存在，只有在较高温度下晶格破坏时才能将其脱去；后者则是以中性水分子 H_2O 形式存在的水，脱水温度不高，在 $100\sim200$℃以上即可脱去，而且也不会导致晶格的破坏。

② 吸附水。以中性水分子 H_2O 的形式存在，并不参与组成水化产物的晶体结构，按其所处的位置分为凝胶水和毛细孔水。前者存在于凝胶粒子间微孔和凝胶粒子内微孔，占凝胶体积的 28%，脱水温度有较大范围；后者存在于毛细孔中，仅受到毛细管张力的作用，结合力弱，脱水温度也较低，在数量上取决于毛细孔的数量。当环境湿度降低到 30% 左右时，吸附水将大部分失去。

③ 自由水。又称游离水，存在于粗大孔隙内（孔径大于 50nm），与一般水的性质相同。

以上三种不同形式的水，很难定量测定。因此从实用观点出发，可将水泥石中的水分为蒸发水和非蒸发水两类。非蒸发水主要指化学结合水；蒸发水主要是后两种。试验结果表明，蒸发水和非蒸发水的数量在相当程度上受到干燥方法的影响。通常，蒸发水的体积可概略地作为水泥石体内孔隙体积的量度，而将在不同的龄期实测的非蒸发水量作为水泥水化程度的一个表征值。

（4）未水化水泥颗粒

系指未水化水泥颗粒和矿物掺合料颗粒。其中，未水化水泥颗粒的多少，取决于水泥颗粒尺寸和水化程度。水泥水化速率随着水化龄期增长而变慢，对于较大的水泥颗粒可能若干年后仍然存在。

2. 过渡区结构

从亚微观尺度上看，水泥石和骨料的界面并不是一个"面"，而是一个厚度在 $0 \sim 100\mu m$ 范围内变化、且在厚度方向从骨料表面向水泥石逐渐过渡的"区"（或称"层"、"带"），因此被称为"过渡区"。界面过渡区将水泥石与骨料两个性能完全不同的材料联系在一起，所以，过渡区结构与性能将受水泥石和骨料的共同影响。

（1）过渡区的结构特征

过渡区的结构如图 4-17 所示，研究结果表明，其结构特征是：水灰比高、孔隙率大、水化硅酸钙的钙硅比大、CH 和 AFt 结晶颗粒大、含量多以及 CH 取向生长。

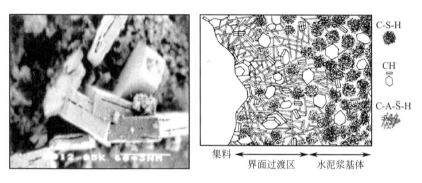

图 4-17　过渡区的电镜照片及结构示意图

究其原因，是因为新拌成型的混凝土中粗骨料颗粒表面包裹了水膜，存在充水空间，这不仅使贴近粗骨料表面水泥砂浆的水灰比明显高于水泥砂浆基体的水灰比，且能为水泥熟料矿物水化反应所生成的氢氧化钙（CH）和钙矾石（AFt）等水化产物，提供取向生长与结晶颗粒增大的空间，此"区"所形成的网状结构中的孔隙也比水泥浆基体或砂浆基体多。

（2）过渡区的强度特征

通常，过渡区是混凝土中最薄弱的环节，其强度低于水泥浆基体或水泥砂浆基体的强度，这主要受控于以下三个因素：

① 孔体积和孔径大小。在水泥水化的早期，过渡区内的孔体积与孔径均比水泥浆基体和水泥砂浆基体大，因此，过渡区的强度较低。

② 氢氧化钙晶体的大小与取向。氢氧化钙晶体的晶粒大小可达 $1\mu m$ 以上，表面积小，黏结力小，且多取向生长于骨料和水泥石的界面，这种取向层结构为劈裂拉伸破坏提供了有利的条件。

③ 微裂缝的存在。混凝土硬化前，水分在骨料表面形成的水膜、混凝土由于内分层在骨料下表面形成的水囊以及当温度、湿度发生变化时，水泥石和骨料的不一致变形，都将导致混凝土在承受荷载作用以前，过渡区就存在较多微裂缝，受荷载作用以后，随着应力的增长，这些微裂缝不断扩展并伸向水泥石，水泥石中微裂缝的继续扩展，最终将导致混凝土的断裂和破坏。

（3）影响过渡区结构因素

① 骨料。骨料性质不同，与水泥石基体之间的过渡区的结构特征也会不同。骨料与水泥石的界面黏结有物理结合与化学结合之分。物理结合是由界面间的黏结和机械啮合作用引起的。骨料的形状、表面状态和刚度是物理结合的影响因素。例如：用表面粗糙的花岗岩和石灰石骨料配制的混凝土，其抗弯和抗拉强度要比用表面光滑的卵石配制的高达 30%，这是因为骨料粗糙的表面不仅增加界面间的黏结和机械啮合力，且能降低 $Ca(OH)_2$ 的取向度。又如，用具有吸水特性的陶粒作粗骨料的轻质高强混凝土，其强度可以远高于陶粒本身的强度，主要是因为陶粒吸水后不但降低了过渡区处水泥石的水灰比，而且随着水泥水化的进行，当水泥石中水分不足时，陶粒所吸收的水分又被释放出来，对过渡区水泥石进行自养护，因而形成"加强"的过渡区。

很多骨料会与水泥石形成化学结合。根据化学结合的不同，骨料可分为两类：第一类是在水泥石中形成强接触层，如：石英石（硅质酸性骨料）会吸收由水泥水化生成的氢氧化钙，使界面附近水泥水化程度增大，从而提高了水泥石的强度。第二类是在骨料表面和水泥石中均形成弱接触层，如：白云岩（碳酸盐岩石）会生成强度不高的碳铝酸盐。由于骨料存在活性，在过渡区会发生化学反应，对过渡区结构产生影响。

此外，其他条件相同时，骨料和水泥石过渡区的厚度也会随骨料表面积的大小不同而变化，例如粒径小的骨料，过渡区厚度也较小。

② 矿物掺合料。混凝土中掺入具有活性的矿物掺合料，减少了水泥熟料用量，相应也就减少了 $Ca(OH)_2$ 的生成量。此外，活性矿物掺合料在水泥浆体中可与水泥水化释放的 $Ca(OH)_2$ 反应，生成水化硅酸钙 C-S-H，能减少过渡区处 $Ca(OH)_2$ 的含量，并限制 $Ca(OH)_2$ 的取向，从而改善过渡区的结构，且矿物掺合料的活性越高，这种改善作用效果越明显。再有，矿物掺合料的微细颗粒的填充作用也会降低过渡区中的孔隙率，改善过渡区结构。

③ 水胶比。混凝土的水胶比越大，过渡区处水胶比也越大，孔隙率也越高，因而 $Ca(OH)_2$ 在较"宽松"的环境下越容易沉积、取向、结晶颗粒增大，过渡区结构就会越差。

④ 搅拌工艺。搅拌工艺过程可影响过渡区的结构和性质。例如，常规搅拌（即一次搅拌）投料顺序为：砂＋石子＋水泥先干拌均匀，再加水拌和出料。如采用另一种搅拌（即二次搅拌）投料顺序：砂＋石子＋部分拌合水先搅拌使骨料表面润湿，再加入水泥搅拌形成极低水灰比的拌合物，最后加入剩余的水进行搅拌，或者用部分水泥以极低水灰比（比如 $0.15 \sim 0.2$）的净浆和石子进行第一次搅拌（裹石法），然后加入砂子、剩余的水泥和水进行第二次搅拌，如此改变投料方式进行搅拌，首先可在粗骨料表面形成一层低水灰比的水泥浆薄层，使二次搅拌后的混凝土的过渡区中 $Ca(OH)_2$ 生成量不再富集，取向性降低，孔隙也明显减小，因此混凝土性能有较大幅度的提高。

综上所述，从宏观结构上，可将硬化混凝土视为由水泥石、骨料和过渡区三部分构成的宏观堆聚结构复合材料。粗骨料在混凝土中杂乱、随机取向分布，并构成了混凝土的骨架结构，细骨料填充于粗骨料骨架中的空隙中，水泥浆体再进一步填充于粗、细骨料堆聚体中空隙中，并通过过渡区将骨料黏结在一起，从而构成宏观上的混凝土块体。

二、硬化混凝土物理性能

1. 密实度

密实度是混凝土重要的物理性能，表示在一定体积的混凝土中，固体物质的填充程度，可用式(4-8)计算：

$$D = \frac{V}{V_0} \tag{4-8}$$

式中　D——密实度；

　　　V——绝对体积，m^3；

　　　V_0——表观体积，m^3。

因混凝土中都会不同程度地含有孔隙，所以绝对密实的混凝土并不存在，D 值总是小于 1。混凝土的孔隙率可用式(4-9) 计算：

$$P = 1 - D = 1 - \frac{V}{V_0} \tag{4-9}$$

式中　P——混凝土的孔隙率。

当 $V_0 = 1$ 时，式(4-8) 可写成：

$$D = V = \frac{\gamma_0}{\gamma} \tag{4-10}$$

式中　γ_0——混凝土的表观密度，kg/m^3；

　　　γ——混凝土的密度，kg/m^3。

因此，精确测定混凝土的密实度，需要测定混凝土的密度，这实际上是很困难的，因为需要将具有代表性的混凝土试样磨成粉末。在实际应用中，采用单位体积混凝土中所有固体组分的体积总和（包括化学结合水和单分子层吸附水），用式(4-11) 来计算其密实度 D，已足够精确。

$$D = V_c + V_a + V_w \tag{4-11}$$

式中　V_c——每立方米混凝土中水泥的绝对体积，m^3；

　　　V_a——每立方米混凝土中骨料的绝对体积，m^3；

　　　V_w——每立方米混凝土中强结合水的绝对体积，m^3。

但由于混凝土中水泥水化作用不断进行，所以 V_w 值随着龄期和水泥品种的不同而变化。V_a 也可分为粗骨料和细骨料的绝对体积。因此，式(4-11) 可写成：

$$D = V_c + V_s + V_g + V_w = W_c/\gamma_c + W_s/\gamma_s + W_g/\gamma_g + \beta W_c/1000 \tag{4-12}$$

式中　W_c，W_s，W_g，βW_c——每立方米混凝土中水泥、细骨料、粗骨料、水的用量，kg；

　　　γ_c，γ_s，γ_g——水泥、细骨料、粗骨料的密度，kg/m^3；

　　　β——结合水系数，表示一定龄期的混凝土中强结合水与水泥的质量比，β 值可根据表 4-11 选用；

　　　V_s，V_g——分别表示每立方米混凝土中细骨料、粗骨料的绝对体积，m^3；

　　　1000——水的密度，kg/m^3。

表 4-11　水泥在不同龄期的结合水系数（β 值）

水泥品种	β 值				
	3d	7d	28d	90d	360d
快硬硅酸盐水泥	0.14	0.16	0.20	0.22	0.25
普通硅酸盐水泥	0.11	0.12	0.15	0.19	0.25
矿渣硅酸盐水泥	0.06	0.08	0.10	0.15	0.23

根据 28 天龄期混凝土密实度的不同，可将混凝土分为如表 4-12 所示的密实等级。

表 4-12　不同密实度混凝土的密实等级

混凝土密实度 D	0.87~0.92	0.84~0.86	0.81~0.83	0.78~0.80	0.75~0.77
混凝土密实等级	高密实混凝土	较高密实混凝土	普通密实混凝土	较低密实混凝土	低密实混凝土

对所用材料相同而组织结构不同的混凝土，或者对组织结构相同但所用骨料孔隙率不同的混凝土，其密实性可用其表观密度近似地比较。

混凝土的密实度几乎与混凝土的主要技术性能，例如强度、抗冻性、抗渗性、耐久性、传声和传热性能等都有密切的联系。但必须指出，由于密实度尚不能反映混凝土中影响上述性能的孔隙特征，如孔隙大小、形状、分布及其封闭程度等，所以，混凝土的密实度不能完全说明混凝土的结构。

2. 热性能

热性能包括混凝土的热膨胀性能、热传导性能、热扩散性能、热容量性能（比热容）等。混凝土的热性能不仅影响早期混凝土的温度应力、热应变、弯曲及开裂等的发展，也影响服役混凝土的隔热性能。在实际工程中，如：在膨胀缝和收缩缝设计时、桥梁支撑的水平和竖直运动设计时、受温度变化支配的超静定结构设计时、评估混凝土温度梯度和设计预应力混凝土构件时、混凝土用于特殊结构和考虑火灾影响时以及大体积商品混凝土设计时都需要考虑混凝土的热性能，以便采取适当的技术措施，减少或避免由混凝土热性能给混凝土结构可能带来的不利影响。

（1）热膨胀性能

混凝土的热膨胀性能用线胀系数表征，可用式（4-13）计算：

$$\alpha_c = \varepsilon / \Delta T \tag{4-13}$$

式中　α_c——混凝土的线胀系数，$℃^{-1}$；

　　　ε——温度变化 ΔT 时的应变。

混凝土的线胀系数大致可以表示为水泥石和骨料线胀系数的加权平均值，可用式（4-14）计算：

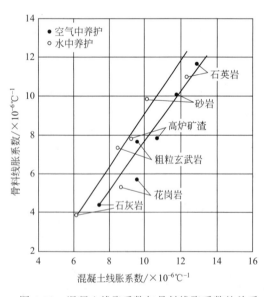

图 4-18　混凝土线胀系数与骨料线胀系数的关系

$$\alpha_c = \frac{\alpha_p E_p V_p + \alpha_a E_a V_a}{E_p V_p + E_a V_a} \tag{4-14}$$

式中　α_c——混凝土的线胀系数，$10^{-6}℃^{-1}$；

　　　a_p, α_a——水泥石和骨料的线胀系数，$10^{-6}℃^{-1}$；

　　　E_p, E_a——水泥石和骨料的弹性模量，MPa；

　　　V_p, V_a——混凝土中水泥石和骨料的体积率，$V_a = 1 - V_p$，%。

如表 4-13 所示，水泥石的线胀系数约为 $(10 \sim 20) \times 10^{-6}℃^{-1}$；如表 4-14 所示，骨料的线胀系数约为 $(4 \sim 13) \times 10^{-6}℃^{-1}$，前者比后者要大。混凝土的线胀系数约为 $(6 \sim 12) \times 10^{-6}℃^{-1}$，其与骨料线胀系数的关系如图 4-18 所示。现行国家标准 GB 50010 规定，当混凝土的温度在 $0 \sim 100℃$ 范围内时，线胀系数可按 $10 \times 10^{-6}℃^{-1}$ 取值。

表 4-13　水泥石的线胀系数

水泥：砂	1：0（净浆）	1：1	1：3	1：6
二年龄期的线胀系数/$\times 10^{-6}℃^{-1}$	18.5	13.5	11.2	10.1

表 4-14　骨料的线胀系数

骨料种类	石英岩	砂岩	玄武岩	花岗岩	石灰岩
线胀系数/$\times 10^{-6}℃^{-1}$	10.2~13.4	6.1~11.7	6.1~7.5	5.5~8.5	3.6~6.0

混凝土的线胀系数不仅受控于水泥石和骨料的线胀系数，而且还与环境温度变化时的混凝土含水状态有关。因为水的线胀系数约为 $210\times 10^{-6}℃^{-1}$，远比水泥石的大，所以当温度上升时，凝胶水就产生比凝胶体大的膨胀，使水泥石膨胀，或使一部分凝胶水迁移到毛细孔中。与此同时，毛细孔水的表面张力随温度上升而减小，加之毛细孔水的受热膨胀和凝胶水的迁入，都会使毛细孔中水的体积增加，水的弯月面曲率变小，孔内收缩压力减小，水泥石膨胀。但是这种湿胀作用，在试件处于干燥状态和饱水状态时并不会发生，因为这时没有水的弯月面存在。所以，混凝土的线胀系数也是湿度的函数，在相对湿度为 100% 或 0 时最小，大约 70% 时为最大。

通常，混凝土的线胀系数随混凝土养护龄期的增加而减小，这是因为水泥的继续水化使结晶体增加，凝胶体减少，减少了凝胶体的湿胀作用。

（2）热传导性能

若材料的两侧存在温差，热量就可以从高温一侧传导到低温一侧，这种性能称为材料的热传导性能。衡量材料的热传导性能的物理量为热导率。

根据传热学可知，一块厚度为 h，断面积为 A，两侧温差为 ΔT 的平板，当热量达到平衡时，在时间 t 内流过的热量 Q 为：

$$Q = \lambda \frac{\Delta T}{h} A t \tag{4-15}$$

由式（4-15）可得：

$$\lambda = \frac{Qh}{\Delta T A t} \tag{4-16}$$

式中　λ——混凝土的热导率，kJ/(m·h·℃)；

Q——时间 τ 内通过混凝土材料的热量，kJ；

h——混凝土材料的厚度，m；

ΔT——混凝土材料两侧的温度差，℃；

t——混凝土材料的传热时间，h；

A——混凝土材料的面积，m^2。

影响混凝土热导率的主要因素是粗骨料的矿物特性、混凝土的含水量以及混凝土的密度。图 4-19 给出了用几种不同粗骨料配制的混凝土的热导率，由图可以看出，玄武岩和流纹岩配制的混凝土其热导率最低，石灰岩配制的热导率中等，而石英岩配制的热导率最高，这可能与粗骨料矿物晶体的结晶度以及矿物晶体的取向与热流方向的相对方向有关。一般来说，结晶度越高的岩石配制的混凝土其热导率越大。

空气的热导率为 0.092kJ/(m·h·℃)，非常小，约是水的热导率 2.17kJ/(m·h·℃) 的 1/25，所以干燥的混凝土比含水状态的混凝土热导率小。同样，由于空气的热导率小，所以，混凝土的密度越小，热导率越低，特别是对轻骨料混凝土影响更显著，如图 4-20 所示。普通混凝土的热导率一般为 9.60~14.60kJ/(m·h·℃)。现行国家标准 GB 50010 规定，当混凝土的温度在 0~100℃ 范围内时，热导率可按 10.6kJ/(m·h·℃) 取值。

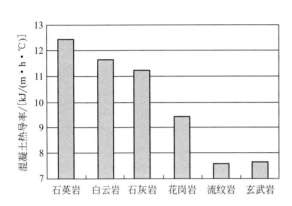

图 4-19　用不同种类粗骨料配制的混凝土热导率

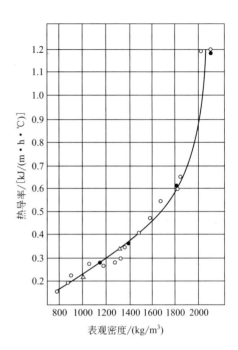

图 4-20　混凝土的热导率与其密度间的关系

在室温环境下，混凝土热导率几乎不受温度影响。但温度较高时，热导率的变化较为复杂。最高温度约 50～60℃时，热导率随温度的升高缓慢增加；温度升高至 120℃时，随着水的流失，热导率急速下降；温度超过 120～140℃时，热导率值趋于稳定；800℃时的热导率只有 20℃时热导率的一半。

热导率通常由热扩散系数计算得出，后者较容易测得，当然，也可以直接测定热导率。但是测试的方法会影响试验结果。例如，静态法（热板法或热箱法）对于干燥混凝土可得到相同的热导率，但对潮湿混凝土测得的热导率过低，这是由于温度梯度导致了水分迁移。因此，测定潮湿混凝土的热导率采用瞬态法更好。

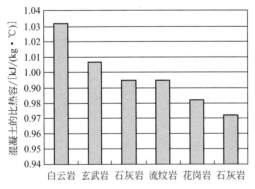

图 4-21　不同种类粗骨料配制的混凝土的比热容

（3）热容量性能

混凝土的热容量性能用比热容来评价。

不同种类粗骨料配制的混凝土的比热容，如图 4-21 所示，可以看出粗骨料对比热容的影响不大。试验结果表明，混凝土比热容会随其含水量增加和环境温度提高而增大，一般是含水量每增加 10kg/m³，比热容大约增加 2.4%；混凝土温度每提高 10℃，比热容约增加 3%～3.5%。普通混凝土的比热容一般介于 0.879～1.088kJ/(kg·℃) 之间。现行国家标准 GB 50010 规定，当混凝土的温度在 0～100℃范围内时，比热容可按 0.96kJ/(kg·℃) 取值。

粗骨料对混凝土比热容的影响规律可表示为式(4-17)：

$$C = C_p(1 - W_g) + C_g W_g \tag{4-17}$$

式中　C——混凝土的比热容，kJ/(kg·℃)；

C_p——水泥石的比热容，kJ/(kg·℃)；

C_g——骨料的比热容，kJ/(kg·℃)；

W_g——混凝土中骨料的质量分数，%。

表观密度 γ_0（kg/m³）对混凝土比热容 C 的影响规律可用式（4-18）表示：

$$C \approx 725/\gamma_0 \tag{4-18}$$

（4）热扩散性能

混凝土的热扩散性能用热扩散率 α 亦称导温系数来评价，可用式（4-19）计算：

$$\alpha = \frac{\lambda}{C\gamma} \tag{4-19}$$

式中　γ——混凝土表观密度，kg/m³。

由式（4-19）可以看出，导温系数 α 与热导率 λ 成正比。因此，影响混凝土热导率的因素也必然影响导温系数。混凝土导温系数越大，在同样的受热或冷却条件下，该混凝土各部位的温度越容易趋于一致。普通混凝土的导温系数变化于 $0.003 \sim 0.006 \text{m}^2/\text{h}$ 之间。表 4-15 给出了不同种类粗骨料配制的混凝土的导温系数。

表 4-15　不同种类粗骨料配制的混凝土的导温系数

粗骨料种类	导温系数 $\alpha/(\text{m}^2/\text{h})$	粗骨料种类	导温系数 $\alpha/(\text{m}^2/\text{h})$
玄武岩	0.0030	白云岩	0.0046
流纹岩	0.0033	石灰岩	0.0047
花岗岩	0.0040	石英岩	0.0050

三、硬化混凝土力学性能

混凝土作为一种结构材料，力学性能是其最重要的性能。

1. 强度

强度即抵抗外力不受破坏的能力，是任何一种结构材料的力学性能的第一属性。由于混凝土结构物主要都是用以承受荷载或抵抗各种作用力的，且混凝土的其他性能，如弹性模量、抗冻性等都与混凝土强度之间存在密切联系，因此，在实际工程中，不仅用混凝土强度来评定和控制混凝土的质量，而且也用其作为评价各种因素（如原材料、配合比、制备方法和养护条件等）对混凝土性能影响程度的指标。

在钢筋混凝土结构中，混凝土主要用来抵抗压力，同时考虑到混凝土抗压强度试验简单易行，因此，抗压强度是最常用的强度指标，并以此作为结构设计计算的主要依据。

（1）固体材料的理论强度

固体材料由无数个原子或分子组成，各原子之间均存在引力和斥力。当原子之间距离为平衡距离时，原子之间的引力与斥力相等，原子之间总的作用力为零，材料处于宏观稳定状态；当原子之间距离小于平衡距离时，原子之间的斥力大于引力，原子之间总的作用力表现为斥力；当原子之间距离大于平衡距离时，原子之间的斥力小于引力，原子之间总的作用力表现为引力。因此，要使处于平衡距离的原子拉近或拉远时，都要对斥力或引力做功，从而导致体系的能量升高。

固体材料的受力破坏过程就是外力大于材料中原子间相互作用力，使原子离开平衡距离的过程。当原子所受拉力超过原子间相互作用力的最大值时，就使原子完全拉开，这个最大值就是固体材料的宏观理论强度值。因此，固体材料的破坏都是拉力造成的，均为拉应力破坏。

在没有任何缺陷时，固体材料的理论抗拉强度 σ_m，可近似地按式(4-20) 计算：

$$\sigma_m = \sqrt{\frac{E\gamma}{r_0}} \approx 0.1E \tag{4-20}$$

式中　E——材料的弹性模量，MPa；

　　　γ——材料单位面积的表面能，J/m^2；

　　　r_0——原子间平衡距离，m。

然而，普通固体材料的强度远远小于此值，一般低 2～3 个数量级。这种巨大偏差是由材料表面及内部存在杂质、微裂缝或各种瑕疵而引起的。裂缝尖端产生应力集中，形成裂缝传播、材料破坏的条件。这种现象可用 Griffith 脆性断裂理论来解释：在一定应力状态下，固体材料中裂缝达到临界宽度后，处于不稳定状态，会自发地扩展，以致断裂。比如，一个弹性模量为 E 的弹性二维薄板，内部存在长度为 $2c$ 的扁平椭圆形裂缝穿透全板，在两端无限远边界处受到均匀拉力，经理论计算，在平面应力状态下，材料的断裂拉应力和裂缝宽度满足式(4-21) 的关系：

$$\sigma_c = \sqrt{\frac{2E\gamma}{\pi(1-\mu^2)c}} \approx \sqrt{\frac{E\gamma}{c}} \tag{4-21}$$

式中　σ_c——材料的断裂拉应力，MPa；

　　　c——裂缝临界宽度的一半，m；

　　　μ——泊松比。

当与理论抗拉强度计算式(4-20) 相比，可得：

$$\frac{\sigma_m}{\sigma_c} = \sqrt{\frac{c}{r_0}} \tag{4-22}$$

此结果说明，外力作用下，在材料中裂缝的两端引起了应力集中，将外加应力放大了 $\sqrt{\dfrac{c}{r_0}}$ 倍，从而使局部区域应力达到了理论抗拉强度，导致材料提前断裂。

(2) 混凝土的强度理论

长期以来，混凝土工作者对混凝土的强度开展了大量的研究工作，相继提出了许多理论，其中具有代表性的理论有：界面能理论、胶空比理论、结晶接触点理论和孔隙率理论。

① 界面能理论。该理论认为，水泥凝胶体具有巨大的比表面积，因而也具有很大的表面能（或界面能），正是由于这种表面能的相互作用，水泥石具有强度。式(4-20) 给出了强度与表面能的定量关系。

② 胶空比理论。该理论认为，水泥凝胶体在水泥石中的填充程度决定了水泥石的强度。根据大量的试验结果，Powers 建立了水泥石的强度与胶空比的关系式，详见第二章第一节"一、通用硅酸盐水泥"下"硅酸盐水泥的基本性能及其影响因素"中的有关内容。

③ 结晶接触点理论。该理论认为，在水泥的水化硬化过程中，水化产物——水化硅酸钙微晶体彼此接触、交叉、连生而形成的结晶结构网，是水泥石强度产生的来源，强度大小取决于结晶结构网中接触点的强度和数量。А. Ф. Полак 提出了式(4-23) 的关系：

$$R = \bar{R}F \tag{4-23}$$

式中　R——水泥石的强度；

　　　$\bar{R}$——结晶接触点的强度；

　　　F——断裂面上结晶接触点的面积。

④ 孔隙率理论。该理论认为，水泥石如同其他多孔固体材料一样，其强度主要取决于孔隙率。H. Wischer 提出了式(4-24) 的关系：

$$R = 3100(1-P)^{2.7} \tag{4-24}$$

式中　P——水泥石的孔隙率。

值得一提的是，上述理论的提出都是基于对硬化水泥石强度的研究，并非完全等同于混凝土强度。然而，混凝土是一种复合材料，其强度不仅取决于水泥石，而且骨料对混凝土强度也有一定的影响，尤其是水泥石与骨料间的过渡区界面对混凝土强度的影响更为显著。尽管如此，上述理论还是较好诠释了影响混凝土强度的结构因素。

混凝土的强度理论可按微观力学和宏观力学区分。混凝土强度的微观力学理论，是根据混凝土微观非匀质性的特征，研究组成材料——主要是水泥石性能对混凝土强度所起的作用，建立一系列表征水泥石孔隙率或密实度等与混凝土强度之间关系的计算公式，已成为混凝土材料设计的主要理论依据。众所周知，根据水灰比或灰水比计算混凝土强度的公式，就是一个最典型的例子，它在混凝土配合比设计中起着重要指导作用。

混凝土强度的宏观力学理论，则是假定混凝土为宏观均质且各向同性的材料，研究混凝土在复杂应力作用下的普适化破坏条件，如界面能理论。

（3）混凝土破坏过程中的裂缝扩展

通常，混凝土在任何应力状态下，加荷至极限强度的 40%～60% 前，不会发现明显的破坏迹象；高于这个应力水平时，可以听到内部破坏的声音；加荷至极限强度的 70%～90% 时，表面上即出现裂缝；荷载再增加，裂缝逐步扩展并相互连通；加荷到极限荷载时，试件便破裂成碎块。因此，混凝土的破坏过程实质上就是其内部裂缝的发生、扩展直至连通的过程，也是混凝土内部固体相结构从连续到不连续的发展过程。由于混凝土的这一破坏过程速度很快，时间短暂，因此，呈现出明显的脆性断裂特征。

混凝土在压力荷载作用下的裂缝扩展（图 4-22）可概括为以下几个阶段：

① 收缩裂缝的闭合。混凝土的早期塑性收缩、沉降收缩以及干燥收缩等所引起的收缩裂缝，在混凝土加荷之前即已存在。在加荷初期，一些收缩裂缝会由于荷载作用而部分闭合，使混凝土更加密实，因而可以观察到应力-应变曲线上原点附近的一小段向上弯曲现象，如图 4-22(b) 所示，这时混凝土的弹性模量有所提高。

② 裂缝的受力引发。当荷载达到一定程度（约 20%～40% 极限荷载）时，在拉应变高度集中的各点上会出现新的微裂缝。微裂缝数目随着荷载的增加有如图 4-22(a) 中稳定裂缝受力引发阶段所示的变化规律。

③ 稳定的裂缝扩展。随着荷载继续增加到 50% 极限荷载以后，发生裂缝的扩展和连通，裂缝数量反而减小；但是，这时如果保持应力水平不变，则裂缝的扩展也就停止。

④ 不稳定的裂缝扩展。当荷载增加到 80% 极限荷载后，便进入此阶段。这时，即使在荷载不变的情况下，裂缝的扩展也会自发进行。因此，这时不管荷载增加与否，均会导致混凝土的破坏，并伴随着混凝土体积的膨胀，这可从体积变化曲线的规律看出，如图 4-22(b) 所示。在图 4-22 中 A 点以下，混凝土表现为准弹性性状；在 B 点以上时，裂缝自发扩展，而破坏则发生于 C 点。

通常用"非连续点"这个名词来表示应力水平，此时裂缝开始扩展，并在单向应力-应变曲线上开始出现明显的非线性。在承受拉应力时，非连续点比较典型，可在高至极限强度的 70% 的应力水平出现。混凝土受拉时，开裂一经引发，立即导致快速破坏；但在受压时，开裂主要改变裂缝的形状，使局部应力重新分配，并得到较为稳定的裂缝状态，因此使破坏延迟发生。

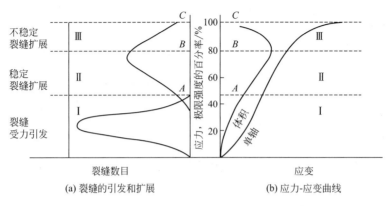

(a) 裂缝的引发和扩展   (b) 应力-应变曲线

图 4-22　混凝土在压力作用下的裂缝扩展过程

对于理想的脆性材料，当某一裂缝达到临界尺寸时，就会在材料中自发地扩展起来，以致断裂。对于像混凝土这样的非均质材料，裂缝会因扩展到阻力大的区域（如骨料）而停止，然后随着应力的增加而继续扩展。这样，在应力-应变曲线上就表现为非线性特征。这种非线性的应力-应变关系也被称为假塑性，它与金属的塑性变形不同，金属在整个塑性变形区域内仍保持其结构的连续性。

混凝土在压缩疲劳情况下，交变荷载为 10^6 次时的疲劳强度（在最小应力为零时），一般为静态抗压强度的 55%；在最小应力为零、最大应力不超过静态抗压强度 40% 时，混凝土一般可以经受得起无限次的交变荷载的作用。在长期荷载情况下，当荷载超过抗压强度的 40%～60% 时，混凝土会发生徐变状的改变；当荷载约为抗压强度的 75%～90% 时，混凝土会发生徐变破坏。这些都说明混凝土在不同应力状态下的破坏规律之间具有内在的联系性。

在荷载作用下，混凝土中的裂缝扩展会发生在三个区域：水泥石-骨料的过渡区；水泥石或砂浆基体内；骨料颗粒内。在单向压缩情况下，如果骨料颗粒的弹性模量小于连续相，则在骨料颗粒上下部位产生拉应力，而在侧边产生压应力。弹性模量低的骨料一般强度也低，这样，在骨料颗粒内就会发生与荷载作用方向相平行的拉伸破坏面。显然，这种混凝土的强度随着骨料体积率的增加而降低（例如轻骨料混凝土）。如果骨料颗粒的弹性模量大于连续相，则在骨料颗粒上下部位产生压应力，而在侧边产生拉应力。弹性模量高的骨料强度也高，这样，裂缝发生在连续相中或在较大骨料颗粒的侧边过渡区上，而不是通过骨料颗粒（如普通混凝土）。当两相的模量相近时，在骨料颗粒内外裂纹都会发生（如高强混凝土）。

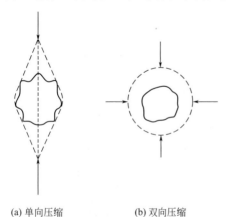

(a) 单向压缩　　　　(b) 双向压缩

图 4-23　混凝土中单个骨料的理想开裂模型

普通混凝土的试验结果表明：在单向压缩情况下，在骨料颗粒的两端上会黏附着砂浆小锥体，其取向与压应力方向相一致，如图 4-23(a) 所示；在双向压缩的情况下，锥体扩展成围绕骨料颗粒的完善的晕轮，如图 4-23(b) 所示。但是，对于高强混凝土也会发生骨料颗粒破坏的情况。

（4）影响混凝土强度因素

影响混凝土强度的因素很多，从内因来说，主要有水泥强度、水胶比、外加剂、矿物掺合料和粗骨料等；从外因来说，主要有浆骨比、制备与施工、养护环境等。

① 水泥强度。混凝土的强度主要来自水泥石强度以及与骨料之间的黏结强度。显然，水泥强度越高，水泥石强度就会越高，其与骨料的黏结强度也会越高，混凝土强度必然就会越高。试验证明，在其他条件相同情况下，混凝土强度与水泥强度成正比关系。

② 水胶比。水胶比影响水泥的水化程度，决定着水泥石的孔隙率，进而影响水泥石的强度。

水泥完全水化的理论需水量约为水泥质量的 23%，但实际拌制混凝土时，为获得良好的工作性，水胶比约为 0.30~0.65，多余水分蒸发后，在混凝土内部留下孔隙，显然，水胶比越大，留下的孔隙就会越多，混凝土的有效承压面积就会越少，混凝土强度也就越小。另外，多余水分的迁移所导致的混凝土内分层，也会极大地削弱水泥石与粗骨料的黏结强度，使混凝土强度下降。因此，在水泥强度和其他条件相同的情况下，水胶比越小，混凝土强度越高。但水胶比太小，混凝土过于干稠，难以振捣均匀密实，强度反而降低。在相同制备工艺情况下，混凝土的强度与胶水比则呈线性关系。在此必须指出：这里指的水胶比应是有效的或净水胶比。由于骨料的吸水作用，会降低原始水胶比，因此实际的有效水胶比比原始的小，特别是对于吸水率较大的骨料（如轻骨料）来说，应以饱和面干骨料进行试验。

③ 外加剂。掺入减水剂，可在保证相同流动性的前提下，减少用水量，降低水胶比，混凝土的强度得到提高。若保持水胶比一定，由于减水剂会使水泥浆体分散更均匀，水泥水化速率和早期强度发展也会有所加快。掺入早强剂，则可有效加速水泥水化，提高混凝土早期强度，但对 28 天强度不一定有利，后期强度还有可能下降。通常认为，缓凝剂使混凝土早期强度发展缓慢，但混凝土的后期强度会稳步增长甚至超过不掺缓凝剂的混凝土，这可能是水泥早期水化速率降低更有利于水化产物的迁移扩散，使水泥石结构密实以及早期水化放热速率降低、放热峰值降低，避免裂缝的发生。

④ 矿物掺合料。不同矿物掺合料由于其矿物组成、水化活性、需水量和颗粒细度等不同，对混凝土强度发展的影响也不尽相同。矿物掺合料对混凝土强度及其他性能的影响特点，详见第二章第四节"矿物掺合料"中的有关内容。

值得注意的是，当我们讨论矿物掺合料对混凝土强度发展的影响时，必须首先明确混凝土的内在条件，如水泥的品种与用量、水胶比及其他组成材料的性质等，否则会得出不一致的结论。

⑤ 粗骨料。粗骨料对混凝土强度的影响因素，主要包括：其强度、颗粒形状、表面特征、最大粒径、级配和有害物质含量等诸多方面。

对于普通混凝土而言，粗骨料强度通常是水泥石基体和过渡区强度的若干倍，因而骨料强度对混凝土强度的影响很小。但对于轻骨料混凝土和高强度混凝土而言，骨料强度与基体强度相差不多，甚至低于基体强度，这时骨料的强度就会明显影响着混凝土的强度。

骨料的颗粒形状和表面粗糙度对强度影响较为显著，如碎石表面较粗糙、多棱角，与水泥石的机械啮合力（即黏结强度）高，则混凝土强度相对较高；相反，卵石表面光滑，无棱角，与水泥石的机械啮合力低，则混凝土强度相对较低。有试验结果表明，当水灰比低于 0.4 时，使用碎石比使用卵石可使混凝土抗压强度提高 35% 以上。但随着水灰比的增大，骨料的影响程度逐渐减弱，在水灰比为 0.65 时，采用碎石和卵石配制的混凝土其强度几乎没有差别，这可能是因为此时水泥石的强度已成为影响混凝土强度的主要因素。但若保持混凝土流动性相同，水泥用量相同时，由于卵石混凝土可比碎石混凝土适当少用部分水，即水灰比减小，此时，两者强度相差不大。

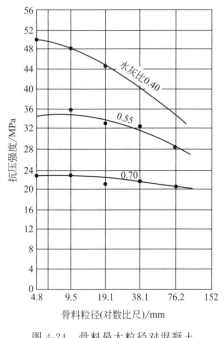

图 4-24　骨料最大粒径对混凝土
抗压强度的影响

级配良好的粗骨料其最大粒径对混凝土强度影响的一般规律如图 4-24 所示。在同一水灰比条件下，混凝土抗压强度随粗骨料粒径增大而降低，且这种影响规律对界面强度更敏感的低水灰比的高强混凝土来说更为显著。因为，用小粒径骨料时，水泥石和单个骨料界面过渡层的周长和厚度都小，难以形成大的缺陷，有利于界面强度的提高。同时，骨料粒径越小，其本身缺陷的概率也越小。对于大多数粗骨料来说，如果把最大粒径减小到 10～15mm，通常可以消除骨料颗粒的内在缺陷。随水灰比的增大，这种影响将逐渐减弱。

也有试验数据表明，在不同水泥用量下，骨料最大粒径对混凝土抗压强度的影响规律也会不同。如对水泥用量为 390kg/m³ 的富配合比混凝土，当骨料最大粒径为 20～40mm 时抗压强度最高，随着骨料粒径的增大，混凝土抗压强度降低；但对水泥用量为 170kg/m³ 的贫配合比混凝土，随着骨料粒径的增大，混凝土抗压强度反而提高，这可能与界面过渡层的厚度有关。

粗骨料中针片状含量高、有害物质含量高都将降低混凝土强度，尤其对抗折强度的不利影响更显著。

此外，骨料的活性（物理结合与化学结合）也会影响混凝土的强度，详见本章第三节"一、硬化混凝土结构"下"影响过渡区结构因素"中有关内容。

⑥ 浆骨比。对于强度等级较低的混凝土来说，浆骨比对强度的影响并不明显。但对于强度等级较高（≥C35）的混凝土，浆骨比的影响便明显地表现出来。在相同水胶比情况下，混凝土的强度有随着浆骨比的减小而提高的趋势。这可能与骨料数量增多，表面积增大，吸附水量随之增大，有效水胶比降低有关；也可能与混凝土内孔隙总体积减小有关；或者与包裹骨料的浆体厚度变化及其进而影响过渡区结构有关。

⑦ 制备与施工。一般来说，机械搅拌比人工搅拌均匀，混凝土强度也相对较高；在适宜的搅拌时间范围内，搅拌时间越长，混凝土强度越高。搅拌投料方式对强度也有一定影响，有试验数据表明，二次搅拌工艺与一次搅拌工艺相比，强度可提高 10% 左右。适宜的机械振捣成型，有利于混凝土的密实强化，过度振捣或欠振都将削弱混凝土的强度。

⑧ 养护环境。养护温度、湿度是影响混凝土强度发展的主要外部因素。图 4-25 所示为混凝土在不同温度的水中养护时强度的发展规律，纵坐标中以养护温度为 23℃各龄期的强度为100%。从图 4-25 中可以看出，养护温度高，初期水化速度增大，混凝土初期强度高。但养

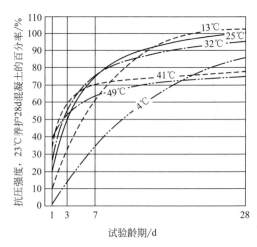

图 4-25　混凝土在不同温度的水中
养护时强度的发展规律

护温度在 4～23℃ 之间的混凝土后期强度都较养护温度在 32～49℃ 之间的高。这显示了初期养护温度越高，混凝土后期强度的衰减越大。上述现象发生的原因可以理解为：a. 急速的初期水化会导致水化物的不均匀分布，水化物稠密程度低的区域成为水泥石中的薄弱点，从而降低混凝土整体的强度；b. 水化物稠密程度高的区域包裹在水泥粒子的周围，妨碍水化反应的继续进行，从而减少水化物的生成量；c. 养护温度较低时，由于水化缓慢，水化物会具有充分的扩散时间，得以在水泥石中均匀分布。

湿度通常指的是空气相对湿度。相对湿度低，空气干燥，混凝土失水加快，致使混凝土缺水而削弱水化，混凝土强度发展受阻。只有在饱水或接近饱水状态下，水泥水化速度才会最快，混凝土强度才会不断正常增长。

⑨ 养护龄期。是指混凝土在正常养护下所经历的时间。随着养护龄期的增长，水泥水化程度提高，水化产物量增多，自由水和孔隙率减少，密实度提高，混凝土强度也随之提高。对于普通混凝土，最初的 7 天内强度增长较快，后期增幅变慢，28 天以后，强度增长更趋缓慢。但如果养护条件得当，则在数十年内强度仍将以缓慢的速率增长。

在标准养护下，混凝土抗压强度与龄期的对数值近似成直线关系，如式（4-25）所示：

$$\frac{R_t}{R_{28}} = 1 + m \ln \frac{t}{28} \tag{4-25}$$

式中　R_t——t 龄期混凝土的抗压强度，MPa，t 不得小于 3d；

R_{28}——28d 龄期混凝土的抗压强度，MPa；

t——龄期，d；

m——与水泥品种及矿物掺合料的品种和掺量有关的系数。

通过试验所建立的不同品种水泥混凝土的抗压强度与龄期的关系式，列于表 4-16 中。

表 4-16　不同品种水泥混凝土的抗压强度与龄期的关系式

水泥品种	矿物掺合料的品种和掺量	试验龄期/d	强度与龄期的关系式
普通硅酸盐水泥	粉煤灰,60%	3～365	$R_t/R_{28} = 1 + 0.3817 \ln t/28$
	—	7～365	$R_t/R_{28} = 1 + 0.1727 \ln t/28$
矿渣硅酸盐水泥	—	7～365	$R_t/R_{28} = 1 + 0.2471 \ln t/28$

据此，可根据某一龄期的强度初步推算 28 天龄期强度。但应注意，即使在同一养护条件下，由于水泥品种、水灰比、外加剂等都会影响混凝土强度的发展速度，因而难以得到一个可以普遍适用的推算公式，上述推算公式只能作为一个参考。

综上所述，尽管影响混凝土强度的因素是多方面的，但从本质上来讲，孔隙或裂缝直接决定着混凝土强度的大小，孔隙率越低，强度越高，这为混凝土强度设计提供了理论指导。按照断裂力学的观点，决定断裂强度的是某处存在的临界宽度裂缝，它和孔隙的形状及尺寸有关，而不是总的孔隙率。因此，要实现混凝土的高强度，除了降低孔隙率外，更重要的是减小孔隙尺寸，使孔隙细化。

（5）试验条件对强度测试值的影响

试验条件，主要指受压混凝土试件的尺寸、形状、表面状态、含水状态和加载速度等，这些因素对混凝土强度的测试值都有着不同程度的影响。

① 试件尺寸。试验研究结果表明，混凝土试件的尺寸越大，强度的测试值相对越低，这是由于大试件内存在孔隙、裂缝或局部缺陷的概率更大；同时，较大尺寸试件在测试强度时受到上下压板所产生的"环箍效应"影响较小，从而导致强度测试值降低。

所谓"环箍效应"是指试件受压时，在钢制压板与混凝土试件面间产生的摩擦力，对试件横向膨胀的一种约束作用。约束作用的存在是由于钢制压板的横向膨胀比混凝土的小。因此，现行国家标准《混凝土强度检验评定标准》（GB/T 50107）规定，混凝土强度测定时，若采用非标准尺寸试件，要乘以尺寸换算系数。

② 试件形状。由于"环箍效应"的影响，试件长径比越大，混凝土强度的测试值越低，如棱柱体试件强度的测试值明显低于立方体试件强度的测试值。

③ 表面状态。表面平整，则受力均匀，强度测试值较高；而表面粗糙或凹凸不平，则受力不均匀，强度测试值偏低。若试件表面涂润滑剂及其他油脂物质时"环箍效应"减弱，强度测试值较低。

④ 含水状态。混凝土含水率较高时，由于软化作用，强度较低；而混凝土干燥时，则强度较高。而且混凝土强度值越低，这种差异越大。

⑤ 加载速度。加载速度越快，强度测试值越高。

2. 弹性模量

（1）混凝土受压应力-应变关系

应力-应变曲线是研究与分析材料受力过程中变形特征的依据。图 4-26 是棱柱体混凝土试件在受压破坏过程中的应力-应变示意曲线，整个曲线大体呈上升段和下降段两部分。

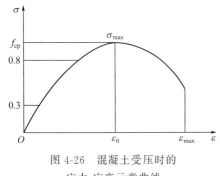

图 4-26　混凝土受压时的
应力-应变示意曲线

① 上升阶段。当压应力 $\sigma < 0.3\sigma_{max}$（最大承压应力）时，变形主要取决于混凝土内部骨料和水泥石的弹性变形，应力-应变关系呈直线变化。当压应力 $\sigma = (0.3 \sim 0.8)\sigma_{max}$ 时，混凝土内部水泥凝胶体的黏性流动，以及各种原因形成的微裂缝也逐渐处于稳态的发展中，致使应变的增长较应力为快，表现了混凝土的弹塑性性质。当压应力 $\sigma > 0.8\sigma_{max}$ 时，混凝土内部微裂缝进入非稳态发展阶段，塑性变形急剧增大，曲线斜率显著减小。当压应力达到最大承压应力 σ_{max}，即轴心抗压强度 f_{cp} 时，混凝土内部黏结力破坏，随着微裂缝的延伸和扩展，试件形成若干贯通的纵裂缝而破坏。

② 下降阶段。当试件压应力达到 σ_{max} 后，随着裂缝的贯通，试件的承载能力开始下降，试件可能在一瞬间即被压碎。若在试验时采用附加控制装置以等应变速度加载，或者减慢试验机释放应变能时变形的恢复速度，使试件承受的压力稳定下降，试件不致破坏，才能测出下降段的应力-应变全曲线。

强度等级不同的混凝土，有着相似的应力-应变曲线。一般来说，随着 f_{cp} 的提高，其相应于应力峰值的应变 ε_0 也略有增加。曲线的上升段形状都是相似的，但曲线的下降段形状迥异，强度等级高的混凝土下降段顶部陡峭，应力急剧下降，曲线较短，残余应力相对较高；而强度等级低的混凝土，其下降段顶部宽坦，应力下降甚缓，曲线较长，残余应力相对较低，其延性较好。

另外，如果加荷速度不同，即使混凝土的强度等级相同，而所得应力-应变曲线也是不同的。随着加荷应变速度的降低，应力峰值 σ_{max} 也略有降低，相应于应力峰值的应变 ε_0 却有所增加，而下降段曲线的坡度更趋缓和。

（2）弹性模量

弹性模量分为静弹性模量和动力弹性模量，通常不特别说明时均指静弹性模量。对纯弹性材料来说，弹性模量是一个定值，而对混凝土这一弹-塑-黏性材料来说，不同应力水平的应力与应变之比值为变数。根据混凝土应力-应变曲线，可分为初始切线弹性模量、切线弹性模量和割线弹性模量，详见本书第一章"弹性模量"词条。由于割线弹性模量与所选应力水平有关，应力越高，塑性变形所占比例越大，测得弹性模量值越小。为达到统一，现行国家标准 GB 50081 中规定，混凝土的静力受压弹性是以棱柱体（150mm×150mm×300mm）试件轴心抗压强度的 1/3 作为控制值，在此应力水平下重复加荷-卸荷 3 次以上，以基本消除塑性变形后测得的应力与应变的比值。混凝土弹性模量与强度密切相关，通常可以用强度来估算弹性模量。

国家标准 GB 50010 中，给出了以混凝土立方体抗压强度标准值 $f_{cu,k}$（MPa）计算弹性模量 E_c 的公式，即

$$E_c = \frac{10}{2.2 + \dfrac{34.7}{f_{cu,k}}} \times 10^4 \tag{4-26}$$

另外，混凝土的弹性模量还可根据试件的自振频率或超声脉冲传播速度来确定，这种弹性模量称为动力弹性模量。动力弹性模量通常是在测量棱柱体试件的横向自振频率后计算得到。与静弹性模量相似，动力弹性模量也随混凝土强度的提高而提高。英国结构混凝土实用规范 CP110 提出了混凝土的动力弹性模量 E_d 与抗压强度 R 的关系，如式(4-27)所示。

$$E_d = 7.6R^{1/3} + 14 \tag{4-27}$$

式中，E_d 以 10^3MPa 计，R 以 MPa 计。

同时，该规范还给出了混凝土静弹性模量 E_s 和动力弹性模量 E_d 的关系，如式(4-28)所示。

$$E_s = 1.25E_d - 19 \tag{4-28}$$

式中，E_s、E_d 均以 10^3MPa 计。但这一公式不适用于强度等级 C50 以上的普通混凝土和轻骨料混凝土。

混凝土的抗拉弹性模量略小于抗压弹性模量，为了实用上的简化，通常取二者相等。

影响混凝土弹性模量的因素主要有：

① 混凝土强度越高，弹性模量越大（见表 4-17）。

表 4-17　不同强度等级混凝土的弹性模量 E_c（GB 50010）

序号	混凝土强度等级	弹性模量/×10⁴MPa	序号	混凝土强度等级	弹性模量/×10⁴MPa
1	C15	2.20	8	C50	3.45
2	C20	2.55	9	C55	3.55
3	C25	2.80	10	C60	3.60
4	C30	3.00	11	C65	3.65
5	C35	3.15	12	C70	3.70
6	C40	3.25	13	C75	3.75
7	C45	3.35	14	C80	3.80

② 粗骨料含量越高，骨料自身的弹性模量越大，则混凝土弹性模量越大。

③ 混凝土水灰比越小，混凝土越密实，弹性模量越大。

④ 混凝土养护龄期越长，弹性模量也越大。

⑤ 早期养护温度较低时，弹性模量较大，亦即蒸汽养护混凝土的弹性模量较小。

⑥ 掺入引气剂将使混凝土弹性模量下降。

四、硬化混凝土变形性能

混凝土的变形性能系指非外力作用下的收缩变形和吸湿膨胀变形，以及长期荷载作用下的徐变变形。

1. 收缩变形

收缩即体积缩小，是贯穿于混凝土凝结与硬化全过程中的一种变形现象。硬化混凝土收缩变形的类型主要有以下几种。

（1）自收缩变形

即使混凝土处于恒温绝湿恒重并不受外力作用的条件下，混凝土也会在宏观上表现出体积缩小，此种现象，通常称为混凝土自收缩或自收缩变形。

关于自收缩的定义，目前混凝土学术界尚没有取得完全一致的认识。1940年，H. E. Davis 将混凝土自收缩定义为因其内部本身的物理和化学转化而引起的体积变形，而非下列因素引起：一是周围大气的湿度侵入与蒸发；二是温度的升降；三是因外部荷载或限制物造成的应力。1998年，日本混凝土协会给出的自收缩定义为混凝土初凝后水泥水化引起的胶凝材料宏观体积的减小。自收缩不包括因物质的损失或侵入，温度的变化或外部力量或限制物的应用引起的体积变形。

上述关于混凝土自收缩的定义，其共同点是自收缩的发生源于混凝土的内部因素，而非外部因素。不同点是后者认为自收缩开始于混凝土的初凝，因此，它有别于混凝土的化学收缩或化学减缩。

① 自收缩变形机理。自收缩变形机理可以通过混凝土自干燥的发生及混凝土内部孔隙的细化得到较好的诠释。随着水泥水化的进行，混凝土内部自由水被逐渐消耗，这种现象称为自干燥。自干燥的结果不仅使毛细孔中的水由饱和状态变为不饱和状态，毛细孔水因产生弯月面，造成硬化水泥石受负压的作用而产生收缩。而且自干燥的发生，也将增加硬化水泥石中微细孔的数量，降低孔溶液的饱和蒸气压，进一步加剧混凝土的自收缩变形。此外，水化产物的逐步生成也会导致混凝土毛细孔与凝胶孔的细化，由此产生的引起混凝土自收缩变形的毛细管张力增大。

由于自干燥是混凝土自收缩变形发生的一个最重要的原因，因此通过阻止水分扩散到外部环境中的方法来降低自收缩并不见效。而对于结构致密的混凝土（如高强混凝土）来说，外部环境中的水分也很难通过毛细孔进入混凝土内部补偿水泥水化反应造成的自干燥，因此通过外部养护来减小结构致密混凝土的自收缩效果也不大。

② 影响自收缩变形的因素。凡是影响混凝土自干燥发生以及水泥水化速率的因素都将影响混凝土的自收缩变形。

a. 水泥。凡是化学活性高、细度细、水化速率快的水泥，如早强型水泥、铝酸盐水泥、高强度等级水泥等都会加大混凝土的自收缩变形。工程上对抗裂要求较高的混凝土所用水泥的比表面积不宜超过 $350m^2/kg$。

b. 水泥用量。单位体积混凝土的水泥用量加大，既增加了混凝土中产生自收缩变形的水泥石体积，又相应减少了混凝土中限制收缩变形的骨料体积，因此单位体积混凝土水泥用量越多，混凝土的自收缩变形就越大。

c. 矿物掺合料。通常，硅灰掺量越大，自收缩越大。这是由于掺入高活性硅灰后，提高了水泥的早期水化程度，一方面会导致水分被过快消耗；另一方面，水化产物数量的增加，也将导致混凝土中的孔隙被细化。而通常，磨细矿渣、粉煤灰、磨细天然沸石、石灰石粉掺量越大，水泥的水化速率越低，混凝土自收缩变形就会越小。

d. 水胶（灰）比。混凝土自收缩变形不仅会随水胶比的减小而增加，且自收缩变形会发生得更早，早期自收缩变形占最终自收缩变形的比重变大。根据宫泽伸吾等的试验结果，水灰比为 0.4 时混凝土自收缩值占总收缩值的 40%，水灰比为 0.3 时自收缩值占总收缩值的 50%，而水胶比为 0.17 时（掺入 10% 硅灰）则占 100%。普通混凝土的自收缩一般为 $(40\sim100)\times10^{-6}$，而通过使用超塑化剂和硅灰，水胶比降到 0.17 时，从初凝时开始测量，混凝土到 28 天时自收缩值可达 700×10^{-6}。由此可见，低水胶比在赋予混凝土高强、高密实度、低渗透性等优良性能的同时，也产生了自身体积稳定性方面的问题。

e. 其他。充分水养护有利于减小密实度非过高的混凝土的自收缩变形。减缩剂、内养护剂等外加剂的使用会有效减小混凝土的自收缩变形。

（2）干燥收缩变形

① 干燥收缩过程。硬化水泥石在干燥过程中的失水收缩，可以用图 4-27 所示的典型干燥收缩曲线予以简单描述：首先，存在于粗大孔隙内（孔径大于 50nm）的自由水的失去，并不产生明显收缩，如图中曲线 AB 段所示；之后，毛细孔水的部分失去，使毛细孔内水面下降，弯月面的曲率半径变小，在表面张力的作用下，毛细孔中的负压逐渐增大，产生收缩力，使混凝土收缩，如图中曲线 BC 段所示；当毛细孔水全部脱去，由水的弯月面所产生的毛细孔张力已不存在，被压缩的硬化水泥石固体骨架的弹性恢复，使硬化水泥石体积膨胀，如图中曲线 CD 段所示；若继续干燥，凝胶体颗粒的吸附水开始蒸发，失去水膜的凝胶体颗粒，由于分子引力的作用，粒子间距离缩小而收缩，如图中曲线 DE 段所示。曲线 EF 段相当于部分化学结合水的失去，将进一步加剧收缩的发生。

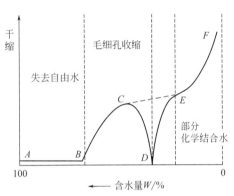

图 4-27　硬化水泥石的典型干燥收缩曲线

由此可见，水泥石的失水由两部分组成，即与湿度有关的干燥脱水以及高温作用下的温度脱水。混凝土的干燥收缩变形（干缩）是指与湿度有关的干燥脱水而引起的收缩现象。

混凝土干燥失水过程是由表及里逐步进行的，在混凝土内呈现含水梯度，由此产生表面收缩大，内部收缩小的不均匀收缩，致使表面混凝土承受拉力，内部混凝土承受压力，当表面混凝土所受的拉力超过其抗拉强度时，便产生裂缝。

② 干燥收缩变形机理。目前，关于混凝土的干燥收缩变形机理主要有以下两种学说：

a. 毛细孔张力学说。该学说认为，环境湿度小于 100% 时，毛细孔内的水形成弯月面，在水的表面张力作用下，便会产生毛细孔张力，这种毛细孔张力对毛细孔孔壁产生压力。随着毛细孔水的蒸发，水泥石处于不断增强的压缩状态中，从而引起水泥石的体积收缩。由于水泥的失水是从大毛细孔开始的，因此早期失水引起的毛细孔张力较小；随着失水的进行，较细的毛细孔失水，其引起的毛细孔张力也逐渐增大；当在毛细孔中不能形成弯月面的时候，毛细孔张力消失。

毛细孔张力学说能较好地解释在相对湿度较大条件下混凝土的干燥收缩，但难以解释相对湿度很低时，混凝土产生的干燥收缩，因为这时混凝土中毛细孔水的弯月面已不再稳定存在。

b. 表面张力（表面自由能）学说。该学说认为，固体颗粒表面吸附水的存在，将影响颗粒表面的自由能，当吸附水减少时，表面的自由能就会增加，由此产生的附加压缩应力，将导致固体颗粒被压缩。尤其对于比表面积约为 $1000\text{m}^2/\text{g}$ 的极微小颗粒，压缩所引起的体积变化不容忽视。如图 4-28 所示，这种由吸附水脱附所产生的附加压缩应力，只有在相对湿度小于

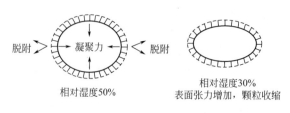

相对湿度50%

相对湿度30%
表面张力增加，颗粒收缩

图 4-28　表面张力机理示意图

50％时才变得非常明显，当相对湿度低于 30％时，最后的单分子层吸附水将被干燥出去，此时，表面张力效应达到最大。

③ 影响干燥收缩变形因素。既有组成材料的品种、质量及配合比参数等内因，又有环境湿度等外因。

a. 单位水泥用量与性能。混凝土中发生干缩变形的主要组分是水泥石，因此减少水泥石的相对含量即减少水泥的相对用量可以减少混凝土的干缩变形。由于混凝土中水泥石含量较少以及骨料的限制作用，水泥性能如细度、矿物组成等的变化对混凝土的干缩变形影响不大。

b. 单位用水量或水胶比。单位用水量或水胶比越大，混凝土的孔隙率越高，由此引起的毛细孔张力也会越大，混凝土的干缩变形越大。

c. 粗骨料种类与含量。粗骨料的存在对混凝土的干缩变形起限制作用。骨料弹性模量越大，骨料含量越多，混凝土的干缩变形越小。但应注意的是，骨料中黏土和泥块等杂质的存在使其对干缩变形的限制作用减弱，同时黏土及泥块本身又容易失水收缩。

d. 矿物掺合料。目前，矿物掺合料对于混凝土干缩的影响并没有取得一致的结论，究其原因是混凝土中矿物掺合料的品质、掺量等存在较大差异，从而改变了水泥石的组成、孔结构以及孔中溶液等。多数试验研究结果表明，掺加磨细矿渣、硅粉、磨细天然沸石都会导致混凝土干缩变形尤其是早期干缩变形增大；而随着粉煤灰、火山灰掺量的增加混凝土干缩变形会减小。

e. 外加剂。由于外加剂品质、掺量、掺加方法、使用目的等不同，导致外加剂对混凝土干缩变形影响的试验结果也存在差异。目前，比较一致的试验结果是：当掺减水剂用以改善混凝土的工作性，增加坍落度时，混凝土的干缩变形都有不同程度的增大；引气剂以及引气减水剂能在混凝土中引入一定数量的可压缩性的气泡，使混凝土的干缩变形增大；掺早强剂尤其是掺氯化钙早强剂的混凝土其干缩变形明显增大，这可能是由于早强剂加快了水泥水化产物的生成，增加了水泥石中细孔体积率。

f. 养护龄期与方法。延长潮湿养护龄期可推迟混凝土干缩变形的发生和发展。但养护龄期越长，水泥水化程度越高，无疑会增加水泥石中凝胶体的含量。凝胶孔增加，毛细孔减少，显然，凝胶孔干燥失水引起的收缩变形，会比毛细孔干燥失水引起的收缩变形更大。蒸汽养护和蒸压养护将使水泥石中的凝胶体向结晶体转化程度增大，因此导致干缩变形减小。

g. 环境条件。混凝土周围环境的相对湿度对其干缩变形影响很大。空气相对湿度越低，混凝土干缩变形越大，而在空气相对湿度为 100％或水中，混凝土干缩变形为负值，即湿胀。

（3）温度收缩变形

混凝土随温度变化而引起的体积变化，称为温度变形，通常表现为收缩变形。

混凝土的温度收缩变形主要取决于：

① 混凝土自身的线收缩系数（亦即线胀系数）的大小。显然，混凝土的线收缩系数越大，负温差引起的收缩变形越大。

② 温差。一是由昼夜气温的变化、季节的变化等产生的温差；二是胶凝材料水化所产生的水化热导致混凝土体内由里及表的温度梯度或混凝土与环境间的温差。

混凝土由里及表或混凝土内外温度的不一致，必然导致混凝土里表或混凝土内外温度收缩变形的不一致，在混凝土中形成内应力（称为温度应力）。通常，内部混凝土受压，外部混凝土受拉，当拉应力超过混凝土抗拉极限时，混凝土将开裂。

由混凝土温度收缩变形引起的混凝土开裂现象在大体积混凝土中表现得最为明显，如何控制，详见第五章第九节"大体积混凝土裂缝控制"中的有关内容。

（4）碳化收缩变形

大气中的二氧化碳在有水分存在的条件下，所引起的混凝土收缩变形，称为碳化收缩变形。

混凝土的碳化由表及里发生，其实质是 CO_2 在水中溶解所形成的碳酸与水泥水化产物间的作用。因此，碳化收缩变形受控于混凝土的含水量和周围介质的相对湿度。试验结果表明，碳化作用在适中的湿度下，如 50% 左右，才能较快地进行，碳化收缩变形最大（见图2-6）；过高的湿度，如 100%，使混凝土中的孔隙充满水，CO_2 不易扩散到水泥石中，或者由于水泥石中的钙离子扩散到表面，碳化生成的 $CaCO_3$ 沉淀在水泥石的孔隙中，混凝土表面致密，碳化难以继续进行，碳化收缩变形不会发生；过低的湿度，如 25%，则孔隙中没有足够的水使 CO_2 生成碳酸，所以碳化收缩变形也难发生。

碳化收缩是一种不可逆的收缩，并可能产生混凝土表面裂纹。关于影响混凝土碳化的因素及其防治措施详见第十章第七节"混凝土碳化"中的有关内容。

2. 湿胀变形

湿胀即体积增加，是成型后的混凝土在水中养护时，或已干燥的混凝土重新放入水中或湿度较高的环境中所呈现的一种变形现象。

究其原因，主要是水泥凝胶体颗粒吸收了水分，水分子破坏了水泥凝胶体颗粒之间的凝聚力，迫使颗粒分离。此外，水的进入也会使凝胶体颗粒表面吸附水层的厚度增加，降低了凝胶体颗粒的表面张力，也使颗粒发生微小的膨胀变形。

显然，混凝土的湿胀变形源于水泥石的湿胀变形。由于混凝土中的骨料对变形的限制作用，所以混凝土的湿胀变形要小于水泥石的湿胀变形，且随着骨料体积含量的增加，混凝土的湿胀变形减小。

混凝土的湿胀变形同时也会引起质量的增加，质量的增加要比其体积的增加大得多，这是因为有相当部分的吸收水占据了混凝土中已有的孔隙，对水泥凝胶体颗粒之间的凝聚力不会产生破坏作用。

试验结果表明，即使将已经干燥的混凝土再置于水中，混凝土重新发生湿胀变形，也不是所有的干缩变形都能恢复，通常，将不能恢复的这部分干缩变形称为不可逆收缩。对于混凝土而言，不可逆收缩值约为总干缩值的 30%～60%。这种不可逆的收缩，是由于一部分接触较紧密的凝胶体颗粒，在干燥期间失去吸附水膜后，发生新的化学结合，即使再吸水时也不会被破坏。

3. 徐变变形

材料在长期荷载作用下，随着时间的延续而增加的变形称为徐变。徐变对混凝土结构会产生不利的影响，如：引起预应力混凝土结构的预应力损失，使受弯构件的挠度增加，使偏心受压构件的附加偏心矩增大，从而导致构件的承载力降低。而在某些情况下徐变也会对混凝土结构产生有利作用，如：防止结构裂缝形成，有利于结构或构件的内力重分布，减少应力集中现象和减少温度应力等。因此，在混凝土结构设计中徐变是一个不可忽略的重要参数。

（1）徐变

如图4-29所示，混凝土的徐变变形在加载早期增加较快，然后逐渐减慢，并趋于稳定。在荷载除去后，部分变形瞬时恢复，即为弹性恢复变形，此恢复变形小于加荷初期产生的瞬时弹性变形；随着卸载时间的增长，还会逐渐产生一部分恢复变形，此过程为徐变恢复；最后还会有大部分的变形不能恢复，这部分变形为残余变形。

值得提出的是，在实际工程中，混凝土的徐变变形往往和外界环境条件作用下的混凝土变形（主要指干燥收缩变形）伴随发生。为方便起见，常假定徐变和干缩具有叠加性质，通常将荷载作用下混凝土的总变形值减去无荷载混凝土的体积变形值（干燥收缩值）即为总徐变变形值。

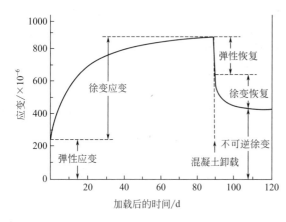

图4-29　混凝土典型的徐变曲线

通常，定义单位应力下混凝土的徐变变形为比徐变，或称徐变度。而混凝土徐变值与加荷时产生的瞬时弹性变形值之比，称为混凝土的徐变系数。

（2）徐变机理

关于混凝土的徐变，目前主要有下述理论予以诠释。

① 渗流理论。该理论认为，凝胶粒子的吸附水和层间水的迁移是徐变产生的原因。在水泥石承受压力时，吸附在凝胶粒子表面的水分子，由应力高的区域向应力低的区域迁移，由此而引起徐变变形。

② 黏性流动理论。该理论认为，混凝土中胶凝材料的水化产物是一个高黏度的"液体"，受荷载作用时，将发生黏性流动，由此而引起徐变变形。

③ 塑性流动理论。该理论认为，混凝土的徐变类似于金属受力的塑性流动，是晶体流动的性质，即在晶格的平面之间滑动的结果。

④ 微裂缝理论。该理论认为，混凝土由于自身的体积变化，或者是由于应力的作用，常常存在一些微裂缝，这些微裂缝是混凝土发生徐变的根本所在。

上述理论，虽然从不同角度揭示了徐变发生的原因，但它们都是基于水泥石的亚微观结构特征而提出的，忽略了骨料对徐变的影响作用，因此，有待于进一步去完善。

（3）影响混凝土徐变及其测试值的因素

影响混凝土徐变的因素很多，外部因素主要有加荷龄期、应力大小与类型、持荷时间、环境条件（湿度、温度）、试件质量与尺寸等；内部因素主要有水泥品种和水胶比，骨料含量、技术性质和种类，外加剂和矿物掺合料等。

① 加荷龄期。加荷龄期即指混凝土加荷前的养护龄期，混凝土徐变随加荷龄期的增长而减小。在早龄期，混凝土强度较低，故徐变较大；随着龄期的增长，水泥不断水化，强度不断提高，故加荷龄期越晚的混凝土徐变越小。根据现行国家标准《普通混凝土长期性能和耐久性能试验方法标准》（GB/T 50082）的规定，作对比或检验混凝土的徐变性能时，试件应在28天龄期时加荷。有试验结果表明，以28天龄期加荷徐变为基准，则3天、7天、90

天、180 天加荷龄期徐变是 28 天龄期加荷徐变的 1.5～5 倍、1.3～2.7 倍、75％和 60％左右。

② 应力大小与类型。GB/T 50082 中规定，徐变应力应为混凝土棱柱体抗压强度的 40％。当应力不超过抗压强度的 0.4 倍时，一般假定混凝土徐变和应力成正比；当超过 0.4 倍时，则徐变随应力的增长而急剧增大，表现出明显的非线性关系。

现有的徐变数据绝大部分是在单轴压应力状态下取得的，这是因为混凝土结构主要用来承受压力，并且因为受压状态下的徐变试验要比受拉或其他应力状态下的徐变试验更容易进行。

关于应力类型对混凝土徐变的影响，试验研究结果表明：

a. 拉应力和扭转应力作用下的徐变-时间曲线的形状与压应力作用下的情况相似。

b. 大体积混凝土的单向张拉徐变较同样大小压应力产生的徐变大 20％～30％。

c. 在环境相对湿度为 50％的情况下，拉应力徐变较压应力徐变要高 100％左右。

③ 持荷时间。混凝土徐变随持荷时间的延长而增大，但徐变速率随持荷时间的延长而降低。根据国内大坝混凝土徐变试验数据的统计，在 28 天龄期对试件加荷，若以持荷 180 天的徐变为基准，则持荷 20 天的徐变约为持荷 180 天的 50％，持荷 90 天的徐变约为持荷 180 天的 85％，持荷 365 天的徐变约为持荷 180 天的 1.15 倍。

混凝土的徐变可以持续非常长的时间，即使几十年后仍有增长，但大部分徐变在 1～3 年内完成。如果将持荷 1 年的徐变作为 1 去加以比较，后期徐变增长的统计值见表 4-18。

表 4-18 后期徐变增长的统计值

年限	徐变增长/倍	年限	徐变增长/倍
1 年	1.00	10 年	1.26
2 年	1.14	20 年	1.30
5 年	1.20	30 年	1.36

④ 环境条件。混凝土徐变与试件所处环境的相对湿度和温度有关。图 4-30 给出了环境相对湿度对混凝土徐变的影响，可以看出，相对湿度越低，混凝土徐变越大，这是因为干燥收缩有增大徐变的作用。这种由于干燥而增加的徐变称为干燥徐变。如果在加荷之前就使试件与周围环境建立起湿度平衡，则相对湿度对徐变的影响就会很小，甚至可以忽略不计，如图 4-31 所示。这种没有受到干湿影响的徐变称为基本徐变。

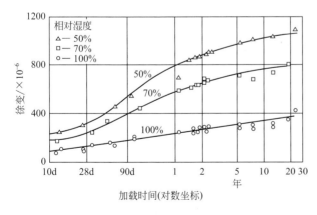

图 4-30 在雾室养护 28d 的混凝土，
在不同相对湿度中加荷的徐变

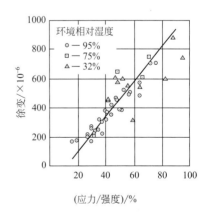

图 4-31 在不同相对湿度下连续
养护和存放的砂浆试件的徐变

值得注意的是，干燥徐变值并不等于混凝土的干缩值与徐变值两者简单叠加。在应力作用下，水分的迁移将会引起凝胶粒子的运动，因而就会使徐变增大。通常，混凝土的干燥徐变大于混凝土的干缩与在 100% 相对湿度条件下的徐变之和。对于持荷 30 年试件的研究结果表明，若以 100% 相对湿度条件下的徐变为基准加以比较，则 70% 相对湿度条件下的徐变为 100% 相对湿度条件下的 2 倍，50% 相对湿度条件下的徐变为 100% 相对湿度条件下的 2.75 倍。

一些研究结果表明：在 50~70℃ 以内，混凝土的徐变速度随温度升高而增大，但温度介于 71~96℃ 之间时，徐变速度反而减小，如图 4-32 所示。这是由于凝胶体表面水分发生了解吸，混凝土中液相量减少，凝胶体逐渐变为受分子扩散和剪切流动支配的唯一的相，从而使徐变速度减小。对于预先干燥过的混凝土，则不会发生上述现象，徐变速度会随着温度的提高而增大。

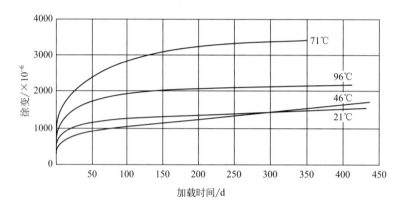

图 4-32 温度对混凝土徐变的影响（应力/强度为 0.7）

考虑环境温湿度对混凝土徐变的影响，GB/T 50082 中规定，徐变试验时的环境条件为：温度（20±2）℃，相对湿度保持在（60±5）%。

⑤ 试件质量与尺寸。在正常情况下混凝土总是充分捣实的，否则内部残余的空隙将使徐变增大。试验结果表明：空气含量为 5.4% 的混凝土试件在 28 天龄期时开始加荷，持荷一年时的徐变比空气含量 1.7% 的混凝土试件在同条件下的徐变高 40% 左右。

试件尺寸影响着环境湿度与混凝土内部湿度的平衡过程，因而也影响混凝土徐变。如图 4-33 所示，混凝土试件尺寸越大，徐变越小，这是由于试件尺寸大增加了内部水分往外散失迁移的阻力，从而减小了干燥徐变。当混凝土与周围环境的湿度达到平衡以后，则试件尺寸的影响亦将消失。

⑥ 水泥品种和水胶比。水泥品种对混凝土徐变的影响取决于其对混凝土强度发展规律的影响。当加荷龄期、施加的应力及其他条件相同时，强度发展快的水泥将导致混凝土的徐变变小。据此可以得知：高铝水泥、早强快硬水泥、普通硅酸盐水泥、矿渣硅酸盐水泥及火山灰质硅酸盐水泥制备的混凝土其徐变依次递增。

水胶比越大，混凝土强度越低，因而在同一龄期和施加相同应力的情况下徐变越大。但是在应力

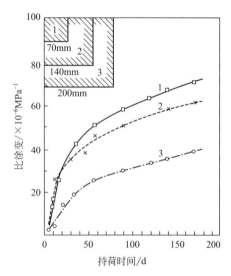

图 4-33 试件尺寸对混凝土徐变变形的影响（比徐变表示单位压力下的徐变大小）

与强度比相同的情况下则徐变与水胶比无关。这是因为：徐变与混凝土在加荷时的强度成反比，而与作用应力成正比，因此，徐变与应力强度比成正比。这样，在相同的应力强度比的情况下，对配合比相同而水胶比不同的混凝土，徐变应是相同的。

⑦ 骨料含量、技术性质和种类。可以认为，混凝土中的骨料一般不会发生收缩和徐变，且对水泥石的变形起约束作用，约束的程度则取决于骨料所占混凝土的体积分数及其骨料的弹性模量。一般情况下，混凝土徐变随着骨料含量的增多和水泥石量的减少而降低。试验结果表明：骨料所占混凝土体积从 60% 增加到 75% 时，徐变可降低 50% 左右。骨料的技术性质，如骨料的级配、最大粒径和形状对混凝土中骨料体积率有着直接或间接的影响，因此这些性质对混凝土徐变的影响也主要体现在骨料体积率上。骨料的弹性模量越大，对水泥石变形的约束越大，混凝土的徐变就越小，当骨料弹性模量大于 7.0×10^4 MPa 时，对混凝土徐变值的影响则趋于稳定。

不同岩石种类对混凝土徐变的影响，试验数据表明，徐变由小到大的次序为：石灰石＜石英岩＜花岗岩＜卵石＜玄武岩和砂岩。但有的试验结果却得出玄武岩骨料制备的混凝土徐变最小的结论，其由小到大的次序为：玄武岩＜石英岩＜卵石＜大理石＜花岗岩和砂岩，这可能与所用骨料样品及混凝土配合比不同有关。

⑧ 外加剂。减水剂可以改善混凝土的工作性，节约水泥用量，或降低水胶比以提高强度。根据减水剂使用目的的不同，其对混凝土徐变的影响也不同。

a. 在配合比不变，改善混凝土的工作性条件下，掺与不掺者相比，徐变基本相当或略有增大；

b. 在混凝土强度不变，减少水泥用量条件下，掺与不掺者相比，徐变略有减小或基本相当；

c. 在降低水胶比，提高混凝土强度条件下，掺与不掺者相比，徐变明显减小。

当混凝土配合比不变时，掺引气剂混凝土的徐变增大。另有试验结果表明：氯化钙、木质素磺酸盐加氯化钙以及木质素磺酸盐加三乙醇胺等早强剂都将会增大混凝土徐变。

⑨ 矿物掺合料。目前，关于矿物掺合料对混凝土徐变影响的研究结果不尽相同。李建勇和姚燕等研究发现：掺有 30% 比表面积大于 $600 \text{m}^2/\text{kg}$ 的超细磨细矿渣的高性能混凝土的徐变比空白混凝土大幅度减小。赵庆新等研究表明：磨细矿渣掺量为 30% 和 50% 时，其对高性能混凝土的徐变性能的影响不大；当磨细矿渣掺量达到 80% 时，其对高性能混凝土的徐变性能有显著的负面效应，1 年的徐变度为空白混凝土的 1.74 倍；粉煤灰掺量为 12% 和 30% 时，明显改善了高性能混凝土抵抗徐变的能力，其 1 年的徐变度分别为基准混凝土的 0.76 倍和 0.465 倍；当粉煤灰掺量达到 50% 时，其对高性能混凝土的徐变性能影响很小，1 年的徐变度为基准混凝土的 1.02 倍。

可以认为，产生上述研究结果不尽相同的原因，在于矿物掺合料的火山灰活性效应。不同的矿物掺合料或者即使是同一种矿物掺合料也会因其化学组成、矿物组成及细度、需水量比等品质指标不同，其火山灰活性效应不同。通常，火山灰活性效应大的矿物掺合料，其二次水化反应生成的凝胶体量大，徐变必然也大。

4. 提高体积稳定性的技术措施

近年来，在工程上采取的提高混凝土体积稳定性的有效措施主要有：掺用减缩剂、膨胀剂、纤维，采用内养护方法等。

（1）掺用减缩剂

混凝土减缩剂（SRA）其化学组成主要为聚醚或聚醇类有机物或它们的衍生物，可降低混凝土孔隙水的表面张力及凹液面的接触角，从而减小毛细孔失水时产生的收缩应力，主要用来降低混凝土的干燥收缩。但是，掺量不宜过大，否则会对混凝土强度产生不利影响。

干缩实验证实，SRA 能显著减少混凝土的干缩，在适宜的掺量范围内，减缩的幅度与其掺量成正比，通常，28 天干燥减缩率为未掺者的 20%～50%。

（2）掺用膨胀剂

膨胀剂依靠自身的化学反应或与水泥水化产物间的反应，产生一定的体积膨胀，可在钢筋或邻位约束条件下，在混凝土结构中建立 0.2～0.7MPa 预压应力，从而抑制混凝土的收缩变形。

有关膨胀剂的品种与膨胀剂的作用机理详见第二章第三节"膨胀剂"中的有关内容。

（3）掺用纤维

纤维在混凝土中呈三维乱向分布，既可以有效地减少混凝土收缩裂缝的发生，又能在受荷初期延缓和阻止基体中微裂缝的扩展。此外，由于钢纤维的弹性模量通常要比素混凝土的高，所以纤维最终也会成为外加荷载的承载者。

有关纤维种类及技术性能详见第二章第五节"纤维"中的有关内容，有关纤维的抗裂增强机理详见第五章第十二节"纤维对混凝土增强机理"中的有关内容。

（4）采用内养护方法

内养护，即在混凝土中掺加所谓的"内养护介质"的一种方法。通常有以下两类：

① 预吸水轻骨料。主要有膨胀黏土、浮石、膨胀页岩、沸石等。预吸水轻骨料均匀分布于混凝土中，由于轻骨料中孔的尺度远远大于水泥石中毛细孔的尺度，当水泥水化使混凝土内部相对湿度降低时，预吸水轻骨料内部的水将逐渐向硬化水泥石迁移，阻止内部相对湿度的降低，降低毛细管张力，从而缓解或抑制混凝土的早期收缩。

② 高吸水性聚合物。高吸水聚合物（SAP）其吸水率为自身质量数十倍、数百倍，平均粒径为数百微米，如聚丙烯酸钠等。在混凝土硬化过程中，高吸水性聚合物将水分持续不断释放，从而缓解或抑制混凝土的早期收缩。

内养护措施不仅能有效缓解或抑制混凝土的早期收缩，而且由于其内养护作用，提高了水泥的水化程度，进而提高混凝土的强度和耐久性。

（5）多种技术措施复合应用

多种技术措施复合应用，既可以提高混凝土的体积稳定性，又可以降低由此产生的经济成本。目前，通常的做法是：

① 墙体、转换层、大跨度梁板和自防水结构，聚丙烯纤维和膨胀剂复合应用。

② 高强混凝土结构和耐磨面层，膨胀剂与钢纤维复合应用。

③ 为减少收缩裂缝的混凝土结构，膨胀剂与减缩剂复合应用。

④ 大体积混凝土结构，膨胀剂、磨细矿物掺合料和缓凝减水剂复合应用。

五、硬化混凝土耐久性能

混凝土的耐久性能既取决于引起混凝土破坏的作用力（外部因素），又取决于混凝土对破坏作用的抵抗力（内部因素）。外部因素不仅常常通过内部因素而起作用，而且外部因素也常常相互影响或相互叠加（耐久性的综合征），使耐久性问题变得更加复杂。常见的外部破坏因素主要有：冻融循环作用、环境介质侵蚀作用、钢筋锈蚀作用、碳化作用以及碱-骨料反应等。

Mehta 提出了如图 4-34 所示的混凝土受外部环境影响而劣化的整体模型，不难看出，环境与荷载的作用使混凝土的裂缝扩展与孔隙连通，最终导致混凝土劣化，其耐久性逐渐丧失。

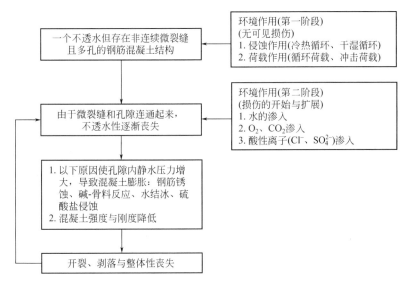

图 4-34 混凝土受外界环境影响而劣化的整体模型

1. 抗渗性

抗渗性是评价混凝土耐久性的一个最重要指标，因为混凝土耐久性遭到的破坏，通常和混凝土的抗渗性密切相关。例如，混凝土冻融破坏是由渗入混凝土的水在负温下迁移和结冰冻胀引起的；环境介质侵蚀是水及侵蚀性离子进入混凝土造成的；碳化是 CO_2 气体渗入混凝土并与其中的 $Ca(OH)_2$ 或 C-S-H 凝胶等水泥水化产物反应所致；钢筋锈蚀是有害离子进入混凝土保护层及钢筋钝化膜被破坏所致；碱-骨料反应对混凝土的破坏，只有在活性骨料与混凝土中的碱发生反应的产物不断吸水膨胀条件下才能发生。此外，耐火性也在很大程度上受制于渗透性。

（1）材料的渗透性

渗透是多孔材料本身的一种特性，即在一定的压力作用下，液体（水）或气体通过材料自身的孔隙向其内部的迁移。

渗透性可由 H. Darcy 定律（达西定律）予以描述，即一种流体在一定压力差下流过此物体时，单位时间的渗流量与渗流路径长度成反比，与过水断面面积和总水头损失成正比，遵循式（4-29）所示规律：

$$Q = KA\frac{\Delta h}{L} \tag{4-29}$$

式中　Q——单位时间的渗流量，mm^3/s；

　　　A——过水断面面积（试件的横截面积），mm^2；

　　　Δh——总水头损失（试件两侧的压力差），mmH_2O（$1mmH_2O = 133.322Pa$）；

　　　L——渗流路径长度（试件的厚度），mm；

　　　K——渗透系数，mm/s。

而渗透系数 K 又可用式（4-30）表示：

$$K = C\frac{\varepsilon r^2}{\eta} \tag{4-30}$$

式中　ε——总孔隙率；

　　　r——孔的水力半径（孔隙体积/孔隙表面积），m；

　　　η——流体的黏度，$Pa \cdot s$；

C——常数。

由以上描述可知，作为含孔材料的混凝土，其渗透性与其孔结构特性（孔径、孔隙率等）密切相关。

（2）混凝土渗透机理

混凝土渗透性的驱动力包括毛细孔压力、液体的压力和液体内离子浓度差异造成的渗透压力。阻力包括孔隙的摩擦阻力和质点的扩散阻力。混凝土的渗透性是上述驱动力或其中某一种驱动力与阻力共同作用的结果，因此，混凝土渗透性机理可以从以下三个方面予以诠释：

① 在毛细孔压力作用下渗入混凝土，称为毛细孔压力渗透。

② 在液体压力（或重力）作用下渗入混凝土内部，称为水压力渗透。

③ 在离子浓度差产生的渗透压力作用下渗入混凝土，称为浓度差渗透。

（3）影响混凝土抗渗性的因素

对混凝土抗渗性的影响来自外部与内部两类因素。外部因素主要是指：混凝土在服役期间受环境温度、湿度等的往复变化（如冻融循环、干湿交替）以及荷载（静荷载、疲劳荷载）长期作用下导致的损伤或破坏，如微裂缝产生与扩展等。内部因素主要是指：混凝土的微观结构，如内部孔隙的大小、数量、分布、孔结构特征（封闭孔、开放孔、连通孔）等。

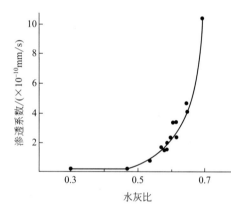

图 4-35　硬化水泥石的渗透系数
和水灰比的关系

因此，凡是可以改善混凝土微观结构，提高密实度的技术措施，如：合理设计混凝土配合比、控制水胶比、掺用化学外加剂（减水剂、引气型减水剂、引气剂）和矿物掺合料、加强搅拌和养护、控制离析和泌水等都可以提高混凝土的抗渗性。

从图 4-35 可知，渗透系数随水灰比的增大而提高。因为当水灰比较大时，不仅使总孔隙率提高，并使毛细孔径增大，而且基本连通，渗透系数就会显著提高。因此可以认为，毛细孔，特别是连通的毛细孔对抗渗性极为不利。

养护龄期对抗渗性影响也很大。养护龄期延长则水泥水化充足，水化产物增多，毛细孔会变得更加细小曲折，直至完全堵隔，互不连通，渗透系数变小。硬化水泥石的渗透系数与养护龄期的关系见表 4-19。

表 4-19　硬化水泥石的渗透系数与养护龄期的关系（$W/C=0.51$）

养护龄期/d	新拌	1	3	7	14	28	100	240
渗透系数/(mm/s)	10^{-3}	10^{-5}	10^{-6}	10^{-7}	10^{-9}	10^{-10}	10^{-13}	10^{-15}
备注	与 W/C 无关	毛细孔相互连通					毛细孔互不连通	

值得注意的是，在实验室条件下，虽然能制得抗渗性很好的砂浆、混凝土，但施工后的砂浆、混凝土，其渗透系数要较实验室条件下的大得多。究其原因，除实际生产时所用原料、搅拌工艺等与实验室的工况有所差异外，浇筑施工中，混凝土的捣实不良或者离析泌水等也是其抗渗性降低的一个不可忽视的原因。

（4）混凝土渗透性测试方法

根据 GB/T 50082 的规定，目前可采用以下两种方法测试混凝土的渗透性。

① 抗水渗透试验。可通过抗水渗透试验，确定混凝土的抗水渗透性能。

a. 渗水高度法。测定混凝土试件在恒定水压力（1.20±0.05)MPa 下的平均渗水高度。

此法宜用来测试渗透性较低混凝土的抗水渗透性。若混凝土的渗透性较高，在此恒定压力下试件可能全部渗水，无法比较渗水高度。

b. 逐级加压法。此法宜用来测试渗透性较高混凝土的抗水渗透性。对混凝土试件逐级施加水压力，即从 0.1MPa 开始，以后每隔 8h 增加 0.1MPa。当 6 个试件中有 3 个试件渗水，或加至规定压力（设计抗渗等级）在 8h 内 6 个试件中表面渗水试件少于 3 个时，可停止试验，并记录此时的水压力，按式(4-31)来计算混凝土的抗渗等级。

$$P = 10H - 1 \tag{4-31}$$

式中　P——混凝土抗渗等级；

H——6 个试件中有 3 个试件渗水时的水压力，MPa。

② 抗氯离子渗透试验。通过抗氯离子渗透试验，确定混凝土的抗氯离子渗透性能。

a. 快速氯离子迁移系数法（RCM 法）。此法适用于以测定氯离子在混凝土中非稳态迁移的迁移系数来确定混凝土抗氯离子渗透性能。

通过测定混凝土中氯离子渗透深度，按式(4-32)计算得到氯离子迁移系数，按表 4-20 的规定划分混凝土抗氯离子渗透性能的等级。

$$D_{\mathrm{RCM}} = \frac{0.0239 \times (273 + T)L}{(U - 2)t}\left(X_{\mathrm{d}} - 0.0238\sqrt{\frac{(273 + T)LX_{\mathrm{d}}}{U - 2}}\right) \tag{4-32}$$

式中　D_{RCM}——混凝土的非稳态迁移的迁移系数，精确到 $0.1 \times 10^{-12}\,\mathrm{m}^2/\mathrm{s}$；

U——所用电压的绝对值，V；

T——阳极溶液的初始温度和结束温度的平均值，℃；

L——试件厚度，精确到 0.1mm，mm；

X_{d}——氯离子渗透深度的平均值，精确到 0.1mm，mm；

t——试验持续时间，h。

表 4-20　RCM 法划分混凝土抗氯离子渗透性能的等级（GB 50164）

等级	RCM-Ⅰ	RCM-Ⅱ	RCM-Ⅲ	RCM-Ⅳ	RCM-Ⅴ
氯离子迁移系数 $D_{\mathrm{RCM}}/(\times 10^{-12}\,\mathrm{m}^2/\mathrm{s})$	$D_{\mathrm{RCM}} \geqslant 4.5$	$3.5 \leqslant D_{\mathrm{RCM}} < 4.5$	$2.5 \leqslant D_{\mathrm{RCM}} < 3.5$	$1.5 \leqslant D_{\mathrm{RCM}} < 2.5$	$D_{\mathrm{RCM}} < 1.5$

注：混凝土试件龄期应为 84 天。

b. 电通量法。此法适用于测定以通过混凝土试件的电通量为指标来确定混凝土抗氯离子渗透性能。

虽然试验中测定的不是氯离子在混凝土中的迁移渗透过程，但电通量法与 RCM 法测定结果有较好的一致性，并省时，因此得到广泛认可和应用。

电通量法划分混凝土抗氯离子渗透性能的等级见表 4-21。

表 4-21　电通量法划分混凝土抗氯离子渗透性能的等级（GB 50164）

等级	Q-Ⅰ	Q-Ⅱ	Q-Ⅲ	Q-Ⅳ	Q-Ⅴ
电通量 $Q_{\mathrm{S}}/\mathrm{C}$	$Q_{\mathrm{S}} \geqslant 4000$	$2000 \leqslant Q_{\mathrm{S}} < 4000$	$1000 \leqslant Q_{\mathrm{S}} < 2000$	$500 \leqslant Q_{\mathrm{S}} < 1000$	$Q_{\mathrm{S}} < 500$

注：1. 混凝土试件龄期宜为 28 天，当混凝土水泥中混合材与矿物掺合料之和超过胶凝材料用量的 50% 时，试件龄期可为 56 天。

2. 此法不适用于掺有亚硝酸盐和钢纤维等良导电材料的混凝土抗氯离子渗透性能评价。

2. 抗冻性

抗冻性是评价寒冷地区混凝土耐久性的重要指标。

（1）混凝土冻融破坏机理

关于混凝土遭受冻融破坏的机理，虽已有多种理论学说相继被提出，但迄今为止，并没有取得一致性的见解，其中最具代表性的是静水压学说和渗透压学说。

① 静水压学说。1945 年，由 Powers 提出。该学说认为，在冰冻过程中，混凝土孔隙中的部分水溶液结冰膨胀（水转变为冰体积膨胀 9%），迫使未结冰的水溶液从结冰区向外迁移。水溶液在可渗透的水泥凝胶体结构中移动，必须克服黏滞阻力，因而产生静水压力，且静水压力随水溶液的流程长度增加而增加。当静水压力足够大，超过混凝土的抗拉强度时，混凝土就会破坏。Fagerlund 采用物理模型描述了 Powers 静水压学说，建立了"结冰产生的最大静水压力与材料的渗透系数成反比，与气泡间距的平方成正比，与降温速度及含水量（与水灰比、水化程度有关）成正比"的数学模型，不仅充实了这一理论，且定量地讨论了为保证水泥石的抗冻性而要求达到的气孔间距离，明确提出应依据气泡间隔系数来设计和控制引气混凝土的抗冻性。同时，Powers 给出了平均气泡间隔系数的定义及测量方法，这一方法后来发展为 ASTM C457/C457M-11《显微镜测定硬化混凝土中空隙系统参数的标准测试方法》。

静水压学说成功地解释了混凝土冻融过程中的很多现象，如气泡间距、冻结速度等对混凝土抗冻性的影响。但不能解释另外一些重要现象，如混凝土会被一些冻结过程中体积不膨胀的有机液体的冻结所破坏，非引气混凝土在温度保持不变时出现的连续膨胀，引气混凝土在冻结过程中的收缩等。

② 渗透压学说。由 Powers 和 Helmuth 等人提出，该学说认为，混凝土孔中的水并非纯净的水，而是溶解了 Na^+、K^+、Ca^{2+} 等离子的盐溶液。大孔中的部分溶液先结冰后，未冻溶液中盐离子的浓度上升，与周围较小孔中的溶液之间形成离子浓度差。在这个浓度差的作用下，小孔中的溶液向已部分结冰的大孔迁移渗透。此外，由于冰的饱和蒸气压低于同温下水的饱和蒸气压，这也使小孔中的溶液向部分冻结的大孔迁移渗透。在这一过程中产生的渗透压，造成混凝土破坏。

目前，静水压和渗透压既不能由试验测定，也不能用物理化学公式准确计算。对于它们在混凝土冻融破坏中的作用，很多学者仍有不同的见解。一般认为，水胶比大、强度较低以及龄期较短、水化程度较低的混凝土，静水压力破坏是主要的；而对水胶比较小、强度较高及含盐量大的环境下冻融的混凝土，渗透压力破坏起主要作用。

（2）影响混凝土抗冻性因素

混凝土的抗冻性与其内部气孔结构、饱水程度以及混凝土强度等许多因素有关，其中最主要的因素是它的气孔结构参数，包括孔隙率、孔径大小、孔径分布、气孔形状及气孔间距等。而混凝土的气孔结构又受控于混凝土的水胶比、材料组成和养护龄期等。

① 水胶比。水胶比直接影响混凝土的气孔结构参数。随着水胶比的增大，一方面可冻结的水量增加，另一方面混凝土内部不仅含饱和水的开口孔总体积增加，平均孔径增大，而且易形成连通的孔体系，而起缓冲压力作用的闭口孔减少，无疑都会对抗冻性不利。如图 4-36 所示，试验结果表明，水胶比小于 0.45 时，掺与不掺引气剂的混凝土，其抗冻性均有明显提高，而水胶比大于 0.55 时，其抗冻性明显降低。

② 水泥品种。混凝土的抗冻性随水泥活性增大而提高。通常情况下，硅酸盐水泥与普通硅

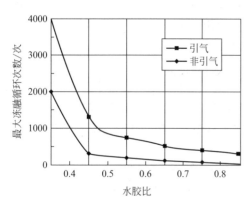

图 4-36　水胶比对混凝土抗冻性的影响

酸盐水泥混凝土的抗冻性优于粉煤灰、矿渣、火山灰质与复合硅酸盐水泥混凝土的抗冻性。

③ 骨料质量。骨料质量对混凝土抗冻性的影响主要体现在骨料的吸水率及骨料的强度。骨料的吸水率大，冻结时，向外排出水分的时间长、水量多，由此产生的压力大，可冻结的水量多，易造成混凝土破坏。一般强度质量的碎石及卵石都能满足混凝土抗冻性的要求，只有风化岩等坚固性差的骨料才会影响混凝土的抗冻性。

④ 含气量。混凝土的含气量影响着混凝土的气孔结构。试验结果表明，为使混凝土具有较好的抗冻性，其最佳含气量约为 $5\%\sim6\%$。除了必要的含气量之外，还必须保证气孔在混凝土中均匀分布。通常可用气泡间隔系数来评价气泡的分布均匀性。气泡间隔系数越小，过冷水迁移的路径就越短，产生的阻力就越小，混凝土的抗冻性就越好。目前普遍认为，通常环境条件下，混凝土免遭冻害的平均气泡间隔系数应小于 $250\mu m$。

对于引气混凝土其含气量与平均气泡间隔系数应符合表 4-22 的规定。

表 4-22　引气混凝土含气量与平均气泡间隔系数（GB/T 50476）

环境条件		混凝土高度饱水	混凝土中度饱水	含盐环境下冻融
骨料最大粒径/mm	10	6.5	5.5	6.5
	15	6.5	5.0	6.5
	25	6.0	4.5	6.0
	40	5.5	4.0	5.5
平均气泡间隔系数/μm		250	300	200

（骨料最大粒径/mm 行的"含气量/%"为中间列标题）

注：1. 含气量从浇筑或入模前的新拌混凝土中取样，用含气量测定仪（气压法）测定，允许绝对误差为 $\pm1.0\%$。测定方法应符合现行国家标准 GB/T 50080 的规定。

2. 平均气泡间隔系数为从硬化混凝土中取样（芯）测得的数值，用直线导线法测定。根据抛光混凝土截面上气泡面积推算三维气泡平均间隔，推算方法可按现行行业标准《水工混凝土试验规程》（DL/T 5150）的规定执行。

3. 表中含气量：C50 混凝土可降低 1.0%，C60 混凝土可降低 1.5%，但不应低于 3.0%。

4. 表中平均气泡间隔系数：C50 混凝土可增加 $25\mu m$，C60 混凝土可增加 $50\mu m$。

⑤ 养护龄期。混凝土的抗冻性随其养护龄期的增加而提高。因为龄期越长水泥水化越充分，不仅混凝土强度越高，且可冻结的水量越少，如图 4-37 所示。同时，水中溶解的盐的浓度也会增加，冰点随之降低，抗冻性得以提高。

⑥ 饱水程度。由于水结成冰，体积膨胀 9%，因此，从理论上可以认为混凝土含水量的体积小于孔隙总体积的 91.7% 时，就不会产生冻结膨胀压力，该数值被称为极限饱水度或临界含水率。

正常情况下，毛细孔中水的结冰并不至于使混凝土内部结构遭到严重破坏。因为混凝土中除了毛细孔之外还有一部分凝胶孔，当毛细孔中的水结冰膨胀时，这些凝胶孔能起缓冲调解作用，即能吸纳一部分由毛细孔迁移渗透的过冷水，从而减小膨胀压力。但当混凝土处于饱和水状态

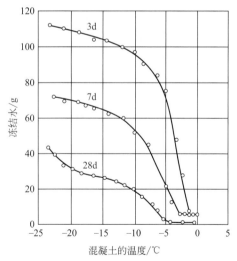

图 4-37　温度和龄期对混凝土冻结水量的影响

时，情况就完全不同，此时，毛细孔水结冰，凝胶孔中充满水且处于过冷状态（凝胶孔中形成冰核的温度在 $-78℃$ 以下）。过冷水的蒸气压比同温度下冰的蒸气压高，将发生凝胶水向毛细孔中冰的界面处渗透，产生渗透压力，直至达到平衡状态。渗透压力与蒸气压之间的关

系，可由式(4-33) 给出：

$$\Delta P = \frac{RT}{V} \ln \frac{P_{\mathrm{w}}}{P_{\mathrm{i}}}$$ (4-33)

式中　ΔP——渗透压力，MPa；

P_{w}——凝胶水的蒸气压（在温度 T 时水的蒸气压），Pa；

P_{i}——毛细孔内冰的蒸气压（在温度 T 时冰的蒸气压），Pa；

V——水的摩尔体积，0.018L/mol；

T——温度，K；

R——气体常数，8.314J/(K·mol)。

由于渗透达到平衡状态需要一定的时间，所以混凝土即使保持在一定的冻结温度上，由渗透压引起的混凝土的膨胀破坏也将持续发生一定的时间，这是凝胶水渗透所引起的膨胀的特点。

根据影响混凝土抗冻性因素的分析，目前，提高或改善混凝土抗冻性的通常做法是：严格控制水胶比、掺用引气剂、早强剂、防冻剂，以及加强早期养护等。

（3）混凝土抗冻性测试方法

① 慢冻法。该方法适用于测定混凝土试件在气冻水融条件下，以经受的冻融循环次数来表示的混凝土抗冻性能。

将 100mm×100mm×100mm 立方体混凝土试件在标准养护 24 天后取出，放入 20℃±2℃ 的水中浸泡 4 天后，将试件放入冻融箱内，在 −20～−18℃ 温度下冻结 4h，然后在 18～20℃ 的水中融化不应小于 4h 为 1 次循环，达到规定冻融次数时（表 4-23），按式(4-34)～式(4-36) 分别计算试件的抗压强度损失率、单个试件质量损失率和一组试件的质量损失率，以试件的抗压强度损失率不超过 25% 或一组试件的质量损失率不超过 5% 时的最大冻融循环次数予以表征混凝土的抗冻标号（等级），采用符号 D 标记。

表 4-23　慢冻法试验所需要的冻融循环次数（GB/T 50082）

设计抗冻标号	D25	D50	D100	D150	D200	D250	D300	D300 以上
检查强度所需冻融次数	25	50	50 及 100	100 及 150	150 及 200	200 及 250	250 及 300	300 及设计次数

试件的抗压强度损失率，按式(4-34) 计算：

$$\Delta f_{\mathrm{c}} = \frac{f_{\mathrm{c}0} - f_{\mathrm{c}n}}{f_{\mathrm{c}0}} \times 100$$ (4-34)

式中　Δf_{c}——n 次冻融循环后的混凝土抗压强度损失率，精确至 0.1%，%；

$f_{\mathrm{c}0}$——对比用的一组混凝土试件的抗压强度测定值，精确至 0.1MPa，MPa；

$f_{\mathrm{c}n}$——经 n 次冻融循环后的一组混凝土试件的抗压强度测定值，精确至 0.1MPa，MPa。

单个试件的质量损失率，按式(4-35) 计算：

$$\Delta W_{ni} = \frac{W_{oi} - W_{ni}}{W_{oi}} \times 100$$ (4-35)

式中　ΔW_{ni}——n 次冻融循环后第 i 个混凝土试件的质量损失率，精确至 0.1%，%；

W_{oi}——冻融循环试验前第 i 个混凝土试件的质量，g；

W_{ni}——n 次冻融循环后第 i 个混凝土试件的质量，g。

一组试件的质量损失率，按式(4-36) 计算：

$$\Delta W_n = \frac{\sum_{i=1}^{3} \Delta W_{ni}}{3} \times 100\%$$ (4-36)

式中　ΔW_n——n 次冻融循环后一组混凝土试件的平均质量损失率，精确至 0.1%，$\%$。

② 快冻法。该方法适用于测定混凝土试件在水冻水融条件下，以经受的快速冻融循环次数来表示的混凝土抗冻性能。

$100\text{mm} \times 100\text{mm} \times 400\text{mm}$ 棱柱体混凝土试件标准养护或同条件养护 24 天后，将冻融试件放入 $20℃ \pm 2℃$ 的水中浸泡 4 天后取出，擦去试件表面水后，测定初始动弹模量和初始质量，然后将试件仍浸没于盛有清水的试件盒中，将试件盒置于冻融试验箱中，按规定的制度进行冻融循环。每隔 25 次冻融循环后取出，测定动弹模量和质量，按式(4-37) 和式(4-38) 分别计算相对动弹模量和质量损失率：

$$P_n = \frac{f_n^2}{f_0^2} \times 100\% \tag{4-37}$$

$$W_n = \frac{G_0 - G_n}{G_0} \times 100\% \tag{4-38}$$

式中　P_n——试件 n 次冻融循环的相对动弹模量，$\%$；

f_n^2——试件冻融循环前的初始自振频率，Hz/s；

f_0^2——试件 n 次冻融循环后的初始自振频率，Hz/s；

W_n——试件 n 次冻融循环后的质量损失率，$\%$；

G_0——试件冻融循环前的质量，kg；

G_n——试件 n 次冻融循环后的质量，kg。

以试件的相对动弹模量下降至 60% 或质量损失率达 5% 时的冻融循环次数，予以表征混凝土的抗冻等级，采用符号 F 标记。

快冻法试件受冻时的温度为 $17℃ \pm 2℃$，融化温度为 $8℃ \pm 2℃$，$2 \sim 4\text{h}$ 冻融循环 1 次。

此外，为表征在大气环境中且与盐接触条件下混凝土的抗冻性能，应采取单面冻融法（或称盐冻法，一种测定试件能够经受的冻融循环次数或者表面剥蚀质量、超声波相对动弹性模量的方法）。

3. 抗环境介质侵蚀性

环境介质对混凝土的侵蚀，实质上就是对水泥石的侵蚀，侵蚀的环境介质主要是：淡水、酸和酸性水、硫酸盐溶液和碱溶液等。

（1）侵蚀作用类型

侵蚀作用类型可概括为：溶解浸析、离子交换侵蚀及生成膨胀性产物等形式，如图 4-38 所示。

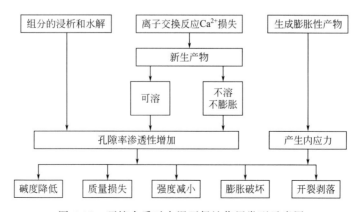

图 4-38　环境介质对水泥石侵蚀作用类型示意图

① 溶解浸析。水泥的水化产物都必须在一定浓度 CaO 的液相中才能稳定存在，各主要水化产物稳定存在的 CaO 极限浓度如下：

$2CaO \cdot SiO_2 \cdot aq$	$\approx 1.2g\ CaO/L$
$3CaO \cdot SiO_2 \cdot aq$	$\approx 1.2g\ CaO/L$
$CaO \cdot SiO_2 \cdot aq$	$0.031 \sim 0.52g\ CaO/L$
$4CaO \cdot Al_2O_3 \cdot 12H_2O$	$1.06 \sim 1.08g\ CaO/L$
$3CaO \cdot Al_2O_3 \cdot 6H_2O$	$0.415 \sim 0.560g\ CaO/L$
$4CaO \cdot Fe_2O_3 \cdot aq$	$\approx 1.06g\ CaO/L$
$3CaO \cdot Al_2O_3 \cdot 3CaSO_4 \cdot 32H_2O$	$\approx 0.045g\ CaO/L$

水泥石若不断受到淡水的浸析时，水化产物 $Ca(OH)_2$ 将逐渐溶解，并被流水溶出带走，一方面会导致混凝土孔隙率增加，另一方面，随着液相中 CaO 浓度的降低，高碱性的水化硅酸钙、水化铝酸钙等分解而成为低碱性的水化产物，如果不断浸析，最后会变成硅酸凝胶、氢氧化铝等无凝结能力的产物，混凝土强度逐渐丧失。

② 离子交换侵蚀。通过离子交换反应，水泥石可能受到下述三种形式的侵蚀：

a. 形成可溶性钙盐。当水中溶有一些无机酸或有机酸时，通过阳离子交换反应，这些酸性溶液即与水泥石的组分生成可溶性的钙盐，如氯化钙、醋酸钙，随之被水带走。

在大多数天然水中多少总有碳酸存在。大气中的 CO_2 溶于水中能使其具有明显的酸性，再加之生物化学作用所形成的 CO_2，常会产生碳酸侵蚀。即碳酸首先和水泥石中的 $Ca(OH)_2$ 作用，生成不溶于水的碳酸钙，但是水中的碳酸还要和碳酸钙进一步作用，生成易溶于水的碳酸氢钙。

$$Ca(OH)_2 + CO_2 + H_2O \Longrightarrow CaCO_3 \downarrow + 2H_2O$$
$$CaCO_3 + CO_2 + H_2O \Longrightarrow Ca(HCO_3)_2$$

从而使氢氧化钙不断溶失，进而又会引起水化硅酸钙和水化铝酸钙的分解。

b. 生成不溶性钙盐。水中有时含有的某些阴离子（如草酸根 $C_2O_4^{2-}$），会与水泥石的组分发生反应生成不溶性钙盐，如果该产物产生膨胀，或被流水冲刷、渗漏滤出，就会提高水泥石的孔隙率，增加渗透性。

c. 镁盐侵蚀。在地下水、海水以及某些工业废水中常会有氯化镁、硫酸镁或碳酸氢镁等镁盐存在，会与水泥石中的 $Ca(OH)_2$ 生成可溶性钙盐。例如，硫酸镁即按下式反应：

$$MgSO_4 + Ca(OH)_2 + 2H_2O \Longrightarrow CaSO_4 \cdot 2H_2O + Mg(OH)_2$$

生成的氢氧化镁溶解度极小，极易从溶液中沉析出来，从而使反应不断向右进行。而且，氢氧化镁饱和溶液的 pH 值只有 10.5，水化硅酸钙不得不溶出 CaO，以建立使其稳定存在所需的 pH 值 12.5。但是硫酸镁又与溶出的氧化钙作用，如此连续进行，实质上就是硫酸镁使水化硅酸钙分解，反应式如下：

$$3CaO \cdot 2SiO_2 \cdot aq + 3MgSO_4 + 9H_2O \longrightarrow 3(CaSO_4 \cdot 2H_2O) + 3Mg(OH)_2 + 2SiO_2 \cdot aq$$

同时，在长期接触的条件下，即使是未分解的水化硅酸钙中的 Ca^{2+} 也要逐渐被 Mg^{2+} 所置换，最终转化成水化硅酸镁，导致胶结性能进一步下降。由 $MgSO_4$ 反应生成的二水石膏，又会引起硫酸盐侵蚀，所以危害更为严重。

③ 生成膨胀性产物。主要是外界侵蚀性介质与水泥石的组分通过化学反应生成膨胀性产物。某些盐类溶液渗入水泥石内部后，如果再经干燥，盐类在过饱和孔液中的结晶长大，也会产生一定的膨胀应力。

a. 硫酸盐侵蚀。硫酸钠、硫酸钾等多种可溶性硫酸盐都能与水泥石所含的氢氧化钙作用生成硫酸钙，再和水化铝酸钙反应而生成钙矾石，从而使固相体积增加，产生结晶压力，造成膨胀开裂以致破坏。如以硫酸钠为例，其作用反应式如下：

$$Ca(OH)_2 + Na_2SO_4 \cdot 10H_2O == CaSO_4 \cdot 2H_2O + 2NaOH + 8H_2O$$

$$4CaO \cdot Al_2O_3 \cdot 19H_2O + 3(CaSO_4 \cdot 2H_2O) + 8H_2O ==$$

$$3CaO \cdot Al_2O_3 \cdot 3CaSO_4 \cdot 32H_2O + Ca(OH)_2$$
（钙矾石）

硫酸镁具有双重侵蚀作用，既有硫酸盐侵蚀又有镁盐侵蚀，两种侵蚀的最终产物是石膏、难溶的氢氧化镁、氧化硅和氧化铝的水化物凝胶。

b. 盐类结晶膨胀。一些浓度较高（>10%）的含碱溶液，不仅能与水泥石的组分发生化学反应，生成胶结力弱、易被碱液溶析的产物，而且也会有结晶膨胀作用。例如 NaOH 即可发生下列反应：

$$2CaO \cdot SiO_2 \cdot nH_2O + 2NaOH == 2Ca(OH)_2 + Na_2SiO_3 + (n-1)H_2O$$

$$3CaO \cdot Al_2O_3 \cdot 6H_2O + 2NaOH == 3Ca(OH)_2 + Na_2O \cdot Al_2O_3 + 4H_2O$$

这类碱又能够在渗入水泥石孔隙后，再在空气中二氧化碳作用下生成大量含结晶水的 $Na_2CO_3 \cdot 10H_2O$，在结晶时同样会造成水泥石结构的膨胀破坏。

（2）预防环境介质侵蚀措施

通过对水泥石的侵蚀作用类型分析可知，减少水泥石中 $Ca(OH)_2$ 含量，改善混凝土的孔结构，提高密实度，降低其渗透系数，是提高混凝土抗环境介质侵蚀性的最有效途径。

① 合理选择水泥品种。针对混凝土工程使用的环境不同，合理选择水泥品种。如：采用矿渣、粉煤灰及火山灰质硅酸盐水泥，可以减少水泥石中 $Ca(OH)_2$ 含量，将有利于提高混凝土的抗溶解浸析、抗硫酸盐侵蚀、抗镁盐侵蚀及抗酸性水侵蚀能力；采用抗硫酸盐硅酸盐水泥，可以减少水泥石中 C_3A 含量（见表 4-24），有利于提高混凝土的抗硫酸盐侵蚀能力；采用铝酸盐水泥，因水化产物中不存在 $Ca(OH)_2$，所以，铝酸盐水泥对海水、碳酸水、稀酸等均具有较好的稳定性，但在 pH 值低于 4 的酸性水中，也会迅速破坏。

表 4-24　抗硫酸盐硅酸盐水泥中硅酸三钙和铝酸三钙的含量（质量分数）（GB 748）

分类	硅酸三钙(C_3S)	铝酸三钙(C_3A)
中抗硫酸盐硅酸盐水泥	≤55.0%	≤5.0%
高抗硫酸盐硅酸盐水泥	≤50.0%	≤3.0%

② 掺入优质矿物掺合料和外加剂。优质矿物掺合料可以与 $Ca(OH)_2$ 反应，减少混凝土中 $Ca(OH)_2$ 含量，且能改善混凝土的孔结构，提高密实度；减水剂能降低水胶比，提高密实度；引气剂能改善混凝土的孔结构，这些措施均有利于提高混凝土的抗环境介质侵蚀。

③ 混凝土表面处理。采用沥青、橡胶、沥青漆等对混凝土表面进行涂覆，或对混凝土表面进行聚合物浸渍，都可以有效地阻止各种环境介质对混凝土的渗入。

4. 碱-骨料反应

碱-骨料反应，简称 AAR，一旦发生很难阻止，常被称为混凝土的"癌症"。

（1）碱-骨料反应类型

现行国家标准《预防混凝土碱骨料反应技术规程》（GB/T 50733），将碱-骨料反应划分为以下两种类型。

① 碱-硅酸反应（ASR）。该反应是碱-骨料反应中最常见的一种类型。混凝土中的碱（包括外界掺入的碱），在混凝土孔隙中水的存在下与骨料中活性 SiO_2 发生化学反应，生成碱硅酸凝胶，最终导致混凝土膨胀开裂等现象。其代表反应式为：

$$2ROH + nSiO_2 \longrightarrow R_2O \cdot nSiO_2 \cdot H_2O$$
$$（碱硅酸凝胶）$$

式中　R——K^+ 或 Na^+。

② 碱-碳酸盐反应（ACR）。混凝土中的碱（包括外界掺入的碱）与碳酸盐骨料中活性白云石晶体发生化学反应，导致混凝土膨胀开裂等现象。其代表反应式为：

$$CaMg(CO_3)_2 + 2ROH \longrightarrow Mg(OH)_2 + CaCO_3 + R_2CO_3$$
$$\text{白云石} \qquad\qquad\qquad \text{水镁石}$$

（2）碱-骨料反应的机理

关于碱-骨料反应机理仍在深入研究之中，目前，有代表性的理论有以下三种。

① 渗透压力理论。1944 年由美国学者 W. C. Hansen 提出。该理论认为，混凝土中的骨料与水泥石的接触界面上有一种半透膜性质的薄膜，水泥石中的水和碱能透过这层半透膜到达骨料的外表面，并与骨料中的活性二氧化硅反应，生成碱-硅酸盐反应产物，这一产物不能透过半透膜，由此产生渗透压而引起混凝土膨胀，使混凝土破坏。

② 肿胀压力理论。1950 年由澳大利亚人 H. F. Vivian 提出。该理论认为，活性骨料与碱发生化学反应，生成具有强烈吸水作用的凝胶体，当凝胶体吸水肿胀达到一定程度后，造成混凝土开裂。

③ 竞争反应理论。1955 年由美国学者 T. C. Powers 提出。该理论认为，CaO-SiO_2-Na_2O-H_2O 四元体系的相平衡时可能有两种情况：一种是以生成 $CaO \cdot xH_2O \cdot ySiO_2$ 络合物为主；另一种是以生成 $x'Na_2O \cdot y'SiO_2$ 络合物为主。究竟以哪一种络合物为主出现，取决于反应溶液中 R_2O 与 CaO 的比值。当其比值小时，或者 Ca^{2+} 浓度高，就有利于 CaO 的扩散，反应产物是第一种，因为吸水有限，难于引起宏观的混凝土膨胀；相反，当 R_2O/CaO 大，即碱金属离子（Na^+ 和 K^+）浓度高时，利于 Na_2O 或 K_2O 的扩散，就会生成第二种情况的络合物。第二种络合物能无限吸水，以致能引起混凝土的较大膨胀。

（3）碱-骨料反应发生条件

发生 AAR 破坏必须存在三个必要条件：混凝土中含有一定数量的碱（Na_2O 与 K_2O）、骨料中含有碱活性矿物、混凝土处在潮湿环境中，而且要有足够的反应时间。

① 混凝土中的碱含量。混凝土中的碱既包括水泥、外加剂、掺合料、骨料、拌合水等混凝土组成材料中所含的碱，也包括外部环境侵入混凝土中的碱。碱含量通常以 Na_2O（$Na_2O + 0.658K_2O$）表示。

混凝土碱含量的安全限值与骨料中矿物的种类及其活性程度有关。一般认为，对于高活性的硅质骨料（如蛋白石），混凝土的碱含量大于 $2.1kg/m^3$ 时，将发生 AAR 破坏；对于中等活性的硅质骨料，混凝土的碱含量大于 $3.0kg/m^3$ 时，将发生 AAR 破坏；当骨料具有碱-碳酸盐反应活性时，混凝土的碱含量大于 $1.0kg/m^3$ 时，就可能发生 AAR 破坏。目前，各国对混凝土碱含量的安全限值并不完全一致，如德国、英国、加拿大、日本规定混凝土的碱含量限值是 $3.0kg/m^3$，新西兰和南非则分别是 $2.5kg/m^3$ 和 $2.1kg/m^3$。现行国家标准《混凝土结构设计规范》（GB 50010）中规定：设计使用年限 50 年的混凝土结构最大碱含量为 $3.0kg/m^3$，若使用非活性骨料或处于"一类环境"（室内干燥环境、无侵蚀性静水浸没环境）中，可不受限制。

② 骨料的碱活性。含活性二氧化硅矿物的骨料岩石具有碱活性，在我国分布很广，主要有两类：

a. 结晶不完全二氧化硅（隐晶、微晶质）。如玉髓鳞石英、方石英、安山岩、流纹岩、凝灰岩等。

b. 非晶体二氧化硅。无定形二氧化硅，如蛋白石；玻璃质二氧化硅，如珍珠岩、松脂岩、黑曜岩。

具有碱-碳酸盐反应活性的骨料岩石只有泥质白云石和泥质石灰石。

③ 潮湿环境。发生碱-骨料反应都要有足够的水，通常认为，在空气相对湿度大于70%，或直接接触水的环境中，AAR破坏才会发生；否则，即使骨料具有碱活性以及混凝土中有超量的碱，碱-骨料反应即便发生也相当缓慢，不会产生破坏性膨胀开裂。

（4）影响碱-骨料反应因素

根据已有的研究结果，可将影响碱-骨料反应的因素概括为以下两个方面：

① 内部因素。主要是指骨料的种类、骨料的粒径、骨料的碱活性以及混凝土中的碱含量与混凝土的水灰比等。

McConnell等人对骨料的种类与碱-骨料反应膨胀破坏影响的研究结果表明，硅质骨料品种中膨胀破坏程度由大到小的次序为：蛋白石＞燧石＞流纹岩＞沥青石＞安山岩＞黑曜岩。硬砂岩和石英砂岩等慢膨胀骨料，要在6个月才呈现出很小的膨胀，但5～10年以后，仍然可以引起混凝土的破坏。

骨料粒径大小对膨胀值也有影响，当骨料颗粒很细（$<75\mu m$）时，虽有明显的碱-硅酸反应，但膨胀甚微。Kawamura的研究结果表明，对于蛋白石骨料，粒径在大约0.2mm时砂浆棒产生最大的膨胀。

混凝土中碱含量对碱-骨料反应的影响随活性骨料的类型而异，Hobbs发现，对于蛋白石类骨料，混凝土中水溶碱含量大约为$0.6\% Na_2O \cdot eq$时，砂浆棒产生最大的膨胀；而对于硬砂岩和石英砂岩等慢膨胀骨料，碱-骨料反应引起的膨胀，通常会随着碱含量的增加而增加。

水灰比的大小影响水化反应的程度，必然影响着混凝土中孔溶液的碱浓度和混凝土的性能，这些变化都将影响膨胀破坏的程度。Grattan-Bellew提出含有碱-骨料反应活性骨料的砂浆棒膨胀的最佳W/C（水灰比）或许是在0.4～0.6范围内。

② 外部因素。主要是指环境的温度、湿度等。

碱-骨料反应膨胀破坏程度与温度也有很大关系，Cheng等研究表明，含有活性硅质石灰石骨料的膨胀值在5～55℃的温度范围内线性地增加。

环境湿度是碱-骨料反应发生的必要条件之一。Olaffsont提出，当相对湿度在70%～90%区间内，膨胀速率随相对湿度呈线性地增加，当相对湿度在90%～95%区间内，膨胀速率将随相对湿度呈指数地增加。

关于碱-骨料反应的破坏特征与预防碱-骨料反应的技术措施详见第十章第八节"混凝土碱-骨料反应"中的有关内容。

5. 钢筋锈蚀

钢筋锈蚀是钢筋混凝土结构最常见的耐久性问题之一。钢筋置于混凝土结构中处于隐蔽状态，而钢筋锈蚀又是一个缓慢持续的过程，所以一经发现，轻者混凝土结构因钢筋锈蚀膨胀而开裂，重者钢筋混凝土结构丧失承载能力。

（1）钢筋锈蚀的电化学腐蚀过程

钢筋锈蚀过程实质上是一个电化学腐蚀过程。根据金属腐蚀电化学原理和混凝土中钢筋受钝化膜保护的特点，混凝土中钢筋锈蚀的发生必须具备三个条件：①钢筋表面存在电位差，构成腐蚀电池；②钢筋表面钝化膜遭到破坏，处于活化状态；③钢筋表面有电化学反应和离子扩散所需的水和氧气。

由于钢筋中的碳及其他合金元素的偏析、混凝土碱度或氯离子浓度在不同部位的差异、裂缝处钢筋表面的氧气剧增形成氧浓度差异或出于加工引起的钢材内部应力等，都会使钢筋各部位的电极电位不同形成腐蚀电池。因此，上述第①个条件总是存在和满足的。当钢筋表面的钝化膜遭到破坏时，钢筋处于活化状态，在水和氧气充分的条件下，钢筋发生电化学腐蚀。

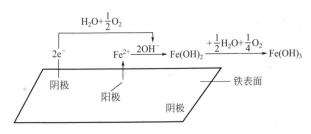

图 4-39　钝化膜上形成腐蚀电池的过程示意图

金属铁在空气中，其表面被氧化而形成钝化膜，因而处于稳定状态，此氧化膜的形成过程如下：

$$Fe \rightarrow FeO \rightarrow Fe_2O_3 \rightarrow \gamma\text{-}Fe_2O_3 \rightarrow \alpha\text{-}Fe_2O_3$$

但这种钝化膜往往具有缺陷，即具有电化学不均匀性，使钢筋表面形成阳极和阴极两个极区，并在它们之间形成电位差 ΔE。若缺陷处有水存在时就会形成腐蚀电池，其作用过程如图 4-39 所示。

阳极（正极）即缺陷部分：

$$Fe \longrightarrow Fe^{2+} + 2e^- \tag{4-39}$$

$$Fe^{2+} + 2OH^- \longrightarrow Fe(OH)_2 \tag{4-40}$$

$$Fe(OH)_2 + \frac{1}{2}H_2O + \frac{1}{4}O_2 \longrightarrow Fe(OH)_3 \tag{4-41}$$

阴极（负极）即无缺陷处部分：

$$\frac{1}{2}O_2 + H_2O + 2e^- \longrightarrow 2OH^- \tag{4-42}$$

$$\frac{1}{2}O_2 + 2H^+ + 2e^- \longrightarrow H_2O \tag{4-43}$$

$$2H^+ + 2e^- \longrightarrow H_2 \uparrow \tag{4-44}$$

液相为中性或碱性时，阴极（稳定态铁）产生如式(4-42)、式(4-43)氧化型腐蚀，即阴极部位产生的 OH^- 和阳极部位产生的 Fe^{2+} 如同式(4-40)结合为 $Fe(OH)_2$，$Fe(OH)_2$ 再与水中的氧如同式(4-41)生成不溶性的 $Fe(OH)_3$（铁锈）。若液相为酸性时，则发生如式(4-44)的酸性腐蚀。

（2）钢筋去钝化锈蚀破坏机理

水泥水化生成的 $Ca(OH)_2$，将使混凝土的 pH 值高达 12.5 左右。在这样的高碱性环境中，钢筋表面被氧化，形成一层厚度 $(2\sim6)\times10^{-9}$ m 的水化氧化膜 $\gamma\text{-}Fe_2O_3 \cdot H_2O$。这层膜很致密，牢固地吸附在钢筋表面，使钢筋处于钝化状态，即使在有水分和氧气的条件下钢筋也不会发生锈蚀，故称"钝化膜"。由此可见，混凝土中钢筋免于锈蚀的根本是长期保持混凝土中的高碱性。

然而，实际工作中的钢筋混凝土结构，都有可能在环境介质：水、氧气、二氧化碳、氯离子等的作用下，降低混凝土的碱性，破坏钝化膜，使钢筋锈蚀。混凝土中的钢筋一旦发生锈蚀，在钢筋表面生成一层疏松的锈蚀产物（$mFe_3O_4 \cdot nFe_2O_3 \cdot \gamma H_2O$），同时向周围混凝土孔隙中扩散。由于锈蚀产物体积一般是钢筋被腐蚀量的 2～4 倍，进而对钢筋外围混凝土产生锈蚀破坏。

① 混凝土碳化去钝化机理。环境中的二氧化碳气体向混凝土内部渗透，与水作用生成碳酸，碳酸进一步与水泥水化产物氢氧化钙发生中和反应，生成碳酸钙和水，这一过程称为混凝土碳化。其反应式如下：

$$H_2O + CO_2 \rightleftharpoons H_2CO_3 \qquad (4\text{-}45)$$

$$Ca(OH)_2 + H_2CO_3 \longrightarrow CaCO_3 \downarrow + 2H_2O \qquad (4\text{-}46)$$

碳化作用导致混凝土碱度降低，当碳化作用由表及里进行至钢筋表面，且混凝土的 pH 值小于 11.5 时，钢筋表面的钝化膜就开始不稳定，当 pH 值小于 9.98 时，钝化膜开始破坏，失去对钢筋的保护作用。

② 酸性气体去钝化机理。处于 SO_2、SO_3、H_2S 等某些酸性气体环境中的钢筋混凝土，其水化产物 $Ca(OH)_2$ 都会和这些气体发生中和反应，使混凝土碱度降低，发生去钝化膜引起的钢筋锈蚀。

③ 氯化物（Cl^-）去钝化机理。氯化物是钢筋锈蚀的首要"凶手"，根据已有的研究结果，氯化物去钝化引起钢筋锈蚀的作用机理主要有以下几种类型。

a. 钝化膜破坏。氯离子进入混凝土中并到达钢筋表面，易于吸附或渗入钝化膜，可使该处的 pH 值迅速降低，于是该处的钝化膜遭到破坏。

b. 形成"腐蚀电池"。氯离子对钢筋表面钝化膜的破坏首先发生在局部（点），使这些部位（点）露出了铁基体，与尚完好的钝化膜区域产生电位差。由于湿润的混凝土是导电体，因此沿钢筋表面将形成以铁基体为阳极（钝化膜破坏点），大面积的钝化膜区为阴极的腐蚀电池，腐蚀电池的作用结果，钢筋表面产生点蚀（或坑蚀）。

c. 氯离子的去极化作用。阳极反应过程是 $Fe \longrightarrow Fe^{2+} + 2e^-$，如果生成的 Fe^{2+} 不能及时扩散而积累于阳极表面，则阳极反应就会因此而受阻。然而，Fe^{2+} 与 Cl^- 相遇会发生进一步反应：$Fe_2 + 2Cl^- \longrightarrow FeCl_2$，从而加速阳极反应过程。通常把加速阳极反应的过程，称作阳极去极化作用，Cl^- 正是发挥了阳极去极化作用的功能。

生成的 $FeCl_2$ 是电解质，在向混凝土内扩散时遇到 OH^-，又会发生下列反应：

$$FeCl_2 + 2OH^- \longrightarrow Fe(OH)_2 + 2Cl^- \qquad (4\text{-}47)$$

$$4Fe(OH)_2 + 2H_2O + O_2 \longrightarrow 4Fe(OH)_3 \downarrow （铁锈） \qquad (4\text{-}48)$$

由此可见，Cl^- 像催化剂一样，既促进了腐蚀发生，本身又不消耗，会周而复始地起腐蚀作用，这正是氯化物危害的特点之一。

d. 氯离子的导电作用。腐蚀电池形成的要素之一是要有离子通路。混凝土中 Cl^- 的存在，强化了离子电路，降低了阴、阳之间的欧姆电阻，从而加速了电化学腐蚀过程。氯化物中的阳离子——Na^+、Ca^{2+} 等，也会降低阴、阳之间的欧姆电阻。

（3）影响钢筋锈蚀因素

通过上述分析可知，钢筋锈蚀源于二氧化碳气体、酸性气体和氯化物（Cl^-）通过扩散与渗透对钢筋钝化膜的破坏，因此，凡是能影响混凝土渗透性的因素都将影响钢筋的锈蚀。

① 内部因素。

a. 水胶比和掺合料。Cl^- 的扩散系数随水胶比的增大而增大，当水胶比从 0.4 增大到 0.6 时，Cl^- 的扩散系数将增大 3～4 倍。

磨细矿渣或粉煤灰因含有一定量的活性 SiO_2 和活性 Al_2O_3，会对 Cl^- 有较强的吸附作用，且随着时间推移，吸附量逐渐增加，因此，能显著降低 Cl^- 的扩散系数。根据 Page 等人的研究，若在硅酸盐水泥中掺 30% 的粉煤灰，可使 Cl^- 的扩散系数降低为未掺粉煤灰时的 1/3，若掺 65% 磨细矿渣，可使 Cl^- 的扩散系数降低为未掺时的 1/10。然而，值得注意的是，混凝土中掺入较多的磨细矿渣或粉煤灰都会不同程度地降低其碱度，也易于引起碳化。但掺入硅粉都将延缓碳化或是 Cl^- 引起的钢筋锈蚀的发生。

b. 水泥品种。水泥成分中以 C_3A 对 Cl^- 的吸附作用最大。故当 C_3A 含量高时，被吸附的 Cl^- 多，游离 Cl^- 浓度小，对防护钢筋锈蚀有利。因此，C_3A 含量很低的抗硫酸盐硅酸盐

水泥不适合用于有 Cl^- 的环境。Na_2O、K_2O 含量高的高碱水泥（通常认为，Na_2O 含量 $\geqslant$ 0.60%），由于孔溶液中的 OH^- 浓度高，使 $[Cl^-]/[OH^-]$ 值降低，Cl^- 引起的钢筋锈蚀速度将会变慢。

c. 钢筋保护层厚度。不难理解，无论是碳化，还是 Cl^- 引起的钢筋锈蚀，保护层厚度越小，钢筋开始锈蚀的时间就会越早。

② 外部因素。

a. 湿度。湿度影响着混凝土孔隙中的饱水程度，由于液相扩散速度远比气相扩散速度慢，因此，在饱水状态下混凝土很难碳化。

自 20 世纪末，国内外一些学者开始对气体在混凝土中的扩散系数进行研究，以 CO_2 气体作为介质通过扩散试验，建立了若干个 CO_2 气体在混凝土中扩散系数的计算公式（模型）。如希腊学者 V. G. Papadakis 等给出了有效扩散系数 $D_{e.CO_2}$ 的计算公式(4-49)。

$$D_{e.CO_2} \approx 1.64 \times 10^{-6} \varepsilon_p^{1.8} (1-RH/100)^{2.2} \tag{4-49}$$

式中　ε_p——硬化水泥石的孔隙率；

　　　RH——环境相对湿度，%。

国内学者刘志勇建立的 CO_2 气体在混凝土中的有效扩散系数 $D_{e.CO_2}$ 的计算模型为式(4-50)。

$$D_{e.CO_2} = 5.35 \times 10^{-6} \varepsilon^{2.08} (1-S)^{22} \tag{4-50}$$

式中　ε——未碳化前混凝土连通孔隙率；

　　　S——混凝土水饱和程度。

上述计算公式均表明，混凝土的外部环境因素——相对湿度等是影响气体在混凝土中扩散速率的因素，即影响混凝土中钢筋锈蚀的因素。

值得一提的是，混凝土处于环境相对干燥和含水率较低的状态即湿度较小时，CO_2 气体在混凝土中的扩散系数虽然增大，但混凝土碳化很难进行，因为，混凝土的碳化并非 CO_2 气体与水化产物 $Ca(OH)_2$ 的直接反应，而是 CO_2 气体溶解在孔溶液中所生成的 H_2CO_3 与 $Ca(OH)_2$ 的反应。因此，混凝土孔隙中适量水的存在至关重要，试验结果表明，最适合于混凝土碳化的相对湿度是 50%～75%。

b. CO_2 气体、氯离子（Cl^-）的浓度。碳化反应是一种化学反应，无疑，提高反应物的浓度会加速反应进行，因此，环境中 CO_2 气体浓度越大，混凝土的碳化反应就越快。

引起钢筋锈蚀的氯离子（Cl^-），主要来自两方面：一是外渗型氯离子（Cl^-），即混凝土与环境中的氯离子接触时，氯离子通过渗透到达钢筋表面；二是内掺型氯离子（Cl^-），即混凝土中自有的氯离子，主要来自混凝土组成材料如水泥、细骨料、外加剂及矿物掺合料中的氯化物。

混凝土中的氯离子有三种存在形式：

一是氯离子与水泥中的 C_3A 的水化产物硫铝酸钙反应生成的低溶性的单氯铝酸钙，即已发生化学结合的氯离子。

二是氯离子被水泥水化产物内比表面积不可逆吸附，即已发生不可逆吸附的氯离子。

三是以游离的形式存在于混凝土的孔溶液中。显然，只有这部分游离氯离子达到一定浓度时才会引起钢筋锈蚀。

通常，将不至于引起钢筋去钝化的钢筋周围混凝土孔溶液中游离氯离子的最高浓度，称为混凝土的氯化物临界浓度。

实际上，混凝土中的钢筋始终处于钝化与去钝化过程之中，是否锈蚀即受控于混凝土孔溶液中游离 Cl^- 对钢筋的去钝化，又受控于混凝土孔溶液中 OH^- 对钢筋的钝化。

因此，用 $[Cl^-]/[OH^-]$ 来表征钢筋锈蚀（去钝化）的临界值比用 Cl^- 浓度来表征更合理。Hausman 提出，Cl$^-$ 内掺型混凝土，其 [Cl$^-$]/[OH$^-$] 的临界值为 0.6，这个数值被很多学者所接受。Lambert 等提出，Cl$^-$ 外掺型混凝土，其 [Cl$^-$]/[OH$^-$] 的临界值为 0.3，而 Cl$^-$ 内掺型混凝土该临界值为 0.3～0.6。Dinmond 给出了不同 pH 值碱溶液中的钢筋锈蚀的 [Cl$^-$]/[OH$^-$] 的临界值的研究结果，如表 4-25 所示，并由此得出不同 pH 值碱溶液中的钢筋锈蚀的 Cl$^-$ 临界浓度值，如表 4-26 所示。由表 4-26 中数据可以看出，当 pH 值为 11.5 时，Cl$^-$ 的临界浓度仅为 1.90×10^{-3} mol/L。但当 pH 值为 13.3 时，Cl$^-$ 的临界浓度值高达 59.86×10^{-3} mol/L，后者约是前者的 30 倍。

表 4-25　不同 pH 值碱溶液中的钢筋锈蚀的 [Cl$^-$]/[OH$^-$] 的临界值

碱溶液的 pH 值	[Cl$^-$]/[OH$^-$] 的临界值	碱溶液的 pH 值	[Cl$^-$]/[OH$^-$] 的临界值
11.5	0.60	12.6	0.29
11.8	0.57	13.0	0.27
12.1	0.48	13.3	0.30

表 4-26　不同 pH 值碱溶液中的钢筋锈蚀的 Cl$^-$ 临界浓度值

碱溶液的 pH 值	Cl$^-$ 的临界浓度值/($\times 10^{-3}$ mol/L)	碱溶液的 pH 值	Cl$^-$ 的临界浓度值/($\times 10^{-3}$ mol/L)
11.5	1.90	12.6	11.55
11.8	3.60	13.0	27.00
12.1	6.04	13.3	59.86

已有的研究结果表明，有许多因素对 [Cl$^-$]/[OH$^-$] 的临界值都会产生一定的影响，如 Cl$^-$ 的来源、水泥的矿物成分、掺合料及外加剂对 Cl$^-$ 的吸附、水胶比等。

除上述外部环境因素引起的电化学腐蚀外，杂散电流也会引起混凝土中钢筋的锈蚀。由于绝缘不良等原因，直流电在土壤、混凝土结构等介质中发生泄漏，形成杂散电流。在杂散电流作用下，混凝土中的电位发生大幅度变化，阳极部位电位趋向负值，阴极部位电位趋向正值，当外加电位超过临界值时，钢筋的钝化膜遭到破坏，开始发生钢筋锈蚀。由于干燥混凝土的电阻达几万欧，而潮湿混凝土的电阻只有几百甚至几十欧，因此，杂散电流腐蚀一般发生在潮湿钢筋混凝土结构中。

关于钢筋锈蚀的预防措施与钢筋锈蚀的检测方法详见第十章第九节"钢筋锈蚀预防措施"与"钢筋锈蚀状况检测"中的有关内容。

6. 混凝土耐高温性

一般情况下，混凝土具有较好的耐高温性，即在高温（如火）的作用下，混凝土保持工作特性的时间比较长。

但若温度高或高温作用的时间较长，混凝土结构也将发生不同程度的损伤和破坏现象。如图 4-40 所示的耐火性试验结果表明，在低于 300℃的情况下，温度的升高对强度影响比较小；在 300℃时，强度开始下降；600℃时强度降低一半左右；1000℃时，强度几乎丧失。在高温作用下，混凝土强度的损失主要受控于混凝土所发生的下述物理化学变化：

① 温度达到 105℃时，混凝土中的毛

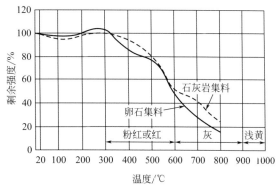

图 4-40　高温下混凝土的强度和颜色变化

细水、吸附水开始脱除。

② 当温度达到 200℃ 时，C-S-H 胶体开始脱去结晶水。

③ 当温度达到 205～300℃ 之间时，含 Al_2O_3 及 Fe_2O_3 的水化物，如 AFt、C_4（A、F）$\cdot 3C\bar{S} \cdot H_{32}$ 中的结晶水大部分脱除。而 C-S-H 胶体的结晶水脱除 20% 左右。

④ 当温度达到 400～700℃ 之间时，C-S-H 胶体脱除剩余 80% 的结晶水。

⑤ 当温度达到 500～800℃ 之间时，$Ca(OH)_2$ 开始分解，硅质骨料在约 573℃ 时，SiO_2 的晶相发生改变（由 α 相转变为 β 相），因热振动能量的增加，使体积产生约 0.4% 的膨胀。

⑥ 石灰质骨料的温度达到 750℃ 时，$CaCO_3$ 开始分解，释放出 CO_2。

⑦ 当温度达到 800～1000℃ 之间时，水泥水化产物被部分烧结成 C_2S、C_3A、C_4AF 等。

⑧ 当温度达到 1425℃ 时，其余的水泥水化产物进一步烧结成 C_3S。

此外，骨料的品种（或矿物组成）也会影响混凝土的耐高温性。例如含有石英的砂子、砾石作为骨料，受热时具有很大的破坏作用，这是因为石英在 573℃ 以下时逐渐膨胀，而在 573℃ 时，将由低温型石英转变为高温型石英，体积突然膨胀 0.85%。由硅质砾石、燧石和花岗岩的骨料配制的混凝土，受到高温作用时，会发生碎裂。含有黄铁矿的骨料，在温度为 150℃ 时会发生缓慢的氧化反应，从而导致骨料分解。因此，上述骨料均属于耐高温性差的骨料。

研究结果表明，不同骨料配制的混凝土的颜色会随着温度升高发生变化。因此，可根据受高温作用后混凝土的颜色以及开裂、脱落等外观特征，初步分析判定混凝土的受火温度，大致判断混凝土残余强度，如表 4-27 所示。

表 4-27　不同受火温度下混凝土的外观特征

受火温度/℃	混凝土表面颜色	表面开裂情况	疏松脱落情况	露筋情况
＜200	不变色	无	无	无
200～500	微显暗红	有细微裂纹	无	无
500～700	由红转灰白、浅黄	裂纹增多	无	无
700～800	灰白、浅黄	表面布满裂纹	无	无
800～850	灰白为主	表面布满裂纹	角部开始剥落	无
850～900	灰白	有贯通裂纹	角部剥落、表面起鼓疏松	板底角部混凝土爆裂
900～1000	灰白变浅黄	裂纹增多、增长、增宽	表面疏松且大面积剥落	爆裂严重、大面积露筋
1000～1100	浅黄显白	裂纹增多、增长、增宽	表面疏松且大面积剥落	爆裂严重、大面积露筋

第五章
新型商品混凝土

通常，将采用某些"新材料、新技术、新工艺"生产制备或施工的，且具有不同于"传统"普通混凝土的性能，或应用于某一"特殊领域"的预拌混凝土称为"新型商品混凝土"。

本章将在原材料组成、技术性能、配合比设计、生产制备与施工等诸方面对十余种新型商品混凝土进行较为系统的介绍，并结合典型工程案例对某些品种新型商品混凝土应用中的关键技术进行必要的分析。

第一节　高强混凝土

我国现行行业标准《高强混凝土应用技术规程》（JGJ/T 281）对高强混凝土给出的定义是"强度等级不低于C60的混凝土"。这只是一个简单区分混凝土强度等级的概念，在不同的历史发展阶段，其内涵不同。目前，建筑工程中实际可以采用的高强混凝土强度等级一般为C60～C100。

一、高强混凝土原材料

1. 水泥

宜选用符合现行国家标准《通用硅酸盐水泥》（GB 175）规定的硅酸盐水泥或普通硅酸盐水泥。配制C80及以上强度等级的混凝土时，28天水泥胶砂强度不宜低于50MPa。对于有预防碱-骨料反应设计要求的高强混凝土工程，宜采用碱含量低于0.6%的水泥。水泥中氯离子含量不应大于0.03%。

2. 骨料

应符合现行行业标准JGJ 52的规定，宜为非碱活性，不宜采用再生骨料。

（1）细骨料

细骨料宜采用细度模数为2.6～3.0的Ⅱ区中砂，坚固性指标不应大于8%，含泥量和泥块含量分别不应大于2.0%和0.5%。当采用人工砂时，应符合现行行业标准《人工砂混凝土应用技术规程》（JGJ/T 241）的规定，且石粉亚甲蓝（MB）值应小于1.4，石粉含量不应大于 5％，压碎指标值应小于 25％。当采用海砂时，应分别符合现行国家标准 GB 55008 与现行行业标准《海砂混凝土应用技术规范》（JGJ 206）的规定，贝壳最大尺寸不应大于 4.75mm，贝壳含量不应大于 3％。

（2）粗骨料

粗骨料质地应坚硬，岩石抗压强度应比混凝土强度等级标准值高 30％；应连续级配，最大公称粒径不宜大于 25mm，坚固性指标不应大于 8％，含泥量和泥块含量分别不应大于 0.5％和 0.2％，针片状颗粒含量不宜大于 5％，且不应大于 8％。

试验结果显示，强度等级大于 C80 混凝土的破坏，常常是粗骨料（碎石）的断裂。因此，对于 C80 及其以上强度等级混凝土，所用碎石的强度格外重要。表征碎石强度的指标有两种，即岩石的立方体抗压强度值和碎石的压碎指标值。如表 5-1 所示，前者的试验试件取之于母岩，因此所测强度值应是代表岩石本身的一种力学性能，而后者的试验试样是母岩经破碎所得，所测压碎指标值只能用以间接反映岩石的抗压强度；前者受力状态为受压，而后者受力状态为受压、受折、受剪，更能接近或真实反映碎石在混凝土中受压时的实际受力状态。

表 5-1　岩石的立方体抗压强度试验与碎石的压碎指标试验

试验方法	岩石的立方体抗压强度试验	碎石的压碎指标试验
岩石状态	原始岩石在水饱和状态	气干状态
试验加工方法	切、钻、磨平	破碎
试件（样）尺寸	50mm×50mm×50mm 立方体或 φ50mm×50mm 圆柱体	筛取 10～20mm，剔除针片状
受力状态	受压	受压、受折、受剪
数量（每组）	3 块或 6 块	3kg

值得一提的是，在压碎指标试验中，总会有相当一部分碎石没有被压碎而是被压实，充填在其他未碎碎石颗粒的周围，对未碎碎石起到保护及缓冲作用，必然影响继续加荷的压碎量。另外，压碎指标试验是在剔除针片状含量情况下测定的，也和混凝土所用粗骨料的实际情况不符。显然，这两种指标表征粗骨料强度的内涵截然不同，各有利弊。

通常，石灰石碎石可以配制≤C100 的高强混凝土；若配制＞C100 超高强混凝土，必须采用优质高强碎石（母岩强度＞1.7 倍混凝土强度），例如玄武岩、辉绿岩等。

3. 矿物掺合料

粉煤灰应符合现行国家标准 GB/T 1596 的规定，且宜采用Ⅰ级和Ⅱ级 F 类粉煤灰。

磨细矿渣应符合现行国家标准 GB/T 18046 的规定，当配制 C80 及以上强度等级的高强混凝土时，磨细矿渣不宜低于 S95 级。

硅灰应符合现行国家标准 GB/T 18736 的规定，当配制 C80 及以上强度等级的高强混凝土时，硅灰的 SiO_2 含量宜大于 90％，比表面积不宜小于 $15×10^3 m^2/kg$。

钢渣粉应符合现行国家标准《用于水泥和混凝土中的钢渣粉》（GB/T 20491）的规定。

磷渣粉应符合现行行业标准《混凝土用粒化电炉磷渣粉》（JG/T 317）的规定。钢渣粉和磷渣粉宜用于强度等级不大于 C80 的高强混凝土，并应经过试验验证。

4. 外加剂

宜采用符合现行国家标准 GB 8076 规定的高性能减水剂。配制强度等级 C60、C70 高强混凝土，可选用具有一定引气效果的高性能减水剂；配制 C80 及以上等级的高强混凝土时，高性能减水剂的减水率不宜小于 28%。目前，商品混凝土企业常采用聚羧酸系高性能减水剂。

此外，配制补偿收缩高强混凝土宜采用膨胀剂，膨胀剂及其应用应符合现行国家标准 GB 23439 和现行行业标准《补偿收缩混凝土应用技术规程》（JGJ/T 178）的规定。冬期施工可采用防冻剂，防冻剂应符合现行行业标准 JC 475 的规定。高温期施工可采用缓凝型高性能减水剂或缓凝剂，缓凝剂应符合现行国家标准 GB 8076 的规定。

外加剂应用技术应符合现行国家标准 GB 50119 的规定。

二、高强混凝土技术性能

1. 新拌混凝土性能

（1）工作性

与普通混凝土相比，高强混凝土拌合物黏性增大，流动性降低，势必增大泵送过程中的摩阻力，降低混凝土的可泵性。

（2）坍落度经时损失

高性能减水剂较大量掺用，会加速水泥粒子的分散和水化，势必加快、加大坍落度经时损失。

（3）水化热

水泥掺量大，尤其有早期强度要求时，所用水泥的硅酸三钙（C_3S）含量较高，因此水化热大。

2. 硬化混凝土性能

（1）强度

与普通混凝土相比，高强混凝土的后期强度增长比例小得多，尤其是处于空气环境中缺少湿养护的高强混凝土。

高强混凝土的拉伸强度、抗折强度和与钢筋的黏结强度虽然也要随抗压强度提高而提高，但它们与抗压强度的比值却随强度提高而变得越来越小。例如，试验数据统计表明，对于 C40 普通混凝土，轴向拉伸强度约为抗压强度的 1/13，而对于 C100 高强混凝土，轴向拉伸强度仅约为抗压强度的 1/18。

随高强混凝土抗压强度的提高，弹性模量也随之增大。在超高层工程结构设计中采用高强混凝土时，弹性模量也成为重要的设计指标之一。

测定高强混凝土抗压强度时，应尽可能采用边长为 150mm 的标准立方体试件。

（2）脆性

高强混凝土的应力-应变曲线特征是：应力峰值后的下降段曲线陡斜，意味着高强混凝土的脆性大。因此，对于高强混凝土构件的主要受力部位必须加强箍筋等横向约束作用来改善其延性。由于塑性变形能力较差，高强混凝土中钢筋锚固黏结应力的分布变得更不均匀，所以在钢筋搭接和锚固部位，也要加强设置横向箍筋。

混凝土脆性的增大会给工程结构特别是有抗震要求的工程结构带来很大的危害，在高强混凝土中掺加纤维是一项改善高强混凝土脆性的有效措施。纤维增强高强混凝土的试验研究表明，与非纤维增强高强混凝土相比，其拉伸应力-应变曲线呈现出以下三个特征：

① 弹性极限显著提高，表征混凝土宏观裂缝出现推迟。

② 应变强化段明显，表征宏观裂缝出现后，细微裂缝分散数量增加。

③ 峰值后出现应变软化段，表征混凝土破坏前裂缝宽度增大。因此，纤维增强高强混

凝土不仅大大提高了其拉伸应力，而且显著改善了其脆性。

（3）徐变与自收缩

研究表明，高强混凝土的比徐变和徐变系数要显著小于普通混凝土。美国 Cornell 大学的试验结果表明，高强、中强和低强混凝土试件在 28 天龄期加荷，受 $0.6f'_c$（f'_c 为 $\phi150mm\times300mm$ 圆柱体抗压强度）的持久应力作用，则 60 天的徐变系数分别为 0.9、1.8 和 2.7。显然，这有利于在保持总的徐变应变基本相同的条件下，承受相同荷载时，高强混凝土柱的面积远小于被取代的普通强度混凝土柱的面积。

对于低水灰比或低水胶比条件下的高强混凝土，其自收缩导致早期开裂的现象较为普遍。日本学者研究了水胶比和矿物掺合料对砂浆与混凝土自收缩的影响规律。结果表明，水胶比为 0.17 时，水泥砂浆的 1 天自收缩达到 $2500\times10^{-6}m/m$，15 天时达到 $4000\times10^{-6}m/m$，且随龄期的增长仍有继续增大的趋势。

有关文献资料也表明：水胶比低于 0.3 的高强混凝土，其自收缩值可高达 $(200\sim400)\times10^{-6}m/m$，而掺有大量磨细矿渣的高强大体积混凝土，其自收缩值也可达 $100\times10^{-6}m/m$。Wittman 等人对强度分别为 35MPa 和 70MPa 混凝土在同样的干燥环境中进行干燥试验。研究结果表明，受约束高强混凝土 13 天就出现非稳定性裂缝，而普通混凝土则需要 500 天。

自干燥是导致高强混凝土自收缩的重要原因。当前混凝土高强化的技术措施，如：采用高强度等级水泥、高性能减水剂以及超细活性矿物掺合料等，都可能加剧混凝土的自干燥，增大自收缩，如表 5-2 所示。

表 5-2　高强化措施对混凝土强度与自收缩的影响

项目	高强度等级水泥	高性能减水剂	超细活性矿物掺合料
对强度影响	提高水泥浆体的强度,进而提高混凝土强度	降低水胶比,提高混凝土强度和密实性	增大 C-S-H 凝胶的量,提高水泥浆体的强度,改善骨料与水泥浆体的界面过渡区,提高混凝土强度
对自收缩影响	C_3S 含量通常较高,水泥早期水化快,水分消耗较快,加剧自干燥,增大自收缩	用水量减少,拌和用水不足以维持水泥持续水化,加剧自干燥,增大自收缩	与 $Ca(OH)_2$ 发生二次水化反应,增加水分消耗,加剧自干燥,增大自收缩

综上所述，低水胶比和高活性矿物掺合料在提高混凝土强度、密实度等性能的同时，也带来了混凝土体积稳定性问题。高强混凝土的早期开裂，已成为高强混凝土应用中一个予以高度重视的问题。

由于高强混凝土的致密性，采用普通混凝土的传统养护措施（外部湿养护）来缓解自干燥，减小自收缩，已无明显的效果。目前，所采用的一些技术措施，详见第四章第三节"四、硬化混凝土变形性能"中"提高体积稳定性的技术措施"的有关内容。

（4）耐久性

由于高强混凝土密实度高，内部可冻结水量少，因此，抗渗性能、抗冻性能、抗环境介质侵蚀性能等都远高于普通混凝土，特别是掺硅灰高强混凝土具有更突出的耐久性能。

值得一提的是，除为了改善高强混凝土的工作性外，对高强混凝土不允许掺用引气剂。因为引气剂不仅对高强混凝土的强度不利，也对改善高强混凝土的抗冻性能没有作用，甚至产生负面影响。

例如从表 5-3 给出的一组试验结果可以看出，对于水胶比为 0.5 的普通混凝土，掺用引气剂，在 3%NaCl 溶液中冻融循环 28 次后，失重明显减少；而同条件下，水胶比为 0.3 的高强混凝土，掺用引气剂后，失重则增加。特别是掺有 10％硅灰的高强混凝土，掺用引气剂后失重明显增加。

表 5-3　在 3％NaCl 溶液中冻融循环 28 次后的失重

水胶比	硅灰	引气	材料失重/g				
0.5	—	无	2243	—	1210	—	3900
0.5	—	有	652	—	205	—	1898
0.3	—	无	176	71	74	93	112
0.3	—	有	371	169	117	91	176
0.3	10％	无	267	62	43	69	129
0.3	10％	有	357	245	176	198	169
在湿麻布和塑料片中养护龄期/d			1	3	7	42	49
在 20℃、65％相对湿度下存放时间/d			48	46	42	7	0
在 3％NaCl 溶液中预处理时间/d			7	7	7	7	7

（5）耐火性

高强混凝土的耐火性能不如普通混凝土。根据 Diederichs 等人的研究报告，普通混凝土在 100～350℃ 高温下，抗压强度不仅没有损失，而且能比常温下有所提高，超过 400℃ 后则强度持续下降；而高强混凝土（84.5～106.6MPa）在 100～350℃ 时的强度比常温下降低约 30％，并没有出现恢复现象。但在更高温度下，二者的强度损失比值则大体相同。此外，高强混凝土在高温下出现表皮崩落的时间要比普通混凝土来得早，其原因可能是由于高强混凝土的密实度高，高温引起混凝土内部水分汽化，由此产生的孔隙压力不易扩散，当孔隙压力超过混凝土抗拉能力时就产生崩落并使钢筋外露。

三、高强混凝土配合比设计

混凝土高强化的主要技术措施或方法如图 5-1 所示。目前，国内外制备高强商品混凝土，通常采用的技术路线是“高强度等级水泥＋超细矿物掺合料＋高性能减水剂＋优质骨料”。

高强混凝土配合比设计步骤与普通混凝土配合比设计步骤基本相同。配合比设计遵循的原则建议如下：

① 配制强度应有足够的富余。富余强度值应根据混凝土强度标准差确定，若缺少统计资料时，高强混凝土的配制强度应不低于强度等级值的 1.15 倍，即

$$f_{cu,o} \geqslant 1.15 f_{cu,k} \tag{5-1}$$

式中　$f_{cu,o}$——混凝土配制强度，MPa；

　　　$f_{cu,k}$——混凝土立方体抗压强度等级值，MPa。

② 应保证混凝土拌合物的工作性。泵送高强混凝土拌合物的坍落度、扩展度、倒筒排空时间和坍落度经时损失应符合表 5-4 的规定。非泵送高强混凝土拌合物的坍落度应符合表 5-5 的规定。

表 5-4　泵送高强混凝土坍落度、扩展度、倒筒排空时间和坍落度经时损失（JGJ/T 281）

项目	坍落度/mm	扩展度/mm	倒筒排空时间/s	坍落度经时损失/(mm/h)
技术要求	≥220	≥500	>5 且<20	≤10

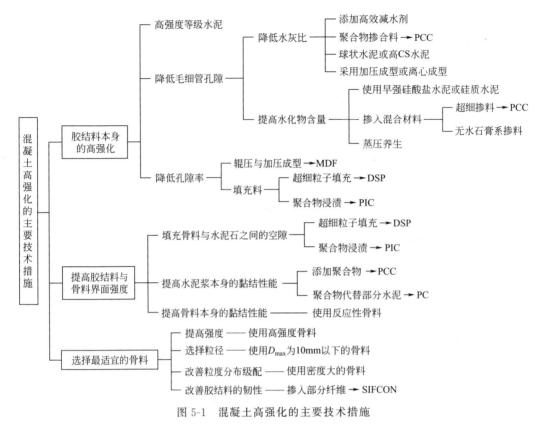

图 5-1 混凝土高强化的主要技术措施

表 5-5 非泵送高强混凝土坍落度（JGJ/T 281）

项目	技术要求	
	搅拌罐车运送	翻斗车运送
坍落度/mm	100~160	50~90

③ 水胶比不宜过大，胶凝材料用量不宜过多。

水胶比与胶凝材料用量应符合表 5-6 的规定或根据表 5-7 中所列数据选用。

表 5-6 高强混凝土水胶比、胶凝材料用量和砂率（JGJ/T 281）

强度等级	水胶比	胶凝材料用量/（kg/m³）	砂率/%
≥C60,＜C80	0.28~0.34	480~560	35~42
≥C80,＜C100	0.26~0.28	520~580	
C100	0.24~0.26	550~600	

表 5-7 高强混凝土配合比主要参数参考值

强度等级	C60	C70	C80	C90	C100
配制强度/MPa	≥72	≥85	≥95	≥110	≥120
水胶比	0.30~0.34	0.27~0.31	0.24~0.28	0.21~0.25	0.20~0.23
用水量/（kg/m³）	160~170	150~165	145~155	135~145	125~135
胶凝材料总量/（kg/m³）	450~500	500~550	550~600		

④ 高性能减水剂和矿物掺合料的品种、掺量，应通过试配确定。

矿物掺合料宜复合使用，总掺量宜为 25%～40%，硅灰掺量不宜大于 10%。常用矿物掺合料的建议掺量如表 5-8 所示。

表 5-8　配制高强混凝土常用矿物掺合料的建议掺量

矿物掺合料种类	F 类粉煤灰	C 类粉煤灰	磨细矿渣	硅灰	天然火山灰
掺量(质量)/%	20～35	15～25	25～40	5～15	15～40

⑤ 在满足泵送要求的条件下，尽量选用较低的砂率，也应符合表 5-6 的规定。

⑥ 配合比设计应有利于减少温度收缩、干燥收缩、自收缩所引起的体积变形，避免早期出现裂缝。

四、高强混凝土参考配合比

表 5-9 和表 5-10 列出了几组强度等级为 C60、C70、C80、C90、C100 和 C120 高强混凝土的配合比，表 5-11 列出了某些超高层工程采用的 C70 混凝土配合比。

表 5-9　高强混凝土参考配合比（一）　　　　　　单位：kg/m³

强度等级	P.O 42.5 水泥	I 级粉煤灰	S95 磨细矿渣	硅灰	中砂	5～20mm 机碎石	减水剂	水	水胶比
C60	390	110	80	—	580	1060	13.3	160	0.276
	386	—	73	25	720	1080	5.8	145	0.300
C70	370	130	—	40	690	1060	6.0	145	0.269
	400	100	50	25	730	880	10.6	150	0.261
C80	400	80		20	690	1080	6.0	140	0.280
	380	—	100	20	690	1080	6.0	140	0.280
	340	120	110	37	785	920	8.5	140	0.231
	420	160	—	40	730	860	14.6	155	0.250
	431	79	106	35	650	975	12.6	160	0.246
	455	104	40	52	750	950	19.5	162	0.249
C100	400	70	120	30	650	1050	12.4	120	0.194
	420	78	42	60	630	1075	21.3	143	0.238
	440	80	60	50	730	1000	15.8	126	0.200
	480	100	—	50	680	1050	13.9	125	0.198

表 5-10　高强混凝土参考配合比（二）　　　　　　单位：kg/m³

强度等级	P.II 52.5R 水泥	S95 磨细矿渣	硅灰	砂	碎石		水	减水剂	超细粉
					5～10mm	10～16mm			
C70	410	135	15	725	303	707	145	10.6	—
C80	422	142	20	740	301	703	140	12.3	—
C90	430	145	40	729	300	700	130	16.0	—
C100	500	190	60	750	255	595	150	2.4%	—
C120	500	0	50	700	300	700	140	3.5%	200

表 5-11　超高层工程采用的 C70 混凝土配合比　　　　单位：kg/m³

工程名称	P.O 42.5 水泥	粉煤灰	磨细矿渣/硅灰	砂	5～20mm 碎石	水	减水剂
深圳京基	380	90	70/0	756	970	155	9.36
天津于家堡(自密实)	380	—	140/30	840	850	150	12.5
长沙汇金	431	—	89/35	660	1077	138	28.7(萘系)
上海中心(自密实)	350	100	100/0	700	1000	150	6.6
深圳平安(自密实)	390	120	80/0	770	870	163	7.08
北京中国尊(自密实)	360	180	0/25	760	850	160	9.61

五、高强混凝土制备与施工

1. 混凝土制备

（1）拌合物制备

① 原材料计量。计量应采用电子计量设备，计量允许偏差应符合表 5-12 规定。计量过程中，应根据粗、细骨料含水率变化及时调整用水量和粗、细骨料的称量。

表 5-12　原材料计量允许偏差（按质量计）（JGJ/T 281）

原材料品种	水泥	骨料	水	外加剂	掺合料
每盘计量允许偏差/%	±2	±3	±1	±1	±2
累计计量允许偏差/%	±1	±2	±1	±1	±1

② 搅拌。

a. 宜采用（双卧轴或立轴）强制式搅拌机，搅拌时间应符合表 5-13 的规定。

表 5-13　高强混凝土搅拌时间（JGJ/T 281）

混凝土强度等级	施工工艺	搅拌时间/s
C60～C80	泵送	60～80
	非泵送	90～120
C80	泵送	90～120
	非泵送	≥120

b. 当掺用纤维、粉状外加剂时，搅拌时间宜在表 5-13 的基础上适当延长，延长时间不宜少于 30s；或将纤维、粉状外加剂和其他干料投入搅拌机中干拌不少于 30s，之后再加水按表 5-13 所规定搅拌时间搅拌。

c. 搅拌第一盘高强混凝土时，宜分别增加 10% 水泥用量、10% 砂子用量和外加剂用量，相应调整用水量，保持水胶比不变。

（2）拌合物运输

高强混凝土坍落度经时损失快，损失大，因此提高混凝土运输与浇筑速度格外重要。拌合物运输，应按以下要求进行：

① 搅拌运输车装料前，罐内应无积水和积浆。

② 从搅拌机装入搅拌运输车至卸料时的时间不宜大于 90min；当采用翻斗车时，运输时间不宜大于 45min。

③ 运输车到达浇筑现场时，应使搅拌罐高速旋转 20～30s 后，再将混凝土拌合物卸出。

④ 当混凝土拌合物因稠度原因出罐困难需加减水剂时，应符合以下规定：

a. 应掺加同品种的减水剂。

b. 减水剂掺加量应有经试验确定的预案。

c. 减水剂掺入混凝土后，应使搅拌罐高速旋转不少于 90s。

2. 混凝土施工

（1）拌合物浇筑与振捣

高强混凝土拌合物浇筑，应按以下要求进行：

① 拌合物入模温度：暑期施工，不应高于 35℃；冬期施工，不应低于 5℃，并应有保温措施。

② 混凝土浇筑的分层厚度不宜大于 500mm，上下层同一位置浇筑的间隔时间不宜超过 120min。

③ 可采用振捣棒捣实，插入点间距不应大于振捣棒振动作用半径，泵送高强混凝土每点振捣时间不宜超过 20s。

④ 连续多层浇筑时，振捣棒应插入下层拌合物 50mm，进行振捣。

⑤ 浇筑高强大体积混凝土时，应采取温控措施，温控应符合现行国家标准《大体积混凝土施工规范》（GB 50496）的规定。

⑥ 拌合物从搅拌机卸出到浇筑完毕的延续时间不宜超过表 5-14 的规定。

表 5-14　混凝土拌合物从搅拌机卸出到浇筑完毕的延续时间（JGJ/T 281）　单位：min

混凝土施工情况	气温	
	≤25℃	>25℃
泵送高强混凝土	150	120
非泵送高强混凝土	120	90

有关高强混凝土的泵送施工详见第七章第三节下"泵送施工"中的有关内容。

（2）养护

高强混凝土很少泌水，表面易出现"起壳"和收缩开裂现象。因此，高强混凝土浇筑完毕后，必须加强养护措施。

① 采取潮湿养护时，可采取蓄水、浇水、喷淋洒水或覆盖保湿等方式，养护水温与混凝土表面温度之间的温差不宜大于 20℃，养护时间不少于 10 天。

② 采用混凝土养护剂养护时，养护剂的有效保水率不应小于 90%，7 天、28 天混凝土抗压强度比均不应小于 95%。

值得注意的是，水化热所引起的高温，会导致高强混凝土的实体强度与留样试件的强度产生较大差异。有资料报道，由于水化热的影响，1 天龄期的留样试件强度可比实体强度低 50%，而 28 天龄期的留样试件强度则比实体强度高 30%，这一点必须引起施工者的足够重视，以便更科学地评价高强混凝土的强度发展规律。

六、高强混凝土应用案例

1. 工程概况

某工程总建筑面积约 43.7 万平方米，建筑高度 528m，地上 108 层，地下 7 层。工程主体结构体系为"巨型外框筒＋内核心筒"，巨型外框筒为"巨柱＋斜撑＋转换桁架＋次框架"结构，如图 5-2 所示。其中巨型柱是由 100mm、80mm、60mm、50mm 厚钢板组成的箱型结构，其平面尺寸为长 24.156m、宽 21.705m，截面积高达 64m²，如图 5-3 所示。

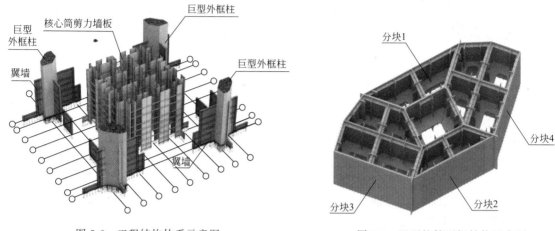

图 5-2　工程结构体系示意图　　　　　　图 5-3　巨型柱箱型钢结构示意图

2. 技术性能要求

巨型柱和翼墙混凝土采用 C70 高强自密实大体积混凝土，新拌混凝土主要技术性能的设计指标，见表 5-15。

表 5-15　新拌混凝土主要技术性能设计指标

凝结时间/h		扩展度/mm	V 漏斗试验时间/s
初凝	终凝		
12～14	16～18	650±50	≤25

3. 原材料选用

原材料的主要技术性能指标，如表 5-16 所示。

表 5-16　原材料主要技术性能指标

序号	名称	产地	品种	主要性能指标
1	水泥	唐山	P.O 42.5	抗压强度:3d 为 24～28MPa,28d 为 53～62MPa
2	砂	河北滦平	水洗中砂	细度模数 2.4～2.6,含泥量 1.4%～2.1%
3	石	北京密云	5～20mm	连续级配、空隙率≤35%、吸水率≤2%、针片状颗粒含量≤5%
4	粉煤灰	唐山	Ⅰ 级	需水量比 92%～94%,细度 8%～12%,烧失量 1.6%～2.5%
5	磨细矿渣	唐山	S95	比表面积 420m²/kg,7d 活性指数 81%,28d 活性指数 102%
6	硅灰	甘肃	S90	SiO₂ 含量 91.2%～93.6%,比表面积≥21000m²/kg
7	外加剂	BASF+SBT	聚羧酸系	各项指标均满足 GB 8076 中高性能减水剂的要求

4. 技术要点分析

① 巨型柱内混凝土除应满足强度、体积稳定性和高耐久性设计要求外，尚应具备自密实混凝土与大体积混凝土的其他相关性能。

② 为防止混凝土收缩开裂，混凝土采用减缩技术措施（混凝土中掺加减缩剂或高吸水性树脂）。

③ 巨型柱内钢筋配置较密并设有隔板，在无振捣工况下，必须保证混凝土浇筑的密实度。

④ 巨型柱内、外混凝土应采取合理的浇筑施工顺序,以利于内浇混凝土的散热,减小温差应力。

⑤ 巨型柱结构复杂,必须对柱内浇筑的隐蔽混凝土,进行实体质量检测与评价。

5. 配合比设计、试验与选定

(1) 配合比设计

① 配合比设计参数。配合比设计所采用的主要参数如下:

a. 水胶比在 0.22～0.30 范围内选取。

b. 水泥用量不大于 470kg/m³。

c. 用水量控制在 150～165kg/m³ 范围内。

d. 适当提高砂率,为 47%。

e. 含气量按 2% 计。

f. 减水剂掺量应满足混凝土出机扩展度 (650±50)mm 的要求。

② 配合比设计方法与方案。配合比设计采用 $L_{16}(4^5)$ 正交试验设计方法,根据工程经验和有关规范规定,所确定的正交试验设计的因素与水平,见表 5-17,配合比设计方案,见表 5-18。

表 5-17 因素水平表 $L_{16}(4^5)$

水平	试验因素			
	A. 水胶比	B. 矿物掺合料掺量(占胶凝材料的百分数)/%	C. 粉煤灰与磨细矿渣比例	D. 硅灰掺量/kg
1	0.29	30	1:0	20
2	0.27	35	6:4	25
3	0.25	40	3:4	30
4	0.23	45	4:6	35

注:根据前期试验结果,本工程所采用的粉煤灰与矿粉的比例按表中数据对比分析。

表 5-18 $L_{16}(4^5)$ 正交试验配合比方案

序号	混凝土配合比/(kg/m³)							
	水	水泥	粉煤灰	磨细矿渣	硅灰	碎石	砂	减水剂
1	160	373	160	0	20	892	791	8.8
2	160	347	112	75	25	895	793	8.9
3	160	320	91	122	30	895	794	9.0
4	160	293	96	144	35	894	792	9.1
5	160	400	103	68	30	879	779	10.2
6	160	369	200	0	35	869	771	10.9
7	160	343	92	137	20	877	778	10.1
8	160	314	110	147	25	875	776	9.5
9	160	431	79	106	35	860	763	12.4
10	160	400	86	129	30	859	761	11.6
11	160	369	246	0	25	843	748	11.5
12	160	338	166	111	20	849	753	10.8
13	160	467	80	120	25	836	741	15.2

序号	混凝土配合比/(kg/m³)							
	水	水泥	粉煤灰	磨细矿渣	硅灰	碎石	砂	减水剂
14	160	434	100	133	20	833	739	13.0
15	160	400	160	107	35	826	733	13.3
16	160	367	300	0	30	812	721	13.2

注：计算时，水泥、粉煤灰、磨细矿渣和硅灰密度分别按 3.1kg/m³、2.4kg/m³、2.8kg/m³、2.1kg/m³ 计；碎石和砂的表观密度分别按 2.7kg/m³ 和 2.6kg/m³ 计。

（2）配合比试验

① 配合比试验的主要考核指标。

a. 混凝土拌合物出机与 2h 的扩展度；

b. V 漏斗试验时间；

c. 3 天、7 天、28 天和 60 天的抗压强度值。

试验结果见表 5-19。

表 5-19　混凝土主要性能试验结果

序号	扩展度/mm		出机 V 漏斗试验时间/s	抗压强度/MPa			
	出机	2h		3d	7d	28d	60d
1	610	520	18.8	47.1	61.3	79.3	81.0
2	630	535	35.4	46.9	63.6	83.5	90.0
3	660	630	43.6	43.2	65.8	81.0	82.1
4	640	590	44.1	43.9	64.5	80.5	78.8
5	605	490	39.6	52.3	68.0	85.5	89.6
6	660	610	22.7	46.9	65.5	84.3	94.7
7	690	650	50.0	44.3	67.2	80.0	87.9
8	660	640	46.7	43.5	66.3	81.1	85.8
9	650	610	52.0	56.0	73.2	90.5	87.8
10	665	610	53.5	57.3	75.5	85.0	91.7
11	640	560	19.2	49.2	66.7	85.7	88.1
12	650	620	36.9	46.0	63.7	80.6	86.3
13	665	605	59.6	57.2	71.7	87.9	79.2
14	660	575	57.4	56.9	71.1	86.0	85.6
15	650	550	41.0	49.5	68.9	87.2	85.6
16	680	620	23.0	43.0	63.1	80.0	86.5

② 配合比试验结果分析。分别对混凝土 28 天和 60 天的抗压强度值进行极差计算，计算结果见表 5-20。分析表 5-20，可知：

a. 影响 28 天抗压强度因素的主次顺序为 B＞A＞D＞C，各因素可以初步选择的水平是 A34、B12、C23、D24；

b. 影响 60 天抗压强度因素的主次顺序为 A＞B＞C＞D，各因素可以初步选择的水平是

A23、B23、C12、D23。

表 5-20　抗压强度极差计算结果

因素	A. 水胶比	B. 矿物掺合料掺量（占胶凝材料的百分数）	C. 粉煤灰与磨细矿渣比例	D. 硅灰掺量	空列
28d 抗压强度极差计算结果/MPa					
均值 1	81.1	85.8	82.3	81.5	83.2
均值 2	82.7	84.7	84.2	84.6	83.5
均值 3	85.5	83.5	84.7	82.9	83.5
均值 4	85.3	80.6	83.4	85.6	84.4
极差	4.4	5.3	2.3	4.2	1.3
60d 抗压强度极差计算结果/MPa					
均值 1	83.0	84.4	87.6	85.2	86.0
均值 2	89.5	90.5	87.9	87.4	88.1
均值 3	88.5	85.9	85.3	87.5	85.6
均值 4	84.2	84.4	84.4	86.7	85.5
极差	6.5	6.1	3.5	2.3	2.5

（3）配合比选定

依据混凝土抗压强度极差计算结果与分析，初步选定的配合比方案应为 A23B23C12D23。综合考虑混凝土拌合物扩展度、出机 V 漏斗试验结果，并结合工程实际情况、规范和设计要求等，最终选定的配合比方案为 A2B23C1D4，即水胶比 0.27、单掺粉煤灰且其掺量 35%～40%、硅粉（硅灰）掺量 35kg，并以此配合比为基准，通过掺加减缩剂（SRA）与高吸水性树脂（SAP）等技术措施，进行混凝土自收缩试验，最终确定用于模拟浇筑试验的混凝土配合比。混凝土自收缩试验配合比见表 5-21。

表 5-21　混凝土自收缩试验的配合比　　　　　　　单位：kg/m³

试验编号	水	水泥	粉煤灰	硅粉	砂	碎石	减水剂	SRA	SAP	补加水	备注
1	160	360	180	35	760	850	9.8	—	—	0	空白
2	160	360	180	35	760	850	10.4	2	—	0	
3	160	360	180	35	760	850	10.4	4	—	0	减缩剂 TETRAGUARD AS21
4	160	360	180	35	760	850	9.8	6	—	0	
5	160	360	180	35	760	850	9.8	—	0.38	11.5	30 倍吸水率计，$W_{ic}/B=2\%$
6	160	360	180	35	760	850	9.8	—	0.58	17.3	$W_{ic}/B=3\%$
7	160	360	180	35	760	850	9.8	—	0.77	23.0	$W_{ic}/B=4\%$
8	160	360	180	35	760	850	9.8	—	0.96	28.8	$W_{ic}/B=5\%$
9	160	360	180	35	760	850	9.8	—	1.15	34.5	$W_{ic}/B=6\%$

注：补加水为 SAP 额外吸水量，$W_{ic}/B=2\%$ 表示额外吸水量为胶材总量的 2%。

6. 混凝土自收缩试验

（1）标准养护条件下自收缩试验

试验混凝土主要性能与自收缩的试验结果，分别见表 5-22、表 5-23，SRA、SAP 对抗压强度的影响见图 5-4、图 5-5，SRA 与 SAP 对抗压强度和自收缩的影响见图 5-6。

表 5-22　混凝土主要性能的试验结果

试验编号	扩展度/mm		出机 V 漏斗试验时间/s	抗压强度/MPa			
	出机	2h		7d	28d	60d	90d
1	675	655	22.6	63.3	81.9	94.1	103.6
2	655	610	36.3	59.6	79.7	92.7	103.0
3	660	635	28.2	58.4	77.6	89.7	99.6
4	665	640	23.6	56.8	75.3	83.5	93.6
5	670	655	22.4	61.1	77.1	96.6	107.3
6	675	660	18.8	56.9	74.5	92.6	103.2
7	680	675	17.5	52.7	73.6	80.3	100.3
8	685	670	20.3	48.3	71.5	83.1	95.0
9	695	680	28.7	46.3	70.1	74.3	91.9

表 5-23　混凝土的自收缩试验结果（7d 龄期）

试验组别	1	2	3	4	5	6	7
试验编号	1	2	3	4	5	7	9
自收缩/×10⁻⁶	521.4	412.6	328.7	266.1	285.8	193.4	138.5
	100.0%	79.1%	63.0%	51.0%	54.8%	37.1%	26.6%

注：掺加 SAP 的配合比中仅测试 W_{ic}/B 分别为 2%、4% 和 6% 的配合比。表中最后一栏百分数表示每组试验与空白组即"编号 1"的结果的比值。

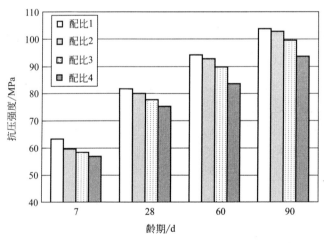

图 5-4　SRA 对抗压强度的影响

分析上述试验结果，可以得出以下结论：

① 与空白混凝土相比，当 SRA 掺量分别为 2kg/m³、4kg/m³ 和 6kg/m³ 时，28 天抗压强度分别下降 2.7%、5.3% 和 8.1%，60 天抗压强度分别下降 1.5%、4.7% 和 11.3%。

当 SAP 掺量分别为 0.38kg/m³、0.58kg/m³、0.77kg/m³、0.96kg/m³ 和 1.15kg/m³ 时，28 天强度下降 5.9%、9.0%、10.1%、12.7% 和 14.4%。

上述试验结果表明，混凝土中掺加减缩剂（SRA）与高吸水性树脂（SAP）对其强度

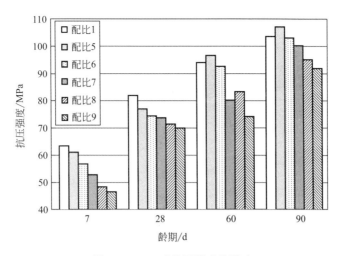

图 5-5　SAP 对抗压强度的影响

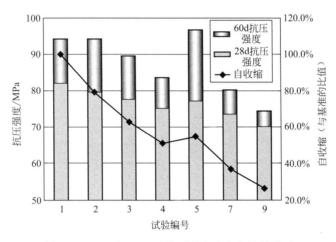

图 5-6　SRA 与 SAP 对抗压强度和自收缩的影响

不利。

② 自收缩试验结果表明（表 5-23），随 SRA 和 SAP 掺量的增加，混凝土自收缩明显减小。

通过对试验效果、使用成本与使用方法的综合分析，可以认为掺加 SAP 是降低高强混凝土自收缩的一项好的技术措施。

（2）变温条件下自收缩试验

工程实践表明，高强混凝土的自收缩开裂往往发生在早期，此时不仅因水化热引起内部温度高，且温度将伴随龄期的延长而发生不同程度降低，所以有必要模拟巨型柱实体的温度变化，进行变温条件下自收缩试验研究。

试验按照现行国家标准 GB/T 50082 中所规定的接触法，在加速养护箱内进行。箱内养护温度按照预先获取的混凝土绝热温升试验的温升曲线（见图 5-7）进行控制，即最高温度约 75℃，降温速度约 5℃/d。试件成型后即用塑料薄膜覆盖，拆模后先用石蜡封面然后用塑料薄膜缠绕包裹，使试件始终处于绝湿状态下。

自收缩试验的配合比见表 5-24，同时，为了对比掺加膨胀剂后的效果，其中序号 3 掺加 $45kg/m^3$（内掺胶凝材料总量 8%）的硫铝酸钙-氧化钙类膨胀剂（EA）。试验拌合物的工作性与主要龄期的抗压强度试验结果见表 5-25，自收缩试验曲线见图 5-8。

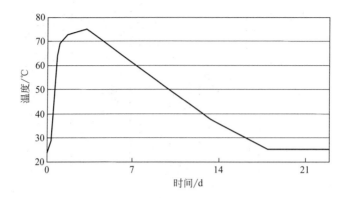

图 5-7　养护温度控制曲线

表 5-24　混凝土自收缩试验的配合比　　　　　　　　　　　单位：kg/m³

序号	水	水泥	粉煤灰	硅灰	砂	碎石	外加剂	SAP	EA	SRA	备注
1	160	360	180	35	760	850	9.8	—	—	—	空白
2	171.5	360	180	35	760	850	9.8	0.38	—	—	30 倍吸水率计，$W_{ic}/B = 2\%$
3	160	335	165	35	760	850	10.4	—	45	—	
4	160	360	180	35	760	850	9.8	—	—	4	减缩剂 AS21

表 5-25　试验混凝土的主要性能试验结果

序号	扩展度/mm		出机 V 漏斗试验时间/s	抗压强度/MPa			
	出机	2h		7d	28d	60d	90d
1	685	650	26.5	56.4	74.2	87.3	84.3
2	695	690	18.7	54.1	74.4	78.2	89.3
3	660	605	45.8	53.9	72.6	82.0	79.8
4	690	680	23.4	59.7	78.1	79.1	88.2

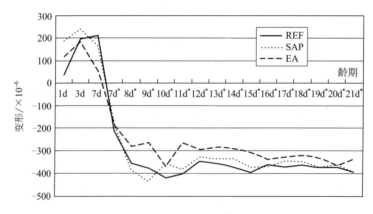

图 5-8　混凝土早期变形曲线（REF 代表空白组）
（＊表示从 7d 后均为自然养护，前期是变温养护）

由图 5-8 可以看出，随着养护温度的变化，混凝土"热胀冷缩"的现象比较明显，且 7 天后均表现为收缩。对照图 5-7 和图 5-8 可以看出，当试验温度从最高温度降至室温时（温度降幅约 50℃），产生的变形在 600×10^{-6} 左右；养护温度下降后，从 12 天开始，变形基本稳定；但图 5-8 无法评价终凝前的部分变形。为了进一步准确评价 EA、SAP 与 SRA 在变温养护条件下对混凝土收缩的影响，又采用预埋入差阻式应变计和自动数据采集系统相结合的方式，对表 5-24 所示混凝土配合比进行温变养护条件下的自收缩试验，收缩值的测量从混凝土成型后开始，收缩曲线见图 5-9。

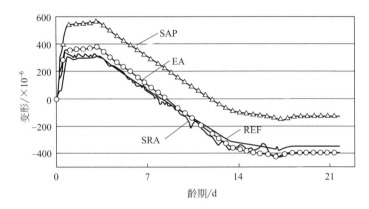

图 5-9 变温养护条件下混凝土收缩曲线

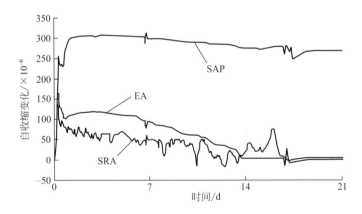

图 5-10 扣除温度影响后的混凝土自收缩曲线

图 5-10 是扣除温度影响后的变形曲线，可以看出，相同的温度变化条件下，掺加不同功能材料时，混凝土早期膨胀与后期收缩变形表现出较大的差异。在早期，掺 SAP 混凝土早期膨胀变形较大；3 天后 SAP 的收缩速率接近于空白组（REF）；EA 在 3 天内的膨胀变形仅比基准组大 60×10^{-6}，说明 EA 不适合于高温工作条件；SRA 变形与基准组基本一样，说明其减缩能力在本试验中未得到明显体现。

综上，本工程 C70 混凝土确定采用表 5-26 所示配合比，并采用 60 天强度进行结构验收评定。

表 5-26 工程采用的 C70 混凝土配合比   单位：kg/m³

水	水泥	粉煤灰	硅灰	砂	碎石	外加剂	SAP	备注
160	360	180	35	760	850	9.8	0.38	30 倍吸水率计，$W_{ic}/B = 2\%$

7. 现场施工

（1）巨型柱外包混凝土和翼墙混凝土浇筑

采用 1 台 56m 臂长汽车泵和 2 台地泵连续浇筑，每次浇筑高度为楼板底标高。通过翼墙钢板预留直径 150mm、间距 2m 梅花布置的流淌孔，控制翼墙钢板两侧混凝土的浇筑高度相同。浇筑过程中原则上不对混凝土进行机械振捣，但在钢筋密集区域与纵横钢隔板交错部位，通过振捣钢筋与钢隔板，实现对混凝土的辅助振捣。

（2）巨型柱内腔混凝土浇筑

巨型柱外包混凝土和翼墙混凝土浇筑 7 天（混凝土温度开始下降）后，采用 56m 臂长汽车泵与两台液压布料机，依次按照 A→B→C→D→E→F→G 的顺序进行内腔混凝土浇筑（图 5-11），浇筑方法为导管导入法（图 5-12）。分层浇筑高度约 1m，并借助巨型柱内部钢结构隔板上穿钢筋的孔洞与焊板锁口，作为排气孔和观察孔，重点关注浇筑到接近横隔板位置 500mm 范围内的混凝土排气、填充和密实情况。

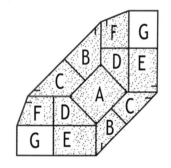

图 5-11　腔体内浇混凝土顺序

图 5-12　内浇混凝土导管导入法浇筑

混凝土初凝即将结束时，采用塑料瓶缓慢倒水或用水舀子浇水的方式，进行湿润养护。

初凝后，采取蓄水养护的方式，在混凝土表面灌注常温清水，水深约 150～200mm。蓄水时严禁用水管冲刷混凝土表面。外包和翼墙混凝土浇筑 48h 后才能拆模。模板拆除后，立即采用塑料布包裹、密封覆盖，利用温差产生的冷凝水进行保湿养护。

8. 跟踪测试

选择 MC2 巨型柱（图 5-13）的地下六层与地下五层（－28.1～－21.1m）高度节段的钢管与管内混凝土（一次浇筑量达 400m³）进行以下测试研究。

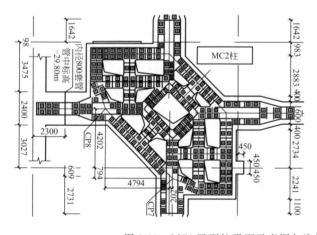

图 5-13　MC2 巨型柱平面示意图与浇筑施工照片（单位：mm）

（1）钢管壁侧向压应力

采用压力盒（埋入式振弦式压力传感器）对钢管壁侧向压应力测试。压力盒 YL1 与 YL2 的水平位置处于柱体短边的中心处（图 5-14 中的圆圈处），水平高度分别位于距柱体底端的 3500mm（YL1 点）和 5250mm（YL2 点）处。

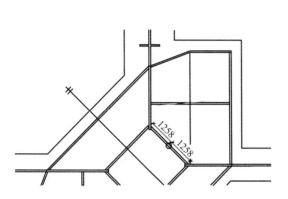

图 5-14 压力盒布置示意图（尺寸单位：mm）

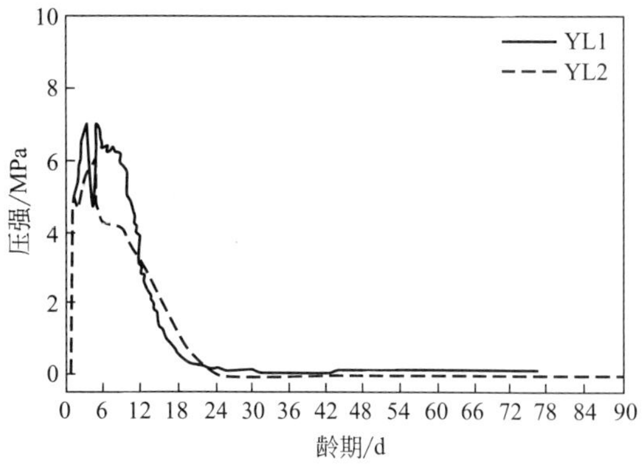

图 5-15 钢管壁侧向压应力测试曲线

90 天龄期的管壁侧向压应力的测试曲线，如图 5-15 所示。测试结果表明，浇筑完成时，由混凝土产生的静水压应力并不大。浇筑后约 24h（1 天）后，由水化热导致的膨胀应力迅速持续增大。7 天后，伴随混凝土温度的不断下降，侧向压应力逐渐降低。28 天后，趋于平稳，降至 0.2MPa 以下。90 天后，管壁侧向压应力仍保持低于 0.2MPa 的正值，表明巨型柱内混凝土和钢管壁之间未发生脱空现象。

（2）钢管壁横向应变

应变片布设于图 5-16 中圆形标识处，其中 1 号与 2 号应变片分别位于距柱体底端 3500mm 和 500mm 处且处于同一水平投影位置，3 号和 4 号应变片位于钢管内壁，5~8 号应变片位于钢管外壁，3~8 号应变片均距柱体底端 3500mm 处。

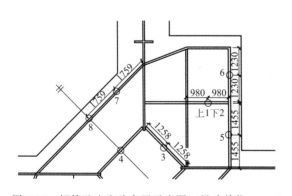

图 5-16 钢管壁应变片布置示意图（尺寸单位：mm）

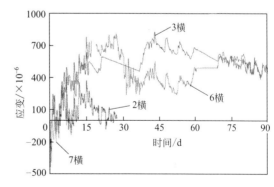

图 5-17 钢管壁横向应变测试曲线

钢管壁横向应变测试曲线（拉应变为正，压应变为负），如图 5-17 所示。测试结果表明，混凝土凝结硬化初期（1.5 天内），钢管壁的横向应变为明显的拉应变。随着龄期的延长，横向应变值逐渐下降，其值稳定在 600×10^{-6} 左右，不足钢材屈服应力的 35%，因此，钢管结构安全。

（3）混凝土温升

WZP-Pt100 铂热电阻测温元件布设于图 5-18 中圆形标识处，W1~W5 为巨型柱内测点，其中 W1 为中心点，W5 为钢管内壁测点，W6 为外包混凝土测点，各测点距柱体底端 3500mm 处，并同时对保温棚内以及室外大气温度和湿度进行测试。选用 KSL/A 系列智能巡回检测报警仪，实现对测试数据的自动采集（连续采集，时间间隔为 1min）。

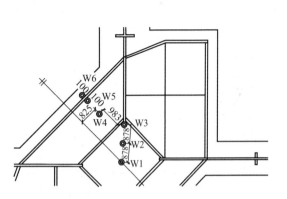

图 5-18 温度测点布置示意图（尺寸单位：mm）

图 5-19 各测点温度测试曲线

各测点温度的测试曲线，如图 5-19 所示。测试结果表明，内浇混凝土浇筑初期温升较为迅速，约 24h 后温升逐步达到峰值，约 88℃；浇筑完成约 3 天以后，温度开始逐渐下降。外包混凝土（W6 测点）浇筑完成约 36h 后，温度达到峰值，约为 64.8℃。截至浇筑完成第 18 天，巨型柱中心腔体的混凝土温度保持在 75℃左右，边缘腔体的混凝土温度下降到约 65℃，外包混凝土的温度下降至约 45℃，截至三个月时，核心混凝土温度最高约为 35℃。结构没有发现温度裂缝。

（4）混凝土收缩

如图 5-20 所示，在巨型柱内浇混凝土被测试截面的纵向与横向，分别对称布置 2 对 BGK-4210 埋入型应变计，布置高度为浇筑高度的中截面处（约 3500mm）；在巨型柱的外包混凝土和翼墙混凝土内沿墙身方向埋入应变计，量测横向变形。

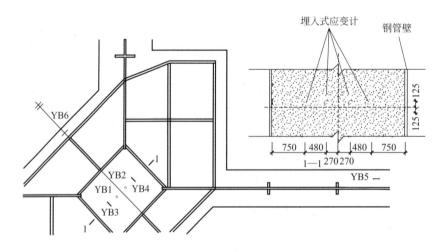

图 5-20 混凝土收缩应变计布置图（尺寸单位：mm）
YB1，YB2—中心线左、右侧（纵向）；YB3，YB4—中心线左、右侧（横向）；
YB5—翼墙中心线；YB6—外包混凝土中心线

混凝土收缩测试曲线，如图 5-21 所示。测试结果表明，混凝土浇筑完成 5～6h 后，内浇混凝土的收缩变形增长较快，最大横向收缩变形约 $150×10^{-6}$，最大纵向收缩变形约 $200×10^{-6}$；此后，增长速率逐渐减缓，浇筑完成 3 个月后，横向收缩值基本稳定在 $400×10^{-6}$ 左右。外包混凝土和翼墙混凝土的收缩变形也出现同样的快速增长过程，最大收缩变形约 $250×10^{-6}$，3个月后基本稳定在 $200×10^{-6}$ 左右。

综上所述，跟踪测试的各项结果均能满足本工程施工与质量要求。地下室结构共浇筑混凝土 1 万余立方米，成型试件154 组，混凝土强度统计结果：60 天平均强度 79.1MPa，标准差 5.1MPa。

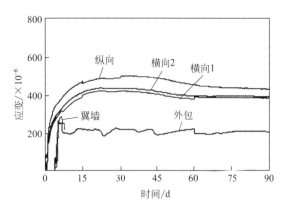

图 5-21　混凝土收缩测试曲线

第二节　高性能混凝土

高性能混凝土在我国现行国家标准《高性能混凝土技术条件》（GB/T 41054）中的定义为：以工程建设设计、施工和使用对混凝土性能特定要求为总体目标，选用优质常规原材料，合理掺加外加剂和矿物掺合料，采用较低水胶比并优化配合比，通过拌和绿色生产方式以及严格的施工措施，制成具有优异的拌合物性能、力学性能、耐久性能和长期性能的混凝土。

美国混凝土协会（ACI）提出并定义为：高性能混凝土是符合特殊性能组合和匀质性要求的混凝土，是必须采用严格的施工工艺，采用优质材料制备的易于浇筑、振捣不离析、早期强度高、力学性能稳定、韧性高、体积稳定性好、恶劣环境条件下使用寿命长的混凝土。

根据 GB/T 41054 的规定，高性能混凝土分为特制品与常规品。前者是指符合高性能混凝土技术要求的轻骨料混凝土、高强混凝土、自密实混凝土、纤维混凝土和重混凝土。后者是指除特制品高性能混凝土之外符合高性能混凝土技术要求并常规使用的混凝土。

尽管学术界对高性能混凝土的定义有所不同，但其内涵相同：高性能混凝土应具有良好的工作性、力学性能、体积稳定性和很高的耐久性，而且具有显著的技术经济、社会和环境效益。

笔者认为，高性能混凝土不宜作为混凝土的一个新品种，它应是一个质量目标，对不同的工程，不同的使用环境，高性能混凝土应有不同的"特殊性能组合"。本书将其作为一个新品种加以论述，目的是强调混凝土的发展趋势，将是其"优异性能的组合"。

一、高性能混凝土原材料

1. 水泥

宜采用符合现行国家标准 GB 175 规定的硅酸盐水泥和普通硅酸盐水泥；对于有盐冻融环境下的混凝土，不得采用含石灰石粉的水泥；有预防混凝土碱-骨料反应要求的混凝土工程宜采用碱含量低于 0.6% 的水泥；大体积混凝土宜采用符合现行国家标准《中热硅酸盐水泥、低热硅酸盐水泥》（GB/T 200）规定的中、低热硅酸盐水泥，也可使用硅酸盐水泥和普通硅酸盐水泥，同时复合使用大掺量的矿物掺合料；有抗硫酸盐侵蚀要求的混凝土，宜采用硅酸盐水泥和普通硅酸盐水泥，同时复合使用优质的矿物掺合料，不得采用含石灰石粉的水泥。

水泥的技术指标还应符合表 5-27 的规定。

表 5-27　水泥的技术指标（GB/T 41054）

项目	要求	试验方法
比表面积/(m²/kg)	≤360	按 GB/T 8074 进行
3d 抗压强度[①]/MPa	42.5 级硅酸盐水泥、普通硅酸盐水泥：≥17.0,≤25.0 52.5 级硅酸盐水泥、普通硅酸盐水泥：≥22.0,≤31.0	按 GB/T 17671 进行
28d/3d 抗压强度比	≥1.70	按 GB/T 17671 测试 28d 和 3d 抗压强度，计算 28d,3d 抗压强度比
熟料 C_3A 含量(按质量计)	重度硫酸盐环境≤5%、中度硫酸盐环境≤8%，海水等氯化物环境≤10%	按 GB/T 176 进行
3d 水化热/(kJ/kg)	一般水泥≤280,中热水泥251,低热水泥≤230	按 GB/T 12959 进行
7d 水化热/(kJ/kg)	一般水泥≤320,中热水泥293,低热水泥260	按 GB/T 12959 进行
Cl^- 含量(按质量计)/%	≤0.06	按 JC/T 420 进行
标准稠度需水量/%	≤27	按 GB/T 1346 进行

① 此指标为选择性指标，当硅酸盐水泥、普通硅酸盐水泥用于有抗裂要求的混凝土中时采用。

2. 骨料

高性能混凝土所用骨料可按照现行行业标准《高性能混凝土骨料》（JG/T 568）的要求进行选择。

（1）细骨料

细骨料颗粒级配允许一个粒级（不含 4.75mm 和筛底）的分计筛余可略有超出，但不应大于 5%，分计筛余百分率见表 5-28。

表 5-28　细骨料颗粒级配（JG/T 568）

方孔筛尺寸/mm	4.75	2.36	1.18	0.60	0.30	0.15	筛底
人工砂分计筛余/%	0~5	10~15	10~25	20~31	20~30	5~15	0~20
天然砂分计筛余/%	0~10	10~15	10~25	20~31	20~30	5~15	0~10

细度模数值控制在 2.3~3.3 范围内。细骨料技术指标应满足表 5-29 的规定，当采用人工砂时石粉含量还应符合表 5-30 的规定。

表 5-29　细骨料技术指标要求（JG/T 568）

序号	项目	天然砂		人工砂	
		特级	Ⅰ级	特级	Ⅰ级
1	含泥量(按质量计)/%	≤1.0	≤2.0	—	—
2	泥块含量(按质量计)/%	0	≤0.5	0	≤0.5
3	片状颗粒含量/%	—	—	≤10	≤15

序号	项目	天然砂		人工砂	
		特级	I级	特级	I级
4	人工砂需水量比[①]/%	—	—	≤115	≤125
5	坚固性(质量损失)/%	≤5	≤8	≤5	≤8
6	单级最大压碎指标/%	—		≤20	≤25
7	表观密度/(kg/m³)	≥2500	≥2500	≥2600	≥2600
8	松散堆积空隙率/%	≤41.0	≤43.0	≤41.0	≤43.0
9	饱和面干吸水率/%	≤1.0	≤2.0	≤1.0	≤2.0
10	云母含量(按质量计)/%	≤1.0	≤2.0	≤1.0	≤2.0
11	含水率	供需双方协商确定		供需双方协商确定	
12	轻物质含量(按质量计)/%	≤1.0		≤1.0	
13	有机物含量	合格		合格	
14	硫化物及硫酸盐含量(折算成SO_3按质量计)[②]/%	≤0.5		≤0.5	
15	氯化物(以氯离子质量计)/%	≤0.01	≤0.02	≤0.01	≤0.02
16	贝壳(按质量计)[③]/%	≤3.0	≤5.0	≤3.0	≤5.0

① 此指标为选择性指标,可由供需双方协商确定是否采用。

② 当细骨料中含有颗粒状的硫酸盐或硫化杂质时,应进行专门检验,确认能满足混凝土耐久性要求后,方能采用;当细骨料中含有黄铁矿时,硫化物及硫酸盐含量(按SO_3质量计)不得超过0.25%。

③ 该指标仅适用于海砂,其他砂种不作要求。

表 5-30 人工砂石粉含量指标要求(JG/T 568)

条件	石粉含量(按质量计)/%
当石粉亚甲蓝值MB_F>6.0时	≤3.0
当石粉亚甲蓝值MB_F>4.0,且石粉流动度比F_F<100%时	≤5.0
当石粉亚甲蓝值MB_F>4.0,且石粉流动度比F_F≥100%时	≤7.0
当石粉亚甲蓝值MB_F≤4.0,且石粉流动度比F_F≥100%时	≤10
当石粉亚甲蓝值MB_F≤2.5或石粉流动度比F_F≥100%时	根据使用环境和用途,并经试验验证,供需双方协商可适当放宽石粉含量,但不应超过15%

（2）粗骨料

级配应宜根据粒级范围进行分级、分仓储存,颗粒级配见表 5-31,其技术指标要求见表 5-32。

表 5-31 粗骨料颗粒级配(JG/T 568)

公称粒级 /mm	累计筛余(以质量计)/%						
	方孔筛尺寸/mm						
	2.36	4.75	9.50	16.0	19.0	26.5	31.5
5~10	95~100	80~100	0~15	0	—	—	—
10~16	—	95~100	80~100	0~15	—	—	—
10~20	—	95~100	85~100	—	0~15	0	—
16~25	—	—	95~100	55~70	25~40	0~10	—
16~31.5	—	95~100	—	85~100	—	—	0~10

表 5-32　粗骨料技术指标要求（JG/T 568）

序号	项目	卵石		碎石	
		特级	Ⅰ级	特级	Ⅰ级
1	针、片状颗粒含量/%	≤3	≤5	≤3	≤5
2	不规则颗粒含量/%	≤5	≤10	≤5	≤10
3	表观密度/(kg/m³)	≥2600	≥2600	≥2600	≥2600
4	含泥量(按质量计)/%	≤0.5	≤1.0	≤1.0	≤1.0
5	泥块含量(按质量计)/%	0	≤0.2	0	≤0.2
6	有机物	合格		合格	
7	硫化物及硫酸盐含量(按 SO_3 质量计)[①]/%	≤0.5	≤1.0	≤0.5	≤1.0
8	吸水率/%	≤1.0	≤1.5	≤1.0	≤1.5
9	坚固性(质量损失)/%	≤5	≤8	≤5	≤8
10	压碎指标[②]/%	≤10	≤15	≤10	≤15
11	氯化物(以氯离子质量计)/%	≤0.01	≤0.02	≤0.01	≤0.02
12	含水率/%	实测值		实测值	
13	岩石抗压强度	在水饱和状态下,其抗压强度火成岩应不小于 80MPa,变质岩应不小于 60MPa,水成岩应不小于 45MPa			

　　① 当粗骨料中含有颗粒状的硫酸盐或硫化杂质时,应进行专门检验,确认能满足混凝土耐久性要求后,方能采用;当骨料中有黄铁矿时,硫化物及硫酸盐含量（按 SO_3 质量计）不得超过 0.25％。

　　② 当采用干法生产的石灰岩碎石配制 C40 及其以下强度等级大流态混凝土（坍落度大于 180mm）时,碎石的压碎指标可放宽至 20％。

　　此外,细、粗骨料尚应分别按现行国家标准 GB/T 14684 及 GB/T 14685 进行碱活性检验,当骨料具有潜在碱活性时,应按现行国家标准 GB/T 50733 的规定采取技术措施进行预防。当判断骨料存在碱活性时,粗骨料不宜作高性能混凝土骨料,粗细骨料均不得用于配制处于盐渍土、海水,受除冰盐作用等含碱环境中的高性能混凝土。

3. 矿物掺合料

　　矿物掺合料能改善高性能混凝土工作性,降低温升,强化内部结构,增加后期强度,以及提高抗腐蚀能力等。其主要品种有：粉煤灰、粒化高炉矿渣粉、硅灰、钢渣粉、粒化电炉磷渣粉、石灰石粉、天然火山灰质材料及复合掺合料等。其性能应分别符合下述现行国家或行业标准：GB/T 1596、GB/T 18046、GB/T 27690、GB/T 20491、《用于水泥和混凝土中的粒化电炉磷渣粉》（GB/T 26751）、GB/T 30190 以及《水泥砂浆和混凝土用天然火山灰质材料》（JG/T 315）和《混凝土用复合掺合料》（JG/T 486）。

　　掺合料中不得含有助磨剂。掺用矿物掺合料的混凝土,应采用硅酸盐水泥或普通硅酸盐水泥。对于高强混凝土或有抗渗、抗冻、抗腐蚀、耐磨或其他特殊要求的混凝土,应采用Ⅰ级或Ⅱ级粉煤灰;采用硅灰时,其二氧化硅含量应大于 85％。

　　为了充分发挥不同品种掺合料的技术优势,弥补单一掺合料自身固有的某些缺陷,利用复掺所产生的超叠加效应,可取得比单掺更好的技术效果。

4. 外加剂

　　外加剂应与所用原材料具有良好的适应性或相容性,掺外加剂混凝土 28 天收缩率比不宜大于 110％,其他性能应符合现行国家标准 GB 8076 的规定;膨胀剂应符合现行国家标准 GB 23439 和行业标准《补偿收缩混凝土应用技术规程》（JGJ/T 178）的规定;防冻剂应符合现行行业标准 JC 475 的规定。

5. 纤维

所用钢纤维、合成纤维应符合现行行业标准《纤维混凝土应用技术规程》(JGJ/T 221)的规定；钢纤维抗拉强度等级应为 600 级以上。

二、高性能混凝土技术性能

1. 工作性

应具有良好的工作性，不得离析或泌水，且坍落度、扩展度、坍落度经时损失和凝结时间应满足施工要求。坍落度、扩展度的等级划分及稠度的允许偏差应分别符合表 5-33～表 5-35 的规定，在满足施工工艺要求的前提下，应尽可能采用较小的坍落度。

表 5-33　混凝土拌合物坍落度的等级划分（GB 50164）

等级	S1	S2	S3	S4	S5
坍落度/mm	10～40	50～90	100～150	160～210	≥220

表 5-34　混凝土拌合物扩展度的等级划分（GB 50164）

等级	F1	F2	F3	F4	F5	F6
扩展度/mm	≤340	350～410	420～480	490～550	560～620	≥630

表 5-35　混凝土拌合物的稠度的允许偏差（GB 50164）

拌合物性能		允许偏差		
坍落度/mm	设计值	≤40	50～90	≥100
	允许偏差	±10	±20	±30
维勃稠度/s	设计值	≥11	6～10	≤5
	允许偏差	±3	±2	±1
扩展度/mm	设计值	≥350		
	允许偏差	±30		

特制品高性能混凝土的稠度以及其他性能控制宜符合以下要求：

① 泵送高强高性能混凝土坍落度控制目标值宜在 S5 等级中选用，1h 坍落度应无损失，扩展度不宜小于 500mm，倒置坍落度筒排空时间宜控制在 5～20s。

② 自密实混凝土扩展度不宜小于 600mm，1h 扩展度应无损失；扩展时间 T_{500} 不大于 8s；坍落扩展度与 J 环扩展度差值不大于 25mm；离析率不大于 15%。

③ 钢纤维混凝土坍落度控制目标值宜在 S4 等级中选用，坍落度经时损失不宜大于 20mm/h；合成纤维混凝土坍落度控制目标值不宜大于 180mm，坍落度经时损失不宜大于 30mm/h。纤维混凝土拌合物中的纤维应分布均匀，不出现结团现象，钢纤维混凝土拌合物中纤维体积率应符合试验要求。

2. 力学性能

（1）强度

强度发展稳定，既具有适宜的早期强度，又具有理想的长期强度，其强度等级可在一个较宽的范围内变化，如表 5-36 所示。

表 5-36　高性能混凝土强度的等级范围 （GB/T 41054）

高性能混凝土类别	常规品	特制品				预制制品
		高强	自密实	钢纤维	合成纤维	
强度等级范围	C30～C55	C60～C115	C30～C115	CF35～CF115	C30～C80	≥C40

（2）弹性模量

与普通混凝土相比，尽管高性能混凝土的粗集料用量相对较低，但其弹性模量并不低，一方面是因为水胶比低以及掺用矿物掺合料都将使混凝土的孔隙率降低；另一方面弹性模量高的未水化水泥熟料颗粒含量大。弹性模量一般在 $(3.80～4.40)\times10^4$ MPa 范围内。

3. 变形性能

（1）收缩变形

① 自收缩。与普通混凝土相比，低水胶比的高性能混凝土其水泥水化会使内部自由水较快消耗，即使在潮湿中养护，也会因其渗透性低，内部相对湿度随水泥水化的进展而降低，发生较大的自干燥，引起混凝土的自收缩变形。

② 干燥收缩。由于高性能混凝土密实，孔隙率低；又因水胶比低，弹性模量高的未水化水泥熟料颗粒含量大，因此，高性能混凝土的干燥收缩与普通混凝土的干燥收缩相比小些。

综上所述，高性能混凝土的干燥收缩变形小而自收缩变形大，尽管总收缩值不一定比普通混凝土大，却因有较大的自收缩而增加了开裂的倾向。高性能混凝土 180 天收缩率不宜超过 0.045%。

（2）徐变变形

尽管高性能混凝土比普通混凝土的骨料体积少，但因水胶比很低，能限制徐变的未水化水泥颗粒多，且矿物掺合料的掺入也会使未水化颗粒大大增加，因此，强度等级相同的高性能混凝土和普通混凝土相比，徐变的水平相差应不大。也有试验结果表明，与普通混凝土相比，高强高性能混凝土总徐变值（即基本徐变和干燥徐变之和）显著降低，且随强度的提高，干燥徐变和基本徐变的比值下降。

4. 耐久性能

高性能混凝土因其水胶比低、密实度高、强度较高以及体积稳定性好，因此，具有良好的耐久性。

（1）耐久性能等级划分

① 抗冻性能、抗水渗透性能、抗硫酸盐侵蚀性能的等级划分。抗冻性能、抗水渗透性能、抗硫酸盐侵蚀性能的等级划分应符合表 5-37 的规定。

表 5-37　高性能混凝土抗冻性能、抗水渗透性能、抗硫酸盐侵蚀性能的等级划分 （GB/T 41054）

类别	抗冻等级（快冻法）	抗渗等级	抗硫酸盐等级
等级划分	F250、F300	P12	KS120
	F350、F400	>P12	KS150
	>F400		>KS150

② 抗氯离子渗透性能的等级划分。抗氯离子渗透性能的等级划分应符合表 5-38（RCM 法）或表 5-39（电通量法）的规定。

表 5-38　高性能混凝土抗氯离子渗透性能的等级划分（RCM 法）（GB/T 41054）

等级	RCM-Ⅲ	RCM-Ⅳ	RCM-Ⅴ
氯离子迁移系数 D_{RCM}（RCM 法）/($\times 10^{-12} m^2/s$)	$2.5 \leqslant D_{RCM} < 3.0$	$1.5 \leqslant D_{RCM} < 2.5$	$D_{RCM} < 1.5$

注：测试龄期应为 84d。

表 5-39　高性能混凝土抗氯离子渗透性能的等级划分（电通量法）（GB/T 41054）

等级	Q-Ⅲ	Q-Ⅳ	Q-Ⅴ
电通量 Q_S/C	$1000 \leqslant Q_S < 1500$	$500 \leqslant Q_S < 1000$	$Q_S < 500$

注：测试龄期宜为 28d，若水泥中混合材与矿物掺合料之和超过胶凝材料用量的 50% 时，测试龄期可为 56d。

③ 抗碳化性能的等级划分。抗碳化性能的等级划分应符合表 5-40 的规定。

表 5-40　高性能混凝土抗碳化性能的等级划分（GB/T 41054）

等级	T-Ⅲ	T-Ⅳ	T-Ⅴ
碳化深度 d/mm	$10 \leqslant d < 15$	$0.1 \leqslant d < 10$	$d < 0.1$

（2）耐久性能控制要求

① 一般环境中耐久性能控制要求。一般环境中高性能混凝土耐久性能控制要求应按表 5-41 确定。

表 5-41　一般环境中的高性能混凝土耐久性能控制要求（GB/T 41054）

控制项目 环境作用等级	50 年	100 年	
	Ⅰ-C	Ⅰ-B	Ⅰ-C
28d 碳化深度/mm	≤15	≤10	≤5
抗渗等级	≥P12	≥P12	≥P12

② 冻融环境中耐久性能控制要求。冻融环境中高性能混凝土耐久性能控制要求应按表 5-42 确定。

表 5-42　冻融环境中的高性能混凝土耐久性能控制要求（GB/T 41054）

控制项目 环境作用等级	50 年			100 年		
	Ⅱ-C	Ⅱ-D	Ⅱ-E	Ⅱ-C	Ⅱ-D	Ⅱ-E
抗冻等级	≥F250	≥F300	≥F350	≥F300	≥F350	≥F400

③ 氯化物环境中耐久性能控制要求。氯化物环境中高性能混凝土耐久性能控制要求应按表 5-43 确定。

表 5-43　氯化物环境中的高性能混凝土耐久性能控制要求（GB/T 41054）

控制项目 环境作用等级	50 年				100 年			
	Ⅲ-C Ⅳ-C	Ⅲ-D Ⅳ-D	Ⅲ-E Ⅳ-E	Ⅲ-F	Ⅲ-C Ⅳ-C	Ⅲ-D Ⅳ-D	Ⅲ-E Ⅳ-E	Ⅲ-F
84d 氯离子迁移系数 /($\times 10^{-12} m^2/s$)	<3.0	<2.5	<2.0	<1.5	<2.5	<2.5	<1.5	<1.2

注：当海洋氯化物环境与冻融环境同时作用时，应采用引气混凝土。

④ 化学腐蚀环境中耐久性能控制要求。化学腐蚀环境中高性能混凝土耐久性能控制要求应按表 5-44 确定。

表 5-44　化学腐蚀环境中的高性能混凝土耐久性能控制要求（GB/T 41054）

控制项目 环境作用等级	50 年			100 年		
	V-C	V-D	V-E	V-C	V-D	V-E
84d 氯离子迁移系数 /(×10^{-12} m²/s)	≤4.0	≤2.5	≤2.0	≤3.5	≤2.0	<1.5
56d 电通量 Q_S/C	≤2000	≤1500	≤1000	≤1500	≤1000	≤800
对于硫酸盐环境,抗硫酸盐等级	≥KS120	≥KS150	≥KS150	≥KS150	≥KS150	≥KS150

注：1. 化学腐蚀环境中高性能混凝土不宜单独使用硅酸盐水泥或普通硅酸盐水泥作为胶凝材料；
2. 在干旱、高寒硫酸盐环境和含盐大气环境中的高性能混凝土宜为引气混凝土，其含气量不宜超过 5%。

（3）混凝土耐久性能

① 抗渗性。与普通混凝土相比，高性能混凝土因具有很高的密实度，因此抗渗性显著提高。统计资料表明：普通混凝土的氯离子的迁移系数为 $10^{-11} \sim 10^{-9}$ m²/s 数量级，抗渗等级一般≤P12；而高性能混凝土的氯离子迁移系数为 $10^{-14} \sim 10^{-12}$ m²/s 数量级，抗渗等级>P12，甚至可达到或超过 P30。

② 抗冻性。一些研究者认为，高性能混凝土强度较高、结构致密，水向其内部渗透速率低，且自干燥较大，都将使混凝土内部孔中可冻结和可迁移的水少，可以承受水结冰膨胀产生的破坏力，因此，高性能混凝土有较高的抗冻性。而另一些研究者认为，高性能混凝土强度高并不意味其具有较高的抗冻性，有必要掺入引气剂，改善混凝土内部的孔结构，这一点对于掺较多矿物掺合料以及长期处于严寒环境的水中、相对湿度为 100% 的环境中和盐冻作用下的高性能混凝土尤为重要。

③ 抗硫酸盐侵蚀性。混凝土抗硫酸盐侵蚀性既与其渗透性密切相关，又与其水泥水化产物氢氧化钙的含量有关。由于高性能混凝土的渗透性低，密实性高，自然会降低腐蚀介质在混凝土内部的扩散速度与扩散量，而混凝土中较多的矿物掺合料与氢氧化钙的二次水化反应，也减少了引起硫酸盐侵蚀发生的膨胀性产物钙矾石的生成量，因此，高性能混凝土具有较高的抗硫酸盐侵蚀性。

④ 抗碳化性。尽管高性能混凝土掺入了较多的矿物掺合料，降低了混凝土的碱度，但因其具有很高的密实性和抗渗透性，因此，与普通混凝土相比，其抗碳化性能并没有降低。已有的研究结果表明：若高性能混凝土的强度等级超过 C60，可无须考虑其碳化性。

⑤ 抗碱-骨料反应性。高性能混凝土掺入了较多的矿物掺合料，从而对碱-骨料反应有一定的抑制作用。另一方面，水是发生碱-骨料反应的必要条件，其较低的水胶比以及自干燥导致混凝土内部相对湿度的降低，都会使混凝土内部很难发生碱-骨料反应。然而，对于受弯构件，尤其对于经常接触水及处于恶劣环境中的重要工程的高性能混凝土，仍需要考虑如何评价和预防潜在的碱-骨料反应的活性。

三、高性能混凝土配合比设计

目前，高性能混凝土配合比设计，依然借鉴普通混凝土配合比的设计方法或相关混凝土的设计方法，设计初步配合比，然后通过试配，经调整后确定最终配合比。

1. 配合比设计原则

（1）较低的水胶比

水胶比对高性能混凝土耐久性的影响最大，所以高性能混凝土应采用较低的水胶比，其值通常不大于 0.45。

（2）适宜的高强度

混凝土的高强度并不一定就意味着混凝土的高性能。但要实现混凝土的高耐久性，必须保证混凝土具有适宜的高强度。

（3）宜尽量增加粗骨料用量以及设计较低的拌合物工作性

增加粗骨料用量有利于提高高性能混凝土的弹性模量和体积稳定性，较低的拌合物工作性可保证高性能混凝土的浇筑质量。

2. 配合比设计要求

标准 GB/T 41054，提出了高性能混凝土的配合比设计的有关规定，并针对不同的环境条件，对高性能混凝土配合比参数提出了具体要求。

（1）配合比设计一般规定

① 配合比设计应满足混凝土配制强度及其他力学性能、拌合物性能、长期性能和耐久性能要求。当设计没有规定混凝土耐久性指标时，在试配阶段，根据标准 JGJ/T 385 的要求，下述耐久性指标应至少有一项得到满足：

a. 抗渗等级不小于 P12；

b. 28 天碳化深度不大于 15mm；

c. 抗冻等级不小于 F250；

d. 84 天龄期氯离子迁移系数不大于 $3.0 \times 10^{-12} \, \mathrm{m^2/s}$ 或 28 天电通量不大于 1500C；

e. 抗硫酸盐等级不小于 KS120。

② 常规品高性能混凝土配合比设计应符合现行行业标准 JGJ 55 的规定。

③ 特制品高性能混凝土配合比设计应符合以下规定：

a. 高强混凝土配合比设计应符合现行行业标准 JGJ 55 的规定。

b. 自密实混凝土配合比设计应符合现行行业标准《自密实混凝土应用技术规程》（JGJ/T 283）的规定。

c. 纤维混凝土配合比设计应符合现行行业标准 JGJ/T 221 的规定。

④ 钢筋混凝土与预应力钢筋混凝土中矿物掺合料最大掺量，宜分别符合表 5-45 与表 5-46 的规定。

表 5-45 钢筋混凝土中矿物掺合料最大掺量（GB/T 41054）

矿物掺合料种类	水胶比	矿物掺合料最大掺量/%	
		采用硅酸盐水泥时	采用普通硅酸盐水泥时
粉煤灰	≤0.40	45	35
	>0.40	40	30
粒化高炉矿渣粉	≤0.40	65	55
	>0.40	55	45
石灰石粉	≤0.40	25	20
	>0.40	20	15

续表

矿物掺合料种类	水胶比	矿物掺合料最大掺量/%	
		采用硅酸盐水泥时	采用普通硅酸盐水泥时
天然火山灰质材料	≤0.40	35	25
	>0.40	30	20
钢渣粉	—	30	20
磷渣粉	—	30	20
硅灰	—	10	10
复合掺合料	≤0.40	65	55
	>0.40	55	45

注：1. 采用其他通用硅酸盐水泥时，应将水泥混合材掺量20%以上的混合材量计入矿物掺合料；

2. 复合矿物掺合料中各矿物掺合料组分的掺量不应超过单掺时的限量；

3. 在混合使用两种或两种以上矿物掺合料时，矿物掺合料的总掺量应符合表中复合掺合料的规定；

4. 采用硅酸盐水泥时，经混凝土耐久性能和长期性能试验验证，复合掺合料最大掺量可放宽5%；

5. 石灰石粉不宜单独使用；

6. 当采用含石粉机制砂时，石灰石粉掺量应计入机制砂中的石粉含量，并经试验验证。

表 5-46　预应力钢筋混凝土中矿物掺合料最大掺量（GB/T 41054）

矿物掺合料种类	水胶比	矿物掺合料最大掺量/%	
		采用硅酸盐水泥时	采用普通硅酸盐水泥时
粉煤灰	≤0.40	35	30
	>0.40	25	20
粒化高炉矿渣粉	≤0.40	55	45
	>0.40	45	35
石灰石粉	≤0.40	25	20
	>0.40	20	15
天然火山灰质材料	≤0.40	30	20
	>0.40	25	15
钢渣粉	—	20	10
磷渣粉	—	20	10
硅灰	—	10	10
复合掺合料	≤0.40	55	45
	>0.40	45	35

（2）不同环境中配合比参数要求

① 一般环境中配合比参数要求。一般环境中高性能混凝土配合比参数要求按表5-47确定。

表 5-47　一般环境中的高性能混凝土配合比参数要求（GB/T 41054）

控制项目 环境作用等级	50 年	100 年	
	I-C	I-B	I-C
水胶比	≤0.45	≤0.42	≤0.40

② 冻融环境中高性能混凝土配合比参数要求。冻融环境中高性能混凝土配合比参数要

求按表 5-48 确定。复合矿物掺合料最大掺量宜符合表 5-49 的规定；长期处于潮湿或水位变动的寒冷、严寒、盐冻环境，受除冰盐作用的高性能混凝土应掺用引气剂。引气剂掺量应根据混凝土含气量要求经试验确定，最小含气量应符合表 5-50 的规定，最大不宜超过 7%。

表 5-48 冻融环境中的高性能混凝土配合比参数要求（GB/T 41054）

控制项目	50 年			100 年		
环境作用等级	Ⅱ-C	Ⅱ-D	Ⅱ-E	Ⅱ-C	Ⅱ-D	Ⅱ-E
水胶比	≤0.45	≤0.42	≤0.38	≤0.42	≤0.38	≤0.35
胶凝材料用量/(kg/m³)	≥350	≥380	≥400	≥380	≥400	≥420

表 5-49 复合矿物掺合料最大掺量的规定（GB/T 41054）

水胶比	最大掺量/%	
	采用硅酸盐水泥时	采用普通硅酸盐水泥时
≤0.40	60	50
>0.40	50	40

注：1. 采用其他通用硅酸盐水泥时，可将水泥混合材量 20% 以上的混合材量计入矿物掺合料；
2. 复合矿物掺合料中各矿物掺合料组分的掺量不宜超过单掺时的限量；
3. 采用硅酸盐水泥时，经混凝土耐久性能和长期性能试验验证，复合掺合料最大掺量可放宽 5%。

表 5-50 高性能混凝土最小含气量（GB/T 41054）

粗骨料最大公称粒径/mm	混凝土最小含气量/%	
	潮湿或水位变动的寒冷和严寒环境	受除冰盐作用、盐冻环境、海水冻融环境
40	4.5	5.0
25	5.0	5.5
20	5.5	6.0

注：含气量为气体占混凝土的体积分数。

③ 氯化物环境中高性能混凝土配合比参数要求。氯化物环境中高性能混凝土配合比参数要求按表 5-51 确定。当海洋氯化物环境与冻融环境同时作用时，应采用引气混凝土。

表 5-51 氯化物环境中高性能混凝土配合比参数要求（GB/T 41054）

控制项目	50 年				100 年			
环境作用等级	Ⅲ-C Ⅳ-C	Ⅲ-D Ⅳ-D	Ⅲ-E Ⅳ-E	Ⅲ-F	Ⅲ-C Ⅳ-C	Ⅲ-D Ⅳ-D	Ⅲ-E Ⅳ-E	Ⅲ-F
水胶比	≤0.42	≤0.40	≤0.36	≤0.34	≤0.40	≤0.36	≤0.34	≤0.32
矿物掺合料掺量/%	≥35				≥40			

注：宜选用磨细矿渣、硅灰等可相对有效降低混凝土电通量的矿物掺合料。

④ 化学腐蚀环境中高性能混凝土配合比参数要求。化学腐蚀环境中高性能混凝土配合比参数要求按表 5-52 确定；抗硫酸盐或镁盐侵蚀环境中高性能混凝土配合比参数要求按表 5-53 确定；抗其他化学腐蚀环境中高性能混凝土配合比参数要求按表 5-54 确定。

表 5-52 化学腐蚀环境中高性能混凝土配合比参数要求（GB/T 41054）

控制项目	50 年			100 年		
环境作用等级	Ⅴ-C	Ⅴ-D	Ⅴ-F	Ⅴ-C	Ⅴ-D	Ⅴ-E
水胶比	≤0.42	≤0.39	≤0.36	≤0.39	≤0.36	≤0.33
矿物掺合料掺量/%	≥30			≥35		

表 5-53　抗硫酸盐或镁盐侵蚀环境中高性能混凝土配合比参数要求（GB/T 41054）

抗硫酸盐等级	最大水胶比	矿物掺合料掺量/%
KS120	0.42	≥30
KS150	0.38	≥35
＞KS150	0.33	≥40

注：1. 矿物掺合料掺量为采用普通硅酸盐水泥情况的掺量；

2. 矿物掺合料主要为磨细矿渣、粉煤灰等，或复合采用。

表 5-54　抗其他化学腐蚀环境中高性能混凝土配合比参数要求（GB/T 41054）

环境条件	腐蚀介质指标	最大水胶比
水(含酸雨等)中酸碱度(pH 值)	5.5～<6.0	0.42
	4.5～<5.5	0.39
	<4.5	0.36
水中侵蚀性 CO_2 浓度/(mg/L)	15～<30	0.42
	30～<60	0.40
	60～<100	0.38

四、高性能混凝土参考配合比

高性能混凝土参考配合比见表 5-55。

表 5-55　一般环境/冻融环境/化学腐蚀环境条件下高性能混凝土参考配合比

单位：kg/m^3

强度等级	P.O 42.5 水泥	Ⅰ级粉煤灰	S95 磨细矿渣	硅灰	砂	石	水	减水剂	防腐剂	备注
C30	200	—	164	—	699	1141	160	10	36	Ⅴ-D 级环境
C35	232	—	189	—	655	1164	160	8.4	—	Ⅴ-D 级环境
C30	236	—	193	—	644	1146	155	12.8	27	Ⅴ-E 级环境
C50	336	—	144	—	672	1144	154	12	—	Ⅴ-D 级环境
C50	325	75	100	—	741	1159	150	10.1	—	Ⅱ-D 级环境,引气剂 $0.25kg/m^3$
C50	325	60	100	15	741	1159	150	11.1	33	Ⅱ-D＋Ⅴ-D 级环境,引气剂 $0.25kg/m^3$
C60	322	80	118	16	739	1155	150	13.4	33	Ⅴ-E 级环境

注：防腐剂为抗硫酸盐侵蚀类防腐剂。

五、高性能混凝土制备与施工

1. 混凝土制备

（1）拌合物制备

① 原材料计量。计量应准确，允许偏差应符合表 5-56 规定。在原材料计量过程中，应根据粗、细骨料含水率变化及时调整用水量和粗、细骨料称量。

表 5-56 原材料计量允许偏差 （按质量计） （GB/T 14902）

原材料品种	水泥	骨料	水	外加剂	掺合料
每盘计量允许偏差/%	±2	±3	±1	±1	±2
累计计量允许偏差/%	±1	±2	±1	±1	±1

注：累计计量允许偏差是指每一运输车中各盘混凝土的每种材料计量和的偏差。

② 搅拌。

a. 应符合现行国家标准《预拌混凝土》（GB/T 14902）和《混凝土质量控制标准》（GB 50164）的规定。

b. 应采用强制式搅拌机搅拌，也可采用振动搅拌等先进搅拌设备。

c. 搅拌时间应根据混凝土配合比、搅拌设备等确定。

d. 水泥温度不应高于 60℃。

e. 拌合物温度应采取下列控制措施：

（a） 冬季施工时，宜优先采用加热水的方法，也可同时采用加热骨料的方法；

（b） 炎热季节施工时，应采用遮阳措施，同时宜适当采用喷淋措施，搅拌混凝土时可采用掺加较小粒径冰块的方法。

（2） 拌合物运输

① 应符合现行国家标准 GB/T 14902 和 GB 50164 的规定。

② 搅拌运输车装料前罐内应无积水和积浆，运输中严禁添加计量外用水。

③ 运输应保证混凝土拌合物均匀且不离析、泌水。对于寒冷、严寒和炎热的天气情况，搅拌运输车的搅拌罐应有保温和隔热措施。

④ 卸料前需要在混凝土拌合物中掺加外加剂时，应在加入后使搅拌罐快速旋转，外加剂掺量和快速搅拌时间应有经试验确定的预案。

⑤ 混凝土拌合物从搅拌机卸入搅拌运输车至卸料的运输时间不宜大于 90min，若确有需要延长运输时间时，应采取经过试验验证的技术措施。

2. 混凝土施工

（1） 拌合物浇筑与振捣

① 浇筑应符合现行国家标准 GB 50164 和《混凝土结构工程施工规范》（GB 50666）的规定。

② 混凝土拌合物的入模温度不宜大于 35℃，不宜小于 5℃。

③ 分层浇筑的间隙时间不得超过 90min，并不得随意留置施工缝。

④ 宽度较小的梁、墙混凝土宜采用插入式振捣器振捣 （如果可以插入），并辅以附壁式振捣。

⑤ 不同强度等级混凝土现浇对接处应设在低强度等级混凝土构件中，与高强度等级混凝土构件间距不宜小于 500mm；现浇对接处可设置密孔钢丝网 （孔径 5mm×5mm） 拦截混凝土拌合物，浇筑时应先浇高强度等级混凝土，后浇低强度等级混凝土；低强度等级混凝土不得流入高强度等级混凝土构件中。

（2） 养护

① 养护应符合现行国家标准 GB 50164 和 GB 50666 的规定。

② 浇筑成型后，应及时对混凝土暴露面覆盖，进行保湿养护；对梁板或道路等平面结构混凝土终凝前，应用抹子搓压表面至少两遍，平整后再次覆盖。

③ 养护用水温度与混凝土表面温度之间的温差不宜大于 20℃。

④ 当采用混凝土养护剂进行养护时，养护剂的有效保水率不应小于90％，7天和28天抗压强度比不应小于95％。养护剂的有效保水率和抗压强度比试验方法应符合现行行业标准《公路工程混凝土养护剂》（JT/T 522）的规定。

3. 特制品高性能混凝土施工

（1）高强高性能混凝土施工

应符合现行行业标准 JGJ/T 281 的规定。搅拌应采用双卧轴强制式搅拌机，也可采用振动搅拌等其他搅拌效果更好的搅拌机，但搅拌时间宜根据配合比等实际情况进行调整。

（2）自密实高性能混凝土施工

应符合现行行业标准 JGJ/T 283 的规定。

（3）纤维高性能混凝土施工

应符合现行行业标准 JGJ/T 221 的规定。

4. 大体积混凝土施工

应分别符合现行国家标准 GB 50496 与 GB 55008 的规定。

第三节 自密实混凝土

自密实混凝土在我国现行行业标准 JGJ/T 283 中给出的定义是：具有高流动性、均匀性和稳定性，浇筑时无需外力振捣，能够在自重作用下流动并充满模板空间的混凝土。

一、自密实混凝土原材料

1. 水泥

应符合现行国家标准 GB 175 的规定。通常选用硅酸盐水泥或普通硅酸盐水泥，在条件允许的前提下，建议使用低热水泥或中热水泥。考虑到工作性要求及坍落度经时损失小，应优先选择 C_3A 和碱含量小、标准稠度需水量低的水泥。

2. 骨料

（1）细骨料

宜采用级配Ⅱ区中砂，天然砂的含泥量和泥块含量应符合表 5-57 的规定。人工砂的石粉含量应符合表 5-58 的规定，当人工砂中含泥量很低（MB≤1.0），在配制 C25 及以下强度等级混凝土时，经试验验证能确保混凝土质量后，石粉含量可放宽到15％。

表 5-57 天然砂的含泥量和泥块含量指标（JGJ/T 283）

项目	含泥量	泥块含量
指标	≤3.0％	≤1.0％

表 5-58 人工砂的石粉含量指标（JGJ/T 283）

项目		指标		
		≥C60	C55～C30	≤C25
石粉含量	MB<1.4(合格)	≤5.0％	≤7.0％	≤10.0％
	MB≥1.4(不合格)	≤2.0％	≤3.0％	≤5.0％

（2）粗骨料

宜采用连续级配或两个及以上单粒径的级配搭配使用，最大公称粒径不宜大于 20mm；对于紧密的竖向、形状复杂的结构或有特殊要求的工程，最大公称粒径不宜大于 16mm。针片状颗粒含量、含泥量和泥块含量应符合表 5-59 和表 5-60 的规定。其他性能应符合标准 JGJ 52 的规定。

表 5-59 粗骨料的性能指标（JGJ/T 283）

项目	针片状颗粒含量	含泥量	泥块含量
指标	≤8%	≤1.0%	≤0.5%

表 5-60 粗骨料的针、片状颗粒含量（T/CECS 203）

混凝土强度等级	≥C60	C55～C30	≤C25
针、片状颗粒含量/%	≤5	≤10	≤15

轻粗骨料宜采用连续级配，性能指标应符合表 5-61 的规定，其他性能应符合现行国家标准《轻集料及其试验方法 第一部分：轻集料》（GB/T 17431.1）和现行行业标准《轻骨料混凝土应用技术标准》（JGJ/T 12）的规定。

表 5-61 轻粗骨料的性能指标（JGJ/T 283）

项目	密度等级	最大粒径	粒型系数	24h 吸水率
指标	≥700	≤16mm	≤2.0	≤10%

3. 矿物掺合料

为防止自密实混凝土因水泥浆体总量较大，而引起的早期水化热较大、收缩较大等不利于混凝土耐久性和体积稳定性的现象发生，应掺加一定量的矿物掺合料。如：符合 GB/T 1596 规定的粉煤灰、符合 GB/T 18046 规定的粒化高炉矿渣粉以及符合 GB/T 18736 规定的硅灰。若采用其他矿物掺合料应进行充分的试验验证。

4. 外加剂

减水剂采用高性能或高效减水剂。若需提高自密实混凝土黏聚性可掺加增稠剂（如：纤维素系、乙二醇系、丙烯基系水溶性高分子、多糖类聚合物、水溶性多糖类等），提高抗冻融能力可掺加引气剂，控制凝结时间可掺加缓凝剂，改善体积稳定性可掺加膨胀剂等。

外加剂应用技术应符合现行国家标准 GB 50119 的相关规定。

此外，在配制自密实混凝土时，常常掺加一定量的惰性掺合料（如石英砂粉等），以增加混凝土中细粉的含量。

根据工程需要，自密实混凝土中可加入钢纤维、合成纤维、混杂纤维等，其性能应符合现行行业标准 JGJ/T 221 中的有关规定。

二、自密实混凝土技术性能

1. 新拌混凝土性能

（1）自密实性

自密实性是自密实混凝土拌合物最典型的技术性能特点。我国现行行业标准 JGJ/T 283 提出的自密实性能为：填充性、间隙通过性和抗离析性能，如表 5-62 所示。《自密实混凝土应用技术规程》（T/CECS 203）提出的自密实性能为：流动性、填充性和抗离析性，如表 5-63 所示。前者强调了自密实性能的间隙通过性，而后者更加强调自密实性能的流动性。

表 5-62　混凝土自密实性能指标与适用范围（JGJ/T 283）

自密实性能	性能指标	性能等级	技术要求	重要性	适用范围
填充性	坍落扩展度/mm	SF1	550～655	控制指标	泵送浇筑工程；顶部浇筑无筋或少筋结构物；截面较小、无需水平长距离流动的竖向结构物
		SF2	660～755		一般的普通钢筋混凝土结构
		SF3	760～850		结构紧密的竖向构件、形状复杂的结构等（粗骨料最大公称粒径宜小于 16mm）
	扩展时间 T_{500}/s	VS1	≥2		一般的普通钢筋混凝土结构
		VS2	<2		配筋较多的结构或有较高外观性能要求的结构
间隙通过性	坍落扩展度与 J 环扩展度差值/mm	PA1	25<PA1≤50	可选指标	钢筋净距 80～100mm
		PA2	0≤PA2≤25		钢筋净距 60～80mm
抗离析性	离析率/%	SR1	≤20	可选指标	流动距离小于 5m，钢筋净距大于 80mm 的薄板结构和竖向结构
		SR2	≤15		流动距离超过 5m，钢筋净距大于 80mm 的竖向结构；流动距离小于 5m，钢筋净距小于 80mm 的竖向结构，当流动距离超过 5m，SR 值宜小于 10%
	粗骨料振动离析率/%	—	≤10		高填充性的自密实混凝土（坍落扩展度指标为 SF2 或 SF3），应有抗离性要求

注：1. 钢筋净距小于 60mm 时宜进行浇筑模拟试验；钢筋净距大于 80mm 的薄板结构或钢筋净距大于 100mm 的其他结构可不做间隙通过性指标要求。

2. 高填充性的自密实混凝土（坍落扩展度指标为 SF2 或 SF3），应有抗离析性要求。

3. 当抗离析性试验结果有争议时，以离析率筛析法试验结果为准。

表 5-63　自密实混凝土拌合物性能指标（T/CECS 203）

性能指标	SF1	SF2	SF3	重要性
坍落扩展度 SF/mm	500～600	600～700	700～800	控制指标
扩展时间 T_{500}/s	3～20			
坍落度 H/mm	≥240			限选指标（至少选择一项）
J 环高差 B_J/mm	≤20			
V 漏斗排空时间 VF/s	4～20			
U 型箱填充高度 UH/mm	≥320（无障碍）	≥320（隔栅型障碍 2 型）	≥320（隔栅型障碍 1 型）	

① 流动性。自密实混凝土拌合物无需外力振捣，在自重作用下流动密实并充满模型空间。因此，其混凝土拌合物应具有较小的屈服剪应力，具有较大的流动性。

② 抗离析性。较大的流动性，往往会导致离析的倾向增大。因此，自密实混凝土拌合物应在流动密实的同时，具有保持各种组分稳定，均匀分散的能力。

③ 填充性。优良的填充性依赖于良好的流动性，填充性更加强调自密实混凝土拌合物在无需振捣的情况下，能充满整个模型空间的能力。

④ 间隙通过性。其实是一种约束条件下的填充能力，很大程度上取决于自密实混凝土拌合物所通过间隙的间距。

施工中，可根据具体工程需求选择不同的性能等级进行控制与评价，并且可根据性能指标的重要性，将自密实性能分为必控指标和可选指标，以提高施工现场质量控制的可操作性。

（2）自密实性的评价

目前，有关评价自密实混凝土自密实性能的方法很多，常用的如表 5-64 所示。评价时，通常采用两三种方法予以组合。如典型的组合有：扩展度试验和 V 漏斗试验（或 T_{500} 扩展时间试验）或扩展度试验和间隙通过性试验的组合等。

表 5-64　自密实混凝土自密实性的评价方法

序号	评价方法	测试项目	评价性能	指标要求
1	扩展度试验	坍落扩展度	流动性、填充性	500～850mm
2	扩展时间试验	T_{500}	流动性、填充性、黏度	3～20s
3	V 漏斗试验	排空时间	填充性、黏度	4～20s
4	间隙通过性试验	内外高度差	间隙通过性	0～50mm
5	离析率筛析试验	离析率	抗离析性	0～20％
6	U 型箱试验	填充高度	间隙通过性	≥320mm

注：相关评价方法见第一章有关词条。

2. 硬化混凝土性能

（1）力学性能

与普通混凝土相比，自密实混凝土的强度发展规律与其基本相同。但由于自密实混凝土粗骨料用量相对较低，会导致弹性模量略有降低。

（2）体积稳定性

由于自密实混凝土粗骨料用量相对较低，水泥砂浆含量较大，其干缩和徐变都比普通混凝土的大，泊松比也有所下降，约为普通混凝土的 75％。

三、自密实混凝土配合比设计

1. 配合比设计原则

（1）良好的流动性

流动性是保证自密实混凝土质量的最根本要求，必须作为配合比设计的第一目标予以保证。一般采取的措施有：

① 增加胶凝材料用量，适当提高砂率来增加水泥砂浆浆体体积，保证自密实混凝土具有足够大的流动性。通常，胶凝材料用量宜控制在 400～550kg/m³。

② 掺加足够量的高性能减水剂，改善和提高自密实混凝土的流动性和黏聚性。

（2）足够的稳定性

较大的流动性，无疑会增大混凝土的离析与泌水倾向，因此，自密实混凝土必须具有足够的稳定性。通常采取的措施有：

① 采用较小的水胶比和保证充足的水泥浆体量。通常，水胶比宜小于 0.45。

② 尽可能多地掺加矿物掺合料，增加浆体量和改善混凝土的保水性。

③ 控制粗骨料最大粒径和针片状颗粒含量，改善骨料颗粒级配，从而降低混凝土的屈服剪切应力，既能提高混凝土的流动性，又能改善其稳定性。

从流变学角度看，新拌自密实混凝土的离析行为主要取决于流体的屈服应力，而塑性黏度大并不能阻止骨料的分离，只能控制骨料运动的速度。

（3）适宜的水粉比

水与粉体材料量之比是影响流动性能的主要因素之一。水粉比过大，将会导致自密实混凝土的流动性过大，抗离析性能可能不佳；水粉比过小，将会导致自密实混凝土过于黏稠，流动性不足，填充性可能变差。通常，在设计高强度等级的自密实混凝土时，宜取较小的水粉比；当设计低强度等级的自密实混凝土时，宜采用较大的水粉比。

（4）减小收缩变形

因粗骨料用量相对较低，收缩变形倾向增大，因此配合比设计时应采取减小收缩变形的措施。

2. 配合比设计

标准 JGJ/T 283 和 T/CECS 203 给出的自密实混凝土配合比设计的方法和过程基本一致。

（1）配合比设计过程

可大体划分为以下三个阶段：

① 根据自密实混凝土的目标性能要求，计算提出基准配合比。

② 经实验室试配调整得出满足工作性要求的试配配合比。

③ 进一步经强度、耐久性复核得到施工配合比。设计过程可按图 5-22 进行。

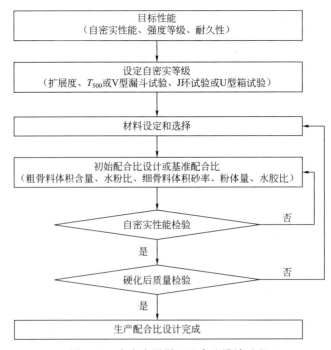

图 5-22　自密实混凝土配合比设计过程

（2）配合比设计计算

本节所述配合比设计计算为 JGJ/T 283 给出的绝对体积法，具体计算过程如下：

① 混凝土配制强度按现行行业标准 JGJ 55 的规定进行计算。

② 确定粗骨料绝对体积用量（V_g）。

单方混凝土中粗骨料绝对体积用量（V_g）参照表 5-65 选取。若单一品种粗骨料的空隙率＞40%，可同时掺加两种粗骨料，最佳比例应是两种粗骨料混合后达到最小空隙率时的比例。

表 5-65 单方自密实混凝土中粗骨料绝对体积用量 （JGJ/T 283）

自密实性能等级	SF1	SF2	SF3
单方混凝土中粗骨料绝对体积/m³	0.32～0.35	0.30～0.33	0.28～0.32

③ 计算粗骨料的质量（m_g）。

单方混凝土中粗骨料的质量，按式（5-2）计算：

$$m_g = V_g \rho_g \tag{5-2}$$

式中 ρ_g——粗骨料的表观密度，kg/m^3。

④ 计算砂浆体积（V_m）。

单方混凝土中砂浆体积，按式（5-3）计算：

$$V_m = 1 - V_g \tag{5-3}$$

⑤ 计算砂质量（m_s）。

单方混凝土中砂质量，按式（5-4）计算：

$$m_s = \Phi_s V_m \rho_s \tag{5-4}$$

式中 Φ_s——砂浆中砂的体积分数，可取 0.42～0.45；

ρ_s——砂的表观密度。

⑥ 计算净浆浆体体积（V_p）。

单方混凝土中砂浆中净浆浆体体积，按式（5-5）计算：

$$V_p = (1 - V_g) \times (1 - \Phi_s) \tag{5-5}$$

⑦ 计算胶凝材料表观密度（ρ_b）。

可根据矿物掺合料和水泥的相对含量及各自的表观密度确定，并按式（5-6）计算：

$$\rho_b = \frac{1}{\dfrac{\beta}{\rho_m} + \dfrac{1-\beta}{\rho_c}} \tag{5-6}$$

式中 ρ_m——矿物掺合料的表观密度，kg/m^3；

ρ_c——水泥的表观密度，kg/m^3；

β——单方混凝土中矿物掺合料占胶凝材料的质量分数，当采用两种或两种以上矿物掺合料时，可用 β_1、β_2、β_3 表示，并进行相应计算。

矿物掺合料占胶凝材料的质量分数不宜小于 0.2。

⑧ 计算水胶比（m_w/m_b）。

当具备试验统计资料时，可根据工程所使用的原材料，通过建立的水胶比与自密实混凝土抗压强度关系式来计算得到水胶比。当不具备上述试验统计资料时，可按式（5-7）计算：

$$m_w/m_b = \frac{0.42 f_{ce}(1 - \beta + \beta\gamma)}{f_{cu,0} + 1.2} \tag{5-7}$$

式中　m_b——单方混凝土中胶凝材料的质量，kg；

　　　m_w——单方混凝土中用水量，kg；

　　　f_{ce}——水泥的 28d 实测抗压强度，当水泥 28d 抗压强度未能进行实测时，可采用水泥强度等级对应值乘以 1.1 得到的数值作为水泥抗压强度值，MPa；

　　　$f_{cu,0}$——自密实混凝土配制强度，按现行行业标准 JGJ 55 相关规定进行计算，MPa；

　　　γ——矿物掺合料的胶凝系数，对于石灰石粉（$\beta \leqslant 0.2$）、I 级或 II 级粉煤灰（$\beta \leqslant 0.3$）、S95 或 S105 级磨细矿渣粉（$\beta \leqslant 0.4$），分别可取 0.2、0.4 和 0.9。

⑨ 计算胶凝材料的质量（m_b）。

单方混凝土中胶凝材料的质量，按式（5-8）计算：

$$m_b = \frac{V_p - V_a}{\dfrac{1}{\rho_b} + \dfrac{m_w / m_b}{\rho_w}} \tag{5-8}$$

式中　V_a——单方混凝土中引入空气的体积，对于非引气型的自密实混凝土，V_a 一般可取 10～20L；

　　　ρ_w——拌合水的表观密度，取 1000kg/m³。

⑩ 计算用水量（m_w）。

单方混凝土中用水量，把式（5-7）和式（5-8）的结果代入，得出 m_w 的最终计算结果：

$$m_w = m_b (m_w / m_b) \tag{5-9}$$

⑪ 计算矿物掺合料的质量（m_m）和水泥的质量（m_c）。

单方混凝土中矿物掺合料的质量和水泥的质量，分别按式（5-10）和式（5-11）计算：

$$m_m = m_b \beta \tag{5-10}$$

$$m_c = m_b - m_m \tag{5-11}$$

⑫ 计算外加剂用量（m_{ca}）。

外加剂的品种和用量应根据试验确定，单方混凝土中外加剂用量，按式（5-12）计算：

$$m_{ca} = m_b \alpha \tag{5-12}$$

式中　α——外加剂掺量，以单位体积混凝土中外加剂与胶凝材料总量的质量比表示。

配合比计算完成后，要验算用水量、净浆体积、水粉比是否在合理范围内。通常情况下，单方混凝土的用水量在 155～180kg 之间；单方混凝土净浆体积为 0.32～0.40m³；水与粉体材料的体积比为 0.80～1.15；单方混凝土粉体体积为 0.16～0.23m³。

另外，自密实混凝土的含气量应根据粗骨料最大粒径、强度、混凝土结构的环境条件等因素确定，一般为 1.5%～4.0%。有抗冻等级要求时应根据抗冻性确定新拌混凝土的含气量。

需要说明的是，自密实混凝土配合比设计时，在满足拌合物自密实性能的前提下，应尽可能地降低砂率、用水量和胶凝材料用量，以提高混凝土的体积稳定性。

3. 试配、调整与确定

配合比的试配、调整与确定，应按以下原则及过程进行：

① 试配应采用工程实际使用的原材料，每盘混凝土最小搅拌量不宜小于 25L。

② 试配后应首先检测拌合物的自密实性能：流动性、抗离析性、填充性以及间隙通过性。

当上述性能不能满足要求时，应在水胶比不变、胶凝材料用量和外加剂用量合理的原则下，通过调整胶凝材料用量、外加剂用量或砂浆体积分数等方法，或参照如图 5-23 所示的方法与过程予以调整，直到符合要求为止。

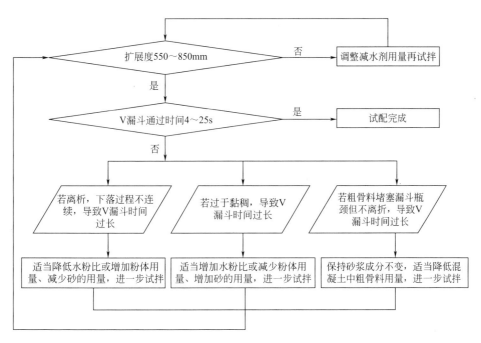

图 5-23　自密实混凝土拌合物自密实性能调整方法与过程示意图

③ 检测配合比设计所要求的其他性能，如凝结时间、水化热等。

④ 提出供混凝土强度检验用的基准配合比（实验室配合比）。混凝土强度检验应按以下要求进行：

a. 混凝土强度试验应至少采用三个不同配合比，其中一个为基准配合比，另外两个配合比的水胶比宜较基准配合比的水胶比分别增减 0.02，用水量与基准配合比相同，砂的体积分数可分别增减 1%。

b. 强度检验结果应满足标准养护 28 天或设计规定龄期的强度要求。

此外，若有耐久性要求时，还应满足耐久性指标的要求。根据上述检测结果，最终确定自密实混凝土的施工配合比。

4. 配合比设计示例

【例 5-1】　强度等级 C40、自密实性能等级 SF2。

原材料：P.O 42.5 水泥，$R_{28}=56$MPa，$\rho_c=3.08$g/cm³。Ⅰ级粉煤灰，$\rho_{fa}=2.31$g/cm³。S95 级磨细矿渣，$\rho_{sl}=2.87$g/cm³。5～20mm 连续级配碎石，$\rho_g=2.76$g/cm³。Ⅱ区中砂，$\rho_s=2.65$g/cm³，小于 0.075mm 的细粉含量 2%。聚羧酸减水剂，含固量 22%。混凝土含气量以 2% 计。请设计配比。

解： 配合比设计过程如下：

（1）计算粗骨料用量（m_g）

根据自密实性能等级 SF2 要求，根据表 5-65，选定粗骨料绝对体积用量 $V_g=0.31$m³，根据式(5-2)，计算粗骨料用量：

$$m_g=2760 \times 0.31=856(\text{kg/m}^3)$$

（2）根据式(5-3)，计算砂浆体积（V_m）

$$V_m=1-V_g=1-0.31=0.69(\text{m}^3)$$

（3）根据式(5-4)，计算砂用量（m_s）

选定砂浆中砂的体积分数 $\Phi_s = 0.45$，则：

$$m_s = 0.45 \times 0.69 \times 2650 = 823(kg/m^3)$$

（4）根据式(5-5)，计算净浆浆体体积 (V_p)

$$V_p = (1 - V_g) \times (1 - \Phi_s) = 0.69 \times (1 - 0.45) = 0.380(m^3)$$

（5）根据式(5-6)，计算胶凝材料的表观密度 (ρ_b)

当粉煤灰和磨细矿渣同时掺加时（本例粉煤灰掺量 $\beta_{fa} = 25\%$，磨细矿渣 $\beta_{sl} = 15\%$），胶凝材料的密度计算如下：

$$\rho_b = \frac{1}{\dfrac{0.25}{2.31} + \dfrac{0.15}{2.87} + \dfrac{0.60}{3.08}} = 2.82(g/cm^3)$$

（6）根据式(5-7)，计算水胶比 (m_w/m_b)

$$\frac{m_w}{m_b} = \frac{0.42 f_{ce}(1 - \beta_{fa} - \beta_{sl} + \beta_{fa}\gamma_{fa} + \beta_{sl}\gamma_{sl})}{f_{cu,0} + 1.2}$$

$$= \frac{0.42 \times 56 \times (1 - 0.25 - 0.15 + 0.25 \times 0.6 + 0.15 \times 1.0)}{40 + 1.645 \times 6 + 1.2} = 0.41$$

（7）根据式(5-8)，计算胶凝材料用量 (m_b)

$$m_b = \frac{V_p - V_a}{\left(\dfrac{1}{\rho_b} + \dfrac{m_w/m_b}{\rho_w}\right)} = \frac{373 - 20}{\dfrac{1}{2.82} + 0.41} = 459(kg/m^3)$$

（8）根据式(5-9)，计算用水量 (m_w)

$$m_w = 459 \times 0.41 = 190(kg/m^3)$$

（9）根据式(5-10)与式(5-11)计算粉煤灰用量 (m_{fa})、磨细矿渣用量 (m_{sl}) 和水泥用量 (m_c)

$$m_{fa} = 459 \times 25\% = 115(kg/m^3)$$
$$m_{sl} = 459 \times 15\% = 69(kg/m^3)$$
$$m_c = 459 \times 60\% = 275(kg/m^3)$$

（10）根据式(5-12)，计算减水剂用量 (m_{Ad})

选定减水剂为水泥掺量的 15%：

$$m_{Ad} = 459 \times 1.5\% = 6.9(kg/m^3)$$

自密实混凝土拌合物性能目标值及计算后的配合比参数值和混凝土配合比，如表 5-66 所示。

表 5-66　混凝土拌合物性能目标值及计算后的配合比参数值和混凝土配合比

	强度等级		C40
	性能等级		SF2
	使用环境条件或耐久性要求		无
拌合物性能目标值 (T/CECS 203)		坍落扩展度目标值/mm	600~700
		(V 型)漏斗通过时间目标值/s	4~20
		T_{500} 时间/s	3~20
		U 型箱试验填充高度目标值/mm	≥320
		其他指标	—

续表

配合比参数值		水胶比	0.41
		水粉比	1.12
		粉体含量/L	169.5
		浆体含量/L	373.1
		体积砂率/%	45
		含气量/%	2
		粗骨料最大粒径/mm	20
混凝土配合比	水泥		89.3		275
	粉煤灰		49.8		115
	磨细矿渣		24.0		69
	粗骨料	体积用量/(L/m³)	310.0	质量用量/(kg/m³)	856
	细骨料		311.0		823
	水		190.0		190
	减水剂		6.9		6.9

四、自密实混凝土参考配合比

自密实混凝土的参考配合比见表 5-67。

表 5-67　自密实混凝土参考配合比　　　　　　　　单位：kg/m³

强度等级	P.O 42.5水泥	中砂	5～20mm 碎石	Ⅰ级粉煤灰	硅灰	S95 磨细矿渣	膨胀剂	高性能减水剂	水
C70	400	730	850	130	40	50	—	12.4	155
C60	360	790	840	180	25	—	—	11.0	160
C50	340	810	860	160	25	—	—	10.6	165
C50	300	810	860	150	25	—	40	11.7	165
C40	300	850	870	160	—	—	—	9.2	165
C40	270	860	870	120	—	60	—	10.8	165
C40	280	850	870	150	—	—	37	10.1	165
C30	260	880	880	120	—	—	33	8.2	170

五、自密实混凝土制备与施工

1. 混凝土制备

（1）拌合物制备

① 原材料计量。计量应准确，允许偏差应符合表 5-68 规定。每台班至少检测骨料含水率一次，若含水率有显著变化时应增加检测次数，并应根据粗、细骨料含水率变化及时调整用水量和粗、细骨料量。

表 5-68　原材料计量允许偏差（按质量计）（JGJ/T 283）

项目	水泥	骨料	水	外加剂	掺合料
每盘计量允许偏差/%	±2	±3	±1	±1	±2
累计计量允许偏差/%	±1	±2	±1	±1	±1

② 搅拌。

a. 高温施工时，原材料入搅拌机温度应符合表 5-69 的规定，必要时对原材料采取控温措施。

表 5-69　最高入机温度（JGJ/T 283）

原材料	水泥	骨料	水	掺合料
最高入机温度/℃	60	30	25	60

b. 冬季施工时宜对拌合水、骨料进行加热，但拌合水温度不宜超过 60℃，骨料不宜超过 40℃；水泥、外加剂和掺合料不得直接加热。

c. 搅拌时间不应少于 60s，一般为常规混凝土搅拌时间的 1.5 倍左右。

d. 投料顺序宜采用：先投入细骨料、水泥及掺合料，搅拌 20s 后，再投入 2/3 的水和粗骨料搅拌 30s 以上，然后加入剩余水和外加剂搅拌 30s 以上。若为冬期施工，则应先投入骨料和全部水搅拌 30s 以上，然后投入胶凝材料搅拌 30s 以上，最后加外加剂搅拌 45s 以上。

（2）拌合物运输

① 应使用搅拌运输车运送，装料前罐内应无积水和积浆。

② 运输过程中，运输车罐体应保持匀速转动，转速控制在 3～5r/min，并严禁向车内加水。

③ 卸料前，运输车罐体宜快速旋转 20s 以上方可卸料，从开始接料到卸料的时间不宜大于 120min，如需延长运送时间，需采取有效的技术措施，并应通过试验验证。

④ 当混凝土自密实性能不能满足要求时，可加入适量的与原配合比相同成分的外加剂，外加剂掺入后搅拌车滚筒应快速转动，外加剂掺量和旋转搅拌时间，应通过试验验证。

2. 混凝土施工

（1）拌合物浇筑

① 在泵送和浇筑过程中，应保持其连续，减少分层，保持混凝土流动性。

② 高温施工时，混凝土入模温度不宜超过 35℃，冬期施工时，混凝土入模温度不宜低于 5℃。

③ 浇筑倾落高度不宜超过 5m，若最大浇筑高度超过 5m 时，应采用串筒、溜管、溜槽等辅助装置进行浇筑。

④ 最大水平浇筑距离应视具体情况而定，但一般不宜超过 7m。

⑤ 大体积自密实混凝土浇筑应符合以下规定：

a. 采用整体分层连续浇筑或推移式连续浇筑时，应缩短浇筑时间，并在前层混凝土初凝之前浇筑次层混凝土，同时应减少分层浇筑次数。

b. 大体积自密实混凝土的入模温度宜控制在 30℃ 以下，混凝土在入模温度的基础上的绝热温升值不宜大于 50℃，混凝土的降温速率不宜大于 2.0℃/d。

⑥ 钢管自密实混凝土浇筑应符合以下规定：

a. 按设计要求在钢管适当位置设置排气孔，排气孔孔径宜为 20mm。

b. 浇筑倾落高度不宜超过 9m，若最大浇筑高度超过 9m 时，应采用串筒、溜管、溜槽等辅助装置进行浇筑。

（2）养护

① 浇筑完毕，应及时采用覆盖、蓄水、薄膜保湿、喷涂或涂刷养护剂等养护措施，养护时间不得少于 14d。

② 对于平面结构构件，混凝土收浆和抹压后，应及时采用塑料薄膜覆盖严密，并保持塑料薄膜内有凝结水，当混凝土强度达到 1.2MPa 后，用麻袋或草袋覆盖浇水养护，条件允许时，宜采用蓄水养护。

此外，由于自密实混凝土的流动性较大，混凝土凝结以前可持续对模板产生较大的侧压力，因此，要格外注重模板的刚度及密闭性。避免出现跑模、漏浆等情况。

六、自密实混凝土应用案例

1. 工程概况

某写字楼二期工程，总建筑面积 175919m²。结构特点为：大直径钢管柱-钢框架结构，钢管柱直径 1600～1200mm，钢管柱节点形式有两种，一种是内环板，一种是穿心梁。

2. 技术性能要求

钢管柱填芯混凝土强度等级为 C60，自密实性能等级 SF2。混凝土浇筑总量 1680m³，采用泵送顶升工艺施工，最大泵送高度 258m。

3. 原材料选用

工程所用原材料的主要技术性能指标，如表 5-70 所示。

表 5-70　原材料主要技术性能指标

序号	名称	产地	品种	主要性能指标
1	水泥	唐山	P.O 42.5	抗压强度:3d 为 27.8MPa,28d 为 53.2MPa
2	砂	河北滦平	水洗中砂	细度模数 2.4,含泥量 2.1%
3	碎石	北京密云	5～20mm	连续级配,空隙率 33.5%,吸水率 1.2%,针片状颗粒含量 3.5%
4	粉煤灰	唐山	F 类 I 级	需水量比 92.4%,细度 8.2%,烧失量 1.6%
5	硅粉	甘肃	SF93	SiO₂ 含量 94%,比表面积 21000m²/kg
6	磨细矿渣	唐山	S95	比表面积 420m²/kg,28d 活性指数 97.1%
7	泵送剂	上海	聚羧酸系	符合 GB 8076 的规定

4. 技术要点分析

① 钢管柱填芯混凝土浇筑采用泵送顶升施工工艺，混凝土应具有泵送顶升混凝土所需的技术性能（详见第七章第三节下"泵送顶升施工"中的有关内容）。

② 混凝土性能须满足泵送高度超过 200m 的质量要求，且泵送损失要小，须保证进入顶升口后的混凝土仍具有自密实性能。

③ 测试泵送顶升混凝土对钢管壁产生的应力与应变。

④ 泵送顶升混凝土质量缺陷隐蔽，无法直观检测，因此，应采用适宜的方法予以检测。

5. 配合比设计与试验

配合比通过正交试验设计、试配与调整（过程略），初步确定了两组实验室配合比，见表 5-71。

表 5-71　C60 泵送顶升自密实钢管混凝土实验室配合比　　单位：kg/m³

项目	水泥	碎石	砂	水	粉煤灰	磨细矿渣	硅灰	泵送剂
配比 1	320	830	810	170	180	0	25	5.25
配比 2	300	830	830	170	120	80	25	5.25

除对表 5-71 所示两组实验室配合比的混凝土进行一般性能试验外，尚分别进行水化绝热温升和自收缩测试，测试曲线分别见图 5-24、图 5-25。从图中曲线可以看出，掺加磨细矿渣后（配比 2）混凝土的收缩比掺加粉煤灰的要大，水化放热也略快。

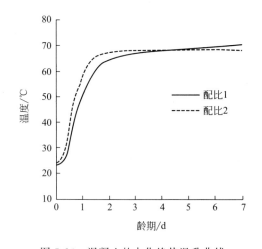

图 5-24　混凝土的水化绝热温升曲线

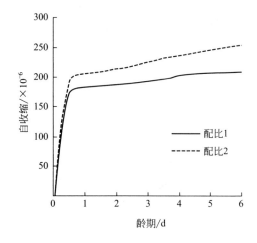

图 5-25　混凝土的自收缩曲线

通过对试验结果综合分析，最终确定的施工配合比，如表 5-72 所示，其技术性能试验结果，如表 5-73 所示。

表 5-72　C60 泵送顶升自密实钢管混凝土施工配合比　　单位：kg/m³

项目	水泥	碎石	砂	水	粉煤灰	硅灰	泵送剂
配比	320	860	800	165	180	25	6.8

表 5-73　C60 泵送顶升自密实钢管混凝土技术性能试验结果

拌合物性能(出机后 3h 时)				抗压强度/MPa			
含气量	坍落度	扩展度	V 漏斗试验	3d	7d	28d	60d
2.8%	255mm	690mm	14s	35.1	50.9	68.6	78.2

注：初凝时间 13h20min，终凝时间 15h50min。

6. 足尺模拟实体试验

正式施工前，浇筑足尺模拟实体，进行必要的试验。

（1）试验准备

按照施工图纸尺寸 1∶1 比例，制作 1 根高度为 12.24m 的模拟试验钢管柱，试验钢管柱与泵送管道平面布置如图 5-26 所示，相关测试元件布置如图 5-27 所示。

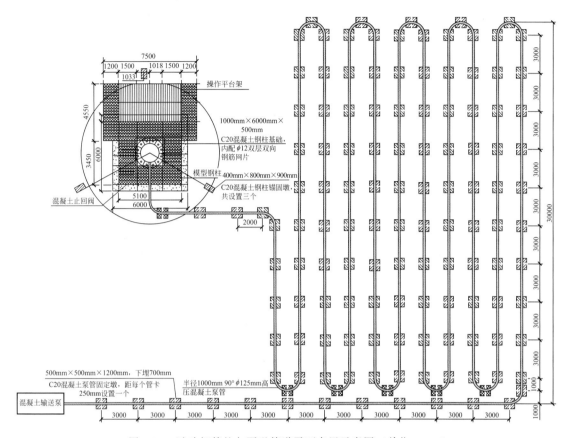

图 5-26　试验钢管柱与泵送管道平面布置示意图（单位：mm）

（2）主要试验内容

① 钢管壁承受的侧压应力。钢管壁承受的侧压应力由三部分构成：泵送产生的动压应力；混凝土拌合物自重产生的静水压应力；混凝土水化热产生的膨胀压应力。压应力可能影响其刚度和承载力，甚至导致钢管变形或胀裂。

侧压应力测试，采用埋入式振弦压力传感器（压力盒采集仪）。图 5-27 中侧压应力测点 1、2、3 分别位于试验钢管柱体的 2.28m、6.36m 和 10.44m 高度处。钢管壁侧压应力（P）-时间（t）测试曲线如图 5-28 所示，测试结果表明：泵送顶升时段内，侧压应力随着柱内混凝土填充高度的增加而增大；最大侧压应力发生在混凝土浇筑后 1~2 天时段内；三个测点的最大侧压应力不大且基本相同，约 0.7MPa。

② 钢管壁应变。应变测试采用 DH3821 型静态电阻应变仪。图 5-27 中侧压应力测点 3 所对应的应变测点 6A、6B，其应变（ε）-时间（t）测试曲线如图 5-29 所示。测试结果表明：泵送顶升阶段应变较小；浇筑 3 天时段内纵向和横向的应变变化基本相同且应变值都不大。侧压应力测点 1 和 2 分别对应的应变测点 2A 与 2B、4A 与 4B，其应变变化规律与 6A 与 6B 相同。

③ 混凝土绝热温升。钢管柱填芯混凝土、环境（试验棚内与室外）温度测试采用 WZP-Pt100 铠装铂热电阻，测点位置如图 5-27 所示。填芯混凝土温度（T）-时间（t）关系的测试曲线如图 5-30 所示，测试结果表明：填芯混凝土核心部位（测点 Ⅰ）最大温升约 23℃，

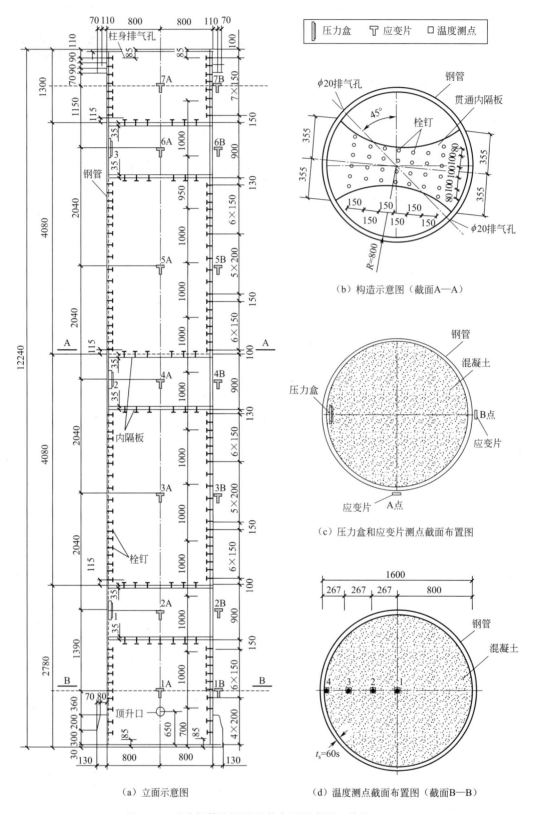

图 5-27　试验钢管柱测试元件布置示意图（单位：mm）

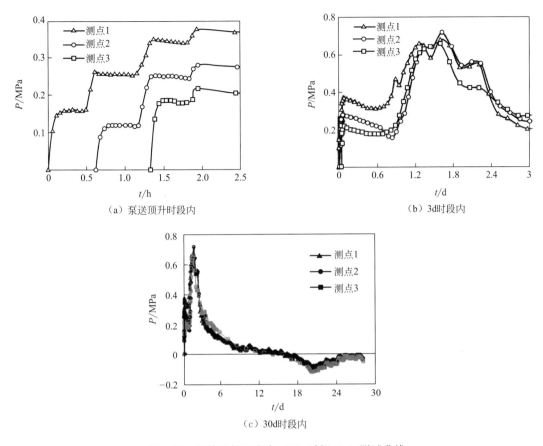

（a）泵送顶升时段内 （b）3d时段内

（c）30d时段内

图 5-28 钢管壁侧压应力（P）-时间（t）测试曲线

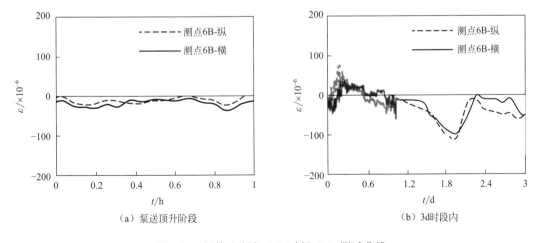

（a）泵送顶升阶段 （b）3d时段内

图 5-29 钢管壁应变（ε）-时间（t）测试曲线

且在达到温度峰值后 5 天内的降温速率波动在 $1\sim3℃/d$。

④ 混凝土收缩变形。填芯混凝土的纵向与横向收缩变形测试采用 BGK-4210 型埋入式大体积应变计。测点高度为 4470mm，具体布置如图 5-31 所示，填芯混凝土收缩变形测试曲线如图 5-32 所示，测试结果显示：纵向收缩值为（$250\sim350$）$\times10^{-6}$，横向收缩值为（$200\sim250$）$\times10^{-6}$。

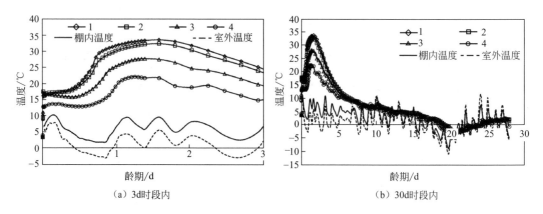

（a）3d时段内　　　　　　　（b）30d时段内

图 5-30　填芯混凝土核心部位（测点Ⅰ）温度（T)-时间（t）测试曲线

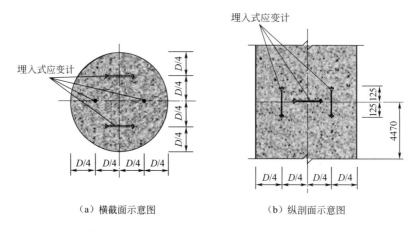

（a）横截面示意图　　　　　　（b）纵剖面示意图

图 5-31　填芯混凝土收缩测点布置图（单位：mm；D 为钢管直径）

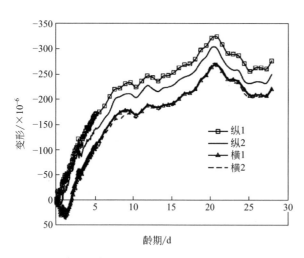

图 5-32　填芯混凝土收缩变形（ε)-时间（t）测试曲线

⑤ 浇筑质量检验。

a. 质量检验内容。

填芯混凝土表面是否有蜂窝和麻面。

填芯混凝土内部是否存在孔洞。

钢管内壁与混凝土之间以及隔板与混凝土之间的界面是否存在缝隙。

b. 质量缺陷检验方法。

敲击检测法：按节点、节点隔板以及所设定的截面依次进行敲击。通过敲击判断是否存在孔洞与缝隙，敲击检测结果没发现孔洞与缝隙。

超声波探测法：超声波通过混凝土时的声学参数变化，如：声速、振幅和波形等与混凝土的密实度、强度、均匀性和局部缺陷等状况具有相关性。具体操作时，首先对无缺陷的混凝土试件的密实度、强度进行标定，求得超声波通过时的声学参数，以此作为标准参数，与混凝土实体测试所得的声学参数予以比较。检测结果显示，混凝土实体的超声波检测声学参数与同配比无缺陷的

100mm 立方体试件的超声波检测声学参数基本一致，表明浇筑质量良好。

切割破损检测法：混凝土浇筑 28 天后，剖开钢管壁，直观检查核心混凝土质量，如：混凝土是否离析与分层，是否有孔洞等缺陷，混凝土的密实度，钢管壁与混凝土之间缝隙、内环板、穿心梁、栓钉与混凝土结合面之间的黏结情况等。检测结果表明，混凝土浇筑质量正常，如图 5-33 所示。

图 5-33　钢管柱足尺模拟实体切割剖面图

钻芯取样检测法：28 天混凝土的钻芯取样检测结果显示，混凝土浇筑质量好，未见明显的气孔、离析、分层等缺陷，芯样强度 61.9～65.8MPa，满足混凝土强度等级 C60 的要求。

通过对足尺模拟实体钢管壁的应力、应变测试，混凝土绝热温升和收缩变形的测试，以及对混凝土浇筑质量的检验，为本工程正式施工提供了技术依据。

7. 现场施工

每次泵送顶升浇筑单元为两节钢管柱，高度为 25.08m，泵送顶升浇筑至 253m 时，泵的最大输出压力为 17～20MPa 左右。V 漏斗试验排空时间为 11～14s，完全满足本工程泵送施工要求。

混凝土实体结构跟踪检测结果显示，混凝土内部最大温升在 25℃左右，最大收缩不足 300×10^{-6}，与钢管壁接触的混凝土的应变在 180×10^{-6} 左右，混凝土留置试件的 28 天强度为 60.8～68.2MPa，上述检测结果与足尺模拟实体的试验测试结果基本一致，满足工程质量要求。

第四节　膨胀混凝土

膨胀混凝土，是指采用膨胀剂或膨胀水泥配制的，在硬化过程中会产生一定的膨胀，使其能在约束条件下具有一定自应力的混凝土。

一、膨胀混凝土分类

膨胀混凝土一般分为两大类：

（1）补偿收缩混凝土

现行行业标准 IGI/T 178 中给出的定义是：由膨胀剂或膨胀水泥配制的自应力为 0.2～1.0MPa 的混凝土。它是一种膨胀适度的混凝土，能利用产生的膨胀能来抵消混凝土水化硬化、失水干燥、温度变化及荷载作用等引起的全部或大部分收缩，从而避免或大大减少混凝土的开裂发生。

(2) 自应力混凝土

由膨胀剂或膨胀水泥配制的一种自应力要求较高的混凝土，其产生的膨胀能不仅能抵消混凝土水化硬化、失水干燥、温度变化及荷载作用等引起的收缩，而且能对混凝土中的结构钢筋施加张拉应力，从而达到建立预应力目的。自应力混凝土的自应力值一般大于2.0MPa。

两种混凝土的主要区别是：

① 功能不同。补偿收缩混凝土是以达到减少或防止混凝土开裂为目的；而自应力混凝土则以承受荷载为主要目的，同时兼有减少或防止混凝土裂缝发生的作用。

② 自应力值（或膨胀能）不同。自应力混凝土的自应力值一般大于2.0MPa，常用值为3.0~6.0MPa；而补偿收缩混凝土的自应力值一般小于1.0MPa。

二、膨胀混凝土原材料

1. 膨胀水泥

即指其在水化和硬化过程中能产生体积膨胀的一类水泥，工程中常用的主要有以下几种：

(1) 低热微膨胀水泥

现行国家标准《低热微膨胀水泥》（GB 2938）给出的定义是：以粒化高炉矿渣为主要成分，加入适量硅酸盐水泥熟料和石膏，磨细制成的具有低水化热和微膨胀性能的水硬性胶凝材料。代号 LHEC，其主要性能指标见表 5-74。

表 5-74　低热微膨胀水泥主要性能指标（GB 2938）

强度等级	抗压强度/MPa		抗折强度/MPa		水化热/(kJ/kg)		线胀率/%		
	7d	28d	7d	28d	3d	7d	1d	7d	28d
32.5	18.0	32.5	5.0	7.0	185	220	≥0.05	≥0.10	≤0.60

(2) 明矾石膨胀水泥

现行行业标准《明矾石膨胀水泥》（JC/T 311）给出的定义是：以硅酸盐水泥熟料为主、铝质熟料、石膏和粒化高炉矿渣（或粉煤灰），按适当比例磨细制成的，具有膨胀性能的水硬性胶凝材料。代号 A·EC，其主要性能指标见表 5-75。

表 5-75　明矾石膨胀水泥主要性能指标（JC/T 311）

强度等级	抗压强度/MPa			抗折强度/MPa			限制膨胀率/%	
	3d	7d	28d	3d	7d	28d	3d	28d
32.5	13.0	21.0	32.5	3.0	4.0	6.0		
42.5	17.0	27.0	42.5	3.5	5.0	7.5	≥0.015	≤0.10
52.5	23.0	33.0	52.5	4.0	5.5	8.5		

(3) 自应力铁铝酸盐水泥

现行行业标准《自应力铁铝酸盐水泥》（JC/T 437）给出的定义是：由铁铝酸盐水泥熟料和适量的石膏磨细制成的，具有膨胀性能的水硬性胶凝材料。代号 S·FAC，其主要性能指标见表 5-76。

表 5-76　自应力铁铝酸盐水泥主要性能指标 （JC/T 437）

自应力等级	抗压强度/MPa		自由膨胀率/%		自应力值/MPa			28d 自应力增进率/(MPa/d)
	7d	28d	7d	28d	7d	28d		
3.0	≥32.5	≥42.5	≤1.30	≤1.75	≥2.0	≥3.0	≤4.0	≤0.010
3.5					≥2.5	≥3.5	≤4.5	
4.0					≥3.0	≥4.0	≤5.0	
4.5					≥3.5	≥4.5	≤5.5	

铁铝酸盐水泥熟料是以适当成分的生料，经煅烧所得以无水硫铝酸钙、铁相和硅酸二钙为主要矿物成分的水硬性胶凝材料。

（4）自应力硫铝酸盐水泥

自应力硫铝酸盐水泥的命名与技术性能，详见第二章第一节"其他品种水泥"。

2. 膨胀剂

有关膨胀剂的定义、品种、膨胀作用机理、应用技术要点及其应用范围等详见第二章第三节"膨胀剂"中的有关内容。

3. 其他原材料

（1）水泥和矿物掺合料

其品种及其用量，会对不同的膨胀剂产生不尽相同的膨胀率。因此，在配制混凝土时，应根据所采用的原材料检测混凝土的膨胀率，通过调整膨胀剂掺量来达到所需的膨胀率。

（2）骨料

不仅要选择适宜的品种，而且还要选择适宜的级配。试验结果表明，不同的骨料对膨胀率和干缩率有着不同的影响，如砂岩类骨料会降低膨胀率，海砂会加大干缩率等。

（3）外加剂

如氯盐类早强剂、缓凝剂等都会对混凝土的膨胀率产生不良影响，因此需通过试验确定适宜掺量。

此外，能对混凝土收缩产生较大影响的因素，如用水量、水灰比、砂率、拌合物的含气量等，都会对膨胀混凝土的膨胀率产生一定的影响。因此，在混凝土原材料选择、配合比设计时应予以重视。

三、膨胀混凝土技术性能

膨胀混凝土的材料与膨胀特性导致其性能与普通混凝土性能有着明显不同。

1. 新拌混凝土性能

（1）流动性降低

通常，在相同水胶比条件下，掺膨胀剂混凝土的流动性或坍落度较未掺者有所降低，且坍落度经时损失也会增大，如图 5-34 所示，主要是由膨胀剂需水量大、早期水化快、水化产物丰富所致。

（2）凝结时间缩短

掺硫铝酸钙类、氧化钙类膨胀剂及两者复合膨胀剂会使混凝土凝结时间缩短。这主要是因为

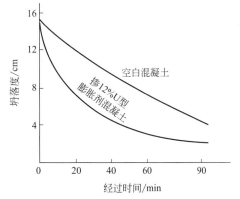

图 5-34　掺与未掺 U 型膨胀剂的混凝土坍落度经时损失

（水泥∶砂∶石=1∶1.73∶2.83；

$W/C=0.52$；$C=380kg/m^3$）

掺膨胀剂混凝土早期生成了钙矾石加快了水化硬化速度。

（3）泌水率有所降低、沉降收缩减少

掺硫铝酸钙类、氧化钙类膨胀剂及两者复合膨胀剂会使混凝土的泌水率有所降低、沉降收缩减少，这主要是因为掺膨胀剂混凝土需水量大、早期水化快、水化产物丰富、体系的黏度增大所致。

（4）体系的 pH 值增大

通常，膨胀剂中含有一定量的明矾石或石灰，因此掺膨胀剂混凝土的 pH 值较未掺者有所提高。

2. 硬化混凝土性能

膨胀混凝土在没有外力限制条件下的体积膨胀称为自由膨胀；在有外力限制条件下的体积膨胀称为限制膨胀。

试验结果表明，在自由膨胀条件下，随混凝土自由膨胀率的增加，混凝土的力学性能与耐久性能下降。

（1）限制膨胀率

限制膨胀率，即混凝土的膨胀被钢筋等约束体限制时导入钢筋的应变值，用钢筋的单位长度伸长值表示。它是膨胀混凝土最重要的技术性能指标，其值大小将决定膨胀混凝土在水化硬化过程中是否有结构裂缝的发生。

（2）力学性能

在限制条件下，膨胀混凝土的强度、弹性模量等性能会得以提高。

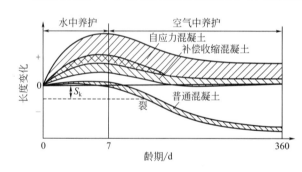

图 5-35　典型的膨胀混凝土变形示意图

（3）变形性能

如图 5-35 所示，普通混凝土与膨胀混凝土的变形有着明显的不同。前者在水中养护阶段，呈膨胀状态，转入干空气中后，表现为明显的收缩；而后者在水中养护阶段，膨胀明显增大，即使转入干空气中后，仍表现为膨胀。

（4）耐久性能

在限制条件下，膨胀混凝土产生的膨胀能一方面会使其自身的水泥浆体致密化；另一方面，这种膨胀能推动水泥凝胶体朝着毛细孔产生黏性流动，使水泥硬化浆体内部孔隙减少（压缩、迁移或堵塞），从而提高了混凝土的抗渗与抗冻性。

四、影响掺膨胀剂混凝土膨胀率的主要因素

膨胀剂效能的发挥即膨胀率的大小取决于两个根本的条件：其一是膨胀源，即膨胀性产物的种类、产生量与产生时间；其二是固体颗粒位移及其有效传递。前者主要涉及膨胀剂的品种、多少和反应条件，而后者涉及膨胀位移与固体颗粒的间距。

1. 水泥熟料矿物成分及含量

根据 Odler 等人的试验结果（图 5-36），当水泥石中 SO_3 含量为 $4.5\%\sim6.0\%$ 的情况下，C_3A 含量越高其自由膨胀率就越大；而高 C_4AF 含量对其自由膨胀率的贡献不大。由此可知，掺膨胀剂混凝土的膨胀率主要与熟料中 C_3A 含量有较大关系。由于熟料中 C_3A 含量一般在 $7\%\sim15\%$，波动范围较大，这必然导致掺膨胀剂混凝土膨胀率的波动。

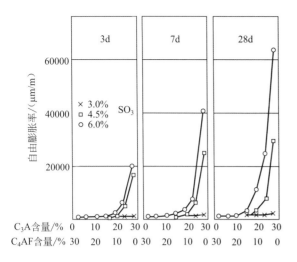

图 5-36　C_3A 和 C_4AF 含量对不同 SO_3 含量水泥石
自由膨胀率的影响

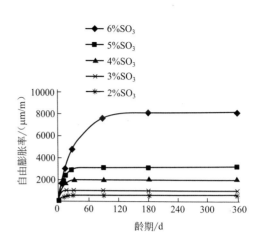

图 5-37　SO_3 含量对胶凝材料硬化浆体
自由膨胀率的影响

（胶凝材料硬化浆体：普通水泥＋20％掺合料＋
膨胀剂，水胶比为 0.275）

2. 胶凝材料中 SO_3 含量

试验研究表明，胶凝材料硬化浆体的自由膨胀率均随着 SO_3 含量的增加而增加（如图 5-37 所示），因此胶凝材料中 SO_3 含量的波动，将导致掺膨胀剂混凝土自由膨胀率的波动。

3. 水泥品种

水泥品种不同，其混合材种类与掺量也不相同。通常，随混合材数量的增加，水泥水化后会产生更多的水化硅酸钙凝胶（黏性体），减少氢氧化钙（弹性体）含量，从而导致膨胀混凝土限制膨胀率的变化。试验结果表明：①水泥强度等级与水泥掺量相同时，普通硅酸盐水泥膨胀混凝土的限制膨胀率要比粉煤灰硅酸盐水泥或矿渣硅酸盐水泥膨胀混凝土的限制膨胀率大。②混凝土强度等级相同时，前者的限制膨胀率也要比后者的限制膨胀率大。

4. 水胶比

水胶比对膨胀混凝土限制膨胀率影响规律的一组试验结果，如图 5-38 所示。掺膨胀剂的混凝土的限制膨胀率随水胶比的减小而增大。

周永祥等对水胶比分别为 0.48、0.33 和 0.28 的 C30、C60 和 C80 混凝土，分别掺入膨胀剂 P1（硫铝酸钙类）和 P2（硫铝酸钙-氧化钙类），在相同环境条件下测试混凝土早期收缩曲线，如图 5-39 所示。从图 5-39 中可以看出：与空白混凝土相比，加入膨胀剂后，C30、C60 及 C80 混凝土的收缩率值，可分别减少 60％～80％、40％～50％ 与 10％ 左

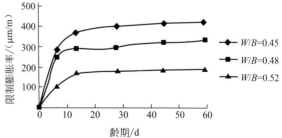

图 5-38　水胶比对掺膨胀剂混凝土限制膨胀率的影响
（混凝土：胶材用量 380kg/m³，膨胀剂掺量 12％）

右，这些数据表明随着水胶比的减小，膨胀剂的膨胀效能逐渐降低。

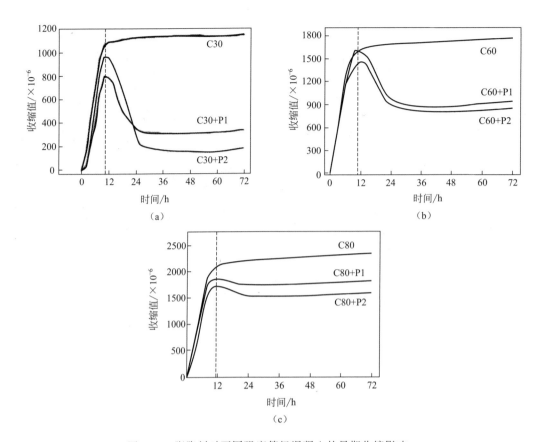

图 5-39　膨胀剂对不同强度等级混凝土的早期收缩影响

由此可见，在一定水胶比范围内，水胶比越小，可能膨胀越大，而在另外的水胶比范围内，水胶比越小，可能膨胀越小。前者是由于随着水胶比的提高，水泥石中的孔隙率会有所提高，因而需要消耗较多的膨胀能来使黏性体朝着孔隙处流动，使水泥石得到密实，从而减少了做外体积膨胀的膨胀能，反映的是固体颗粒间距对膨胀效能的影响；而后者是由于随着水胶比的减小，可供膨胀剂水化反应的水越来越少，膨胀源减少，体现的是水分对膨胀源的贡献。因此，水胶比对膨胀混凝土限制膨胀率影响规律绝不能一概而论。

5. 养护温度

如图 5-40 所示，在 7 天龄期内 21℃养护掺膨胀剂混凝土的限制膨胀率小于 38℃养护混凝土的限制膨胀率，而在后期则相反。其原因在于：在较高温度（38℃）养护条件下，水泥水化速度及形成钙矾石的速度加快，在 7 天龄期内膨胀作用已基本完成；而在养护温度（21℃）条件下，水泥水化速度及形成钙矾石的速度适中，膨胀作用将持续到 14 天龄期，故后期的膨胀率会大于前者的膨胀率；而在较低养护温度（7℃）条件下，由于水泥水化速度及形成钙矾石的速度均缓慢，故在 28 天龄期内掺膨胀剂混凝土的限制膨胀率一直在增长，且膨胀率较小。因此，建议掺膨胀剂混凝土的养护温度不应低于 5℃。

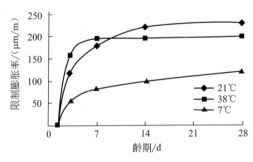

图 5-40　养护温度对掺膨胀剂混凝土
限制膨胀率的影响

值得注意的是，对于大体积膨胀混凝土，水泥水化热产生的温升往往达到 $50\sim80℃$，温度之高，一方面可以加快钙矾石的形成速度和增加单位时间内钙矾石形成数量，导致混凝土膨胀速度加快和限制膨胀率增大，有利于防止混凝土的开裂；另一方面温度升高可能产生过大的温差应力而不利于防止混凝土的开裂。

6. 养护湿度

如图 5-41 所示，水中养护，混凝土的限制膨胀率始终最大；相对湿度为 100% 的养护，混凝土的限制膨胀率略低于在水中养护者；聚氯乙烯（PVC）薄膜包裹养护，在 3 天龄期内混凝土的限制膨胀率仍属正常发展，但膨胀率较前二者均小，而在 3 天龄期后混凝土的限制膨胀率不再增加。由此可知，养护湿度对掺膨胀剂混凝土的限制膨胀率的影响作用十分明显，因为膨胀剂的水化反应离不开水，尤其是钙矾石生成需要大量水。因此对于掺膨胀剂混凝土必须要进行长达 14 天以上的保湿养护。

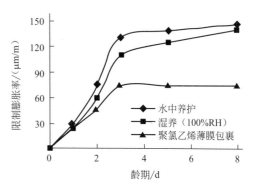

图 5-41　养护湿度对掺膨胀剂混凝土限制膨胀率的影响

值得一提的是，非膨胀混凝土在水中也显示膨胀变形。当移入干空气或自然环境下，两种混凝土均会迅速产生干缩，但如果恢复到潮湿环境或浸入水中，掺膨胀剂的混凝土重新恢复膨胀，因收缩产生的裂纹可能重新闭合，这就是膨胀混凝土的干缩自愈作用，而普通混凝土的干缩是不可逆的。将测定的膨胀混凝土某一龄期水中限制膨胀率，减去干缩过程中某一龄期的剩余限制膨胀率，或者说加上某一龄期的限制干缩率，即称为该龄期的膨胀落差，用 $\Delta\varepsilon_r$ 表示。理论上讲，不管是何种混凝土，只要 $\Delta\varepsilon_r$ 相等，就会产生同等的收缩应力，这种应力引起的变形超过极限拉伸时就会造成混凝土开裂。试验结果显示，膨胀混凝土并非膨胀率越大越好，重要的是落差要小，减小落差是提高补偿收缩混凝土抗裂性能的一个重要因素。一些工程采用膨胀剂后未取得预期效果，部分原因是配制的混凝土其补偿收缩的膨胀落差过大。

7. 混凝土配筋率

膨胀混凝土的限制膨胀率与限制条件有很大关系，而在钢筋混凝土中配筋率是主要的限制条件。试验证明，钢筋混凝土都存在一个最佳配筋率的范围，在此范围内膨胀率不很高，但自应力值却较大。而配筋率过低时，虽然膨胀率大但自应力值不高，配筋率过高时，膨胀率很小，自应力值也不高，而且不经济。

如图 5-42 所示，为混凝土试件与钢筋混凝土结构构件间的限制膨胀率的对应关系。由图 5-42 可知，混凝土试件与混凝土结构构件所采用的材料相同，混凝土试件的同一限制膨胀率，所对应的不同配筋率的混凝土结构构件的限制膨胀率并不相同。如试件的限制膨胀率为 400×10^{-6} 时，对应的不同配筋率的混凝土结构构件的限制膨胀率是：当配筋率 0.30% 时，为 315×10^{-6}；而当配筋率为 1% 时，只有约 185×10^{-6}。很明显，混凝土结构中的配筋率越高，钢筋的约束作用越大，限制膨胀率就越小。

图 5-43 给出了如何根据混凝土结构构件的配筋率和限制膨胀率计算混凝土的预压应力。如当限制膨胀率为 300×10^{-6}、配筋率为 0.50% 时，混凝土结构构件中的预压应力约为 0.31MPa。根据图中所示补偿收缩混凝土区域，混凝土结构的限制膨胀率为 $(50\sim1000)\times10^{-6}$，混凝土结构的预压应力约为 $0.10\sim0.85$MPa。

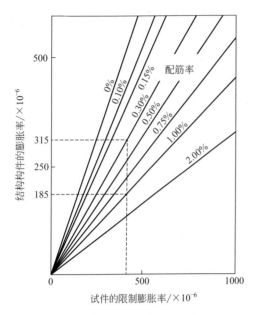

图 5-42　混凝土试件与钢筋混凝土结构构件间的限制膨胀率的对应关系

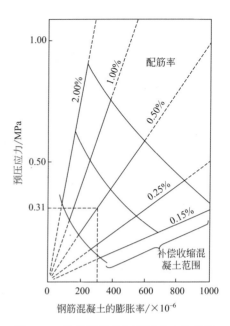

图 5-43　构件配筋率与预压应力的关系

需要指出的是，图 5-42 是采用 ASTM 878 规定的试验方法得到的，该标准规定的试件尺寸为 $76mm \times 76mm \times 254mm$，限制钢筋直径为 $5mm$，配筋率为 0.34%。若假定相同膨胀能产生的自应力相等，则我国标准（试件尺寸为 $100mm \times 100mm \times 300mm$，限制钢筋直径为 $10mm$，配筋率为 0.79%）与 ACI 标准所规定的试件限制膨胀率的换算关系是 $1:2.32$。例如，某工程构件配筋率为 0.30%，出于补偿收缩需要，构件的最大膨胀率取值为 500×10^{-6}，由图 5-42 可知，棱柱体试件的限制膨胀率为 650×10^{-6} 才能满足要求；经换算，我国标准规定的试件其限制膨胀率应为 280×10^{-6}，按照 JGJ/T 178 标准规定，取整为 300×10^{-6}。通常，在进行混凝土试配时，加试配富余系数 500×10^{-6}，故混凝土配合比的限制膨胀率应为 350×10^{-6}，根据此指标选择膨胀剂的品种并经过试验确定其合理掺量。

8. 膨胀剂掺量

如图 5-44 所示，混凝土限制膨胀率随膨胀剂掺量的增加而增加。例如，14 天龄期，当膨胀剂掺量为 8%、10%、12% 和 14% 时，混凝土的限制膨胀率分别为 $200\mu m/m$、$240\mu m/m$、$285\mu m/m$ 和 $385\mu m/m$。

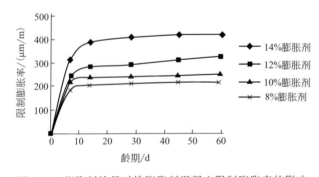

图 5-44　膨胀剂掺量对掺膨胀剂混凝土限制膨胀率的影响
（混凝土：水泥 $380kg/m^3$，水胶比 0.48）

混凝土中膨胀剂的最佳掺量不仅和膨胀剂种类有关，而且还会因用途不同而异，通常，用于混凝土的补偿收缩、防水、抗渗、防裂和自应力混凝土的膨胀剂掺量依次递增。

9. 膨胀剂细度

膨胀剂细度对膨胀混凝土的限制膨胀率也有影响。一般来说，随着膨胀剂细度的增加其溶解速度、水化作用速度加快，早期膨胀能大，限制膨胀率也大。但细度不宜过细，否则膨胀能会消耗在混凝土的塑性阶段，成为无效膨胀，导致后期膨胀无力，后期干缩增大。标准 GB 23439 规定的膨胀剂细度指标要求见表 2-49 和表 2-50。鉴于工程对限制膨胀率的要求，在选择膨胀剂的细度时，更应重视 7 天的限制膨胀率，以便实现膨胀与强度的协调发展。

五、补偿收缩混凝土

1. 基本规定

① 宜用于混凝土结构自防水、工程接缝填充、采取连续施工的超长混凝土结构、大体积混凝土等工程。以钙矾石作为膨胀源的补偿收缩混凝土，不得用于长期处于环境温度高于 80℃ 的钢筋混凝土工程。

② 混凝土质量除应符合现行国家标准 GB 50164 的规定外，还应符合设计所要求的强度等级、限制膨胀率、抗渗等级和耐久性技术指标。

③ 限制膨胀率应符合表 5-77 的规定。

表 5-77 补偿收缩混凝土的限制膨胀率（JGJ/T 178）

用途	限制膨胀率/%	
	水中 14d	水中 14d 转空气中 28d
用于补偿混凝土收缩	≥0.015	≥−0.030
用于后浇带、膨胀加强带和工程接缝填充	≥0.025	≥−0.020

④ 抗压强度应满足下列要求：

a. 设计强度等级不宜低于 C25，用于填充的补偿收缩混凝土的设计强度等级不宜低于 C30。

b. 对大体积混凝土工程或地下工程，其抗压强度可以标准养护 60 天或 90 天的强度为准。

c. 除大体积混凝土工程和地下工程外，其抗压强度应以 28 天的强度为准。

2. 补偿收缩混凝土原材料

原材料选择应遵循下列原则：

① 水泥应符合 GB 175 或《中热硅酸盐水泥、低热硅酸盐水泥、低热矿渣硅酸盐水泥》（GB 200）的规定。

② 膨胀剂其品种和性能应符合 GB 23439 的规定。

③ 外加剂或矿物掺合料应符合下列规定：

a. 减水剂、缓凝剂、泵送剂、防冻剂等应分别符合 GB 8076、JC 473、JC 475 的规定。

b. 粉煤灰应符合 GB 1596 的规定。不得使用高钙粉煤灰，使用磨细矿渣应符合 GB/T 18046 的规定。

④ 骨料应符合 JGJ 52 的规定。轻骨料应符合 GB/T 17431.1 的规定。

3. 补偿收缩混凝土配合比

补偿收缩混凝土的配合比设计应符合以下规定：

① 配合比设计应符合 JGJ 55 的规定。

② 限制膨胀率的设计取值。

a. 限制膨胀率的取值应符合表 5-78 的规定。

表 5-78　限制膨胀率的设计取值（JGJ/T 178）

结构部位	限制膨胀率/%	结构部位	限制膨胀率/%
板梁结构	≥0.015	后浇带、膨胀加强带	≥0.025
墙体结构	≥0.020		

b. 限制膨胀率的取值应以 0.005% 的间隔为一个等级。

c. 下列情况限制膨胀率的取值宜适当增大：

（a）强度等级大于等于 C50 的混凝土，限制膨胀率宜提高一个等级。

（b）约束程度大的桩基础底板等构件。

（c）气候干燥地区、夏季炎热且养护条件差的构件。

（d）结构总长度大于 120m。

（e）屋面板。

（f）室内结构越冬外露施工。

③ 膨胀剂品种与掺量。膨胀剂品种应根据工程与施工要求事先进行选择，掺量应通过配合比试验最终予以确定。配合比试验时，应采用实际工程使用的材料，限制膨胀率值应比设计值高 0.005%，掺量应参照表 5-79 选用。

表 5-79　每立方米混凝土膨胀剂用量（JGJ/T 178）

用途	膨胀剂用量/(kg/m³)
用于补偿混凝土收缩	30～50
用于后浇带、膨胀加强带和工程接缝填充	40～60

④ 水胶比。不宜大于 0.50。

⑤ 单位胶凝材料用量。不宜小于 300kg/m³；用于膨胀加强带和工程接缝填充部位的补偿收缩混凝土，单位胶凝材料用量不宜小于 350kg/m³。

⑥ 有耐久性要求的补偿收缩混凝土。其配合比设计应符合现行国家标准《混凝土结构耐久性设计规范》（GB/T 50476）的规定。

六、补偿收缩混凝土参考配合比

补偿收缩混凝土的参考配合比见表 5-80。

表 5-80　补偿收缩混凝土的参考配合比　　　　单位：kg/m³

强度等级	P.O 42.5 水泥	中砂	5～25mm 碎石	Ⅰ级粉煤灰	S95 磨细矿渣	膨胀剂	减水剂	水
C25	260	810	1030	40	—	37	8.1	170
C30	260	790	1040	65	—	40	9.0	165
C35	280	760	1040	70	—	43	9.5	165
C40	300	730	1040	80	—	47	10.3	165
C45	300	690	1050	70	40	51	11.5	160
C50	300	660	1060	80	60	55	12.3	160
C55	330	610	1070	90	70	61	14.2	160
C60	340	580	1070	100	70	64	14.8	160

七、补偿收缩混凝土制备与施工

1. 补偿收缩混凝土制备

拌合物制备如下：

① 原材料计量。原材料每盘称量的允许偏差应符合表 5-81 的规定。

表 5-81 原材料每盘称量的允许偏差（按质量计）（JGJ/T 178）

材料名称	允许偏差/%	材料名称	允许偏差/%
水泥、膨胀剂、矿物掺合料	±2	水、外加剂	±2
粗、细骨料	±3		

② 搅拌。搅拌时间与普通混凝土的搅拌时间基本相同，或适当延长 30s 以上。

2. 补偿收缩混凝土施工

补偿收缩混凝土其水化速度较普通混凝土来得快，因此，应尽量缩短运输和浇筑时间。

（1）浇筑

① 浇筑前，所有与混凝土接触的结构应充分湿润。

② 应特别注意钢筋保持在正确的位置上，确保钢筋起到约束作用；在混凝土凝结硬化过程中，要确保混凝土与钢筋的牢固黏结。

③ 当施工中因遇到雨、雪、冰雹需留施工缝时，对新浇混凝土部分应立即用塑料薄膜覆盖；当混凝土已出现硬化的情况时，应先在其上铺设 30～50mm 厚的同配合比无粗骨料的膨胀水泥砂浆，再浇筑混凝土。

④ 浇筑方式和结构形式应根据结构长度，按表 5-82 进行选择。膨胀加强带的宽度宜为 2000mm，其间距宜为 30～60m。强约束板式结构宜采用后浇式膨胀加强带分段浇筑。三种浇筑形式膨胀加强带的结构示意图，详见第一章图 1-2 后浇式、图 1-3 间歇式、图 1-4 连续式膨胀加强带。

表 5-82 补偿收缩混凝土的浇筑方式和结构形式（JGJ/T 178）

结构类别	结构长度（L）/m	结构厚度（H）/m	浇筑方式	结构形式
墙体	L≤60	—	连续浇筑	连续式膨胀加强带
	L>60	—	分段浇筑	后浇式膨胀加强带
板式结构	L≤60	—	连续浇筑	—
	60<L≤120	H≤1.5	连续浇筑	后浇式膨胀加强带
	60<L≤120	H>1.5	分段浇筑	后浇式、间歇式膨胀加强带
	L>120	—	分段浇筑	后浇式、间歇式膨胀加强带

⑤ 水平构件应在混凝土终凝前采用机械或人工方式，对混凝土表面进行三次抹压。

（2）养护

① 加强混凝土的早期养护，必要时采取挡风、遮阳、喷水等措施，防止水分过早散失，养护周期一般不小于 14 天。

② 对于水平构件，常温施工时，可采取覆盖塑料薄膜并定时洒水、铺湿麻袋等方式。

③ 底板宜采取直接蓄水养护方式；墙体浇筑完成后，可在顶端设多孔淋水管，达到脱模强度后，可松动对拉螺栓，使墙体外侧与模板之间有 2～3mm 的缝隙，确保上部淋水进入模板与墙壁间。

④ 在冬期施工时，构件拆模时间应延至 7 天以上，表层不得直接洒水，可采用塑料薄

膜保水，薄膜上部再覆盖岩棉被等保温材料。

八、自应力混凝土

自应力混凝土是膨胀率或膨胀应力要求较高的混凝土，因此，要求自应力混凝土必须满足以下几点要求：

1. 最优的膨胀率范围

根据自应力混凝土的使用部位不同，其最优膨胀率也不同，而且其后期膨胀值也不宜过大。

2. 适宜的稳定期

膨胀稳定期应不早于 3 天，一般不超过 7～10 天，最迟不应超过 28 天。所谓膨胀稳定期，即当自由膨胀试件连续三个龄期中，一龄期的膨胀率与前一龄期的膨胀率相差均在 0.05 个百分点以内时，则该龄期称为试件的膨胀稳定期。

3. 一定的自应力值

自应力值越高，混凝土的抗裂性能越好。一般情况下，要求混凝土的自应力值不小于 2.5MPa。

与预应力混凝土相比，自应力混凝土的最大缺点是产生的自应力值太低，使自应力混凝土的使用范围受到很大限制。为充分发挥自应力混凝土的作用，不仅通过对水泥与膨胀剂的细度及掺量、水胶比、养护制度、化学外加剂等的优化选择以及对混凝土配合比的优化设计，最大限度地提高自应力混凝土的膨胀能，而且要选择最合理的限制约束方式，即选择最佳配筋率和配筋方式，其中包括钢筋截面形状、尺寸、位置和锚固方式等。

九、关于超长结构无缝施工抗裂设计的计算

基于补偿收缩混凝土的基本理论和观点，式(5-13)成立时，混凝土不会出现裂缝。

$$|\varepsilon_2 - \varepsilon_t - \varepsilon_{y(t)}| \leqslant \varepsilon_k \tag{5-13}$$

式中　ε_2——混凝土的限制膨胀率，mm/mm；

　　　ε_t——混凝土的温降收缩（冷缩率），mm/mm；

　　　$\varepsilon_{y(t)}$——混凝土在龄期 t 时的收缩值，mm/mm；

　　　ε_k——混凝土的极限拉应变，mm/mm。

（1）温降收缩

混凝土内部最高温度降至环境温度时产生冷缩的最大值，可按式(5-14)计算：

$$\varepsilon_t = \alpha(T_{max} - T_q) \tag{5-14}$$

式中　α——混凝土的线胀系数，可取 $10 \times 10^{-6}℃^{-1}$；

　　T_{max}——混凝土的内部最高温度，可按式(5-45)计算，℃；

　　　T_q——环境温度，也可采用当地年平均气温，℃。

（2）混凝土（水化与干燥）收缩

不同龄期的混凝土的收缩变形值 $\varepsilon_{y(t)}$ 可按式(5-48)计算。

（3）混凝土极限拉应变

在混凝土中配筋可以提高极限拉应变，因此配筋尽量做到细、密，这一关系可用如下经验算式表示：

$$\varepsilon_k = 0.5 f_{tk}\left(1 + \frac{p}{d}\right) \times 10^{-4} \tag{5-15}$$

式中　f_{tk}——混凝土的抗拉强度标准值，MPa，可按表 5-138 选取；

　　　p——混凝土配筋率，如配筋率为 0.3％，则 $p=0.3$；

　　　d——钢筋直径，cm，如钢筋直径为 12mm，则 $d=1.2$cm。

考虑到混凝土的徐变可使混凝土的极限延伸增加，提高混凝土的极限变形能力，当只考虑正常徐变变形的一半，即极限拉应变可以增加 50％，混凝土的实际极限拉应变可按式(5-16) 计算：

$$\varepsilon_k = 0.5 f_{tk}\left(1+\frac{p}{d}\right)\times 1.5\times 10^{-4} \tag{5-16}$$

（4）混凝土最终变形值

普通混凝土的最终收缩变形为：

$$\varepsilon = |\varepsilon_t + \varepsilon_{y(t)}| \tag{5-17}$$

补偿收缩混凝土最终收缩变形为：

$$\varepsilon = |\varepsilon_2 - \varepsilon_t - \varepsilon_{y(t)}| \tag{5-18}$$

为防止混凝土开裂，则混凝土所需的限制膨胀率为：

$$\varepsilon_2 \geqslant |\varepsilon_k - \varepsilon_t - \varepsilon_{y(t)}| \tag{5-19}$$

【例 5-2】　某工程地下室 C40 P8 混凝土外墙，长 56m，厚度为 800mm，配筋率为 0.15％，钢筋直径为 12mm，日平均气温 $T_q = 20℃$，混凝土入模温度 $T_j = 25℃$。混凝土配合比如下：

单位：kg/m³

水	人工砂	粗骨料	P.O 42.5 水泥	矿粉	粉煤灰	减水剂
163	780	1034	257	60	108	8.5

解：由式(5-45) 计算龄期 3 天时的内部最高温度为：$T_{max(3)} = 62.9℃$。

如果在第 3 天，混凝土结构的温度降至环境温度后，由式(5-14) 计算其温降收缩为：

$$\varepsilon_t = (62.9-20)\times 10\times 10^{-6} = 429\times 10^{-6}$$

由式(5-48) 计算 3 天时混凝土收缩的相对变形值为：

$$\varepsilon_{y(3)} = 400\times(1-e^{-0.03})\times 1.0\times 1.10\times 0.97\times 1.51\times 1.09\times 0.88\times 1\times 0.68\times 1.3\times$$
$$0.87\times 1.01\times 10^{-6} = 14\times 10^{-6}$$

由式(5-16) 计算其混凝土的极限延伸率为：

$$\varepsilon_k = 0.5\times 2.39\times\left(1+\frac{0.15}{1.2}\right)\times 1.5\times 10^{-4} = 202\times 10^{-6}$$

由式(5-17) 计算混凝土最终变形值为：

$$\varepsilon = (429+14)\times 10^{-6} = 443\times 10^{-6}$$

因为此时 $\varepsilon > \varepsilon_k$，所以混凝土开裂风险很大，需采用补偿收缩混凝土。为控制裂缝的出现，由式(5-19) 计算所需的膨胀变形为：

$$\varepsilon_2 = |202\times 10^{-6} - 429\times 10^{-6} - 14\times 10^{-6}| = 241\times 10^{-6}$$

这说明该混凝土掺入膨胀剂后，限制膨胀率须大于 2.41×10^{-4}，这样才能保证在施工过程中不会开裂。

由图 5-43 可知，结构构件需要膨胀率 2.50×10^{-4}，配筋率为 0.15％时，则棱柱体试件的限制膨胀率为 3.00×10^{-4} 才能满足要求；换算为我国标准试验的棱柱体试件的限制膨胀率为 1.29×10^{-4}，取整为 2.00×10^{-4}，混凝土配合比的限制膨胀率应满足 2.50×10^{-4} 的要求。

根据掺膨胀剂混凝土的实验结果和大量工程结构实测数据，在 C40 普通混凝土掺入

20kg 镁类膨胀剂，模拟混凝土内部温度 40～60℃环境中，$\varepsilon_{2MgO} \geqslant 2.50 \times 10^{-4}$，能够满足本工程抗裂要求。

十、膨胀混凝土工程应用案例

通常，将长度超过结构伸缩缝的最大间距限值的钢筋混凝土结构，称为超长混凝土结构。现行国家标准 GB 50010 规定的钢筋混凝土结构伸缩缝的最大间距，如表 5-83 所示。

表 5-83 钢筋混凝土结构伸缩缝最大间距（GB 50010） 单位：m

结构类别		室内或土中	露天
排架结构	装配式	100	70
框架结构	装配式	75	50
	现浇式	55	35
剪力墙结构	装配式	65	40
	现浇式	45	30
挡土墙、地下室墙壁等类结构	装配式	40	30
	现浇式	30	20

注：装配式整体结构的伸缩缝最大间距，可根据结构的具体情况取表中装配式结构与现浇式结构之间的数值。

某工程基础筏板和地下室侧墙均属于超长钢筋混凝土结构，经论证，浇筑补偿收缩混凝土，预设膨胀加强带。施工技术方案的主要内容如下。

1. 预设膨胀加强带

膨胀加强带补偿结构收缩的原理在于：带内混凝土产生的膨胀，受到钢筋与临位混凝土的约束，在钢筋混凝土结构中产生一定的预压应力，使结构的收缩拉应力得到大小适宜的补偿。

如图 5-45 所示，本工程基础筏板补偿收缩混凝土的结构形式为连续式膨胀加强带，带宽 2m；墙体补偿收缩混凝土的结构形式为后浇式膨胀加强带，留置时间约 14 天，原则上每隔 30m 设一道，钢板止水带带宽 250mm，厚 3mm。

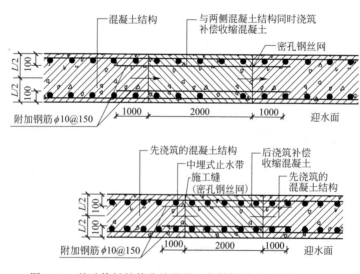

图 5-45 基础筏板补偿收缩混凝土的结构形式（单位：mm）

2. 制备补偿收缩混凝土

（1）技术性能要求

采用泵送预拌混凝土，根据工程不同部位，对补偿收缩混凝土的技术性能要求，见表 5-84。

表 5-84　补偿收缩混凝土技术性能指标

工程部位	强度等级	抗渗等级	限制膨胀率/％	入模坍落度/mm
底板	C40	P8	≥0.020	170±10
外墙	C40	P8	≥0.025	160±20
后浇带、膨胀加强带	C45	P8	≥0.030	180±20

（2）原材料选用

工程所用原材料的主要技术性能指标，如表 5-85 所示。

表 5-85　原材料主要技术性能指标

序号	名称	品种	主要性能指标
1	水泥	P.O 42.5	性能符合 GB 175 的规定
2	砂	天然中砂	细度模数 2.4，含泥量 2.2％
3	碎石	碎石	连续级配 5～25mm，含泥量 0.7％
4	粉煤灰	F 类 I 级	性能符合 GB/T 1596 的规定
5	磨细矿渣	S95 级	性能符合 GB/T 18046 的规定
6	泵送剂	聚羧酸系	减水率≥20％，各项指标均符合 GB 8076 中的规定
7	膨胀剂	HCSA 型	性能符合 GB 23439 II 型产品的规定，膨胀率要求见表 5-86，掺量见表 5-87

表 5-86　HCSA 型膨胀剂的限制膨胀率

项目	水中 7d	空气中 21d
限制膨胀率/％	≥0.050	≥−0.010

表 5-87　本混凝土结构补偿收缩混凝土膨胀率指标及膨胀剂掺量

工程部位	底板	外墙、顶板	后浇带、膨胀加强带
混凝土膨胀率/％	≥0.020	≥0.025	≥0.030
HCSA 掺量/(kg/m³)	30	35	40

3. 配合比设计

以混凝土强度及限制膨胀率为目标，兼顾混凝土施工性能，通过试验确定不同工程部位混凝土的配合比，见表 5-88。

表 5-88　补偿收缩混凝土配合比　　　　　　　　　单位：kg/m³

序号	工程部位	P.O 42.5 水泥	粉煤灰	S95 磨细矿渣	膨胀剂	水	砂	石	泵送剂
1	C40 底板	240	110	80	30	170	825	930	11.5
2	C40 外墙	235	110	80	35	170	825	930	11.5
3	C45 加强带	280	80	80	40	170	815	920	12.0

4. 现场施工

（1）浇筑

底板浇筑前，先在膨胀加强带两侧立竖向短钢筋 $\phi12@500$，与板筋绑扎固定，然后在短钢筋上架设密孔铁丝网。底板浇筑时，先浇筑带外一侧混凝土［通常，采用补偿收缩混凝土，其限制膨胀率 $(2\sim4)\times10^{-4}$］，浇至加强带时，改为浇筑膨胀加强带混凝土［其限制膨胀率 $(4\sim6)\times10^{-4}$］，浇筑完毕后，再改为浇筑补偿收缩混凝土。补偿收缩混凝土在浇筑时，其自然流淌的坡度约 $(1:6)\sim(1:7)$，采取斜面分层、循序推进、一次到顶的方法，每层浇筑厚度控制在 500mm 左右。

外墙厚度 400mm，混凝土浇筑方式与常规墙体浇筑方法相同。

（2）振捣

底板混凝土振捣共配 3 组振捣器，每组两台，分别沿斜面上、中、下各配 1 组，即一组在出料口处，坡中配一组，另一组在坡脚处。振点布置要均匀，振捣器进行同步振捣，每层振捣时，插入点间距 600mm 左右，上下层振捣搭接 $50\sim100mm$，每点振捣时间 30s 左右，振捣时间以混凝土不泛浆，不出气泡为止，避免发生漏振、欠振或过振现象。对施工缝、预埋件、穿墙管道以及底板与外墙的阴角处应加强振捣，必要时可采用二次振捣工艺，以免振捣不实，造成渗水通道。

（3）养护

底板振捣成型后，应用长刮尺刮平，分散水泥浆，然后覆盖塑料薄膜进行保湿养护。混凝土终凝之后，即可分区筑坝蓄水养护，蓄水深度不小于 50mm。

墙体混凝土终凝后松动固定模板的螺栓，在模板顶部浇水对墙体混凝土进行带模养护 7 天，模板拆除后，应涂刷混凝土养护剂养护。

混凝土的养护期不小于 14 天。

第五节　透水水泥混凝土

透水水泥混凝土由于使用习惯等不同而有多种称谓，如：无砂混凝土、多孔混凝土、多孔连续绿化混凝土、大孔混凝土等。我国现行行业标准《透水水泥混凝土路面技术规程》（CJJ/T 135）给出的定义是：由粗集料及水泥基胶结料经拌和形成的具有连续孔隙结构的混凝土。

由此可知，透水水泥混凝土的结构特点是：采用粗骨料作为骨架，水泥净浆或加入少量细骨料的砂浆薄层包裹在粗骨料表面，作为骨架颗粒之间的黏结层，形成蜂窝状孔隙结构的混凝土材料。

一、透水混凝土作用与分类

1. 透水混凝土作用

路面采用具有透水功能的混凝土进行铺装，是一项使人居环境与自然环境协调共生，保护生态环境的重要举措，其作用与意义可以概括为如下几个方面：

（1）保护地下水资源

雨水通过透水混凝土内丰富的连通孔隙直接渗入地下，大大缓解日渐下降的地下水位。

（2）降声吸噪

多孔结构不仅能吸收空气中的噪声，也能使在其上行驶的汽车轮胎与地面摩擦所产生的噪声降低，有利于创造安静舒适的交通环境。

（3）改善城市热环境

较大的孔隙率不仅能蓄积较多的热量，且地下水持续不断蒸发，皆有利于调节城市地表的温度和湿度，缓解城市的"热岛效应"。

（4）改善地表土壤生态环境

多孔的透水铺装可以使其下土壤中的动植物与微生物的生存空间得到有效的保护，体现了"与环境共生"的发展理念。

（5）缓解城市排水系统泄洪压力

近年来，洪水导致城市地面径流急剧增加，排水系统泄洪能力不堪重负，内涝灾害频繁发生。显然，透水铺装可以大大缓解内涝的发生。

2. 透水混凝土分类

目前，根据所用原料，透水混凝土主要分为以下两类：

（1）高分子透水性混凝土是以沥青或高分子树脂为胶结材料配制的透水沥青混凝土、透水树脂混凝土。此类透水混凝土成本高，树脂易老化，耐久性差。

（2）水泥透水性混凝土（以下简称透水混凝土）是以水泥为胶凝材料，采用粗骨料，不用或少用细骨料配制的多孔混凝土。这种透水混凝土成本低，制作简单，耐久性好，是目前普遍应用的透水混凝土。

二、透水混凝土原材料

1. 水泥

应采用质量符合 GB 175 要求，强度等级不低于 42.5 级的硅酸盐水泥或普通硅酸盐水泥。且不同等级、厂牌、品种、出厂日期的水泥不得混存、混用。

2. 骨料

（1）细骨料（砂）

通常情况下，透水混凝土仅采用粒径较小的单级配粗骨料。为提高透水混凝土的强度，在保证透水混凝土透水性能的条件下，可适量掺加洁净的砂，砂宜为 2.5～5.0mm 的筛分砂，其技术性能指标应符合现行国家标准 GB/T 14684 中的 Ⅱ 类要求。

（2）粗骨料（碎石）

必须采用质地坚硬、耐久、洁净、密实的碎石，其性能指标必须符合 GB/T 14685 中的 Ⅱ 类要求，通常采用粒径较小的单级配，并应符合表 5-89 的规定。

表 5-89　粗骨料的技术性能（CJJ/T 135）

项目	计量单位	指标		
		1	2	3
尺寸	mm	2.4～4.75	4.75～9.5	9.5～13.2
压碎值	%	<15.0		
针片状颗粒含量（按质量计）	%	<15.0		
含泥量（按质量计）	%	<1.0		
表观密度	kg/m³	>2500		
紧密堆积密度	kg/m³	>1350		
堆积孔隙率	%	<47.0		

3. 矿物掺合料

通常，配制透水混凝土不需掺用矿物掺合料。但鉴于硅灰具有很高的活性，对混凝土增强作用显著。适当掺加一定量的高品质硅灰，以降低透水混凝土的集灰比（G/C），适当增大骨料周围的水泥浆厚度，提高透水混凝土的强度。

4. 外加剂

外加剂也是制备透水混凝土不可或缺的材料，其所用品种主要有：增强剂、减水剂、缓凝剂和早强剂等。

（1）增强剂

增强剂用以改善水泥石与骨料间界面黏结性能，提高混凝土强度。依化学组成分为无机类和有机类两种。其主要技术性能指标应符合表 5-90 的规定。

表 5-90　增强剂主要技术性能指标（CJJ/T 135）

类别	聚合物乳液	含固量/%	延伸率/%	极限拉伸强度/MPa
		40～50	≥150	≥1.0
	活性 SiO_2	SiO_2含量应大于 85%		

（2）减水剂

透水混凝土水胶比（或水灰比）低，掺加一定量的减水剂有助于改善透水混凝土的黏结性、施工时的工作性和提高混凝土强度。

（3）缓凝剂

透水混凝土主要用于道路铺装，施工地往往与混凝土搅拌站较远，有时需掺加适量混凝土缓凝剂，以满足施工对时间的要求。

（4）早强剂

低温或负温施工时可适量掺加早强剂，以加速透水混凝土的硬化。

（5）其他

添加一定量的消石灰可增加水泥浆的黏度，提高施工时面层混凝土的平整度，且其碱性对酸性雨有一定的中和作用，能提高混凝土的耐久性。

添加一定量的着色剂（颜料）可制备彩色透水混凝土。

三、透水混凝土技术性能

硬化透水混凝土技术性能，除与传统水泥混凝土有许多相似之处外，以下所述技术性能更具有特殊性。

1. 耐磨性

耐磨性试验按现行国家标准《无机地面材料耐磨性能试验方法》（GB/T 12988）进行，其性能指标应符合表 5-91 的规定。

表 5-91　透水混凝土的性能指标（CJJ/T 135）

项目		计量单位	性能要求
耐磨性(磨坑长度)		mm	≤30
透水系数		mm/s	≥0.5
抗冻性	25 次冻融循环后抗压强度损失率	%	≤20
	25 次冻融循环后质量损失率	%	≥5

续表

项目	计量单位	性能要求	
连续孔隙率	%	≥10	
强度等级	—	C20	C30
抗压强度(28d)	MPa	≥20.0	≥30.0
弯拉强度(28d)	MPa	≥2.5	≥3.5

2. 透水系数

透水系数是表征透水混凝土透水性能的技术指标。其测试方法按 CJJ/T 135 标准附录 A 进行，试件尺寸为 $\phi 100\text{mm} \times 50\text{mm}$，试验装置如图 5-46 所示。水温为 T 时的透水系数计算按式(5-20)进行。以 15℃ 为标准温度，标准温度下的透水系数应按式(5-21)计算，透水混凝土透水系数应符合表 5-91 的规定。

$$k_T = \frac{QL}{AHt} \qquad (5\text{-}20)$$

式中　k_T——水温为 T 时试样的透水系数，mm/s；

$\quad$ Q——时间 t 内渗出的水量，mm^3；

$\quad$ L——试样的厚度，mm；

$\quad$ A——试样的上表面积，mm^2；

$\quad$ H——水位差，mm；

$\quad$ t——时间，s。

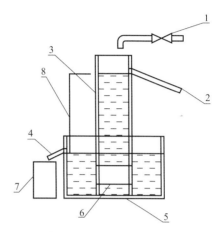

图 5-46　透水系数试验装置
1—供水系统；2—圆筒的溢流口；3—水圆筒；
4—水槽的溢流口；5—支架；6—试样；
7—量筒；8—水位差

$$k_T = k_{15} \frac{\eta_T}{\eta_{15}} \qquad (5\text{-}21)$$

式中　k_{15}——标准温度时试样的透水系数，mm/s；

$\quad$ η_T——T 时水的动力黏滞系数，kPa·s；

$\quad$ η_{15}——15℃时水的动力黏滞系数，kPa·s；

$\quad$ η_T / η_{15}——水的动力黏滞系数比。

3. 连续孔隙率

透水混凝土中的孔隙以下述三种形式存在：封闭型；开口非连通型（亦称其布袋型）；连通连续型（亦称有效型）。其中，只有第三类孔隙可以提高透水混凝土的透水系数。连续孔隙率的计算按式(5-22)进行，透水混凝土的连续孔隙率应符合表 5-91 的规定。

$$P = \left(1 - \frac{W_1 - W_2 + W_3}{V \rho_{水}}\right) \times 100 \qquad (5\text{-}22)$$

式中　P——透水混凝土的连续孔隙率（精确至 0.01%），%；

$\quad$ W_1——透水混凝土试件湿状态质量，kg；

$\quad$ W_2——吊篮与透水混凝土试件在水中的悬浮质量，kg；

$\quad$ W_3——吊篮在水中的悬浮质量，kg；

$\quad$ V——透水混凝土试件的表观体积，m^3；

$\quad$ $\rho_{水}$——试验时水的密度，kg/m^3。

4. 强度

透水混凝土多孔，因此，其抗压强度、弯拉强度不高，其强度应符合表 5-91 的规定。

5. 抗冻性

透水混凝土的抗冻性试验按 GB/T 50082 标准进行，透水混凝土的抗冻性应符合表 5-91 的规定。

透水混凝土具有较高的连续孔隙率，可以有效缓解水冻结产生的膨胀应力和过冷水迁移的渗透压力，因而，透水混凝土通常都具有较高的抗冻性。

四、透水混凝土配合比设计

透水混凝土除需满足摊铺工作性、强度、表面功能性、耐久性及经济性等要求外，必须具有优异的透水性能。通常情况下，透水混凝土的工作性良好是指拌合物不散不稀，浆体包裹均匀，手攥成团、无浆流出。

1. 配合比设计原则

除体现节约水泥、降低成本的基本原则外，尚应遵循以下原则进行：

（1）应以抗压强度与弯拉强度作为透水混凝土强度性能的双控考核指标

由于透水混凝土具有较大的连续孔隙率，其结构与密实的道路水泥混凝土截然不同，因此，CJJ/T 135 标准中规定，以抗压强度与弯拉强度作为透水混凝土强度性能的双控考核指标。

（2）应尽量选择较高的设计（或目标）孔隙率

连续孔隙率的大小决定透水系数的大小。为此，配合比设计时，应尽量选择较高的设计（或目标）孔隙率，以保证透水混凝土的良好透水性能，一般不应小于 20%。

（3）应根据不同的气候条件，设计透水混凝土的耐久性

我国地域广阔，气候条件差异大，因此，不同地域的透水混凝土其耐久性的内涵不尽相同。配合比的耐久性设计时，除应考虑混凝土的抗环境介质侵蚀及耐磨性等性能外，应注重对严寒与寒冷地区透水混凝土的抗冻性及抗盐冻剥蚀性的设计。

2. 配合比设计方法

试验研究表明，透水混凝土的水灰比只能在一个较小的区间范围内变化，其强度主要受控于水泥石与骨料间的界面强度；其透水性能受控于集灰比，因此，传统的混凝土配合比设计方法或设计理论已不能完全适应透水混凝土。

目前，对于透水混凝土的配合比设计，尚没有一个十分成熟的方法。CJJ/T 135 标准提出了以孔隙率为目标的配合比设计方法，但是考虑的设计参数较少，按其配合比进行试配时，务必要进行相当数量的调试，耗费较多时间。采用正交设计方法来确定透水混凝土的配合比，不仅能以较少的试验找出理想的透水混凝土的配合比，而且能揭示出各因素对透水混凝土主要技术性能（强度与透水系数）影响的内在规律，可有效指导透水混凝土的配制。

（1）配合比设计步骤

首先，借鉴 CJJ/T 135 标准给出的配合比设计步骤，经初步计算，确定骨料用量与水泥用量。

其次，分别以初步计算确定的骨料用量、水泥用量及选择的活性掺合料（或增强料）用量、水灰（胶）比作为正交设计的四因素的一个各自的水平。在此基础上，再各自选择两个水平，进行 $L_9(3^4)$ 正交设计，通过对考核指标：抗压强度、弯拉强度与透水系数的试验结果的极差分析，选出透水混凝土正交设计的初步配合比方案。

最后，以初步配合比方案配制透水混凝土，并根据透水混凝土表观密度实测值与计算值，计算配合比校正系数，对配合比予以调整，最终确定透水混凝土的配合比。

（2）配合比设计参数计算与选择

① 配制强度。按式(5-23)计算：

$$f_{cu,o} \geq f_{cu,k} + 1.645\sigma \tag{5-23}$$

式中　$f_{cu,o}$——透水混凝土配制强度，MPa；

$f_{cu,k}$——透水混凝土立方体抗压强度标准值，MPa；

σ——混凝土强度标准差，按 JGJ 55 规定选取，MPa。

② 单位体积粗骨料用量。按式(5-24)计算：

$$W_G = \alpha \rho_G \tag{5-24}$$

式中　W_G——透水混凝土中粗骨料用量，kg/m³；

ρ_G——粗骨料紧密堆积密度，kg/m³；

α——粗骨料用量修正系数，取 0.98。

③ 胶结料浆体体积。按式(5-25)计算：

$$V_p = 1 - \alpha(1 - \nu_c) - R_{void} \tag{5-25}$$

式中　V_p——每立方米透水混凝土中胶结料浆体体积，m³/m³；

ν_c——粗骨料紧密堆积孔隙率，%；

R_{void}——设计孔隙率，%。

④ 水胶比。选择范围应控制在 0.25～0.35。

⑤ 单位体积水泥用量。按式(5-26)计算：

$$W_C = \frac{V_p}{R_{W/C} + 1} \rho_C \tag{5-26}$$

式中　W_C——每立方米透水混凝土中水泥用量，kg/m³；

$R_{W/C}$——水胶比；

ρ_C——水泥密度，kg/m³。

⑥ 活性掺合料用量。活性掺合料用量应按产品推荐掺量，以水泥用量的百分比计算。

⑦ 增强剂用量。增强剂用量应按产品推荐掺量，以水泥用量的百分比计算。

（3）配合比的正交设计

正交设计配合比的因素与水平，见表 5-92。

表 5-92　透水混凝土 $L_9(3^4)$ 正交设计配合比的因素与水平

水平 ＼ 因素	水泥量/(kg/m³)(A)	粗骨料量/(kg/m³)(B)	活性掺合料(或增强剂)量/(kg/m³)(C)	水灰(胶)比(D)
1	A_1	B_1	C_1	D_1
2	A_2	B_2	C_2	D_2
3	A_3	B_3	C_3	D_3

3. 配合比设计示例

设计配制某地区强度等级为 C30，透水系数不小于 1.0mm/s 的透水混凝土。所用原材料及主要性能指标如表 5-93 所示。

表 5-93　原材料主要技术性能指标

序号	名称	品种	主要性能指标
1	水泥	P.O 42.5	密度为 3050kg/m³，性能符合 GB 175 的规定
2	碎石	机碎石	紧密堆积密度 1610kg/m³，粒径 5～10mm，含泥量 0.5%

序号	名称	品种	主要性能指标
3	硅灰	—	性能符合 GB/T 27690 的规定
4	增强剂	无机类	SiO_2 含量 87%
5	减水剂	聚羧酸系	减水率≥25%，各项指标均符合 GB 8076 中的规定

配合比的设计与计算过程如下：

（1）配合比参数计算

① 配制强度。按式（5-23）计算，$f_{cu,o}=30+1.645\times5.0=38.2$（MPa）。

② 单位体积粗骨料用量。按式（5-24）计算，$W_G=1610\times0.98=1577.8$（kg/m³）。

③ 胶结料浆体体积。设计孔隙率为 21%，按式（5-25）计算，$V_p=1-0.98\times(1-0.37)-0.21=0.173$（m³/m³）。

④ 单位体积水泥用量。选择水灰比为 0.27，按式（5-26）计算，$W_C=0.173\div(0.27+1)\times3050=415.5$（kg/m³）。

（2）正交设计

采用 $L_9(3^4)$ 正交设计方法，以混凝土 28 天龄期试件的抗压强度、弯拉强度及透水系数作为考核指标，进行极差分析，并综合考虑经济成本，确定正交设计配合比方案。

① 因素的确定。分别以水泥量、粗骨料量、硅灰及水灰比作为正交设计的四因素。

② 水平的确定。

a. 水泥。将计算给出的水泥用量（415kg）确定为一个水平，在此水平基础上，分别增减水泥用量 10kg 再拟定两个水平，共计三个水平。

b. 粗骨料。将计算给出的粗骨料用量（1578kg）确定为一个水平，在此水平基础上，分别增减粗骨料用量 15kg，再拟定两个水平，共计三个水平。

c. 水灰比。三个水平选定为：0.25、0.27、0.29。

d. 硅灰。三个水平按水泥用量的 2.8%、3.3%、3.8% 计算确定，分别为 12kg、14kg、16kg。

正交设计的因素与水平，见表 5-94。

表 5-94 C30 透水混凝土正交设计配合比的因素与水平

水平 \ 因素	水泥(A)/kg	粗骨料(B)/kg	硅灰(C)/kg	水灰比(D)
1	405(A₁)	1563(B₁)	12(C₁)	0.25(D₁)
2	415(A₂)	1578(B₂)	14(C₂)	0.27(D₂)
3	425(A₃)	1593(B₃)	16(C₃)	0.29(D₃)

③ 正交试验结果与极差分析。

a. 抗压强度试验结果与极差分析。按表 5-94 所示正交设计配合比方案配制混凝土，按现行行业标准《公路工程水泥及水泥混凝土试验工程》（JTG E30）中给出的立方体抗压强度试验方法进行强度测试，试验结果及极差计算结果，见表 5-95。

表 5-95 C30 透水混凝土试件的抗压强度及极差计算结果

因素	A	B	C	D	28d 抗压强度/MPa
方案1	A₁	B₁	C₁	D₁	38.4
方案2	A₁	B₂	C₂	D₂	37.6

续表

因素	A	B	C	D	28d 抗压强度/MPa
方案 3	A_1	B_3	C_3	D_3	35.1
方案 4	A_2	B_1	C_2	D_3	36.4
方案 5	A_2	B_2	C_3	D_1	38.7
方案 6	A_2	B_3	C_1	D_2	38.2
方案 7	A_3	B_1	C_3	D_2	38.3
方案 8	A_3	B_2	C_1	D_3	37.2
方案 9	A_3	B_3	C_2	D_1	38.8
均值 1	37.0	37.7	37.9	38.6	
均值 2	37.8	37.8	37.6	38.0	
均值 3	38.1	37.4	37.4	36.2	
极差	1.1	0.4	0.5	2.6	

抗压强度试验结果表明，上述九组配合比方案的抗压强度均能达到 C30 强度等级，其中方案 9、方案 7、方案 6、方案 5 以及方案 1 的抗压强度满足配制强度 38.2MPa 的要求。

抗压强度极差计算结果表明，影响透水混凝土试件抗压强度因素的主次顺序是：D（水灰比）＞A（水泥）＞C（硅灰）＞B（粗骨料）。

b. 抗弯拉强度试验结果与极差分析。按表 5-94 所示正交设计配合比方案配制混凝土，按现行行业标准 JTG E30 中给出的抗弯拉强度试验方法进行弯拉强度测试，试验结果及极差计算结果，见表 5-96。

表 5-96　C30 透水混凝土试件的弯拉强度及极差计算结果

因素	A	B	C	D	28d 弯拉强度/MPa
方案 1	A_1	B_1	C_1	D_1	3.62
方案 2	A_1	B_2	C_2	D_2	3.55
方案 3	A_1	B_3	C_3	D_3	3.48
方案 4	A_2	B_1	C_2	D_3	3.52
方案 5	A_2	B_2	C_3	D_1	3.63
方案 6	A_2	B_3	C_1	D_2	3.56
方案 7	A_3	B_1	C_3	D_2	3.62
方案 8	A_3	B_2	C_1	D_3	3.53
方案 9	A_3	B_3	C_2	D_1	3.66
均值 1MPa	3.55	3.59	3.57	3.64	
均值 2MPa	3.57	3.57	3.58	3.58	
均值 3MPa	3.60	3.57	3.58	3.51	
极差/MPa	0.05	0.02	0.01	0.13	

弯拉强度试验结果表明，只有方案 3 的弯拉强度不能满足 ≥3.5MPa 的要求。弯拉强度极差计算结果表明，影响透水混凝土试件弯拉强度因素的主次顺序是：D（水灰比）＞A（水泥）＞B（粗骨料）＞C（硅灰）。

c. 透水系数试验结果与极差分析。按表 5-94 所示正交设计配合比方案配制混凝土，按 CJJ/T 135 给出的试验方法进行透水系数的测试，试验结果及极差计算结果见表 5-97。

表 5-97　C30 透水混凝土试件的透水系数及极差计算结果

因素	A	B	C	D	透水系数/(mm/s)
方案 1	A_1	B_1	C_1	D_1	1.6
方案 2	A_1	B_2	C_2	D_2	1.7
方案 3	A_1	B_3	C_3	D_3	1.9
方案 4	A_2	B_1	C_2	D_3	1.0
方案 5	A_2	B_2	C_3	D_1	1.2
方案 6	A_2	B_3	C_1	D_2	1.4
方案 7	A_3	B_1	C_3	D_2	0.8
方案 8	A_3	B_2	C_1	D_3	0.9
方案 9	A_3	B_3	C_2	D_1	1.0
均值 1/(mm/s)	1.7	1.1	1.3	1.2	
均值 2/(mm/s)	1.2	1.2	1.2	1.3	
均值 3/(mm/s)	0.9	1.4	1.3	1.2	
极差/(mm/s)	0.8	0.3	0.1	0.1	

透水系数试验结果表明，除配合比方案 7 与方案 8 以外，其余各方案的透水系数均能满足不小于 1.0mm/s 的设计要求。

透水系数极差计算结果表明，影响透水混凝土试件透水系数的主要因素是：水泥（A）和粗骨料（B），即灰集比主要影响透水混凝土的透水系数。

（3）确定 C30 透水混凝土配合比

① 初步配合比方案的选定。依据设计对抗压强度、弯拉强度及透水系数的技术性能指标要求，并综合考虑经济成本，初步选定的配合比方案为方案 6，即 $A_2B_3C_1D_2$。其配合比如表 5-98 所示。

表 5-98　透水混凝土方案 6 配合比　　　　　　　　　　单位：kg/m³

强度等级	水泥	粗骨料	硅灰	水	增强剂	高效减水剂
C30	415	1593	12	112.1	16.6	0.50

注：1. 增强剂用量为水泥用量的 4%；

2. 聚羧酸高减水剂用量以目测混凝土拌合物出现亮光，且在振动作用下浆体不过多坠落能均匀包裹骨料表面时为准。

② 配合比的调整与确定。

a. 混凝土拌合物表观密度计算值。按方案 6 所示，拌合物表观密度计算值为：

$G = 415$（水泥）$+1593$（粗骨料）$+12$（硅灰）$+16.6$（增强剂）$+112.1$（水）$=2148.7$（kg/m³）

b. 混凝土拌合物表观密度的实测值。经实测，方案 6 混凝土拌合物表观密度为 2049.5kg/m³。

c. 配合比校正系数的确定。依据拌合物表观密度实测值与拌合物表观密度计算值，计算混凝土校正系数 δ：

$$\delta = 2049.5 \div 2148.7 = 0.954$$

③ 最终配合比确定。根据所确定的校正系数对表5-98所示配合比予以校正（分别以 δ 乘以表5-98各材料用量），最终确定的配合比示于表5-99。

表5-99　C30透水混凝土配合比　　　　　　　　　单位：kg/m³

强度等级	水泥	粗骨料	硅灰	水	增强剂	高效减水剂
C30	396	1520	11.4	106.9	15.8	0.50

五、透水混凝土路面设计

1. 路面结构

透水混凝土路面基层与面层横坡度宜为1‰～2‰，基层应具有足够的强度和刚度。

透水混凝土路面结构分为全透水结构和半透水结构两种类型，应根据应用范围按表5-100选用。

表5-100　透水混凝土路面结构类型（CJJ/T 135）

路面结构类型	适应范围	基层与垫层结构
全透水结构	人行道、非机动车道、景观硬地、停车场、广场	多孔隙水泥稳定碎石、级配砂砾、级配碎石及级配砾石基层
半透水结构	轻型荷载道路	水泥混凝土基层＋稳定土基层或石灰、粉煤灰稳定砂砾基层

（1）全透水结构

全透水结构的人行道，其结构形式如图5-47所示，基层厚度（h_2）不应小于150mm；全透水结构的其他道路，其结构形式如图5-48所示，基层应符合下列规定：①多孔隙水泥稳定碎石基层厚度（h_2）不应小于200mm；②级配砂砾、级配碎石及级配砾石基层厚度（h_2）不应小于150mm。

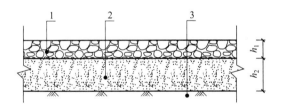

图5-47　全透水结构的人行道
1—透水混凝土面层；2—基层；3—路基

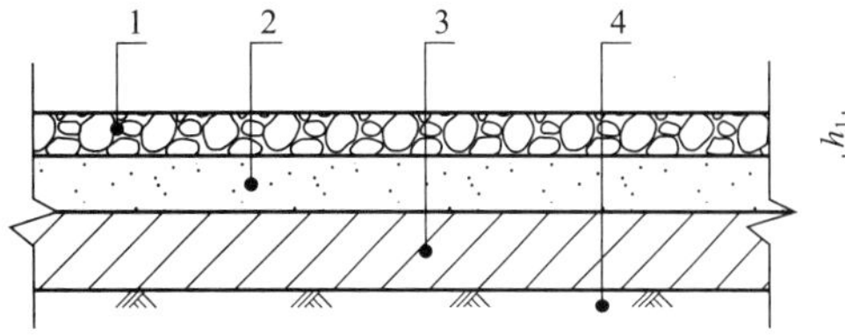

图5-48　全透水结构的其他道路
1—透水混凝土面层；2—多孔隙水泥稳定碎石基层；
3—级配砂砾、级配碎石及级配砾石基层；4—路基

（2）半透水结构

半透水结构的结构形式如图5-49所示，基层应符合下列规定：①水泥混凝土基层的抗压强度等级不应低于C20，厚度（h_2）不应小于150mm；②稳定土基层或石灰、粉煤灰稳定砂砾基层厚度（h_2）不应小于150mm。

2. 面层设计

（1）面层混凝土强度等级与厚度

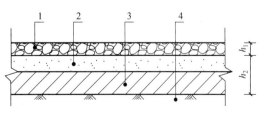

图5-49　半透水结构形式
1—透水混凝土面层；2—混凝土基层；
3—稳定土类基层；4—路基

① 全透水结构。人行道强度等级不应小于C20，厚度（h_1）不宜小于80mm；其他道路强度等级不应小于C30，厚度（h_1）不宜小于180mm。

② 半透水结构。强度等级不应小于C30，厚度（h_1）不宜小于180mm。

（2）纵向与横向接缝

纵向接缝的间距应按路面宽度在3.0～4.5mm范围内确定，横向接缝的间距宜为4.0～6.0mm；广场平面尺寸不宜大于25m²，面层板的长宽比不宜超过1.3。当基层有结构缝时，面层缩缝应与其相应结构缝位置一致，缝内应填嵌柔性材料。

（3）胀缝

面层施工长度超过30m应设置胀缝；面层与侧沟、建筑物、雨水口、铺面的砌块、沥青铺面等其他构筑物连接处，应设置胀缝。

3. 排水设计

① 路面的排水设计宜符合现行行业标准《城市道路设计规范》（CJJ 37）的有关规定。

② 全透水结构设计时，路面下设排水盲沟，排水盲沟应与道路设计时的市政排水系统相连，雨水口与基层、面层结合处应设置成透水形式，雨水口周围应设置宽度不小于1m的不透水土工布于路基表面。路面排水形式如图5-50和图5-51所示。

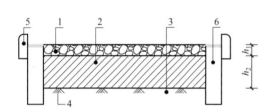

图5-50　透水混凝土路面排水形式（横断面）

1—透水混凝土面层；2—基层；3—路基；
4—土工布；5—立缘石；6—雨水口

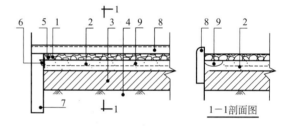

图5-51　排水盲沟设置结构形式（纵断面）

1—透水混凝土面层；2—混凝土基层；3—稳定土类基层；
4—基层；5—不锈钢网；6—排水管；7—雨水口；
8—立缘石；9—排水盲沟

六、透水混凝土参考配合比

透水混凝土参考配合比见表5-101。

表5-101　透水混凝土参考配合比　　　　　单位：kg/m³

强度等级	P.O 42.5R 水泥	碎石	S95 磨细矿渣	硅灰	增强剂	水	减水剂	备注
C10	250	1660	—	—	2	80	2.7	10～20mm 单级配碎石
C15	280	1630	—	—	3	90	3	10～20mm 单级配碎石
C15	300	1600	—	—	3	96	3.2	10～20mm 单级配碎石
C20	320	1575	—	—	5	102	3.4	10～20mm 单级配碎石
C30	350	1540	—	—	7	95	4	5～10mm 或 5～16mm 单级配碎石
C30	360	1520	—	—	9	99	4	3～5mm 或 5～10mm 单级配碎石
C25	320	1560	45	20	—	122	3	10～20mm 单级配碎石
C30	325	1560	45	20	—	122	3	5～16mm 单级配碎石

七、透水混凝土制备与施工

1. 透水混凝土制备

（1）拌合物制备

① 材料计量。材料累计计量允许偏差应满足表 5-102 的要求。

表 5-102　材料累计计量允许偏差（按质量计）（CJJ/T 135）

材料名称	水泥	掺合料（或增强剂）	细骨料	粗骨料	水	外加剂
累计计量允许偏差/%	±1	±1	±2	±2	±1	±1

② 搅拌。

a. 透水混凝土宜采用强制式搅拌机进行搅拌。

b. 搅拌第一盘拌合物前应将拌和锅润湿，每台班结束后均应对拌和锅清洗。

c. 搅拌方式宜采用：先将骨料和 50% 用水量加入搅拌机拌和 30s，再加入水泥、活性掺合料（增强剂）、外加剂拌和 40s，最后加入剩余水量拌和 50s。

d. 拌合物出料温度宜控制在 10～35℃ 之间。

（2）拌合物运输

应快速运输，保证到现场的拌合物具有适宜的摊铺工作性。拌合物出机至作业面运输时间不宜超过 30min，拌合物出机运至施工地点进行摊铺、压实直至浇筑完毕的允许最长时间应符合表 5-103 的规定。不满足时，可掺加缓凝剂，最长时间应通过掺缓凝剂的调整试验确定。

表 5-103　拌合物从搅拌机出料至浇筑完毕的允许最长时间（CJJ/T 135）

施工气温 T/℃	允许最长时间/h	施工气温 T/℃	允许最长时间/h
5≤T<10	2.0	20≤T<32	1.0
10≤T<20	1.5		

2. 透水混凝土施工

（1）拌合物铺筑

① 摊铺应均匀，平整度与排水坡度应符合要求，摊铺厚度应考虑松铺系数，松铺系数宜为 1.1。

② 宜采用平整压实机，或采用低频平板振动器振动和专用滚压工具滚压，压实时应辅以人工补料及找平，人工找平时施工人员应穿上减压鞋进行操作。

③ 透水混凝土压实后，宜使用抹平机对其面层进行收面，必要时应配合人工拍实、整平。整平时必须保持模板顶面整洁，接缝处板面应平整。

④ 模板及传力杆组装件附近，摊铺不易均匀，要特别注意预先填实为宜。

（2）养护

① 在水源充足的条件下，可采用节水保湿养护膜、土工毡、土工布、麻袋、草袋、草帘等养护方式，并应及时洒水。

② 透水混凝土施工完毕后，宜采用塑料薄膜覆盖等方法养护。养护时间应根据透水混凝土强度增长情况确定，养护时间不宜少于 14 天。养护期间透水混凝土面层不得通车，并保证覆盖材料的完整。

③ 透水混凝土路面的强度，应以其试块强度为依据，未达到设计强度前不得投入使用。

3. 特殊天气条件下的透水混凝土施工

参见本章第十节"六、道路水泥混凝土制备与施工"下"特殊天气条件下道路水泥混凝土施工"中的有关内容。

八、再生骨料透水混凝土

再生骨料透水混凝土在我国现行行业标准《再生骨料透水混凝土应用技术规程》（CJJ/T 253）中的定义是：再生骨料取代率为30%及以上的透水水泥混凝土。

1. 原材料

（1）再生骨料

应选用混凝土和石块为主的建筑垃圾原料。

① 面层再生粗骨料。宜采用 4.75～9.50mm 或 9.50～16.0mm 的单粒级骨料。性能指标应符合表 5-104 的规定。

② 基层再生粗骨料。宜采用最大公称粒径不超过 31.5mm 的连续级配碎石。性能指标应满足现行国家标准 GB/T 25177 中的Ⅲ类再生粗骨料的性能要求，如表 5-104 所示。

表 5-104　再生骨料透水混凝土面层再生粗骨料性能指标（CJJ/T 253）

项目	性能指标	项目	性能指标
微粉含量(按质量计)/%	<3.0	压碎指标/%	<20.0
泥块含量(按质量计)/%	<1.0	表观密度/(kg/m³)	>2350
吸水率(按质量计)/%	<8.0	松散堆积空隙率/%	<50.0
针片状颗粒含量(按质量计)/%	<10.0	硫化物及硫酸盐(折算成 SO_3，按质量计)/%	<2.0
杂物含量(按质量计)/%	<1.0	有机物	合格
坚固性(按质量损失计)/%	<10.0		

（2）其他材料

水泥宜采用强度等级不低于 42.5 级的硅酸盐水泥或普通硅酸盐水泥，应符合现行国家标准 GB 175 的规定。

其他骨料宜符合现行行业标准 CJJ/T 135 的规定。

矿物掺合料宜采用不低于Ⅱ级的粉煤灰、不低于 S95 级的粒化高炉矿渣粉和硅灰，其技术指标应分别符合现行国家标准 GB/T 1596、GB/T 18046 和 GB/T 27690 的规定。

外加剂性能与应用技术应分别符合现行国家标准 GB 8076 和 GB 15096 的规定。

增强剂应符合现行行业标准 CJJ/T 135 的规定。

用水应符合现行行业标准 JGJ 63 的规定。

2. 混凝土性能

混凝土面层的力学性能、透水性能和抗冻性能应分别符合表 5-105 的规定。

表 5-105　再生骨料透水混凝土面层的技术性能（CJJ/T 253）

项目	28d 弯拉强度/MPa		透水系数/(mm/s)	连续孔隙率/%	抗冻性能	
	C20	C30			夏热冬冷地区	寒冷地区
技术性能	≥2.5	≥3.5	≥0.5	≥10	D25	D35

3. 配合比设计

（1）配合比设计步骤

配合比设计步骤宜符合下述规定：

① 确定配制强度。配制强度按式(5-27)计算：

$$f_{cu,o} \geq f_{cu,k} + 1.645\sigma \tag{5-27}$$

式中　$f_{cu,o}$——再生骨料透水混凝土配制强度，MPa；

$f_{cu,k}$——混凝土立方体抗压强度标准值，设计的再生骨料透水混凝土的强度等级值，MPa；

σ——混凝土强度标准差，无统计资料时，C20 可按 4.0MPa 取值，C30 可按 5.0MPa 取值，MPa。

② 确定孔隙率设计值。应满足对混凝土的透水要求与设计要求，不应低于 10%。

③ 确定水胶比。根据混凝土配制强度、工作性及水泥品种等确定水胶比，取值范围宜为 0.25～0.35。

④ 单位体积混凝土各组成材料用量计算。

a. 粗骨料用量按式(5-28)计算：

$$W_G = \alpha \rho_G \tag{5-28}$$

式中　W_G——单位体积混凝土中粗骨料用量，kg/m³；

ρ_G——粗骨料紧密堆积密度，kg/m³；

α——粗骨料用量折减系数，取 0.98。

b. 胶结料浆体用量按式(5-29)计算：

$$W_J = \left(1 - \frac{W_G}{\rho'_G} - R_{void}\right)\rho_J \tag{5-29}$$

式中　W_J——单位体积混凝土中胶结料浆体用量，kg/m³；

ρ'_G——粗骨料的表观密度，kg/m³；

R_{void}——孔隙率设计值，%；

ρ_J——胶结料浆体的密度，按现行行业标准《建筑砂浆基本性能试验方法标准》(JGJ/T 70) 进行测定，kg/m³。

c. 胶凝材料用量按式(5-30)计算：

$$W_B = \frac{W_J}{1 + W/B} \tag{5-30}$$

式中　W_B——单位体积混凝土中胶凝材料用量，kg/m³；

W/B——水胶比。

d. 用水量按式(5-31)计算，并根据骨料的吸水率进行调整确定：

$$W_W = W_J - W_B \tag{5-31}$$

式中　W_W——单位体积混凝土中拌合水用量，kg/m³。

e. 矿物掺合料用量。矿物掺合料的品种与掺量应通过试配确定。粉煤灰、粒化高炉矿渣粉和硅灰用量分别不宜超过胶凝材料总量的 30%、40% 和 10%；若混合使用两种或两种以上矿物掺合料，其总用量不宜超过胶凝材料总量的 40%。

f. 外加剂与增强剂用量。外加剂与增强剂用量应按产品推荐掺量，以水泥用量的百分比计算。

（2）试配与调整

配合比试配与调整按下述步骤进行：

① 首先选择一个水胶比，孔隙率设计值按 3%～5% 增减，进行连续孔隙率和透水系数试验，绘制连续孔隙率和透水系数的线性关系图，或采用插值法确定略大于设计要求的连续孔隙率和透水系数对应的配合比。

② 根据确定的配合比，在总胶凝材料用量不变的情况下，水胶比分别增减 0.05，在工

作性能满足要求的前提下，进行混凝土强度试验，绘制强度与水胶比的线性关系图，或采用插值法确定略大于配制强度对应的水胶比，最后确定混凝土配合比。

③ 试配时，若采用经过预湿处理过的骨料，配合比中的用水量应根据骨料的吸水率进行调整。

④ 若混凝土的试配强度达不到设计要求时，也可掺加原生（天然）骨料或提高原生骨料的掺量。

4. 混凝土制备与施工

（1）拌合物制备

① 材料计量。材料计量允许偏差应满足表 5-106 的要求。

表 5-106　材料计量允许偏差（按质量计）（CJJ/T 253）

材料名称	水泥	掺合料	粗骨料	增强料	水	外加剂
每盘计量允许偏差/%	±1	±1	±2	±1	±1	±1

② 搅拌。

a. 混凝土宜采用强制式搅拌机进行搅拌。

b. 宜采用水泥裹石法，也可采用一次投料法。

（2）拌合物运输

应快速运输，防止运输过程中拌合物离析，保持拌合物的湿度，保证到现场的拌合物具有适宜的摊铺工作性。拌合物出机运至施工地点进行摊铺、压实直至浇筑完毕的允许最长时间应根据初凝时间及环境气温确定，并宜符合表 5-107 的规定。

表 5-107　拌合物从搅拌机出料至浇筑完毕的允许最长时间（CJJ/T 253）

施工气温 T/℃	允许最长时间/min	施工气温 T/℃	允许最长时间/min
$5 \leqslant T < 10$	120	$20 \leqslant T < 32$	60
$10 \leqslant T < 20$	90		

（3）混凝土施工

拌合物铺筑与混凝土养护要求，详见本章第五节"七、透水混凝土制备与施工"下"透水混凝土施工"中的有关内容。

第六节　防水混凝土

防水混凝土是指通过调整混凝土配合比或掺加化学外加剂或使用膨胀水泥等方法，提高混凝土的自身密实性、憎水性和抗渗性，使其抗渗等级达到 P6 级及以上等级的混凝土。

一、防水混凝土分类

根据防水混凝土的制备途径不同，一般可分为以下几类：

1. 普通防水混凝土

通过调整混凝土的配合比来提高自身密实度和抗渗性，从而达到防水要求的一种混凝土。

2. 外加剂防水混凝土

通过在混凝土拌合物中掺入适量的化学外加剂，以改善混凝土拌合物的工作性，提高混凝土的密实性和抗渗性，从而达到防水要求的一种混凝土。

3. 膨胀防水混凝土

在限制条件下，通过膨胀剂或膨胀水泥的水化反应在混凝土中产生的膨胀能使其自身密实，并补偿收缩，抑制开裂，从而达到防水抗渗能力的一种混凝土。

二、防水混凝土防水作用机理

1. 普通防水混凝土

在保证混凝土一定的工作性的前提下，通过以下技术措施，最终实现提高混凝土的抗渗性：

① 降低混凝土的水胶比，以减少毛细孔的数量和孔径。

② 适当提高水泥用量、矿物掺合料用量、砂率和灰砂比，以阻隔粗骨料间互相连通的渗水孔道。

③ 采用级配良好的骨料或降低骨料粒径，以减小沉降孔隙。

④ 保证混凝土搅拌、浇筑、振捣和养护的施工质量，以防止和减少收缩裂缝的发生等，最终实现提高混凝土的抗渗性。

2. 外加剂防水混凝土

目前，用于防水混凝土的外加剂主要有减水剂、引气剂、防水剂等，其配制的防水混凝土分别称之为减水剂防水混凝土、引气剂防水混凝土、防水剂防水混凝土，所用外加剂种类不同，其防水机理也不相同。

（1）减水剂防水混凝土

减水剂掺入混凝土中，不仅能提高混凝土的抗压强度，而且能提高其抗渗性，其防水的机理如下：

根据科泽恩-卡曼（Kozeng-Carman）提出的多孔体渗透系数公式：

$$K = \frac{R V_{\mathrm{p}} r^2}{\eta} \tag{5-32}$$

式中　K——多孔体的渗透系数；

　　　R——常数；

　　　V_{p}——总孔隙率；

　　　r——毛细孔的水力半径；

　　　η——渗透介质的黏度。

由式(5-32)可知，渗透系数 K 与孔的水力半径 r 成二次方关系，与总孔隙率 V_{p} 成一次方关系，孔的水力半径与总孔隙率将决定多孔体的渗透性。

减水剂不仅对水泥具有强烈的分散作用，破坏水泥凝聚团使其均匀分散，且能使混凝土在满足一定施工工作性的条件下，大大降低拌合用水量，使硬化混凝土中的毛细孔的总孔隙率相应减少、毛细孔的水力半径减小，甚至变开放孔为封闭孔，从而大大减少了毛细管渗水通道，提高了混凝土的抗渗性。

（2）引气剂防水混凝土

其防水机理概述如下：

① 引气剂引入的大量微小气泡像滚珠一样均匀分布在混凝土拌合物中，从而降低了体系的摩擦力，显著改善混凝土拌合物的工作性，有益于提高混凝土的自密性。

② 微小气泡多以闭孔状态均匀分布在水泥浆中，又多汇集于毛细管的通路上切断毛细管的渗水路径。

③ 微小气泡吸附在水泥粒子表面，使水泥粒子的表面积显著增大，导致体系黏度增加，

加之气泡对细小粒子的浮托和支撑作用，都会使混凝土的泌水和沉降现象减轻。

当引气剂防水混凝土浇筑完毕后，应在一定的温度和湿度条件下进行养护，养护温度和湿度过低均对引气剂防水混凝土不利。

通常情况下，引气剂的掺量仅为水泥质量的万分之几，所以使用时应准确计量，且应通过试验确定其最佳掺量。

值得一提的是，混凝土中含气量的增加会不同程度地降低混凝土的强度和弹性模量等力学性能。

（3）防水剂防水混凝土

其防水机理概述如下：

① 某些防水剂与水泥水化产物进一步反应生成具有一定膨胀作用的凝胶产物，堵塞通路，提高混凝土的密实度。

② 通过化学或物理作用在水泥粒子表面或混凝土表面形成牢固的憎水性表面层，从而提高混凝土的抗渗性能。

不同品种的防水剂其具体的防水机理不尽相同，工程中经常使用的几种防水剂品种及防水作用机理详见第二章第三节"防水剂"中的有关内容。

应予以注意的是，某些防水剂会引起混凝土坍落度经时损失增大、水化热增大、凝结时间明显变化，尤其是增加氯离子或碱含量，因此，使用这类防水剂时一定给予重视。

3. 膨胀防水混凝土

利用膨胀水泥或膨胀剂水化产生的膨胀能使混凝土自身密实化而实现其抗渗性的提高。由于膨胀水泥产量与储存等原因，膨胀水泥在商品混凝土搅拌站使用较少，多使用膨胀剂来配制补偿收缩混凝土，实现混凝土结构的自防水。详见本章第四节"补偿收缩混凝土"中的有关内容。

三、防水混凝土原材料

1. 水泥

除膨胀水泥外，宜选用普通硅酸盐水泥或硅酸盐水泥。尤其是普通硅酸盐水泥其强度增进率较快，保水性好，水化热适中，收缩较小；若采用其他品种水泥应经试验确定。在受侵蚀性介质作用时，应按介质的性质选用相应的水泥品种。

2. 骨料

（1）细骨料

宜选用坚硬、抗风化性强、洁净的中粗砂，含泥量不应大于 3.0%，泥块含量不宜大于 1.0%，不宜使用海砂。若使用海砂，应对其进行处理并控制氯离子含量不得大于 0.06%。

（2）粗骨料

宜选用坚固耐久、粒形良好的洁净石子，含泥量不应大于 1.0%，泥块含量不应大于 0.5%，最大粒径不宜大于 40mm，泵送时其最大粒径不应大于输送管径的 1/4，吸水率不应大于 1.5%，不得使用碱活性骨料。

3. 矿物掺合料

（1）粉煤灰

品质要求应符合标准 GB 1596 的有关规定。粉煤灰级别不应低于 Ⅱ 级，烧失量不应大于 5%。

（2）硅灰

品质要求应符合表 5-108 的要求。

表 5-108　硅灰的品质要求（GB 50208）

项目	指标	项目	指标
比表面积/（m²/kg）	≥15000	二氧化硅含量/％	≥85

（3）粒化高炉矿渣粉

品质要求应符合标准 GB/T 18046 的有关规定。

4. 外加剂

外加剂品种与用量应经试验予以确定，其性能与应用技术应分别符合现行国家标准 GB 8076 和 GB 50119 的规定。

四、防水混凝土配合比设计

1. 配合比设计方法

设计方法和过程与普通混凝土的配合比设计方法和过程相同，有关参数应符合现行国家标准《地下防水工程质量验收规范》（GB 50208）的规定。对于引气剂防水混凝土，由于含气量的增加，会导致混凝土体积的增加，在配合比设计时应予以考虑。

2. 配合比设计一般规定

① 试配要求的抗渗水压值应比设计值提高 0.2MPa。

② 胶凝材料总用量不宜小于 320kg/m³，其中水泥用量不宜小于 260kg/m³。

③ 粉煤灰用量宜为胶凝材料总量的 20％～30％；硅灰用量宜为胶凝材料总量的 2％～5％。

④ 砂率宜为 35％～40％，泵送时可增至 45％。

⑤ 灰砂比宜为（1∶1.5）～（1∶2.5）。

⑥ 水胶比不得大于 0.50，有侵蚀介质时水胶比不宜大于 0.45。

⑦ 拌合物的入泵坍落度值宜控制在 120～140mm，坍落度每小时损失值不应大于 20mm，坍落度总损失值不应大于 40mm。

⑧ 掺加引气剂或引气型减水剂时，混凝土含气量应控制在 3％～5％。

五、防水混凝土参考配合比

防水混凝土的参考配合比参见表 5-109。

表 5-109　防水混凝土的参考配合比　　　　　　　　　单位：kg/m³

强度等级	P.O 42.5 水泥	中砂	5～25mm 碎石	Ⅰ级粉煤灰	S95 磨细矿渣	防水剂	减水剂	水
C25 P6	260	810	1030	70	—	—	8.4	170
C30 P8	270	790	1040	95	0	—	9.7	165
C35 P8	260	760	1040	70	60	—	10.1	165
C40 P10	280	730	1040	80	70	—	11.2	165
C45 P10	310	690	1050	70	70	—	12.4	160
C50 P12	340	660	1060	90	70	—	13.5	160
C30 P8	260	780	1040	60	50	1.1	9.3	165
C35 P8	270	750	1040	70	60	1.1	10.0	165
C40 P10	300	730	1040	70	60	1.2	11.2	165
C45 P10	310	680	1060	80	70	1.2	12.4	160

六、防水混凝土制备与施工

1. 防水混凝土制备

（1）拌合物制备

① 原材料计量。计量允许偏差见表 5-110。

表 5-110　原材料计量允许偏差（按质量计）（GB 50208）

原材料	水泥、掺合料	粗、细骨料	外加剂、水
单盘计量/%	±2	±3	±2
累计计量/%	±1	±2	±1

② 搅拌。应采用机械搅拌，搅拌时间不宜小于 2min，掺外加剂时，搅拌时间应根据外加剂的技术要求确定。

（2）拌合物运输

运输后若出现离析，必须进行二次搅拌。

当坍落度损失后不能满足施工要求时，应加入原水胶比的水泥浆或掺加同品种的减水剂进行搅拌，严禁直接加水。

2. 防水混凝土施工

（1）浇筑

① 应分层连续浇筑，分层厚度不得大于 500mm，宜少留施工缝。

② 应采用机械振捣，避免漏振、欠振和过振。

③ 冬期施工时混凝土入模温度不应低于 5℃。

（2）养护

① 混凝土终凝后，应立即对其进行保湿养护，一般不应少于 14 天。

② 大体积防水混凝土，应控制混凝土中心温度与表面温度的差值不应大于 25℃，表面温度与大气温度的差值不应大于 20℃，温降梯度不得大于 3℃/d。

③ 不应过早拆除模板，拆模时，混凝土表面温度与气温之差不得超过 20℃。

第七节　水下不分散混凝土

水下不分散混凝土在我国现行国家标准《水下不分散混凝土絮凝剂技术要求》（GB/T 37990）中给出的定义是：掺加絮凝剂后具有抗分散性能的水下施工混凝土。

一、水下不分散混凝土原材料

由于水下施工的特殊环境，所用原材料技术性质应满足以下要求。

1. 水泥

强度等级不宜低于 42.5MPa。硅酸盐水泥和普通硅酸盐水泥矿物组成中的硅酸三钙和硅酸二钙含量较高，水泥水化后析出的氢氧化钙数量多，耐硫酸盐侵蚀性差，因此，这两种水泥不宜用于海水和工业废水中的混凝土工程；火山灰质硅酸盐水泥和粉煤灰硅酸盐水泥耐侵蚀性好，故多用于海水和工业废水中的混凝土工程；矿渣硅酸盐水泥保水性差，故不宜用于水下不分散混凝土工程。

若采用其他品种水泥，需经试验予以确认。

2. 骨料

细骨料应符合现行行业标准 JGJ 52 的规定，宜采用中粗砂。采用海砂时，应分别符合现行国家标准 GB 55008 与现行行业标准《海砂混凝土应用技术规范》（JGJ 206）的规定。

粗骨料应符合现行行业标准 JGJ 52 的规定，宜采用连续级配，最大粒径宜不大于 20mm。

3. 矿物掺合料

粉煤灰、磨细矿渣、硅灰、石灰石粉应分别符合现行国家标准 GB/T 1596、GB/T 18046、GB/T 27690、GB/T 30190 的规定；复合掺合料应符合现行行业标准 JG/T 486 的规定。

4. 絮凝剂

在水中施工时，能增加混凝土拌合物黏聚性，减少水泥浆体和骨料分离的外加剂。絮凝剂是制备水下不分散混凝土的关键材料，由水溶性高分子聚合物和表面活性物质等复合而成。用于配制絮凝剂的材料主要有以下几类：

（1）水溶性高分子聚合物

絮凝剂的主要成分，分子结构中的特有官能团可使其具有分散、絮凝、增稠、减阻、黏合等多种功能，按其来源可分为以下三类：

① 天然聚合物。以天然动植物为原料提取制得，如：淀粉胶、动物胶、纤维素等。

② 化学改性天然聚合物。主要有改性淀粉和改性纤维素，如：羧甲基淀粉、羟甲基纤维素、羧甲基纤维素等。

③ 合成聚合物。如：聚丙烯酰胺、聚氧化乙烯等。

（2）有机物乳液

用于增加粒子间吸引力，并在水泥浆中提供超细的粒子。主要有石蜡乳液、丙烯酸乳液等。

（3）具有大比表面积的无机材料

用于增加混凝土拌合物的保水性。主要有硅灰、膨润土等。

（4）填充性细颗粒材料

主要作用是向水泥浆中提供细填料，进一步增加水泥浆的黏聚性。

掺絮凝剂混凝土的性能应符合表 5-111 的规定。试验方法应按 GB/T 37990 的规定进行。

表 5-111　掺絮凝剂水下不分散混凝土的性能指标（GB/T 37990）

项目		指标值	
		合格品	一等品
泌水率/%		≤0.5	0
含气量/%		≤6.0	
1h 扩展度/mm		≥420	
凝结时间/h	初凝	≥5.0	
	终凝	≤24.0	
抗分散性能	悬浮物含量/(mg/L)	≤150	≤100
	pH 值	≤12	

续表

项目		指标值	
		合格品	一等品
水下成型试件的抗压强度/MPa	7d	≥15	≥18
	28d	≥22	≥25
水陆强度比/%	7d	≥70	≥80
	28d	≥70	≥80

注：1. 抗分散性能，即水下施工混凝土抵抗浆体流失、抑制离析的能力。

2. 悬浊物含量，即水下不分散混凝土在水中自由落下后水样通过孔径为 $1\mu m$ 的滤膜，截留在滤膜上并于 $105\sim110℃$ 烘干至恒重的固体物质。

3. 水陆强度比，即水下成型的受检混凝土与空气中成型的受检混凝土抗压强度之比。

5. 其他外加剂

如引气剂、减水剂、引气减水剂等，其性能与应用技术应分别符合现行国家标准 GB 8076 和 GB 50119 的规定。

二、水下不分散混凝土性能

1. 新拌混凝土性能

（1）内聚力大、抗分散性强

保证混凝土拌合物在水中浇筑时不分散、不离析，保持混凝土配合比基本不变，即使受到流动水（水流速度≤3m/s）的冲刷作用仍具有较强的抗分散性。

表 5-112 为用于对比的普通混凝土和掺絮凝剂混凝土的配合比。表 5-113 为该配合比的混凝土拌合物，在 400mm 水深中自由落下试验后的筛洗分析的对比结果，结果表明：普通混凝土的水泥流失率很大，约 63.5%，而掺絮凝剂混凝土的水泥流失率很小，只有 10.2%。但值得一提的是，由于水下不分散混凝土内聚力大，抗分散性强，所以与普通混凝土相比，其泵送阻力将增大 1～2 倍左右。

表 5-112 用于对比试验的混凝土配合比

混凝土种类	粗骨料最大粒径/mm	水胶比	砂率/%	混凝土配合比/(kg/m³)				
				水	水泥	细骨料	粗骨料	絮凝剂
普通混凝土	20	0.53	40	228	430	658	985	0
絮凝剂混凝土	20	0.53	40	228	430	658	985	4.3

表 5-113 用于对比试验的混凝土筛洗分析结果

混凝土种类	混凝土材料组成[①]/%				水泥流失率/%
	水泥	水	细骨料	粗骨料	
普通混凝土	13.7/5.0	22.7/24.2	26.0/27.1	37.6/43.7	63.5
絮凝剂混凝土	13.7/12.3	22.7/24.6	26.0/22.9	37.6/40.2	10.2

① 相应的数据分子为筛洗前混凝土组成材料的百分比，分母为筛洗后混凝土组成材料的百分比。

（2）良好的流动性

混凝土拌合物既具有黏聚性，又表现出与普通混凝土不同的良好流动性，能保证混凝土水下浇筑后无需振捣就能依靠自重（或压力）和流动性流平并填充密实。

水下不分散混凝土，不仅要具有良好的流动性，而且要具有良好的流动性保持能力，这样才能确保水下浇筑时混凝土不产生分层离析现象。对于用导管法浇筑的水下混凝土拌合物，一般要求流动性保持能力不小于 1h。当操作熟练、运距较近时，可不小于 0.7～0.8h。

（3）较好的保水性

水下不分散混凝土拌合物均具有较好的保水性，很少出现泌水或浮浆。

（4）稍有缓凝性

絮凝剂中的纤维素成分会对混凝土产生一定的缓凝性。

2. 硬化混凝土性能

（1）抗压强度

影响普通混凝土强度的因素，也同样影响着水下不分散混凝土的强度。由于混凝土水下浇筑，水泥不可避免地要流失，因此，同配合比的水下与陆上（或空气中）不分散混凝土抗压强度相比，前者总是要低于后者，通常，28 天抗压强度约降低 20％～30％。

（2）弹性模量

由于絮凝剂中水溶性高分子聚合物的影响，同强度等级的水下不分散混凝土与普通混凝土相比，其弹性模量约降低 5％～20％。

（3）变形性能

① 徐变。同强度等级的水下不分散混凝土与普通混凝土相比，因前者弹性模量降低，其徐变值要较后者大。

② 干缩。由于絮凝剂中的水溶性高分子聚合物，其吸水后易溶胀，干燥脱水后会收缩，因此，水下不分散混凝土与普通混凝土相比，其陆上干缩性较大。

（4）抗冻性

与普通混凝土一样，不掺引气剂的水下不分散混凝土的抗冻性较差，试验结果表明，絮凝剂与引气剂复合后，含气量达 5％时，则可经受 250 次以上冻融循环。

三、水下不分散混凝土配合比设计

1. 配合比设计原则

除体现节约水泥、降低成本的基本原则外，尚应遵循以下原则进行。

（1）良好的流动性和流动性保持能力

流动性和流动性保持能力将决定水下不分散混凝土的质量。若拌合物的流动性差，通过管道进行输送和浇筑时，容易造成堵管，浇筑后易形成蜂窝和空洞；若拌合物的流动性过大，不仅浪费水泥和增加浆体量，当采用导管法、泵送法施工时，易造成浇筑初始阶段下料过快而导致管口脱空和返水事故。

若保持较高的流动性，通常需要增加混凝土的单位用水量或减水剂用量，但会增大混凝土拌合物产生离析和黏聚性变差的概率。为此，在配合比设计时，可采取适当提高砂率，增加细骨料用量或其他细颗粒材料，或者掺入适量引气剂等措施。

（2）较小的泌水率

一般要求在 2h 内水分的析出不大于混凝土体积的 1.5％。为此，在配合比设计时，可优先选择比表面积较大的水泥，不使用保水性差的水泥，以及适当掺用需水量比较低的矿物掺合料，必要时，也可掺加少量保水剂。

（3）一定的强度保证率

水下浇筑施工的不分散混凝土很难对其进行实体质量检测，因此，配合比设计时，除应要求混凝土试配强度必须大于其设计强度外，还应满足一定的强度保证率的要求，强度保证率一般为 80%～95%。

(4) 较大的表观密度

应适当提高混凝土的表观密度，以确保混凝土在水中能够依靠自重下落浇筑和密实，并获得较高的强度。通常，表观密度不得小于 2100kg/m³。

2. 配合比设计参数

(1) 配制强度确定

应按式(5-33) 计算：

$$f_{cu,o} \geqslant f_{cu,k} + 1.645\sigma \tag{5-33}$$

式中　$f_{cu,o}$——水下不分散混凝土配制强度，当混凝土在水中无自由落差时，$f_{cu,o}$ 为陆地配制强度，当混凝土在水中有自由落差时，$f_{cu,o}$ 为水下配制强度，MPa；

$f_{cu,k}$——水下不分散混凝土立方体抗压强度标准值，取混凝土的设计强度等级值，MPa；

σ——水下不分散混凝土强度标准差，可按 JGJ 55 规定选取。

(2) 水泥用量

不宜小于 360kg/m³。当混凝土有自流、自密实要求时，单位胶凝材料用量宜在 400kg/m³ 以上。当掺加矿物掺合料时，单位水泥用量下限可根据实际试验数据确定。

(3) 用水量

可根据所采用的絮凝剂和骨料等，根据试验从单位用水量与扩展度的关系求出单位用水量。根据经验，水下不分散混凝土扩展度范围为 450～550mm 时，其单位用水量：采用丙烯类或纤维素类絮凝剂为 210～235kg/m³，采用聚糖类絮凝剂为 185～215kg/m³。

(4) 水胶比

根据水下不分散混凝土性能的要求和环境水侵蚀类型，通过试验确定水胶比。当无试验资料时，不掺矿物掺合料的混凝土的初选水胶比可按表 5-114 选取；掺矿物掺合料时混凝土的最大水胶比应通过试验确定。

表 5-114　不同强度等级的水下不分散混凝土初选水胶比

28d 设计龄期混凝土抗压强度标准值/MPa	水胶比	28d 设计龄期混凝土抗压强度标准值/MPa	水胶比
$f_{cu,k} \leqslant 20$	0.45～0.60	$30 < f_{cu,k} < 50$	0.35～0.45
$20 < f_{cu,k} \leqslant 30$	0.40～0.55	$f_{cu,k} \geqslant 50$	< 0.35

注：1. 本表适用于 42.5 强度等级的通用硅酸盐水泥、中热硅酸盐水泥以及不掺矿物掺合料的混凝土。

2. 当使用 32.5 强度等级的矿渣、粉煤灰、火山灰质硅酸盐水泥或复合硅酸盐水泥，以及低热硅酸盐水泥时，水胶比宜适当降低；当使用 52.5 强度等级的通用硅酸盐水泥时，水胶比宜适当增大；C50 以上混凝土宜采用 42.5 及以上强度等级的通用硅酸盐水泥、中热硅酸盐水泥。

3. 当设计龄期大于 28d 时，水胶比宜适当增大。

(5) 砂率

应在适宜流动性的范围之内，以单位用水量最少来确定，最佳砂率宜在 36%～46% 范围内。

(6) 骨料用量

宜采用绝对体积法求出。计算方法与普通混凝土相同。

(7) 外加剂品种与掺量

① 絮凝剂。应无毒、无害、无污染，品种与掺量应结合工程实际要求和施工条件（浇筑方法、浇筑时的容许混浊度、混凝土的水中自由落差、浇筑场所周围的水流情况等）等通过试验来确定，一般絮凝剂掺量占混凝土中水泥或胶结料质量的 1.5%～3.0%。

② 其他外加剂和附加材料。应针对使用目的，通过试验确定。

3. 试配与调整

对上述原则确定的配合比，按以下步骤进行试配与调整：

① 以计算的混凝土配合比为基础，维持用水量不变，选取与计算配合比的胶凝材料用量相差±10%的两个胶凝材料用量，砂率相应适当减小和增加，然后分别按三个配合比拌制混凝土；测定拌合物的性能，调整用水量，以达到规定的拌合物性能为止。

② 按校正后的三个混凝土配合比进行试配，检验混凝土拌合物的稠度和表观密度，制作抗压强度试件，每个配合比至少制作一组。

③ 标准养护 28 天后，测定混凝土抗压强度，以既能达到设计要求的混凝土配制强度，又具有最小胶凝材料用量的配合比作为选定配合比。

④ 对选定配合比进行方量校正，并应符合下列规定：

a. 应按式（5-34）计算选定配合比的混凝土拌合物的表观密度：

$$\rho_{cc} = m_g + m_s + m_b + m_w \tag{5-34}$$

式中　　　　ρ_{cc}——按选定配合比各组成材料计算的拌合物表观密度，kg/m^3；

m_g，m_s，m_b，m_w——选定配合比中的每立方米混凝土的粗骨料用量、细骨料用量、胶凝材料用量、用水量，kg。

b. 实测按选定配合比配制的混凝土拌合物的表观密度，并按式（5-35）计算方量校正系数：

$$\eta = \rho_{c0} / \rho_{cc} \tag{5-35}$$

式中　　η——方量校正系数；

ρ_{c0}——按选定配合比配制混凝土实测的拌合物表观密度，kg/m^3。

c. 选定配合比中的各项材料用量均乘以校正系数，即为最终配合比的各项材料用量。

四、水下不分散混凝土参考配合比

水下不分散混凝土的参考配合比参见表 5-115。

表 5-115　水下不分散混凝土参考配合比　　　　单位：kg/m^3

强度等级	P.O 42.5 水泥	粉煤灰	S95 磨细矿渣	砂	5～20mm 石	20～40mm 石	水	絮凝剂	减水剂	备注
C15	395	—		805	468	572	180	31.6	1.6	二级配骨料
C20	450	—		784	455	557	180	36	1.8	二级配骨料
C20	368	92		542	1008		198	3.7	8.3	
C30	470	30		655	980		221	12.5	10	
C30	378	162		594	983		220	8.6	4.1	
C35	450	50		630	1040		225	10	—	
C40	400	50	50	660	990		210	10	—	

五、水下不分散混凝土制备与施工

1. 混凝土制备

（1）拌合物制备

① 原材料计量。应根据气候条件定时检测骨料的含水率及干燥骨料的吸水率，以便随

时调整用水量。

原材料计量允许偏差应符合表 5-116 的规定。

表 5-116　原材料计量允许偏差（按质量计）

原材料品种	水泥	粗、细骨料	掺合料	外加剂	水
每盘计量允许偏差/%	±2	±3	±2	±1	±1
累计计量允许偏差/%	±1	±2	±1	±1	±1

② 搅拌。宜采用强制式搅拌机，投料全部结束后搅拌不少于 120s。值得注意的是，通常，加水初期拌合物表现很黏稠，但随搅拌的持续进行，混凝土拌合物逐渐由黏稠变稀，达到所要求的流动性。

（2）运输

应选用拌合物离析及流动性损失较小的方法快速运输。

① 当采用混凝土搅拌车运输时，卸料前宜采用快速挡旋转搅拌不少于 20s；若坍落度经时损失较大卸料困难时，可在混凝土拌合物中掺入减水剂并快速搅拌，减水剂掺量应有经试验确定的预案。

② 拌合物从搅拌机卸料起到浇入模内止的延续时间不宜超过 90min。

③ 拌合物入泵时的扩展度值宜为 450～550mm。

水上运输时，是将混凝土搅拌车及吊罐、料斗等装在驳船上运往现场。

此外，混凝土搅拌船具有混凝土搅拌、运输、浇灌等所有的能力，可作为水上作业装备加以采用。

④ 浇筑现场内的运输方法。运输方法有混凝土泵、吊罐、混凝土溜槽及手推车等，应根据工程条件、工序、混凝土量以及混凝土流动性等来选定，如表 5-117 所示。

表 5-117　浇筑现场内的运输方法（Q/CNP C92）

运输方法	运输距离/m	运输量	适用范围	备注
混凝土泵（每台）	200～300	10～200m³/h	一般、长距离	最适于混凝土运输
吊罐	10～30	0.5～2.0m³/次	一般、小规模工程	适合于所有配比，离析少，如运输量满足要求可采用
溜槽	5～30	10～50m³/h	水下直接浇筑	流动性需较大
手推车	10～60	0.05～0.2m³/次	小规模工程	道路需平稳，由于有黏性，卸车较困难

采用泵送工艺输送水下不分散混凝土时，除应符合我国现行行业标准《混凝土泵送施工技术规程》（JGJ/T 10）的规定外，尚应注意，泵送过程中的管内压力损失，一般为普通混凝土的 2～3 倍，有时达到 4 倍。因此，当输送距离长及输送低流动性水下不分散混凝土时，必须采取措施，如扩大管径、降低输送速度、减少弯头和挠性软管、使用输送能力大的混凝土泵以及使用减水剂等。

2. 混凝土施工

（1）浇筑

① 浇筑准备。浇筑之前，须注意以下几点事项：

a. 因混凝土必须按计划量连续浇筑，所以对运输、浇筑过程中使用的机具要认真进行检查，以防止出现故障，并留有备用机具及动力。

b. 核对钢筋或钢骨架等是否布置在设计图纸所规定的位置，是否能保证混凝土浇筑时钢筋或钢骨架不会移位。

c. 必须检查模板转角是否按规定的尺寸组装，模板接缝处是否会跑浆。

② 浇筑要求。在施工浇筑过程中，其技术要求如下：

a. 应连续浇筑。当施工过程中不得不停顿时，续浇的时间间隔不应超过混凝土的初凝时间。

b. 浇筑中的水中自由落差，原则上为 300～500mm 以下。

c. 以静水浇筑为原则，尽可能不扰动混凝土，尽可能减少浮浆及对水质的污染。

d. 当水下混凝土表面露出水面后再用普通混凝土继续浇筑时，应将先浇筑的水下不分散混凝土表面上的残留水分除掉，并在该混凝土还有流动性时立即续浇普通混凝土。此时，应将普通混凝土振捣密实。

③ 浇筑方法。水下不分散混凝土的浇筑方法主要有：导管法、泵送法以及开底容器法。若能确保浇筑混凝土的质量，并能减少对水质的污染，也可以采用其他方法。

a. 导管法。导管由混凝土的装料漏斗及混凝土流下的导管构成。导管必须不透水，其内径尺寸，由混凝土的输送量以及混凝土在管中流动的状态予以确定。宜采用 250～300mm 的管径，施工钢筋混凝土时，导管内径与钢筋的排列有关，一般为 200～250mm。

浇筑时，导管内必须始终充满混凝土，并应采取措施防止反窜逆流水现象发生。通常的做法是将导管的下端插入已浇的混凝土中。如果施工需要将导管下端从混凝土中拔出，使混凝土在水中自由落下时，应确保导管内混凝土连续供料，且水中自由落差不大于 500mm。

b. 泵送法。指混凝土由混凝土泵直接压送至混凝土输送管进行浇筑。采用该方法应注意以下事项：

（a）泵送前，应采取以下方法排除输送管内可能出现的逆流水：在输送管内先泵送水下不分散砂浆；在泵管内，先投入海绵球后泵送混凝土；在泵管的出口处安装活门，在输送管没入水之前，将管内充满混凝土，关上活门再沉放到既定位置。

（b）当混凝土输送中断时，为防止水向管内反窜，应将输送管的出口端插入已浇筑的混凝土中。

（c）当浇筑面积较大时，可采用挠性软管，由潜水员移动浇灌位置，在移动时，不得扰动已浇筑的混凝土。

（d）当移动水下泵管时，为了避免管内混凝土产生过度的水中落差及防止水在管内反窜，须在输送管的出口端安装特殊的活门、挡板或用麻袋将管口包裹。

c. 开底容器法。该方法适合斜面施工的低流动性水下不分散混凝土的浇筑。

开底容器必须安装易于开启的底。浇筑时，将该容器轻轻放入水下，待混凝土排出后，容器缓缓地提高。

在不妨碍施工的前提下，开底容器的容量宜大，底的形状，应保证混凝土顺利流出。一般多采用锥形底的方形或圆柱形的料罐。

d. 其他方法。

（a）水中自落施工法即混凝土在水中直接下落和浇筑。采用该法可减少水下工程常用的围堰、筑岛等临建，取消地下工程的人工降水等措施，简化一般的导管法、泵送法等施工，从而大大加快了施工进度。但水中自落施工法的混凝土应遇水不离析、水泥不流失。

（b）水下振捣施工法在振捣器所及的浅水中，采用水灰比较低的水下振捣不分散混凝土，可以做到混凝土不离析，混凝土强度不降低。

（2）施工缝留置

水下不分散混凝土，原则上需连续浇筑。若必须设置施工缝时，其技术要求如下：

① 施工缝尽可能设在剪切力及受力弯矩较小的位置。

② 必须在剪切力大的位置设施工缝时，需做榫或槽，或者埋设适当的埋件补强。

③ 对施工缝混凝土的表面要严格清理，清除浮浆、表面疏松混凝土层、松动的骨料等。

（3）表面抹平

混凝土表面若需抹平时，应待混凝土的表面自密实和自流平终止后进行，表面抹平必须不损伤表面混凝土的质量。通常，使用木抹子，多采用从上往下压的方法。

（4）养护

水下混凝土应采取措施，防止受动水、波浪等冲刷造成水泥流失以及混凝土被掏空。暴露于空气中的混凝土，应进行与普通混凝土相同的养护。

（5）拆模

拆模应按照我国现行行业标准《水运工程混凝土施工规范》（JTS 202）的相关规定进行。当预计波浪冲力可能对构筑物产生很大应力等情况下，其拆模时间可根据实际情况具体确定。

第八节　清水混凝土

清水混凝土在我国现行行业标准《清水混凝土应用技术规程》（JGJ 169）中的定义是：直接利用混凝土成型后的自然质感作为饰面效果的混凝土。其实，自然质感也是一种装饰性，因此，清水混凝土就是一种本真之美的装饰性混凝土。

一、清水混凝土分类

按其表面质感分为以下三类：

（1）普通清水混凝土

表面颜色无明显色差，对饰面效果无特殊要求的清水混凝土。

（2）饰面清水混凝土

表面颜色基本一致，由有规律排列的对拉螺栓孔眼、明缝、蝉缝、假眼等组合形成的、以自然质感为装饰效果的清水混凝土。

（3）装饰清水混凝土

表面形成装饰图案、镶嵌装饰片或彩色的清水混凝土。

二、清水混凝土原材料

同一工程的原材料宜为同一厂家、同一品种，必须单独存放、专料专用，同一种原材料的颜色和技术参数应保持一致。除应符合现行国家标准《混凝土结构工程施工质量验收规范》（GB 50204）的规定外，尚应符合以下规定：

1. 水泥

宜选用强度等级不低于 42.5 级的硅酸盐水泥或普通硅酸盐水泥，碱含量宜低。

2. 骨料

细骨料宜采用中砂，氯离子的含量应符合 GB 55008 的规定。采用人工砂时，其亚甲蓝值（MB）应小于 1.4。

粗骨料最大粒径不宜大于 25mm（通常采用 20mm），应采用连续级配。吸水率不宜大于 1.5%，孔隙率不宜大于 43%。骨料质量要求应符合表 5-118 的规定。

表 5-118 骨料质量要求（JGJ 169）

混凝土强度等级		≥C50		<C50	
骨料类型		粗骨料	细骨料	粗骨料	细骨料
技术指标	含泥量（按质量计）/%	≤0.5	≤2.0	≤1.0	≤3.0
	泥块含量（按质量计）/%	≤0.2	≤0.5	≤0.5	≤1.0
	针片状颗粒含量（按质量计）/%	≤8	—	≤15	—

3. 矿物掺合料

质量应符合现行国家标准 GB/T 18736 的规定。粉煤灰可以提高混凝土的表面光泽度，宜选用 Ⅰ 级粉煤灰，尤其应注意粉煤灰中硫含量、氨含量和烧失量的大小与波动。

4. 外加剂

性能与应用技术应分别符合现行国家标准 GB 8076 和 GB 50119 的规定，严禁使用含有氯盐的早强剂、防冻剂。

三、清水混凝土配合比设计

配合比设计应遵循"保证混凝土强度、工作性以及耐久性指标，以质量观感控制为主"的设计原则，除应符合现行国家标准 GB 50206 和现行行业标准 JGJ 55 的规定外，其他具体要求如下：

① 按设计要求进行试配，确定混凝土表面颜色。

② 满足混凝土工作性的前提下，尽量降低用水量，一般不超过 170kg/m³。

③ 若适当提高胶凝材料用量，降低水泥用量，能显著降低较大尺度（$d>5$mm）气泡的数量。通常，优质粉煤灰掺量约 10%，其他矿物掺合料约 15%。

④ 砂率宜在 40%~45% 的范围内。适当提高砂率不仅能够降低较小尺度（$d≤2$mm）气泡的数量，且在振动过程中，细颗粒能够阻止或延缓气泡向模板壁的移动，降低其在混凝土表面出现和聚集成较大气泡的概率。

⑤ 坍落度可控制在 150~220mm，扩展度不宜超过 500mm，坍落度的 90min 经时损失值宜小于 30mm。

⑥ 严格控制离析、泌水、粉煤灰浮于浆体表面等现象发生，压力泌水率应小于 22%。

⑦ 控制含气量不超过 3%。

四、清水混凝土施工准备

1. 材料准备

① 钢筋绑扎宜选用 20♯~22♯ 无锈的绑扎钢丝。

② 钢筋保护层垫块应有足够的强度、刚度，颜色应与清水混凝土的颜色接近。柱、墙结构宜选用与混凝土颜色一致的塑料卡环；梁、板宜选用与混凝土同配比的圆形砂浆垫块。

③ 涂料应选用对混凝土表面具有保护作用的透明涂料，应与混凝土表面有良好的黏结性，不得对混凝土有腐蚀性，且应有良好的耐老化性、防污染性、憎水性、防水性。

此外，尚应考虑工程的类别、所处的环境、刷涂后的美学效果和成本等因素。常用的涂料品种有氟碳树脂系、聚氨酯系、丙烯酸系树脂、聚硅氧烷系以及混合型涂料，可参考表5-119选用。

表 5-119   清水混凝土常用涂料的特点

序号	涂料的类别	特点
1	氟碳树脂系	耐候性、耐化学腐蚀性优,介电性能和耐热性能良好,不易黏附污物,一般美观效果可保持 15～20 年以上;5℃以下不能施工,成本较高
2	聚氨酯系	耐磨、黏附力强,0℃能正常固化,施工适应季节长,装饰性、美观效果好;耐老化性、抗污染性不及氟碳树脂系
3	丙烯酸系树脂	抛光性良好,耐水性、耐酸碱性良好;耐溶剂性差,长期日光下会发生褪色,透气性不好,流动展平性不良,涂刷施工时易流挂
4	聚硅氧烷系	成膜具有憎水性,有一定透气性,耐污性不好

2. 样板构件制作

样板构件宜在正式施工前，实体工程外现场制作，经建设（监理）、设计和施工三方确认其质量满足要求后，可作为工程施工及质量验收的参照样板。

3. 模板工程

（1）模板类型与构造

模板类型见表 5-120，模板构造见表 5-121。其中：

① 模板面板可采用覆膜胶合板、钢板、铝合金板、塑料板、玻璃钢等材料，应满足清水混凝土表面质感、强度、刚度和周转使用要求，且加工性能好。

② 模板骨架材料可采用金属标准型材、木梁、钢木组合梁、铝梁等材料，应有足够的强度与刚度。

③ 模板配件可采用模板夹具、型材吊具、钩头螺栓、对拉螺栓等金属材料，应满足模板体系的连接加固要求。

④ 对拉螺栓套管及堵头可选用塑料、橡胶、尼龙等材料。

⑤ 明缝条可选用硬木、铝合金、塑料等材料，截面宜为梯形。

表 5-120   建议选择的模板类型

清水混凝土的类型	建议选择的模板类型
普通清水混凝土	木梁胶合板模板、钢(铝)框胶合板大模板、全钢大模板、木框胶合板模板、组合钢模板、铝合金模板、塑料模板
饰面清水混凝土	木梁胶合板模板、钢(铝)框胶合板大模板、全钢大模板、不锈钢或 PVC 板贴面模板、铝合金模板
装饰清水混凝土	木梁胶合板模板、钢(铝)框胶合板大模板、全钢大模板、铝合金模板

表 5-121   各类模板体系的构造

序号	模板名称	模板构造
1	木梁胶合板模板	以木梁、铝梁或钢木肋作竖肋,覆膜胶合板采用螺钉连接
2	钢(铝)框胶合板模板	以空(实)腹型材为边框,冷弯管材、型材为肋,嵌入胶合板,抽芯铆钉或螺钉连接
3	木框胶合板模板	以木方为骨架,胶合板采用螺钉连接
4	全钢大模板	以型钢为骨架,钢板为面板,焊接而成
5	不锈钢贴面模板	采用镜面不锈钢板,固定于钢模板或木模板上
6	铝合金模板	以铝材为龙骨及面板的单元板模板

（2）模板体系的材质要求

① 木梁胶合板模板体系。面板宜采用厚度 15mm 以上的多层木胶合板，覆膜质量应不小于 $120g/m^2$。应质地坚硬、表面光滑平整、色泽一致、厚薄均匀、无裂纹和龟纹，并具有均匀的透气性、良好的耐水性、良好的阻燃性以及足够的刚度，遇水膨胀厚度低于 0.5mm。龙骨宜采用木梁、钢木组合梁、铝梁等，长度方向表面用 3m 靠尺检查误差不超过 2mm。背楞宜采用 $\phi48.3mm \times 3.6mm$ 的钢管或金属型材。

② 钢（铝）框胶合板模板体系。钢框宜采用热轧型钢，材质不宜低于 Q235。铝框可用空腹铝边框和矩形铝型材焊接，铝合金型材屈服强度标准值不宜低于 220MPa，牌号宜选用 LY11。模板的中间肋根据模板的大小可选用 $40mm \times 60mm \times 3mm$ 的焊接方管或 $43mm \times 3mm$ 扁钢焊接在模板边框上。覆膜胶合板的性能要求应与木梁胶合板模板体系中的面板基本相同，但其耐磨性按泰柏法测定应不小于 300 转。

③ 全钢大模板体系。宜采用 5mm 或 6mm 厚钢板做面板，钢材材质不宜低于 Q235，表面应平整、光滑、清洁。模板竖背楞宜采用 8♯ 槽钢，横背楞宜采用 10♯ 槽钢。

④ 铝合金模板体系。宜采用 3～4mm 厚铝合金板材做面板，材质宜采用 6061T6，应具有良好的可焊接性和抗腐蚀性。背肋应采用相同材料的铝合金型材。其他配件，可选用 Q235 或者 Q345 钢材。

⑤ 对拉螺栓。对拉螺栓的最小截面应满足承载力要求，宜采用辊压螺栓；同一工程宜采用同一规格的螺栓。宜选用锥型接头连接的三节式对拉螺栓，亦可选用可循环使用的直通型对拉螺栓，选用后者时，应做好拆模后的对拉螺栓孔眼的防水处理。

（3）模板制作与验收

① 模板应严格按照设计进行加工，严格控制加工精度，保证模板表面平整、方正，拼缝严密。

② 对饰面清水混凝土的钢模板加工，应采用铣边工艺，面板宜经抛光处理。对已经抛光处理的钢模板表面，应及时涂刷防水涂料。

③ 木模板加工时，龙骨之间、龙骨与面板之间、相邻面板之间的侧面接触面应刨平刨直，保证接触严密。

④ 模板在安装前应先进行预拼装，并对其面板平整度、阴阳角、相邻面板高低差及对拉螺栓的组合安装进行校核，拼装式大模板预组拼允许偏差及检验方法应符合表 5-122 要求，经组拼合格的模板应在背面进行编号。

表 5-122　拼装式大模板预组拼允许偏差及检验方法

序号	项目	允许偏差/mm	检验方法
1	模板高度	+1，-2	尺量
2	模板宽度	2	尺量
3	模板板面对角线差	≤2	尺量
4	模板平整度	2	2m 靠尺、塞尺量
5	相邻模板拼缝高低差	≤0.8	平尺、塞尺量
6	相邻模板拼缝间隙	≤0.8	塞尺量

⑤ 胶合板面板与龙骨的连接，可采用沉头螺钉正钉连接，钉头沉进板面 1～2mm，并用铁腻子将凹坑刮平，待干燥后使用；也可采用面板背面加设角码及自攻螺钉反钉连接的

方式。

⑥ 加工的大模板进场时，应按表 5-123 的规定，对模板尺寸、方正、拼缝、企口和板面平整度等进行验收，也应对模板及配件数量进行检查。

表 5-123　模板制作尺寸允许偏差与检验方法（JGJ 169）

序号	项目	允许偏差/mm		检验方法
		普通清水混凝土	饰面清水混凝土	
1	模板高度	±2	±2	尺量
2	模板宽度	±1	±1	尺量
3	整块模板对角线	≤3	≤3	塞尺、尺量
4	单块模板对角线	≤3	≤2	塞尺、尺量
5	板面平整度	3	2	2m 靠尺、塞尺
6	边肋平直度	2	2	2m 靠尺、塞尺
7	相邻面板拼缝高低差	≤1.0	≤0.5	平尺、塞尺
8	相邻面板拼缝间隙	≤0.8	≤0.8	塞尺、尺量
9	连接孔中心距	±1	±1	游标卡尺
10	边框连接孔与板面距离	±0.5	±0.5	游标卡尺

（4）模板拼缝、安装与拆除

① 模板拼缝。

a. 拼缝应遵循如表 5-124 所示的模板拼缝规则。

表 5-124　模板拼缝规则

规律性要求 部位	模板拼缝	
	横向	竖向
柱	同一楼层拼缝的高度应一致	不宜出现竖向拼缝，无法避免时，竖向拼缝宜对称；圆柱模板的两道竖向拼缝宜设于轴线位置，群柱的拼缝方向一致
梁	横向与竖向拼缝宜闭合，相邻拼缝间距宜超过 2m；两端允许出现拼缝，但同一楼层拼缝位置应一致，板允许出现接缝，同一楼层竖横向拼缝应连贯，竖横排列均匀、对称	
剪力墙	允许出现接缝，同一片墙（每层相邻两轴线间或柱间为一片墙）的模板横向接缝应连贯，竖向接缝应对称；大钢模板宜竖向布置，一般不设横缝	

b. 宜将拼缝尽量设于门窗口处；当拼缝在整个墙面呈对称设置时，墙面模板分块宜以轴线或窗口中心线为对称中心线，均匀对称布置。

c. 外墙模板上下接缝宜设于楼层标高位置。当明缝设置于楼层标高位置时，可以利用明缝作为施工缝；明缝还可设在窗台标高、窗口过梁底标高、框架梁底标高和窗间墙边线或设计要求的其他分格线位置等。

② 模板安装。

a. 模板安装前应首先进行试拼装，验收合格后方可正式进行模板安装。

b. 模板安装前，应对结构预埋件的尺寸、位置进行校验；并清理钢筋锈迹。模板安装完毕后需要清理模板内杂物。

c. 模板安装尺寸允许偏差与检验方法应符合表 5-125。

表 5-125　模板安装尺寸允许偏差与检验方法（JGJ 169）

序号	项目		允许偏差/mm		检验方法
			普通清水混凝土	饰面清水混凝土	
1	轴线位移	柱、墙、梁	4	3	尺量
2	截面尺寸	柱、墙、梁	±4	±3	尺量
3	标高		±5	±3	水准仪、尺量
4	模板垂直度	不大于5m	4	3	经纬仪、线坠、尺量
		大于5m	6	5	
5	相邻板面高低差		3	2	尺量
6	表面平整度		3	2	塞尺、尺量
7	阴阳角	方正	3	2	方尺、塞尺
		顺直	3	2	线尺
8	预留孔洞	中心线位移	8	6	拉线、尺量
		孔洞尺寸	+8,0	+4,0	
9	预埋铁件、管、螺栓	中心线位移	3	2	拉线、尺量
10	门窗洞口	中心线位移	8	5	拉线、尺量
		宽、高	±6	±4	
		对角线	8	6	

③ 模板拆除。

a. 模板拆除，应符合标准 GB 50204 和《建筑工程大模板技术标准》（JGJ 74）的规定。

b. 应适当延长拆模时间，应制定清水混凝土墙体、柱等的保护措施。

c. 拆除后应及时清理，对影响观感的缺陷应进行修复。

五、清水混凝土参考配合比

清水混凝土的参考配合比见表 5-126。

表 5-126　清水混凝土参考配合比　　　　　　　　单位：kg/m³

强度等级	P.O 42.5 水泥	I 级粉煤灰	S95 磨细矿渣	中砂	5～20mm 碎石	水	减水剂	拌合物性能要求
C30	284	66	34	800	1024	170	9.4	坍落度(200±20)mm
C30	390	—		750	1095	185	7.0	坍落度(180±20)mm
C40	490	—		690	1055	185	9.7	坍落度(180±20)mm
C40	368	41		762	1064	162	3.7	坍落度(160±20)mm
C40	392	75		791	928	180	8.4	坍落度(180±20)mm
C40	230	62	62	788	1088	170	4.3	坍落度(180±20)mm
C40	340	60	30	860	930	170	3.9	坍落度(200±20)mm
C40	300	—	150	705	1056	160	3.4	坍落度(200±20)mm，含气量1%～3%，扩展度400～500mm
C50	315		165	720	1060	160	3.6	

强度等级	P.O 42.5 水泥	I级粉煤灰	S95磨细矿渣	中砂	5~20mm碎石	水	减水剂	拌合物性能要求
C40	315	105	—	704	1149	147	3.9	坍落度(200±20)mm,扩展度350~500mm
C50	420	70	—	626	1162	152	4.9	
C50	500	—	—	850	850	200	5.0	坍落度(240±10)mm,扩展度500~550mm,减缩剂6kg/m³
C40	240	80	60	730	1100	165	6.4	坍落度(160±20)mm
C50	330	40	60	730	1050	155	10.6	坍落度(180±20)mm
C60	385	50	80	660	1040	150	13.4	坍落度(200±20)mm,扩展度500~550mm
C60	390	60	80	820	880	160	8.9	坍落度(200±20)mm,扩展度500~550mm
C60	330	90	90	756	1044	170	6.6	坍落度(200±20)mm,扩展度500~550mm

注：不同配合比采用不同厂家的聚羧酸系减水剂，其减水率和消泡能力各不相同。

六、清水混凝土制备与施工

1. 混凝土制备

（1）拌合物的制备

① 原材料计量。原材料计量的允许偏差应符合现行国家标准 GB/T 14902 的规定。

② 搅拌。应采用强制式搅拌机，原材料投料前，搅拌机内必须清洁，拌合物的搅拌时间宜比普通混凝土延长 20~30s；减水剂宜采用后掺法。

（2）拌合物运输

① 宜采用专用运输车，拌合物从搅拌结束到入模前不宜超过 90min。

② 拌合物运输到施工现场，应逐车检查坍落度、工作性和颜色有无变化，并应做好记录；工作性和颜色不符合要求的拌合物严禁使用。

③ 拌合物工作性应稳定，黏聚性、匀质性良好，无离析、泌水现象。

2. 混凝土施工

（1）脱模剂施工

① 脱模剂技术要求。应易于脱模、便于操作和清理，脱模后效果应满足混凝土表面质量要求，且不得污染和锈蚀模板。

② 脱模剂选用原则。

a. 根据模板的种类。如表 5-127 所示。

表 5-127　清水混凝土模板用脱模剂的选用

序号	模板面板类别	适用条件
1	木模板	宜用加表面活性剂的油类、油包水、化学类、油漆类、石蜡乳类
2	胶合板	可用油漆类(模板漆)、油类及化学脱模剂
3	玻璃纤维增强材料	宜用油包水乳液和化学脱模剂，或使用以水为介质的聚合物乳液
4	橡胶内衬	宜用石蜡乳，禁用油类脱模剂
5	钢模板	宜用加表面活性剂的油类、石蜡乳或溶剂石蜡和化学活性脱模剂；慎用水包油型乳液，若采用，应加防锈剂

b. 根据清水混凝土类别。通常，普通清水混凝土可选用水溶性或油性脱模剂，饰面清水混凝土宜选用石蜡类脱模剂。

c. 根据施工条件。低温或负温施工宜选用油类脱模剂，但在负温下明显变稠的油类脱模剂不宜使用。

此外，相同构件宜选用同种脱模剂。

③ 脱模剂施工。采用喷涂或刷涂施工，涂层应薄而均匀，无漏刷。必要时，涂刷后再用干净的棉丝均匀擦 2～3 遍，去除多余的脱模剂。

工程实践表明，当采用芬兰进口清水混凝土专用 WISA 模板时，水性脱模剂对于外观气泡情况的改善效果是比较好的。

（2）施工缝施工

① 施工缝设置。

a. 应绘制清水混凝土构件的详图，明确明缝（凹入混凝土表面的分格线或装饰线）、蝉缝（模板在混凝土表面留下的细小痕迹）、对拉螺栓孔的位置和尺寸；明缝设置宜与施工缝位置相协调，并应得到设计方认可。

b. 当楼板水平施工缝与明缝位置不一致时，采用上搭接加高模板的"导墙施工法"，模板配置高度为层高＋50mm，达到施工缝与明缝高度一致的目的，如图 5-52 所示。

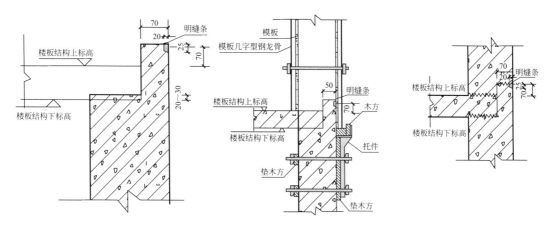

图 5-52　导墙施工法示意图（单位：mm）

c. 施工缝应设置在剪力较小处，竖向施工缝，宜设置在竖向明缝处，并应符合设计规范要求，应做蝉缝或明缝效果处理。

d. 外墙水平施工缝应结合楼层层高及明缝的位置进行设置，宜设置在明缝处；内墙、框架柱水平施工缝，宜留在梁（板）底向上 5mm（加软弱层，约梁或板底向上 30mm）处，墙面梁豁处预留尺寸应不大于梁截面尺寸。

② 施工缝施工。

a. 墙体、梁板竖向施工缝处，混凝土浇筑前应用钢板网、快易收口网、胶合板封堵严密。

b. 柱和墙体顶面的水平施工缝以及墙、板和梁的竖向施工缝均应用无齿锯沿线切割，且切割深度宜为 10mm，切割完成后将切割线以外的混凝土剔凿。

c. 竖向施工缝应剔除松散石子，露出密实混凝土；水平施工缝应剔除浮浆层，清理干净，露出石子。

（3）浇筑与振捣

a. 模板应清洁、无积水。混凝土浇筑过程中严禁加水。

b. 竖向构件浇筑时，应严格控制分层浇筑的间隔时间。分层厚度不宜超过 400mm。

c. 门窗洞口宜从两侧对称下料，同时浇筑。

d. 墙、柱浇筑应首先在根部浇筑厚为 30～50mm 的去石子砂浆（取自浇筑同一结构部位的混凝土拌合物）后，再浇筑混凝土。混凝土倾落高度应控制在 2m 以内。如混凝土自由落差大于 2m，应接一软管或串筒，伸到模板内，保持下料高度不超过 2m。

e. 后续混凝土浇筑前，应先剔除施工缝处松动石子和浮浆层，剔除后应清理干净。

f. 水平与竖向结构宜分开浇筑；同一楼层非清水混凝土构件与清水混凝土构件宜分开浇筑，先浇筑非清水混凝土构件，后浇筑清水混凝土构件。

g. 应按样板构件试验确定的振捣方法进行振捣，应布棒均匀，环环搭扣。严禁漏振、过振、欠振；振捣棒插入下层混凝土表面的深度应大于 50mm。

（4）养护

a. 与浇筑混凝土同条件的混凝土试件强度达到 3.0MPa 之后，开始拆除模板。

b. 混凝土暴露表面的养护应从浇筑成型后开始，混凝土表面不得直接用草帘或草袋覆盖，应采用塑料薄膜覆盖养护，如需保温可在塑料薄膜外覆盖防火棉毡；随龄期的增长可适时将洒水和保湿并用；对同一视觉范围内的混凝土宜施以相同的养护条件，保证混凝土表面色均性。

c. 混凝土的竖向结构拆模后应立即养护，宜采用塑料薄膜覆盖保湿养护（必要时在塑料薄膜与墙表面之间设置一层透水模板布，防止表面因水渍出现色差），不宜采用喷涂养护剂养护；梁板混凝土浇筑完毕后应分片分段收面，应及时采用塑料薄膜覆盖保湿养护。

d. 混凝土养护的时间不少于 14 天。

七、清水混凝土成品修补与保护涂料涂刷

清水混凝土拆模后其表面都会不同程度地附着污染物或印迹，存在孔眼、高低不平的接缝等缺陷，必须予以修补。混凝土在自然环境下，也会遭受来自阳光、紫外线、酸雨、油气、油污、碳化等破坏，逐渐失去自然质感，因此，其表面必须进行保护涂料喷涂。

1. 成品修补

成品修补应按以下要求进行：

① 养护结束后应去除混凝土表面附着的污染物或印迹。细粒污染物可采用细砂纸打磨清除，墙面的清洗和除污可先用专用清洗剂清洗，然后用高压水枪冲洗；对返碱部位的处理可以用砂纸打磨，不能用砂纸除掉的可用高压水枪冲洗。

② 螺栓孔封堵及混凝土表面缺陷修补，要采用膨胀性的水泥浆、砂浆或混凝土，强度等级宜比成品混凝土强度高一级，封堵应密实、到位，应符合外观质量要求。

③ 接缝缺陷要用比混凝土墙体颜色稍浅的专用调整腻子进行修补；用手触摸感觉不平的地方用砂纸打磨平整，再用专用调整材料进行颜色调整。错模部位的高度差尽量不用砂轮机打磨而要用錾刀铲平，确实需要用砂轮机磨平的，磨平后要用水泥灰浆修补平整再进行修补。

④ 所用水泥浆或砂浆，宜采用与工程所用的同品种水泥与白色普通硅酸盐水泥调制，且应首先在样板构件上做试验，优选修补方法和材料配比。

修补后整体面层要求平整、颜色自然，阴阳角的棱角整齐平直。

2. 保护涂料涂刷

普通清水混凝土表面宜涂刷透明保护涂料，饰面清水混凝土表面应涂刷透明保护涂料。保护涂料涂刷应按以下要求进行：

① 涂刷前，宜先做样板。

② 涂刷前，应将整个外露面清理干净，可采用清水冲洗或拧干湿毛巾擦洗，如遇油污应用草酸等清洗干净，待干燥后方可进行涂刷施工。

③ 保护涂料膜层应分为底层、中间层和罩面层三层施工，总厚度约 $150\mu m$，允许偏差 $20\mu m$。膜层应色泽均匀、平整光滑，无流坠、刷痕。各涂层施工间隔应符合产品技术要求。

通常，底层涂 $1\sim2$ 遍，滚涂后墙体颜色应稍稍加深，墙体表面防水测试达到不渗水；中间层涂 1 遍，滚涂后墙体颜色要较上个程序更深；罩面层涂 $1\sim2$ 遍，滚涂后墙体表面装饰效果明显，形成稳定均匀的保护膜，整体墙面平整、洁净、颜色均匀，无色差，并保持混凝土原有的表面纹理效果。墙体表面防水测试达到不渗水，用水泼到墙面颜色无任何变化，不变深，不变湿。

涂刷要均匀，不得有漏涂，每遍的滚涂时间间隔大于 2h。

八、清水混凝土表面色差、黑斑与气泡的控制

色差、黑斑与气泡严重影响清水混凝土的质感，是清水混凝土最常见的质量缺陷，有关预防与控制措施，详见第十章第十节"混凝土面层质量缺陷"的有关内容。

第九节 大体积混凝土

大体积混凝土在我国现行国家标准《大体积混凝土施工标准》（GB 50496）中的定义是：混凝土结构物实体最小尺寸不小于1m的大体量混凝土，或预计会因混凝土中胶凝材料水化引起的温度变化和收缩而导致有害裂缝产生的混凝土。现行行业标准 JGJ 55 给出的定义是：体积很大的、可能由胶凝材料水化热引起的温度应力导致有害裂缝的结构混凝土。

由上述定义可以作出这样的理解：之所以将大体积混凝土作为混凝土的一个新品种加以研究，是因为"有害裂缝"的发生是大体积混凝土的通病，将给混凝土结构工程带来隐患。

一、大体积混凝土裂缝发生

混凝土裂缝的种类以及裂缝发生的原因是多方面的，详见第十章第五节"混凝土开裂"中的有关内容。就大体积混凝土而言，发生裂缝的主要原因应归结为混凝土的温度应力。

混凝土是热的不良导体，散热速度非常慢，混凝土浇筑后，由于水泥水化反应产生大量的水化热，其内部的温度高于外表层的温度或外部环境温度，即沿混凝土断面产生温度梯度（温差）。当温度梯度引起的混凝土的胀缩（变形）受到外在约束以及内部各质点之间的相互约束（内在约束），使其不能完全自由胀缩时，便产生温度应力。当温度应力超过混凝土的极限抗拉应力或其产生的拉应变超过混凝土的极限拉伸应变时，混凝土将不可避免地发生开裂。

实践经验表明，对底板大体积混凝土实体结构而言，其收缩降温引起的约束拉应变主要集中在表层的中部区域，这是最容易开裂的部位；实体结构的侧面混凝土应变开始为压，然后逐渐转变为拉，也存在开裂的危险。而实体结构的底面混凝土发热膨胀受到土体的限制，因此始终处于压应变状态，并且逐渐趋于收敛，几乎不存在开裂的风险。所以说，大体积混凝土的裂缝，只可能在混凝土表面以及侧面发生。

二、大体积混凝土裂缝控制

控制大体积混凝土裂缝的产生是一项较为复杂的工程技术，归纳起来，应从以下三个方面采取技术措施：①减小混凝土内外温差，即控制温度应力；②提高混凝土的极限抗拉应力或极限拉伸应变，即提高混凝土抗裂性能；③改善构造设计。

1. 减小混凝土内外温差

图 5-53 所示的混凝土温差控制示意图，给出了大体积混凝土拆除模板导致表面开裂的可能性。假定临界温差为 20℃，如果混凝土缓慢降温，内外温差小于 20℃就不会产生表面裂缝。

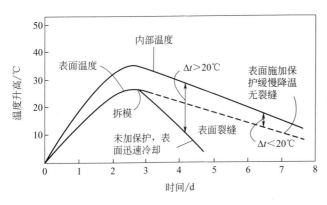

图 5-53　混凝土温差控制示意图

现行国家标准《混凝土结构工程施工规范》（GB 50666）中规定：混凝土浇筑体表面以内 40～80mm 位置处的温度与混凝土浇筑体表面的温度差值不应大于 25℃，结束养护或拆模后，混凝土浇筑体表面以内 40～80mm 位置处的温度与环境温度差值不应大于 25℃；混凝土浇筑体内部相邻两测温点的温度差值不应大于 25℃。

有测试结果表明：当单面散热的混凝土结构断面最小厚度在 750mm 以上，或双面散热的混凝土结构断面最小厚度在 1000mm 以上时，在不采取任何保温措施下，水泥水化热引起的混凝土内外最大温差往往会超过 25℃。

因此，在大体积混凝土施工的全过程中应进行必要的温度控制，即控制混凝土浇筑时的入模温度、混凝土内部最高温度和混凝土最终稳定温度，对此，通常采取的技术措施如下。

（1）合理选择原材料

① 水泥。应选用水化热低的通用硅酸盐水泥，3 天水化热不宜大于 250kJ/kg，7 天水化热不宜大于 280kJ/kg；当选用 52.5 强度等级水泥时，7 天水化热宜小于 300kJ/kg。

水泥越细，放热速率越快。因此，大体积混凝土不宜选用过细的水泥。但目前，有些水泥生产企业通过掺加助磨剂增加水泥的粉磨细度，其 $80\mu m$ 筛筛余大都不足 1%，来实现提高水泥强度，特别是水泥早期强度之目的，这种现象应引起商品混凝土生产者的足够重视。

② 骨料。细骨料宜采用细度模数大于 2.3，含泥量不应大于 3% 的中砂。

有试验结果表明，在保证混凝土强度基本不变的前提下，采用细度模数为 2.79、平均粒径为 0.381mm 的中粗砂，比采用细度模数为 2.12、平均粒径为 0.336mm 的细砂所配制的单方混凝土，可减少用水量 20～25kg，减少水泥用量 28～35kg，显然，这也有助于降低大体积混凝土的温升。

粗骨料粒径宜为 5.0～31.5mm，含泥量不应大于 1%，连续级配，非碱活性。

有试验结果表明,适当提高粗骨料粒径,保证强度基本不变的前提下,也可减少水泥用量及用水量。对比试验结果表明,采用5~40mm碎石和5~20mm碎石配制大体积混凝土,前者比后者,单方混凝土约减少用水量15kg,约减少水泥用量20kg,混凝土温升约降低2℃。

③ 矿物掺合料。掺加适量的矿物掺合料来降低大体积混凝土水化热,是一种普遍的做法。粉煤灰与磨细矿渣的质量应分别符合现行国家标准GB/T 1596和GB/T 18046的规定。

因粉煤灰的活性不如磨细矿渣的活性,其水化热更低,因此,常常选用粉煤灰作为掺合料。掺加粉煤灰的方法,有"等量取代法"和"超量取代法"之分。前者的实质在于减少了单方混凝土的水泥用量。但值得注意的是,水泥用量的减少就意味着混凝土强度,特别是早期强度降低,显然,这对于大体积混凝土的温控防裂也是不利的。因此,若采用此种方法,有必要采取以下措施实现对强度损失的弥补,提高混凝土自身抗裂能力:掺入减水型粉煤灰;适量增掺高性能减水剂。这两项措施的实质,就是降低了混凝土的水胶比。

采用"超量取代法"掺加粉煤灰,虽然,混凝土总的水化热量并没有减少,但水泥的水化放热速率及水化热峰值都会明显降低,显然,这对防止大体积混凝土早期开裂是有利的。

④ 外加剂。其性能与应用技术应分别符合现行国家标准GB 8076和GB 50119的有关规定。

掺入适量的缓凝剂,可使水泥水化的放热速率降低,有利于热量的消散,降低混凝土的温升。

(2)优化配合比设计

① 采用长龄期验收混凝土强度。采用长龄期如60天或90天龄期来验收混凝土强度,可以减少水泥的用量。

② 减少用水量。掺加高性能减水剂或尽量降低混凝土坍落度值来减少用水量,在水胶比不变的前提下,实质上减少了水泥用量。

(3)采取必要的施工技术

① 降低混凝土出机温度。

a. 降低原材料入机温度。粗、细骨料在混凝土中所占的质量分数最大,对混凝土的出机温度影响最大,因此,应优先采取措施降低粗、细骨料的入机温度,通常的做法有:炎热的夏季,可在骨料堆料场搭建遮阳篷;粗骨料用冷水冲洗;骨料仓中通冷风预冷等。细骨料也可以采用冷空气冷却或液氮冷却的方法,但细骨料表面必须干燥。

b. 冷却搅拌。使用冷水或部分冰屑搅拌。加冰拌和是一种高效的冷却方法,因为1kg冰在0℃融化时可吸收334kJ的热量,这比1kg水冷却20℃所放出的热量还要大4倍,但冰必须在拌和结束之前完全融化。液氮在−196℃蒸发时可吸收240kJ/kg的热量,同样可用来将水冷却至1℃,或在拌合物卸出之前直接注入搅拌机或混凝土搅拌车里。

经试验测得的加冰量与降温效果见表5-128。

表5-128 加冰量与降温效果

加冰量/(kg/m³)	降温值/℃	加冰量/(kg/m³)	降温值/℃
25	2.8	75	8.5
50	5.7	100	11.4

② 降低混凝土的入模温度。

a. 运输车罐体隔热。在炎热的夏季运输混凝土时，应对运输车罐体覆盖隔热被，减少阳光对罐体的辐射热。

b. 合理选择浇筑时间。合理安排施工计划，尽量避开在气温较高的正午和下午来浇筑混凝土。

③ 采取必要的养护措施。

a. 保温养护。这是必须采取的措施。通常的做法是在浇筑后的混凝土裸露表面覆盖保温材料，如：草袋、棉毡及泡沫塑料制品（泡沫板、泡沫薄膜）等，以此控制混凝土热量的过快散失，减小混凝土内部与表面间的温差以及混凝土表面与环境间的温差。

经验表明，蓄水养护是一种行之有效的方法。该方法充分利用水的热导率 $[0.60W/(m \cdot K)]$ 低，热容量 $[4.2kJ/(kg \cdot ℃)]$ 较大这一特性，实现对大体积混凝土既保湿又保温的双重养护作用效果。

b. 适当延长养护时间。普通混凝土的养护时间一般不超过 7 天。若大体积混凝土的内部与环境间的温差较大时，应延长养护时间，以此延缓混凝土的降温速率。

④ 设置隔热层。采用隔热材料如聚苯乙烯泡沫板，在大体积混凝土四周设置隔热层，以此控制混凝土的降温速率或混凝土与周边环境间的温差。

2. 提高混凝土的极限抗拉应力或极限拉伸应变

混凝土的极限抗拉应力或极限拉伸应变的提高，意味着混凝土自身抗裂能力的增强，其技术措施，应从以下三个方面着手。

（1）配合比设计

优化配合比设计，如：较高的水泥用量、良好的骨料级配、较低的水胶比等都会不同程度地提高混凝土的极限抗拉应力或极限拉伸应变。

但值得注意的是，水泥用量的增加虽能提高混凝土的极限抗拉应力或极限拉伸应变，但也会增加混凝土的水化热，促进温升，利与弊两者应权衡。

（2）施工工艺

研究结果表明，减少混凝土浇筑振捣过程中产生的内分层将有助于提高混凝土的极限抗拉应力或极限拉伸应变，采取的措施如下：

① 二次搅拌。采取砂浆裹石或净浆裹石的二次搅拌工艺，改善和强化水泥与粗骨料间的黏结强度，从而提高混凝土的极限抗拉应力或极限拉伸应变。

② 二次振捣。对浇筑成型后尚处于塑性状态的混凝土进行轻度二次振捣，进一步排除粗骨料下方聚积的自由水（主要来自泌水）以及排除因混凝土沉陷在水平钢筋下方产生的裂缝，从而强化钢筋与粗骨料间的黏结强度，或增加混凝土的密实度，提高混凝土与钢筋间的握裹力，达到提高混凝土的极限抗拉应力或极限拉伸应变之目的。

③ 保湿养护。洒水养护是通用的一种做法，它不仅可以防止混凝土的早期干缩开裂，而且可以促进水泥水化及加速混凝土强度的发展，从而提高混凝土的极限抗拉应力或极限拉伸应变，这一点对大体积混凝土尤为重要。

（3）掺外加剂或增强材料

掺入适量的膨胀剂，由此产生的自生膨胀，可以补偿混凝土降温过程所产生的收缩。掺入适量的增强材料，如纤维，可明显提高混凝土的极限抗拉应力或极限拉伸应变。

3. 改善构造设计

通过改善构造设计，以减小约束应力、避免应力集中和提高抵抗温度应力的能力。通常的做法有：

（1）设置隔离层

在混凝土浇筑块体之间以及与岩石地基或混凝土垫层之间设置隔离层，有利于减小它们之间的约束应力。

（2）设置后浇带

由于温度应力会随浇筑块体长度的增加而增大，因此设置后浇带，控制浇筑块体长度是减小温度应力的一个有效措施。通常，控制单块混凝土长厚比不大于40，长宽比不大于4，单块长度不大于30m。

（3）预埋冷却水管

在混凝土浇筑块体中预埋一定数量的冷却水管，通过循环水带走混凝土块体中的热量，以减小混凝土内、外温差。为提高冷却效果且又防止次生裂缝的发生，采用此方法应控制的技术参数是：冷却水管的间距在0.8～2.0m为宜；冷却水与混凝土之间的温差应控制在15～25℃范围内，具体参照《大体积混凝土温度测控技术规范》（GB/T 51028）。

（4）配置抗裂构造钢筋

沿大体积混凝土表面配置一定数量的构造钢筋，可提高面层混凝土抵抗因温差和干缩产生的应力。

综上所述，控制大体积混凝土的裂缝发生就是要统筹组合和运用上述各项技术，即做到：结构的科学设计、混凝土的优化设计与制备以及合理的施工。

简要地说，大体积混凝土的施工关键就是控制混凝土的内外温差。对此，现行国家标准GB 50496中规定：

① 混凝土浇筑体在入模温度基础上的温升值不宜大于50℃；

② 混凝土浇筑体的里表温差（不含混凝土收缩的当量温度）不宜大于25℃；

③ 混凝土浇筑体的降温速率不宜大于2.0℃/d；

④ 拆除保温覆盖时混凝土浇筑体表面与大气温差不宜大于20℃。

三、大体积混凝土强度特点

大体积混凝土浇筑体量大，水化热量大，水化热难以在短时间内散发以及浇筑体内温度场不均匀等特点都将导致大体积混凝土的强度及其强度发展规律与普通混凝土不尽相同。其强度具有以下特点：

（1）强度等级不高

大体积混凝土多用于水利工程的混凝土大坝、建筑工程的基础底板、反应堆体等，因此，设计强度等级不高，一般宜为C25～C50。

（2）实体强度不是定值

大体积混凝土浇筑体内温度场不均匀，混凝土结构中不同区域的温度、湿度也不可能一致，这些因素都将导致混凝土实体内不同区域的强度不同，其强度都会在一个相当的范围内变化，即混凝土实体强度不是定值而应是一个"域"。

（3）强度发展快

大体积混凝土浇筑体内温度高，保温和保湿措施应格外加强，且持续时间长，因此，混凝土强度发展快。有工程实测结果表明，对于内部最高温度60℃左右的大体积混凝土结构，其芯部混凝土14天强度可以达到60天强度的95%以上。

（4）实体强度难以用试件的标养强度进行准确评定

由于标养的温度、湿度值与混凝土浇筑实体的实际温度、湿度值往往存在较大差别，因此，用留取试件的标养强度来评定大体积混凝土实体强度及其强度发展规律不可能准确。鉴于钻芯强度和同条件养护强度比较接近浇筑体的实体强度，所以，目前常采用这两种方法来评定大体积混凝土的实体强度。

四、大体积混凝土配合比设计

配合比设计与普通混凝土基本相同，除应满足混凝土对强度、耐久性、施工性和经济性的要求外，应着重体现怎样实现对大体积混凝土温度裂缝的控制。

1. 配合比设计原则

（1）控制水化热、减少温升

原材料的选择以及其他设计参数的选择都必须有利于减少水化热的产生，减少温升。

（2）良好的可泵性和黏聚性

大体积混凝土常采用泵送施工工艺浇筑，因此，配合比设计必须要保证拌合物具有良好的可泵性，以避免因离析堵塞管道而影响连续浇筑。

（3）适宜的凝结时间

大体积混凝土常采用分层连续浇筑法，这就要求拌合物具有适宜的凝结时间，既不能过长影响施工进度，又不能短于层间浇筑的间歇时间。此外，适当延长混凝土的凝结时间也将有助于降低水化热的峰值，削弱水化热的过度集中。

2. 配合比设计一般要求

除应符合现行行业标准 JGJ 55 的有关规定外，宜应符合下述要求：

① 当采用混凝土 60 天和 90 天强度验收指标时，应将其作为配合比的设计依据。

② 混凝土制备前，宜应进行绝热温升、泌水率和可泵性等对大体积混凝土控制裂缝有影响的技术参数的试验；必要时其配合比设计应通过试泵送验证。

③ 在确定混凝土配合比时，应根据混凝土的绝热温升、温控施工方案的要求等，提出混凝土制备时粗细骨料和拌和用水的入机温度以及混凝土入模温度控制的技术措施。

④ 应充分考虑施工季节对入模温度的影响、结构体积尺寸的大小对混凝土最高温升和散热速率的直接影响以及大体积混凝土方量对生产供应的影响等。

3. 配合比设计技术路线

目前，大体积混凝土配合比设计的技术路线主要有：

（1）"补偿收缩混凝土＋膨胀加强带"技术路线

混凝土的膨胀可以削弱大体积混凝土的部分温度收缩，有利于控制大体积混凝土的温差裂缝的发生。但该技术尚存在施工工序烦琐以及需深化研究等技术问题。

① 设置膨胀加强带。按照标准 JGJ/T 178 的有关规定，大体积混凝土施工时每隔 30～60m 设置一条 2m 宽的膨胀加强带，属于"温度后浇带"。但是，"后浇"（在两侧混凝土中心温度降至环境温度时）给施工带来了很大的不便。即便改为可同时施工的"膨胀加强带"后，仍然可能存在膨胀时效与强度发展不相适宜以及不同种类混凝土同时浇筑易混淆等施工技术与施工质量问题。

② 限制膨胀率的设计。大体积混凝土实体结构的膨胀率不可能等同于膨胀剂的限制膨胀率。因此，在设计选取限制膨胀率时，必须综合考虑混凝土强度等级、限制（约束）程

③ 膨胀剂效能的发挥。膨胀剂需要充足水供应才能发挥有效作用。大体积混凝土芯部在浇筑后的几天内，处于近似绝热绝湿状态，养护用水难以为膨胀剂提供充足的反应用水。另外，多项研究表明，膨胀剂在30～40℃水化时，膨胀能最大；超过50℃，膨胀能开始下降，60℃以上膨胀能很低。而且，膨胀产物钙矾石的分解转化温度为70～80℃，钙矾石的分解转化也将引起混凝土体积稳定性变差。可是，对于常见的厚度超过1m的大体积混凝土底板来说，当外界温度超过20℃时，混凝土的内部温度一般都会接近或超过70℃，这一温度超过了膨胀剂最佳效能温度，也接近膨胀产物的不稳定温度，这些都会导致补偿收缩混凝土达不到预期的使用效果。

（2）大掺量矿物掺合料技术路线

针对大体积混凝土内部温度较高、强度增长较快的特点，采用大掺量矿物掺合料技术路线可充分发挥矿物掺合料降低温升和减小收缩的优势。配合比设计时矿物掺合料掺量通常在40％以上，并取消"温度后浇带"，延长验收龄期至60天或90天，但这些技术措施在具体应用时，应需进一步的试验和论证。

上述技术路线各有特点，应根据工程的具体情况进行有针对性的选择。通常，设计方愿意采用"补偿收缩混凝土＋膨胀加强带"的技术路线，而施工方更愿意采用"大掺量矿物掺合料"的技术路线。

4. 配合比设计参数

根据工程经验，配合比设计时建议选择的参数如下：

① 混凝土拌合物入模坍落度不宜大于180mm。

② 拌合水用量不宜大于170kg/m³。

③ 粉煤灰掺量不宜大于胶凝材料用量的40％；磨细矿渣掺量不宜大于胶凝材料用量的50％；粉煤灰和磨细矿渣的掺量总和不宜大于胶凝材料用量的50％。

④ 砂率宜为38％～45％，在满足混凝土可泵性的前提下，尽可能选用较小的砂率以提高强度。

⑤ 水胶比不宜大于0.45。

5. 配合比计算、试配与调整

大体积混凝土的配合比计算、试配与调整，参照标准JGJ 55进行。

五、大体积混凝土参考配合比

大体积混凝土的参考配合比见表5-129。

表 5-129　大体积混凝土参考配合比　　　　　单位：kg/m³

强度等级	P.O 42.5 水泥	Ⅰ级粉煤灰	S95 磨细矿渣	砂	5～25mm 石	水	减水剂	备注
C30 P8	220	80	60	790	1040	165	7.9	—
C35 P10	230	90	60	760	1040	165	8.4	—
C40 P10	240	110	70	720	1040	165	9.7	—
C45 P10	250	110	90	690	1050	160	10.4	—

续表

强度等级	P.O 42.5 水泥	I 级粉煤灰	S95 磨细矿渣	砂	5～25mm 石	水	减水剂	备注
C40 P10	280	100	0	800	1030	175	15.2	北京 LG 大厦
C40 P8	270	70	70	780	1040	170	3.3	上海环球金融中心
C40 P10	220	40	90	850	1000	175	7.7	北京金地国际二期
C40 P8	200	196	0	721	1128	155	4.4	中央电视台新台址
C45 P10	230	190	0	770	1020	160	9.7	北京国贸三期
C40 P10	252	168	0	799	1059	172	8.4	天津津塔
C40 P12	220	180	0	771	1027	168	11.6	深圳平安中心
C50 P10	200	80	160	760	1030	160	4.4	上海中心
C50 P12	230	230	0	650	1060	165	8.7	中国尊

六、大体积混凝土有关计算

大体积混凝土的有关计算是拟定大体积混凝土设计与施工方案的重要依据之一。

1. 绝热温升计算

绝热温升曲线是指混凝土与外界无热交换而在绝热条件下测得混凝土温度随时间的变化曲线（温度时随曲线），可用以表征大体积混凝土水化热积聚所能达到的最高温度。混凝土绝热温升值可按现行国家标准 GB/T 50080 中的相关规定通过试验，按第一章式（1-16）计算；当无试验数据时，可按式（5-36）进行计算：

$$T_t = \frac{WQ}{c\rho}(1 - e^{-mt}) \tag{5-36}$$

式中 T_t——在 t 龄期时混凝土的绝热温升，℃；

m——与水泥品种、用量及入模温度有关的单方胶凝材料对应系数；

t——混凝土的龄期，d；

Q——胶凝材料水化热总量，kJ/kg；

W——单方混凝土中胶凝材料总用量，kg；

c——混凝土的比热容，常取 0.97kJ/(kg·℃)；

ρ——混凝土的密度，可取 2400～2500kg/m³。

① 胶凝材料水化热总量。胶凝材料水化热总量应在水泥、掺合料、外加剂用量确定后，根据实际配合比通过试验得出。当无试验数据时，可按式（5-37）计算：

$$Q = kQ_0 \tag{5-37}$$

式中 Q_0——水泥水化热总量，kJ/kg；

k——不同掺量掺合料水化热调整系数。

② 水泥水化热总量。可按式（5-38）计算：

$$Q_0 = \frac{4}{7/Q_7 - 3/Q_3} \tag{5-38}$$

式中 Q_3——在龄期 3d 时的累积水化热，kJ/kg；

Q_7——在龄期 7d 时的累积水化热，kJ/kg。

③ 当采用粉煤灰与矿渣粉时，不同掺量掺合料水化热调整系数，可按式（5-39）计算：

$$k = k_1 + k_2 - 1 \tag{5-39}$$

式中　k_1，k_2——粉煤灰掺量与矿渣粉掺量对应的水化热调整系数，取值见表 5-130。

表 5-130　不同掺量掺合料水化热调整系数（GB 50496）

掺量	0	10%	20%	30%	40%	50%
粉煤灰 k_1	1	0.96	0.95	0.93	0.82	0.75
矿渣粉 k_2	1	1	0.93	0.92	0.84	0.79

注：表中掺量为掺合料占总胶凝材料用量的百分比。

④ 单方胶凝材料对应系数。单方胶凝材料对应系数，可按下列公式计算：

$$m = km_0 \tag{5-40}$$
$$m_0 = AW + B \tag{5-41}$$
$$W = \lambda W_C \tag{5-42}$$

式中　m_0——等效硅酸盐水泥对应的系数；

W——等效硅酸盐水泥用量，kg；

A，B——与混凝土施工入模温度相关的系数，按表 5-131 取内插值，当入模温度低于 10℃或高于 30℃时，按 10℃或 30℃选取；

W_C——单方其他硅酸盐水泥用量，kg；

λ——修正系数，当使用不同品种水泥时，可按表 5-132 的系数换算成等效硅酸盐水泥的用量。

表 5-131　不同入模温度对 m 值影响（GB 50496）

入模温度/℃	10	20	30
A	0.0023	0.0024	0.0026
B	0.045	0.5159	0.9871

表 5-132　不同硅酸盐水泥的修正系数（GB 50496）

名称	硅酸盐水泥		普通硅酸盐水泥	矿渣硅酸盐水泥		火山灰硅酸盐水泥	粉煤灰硅酸盐水泥	复合硅酸盐水泥
代号	P.Ⅰ	P.Ⅱ	P.O	P.S.A	P.S.B	P.P	P.F	P.C
λ	1	0.98	0.88	0.65	0.40	0.70	0.70	0.65

2. 温升估算

采用一维差分法计算浇筑体内部温度场，可将混凝土沿厚度分为许多有限段 Δx（m），时间分为许多有限段 Δt（h）。相邻三层的编号为 $n-1$，n，$n+1$，在第 k 时间里，三层温度 $T_{n-1,k}$，$T_{n,k}$ 及 $T_{n+1,k}$，经过 Δt 时间后，中间层的温度 $T_{n,k+1}$ 为：

$$T_{n,k+1} = \frac{T_{n-1,k} + T_{n+1,k}}{2} \times 2a \frac{\Delta t}{\Delta x^2} - T_{n,k}\left(2a\frac{\Delta t}{\Delta x^2} - 1\right) + \Delta T_{n,k} \tag{5-43}$$

式中　a——混凝土的热扩散率，取 0.0035m²/h；

$\Delta T_{n,k}$——第 n 层内部热源在 k 时段释放热量所产生的温升，℃。

$a\Delta t/\Delta x^2$ 的取值不宜大于 0.5。

混凝土内部热源在 t_1 和 t_2 时刻之间释放热量所产生的温升 ΔT，可按式（5-44）计算：

$$\Delta T = T_{\max}(\mathrm{e}^{-mt_1} - \mathrm{e}^{-mt_2}) \tag{5-44}$$

式中，$T_{\max}$ 为混凝土内部最高温度。

在混凝土与相应位置接触面上释放热量所产生的温差可取 $\Delta T/2$。

3. 内部最高温度计算

混凝土内部实际最高温度，可按式(5-45) 计算：

$$T_{\max(t)} = T_{\mathrm{j}} + T_t \xi \tag{5-45}$$

式中　$T_{\max(t)}$——混凝土内部的最高温度，℃；

　　　T_{j}——混凝土的入模温度，℃；

　　　ξ——不同浇筑厚度、不同入模温度和不同龄期时的降温系数，入模温度在 $20\sim$ 30℃、3d 龄期时，可按表 5-133 取值。

表 5-133　入模温度 20～30℃和 3d 龄期时不同浇筑厚度的 ξ 值

浇筑层厚度/m	1.0	1.5	2.0	2.5	3.0	3.5	4.0	4.5	5.0	5.5	6.0	6.5
ξ 值	0.41	0.53	0.65	0.73	0.79	0.84	0.88	0.91	0.93	0.95	0.96	0.99

注：1. 其他厚度的取值可按插值法计算得到。

　　2. 本表数据在原文献的基础上根据工程实测结果进行了调整。

通常情况下，由于 3 天时混凝土的水化温升最大，因此，常常计算龄期 3 天的内部最高温度。

4. 浇筑体的里表温差计算

混凝土浇筑体的里表温差，可按式(5-46) 计算：

$$\Delta T_{1(t)} = T_{\max(t)} - T_{\mathrm{b}(t)} \tag{5-46}$$

式中　$\Delta T_{1(t)}$——龄期为 t 时，混凝土浇筑体的里表温差，℃；

　　　$T_{\max(t)}$——龄期为 t 时，混凝土浇筑体内的最高温度，可通过温度场计算或实测得到，℃；

　　　$T_{\mathrm{b}(t)}$——龄期为 t 时，混凝土浇筑体内的表层温度，可通过温度场计算或实测得到，℃。

5. 表层温度计算

混凝土表层温度，可按式(5-47) 计算：

$$T_{\mathrm{b}(t)} = T_{\mathrm{q}} + \frac{4}{H^2} h'(H - h') \Delta T_{(t)} \tag{5-47}$$

式中　$T_{\mathrm{b}(t)}$——龄期 t 时，混凝土的表层温度，℃；

　　　T_{q}——龄期 t 时，大气的平均温度，℃；

　　　$\Delta T_{(t)}$——龄期 t 时，混凝土内最高温度与外界气温之差，℃；

　　　H——混凝土的计算厚度（$H = h + 2h'$），m；

　　　h——混凝土结构的实际厚度，m；

　　　h'——混凝土的虚厚度，其值按式(5-62) 计算，m。

6. 收缩变形值的当量温度计算

龄期为 t 时混凝土收缩的相对变形值可按式(5-48) 计算，即：

$$\varepsilon_{\mathrm{y}(t)} = \varepsilon_{\mathrm{y}}^{0}(1 - \mathrm{e}^{-0.01t}) m_1 m_2 m_3 \cdots m_{11} \tag{5-48}$$

式中　　　$\varepsilon_{\mathrm{y}(t)}$——龄期为 t 时混凝土收缩引起的相对变形值，mm/mm；

　　　　　$\varepsilon_{\mathrm{y}}^{0}$——标准状态下混凝土最终收缩的相对变形值，取 400×10^{-6}，mm/mm；

　　　　　t——从浇筑时至计算时的龄期，d；

$m_1, m_2, m_3, \cdots, m_{11}$——不同条件影响修正系数，其值可按表 5-134 选取。

表 5-134　混凝土收缩变形不同条件影响修正系数（GB 50496）

水泥品种	m_1	水泥细度 /(m²/kg)	m_2	水胶比	m_3	胶浆量 /%	m_4	养护时间 /d	m_5	环境相对湿度 /%	m_6	$\bar{r}$	m_7	$\dfrac{E_sF_s}{E_cF_c}$	m_8	减水剂	m_9	粉煤灰掺量 /%	m_{10}	矿渣粉掺量 /%	m_{11}
矿渣水泥	1.25	300	1.0	0.3	0.85	20	1.0	1	1.11	25	1.25	0	0.54	0.00	1.00	无	1	0	1	0	1
低热水泥	1.10	400	1.13	0.4	1.0	25	1.2	2	1.11	30	1.18	0.1	0.76	0.05	0.85	有	1.3	20	0.86	20	1.01
普通水泥	1.0	500	1.35	0.5	1.21	30	1.45	3	1.09	40	1.1	0.2	1	0.10	0.76	—	—	30	0.89	30	1.02
火山灰水泥	1.0	600	1.68	0.6	1.42	35	1.75	4	1.07	50	1.0	0.3	1.03	0.15	0.68	—	—	40	0.90	40	1.05
抗硫酸盐大泥	0.78	—	—	—	—	40	2.1	5	1.04	60	0.88	0.4	1.2	0.20	0.61	—	—	—	—	—	—
—	—	—	—	—	—	45	2.55	7	1	70	0.77	0.5	1.31	0.25	0.55	—	—	—	—	—	—
—	—	—	—	—	—	50	3.03	10	0.96	80	0.7	0.6	1.4	—	—	—	—	—	—	—	—
—	—	—	—	—	—	—	—	14~180	0.93	90	0.54	0.7	1.43	—	—	—	—	—	—	—	—

注：1. $\bar{r}$——水力半径的倒数。为构件截面周长（L）与截面积（F）之比，$\bar{r}=100L/F$（m^{-3}）。

2. E_sF_s/E_cF_c，E_s、E_c——钢筋，混凝土的弹性模量（N/mm²）；F_s、F_c——钢筋，混凝土的截面积（mm²）。

3. 粉煤灰（矿渣粉）掺量——指粉煤灰（矿渣粉）掺合料质量占胶凝材料总重的百分数。

龄期 t 时，混凝土收缩变形值的当量温度可按式(5-49)计算。

$$T_{y(t)} = \varepsilon_{y(t)} / \alpha \tag{5-49}$$

式中　$T_{y(t)}$——龄期为 t 时混凝土的收缩当量温度，℃；

　　　　α——混凝土的线胀系数，取 10×10^{-6} ℃$^{-1}$。

7. 浇筑体的综合温降温差计算

混凝土浇筑体的综合温降温差可按式(5-50)计算：

$$\Delta T_{2(t)} = \frac{1}{6} \left[4 T_{\max(t)} + T_{bm(t)} + T_{dm(t)} \right] + T_{y(t)} - T_{w(t)} \tag{5-50}$$

式中　$\Delta T_{2(t)}$——龄期为 t 时，混凝土浇筑体在降温过程中的综合降温，℃；

　　　　$T_{\max(t)}$——龄期为 t 时，混凝土浇筑体内最高温度，可通过温度场计算或实测求得，℃；

$T_{bm(t)}$，$T_{dm(t)}$——混凝土浇筑体达到最高温度 $T_{\max(t)}$ 时，其浇筑体上、下表层的温度，℃；

　　　　$T_{w(t)}$——混凝土浇筑体预计的稳定温度或最终稳定温度，可取计算龄期 t 时的日平均温度或当地年平均温度，℃。

8. 弹性模量计算

混凝土弹性模量可按式(5-51)计算：

$$E_{(t)} = \beta E_0 (1 - e^{-\varphi t}) \tag{5-51}$$

式中　$E_{(t)}$——混凝土龄期为 t 时，混凝土的弹性模量，MPa；

　　　　E_0——混凝土的弹性模量，一般近似取标准条件下养护28d的弹性模量，可按表4-17取用，MPa；

　　　　φ——系数，应根据所用混凝土试验确定，当无试验数据时可近似取0.09；

　　　　β——掺合料修正系数。

掺合料对弹性模量的修正系数 β，取值应以现场试验数据为准。在施工准备阶段和现场无试验数据时，掺合料修正系数可按式(5-52)计算：

$$\beta = \beta_1 \beta_2 \tag{5-52}$$

式中　β_1，β_2——混凝土中粉煤灰、磨细矿渣粉掺量对应的弹性模量修正系数，可按表5-135取值。

表 5-135　不同掺量掺合料对应的弹性模量修正系数 （GB 50496）

掺量/%	0	20	30	40	50
粉煤灰 β_1	1	0.99	0.98	0.96	0.95
磨细矿渣粉 β_2	1	1.02	1.03	1.04	1.05

9. 温度应力的计算

(1) 自约束拉应力

最大自约束拉应力可按式(5-53)计算：

$$\sigma_{z\max(t)} = \frac{\alpha}{2} \times E_{(t)} \times \Delta T_{1\max(t)} H_{(t,\tau)} \tag{5-53}$$

式中　$\sigma_{z\max(t)}$——最大自约束应力，MPa；

　　$\Delta T_{1\max(t)}$——混凝土浇筑后可能出现的最大里表温差，℃；

　　　　$E_{(t)}$——与最大里表温差 $\Delta T_{1\max(t)}$ 相对应龄期 t 时混凝土的弹性模量，可按式(5-51)计算，MPa；

　　　　$H_{(t,\tau)}$——在龄期为 τ 时，某一计算区段产生的约束应力延续至 t 时的松弛系数，可按表5-136取值。

表 5-136 混凝土松弛系数表（GB 50496）

$t=2\text{d}$		$t=5\text{d}$		$t=10\text{d}$		$t=20\text{d}$	
t	$H_{(t,\tau)}$	t	$H_{(t,\tau)}$	t	$H_{(t,\tau)}$	t	$H_{(t,\tau)}$
2	1	5	1	10	1	20	1
2.25	0.426	5.25	0.510	10.25	0.551	20.25	0.592
2.5	0.342	5.5	0.443	10.5	0.499	20.5	0.549
2.75	0.304	5.75	0.410	10.75	0.476	20.75	0.534
3	0.278	6	0.383	11	0.457	21	0.521
4	0.225	7	0.296	12	0.392	22	0.473
5	0.199	8	0.262	14	0.306	25	0.367
10	0.187	10	0.228	18	0.251	30	0.301
20	0.186	20	0.215	20	0.238	40	0.253
30	0.186	30	0.208	30	0.214	50	0.252
∞	0.186	∞	0.200	∞	0.210	∞	0.251

（2）外约束拉应力

外约束拉应力的大小可按式（5-54）计算：

$$\sigma_{x(t)} = \frac{\alpha}{1-\mu} E_{(t)} \Delta T_{2(t)} H_{(t,\tau)} R_t \tag{5-54}$$

式中 $\sigma_{x(t)}$——龄期为 t 时，因综合降温差，在外约束条件下产生的拉应力，MPa；

$\Delta T_{2(t)}$——龄期为 t 时，在某一计算区段内混凝土浇筑体综合降温差的增量，℃；

μ——混凝土的泊松比，可取 0.15～0.20；

R_t——龄期为 t 时，在某一计算区段，外约束的约束系数。

混凝土外约束系数可按式（5-55）计算：

$$R_t = 1 - \frac{1}{\cosh\left(\sqrt{\dfrac{C_x}{HE_{(t)}}} \times \dfrac{L}{2}\right)} \tag{5-55}$$

式中 L——混凝土浇筑体的长度，mm；

H——混凝土浇筑体的厚度，该厚度为块体实际厚度与保温层换算混凝土虚拟厚度之和；虚拟厚度按式（5-62）计算，mm；

$E_{(t)}$——与最大里表温差 $\Delta T_{1\max(t)}$ 相对应龄期 t 时混凝土的弹性模量，可按式（5-51）计算，MPa；

C_x——外约束介质的水平变形刚度，一般可按表 5-137 取值。

表 5-137 不同外约束介质的 C_x 取值（GB 50496）

约束介质种类	软黏土	砂质黏土	硬黏土	风化岩、低强度等级素混凝土	C10 及以上配筋混凝土
$C_x/\times 10^{-2}\text{N/mm}^3$	1～3	3～6	6～10	60～100	100～150

10. 防裂性能评估

（1）混凝土的抗拉强度

混凝土的抗拉强度可按式（5-56）计算：

$$f_{tk(t)} = f_{tk}(1 - e^{-\gamma t}) \tag{5-56}$$

式中　$f_{tk(t)}$——混凝土龄期为 t 时的抗拉强度，MPa；

　　　　f_{tk}——混凝土的抗拉强度标准值，可按表 5-138 选取，MPa；

　　　　γ——系数，应根据所用混凝土试验确定，当无试验数据时可取 0.3。

表 5-138　混凝土抗拉强度标准值（GB 50010）

强度等级	C25	C30	C35	C40	C45	C50	C55	C60
f_{tk}/MPa	1.78	2.01	2.20	2.39	2.51	2.64	2.74	2.85

（2）混凝土防裂性能评估

混凝土防裂性能可按式(5-57)、式(5-58)进行评估：

$$\sigma_{zmax(t)} \leqslant \lambda f_{tk(t)}/K \tag{5-57}$$

$$\sigma_{x(t)} \leqslant \lambda f_{tk(t)}/K \tag{5-58}$$

式中　λ——掺合料对混凝土抗拉强度的影响系数，$\lambda = \lambda_1 + \lambda_2$，可按表 5-139 取值；

　　　　K——混凝土防裂安全系数，取 1.15。

表 5-139　不同掺量掺合料对混凝土抗拉强度的影响系数（GB 50496）

掺量	0	20%	30%	40%
粉煤灰（λ_1）	1	1.03	0.97	0.92
磨细矿渣粉（λ_2）	1	51.13	1.09	1.10

11. 浇筑体保温层厚度计算

（1）浇筑体表面保温层厚度计算

保温层厚度可按式(5-59)进行计算：

$$\delta = \frac{0.5h\lambda_i(T_b - T_q)}{\lambda_0(T_{max} - T_b)}K_b \tag{5-59}$$

式中　　　δ——保温材料的厚度，m；

　　　　　λ_0——混凝土的热导率，可按表 5-140 取值，常取 2.33W/(m·K)；

　　$(T_{max} - T_b)$——混凝土里表温度之差，计算时可取 20～25℃，℃；

　　　　　λ_i——保温材料的热导率，可按表 5-140 取值，W/(m·K)；

　　$(T_b - T_q)$——混凝土表面温度与大气温度之差，计算时可取 15～20℃，℃；

　　　　　h——混凝土结构的实际厚度，m；

　　　　　K_b——传热系数修正值，可按表 5-141 取值。

表 5-140　保温材料的热导率 λ_i 值（GB 50496）

材料名称	$\lambda_i/[W/(m·K)]$	材料名称	$\lambda_i/[W/(m·K)]$
干砂	0.33	木模板	0.23
湿砂	1.31	钢模板	58
水	0.58	黏土砖	0.43
矿棉被	0.05～0.14	黏土	1.38～1.47
麻袋片	0.05～0.12	炉渣	0.47
土工布	0.05	胶合板	0.12～5.0
普通混凝土	1.51～2.33	塑料布	0.20
泡沫塑料制品	0.035～0.047	沥青矿棉毡	0.033～0.052
石棉被	0.16～0.37	挤塑聚苯板	0.028～0.034
空气	0.03	油毡	0.05

表 5-141　传热系数 K_b 修正值（GB 50496）

保温层种类	K_b 值	
	风速≤4m/s	风速>4m/s
由易透风材料组成,但在混凝土面层上再覆盖一层不透风材料	2.0	2.3
在易透风保温材料上覆盖一层不易透风材料	1.6	1.9
在易透风保湿材料的上下各覆盖一层不透风材料	1.3	1.5
由不易透风材料组成(如:油布、帆布、棉麻毡、胶合板)	1.3	1.5

一般在计算时，可以先假定保温层厚度，再进行混凝土里表温差的计算；若温差不能满足要求，重新设定保温层厚度，直至温差满足要求为止。也可以将里表温差设定在 25℃ 以内，再反算保温层厚度。

（2）多种保温材料组成的保温层总热阻

保温层总热阻可按式(5-60)计算：

$$R_s = \sum_{i=1}^{n} \frac{\delta_i}{\lambda_i} + \frac{1}{\beta_{\mu}} \tag{5-60}$$

式中　R_s——保温层总热阻，$(m^2 \cdot K)/W$；

　　　δ_i——第 i 层保温材料厚度，m；

　　　λ_i——第 i 层保温材料的热导率，$W/(m \cdot K)$；

　　　β_{μ}——固体在空气中的热导率，可按表 5-142 取值，$W/(m^2 \cdot K)$。

表 5-142　固体在空气中的热导率 β_{μ} 值（GB 50496）　单位：$W/(m^2 \cdot K)$

风速/(m/s)	β_{μ}		风速/(m/s)	β_{μ}	
	光滑表面	粗糙表面		光滑表面	粗糙表面
0	18.4422	21.0350	5.0	90.0360	96.6019
0.5	28.6460	31.3224	6.0	103.1257	110.8622
1.0	35.7134	38.5989	7.0	115.9223	124.7461
2.0	49.3464	52.9429	8.0	128.4261	138.2954
3.0	63.0212	67.4959	9.0	140.5955	151.5521
4.0	76.6124	82.1325	10.0	152.5139	164.9341

混凝土表面向保温介质传热的总传热系数（不包括保温层的热容量），可按式(5-61)计算：

$$\beta_s = \frac{1}{R_s} \tag{5-61}$$

式中　β_s——保温材料总传热系数，$W/(m^2 \cdot K)$；

　　　R_s——保温层总热阻，$(m^2 \cdot K)/W$。

保温层相当于混凝土的虚拟厚度，可按式(5-62)计算：

$$h' = \frac{\lambda_0}{\beta_s} \tag{5-62}$$

式中　h'——混凝土的虚拟厚度，m。

12. 温差计算示例

【例 5-3】　北方地区某大体积混凝土配合比如表 5-143 所示，采用 P.O 42.5 水泥，测得

水泥水化热 Q_3 为 280kJ/kg，Q_7 为 301kJ/kg。混凝土强度等级为 C50，抗渗等级为 P10，采用 60 天验收强度，坍落度为 180～200mm，一次性浇筑 5.6 万立方米，浇筑体厚度 h 6.5m，四月中旬施工，大气平均温度 21℃，混凝土入模温度为 22.0℃，采用表面覆盖土工布养护，试计算混凝土浇筑后 3 天龄期的里表温差。

表 5-143　大体积混凝土设计配合比

材料名称	水泥	掺合料	砂子	石子	水	外加剂
规格	P.O 42.5	Ⅰ级粉煤灰	中砂	山碎石	地下水	减水剂
用量/(kg/m³)	230	230	760	1020	165	10.3

解： 具体计算过程如下：

由水泥 Q_3、Q_7，由式(5-38) 可计算 Q_0 为 318.9kJ/kg。

由配合比查表 5-130 可知，粉煤灰掺量 50%、矿粉掺量为 0，所以 k_1、k_2 分别为 0.75 和 1，由式(5-39) 可计算 k 为 0.75，由式(5-37) 可计算 Q 为 239.2kJ/kg。

入模温度 22.0℃ 时，查表 5-131，并按插值法可求得系数 $A=0.00242$，$B=0.6101$。

由所用水泥品种，查表 5-132，$\lambda=0.88$。由式(5-40)～式(5-42) 可计算 m 值为：
$$m=0.75\times(0.00242\times0.88\times230+0.6101)=0.8249$$

当 $W=230+230=460$（kg），c 取值 0.97kJ/(kg·℃)，ρ 取值 2410kg/m³，则由式(5-36) 计算 3 天时浇筑体的绝热温升为：
$$T_{(3)}=\frac{WQ}{c\rho}(1-e^{-mt})=\frac{460\times239.2}{0.97\times2410}\times(1-e^{-0.8249\times3})=43.1(℃)$$

当混凝土浇筑厚度为 6.5m 时，$\xi=0.999$，由式(5-45) 计算可得 3 天时混凝土内部实际最高温度为：
$$T_{max(3)}=T_j+T_{(3)}\xi=22.0+43.1\times0.999=65.1(℃)$$

底板周围采用木模板，当用厚 3cm 的土工布（1 层塑料布和 2 层土工布）进行表面覆盖养护时，风速 0.25m/s，保温材料表面粗糙，其总传热系数为：
$$\beta_s=\frac{1}{\sum\frac{\delta_i}{\lambda_i}+\frac{1}{\beta_\mu}}=\frac{1}{\frac{0.001}{0.20}+\frac{0.03}{0.05}+\frac{1}{26.1787}}=1.55$$
$$h'=\frac{2.33}{1.55}=1.50(m)$$
$$H=h+2h'=6.5+2\times1.50=9.50(m)$$

由此，可计算出混凝土的表层温度为：
$$T_{b(3)}=T_q+\frac{4}{H^2}h'(H-h')\Delta T_{(3)}=21.0+\frac{4}{9.50^2}\times1.50\times(9.50-1.50)\times44.1=44.4(℃)$$

则大体积混凝土的内表温差为：
$$T_{max}-T_b=65.1-44.4=20.7(℃)$$

说明所选择的保温层厚度较为合适，能够控制大体积混凝土的内表温差小于 25℃。

13. 温差应力计算示例

【例 5-4】 已知的工程施工情况同例 5-3，大体积混凝土的平面尺寸为 84.1m×136.2m，对其温差应力和抗裂风险进行评估。

解： 因 3 天时内部温度最高，温差可能最大，故计算此时的温差应力，由例 5-3 可知：
$$T_{max(3)}=65.1℃$$

由式(5-48)计算混凝土 3 天的收缩变形值为：

$$\varepsilon_{y(3)} = 400 \times 10^{-6} \times (1 - e^{-0.03}) m_1 m_2 \cdots m_{10} = 10 \times 10^{-6}$$

这里，m_1、m_2、m_3、m_5、m_9 均取 1.0，m_4 取 1.3，m_6 取 1.1，m_7 取 0.54，m_8 取 1.43，m_{10} 取 0.76。

由式(5-49)计算 3 天时的收缩当量温差为：

$$T_{y(3)} = -1.0\,℃$$

由式(5-51)计算 3 天时的弹性模量为：

$$E_{(3)} = 0.95 \times 3.45 \times 10^4 \times (1 - e^{-0.09 \times 3}) = 0.78 \times 10^4 \,(\text{MPa})$$

这里配合比修正系数 β 取 0.95。

由表 5-136 查得混凝土松弛系数为 $H_{(3,2)} = 0.278$。

由式(5-46)计算其 3 天时，混凝土最大的里表温差：

$$\Delta T_{1\max(3)} = 20.7\,℃$$

由式(5-50)计算其 3 天时，该大体积混凝土浇筑后最大的综合温降温差为：

$$\Delta T_{2(3)} = (4 \times 65.1 + 44.4 + 44.4) \div 6 + (-1) - 21 = 37.2\,(℃)$$

根据工程经验，表面温度和底部温度相近，这里取两者相等。

由式(5-55)计算 3 天时的外约束系数为：

$$R_{(3)} = 1 - \frac{1}{\cosh\left(\sqrt{\dfrac{100}{9.5 \times 0.78 \times 10^4} \times \dfrac{136.2}{2}}\right)} = 0.84$$

这里外约束介质的水平变形刚度 C_x 取 $100 \times 10^{-2}\,\text{N/mm}^2$。

由式(5-53)计算其混凝土最大自约束拉应力为：

$$\sigma_{z\max(3)} = 10 \times 10^{-6} \div 2 \times 0.78 \times 10^4 \times 20.7 \times 0.278 = 0.22\,(\text{MPa})$$

由式(5-54)计算其混凝土外约束拉应力为：

$$\sigma_{x(3)} = 10 \times 10^{-6} \div (1 - 0.20) \times 0.78 \times 10^4 \times 37.2 \times 0.278 \times 0.84 = 0.85\,(\text{MPa})$$

由式(5-56)计算混凝土 3 天时的抗拉强度为：

$$f_{tk(3)} = 2.64 \times (1 - e^{-0.3 \times 3}) = 1.57\,(\text{MPa})$$

那么，按式(5-57) 和式(5-58)并取 λ 为 0.92，评估混凝土结构抗裂风险为：

$$\sigma_{z\max(3)} = 0.22\,(\text{MPa}) \leqslant 0.92 \times 1.57 \div 1.15 = 1.26\,(\text{MPa})$$

$$\sigma_{x(3)} = 0.85\,(\text{MPa}) \leqslant 0.92 \times 1.57 \div 1.15 = 1.26\,(\text{MPa})$$

综上，混凝土的抗裂安全度大于 115%。但要求该大体积混凝土按照相应的保温、保湿措施养护，控制混凝土内外温差低于 25℃。

七、大体积混凝土制备与施工

1. 混凝土制备

与普通混凝土的制备要求与工艺相同，可采取砂浆裹石或净浆裹石的二次搅拌工艺。其质量应符合现行国家标准 GB/T 14902 的有关规定，并应满足施工工艺对混凝土坍落度损失、入模坍落度及入模温度等的技术要求。

拌合物的运输应采用混凝土搅拌运输车，运输车应具有防风、防晒、防雨和防寒设施。搅拌运输过程中需补充外加剂或调整拌合物质量时，宜符合下列规定：

① 出现离析或使用外加剂调整时，运输车应进行快速搅拌，搅拌时间不应小于 120s。

② 运输过程中严禁向拌合物中加水。

运输过程中，坍落度损失或离析严重，经补充外加剂或快速搅拌已无法恢复混凝土拌合物工艺性能时，不得浇筑入模。

2. 混凝土施工

（1）浇筑

混凝土拌合物浇筑的技术要求如下：

① 浇筑温度。应控制浇筑温度，如美国在 ACI 施工手册中规定不得超过 32℃；日本土木学会施工规程中规定不得超过 30℃；我国现行国家标准 GB 50496 规定：混凝土入模温度宜控制在 5～30℃。

② 浇筑层厚度和浇筑量。浇筑层厚度应根据振捣器的作用深度和混凝土的工作性来确定。整体连续浇筑时，宜为 300～500mm。

为保证混凝土结构的整体性，应按不小于式(5-63)所计算出的混凝土数量进行浇筑：

$$Q = \frac{Fh}{T} \tag{5-63}$$

式中　Q——需要的混凝土供应浇筑量，m^3/h；

　　　F——混凝土浇筑区的面积，m^2；

　　　h——每层混凝土的浇筑厚度，m；

　　　T——下层混凝土从开始浇筑到初凝的延续时间，h。

③ 浇筑方法。应连续浇筑，层间最长的间歇时间不应超过混凝土的初凝时间，否则，层面应按施工缝处理。

浇筑宜采用推移式连续浇筑法或分层连续浇筑法。如图 5-54 所示，推移式连续浇筑法即从一端开始、一次到顶，是目前大体积混凝土施工中普遍使用的方法。

分层连续浇筑法又可分为全断面分层浇筑、分段分层浇筑和斜面分层浇筑等方法，如图 5-55 所示。目前，施工中常用的是斜面分层浇筑法。

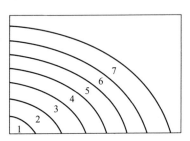

图 5-54　大体积混凝土推移式
连续浇筑法示意图

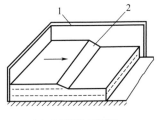 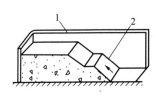 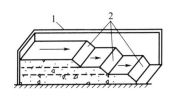

（a）全断面分层浇筑　　　　（b）分段分层浇筑　　　　（c）斜面分层浇筑

图 5-55　大体积混凝土分层连续浇筑法示意图
1—模板；2—新浇筑的混凝土

a. 全断面分层浇筑法。即在整个模板内全面分层，浇筑区面积即为基础平面面积。第一层全面浇筑完毕后浇筑第二层，第二层要在第一层混凝土初凝之前，全部浇筑振捣完毕，如此逐层进行，直至全部浇筑完成。此方法要求混凝土的供应量满足浇筑量的要求，常用于浇筑体平面尺寸不大的结构工程中。

b. 分段分层浇筑法。即从低层开始浇筑，到一定距离后，便回头浇筑第二层，如此向前呈阶梯形推进。分段的长度视混凝土的供应量、混凝土初凝时间、层间间歇时间和混凝土浇筑层厚度等来确定。当浇筑体厚度不大，而面积或长度较大时，常采用分段分层浇筑法。

c. 斜面分层浇筑法。即浇筑从浇筑层斜面下端开始，逐渐向上移动浇筑，这时振动器应与斜面垂直振捣。斜面分层也可以视为分段长度小到一定程度的分段分层。采用此方法，斜面坡度取决于混凝土的坍落度，混凝土浇筑分层厚度一般为200～300mm，振捣工作应从浇筑层的下端开始。通常，当浇筑体的长度超过其厚度的3倍时，常采用斜面分层浇筑法。

此外，在超长大体积混凝土施工时，根据具体情况可采用跳仓法浇筑施工：将超长的混凝土浇筑体分为若干小块体间隔施工，经过短期的应力释放后，再将若干小块体连成整体，依靠混凝土的抗拉强度抵抗下一段的温度收缩应力。跳仓的最大分块尺寸不宜大于40m，跳仓间隔施工时间不宜小于7天。

（2）振捣

宜采用二次振捣。根据混凝土泵送浇筑时会自然形成一个坡度的特点，应在每个浇筑带的前、后布置两道振动器，第一道振动器布置在混凝土的卸料点，主要解决上部混凝土的摊铺和捣实；第二道振动器布置在混凝土的坡脚处，以确保下部混凝土的密实。

（3）泌水与表面处理

① 泌水处理。大体积混凝土浇筑量大，分层浇筑时，层间浇筑施工的间隔时间较长（一般为1.5～3h），容易发生较为严重的泌水现象，因此，及时排除泌水尤为重要。目前的解决办法是：

a. 在混凝土垫层施工时，预先在横向上做出不小于20mm的顺水坡度。

b. 在浇筑体四周侧模的底部开设排水孔，使泌水及时从孔中自然流出。

c. 当混凝土大坡面的坡脚接近顶端模板时，改变混凝土的浇筑方向，即从顶端模板处往回浇筑，当浇筑至原斜坡处时，就会自然形成一个集水坑。随浇筑持续进行，集水坑逐步缩小，泌水至深，再用软轴泵及时将泌水排除。采用这种方法适于排除最后阶段的所有泌水。

② 表面处理。通常，密实成型后的大体积混凝土其表面水泥浆层较厚，易引起混凝土表面收缩开裂和表面强度降低，因此，应进行表面处理。处理的基本方法是：

a. 在混凝土浇筑到虚高度后，先按设计标高用长刮尺刮平。

b. 在初凝前用铁滚筒碾压表面数遍，再用木抹搓磨压实，覆盖塑料布保湿养护。

c. 待终凝后，再按照养护工艺要求覆盖相应厚度的保温材料进行保温养护。

（4）养护

浇筑后应及时进行保湿、保温养护，养护的时间不得少于14天；保温覆盖层的拆除应分层逐步进行，当混凝土的表面温度与环境间的最大温差小于20℃时，可全部拆除。

养护措施应视温升计算结果和施工具体情况而确定。通常，夏季施工的底板混凝土，可采用蓄水法。具体操作步骤是：

① 混凝土抹面时按浇筑顺序分块进行，并在"块"的四周用红砖或木方筑坝蓄水（若施工面存在斜坡可覆盖150mm厚吸满水的海绵布）。

② 待混凝土终凝后，在塑料薄膜上蓄水，蓄水深度以计算结果为准，蓄水时间以测温结果为准。

③ 蓄水养护达到所需龄期后，撤去水进行润水养护。

蓄水养护时，混凝土表面的蓄水深度，可按式(5-64)计算：

$$h_w = R\lambda_w \qquad (5-64)$$

式中　h_w——混凝土表面的蓄水深度，m；

　　　R——混凝土表面的热阻系数，K/W；

　　　λ_w——水的热导率，水温20℃时，热导率为0.60W/(m·K)，W/(m·K)。

热阻系数 R 可按式(5-65)计算：

$$R = \frac{XM(T_{\max} - T_b)}{700T_0 + 0.28m_c Q_{(t)}} K \tag{5-65}$$

式中　X——混凝土维持到指定温度的延续时间，h；

　　　M——混凝土结构表面系数，$M = F/V$，m^{-1}；

　　　F——混凝土结构物与大气接触的表面面积，m^2；

　　　V——混凝土浇筑量，m^3；

　$T_{\max}$——混凝土中心最高温度，℃；

　　　T_b——混凝土表面温度，℃；

　　　K——传热系数修正值，蓄水养护取 1.3；

　　700——混凝土的热容量，即比热容与密度之乘积，$kJ/(m^3 \cdot K)$；

　　　T_0——混凝土浇筑、振捣完毕开始养护时的温度，℃；

　　　m_c——每立方米混凝土中的水泥用量，kg/m^3；

　　$Q_{(t)}$——混凝土在指定龄期内水泥的水化热，kJ/kg。

　　式(5-65)中可令 $(T_{\max} - T_b) = 20℃$ 进行计算。如现场施工时通过测温，发现中心温度与表面温度之差大于20℃时，可采取提高水温或调整蓄水深度的办法。蓄水深度，可根据不同水温按式(5-66)进行计算调整：

$$h'_w = h_w \frac{T'_b}{T_a} \tag{5-66}$$

式中　h'_w——调整后的蓄水深度，m；

　　　h_w——按 $(T_{\max} - T_b) = 20℃$ 时计算的蓄水深度，m；

　　　T'_b——需要蓄水养护温度，$T'_b = T_b - 20$，℃；

　　　T_a——大气平均温度，℃。

　　采用蓄水养护要注意气温的变化，若在养护期间气温有可能发生骤变，最好不要采用此种养护方法，因为蓄水层的水温会随气温急剧变化，对控制混凝土内外温差、混凝土表面和气温温差都极为不利。

　　对于冬季施工的底板混凝土，建议采用塑料薄膜、草帘袋或岩棉被等覆盖物，相间覆盖的方法进行养护。具体操作步骤是：

　　① 根据温度计算，确定覆盖物的层数。在混凝土升温期和降温早期，应适当加厚覆盖物，以防气温骤变；在混凝土降温中期，为加快降温速率，宜白天掀开部分覆盖物，晚间再覆盖；在混凝土降温后期，宜逐日减少覆盖物厚度。

　　② 混凝土表面初步收光后，应及时覆盖。覆盖物之间的搭接不少于100mm。

　　③ 在混凝土初凝时间的 1/2～2/3 范围内掀开覆盖物，对可能产生的微裂缝予以搓压处理（即为二次抹面）。抹平后继续覆盖。

　　在国外，通常做法是：混凝土浇筑后即采用塑料薄膜进行覆盖，待达到一定强度后就采用1.5m厚的苯板进行密封养护，一般覆盖15天之后再拆除。

　　（5）跟踪监测

　　跟踪监测是保证大体积混凝土质量不可忽略的技术措施，监测主要涵盖：浇筑体里表温差、降温速率、环境温度以及温度应力等诸方面。

　　测温的通常做法是：在大体积混凝土中埋设电阻温度计，用混凝土温度测定仪记录温度的变化。各测温点要均匀布置，要具有代表性，应能全面反映大体积混凝土各部位的温度，若厚度不大时，应沿浇筑体厚度方向布置表面、中心和底面测温点，表面测温点为混凝土外表以内 50mm 处，底面测温点为混凝土底面上 50mm 处，各平面测点间距不大于 500mm；若平面尺寸较小厚度较大时应按三维对角线等距布置。

混凝土浇筑抹面完毕 12h 后，开始测温。升温期每 4h 测温一次，降温期每 8h 测温一次，内外温差小于 25℃后，可每天测温一次。通过测温结果来确定混凝土的养护龄期以及采取措施实现对混凝土中心温度降温速度的控制。

3. 蓄水深度计算示例

【例 5-5】某高层建筑工程基础底板长 32m，宽 16m，厚 2.0m，采用蓄水法进行温度控制，要求混凝土内部中心与表面温度之差控制在 20℃范围以内，试求需蓄水深度。

解：计算过程如下：

设温度控制的时间为 10 天，则混凝土维持到指定温度的延续时间：

$$X = 10 \times 24h = 240h$$

混凝土结构表面系数：

$$M = F/V = [2 \times (32 \times 2) + 2 \times (16 \times 2) + 32 \times 16] \div (32 \times 16 \times 2)$$
$$= 704 \div 1024 = 0.69 (m^{-1})$$

$T_{max} - T_b = 20℃$，又设 $K = 1.3$，$T_0 = 20℃$，$m_c = 300kg$，$Q_{(7)} = 188kJ/kg$（低热水泥 7 天时的水化热值），则混凝土表面的热阻系数，由式(5-65)得：

$$R = (240 \times 0.69 \times 20 \times 1.3) \div (700 \times 20 + 0.28 \times 300 \times 188) = 0.144(K/W)$$

由式(5-64)计算得到混凝土表面的蓄水深度为 $h_w = 0.144 \times 0.60 = 0.086$（m），即蓄水深度约为 9cm。

【例 5-6】条件同例 5-5，已知 $h_w = 9cm$，经实测 $T_b = 55℃$，$T_a = 25℃$，现不采取提高水温措施，而采取调整蓄水深度的方法控制内外温差为 20℃，试求此时的蓄水深度。

解：计算过程如下：

已知 $T'_b = T_b - 20 = 55 - 20 = 35$（℃），调整后蓄水深度可按式(5-66)计算为：

$$h'_w = 90.0 \times 35 \div 25 = 12.6 (cm)$$，即调整后的蓄水深度约为 13cm。

八、大体积混凝土应用案例

1. 工程概况

某贸易中心三期 A 阶段工程主楼基础采用桩筏基础，底板由 350 根桩径达 1200mm 的梅花形布置的工程桩承载，柱长度达 58m，底板混凝土总量为 22833m³，筏板厚度为 4.5m，最厚达 9.6m。

2. 技术性能要求

底板混凝土设计强度等级为 C45，抗渗等级为 P8，采用 60 天验收强度。

3. 原材料选用

工程所用原材料的主要技术性能指标，如表 5-144 所示。

表 5-144　原材料主要技术性能指标

序号	名称	品种	主要性能指标
1	水泥	P.O 42.5	抗压强度：3d 为 26.8MPa，28d 为 53.6MPa
2	砂	天然中、粗砂	细度模数 2.4，含泥量 2.0%
3	碎石	机碎山石	连续级配 5～25mm，空隙率 34.7%，含泥量 2.2%，吸水率 1.8%
4	粉煤灰	F 类 I 级	需水量比 93.4%，细度 10.2%，烧失量 1.8%
5	泵送剂	聚羧酸系	各项指标均符合 JC 473 中的规定

4. 技术要点分析

① 混凝土标养试件强度已不能准确表征大体积混凝土实体的强度，同条件养护和匹配养护试件的强度在大体积混凝土质量控制过程中的意义。

② 大体积混凝土的实体强度不是一个固定值，而是一个域（范围），对于厚度超过 4m 的大体积混凝土实体构件来说，其强度发展和分布如何。

③ 大体积混凝土温度裂缝通常出现在早龄期，如何更为准确地预测或评价混凝土开裂。

5. 配合比设计

根据前期试验与类似工程经验，分别以水泥用量、粉煤灰掺量和水胶比为试验因素，各选 4 个水平，通过 $L_{16}(4^5)$ 正交试验，进行配合比设计，因素水平表见表 5-145。

表 5-145　正交试验因素水平表

水平	试验因素		
	A. 水泥用量/(kg/m³)	B. 粉煤灰掺量(占胶凝材料的百分比)/%	C. 水胶比
1	260	35	0.39
2	240	40	0.40
3	220	45	0.41
4	200	50	0.42

混凝土性能的主要考核指标是：抗压强度、抗渗等级和绝热温升。砂率和泵送剂掺量的选定主要应满足混凝土工作性［初始坍落度（180±20)mm］的要求，砂率为 35%～45%。

按 $L_{16}(4^5)$ 正交设计方案，进行了 16 组配合比的混凝土性能试验。综合考核混凝土的坍落度及其经时损失（1h、2h）、抗压强度（3 天、7 天、28 天、40 天、60 天）、初终凝时间、抗渗等级和绝热温升等性能的检测结果（略），最终确定的配合比，如表 5-146 所示。

表 5-146　C45 P8 混凝土配合比

材料名称	水泥	掺合料	砂子	石子	水	外加剂
规格	P.O 42.5	粉煤灰Ⅰ级	中砂	碎石	地下水	泵送剂
用量/(kg/m³)	230	190	770	1020	160	9.7

6. 混凝土模拟实体浇筑及其性能测试

（1）模拟实体浇筑

现场搭设 10m×10m×5m 保温棚，浇筑结构尺寸为 4.5m×4.5m×4.5m（4.5m 为本工程主楼底板标准截面厚度）的模拟实体混凝土。浇筑模拟实体四周采用聚苯泡沫板隔热并回填土体夯实，终凝后覆盖洒水养护。

浇筑施工预留的混凝土试件，采用三种方式进行养护。①标准养护；②同条件养护：将试件置于模拟浇筑体上表面与浇筑体进行相同条件的自然养护；③匹配养护：将试件置于蒸汽养护箱，根据实时监测的模拟浇筑体内芯（中心）部的温度，及时调整养护箱内温度与其一致，使匹配养护试件强度发展与模拟浇筑体内芯部混凝土的强度发展基本趋于一致。因此，可以认为，同条件养护和匹配养护试件的强度分别表征了大体积混凝土表层和芯部的实体强度。

用于测量干燥收缩值的试件在拆模后置于恒温 20℃，湿度 60% 环境条件下养护。

（2）混凝土试件性能测试

① 力学性能。测试三种养护方式试件的抗压强度、弹性模量和劈裂抗拉强度，测试结果见表 5-147。

表 5-147　三种养护方式试件的混凝土力学性能试验结果

养护类别	抗压强度/MPa					劈裂抗拉强度/MPa					弹性模量/GPa			
	3d	7d	14d	28d	60d	3d	7d	14d	28d	60d	3d	7d	14d	28d
标养	10.6	26.0	—	46.3	57.9	0.92	2.63	—	4.11	4.20	—	—	—	32.5
同条件	15.5	22.2	—	41.2	52.3	1.46	2.03	—	2.89	3.14	—	—	—	—
匹配	22.2	58.0	65.4	66.5	—	1.88	3.76	4.62	4.70	—	28.1	35.6	38.7	39.1

三种养护方式混凝土试件抗压强度的时随曲线，如图 5-56 所示。可以看出：

a. 匹配养护试件的抗压强度远高于标养试件的强度和同条件养护试件的强度，其 7 天实测值已达 58MPa。

b. 同条件养护试件与标养试件强度的增长趋势基本相同，但前者强度低于后者强度约 10%。

因此，大体积混凝土结构的实体强度不是一个固定值，而是一个域（范围），芯部高而表层低。所以在工程验收时，用同条件养护强度来判定大体积混凝土结构实体强度，会留有较大余量，是偏于安全的。

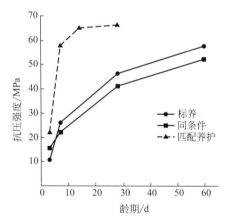

图 5-56　不同养护方式混凝土试件
抗压强度的时随曲线

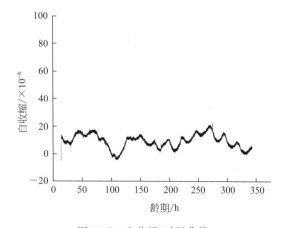

图 5-57　自收缩-时间曲线

为进一步掌握模拟浇筑实体内部的实际强度，分别在其上表面、中间层和下表面三层钻芯取样，检测 28 天抗压强度，其值分别为 62.2MPa、63.7MPa 和 64.5MPa。

② 自收缩测试。按照非接触法对混凝土试件的自收缩进行测试，自收缩时随曲线如图 5-57 所示，可以看出，混凝土的自收缩很小，基本不超过 20×10^{-6}。

（3）模拟浇筑实体测试

① 温度场。在浇筑体内预埋温度传感器和应变传感器，布置方案如图 5-58 和图 5-59 所示，持续 60 天连续量测温度场的变化，评价实际结构的开裂风险。

a. 浇筑体绝热温升。浇筑体的绝热温升测试曲线如图 5-60 所示，从图中可以看出，混凝土入模温度为 19.4℃，前 30h 时内温升缓慢，30h 后温升明显，至 180h 时到达温峰，约为 62.6℃，温升值为 43.2℃，温升过程持续时间较长。

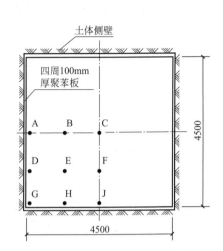

图 5-58 传感器平面布置示意图（单位：mm）

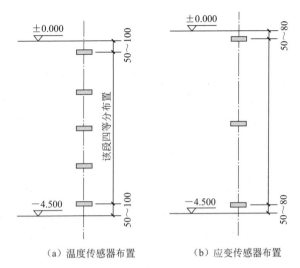

（a）温度传感器布置　　　　（b）应变传感器布置

图 5-59 传感器竖向布置示意图
（单位除标高为 m 外，其余为 mm）

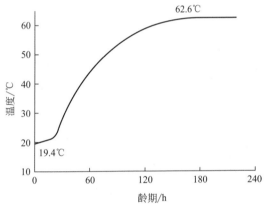

图 5-60 浇筑体绝热温升测试曲线

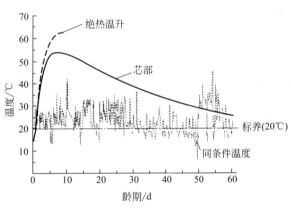

图 5-61 浇筑实体最高温度

b. 浇筑实体最高温度。如图 5-61 所示，

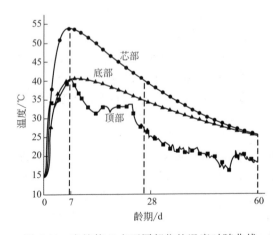

图 5-62 浇筑体 C 点不同部位的温度时随曲线

图中点划线为试件标准养护温度时随曲线；虚线为试件同条件养护温度时随曲线；实线为浇筑体 C 点（平面中心点）的芯部温度时随曲线。由此曲线可以看出，龄期 7 天浇筑体 C 点的芯部温度峰值为 54℃，随后温度逐渐降低。

c. 浇筑体 C 点的温度场。浇筑体 C 点不同部位的温度时随曲线如图 5-62 所示，不同龄期、不同深度的温度曲线如图 5-63 所示，浇筑体中间层平面（即浇筑深度为 2.25m 的平面）不同龄期的温度分布曲线如图 5-64 所示。由图 5-63 可以看出：短龄期（1 天）温度基本不随深度变化，曲线呈直线型；中龄期（7～28 天）温度随深度变化最大，曲线呈抛物线形；长龄期（60 天）温度虽然随深度变化较大，但不同深度间的温差已缩小。由图 5-64 所示可以看出：中心温度虽然略高于四周边缘温度，但温差不大，龄期 14 天的温差仅为 5℃左右，这是由于浇筑体四周采取有效隔热措施所致。

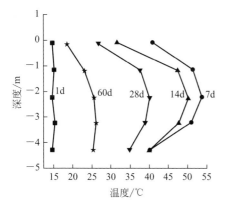

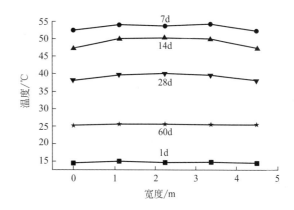

图 5-63　温度沿浇筑体 C 点深度的分布曲线　　　　图 5-64　温度沿浇筑体中间层平面的分布曲线

综上所述，可得到以下结论：大体积混凝土芯部温度最高，沿水平面方向温差不大，因此，对于埋于地下并回填土的大体积混凝土，可以近似地视为半无限体考虑；沿深度方向温差较大，由于向大气环境散热，上表面温度最低，芯部温度最高，底部温度介于两者之间。因此，大体积混凝土施工，必须采取必要的技术措施，控制最大温差不超过 25℃，避免裂缝发生。

② 应变。

a. 浇筑体表面和底面的应变。浇筑体表面应变测点分别位于浇筑体表层的 A 点（即侧面侧边点）和表层的 C 点（即中心点），此两点的应变时随曲线如图 5-65 所示。可以看出，侧面混凝土由于升温膨胀受到土体约束处于压应变状态，随着收缩和散热降温收缩逐渐转为拉应变；而表面中心处混凝土由于收缩和散热降温收缩而始终处于拉应变状态，拉应变峰值可达 100×10^{-6} 左右。因此，收缩与散热降温引起的约束拉应变主要集中在表层的中部区域，这是最容易开裂的部位。侧边混凝土应变开始为压，后逐渐转变为拉也存在开裂风险。

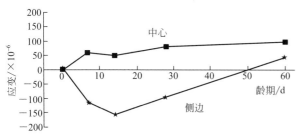

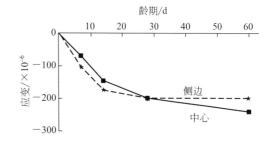

图 5-65　浇筑体表面的应变时随曲线　　　　　图 5-66　混凝土浇筑体底面的应变时随曲线

浇筑体底面应变测点分别位于浇筑体底层的 A 点（即侧边点）和底层的 C 点（即中心点），此两点的应变时随曲线如图 5-66 所示。可以看出，浇筑体底面混凝土始终处于压应变状态，压应变峰值约为 $(200 \sim 250) \times 10^{-6}$，这是由于混凝土的发热膨胀始终受到土体的约束，故这部分混凝土不存在开裂的风险。

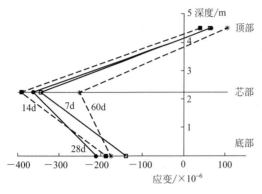

图 5-67　应变沿浇筑体深度的分布

b. 应变沿浇筑体深度的分布。如图 5-67 所示，为混凝土浇筑体平面中心部位（C 点）应变沿深度的分布曲线，可以看出，由于水化热升温（引起混凝土的膨胀）受到土体约束，芯部、底部混凝土均呈现压应变状态，最大接近 400×10^{-6}，拉应变只在混凝土顶部表层较小范围内发生。因此，大体积混凝土的裂缝，只可能在表层的混凝土中发生，不会深入结构内部，属于表面裂缝。

（4）开裂风险分析

对于 C45 混凝土而言，弹性模量 $E_c = 3.35 \times 10^4 \text{MPa}$，抗拉强度为 2.51MPa，实测浇筑体表面中心处最大拉应变 ε_c 约 100×10^{-6}，上述收缩应变可能引起的约束应力为 $\sigma = E_c \varepsilon_c = 3.35 \text{MPa}$，此值已大大超过混凝土抗拉强度，但混凝土实际并未开裂。

混凝土线胀系数 $\alpha_c = 1 \times 10^{-5} ℃^{-1}$，根据本试验实测温差 15～25℃，经计算，相应的应变为 $(150 \sim 250) \times 10^{-6}$，若乘以弹性模量可得温差应力为 5.03～8.38MPa，已超过混凝土的抗拉强度，但混凝土实际并未开裂。

工程经验表明，混凝土温度裂缝通常出现在早龄期，本浇筑实体 7 天时实测的收缩应变约为 60×10^{-6}、弹性模量为 $3.56 \times 10^4 \text{MPa}$、劈裂抗拉强度为 3.76MPa，计算因收缩产生的拉应力为 2.14MPa，小于其实际轴心抗拉强度（可由实测劈裂抗拉强度折算，系数 0.8～1.26），所以混凝土未开裂。

因此，预测或评价混凝土开裂与否，采用混凝土早龄期且同龄期（3 天或 7 天）的弹性模量、抗拉强度和极限拉应变进行计算分析更准确。当然，这也可能与混凝土的徐变对温度收缩应力起到的应力松弛效应有关。但应注意，这一效应产生的条件是，降温速率缓慢，即温度收缩变形缓慢。当应力增加缓慢时，混凝土的极限拉应变可增加 1～3 倍。本例分析验算时，采用的是"弹性应力"模式，而不是"徐变＋收缩应力"模式，所以，低估了缓慢加荷对极限拉应变的影响。

7. 现场施工

浇筑施工于北方地区夏季某周末晚开始进行，采用"3 组溜槽＋3 台汽车泵＋1 台地泵"同时进行浇筑，浇筑总量 22833m³。浇筑期间环境温度 19～31℃，混凝土平均入模温度 25.1℃，实测混凝土内部最高温度 75.1℃。

浇筑时留置 28 天抗压强度试件 78 组，平均抗压强度 48.6MPa；60 天抗压强度试件 158 组，平均抗压强度 54.7MPa，达到设计强度的 121％。留置抗渗试件 21 组，抗渗试验按照 GBJ 82 进行，抗渗等级 P12。通过对实体的检查，除表面有极少量细小裂缝外，未发现任何有害裂缝。

第十节　道路水泥混凝土

道路水泥混凝土主要是指公路路面面层水泥混凝土，即满足路面摊铺工作性、弯拉强度、表面功能、耐久性及经济性等要求的水泥混凝土。

作为路面的摊铺材料，主要有水泥混凝土和沥青混凝土两大类，前者路面称为刚性路面，是我国公路路面的主要结构形式；后者路面称为柔性路面。

一、道路水泥混凝土分类

1. 按组成材料分

（1）素道路水泥混凝土

即无筋混凝土，适用于高级路面、机场道面、过水路面及停车场。

（2）钢筋道路水泥混凝土

即普通钢筋和预应力钢筋混凝土，适用于高级路面、机场道面、过水路面及停车场。

（3）纤维道路水泥混凝土

即掺有钢纤维、玄武岩纤维或合成纤维的混凝土，适用于高级路面与机场跑道。

2. 按路面施工工艺分

（1）滑模摊铺机铺筑混凝土

采用滑模摊铺机铺筑的混凝土，其特征是不架设边缘固定模板，并能够一次完成布料摊铺、振捣密实、挤压成型、抹面修饰等工序。

（2）三辊轴机组铺筑混凝土

采用振捣机具和三辊轴整平机配合铺筑的混凝土，其特征是需要架设边缘固定模板。

（3）碾压铺筑混凝土

使用沥青摊铺机摊铺，压路机碾压密实成型的特干硬性混凝土。

二、道路水泥混凝土原材料

1. 水泥

（1）水泥品种

极重、特重及重交通荷载等级（表5-148）公路面层水泥混凝土，应采用道路硅酸盐水泥、硅酸盐水泥、普通硅酸盐水泥，中等及轻交通荷载等级公路面层水泥混凝土，可采用矿渣硅酸盐水泥。高温期施工宜采用普通型水泥，低温期施工宜采用早强型水泥。

表 5-148　道路交通荷载等级分级（JTG D40）

交通荷载等级	极重	特重	重	中等	轻
设计基准期内设计车道承受设计轴载（100kN）累计作用次数（N_e）/×10⁴ 次	>1×10⁶	1×10⁶~2000	2000~100	100~3	<3

（2）水泥技术指标

除应满足现行国家标准《道路硅酸盐水泥》（GB/T 13693）和 GB 175 的规定外，尚应符合下述规定。

① 水泥成分。由于游离氧化钙和氧化镁含量高会降低混凝土的疲劳寿命；铁铝酸四钙含量过低会降低混凝土的弯拉强度，过高会导致混凝土路面施工时难以抹平，平整度差；铝酸三钙含量高会导致混凝土凝结硬化速度快，水化放热量大，易产生裂缝，会降低混凝土抗折强度，会过量吸附混凝土外加剂，降低水泥对混凝土外加剂的相容性，因此，必须严格控制水泥成分，应符合表5-149的规定。

表 5-149　各交通荷载等级公路面层水泥混凝土用水泥的成分（JTG/T F30）

序号	水泥成分		极重、特重及重交通荷载等级	中、轻交通荷载等级	试验方法
1	熟料游离氧化钙含量/%	≤	1.0	1.8	GB/T 176
2	氧化镁含量/%	≤	5.0	6.0	
3	铁铝酸四钙含量/%		15.0～20.0	12.0～20.0	
4	铝酸三钙含量/%	≤	7.0	9.0	
5	三氧化硫含量[①]/%	≤	3.5	4.0	
6	碱含量（$Na_2O+0.658K_2O$）/% ≤		0.6	怀疑骨料有碱活性时,0.6;无碱活性骨料时,1.0	
7	氯离子含量[②]/%	≤	0.06		
8	混合材种类		不得掺窑灰、煤矸石、火山灰、烧黏土、煤渣,有抗盐冻要求时不得掺生石灰岩粉		水泥厂提供

① 三氧化硫含量在硫酸盐腐蚀场合为必测项目,无腐蚀场合为选测项目;
② 氯离子含量在配筋混凝土和钢纤维混凝土面层中为必测项目,水泥混凝土面层中为选测项目。

② 水泥物理性能。基于混凝土路面对抗裂、耐磨等性能要求,除要严格控制水泥的标准稠度需水量、细度、干缩率和耐磨性等性能外,还应严格控制水泥的比表面积,其下限值是为了保证混凝土早期强度和强度的持续增长,上限值是为了防止混凝土面层的早期开裂,水泥的物理性能指标应符合表 5-150 的规定。

表 5-150　各交通荷载等级公路面层水泥混凝土用水泥的物理性能指标（JTG/T F30）

序号	物理性能		极重、特重及重交通荷载等级	中、轻交通荷载等级	试验方法
1	出磨时安定性		雷氏夹和蒸煮法检验均必须合格	蒸煮法检验必须合格	
2	凝结时间/h	初凝时间　≥	1.5	0.75	JTG 3420 T0505
		终凝时间　≤	10	10	
3	标准稠度需水量/%	≤	28.0	30.0	
4	比表面积/（m^2/kg）		400～450		JTG 3420 T0504
5	细度（$80\mu m$ 筛余）/%	≤	10.0		JTG 3420 T0502
6	水泥胶砂 28d 干缩率/%	≤	0.09	0.10	JTG 3420 T0511
7	水泥胶砂耐磨性/（kg/m^2）	≤	2.5	3.9	JTG 3420 T0510

③ 水泥强度。水泥的强度应符合表 5-151 的规定。

表 5-151　面层水泥混凝土用水泥各龄期的实测强度值（JTG/T F30）

混凝土设计弯拉强度标准值/MPa	5.5[①]		5.0		4.5		4.0		试验方法
龄期/d	3	28	3	28	3	28	3	28	
实测抗折强度/MPa	5.0	8.0	4.5	7.5	4.0	7.0	3.0	6.5	GB/T 17671
实测抗压强度/MPa	23.0	52.5	17.0	42.5	17.0	42.5	10.0	32.5	GB/T 17671

① 本表也适用于设计弯拉强度为 6.0MPa 的纤维混凝土。

面层水泥混凝土所用水泥,除应满足表 5-149～表 5-151 的技术要求外,必须对其进行混凝土配合比对比试验,根据试配混凝土的弯拉强度、耐久性和工作性的试验结果,最终确定水泥品种和强度等级。

2. 骨料

（1）细骨料

应使用质地坚硬、耐久、干净的天然砂或机制砂，不宜使用再生细骨料。

① 天然砂。极重、特重及重交通荷载等级公路面层水泥混凝土用天然砂的质量标准不应低于表 5-152 中规定的 Ⅱ 级，中、轻交通荷载等级公路面层水泥混凝土可使用 Ⅲ 级天然砂。

表 5-152 天然砂的质量标准（JTG/T F30）

序号	项目		技术要求			试验方法
			Ⅰ级	Ⅱ级	Ⅲ级	
1	坚固性(按质量损失计)/%	≤	6.0	8.0	10.0	JTG E42 T0340
2	含泥量(按质量计)/%	≤	1.0	2.0	3.0	JTG E42 T0333
3	泥块含量(按质量计)/%	≤	0	0.5	1.0	JTG E42 T0335
4	氯离子含量[①](按质量计)/%	≤	0.02	0.03	0.06	GB/T 14684
5	云母含量(按质量计)/%	≤	1.0	1.0	2.0	JTG E42 T0337
6	硫酸盐及硫化物含量[①](按 SO_3 计)/%	≤	0.5	0.5	0.5	JTG E42 T0341
7	海砂中的贝壳类物质含量(按质量计)/%	≤	3.0	5.0	8.0	JGJ 206
8	轻物质含量(按质量计)/%	≤		1.0		JTG E42 T0338
9	吸水率/%	≤		2.0		JTG E42 T0330
10	表观密度/(kg/m³)	≥		2500.0		JTG E42 T0328
11	松散堆积密度/(kg/m³)	≥		1400.0		JTG E42 T0331
12	空隙率/%	≤		45.0		JTG E42 T0331
13	有机物含量(比色法)			合格		JTG E42 T0336
14	碱活性反应[①]			不得有碱活性反应或疑似碱活性反应		JTG E42 T0325
15	结晶态二氧化硅含量[②]/%	≥		25.0		JTG E42 T0324

① 氯离子含量、硫酸盐及硫化物含量、碱活性反应在天然砂使用前应至少检验一次；

② 按现行《公路工程集料试验规程》（JTG E42）T0324 岩相法，测定除隐晶质、玻璃质二氧化硅以外的结晶态二氧化硅的含量。

天然砂的细度模数宜在 2.0～3.7，级配范围应符合表 5-153 的规定。

表 5-153 天然砂的推荐级配范围（JTG/T F30）

天然砂分级	细度模数	方孔筛尺寸(试验方法 JTG E42 T0327)/mm							
		9.5	4.75	2.36	1.18	0.60	0.30	0.15	0.075
		通过各筛孔的质量百分率/%							
粗砂	3.1～3.7	100	90～100	65～95	35～65	15～30	5～20	0～10	0～5
中砂	2.3～3.0	100	90～100	75～100	50～90	30～60	8～30	0～10	0～5
细砂	1.6～2.2	100	90～100	85～100	75～100	60～84	15～45	0～10	0～5

② 机制砂。机制砂宜采用碎石作为原料生产。极重、特重及重交通荷载等级公路面层水泥混凝土用机制砂的质量标准不应低于表 5-154 中规定的 Ⅱ 级，中、轻交通荷载等级公路面层水泥混凝土可使用 Ⅲ 级机制砂。

表 5-154　机制砂的质量标准（JTG/T F30）

序号	项目		技术要求			试验方法
			Ⅰ级	Ⅱ级	Ⅲ级	
1	机制砂母岩的抗压强度/MPa	≥	80.0	60.0	30.0	JTG E42 T0221
2	机制砂母岩的磨光值	≥	38.0	35.0	30.0	JTG E42 T0321
3	机制砂单粒级的最大压碎指标/%	≤	20.0	25.0	30.0	JTG E42 T0350
4	坚固性（按质量损失计）/%	≤	6.0	8.0	10.0	JTG E42 T0340
5	氯离子含量[①]（按质量计）/%	≤	0.01	0.02	0.06	GB/T 14684
6	云母含量（按质量计）/%	≤	1.0	2.0	2.0	JTG E42 T0337
7	硫酸盐及硫化物含量[①]（按 SO_3 计）/%	≤	0.5	0.5	0.5	JTG E42 T0341
8	泥块含量（按质量计）/%	≤	0	0.5	1.0	JTG E42 T0335
9	石粉含量 MB 值<1.40 或合格		3.0	5.0	7.0	JTG E42 T0349
	石粉含量 MB 值≥1.40 或不合格		1.0	3.0	5.0	
10	轻物质含量（按质量计）/%	≤	1.0			JTG E42 T0338
11	吸水率/%	≤	2.0			JTG E42 T0330
12	表观密度/(kg/m³)	≥	2500.0			JTG E42 T0328
13	松散堆积密度/(kg/m³)	≥	1400.0			JTG E42 T0331
14	空隙率/%	≤	45.0			JTG E42 T0331
15	有机物含量（比色法）		合格			JTG E42 T0336
16	碱活性反应[①]		不得有碱活性反应或疑似碱活性反应			JTG E42 T0325

① 氯离子含量、硫酸盐及硫化物含量、碱活性反应在机制砂使用前应至少检验一次。

机制砂的细度模数宜在 2.0～3.1，级配范围应符合表 5-155 的规定。

表 5-155　机制砂的级配范围（JTG/T F30）

机制砂分级	细度模数	方孔筛尺寸（试验方法 JTG E42 T0327）/mm						
		9.5	4.75	2.36	1.18	0.60	0.30	0.15
		水洗法通过各筛孔的质量百分率/%						
Ⅰ级砂	2.3～3.1	100	90～100	80～95	50～85	30～60	10～20	0～10
Ⅱ、Ⅲ级砂	2.8～3.9	100	90～100	50～95	30～65	15～29	5～20	0～10

此外，细骨料的使用尚应符合下列规定：

① 配筋混凝土路面和钢纤维混凝土路面中不得使用海砂。

② 细度模数差值超过 0.3 的砂应分别堆放，分别进行配合比设计。

③ 采用机制砂时，减水剂宜采用引气高效减水剂或聚羧酸高性能减水剂。

由于粗细骨料的作用不同，在实际应用中，粗骨料与细骨料一般分别计算，如何合理地确定粗、细骨料用量以获得较好的骨料级配已成为道路混凝土配合比设计的关键问题之一。

（2）粗骨料

①（天然）粗骨料。应使用质地坚硬、耐久、干净的碎石、破碎卵石或卵石。极重、特重及重交通荷载等级公路面层水泥混凝土用粗骨料不应低于表 5-156 中Ⅱ级质量要求，中、轻交通荷载等级公路面层水泥混凝土可使用Ⅲ级粗骨料。

表 5-156 碎石、破碎卵石和卵石质量标准 (JTG/T F30)

序号	项目		技术要求			试验方法
			Ⅰ级	Ⅱ级	Ⅲ级	
1	碎石压碎值/%	≤	18.0	25.0	30.0	JTG E42 T0316
2	卵石压碎值/%	≤	21.0	23.0	26.0	JTG E42 T0316
3	坚固性(按质量损失计)/%	≤	5.0	8.0	12.0	JTG E42 T0314
4	针片状颗粒含量(按质量计)/%	≤	8.0	15.0	20.0	JTG E42 T0311
5	含泥量(按质量计)/%	≤	0.5	1.0	2.0	JTG E42 T0310
6	泥块含量(按质量计)/%	≤	0.2	0.5	0.7	JTG E42 T0310
7	吸水率①/%	≤	1.0	2.0	3.0	JTG E42 T0317
8	硫酸盐及硫化物含量②(按 SO₃ 计)/%	≤	0.5	1.0	1.0	GB/T 14685
9	洛杉矶磨耗损失③/%	≤	28.0	32.0	35.0	JTG E42 T0317
10	有机物含量(比色法)		合格	合格	合格	JTG E42 T0313
11	岩石抗压强度②/MPa ≥	岩浆岩	100			JTG E41 T0221
		变质岩	80			
		沉积岩	60			
12	表观密度/(kg/m³)	≥	2500			JTG E42 T0308
13	松散堆积密度/(kg/m³)	≥	1350			JTG E42 T0319
14	空隙率/%	≤	47			JTG E42 T0319
15	磨光值③	≤	35.0			JTG E42 T0321
16	碱活性反应②		不得有碱活性反应或疑似碱活性反应			JTG E42 T0325

① 有抗冰冻、抗盐冻要求时,应检验粗骨料吸水率;

② 硫酸盐及硫化物含量、岩石抗压强度、碱活性反应在粗骨料使用前应至少检验一次;

③ 洛杉矶磨耗损失、磨光值仅在要求制作露石水泥混凝土面层石时检测。

② 再生粗骨料。中、轻交通荷载等级公路面层水泥混凝土可使用质量符合表 5-157 要求的再生粗骨料。再生粗骨料可单独或掺配天然骨料后使用,但应通过配合比试验验证,确定混凝土性能满足设计要求,并符合下列规定:

a. 有抗冰冻、抗盐冻要求时,再生粗骨料不应低于Ⅱ级,无抗冰冻、抗盐冻要求时,可使用Ⅲ级再生粗骨料。

b. 再生粗骨料不得用于裸露粗骨料的水泥混凝土抗滑表层。

c. 不得使用出现碱活性反应的混凝土为原料破碎生产的再生粗骨料。

表 5-157 再生粗骨料的质量标准 (JTG/T F30)

序号	项目		技术要求			试验方法
			Ⅰ级	Ⅱ级	Ⅲ级	
1	压碎值/%	≤	21.0	30.0	43.0	JTG E42 T0316
2	坚固性(按质量损失计)/%	≤	5.0	10.0	15.0	JTG E42 T0314
3	针片状颗粒含量(按质量计)/%	≤	10.0	10.0	10.0	JTG E42 T0311
4	微粉含量(按质量计)/%	≤	1.0	2.0	3.0	JTG E42 T0310
5	泥块含量(按质量计)/%	≤	0.5	0.7	1.0	JTG E42 T0310
6	吸水率/%	≤	3.0	5.0	8.0	JTG E42 T0307

序号	项目		技术要求			试验方法
			Ⅰ级	Ⅱ级	Ⅲ级	
7	硫酸盐及硫化物含量(按 SO_3 计)/%	≤	2.0	2.0	2.0	GB/T 14685
8	氯化物含量(按氯离子质量计)/%	≤	0.06	0.06	0.06	GB/T 14685
9	洛杉矶磨耗损失/%	≤	35.0	40.0	45.0	JTG E42 T0317
10	杂物含量/%	≤	1.0	1.0	1.0	JTG E42 T0313
11	表观密度/(kg/m³)	≥	2450	2350	2250	JTG E42 T0308
12	空隙率/%	≤	47	50	53	JTG E42 T0309

注：1. 当再生粗骨料中碎石的岩石品种有变化时，应重新检测上述指标；

2. 硫酸盐及硫化物含量、氯化物含量、洛杉矶磨耗损失在再生粗骨料使用前应至少检验一次。

此外，（天然）粗骨料和再生粗骨料应根据混凝土配合比的公称最大粒径分为 2～4 个单粒级骨料，并掺配使用。（天然）粗骨料和再生粗骨料的合成级配和单粒级级配范围宜符合表 5-158 的规定。不得使用不分级的骨料。

表 5-158 （天然）粗骨料和再生粗骨料的级配范围 （JTG/T F30）

方孔筛尺寸/mm		2.36	4.75	9.50	16.0	19.0	26.5	31.5	37.5	试验方法
级配类型		累计筛余(以质量计)/%								
合成级配	4.75～16.0	95～100	85～100	40～60	0～10	—	—	—	—	JTG E42 T0302
	4.75～19.0	95～100	85～95	60～75	30～45	0～5	0	—	—	
	4.75～26.5	95～100	90～100	70～90	50～70	25～40	0～5	0	—	
	4.75～31.5	95～100	90～100	75～90	60～75	40～60	20～35	0～5	0	
单粒级级配	4.75～9.5	95～100	80～100	0～15	0	—	—	—	—	
	9.5～16.0	—	95～100	80～100	0～15	0	—	—	—	
	9.5～19.5	—	95～100	85～100	40～60	0～15	0	—	—	
	16.0～26.5	—	—	95～100	55～70	25～40	0～10	0	—	
	16.0～31.5	—	—	95～100	85～100	55～70	25～40	0～10	0	

各种面层水泥混凝土配合比的不同种类粗骨料和再生粗骨料的公称最大粒径宜符合表 5-159 的规定。

表 5-159 各种面层水泥混凝土配合比的不同种类粗骨料和再生粗骨料的公称最大粒径 （JTG/T F30）

交通荷载等级		极重、特重、重		中、轻		试验方法
面层水泥混凝土类型		水泥混凝土	纤维混凝土配筋混凝土	水泥混凝土	碾压混凝土砌块混凝土	
公称最大粒径/mm	碎石	26.5	16.0	31.5	19.0	JTG E42 T0302
	破碎卵石	19.0	16.0	26.5	19.0	
	卵石	16.0	9.5	19.5	16.0	
	再生粗骨料	—	—	26.5	19.0	

3. 矿物掺合料

使用道路硅酸盐水泥或硅酸盐水泥时，可掺入适量粉煤灰，使用其他水泥时，不应掺入粉煤灰。

可单独或复配掺用符合表 5-160 和表 5-161 质量标准的粉状低钙粉煤灰、磨细矿渣和硅灰等掺合料。不得掺用结块或潮湿的粉煤灰、磨细矿渣和硅灰，粉煤灰不应低于 Ⅱ 级质量标准要求。不得掺用高钙粉煤灰或 Ⅲ 级及 Ⅲ 级以下低钙粉煤灰。使用矿渣硅酸盐水泥时，不得再掺加磨细矿渣。高温施工时，不宜掺用硅灰。

表 5-160　粉状低钙粉煤灰分级和质量标准（JTG/T F30）

粉煤灰等级	细度(45μm 气流筛，筛余量)/%	烧失量/%	需水量/%	含水率/%	游离氧化钙含量/%	SO₃/%	混合砂浆强度活性指数①/%	
							7d	28d
Ⅰ	≤12.0	≤5.0	≤95.0	≤1.0	≤1.0	≤3.0	≥75	≥85(75)
Ⅱ	≤25.0	≤8.0	≤105.0	≤1.0	≤1.0	≤3.0	≥70	≥80(62)
Ⅲ	≤45.0	≤15.0	≤115.0	≤1.0	≤1.0	≤3.0	—	—
试验方法	GB/T 1596	GB/T 176	GB/T 1596	GB/T 1596	GB/T 176	GB/T 176	GB/T 1596	

① 混合砂浆强度活性指数为掺粉煤灰的砂浆和水泥砂浆的抗压强度比的百分数，不带括号的数值适用于所配制混凝土的强度等级不小于 C40 时；当配制混凝土的强度等级小于 C40 时，混合砂浆强度活性指数应满足 28d 括号中数值的要求。

表 5-161　磨细矿渣、硅灰的质量标准（JTG/T F30）

质量标准 种类	等级	比表面积/(m²/kg)	密度/(g/cm³)	烧失量/%	流动度比	含水率/%	氯离子含量②/%	玻璃体含量/%	游离氧化钙含量/%	SO₃/%	混合砂浆强度活性指数/%	
											7d	28d
磨细矿渣①	S105	≥500	≥2.80	≤3.0	≥95	≤1.0	<0.06	≥85	<1.0	≤4.0	≥95	≥105
	S95	≥400									≥75	≥95
硅灰		≥15000	≥2.10	≤6.0	—	≤3.0	<0.06	≥90	<1.0	—	≥105	
试验方法		GB/T 8074	GB/T 208	GB/T 18046			GB/T 176	GB/T 18046	GB/T 176	GB/T 176	GB/T 18046	

① 磨细矿渣匀质性以比表面积为考核依据，单一样品的比表面积不应超过前 10 个样品比表面积平均值的 10.0%；
② 氯离子含量在配筋混凝土和钢纤维混凝土面层中为必测项目，水泥混凝土面层中为选测项目。

4. 外加剂

主要使用的品种有：减水剂、引气剂、调凝剂及早强剂等，其性能与应用技术应分别符合现行国家标准 GB 8076 和 GB 50119 的规定。用前应使用实际工程所采用的水泥、骨料等材料做试配，检验混凝土性能，确定其合理掺量。现行行业标准《公路水泥混凝土路面施工技术细则》（JTG/T F30）规定：有抗冰冻、抗盐冻要求时，各等级公路水泥混凝土面层及暴露结构物混凝土应掺入引气剂；无抗冻要求地区的二级及二级以上公路水泥混凝土面层宜掺入引气剂。

5. 水

搅拌与养护用水应符合现行国家标准《生活饮用水卫生标准》（GB 5749）的规定，非饮用水应进行水质检验，并应符合表 5-162 的规定，还应与蒸馏水进行水泥凝结时间和水泥胶砂强度的对比试验，对比试验的水泥初凝与终凝时间差均不应大于 30min；水泥胶砂 3 天和 28 天强度不应低于蒸馏水配制的水泥胶砂 3 天和 28 天强度的 90%。

表 5-162　非饮用水质量标准（JTG/T F30）

序号	项目		钢筋混凝土和钢纤维混凝土	素混凝土	试验方法
1	pH	≥	5.0	4.5	
2	Cl^-/(mg/L)	≤	1000	3500	
3	SO_4^{2-}/(mg/L)	≤	2000	2700	JGJ 63
4	碱含量/(mg/L)	≤	1500	1500	
5	可溶物含量/(mg/L)	≤	5000	10000	
6	不溶物含量/(mg/L)	≤	2000	5000	
7	其他杂质		不应有漂浮的油脂和泡沫，不应有明显的颜色和异味		

注：养护用水可不检验不溶物含量和其他杂质。

6. 纤维

高等级路面及机场跑道水泥混凝土通常掺入纤维，予以增强。纤维的品种主要有：

（1）钢纤维

钢纤维质量除应符合现行行业标准 JGJ/T 221 的规定外，尚应符合以下规定：

① 抗拉强度等级不应低于 600 级。

② 应进行有效的防锈蚀处理。

③ 不应使用钢丝切断型钢纤维或波形、带倒钩的钢纤维。

④ 几何参数及形状精度应符合表 5-163 的规定。

表 5-163　钢纤维几何参数及形状精度（JTG/T F30）

几何参数及形状精度	长度/mm	长度合格率/%	直径(等效直径)/mm	形状合格率/%	弯折合格率/%	平均根数与标称根数偏差/%	杂质含量/%	试验方法
技术要求	25~50	>90	0.3~0.9	>90	>90	±10	<1.0	JGJ/T 221

（2）玄武岩短切纤维

玄武岩短切纤维的外观应为金褐色，匀质、表面无污染，二氧化硅含量应在 48%～60%之间。其表面改性剂应为亲水型，质量应满足表 5-164 的要求，规格、尺寸及其精度应符合表 5-165 的规定。

表 5-164　玄武岩短切纤维质量标准（JTG/T F30）

项次	项目		技术要求	试验方法
1	抗拉强度/MPa	≥	1500	
2	弹性模量/MPa	≥	$8.0×10^5$	
3	密度/(g/cm³)		2.60~2.80	JT/T 776.1
4	含水率/%	≤	0.2	
5	耐碱性[①]（断裂强度保留率）/%	≥	75	

① 耐碱性的测试是在饱和 $Ca(OH)_2$ 溶液中煮沸 4h 的强度保留率。

注：除密度和含水率外，其他每项实测值的变异系数不应大于 10%。

表 5-165　玄武岩短切纤维的规格、尺寸及其精度（JTG/T F30）

纤维类型	公称长度/mm	长度合格率/%	单丝公称直径/μm	线密度/tex	线密度合格率/%	外观合格率/%	试验方法
合股丝①（S）	20～35	>90	9～25	50～900	>90	≥95	JT/T 776.1
加捻合股丝②（T）	20～35	>90	7～13	30～800	>90	≥95	

① 合股丝适用于有抗裂性要求的玄武岩纤维混凝土；
② 加捻合股丝适用于提高弯拉强度要求的玄武岩纤维混凝土。

（3）合成纤维

合成纤维可采用聚丙烯腈、聚丙烯、聚酰胺和聚乙烯醇等材料制成的单丝纤维或粗纤维，其质量应符合现行国家标准 GB/T 21120 规定，见表 2-68，且实测单丝抗拉强度最小值不得小于 450MPa。合成纤维的规格、加工精度及分散性应满足表 5-166 的要求。

表 5-166　合成纤维的规格、加工精度及分散性（JTG/T F30）

外形分类	长度/mm	当量直径/μm	长度合格率/%	形状合格率/%	混凝土中分散性/%	试验方法
单丝纤维	20～40	4～65	>90	>90	±10	GB/T 21120
粗纤维	20～80	100～500				

三、道路水泥混凝土技术性能

道路水泥混凝土在使用中会受到车辆荷载的反复强烈冲击，要受到恶劣环境不断侵蚀，以及要有足够的抗滑和耐磨性来保证行车安全等，因此，对其技术性能要求要比对普通混凝土的要求高。

1. 工作性

道路水泥混凝土的铺筑施工方法，有别于普通混凝土的振捣密实成型，因此，对混凝土拌合物的工作性，尤其是保水性和易密性的要求更高。

2. 弯拉强度

我国采用弯拉强度作为道路水泥混凝土配合比的设计指标，更符合外力作用下的混凝土路面板底的实际受力状态，且易于试验。弯拉强度的检测方法采用 JTG E30 标准中的方法。

3. 收缩性

道路水泥混凝土的施工通常在露天白昼进行，不仅施工环境条件差，如：日光照射、天气炎热、风速大等，且混凝土裸露表面积大，常常导致道路水泥混凝土因温差应力大和早期失水收缩而开裂。因此，在混凝土的配制以及施工时，必须采取相应措施尽量避免混凝土的收缩。

4. 耐磨性与防滑性

耐磨性与防滑性是道路水泥混凝土路用性能（表面功能性）的主要考核指标，它既关系到混凝土路面的使用状况和寿命，又关系到行车安全。各等级公路面层水泥混凝土磨损量应符合表 5-167 的要求。

表 5-167　各等级公路面层水泥混凝土磨损量要求（JTG/T F30）

公路等级	高速、一级	二级	三、四级	试验方法
磨损量/(kg/m²)　≤	3.0	3.5	4.0	JTG E30 T0567

通常，提高道路水泥混凝土的耐磨性可从以下几个方面入手：①粗细骨料应选择质地致密、坚硬、耐磨损性强的碎石及洁净无风化的石英砂；②提高混凝土的强度，增加硬化水泥

石与骨料间的黏结力；③选择真空脱水工艺对混凝土表面进行处理。

改善道路水泥混凝土的防滑性，可对混凝土表面进行拉毛、拉槽等处理。

5. 耐久性

表征道路水泥混凝土耐久性的重要指标也是混凝土的抗渗性和抗冻性。恶劣环境因素的侵蚀与剥蚀作用以及重荷载的反复冲击作用，都使得道路水泥混凝土耐久性的劣化速度远远大于普通混凝土耐久性的劣化速度，因此，对道路水泥混凝土耐久性的要求应更高。

严寒与寒冷地区面层水泥混凝土的抗冻等级不应低于表5-168的要求。

表 5-168　严寒与寒冷地区面层水泥混凝土的抗冻等级要求（JTG/T F30）

公路等级		高速、一级		二、三、四级		试验方法
试件		基准配合比	现场取样	基准配合比	现场取样	基准配合比试件制作与硬化混凝土现场取样按 JTG 3420 T0565 进行
抗冻等级 ≥	严寒地区	F300	F250	F250	F200	
	寒冷地区	F250	F200	F200	F150	

注：严寒地区指当地最冷月平均气温低于−8℃地区，寒冷地区指当地最冷月平均气温−8～3℃地区。

四、道路水泥混凝土配合比设计

由于道路水泥混凝土使用工况的特殊性，其配合比设计具有与普通混凝土配合比设计不同的独特性和重要性。

配合比设计包括目标配合比设计和施工配合比设计两个阶段。目标配合比设计应确定混凝土的水泥用量、骨料用量、水灰（胶）比、外加剂掺量，纤维混凝土还应确定纤维掺量。施工配合比设计应通过实际生产试配确定配合比参数。主要考虑以下因素：水灰比、单位用水量、单位水泥用量、骨料用量、砂率及外加剂的品种和掺量等。

本节下文所述为适用于滑模摊铺机、三辊轴机组以及小型机具摊铺施工的水泥混凝土、钢筋混凝土、连续配筋混凝土的面层水泥混凝土的目标配合比设计。

1. 配合比设计原则

除体现节约水泥、降低成本的基本原则外，尚应遵循以下原则进行：

（1）配合比设计宜采用正交试验方法

该方法利用"均衡分散性"与"整齐可比性"正交性原理，科学安排多因素试验方案，能以较少的试验找出较好的工艺条件或配方。

二级及二级以下公路可采用经验公式法。

（2）应根据不同的施工工艺确定混凝土拌合物的工作性

① 滑模摊铺时，碎石混凝土拌合物的现场坍落度宜为10～30mm，卵石混凝土拌合物的现场坍落度宜为5～20mm，振动黏度系数宜为200～500N·s/m²。

② 三辊轴摊铺时，拌合物的现场坍落度宜为20～40mm。

③ 小型机具摊铺时的现场坍落度宜为5～20mm。

（3）应以弯拉强度作为道路水泥混凝土强度的考核指标

配制28天弯拉强度的均值，宜按式(5-67)计算确定：

$$f_c = \frac{f_r}{1 - 1.04C_v} + ts \tag{5-67}$$

式中　f_c——28d配制弯拉强度的均值，MPa；

　　　f_r——设计弯拉强度标准值，按设计确定，且不应低于表5-169的规定，MPa；

　　　t——保证率系数，应按表5-170确定；

s——弯拉强度试验样本的标准差，有试验数据时应使用试验样本的标准差，无试验数据时，参考表 5-171 规定范围确定，MPa；

C_v——弯拉强度变异系数，应按统计数据取值，小于 0.05 时取 0.05，在无统计数据时，可在表 5-172 的规定范围内取值，其中高级公路、一级公路变异水平应为"低"，二级公路变异水平应不低于"中"。

表 5-169　水泥混凝土弯拉强度标准值（JTG D40）

交通荷载等级	极重、特重、重	中等	轻
水泥混凝土的弯拉强度标准值/MPa	≥5.0	4.5	4.0
钢纤维混凝土的弯拉强度标准值/MPa	≥6.0	5.5	5.0

表 5-170　保证率系数 t（JTG/T F30）

公路技术等级	判别概率 p	样本数 n（组）			
		6～8	9～14	15～19	≥20
高速	0.05	0.79	0.61	0.45	0.39
一级	0.10	0.59	0.46	0.35	0.30
二级	0.15	0.46	0.37	0.28	0.24
三、四级	0.20	0.37	0.29	0.22	0.19

表 5-171　各级公路水泥混凝土面层弯拉强度试验样本的标准差 s（JTG/T F30）

公路等级	高速	一级	二级	三级	四级
目标可靠度/%	95	90	85	80	70
目标可靠指标	1.64	1.28	1.04	0.84	0.52
试验样本的标准差 s/MPa	0.25≤s≤0.50		0.45≤s≤0.67	0.40≤s≤0.80	

表 5-172　各级公路水泥混凝土路面层弯拉强度变异系数 C_v 的范围（JTG/T F30）

弯拉强度变异水平等级	低	中	高
弯拉强度变异系数 C_v 范围	0.05≤C_v≤0.10	0.10<C_v≤0.15	0.15≤C_v≤0.20

（4）应根据不同的环境条件，设计道路水泥混凝土的耐久性

我国地域广阔，施工环境条件差异大，因此，不同地域的道路水泥混凝土其耐久性的内涵不尽相同。配合比设计时，除应考虑混凝土的抗渗性、抗环境介质侵蚀以及耐磨性等性能外，应注重对严寒与寒冷地区道路水泥混凝土的抗冻性以及抗盐冻剥蚀性的设计。

2. 配合比设计一般规定

① 最大水灰（胶）比和最小单位水泥用量应符合表 5-173 的规定。最大单位水泥用量不宜大于 420kg/m³；使用掺合料时，最大单位胶材总量不宜大于 450kg/m³。

表 5-173　各等级路面水泥混凝土的最大水灰（胶）比和最小单位水泥用量（JTG/T F30）

公路等级	高速、一级	二级	三、四级
最大水灰（胶）比	0.44	0.46	0.48
有抗冰冻要求时最大水灰（胶）比	0.42	0.44	0.46
有抗盐冻要求时最大水灰（胶）比①	0.40	0.42	0.44

续表

公路等级		高速、一级	二级	三、四级
最小单位水泥用量/(kg/m³)	52.5级	300	300	290
	42.5级	310	310	300
	32.5级	—	—	315
有抗冰冻、抗盐冻要求时最小单位水泥用量/(kg/m³)	52.5级	310	310	300
	42.5级	320	320	315
	32.5级	—	—	325
掺粉煤灰时最小单位水泥用量/(kg/m³)	52.5级	250	250	245
	42.5级	260	260	255
	32.5级	—	—	265
抗冰冻、抗盐冻要求时掺粉煤灰最小单位水泥用量②/(kg/m³)	52.5级	265	260	255
	42.5级	280	270	265

① 处在除冰盐、海风、酸雨或硫酸盐等腐蚀性环境中或在大纵坡等加减速车道上的混凝土，最大水灰（胶）比宜比表中数值降低 0.01～0.02。

② 掺粉煤灰，并有抗冰冻、抗盐冻要求时，不应使用 32.5 级水泥。

② 应掺加引气剂，确保其抗冻性。搅拌机出口拌合物含气量均值及允许偏差范围宜符合表 5-174 的规定，钻芯实测水泥混凝土面层最大气泡间距系数宜符合表 5-175 的规定。

表 5-174　搅拌机出口拌合物含气量均值及允许偏差范围（JTG/T F30）　　单位：％

公称最大粒径/mm	无抗冻性要求	有抗冻性要求	有抗盐冻要求	试验方法
9.5	4.5±1.0	5.0±0.5	6.0±0.5	混凝土拌合物含气量试验按 JTG 3420 T0526 进行
16	4.0±1.0	4.5±0.5	5.5±0.5	
19	4.0±1.0	4.0±0.5	5.0±0.5	
26.5	3.5±1.0	3.5±0.5	4.5±0.5	
31.5	3.5±1.0	3.5±0.5	4.0±0.5	

表 5-175　水泥混凝土面层最大气泡间距系数（JTG/T F30）　　单位：μm

环境		公路等级		试验方法
		高级、一级	二、三、四级	
寒冷地区	冰冻	275±25	300±35	气泡间距系数检测方法应符合 JTG/T F30 附录 B.2
	盐冻	225±25	250±35	
严寒地区	冰冻	325±45	350±50	
	盐冻	275±45	300±50	

③ 有抗盐冻要求时，应按 JTG/T F30 附录 C 方法检测混凝土的抗盐冻性，5 块试件经受 30 次盐冻循环后，其平均剥落量小于 1.0kg/m² 为合格，大于或等于 1.0kg/m² 为不合格。

④ 处在海水、海风、除冰盐、酸雨或硫酸盐等腐蚀环境中的面层水泥混凝土使用道路硅酸盐水泥或硅酸盐水泥时，应掺加适量粉煤灰、磨细矿渣、硅灰或复合矿物掺合料。桥面混凝土中宜掺加磨细矿渣、硅灰，不宜掺粉煤灰。

⑤ 当掺用掺合料时，配合比设计应符合下列规定：

a. 掺用磨细矿渣、硅灰时，配合比设计应采用等量取代水泥法，掺量应通过试验确定，并应扣除水泥中相同数量的磨细矿渣粉和硅灰。

b. 掺用粉煤灰时，配合比设计宜按超量取代水泥法进行，取代水泥部分应扣除等量水泥量；超量部分应代替砂，并折减用砂量。

c. Ⅰ、Ⅱ级粉煤灰的超量取代系数可按表5-176初选。粉煤灰最大掺量：Ⅰ型硅酸盐水泥不宜大于30%；Ⅱ型硅酸盐水泥不宜大于25%；道路硅酸盐水泥不宜大于20%。粉煤灰总掺量应通过试验最终确定。

表5-176　各级粉煤灰的超量取代系数（JTG/T F30）

粉煤灰等级	Ⅰ	Ⅱ	Ⅲ
超量取代系数 k	1.1～1.4	1.3～1.7	1.5～2.0

3. 配合比设计方法

（1）正交试验法

① 可选水泥用量、用水量、砂率和粗骨料填充体积率为四因素；掺粉煤灰的混凝土可选用水量、基准胶材总量、粉煤灰掺量和粗骨料填充体积率为四因素。根据经验，每个因素至少选定3个水平，并宜选用 $L_9(3^4)$ 正交表安排试验方案。

② 对正交试验结果进行直观及回归分析，回归分析的考察指标应包括坍落度、弯拉强度、磨损量。有抗冰冻、抗盐冻要求的地区，还应包括抗冻等级、抗盐冻性。

③ 满足第二款要求的正交配合比，可确定为目标配合比。

（2）（二级及二级以下公路）经验公式法

配合比可按下述步骤进行：

① 计算水灰（胶）比。无掺合料时，水灰比可按式(5-68)或式(5-69)计算：

当采用碎石配制：

$$W/C = \frac{1.5684}{f_c + 1.0097 - 0.3595 f_s}$$ (5-68)

当采用卵石配制：

$$W/C = \frac{1.2618}{f_c + 1.5492 - 0.4709 f_s}$$ (5-69)

式中　W/C——水灰比；

f_s——水泥实测28d抗折强度，MPa；

f_c——面层水泥混凝土配制28d弯拉强度的均值，由式(5-67)计算确定，MPa。

掺用粉煤灰、磨细矿渣粉、硅灰等掺合料时，应计入超量取代法中代替水泥的那一部分掺合料用量（代替砂的超量部分不计入），用 $W/(C+F)$ 代替水灰比 W/C，按式(5-68)或式(5-69)计算水胶比。注：F 为掺合料的量，一部分代替水泥，一部分代替砂，但只有代替水泥的那一部分参与水胶比的计算。

若计算的水灰（胶）比大于表5-173的规定时，应按表5-173取值。

② 确定砂率。应根据砂的细度模数和粗集料种类，查表5-177取值。制作抗滑槽时，砂率在表5-177基础上可增大1%～2%。

表5-177　面层水泥混凝土的砂率（JTG/T F30）

砂细度模数		2.2～2.5	2.5～2.8	2.8～3.1	3.1～3.4	3.4～3.7
砂率 S_p/%	碎石混凝土	30～34	32～36	34～38	36～40	38～42
	卵石混凝土	28～32	30～34	32～36	34～38	36～40

注：1. 相同细度模数时，机制砂的砂率宜偏低限取值；

2. 破碎卵石混凝土可在碎石和卵石混凝土之间内插取值。

③ 计算单位用水量。根据粗集料种类和坍落度要求，按经验式(5-70)或式(5-71)，计算单位用水量，计算单位用水量大于表5-178中最大单位用水量的规定值时，应通过采用减水率更高的外加剂降低单位用水量。

表 5-178　面层水泥混凝土最大单位用水量（JTG/T F30）　　单位：kg/m³

摊铺方式	滑模摊铺机摊铺	三辊轴机组摊铺	小型机具摊铺
碎石混凝土	160	155	150
卵石混凝土	155	148	145

注：破碎卵石混凝土最大单位用水量可在碎石和卵石混凝土之间内插取值。

当采用碎石配制：

$$W_0 = 104.97 + 0.309 S_L + 11.27 C/W + 0.61 S_p \tag{5-70}$$

当采用卵石配制：

$$W_0 = 86.89 + 0.370 S_L + 11.24 C/W + 1.00 S_p \tag{5-71}$$

式中　W_0——不掺外加剂与掺合料时混凝土的单位用水量，kg/m³；

　　　S_L——坍落度，mm；

　　　S_p——砂率，%；

　　C/W——灰水比。

掺外加剂时，单位用水量应按式（5-72）计算：

$$W_{0w} = W_0 \left(1 - \frac{\beta}{100}\right) \tag{5-72}$$

式中　W_{0w}——掺外加剂混凝土的单位用水量，kg/m³；

　　　β——所用外加剂剂量的实测减水率，%。

单位用水量应取计算值和表 5-178 的规定值两者中的最小值。若实际单位用水量仅掺引气剂时不满足所取数值，则应掺用引气（高效）减水剂，三、四级公路也可采用真空脱水工艺。采用真空脱水工艺时，可采用比经验式计算值略大的单位用水量，但在真空脱水后，扣除每立方米混凝土实际吸除的水量，剩余单位用水量和剩余水灰（胶）比均不宜超过相关规定。

④ 计算单位水泥用量。单位水泥用量由式（5-73）计算，计算结果小于表 5-173 中最小水泥用量的规定值时，应取表 5-173 的规定值。

$$C_0 = W_0 (C/W) \tag{5-73}$$

式中　C_0——单位水泥用量，kg/m³。

⑤ 计算砂石用量。砂石用量可按密度法或体积法计算。按密度法计算时，混凝土单位质量可取 2400~2450kg/m³；按体积法计算时，应计入设计含气量。

经上述计算得到的配合比，应验算粗骨料填充体积率，粗骨料填充体积率不应小于 70%。

4. 纤维道路水泥混凝土配合比设计

（1）配合比设计一般规定

① 钢纤维混凝土单位用水量可按表 5-179 初选，再经试配坍落度校正后确定。

表 5-179　钢纤维混凝土单位用水量初选表（JTG/T F30）

拌合物条件	粗骨料种类	粗骨料公称最大直径/mm	单位用水量/(kg/m³)
$L/d^①=50, \rho^②=0.6\%$ 坍落度^③ 20mm 中砂细度模数^④ 2.5 水灰比 0.42~0.50	碎石	9.5、16.0	215
		19.0、26.5	200
	卵石	9.5、16.0	208
		19.0、26.5	190

① 钢纤维长径比 L/d 每增减 10，单位用水量相应增减 10kg/m³；

② 钢纤维体积率 ρ 每增减 0.5%，单位用水量相应增减 8kg/m³；

③ 坍落度在 10~50mm 范围内，相对于坍落度 20mm 每增减 10mm，单位用水量相应增减 7kg/m³；

④ 细度模数在 2.0~3.5 范围内，砂的细度模数每增减 0.1，单位用水量相应减增 1kg/m³。

② 钢纤维混凝土最大水灰（胶）比和最小单位水泥用量应符合表 5-180 要求。

表 5-180　钢纤维混凝土最大水灰（胶）比和最小单位水泥用量（JTG/T F30）

公路等级		高速、一级	二、三、四级
最大水灰(胶)比		0.47	0.49
有抗冰冻要求时最大水灰(胶)比		0.45	0.46
有抗盐冻要求时最大水灰(胶)比①		0.42	0.43
最小单位水泥用量/(kg/m³)	52.5 级	350	350
	42.5 级	360	360
有抗冰冻、抗盐冻要求时最小单位水泥用量/(kg/m³)	52.5 级	370	370
	42.5 级	380	380
掺粉煤灰时最小单位水泥用量/(kg/m³)	52.5 级	310	310
	42.5 级	320	320
抗冰冻、抗盐冻要求时掺粉煤灰最小单位水泥用量/(kg/m³)	52.5 级	320	320
	42.5 级	340	340

① 处在除冰盐、海风、酸雨或硫酸盐等腐蚀性环境中或在大纵坡等加减速车道上的混凝土，宜采用较小的水灰（胶）比。

③ 钢纤维混凝土的耐磨性、抗冰冻性与抗盐冻性、含气量及最大气泡间距系数应分别符合表 5-167、表 5-168、表 5-174、表 5-175 的规定。

④ 钢纤维混凝土不得采用海水、海砂，不得掺加氯盐、氯盐类早强剂、防冻剂等外加剂。处在海水、海风及除冰盐等腐蚀环境中的钢纤维混凝土路面，宜掺加Ⅰ、Ⅱ级粉煤灰或磨细矿渣粉。桥面混凝土不宜掺粉煤灰。

⑤ 玄武岩纤维及合成纤维混凝土，其纤维掺量可参考表 5-181 初选后，经试拌确定。

表 5-181　玄武岩纤维及合成纤维混凝土的纤维掺量范围（JTG/T F30）

纤维品种	玄武岩纤维	聚丙烯腈纤维	聚丙烯粗纤维	聚酰胺纤维	聚乙烯醇纤维
体积率/%	0.05～0.30	0.06～0.30	0.30～1.5	0.10～0.30	0.10～0.30
掺量范围/(kg/m³)	1.3～8.0	0.50～2.7	2.7～14.0	1.1～3.5	1.3～4.0

注：桥面纤维混凝土宜选体积率的上限。

⑥ 玄武岩纤维及合成纤维混凝土的配合比设计应进行混凝土工作性和耐久性试验验证，其抗裂性应符合下列规定：

a. 用于路面抗裂的纤维混凝土，实验室实测早期裂缝降低率不应小于 30%，早期抗裂等级不应低于表 5-182 中 L-Ⅲ 等级。

b. 用于桥面抗裂的纤维混凝土，实验室实测裂缝降低率不应小于 60%，早期抗裂等级不应低于表 5-182 中 L-Ⅳ 等级。

c. 掺入纤维的拌合物应与相同配合比基体混凝土做早期抗裂性对比试验。

表 5-182　抗裂纤维混凝土早期抗裂等级及其裂缝降低率（JTG/T F30）

抗裂等级	L-Ⅰ	L-Ⅱ	L-Ⅲ	L-Ⅳ	L-Ⅴ
单位面积上的总开裂面积(C)/(mm²/m²)	$C \geqslant 1000$	$700 \leqslant C < 1000$	$400 \leqslant C < 700$	$100 \leqslant C < 400$	$C < 100$
平均裂缝降低率 β/%	0	0～30	30～60	60～90	90

注：混凝土早期抗裂性试验结果满足 C 与 β 其中之一，即可确定抗裂等级。

（2）配合比设计方法

① 正交试验法。应将纤维体积率作为因素之一，具体方法和水泥混凝土的正交试验法相同。

②（二级及二级以下公路）经验公式法。

a. 钢纤维混凝土的目标配合比设计。可按下述步骤进行：

（a）计算配制 28 天弯拉强度均值：

可按式（5-74）计算：

$$f_{cf} = \frac{f_{rf}}{1 - 1.04C_v} + ts \tag{5-74}$$

式中 　f_{cf}——钢纤维混凝土配制 28d 弯拉强度均值，MPa；

　　　f_{rf}——钢纤维混凝土设计弯拉强度标准值，根据设计确定，MPa；

　　　t——保证率系数，应按表 5-170 确定；

　　　s——弯拉强度试验样本的标准差，可在表 5-171 规定范围内确定，MPa；

　　　C_v——弯拉强度变异系数，根据实测或参考表 5-172 确定。

（b）计算钢纤维含量特征值：

可按式（5-75）计算：

$$\lambda = \frac{\dfrac{f_{cf}}{f_c} - 1}{\alpha} \tag{5-75}$$

式中 　λ——钢纤维含量特征值；

　　　f_c——同强度等级水泥混凝土配制 28d 弯拉强度均值，MPa；

　　　α——钢纤维外形对弯拉强度的影响系数，宜通过试验确定，当混凝土不掺加钢纤维其强度等级 C20～C80 时，可参照表 5-183 选用。

表 5-183　钢纤维外形对弯拉强度的影响系数的参考值（JTG/T F30）

钢纤维品种	高强钢丝切断型		钢板剪切型		钢锭铣削型		低合金钢熔抽异型	
钢纤维外形	端钩形		异形		端钩形		大头形	
水泥混凝土强度等级	C20～C45	C50～C80	C20～C45	C50～C80	C20～C45	C50～C80	C20～C45	C50～C80
影响系数 α	1.13	1.25	0.79	0.93	0.92	1.10	0.73	0.91

（c）计算钢纤维体积率：

可按式（5-76）计算：

$$\rho = \frac{\lambda d}{L} \times 100\% \tag{5-76}$$

式中 　ρ——钢纤维体积率，%；

　　　d——钢纤维直径或等效直径，mm；

　　　L——钢纤维长度，mm。

钢纤维体积率为 0.6%～1.0% 时，钢纤维混凝土的设计坍落度宜比水泥混凝土大 20～30mm；钢纤维体积率小于 0.6% 时，钢纤维混凝土的设计坍落度宜与水泥混凝土相同。

（d）计算水灰（胶）比：

可按式（5-77）计算：

$$W/C = \frac{0.128}{\dfrac{f_{cf}}{f_s} - 0.301 - 0.325\lambda} \tag{5-77}$$

式中　f_{cf}——钢纤维混凝土配制 28d 弯拉强度均值，MPa；

　　　f_s——实测水泥抗折强度，MPa；

　　W/C——钢纤维混凝土水灰（胶）比；

　　　λ——钢纤维含量特征值。

钢纤维混凝土水灰（胶）比应取计算值与表 5-180 规定值两者中的小值。

（e）计算单位水泥用量：

可按式(5-78)计算：

$$C_{0f}=\frac{W_{0f}}{W/C} \tag{5-78}$$

式中　C_{0f}——钢纤维混凝土单位水泥用量，kg/m^3；

　　W_{0f}——钢纤维混凝土单位用水量，kg/m^3；

　　W/C——钢纤维混凝土水灰（胶）比。

钢纤维混凝土单位水泥用量应取计算值与表 5-179 规定值两者中的大值。

（f）计算砂率：

可按式(5-79)计算：

$$S_{pf}=S_p+10\rho \tag{5-79}$$

式中　S_{pf}——钢纤维混凝土砂率，％；

　　　S_p——水泥混凝土砂率，％；

　　　ρ——钢纤维体积率，％。

计算后，再经试拌坍落度校正后确定，砂率宜在 38％～50％之间。

（g）计算砂石用量：

砂石用量可采用密度法或体积法计算。按密度法计算时，钢纤维混凝土单位质量可取基体混凝土的单位质量加掺钢纤维单位质量之和；按体积法计算时，应计入设计含气量。

b. 玄武岩纤维及合成纤维混凝土的目标配合比设计。可按钢纤维混凝土有关规定执行。

5. 试配与调整

经上述计算得到的配合比要进行试配与调整。

（1）试配

① 按拟定配合比，或保持计算水灰（胶）比不变，按 0.02 增减幅度再选定 2 个水灰（胶）比，或保持计算水灰（胶）比和计算单位水泥用量不变，按 $15～20kg/m^3$ 增减幅度再选定 2 个单位水泥用量，进行实验室试配，制作试件，实测各项性能指标，选择混凝土的弯拉强度、工作性、耐久性满足要求，且经济合理的配合比作为目标配合比。

② 根据搅拌楼（机）的试配情况，对试配配合比的混凝土进行性能检验与调整，直至符合目标配合比的要求。

③ 根据目标配合比计算的各种原材料用量，按照实际生产要求进行试拌，进行混凝土的弯拉强度、工作性、耐久性检验，确定施工配合比。

（2）调整

① 在工作性和含气量不满足相应摊铺方式要求时，可在保持水灰（胶）比不变的前提下调整单位用水量、外加剂掺量或砂率，不得减少满足计算弯拉强度及耐久性要求的单位水泥用量。

② 采用密度法计算的配合比，应实测拌合物表观密度，并应按表观密度调整配合比。调整时水灰比不得增大，单位水泥用量、各种纤维不得减少，调整后的拌合物表观密度允许偏差为±2.0％。

③ 实测拌合物含气量及其偏差应满足规范要求，不满足要求时，应调整引气剂掺量直至达到规定含气量。

④ 施工配合比中的水泥用量可根据拌和过程中的损耗情况，较目标配合比适当增加 5～10kg/m³。

6. 配合比设计示例

【例 5-7】 北方某地区有除冻盐要求的二级公路面层混凝土，滑模摊铺机摊铺，弯拉强度为 4.5MPa，坍落度为 10～30mm。原材料为：P.O 42.5 水泥，表观密度 3100kg/m³，实测 28 天抗压强度 53.2MPa，抗折强度 8.89MPa；细骨料为中砂，表观密度 2680kg/m³；粗骨料为碎石，最大粒径为 40mm，表观密度 2750kg/m³。

解： 配合比的计算过程如下：

(1) 按式(5-67) 计算配制 28 天弯拉强度的均值

$$f_c = \frac{f_r}{1-1.04C_v} + ts = \frac{4.5}{1-1.04 \times 0.15} + 0.46 \times 0.67 = 5.64(\text{MPa})$$

(2) 按式(5-68) 计算水灰比

$$W/C = \frac{1.5684}{f_c + 1.0097 - 0.3595f_s} = \frac{1.5684}{5.64 + 1.0097 - 0.3595 \times 8.89} = 0.45$$

有盐冻要求的二级公路混凝土有 W/C 不大于 0.42 的要求，取 W/C 为 0.42。

(3) 查表 5-177 确定砂率

根据细骨料与粗骨料种类和特性，选择砂率为 34%。

(4) 按式(5-70) 计算单位用水量

$$W_0 = 104.97 + 0.309S_L + 11.27C/W + 0.61S_p$$
$$= 104.97 + 0.309 \times 2 + 11.27 \div 0.42 + 0.61 \times 34 = 153(\text{kg/m}^3)$$

符合经验用水量。

(5) 按式(5-73) 计算单位水泥用量

$$C_0 = W_0(C/W) = 153 \div 0.42 = 364(\text{kg/m}^3)$$

符合不低于 320kg/m³ 的要求。

(6) 计算砂石用量

按照绝对体积法（含气量按 2% 计）进行计算可得：$S = 647\text{kg/m}^3$，$G = 1288\text{kg/m}^3$。

(7) 试配调整

按照上述计算得到的配合比：$W = 153\text{kg/m}^3$，$C = 364\text{kg/m}^3$，$S = 647\text{kg/m}^3$，$G = 1288\text{kg/m}^3$，拌制 30L 混凝土拌合物，测得坍落度为 30mm，符合工作性要求。但从黏聚性、保水性来看，砂率偏小。提高砂率为 35%，重新计算得到：$W = 153\text{kg/m}^3$，$C = 364\text{kg/m}^3$，$S = 665\text{kg/m}^3$，$G = 1268\text{kg/m}^3$。再次试配，测得坍落度为 2cm，黏聚性、保水性良好。

混凝土的计算密度为 2451kg/m³，实测混凝土密度为 2450kg/m³，不用调整。

(8) 强度检验

同时拌制 W/C 为 0.42、0.44 和 0.40 三组混凝土，制备弯拉强度试件，测得 28 天混凝土弯拉强度如下：

W/C 为 0.42 时，$f_c = 6.07\text{MPa}$；

W/C 为 0.44 时，$f_c = 5.74\text{MPa}$；

W/C 为 0.40 时，$f_c = 6.22\text{MPa}$。

最后，选择 W/C 为 0.42 的配合比为设计配合比。

应注意，工程经验表明，为得到适宜的工作性，砂的空隙率在 $35\%\sim36\%$ 的基础上每增加 1%，水泥浆含量就要增加 2.5%。

五、道路水泥混凝土参考配合比

几组弯拉强度 5.0MPa 的道路水泥混凝土的参考配合比见表 5-184。

表 5-184　道路水泥混凝土参考配合比　　　　　　　　　　单位：kg/m³

弯拉强度/MPa	P.O 42.5 水泥	S95 矿粉	碎石/mm			中砂	水	减水剂
			20~25	10~20	5~10			
5.0	310	40	405	608	253	652	132	7.0
5.0	325	15	541	481	180	782	76	6.8
5.0	325	15	420	601	180	730	129	6.8
5.0	325	25	475	475	238	728	133	7.0
5.0	380	—	493	564	117	728	119	11.4
5.0	380	—	—	1246	—	641	135	11.4

六、道路水泥混凝土制备与施工

1. 道路水泥混凝土制备

（1）拌合物制备

① 材料检测。应将相同料源、规格、品种原料作为一个批次，按表 5-185 中的全部项目、检测频率和试验方法进行检测。检测合格并经配合比试验确认满足要求后，方可使用，不合格原材料不得进场。

表 5-185　混凝土原材料的检测项目与检测频率（JTG/T F30）

材料	检测项目	检测频率		试验方法
		高速、一级公路	其他等级公路	
水泥	抗折强度、抗压强度、安定性	机铺 1500t 一批	机铺 1500t、小型机具 500t 一批	GB 175 GB 13693
	凝结时间、标准稠度需水量、细度	机铺 2000t 一批	机铺 3000t、小型机具 500t 一批	
	f-CaO、MgO、SO₃、铝酸三钙、铁铝酸四钙、干缩率、耐磨性、碱度、混合材种类与数量	每合同段不少于 3 次,进场前必测	每合同段不少于 3 次,进场前必测	
	温度	冬、夏季施工随时检测	冬、夏季施工随时检测	温度计
掺合料	活性指数、细度、烧失量	机铺 1500t 一批	机铺 1500t、小型机具 500t 一批	GB/T 18736 GB/T 1596
	需水量比、SO₃ 含量	每合同段不少于 3 次,进场前必测	每合同段不少于 3 次,进场前必测	

材料	检测项目	检测频率		试验方法
		高速、一级公路	其他等级公路	
粗骨料	级配、针片状含量、超径颗粒含量、表观密度、堆积密度、空隙率	机铺 2500m³ 一批	机铺 5000m³、小型机具 1500m³ 一批	JTG E42 T0302 T0312 T0308 T0309
	含泥量、泥块含量	机铺 1000m³ 一批	机铺 2000m³、小型机具 1000m³ 一批	JTG E42 T0310
	压碎值、岩石抗压强度	每种骨料每合同段不少于 2 次	每种骨料每合同段不少于 2 次	JTG E42 T0316 JTG E41 T0221
	碱骨料反应	怀疑有活性骨料进场前检测	怀疑有活性骨料进场前检测	JTG E42 T0325
	含水率	降雨或湿度变化随时测,且每日不少于 2 次	降雨或湿度变化随时测,且每日不少于 2 次	JTG E42 T0307
砂	细度模数、表观密度、堆积密度、空隙率、级配	机铺 2000m³ 一批	机铺 4000m³、小型机具 1500m³ 一批	JTG E42 T0331 T0328
	含泥量、泥块、石粉含量	机铺 1000m³ 一批	机铺 2000m³、小型机具 500m³ 一批	JTG E42 T03313 T0335
	坚固性	每种砂每合同段不少于 3 次	每种砂每合同段不少于 3 次	JTG E42 T0340
	云母含量、轻物质与有机物含量	目测有云母和杂质时测	目测有云母和杂质时测	JTG E42 T0337
	硫化物与硫酸盐、海砂中氯离子含量	必要时测,淡化海砂每合同段 3 次	必要时测,淡化海砂每合同段 2 次	JTG E42 T0341
	含水率	降雨或湿度变化随时测,且每日不少于 4 次	降雨或湿度变化随时测,且每日不少于 3 次	JTG E42 T0330
外加剂	减水率、缓凝时间、液体外加剂含固量和相对密度、粉体外加剂的不溶物含量	机铺 5t 一批	机铺 5t、小型机具 3t 一批	GB 8076
	引气剂含气量、气泡细密程度和稳定性	机铺 2t 一批	机铺 3t、小型机具 1t 一批	
纤维	抗拉强度、弯折性能或延伸率、长度、长径比、形状	开工前或有变化时,每合同段不少于 3 次	开工前或有变化时,每合同段不少于 3 次	GB/T 228 JT/T 776.1 GB/T 21120
	杂质、质量及其偏差	机铺 50t 一批	机铺 50t、小型机具 30t 一批	
水	pH 值、含盐量、硫酸根及杂质含量	开工前或水源有变化时	开工前或水源有变化时	JGJ 63

注:1. 当原材料规格、品种、生产厂及来源变化时或开工前,所有原材料项目均应检验;

2. 机铺指滑模、三辊轴机组混凝土摊铺,数量不足一批,按一批检验。

② 材料计量。材料计量允许偏差应满足表 5-186 的要求。

表 5-186　材料计量允许偏差（JTG/T F30）　　　　单位：%

材料名称	水泥	掺合料	纤维	细骨料	粗骨料	水	外加剂
高速公路、一级公路每盘	±1	±1	±2	±2	±2	±1	±1
高速公路、一级公路累计每车	±1	±1	±2	±2	±2	±1	±1
其他级别公路	±2	±2	±2	±3	±3	±2	±2

③ 搅拌。

a. 搅拌第一盘拌合物前应润湿拌和锅，每台班结束后均应对拌和锅清洗；

b. 搅拌时间应根据拌合物的黏聚性、匀质性经试验确定，并应满足以下要求：

（a）单立轴式搅拌机总搅拌时间宜为 80～120s，纯搅拌时间不应短于 40s。

（b）行星立轴和双卧轴式搅拌机总搅拌时间宜为 60～90s，纯搅拌时间不应短于 35s。

（c）连续双卧轴式搅拌楼（机）总搅拌时间宜为 80～120s，纯搅拌时间不应短于 40s。

（d）掺粉煤灰的水泥混凝土拌合物的纯搅拌时间应比不掺的延长 15～25s。

（e）纤维混凝土拌合物的纯搅拌时间应比水泥混凝土拌合物的纯搅拌时间应延长 20～30s。

④ 拌合物质量检测。

a. 拌合物质量检测项目及检测频率应符合表 5-187 的要求。

表 5-187　拌合物质量检测项目及检测频率（JTG/T F30）

检测项目	检测频率		试验方法
	高速公路、一级公路	其他级别公路	
水灰比及其稳定性	每 5000m³ 抽检一次，有变化随时测	每 5000m³ 抽检一次，有变化随时测	JTG 3420 T0529
坍落度及其损失率	每工班测 3 次，有变化随时测	每工班测 3 次，有变化随时测	JTG 3420 T0522
振动黏度系数	试拌、原材料和配合比有变化时测	试拌、原材料和配合比有变化时测	JTG/T 30　附录 A
纤维体积率	每工班测 2 次，有变化随时测	每工班测 1 次，有变化随时测	JTG/T 30　附录 D
含气量	每工班测 2 次，有抗冻要求不少于 3 次	每工班测 1 次，有抗冻要求不少于 3 次	JTG 3420 T0526
泌水率	每工班测 2 次	每工班测 2 次	JTG 3420 T0528
表观密度	每工班测 1 次	每工班测 1 次	JTG 3420 T0525
温度、凝结时间、水化发热量	冬、夏季施工，气温最高、最低时，每工班至少测 1～2 次	冬、夏季施工，气温最高、最低时，每工班至少测 1 次	JTG 3420 T0527
离析	随时观察	随时观察	—
压实度、松铺系数	每工班测 3 次，有变化随时测	每工班测 3 次，有变化随时测	JTG 3420 T0535

b. 拌合物出料温度宜控制在 10～35℃ 之间。

（2）拌合物运输

应选用拌合物离析及流动性损失较小的方法，快速运输，保证到现场的拌合物具有适宜的摊铺工作性。若离析时，必须重新搅拌。

不掺缓凝剂的拌合物从搅拌机出料到运抵现场的最长时间应符合表 5-188 的规定。不满足时，应通过掺缓凝剂的调整试验确定。

表 5-188　拌合物从搅拌机出料到运抵至现场的最长时间（JTG/T F30）　单位：h

施工气温/℃	滑模摊铺	三辊轴机组摊铺、小型机具摊铺
5～9	1.5	1.2
10～19	1.25	1.0
20～29	1.0	0.75
30～35	0.75	0.40

2. 道路水泥混凝土施工

（1）拌合物铺筑

① 铺筑工艺。

a. 滑模摊铺机铺筑工艺。宜用于高速、一级、二级公路的水泥混凝土面层、配筋水泥混凝土面层、纤维水泥混凝土面层、钢筋水泥混凝土桥面、隧道水泥混凝土面层、混凝土路缘石、路肩石及护栏等的滑模施工。

b. 三辊轴机组铺筑工艺。可用于二级及二级以下公路水泥混凝土面层、桥面和隧道水泥混凝土面层的施工，也可用于高速、一级公路硬路肩石、匝道、收费广场边板、封闭式中央分隔带、弯道超高加宽段硬路肩及局部异形面板等施工。

c. 小型机具铺筑工艺。可用于三级、四级以下公路水泥混凝土面层的施工，不得用于隧道水泥混凝土面层与桥面的铺装施工。

② 摊铺浇筑。

a. 商品道路水泥混凝土需采用搅拌车运输，其倾出卸料坍落度必须在 5cm 以上。搅拌车直接卸料，要充分利用其溜槽均匀布料，摊铺时应首先布满模板边缘、板角、接缝等处，用铁锹布料时要采用"扣锹"的方法。

b. 摊铺混凝土时为使混凝土板普遍均匀，振捣后能达到规定的纵横坡度要求，应留有适当的虚高度。

（2）振捣

铺筑工艺不同，其采用的振捣设备与振捣方法也不尽相同，无论采用何种方式，都要保证振捣行列有序地进行，对板边、角隅、接缝等处，要特别注意，避免漏振。并视气泡逸出和泛浆情况，严格控制振捣时间，防止过振。

（3）整平抹面

① 整平。

a. 振捣作业结束后，目测路面应基本平整，并有一层薄薄的滋润砂浆。发现明显的凹塘，必须采取"高铲低补"措施。低补时应选用混凝土拌合物或其中细粒碎石较多的混凝土找平，严禁用净浆或中粗砂粒甚少的细砂浆找平。

b. 振动梁整平和铁滚筒提浆整平后，均应采取斜向滑移检查平整度措施，使不平整度控制在约 2.5mm 厚。

c. 设有路拱时，应使用带路拱振动梁或路拱成形板振动或拍击并整平。

② 抹面。收水抹面一般分两次进行。抹面时，对采用搅拌车运送的坍落度较大的混凝土路面，不得采用抹面机抹面，应采用长木抹子抹面，以免影响平整度。第二次抹面不应过早，通常，视表面不再出现泌水时，即应第二次抹面。

③ 滚槽或拉槽。第二次抹面后应根据正式施工路面前在模拟板上试滚或初拉所确定的时机范围，进行 V 形滚槽或拉槽作业（指市区低速道路）、V 形变间距滚槽或变间距拉槽（指公路和快、高速城市道路）作业的饰面工作。

④ 切缝。路面施工通常需要横向切缝，这时应控制好切缝的间距、时机和深度。缝间

距通常在 5m 左右；切缝时机为强度发展到 5～10MPa，即浇筑后 250～350℃·h 时；深度不小于厚度的 1/3（且不小于 60mm），缝的宽度为 5～10mm。

（4）养护

① 高速公路、一级公路水泥混凝土路面宜采用养护剂加覆膜养护。

② 在水源充足的条件下，可采用节水保湿养护膜、土工毡、土工布、麻袋、草袋、草帘等养护方式，并应及时洒水。

③ 缺水条件下，宜采用节水保湿养护膜养护方式，并应洒透第一遍养护水。

④ 实测混凝土强度大于设计强度的 80% 后，可以停止养护。不同气温条件下的水泥混凝土路面的最短养护龄期可参照表 5-189 执行。

表 5-189　不同气温条件下的水泥混凝土路面的最短养护龄期　　　　单位：d

日平均气温/℃	隧道内混凝土、纤维 水泥混凝土	水泥混凝土、配筋水泥混凝土、 纤维水泥混凝土	钢筋水泥混凝土、钢筋 纤维水泥混凝土
5～9	21	21	24
10～19	14	14	21
20～29	12	10	14
30～35	8	7	10

注：1. 在日平均气温 5～9℃时，应同时采取保温保湿双重覆盖养护措施；

2. 当混凝土中掺加粉煤灰时，养护时间宜相应延长 7d。

3. 特殊天气条件下道路水泥混凝土施工

露天条件下的道路水泥混凝土路面施工，受天气条件影响很大，为确保施工质量，必须采取不同措施，应对特殊天气对施工质量的影响。

（1）一般规定

道路水泥混凝土路面施工，如遇以下天气条件之一时，必须停止施工：

① 现场降雨或下雪。

② 风力达到 6 级及 6 级以上的强风天气。

③ 现场气温高于 40℃，或拌合物摊铺温度高于 35℃。

④ 摊铺现场连续 5 天昼夜平均气温低于 5℃或夜间气温低于 -3℃。

（2）雨期施工

① 应准备足量的帆布、塑料布、塑料薄膜或预先搭设的防雨棚，遇下雨时，即刻用帆布、塑料布、塑料薄膜覆盖，或放上工作雨棚，铺筑完未浇完的一块板，并停工做工作缝；

② 如局部面层砂浆已被雨水冲掉，可另拌少量同级配砂浆及时加以修补；若表面被雨水冲刷，并且石子已经显露，将工作雨棚放好后，立即拌制（1∶1.5）～（1∶2.0）水泥砂浆加以饰面；若面层局部成坑或边部被冲毁的部位，应铲除重铺。

（3）风天施工

① 宜采用风速计监测风速，并根据风速，参考表 5-190 采取防止塑性收缩开裂措施。

表 5-190　风天防止水泥混凝土面层塑性收缩开裂措施参考表（JTG/T F30）

风力	风速/(m/s)	相应自然现象	防止路面塑性收缩开裂措施
1 级软风	≤1.5	烟能表示风向，水面有鱼鳞波	正常施工，喷洒一遍养护剂，原液剂量 0.40kg/m²
2 级轻风	1.6～3.3	人面有风感，树叶沙沙响，风标 转动，水面波峰破碎，产生飞沫	加厚喷洒一遍养护剂，剂量 0.50kg/m²
3 级微风	3.4～5.6	树叶和细枝摇晃，旗帜飘动， 水面波峰破碎，产生飞沫	路面摊铺完成后，立即喷洒第一遍养护剂，刻槽后， 再喷洒第二遍养护剂，两遍剂量共 0.60kg/m²

风力	风速/(m/s)	相应自然现象	防止路面塑性收缩开裂措施
4级和风	5.7～7.9	吹起尘土和纸片,小树枝摇动,水波出白浪	刻槽前后,喷洒二遍养护剂,两遍剂量共 0.75kg/m²
5级清劲风	8.0～10.7	有叶小树开始摇动,大浪明显,波峰起白沫	使用抹面机抹面或人工收浆后,加厚喷洒一遍剂量 1.0kg/m² 养护剂,并覆盖节水保湿养护膜、土工毡、湿麻袋、湿草袋等
6级强风	10.8～13.8	大树枝摇动,电线呼呼响,水面出现长浪,波峰吹成条纹	停止施工

② 持续刮 4～5 级风施工水泥混凝土路面和桥面时,应尽快喷洒足量养护剂;当覆盖材料对面层不会压出折印时,应尽早覆盖节水保湿养护材料。养护膜表面宜罩绳网或土工格栅,并压牢,防止养护膜被大风吹破或掀起。

(4) 高温期施工

当铺筑现场连续 4h 平均气温高于 30℃或日间最高气温高于 35℃时,应采取以下措施组织施工:

① 控制混凝土拌合物的出料温度不超过 35℃。

② 预估混凝土在运输、摊铺过程中水分过快蒸发所造成的坍落度的降低,事先调整好配合比,适当增加用水量。

③ 混凝土在运输时要遮盖,及时运送至工地,中途不许耽搁过久。

④ 摊铺、振捣、收水抹面与养护各道工序应衔接紧凑,尽可能缩短施工时间。

⑤ 在已摊铺好的路面上,可搭设凉棚(用雨季施工的雨棚代替),以避免混凝土表面遭到烈日直接暴晒。

⑥ 遇到高温烈日和大风时,在已振捣的混凝土面层,可适当喷洒少量水加以湿润,能防止混凝土内水分过量蒸发。同样,在收水抹面时,因表面过分干燥而又无法操作的情况下容许喷洒少量水于表面进行收水扫毛或滚槽。

⑦ 采用洒水覆盖保湿养护时,应控制养护水温与混凝土路面温差不超过 12℃,与混凝土桥面温差不超过 10℃;不得采用冰水或冷水养护。

(5) 低温期施工

当铺筑现场连续 5 昼夜平均气温高于 5℃,夜间最低气温在－5～－3℃时,应采取以下措施组织施工:

① 混凝土拌合物的出搅拌机温度不得低于 10℃,摊铺混凝土的温度不得低于 5℃,可采用热水或加热骨料方式提高拌合物的温度,热水温度不得高于 80℃,骨料温度不宜高于 50℃。

② 混凝土拌合物可掺用早强剂、防冻剂或促凝剂,并通过试验确定其掺量;可选用 R 型水泥,可掺用磨细矿渣、硅粉,但不得掺用粉煤灰。

③ 应采取保温保湿覆盖养护的方法进行养护,保温垫上、下表面均宜采取隔水养护措施。

④ 适当延长养护龄期,最短养护龄期不得少于表 5-189 中第一行的规定。

第十一节　轻骨料混凝土

轻骨料混凝土即轻质混凝土,我国现行行业标准《轻骨料混凝土应用技术标准》(JGJ/T 12)给出的定义是:用轻粗骨料、轻砂或普通砂、胶凝材料、外加剂和水配制而成的干表观密度不大于 1950kg/m³ 的混凝土。

一、轻骨料混凝土分类

1. 按砂特点分类

（1）全轻混凝土

由轻砂做细骨料配制而成的轻骨料混凝土。

（2）砂轻混凝土

由普通砂或普通砂中掺加部分轻砂做细骨料配制而成的轻骨料混凝土。

（3）大孔轻骨料混凝土

用轻粗骨料、水泥、矿物掺合料、外加剂和水配制而成的无砂或少砂轻骨料混凝土。

2. 按轻骨料种类分类

（1）天然轻骨料混凝土

如：浮石混凝土、火山渣混凝土等。

（2）工业废渣轻骨料混凝土

如：矿渣混凝土、膨胀矿渣珠混凝土、自燃煤矸石混凝土等。

（3）人造轻骨料混凝土

如：页岩陶粒混凝土、黏土陶粒混凝土、粉煤灰陶粒混凝土等。

3. 按混凝土用途分类

（1）保温轻骨料混凝土

主要用于保温的围护结构或热工构筑物。

（2）结构保温轻骨料混凝土

主要用于既承重又保温的围护结构。

（3）结构轻骨料混凝土

主要用于承重结构或构筑物。

不同用途的轻骨料混凝土其相应的强度等级和密度等级要求见表 5-191。

表 5-191　轻骨料混凝土按用途分类

类别名称	强度等级范围	表观密度/(kg/m³)
保温轻骨料混凝土	LC5.0	≤800
结构保温轻骨料混凝土	LC5.0、LC7.5、LC10、LC15	800～1400
结构轻骨料混凝土	LC15、LC20、LC25、LC30、LC35、LC40、LC45、LC50、LC55、LC60	1400～1900

二、轻骨料混凝土原材料

1. 轻骨料

堆积密度不大于 1200kg/m³ 的粗、细骨料的总称。其中，堆积密度不大于 500kg/m³ 的保温用或结构保温用轻骨料，称为超轻骨料；满足表 5-191 规定的结构轻粗骨料混凝土的粗骨料，称为高强轻骨料。

（1）轻骨料的类别

按形成方式分为：

① 天然轻骨料。由火山爆发形成的多孔岩石经破碎、筛分而制成的轻骨料，如浮石、火山渣等。

② 工业废渣轻骨料。由工业副产品或固体废弃物经破碎、筛分而制成的轻骨料，如矿渣、自燃煤矸石等。

③ 人造轻骨料。采用无机材料经加工制粒、高温焙烧而制成的轻骨料，如陶粒、陶砂等。

(2) 轻骨料的技术性质

① 最大粒径与颗粒级配。人造轻粗骨料的最大粒径不宜大于 19.0mm，各种轻粗和轻细骨料的颗粒级配应符合表 5-192 的要求。轻细骨料的细度模数宜在 2.3～4.0 范围内，轻粗骨料自然级配的空隙率不应大于 50%。

表 5-192　轻骨料的颗粒级配（GB/T 17431.1）

轻骨料	级配类别	公称粒级/mm	各号筛的累计筛余(按质量计)/%											
			方孔筛孔径											
			37.5mm	31.5mm	26.5mm	19.0mm	16.0mm	9.50mm	4.75mm	2.36mm	1.18mm	600μm	300μm	150μm
细骨料	—	0～5	—	—	—	—	—	0	0～10	0～35	20～60	30～80	65～90	75～100
粗骨料	连续粒级	5～40	0～10	—	—	40～60	—	50～85	90～100	95～100	—	—	—	—
		5～31.5	0～5	0～10	—	—	40～75	—	90～100	95～100	—	—	—	—
		5～25		0	0～5	0～10	30～40	—	90～100	95～100	—	—	—	—
		5～20			0	0～5	—	0～10	80～100	95～100	—	—	—	—
		5～16			0	0～5	0～10	20～60	85～100	95～100	—	—	—	—
		5～10					0	0～15	80～100	95～100	—	—	—	—
	单粒级	10～16				0	0～15	85～100	90～100	—	—	—	—	—

各种粗细混合轻骨料应满足下列要求：2.36mm 筛上累计筛余为（60±2）%；筛除 2.36mm 以下颗粒后，2.36mm 筛上的颗粒级配满足表 5-193 中公称粒级 5～10mm 的颗粒级配的要求。

② 密度等级。轻骨料密度等级按堆积密度划分，并应符合表 5-193 的要求。

表 5-193　轻骨料的密度等级（GB/T 17431.1）

轻骨料种类	密度等级		堆积密度范围/(kg/m³)
	轻粗骨料	轻细骨料	
天然轻骨料 人造轻骨料 工业废渣轻骨料	200	—	>100,≤200
	300	—	>200,≤300
	400	—	>300,≤400
	500	500	>400,≤500
	600	600	>500,≤600
	700	700	>600,≤700
	800	800	>700,≤800
	900	900	>800,≤900
	1000	1000	>900,≤1000
	1100	1100	>1000,≤1100
	1200	1200	>1100,≤1200

堆积密度不仅能表征轻骨料的颗粒密度、级配、粒径、粒形的变化，更能表征轻骨料的强度。若堆积密度越大，则其颗粒密度就越大、级配就越好、粒径就越小、粒形呈圆球形、抗压强度就越高。

③ 筒压强度与强度标号。

a. 筒压强度。不同密度等级轻粗骨料的筒压强度应不低于表 5-194 的规定。

表 5-194　轻粗骨料的筒压强度（GB/T 17431.1）

轻粗骨料种类	密度等级	筒压强度/MPa
人造轻骨料	200	0.2
	300	0.5
	400	1.0
	500	1.5
	600	2.0
	700	3.0
	800	4.0
	900	5.0
天然轻骨料 工业废渣轻骨料	600	0.8
	700	1.0
	800	1.2
	900	1.5
	1000	1.5
工业废渣轻骨料中的自燃煤矸石	900	3.0
	1000	3.5
	1100～1200	4.0

筒压强度采用承压筒法测定。将筛取 10～20mm 公称粒级的试样 5L（其中 10～15mm 公称粒级的试样的体积分数应占 50%～70%），装入规格为 ϕ115mm×100mm 的承压筒内，经振动台两次振动并刮平后做抗压试验，取压入深度为 20mm 时的抗压强度作为该轻粗骨料的筒压强度。由于轻粗骨料在筒内为点接触，因此，其筒压强度并非轻粗骨料的极限抗压强度，更不能表征轻粗骨料在混凝土中的真实强度，仅是轻粗骨料颗粒的平均相对强度的一个指标。

b. 强度标号。不同密度等级高强轻粗骨料的筒压强度和强度标号应不低于表 5-195 的规定。

表 5-195　高强轻粗骨料的筒压强度和强度标号（GB/T 17431.1）

高强轻粗骨料种类	密度等级	筒压强度/MPa	强度标号
人造轻骨料	600	4.5	25
	700	5.0	30
	800	6.0	35
	900	6.5	40

④ 吸水率与软化系数。

a. 吸水率。不同密度等级的轻粗骨料的 1h 吸水率应不大于表 5-196 的规定。

表 5-196　轻粗骨料的吸水率（GB/T 17431.1）

轻粗骨料种类	密度等级	1h 吸水率/%
人造轻骨料 工业废渣轻骨料	200	30
	300	25
	400	20
	500	15
	600～1200	10
人造轻骨料中的粉煤灰陶粒①	600～900	20
天然轻骨料	600～1200	—

① 系指采用烧结工艺生产的粉煤灰陶粒。

轻骨料因其较高的孔隙率而具有较大的吸水率。过大的吸水率特别是过早发生的吸水往往会给轻骨料混凝土的性能带来不利影响，如：改变混凝土拌合物的水胶比，降低混凝土拌合物的工作性，给泵送施工带来困难，也会降低硬化后混凝土的保温性能、强度和抗冻性。

b. 软化系数。它是表征材料耐水侵蚀能力的一个指标。人造轻粗骨料和工业废渣轻粗骨料的软化系数应不小于 0.8；天然轻粗骨料的软化系数应不小于 0.7。

⑤ 粒型系数。不同种类轻粗骨料的粒型系数应符合表 5-197 的规定。

表 5-197　轻粗骨料的粒型系数（GB/T 17431.1）

轻粗骨料种类	平均粒型系数
人造轻骨料	≤2.0
天然轻骨料 工业废渣轻骨料	不做规定

粒型系数是表征粗骨料颗粒外观几何特征的一个指标，即粗骨料颗粒长向最大尺寸与中间截面最小尺寸之比值。粒型系数不仅影响混凝土拌合物的工作性，也会影响混凝土的密实程度和强度。

⑥ 抗冻性。指轻骨料在吸水饱和状态下，能经受多次冻结和融化的循环作用而不被破坏，也不严重降低其强度的性能。对吸水率较大的轻粗骨料，采用冻 3h、融 1h 的抗冻试验，经过 15 次冻融循环后质量损失不大于 5% 时，表明其抗冻性良好。

⑦ 有害物质。轻骨料中的有害物质指标应符合表 5-198 的规定。

表 5-198　轻骨料中有害物质的规定（GB/T 17431.1）

项目名称	技术指标
含泥量/%	≤3.0
	结构混凝土用轻骨料≤2.0
泥块含量/%	≤1.0
	结构混凝土用轻骨料≤0.5
煮沸质量损失/%	≤5.0
烧失量/%	≤5.0
	天然轻骨料混凝土不做规定,用于无筋混凝土的煤渣允许含量≤18

项目名称	技术指标
有机物含量	不深于标准色；如深于标准色，按 GB/T 17431.2 中 18.6.3 的规定操作，且试验结果不低于 95%
硫化物和硫酸盐含量（按 SO_3 计）/%	≤1.0
	用于无筋混凝土的自燃煤矸石的允许含量≤1.5
氯化物（氯离子计）含量/%	≤0.02
放射性	符合 GB 6566 的规定

2. 普通砂

轻骨料混凝土普通用砂应符合现行行业标准 JGJ 52 的规定。

3. 水泥

水泥应符合现行国家标准 GB 175 的规定，其他品种的水泥应符合国家现行相应标准的规定。由于轻骨料混凝土的强度变化范围很大（5～60MPa），因此，所用水泥的强度等级应根据轻骨料混凝土强度要求来确定，一般不宜用高强度等级的水泥配制低强度等级的轻骨料混凝土，以免影响混凝土拌合物的工作性，若必须用高强度等级的水泥配制低强度的轻骨料混凝土时，可以通过掺加矿物掺合料予以调节。

4. 矿物掺合料

为改善轻骨料混凝土拌合物的工作性或调节水泥的强度等级，配制轻骨料混凝土可以掺入一些矿物掺合料。主要品种有：粉煤灰、粒化高炉矿渣粉、硅灰、钢渣粉、粒化电炉磷渣粉、石灰石粉及复合掺合料等。其性能应分别符合现行国家标准 GB/T 1596、GB/T 18046、GB/T 27690、GB/T 20491、GB/T 26751、GB/T 30190 以及现行行业标准 JG/T 486 的规定，其掺量应通过试验来确定。

5. 外加剂

根据需要，配制轻骨料混凝土可以掺加减水剂、早强剂及抗冻剂等各种外加剂，其性能与应用技术应分别符合现行国家标准 GB 8076、相应行业标准和 GB 50119 的规定。

三、轻骨料混凝土技术性能

采用低水胶比、较高水泥用量以及轻质多孔骨料制备的轻骨料混凝土，与普通混凝土相比，其新拌与硬化混凝土性能均存在较大差异。

1. 新拌混凝土性能

（1）黏性大、可泵性差

轻骨料表面粗糙多孔，因此，混凝土拌合物通常会具有较大的黏性，且在压力下轻骨料更易于吸水，由此导致轻骨料混凝土的可泵性变差，增大泵送过程中的摩阻力，甚至引起管道堵塞。

（2）不易泌水、易离析

混凝土拌合物较大的黏性以及轻骨料的吸水性，使轻骨料混凝土不易发生泌水现象。但骨料轻极易上浮而发生离析，尤其是当混凝土拌合物流动性过大或轻骨料的密度等级过小时，轻骨料上浮离析严重。

为避免离析现象发生，通常可采取以下措施：

① 掺入硅灰，改善黏聚性并能减小水泥浆与骨料之间的密度差。

② 减小骨料的粒径。

③ 采取净浆裹骨料工艺。预先在骨料表面裹上一层低水胶比的净浆，实质上，增大了骨料的密度以及骨料与水泥浆之间的黏结力。

2. 硬化混凝土性能

（1）物理性能

① 干表观密度。与普通混凝土相比，轻骨料混凝土的干表观密度一般可减小 1/4～3/4。干表观密度主要受制于轻骨料的组成、结构及轻骨料在混凝土中的比例，可分为 14 个密度等级，见表 5-199。

表 5-199　轻骨料混凝土的密度等级及其理论密度取值（JGJ/T 12）

密度等级	干表观密度的变化范围 /(kg/m³)	理论密度/(kg/m³)	
		轻骨料混凝土	钢筋轻骨料混凝土
600	560～650	650	—
700	660～750	750	—
800	760～850	850	—
900	860～950	950	—
1000	960～1050	1050	—
1100	1060～1150	1150	—
1200	1160～1250	1250	1350
1300	1260～1350	1350	1450
1400	1360～1450	1450	1550
1500	1460～1550	1550	1650
1600	1560～1650	1650	1750
1700	1660～1750	1750	1850
1800	1760～1850	1850	1950
1900	1860～1950	1950	2050

某一密度等级轻骨料混凝土的干表观密度标准值，可取该密度等级干表观密度变化范围的上限值。

② 热性能。轻骨料混凝土因较低的干表观密度而具有良好的热性能。

不同密度等级轻骨料混凝土在干燥条件下和在体积平衡含水率 6% 条件下的各种热物理系数应符合表 5-200 的规定。

表 5-200　轻骨料混凝土的各种热物理系数（JGJ/T 12）

密度等级	热导率		比热容		导温系数		蓄热系数	
	λ_d	λ_c	C_d	C_c	α_d	α_c	S_{d24}	S_{c24}
	W/(m·K)		kJ/(kg·K)		×10³ m²/h		W/(m²·K)	
600	0.18	0.25	0.84	0.92	1.28	1.63	2.56	3.01
700	0.20	0.27	0.84	0.92	1.25	1.50	2.91	3.38
800	0.23	0.30	0.84	0.92	1.23	1.38	3.37	4.17
900	0.26	0.33	0.84	0.92	1.22	1.33	3.73	4.55
1000	0.28	0.36	0.84	0.92	1.20	1.37	4.10	5.13
1100	0.31	0.41	0.84	0.92	1.23	1.36	4.57	5.62

续表

密度等级	热导率		比热容		导温系数		蓄热系数	
	λ_d	λ_c	C_d	C_c	α_d	α_c	S_{d24}	S_{c24}
	W/(m·K)		kJ/(kg·K)		×10³m²/h		W/(m²·K)	
1200	0.36	0.47	0.84	0.92	1.29	1.43	5.12	6.28
1300	0.42	0.52	0.84	0.92	1.38	1.48	5.73	6.93
1400	0.49	0.59	0.84	0.92	1.50	1.56	6.43	7.65
1500	0.57	0.67	0.84	0.92	1.63	1.66	7.19	8.44
1600	0.66	0.77	0.84	0.92	1.78	1.77	8.01	9.30
1700	0.76	0.87	0.84	0.92	1.91	1.89	8.81	10.20
1800	0.87	1.01	0.84	0.92	2.08	2.07	9.74	11.30
1900	1.01	1.15	0.84	0.92	2.26	2.23	10.70	12.40

注：1. λ_d、C_d、α_d、S_{d24}分别代表干燥状态下，轻骨料混凝土的热导率、比热容、导温系数和周期为24h的蓄热系数。

2. λ_c、C_c、α_c、S_{c24}分别代表体积平衡含水率6%状态下，轻骨料混凝土的热导率、比热容、导温系数和周期为24h的蓄热系数。

3. 用膨胀矿渣珠作粗骨料的混凝土热导率可按表列数值降低25%取用或经试验确定。

（2）力学性能

① 强度。影响普通混凝土与轻骨料混凝土强度增长规律的因素既有相同之处，又有不同之处。相同之处：在一定范围内，两者强度都会随水泥强度等级的提高、水泥用量的增加及水胶比的降低而增高。不同之处：粒型对强度的影响规律不同。粗糙多棱角的碎石较圆滑的卵石有利于提高普通混凝土的强度，而多呈球形的人造轻骨料（如陶粒），较多棱角的天然及工业废渣轻骨料有利于提高轻骨料混凝土的强度。轻骨料自身强度及轻骨料用量对混凝土强度影响较大。通常，某一特定品种和用量的轻骨料只能配制一定强度的混凝土，如要配制高于此强度的混凝土，即使降低水胶比、增加水泥用量也不可能使混凝土强度有明显提高，或提高幅度很小。

JGJ/T 12标准中规定：轻骨料混凝土的强度等级应按立方体抗压强度标准值确定，即按标准方法制作并养护的边长为150mm的立方体试体，在28天龄期或设计规定的龄期以标准试验方法测得的具有95%保证率的抗压强度值。

结构用人造轻骨料混凝土的轴心抗压强度、轴心抗拉强度标准值 f_{ck}、f_{tk}，见表5-201。

表5-201　结构用人造轻骨料混凝土强度标准值（JGJ/T 12）

强度等级	LC15	LC20	LC25	LC30	LC35	LC40	LC45	LC50	LC55	LC60
f_{ck}/MPa	10.0	13.4	16.7	20.1	23.4	26.8	29.6	32.4	35.5	38.5
f_{tk}/MPa	1.27	1.54	1.78	2.01	2.20	2.39	2.51	2.64	2.74	2.85

注：轴心抗拉强度标准值，对自然煤矸石混凝土应按表中数值乘以系数0.85；火山渣混凝土应按表中数值乘以系数0.80。

② 弹性模量。轻骨料混凝土的弹性模量比普通混凝土的弹性模量一般约低25%～65%，而且轻骨料混凝土的强度越低，其弹性模量值低得越多。结构用轻骨料混凝土的弹性模量 E_{LC}，见表5-202。当有可靠试验依据时，弹性模量 E_{LC} 也可按实测数据确定。

表 5-202　结构用轻骨料混凝土的弹性模量 E_{LC}（JGJ/T 12）　　单位：$\times 10^4$ MPa

强度等级	密度等级							
	1200	1300	1400	1500	1600	1700	1800	1900
LC15	0.94	1.02	1.10	1.17	1.25	1.33	1.41	1.49
LC20	1.08	1.17	1.26	1.36	1.45	1.54	1.63	1.72
LC25	—	1.31	1.41	1.52	1.62	1.72	1.82	1.92
LC30	—	—	1.55	1.66	1.77	1.88	1.99	2.10
LC35	—	—	—	1.79	1.91	2.03	2.15	2.27
LC40	—	—	—	—	2.04	2.17	2.30	2.43
LC45	—	—	—	—	—	2.30	2.44	2.57
LC50	—	—	—	—	—	2.43	2.57	2.71
LC55	—	—	—	—	—	—	2.70	2.85
LC60	—	—	—	—	—	—	2.82	2.97

（3）变形性能

① 徐变。与同强度等级的普通混凝土相比，轻骨料混凝土的水泥用量相对较多，骨料弹性模量相对较低，因此，后者的徐变比前者的徐变要大。试验结果表明，LC20～LC40 的轻骨料混凝土的徐变值比 C20～C40 的普通混凝土的徐变值约大 15%～40%。

JGJ/T 12 标准给出了结构轻骨料混凝土不同龄期 t 时的徐变系数的计算公式（5-80），且设计、施工的控制目标值的取值不应大于表 5-203 中的规定值。

$$\varphi(t) = \varphi_0(t)\xi_1\xi_2\xi_3\xi_4\xi_5 \tag{5-80}$$

$$\varphi_0(t) = \frac{t^n}{a + bt^n} \tag{5-81}$$

式中　　$\varphi(t)$——结构轻骨料混凝土的徐变系数；

$\varphi_0(t)$——结构轻骨料混凝土随持荷时间变化的徐变系数，可按表 5-203 取值；

t——龄期，d；

ξ_1，ξ_2，ξ_3，ξ_4，ξ_5——结构轻骨料混凝土徐变系数的修正系数，可按表 5-204 取值；

n，a，b——计算参数，当加荷龄期为 28d 时，取 $n=0.6$，$a=4.520$，$b=0.353$。

表 5-203　不同持荷时间的徐变系数（JGJ/T 12）

持荷时间/d	28	90	180	360	终极值
徐变系数	1.63	2.11	2.38	2.64	2.65

表 5-204　结构轻骨料混凝土徐变系数与收缩值的修正系数（JGJ/T 12）

影响因素	变化条件	徐变系数		收缩值	
		符号	系数	符号	系数
相对湿度/%	≤40	ξ_1	1.30	β_1	1.30
	60		1.00		1.00
	≥80		0.75		0.75
截面尺寸(体积/表面积)/cm	2.00	ξ_2	1.15	β_2	1.20
	2.50		1.00		1.00
	3.75		0.92		0.95
	5.00		0.85		0.90
	10.00		0.70		0.80
	15.00		0.60		0.65
	>20.00		0.55		0.40

续表

影响因素	变化条件	徐变系数		收缩值	
		符号	系数	符号	系数
养护方法	标准养护 蒸养养护	ξ_3	1.00 0.85	β_3	1.00 0.80
加荷龄期/d	7 14 28 90	ξ_4	1.20 1.10 1.00 0.80		— — — —
粉煤灰取代水泥率/%	0 10～20	ξ_5	1.00 1.00	β_5	1.00 0.95

② 收缩。与同强度等级的普通混凝土相比，轻骨料混凝土的水泥用量相对较多，因此，后者的自收缩与干燥收缩都要比前者的大。在干燥条件下，轻骨料混凝土的最终收缩值约为 0.4～1mm/m，为同强度等级普通混凝土的 1～5 倍。

JGJ/T 12 标准给出了轻骨料混凝土收缩值的计算公式(5-82)，且设计、施工的控制目标值的取值不应大于表 5-205 中的规定值。

$$\varepsilon(t)=\varepsilon_0(t)\beta_1\beta_2\beta_3\beta_5 \tag{5-82}$$

$$\varepsilon_0(t)=\frac{t}{a_s+b_st}\times10^{-3} \tag{5-83}$$

式中　　　$\varepsilon(t)$——轻骨料混凝土的收缩值；

　　　　　$\varepsilon_0(t)$——轻骨料混凝土随龄期变化的收缩值；

　　　　　　t——龄期，d；

β_1，β_2，β_3，β_5——砂骨料混凝土收缩值的修正系数，可按表 5-204 取值；

　　a_s，b_s——计算参数，当初始测试龄期为 3d 时，取 $a_s=78.69$，$b_s=1.20$，当初始测试龄期为 28d 时，取 $a_s=120.23$，$b_s=2.26$。

表 5-205　不同龄期的收缩值 （JGJ/T 12）

龄期/d	28	90	180	360	终极值
收缩值/(mm/m)	0.36	0.59	0.72	0.82	0.85

（4）耐久性

轻骨料的多孔结构特征决定了轻骨料混凝土具有较好的耐久性。

① 抗渗性。通常，轻骨料混凝土具有优于普通混凝土的抗渗性，如 LC30 轻骨料混凝土的抗渗等级可达 P15～P22，而 C30 普通混凝土的抗渗等级一般只有 P8～P12，其主要原因可以归结为：

a. 轻骨料具有吸水与返水的"微泵"作用，其吸水作用可有效降低轻骨料砂浆的水灰比，其返水作用可有效润湿养护轻骨料砂浆，从而使轻骨料砂浆的强度与密实度提高。

b. 轻骨料的"微泵"作用，可有效缓解轻骨料混凝土的泌水，从而减少轻骨料混凝土因浇筑振捣而产生的泌水通道。

c. 近于球形的圆滑轻骨料有助于减小水分向上迁移的阻力，骨料下方不易形成积水的"水囊"（即内分层现象）。

② 抗冻性。轻骨料的孔中或多或少存在"密闭空气"，所以，在常压下轻骨料不可能达到完全吸水饱和，而留有一定量的"未充水空间"，当混凝土受冻时，"未充水空间"则可以

有效缓解部分冻结水的冻胀应力与部分过冷水迁移的渗透应力，因此，轻骨料混凝土具有较好的抗冻性，其抗冻性能应符合表 5-206 的规定，并应满足设计要求。

表 5-206　轻骨料混凝土的抗冻性能（JGJ/T 12）

环境条件	抗冻等级　≥	环境条件	抗冻等级　≥
夏热冬冷地区	F50	严寒地区	F150
寒冷地区	F100	严寒地区干湿循环	F200
寒冷地区干湿循环	F150	采用除冰盐环境	F250

③ 抗碳化性。由于轻骨料混凝土中的砂浆密实度较高，水泥用量多，水化后的碱度高，因此，也显现出较好的抗碳化性，其碳化性能应符合表 5-207 的规定，并应满足设计要求。

表 5-207　轻骨料混凝土的碳化性能（JGJ/T 12）

等级	环境条件	28d 碳化深度/mm
1	室内,正常湿度	≤40
2	室外,正常湿度;室内,潮湿	≤35
3	室外,潮湿	≤30
4	干湿交替	≤25

注：1. 正常湿度系指相对湿度为 55%～65%；

2. 潮湿系指相对湿度为 65%～80%；

3. 28d 碳化深度是采用现行国家标准 GB/T 50082 中碳化试验方法的试验结果。

四、轻骨料混凝土配合比设计

1. 配合比设计原则

（1）适当提高配制强度

由于轻粗骨料强度低且强度随骨料品种不同而呈现较大差异，所以，受控于轻粗骨料强度的砂轻混凝土，尤其是高强度等级（≥LC40）要求时，其强度不易保证。因此，配合比设计时，应适当提高轻骨料混凝土的配制强度。主要措施有：

① 适当增加水泥用量，采用较高强度等级的水泥。

② 选用粒型系数小，颗粒级配良好，筒压强度高的轻骨料，如人造陶粒。

③ 选用最大粒径不大于 20mm 轻粗骨料。

④ 在保证混凝土工作性的前提下，尽量降低水灰比。

⑤ 适量增掺能提高混凝土流动性，降低水灰比的外加剂，如：高性能减水剂。

（2）尽量降低密度等级

"质轻"是轻骨料混凝土有别于其他混凝土最为突出的特点，尤其对于保温隔热用轻骨料混凝土，应当在满足强度要求的前提下，尽量降低轻骨料混凝土的密度等级。通常，采取的措施有：

① 在满足强度要求的前提下，尽量减少水泥和普通砂的用量。

② 选用粒型系数小，筒压强度高的轻骨料，如人造陶粒。

③ 尽量采用堆积密度较小的轻骨料，用于保温轻骨料混凝土的轻细骨料，其堆积密度不宜大于 600kg/m³；轻粗骨料其堆积密度不宜大于 300kg/m³；必要时，可适量采用堆积

密度更低的轻质骨料，如：膨胀玻化微珠、聚苯颗粒。

④ 在满足强度要求的前提下，尽量选用较大粒径的轻粗骨料，但最大粒径不宜大于 40mm。

⑤ 优先采用吸水率较低的轻骨料。

（3）合理的经济性

轻骨料品种繁多，价格差异较大，对轻骨料混凝土的成本影响较大，所以，在满足轻骨料混凝土技术性能要求的前提下，优先选用价格较低的工业废渣轻骨料或天然轻骨料。

2. 配合比设计一般规定

① 应满足拌合物性能、抗压强度、密度、耐久性能的规定。如，拌合物坍落度与扩展度的允许偏差应满足表 5-208 的规定；泵送轻骨料混凝土的坍落度经时损失不宜大于 30mm/h。

表 5-208　轻骨料混凝土拌合物坍落度与扩展度的允许偏差（JGJ/T 12）

项目	控制目标值/mm	允许偏差/mm
坍落度	≤40	±10
	50～90	±20
	100～150	±20
	≥160	±30
扩展度	≥500	±30

② 试配强度应按式(5-84) 计算：

$$f_{cu,o} \geqslant f_{cu,k} + 1.645\sigma \tag{5-84}$$

式中　$f_{cu,o}$——轻骨料混凝土的配制强度，MPa；

$f_{cu,k}$——轻骨料混凝土立方体抗压强度标准值，取混凝土的设计强度等级值，MPa；

σ——轻骨料混凝土的强度标准差，MPa。

当具有 3 个月以内的同一品种、同一强度等级的轻骨料混凝土强度资料，且试件组数不少于 30 组时，强度标准差 σ 应按式(5-85) 计算：

$$\sigma = \sqrt{\frac{\sum_{i=1}^{n} f_{cu,i}^2 - nm_{fcu}^2}{n-1}} \tag{5-85}$$

式中　$f_{cu,i}$——第 i 组的试件强度，MPa；

m_{fcu}——n 组试件的强度平均值，MPa；

n——试件组数。

当没有近期同一品种、同一强度等级的轻骨料混凝土强度资料，或当采用非统计方法评定强度时，强度标准差 σ 可按表 5-209 选取。

表 5-209　轻骨料混凝土的强度标准差（JGJ/T 12）

轻骨料混凝土强度等级	<LC20	LC20～LC35	≥LC40
σ/MPa	4.0	5.0	6.0

③ 轻粗骨料宜选用同一品种，若掺入另一品种轻粗骨料时，其合理掺量应通过试验确定。

④ 加入外加剂或矿物掺合料时，其品种、掺量和对胶凝材料的适应性，必须通过试验来确定。

3. 配合比设计参数

（1）胶凝材料用量

可按表 5-210 选用。水泥宜为 42.5 级普通硅酸盐水泥；最大胶凝材料用量不宜超过 550kg/m³；对于泵送轻骨料混凝土胶凝材料用量不宜小于 550kg/m³。

表 5-210　轻骨料混凝土的胶凝材料用量（JGJ/T 12）　　　　　单位：kg/m³

混凝土配制强度/MPa	轻骨料密度等级						
	400	500	600	700	800	900	1000
<5.0	260~320	250~300	230~280	—	—	—	—
5.0~7.5	280~360	260~340	240~320	220~300	—	—	—
7.5~10	—	280~370	260~350	240~320	—	—	—
10~15	—	—	280~350	260~340	240~330	—	—
15~20	—	—	300~400	280~380	270~370	260~360	250~350
20~25	—	—	—	330~400	320~390	310~380	300~370
25~30	—	—	—	380~450	370~440	360~430	350~420
30~40	—	—	—	420~500	390~490	380~480	370~470
40~50	—	—	—	—	430~530	420~520	410~510
50~60	—	—	—	—	450~550	440~540	430~530

注：表中下限值适用于圆球形轻粗骨料砂轻混凝土，上限值适用于碎石型轻粗骨料砂轻混凝土和全轻混凝土。

（2）矿物掺合料用量

矿物掺合料的最大掺量，宜分别符合表 5-211 与表 5-212 的规定。

表 5-211　轻骨料钢筋混凝土中矿物掺合料最大掺量（JGJ/T 12）

矿物掺合料种类	水胶比	矿物掺合料最大掺量/%	
		采用硅酸盐水泥时	采用普通硅酸盐水泥时
粉煤灰	≤0.40	45	35
	>0.40	40	30
粒化高炉矿渣粉	≤0.40	65	55
	>0.40	55	45
钢渣粉	—	30	20
磷渣粉	—	30	20
硅灰	—	10	10
复合掺合料	≤0.40	65	55
	>0.40	55	45

注：1. 对于轻骨料大体积混凝土，粉煤灰、粒化高炉矿渣粉和复合掺合料的最大掺量可增加 5%；

2. 采用掺量大于 30% 的 C 类粉煤灰的混凝土，应以实际使用的水泥和粉煤灰的掺量进行安定性试验；

3. 采用其他通用硅酸盐水泥时，宜将水泥混合材掺量 20% 以上的混合材量计入矿物掺合料；

4. 复合矿物掺合料中各矿物掺合料组分的掺量不宜超过单掺时的限量；

5. 在混合使用两种或两种以上矿物掺合料时，矿物掺合料的总掺量应符合表中复合掺合料的规定；

6. 矿物掺合料最终掺量应通过试验确定。

表 5-212　轻骨料预应力钢筋混凝土中矿物掺合料最大掺量（JGJ/T 12）

矿物掺合料种类	水胶比	矿物掺合料最大掺量/%	
		采用硅酸盐水泥时	采用普通硅酸盐水泥时
粉煤灰	≤0.40	35	30
	>0.40	25	20
粒化高炉矿渣粉	≤0.40	55	45
	>0.40	45	35
钢渣粉	—	20	10
磷渣粉	—	20	10
硅灰	—	10	10
复合掺合料	≤0.40	55	45
	>0.40	45	35

注：同表 5-211。

（3）净用水量

通常，轻骨料使用前需将其进行约 1h 的预吸水处理，因此，将"轻骨料混凝土拌合物不包括轻骨料吸水量的用水量"称为"净用水量"。总用水量即指轻骨料混凝土拌合物中净用水量与轻骨料吸水量的总和。配合比设计时，轻骨料混凝土的净用水量可按表 5-213 选用，并根据所采用的外加剂，对其性能经试验调整后确定。

表 5-213　轻骨料混凝土的净用水量（JGJ/T 12）

成型方式	拌合物性能要求		净用水量/(kg/m³)
	维勃稠度/s	坍落度/mm	
振动加压成型	10~20	—	45~140
振动台成型	5~10	0~10	140~160
振捣棒或平板振动器振实	—	30~80	160~180
机械振捣	—	150~200	140~170
钢筋密集机械振捣	—	≥200	145~180

（4）砂率

砂率可按表 5-214 选用。当采用松散体积法设计配合比时，表中数值为松散体积砂率；当采用绝对体积法设计配合比时，表中数值为绝对体积砂率。

表 5-214　轻骨料混凝土的砂率（JGJ/T 12）

轻骨料混凝土用途	预制构件		现浇混凝土	
细骨料品种	轻砂	普通砂	轻砂	普通砂
砂率/%	35~50	30~40	40~55	35~45

注：1. 当混合使用普通砂和轻砂做细骨料时，砂率宜取中间值，宜按普通砂和轻砂的混合比例进行插入计算；

2. 当采用圆球形轻粗骨料时，砂率宜取表中下限值；采用碎石型时，则宜取表中上限值；

3. 泵送现浇的轻骨料混凝土，砂率宜取表中下限值。

（5）粗细骨料松散堆积的总体积

即指配制每立方米轻骨料混凝土所需粗细骨料松散堆积体积的总和，是采用松散体积法进行配合比设计时的一个重要参数，其值将影响所配制轻骨料混凝土的成品数量（即是否亏方）。粗细骨料松散堆积的总体积主要与粗骨料的粒型、细骨料的品种以及混凝土的内部结构等因素有关，可按表 5-215 选取。

表 5-215　粗细骨料松散堆积的总体积（JGJ/T 12）

轻粗骨料粒型	圆球形		碎石型	
细骨料品种	轻砂	普通砂	轻砂	普通砂
粗细骨料松散堆积的总体积/m³	1.25～1.50	1.10～1.40	1.35～1.65	1.15～1.60

注：当采用膨胀珍珠岩砂时，宜取表中的上限值。

4. 不同耐久性要求的配合比设计规定

（1）具有抗裂要求的配合比设计规定

① 净水胶比（净用水量与胶凝材料用量之比）不宜大于 0.5，宜采用聚羧酸系高性能减水剂。

② 试配的混凝土早期抗裂试验单位面积上的总开裂面积不宜大于 $700mm^2/m^2$。

（2）具有抗渗要求的配合比设计规定

① 最大净水胶比应符合表 5-216 的规定。

表 5-216　最大净水胶比（JGJ/T 12）

设计抗渗等级	最大净水胶比	设计抗渗等级	最大净水胶比
P6	0.55	>P12	0.40
P8～P12	0.45		

② 最小胶凝材料用量不宜小于 $320kg/m^3$。

③ 抗渗水压值应比设计值提高 0.2MPa，抗渗试验结果应符合式（5-86）规定。

$$P_t \geqslant P/10 + 0.2 \tag{5-86}$$

式中　P_t——6 个试件中不少于 4 个未出现渗水时的最大水压值，MPa；

P——设计要求的抗渗等级值。

（3）具有抗冻要求的配合比设计规定

① 最大净水胶比与最小胶凝材料用量应符合表 5-217 的规定。

表 5-217　最大净水胶比与最小胶凝材料用量（JGJ/T 12）

设计抗渗等级	最大净水胶比		最小胶凝材料用量/(kg/m³)
	无引气剂时	掺引气剂时	
F50	0.5	0.56	320
F100	0.45	0.53	340
F150	0.40	0.50	360
F200	—	0.50	360

② 复合矿物掺合料的最大掺量宜符合表 5-218 的规定；其他矿物掺合料的最大掺量宜

符合表 5-211 或表 5-212 的规定。

表 5-218　复合矿物掺合料的最大掺量（JGJ/T 12）

净水胶比	复合矿物掺合料的最大掺量/%	
	采用硅酸盐水泥时	采用普通硅酸盐水泥时
≤0.4	55	45
>0.4	45	35

注：采用其他通用硅酸盐水泥时，宜将水泥混合材掺量 20% 以上的混合材量计入矿物掺合料。

③ 引气剂掺量应经试验确定。

（4）抗氯离子渗透的配合比设计规定

① 净水胶比不宜大于 0.40。

② 最小胶凝材料用量不宜小于 350kg/m³。

③ 矿物掺合料的掺量不宜小于 25%。

（5）抗硫酸盐侵蚀的配合比设计规定

抗硫酸盐侵蚀的配合比设计规定应符合表 5-219 的规定。

表 5-219　抗硫酸盐侵蚀的配合比设计规定（JGJ/T 12）

抗硫酸盐侵蚀等级	最大净水胶比	矿物掺合料的掺量/%
KS120	0.42	≥30
KS150	0.38	≥35
>KS150	0.33	≥40

5. 配合比计算

配合比计算有松散体积法和绝对体积法，计算中，粗细骨料用量均应以干燥状态为基准。

（1）松散体积法

假定 1m³ 轻骨料混凝土中所用粗细骨料松散体积之和为粗细骨料的总体积。采用松散体积法，计算应按下列步骤进行：

① 根据轻骨料混凝土设计要求的强度等级与混凝土的用途，确定粗细骨料的种类和粗骨料的最大粒径。

② 测定粗骨料的堆积密度、筒压强度和 1h 吸水率，并测定细骨料的堆积密度。

③ 按式（5-84）计算混凝土配制强度。

④ 根据混凝土配制强度与轻骨料密度等级，按照表 5-210 选取胶凝材料用量，并分别按式（5-87）、式（5-88）计算矿物掺合料用量和水泥用量。

$$m_f = m_b \beta_f \tag{5-87}$$

$$m_c = m_b - m_f \tag{5-88}$$

式中　　m_f——每立方米轻骨料混凝土矿物掺合料用量，kg；

m_b——每立方米轻骨料混凝土胶凝材料用量，kg；

β_f——矿物掺合料掺量，可按表 5-211 或表 5-212 的规定确定，%；

m_c——每立方米轻骨料混凝土水泥用量，kg。

⑤ 应按表 5-213 选取净用水量。

⑥ 根据混凝土用途与细骨料的品种，按照表 5-214 选取松散体积砂率。

⑦ 根据细粗骨料的类型，按照表 5-215 选取粗细骨料松散状态的总体积，并分别按式

(5-89)～式(5-92)计算每立方米混凝土的细粗骨料用量。

$$V_s = V_t S_p \tag{5-89}$$

$$m_s = V_s \rho_{1s} \tag{5-90}$$

$$V_a = V_t - V_s \tag{5-91}$$

$$m_a = V_a \rho_{1a} \tag{5-92}$$

式中　V_s，V_a——每立方米轻骨料混凝土细骨料、粗骨料的松散堆积体积，m^3；

　　　　V_t——每立方米轻骨料混凝土细骨料、粗骨料松散堆积的总体积，m^3；

　　　m_s，m_a——每立方米轻骨料混凝土细骨料和粗骨料的用量，kg；

　　　　S_p——松散体积砂率，%；

　　　ρ_{1s}，ρ_{1a}——细骨料和粗骨料的堆积密度，kg/m^3。

⑧ 按式(5-93)计算总用水量；在采用预湿的轻骨料时，净用水量应取为总用水量。

$$m_{wt} = m_{wn} + m_{wa} \tag{5-93}$$

式中　m_{wt}——每立方米轻骨料混凝土的总用水量，kg；

　　　m_{wn}——每立方米轻骨料混凝土的净用水量，kg；

　　　m_{wa}——每立方米轻骨料混凝土的附加用水量，kg。

附加用水量即采用未预湿的轻骨料制备轻骨料混凝土拌合物过程中，轻骨料吸入的与规定时间吸水率相应的水量。附加用水量应选择实测值，若无实测值时可根据粗骨料的预湿处理方法和细骨料的品种，按照表5-220中所列计算式进行计算。

表 5-220　附加用水量的计算

项目	粗骨料预湿		粗骨料不预湿	
	细骨料为普砂	细骨料为轻砂	细骨料为普砂	细骨料为轻砂
附加用水量	$m_{wa}=0$	$m_{wa}=m_s\omega_s$	$m_{wa}=m_a\omega_a$	$m_{wa}=m_a\omega_a+m_s\omega_s$

注：1. ω_a、ω_s 分别为粗、细骨料的1h吸水率；

2. 当轻骨料含水时，必须在附加水量中扣除自然含水量。

⑨ 依式(5-94)计算混凝土干表观密度，并与设计要求的干表观密度进行对比，如其误差大于2%，则应重新调整和计算配合比。

$$\rho_{cd} = 1.15m_b + m_s + m_a \tag{5-94}$$

式中　ρ_{cd}——轻骨料混凝土的干表观密度，kg/m^3。

（2）绝对体积法

假定$1m^3$轻骨料混凝土的绝对体积等于各组成材料的绝对体积之和，采用绝对体积法，计算应按下列步骤进行：

① 根据轻骨料混凝土设计要求的强度等级和混凝土的用途，确定粗细骨料的种类和粗骨料的最大粒径。

② 测定粗骨料的表观密度、筒压强度和1h吸水率，测定细骨料的表观密度。

③ 按式(5-84)计算混凝土配制强度。

④ 按表5-210选择胶凝材料用量，并按式(5-87)和式(5-88)分别计算矿物掺合料用量和水泥用量。

⑤ 根据混凝土稠度指标要求，按照表5-213选取净用水量。

⑥ 根据混凝土用途，按照表5-214选取绝对体积砂率。

⑦ 分别按式(5-95)～式（5-98）计算粗、细骨料的用量：

$$V_a = 1 - \left(\frac{m_c}{\rho_c} + \frac{m_{wn}}{\rho_w} + \frac{m_s}{\rho_s} \right) \div 1000 \tag{5-95}$$

$$m_a = V_a \rho_{ap} \tag{5-96}$$

$$V_s = \left[1 - \left(\frac{m_c}{\rho_c} + \frac{m_{wn}}{\rho_w} \right) \div 1000 \right] S_p \tag{5-97}$$

$$m_s = V_s \rho_s \tag{5-98}$$

式中　V_a，V_s——每立方米轻骨料混凝土的粗、细骨料绝对体积，m^3；

　　　S_p——绝对体积砂率，%；

　　　ρ_c——水泥的表观密度，可取 $2900 \sim 3100 kg/m^3$，kg/m^3；

　　　ρ_s——细骨料的表观密度，采用普通砂时，为砂的相对密度，可取 $2600 kg/m^3$，采用轻砂时，为轻砂的颗粒表观密度实测值，kg/m^3；

　　　ρ_w——水的表观密度，可取 $\rho_w = 1000 kg/m^3$，kg/m^3；

　　　ρ_{ap}——粗骨料的表观密度，kg/m^3。

⑧ 根据式(5-93)计算总用水量；在采用预湿的轻骨料时，净用水量应取为总用水量。

⑨ 根据式(5-94)计算混凝土干表观密度；并与设计要求的干表观密度进行对比，当其误差大于2%，则应重新调整和计算配合比。

6. 大孔轻骨料混凝土配合比

(1) 一般规定与要求

① 按其抗压强度标准值，可划分为 LC2.5、LC3.5、LC5.0、LC7.5 和 LC10 五个强度等级。

② 轻粗骨料的级配宜采用 $5 \sim 10 mm$、$10 \sim 16 mm$ 单一粒级。

③ 轻粗骨料的密度等级和强度应根据工程需要选用。

(2) 配合比计算

① 混凝土的配制强度，应按式(5-99)验算：

$$f_{cu,o} \geqslant 1.3 f_{cu,k} \tag{5-99}$$

式中　$f_{cu,o}$——大孔轻骨料混凝土的配制强度，MPa；

　　　$f_{cu,k}$——大孔轻骨料混凝土立方体抗压强度标准值，取混凝土的设计强度等级值，MPa。

② 每立方米大孔轻混凝土轻粗骨料用量，应按式(5-100)计算。

$$m_a = V_a \rho_{la} \tag{5-100}$$

式中　m_a——每立方米大孔轻混凝土轻粗骨料用量，kg；

　　　ρ_{la}——粗骨料的堆积密度，kg/m^3；

　　　V_a——每立方米大孔轻混凝土的轻粗骨料松散堆积体积，按体积计量时，每立方米大孔轻混凝土的轻粗骨料用量取 $1m^3$，m^3。

③ 水泥强度等级不宜低于 42.5 级；胶凝材料用量可在 $150 \sim 250 kg/m^3$ 范围内选用，可掺用外加剂和矿物掺合料。

④ 大孔轻骨料混凝土的净水灰比可在 $0.30 \sim 0.42$ 范围内选用。

⑤ 大孔轻骨料混凝土的用水量宜以胶凝材料浆体能均匀附在轻骨料表面并呈油状光泽而不流淌为度，并应按式(5-101)、式(5-102)计算净用水量和总用水量：

$$m_{wn} = m_b (W/B) \tag{5-101}$$

$$m_{wt} = m_{wn} + m_{wa} \tag{5-102}$$

式中　m_{wn}——每立方米大孔轻混凝土的净用水量，kg；

　　　m_b——每立方米大孔轻混凝土中胶凝材料用量，kg；

W/B——水胶比;

m_{wt}——每立方米大孔轻混凝土的总用水量,当采用预湿的轻骨料时,净水量即为总用水量,kg;

m_{wa}——每立方米大孔轻混凝土的附加水量,此处取轻骨料 1h 的吸水量,kg。

7. 试配与调整

计算出的轻骨料混凝土配合比必须通过试配予以调整,按下列步骤进行:

① 以计算的混凝土配合比为基础,应维持用水量不变,选取与计算配合比胶凝材料相差±10%的两个胶凝材料用量,砂率相应减小和增加,然后分别按 3 个配合比拌制混凝土,并测定拌合物的稠度,调整用水量,以达到规定的稠度为止。

② 应按校正后的 3 个混凝土配合比进行试配,检验混凝土拌合物的稠度和湿表观密度,制作确定混凝土抗压强度标准值的试件,每种配合比至少制作 1 组。

③ 标准养护 28 天后,应测定混凝土抗压强度和干表观密度;以既能达到设计要求的配制强度和干表观密度,又具有最小胶凝材料用量的配合比作为选定的配合比。

④ 对选定配合比进行方量校正,并应符合下列规定:

a. 应按式(5-103)计算选定配合比的轻骨料混凝土拌合物的湿表观密度:

$$\rho_{cc} = m_b + m_a + m_s + m_{wt} \tag{5-103}$$

式中　　　　　　ρ_{cc}——按选定配合比各组成材料计算的轻骨料混凝土拌合物的湿表观密度,kg/m³;

m_b,m_a,m_s,m_{wt}——选定配合比中的每立方米轻骨料混凝土的胶凝材料用量、粗骨料用量、细骨料用量和总用水量,kg。

b. 实测按选定配合比配制轻骨料混凝土拌合物的湿表观密度,并按式(5-104)计算方量校正系数:

$$\eta = \frac{\rho_{co}}{\rho_{cc}} \tag{5-104}$$

式中　η——方量校正系数;

ρ_{co}——实测按选定配合比配制轻骨料混凝土拌合物的湿表观密度,kg/m³。

c. 选定配合比中的各项材料用量应分别乘以方量校正系数,即为调整确定的配合比。

8. 配合比示例

【例 5-8】某工程采用预拌 LC25 粉煤灰陶粒混凝土,坍落度(100±10)mm,干表观密度小于 1700kg/m³。原材料为:P.O 42.5R 水泥,掺加 25%的Ⅰ级粉煤灰,高效减水剂的减水率 22%,天然河砂,细度模数 2.4,含泥量 2.8%,泥块含量 0.6%,表观密度 2680kg/m³,松散堆积密度 1540kg/m³,轻粗骨料陶粒,其性能指标见表 5-221。

表 5-221　陶粒性能指标

密度等级	公称粒径/mm	松散堆积密度/(kg/m³)	表观密度/(kg/m³)	1h 吸水率/%	筒压强度/MPa
700	5~16	630	1020	8.3	3.5

解:按照松散体积法进行配合比设计计算,具体过程如下:

按式(5-84)计算混凝土配制强度:

$$f_{cu,o} \geq f_{cu,k} + 1.645\sigma = 25 + 1.645 \times 5 = 33.2 (MPa)$$

根据混凝土配制强度与轻骨料密度等级,按照表 5-210 选取胶凝材料用量为 420kg/m³。

按式(5-87)计算粉煤灰用量为：$420 \times 25\% = 105$（kg/m³）。

按式(5-88)计算水泥用量为：$420\text{kg/m}^3 - 105\text{kg/m}^3 = 315\text{kg/m}^3$。

按表5-213选取净用水量为：180kg/m³。

根据混凝土用途与细骨料品种按照表5-214选取松散体积砂率为：40%。

根据粗细骨料的类型，按照表5-215选取粗细骨料松散状态的总体积为：1.20m³。

按式(5-89)与式(5-90)计算每立方米混凝土的细骨料用量：

$$V_s = V_t S_p = 1.2 \times 40\% = 0.48 （\text{m}^3）$$

$$m_s = V_s \times \rho_{1s} = 0.48 \times 1540 = 740 （\text{kg/m}^3）$$

按式(5-91)与式(5-92)计算每立方米混凝土的粗骨料用量：

$$V_a = V_t - V_s = 1.2 - 0.48 = 0.72 （\text{m}^3）$$

$$m_a = V_a \rho_{1a} = 0.72 \times 630 = 455 （\text{kg/m}^3）$$

计算后的混凝土配合比以及用于试配的另外两个配合比，如表5-222所示。

表5-222　粉煤灰陶粒混凝土计算配合比

编号	水胶比	砂率/%	水/(kg/m³)	水泥/(kg/m³)	粉煤灰/(kg/m³)	砂/(kg/m³)	陶粒/(kg/m³)
1	0.43	40	180	315	105	740	445
2	0.39	39	180	347	116	720	460
3	0.47	41	180	287	95	760	445

注：1. 表中数据以编号1为基准配合比，编号2和编号3为与编号1相差±10%水泥用量、用水量不变、砂率相应适当增减的配合比。

2. 编号3配合比的干表观密度不符合设计要求，增加25kg/m³粉煤灰后才能满足要求。

试配时，适当调整高效减水剂用量，使拌制出的混凝土坍落度控制在90~110mm。拌合物应具有良好工作性，没有明显的轻骨料上浮现象。

试件养护至28天，测定混凝土的抗压强度和干表观密度。测试结果如表5-223所示。

表5-223　试配粉煤灰陶粒混凝土的测试结果

编号	计算湿表观密度/(kg/m³)	实测振实湿表观密度/(kg/m³)	实测干表观密度/(kg/m³)	7d抗压强度/MPa	28d抗压强度/MPa
1	1785	1780	1710	23.8	36.7
2	1823	1800	1730	26.2	41.3
3	1765	1780	1690	20.6	28.9

由表5-223可以看出，编号1配合比能达到配制强度和干表观密度设计要求，水泥用量较少，因此，作为选定配合比，按式(5-104)计算校正系数 η 约等于1.0。经校正后，最终确定本工程LC25粉煤灰陶粒混凝土的配合比，如表5-224所示。

表5-224　LC25粉煤灰陶粒混凝土设计配合比

净水胶比	砂率/%	水/(kg/m³)	水泥/(kg/m³)	粉煤灰/(kg/m³)	砂/(kg/m³)	陶粒/(kg/m³)
0.43	40	180	310	110	740	450

五、轻骨料混凝土参考配合比

不同强度等级轻骨料混凝土的参考配合比，参见表5-225。

表 5-225　轻骨料混凝土参考配合比　　　　　单位：kg/m³

编号	强度等级	水泥	粉煤灰	砂	陶粒	水	减水剂	备注
1	LC5.0	290	—	742	225	182	3.3	5～25mm 黏土陶粒，吸水率 12.9%，筒压强度 0.9MPa，堆积密度 30kg/m³
2	LC7.5	320	50	725	230	175	3.9	5～25mm 浮石陶粒，吸水率 11.3%，筒压强度 2.7MPa，堆积密度 710kg/m³
3	LC10	310	95	760	220	170	5.6	5～25mm 黏土陶粒，吸水率 12.1%，筒压强度 0.9MPa，堆积密度 310kg/m³
4	LC25	315	105	740	460	170	6.3	5～25mm 浮石陶粒，吸水率 10.1%，筒压强度 3.2MPa，堆积密度 710kg/m³
5	LC30	345	125	690	450	160	6.0	5～25mm 浮石陶粒，吸水率 11.1%，筒压强度 2.9MPa，堆积密度 690kg/m³
6	LC30	360	90	801	350	175	4.0	5～25mm 页岩陶粒，堆积密度 820kg/m³，筒压强度 6.1MPa 吸水率 4.5%
7	LC35	380	120	640＋112 陶砂	485	175	5.0	5～20mm 陶粒，堆积密度 780kg/m³，筒压强度 4.4MPa，吸水率 9.3%；陶砂堆积密度 900kg/m³，吸水率 5.3%
8	LC40	410	105	600	560	142	7.7	5～16mm 高强陶粒，堆积密度 800kg/m³，筒压强度 8.1MPa，吸水率 7.4%
9	LC45	430	120	600	550	150	4.4	5～20mm 页岩陶粒，堆积密度 850kg/m³，筒压强度 5.5MPa，吸水率 5.1%
10	LC50	440	60	910	500	150	14.0	5～16mm 页岩陶粒，堆积密度 780kg/m³，筒压强度 6.8MPa，吸水率 4.3%
11	LC55	482	60＋85 硅灰	191 陶砂	112 碎石＋599	136	13.0	陶砂 900 级，吸水率 3.5%

注：编号 1、编号 2 所用水泥为 P.C 32.5，其余均为 P.O 42.5 水泥。

六、轻骨料混凝土制备与施工

1. 轻骨料混凝土制备

（1）拌合物制备

① 原材料计量。计量应准确，允许偏差应符合表 5-226 规定。正式拌制前、批量生产过程中、雨天施工或拌合物稠度有反常变化时，应及时测定轻骨料的含水率和堆积密度，若发生变化，应及时调整粗、细骨料和拌合用水量。

表 5-226　原材料计量允许偏差（按质量计）（JGJ/T 12）

组成材料	胶凝材料	粗细骨料	水	外加剂
每盘计量允许偏差/%	±2	±3	±1	±1

② 搅拌。

a. 应采用强制式搅拌机搅拌，并应搅拌均匀。

b. 搅拌时的搅拌投料顺序宜符合下列规定：

当采用预湿的轻骨料时，可采用图 5-68 的投料顺序。

当采用未预湿的轻骨料时，可采用图 5-69 的投料顺序。

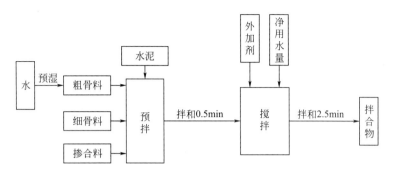

图 5-68　使用预湿处理的轻骨料时的投料顺序

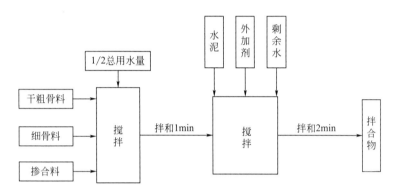

图 5-69　使用未预湿处理的轻骨料时的投料顺序

c．轻骨料混凝土的搅拌时间宜符合下列规定：

当采用预湿的轻骨料时，投料全部结束后搅拌不宜少于 60s。

当采用未预湿的轻骨料时，投料全部结束后搅拌不宜少于 120s。

（2）拌合物运输

① 拌合物运输中应采取措施防止轻骨料上浮离析和坍落度经时损失。

② 若采用搅拌运输车运输时，卸料前宜采用快挡旋转搅拌罐不少于 20s。若坍落度经时损失较大卸料困难时，浇筑前应加入适量减水剂快挡旋转搅拌罐，减水剂掺量应有经试验确定的预案。

③ 拌合物自搅拌机出料至浇筑入模的延续时间不宜超过 90min。

④ 泵送轻骨料混凝土拌合物的入泵时坍落度的值宜为 150～220mm。

2. 轻骨料混凝土施工

（1）浇筑与振捣

① 拌合物浇筑倾落的自由高度不应超过 1.5m。当倾落高度大于 1.5m 时，应加串筒、斜槽或溜管等辅助工具。

② 轻骨料混凝土振捣应符合下列规定：

a. 对现浇结构轻骨料混凝土，应采用振捣棒等机械振捣成型；对能满足施工和强度要求的结构保温轻骨料混凝土也可采用插捣成型。

b. 对保温轻骨料混凝土可采用插捣成型。

c. 浇筑上表面积较大的构件，其厚度在 200mm 以下，可采用表面振动成型。厚度大于 200mm，宜先用插入式振捣器振捣密实后，再采用表面振捣。

d. 用插入式振捣器振捣时，插入间距不应大于振捣器的振动作用半径的一倍。连续多层浇筑时，插入式振捣器应插入下层拌合物约 50mm。

e. 对现浇筑竖向结构物，应分层浇筑，每层浇筑厚度不宜大于 300mm。

f. 振捣时间不宜过长，可在 10～30s 之间选用，以拌合物表面泛浆为宜。

浇筑成型后，宜采用拍板、刮板、辊子或振动抹子等工具，及时将浮在表层的轻粗骨料颗粒压入混凝土内。若颗粒上浮面积较大，可采用表面振动器复振，使砂浆返上，再做抹面。

（2）养护

轻骨料吸水能力较强，混凝土浇筑成型后，应及时覆盖和喷水养护，防止早期干缩开裂。

采用自然养护时，用硅酸盐水泥、普通硅酸盐水泥拌制的轻骨料混凝土，湿养护时间不应少于 7 天；用矿渣、粉煤灰和火山灰质硅酸盐水泥拌制的轻骨料混凝土及在施工中掺缓凝剂的混凝土，湿养护时间不应少于 14 天。

第十二节　纤维混凝土

纤维混凝土即纤维增强混凝土，我国现行行业标准 JGJ/T 221 给出的定义是：掺加短钢纤维或短合成纤维的混凝土总称。此定义对纤维品种和长度做出了严格限定，广义上的纤维混凝土应理解为：以水泥净浆、砂浆或混凝土作为基材，以非连续的短纤维或连续的长纤维作为增强材料而形成的一种水泥基复合材料。

广义上的纤维混凝土一般按纤维的种类进行命名和分类，目前应用比较广泛的种类有以下几种：

（1）钢纤维混凝土

掺加短钢纤维作为增强材料的混凝土。

（2）聚丙烯腈纤维混凝土

掺加聚丙烯膜裂纤维作为增强材料的混凝土。膜裂纤维即展开后成为网状的合成纤维。

（3）玻璃纤维混凝土

掺加弹性模量较大的抗碱玻璃纤维作为增强材料的混凝土。

（4）碳纤维混凝土

掺加碳纤维作为增强材料的混凝土。

（5）植物纤维混凝土

掺加植物纤维作为增强材料的混凝土。

鉴于 JGJ/T 221 给出的纤维混凝土定义以及目前商品混凝土中采用的纤维主要为钢纤维和以聚丙烯腈纤维为主的合成纤维，故此，本节仅对钢纤维混凝土和合成纤维混凝土作介绍。

一、纤维混凝土原材料

1. 纤维

用于纤维混凝土的纤维种类及技术性能详见第二章第五节"纤维"中的有关内容。

2. 水泥

应符合现行国家标准 GB 175 或 GB/T 13693 的规定。钢纤维混凝土宜采用普通硅酸盐水泥和硅酸盐水泥。

3. 骨料

粗、细骨料应符合现行行业标准 JGJ 52 的规定，并宜采用5～25mm 连续级配的粗骨料以及级配Ⅱ区中砂。钢纤维混凝土不得使用海砂，粗骨料最大粒径不宜大于钢纤维长度的 2/3，喷射钢纤维混凝土粗骨料最大粒径不宜大于 10mm。

4. 矿物掺合料

粉煤灰和磨细矿渣等矿物掺合料应符合现行国家标准 GB/T 1596 和 GB/T 18046 等的规定。

5. 外加剂

外加剂性能与应用技术应分别符合现行国家标准 GB 8076 和 GB 50119 的规定，并不得使用含氯盐的外加剂。速凝剂应符合现行行业标准《喷射混凝土用速凝剂》（JC/T 477）的规定，并宜采用低碱速凝剂。

二、纤维对混凝土增强机理

1. 纤维增强机理

目前，可被人们接受的短纤维对混凝土的增强机理，一是 J. P. Romualdi、Batson 等人提出的建立在线弹性断裂力学理论基础上的"纤维间距机理"（或称为纤维阻裂理论）；二是 Swamy、Mamgat 等人提出的基于复合材料力学的"复合力学机理"。

（1）纤维间距机理

该机理认为：脆性材料基体内部存在结构缺陷，如微裂缝或各种尺度的孔。当材料基体受到应力作用时，裂缝尖端产生应力集中，裂缝将不断引发、扩展而贯通，最终，导致材料基体破坏。当在脆性材料中掺入一定数量的纤维后，纤维的存在就会抑制裂缝的引发和扩展，即起到增强作用。纤维抑制裂缝扩展的增强作用可由图 5-70 予以说明。

图 5-70 又称纤维间距机理力学模型。假定中心距为 S 的纤维在拉应力方向上呈棋盘状均匀分布，一个半径为 a 的凸透镜状的裂缝存在于 4 根纤维所围成的区域中心。当材料受到拉力作用时，拉应力在纤维上产生的黏结应力分布在裂缝的端部附近，并对裂

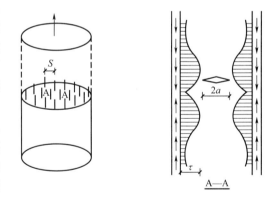

图 5-70　纤维对脆性材料基体内部裂缝的抑制作用

缝尖端产生反向应力场，有效削弱了裂缝尖端的应力集中程度，使裂缝的扩展受到制约，宏观上表现出材料的初裂强度特别是韧性增加。显然，纤维的这种对裂缝扩展的约束作用与单位体积内的纤维数量密切相关。单位体积内的纤维数量越多，纤维间距就会越小，这种约束作用就越有效。

纤维间距机理假定，纤维在材料基体中呈同向均匀分布，纤维和材料基体间的黏结是完美无缺的，但是，事实并非如此，它们在材料基体中应是三维随机乱向分布，与基体间的黏结肯定有薄弱之处；因此，纤维间距理论尚不能完全客观准确地反映纤维增强的机理。

（2）复合力学机理

该机理的出发点是复合材料构成的加和原理，将纤维增强混凝土看作是纤维强化的多相体系，其性能乃是各相性能的加和值，并应用加和原理来推定纤维混凝土的抗拉和抗弯强度。该机理应用于纤维混凝土时，有如下的假设条件：

① 纤维与水泥基材均呈弹性变形。

② 纤维沿着应力作用方向排列，并且是连续的。

③ 纤维、基材与纤维混凝土发生相同的变形。

④ 纤维与水泥基材的黏结良好，二者不发生滑动。

显然，上述假定与纤维在混凝土中的受力状态也并非完全等同。

2. 纤维有效作用参数

通常，将纤维临界长径比和纤维临界体积率称为纤维有效作用参数。它们是影响纤维混凝土技术性能最重要的因素。

（1）纤维临界长径比

纤维长径比，即纤维的长度与直径或当量直径的比值。研究结果表明，使用短纤维制备纤维混凝土时，存在一临界长径比，若纤维的实际长径比小于临界值，则纤维混凝土破坏时，纤维由水泥基材中拔出；若纤维的实际长径比等于临界值时，只有基材的裂缝发生在纤维中央时纤维才能拉断，否则纤维长度短的一边将从基材中拔出；若纤维实际长径比大于临界值时，则纤维混凝土破坏时纤维将被拉断。

（2）纤维临界体积率

纤维体积率，即掺入的纤维体积占混凝土体积的百分比。纤维混凝土均存在一临界纤维体积率，当实际纤维体积率大于此临界值时，才可以使纤维混凝土的抗拉极限强度较之未增强的水泥基材有明显的增高。若使用定向的连续纤维，且纤维与水泥基材黏结较好，则用钢纤维和聚丙烯膜裂纤维制备的混凝土，其纤维临界体积率的计算值分别为 0.31%、0.75%。实际上，使用非定向的短纤维，且纤维与水泥的黏结不够好时，上述的临界值应增大。

三、纤维混凝土技术性能

混凝土中掺入乱向均匀分布的短纤维，形成大量微"配筋"，吸收混凝土的应力，从而改善和提高脆性混凝土材料的抗拉、抗弯、抗冲击和韧性等性能。

1. 钢纤维混凝土性能

（1）力学性能

① 抗压强度。钢纤维混凝土的强度等级按立方体抗压强度标准值确定，以 CF 表示，不应小于 CF25。抗压强度的合格评定应符合现行国家标准 GB/T 50107 的规定。

如图 5-71 所示，钢纤维对混凝土抗压强度的增强效果并不显著，当钢纤维体积掺入率2%时，抗压强度提高约20%。也有试验结果显示，钢纤维对混凝土抗压强度的增加效果基本没有，甚至有所降低，这种现象尤其对低强混凝土基体来说表现更为明显。其原因可能是由于纤维体积率较高，混凝土工作性变差以及钢纤维与水泥石间薄弱过渡区的增多所致，或与受压破坏形式有关，所产生的裂缝与作用力平行，类似于劈裂。

② 抗拉强度。如图 5-72 所示，抗拉强度随着纤维体积率的增加而提高，但两者并非呈线性关系。试验结果表明，当钢纤维掺量在常用范围内，钢纤维混凝土的抗拉强度比普通混凝土的抗拉强度提高 50%～80%。

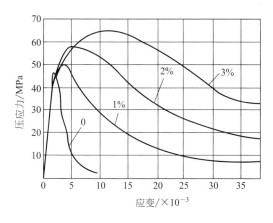

图 5-71　钢纤维掺量（体积率）对
抗压强度的影响

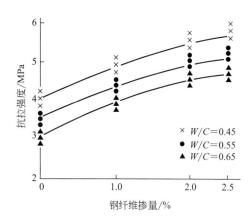

图 5-72　钢纤维掺量（体积率）与水灰比对
抗拉强度的影响

（图中切断钢纤维为 0.5mm×0.5mm×30mm）

　　轴心抗拉强度标准值可按式(5-105) 计算；可采用劈裂抗拉强度乘以 0.85 确定；钢纤维混凝土劈裂抗拉强度试验方法按照现行国家标准 GB/T 50081 的规定进行。

$$f_{ftk} = f_{tk}\left(1 + \frac{\alpha_t \rho_f L_f}{d_f}\right) \tag{5-105}$$

式中　f_{ftk}——钢纤维混凝土轴心抗拉强度标准值，MPa；

　　　　f_{tk}——同强度等级混凝土轴心抗拉强度标准值，应按现行国家标准 GB 50010 采用，MPa；

　　　　α_t——钢纤维对钢纤维混凝土轴心抗拉强度的影响系数，宜通过试验确定，在没有试验依据的情况下，也可按表 5-227 中给出的系数值采用；

　　　　ρ_f——钢纤维体积率，%；

　　　　L_f——钢纤维长度，mm；

　　　　d_f——钢纤维直径或当量直径，mm。

表 5-227　钢纤维对混凝土轴心抗拉强度和弯拉强度的影响系数 （JGJ/T 221）

钢纤维品种	纤维外形	混凝土强度等级	α_t	α_{tm}
高强钢丝切断型	端钩形	CF20～CF45	0.76	1.13
		CF50～CF80	1.03	1.25
钢板剪切型	平直形	CF20～CF45	0.42	0.68
		CF50～CF80	0.46	0.75
	异形	CF20～CF45	0.55	0.79
		CF50～CF80	0.63	0.93
钢锭铣削型	端钩形	CF20～CF45	0.70	0.92
		CF50～CF80	0.84	1.10
低合金钢熔抽型	大头形	CF20～CF45	0.52	0.73
		CF50～CF80	0.62	0.91

　　③ 抗弯（拉）强度。试验结果表明，当钢纤维的体积率不超过 0.5% 时，钢纤维混凝土

达到初裂荷载后，其承载能力开始下降。当纤维体积率较大时，钢纤维混凝土达到初裂荷载后，仍可继续提高承载能力。当钢纤维体积率在常用范围内，钢纤维混凝土的抗弯极限强度较基体强度可提高至 1.5～2.0 倍，有时高达 3.0 倍。如图 5-73 所示，钢纤维混凝土的抗弯强度随着纤维体积率的增加而增大。在钢纤维体积率一定的情况下，钢纤维尺寸（长度或长径比）对钢纤维混凝土抗弯强度的影响可由图 5-74 给出，可以看出，钢纤维的长度或长径比越大，抗弯强度越高。

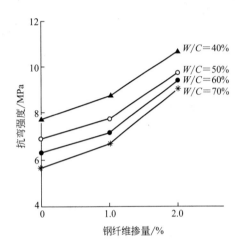

图 5-73　钢纤维掺量（体积率）与水灰比
对抗弯强度的影响
（钢纤维为 0.5mm×0.5mm×30mm，
粗骨料最大粒径为 15mm）

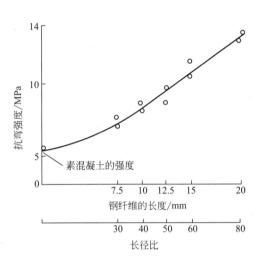

图 5-74　钢纤维长度与长径比
对抗弯强度的影响
（钢纤维体积率为 2.0%，钢纤维直径
0.25mm，W/C 为 0.50）

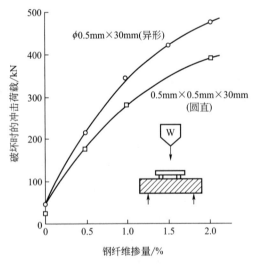

图 5-75　钢纤维掺量（体积率）对
钢纤维混凝土抗冲击性能的影响
（试件尺寸：100mm×100mm×
400mm；试验跨度：300mm）

钢纤维混凝土弯拉强度试验方法应符合现行行业标准 JTG E30 的规定。

④ 抗冲击性能。钢纤维能显著提高或改善基体混凝土的抗冲击性能。图 5-75 为采用落锤荷载试验方式所获得的一组冲击破坏荷载与钢纤维体积率的关系曲线，可以看出，当钢纤维体积率为 1% 时，抗冲击荷载约为基体混凝土的 8 倍；当钢纤维体积率为 2% 时，则提高到 10 倍左右；当采用异形钢纤维时，抗冲击性能将会得到进一步提高。

⑤ 抗裂性能与韧性。图 5-76 和图 5-77 分别给出了抗弯试验所得初期开裂荷载和钢纤维体积率的关系以及裂缝宽度扩大后（0.2mm时）的抗裂性能与钢纤维体积率的关系。从两图中不难看出，钢纤维混凝土的抗裂性能随着钢纤维体积率的增加而提高。

韧性是表征材料变形时，吸收变形力的能力，材料的韧性越大，其抗裂性能越好。

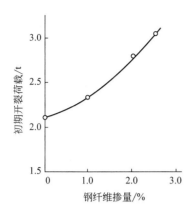

图 5-76　钢纤维掺量（体积率）对抗弯试验
初期开裂荷载的影响

（钢纤维为 0.5mm×0.5mm×30mm，粗骨料
最大粒径为 10mm，W/C 为 0.50）

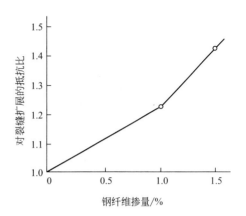

图 5-77　钢纤维掺量（体积率）对裂缝宽度
扩大后的抗裂性能的影响

（钢纤维为 0.5mm×0.5mm×30mm，粗骨料
最大粒径为 10mm，W/C 为 0.50）

图 5-78 为根据钢纤维混凝土的抗弯试验所得荷载-挠度曲线，可以看出跨中挠度随钢纤维体积率增加而增大，曲线和横坐标轴包围着的那个面积表示韧性。图 5-79 为相对韧性和钢纤维体积率的关系，所谓相对韧性是指钢纤维混凝土和基体混凝土两者的韧性之比。从图 5-79 中可见，随着钢纤维体积率的增加，韧性显著增大，纤维率达 2％时，韧性将达到基体混凝土的 30 倍。

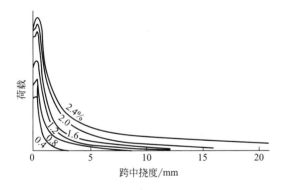

图 5-78　钢纤维混凝土抗弯试验的荷载-挠度曲线

（钢纤维为 0.5mm×0.5mm×30mm，
粗骨料最大粒径为 10mm，W/C 为 0.50）

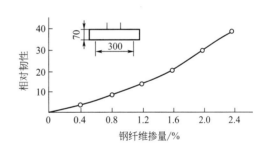

图 5-79　钢纤维掺量（体积率）
对相对韧性的影响

⑥ 抗疲劳强度。材料在无限次交变荷载作用下而不致引起断裂的最大循环应力值，称为材料的疲劳强度。

根据钢纤维混凝土单轴抗压荷载试验结果，在纤维体积率为 2％时，经 $21×10^5$ 次交变荷载作用后，其强度为静载破坏强度的 62％；又根据脉动抗弯疲劳试验结果，在纤维体积率为 2％～3％时，经 $1×10^5$ 次交变荷载作用后，钢纤维混凝土受弯时的残余强度仍可达到其静力抗弯强度的 2/3 左右。

（2）耐久性

许多学者从理论和应用两个方面论证了钢纤维混凝土不仅有抵制腐蚀和冻融的作用，且因其阻裂能力高，对提高混凝土耐久性有积极作用。

① 抗腐蚀性。在通常的环境条件下，钢纤维混凝土与普通钢筋混凝土两者的抗腐蚀性没有什么差别，试验结果表明，在钢纤维混凝土表面密实没有裂缝的情况下，即使将其置于海岸潮汐冲刷地区，也不会发生腐蚀破坏。但处于表面附近的钢纤维仍然容易产生锈斑。

② 抗冻性。钢纤维混凝土优异的阻裂能力，使其抗冻性能比普通混凝土有明显改善。含气量为 5％～6％的掺与未掺钢纤维混凝土的冻融试验结果表明，当相对动弹性模量降低至 60％时，未掺钢纤维混凝土的冻融周期仅为 500 次，而掺入 2％纤维的冻融周期为 1400 次，其抗冻性能约提高了 2 倍，如图 5-80 所示。

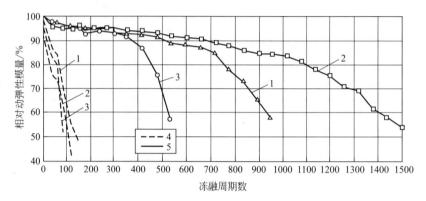

图 5-80 掺与未掺钢纤维混凝土的冻融周期和相对动弹性模量
1—钢纤维体积率 1％；2—钢纤维体积率 2％；3—空白混凝土；4—非加气混凝土；5—加气混凝土

（3）其他性能

钢纤维有利于改善混凝土的耐磨性，试验结果显示，纤维体积率 1％，强度等级为 CF35 的钢纤维混凝土的耐磨损失比普通混凝土的要降低约 30％；钢纤维可使混凝土的热传导性增加 10％～30％，但对混凝土的热膨胀系数没有显著影响；可使混凝土的干缩率降低 10％～30％；对混凝土的徐变无显著影响等。

2. 合成纤维混凝土性能

合成纤维的种类不同，其物化性能不同，由其制备的纤维混凝土的力学性能也不尽相同。鉴于聚丙烯腈纤维良好的物化性能，以下根据邓宗才教授的研究结果对聚丙烯腈纤维混凝土的基本力学性能及抗冻融性能予以重点介绍。

（1）力学性能

① 抗压强度。试验用聚丙烯腈纤维混凝土的配合比、纤维掺量及纤维几何特征分别见表 5-228、表 5-229。

表 5-228 聚丙烯腈纤维混凝土的配合比

材料种类	水泥	石子	砂子	粉煤灰	水	减水剂	纤维体积率/％
材料组成/(kg/m³)	278	1194	677	70	163	10.5	0.085/0.17

注：1. 水泥：P.Ⅱ42.5；
2. 石子：粒径为 5～20mm；
3. 减水剂：浓度为 10％的高效减水剂。

表 5-229 纤维掺量及纤维几何特征

试件编号	纤维体积率/％	纤维质量/(kg/m³)	纤维长度及纤度
1（基体）	0	0	—
2	0.085	1	长度 12mm,纤度 60dtex

续表

试件编号	纤维体积率/%	纤维质量/(kg/m³)	纤维长度及纤度
3	0.085	1	长度 20mm,纤度 6.7dtex
4	0.17	2	长度 12mm,纤度 60dtex
5	0.17	2	长度 20mm,纤度 6.7dtex

聚丙烯腈纤维对混凝土抗压强度增强作用的试验结果见表 5-230,可以看出:聚丙烯腈纤维混凝土与基体混凝土的抗压强度比,28 天提高 0.40%～7.6%,90 天提高 6.5%～8.1%;但纤维长度 20mm 的混凝土的抗压强度比基体混凝土的抗压强度有所降低,可能是由于纤维分布不均匀所致。两者的弹性模量基本持平或略有下降,可能是由于纤维导致混凝土中的空气含量略有增加所致。

表 5-230　纤维混凝土抗压强度与弹性模量试验结果

试件编号	28d 抗压强度/MPa	28d 抗压强度比/%	28d 弹性模量/GPa	90d 抗压强度/MPa	90d 抗压强度比/%
1(基体)	43.5	100.0	36.64	53.13	100.0
2	46.8	107.6	36.45	56.90	107.1
3	42.5	98.0	34.79	56.53	106.5
4	43.7	100.4	35.82	57.40	108.1
5	45.5	105.0	34.97	57.10	107.4

② 抗弯拉强度。弯拉强度的试验结果列于表 5-231,可以看出:聚丙烯腈纤维混凝土的弯拉强度比基体混凝土的弯拉强度提高约 3.9%～11.8%;当纤维掺量相同,纤维长度由 12mm 提高到 20mm 时,混凝土弯拉强度进一步提高。

表 5-231　纤维混凝土弯拉强度及初裂强度

试件编号	初裂性能			最大载荷/kN	弯拉强度/MPa	弯拉强度比/%
	初裂挠度/×10⁻²mm	初裂强度/MPa	初裂韧性/(N·mm)			
1(基体)	2.53	4.91	225.0(13.44)	16.37(0.52)	4.91	100
2	2.82	5.12	241.5(3.5)	17.17(0.65)	5.15	105.0
3	2.59	5.20	206.5(14.4)	17.37(1.07)	5.21	106.0
4	2.78	5.03	213.0(1.9)	16.9(1.7)	5.10	103.9
5	2.72	5.40	237.0(11.5)	18.30(0.27)	5.49	111.8

注:括号内值为标准差。

③ 抗弯韧性指数。抗弯韧性指数按照 ASTM C1018 推荐的方法进行测试,即求测混凝土试验梁的挠度分别达到其受拉区初裂时的挠度的 3.0 倍、5.5 倍和 15.5 倍时,相应的荷载-挠度曲线下的面积与初裂时的面积比例。求测的聚丙烯腈纤维混凝土试验梁 28 天的抗弯韧性指数列于表 5-232 中。与基体混凝土试验梁 28 天的抗弯韧性指数相比,掺纤维的抗弯韧性指数 I_5 提高 4.25～4.65 倍,I_{10} 提高 6.45～7.63 倍,I_{20} 提高 9.2～11.73 倍。

表 5-232　纤维混凝土抗弯韧性

试件编号	弯拉强度/MPa	初裂韧性/(N·mm)	I_5	I_{10}	I_{20}
1(基体)	4.91	225.0	1	1	1
2	5.15	241.5	4.65(0.1)	7.53(0.3)	11.47(0.5)
3	5.21	206.5	4.60(0.6)	7.63(0.09)	11.73(0.3)
4	5.10	213.0	4.25(0.5)	6.45(0.06)	9.20(0.8)
5	5.49	237.0	4.59(0.2)	7.23(0.24)	11.12(0.9)

注：括号内值为标准差。

（2）耐久性

① 抗冻融性。采用快冻法进行的冻融对比试验结果表明：基体混凝土的抗冻等级仅为 F150，掺引气剂基体混凝土的抗冻等级为 F400，而掺入 6mm 长聚丙烯腈纤维混凝土的抗冻等级可以达到 F500；三者的耐久性系数分别为 0.34、0.79 和 0.91。合成纤维混凝土抗冻融性得以提高的原因，可概括如下：

a. 具有较高表面能的微细纤维对空气有一定的吸附作用，这将有利于纤维混凝土搅拌过程中空气的引入和阻碍纤维混凝土浇筑振捣过程中空气的溢出，使混凝土的含气量增大，其效果相当于掺加引气剂。

b. 微细纤维能改善混凝土内部结构，减少原生裂缝尺度，提高纤维混凝土早期抗裂性能。

c. 纤维数量庞大、间距小，增加了混凝土冻融损伤过程中的能量损耗，抑制了混凝土的冻胀开裂。

② 抗渗性。合成纤维能改善混凝土内部结构，减少原生裂缝尺度，并降低其在塑性状态下的收缩率，从而防止混凝土在早期出现塑性收缩裂缝，因而能够大幅度提高混凝土的抗渗性。

（3）工作性

合成纤维在混凝土拌合物中有良好的分散性，混凝土中添加合成纤维后，与同配合比未掺纤维混凝土相比，坍落度约降低 10%。但其表面的吸附作用能有效地减少混凝土的泌水，改善拌合物的保水性和黏聚性。

（4）塑性收缩

当含纤维的水泥基材开裂后，纤维跨接在裂缝的两侧，依靠纤维与基材的黏结及纤维自身的力学性能（此时纤维的弹性模量高于基材），裂缝的扩展得以延缓，开裂程度得以减少，从而使裂缝宽度减少、细化。有试验证明，拉丝和单丝纤维的掺量达到 0.1% 及以上时，可能完全阻止水泥砂浆塑性收缩开裂的出现。

四、纤维混凝土配合比设计

1. 配合比设计原则

（1）明确控制指标

配合比设计时，除按抗压强度指标控制外，还应根据工程类型和要求，有选择性地对其他力学性能指标，如：抗冲击、抗裂、抗疲劳、耐磨和韧性等性能进行控制。

（2）纤维分散均匀

以纤维均匀分散作为基本出发点，贯穿于配合比设计的全过程中。提高纤维分散均匀性可采取的措施主要有：

① 控制纤维体积率。试验研究结果表明，纤维的尺寸与纤维的体积率对纤维在混凝土中的分散均匀性影响很大，纤维过细过长或纤维体积率过大，搅拌过程中就会出现纤维球而不能均匀分散。基于对纤维均匀分散的要求，钢纤维及合成纤维在混凝土中的体积率分别不宜超过 2% 和 0.3%。

② 控制粗骨料最大粒径，适当提高砂率。粗骨料粒径过大或纤维混凝土的砂率过小均不利于纤维的分散，基于对纤维均匀分散的要求，粗骨料最大粒径不宜超过 15mm，砂率不宜低于 50%。

③ 适当增大水胶比。混凝土的流动性越大，纤维在混凝土中的分散越好。因此，在保证混凝土强度的前提下，应适当增大水胶比或加掺高效减水剂提高混凝土的流动性。

（3）提高混凝土拌合物的工作性

纤维的掺入将导致混凝土拌合物的工作性下降，其主要原因是纤维的相互摩擦和相互缠绕而形成空间网结构，阻碍水泥浆的流动，这将不利于纤维混凝土，特别是泵送施工的纤维混凝土的浇筑。因此，在配合比设计中，材料及设计参数的选择应有利于改善和提高混凝土拌合物的工作性。通常，可采取的措施主要有：

① 控制纤维长度。纤维越长就越易缠绕，因此，配合比设计时，应优先考虑采用短纤维。

② 适当提高砂率。如图 5-81 所示，砂率对新拌混凝土的坍落度影响很大，当水灰比为 0.50 时，砂率为 65%～70% 时，混凝土拌合物的坍落度最大。

③ 适当增加单位用水量和单位水泥用量。在保持水灰比不变的前提下，适当增加单位用水量和单位水泥用量，即增加了混凝土拌合物的水泥浆的量，可以改善混凝土拌合物的工作性。

④ 增掺高性能减水剂。制备一定流动度的纤维混凝土，其单位水泥用量均有增大的趋向，配合比设计中，适当增加高性能减水剂的掺量，不仅能减少水泥用量，也能改善混凝土拌合物的工作性。

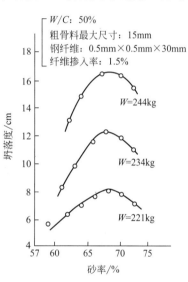

图 5-81 钢纤维混凝土坍落度与最佳砂率的关系

⑤ 增掺矿物掺合料。在保证纤维混凝土力学性能不受影响的前提下，通过适量增掺矿物掺合料，提高混凝土拌合物中浆体的数量，来改善混凝土拌合物的工作性。

2. 配合比设计一般规定

① 配合比设计不仅要满足配制强度要求，而且也要满足掺加纤维后对混凝土物理性能、力学性能、耐久性能及施工性能的设计要求，并合理使用原材料和节省水泥。

② 配制强度应符合下列规定：

a. 当设计强度等级小于 C60 时，配制强度应按式（5-106）计算：

$$f_{cu,o} \geq f_{cu,k} + 1.645\sigma \tag{5-106}$$

式中 $f_{cu,o}$——纤维混凝土的配制强度，MPa；

$f_{cu,k}$——纤维混凝土立方体抗压强度标准值（即强度等级），MPa；

σ——纤维混凝土的强度标准差，MPa。

b. 当设计强度等级大于或等于 C60 时，配制强度应按式（5-107）计算：

$$f_{cu,o} \geq 1.15 f_{cu,k} \qquad (5\text{-}107)$$

c. 纤维混凝土强度标准差的取值应符合表 5-233 的规定。

表 5-233　纤维混凝土强度标准差（JGJ/T 221）

纤维混凝土强度等级	≤C20	C25～C45	C50～C55
σ/MPa	4.0	5.0	6.0

d. 矿物掺合料掺量和外加剂掺量应经混凝土试配确定，应满足纤维混凝土强度和耐久性能的设计要求以及施工要求。

e. 配合比中的每立方米混凝土纤维用量应按质量计算；在设计参数选择时，可用纤维体积率表达；纤维最终掺量应经试验验证确定。

f. 用于公路路面的钢纤维混凝土的配合比设计应符合现行行业标准《公路水泥混凝土路面施工技术细则》（JTG/T F30）的规定。

3. 配合比设计参数

纤维混凝土配合比设计参数，主要包括：纤维物化性能、掺量和规格、胶凝材料用量、砂率、粗骨料最大粒径和矿物掺合料掺量等。

（1）纤维物化性能

合成纤维品种较多，其物化性能差别较大，如表 5-234 所示。通常，应根据使用目的的不同，按以下要求选择：

表 5-234　合成纤维的物化性能

纤维种类	抗拉强度/MPa	弹性模量/GPa	极限延伸率/%	耐碱性	吸湿率/%	耐光性
聚丙烯单丝	285～570	3～9	15～25	好	0	不好
聚丙烯膜裂	450～650	8～10	8～10	好	0	不好
聚丙烯腈	250～440	3～8	12～20	尚好	2.0	好
高强聚丙烯腈	700	18～25	10～16	尚好	2.0	好
聚酰胺			20～30	好	3.0	不好

① 纤维极限延伸率宜在 8%～16% 之间，过大，纤维将不能起到良好的阻裂效果。

② 控制混凝土早期开裂、减少原始裂缝及缺陷、抑制混凝土塑性状态裂缝的扩展、提高混凝土的连续性和匀质性，应选用抗拉强度不低于 250MPa，形状为单丝或网状的纤维。

③ 控制混凝土早期开裂、提高混凝土的增韧和抵抗温度应力的能力，应选用抗拉强度不低于 400MPa、弹性模量较高的纤维或粗纤维。

④ 提高混凝土的抗疲劳性、抗冻融性、抗冲击性及抗冲磨性等性能，应选用比表面积大、表面粗糙或凸凹不平的纤维。

（2）纤维掺量和规格

钢纤维体积率一般为 0.5%～2%，最大不超过 3%。普通钢纤维混凝土中的钢纤维体积率最小不小于 0.35%，当采用高强异形钢纤维时，最小不宜小于 0.25%，JGJ/T 221 推荐的钢纤维混凝土中的纤维体积率范围见表 5-235。钢纤维的长径比一般为 60～80，最大不超过 100。

表 5-235　钢纤维混凝土中的纤维体积率范围（JGJ/T 221）

工程类型	使用目的	体积率/%	工程类型	使用目的	体积率/%
工业建筑地面	防裂、耐磨、提高整体性	0.35～1.00	喷射混凝土	支护、砌衬、修复和补强	0.35～1.00
薄型屋面板	防裂、提高整体性	0.75～1.50	局部增强预制桩	增强、抗冲击	≥0.50
机场跑道	防裂、耐磨、抗冲击	1.00～1.50	桩基承台	增强、抗冲切	0.50～2.00
公路路面	防裂、耐磨、防重载	0.35～1.00	桥梁结构构件	增强	≥1.00
港区道路和堆场铺面	防裂、耐磨、防重载	0.50～1.20	水工混凝土结构	高应力区局部增强	≥1.00
				抗冲磨、防空蚀区增强	≥0.50

合成纤维混凝土的纤维体积率范围宜符合表 5-236 的规定。

表 5-236　合成纤维混凝土中的纤维体积率范围（JGJ/T 221）

合成纤维混凝土使用部位	使用目的	体积率/%
楼面板、剪力墙、楼地面、建筑结构中的板壳结构、体育场看台	控制混凝土早期收缩裂缝	0.06～0.20
刚性防水屋面	控制混凝土早期收缩裂缝	0.10～0.30
机场跑道、公路路面、桥面板、工业地面	控制混凝土早期收缩裂缝	0.06～0.20
	改善混凝土抗冲击、抗疲劳性能	0.10～0.30
水坝面板、储水池、水渠	控制混凝土早期收缩裂缝	0.06～0.20
	改善抗冲磨和抗冲蚀等性能	0.10～0.30
喷射混凝土	控制混凝土早期收缩裂缝,改善整体性	0.06～0.25

注：增韧用粗纤维的体积率可大于 0.5%，但不宜超过 1.5%。

（3）胶凝材料用量

纤维混凝土的最小胶凝材料用量应符合表 5-237 的规定。

表 5-237　纤维混凝土的最小胶凝材料用量（JGJ/T 221）

最大水胶比	最小胶凝材料用量/(kg/m³)	
	钢纤维混凝土	合成纤维混凝土
0.60	—	280
0.55	340	300
0.50	360	320
0.45	360	340

（4）砂率

从强度方面考虑，钢纤维混凝土的砂率宜为 60%，而从密实度和工作性方面考虑宜为 60%～70%；合成纤维混凝土的砂率不宜过高，一般控制在 40%～55%。

（5）粗骨料最大粒径

粗骨料最大粒径的确定既要根据其对混凝土强度的影响，又要考虑其对纤维均匀分散的影响。试验研究结果表明：当钢纤维体积率为 2％时，粗骨料最大粒径宜为钢纤维长度的 1/2；当钢纤维体积率为 1％时，粗骨料最大粒径宜为钢纤维长度的 1/3～2/3。

（6）矿物掺合料掺量

纤维混凝土矿物掺合料掺量一般不宜大于胶凝材料用量的 20％。

4. 配合比计算

配合比计算过程如下：

① 按标准 JGJ 55 的规定计算未掺加纤维的基体混凝土配合比；

② 根据纤维混凝土的工程类型、使用目的和纤维的种类选择纤维的具体用量；

③ 验证掺入纤维后的混凝土配合比，并经试配与调整，最终确定纤维混凝土的配合比。

5. 试配与调整

纤维混凝土的试配与调整应符合现行行业标准 JGJ 55 的规定，并应根据纤维掺入量按以下规定进行试配：

① 对于钢纤维混凝土，应保持水胶比不降低，可适当提高砂率、用水量和外加剂用量。对于钢纤维长径比为 35～55 的钢纤维混凝土，钢纤维体积率增加 0.5％时，砂率可增加 3％～5％，用水量可增加 4～7kg，胶凝材料用量应随用水量相应增加，外加剂掺量也可适当提高；当钢纤维体积率较高或混凝土强度等级不低于 C50 时，其砂率和用水量等宜取给出范围的上限值。

② 对于纤维体积率为 0.04％～0.10％的合成纤维混凝土，可按计算配合比进行试配和调整；当纤维体积率大于 0.10％时，可适当提高外加剂用量或胶凝材料用量，但水胶比不得降低。

③ 对于掺加增韧合成纤维的混凝土，配合比调整可按条款①进行，砂率和用水量等宜取给出范围的下限值。

④ 在配合比试配的基础上，纤维混凝土配合比应按现行行业标准 JGJ 55 的规定进行混凝土强度试验并进行配合比调整。

⑤ 调整后的纤维混凝土配合比应按下列方法进行校正：

a. 纤维混凝土配合比校正系数应按式（5-108）计算：

$$\delta = \rho_{c,t} / \rho_{c,c} \tag{5-108}$$

式中　δ——纤维混凝土配合比校正系数；

$\rho_{c,t}$——纤维混凝土拌合物的表观密度实测值，kg/m^3；

$\rho_{c,c}$——纤维混凝土拌合物的表观密度计算值，kg/m^3。

b. 调整后的配合比中每项原材料用量均应乘以校正系数（δ）。

⑥ 校正后的纤维混凝土配合比，应在满足新拌混凝土性能要求和混凝土配制强度的基础上，对设计提出的混凝土耐久性项目进行检验和评定，符合要求的，可确定为设计配合比。

⑦ 纤维混凝土设计配合比确定后，应进行生产适应性验证。

应注意，混凝土中掺入合成纤维后，混凝土的黏聚性和保水性会得到明显改善，但混凝土的坍落度一般要比不掺纤维的同配合比混凝土降低 10％左右。因此，在设计纤维混凝土时，可通过增加减水剂用量的措施，适当提高其设计坍落度 15％左右，以维持纤维混凝土与普通混凝土相近的坍落度。

五、钢纤维混凝土参考配合比

几组不同强度等级的纤维混凝土的参考配合比见表5-238。

表5-238 纤维混凝土参考配合比 单位：kg/m³

强度等级	P.O 42.5 水泥	I级粉煤灰	S95级矿粉	砂	5～25mm石	纤维	水	减水剂	备注
C30	220	80	60	790	1040	0.9	165	7.9	聚丙烯纤维
C40	240	110	70	720	1040	1.8	165	9.7	聚丙烯纤维
C25	280	40	—	920	970	20	170	7.3	钢纤维地坪
C30	280	60	60	870	870	94	175	7.2	钢纤维
C40	340	85	—	800	940	78	165	8.5	钢纤维
C45	420		45	810	870	39	167	8.7	钢纤维
C45	440	—	50	840	810	78	176	8.9	钢纤维
C45	450		50	850	730	117	185	10.2	钢纤维
C50	350	70	130	670	1050	47	160	11.0	钢纤维
C50	420	90	—	770	1020	50	160	10.7	钢纤维

六、纤维混凝土制备与施工

1. 纤维混凝土制备

（1）拌合物制备

① 原材料计量。每盘混凝土原材料计量的允许偏差应符合表5-239的规定。

表5-239 原材料计量的允许偏差（按质量计）（JGJ/T 221）

原材料种类	纤维	水泥和矿物掺合料	外加剂	粗、细骨料	拌和用水
计量允许偏差/%	±1	±2	±1	±3	±1

② 搅拌。应采用强制式搅拌机搅拌。宜先将纤维和粗、细骨料投入搅拌机干拌30～60s，然后再加水泥、矿物掺合料、水和外加剂搅拌90～120s。当混凝土纤维体积率较高或强度等级不低于C50时，宜取搅拌时间范围的上限；当混凝土中钢纤维体积率超过1.5%或合成纤维体积率超过0.20%时，宜延长搅拌时间。

（2）拌合物运输

运输过程中应避免离析；当纤维混凝土拌合物坍落度损失较大时，可在卸料前掺入适量减水剂进行搅拌，但不得加水。

2. 纤维混凝土施工

（1）拌合物浇筑与振捣

① 浇筑应保证纤维分布的均匀性和结构的连续性，在浇筑过程中不得加水。

② 浇筑倾落的自由高度不应超过1.5m，当倾落高度大于1.5m时，应加串筒、斜槽、溜管等辅助工具。

③ 泵送钢纤维混凝土的泵的功率，应比泵送普通混凝土的泵大20%以上；钢纤维混凝土的浇筑应避免钢纤维露出混凝土表面。

④ 应采用机械振捣，在保证其捣实的同时，应避免离析。

⑤ 对于竖向结构钢纤维混凝土，宜将模板角修成圆角，可采用模板附着式振动器进行振动；对于上表面积较大的平面结构，宜采用平板式振动器进行振动，再用表面带凸棱的金属圆辊将竖起的钢纤维压下，然后用金属圆辊将表面滚压平整，待钢纤维混凝土表面无泌水时，可用金属抹刀抹平，经修整的表面不得裸露钢纤维。

⑥ 当采用三辊轴机组铺筑钢纤维混凝土路面时，应在三辊轴机前方使用表面带凸棱的金属圆辊将竖起的钢纤维压下，再用三辊轴机整平施工。当采用滑模摊铺机铺筑钢纤维混凝土路面时，应在挤压底板前方配备机械夯实杆装置，将钢纤维和大颗粒骨料压下。

（2）养护

浇筑成型后，应及时用塑料薄膜等覆盖养护。采用自然养护时，用硅酸盐水泥或普通硅酸盐水泥配制的纤维混凝土的湿养护时间不应少于 7 天，用其他通用硅酸盐水泥配制的纤维混凝土的湿养护时间不应少于 14 天。

七、钢纤维混凝土工程应用案例

1. 工程概况

中央电视台新台址工程，如图 5-82 所示，主楼为两座斜塔楼，斜塔楼顶部采用 14 层高的悬臂结构进行连接，其中型钢混凝土柱属于偏心受压（部分柱子受拉），受力复杂，钢筋密集，最小净间距为 70mm。

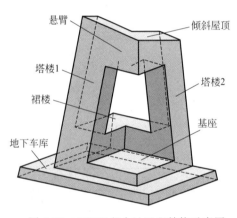

图 5-82　CCTV 新台址工程结构示意图

2. 技术性能要求

设计要求型钢柱在整个施工过程中和建成后因受力发生一定挠度变形（倾斜度约 0.286°，变形值约为 12.5×10^{-6}）的同时，产生的裂缝宽度应在小于 1mm，深度小于 50mm 的控制范围之内。本工程混凝土设计为 C60 钢纤维自密实混凝土，自密实性能等级为二级，坍落扩展度为（650±50）mm，J 形环试验中心无骨料堆积、边缘无泌浆、目测环内外无高差，劈裂抗拉强度不小于 4.5MPa，泵送高度超过 200m。

3. 原材料选用

工程所用原材料的主要技术性能指标，如表 5-240 所示。

表 5-240　原材料主要技术性能指标

序号	名称		产地	品种	主要性能指标
1	水泥		北京	P.O 42.5	抗压强度:3d 为 28.9MPa,28d 为 54.3MPa;表观密度 3100kg/m³
2	砂		河北三河	天然中砂、机制砂	细度模数 2.3～2.8,表观密度 2540kg/m³
3	碎石		河北三河	机碎石	连续级配,粒径 5～10mm 和 5～20mm,表观密度 2840kg/m³
4	粉煤灰		河北唐山	Ⅰ级	细度＜11.5％,需水量比 89％～92％,表观密度 2440kg/m³
5	泵送剂		天津	UNF	符合 GB 8076 的规定
6	钢纤维	1	上海	Dramix	冷拉切断型,主要技术性能见表 5-241
		2	上海	Harex	

表 5-241　钢纤维主要技术性能指标

钢纤维牌号	类型	抗拉强度/MPa	直径/mm	长度/mm	长径比
Dramix	RC-65/35-BN	1145～1545	0.53～0.57	32.0～38.0	56～68
Harex	CW03-30-1000	1100～1245	0.55～0.60	27.0～33.0	48～56

4. 技术要点分析

① 纤维均匀分散是保证钢纤维混凝土技术性能的关键，通过采取控制纤维体积率和粗骨料最大粒径以及适当增大水胶比等措施，确保纤维分散均匀。

② 钢纤维的掺入将导致自密实混凝土的自密实性能变差，通过采取控制纤维长度、增掺矿物掺合料以及适当提高砂率等措施，确保钢纤维混凝土的自密实性能。

③ 本工程钢纤维混凝土泵送高度超过 200m，加入钢纤维后泵送难度加大，通过控制纤维体积率和适当提高砂率等措施，确保泵送施工顺利进行。

5. 配合比设计

（1）钢纤维自密实混凝土配合比设计技术路线

① 确定基准配合比，即满足施工指标要求的不掺加钢纤维的自密实混凝土的配合比。

② 在基准配合比的基础上，通过对不同钢纤维掺量的混凝土抗拉强度、抗弯强度或韧度指数等指标检测，确定满足钢纤维混凝土力学或变形指标要求的钢纤维的品种和最小掺量。

③ 对满足要求的钢纤维最小掺量的配合比进行微调，不仅使混凝土拌合物的状态达到自密实的要求，并复验检测抗拉强度、抗弯强度或韧度指数等，以得到最佳实验室配合比。

④ 对所确定的最佳实验室配合比进行现场混凝土泵送试验，判断是否满足工程需要，最终得到满足施工生产要求的钢纤维自密实混凝土。

（2）自密实混凝土配合比设计

配合比设计的具体计算过程如下：

① 计算粗骨料质量（m_g）。根据自密实性能等级 SF2 要求，选取粗骨料绝对体积用量 $V_g = 0.30$，因一种粒径碎石的空隙率（>40%）大于标准要求，故同时掺加两种粒径的碎石（最佳比例是当两者混合后达到最小空隙率时的比例），实测表观密度平均值为 2840kg/m³，则粗骨料质量（m_g）为：

$$m_g = 2840 \times 0.30 = 852.0(\text{kg/m}^3)$$

② 确定单位体积用水量（V_w）、水粉比（W/P）和单位体积粉体量（V_p）。

a. 单位体积用水量。综合考虑掺入粉煤灰，且粗骨料粒型级配良好，选择单位体积用水量为：

$$V_w = 170L$$

b. 水粉比。选择水粉比（体积比）为：

$$W/P = 0.80$$

c. 单位体积粉体量。计算单位体积粉体量为：

$$V_p = V_w/(W/P) = 170 \div 0.80 = 212.5(L) = 0.2125(\text{m}^3)$$

单位体积粉体量，介于推荐值 0.16～0.23m³ 之间。

③ 确定含气量（V_a）。根据以往试验数据以及所使用外加剂的性能设定自密实混凝土的含气量为 1.5%，即 1000L×1.5%=15L。

④ 计算单位体积细骨料量（V_s）。经检测天然砂中含有 9.0% 的粉体。计算单位细骨料量为：

$$V_g + V_p + V_w + V_a + (1 - 9.0\%)V_s = 1000(L)$$

则：$V_s = (1000 - 300 - 212.5 - 170 - 15) \div 91.0\% = 332.4(L) = 0.3324(m^3)$

$$m_s = 2540 \times 0.3324 = 844.2(kg/m^3)$$

⑤ 计算单位体积胶凝材料体积用量（V_{ce}）。未使用其他惰性掺合料，单位体积胶凝材料体积用量为：

$$V_{ce} = V_p - 9\% V_s = 0.2125 - 9\% \times 0.3324 = 0.1826(m^3)，即 182.6L$$

⑥ 计算水灰比（W/C）与理论单位体积水泥用量（M_{c0}）。按照现行行业标准 JGJ 55 进行水灰比计算，选定 $\sigma = 7$，则计算可得：

$$W/C = 0.345$$

根据单位体积用水量为 170kg，则可计算出理论单位体积水泥用量为：

$$M_{c0} = 492.7kg，即 492.7kg/3100(kg/m^3) \approx 159.0L$$

⑦ 计算单位体积水泥实际用量（M_c）和粉煤灰用量。因单位体积的水泥计算用量为 159.0L，不能满足单位体积胶凝材料体积用量 182.6L 的要求，故采用超量取代方法掺加粉煤灰，超量取代系数为 1.3，设取代水泥率为 X，可根据下式依次计算：

$$V_{ce} = \frac{M_{c0}(1-X)}{\rho_c} + \frac{M_{c0}X \times 1.3}{\rho_{fa}}$$

式中，ρ_c 为水泥表观密度，取 $3100kg/m^3$；ρ_{fa} 为粉煤灰表观密度，取 $2440kg/m^3$。由此可得：

$$182.6 = \frac{492.7 \times (1-X)}{3.1} + \frac{492.7X \times 1.3}{2.44}$$

则得：$X = 23\%$

由此可以分别计算出：$M_c = 492.7 \times (1 - 23\%) = 379.4(kg)$

$$M_{fa} = 492.7 \times 23\% \times 1.3 = 147.3(kg)$$

⑧ 计算泵送剂用量（M_p）。经试配确定 UNF-5AST 高效泵送剂用量为胶凝材料用量的 1.4%，则：

$$M_p = (147.3 + 379.4) \times 1.4\% = 7.4(kg)$$

⑨ 试配与调整。依据本章自密实混凝土配合比试配与调整的方法进行，得到混凝土基准配合比，如表 5-242 所示。

表 5-242　自密实混凝土基准配合比

材料名称	水泥	掺合料	天然砂	5～10mm 碎石	5～20mm 碎石	水	外加剂
用量/(kg/m³)	380	150	840	350	500	170	7.4

（3）确定钢纤维自密实混凝土配合比

① 确定钢纤维的品种和掺量。钢纤维分别采用 Dramix 和 Harex 钢纤维，根据现行行业标准《纤维混凝土结构技术规程》（CECS 38）中钢纤维掺量不低于 $20kg/m^3$ 的规定，并借鉴厂家推荐的钢纤维掺量，最终确定的 Dramix 和 Harex 钢纤维的掺量为 $20～40kg/m^3$。

② 进行混凝土对比试验。掺与不掺钢纤维的混凝土的对比试验配合比与抗压强度和劈

裂抗拉强度的检测结果，如表 5-243 所示。对比试验按照现行行业标准《纤维混凝土试验方法标准》（CECS 13）的有关规定进行。从检测结果可以看出，加入钢纤维后，混凝土抗压强度、劈裂抗拉强度均有明显提高，且均能满足本工程对钢纤维混凝土的力学性能指标要求。

表 5-243　混凝土对比试验配合比和检测结果

组别	混凝土配合比/(kg/m³)							检测结果				
								出机扩展度/mm	抗压强度/MPa		劈裂抗拉强度/MPa	
	水泥	粉煤灰	天然砂	小石/大石	水	钢纤维	外加剂		28d	60d	28d	60d
A	380	150	840	350/500	170	0	7.4	690	70.7	78.2	4.74	5.24
B	380	150	840	350/500	170	Dramix/20	8.0	675	74.2	83.4	5.38	6.32
C	380	150	840	350/500	170	Dramix/25	8.0	650	74.3	83.3	6.05	6.78
D	380	150	840	350/500	170	Dramix/30	8.0	615	75.3	85.1	6.54	7.14
E	380	150	840	350/500	170	Harex/25	8.5	670	72.5	81.0	5.62	6.41
F	380	150	840	350/500	170	Harex/30	8.5	635	74.5	84.0	5.97	6.68
G	380	150	840	350/500	170	Harex/40	8.5	610	76.7	85.0	6.42	7.11

试验过程中所产生的现象主要有：

a. 钢纤维混凝土拌合物的坍落度和坍落扩展度较空白混凝土低，且随着掺量的增加，坍落度和坍落扩展度的降低程度逐渐变大。

b. 抗压强度试验时，空白混凝土试件受压时，表面剥落现象严重，破坏后，试件碎裂；而钢纤维混凝土试件受压时，表面只有少许剥落，破坏后，试件完整性较好。

c. 劈裂抗拉试验时，空白混凝土直接沿劈裂面断开，断面比较平整，并伴有较大的响声，呈明显的脆性破坏；而钢纤维混凝土只在表面出现一条沿劈裂面的细裂纹，整体完整性很好，尚需要较大的力才能将其分为两块，且发现，绝大多数钢纤维被拨出而不是被拉断。

（4）确定施工配合比

综合考虑钢纤维混凝土的自密实性能、力学性能以及成本控制、施工工艺等要求，最终所确定的钢纤维自密实混凝土的施工配合比，如表 5-244 所示，其中：钢纤维采用最低掺量，即 20kg/m³，并将天然砂改为天然砂与人工砂的混合，以便适当增加混凝土中粉体的比例，进一步改善钢纤维混凝土的自密实性能。现场混凝土泵送试验表明，该配合比完全可以满足本工程对钢纤维自密实混凝土的各项性能指标的要求。

表 5-244　钢纤维自密实混凝土施工配合比和性能试验结果

材料名称	水泥	掺合料	天然砂	机制砂	5～10mm 碎石	5～20mm 碎石	外加剂	钢纤维
用量/(kg/m³)	380	150	420	420	350	500	8.5	20
坍落扩展度/mm	（V 型）漏斗通过时间/s		U 型箱填充高度/mm		抗压强度/MPa		弹性模量/GPa	劈裂抗拉强度/MPa	
					28d	60d	28d	28d	60d
720	21		350		72.4	82.1	4.82	5.34	6.38

6. 现场施工

采用 HBT80 型混凝土地泵，泵送压力控制在 17～26MPa，泵送浇筑量达 3000 余立方米，泵送过程中，除按常规泵送操作外，还应注意以下两点：

图 5-83　拆模后的钢纤维自密实混凝土型钢柱

① 应保持混凝土供应的连续性，若较长时间不能泵送混凝土，则会出现钢纤维混凝土粘管现象，尤其是在泵管的接口处，而且增大了再次泵送阻力，很难清洗干净。

② 尽量减少泵管弯头，以减少泵送阻力和钢纤维混凝土在管内的淤积。如确实需要弯头，应尽量采用135°弯管。而且，泵管的接口处要对接紧密，不能留有缝隙。

混凝土柱浇筑后，采用塑料薄膜围裹的方式进行自然养护 7 天。拆模后，混凝土色泽均匀、无明显气泡，外观质量较好，如图 5-83 所示。留置抗压强度试件 80 余组，28 天抗压强度在 67.0～77.8MPa 之间，平均为 72.3MPa，达到设计强度等级 C60 技术要求。

第十三节　聚合物水泥混凝土

聚合物水泥混凝土是以水泥和高分子聚合物作为胶凝材料而制成的一种混凝土。由于高分子聚合物的加入，普通混凝土的许多性能得到显著改善，因此，又将其称为聚合物改性水泥混凝土。

一、聚合物水泥混凝土原材料

1. 高分子聚合物

高分子聚合物是由一种或几种结构单体，经加成或缩合反应聚合而成的分子量很高的一类材料。

（1）高分子聚合物类型

目前，用于制备聚合物水泥混凝土的聚合物大体上可以分为以下四种类型：

① 水溶性聚合物。它是一种亲水性的高分子材料，在水中能溶解或溶胀而形成溶液或分散液。其亲水性来自分子中含有的亲水基团。最常见的亲水基团是羧基、羟基、酰胺基、氨基、醚基等。这些基团不仅能使高分子聚合物具有亲水性，而且也能使其具有许多优良的性能，如：黏合性、成膜性、润滑性、分散性、增稠性等。常见的品种有：

a. 有机半合成高分子类。一是纤维素类，如：甲、乙基纤维素，羧甲基纤维素，羟丙基纤维素，羟丙基甲基纤维素等；二是淀粉类，如：羧甲基淀粉、羟乙基淀粉等。

b. 有机合成高分子类。如：聚乙烯醇及其衍生物、聚丙烯酸钠等。

② 聚合物乳液。由聚合单体进行乳液聚合而获得的一种聚合物分散体。乳液聚合即在用水或其他液体作介质的乳液中，按胶束机理或低聚物机理生成彼此孤立的乳胶粒，并在其中进行自由基加成聚合或离子加成聚合来生产高聚物的一种聚合方法。聚合物乳液中，乳胶粒子直径很小（0.05～5μm）。

水泥混凝土中所常用的聚合物乳液品种有：聚醋酸乙烯酯乳液、乙烯-醋酸乙烯酯共聚乳液、丙烯酸系聚合物乳液、苯丙乳液、氯丁胶乳、丁苯胶乳等。

③ 可分散性聚合物粉料。由聚合物乳液经过喷雾干燥得到的乳液粉末，具有良好的可

再分散性，与水接触后重新分散成乳液，其化学性质与初始乳液完全相同。

④ 液体聚合物。即常温常压条件下以液态形式存在的聚合物。通常情况下，低聚合度的高分子（即低聚物）在室温下，呈黏性流体，皆可称为液态聚合物或液态预聚物。聚合物水泥混凝土所常用的液体聚合物是环氧树脂和不饱和聚酯树脂。

综上，由于聚合物乳液具有诸多优良的技术性能，成为聚合物水泥混凝土最为常用的高分子聚合物。

（2）高分子聚合物的技术要求

聚合物水泥混凝土中所用的高分子聚合物，一般应满足以下技术要求：

① 具有良好的黏结性，能提高水泥水化产物与骨料间的界面强度。

② 对所用水泥的水化和硬化无任何不良影响；对混凝土中的钢筋及纤维无锈蚀或腐蚀作用。

③ 对水泥水化析出的 Ca^{2+}、Al^{3+} 等阳离子及水泥水化产生的碱性介质具有化学稳定性。

④ 对搅拌、浇筑及振捣所产生的剪应力作用具有力学稳定性。

⑤ 具有较低的成膜温度及长期储藏的稳定性。

2. 助剂

聚合物水泥混凝土所用助剂，主要是稳定剂和消泡剂。

（1）稳定剂

高分子聚合物承受外界因素对其破坏的能力，称为高分子聚合物的稳定性。为了防止高分子聚合物与水泥拌和时以及凝结过程中聚合物过早凝聚，保证聚合物与水泥均匀混合，并有效地结合在一起，通常需要加入适量的稳定剂。常用的稳定剂有 OP 型乳化剂、均染剂102、农乳 600 等。

① OP 型乳化剂。乳化是一种液体以微小液滴或液晶形式均匀分散到另一种不相混溶的液体介质中，形成具有相当稳定性的多相分散体系的过程。所形成的新分散体系内由于分散相（或称内相、不连续相）与分散介质（或称外相、连续相）两液相界面的增大，在热力学上是不稳定的，但若加入第三种物质常可使分散体系的稳定性大为增加。把这种能使不相混溶的两液相发生乳化形成稳定乳状液的物质称为乳化剂。大多数具有两亲结构（亲水基与疏水基）的物质都可以做乳化剂，表面活性剂就是最常用的一类乳化剂。如：OP 型乳化剂是烷基酚与环氧乙烷的缩合物，一种非离子型表面活性剂。其中乳化剂 OP-10 最为常用，其学名为辛基酚聚氧乙烯醚。

② 均染剂 102。一类主要用于印染工业中的非离子型表面活性剂，是脂肪醇与环氧乙烷的缩合物，一种水包油型（O/W）乳化剂，尤其对硬脂酸、石蜡、矿物油等物具有独特的乳化性能。

③ 农乳 600。学名苯乙烯基苯酚聚氧乙烯醚，一种非离子型表面活性剂，在水中不电解，在酸碱液中稳定，具有良好的乳化性能。

（2）消泡剂

由于受聚合物乳液中的乳化剂或加入的稳定剂等表面活性剂的影响，通常在聚合物乳液与水泥拌和过程中，会产生许多小气泡，如果不将这些小气泡消除，就会增加聚合物水泥混凝土的孔隙率，使其强度等性能明显下降。因此，必须添加适量的消泡剂。

① 消泡剂的类型。消泡剂是一种能以较快速度降低表面张力的物质，很易在已生成的泡沫的表面上铺展开，从而降低泡沫表面的黏度、弹性与强度，当消泡剂进入泡沫双分子定向膜的中间会使定向膜的力学平衡受到破坏而破裂，从而达到消泡的目的。消泡剂有两种类型：

a. 破泡类消泡剂能使气泡破坏而消失。其作用：一是降低气泡局部表面的表面张力，使膜很快变薄，被周围高张力区所拉而形成破裂点；二是使液膜中液体排液增快而缩短泡沫寿命。

这类消泡剂主要有：

（a）醇系，如：异丁烯醇、3-辛醇等。

（b）脂肪酸酯系，如：甘油（三）硬脂酸异戊酯、二乙二醇月桂酸酯、失水山梨醇三油酸酯等。

（c）膦酸酯系，如：膦酸三丁酯、辛基膦酸钠等。

（d）聚硅氧烷系，如：甲基硅油、聚硅氧烷乳液等。

b. 抑泡类消泡剂在气泡未生成时加入可以抑制泡沫的产生。它们可以在原表面上覆盖一层表面张力恒定、扩散快、不内聚、不起泡而仅有适度表面活性的组分以降低表面弹性。

这类消泡剂主要有：嵌段共聚的环氧乙烷环氧丙烷非离子型高分子表面活性剂、长链脂肪酸钙盐等。抑泡类消泡剂常与破泡类消泡剂混合使用。

② 消泡剂的技术性能。良好的消泡剂除对所用水泥的水化和硬化无任何不良影响外，必须具有较好的化学稳定性，表面张力要比被消泡介质低，并不溶于被消泡介质中，而且，消泡剂还要具有较好的分散性、破泡性、抑泡性及碱性。必须特别指出：消泡剂的针对性非常强，它们往往在这一种体系中能消泡，而在另一种体系中却有助泡的作用。因此，在使用消泡剂时应当认真地进行选择，并通过试验加以验证。工程实践证明，几种消泡剂复合使用有较好的效果。

二、聚合物水泥混凝土技术性能

1. 新拌聚合物水泥混凝土

（1）工作性

高分子聚合物的黏合性、润滑性、分散性，使聚合物水泥混凝土的工作性大大改善，在保持混合料相同流动性条件下，聚合物水泥混凝土可以减少用水量，从而提高其力学和耐久性能。

聚合物具有的引气性与亲水性，可以增大混合料的稠度和保水性，从而减少混凝土离析与泌水现象的发生。

（2）凝结时间

在相同条件下与普通混凝土相比，聚合物水泥混凝土的初凝与终凝都有不同程度的延长，且延长的程度与聚合物的品种、聚灰比以及温度有关。

2. 硬化聚合物水泥混凝土

（1）强度

如表 5-245 所给出的一组试验结果显示，聚合物的掺入，可以大幅度提高混凝土的抗弯强度、抗拉强度及抗剪强度，对抗压强度也有一定的提高。

表 5-245　普通混凝土与聚合物水泥混凝土的强度比较

混凝土种类	水灰比/%	聚灰比/%	相对强度/%			
			抗压	抗拉	抗剪	抗弯
普通混凝土	58	0	100	100	100	100
丁苯胶乳混凝土	53.8	5	108	126	122	119
	50.1	10	116	149	131	125
	46.9	15	131	205	144	145
	44	20	128	223	158	167

（2）刚度

聚合物的掺入，混凝土的刚度明显得到改善，即应力-应变曲线变缓，斜率减小，破坏应变增加，表现为聚合物水泥混凝土的压折比和弹性模量有所降低，混凝土的柔性或延伸性提高，脆性下降，断裂挠度增加。

（3）变形性能

对非外力作用下的混凝土的变形，如干缩的试验结果不尽相同，既有干缩增大，又有干缩减小的报道，显然这和试验所用聚合物的品种或聚灰比等条件有关。但通常可以认为，由于聚合物的填充性、分散性、成膜性改善了混凝土的结构，阻碍了毛细孔水的迁移，导致干缩减小。

对外力作用下的混凝土的变形，如徐变的试验结果也不尽相同，既有徐变增大，又有徐变减小的报道，显然这也和试验所用聚合物的品种、聚灰比及养护条件等有关。但一般认为，徐变的发生主要是凝胶粒子的吸附水和层间水的迁移引起的，由于聚合物水泥混凝土的保水性能好，因此，与普通混凝土相比，前者的徐变应有减小的趋势。

（4）耐磨性

由于聚合物良好的黏合性，从而对混凝土耐磨性的改善尤为明显，一般随聚灰比的提高，耐磨性提高。

（5）抗渗性、耐腐蚀性、抗冻性

由于聚合物的填充性、分散性、成膜性及一定的引气性均可以改善混凝土的孔结构，因此，聚合物水泥混凝土具有良好的抗渗性、耐腐蚀性及抗冻性。

目前，关于聚合物对水泥混凝土改性机理的系统研究甚少，根据已有的研究报道，可以将改性机理归纳为以下几点：

① 聚合物中有活性基团（羧基、酯基等）存在时，聚合物颗粒与水泥水化产物之间就要产生离子键的化学结合；此外，聚合物颗粒与水泥水化产物之间也可以通过氢键或范德华力而发生相互结合，这些结合作用均有利于提高聚合物水泥混凝土结构的密实度。

② 伴随聚合物的填充与成膜的不断进行与完善，聚合物膜与水泥水化产物相互交织形成空间骨架结构，从而强化了混凝土的堆积结构。

③ 聚合物浸润在水泥石与骨料界面（过渡区），包裹呈纤维状、板状及针状的水泥水化产物，过渡区的孔隙与裂缝被聚合物膜所填充与覆盖，过渡区结构得到密实与强化。

④ 聚合物掺入混凝土后，孔隙率降低，大孔与开放孔减少，小孔与封闭孔增多，孔分布合理，孔结构进一步得到改善。

三、聚合物水泥混凝土配合比设计

目前，关于聚合物水泥混凝土配合比的设计，尚没有一个成熟的方法，通常的做法依然基于普通混凝土的设计方法，即在设计聚合物水泥混凝土的配合比时，除要满足拌合物的工作性和混凝土的抗压强度两项基本性能的要求外，还应依据聚合物水泥混凝土应用特点或范围，重点提出对保证使用要求的某些性能，如：抗拉强度、抗弯强度、黏结强度、抗渗性、耐磨性、耐腐蚀性等的设计。试验结果表明，以上各项性能虽与混凝土的水胶比有密切关系，但聚合物的品种、掺量，聚合物与水泥用量之比（聚灰比），以及稳定剂与消泡剂的掺量和种类等都是影响聚合物水泥混凝土性能的因素，尤其是聚灰比的影响格外重要。一般情况下，聚合物掺量为水泥质量的 $5\%\sim20\%$。由于大多数聚合物具有一定的减水与引气作用，因此水胶比应稍低于普通混凝土，大致控制在 $0.30\sim0.60$ 范围内。

此外，笔者认为：沥青混凝土配合比设计的方法——体积分析法，也不失为一种可以探讨的方法。该方法将混凝土的材料体积组成分为两部分：第一部分为骨料，第二部分为聚合物改性水泥砂浆。骨料与骨料之间形成嵌挤的骨架，骨架的空隙恰好被聚合物改性水泥砂浆所填满。通过调整混凝土组成材料的体积参数，从混凝土结构的特性入手，进行组成材料的设计，从而达到优化聚合物水泥混凝土性能的目的。

四、聚合物水泥混凝土制备与施工

1. 聚合物水泥混凝土制备

（1）拌合物制备

① 原材料计量。原材料计量的允许偏差应符合表 5-246 的要求。

表 5-246　原材料计量的允许偏差（按质量计）

材料名称	允许偏差/%	
	每盘计量	累计计量
水泥、矿物掺合料	±2	±1
粗、细骨料	±3	±2
水、外加剂、高分子聚合物	±2	±1

② 搅拌。

a. 拌合物的搅拌应采用机械搅拌，使用与普通混凝土一样的搅拌设备。

b. 搅拌第一盘拌合物前应将拌和锅润湿，每台班结束后均应对拌和锅清洗。

c. 搅拌时间应稍长于普通混凝土，搅拌时间一般为 3～4min 即可。

d. 搅拌方式与过程宜采用：

（a）将高分子聚合物置于容器中，加入稳定剂、消泡剂及部分配合比的用水，搅拌配制成高分子聚合物溶液。

（b）先将水泥和砂投入搅拌机中干拌均匀，再加入石子、剩余水、外加剂和高分子聚合物溶液，搅拌制成聚合物水泥混凝土。

（2）拌合物运输

① 应快速运输，保证到现场的拌合物具有适宜的摊铺工作性。

② 高温或炎热天气运输时，应做好隔热防护。

2. 聚合物水泥混凝土施工

（1）浇筑与振捣

其浇筑与振捣方法与普通混凝土基本相同，此外尚应注意以下几点：

① 在正式浇筑前，应对基层进行认真处理，去除基层表面尘土与杂物。若浇筑的基层为旧混凝土或砂浆层，即用钢丝刷除掉基层表面的浮浆及污物，用溶剂（汽油、酒精或丙酮）洗掉油污，露出坚实洁净的表面，并用水冲洗干净，不得有积水；若基层有裂缝或管道穿过，应沿裂缝或管道周围进行 V 形开槽，并用高强度等级砂浆填实抹平。

② 浇筑过程中若出现拌合物趋于黏稠而影响施工工作性时，应适量补加备用的高分子聚合物溶液，再进行搅拌均匀后使用，切记不得任意加水。

③ 施工温度宜控制在 5～35℃ 之间。若超出此温度范围，应采取必要的措施组织施工。

（2）养护

① 混凝土硬化前，应采取保湿覆盖养护的方法进行养护，不得直接浇水养护或遭雨淋。

② 通常采取干湿交替的方法进行养护，即混凝土硬化后的 7 天以内，应保持湿润养护，以促进水泥的充分水化，加快强度增长；7 天以后，应转入自然环境下的干燥养护，以有利于聚合物胶乳脱水固化，使聚合物形成的点、网、膜交联于水泥混凝土的刚性骨架之中，进一步强化聚合物水泥混凝土的内部结构。

尽管聚合物水泥混凝土具有普通混凝土所不具备的许多优异性能，但鉴于经济成本较高，因此仍不能像普通混凝土那样得到广泛使用。目前，聚合物水泥混凝土主要应用于以下几个方面：

a. 利用聚合物良好的黏合性，将聚合物水泥混凝土或砂浆作为修补材料，用于混凝土结构的裂缝及表面剥落的修补。

b. 利用聚合物水泥混凝土优异的路用性能（抗冲击、抗疲劳、耐磨、耐腐蚀等性能），将其用于工业与民用建筑地面及公路路面与桥面的铺筑。

c. 利用聚合物水泥混凝土良好的抗渗性能及耐腐蚀性能，将其用于化工厂车间、实验室的地面、墙面以及钢筋防腐保护等。

第十四节　再生骨料混凝土

再生骨料混凝土在我国现行行业标准《再生骨料应用技术规程》（JGJ/T 240）中的定义是：掺用再生骨料配制而成的混凝土。

现行行业标准《再生混凝土结构技术标准》（JGJ/T 443）将"仅掺用再生粗骨料配制而成的混凝土"定义为"再生混凝土"。

一、再生骨料混凝土原材料

1. 水泥

应符合现行国家标准 GB 175 的规定，若采用其他品种水泥时，应符合国家现行标准的有关规定，不同品种水泥不得混合使用。

2. 骨料

（1）再生细骨料

即由建（构）筑废物中的混凝土、砂浆、石、砖瓦等加工而成，用于配制混凝土和砂浆的粒径不大于 4.75mm 的颗粒。

① 分类。按性能要求分为Ⅰ类、Ⅱ类和Ⅲ类，其应用范围见表 5-247。

表 5-247　再生细骨料的应用范围（JGJ/T 240）

类别	Ⅰ类	Ⅱ类	Ⅲ类
应用范围	配制 C40 及以下强度等级的混凝土	配制 C25 及以下强度等级的混凝土	不宜用于配制混凝土

注：再生细骨料不得用于配制预应力混凝土。

② 规格。按细度模数可分为粗、中、细三种规格，其细度模数 M_x 分别为：粗，$M_x = 3.7 \sim 3.1$；中，$M_x = 3.0 \sim 2.3$；细，$M_x = 2.2 \sim 1.6$。其颗粒级配应符合表 5-248 的规定。

③ 技术性质要求。根据亚甲蓝值试验结果的不同，再生细骨料的微粉含量和泥块含量应符合表 5-249 的规定。

表 5-248　再生细骨料的颗粒级配 （GB/T 25176）

方孔筛筛孔边长	累计筛余/%		
	1 级配区	2 级配区	3 级配区
9.50mm	0	0	0
4.75mm	10～0	10～0	10～0
2.36mm	35～5	25～0	15～0
1.18mm	65～35	50～10	25～0
600μm	85～71	70～41	40～16
300μm	95～80	92～70	85～55
150μm	100～85	100～80	100～75

注：再生细骨料的实际颗粒级配与表中所列数字比，除 4.75mm 和 600μm 筛挡外，可以略有超出，但是超出总量应小于 5%。

表 5-249　微粉含量和泥块含量 （GB/T 25176）

项目		Ⅰ 类	Ⅱ 类	Ⅲ 类
微粉含量(按质量计)/%	亚甲蓝值(MB)<1.40 或合格	<5.0	<7.0	<10.0
	亚甲蓝值(MB)≥1.40 或不合格	<1.0	<3.0	<5.0
泥块含量(按质量计)/%		<1.0	<2.0	<3.0

注：1. 微粉含量，即再生粗骨料中粒径小于 75μm 的颗粒含量；

2. 泥块含量，即再生粗骨料中原粒径大于 1.18mm，经水浸洗、手捏后变成小于 600μm 的颗粒含量；

3. 亚甲蓝值 （MB），即用于确定再生细骨料中粒径小于 75μm 颗粒中高岭土含量的指标。

再生细骨料中如含有云母、轻物质、有机物、硫化物及硫酸盐或氯盐等有害物质，其含量应符合表 5-250 的规定。

表 5-250　再生细骨料中有害物质含量 （GB/T 25176）

项目	Ⅰ 类	Ⅱ 类	Ⅲ 类
云母含量(按质量计)/%	<2.0		
轻物质含量(按质量计)/%	<1.0		
有机物含量(按质量计)/%	合格		
硫化物及硫酸盐含量(折算成 SO_3，按质量计)/%	<2.0		
氯化物含量(以氯离子质量计)/%	<0.06		

注：轻物质，即再生细骨料中表观密度小于 2000kg/m³ 的物质。

采用硫酸钠溶液法试验，再生细骨料经 5 次循环后，坚固性指标应符合表 5-251 的规定。

表 5-251　坚固性指标 （GB/T 25176）

项目	Ⅰ 类	Ⅱ 类	Ⅲ 类
饱和硫酸钠溶液中质量损失/%	<8.0	<10.0	<12.0

再生细骨料压碎指标应符合表 5-252 的规定。

表 5-252 压碎指标（GB/T 25176）

项目	Ⅰ类	Ⅱ类	Ⅲ类
单级最大压碎指标值/%	＜20	＜25	＜30

再生胶砂需水量比应符合表 5-253 的规定。

表 5-253 再生胶砂需水量比（GB/T 25176）

项目	Ⅰ类			Ⅱ类			Ⅲ类		
	细	中	粗	细	中	粗	细	中	粗
需水量比	＜1.35	＜1.30	＜1.20	＜1.55	＜1.45	＜1.35	＜1.80	＜1.70	＜1.50

注：再生胶砂需水量比，即再生胶砂需水量与基础胶砂需水量之比；再生胶砂，即按 GB/T 25176 规定的试验方法，用再生细骨料、水泥和水制备的砂浆；基础胶砂，即按 GB/T 25176 规定的试验方法，用标准砂、水泥和水制备的砂浆；再生胶砂需水量，即流动度为（130±5）mm 的再生胶砂需水量；基础胶砂需水量，即流动度为（130±5）mm 的基础胶砂需水量。

再生胶砂强度比应符合表 5-254 的规定。

表 5-254 再生胶砂强度比（GB/T 25176）

项目	Ⅰ类			Ⅱ类			Ⅲ类		
	细	中	粗	细	中	细	细	中	粗
强度比	＞0.80	＞0.90	＞1.00	＞0.70	＞0.85	＞0.95	＞0.60	＞0.75	＞0.90

注：再生胶砂强度比，即再生胶砂与基础胶砂抗压强度之比。

再生细骨料的表观密度、堆积密度和空隙率应符合表 5-255 的规定。

表 5-255 表观密度、堆积密度和空隙率（GB/T 25176）

项目	Ⅰ类	Ⅱ类	Ⅲ类
表观密度/(kg/m³)	＞2450	＞2350	＞2250
堆积密度/(kg/m³)	＞1350	＞1300	＞1200
空隙率/%	＜46	＜48	＜52

此外，由再生细骨料制备的混凝土试件经碱骨料反应试验后，应无裂缝、酥裂、胶体外溢等现象，膨胀率应小于 0.10%。

（2）再生粗骨料

即由建（构）筑废物中的混凝土、砂浆、石、砖瓦等加工而成，用于配制混凝土的粒径大于 4.75mm 的颗粒。

① 分类。按性能要求分为Ⅰ类、Ⅱ类和Ⅲ类，其应用范围见表 5-256。

表 5-256 再生粗骨料的应用范围（JGJ/T 240）

类别	Ⅰ类	Ⅱ类	Ⅲ类
应用范围	配制各种强度等级的混凝土	配制 C40 及以下强度等级的混凝土	配制 C25 及以下强度等级的混凝土，不宜用于配制有抗冻要求的混凝土

注：再生粗骨料不得用于配制预应力混凝土。

② 规格。按颗粒粒径可分为连续粒级和单粒级，其颗粒级配应符合表 5-257 的规定。

表 5-257 再生粗骨料的颗粒级配 (GB/T 25177)

公称粒径/mm		累计筛余/%							
		方孔筛筛孔边长/mm							
		2.36	4.75	9.50	16.0	19.0	26.5	31.5	37.5
连续粒级	5～16	95～100	85～100	30～60	0～10	0	—	—	—
	5～20	95～100	90～100	40～80	—	0～10	0	—	—
	5～25	95～100	90～100	—	30～70	—	0～5	0	—
	5～31.5	95～100	90～100	70～90	—	15～45	—	0～5	0
单粒级	5～10	95～100	80～100	0～15	0	—	—	—	—
	10～20	—	95～100	85～100	—	0～15	0	—	—
	16～31.5	—	—	95～100	85～100	—	—	0～10	0

③ 技术性质要求。技术性质应符合表 5-258 的规定。

表 5-258 再生粗骨料技术性质 (GB/T 25177)

项目	Ⅰ类	Ⅱ类	Ⅲ类
微粉含量(按质量计)/%	<1.0	<2.0	<3.0
泥块含量(按质量计)/%	<0.5	<0.7	<1.0
针片状颗粒(按质量计)/%		<10.0	
吸水率(按质量计)/%	<3.0	<5.0	<8.0
坚固性(质量损失)/%	<5.0	<10.0	<15.0
杂物含量(按质量计)/%		<1.0	
压碎指标/%	<12.0	<20.0	<30.0
表观密度/(kg/m³)	>2450	>2350	>2250
空隙率/%	<47.0	<50.0	<53.0
有机物		合格	
硫化物及硫酸盐(折算成 SO_3,按质量计)/%		<2.0	
氯化物(以氯离子质量计)/%		<0.06	

注：1. 微粉含量，即再生粗骨料中粒径小于 $75\mu m$ 的颗粒含量；

2. 泥块含量，即再生粗骨料中原粒径大于 4.75mm，经水浸洗、手捏后变成小于 2.36mm 的颗粒含量；

3. 针片状颗粒，即粗骨料的长度大于该颗粒所属相应粒级的平均粒径 2.4 倍者为针状颗粒，厚度小于平均粒径 0.4 倍者为片状颗粒（平均粒径指该粒级上、下限粒径的平均值）；

4. 吸水率，即饱和面干状态时所含水的质量占绝干状态质量的百分数；

5. 杂物，即再生骨料中除混凝土、砂浆、砖瓦、石之外的其他物质。

此外，由再生粗骨料制备的混凝土试件经碱骨料反应试验后，应无裂缝、酥裂、胶体外溢等现象，膨胀率应小于 0.10%。

（3）普通骨料

普通粗、细骨料应符合 JGJ 52 的规定。

3. 矿物掺合料

应分别符合国家现行标准 GB/T 1596、GB/T 18046、GB/T 18736 及 JG/T 3048 等的规定。

4. 外加剂

外加剂性能与应用技术应分别符合现行国家标准 GB 8076、GB 50119 等的规定。

二、再生骨料与再生骨料混凝土技术性能

再生骨料混凝土，由于其中掺入了相当数量的废弃混凝土再生骨料，所以骨料的性能已成为影响再生骨料混凝土性能最重要的因素。再生与原生（天然）骨料之间技术性能的较大差别，必然导致再生骨料混凝土与普通混凝土技术性能上的较大差别。

1. 再生骨料技术性能

试验研究结果表明，废弃混凝土经过破碎生产的再生骨料，其技术性能具有以下特点：

① 骨料中含有 30％左右的硬化水泥砂浆。除有少量水泥砂浆附着在原生骨料表面外，大多独立成块，导致再生骨料表观密度较小，孔隙率高，颗粒软弱，强度低。

② 骨料表面附着的水泥砂浆以及独立成块的水泥砂浆中，都不同程度地含有一定量的黏土、淤泥、微粉等杂质，导致再生骨料吸水率高，新水泥砂浆与其之间的黏结力降低。

③ 破碎造成再生骨料损伤，骨料内部产生大量微裂缝，导致再生骨料吸水率高，强度低。

④ 再生骨料棱角较多，表面比较粗糙，导致再生骨料孔隙率高，表观密度较小。

2. 再生骨料混凝土技术性能

（1）物理性能

再生骨料表观密度比原生骨料的小，因此再生骨料混凝土的密度比普通混凝土的低。统计资料表明。若再生骨料取代率100％，则再生骨料混凝土密度与普通混凝土的相比，降低约7.5％，显然这有利于降低结构构件自重，提高结构的抗震性能。再生骨料孔隙率高，也有利于提高再生骨料混凝土的保温性能。

（2）工作性能

在相同配合比条件下，与普通混凝土相比，新拌再生骨料混凝土的坍落度低，坍落度经时损失快，且这种现象随着再生骨料取代率的提高而加剧，有试验结果表明，当再生粗骨料取代率100％时，再生骨料混凝土的坍落度比普通混凝土的坍落度约低25％～50％。

但再生骨料能改善混凝土的黏聚性和保水性，且随着再生骨料取代率的提高其黏聚性和保水性会变得越来越好。

（3）力学性能

① 强度。关于再生骨料对混凝土强度的影响，已有的试验研究结果并没有取得一致的结论。概括起来，主要有两种看法：

a. 当再生骨料取代率达到一定程度时，再生骨料混凝土强度将随着再生骨料取代率的提高而降低。因为，再生骨料已成为再生骨料混凝土中骨架结构的主体，由于再生骨料的强度小于原生骨料的强度，所以再生骨料混凝土的强度必然小于普通（原生）混凝土的强度。Ramamurthy 的试验结果指出"再生骨料混凝土的强度比普通混凝土低15％～42％"。

b. 当再生骨料取代率在一定范围内，再生骨料混凝土的强度会有一定幅度的增加，特别对早龄期强度影响更明显。因为，骨料对混凝土强度的影响主要表现在两个方面：一是骨料自身的强度；二是骨料对水泥石与骨料间界面结构的强化。对于普通混凝土而言，骨料与附着砂浆的弹性模量相差较大，由于收缩、荷载等作用导致二者的变形不一致，产生界面裂缝，必然成为混凝土强度最薄弱的环节。而再生骨料与附着砂浆的弹性模量相差较小，骨料

表面粗糙，骨料微裂缝对水和新水泥颗粒较强的吸附性都将使骨料与附着砂浆界面处的水灰比明显降低，水泥水化更加充分，显然这些因素都会改善与强化骨料与附着砂浆的界面结构。

值得一提的是，再生骨料对混凝土强度的影响，不同的学者给出了不尽相同的试验结果。笔者认为，影响再生骨料混凝土强度的因素较之影响普通混凝土强度的因素更为复杂，其强度不仅受骨料技术性能影响的权重更大，而且混凝土强度等级的不同、养护龄期的不同、水胶比的不同以及矿物掺合料品种与掺量等的不同，都将导致再生骨料混凝土强度的变化规律不同。

现行行业标准 JGJ/T 443 规定：再生混凝土的强度等级不应低于 C15，不宜高于 C50。

② 弹性模量。再生混凝土的弹性模量要比普通混凝土的低，且随着再生骨料取代率的提高而降低。有试验结果表明，在立方体抗压强度相同时，再生混凝土的弹性模量大约是普通混凝土的 70%；当再生骨料取代率为 15%、30% 及 60% 时，再生混凝土弹性模量的最大降低值约 21%，此时再生骨料取代率为 60%。究其原因，不仅是由于再生骨料较原生骨料的弹性模量低，且再生混凝土的孔隙率也比普通混凝土的高。

为此，现行行业标准 JGJ/T 443 规定：仅掺用 I 类再生粗骨料的再生混凝土，其弹性模量（E_C）可按现行国家标准《混凝土结构设计规范》（GB 50010）采用。掺用 II 类、III 类再生粗骨料的再生混凝土弹性模量（E_C）宜通过试验确定；缺乏试验资料时，再生粗骨料取代率为 30%、100% 的再生混凝土弹性模量可按表 5-259 采用，当再生粗骨料取代率介于 30% 和 100% 之间时，再生混凝土弹性模量可采用线性内插法确定。

表 5-259　再生混凝土弹性模量（JGJ/T 443）　　单位：$\times 10^4 \text{N/mm}^2$

强度等级	C15	C20	C25	C30	C35	C40	C45	C50
再生粗骨料取代率 30%	1.98	2.30	2.52	2.70	2.84	2.93	3.02	3.11
再生粗骨料取代率 100%	1.76	2.04	2.24	2.10	2.52	2.60	2.68	2.76

现行行业标准 JGJ/T 240 规定：仅掺用 I 类再生粗骨料配制的混凝土，其受压与受拉弹性模量（E_C）可按现行国家标准 GB 50010 取值。其他情况下配制的再生骨料混凝土，其弹性模量（E_C）宜通过试验确定；在缺乏试验条件或技术资料时，可按表 5-260 取值。

表 5-260　再生骨料混凝土弹性模量（JGJ/T 240）　　单位：$\times 10^4 \text{N/mm}^2$

强度等级	C15	C20	C25	C30	C35	C40
弹性模量（E_C）	1.83	2.08	2.27	2.42	2.53	2.63

（4）变形性能

① 干燥收缩。在相同配合比条件下，再生骨料混凝土的干燥收缩与徐变值均比普通混凝土的大。Hansen 等人的研究表明，与普通混凝土相比，再生骨料混凝土的干燥收缩值要增加 60%；Torhen C. Hansen 和 Erik Boegh 通过试验得出：再生骨料混凝土的干缩量要比普通混凝土的大 40%～60%。

② 徐变。再生骨料混凝土的徐变不仅明显大于普通混凝土的徐变，且徐变值随再生骨料取代率的提高而增大。罗素蓉的试验结果表明，持荷时间为 150 天时，再生粗骨料取代率为 50%、70% 和 100% 的再生骨料混凝土总徐变度较普通混凝土的分别增加 18.5%、47.7% 和 52.7%；Mellmann 等人的研究表明，100% 取代率的再生骨料混凝土，其徐变值要比普通混凝土的值最高高出 60%。

（5）耐久性能

① 抗渗性能。由于再生骨料在加工制备过程中，会产生大量的微细裂缝以及再生骨料混凝土的密实度低、孔隙率较高，因此，再生骨料混凝土的抗渗水性能要比同配合比的普通混凝土低得多，且随再生骨料取代率的提高，抗渗水性能将进一步下降。对于再生骨料混凝土抗氯离子的渗透性能，Wang 等人证明，再生骨料混凝土的抗氯离子渗透性比同配比普通混凝土约低 14%。并有试验表明，再生细骨料对再生骨料混凝土抗氯离子渗透性能的影响要大于再生粗骨料的影响。

② 抗冻性能。由于再生骨料微裂缝缺陷多，吸水率大，吸水饱和速度快，显然这些因素对再生骨料混凝土抗冻性极其不利。

③ 抗碳化性能。在相同的环境与试验条件下，再生骨料混凝土的碳化深度比普通混凝土的更大。Silva 等人得到的结论是，在 95% 的置信水平下，取代率为 100% 再生骨料混凝土，其碳化深度是同条件下普通混凝土的 3.5 倍。

三、再生骨料混凝土配合比设计

目前，关于再生骨料混凝土配合比的设计，尚没有一个成熟的方法，通常的做法依然基于普通混凝土的设计方法。

1. 配合比设计原则与规定

再生骨料混凝土的配合比设计应满足混凝土工作性、强度和耐久性的要求。

① 配合比计算应采用质量法进行。

② 总用水量应为净用水量和附加用水量之和。

③ 宜采用较低的砂率。

④ 净用水量宜根据坍落度和粗骨料最大粒径按标准 JGJ 55 确定，附加用水量应采用再生粗骨料饱和面干吸水量。

⑤ Ⅰ 类再生粗骨料的取代率（δ_g）可不受限制；当缺乏技术资料时，再生粗骨料取代率（δ_g）和再生细骨料的取代率（δ_s）不宜大于 50%；当混凝土中已掺用 Ⅲ 类粗骨料时，不宜再掺入再生细骨料。

⑥ 再生混凝土与再生骨料混凝土的耐久性设计应符合现行国家标准 GB 50010 和 GB/T 50476 的有关规定。当再生混凝土与再生骨料混凝土用于设计使用年限为 50 年的混凝土结构时，其耐久性宜分别符合表 5-261 的规定或表 5-262 的规定。

表 5-261　再生混凝土耐久性基本要求（JGJ/T 443）

环境类别		最大水胶比	最低强度等级	最大氯离子含量/%	最大碱含量/(kg/m³)
一		0.60	C25	0.30	不限制
二	a	0.55	C30	0.20	3.0
	b	0.50(0.55)	C35(C30)	0.15	
三	a	0.45(0.50)	C40(C35)	0.15	
	b	0.40	C45	0.10	

注：1. 氯离子含量系指占胶凝材料总量的百分比；

2. 预应力构件再生混凝土中的最大氯离子含量为 0.05%，其再生混凝土的最低强度等级宜按表中的规定提高一个强度等级；

3. 素再生骨料混凝土构件的水胶比和最低强度等级的要求可适当放宽；

4. 处于严寒和寒冷地区二 b、三 a 类环境中的再生混凝土应使用引气剂，并可采用括号中的有关参数；

5. 当使用非碱活性骨料时，对再生混凝土中的碱含量可不作限制。

表 5-262　再生骨料混凝土耐久性基本要求 （JGJ/T 240）

环境类别	最大水胶比	最低强度等级	最大氯离子含量/%	最大碱含量/(kg/m³)
一	0.55	C25	0.20	
二 a	0.50(0.55)	C30(C25)	0.15	
二 b	0.45(0.50)	C35(C30)	0.15	3.0
三 a	0.40	C40	0.10	

注：1. 有可靠工程经验时，二类环境中的最低混凝土强度等级可降低一个等级；

2. 其他同表 5-261 第 1、3、4、5 条。

2. 配合比设计步骤

① 确定再生粗骨料的取代率 （δ_g） 和再生细骨料的取代率 （δ_s）。

② 确定再生骨料混凝土强度标准差 （σ），按下列规定进行：

a. 不掺再生细骨料混凝土、仅掺 Ⅰ 类再生粗骨料或 Ⅱ 类、Ⅲ 类再生粗骨料取代率 （δ_g） 小于 30% 的混凝土，σ 可按 JGJ 55 的规定取值。

b. 不掺再生细骨料混凝土，Ⅱ 类、Ⅲ 类再生粗骨料取代率 （δ_g） 不小于 30% 的混凝土，σ 值应根据相同再生粗骨料掺量和同强度等级的同品种再生骨料混凝土统计资料计算确定。计算时，强度试件组数不应小于 30 组。对于强度等级不大于 C20 的混凝土，当 σ 计算值不小于 3.0MPa 时，应按计算结果取值；当 σ 计算值小于 3.0MPa 时，σ 应取 3.0MPa；对于强度等级大于 C20 且不大于 C40 的混凝土，当 σ 计算值不小于 4.0MPa 时，应按计算结果取值；当 σ 计算值小于 4.0MPa 时，σ 应取 4.0MPa。

c. 若无统计资料，对于仅掺再生粗骨料的混凝土，其 σ 值可按表 5-263 的规定确定。

表 5-263　再生骨料混凝土强度标准差 （σ） 推荐值 （JGJ/T 240）

强度等级	≤C20	C25、C30	C35、C40
强度标准差(σ)/MPa	4.0	5.0	6.0

d. 掺再生细骨料混凝土，σ 值也应根据相同再生骨料掺量和同强度等级的同品种再生骨料混凝土统计资料计算确定。计算时，强度试件组数不应小于 30 组。对于各强度等级的混凝土，当 σ 计算值小于表 5-263 中对应值时，应取表 5-263 中对应值。若无统计资料时，其 σ 值也可按表 5-263 选取。

③ 按现行行业标准 JGJ 55 的方法计算基准混凝土配合比。

④ 以基准混凝土配合比中粗、细骨料用量为基础，根据已确定的再生粗骨料取代率 （δ_g） 和再生细骨料取代率 （δ_s） 计算再生骨料的用量。

⑤ 通过试配与调整，确定再生骨料混凝土的最终配合比。

值得一提的是，由于再生骨料混凝土拌合物坍落度经时损失大，因此，其配合比的设计，应有利于对拌合物坍落度损失的控制。

四、再生骨料混凝土改性技术

目前，若实现对再生骨料混凝土的改性，可从以下几个途径入手：

1. 优化混凝土配合比设计

（1）调整水胶比

根据再生骨料的吸水率，适量增加配合比的用水量，可以改善再生骨料混凝土拌合物的流动性，但对混凝土的强度和耐久性不利。

（2）掺加高性能外加剂

如适量增掺高性能减水剂，在降低水胶比的条件下，可保持再生骨料混凝土拌合物的流动性和强度基本不变；又如掺加硅烷基防水剂，可以明显改善再生骨料混凝土的碳化、收缩、氯离子渗透等耐久性能，但会对混凝土强度产生不利影响。

（3）采用"等砂浆法"进行混凝土配合比设计

试验研究结果表明，再生骨料中老砂浆（即废弃混凝土破碎后所保留的砂浆）的存在，是导致再生混凝土性能变差的一个主要原因。所谓"等砂浆法"，即保持再生骨料混凝土的砂浆总量（老砂浆＋新砂浆）与同配合比普通混凝土的砂浆量相等的一种配合比设计方法。采用此法，可在用水量与水泥用量不变的条件下，实现再生骨料混凝土与同配比普通混凝土的流动性、抗压强度基本相当；干缩与徐变值明显小于采用传统配合比方法设计的再生骨料混凝土的相关值。

（4）掺加矿物外加剂

掺加一定量的优质矿物外加剂，是目前普遍采用的一种有效的方法。如 Kou 等人通过掺入不同质量的优质粉煤灰对再生骨料混凝土进行改性，发现粉煤灰可以提高再生骨料混凝土的后期强度，改善抗氯离子渗透性能，但会降低其早期强度。又如 Berndt 的试验证实，在再生骨料混凝土中掺入磨细矿渣可以明显改善其抗氯离子渗透性能。

2. 去除再生粗骨料附着砂浆

再生粗骨料表面附着的砂浆是导致再生骨料混凝土性能变差的主要原因之一。因此，去除再生粗骨料附着砂浆是改善再生粗骨料性能的一项最直接、最有效的技术，主要有酸洗法和机械去除法。

（1）酸洗法

采用浓度适中的酸溶液浸泡再生粗骨料，去除粗骨料表面附着砂浆。此法能保证再生粗骨料性能不受影响。试验结果证实，采用酸洗过的再生粗骨料制备的再生骨料混凝土，其抗压强度得到明显提高。

（2）机械去除法

① 球磨法。对破碎的混凝土块进行机械球磨，去除粗骨料表面附着的砂浆。

② 加热（普通或微波加热）法。利用普通加热或微波加热废弃混凝土块，由于粗骨料（石子）与砂浆热膨胀系数不同，加热后，粗骨料与附着砂浆间界面黏结受到弱化，再对加热的废弃混凝土块进行破碎，从中剔选出高品质再生粗骨料。此方法不仅能减少机械作用对粗骨料的破碎率，减少粗骨料因破碎而产生的微裂缝，而且能显著提高机械破碎效率。

试验结果证实，去除附着砂浆的再生粗骨料，其吸水率明显降低，密度增加；用其制备的混凝土，工作性能、力学性能及耐久性能均得到明显改善和提高。

3. 密实强化附着砂浆及其骨料与附着砂浆的界面结构

试验结果证实，密实强化附着砂浆及其骨料与附着砂浆的界面结构，可以显著提高再生骨料混凝土的技术性能。

（1）浆液浸渍法

采用具有化学活性的浆液对再生粗骨料进行浸渍，利用浆液的渗透填充作用和促进水泥水化的作用，密实强化附着砂浆及其骨料与附着砂浆的界面结构，从而改善和提高再生骨料混凝土性能。目前，常用的活性浆液主要有：聚乙烯醇（PVA）乳液、硅烷基高聚物乳液、水玻璃、矿物掺合料浆体以及水泥浆体等。

（2）二氧化碳（CO_2）养护法

将再生骨料置于 CO_2 环境中进行养护，促使 CO_2 和骨料与附着砂浆界面处的水泥水化产物水化硅酸钙（C-S-H）、氢氧化钙 $[Ca(OH_2)]$ 发生如下的化学反应：

$$C\text{-}S\text{-}H + CO_2 \longrightarrow CaCO_3 + SiO_2 \cdot n H_2O$$
$$Ca(OH_2) + CO_2 \longrightarrow CaCO_3 + H_2O$$

反应生成物碳酸钙（$CaCO_3$），将密实强化附着砂浆及其骨料与附着砂浆的界面结构。

此外，在再生混凝土制备过程中，改变投料方法，如采用二次投料的净浆裹石法，也有利于界面结构的强化。

五、再生骨料混凝土制备与施工

1. 再生骨料混凝土制备

① 原材料计量。原材料计量应符合现行国家标准 GB/T 14902 的规定。

在下列条件下，应测量再生粗骨料的含水率、吸水率和堆积密度。

a. 在批量拌制再生骨料混凝土前。

b. 在批量生产过程中抽查。

c. 当再生粗骨料含水率有显著变化时，或拌合物坍落度异常时。

但当再生粗骨料已经过预湿处理，可不测定吸水率，但应测定湿堆积密度。

② 搅拌。采用强制式搅拌机搅拌，搅拌时间应比普通混凝土的搅拌时间适当延长。

③ 运输。运输应按符合以下规定：

a. 应快速运输，宜在 1h 内卸料，保证到现场的拌合物具有适宜的工作性。

b. 运输过程中应避免离析，当拌合物坍落度损失较大或离析时，可在卸料前掺入适量减水剂进行搅拌，但不得加水。

2. 再生骨料混凝土施工

（1）拌合物浇筑与振捣

① 浇筑应保证再生骨料混凝土的均匀性和密实性。

② 浇筑倾落的自由高度不应超过 2m，当倾落高度大于 2m 时，应加串筒、斜槽、溜管等辅助工具。

③ 应采用机械振捣成型。

（2）养护

浇筑后应采用保湿养护，保湿养护时间不应少于 7 天，掺加缓凝剂的再生骨料混凝土保湿养护时间应延长至 14 天。

第六章
商品混凝土生产制备

商品混凝土的生产制备在搅拌站中进行，搅拌站生产运行流程是否合理，不仅关乎商品混凝土企业的管理效率和经济效益，也影响商品混凝土的质量。商品混凝土搅拌站典型的生产运行流程如图 6-1 所示。

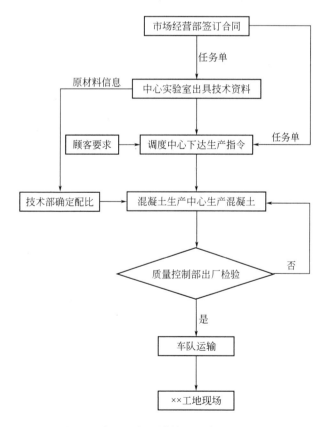

图 6-1　商品混凝土搅拌站生产运行流程图

生产制备工艺全过程由原材料贮存（堆场）、输送、搅拌楼临时贮料、称量配料、搅拌和混合料输送等几个工序组成。

第一节 原材料贮存

合理规划设计原料贮存既是保证混凝土质量的需要，又是企业提高生产效率和降低经营成本的需要。

一、胶凝材料贮存

1. 贮存方式、周期与贮存量

（1）贮存方式

采用筒仓，靠近搅拌楼单独设置，不仅贮量大，且能实现集中贮存，分别向多个搅拌楼同时供料。

（2）贮存周期

既要保证正常生产，又要根据运输条件予以选择，如表 6-1 所示。

表 6-1 胶凝材料的建议贮存周期

运输方式	铁路	水路	公路	
			>50km	<50km
贮存周期/d	10～20	5～10	3～5	1～3

（3）贮存量

贮存量可按式（6-1）计算：

$$Q = \frac{qnG}{1-\eta} \tag{6-1}$$

式中 Q——胶凝材料的贮存量，t；

q——混凝土配合比中胶凝材料用量，t/m^3；

n——贮存周期，由表 6-1 选取，d；

G——混凝土日产量，m^3/d；

η——胶凝材料损耗率，一般为 0.5%～1.0%，%。

2. 筒仓类型

分为深仓和浅仓，通常采用圆筒形深仓。据所用结构材料的不同，筒仓分为砖石筒仓、钢筋混凝土筒仓和钢筒仓，一般采用钢筒仓。

3. 筒仓组成

主要由卸料间和筒仓仓体两部分组成。

卸料间主要完成散装粉料的卸料，向筒仓仓顶输送粉料。仓体一般包括仓顶房、筒体和仓底供料间等部分。当散装粉料被输送到仓顶房后，分别按品种输入各筒体内贮存，使用时由仓底供料间供料。

搅拌站采用的筒仓较简单，每个筒仓有各自独立的上料管道、除尘装置和输送设备，可采用风动或气力直接向筒仓卸料，可不设卸料间。

4. 筒仓布置

筒仓布置原则，一般是：

① 依据筒仓数量的多少，一般按单列式或双列式两种形式布置。

② 筒仓尽量靠近搅拌楼。当粉料采用铁路运输时，单列式和双列式筒仓轴线尽量和铁路专用线垂直。

③ 多个筒仓沿轴线布置，长度不超过 50m。

5. 筒仓几何参数

（1）筒仓几何尺寸

筒仓各部的尺寸，如图 6-2 所示。

① 筒仓高度。由仓体有效高度 H、锥体高度 S 和与卸料方式有关的卸料高度来决定。有效高度一般为 13～25m，最高不宜超过 30m。

② 筒仓直径。常用的筒仓直径为 6m、7m、8m 和 10m。筒仓的高径比 H/D，一般为 1.5～2.5 或者更大些。

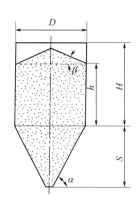

图 6-2 筒仓各部的尺寸
D—筒仓内径；H—圆柱体高度；S—截头锥体高度；α—锥体倾角；β—物料的休止角

（2）筒仓锥体倾角

如图 6-2 所示，锥体倾角 α 是指筒仓锥体母线与其水平投影间的夹角。锥体倾角的大小除与粉料的自然休止角有关外，还与锥体结构的材质、表面光滑程度，以及在卸料过程中为防止物料起拱、保证卸料顺畅而采取的破拱措施等因素有关。破拱措施不同，钢筒仓的锥体倾角也不同，如表 6-2 所示。

表 6-2 钢筒仓锥体倾角值

破拱方法	无	破拱吹管	充气头	多孔板	振动器
倾角 $\alpha/(°)$	60～75	50～55	40～50	20～40	45～60

（3）筒仓填充系数

指仓中所能容纳物料的最大体积与整个筒仓的几何容积之比，是表征筒仓填充程度的一个参数。由于筒仓上部装有料位器、安全阀、排气口、人孔，以及物料按其自然休止角（β）堆积等，物料不可能填满筒仓全部空间。依据装仓方式的不同，填充系数可参照表 6-3 选择。

表 6-3 填充系数

装仓方式	机械	风动	气力
填充系数	0.80～0.85	0.85～0.90	0.90～0.95

6. 筒仓容积和贮量

（1）筒仓容积

筒仓的几何容积，可按式(6-2)计算：

$$V = \frac{\pi D^2}{4}\left(h + \frac{D}{6}\tan\alpha + \frac{D}{6}\tan\beta\right) \tag{6-2}$$

式中 V——筒仓有效容积，m^3；

D——筒仓内径，m；

h——粉料圆柱体高度，m；

α——筒仓锥体倾角，其值见表 6-2，(°)；

β——水泥自然休止角，一般取 30°。

（2）筒仓贮量

单个筒仓贮量，可按式（6-3）计算：

$$Q = \rho V \qquad (6-3)$$

式中　Q——单个筒仓粉料的最大贮量，t；

　　　ρ——粉料的体积密度，t/m³；

　　　V——单仓有效容积，不同几何尺寸的筒仓容积及贮量近似值见表6-4，m³。

表6-4　粉料筒仓容积及贮量近似值

筒体直径/m	筒体高度/m	几何容积/m³	有效容积/m³	贮存量/t		每米高度贮存量/(t/m)	
				普通水泥	矿渣水泥	普通水泥	矿渣水泥
5	13	260	230	300	290	25.5	24.5
6	15	430	380	500	475	37	35
7	18	700	600	780	750	50	48
8	20	1000	850	1100	1060	65	63
10	24	1900	1700	2200	2120	102	98

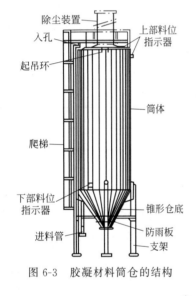

图6-3　胶凝材料筒仓的结构

（图中标注：除尘装置、入孔、起吊环、上部料位指示器、筒体、爬梯、下部料位指示器、进料管、锥形仓底、防雨板、支架）

通常，商品混凝土搅拌站每台机组至少配备2个水泥仓、3个矿物掺合料仓。典型的钢筒仓结构如图6-3所示，由仓体、仓顶、下圆锥、底架和辅助设备5部分组成。常用钢筒仓的规格一般是：直径2.4～5.5m，高度6～15m。

二、骨料贮存

骨料（砂、石）用量最大，约占原材料总量的80%，商品混凝土搅拌站都设有砂石料场（或骨料库）。

1. 贮备类型和特点

贮备类型主要有：生产性贮备、后备性贮备、季节性贮备和工艺性贮备，其特点如表6-5所示。

表6-5　骨料贮备的类型和特点

贮备类型	特点
生产性	满足一个运输周期内生产需要量而形成的贮备。贮备量等于运输周期内原材料的消耗量
后备性	预防原材料运输意外中断而形成的贮备。一般搅拌站都保持一定量的原材料后备贮备
季节性	预防由于气候影响使原材料供应中断形成的贮备。如为了预防洪水季节、雨雪交通运输影响等
工艺性	为满足工艺对某些材料的特殊要求而形成的贮备。如刚从水中捞出的砂含水量过大,需贮存滤水

2. 贮存方式

应根据骨料供应情况、来料方式、贮存量和厂区条件等予以选择贮存方式，分别如下：

（1）长线式

即在一条形地带上依次贮存不同品种和规格的骨料，如图6-4(a)所示。

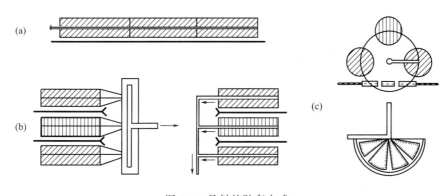

图 6-4　骨料的贮存方式

（a）长线式；（b）并列式；（c）扇形式

（2）并列式

即在并列的每条条形地带上专门贮存一种或两种骨料，如图 6-4（b）所示。

（3）扇形式

即将骨料按品种和规格的不同，分别贮存在分隔的各扇形区域内，如图 6-4（c）所示。

3. 贮存周期

即骨料在厂内贮存的最少期限，一般以天为单位。贮存周期主要与骨料供应情况、运输方式、运输距离以及贮备类型等因素有关。几种运输方式的建议贮存周期如表 6-6 所示。

表 6-6　骨料建议贮存周期

运输方式	铁路	公路	水路
贮存周期/d	10～15	2～5	5～10

4. 贮存过程（堆场）

骨料进厂后的贮存过程又称其为堆场。堆场的主要作业内容是：卸料、堆料和上料。根据贮存量、来料方式以及卸料、堆料和上料工艺的不同，堆场可分为地沟式、栈桥式、抓斗式、拉铲式和筒仓式等不同类型。

（1）堆场的作业内容

① 卸料是将进厂的骨料从运输工具上卸下来，卸料方式有人工卸料、车辆自卸和机械卸料三种。采用汽车运输时，采用车辆自卸方式；采用火车运输时，采用链斗卸车机卸料或抓斗门式起重运输机卸料；采用船只运输时，可用悬臂抓斗机械卸料。不同的卸料方式如图 6-5所示。

② 堆料是将卸下来的骨料按一定要求集中堆存起来。堆料使用的机械与卸料机械相配套，采用抓斗起重机卸料时可用胶带输送机、装载机和推土机等进行堆料。采用链斗卸车机卸料时，不用其他设备，在卸料同时完成堆料。

③ 上料是将骨料由堆场向搅拌楼贮料仓内供料。常用的上料机械有胶带输送机、抓斗起重机、拉铲、爬斗或装载机等。

（2）堆场的布置要求

堆场的布置应按以下要求进行：

① 堆场宜集中，堆场面积要足够，料堆占地面积按贮存周期计算。

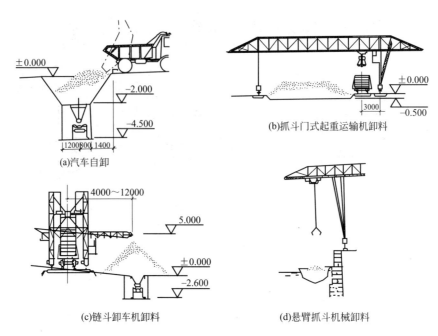

(a)汽车自卸

(b)抓斗门式起重运输机卸料

(c)链斗卸车机卸料

(d)悬臂抓斗机械卸料

图 6-5　卸料方式示意图（除标高单位为 m 外，其余单位为 mm）

② 堆场应尽量靠近搅拌楼，以减少运输作业线长度。总平面布置时，堆场应设在下风向。

③ 堆场要选用平整、压实的场地，并要做好堆场的排水设计。

（3）堆场类型的选择

① 根据所建搅拌站的规模、日生产量、骨料贮存周期等，确定堆场的规模和堆场的机械化程度。

② 根据骨料进厂运输方式、卸料方式、上料方式等，在选择起重运输机械时，尽可能做到一机多用，提高设备利用率。

③ 堆场一般选择露天堆放形式，但应采取封闭贮存，不仅避免了粗、细骨料含水率、温度等发生较大变化，同时，也减少了料场对周围环境的污染。

④ 依据搅拌楼的形式及贮料仓的位置标高、堆场与搅拌楼的相对位置等情况，最后确定起重运输设备及相应的工艺形式。

常见的堆场类型和适用范围如表 6-7 所示。

表 6-7　堆场类型和适用范围

序号	堆场形式	图例	来料运输方式	贮存量/m³	工艺说明	优缺点及适用范围
1	简易式		（自卸）汽车	较灵活	由人工卸料或自卸汽车卸料，人工或采用移动式胶带输送机、推土机、装载机堆料，简易的运输工具、装载机等搬运上料	工艺简单，适应性强，要求堆场靠近搅拌楼。劳动强度大，堆场容易零乱，占地面积大，适用于小型企业或临时施工工地

序号	堆场形式	图例	来料运输方式	贮存量/m³	工艺说明	优缺点及适用范围
2	移动胶带机式	(1) (2) (3)	(自卸)汽车	1500～2000	1. 由人工卸料或汽车自卸,将料卸入固定的受料斗内; 2. 由胶带输送机作短距离的倒运、提升,堆成垛[图(1)]。亦可串联胶带输送机,提高堆高度或向高处堆料[图(2)、图(3)]; 3. 上料时可由装载机上料,亦可在料堆下增设移动式胶带输送机	设备简单,投资小,容易开工。工艺简单,适应性强,能灵活布置。但占地面积大,场地利用低。适用于搅拌楼贮料仓不高的中小型搅拌站。适宜在地形起伏或堆场内所增加的筛分、清洗工序之间的连续输送
3	拉铲式		(自卸)汽车	2000～2500	由人工卸料或汽车自卸,卷扬拉铲将料堆垛,并向搅拌机贮料仓上料。堆场内可配有装载机等辅助堆料	设备简单,容易开工,贮存量较小,钢丝绳易磨损,维修工作量大。适用于中小型搅拌站
4	悬臂拉铲式		(自卸)汽车	300～800	人工卸料或汽车自卸,回转悬臂(或桥臂),由卷扬拉铲将料堆成垛,并向下料口上部填料	设备简单,使用灵活,常与移动式搅拌楼配套使用,能快速安装投产。因臂架长度有限,堆场贮存量较小。改变臂长和架设高度,可扩大贮量
5	悬臂抓斗式	(1) (2)	水路船运	1000～1500	由抓斗卸料兼完成堆料[图(1)],亦可通过胶带输送机进行堆料[图(2)],扩大堆料面积,增加贮料量。上料可采用装载机	设备简单,工艺布置紧凑,适用水路运输发达的小企业。缺点是生产效率低
6	抓斗门式起重机式	(1) (2) (3)	汽车、火车、船	2000～3000	由抓斗从船舱或敞车内抓料、卸料,兼完成堆垛作业。上料时,由抓斗向受料斗装料[图(1)],继由斜胶带输送机向搅拌楼上的贮料仓上料。当抬高门式起重机时,可直接向搅拌楼贮料仓上料[图(2)],亦可通过地沟胶带输送机向搅拌楼贮料仓上料[图(3)]	贮存量较大,生产率高,适用各种来料运输方式及上料要求。场地利用率高,工艺简单,容易开工,设备能一机多用,适用于大中型搅拌站。缺点是门式起重机起重高度有限,若加高轨道标高,既增加土建投资,使用时运行稳定性也变差
7	抓斗桥式起重机式	(1) (2)	汽车、火车	4000～5000	由抓斗从敞车内抓料、卸料,兼完成堆垛。上料可通过地上受料斗[图(1)]或地下受料斗加胶带输送机[图(2)],将料输送到搅拌楼的贮料仓内	贮存量大,起重机运行速度快,生产率高。工艺流程紧凑,设备一机多用,适用于大型企业。缺点是土建投资大

序号	堆场形式	图例	来料运输方式	贮存量 /m³	工艺说明	优缺点及适用范围
8	地沟胶带输送机式		汽车、火车	5000~10000	1. 由铁路运输来料，敞车自卸，在地沟内堆存，由胶带输送机上料[图(1)]； 2. 由汽车运输来料，自卸，借助推土机在地沟上堆存，再由胶带输送机上料[图(2)]； 3. 当铁路运输来料，由链斗卸车机卸车、堆，由胶带输送机上料[图(3)]	贮存量大，机械化程度高，生产率高，流程紧凑，连续性强。堆场要求地下水位低，适用于大中型企业。缺点是汽车来料时，须有推土机辅助，土建投资高
9	栈桥式		火车	10000以上	铁路运输来料，人工或机械将料卸入地沟，由地沟、斜胶带输送机将料输送到高栈桥上，下落堆料。上料是由料堆的下料口漏斗，经地沟、斜胶带输送机送至搅拌楼贮料仓	贮存量大，机械化程度高，效率高，连续性强。但堆料高度大，容易离析。输送距离长，占地面积大，土建投资高。常用推土机辅助堆料。适用于大型企业
10	大型筒仓式		火车	10000以上	铁路运输来料后，机械卸料，经地沟、斜廊和仓顶一系列胶带输送机将料落入筒仓贮存。上料时材料从筒底卸入地沟胶带输送机，再经斜胶带输送机送至搅拌楼贮料仓	贮存量大，机械化程度高，效率高，连续性强，空间利用率高，贮存质量有保证，适于贮存轻骨料，但土建投资高

5. 堆场的有关计算

（1）骨料的贮存量

某一骨料的贮存量，可按式（6-4）计算：

$$Q_i = \frac{G_i t}{\rho_0 T} \tag{6-4}$$

式中　Q_i——某一骨料的贮存量，m³；

　　　G_i——某一骨料的全年用量，t；

　　　ρ_0——某一骨料的表观密度，t/m³；

　　　T——全年作业天数，d；

　　　t——贮存周期，d。

堆场总贮存量，则按式（6-5）计算：

$$Q = \sum Q_i \tag{6-5}$$

式中　Q——堆场总贮存量，m³。

某一骨料的全年用量应依据搅拌站的生产规模（年产量）、混凝土配合比、骨料的表观密度以及骨料的生产损耗系数等予以计算确定。通常，生产过程中的损耗系数可参照表6-8予以确定。

表 6-8　骨料的生产损耗系数 K　　　　　　　　　　　单位：%

项目	不需筛洗的卵（碎）石	需筛洗的卵（碎）石	砂	轻骨料
K	3～5	5～6	3～5	5～8

（2）料堆的贮存量

不同形式料堆的贮存量可参照表 6-9 所列各种形状料堆的计算公式，计算出该料堆的贮存量。

表 6-9　不同形式料堆的贮存量计算公式

序号	料堆形状		计算公式
	平面图	立剖面图	
1			$V = H\left[ab - \dfrac{H}{\tan\alpha_0}\left(a+b-\dfrac{4H}{3\tan\alpha_0}\right)\right]$
2			$V = \dfrac{ab}{6}\left(3b - \dfrac{2H}{\tan\alpha_0}\right)$
3			$V = b\left(2aH - \dfrac{2H^2}{\tan\alpha_0} - \dfrac{a^2}{4}\tan\alpha_0\right)$
4			$V = \dfrac{H}{3}\pi\left(\dfrac{H}{\tan\alpha_0}\right)^2$

注：V——料堆体积，m^3；a——料堆长度，m；b——料堆宽度，m；α_0——料堆坡度，常用骨料的自然休止角，见表 6-10，由起运设备堆料时，拉铲 $\alpha_0 = 20°\sim35°$，推土机 $\alpha_0 = 20°\sim25°$，（°）；H——料堆高度，料堆高度由所使用的贮运设备决定，见表 6-11，m。

表 6-10　常用骨料的自然休止角

骨料名称		粗砂（干）	粗砂（湿）	细砂（干）	细砂（湿）	碎石	卵石
自然休止角 /(°)	运动	35～40	40～45	30	30～35	35～40	30～35
	静止	45	50	35	35～40	45	40～45

表 6-11　各种贮运设备的堆料平均高度

设备名称	堆料高度/m	设备名称	堆料高度/m
人工堆料	1.2～1.4	移动式胶带输送机	5～6
自卸汽车	0.8～1.2	抓斗门式起重机	2～3
装载机	2.0～2.2	抓斗桥式起重机	4～6
推土机	＜5.0	高栈桥胶带输送机	8～9
链斗卸车机	4.5～5.0	拉铲	3～4

（3）料堆面积计算

料堆占地面积，可根据表 6-12 所列料堆断面尺寸的堆高（H）、堆宽（a）与坡带长（b）等参数数据进行计算。当给定料堆占地面积时，亦可按式(6-6)验算某种堆存工艺的可能贮存量。

$$Q = Fg \tag{6-6}$$

式中　Q——料堆贮存量，m^3；

F——料堆占地面积，m^2；

g——单位面积内贮存定额参考指标，如表 6-12 所示，m^3/m^2。

表 6-12　不同堆场料堆单位面积内贮存定额参考指标

设备名称	堆料断面尺寸示意图	堆高 H/m	堆宽 a/m	坡带长 b/m	定额指标 g/（m^3/m^2）
拉铲		2	—	9.4	0.65
		3	—	14.0	0.98
		4	—	18.7	1.30
		5	—	23.4	1.65
人工或机械/胶带输送机		1.5	—	—	1.4
		2.0	—	—	1.8
		2.5	—	—	2.2
		3.0	—	—	2.6
		3.5	—	—	3.0
链斗卸车机		5	10		2.5
高栈桥胶带输送机		7	14	—	3.5
		8	16	—	4.0
		9	18	—	4.5
推土机		3	0	14	1.50
			3	14	1.75
			5	14	1.85
		4	0		2.00
			2	18.5	2.15
			4		2.30
			6		2.40
		5	2		4.00
			4	23.4	4.10
			6		4.15
抓斗门式或桥式起重机		2	14	—	1.70
			17	—	1.75
			20	—	1.80
		3	14	—	2.40
			17	—	2.50
			20	—	2.55
		4	17	—	3.00
			20	—	3.20
			23	—	3.30
		5	14	—	3.40
			17	—	3.60
			20	—	3.80
			23	—	3.95
			29	—	4.15

6. 骨料堆场的质量控制

通常采取的措施有：

① 尽量避免或减少车辆、装载机及推土机等在料堆上进行作业。

② 料堆场地应有坚硬的表面和良好的排水系统。

③ 不同料堆之间应有隔墙，或是相互隔开一定的距离。

④ 料场采取封闭贮存，不仅避免了粗、细骨料含水率、温度等发生较大变化，同时，也减少了料场对周围环境的污染。

三、外加剂贮存

商品混凝土搅拌站多采用液体外加剂，一般贮存在铁罐或混凝土罐中，应采取的注意事项和措施有：

① 贮罐的数量应根据实际需要配置，但不应低于两个，且各自具有独立的上料控制系统。

② 贮罐中宜设搅拌装置并定时搅拌，以防止沉淀，保证外加剂的均匀性。

③ 贮罐应封闭，以防止外加剂部分组分的挥发或杂物的落入。

④ 贮存时间不宜过长，并应定期清理沉淀物。

⑤ 低温或负温期生产时，应对罐体进行保温或加热，防止外加剂分层、结晶或沉淀。

⑥ 具有弱酸性（pH<7）的外加剂，如聚羧酸系减水剂，不能长时间使用能被酸性介质腐蚀的铁罐等金属容器贮存。

第二节 原材料输送

原材料输送指水泥等粉料由贮存筒仓传送到搅拌机中，以及粗、细骨料由料场传送到搅拌机或搅拌楼临时贮料仓（斗）之间的物料运输过程。输送的实现主要与输送方式以及所采用的设备及其布置有关。有关输送设备的选型、布置等详见第八章第一节"原材料输送设备"中的有关内容。

一、输送方式

1. 物料输送方式

如图 6-6 所示，依据输送设备、工作原理以及物料性质的不同，可以分为机械输送、风动输送和气力输送三种方式。

2. 输送方式的选择原则

输送方式应满足混凝土搅拌站的总体布置以及生产工艺流程的要求，并综合考虑物料的性质、输送量、输送距离、输送路线、前后工序所用设备的衔接以及运转管理的难易和成本等各种因素。

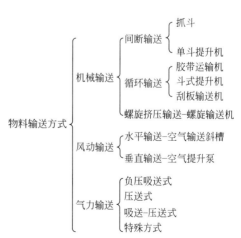

图 6-6 物料的输送方式及相应的常用设备

一般说来，就物料的性质而论，含水量较高或粒度较大的物料，应采用机械输送；含水量低于一定限度而粒度较小的粉粒状物料，宜采用风动输送和气力输送。就物料输送的距离而论，较短距离的输送，宜采用机械输送和风动输送；较长距离的输送，宜采用气力输送。

二、输送基本要求

1. 粉状物料输送

粉料从筒仓向搅拌机的输送，一般采用机械式输送。其输送的基本要求是：

（1）根据物料性质合理布置输送设备

由于水泥和矿物掺合料的表观密度相差较大，即使采用同种输送设备如螺旋输送机，也会因其倾角等布置对两者的输送速度产生不同影响，进而影响搅拌设备的生产效率。

（2）加强日常维护管理

应格外加强对输送设备的日常维护管理，使其始终处于正常工作状态。

（3）保证清洁、绿色生产

粉状物料易扬尘，因此，应做到全封闭状态下输送，杜绝输送过程中物料的泄漏。

2. 骨料输送

骨料多采用胶带运输机输送，若输送场地受限，也可采用提升机提升输送。其输送的基本要求是：

① 搅拌楼均设置多个临时贮存料仓，在粗、细骨料输送过程中，应防止混（串）仓现象发生。

② 确保骨料在输送过程中不发生离析，若发生离析，应考虑采取再混合措施。

③ 料仓中应安装与输送过程联动的仓空仓满（料位）指示信号与限位装置，以便确保输送过程中的生产安全。

④ 输送中可以通过筛分去除部分粉状颗粒，以便进一步改善骨料的技术性质，但骨料技术性质的改善会影响混凝土的质量，这一点在配合比设计中必须予以充分考虑。

3. 水和液体外加剂输送

水和液体外加剂均采用水泵输送。其输送基本要求是：

① 泵的泵送能力应满足搅拌设备生产需要，向搅拌机内供水时间应符合表 6-13 的规定。

表 6-13　向搅拌机内供水时间要求（GB/T 10171）　　　　单位：s

搅拌机公称容量/L	主机形式	
	强制式	自落式
500≤L≤1500	<18	<20
1500<L≤2000	<20	<25
2000<L≤4000	<22	<30
4000<L≤6000	<25	<35

② 泵管管路不得渗、漏，并应采用防锈、耐腐蚀管件，并应方便清洗和维修。

③ 低温或负温条件下生产时，输送管道应予以保温。

第三节 原材料称量

原料称量准确与否，既影响混凝土的质量，又影响混凝土的成本。

一、称量的基本要求与方式

1. 称量基本要求

原料称量的基本要求如下：

① 称量应以质量计，应准确。但在实际称量中，由于设备与操作等方面的原因，称量总会出现偏差。若没有明确要求，质量称量偏差应符合表 6-14 的规定。

② 称量过程应防止产生噪声和粉尘污染。

③ 称量设备应经常进行清理、检查和校正。

表 6-14　原料称量允许的质量偏差（按质量计）（GB/T 14902）　　　单位：%

原材料品种	水泥	骨料	水	外加剂	掺合料
每盘计量允许偏差	±2	±3	±1	±1	±2
累计计量允许偏差	±1	±2	±1	±1	±1

注：本表仅适用于采用计算机控制、具有计量误差补偿程序的混凝土机组。

2. 称量方式

依据称量过程，可分为连续式和间歇式称量、单独称量和累计称量；依据控制方式，可分为全自动称量、半自动称量和手动称量。目前，商品混凝土搅拌站基本采用电脑控制的间歇、全自动称量方式。它是通过自动控制线路将给料设备、称量设备和卸料设备相互联锁起来工作。为实现原料的全自动称量，整个配料称量系统联锁装置应满足以下基本要求：

① 给料气动斗门或给料器必须在卸料门关闭之后才能开启。

② 称量过程中，在规定称量质量尚未达到之前，给料气动斗门或给料器不能自行关闭。

③ 卸料气动门必须在称量过程完毕后，停止给料的条件下才能开启。

④ 卸料气动门必须保证在物料卸完以后才能闭合。

配料称量系统联锁装置有许多不同的形式。在给料气动斗门或给料器与称量设备之间的联锁有：电量联锁、水银触点联锁和光电管联锁等几种形式。

二、称量系统

称量系统又称配料称量系统。间歇式配料称量系统由给料设备、称量设备和卸料设备三部分组成。

1. 给料设备

又称供料设备，是指将原料从料仓供到称量斗所使用的设备。一般，水泥采用电磁给料机和螺旋给料机供料，而砂石骨料则常用气动扇形斗门和胶带输送机等供料。

2. 称量设备

常用的称量设备有自动杠杆秤和应变电子秤。

3. 卸料设备

卸料设备是指将称量好的原料从称量斗中卸入集料斗或搅拌机中所使用的设备。一般多采用气动闸门，对于水泥也可采用电磁给料机进行卸料。

配料称量系统中所采用的设备种类及其工作原理详见第八章第三节"给料设备"与第四节"称量设备"中的有关内容。

三、称量过程

称量过程指物料完成一次称量所经历的过程，分为"粗称"和"精称"两个阶段。在"粗称"阶段，原料大量落入称量斗，待约占规定称量值的90％的物料进入称量斗后，即转入"精称"阶段。在"精称"阶段，原料则缓慢落入称量斗。"精称"是靠给料设备与称量设备的联锁作用来完成的。其过程是用自动断续启闭给料的方式，将少量原料徐徐投入料斗中，直至达到规定的称量值为止。

四、原材料称量

既要满足称量的基本要求，又要视物料性质而异。

1. 胶凝材料称量

目前，多采用全自动称量方式。料仓和自动称量系统应带有空气吹动或振动装置，以保证卸料的平稳、顺畅与安全。水泥宜单独进行称量，以保证称量的精度，若与矿物掺合料一起进行累计称量，也应首先称量水泥。在称量与投料过程中，应格外注意因除尘装置发生气压变化对计量准确性的影响。

2. 骨料称量

骨料称量也有单独称量和累计称量之分。称量装置包括称量斗的斗体、斗门、传感器和汽缸等。称量开始前斗门关闭，称量开始时骨料仓两个斗门打开，当骨料的质量达到某个设定值时，斗门半开或其中一个斗门关闭，进行骨料的精称量。当骨料质量达到设定的称量值时，斗门全部关闭，完成称量过程。当称量斗汽缸得到开门信号后，活塞杆动作，斗门打开，开始卸料。秤空后延时活塞杆动作，斗门关闭。

3. 水与外加剂称量

水采用自动称量装置或仪表进行计量。水罐或是其他垂直容器可以作为称量的辅助部分，但不能作为直接的称量装置。仪表可以采用数字重量表或体积表（升数表）。

液体外加剂的称量与水的称量相同。但应注意的是，外加剂的称量设备需要更频繁的保养和校准，防止黏性的堆积物或沉淀物堵塞阀门或损坏上料泵。

第四节 商品混凝土的制备

一、混合料制备工艺

依据搅拌楼（搅拌车间）的竖向布置和物料提升次数的不同，混凝土混合料的制备工艺可分为单阶式与双阶式两种类型。

1. 单阶式工艺

该工艺流程如图6-7所示，是将混凝土原料一次提升到最高贮仓或贮料斗中，原料依靠自重逐渐下落，经称量配料、给料、搅拌等工序过程，形成一个由上而下的垂直生产工艺系统。

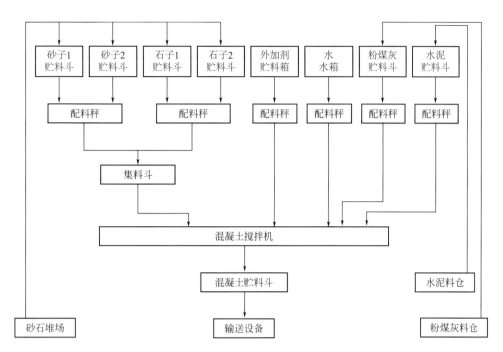

图 6-7 混合料制备的单阶式工艺流程

单阶式工艺布置紧凑，机械化自动化程度高，生产效率高，动力消耗小，操作条件好，粉尘少。但搅拌楼较高（一般在 20m 左右），占地面积大，设备安装较复杂，土建与设备费用较高，一次性投资较大。因此，这种工艺形式更适用于大、中型商品混凝土搅拌站。

单阶式工艺布置，如图 6-8 所示。搅拌楼自上而下大致分为：仓顶层（原料输送与贮存）、称量配料层、搅拌层、下料层和底层（混合料输送）五部分。

2. 双阶式工艺

该工艺流程如图 6-9 所示，是将混凝土原料经过两次提升，先将原料提升到贮料斗中，经过称量配料集中于集料斗中后，再将原料提升到搅拌机中搅拌。

双阶式工艺的设备构造简单，土建和设备投资较少，占地面积小，生产效率高。因此，这种工艺形式适合于小型或移动式混凝土搅拌站。通常将双阶式搅拌楼临近砂石堆场布置，以便提高拉铲或胶带运输机的速度和效率。其工艺布置如图 6-10 所示。

目前，我国商品混凝土的制备多采用固定单阶式工艺，整个运行系统采用计算机自动控制，提高了称量控制精度，实现了仓门开关在线监测、辅助校秤、称量动态自动补偿与提前自动修正、生产数据实时存储、定期转存导出和生产状态动态模拟显示等功能，大大提高了商品混凝土的质量和生产制备管理效率。

二、料仓

搅拌楼中的贮仓或贮料斗，习惯称其为料仓。

1. 料仓的成拱与防止措施

物料颗粒堵塞料仓卸料口，以致不能顺利进行排料的现象，通常称为料仓的成拱。

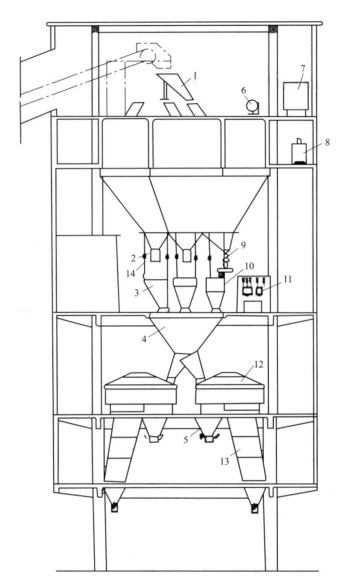

图 6-8　单阶式工艺的布置示意图

1—回转漏斗；2—扇形给料斗；3—砂石称量斗；4—集料斗；5—混凝土混合料贮斗；

6—水泥输送管两路阀；7—水箱；8—外加剂搅拌罐；9—弹簧给料器；

10—水泥称量斗；11—外加剂称量器；12—强制式搅拌机；

13—溜管；14—应变电子秤传感

（1）成拱形式

常见成拱现象的种类如图 6-11 所示。

① 出料口附近的颗粒互相支撑，形成所谓拱架状态，这种形式在料仓出料口较小而物料颗粒较大的情况时最为常见，见图 6-11(a)。

② 物料积存在料仓的锥部，使物料不能下落，这种形式在粉状物料中最为常见，是最难解决的成拱现象，见图 6-11(b)。

③ 物料只在出料口上部近于垂直地下落，形成空穴状，这种形式常见于颗粒间黏聚性

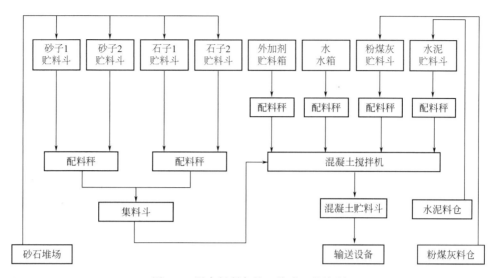

图 6-9　混合料制备的双阶式工艺流程

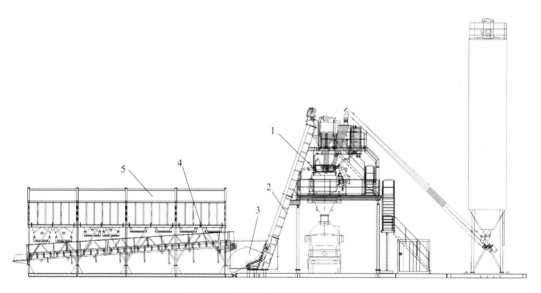

图 6-10　双阶式工艺的布置示意图

1—搅拌机；2—提升斗轨道；3—集料提升斗；4—集料计量皮带；5—集料仓

过大的细粉，见图 6-11(c)。

④ 物料附着于料仓的锥底部表面，形成研钵状，这种形式常见于仓底部壁面的倾角过小和对壁面有附着性和黏性的粉状物料，见图 6-11(d)。

(2) 成拱原因与危害

成拱原因错综复杂，除与物料的性质，特别是粒度、颗粒形状、比密度、体积密度、含水率、压缩性、黏附性及带电性等有关外，还与料仓的形状、壁面的倾角、光洁度以及出料口的大小等因素有关。

水泥仓发生成拱现象是混凝土混合料生产制备

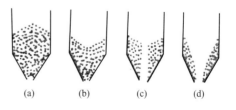

(a)　　(b)　　(c)　　(d)

图 6-11　成拱现象的种类示意图

中最为棘手的问题之一，不仅导致生产不能正常运转，也将影响水泥的称量精度。

（3）成拱防止措施

针对不同情况，可采取以下措施防止成拱：

① 料仓构造。除了可以采用加大排料口、加大仓底部壁面倾角以及提高仓体壁面光滑程度等措施外，还可将料仓制成如图 6-12 所示的构造形式。

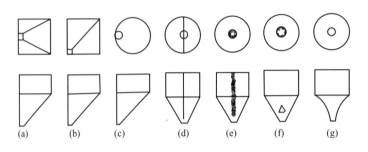

图 6-12　防止成拱的料仓构造形式示意图

(a)～(c) 锥部为非对称形料仓；(d) 仓内加设纵向隔板；(e) 仓内悬吊钢丝绳和链条；
(f) 仓内设塞块；(g) 锥部壁面呈抛物线曲面

② 施加外力。通过振动力或压缩空气防止成拱。

a. 安装振动器。用振动器对仓壁进行有效振动，减小物料间的内摩擦阻力，破坏物料对仓壁的黏附性。但振动器安装位置一定要合适，如图 6-13 所示。若安装位置不当，反而会助长成拱。此种方法简单方便，易于控制，对防止黏附性或黏结性较小的物料成拱较为有效，但粉状物料振后的静放时间不宜过长，否则，有可能形成新的更严重的成拱。

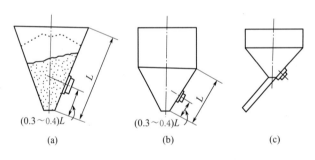

图 6-13　破拱振动器安装位置示意图

（a）小型锥斗；（b）大型锥斗；（c）装有卸料溜管的锥斗

b. 吹入压缩空气。此法又称气动破拱，如图 6-14、图 6-15 所示。在料仓容易成拱的部位，通过多孔棒、液化板及充气头等吹入压缩空气，使物料流态化，从而防止成拱，尤其对含水量很低的粉状物料最为有效。但在空气潮湿的季节或地区，吹入压缩空气会加速仓内水泥的冷却，水汽促使水泥结块，导致给料不匀，影响称量精度；再者，在压缩空气导管处易形成黏层，使破拱效果降低，因此，此处的气路必须设置油水分离器。

2. 物料在料仓中的预热

低温或负温季节生产时，化解冻结成块的砂石骨料，或若提高混凝土的出机温度，都必须对原材料进行预热处理。各种原材料加热的许用最高温度，应符合表 6-15 的规定。

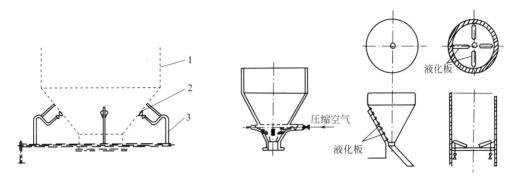

图 6-14　吹入压缩空气防止成拱的方法示意图
1—水泥料仓；2—空气冲击装置；3—压缩空气导管

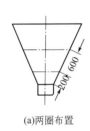

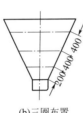

(a)两圈布置　　　　　　(b)三圈布置　　　　(c)三圈布置充气头平面分布

图 6-15　料仓锥斗充气头布置示意图（单位：mm）

表 6-15　原材料加热的许用最高温度（JGJ/T 104）

水泥强度等级	投入搅拌机温度/℃		
	拌合水	砂	石
小于 42.5	80	60	60
42.5、42.5R 及以上	60	40	40

（1）水和外加剂的预热

水可通过设置在水箱中的蒸汽盘管预热，或将蒸汽直接通入水箱中预热。外加剂可直接用热水稀释，或在液体外加剂罐体外用加热器对罐体加热。

预热水的热耗 H_w，按式（6-7）计算：

$$H_w = Q G_w C_w (t_2 - t_1) \tag{6-7}$$

式中　Q——搅拌生产能力，m^3/h；

　　　G_w——每立方米混凝土搅拌用水量，kg；

　　　C_w——水的比热容，$W/(m \cdot K)$；

　　t_1，t_2——水的预热初温、终温，℃。

（2）骨料的预热

骨料可在原材料堆场进行第一次预热，到搅拌楼的贮料仓再进行第二次预热。第二次的预热方法是通过配置在贮料仓中封闭的蒸汽排管传热。

预热骨料的热耗 H_g，可近似地按式（6-8）计算：

$$H_g = 1.2V [c(\rho - i)(t_2 - t_1) + i(335 + t_2)] \tag{6-8}$$

式中　V——骨料的有效容积，m^3；

c——骨料的比热容，一般取 $c=0.2W/(m\cdot K)$，$W/(m\cdot K)$；

ρ——骨料的表观密度，kg/m^3；

i——骨料的含水量，kg/m^3；

t_1，t_2——预热的初温、终温，℃；

1.2——热量损失系数；

335——冰的溶解热，kJ/kg。

（3）混凝土混合料温度

原材料预热后制备的混凝土混合料温度，可按式(6-9) 计算：

$$T_0=\frac{0.92(m_{ce}T_{ce}+m_sT_s+m_{sa}T_{sa}+m_gT_g)+4.2T_w(m_w-\omega_{sa}m_{sa}-\omega_gm_g)+c_w(\omega_{sa}m_{sa}T_{sa}+\omega_gm_gT_g)-c_i(\omega_{sa}m_{sa}+\omega_gm_g)}{4.2m_w+0.92(m_{ce}+m_s+m_{sa}+m_g)}$$

(6-9)

式中 T_0——混凝土拌合物温度，℃；

T_{ce}，T_s，T_{sa}，T_g，T_w——水泥、掺合料、砂子、石子、拌和用水的温度，℃；

m_{ce}，m_s，m_{sa}，m_g，m_w——水泥、掺合料、砂子、石子、拌和用水的用量，kg；

ω_{sa}，ω_g——砂子、石子含水率，%；

c_w——水的比热容，$kJ/(kg\cdot K)$；

c_i——冰的溶解热，当骨料温度大于 0℃时，$c_w=4.2kJ/(kg\cdot K)$，$c_i=0kJ/kg$，当骨料温度小于或等于 0℃时，$c_w=2.1kJ/(kg\cdot K)$，$c_i=335kJ/kg$，kJ/kg。

3. 骨料含水率测定

为精确地控制混凝土拌合水量，必须测定投入搅拌机中的砂与石的含水率，并通过计算将砂与石的含水量从配合比的水中予以扣除。

目前，常规的做法是：在实验室里事先测定砂、石的含水率，这是一种静态含水率的测定方法，对指导混凝土的生产具有一定的实际意义。然而，砂、石的含水率并非静态，将会随其粒度、堆放深度、雨水与气候条件等变化而在很大范围内波动。因此，必须对砂、石的含水率进行在线连续测定。

应用现代电子技术，不仅能进行在线连续测定，而且可以实现配合比中用水量和砂、石用量的自动修正，保证了混凝土配合比的精度。常见的几种测定方式的原理和特点，如表 6-16 所示。

表 6-16   砂石含水率的测定方式

形式	原理	测定方式	容量密度影响	测定速度	其他
高频介电常数式	利用含水率与介电常数之间的关系	接触式	将邻近三处所测定的平均值连续表示	不易受影响	瞬时测定,测定时间为0.1s左右	精度高,实用精度为0.5%
中子式	利用氢原子引起中子的减速散乱现象	接触式	断续测定,连续表示	易受影响	探头安装在骨料仓内,测定时间为30s左右	有放射性物质,需由专人管理。实用精度为2%,成本高
电阻式	利用含水率与电阻之间的关系	接触式	断续测定,连续表示	易受影响	测定时间较长	精度较低,成本低
取样干燥式	测定试样的质量与干燥后的质量之比	间接式	每 3～7min 取样测定一次	不易受影响	取样和干燥时间	测定精度高,操作繁复,成本高

有关料仓的构造形式等内容见第八章第二节中的"料仓设计"。

三、混合料搅拌

搅拌是指搅动物料使之发生某种方式的循环流动，从而使物料混合均匀或是强化混合料的化学反应，加速混合料的传热，促进混合料的物理变化而进行的一种操作。

1. 搅拌目的

搅拌是一个极其重要而又复杂的混凝土混合料的生产制备工艺过程。其目的既要达到均匀混合，又要有利于对混凝土结构的强化。

2. 搅拌机理

目前，有关混凝土的搅拌理论尚不成熟。通常，根据不同种类搅拌机的工作原理，提出混凝土的搅拌机理。

（1）重力搅拌机理

如图 6-16 所示，在一个圆筒形容器中有两种不同的颗粒，上部为 A，下部为 B。当圆筒以倾斜轴旋转时，A、B 两种颗粒在重力的作用下，力求达到最稳定的状态，将各自越过原始接触面，进入原由另一种颗粒所占有的空间，最后其相互接触面达到了最大程度。这一过程主要利用了物料的重力作用，故称为重力搅拌机理。

当物料刚投入时，其相互接触面最小，随着搅拌筒的旋转，将物料提升到一定的高度，然后自由落下而相互混合。物料的运动轨迹有上部物料颗粒克服与搅拌筒的黏结力作抛物线自由下落的轨迹，有下部物料表面颗粒克服与物料的黏结力作直线滑

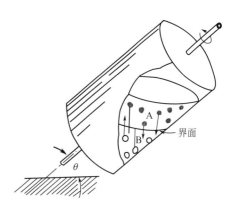

图 6-16 重力搅拌机理示意图

动和螺旋线滚动的轨迹。由于下落的时间、落点的远近及滚动的距离不同，使物料相互穿插、翻拌以达到均匀混合的目的。

自落式搅拌机就是利用这一重力搅拌机理，制备塑性混凝土和低流动性混凝土。

（2）剪切搅拌机理

在搅拌外力的作用下，使物料作无滚动的相对位移而达到均匀的机理称为剪切搅拌机理。强制式搅拌机就是利用这一剪切搅拌机理，制备干硬性混凝土、低流动性混凝土或大流动性混凝土。物料被搅拌叶片刮、翻后强制地作环向、径向、竖向运动而相互穿插、扩散，增加剪切位移，直至搅拌均匀。

3. 影响搅拌质量的因素

（1）材料因素

搅拌固体材料时，材料的密度、粒度、形状、含水率、混合比对搅拌质量均有影响。通常，密度差小、粒径小而粒度分布均匀、片状少、含水率低、混合比接近的固体材料容易搅拌均匀。

（2）设备因素

不同类型的搅拌机其结构形式、加料容量与搅拌筒几何容积的比率、混合料的加料程序和加料位置、搅拌叶片的配置和排列的几何角度等参数都不同，因此，不同工作性的混合料的搅拌应采用与其相配套的搅拌机进行。

在上述参数中，搅拌机的转速对混凝土混合料的质量影响较大。转速过高，物料在离心

力的作用下不容易搅拌均匀；转速过低，会降低生产效率。因此，不同类型的搅拌机都应有一个适宜的转速。

（3）工艺因素

工艺因素是指原材料的投料顺序、混合料的搅拌时间和加水方法等。

① 投料顺序。目前，因投料顺序变化而提出的搅拌工艺主要有：

a. 常规方法。先投入砂石，再投入水泥和矿物掺合料，搅拌约 30s 后，再投入水和外加剂一同搅拌 40～90s。

b. 先拌水泥净浆法。先将水泥、矿物掺合料、水和外加剂充分搅拌成均匀的水泥净浆后，再同时加入砂和石搅拌成混凝土。

c. 净浆裹石法。先将水、水泥投入搅拌机内搅拌 60s，再投入石子继续搅拌 60s，最后投入砂子搅拌成均匀的混凝土。这是先拌水泥净浆法的另一形式。

d. 砂浆裹石法。先将水泥、矿物掺合料、砂、水和外加剂投入搅拌机中搅拌 30～60s，成为均匀的水泥砂浆后，再加入石子搅拌成均匀的混凝土。

e. 水泥裹砂法。先将全部砂子投入搅拌机中并加入总拌合水量约 70% 的水（包括砂子的含水量）搅拌 10～15s，再投入水泥、矿物掺合料搅拌 30～60s，最后投入全部石子、剩余水及外加剂搅拌成均匀的混凝土。这种方法也称为造壳混凝土搅拌工艺。

f. 水泥裹砂石法。先将全部的石子、砂和约 70% 拌合水投入搅拌机中进行搅拌，使骨料湿润，再投入全部水泥、矿物掺合料搅拌，最后加入剩余 30% 的拌合水和外加剂搅拌成均匀的混凝土。

应该指出的是，上述方法所给出的搅拌时间，仅仅是一个建议值，实际生产时，合理的搅拌时间应通过试验予以确定。

常规方法又称一次投料法，其简捷易行，目前被商品混凝土搅拌站普遍采用，其搅拌流程如图 6-17 所示。其余方法均称为两次投料法，因明显改变投料顺序，故而采用上述任何一种方法时，都应符合有关规定，或应结合搅拌设备及原材料情况进行试验，进一步确定搅拌时分次投料的顺序、投料的数量以及分次搅拌的时间等工艺参数，以保证获得符合设计要求的混凝土拌合物。

图 6-17　混凝土混合料常采用的搅拌流程

中国土木工程学会高强混凝土委员会在《高强混凝土设计与施工指南》中建议的高强混凝土搅拌工艺流程，如图 6-18 所示。

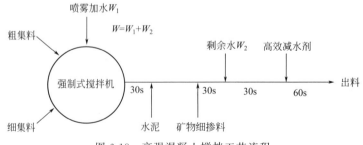

图 6-18　高强混凝土搅拌工艺流程

② 搅拌时间。从混合干料中粗集料全部投入搅拌筒开始，到搅拌机将混合料搅拌成匀质混凝土所用的时间，称搅拌时间。

通常，不同品种混凝土的技术标准中，都对合理的搅拌时间提出了技术要求。但需要指出的是，一是搅拌时间并非越长越好，过长时间的搅拌会使骨料破碎、含气量降低，不但会引起质量的变化，也会影响生产效率；二是不要把搅拌时间不足而形成的混凝土拌合物不均匀问题依靠混凝土搅拌运输车的搅拌来弥补解决。

现行国家标准 GB 50164 以及现行行业标准 JGJ/T 104，均对搅拌时间分别作出了如表 2-38 以及表 6-17 所示的规定。

表 6-17　混凝土搅拌的最短时间（JGJ/T 104）

混凝土坍落度/mm	搅拌机容积/L	混凝土搅拌最短时间/s
≤80	<250	90
	250～500	135
	>500	180
>80	<250	90
	250～500	90
	>500	135

注：采用自落式混凝土搅拌机时，应较表中搅拌时间延长 30～60s；采用预拌混凝土时，应较常温下预拌混凝土搅拌时间延长 15～30s。

4．再搅拌

供应至施工现场的商品混凝土，有时根据需要，在浇筑之前因添加某些材料而进行再次搅拌。最为常用的添加材料就是用以调整坍落度的减水剂或泵送剂，有时也会加入少量的水，但这部分水必须是属于配合比设计之内的水。此外，不提倡在现场添加其他材料。

现场添加外加剂，应按下述要求严格控制：

① 添加前，首先观察判断或测定混凝土坍落度与要求坍落度之间的差别，再根据混凝土的量和坍落度的调整量来确定减水剂或泵送剂的量。

② 添加前应将液体减水剂或泵送剂摇匀，添加后，应快速搅拌罐体约 2min。

③ 必须按照"分次加入、多次观察、逐步调整"的办法进行，切不可加入过量，以避免离析。

5．混合料匀质性评价

采用现行国家标准 GB/T 9142 中，所规定的混凝土拌合物匀质性测定方法进行评定。以双卧轴搅拌机为例，操作要点是：

① 搅拌好的混凝土拌合物按下列方法取样。

a. 搅拌完成后，直接对搅拌筒中两个不同位置处的混凝土拌合物进行取样，如图 6-19 (a) 所示。

b. 若难以直接从搅拌筒中取样，可从卸至料斗中的混凝土拌合物取样，如图 6-19（b）所示。

c. 周期式搅拌机每份试样的最小体积为 20L。

② 测试步骤。混凝土拌合物中空气、砂浆和粗骨料的相对偏差试验按以下步骤进行：

a. 从每份试样中取出一个混凝土拌合物试验样品。

b. 按 GB/T 50080 测定试验样品含气量 A_1 和 A_2。

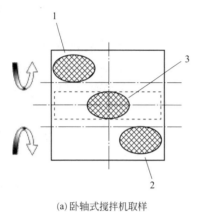
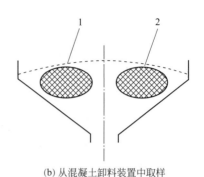

(a)卧轴式搅拌机取样   (b)从混凝土卸料装置中取样

1—前部试样；2—后部试样；3—中部试样   1—左侧试样；2—右侧试样

图 6-19 取样示意图

c. 在含气量检测之后，按照下述方法，测定同一试验样品的砂浆和粗骨料含量。

d. 测量试验样品质量 m。

e. 依据 GB/T 6003.2，用 4.75mm 筛子去除样本中全部微粒物。

f. 按照下述方法测算粗骨料质量：

（a）筛上残留粗骨料饱和面干状态下的质量（m_s）；

（b）根据 JGJ 52 的测量方法测出粗骨料饱和面干视密度（D_s）和含水率；

（c）筛上残留的浸水粗骨料视质量（m_w）。

注意：粗骨料体积的测定方法有两种，饱和面干状态下的质量或浸水粗骨料视质量。

③ 测试结果计算与混凝土匀质性评价。

a. 含气量相对偏差计算。按 GB/T 50080 规定的方法，对选取的两个混凝土拌合物试验样品进行含气量测试；并按式(6-10) 计算含气量相对偏差：

$$\Delta A = \frac{|A_1 - A_2|}{A_1 + A_2} \times 100\% \tag{6-10}$$

式中　ΔA——混凝土拌合物中砂浆密度的相对误差；

A_1，A_2——试样 1、试样 2 的含气量值，%。

b. 砂浆含量相对偏差计算。单位体积混凝土拌合物中的无空气砂浆质量按式(6-11)计算：

$$M = \frac{m - m_s}{V - \left(V_A + \dfrac{m_s}{D_s}\right)} \times 100\% \tag{6-11}$$

式中　M——不含空气的砂浆密度，kg/m³；

m——装入含气量测定仪内的混凝土试样质量，kg；

m_s——4.75mm 筛上残留粗骨料饱和面干状态时的质量，kg；

V——含气量测定仪的容积，按 GB/T 50080 进行含气量测试，L；

V_A——所含气体的体积，V_A=含气量测定仪的容积(V)×含气量(A)，L；

D_s——粗骨料饱和面干视密度，kg/L。

称出浸水粗骨料的视质量后，4.75mm 筛上残留的粗骨料质量 m_s 可用式（6-12）计算：

$$m_s = m_w \frac{D_s}{D_s - 1} \tag{6-12}$$

式中　m_w——浸水粗骨料视质量，kg。

混凝土拌合物中单位质量砂浆相对偏差用式（6-13）计算：

$$\Delta M = \frac{|M_1 - M_2|}{M_1 + M_2} \times 100\% \tag{6-13}$$

式中　ΔM——单位体积混凝土拌合物中砂浆相对误差；

M_1，M_2——试样 1、试样 2 的单位体积的砂浆含量，kg/m^3。

c. 粗骨料质量相对偏差计算。首先，计算单位体积粗骨料饱和面干视质量，按式（6-14）计算：

$$G = \frac{m_s}{V} \tag{6-14}$$

式中　G——单位体积粗骨料饱和面干质量，kg/m^3。

然后，计算单位体积混凝土拌合物中的粗骨料质量相对偏差，按式（6-15）计算：

$$\Delta G = \frac{|G_1 - G_2|}{G_1 + G_2} \times 100\% \tag{6-15}$$

式中　ΔG——单位体积混凝土拌合物中粗骨料质量的相对误差；

G_1，G_2——试样 1、试样 2 的单位体积粗骨料质量，kg/m^3。

当 $\Delta A \leqslant 10\%$，$\Delta M \leqslant 0.8\%$，$\Delta G \leqslant 4.75\%$ 时即认为搅拌均匀。

近年来，商品混凝土的品种越来越多，其性能要求也越来越高，常常需要在混合料搅拌时添加某些材料，如粉状外加剂、纤维等，这些材料由于受用量过少或贮藏设备条件等所限，往往无法实现电脑控制、机械添加，只能采用人工称量、人工投料的方式，势必在一定程度上影响搅拌的效率或搅拌质量，应引起生产管理者的重视。

6. 混合料常见质量问题

商品混凝土制备中，因材料、设备以及工艺等因素而引起混合料质量波动，甚至出现质量弊病的现象，如坍落度经时损失大、离析、泌水等时有发生，本书将在第十章对其进行介绍。

本节仅就疏于日常管理给混凝土质量带来的不利影响作一概述。

① 搅拌运输车内的剩灰或涮罐水未经清理，就接料运送混凝土混合料，这是质量检查过程中小方量取样强度偏低的重要原因之一。

② 运输车接料后，要对接料口进行简单的冲洗，若操作不当，冲洗水就会流入运输车混凝土中。其实质是增大了混凝土的水灰比。

③ 实验室所用与实际生产所用搅拌机的结构形式、搅拌机容量差异过大，就会导致实验室配合比与实际生产配合比不符，如不及时调整，就会出现混凝土质量差异。例如，实验室多采用立轴强制式搅拌机搅拌，所确定的配合比，用于生产中的卧轴强制式搅拌机中搅拌时，拌合物的坍落度值就会比实验室拌合物的坍落度大；又如，生产用搅拌机容量大，一次性投料多，有利于搅拌均匀，所以实际生产的混凝土坍落度也会比实验室的混凝土坍落度大。

这里需要着重指出的是，在商品混凝土的生产质量控制过程中，试配或每天的生产开盘工作是控制混凝土质量稳定性的一个重要手段，因此，对于这项看似简单的工作必须给予高度重视。

第五节　商品混凝土绿色生产

绿色生产是一种以源消减为主要特征的环境战略。通过优化运行方式，从而实现生产过程的最小环境影响、最少能源资源使用、最佳管理模式以及最优的经济增长水平，是工业经济可持续发展的必然选择。目前，商品混凝土的绿色生产主要是指清洁生产。

一、绿色生产控制内容

商品混凝土的绿色生产主要包括粉尘、噪声、废水和废弃物等方面的控制内容。控制措施和要求可按照《预拌混凝土绿色生产及管理技术规程》（JGJ/T 328）的相关规定执行。

1. 粉尘控制

粉尘是指混凝土生产过程中产生的总悬浮颗粒物、可吸入颗粒物和细颗粒物的总称。其来源主要包括：砂石装卸作业产生的粉尘；原材料运输过程产生的粉尘；生产时在粉料筒仓顶部、粉料贮料斗、搅拌机进料口部位产生的粉尘等。具体控制指标执行《水泥工业大气污染物排放标准》（GB 4915）的有关规定。

2. 噪声控制

噪声主要来源于搅拌主机、空压机、运输车、装载机、柴油发动机、水泵等工作时，其噪声值约为 $85\sim95dB(A)$。对产生噪声的生产设备进行降噪和封闭处理，厂界安装隔声装置，选用低噪声布料机或装载机均是有效的降噪措施。具体控制指标执行《工业企业厂界环境噪声排放标准》（GB 12348）的有关规定。

3. 废水废浆控制

废水是指清洗混凝土搅拌设备、运输设备和搅拌车接料遗洒等而收集沉淀的水，以及由压滤机处理废浆所压滤出的水。

经沉淀的生产废水或压滤处理的废水可用于硬化地面降尘和生产设备冲洗，若用于生产必须与正常拌合水混合，并经试验后才可以使用，且混合后的水质应符合现行标准规定。

废浆是指清洗混凝土搅拌设备、运输设备和搅拌站（楼）出料位置地面所形成的含有较多固体颗粒物的液体。

废浆可采用压滤机进行处理，压滤产生的废水应通过专用管道进入生产废水回收利用装置。

如图 6-20 所示，商品混凝土生产企业应配备完善的生产废水（废浆）处置系统，可包括排水沟系统、多级沉淀池系统和管道系统。管道系统可连通多级沉淀池和搅拌主机。排水沟系统应覆盖连通搅拌站（楼）装车层、骨料堆场、砂石分离机和车辆清洗场等区域，并与多级沉淀池连接。

4. 固体废弃物控制

由压滤机处理废浆所压滤出的固体废弃物应做无害化处理。废弃新鲜混凝土可用于成型小型预制构件，也可采用砂石分离机进行分离后，分类使用。废弃硬化混凝土可生产再生骨料和粉料，由混凝土企业消纳利用。

二、绿色生产控制措施

商品混凝土绿色生产应着力体现"预防为主、防治结合"的方针，除应采用清洁的原

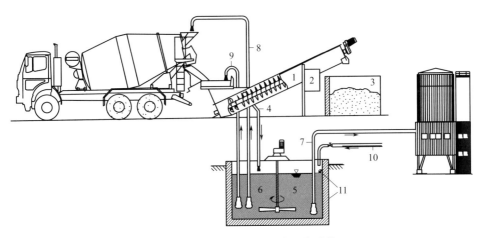

图 6-20　废弃混凝土与废水回收系统

1—螺旋分离机；2—控制系统；3—砂石仓；4—入水；5—污水池；6—搅拌器；7—配水系统；
8—冲车系统；9—进料槽冲洗系统；10—注清水系统；11—水位浮标

料、清洁的能源、清洁的生产技术以及先进的生产工艺与装备外，尚应全方位规划和组织实施对粉尘、噪声、废水和废弃物的控制与处理。目前的主要做法有：

①　骨料堆场采用硬化地面并确保排水通畅，宜建成封闭式堆场，宜安装喷淋抑尘装置。

②　配料地仓宜与骨料仓一起封闭，配料用皮带输送机宜侧面封闭且上部加盖。

③　搅拌站（楼）宜在皮带输送机、搅拌主机和卸料口等部位安装收尘装置与实时监控系统。

④　粉料仓应标识清晰并配备料位控制系统，料位控制系统应定期检查维护。

⑤　搅拌楼宜采用整体封闭方式，应安装除尘装置，并应保持正常使用。

⑥　搅拌层和称量层宜设置水冲洗装置，冲洗产生的废水宜通过专用管道进入生产废水处置系统。

⑦　搅拌主机卸料口应设置防喷溅设施。

⑧　搅拌站应建有完善的生产废水、废浆收集和回收利用处置系统；应配备运输车清洗装置和废弃新拌混凝土的处理设备。

三、回收浆水的利用

清洗获得的回收浆水或废浆压滤产生的废水，经分析，若其水质符合现行行业标准 JGJ 63 的规定（如表 6-18 所示），可以直接用于混凝土的生产，但需对混凝土配合比做适当调整。

表 6-18　混凝土拌和用水水质要求（JGJ 63）

项目	预应力混凝土	钢筋混凝土	素混凝土
pH 值	≥5.0	≥4.5	≥4.5
不溶物/（mg/L）	≤2000	≤2000	≤5000
可溶物/（mg/L）	≤2000	≤5000	≤10000
Cl^-/（mg/L）	≤500	≤1000	≤3500
SO_4^{2-}/（mg/L）	≤600	≤2000	≤2700
碱含量/（mg/L）	≤1500	≤1500	≤1500

注：碱含量按 $Na_2O+0.658K_2O$ 计算值来表示。若采用非碱性活性骨料时，可不检验碱含量。

通常，使用回收浆水配制混凝土时，并不影响混凝土外加剂和掺合料的正常使用，应着重考虑浆水中固体物质的存在对混凝土水胶比、坍落度及其损失的影响。在清水试验配合比基础上，可参考表 6-19 的要求，对混凝土配合比予以调整。

表 6-19　回收浆水配制混凝土时配合比的调整

混凝土技术指标	混凝土强度等级	
	≤C35	C40～C50
浆水浓度	控制在 3% 以下	控制在 5% 以下
单位用水量	浓度每增加 1%，浆水用量增加 1%～1.5%	
砂率	减少 1%	

第六节　冬期混凝土生产技术方案实例

某商品混凝土公司 2018～2019 年度冬施期间混凝土生产量约 15 万 m³，涉及的主要工程有国贸三期、地铁六号线二期等，混凝土供应分散，工程作业复杂，生产与施工环境温度低，冬期混凝土生产与施工难度较大。为确保冬期混凝土生产与施工质量，特制定如下生产技术方案，供参考。

1. 方案主要编制依据

《混凝土结构工程施工规范》（GB 50666—2011），《建筑工程冬期施工规程》（JGJ/T 104—2011），《混凝土外加剂应用技术规范》（GB 50119—2013），《混凝土结构工程施工质量验收规范》（GB 50204—2015），《民用建筑工程室内环境污染控制标准》（GB 50325—2020）。

2. 生产部署与要求

（1）生产部署

按照"技术可靠、保证质量、经济合理"的原则，对原料、能源、质量、安全、环境、综合服务等诸多方面进行技术措施与教育交底。如：原材料的供应与贮备、机械设备的过冬、供热系统的检查与维修、混凝土配合比的适时调整以及相关技术措施的制定等。

（2）基本要求

做到"准备充分、措施得当、条件保证、效果明显"，确保产品质量，确保安全生产，防止一切事故的发生。

（3）生产期限划分

当室外日平均气温连续 5 天稳定低于 5℃ 即进入冬期生产；当室外日平均气温连续 5 天稳定高于 5℃ 即可解除冬期生产。

3. 准备工作

（1）技术准备

① 对质检、测温、试验和其他有关操作人员进行必要的培训，落实冬期生产与施工规范、规程的实施。

② 提前做好防冻剂的选择和复验工作，并进行混凝土配合比的调整和试配工作，选用性价比高的配合比。

③ 认真准备混凝土同条件养护的堆放场地。保证标养室（标准养护室）使用的加热设备、温控仪的正常工作，确保标养室温度控制在 20℃±2℃。

④ 质量控制部做好天气温度、原材料和混凝土出机温度的测温记录工作。

（2）原材料准备

① 做好生产所需的保温、采暖、原材料等物资的进场、防护等物资准备工作。

② 准备必要的砂、石干料贮备，特别是优质中砂应贮备充足。

③ 对防冻、防风等材料应移至室内保管。

（3）机械与设施准备

① 进行生产设备、车辆等检查和维修，采取保温防冻措施，及时更换防冻润滑油，确保机械设备正常运转。

② 对冬期供热设备、供热系统进行检修，试炉并进行系统试验，确保设备处于完好状态（包括管道系统保温）。

③ 对有关生产设施尤其是外加剂、水等上料管道进行必要的防风、封闭保温处理。

4. 生产技术措施

（1）原材料方面

① 生产选用 P·O 42.5 水泥。

② 防冻剂选用无氯、低碱、不含脲（尿素）和铵盐等成分的防冻剂，符合现行国家标准《混凝土外加剂中释放氨的限量》（GB 18588）要求，并经复验合格。

③ 砂、石的质量、规格和数量，要按有关规定严格监控，防止冰、雪混入骨料，在进行封闭贮存的同时做到防冻保温，及时检测含水率的变化，防止冻块进入混凝土。

（2）生产工艺方面

① 原材料加热以水加热为主，采用地热水（温度 47℃ 左右），并附以锅炉加热。

② 若热水不能满足生产要求时，需对骨料进行加热。

③ 确保混凝土的出机温度在 15～20℃ 之间。但应控制 C30 以下混凝土的出机温度最高不超过 25℃，与水泥直接接触的加热水温度不宜超过 60℃，大体积混凝土温度则按实际需要控制。

④ 混凝土搅拌前应对搅拌机械进行保温或采用蒸汽进行加温。

⑤ 搅拌时间应比常温搅拌时间延长 30～60s。

（3）质量监测方面

① 对环境温度、骨料、水、外加剂液体等材料温度以及混凝土出机温度的检测，每一工作班不少于 4 次，并按规定填写记录。

② 混凝土试件标准养护室所用的恒温恒湿设施应确保湿度不小于 95％、温度 20℃±2℃ 的养护条件。

③ 按规范制作掺防冻剂混凝土试件，标养 28 天和（－7＋28)天等龄期试件，在室温（15～20℃）条件下，解冻 3～4h(100mm×100mm×100mm 试件）或解冻 5～6h(150mm×150mm×150mm 试件）方能试压。

（4）其他方面

应尽量缩短混凝土从搅拌、运输到浇筑入模的操作时间，保证混凝土的入模温度。

应做好生产用电、防火、防寒等各方面安全工作。

5. 应急预案

① 当气温骤降，若生产条件不能保证混凝土质量时，将和施工单位协商避开低温，停

止生产。

② 为促进混凝土强度较快增长，防止因养护措施不当而发生冻害，将采取在配合比中提高水泥用量的应急预案措施：当最低气温在 $-12 \sim -8℃$ 之间时，提高水泥用量 $30 \sim 50kg/m^3$；当最低气温在 $-15 \sim -12℃$ 时，提高水泥用量 $50 \sim 80kg/m^3$。

冬期混凝土生产必须按公司有关规定认真翔实做好记录，并留档备查。

第七章
商品混凝土施工

　　施工是混凝土结构工程实现的重要环节，只有在精心的施工组织下，理想配合比所赋予混凝土的优异技术性能才会得以实现。本章主要针对混凝土的运输、浇筑、振捣、饰面和养护等施工技术予以介绍，并结合典型工程，对超高泵送混凝土施工技术予以介绍。

第一节　商品混凝土运输

一、商品混凝土运输方法

　　如表 7-1 所示，给出了混凝土广义运输的常用方法。不同运输方法的选择主要根据混凝土工程的类型、浇筑体量、施工现场、搅拌站位置以及运输成本等因素来决定。

表 7-1　混凝土广义运输的常用方法

方法	应用	运输能力	备注
搅拌车	商品混凝土	$6\sim12m^3$	运输时间≤4h
卡车或轨道车	从较近的搅拌站至施工现场	—	往返时间≤45min，避免过湿或过干的拌合料（坍落度范围 10～50mm）
吊罐或箕斗	施工现场或从较近的搅拌站转运	最大为 $6m^3$	需要起重机或卷扬机
皮带传送机	施工现场	最大为 $340m^3/h$	避免过湿的拌合料；用于黏聚性良好的拌合物，坍落度 50～100mm
泵送	施工现场	最大为 $120m^3/h$	拌合料须专为泵送设计

　　商品混凝土的运输意指将混凝土从搅拌站运输到施工现场的过程，通常采用的运输工具是带有旋转鼓筒的搅拌运输车或称罐车。

二、商品混凝土运输要求

　　采用搅拌车运输的混凝土，其运输要求如下。

1. 运输延续时间

运输延续时间，即指混凝土拌合物从搅拌机出料运至浇筑地点并输送入模时，所经历的时间。相关时间规定见表7-2、表7-3。对掺早强型减水剂、早强剂以及有特殊要求的混凝土，应根据设计及施工要求，通过试验予以确定。

表7-2　商品混凝土运输到输送入模的延续时间（GB 50666）　　单位：min

条件	气温	
	≤25℃	>25℃
不掺外加剂	90	60
掺外加剂	150	120

表7-3　商品混凝土运输、输送入模及其间歇总的时间限值（GB 50666）　　单位：min

条件	气温	
	≤25℃	>25℃
不掺外加剂	180	150
掺外加剂	240	210

2. 运输半径

运输半径，即运输距离。合理的运输半径一般不应超过20～30km，且在交通频繁或道路坎坷的地区，运输半径应更小。

3. 连续旋转搅拌

运输过程中搅拌车鼓筒不停地低速旋转可以减少混凝土因不流动、延时、车体颠簸等原因可能产生的坍落度经时损失和离析，部分达到搅拌的目的。到达施工现场卸料之前，应快速转动20s以上后，再进行反转卸料。

4. 保温隔热

冬期运输，搅拌车鼓筒应有保温措施，保证混凝土的入模温度不低于5℃；夏季高温天气运输，搅拌车鼓筒应有隔热措施，保证混凝土运至浇筑地点时的温度，不宜超过35℃。

施工现场搅拌车行驶道路应符合有关规定。目前，商品混凝土企业一般都采用了GPS或北斗全球定位系统，对混凝土运输车辆进行全程监控管理。

三、混凝土的运输能力计算

当混凝土泵连续作业时，每台混凝土泵所需配备的搅拌运输车的台数，可按式（7-1）计算：

$$N_1 = \frac{Q_1}{60V_1\eta_V}\left(\frac{60L_1}{S_0} + T_1\right) \tag{7-1}$$

式中　N_1——每台混凝土泵配备混凝土搅拌运输车台数，其结果取整，小数部分向上修约，台；

　　　Q_1——每台混凝土泵的实际平均输出量，m³/h；

　　　V_1——每台混凝土搅拌运输车的容量，m³；

　　　L_1——混凝土搅拌运输车的往返距离，km；

　　　S_0——混凝土搅拌运输车平均行车速度，一般取30km/h；

T_1——每台混凝土搅拌运输车一个周期内的总停歇时间，min；

η_V——搅拌运输车容量折减系数，可取 $0.90\sim0.95$。

第二节 商品混凝土浇筑

浇筑是指将搅拌好的混凝土混合料注入指定的模型内的施工操作过程。

一、浇筑方式

目前，商品混凝土的浇筑方式主要有：塔吊（自卸）、溜槽、泵送和泵送顶升等。

泵送是混凝土施工中最为常用的浇筑方式，泵送顶升是目前较先进的浇筑方式，这两种浇筑方式将在本章第三节予以介绍。

1. 塔式起重机(塔吊)浇筑

即采用吊斗（或称吊罐）对混凝土实现水平与垂直输送的浇筑方式，其输送距离较短，浇筑速度也较慢。但塔吊浇筑对混凝土的浇筑性能要求较低，混凝土的坍落度一般需控制在 $120\sim160\text{mm}$。

有关塔吊的种类与特点详见第八章第七节中"其他浇筑设备"的有关内容。

2. 溜槽浇筑

溜槽浇筑如图 7-1 所示，主要用于大体积混凝土基础底板的施工。与泵送浇筑相比，溜槽的浇筑速度比较快，可达 $3\text{m}^3/\text{min}$，经济成本也相对较低。采用溜槽浇筑，混凝土混合料的流动主要靠自身重力驱动，因此，对混凝土拌合物的黏聚性、流动性等要求较高。

有关溜槽搭设详见第八章第七节中"其他浇筑设备"的有关内容。

图 7-1 溜槽浇筑大体积混凝土基础底板

二、浇筑前的准备工作

浇筑前，除设备必须处于良好工作状态外，尚应做好以下工作：

1. 模板安装与处理

模板须准确安装，各接缝之间须紧密，并且固定牢靠，尚应考虑到其拆除时不应对混凝土结构产生损伤。模板表面干净，涂刷脱模剂，且不能影响硬化混凝土表面的外观。

2. 地基或浇筑面底层处理

对底层的密实、润湿、修整以及固定钢筋、管线、构件、预埋增强材料等。若是在岩石或原混凝土面上进行浇筑，则需对岩石或原混凝土面进行清洁和凿毛处理。此外，冬期施工时，应注意地基不得处于冻结状态，应从模板内去除雪、冰等各种杂物。

三、浇筑遵循的原则

除应根据工程结构特点、浇筑体量、运输能力、浇筑能力以及施工现场规模、运输道路交通情况等条件，划分混凝土浇筑区域，明确设备和人员的分工外，尚应做到：

1. 保持浇筑连续性，防止出现冷缝

板式结构浇筑时，通常应按水平层浇筑，即浇筑从一端的边缘开始，然后沿着浇筑面逐渐向前延伸，并保证水平层有相同的厚度。若是分层浇筑，第一层应得到充分的密实，且应保证在第一层混凝土没有凝结前，浇筑第二层，避免层间产生冷缝。

2. 控制下落高度、浇筑速度，防止离析、泌水

通常，当钢筋较为密集时，混凝土的自由下落高度在2m左右。若超过2m，应采用溜管、串筒等辅助下料；若通过较高模板一侧的开口进行浇筑时，其做法是：下段浇筑捣实后，封住开口，再继续浇筑上段；若采用卸料槽直接经开口浇筑，可以在开口外装一卸料斗，以使混凝土均匀地卸入；若模板腔深、窄或弯曲时，采用下降导管浇筑；若无法利用导管时，可以在模板底部或每隔2～3m的距离特意开口并由下向上依次将混凝土浇筑入模。

若在较高的模板中浇筑，应降低浇筑速度，或是采用高稠度的混凝土以避免离析、泌水发生。

柱、墙模板内混凝土浇筑下落高度的限值，如表7-4所示。

表7-4　柱、墙模板内混凝土浇筑下落高度限值（GB 50666）

粗骨料粒径/mm	浇筑倾落高度限值/m	粗骨料粒径/mm	浇筑倾落高度限值/m
＞25	≤3	≤25	≤6

注：当有可靠措施能保证混凝土不产生离析时，混凝土倾落高度可不受本表限制。

3. 控制浇筑层厚度，保证振捣密实

浇筑层厚度主要取决于浇筑构件以及振捣设备的类型，如：对于增强构件，一次浇筑厚度通常为150～500mm；一般构件，一次浇筑厚度通常为350～500mm。不同振捣设备的混凝土浇筑层厚度的建议值，如表7-5所示。

表7-5　不同振捣设备的混凝土浇筑层厚度的建议值

振捣混凝土的设备	结构特点或混凝土种类	浇筑层的厚度(或振捣的作用深度)/mm
插入式振捣器	—	不大于振动棒长度的1.25倍
表面(平板)振动器	无筋或单筋的平板	不大于200
	双筋的平板	不大于120
附着式振动器	—	不大于250

续表

振捣混凝土的设备	结构特点或混凝土种类	浇筑层的厚度（或振捣的作用深度）/mm
人工捣实	基础或无筋混凝土和配筋稀疏的结构	不大于250
	梁、墙、板、柱结构	不大于200
	配筋密集的结构	不大于150
插入式振捣器	轻骨料混凝土	不大于300
表面振动（振动时需加荷）		不大于200

4. 避免布料点长距离移动

浇筑的布料点应接近浇筑位置，避免长距离水平移动。通常的做法是：

① 宜先浇筑竖向结构构件，后浇筑水平结构构件。

② 浇筑区域结构平面有高差时，宜先浇筑低区部分再浇筑高区部分，且混凝土不应倾倒在中心区域，或是堆几个小堆，然后再向四周推平。

③ 倾斜翼墙等结构浇筑时，需在模板内平移浇筑混凝土，并使平移距离减至最小。

④ 墙壁、横梁等结构浇筑时，混凝土应首先浇筑在结构的端部，并逐渐向中央推进，应防止泌出的水在端部、角落或是沿着模板面积聚。

此外，浇筑过程中要进行严格监视，防止离析、泌水等质量事故发生，一旦发生要立刻采取处理措施。

第三节　商品混凝土的泵送

泵送就是混凝土在压力下，通过泵管输送到指定施工面位置的一种浇筑方法。其特点是：泵程大且水平与垂直输送兼顾。

一、泵送混凝土的基本要求

混凝土若实现泵送，除应保证泵送设备的性能外，对泵送混凝土的基本要求是：

① 具有足够的黏聚性使其在泵送过程中不离析、不泌水，保持拌合物匀质性。

② 具有适宜的初凝时间，以保证混凝土在初凝之前，完成泵送、振捣密实等工作。

③ 具有足够的含浆量，除了能够填充骨料间的空隙外，还要有一定的富余量在泵送管道内壁形成薄浆润滑层，使混凝土在泵腔内易于流动并充满整个空间。

④ 混凝土粗骨料颗粒级配应采用连续级配。其最大粒径与输送管径之比，应符合表 7-6 的规定。

表 7-6　粗骨料最大粒径与输送管径之比 （JGJ 55）

粗骨料品种	碎石			卵石		
泵送高度/m	＜50	50～100	＞100	＜50	50～100	＞100
粗骨料最大粒径与输送管径比	≤1：3.0	≤1：4.0	≤1：5.0	≤1：2.5	≤1：3.0	≤1：4.0

二、混凝土可泵性与评价方法

混凝土的泵送性能，常用"可泵性"予以表征。所谓可泵性即良好的混凝土必须同时满足压送阻力减小与防止离析这两个条件。

目前，我国对可泵性的评价，主要采用坍落度试验法和压力泌水试验法。前者反映混凝土的流动性，后者主要反映混凝土的稳定性与保水性。这两种方法能较好地评价常用泵送混凝土的可泵性，但对超高泵送混凝土的可泵性评价，准确性较差。

1. 坍落度试验法

评价混凝土的可泵性，简便易行、指标直观，但受操作技术水平影响较大。

此法通过混凝土的坍落度、扩展度和混凝土在倒坍落度筒的流下时间对可泵性进行综合考量。实验结果表明，当混凝土在倒坍落度筒的流下时间 t 在 $5\sim20s$、扩展度 SF≥500mm、坍落度 SL 在 $180\sim220$mm 时，混凝土在泵送过程中易于流动，不离析、不泌水，可泵性好。

2. 压力泌水试验法

此法通过测定混凝土在压力下的泌水量予以评价混凝土的可泵性。研究结果表明，泵送混凝土在恒定输送压力下的泌水量和泵送压力的作用时间密切相关，其中施压 10s 内的泌水量 V_{10} 和施压 140s 内的泌水量 V_{140} 是两个重要的参数，因为混凝土可泵性越差泌水量 V_{10} 越大，而混凝土施压 140s 后其压力泌水量已很小。按照标准 GB/T 50080 规定的方法，测定混凝土拌合物的压力泌水率 B_V 值。通常，对于具有可泵性的混凝土，其相对压力泌水率值 $B_V≤40\%$，超高层泵送时，$B_V≤20\%$。

此外，对于泵送混凝土，压力泌水量有一个最佳范围，超出此范围，泵压将明显增大、波动甚至造成堵泵。施工经验表明，泵压与压力泌水量 V_{140} 有以下关系：

① 当 $V_{140}<80$mL 时，泵压随其降低而增大；

② 当 80mL≤$V_{140}<110$mL 时，泵压与 V_{140} 无关；

③ 高层泵送时，当 $V_{140}>110$mL 时，泵压波动；

④ 当 $V_{140}>130$mL 时，容易堵泵。

一般来说，泵送混凝土适宜泵送的 V_{140} 值为 $40\sim110$mL。

三、影响混凝土可泵性的主要因素

1. 混凝土中的浆体量与浆体性能

（1）浆体量

浆体通常是指水与颗粒粒径为 0.3mm 以下细粉料（如水泥、矿物掺合料等）的混合物，是混凝土具有可泵性的最为重要的物质基础。因为浆体的作用不仅在于对泵送管道的润滑，减少混凝土与管壁间的摩擦阻力，而且能包裹混凝土组成中的粗细骨料，使之同步在管道中向前移动。

可泵性良好的混凝土，其所含浆体的数量应适宜，既不能过多，又不能过少，否则就会发生泌浆、泌水、离析、泵压增大、堵塞泵管等不利于混凝土泵送的现象。实践经验证明，每立方米泵送混凝土应含有 $300\sim400$kg 的细粉料。现行国家标准 JGJ 55 规定，泵送混凝土的胶凝材料用量不宜小于 300kg/m³。

（2）浆体性能

主要是指浆体的黏度。泵送混凝土必须具有适宜的黏度，既不能过大，又不能过小。黏度过大就会导致混凝土与管壁间的摩擦阻力大，混凝土不易流动，泵压波动、增大甚至堵塞泵管；黏度过小，水泥浆或水易泌出，混凝土离散，匀质性变差，同样也会引起泵压波动、增大甚至堵塞泵管。泵送混凝土浆体的黏度不仅取决于细粉料（特别是水泥）的用量、技术性质（品种、细度、矿物组成与掺合料、需水量等）的影响，而且水灰（胶）比的影响很大。通常，水灰（胶）比小，黏度大；反之，则小。

此外，在设计超高泵送混凝土配合比时，应格外注意细粉料颗粒间的级配，使其空隙率最小，这对控制混凝土的泵送损失尤为重要。通常，通过检测每一个胶凝材料体系的净浆流动度来选择确定细粉料各组分的最佳比例。

2. 骨料技术性质

（1）骨料级配

骨料除应采用连续级配外，$0.3\sim10$mm 粒径的中等颗粒含量对可泵性的影响较大。若其含量过多，即石子偏细、砂子偏粗，极容易导致混凝土粗涩、松散、流动性差、摩擦阻力大、可泵性差；若含量过少，即石子偏粗、砂子偏细，则极容易使外加剂用量和用水量增大，使拌合物黏聚性变差而发生离析、泌水。通常，细骨料其 0.315mm 和 0.160mm 筛孔通过的量，应分别控制在 $15\%\sim30\%$ 和 $5\%\sim10\%$。

（2）粗骨料粒径

若粗骨料平均粒径增大，质量相同的骨料颗粒总数和粗骨料表面积减少，则同样数量的浆体对骨料的裹浆层变厚，可泵性改善；反之，若粗骨料平均粒径减小，质量相同的骨料其颗粒总数和粗骨料表面积增加，则同样数量的浆体对骨料的裹浆层变薄，可泵性变差。此外，要控制粗骨料最大粒径与输送管径之比，应符合表 7-6 的规定。

（3）粗骨料颗粒形状和表面状态

颗粒形状对堆积后的空隙率以及颗粒的比表面积影响显著。与棱角形尤其是与针状、片状颗粒相比，圆球形颗粒堆积空隙率小、比表面积小，因此，填充空隙和包裹颗粒所需的浆体量较少，相同浆体量时，骨料裹浆层和管道润滑层厚，混凝土流动性大，对可泵性有利。泵送混凝土用粗骨料其针片状含量不宜大于 10%。

颗粒表面状态主要是指骨料的粗糙程度与表面孔的特征。一般来说，颗粒表面较平滑的粗骨料如卵石，其孔隙率较小，骨料的吸水率也相对较小，在相同配合比时，采用卵石配制的泵送混凝土要比采用表面粗糙的碎石配制的混凝土，可泵性要好。

3. 水灰（胶）比

水灰（胶）比显著影响混凝土的可泵性。通常，减小水灰（胶）比，则混凝土的黏度就会增大，混凝土与管道的摩擦阻力增大，混凝土的可泵性可能变差；若增大水灰（胶）比，虽然混凝土的黏度减小，混凝土与管道的摩擦阻力减小，但混凝土易于离析、泌水，混凝土的可泵性也会变差。因此，合理的水灰（胶）比，是混凝土具有良好可泵性的保证。

此外，若在混凝土强度有保证的条件下，最好选择具有一定引气效果的高性能减水剂，控制混凝土拌合物的含气量在 $3\%\sim5\%$ 时，有利于改善混凝土的可泵性。

4. 砂率

通常，若砂率过大，骨料的总表面积和空隙率均增大，同样数量的浆体对骨料的裹浆层变薄，粗骨料颗粒间作用力变大，混凝土可泵性变差；若砂率过小，浆体量就会减少，浆体不足以填充粗骨料间的空隙，骨料表面的裹浆层也会变薄，混凝土可泵性也会变差。因此，合理的砂率也是混凝土具有良好可泵性的保证。现行国家标准 JGJ 55 规定，泵送混凝土的砂率宜为 $35\%\sim45\%$。

表 7-7 给出工程实际中，所采用的几组不同强度等级泵送混凝土的配合比，供借鉴。

表 7-7　不同强度等级泵送混凝土的参考配合比　　　　　　单位：kg/m³

强度等级	水泥	粉煤灰	磨细矿渣	中砂	5～25mm 石	水	外加剂
C10	140	60	40	900	1010	195	4.3
C15	160	60	50	870	1020	190	4.8

续表

强度等级	水泥	粉煤灰	磨细矿渣	中砂	5～25mm 石	水	外加剂
C20	180	60	50	860	1020	175	5.5
C25	205	70	60	810	1030	170	6.7
C30	230	70	60	790	1040	150	7.9
C35	260	70	60	760	1040	150	8.1
C40	280	80	70	730	1040	150	9.4
C45	310	80	70	690	1050	160	10.1
C50	340	90	70	660	1060	160	11.5
C55	370	100	80	610	1070	160	13.2
C60	390	110	80	580	1070	160	13.9

值得一提的是，可泵性是混凝土在压力下的流变性能，切勿将改善混凝土流动性的措施，全盘照搬于对混凝土可泵性的改善。

四、坍落度的泵送损失

工程实践表明，即使混凝土能够顺利泵送，混凝土出泵后其坍落度也会降低，尤其是当泵程较长、环境温度较高时，降低现象更为明显，此种现象称为混凝土坍落度的泵送损失。究其原因主要有：

① 泵送过程中水泥水化不断进行（且压力下早期水化加速），一方面产生的水化物将不断增加混凝土的稠度，另一方面会不断消耗混凝土中的自由水，使泵送混凝土的实际水灰比减小。

② 泵压作用下，自由水会发生迁移，除有可能发生泌水外，也会有少量的水渗透到具有开放孔的骨料内部。

③ 泵压作用下，混凝土中的气体含量与分布也会发生较大的变化，使其减小混凝土内摩擦阻力的作用降低。

④ 泵压作用下，减水剂（因压力对其吸附作用的影响）对混凝土的流化性能也将会不断降低。

随着超高、超远泵送施工技术的普遍应用，混凝土坍落度的泵送损失已成为亟待解决的一个技术难题。目前，为减少坍落度泵送损失通常采取以下技术措施：

① 拌合物的坍落度经时损失要小。

② 在表 7-8 所示数值的基础上，适当增加拌合物坍落度或扩展度的入泵值。

③ 选择压力泌水率小的或在压力作用下性能稳定的减水剂。

④ 骨料的吸水率和空隙率要小，尤其是细骨料。

⑤ 改善混凝土中细粉料的级配，降低新拌混凝土的黏度；若级配不良，可通过掺加适量石灰石粉、硅灰等予以调整。

表 7-8　混凝土泵送高度与入泵坍落度的关系（JGJ/T 10）

最大泵送高度/m	50	100	200	400	400 以上
入泵坍落度/mm	100～140	150～180	190～220	230～260	—
入泵扩展度/mm	—	—	—	450～590	600～740

从流变学的角度来看，坍落度的泵送损失属于流体的剪切增稠现象。研究表明，剪切增稠产生的具体情况和严重程度取决于分散相体积、颗粒尺寸分布和连续相的黏度。当颗粒尺寸分布变宽时，剪切增稠的严重程度通常会减小；连续相的黏度越大，则越易发生剪切增稠现象。

五、泵送压力损失

泵送压力损失是泵选型的重要依据之一。

1. 泵送压力损失类型

流体在管路中流动时，因克服流动阻力而产生的能量消耗，称之为压力损失。根据边界条件的不同，压力损失可以分为沿程压力损失和局部压力损失。

流体在沿程边壁无变化（即边壁尺寸、形状及液流方向均无变化）的等径直管流动时，所发生的能量损失，称为沿程压力损失。当流体流经管道的弯管、接头、变径以及阀门、滤网等局部装置时，流体流速的大小和方向会发生变化，流体质点与质点之间以及质点与局部装置之间将发生碰撞、产生漩涡，使流体流动受阻，由于这种阻碍发生在局部的急变流动区域，所以称为局部阻力。流体为克服局部阻力所发生的能量损失，称为局部压力损失。由于流体的流动状态有层流和紊流之分，所以在分析流体的压力损失时，应首先判断其流动状态。

由此可知，混凝土在泵管中流动的压力损失，应由沿程压力损失和局部压力损失两部分组成。

2. 泵送压力损失计算

（1）沿程压力损失计算

现行行业标准《混凝土泵送施工技术规程》（JGJ/T 10）规定，混凝土在水平输送管内流动每米产生的沿程压力损失 ΔP_H，宜按式（7-2）计算：

$$\Delta P_H = \frac{2}{r}\left[K_1 + K_2\left(1 + \frac{t_2}{t_1}\right)V\right]\alpha \tag{7-2}$$

式中　ΔP_H——混凝土在水平输送管内流动每米产生的沿程压力损失，Pa/m；

r——混凝土输送管的半径，m；

K_1——黏着系数，$K_1 = 300 - S$，Pa；

K_2——速度系数，$K_2 = 400 - S$，Pa·s/m；

S——混凝土坍落度，mm；

t_2/t_1——分配阀的切换时间与活塞推压混凝土时间之比，一般为 0.20～0.30；

V——混凝土在输送管内的平均流速，m/s；

α——径向压力与轴向压力之比，普通混凝土取 0.90。

若混凝土有垂直泵送，应将垂直管长度换算为水平管长度，换算系数（水平换算长度）按表 7-9 规定选取。

表 7-9　混凝土输送管水平长度换算表（JGJ/T 10）

配管条件	换算单位	规格		水平换算长度/m
向上垂直管	每米	管径/mm	100	3
			125	4
			150	5

配管条件	换算单位	规格		水平换算长度/m
倾斜向上管（倾角 α）	每米	管径/mm	100	$\cos\alpha + 3\sin\alpha$
			125	$\cos\alpha + 4\sin\alpha$
			150	$\cos\alpha + 5\sin\alpha$
垂直向下或倾斜向下管	每米	—		1
锥形管	每根	锥径变化/mm	175→150	4
			150→125	8
			125→100	16
弯管（张角 $\beta \leqslant 90°$）	每只	弯曲半径/mm	500	$2\beta/15$
			1000	0.1β
软管	每根	长 3～5m		20

（2）局部压力损失计算

可根据局部装置的特点与数量，按表 7-10 所给出的数据进行压力损失估算。

表 7-10　混凝土泵送系统附件的估算压力损失（JGJ/T 10）

配管条件		换算量	估算压力损失/MPa
管路截止阀		每个	0.1
泵体附属结构	分配阀	每个	0.2
	启动内耗	每台泵	1.0

3. 影响泵送压力损失的因素

影响泵送压力损失的因素，可概括为以下几个方面：

（1）混凝土性能

其性能主要是指和混凝土流变性有关的坍落度（或扩展度）、黏度等。凡是能够影响混凝土流变性能的因素都会影响泵送压力损失，详见第四章第一节中"新拌混凝土流变性能"的有关内容。

（2）输送特征

主要是指混凝土在管内的流速、输送方式（水平或垂直输送）以及输送距离。

（3）配管条件

即管径、弯管角度、数量及长度、锥形管长度、管道接头数量以及泵管布置等。

4. 泵送压力损失计算示例

【例 7-1】　某工程建筑高度 150m，混凝土设计强度等级 C35，坍落度（S）为 200mm，泵管直径（R）为 125mm，混凝土管内平均流速（V）1.37m/s。施工现场布管条件：上下水平管共 100m，45°弯管 3 只，90°弯管 7 只，管卡 32 只，管路截止阀 1 个，3.5m 橡皮软管 1 根。泵体附属结构：锥形管 1 根，分配阀 1 个。试计算泵送压力损失。

解：① 计算沿程压力损失（P_1）。由式(7-2)计算得：

$$\Delta P_H = \frac{2}{0.125 \div 2} \times [(300-200)+(400-200) \times (1+0.3) \times 1.37] \times 0.9 = 13139 \text{(Pa/m)}$$

若垂直管换算水平管的换算系数为 4，则沿程压力损失 P_1 为：

$$P_1 = 0.0131 \times (100 + 150 \times 4) = 9.17 \text{(MPa)}$$

② 计算局部压力损失（P_2）。根据表7-9和表7-10，可计算弯管、3.5m橡皮软管、锥形管、分配阀、截止阀、启动内耗等产生的局部压力损失 P_2 为：

$$P_2 = (4.5 \times 3 + 9 \times 7 + 20 \times 1 + 8 \times 1) \times 0.0131 + 0.2 \times 1 + 0.1 \times 1 + 1$$
$$= 2.67(\text{MPa})$$

③ 计算泵送总压力损失（P）。

$P = P_1 + P_2 = 9.17 + 2.67 = 11.84(\text{MPa})$，即管路泵送压力损失共为 11.84MPa。

六、泵送距离的计算

混凝土泵必须具有足够的功率以保证有尽可能大的泵送量与尽可能远的泵送距离。确定混凝土泵的最大泵送距离时，若具备试验条件，通过试验确定最可靠，亦可参照泵的产品性能表（曲线）予以确定。此外，也常常采用计算或验算的方法。

1. 最大泵送距离的计算或验算

（1）压力损失计算法

泵送距离的大小，取决于泵的最大出口压力和输送管单位长度的压力损失。在现场施工准备阶段，需要对泵进行设备选型时，可按式(7-3)计算：

$$L_{max} = P_{max}/\Delta P_H \tag{7-3}$$

式中　L_{max}——混凝土泵的最大理论泵送距离，m；

　　　P_{max}——混凝土泵的最大理论出口压力，Pa；

　　　ΔP_H——每米水平管的压力损失，可由式(7-2)计算得出，Pa/m。

以此计算值，评估该设备能否满足工程泵送距离的需要。

（2）压力损失验算法

按照式(7-2)和表7-9的规定，根据实际工程的施工要求（水平输送距离与垂直输送高度）和配管条件，计算换算后的压力损失，并与泵的最大出口压力比较，验算最大出口压力是否满足压力损失的要求。

（3）水平长度换算法

根据实际工程的配管条件，按照表7-9的规定，计算换算后的水平管总长度，并与泵的最大出口泵压所能水平输送的最大距离的计算值比较，确定是否满足输送距离要求。

2. 最大泵送距离计算示例

【例7-2】某工程建筑施工高度220m，设计强度等级为C50混凝土，采用某型号混凝土拖泵，最大出口泵压为22MPa，平均排量按50m³/h计，泵管直径为125mm，水平与垂直输送距离以及配管条件见表7-11，请计算或验算，确定该泵是否满足施工要求。

解：由混凝土泵送排量和管径计算其在输送管内的平均流速为：

$$V = \frac{Q}{3600\pi r^2} = \frac{50}{\pi \times \left(\dfrac{0.125}{2}\right)^2 \times 3600} = 1.132(\text{m/s})$$

混凝土坍落度为220mm时，由式(7-2)计算 ΔP_H 为：

$$\Delta P_H = \frac{2}{\dfrac{0.125}{2}} \times [(300-220)+(400-220)\times(1+0.3)\times1.132]\times0.9 = 9932.8(\text{Pa/m})$$

由最大出口泵压，减去分配阀、截止阀、启动内耗的压力损失共1.3MPa，依据式(7-3)计算其最大泵送水平长度为：

$$L_{max} = (22-1.3)\times10^6 \div 9932.8 = 2084.0(\text{m})$$

即该混凝土泵能够满足水平折算长度 2084m 的泵送能力要求。

根据本工程的配管条件，按照表 7-9 的规定，计算换算后的水平管总长度，计算结果如表 7-11 所示。

表 7-11　配管条件及水平长度换算法计算结果

管件名称	水平管	垂直管	每个 90°弯管	每根 5m 软管	150mm→125mm 锥形管	换算成水平管总长度/m
实际用量	80m	220m	6 个	1 个	1 个	
水平换算长度/m	1	4	9	20	8	
换算后长度/m	80	880	54	20	8	1044

由以上计算可知，该泵的理论最大水平泵送距离为 2084m＞1044m，能够满足本工程泵送施工要求。

值得一提的是，在上述计算中，泵的最大出口压力仅是一个理论值，可能与实际工作压力不符，所以计算结果必将存在一定偏差，通常，在实际操作中可按最大出口压力的 50%～70%予以计算。

七、泵与泵管的选型与布置

混凝土泵有两种形式，一是地泵，二是车泵，其工作原理详见第八章第七节"混凝土泵与其它浇筑设备"中"泵"的有关内容。

1. 泵的选型与布置

（1）泵的配备数量

泵的配备数量，按式（7-4）计算：

$$N_2 = \frac{Q}{TQ_1} \tag{7-4}$$

式中　N_2——所需泵的台数，其结果取整，小数部分向上修约，台；

　　　Q——混凝土的浇筑体积量，m^3；

　　　T——混凝土泵送施工作业时间，h；

　　　Q_1——混凝土泵的实际平均输出量，m^3/h。

混凝土泵的实际平均输出量，按式（7-5）计算：

$$Q_1 = Q_{max} \alpha_1 \eta \tag{7-5}$$

式中　Q_{max}——混凝土泵的最大输出量，m^3/h；

　　　α_1——配管条件系数，一般取 0.8～0.9；

　　　η——作业系数，与混凝土运输车向泵供料的间断时间、拆接管和布料停歇等情况有关，一般取 0.5～0.7。

目前，混凝土泵的最大输出量一般分为 30m^3/h 及以下、45～65m^3/h 和 80～90m^3/h 几个档次，工程中最常用的泵，其输出量为 60m^3/h 和 80m^3/h。

（2）泵的布置

混凝土泵或泵车在现场的布置，应按下述要求进行：

① 混凝土泵尽量靠近浇筑地点，一是便于配管，二是方便混凝土输送和浇筑。

② 为保证混凝土泵连续工作，每台泵的料斗周围最好能同时停放 2 辆混凝土搅拌运输车，或者能使其快速交替。

③ 多台泵同时浇筑时，各泵选定的位置要使其各自承担的浇筑量相当，最好能同时浇筑完毕。

④ 当泵送距离超过泵的最大泵送距离或最大输送高度时，应考虑设置接力泵。

⑤ 当泵送距离或泵送高度较大时，因反作用力较大，应对泵进行钢钎固定。

⑥ 为便于混凝土泵的清洗，其位置最好靠近供水管和排水设施。

⑦ 为保证施工安全，在混凝土泵和泵车的作业范围内，不得有高压线等障碍物。

⑧ 要考虑到供电、交通、防火和噪声控制等诸方面可能出现的问题和应急处理措施。

2. 泵管的选型与布置

泵管应与混凝土泵相匹配，且具有一定的安全系数。爆裂压力与工作压力的比值即为安全系数，一般推荐的安全系数为 3∶1，而特定条件下的安全系数值要更高一些。

（1）泵管的种类

泵管有刚性钢管和重载柔性管（橡胶软管）两类，并有配套的各种变径管、弯管、支架和软管等。泵管的连接有管接头装置，包括管夹和密封垫等。

橡胶软管用于混凝土的卸出或用于起吊输送，卸料软管承受的压力较小，起吊软管则会承受很大的压力。软管常常接在浇筑系统的末端，其柔软性可以使混凝土被方便地浇筑到所需的区域。

（2）泵管的选型

应根据混凝土粗骨料的最大粒径、泵的型号、泵送压力、泵的输送量和输送距离、泵送的难易程度等进行选择，尽量少用弯管和软管。不同材质泵管的特点见表 7-12。常用泵管的管径与粗骨料最大粒径的关系，应符合表 7-13 或表 7-6 的要求。

表 7-12　混凝土输送泵管的特点

泵管材质	特点
低合金钢管	管壁厚 2~3mm，较轻、耐磨
钢管	管壁厚 2~4mm，较易采购，耐磨，是目前常用的泵管
铝合金管	较轻，与混凝土摩擦后产生氢气，混凝土强度下降
金属丝绕制橡胶管	常用于管道末端的移动部位

表 7-13　混凝土输送泵管最小内径与粗骨料最大粒径的关系（JGJ/T 10）

粗骨料最大粒径/mm	输送管最小内径/mm	粗骨料最大粒径/mm	输送管最小内径/mm
25	125	40	150

在满足使用要求的前提下，优先考虑选用小管径的泵管。

（3）泵管布置

泵管布置的总体原则是：尽量缩短管线长度，保证安全施工、方便清洗管道、排除故障和装拆维修。在具体布置时，应注重考虑下述要求：

① 在同一条管线中，应采用相同管径的泵管；同时采用新旧管段时，应将新管段布置在混凝土泵送压力的较大处；管线尽可能布置成横平竖直。

② 垂直向上配管时，一般需在配管下端与混凝土泵之间，配置一定长度的水平管，水平管折算长度不宜小于垂直管长度的 20%，且不宜小于 15m。

③ 当垂直向上配管的高度很大（通常大于 200m）时，除配置一定长度的水平管外，还应在混凝土泵出料口 6~10m 处的水平输送管上设置截止阀。

④ 向下倾斜或垂直泵送时，当配管的倾斜角度大于 4°~7° 或高差（H）大于 20m 时，

应在竖向管路上设置 U 形弯或在泵下端设 $L=1.5H$ 长度的水平管。

⑤ 水平输送管每隔一定距离，用支架、台架、吊具等加以支承、固定，不得直接支承在钢筋、模板或预埋件上。

⑥ 垂直输送管宜用预埋件固定在墙、柱或楼板预留孔处，在墙和柱上每节管不得少于一个固定点；在每层楼板预留孔处均应固定。

⑦ 不管是水平的还是垂直布置的弯管，都应对其进行固定。确保在泵送过程中其摆动幅度不大。

⑧ 应在管道下放置一定厚度垫块，便于在拆装过程中工具可以自由在泵管的四周运动。

⑨ 夏季施工时，对输送管要用草帘覆盖，并加水湿润，防止温升形成堵管；冬期施工时，要用保温材料对管道进行包裹，避免混凝土在管内温度散失过大甚至受冻。

⑩ 当设置接力泵时，接力泵出料的水平管长度，也不宜小于其向上垂直长度的 1/4，且不小于 15m，并要设置一个容量约 $1m^3$、带搅拌装置的储料斗。

尚应注意的是，在软管中输送等量的混凝土要比在钢管中所需的压力大 3 倍；泵压还会使弯曲的软管变直，故在软管布置时要格外重视这种现象。

八、泵送施工

1. 泵管的润滑

泵送前，必须对泵管进行润滑预泵送。泵送距离短时应依次用水、水泥砂浆进行；泵送距离较长时，应依次用水、水泥浆、水泥砂浆进行。具体操作要点是：

① 先泵送润泵水，接着泵送 1 斗水泥浆，再泵送 1 斗浓度高一些的水泥浆。

② 然后泵送与混凝土内除粗骨料以外的其他成分相同配合比的水泥砂浆；随后，开始泵送混凝土。对于水平管道，通常情况下，$4m^3$ 的水泥砂浆可以润滑 300m 管道。

2. 泵的操作

泵送过程中，泵的操作要点是：

① 泵送开始时，混凝土泵应处于低速、匀速并随时可反泵的状态，随时观察泵的输送压力，当确认各方面均正常后，才能提高到正常运转速度。

② 泵送应连续进行，尽量避免出现泵送中断现象，防止输送管道的堵塞。若出现不正常情况，宁可降低泵送速度，也要保证泵送连续进行。

③ 若一旦停泵，应每隔 4~5min 开泵一次，使泵正、反转各两个冲程，同时开动料斗中的搅拌器，使之搅拌 3~4 转。如果泵送停顿时间超过 45min，或混凝土出现离析现象，应及时用压力水或其他方法冲洗管道，清除管内残留的混凝土。

④ 若泵出现工作压力异常、输送管路振动增大、液压油温升高等现象时，应及时慢速泵送，立即查明原因，采取措施予以排除。

⑤ 泵送结束时，应正确计算尚需要的混凝土数量，协调供需关系，避免出现停工等料或混凝土多余浪费的现象。计算时，切不可漏计输送管内的混凝土，其数量与泵管管径、泵管长度有关，计算时可参考表 7-14。

表 7-14　输送管长度与混凝土数量的关系

输送管径/mm	每 100m 输送管内的混凝土量/m³	每立方米混凝土量的输送管长度/m
100	1.0	100
125	1.5	75
150	2.0	50

⑥ 泵送中，若需加长泵管，仍需用水和水泥浆对新连接的泵管进行湿润和润滑。如果接长管段的长度小于或等于 6m 时，可直接连接并泵送；当接长管段较长时，不应一次性全部连接并泵送，正确的操作是：每次接 1～2 节管，然后泵送，确认泵送通畅后（新接管少量出料后）再接 1～2 节管，然后泵送，通畅后再接管。如此反复，直到全部连接完毕，否则很容易出现堵管、爆管现象。

3. 泵管堵塞排除

若泵管一旦出现堵塞，应采取以下方法予以排除：

① 重复进行反泵和正泵，逐渐吸出堵塞处的混凝土于料斗中，重新搅拌再进行正常泵送。

② 用木槌敲击泵管，查明堵塞管段（通常，弯管、锥形管处最易发生堵塞），将堵塞处混凝土击松后，重复进行反泵和正泵，排除堵塞。

③ 当以上两种方法无效时，可在混凝土泵卸压后，拆卸堵塞部位的泵管，排出堵塞的混凝土后，再接管重新泵送。但在泵送前，应先排除泵管内的空气后，方可拧紧管段接头。

4. 泵管清洗

（1）水洗

先将卸料斗出口处的大弯管卸下，在锥形管内塞入一些废纸或麻袋，然后放入海绵球或塑料球。泵接料斗内加满水后启动混凝土泵，用压力水推送海绵球或塑料球进行清洗。水洗的缺点是废水较多，而且混凝土也将被水冲洗造成浪费。

（2）气洗

在泵管末端安装气洗接头，把浸透水的清洗球（海绵球或塑料球）先塞进气洗接头，接上管道，如图 7-2 所示，连接好气源并将进气阀打开，用压缩空气推送清洗球进行清洗。同时，采用敲管听声的方法，随着清洗球边走边敲，仅余 3～5 节管段时，关闭空压机，剩余气压即可清洗完毕，可防止出口压力较大而出现安全问题。气洗比水洗的操作复杂，危险性大，但管内混凝土大部分仍可使用。

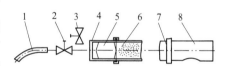

图 7-2　气洗时管件连接方法
1—压缩空气软管；2—进气阀；3—排气阀；
4—气洗接头；5—清洗球；6—输送管；
7—输送管末端；8—安全盖

清洗中，应保证清洗装置压力表指示的压力不能超过规定的最高压力，以免引起管道破裂事故。

根据泵送高度、泵的性能以及现场施工具体情况等，也可以采用水气联洗的清洗工艺。

九、泵送顶升施工

利用泵送压力将自密实混凝土由钢管柱底部灌入，直至注满整根钢管柱的一种混凝土免振捣施工方法。

1. 泵送顶升混凝土技术性能

混凝土应具有以下技术性能：

① 良好的可泵性与自密实性能。确保混凝土被泵送顶升密实，避免离析与泌水发生。

② 低收缩或微膨胀性。确保钢管与混凝土共同形成一个整体受力构件。

③ 适宜的初凝时间（一般不小于 12h）。保证混凝土在整个泵送顶升的过程中能够始终保持良好的流动状态。

根据施工经验和试验研究结果，提出如表 7-15 所示的泵送顶升混凝土拌合物性能的控制指标建议值。

表 7-15　泵送顶升混凝土拌合物性能的控制指标建议值

控制项目			泵送顶升高度/m			
			100	100~200	200~400	>400
必控指标	含气量/%			2.0~4.0		
	入泵坍落扩展度/mm		600~650	650~750		700~800
	坍落扩展度	经时损失/mm	≤20(3h)		≤20(4h)	
		泵送损失/mm	≤50		≤100	
	任选其一必控指标	扩展时间 T_{500}/s	4~10			
		V漏斗试验时间/s	12~25			
		倒置坍落度筒排空时间/s	3~10			
	离析率(筛析法)/%		≤20			
可选指标	U型箱高度差试验/mm		≤40			
	L形流动仪(R_h)		R_h≥0.80			
	压力泌水率/%		≤20			
	J环扩展度/mm		≤50			

注：自收缩不宜大于 $400×10^{-6}$ m/m。

2. 泵送顶升施工技术要点

① 钢管柱预留顶升口。顶升口留置在钢柱下部且距离顶板作业面 550~650mm 处，开孔尺寸应根据混凝土泵管的尺寸确定，并应对顶升口处的柱截面进行局部加固设计。

② 顶升口与混凝土输送泵管连接时应设导流管、法兰盘及顶升截止阀。导流管与顶升口采用焊接连接（图 7-3）或螺栓连接（图 7-4）。

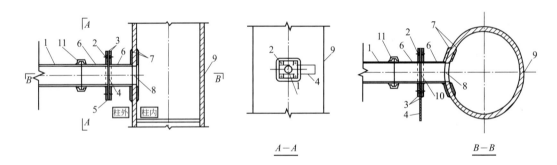

图 7-3　焊接连接顶升口示意图
1—混凝土输送泵管；2—高强螺栓及螺母；3—法兰盘；4—顶升截止阀隔板；5—截止阀垫板；
6—导流管；7—加劲板；8—顶升口；9—钢管柱；10—顶升截止阀开孔；11—管箍

③ 在泵送顶升范围，钢管每隔2m左右钻 ϕ<20mm 的孔，便于排气和观察判断泵送顶升过程中的浇筑效果，或采用小型监视器从钢管顶部伸入管内进行观察。泵送顶升过程中，混凝土浆体从排气孔流出后即可自行将其封堵。

④ 每个泵送顶升单元（即钢管内混凝土采用顶升法一次连续顶升浇筑至预定高度的钢管构件）应在混凝土拌合物尚具有良好流动性时（通常在 2~3h 内）连续泵送顶升完毕。

⑤ 泵管与截止阀连接前，先对泵管进行润滑，但砂浆不能进入钢管内。待砂浆泵送完毕、泵管口流出混凝土后再把泵管与截止阀用管箍连接好。

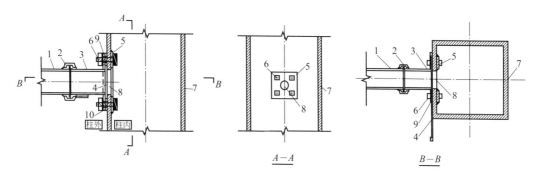

图7-4 螺栓连接顶升口示意图

1—混凝土输送泵管；2—管箍；3—导流管；4—顶升截止阀隔板；5—加劲板；
6—高强螺栓及螺母；7—钢管柱；8—顶升口；9—法兰盘；10—螺栓垫板

⑥ 泵送顶升过程中，严禁反泵，在更换混凝土运输车辆时要保证泵压连续。泵送时，料斗内混凝土不得少于其容量的2/3，防止泵送顶升过程中吸入空气。泵送顶升速度与钢管柱尺寸和泵的排量有关，通常控制在1m/min左右。

⑦ 混凝土泵送顶升到位后，先让混凝土自由下沉5min左右，然后再泵送顶升一次，达到相应的虚高度，及时停泵，随时关闭截止阀。经过数次回抽后再拆除截止阀后靠近混凝土泵端的输送管，待混凝土终凝后再拆除截止阀。浇筑完毕30min后，观察柱顶混凝土有无回落下沉。若有下沉，可用人工补浇柱顶混凝土。

⑧ 顶升完成后，将养护用水缓慢倒在混凝土表面，不应产生对表面的冲刷，并用塑料布进行覆盖进行保湿养护，冬季施工时要注意保温。混凝土养护7天后，将柱底截止阀焊接部分割去，并焊接封口钢板。

⑨ 当泵送顶升阻力因钢管内设有实腹板或隔板而增加时，泵送顶升可采取以下措施进行：

a. 适当缩短泵送顶升单元的高度（增加顶升口数量），以减少泵送顶升距离。

b. 适当增大混凝土的坍落扩展度50～100mm。

c. 条件许可时可加大出浆口的直径，在减少泵送顶升压力的同时也有利于最后泵送顶升时的排气。

3. 泵送顶升混凝土质量检测

通常，混凝土的缺陷有：空洞、疏松、低强度区、施工缝、严重的离析分层以及钢管与混凝土胶结不良等现象，因质量缺陷隐蔽，无法直观检测。目前，可借鉴的质量检测方法主要有：

① 敲击法检测。对敲击有疑问部位进行钻孔检测，确定缺陷程度。

② 超声波无损检测。

③ 冲击回波法等。

对比试验表明，敲击法受操作人员的影响较大，超声波法误判的概率较大，冲击回波法只能定性地评价钢管内的浇筑缺陷。目前，实际工程中常采用的办法是首先进行工艺评审，对整个施工工艺进行论证，然后在实际施工中按照工艺控制技术参数进行过程控制，同时保留相关施工记录，如影像资料、过程记录等。

如发现混凝土有空洞、疏松或脱黏等缺陷，可采取钻孔压浆修补。

十、超高泵送施工

1. 超高泵送混凝土技术性能

工程实践表明，泵送高度大于200m的高强度等级混凝土，其施工格外困难。不仅泵送所需压力大，且需对混凝土拌合物性能予以严格控制。

根据施工经验和试验研究结果，超高泵送混凝土拌合物性能的控制指标建议值表7-16所示。

表 7-16　超高泵送混凝土拌合物性能的控制指标建议值

<table>
<tr><td rowspan="2" colspan="2">项目指标</td><td colspan="3">泵送高度/m</td></tr>
<tr><td>100～300</td><td>300～500</td><td>500 以上</td></tr>
<tr><td rowspan="6">必控指标</td><td colspan="1">含气量/%</td><td colspan="3">2.0～4.0</td></tr>
<tr><td>初凝时间/h</td><td colspan="3">12～16</td></tr>
<tr><td>入泵坍落扩展度/mm</td><td>660～700</td><td>700～750</td><td>720～780</td></tr>
<tr><td rowspan="2">坍落扩展度</td><td>经时损失</td><td>3h 不大于 20mm</td><td colspan="2">4h 不大于 20mm</td></tr>
<tr><td>泵送损失</td><td colspan="3">不大于 40mm</td></tr>
<tr><td rowspan="4">任选其一
必控指标</td><td colspan="1">扩展时间 T_{500}/s</td><td><6</td><td><5</td><td><4</td></tr>
<tr><td>V 漏斗试验时间/s</td><td>≤20</td><td><16</td><td><12</td></tr>
<tr><td>倒置坍落度筒排空时间/s</td><td><5</td><td><4</td><td><3</td></tr>
<tr><td>黏度/Pa·s</td><td>40～140</td><td>20～120</td><td>20～80</td></tr>
<tr><td rowspan="3">参考指标</td><td colspan="1">屈服应力/Pa</td><td colspan="3"><240</td></tr>
<tr><td>U 型箱试验/mm</td><td colspan="3">≥320</td></tr>
<tr><td>压力泌水率/%</td><td colspan="3">≤20</td></tr>
</table>

2. 泵与泵管的选型原则

（1）泵的选型

应按混凝土的浇筑量、泵送高度、泵的输出量等指标进行计算后，选择适宜的超高压泵，并应配备两套独立的泵和管道系统。

（2）泵管的选型

泵送过程中，管道内压力最大可达22MPa，甚至更高，纵向最大可达27t的拉力，因此必须采用耐超高压的泵管。泵管的连接采用强度级别高的螺杆，泵管的密封采用带骨架的耐超高压混凝土密封圈。管径要适宜，管径小则输送阻力大，管径过大其抗爆能力变差，而且混凝土在管道内流速变慢、停留时间过长，会影响混凝土的性能。

3. 管道的布置

管道布置的总体原则是：

① 原点原则：不在泵口，而是水平与垂直管道的转点，从此处开始分别向两端布管、接管。

② 等高原则：水平管道与原点高度保持等高。

③ 1/4原则：水平管道布置长度不宜小于垂直高度的1/4，包括弯管折算长度。

④ 先布管再固定原则：管道布置是由原点出发，向两端延伸；管道接好后再进行固定

或加固。

⑤ 最短距离最少弯头原则：布管应采取最短距离，尽量少用变向管。若水平管道需设置弯管时，第一道弯管距离泵的最短距离要大于 3m。

⑥ 当泵送高度超过 300m 时，可考虑在泵送高度的 1/3～1/2 处或 160～180m 处设置缓冲层（水平式或竖向式）。

⑦ 离泵 10m 左右设置一个截止阀，竖向管道可考虑在最前段或第一次穿越楼层处设置一个截止阀。

⑧ 应避开人流量较大的区域，并在泵管两边设安全防护设置。

⑨ 泵管的固定要求：

a. 水平管应采用预埋件固定在混凝土墩上。

b. 竖向管应每隔 2～4m 设置一个固定在墙体上的管夹。

c. 高压管采用法兰连接。

4. 与超高泵送有关的问题

（1）泵送压力计算理论分析

对于新拌混凝土来说，可视为一般宾汉姆体。依据流体学基本原理，可对宾汉姆体在圆管内的流动参数进行理论分析计算。应注意，在目前常用的输送速度条件下，混凝土在直管内产生的流动是塞流，发生紊流是很难的（因其屈服应力通常大于 4.8Pa）。如图 7-5(a) 所示，有一段长 ΔL、半径为 R 的管，水平放置，流体的重量忽略不计，两端压力差为 ΔP，方向自左向右，塞流的半径为 r_0，截面上的流速分布情况如图 7-5(b) 所示，通过计算排量 Q 可得到著名的 Buckingham 方程，如式(7-6) 所示。

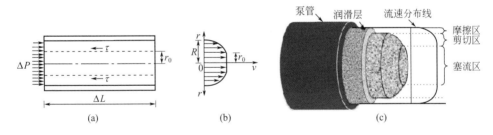

图 7-5　宾汉姆体在管道中的流动

$$Q = \frac{\pi R^4}{8\mu} \times \frac{\Delta P}{\Delta L} \left[1 - \frac{8\tau_0}{3R} \times \frac{\Delta L}{\Delta P} + \frac{16\tau_0^4}{3R^4} \left(\frac{\Delta L}{\Delta P} \right)^4 \right] \tag{7-6}$$

虽然式(7-6) 的方程对于 τ_0 来说是四次方的，但其物理解是存在的，而且也是唯一的。从式(7-6) 可知，砂浆或混凝土通过管道泵送时，当排量和管径一定时，其压力损失的大小是由屈服应力和塑性黏度决定的。

研究表明，润滑层对混凝土的泵送施工影响较大，它主要由水、水泥和小于 0.25mm 的细颗粒组成，水灰比与混凝土本体基本相同，但细砂体积含量相对较高。润滑层厚度与混凝土配合比有关，在 1～9mm 之间，通常在 2mm 左右。混凝土净浆含量、水胶比和高效减水剂用量增大，润滑层厚度增大；细砂含量增大，润滑层厚度减小。

Kaplan 等在式(7-6) 的基础上，充分考虑了润滑层对泵送压力的影响，通过理论分析与模拟试验得到了一个与润滑层流变性能有关的计算等式，即式(7-7)：

$$\Delta P = \frac{2L}{R}\left(\frac{\dfrac{Q}{3600\pi R^2 k_r} - \dfrac{R}{4\mu}\tau_{0i} + \dfrac{R}{3\mu}\tau_0}{1 + \dfrac{R}{4\mu}\eta}\eta + \tau_{0i}\right) \tag{7-7}$$

式中　ΔP——沿程压力损失，MPa；

L——泵送距离，m；

R——泵管直径，m；

Q——排量，m^3/h；

μ——混凝土的塑性黏度，Pa·s；

τ_0——混凝土的屈服应力，Pa；

τ_{0i}——润滑层的屈服应力，Pa；

η——润滑层的黏性系数，其值近似等于其塑性黏度，Pa·s/m；

k_r——活塞缸填充系数，常数，可近似取 1。

在进行实际工程验算时，式(7-7)可简化为式(7-8)，即：

$$\Delta P = \frac{2L}{R}\left(\frac{Q}{3600\pi R^2 k_r}\eta + \tau_{0i}\right) \tag{7-8}$$

式(7-8)再次说明，混凝土本体的润滑层的流变性能直接决定了混凝土泵送沿程压力损失的大小。因此，为了减小混凝土超高泵送施工过程中的压力损失，要尽可能地降低混凝土拌合物（润滑层）的塑性黏度和屈服应力。

(2) 新拌混凝土泵送后剪切变稀

新拌混凝土通过高压泵送后，受剪切力的作用 [图 7-5(c)]，黏度可能会下降，这种现象称为剪切变稀，即结构黏度随剪切速率升高而降低的现象。发生剪切变稀现象的本质原因，在于新拌混凝土的结构黏度遭到破坏，引起破坏的原因可归结为以下几个方面：

① 液体中的胶体粒子或大分子等在流动时的取向。液体内具有棒状、链状或盘状等不同形状的胶体粒子、大分子，其分布是杂乱无章的，从而对流动产生很大的阻力，液体显示出较高的黏度。随着切应力逐渐加大，流速的逐渐加快，这些粒子或大分子其长轴逐渐与流向趋于一致，即取向。取向现象的发生，将使流动阻力减小，从而使液体黏度降低，即发生剪切变稀现象。显然，切应力越大，切变率越高，剪切变稀现象越明显。取向运动是可逆的，当切应力和切变率降低（液体流速减小）时，胶体粒子或大分子在液体内，将逐渐恢复为杂乱无章的分布状态，液体的黏度随之逐渐增大，剪切变稀现象逐渐消失。

② 胶体粒子或大分子间出现的二次结合结构破坏。由于受其形状、表面电荷以及与溶剂分子间相互作用等因素的影响，液体中的胶体粒子或大分子可能出现二次结合，甚至聚合等现象，从而形成更大和更为复杂的结构。这种结构对液体流动阻力较大，从而使液体具有较高的黏度。当流速加快时，在高切应力的作用下，这种二次结合形成的结构可被不同程度破坏，从而使黏度进一步降低。

③ 胶体粒子或大分子的变形或断裂破坏。液体流速加快时，胶体粒子或大分子在越来越大的切应力作用下，本身可能发生变形或断裂破坏，从而使其颗粒变小、分子链变短，液体黏度也相应降低。

混凝土剪切变稀（或剪切增稠）是超高泵送施工过程中经常遇到的现象，应采取措施避免其不良影响。表 7-17 检测数据为北京某工程 C60 混凝土经过不同泵送高度前、后混凝土拌合物性能的现场检测结果，可以看出，拌合物出泵后黏度明显降低，其他性能也发生了明显变化。

表 7-17　C60 超高泵送混凝土入泵时与出泵后拌合物性能现场检测结果

施工部位	盘管模拟浇筑试验							
实测泵压/MPa	12～16	排量/(m³/h)	30	水平距离/m	1590	垂直高度/m	0	
测量位置	温度/℃	扩展度/mm	J环扩展度/mm	T_{500}/s	V漏斗试验/s	含气量/%	屈服应力/Pa	黏度/Pa·s
入泵	15.0	790/760	—	3.0	8.4	1.4	176.9	64.9
出泵	20.1	660/640	—	2.7	5.5	2.6	329.6	11.8
施工部位	F57 层剪力墙及梁 272.400～277.400m							
实测泵压/MPa	8～10	排量/(m³/h)	27.5	水平距离/m	105	垂直高度/m	276	
测量位置	温度/℃	扩展度/mm	J环扩展度/mm	T_{500}/s	V漏斗试验/s	含气量/%	屈服应力/Pa	黏度/Pa·s
入泵	30/27	750/720	705/665	—	46.35	2.3	287.9	92.9
出泵	27	680/680	610/610	—	9.91	2.5	276.5	65.9
施工部位	F61 层剪力墙及梁 290.900～295.900m							
实测泵压/MPa	8～10	排量/(m³/h)	25	水平距离/m	105	垂直高度/m	296	
测量位置	温度/℃	扩展度/mm	J环扩展度/mm	T_{500}/s	V漏斗试验/s	含气量/%	屈服应力/Pa	黏度/Pa·s
入泵	28.2	710/750	700/700	4.05	10.47	2.75	146.9	124.2
出泵	30.4	780/800	750/730	2.50	3.26	2.20	282.1	55.6
施工部位	F71 层剪力墙及梁 336.400～341.400m							
实测泵压/MPa	8～10	排量/(m³/h)	25	水平距离/m	105	垂直高度/m	341	
测量位置	温度/℃	扩展度/mm	J环扩展度/mm	T_{500}/s	V漏斗试验/s	含气量/%	屈服应力/Pa	黏度/Pa·s
入泵	32.7	720/730	680/700	4.12	10.12	2.85	162.7	110.8
出泵	34.0	700/710	600/590	2.58	7.22	2.90	111.7	25.7
施工部位	F90 层剪力墙及梁 423.900～428.900m							
实测泵压/MPa	10～12	排量/(m³/h)	27.5	水平距离/m	105	垂直高度/m	429	
测量位置	温度/℃	扩展度/mm	J环扩展度/mm	T_{500}/s	V漏斗试验/s	含气量/%	屈服应力/Pa	黏度/Pa·s
入泵	23.8	660/670	620/630	1.62	3.85	—	239.5	13.3
出泵	18.9	430/440	410/410	—	5.26	—	446.5	17.6
施工部位	F107 层核心筒钢板剪力墙 508.400～513.4m							
实测泵压/MPa	12～14	排量/(m³/h)	22	水平距离/m	105	垂直高度/m	514	
测量位置	温度/℃	扩展度/mm	J环扩展度/mm	T_{500}/s	V漏斗试验/s	含气量/%	屈服应力/Pa	黏度/Pa·s
入泵	26.2	750/780	—	—	3.71	3.5	319.3	33.4
出泵	24.3	680/700	660/640	—	3.23	2.6	325.7	13.3

注：泵管直径 150mm，施工现场采用 ICAR 流变仪检测流变参数。

依据表 7-17 所列数据，若按照式(7-8)计算混凝土水平泵送沿程压力损失，则为 0.55～1.21MPa/100m。对比分析发现，计算值大于实测值。事实上，润滑层浆体来自混凝土本体，因不含粗骨料其屈服应力和黏度均小于混凝土本体，所以，计算值偏大是必然的。对于设备选型计算和质量控制预测来说，计算结果是保守的，也是有利的。而且，从其偏大的程度来看，相差不到 20%，对指导工程施工来说是能够接受的，也是有实际指导价值的。上海中心工程超高泵送混凝土的黏度控制在 21.0～42.3Pa·s，实际泵送水平沿程压力损失为 0.9～1.7MPa/100m。这也说明采用屈服应力和黏度控制超高泵送混凝土的质量是可行的。

第四节 商品混凝土密实成型

混凝土浇筑入模后，必须采取有效措施使其尽量排除内部的空气和多余的自由水，消除孔穴与蜂窝等缺陷，达到紧密堆积之结构，并使其充满整个模板空腔具有一定的外形。混凝土施工中的这一措施或施工工艺称为密实成型。

一、密实成型方法

除自密实混凝土外，混凝土都要借助外力而达到密实成型之目的。其方法主要有：人工捣实法、振动密实法、压制密实法以及真空脱水法等。究竟选用何种方法主要取决于混凝土拌合物的工作性和浇筑体的类型、数量及复杂程度等特性。

1. 人工捣实法

此法只是在缺少振捣机械或工程量很小、或机械无法振捣、或混合料的流动性过大采用机械捣实会产生较严重离析的情况下采用。

所使用的工具有：锤、钎和铲三大件。根据具体操作方法的不同，又有"赶浆浇捣法"和"带浆浇捣法"之分，如表 7-18 所示。前者主要用于梁、板的浇筑捣实，后者主要用于柱、墙的捣实。

表 7-18 人工捣实的种类和操作方法

种类	操作方法
赶浆浇捣法	① 浇筑时,应顺一个方向,由一端开始,先浇筑钢筋保护层,再依次分层前进; ② 钎捣人员应站在混凝土倒入方向的前面,用插钎在前拦堵石子使砂浆流在前面,然后普遍钎捣密实; ③ 续来的混凝土应倒在刚浇筑而厚度未足部分的后上方,依次进行
带浆浇捣法	① 应先在结构的底部铺一层 50～100mm 厚与混凝土内砂浆成分相同的水泥砂浆,然后再倒入混凝土; ② 倒入混凝土时,必须使用适当的漏斗,使石子留在中间,避免石子和砂浆分离; ③ 先顺模板周边仔细捣实,然后普遍捣实,使砂浆带到表面后,再倒入第二次混凝土,每次浇筑厚度不得超过 200mm; ④ 必要时可在模板外面用木槌敲击配合捣实

2. 振动密实法

一种被普遍采用的混凝土密实成型方法，是借助于机械产生的强有力振动迫使混凝土充满模型，并能部分排除混凝土体内多余的自由水和空气。其特点是：

（1）作用强度大，密实成型效果好。

（2）对混凝土的工作性适应性广。不足之处是这种方法若操作不当，可能导致混凝土的离析、严重泌水或外分层。

3. 压制密实法

施加压力，使混合料颗粒相互间挤紧（排除空气）密实成型。由于施加压力大，密实成型效果好。该法仅适用于半干硬性或干硬性的混凝土的密实成型，如透水混凝土。

4. 真空脱水法

此法常见于道路路面混凝土（板式结构）的密实。它是利用抽真空设备在已浇筑成型的

混凝土表面所形成的负压，将混凝土中的一部分自由水和空气排出，使混凝土达到密实之目的一种方法。其特点是：

（1）操作过程中，无须机械振动或仅辅以简单的机械振动，因此不会引起混凝土的离析、泌水或外分层，不会对周围的混凝土产生扰动。

（2）作用深度受控于真空度、真空处理时间等参数的影响。真空度越高，真空处理时间越长，作用深度越深。

（3）混凝土的密实度由表及里存在差异。靠近表面的混凝土由于真空排出的水多于内部混凝土排出的水，因此，表面混凝土密实度大，硬化后混凝土的性能更好。此种方法所用设备多，操作较烦琐，工艺参数如真空度、真空作业时间等要求严格。

二、混凝土的振动密实成型

1. 振动密实成型方式

（1）内部振动器（振捣棒）振动

内部振动器又称插入式振动器（振捣棒），其操作要点如下：

① 振捣方法有两种，一种是垂直振捣，即振捣棒与混凝土表面垂直；另一种是倾斜振捣，即振捣棒与混凝土表面约成 $40°\sim45°$ 的角度。杜绝振捣棒横向平移混凝土，以免产生离析。

② 操作要做到"快插慢拔"。快插是为了防止先将表面混凝土振实而下面混凝土发生分层、离析现象；慢拔是为了使混凝土能及时填满振捣棒抽出时所形成的空洞。对于坍落度较小的混凝土，有时还要在振捣棒抽出的洞旁不远处，再将振捣棒插入才能填满空洞。在振捣过程中，宜将振捣棒上下略为抽动，以使上下振捣均匀。

③ 分层浇筑时，每层混凝土浇筑厚度应不超过振捣棒长的 1.25 倍。振捣上一层，应在下层混凝土初凝之前进行，且应插入下层 $50\sim100mm$ 深，以消除两层之间的接缝。

④ 通常，每点振捣时间最长可延长至 $20\sim30s$，使用高频振捣棒时，最短不应少于 $10s$，但应以振实效果为准。

⑤ 插点要均匀排列，可采用"行列式"或"交错式"的次序移动，不应混用。插点距离应不大于振捣棒作用半径的 1.5 倍。

⑥ 振捣棒距离模板不应大于振捣棒作用半径的 0.7 倍，且不宜紧靠模板振动，应尽量避免碰撞钢筋、芯管、吊环和预埋件等。

（2）外部振动器振动

当不便于使用内部振动器时，如：混合料干稠、钢筋密集、空间狭小、曲线断面或滑模施工等，可以采用外部振动器。其类型有：模板振动器、振动台、表面振动器。

① 模板振动器。又称附着式振动器，安装在模板外侧，一般每隔 $1\sim1.5m$ 设置一个振动器，其操作要点是：

a. 振动作用深度在 250mm 左右，如构件尺寸较厚时，需在构件两侧安设振动器同时进行振捣。

b. 混凝土入模后方可开动振动器，混凝土浇筑高度要高于振动安装部位。当钢筋较密和构件断面较深较窄时，亦可采取边浇筑边振动的方法。

c. 有效作用范围，随结构形状、模板坚固程度、混凝土坍落度及振动器功率大小等各项因素而定。一般每隔 $1\sim1.5m$ 距离设置一个振动器。

② 振动台。主要用于预制构件的生产。其操作要点是：

当混凝土结构厚度小于 200mm 时，可将混凝土一次装满后振动，或随浇随振；若厚度大于 200mm，则需分层浇筑。

③ 表面振动器。包括样板式振动器、平板式振动器、辊式振动器、振动镘刀及抹刀等。主要用于板式混凝土结构，如道路混凝土路面的密实，一般要求混凝土的坍落度不应超过80mm。表面振动对板式结构边缘的密实作用不大，通常采用插入式振捣棒予以辅助振动，其操作要点是：

a. 在每一位置上应连续振动 25～40s。若多台同时进行振动，移动时应成排依次推进，前后位置或排与排间应有 30～50mm 的相互搭接，防止漏振。

b. 有效作用深度，在无筋及单筋平板中约为 200mm，在双筋平板中约为 120mm。

c. 大面积混凝土（如地面），可采用两台振动器以同一方向安装在两条木杠上，通过木杠的振动使混凝土密实。

d. 振动倾斜混凝土表面时，应由低处逐渐向高处移动，以保证混凝土振实。

（3）再（二）次振动（复振）

有时，在混凝土浇筑初次振捣后 1～2h，且初凝前，需要再次振动混凝土，即再（二）次振动（复振）。这一过程有利于释放水平配置钢筋下的水分，改善钢筋与混凝土的黏结；进一步去除混凝土中夹裹的气泡，减少裂缝、空隙或沉降后出现的缺陷。再次振动多用于大坍落度混凝土，然而，对于低坍落度混凝土来说，复振是不利的。

2. 振动密实成型原理

处于静止的混凝土混合料，施以机械振动，混合料就会发生流动。从流变学角度来说，这一过程的实质是混凝土混合料从一般宾汉姆体转变为牛顿液体的一个流变过程，流变发生的原因可以理解为：

（1）水泥凝胶体的触变作用发生

振动外力作用将迫使水泥胶体粒子扩散层中的弱结合水被解吸，变成自由水，赋予混合料一定的流动性，即触变作用发生，使胶体由凝胶转变为溶胶。

（2）微孔压力所产生的颗粒间黏结力遭到破坏

混合料中存在相当数量的微细孔道，在未充满微细孔道的自由水与空气的界面上就会产生迫使水泥粒子相互靠近的微孔压力，从而使混合料具有一定的结构强度，也即产生了颗粒间的黏结力。在振动力的作用下，颗粒的接触点将松开，部分微细孔道不复存在，释放出部分自由水，颗粒间黏结力遭到破坏，使混合料易于流动。

（3）颗粒间机械啮合力遭到破坏

混合料中不同粒度颗粒的彼此相互接触，其机械啮合力即内摩阻力极大，在振动作用下，颗粒的接触点会部分松开（如图 7-6 所示），从而内摩阻力大大降低，使混合料易于流动。

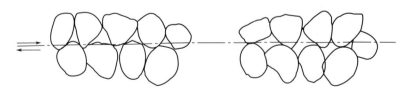

(a)未受振时内摩阻力大，不易流动　　　　　(b)受振时接触点分开，易流动

图 7-6　受振与未受振时颗粒间的啮合示意

综上所述，在振动力的作用下，固相颗粒由于混合料结构黏度的减小及颗粒间机械啮合力的破坏，将在重力的作用下纷纷下落并趋于最稳定的位置，其中水泥砂浆填实于粗骨料颗

粒的空隙中，而水泥净浆则填充于细骨料颗粒间的空隙中，使原来存在于混合料中的大部分空气和一部分自由水排出，使原来的松散堆积结构变为紧密堆积结构，混凝土被大大密实并充满整个模板空腔。

3. 振动参数

振动参数主要包括：振动频率、振幅和振动延续时间。合理选择，可以获得理想的振动密实成型效果。

（1）振动频率

其选择主要和混合料中的骨料颗粒粒径大小有关。通常，颗粒粒径越小，振动频率应越高。因为高频振动可使水泥颗粒与粒径较小的细骨料颗粒产生较大的相对运动，使混合料的凝聚结构解体而液化，有利于提高混凝土的密实度。但过高的频率（振幅较小）不能激起较粗颗粒的振动，不能破坏颗粒间的机械啮合力，从而使密实效果下降。由于混凝土混合料颗粒大小不一，因此，频率的选择仅能是混合料颗粒大小和质量的某一平均值。通常，对于插入式振动器（振捣棒）频率的适宜选择范围为 100～200Hz。

（2）振幅

振幅与混凝土混合料的流动性（或坍落度）以及颗粒大小有关。流动性大应选择较小的振幅。但若振幅过小，粗颗粒不易起振，混合料难以振实；振幅偏大，则易使振动转化为跳跃捣击，不但混合料内部产生涡流，混合料呈现分层，且在跳跃过程中使混合料吸入大量空气，降低混凝土的密实度。通常，对于流动性混合料，插入式振动器（振捣棒）振幅的适宜选择范围为 0.5～1.5mm。

（3）振动延续时间

仅选定振动频率和振幅，尚不能达到最理想的振动效果，必须包括其相应所需的振动延续时间。当振动频率和振幅确定后，振动所需的最佳振动延续时间取决于混凝土混合料的流动性，其最佳值可在几秒至几十秒之间。如果振动时间低于最佳值，则混合料不能充分振实；如果高于最佳值，混凝土的密实度也不会有显著的增加，甚至会产生分层离析现象。在实际操作中，当混合料几乎没有气泡排出，混合料不再下沉并在表面出现水泥砂浆层时，表示振动时间已满足振动密实成型要求。

综上所述，振动频率和振幅是两个最基本的振动参数，其大小应该选择得互相能协调，使混凝土混合料颗粒振动衰减小。

常用插入式振动器（振捣棒）的振动参数与应用范围详见第八章第八节中"内部振动器"中的有关内容。

第五节　商品混凝土终饰

终饰是指对密实后混凝土表面的一个处理过程或工序。

一、终饰目的

终饰就是对混凝土密实后可能留下的不足，如隆起、毛刺及外突等予以去除，或通过采用各种形式的图形或条纹进行刻痕装饰，进一步改善或增加混凝土表面的观感质量与表面功能。

二、终饰操作内容

终饰操作的主要内容包括以下几个方面。

1. 锓平

锓平是首先进行的初步面层处理，其目的是将大的粗骨料颗粒埋入混凝土中，消除一些高低不平点，保证混凝土表面达到设计标高。锓平所用工具为锓平器（或称大刮板），对于非引气混凝土，宜采用木制锓平器；而对于引气混凝土则可采用铝制锓平器。但应注意，锓平作业应在泌水积聚在混凝土表面前完成且锓平作业不能过度，以免影响到混凝土的耐久性。

2. 抹面压光

抹面压光有两个作用，一是提高混凝土表面的平整度和光滑程度；二是消除混凝土表面的缺陷，特别是混凝土早期出现的裂缝。当浇筑后混凝土表面的泌水已经消失，人可以在混凝土上行走而不留下大于 5mm 的印痕时，就可以进行抹面压光，此过程可由人力或机械完成。抹面压光需用力压紧混凝土表面，容易把混凝土中的水泥浆或水带到表面，导致混凝土表面形成一层高水灰比的浆体弱化层。因此，抹面压光既不能过早又不能时间过长。

有时压光作业可分多次进行，其目的是让混凝土表面的平滑度、密度及耐磨性得到进一步的改善，但在每次压光作业之间应有一定的时间间隔，且使用的压光刀具尺寸应逐渐减少，而压力则需逐渐加大。

值得一提的是，抹面压光操作时，在湿混凝土表面上撒干水泥，这是一种不良的作业方法，常常会导致混凝土表面的龟裂。

3. 帚刷

通过帚刷作业可以使混凝土产生防滑表面。应注意的是，此时混凝土应有足够的硬度，以保留帚刷产生的划痕。可以采用耙子、钢丝扫帚或是坚硬的粗纤维扫帚在混凝土表面划出粗条纹。帚刷作业一般是在混凝土表面锓平后进行。若需要产生细条纹的表面，则应在锓平、锓光后，再用软扫帚进行帚刷。道路混凝土路面的帚刷方向应与主交通方向垂直。

4. 装饰与增硬

对有图形或条纹装饰要求的混凝土板式结构，在混凝土硬化前，可以采用分规条或是模压等作业，以产生所需的图案。另外，当怀疑耐久性或耐磨能力时，可以通过化学药品处理混凝土表面来提高上述性能，这些处理将导致混凝土孔中可溶性化合物靠近表面，因此使表面层更坚硬、更密实。最常见的是基于硅酸钠或氟硅酸盐的配方，它们与浆体中 $Ca(OH)_2$ 反应形成附加的 C-S-H，但这种方法较少使用。

第六节　商品混凝土养护

养护是促进已密实成型的混凝土水化、硬化，以便获得混凝土所需的物理力学性能及耐久性能等技术指标而采取的一项工艺措施。简单地讲，就是采取多种措施对密实成型后的混凝土进行保温和保湿。

一、养护目的

1. 促进强度增长

混凝土强度的发展是以水泥水化为基础的，而水泥的水化需要充分的水分和适宜的温度。研究表明，当混凝土体内相对湿度降至 80％时，水泥水化速率就会明显降低；相对湿度降至 30％时，水化基本停止。因此，为加速混凝土的水化硬化，促进其强度增长，必须为混凝土创造必要的温、湿条件。

2. 防止收缩开裂

混凝土水分的蒸发主要是指气孔水和毛细孔水的蒸发。气孔水的蒸发并不引起混凝土的收缩。毛细孔水的蒸发，使毛细孔内水面后退，弯月面的曲率半径变小（图 7-7），毛细管张力则增大（详见第一章"干缩"词条），当混凝土抗拉强度不足以抵抗毛细管张力时，混凝土将产生开裂。因此，早期对混凝土增湿或控制湿度恒定，可有效地防止混凝土开裂。

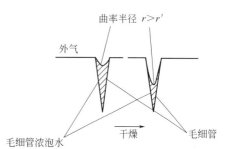

图 7-7　毛细孔失水示意图
（r、r'分别为干燥前后的曲率半径）

二、养护方法

1. 标准养护

标准养护是在温度为（20±2）℃、相对湿度为 95％以上的条件下进行的养护，主要用于实验室中，对混凝土性能进行检验评定和研究。

2. 自然养护

自然养护是在自然气候条件下采取浇水、润湿、防风防干、保温防冻等措施而进行的养护。根据所采取的措施不同又可分为蓄水（或洒水）、喷雾、覆盖、密封、养护剂等养护方法。

（1）蓄水养护

此法用于水平混凝土结构表面。采用一定的方式来维持混凝土表面有一层（或一定深度的）水分。这种方法劳动强度相对较大并需要频繁地监控，而且，养护用水的温度不宜比混凝土的温度低 10℃以上，以防止因温差应力而导致混凝土表面的开裂。

（2）喷雾、洒水养护

此法在混凝土垂直或水平表面都能使用。理想的喷雾应是压力不大且连续，防止混凝土表面被冲刷，以及喷雾间隔时间不应长，防止混凝土表面过分干燥。洒水宜在混凝土裸露表面覆盖麻袋或草帘后进行。

（3）覆盖、密封养护

利用覆盖层或密封层不仅可以防止混凝土内部水分的蒸发，还可以起到保温的作用。防水纸、塑料薄膜、塑料薄膜加麻袋或塑料薄膜加草帘在覆盖养护中已被广泛应用，并且其对水平和垂直混凝土表面都适用。此外，潮湿的泥土、砂、禾秆或木锯屑等也可用于混凝土水平表面覆盖养护，但这种类型的覆盖层需要定期地洒水，因为它们易于干燥。但值得注意的是，有时混凝土表面也会因与这类覆盖材料中浸出的可溶性有机化合物接触而沾污，或延缓表面的凝结和硬化。例如：从木锯屑中浸出的鞣酸就是一种典型的混凝土缓凝剂。

（4）养护剂养护

液体成膜养护剂使用方便，常用于缺少水源的施工现场或结构形状复杂的构筑物的养护。其使用要点是：

① 喷洒压力以 0.2～0.3MPa 为宜，喷出来的溶液呈较好的雾状为佳。喷洒时应离混凝土表面 500mm 左右。

② 喷洒时间应根据混凝土水分蒸发情况确定。在不见浮水，混凝土表面以手指轻按无指印（表面不沾手）时或拆除侧模后，即可进行喷洒。过早会影响养护薄膜与混凝土表面的结合，过迟则影响养护效果与混凝土强度。

③ 喷洒厚度以溶液的耗用量衡量，通常以每平方米耗用养护剂 2.5kg 为宜，喷洒厚度要均匀一致。

④ 通常要喷两遍，待第一遍成膜后再喷第二遍，喷洒时要求有规律，固定一个方向，前后两遍的走向应互相垂直。

⑤ 必须保护薄膜的完整性，不得损坏破裂，如发现损坏应及时补喷。若气温较低，也应设法保温。

⑥ 水溶性养护剂，若喷涂未成膜前（成膜时间，夏季约 0.5h，冬季约 3h）受雨淋，应雨后再补喷。

3. 加速养护

此法是对混凝土进行加热、增湿或蒸压，其实质是使混凝土在湿热介质的作用下，发生一系列物理变化、物理化学及化学变化，从而加速其内部结构形成，缩短生产周期。根据所采用的加热方式的不同，又有：蒸汽法、电热法、太阳能法等养护方法之分。

值得一提的是，加速养护在加速混凝土结构形成的同时，也会造成不同程度的结构损伤，因此，采用此法一定要制定合理的养护制度。

（1）蒸汽养护

利用热蒸汽直接或间接加热混凝土的方法，直接加热既能对混凝土增温又能对混凝土增湿。

① 蒸汽养护过程与制度。蒸汽养护过程如图 7-8 所示。一般分为预养期（Y）、升温期（S）（一次升温或分段升

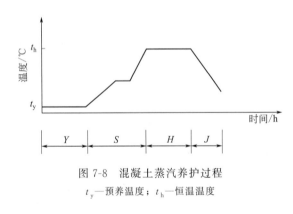

图 7-8　混凝土蒸汽养护过程

t_y—预养温度；t_h—恒温温度

温）、恒温期（H）和降温期（J）。养护过程的主要工艺参数：预养时间（预养温度）、升温时间（或升温速度）、恒温时间与恒温温度、降温时间（或降温速度），总称为蒸汽养护制度。

a. 预养期（Y）。预养期即混凝土密实成型后蒸汽养护前，让其在自然环境条件下静停一段时间。其实质是为水泥的水化提供一定的时间，减少蒸汽养护过程中危害较大的游离水，使混凝土具有一定的初始结构强度，增强了抵御蒸汽养护对结构破坏作用的能力。显然，混凝土的预养时间越长越好，通常控制在 2～3h。

b. 升温期（S）。升温期是混凝土结构破坏的主要发生阶段。若升温时间过短或升温速度过快，将导致混凝土结构损伤，其主要表现是混凝土粗孔体积增大。因此，此阶段应控制升温时间不能过短或升温速度不能过快，也宜采取先慢后快的变速升温或分段升温的方式。升温速度的控制要求见表 7-19。

表 7-19　蒸汽养护混凝土升温和降温速度（JGJ/T 104）

结构表面系数/m⁻¹	升温速度/(℃/h)	降温速度/(℃/h)	结构表面系数/m⁻¹	升温速度/(℃/h)	降温速度/(℃/h)
≥6	15	10	<6	10	5

注：大体积混凝土应根据实际情况来确定。

c. 恒温期（H）。恒温期是混凝土强度的主要增长阶段。通常，此阶段恒温时间长、恒温温度高，均有利于水泥水化反应的进行。但并非恒温时间越长、恒温温度越高越好，因为时间过长可能出现强度波动现象。研究结果表明，恒温温度和水泥品种有关，如：硅酸盐水泥、普通硅酸盐水泥混凝土，恒温温度不宜超过 80℃；而混合材含量较多的矿渣、粉煤灰、火山灰质硅酸盐水泥混凝土等其恒温温度可提高到 85℃以上。

d. 降温期（J）。降温期也是混凝土结构的易损期。若降温时间过短或降温速度过快，会因温差应力过大导致混凝土表面龟裂、疏松，甚至断裂。降温速度的控制要求见表 7-19。

② 蒸汽养护方法与适用范围。混凝土蒸汽养护方法与适用范围见表 7-20。

表 7-20　混凝土蒸汽养护方法与适用范围（JGJ/T 104）

方法	简述	特点	适用范围
棚罩法	用帆布或其他罩子扣罩，内部通蒸汽养护混凝土	设施灵活，施工简便，费用较小，但耗气量大，温度不易均匀	预制梁、板，地下基础、沟道等
蒸汽套法	制作密封保温外套，分段送蒸汽养护混凝土	温度能适当控制，加热效果取决于保温构造，设施复杂	现浇梁、板、框架结构、墙、柱等
热模法	模板外侧配置蒸汽管，加热模板养护混凝土	加热均匀，温度易控制，养护时间短，设备费用大	墙、柱及框架结构
内部通气法	结构内部留孔道，通蒸汽养护混凝土	节省蒸汽，费用较低，入汽端易过热，需处理冷凝水	预制梁、柱、桁架，现浇梁、柱、框架单梁

（2）电热养护

利用电能对混凝土进行加热养护的施工方法。按其加热方式分为：电极加热法、电热毯法、工频涡流法、线圈感应加热法、红外线辐射法。

① 电极加热法。用钢筋做电极，利用电流通过钢筋所产生的热量对混凝土进行加热养护的施工方法。电极加热法养护混凝土的适用范围见表 7-21。

表 7-21　电极加热法养护混凝土的适用范围（JGJ/T 104）

分类		常用电极规格	设置方法	适用范围
内部电极	棒形电极	$\phi6mm\sim\phi12mm$ 的钢筋短棒	混凝土浇筑后，将电极穿过模板或在混凝土表面插入混凝土体内	梁、柱，厚度大于 150mm 的板、墙及设备基础
	弧形电极	$\phi6mm\sim\phi12mm$ 的钢筋，长为 2.0~2.5m	在浇筑混凝土前电极装入与结构纵向平行，电极两端弯成直角，由模板孔引出	含筋较少的墙、柱、梁、大型柱基础以及厚度大于 200mm 单侧配筋的板
表面电极		$\phi6mm$ 钢筋，厚 1~2mm 或厚 30~60mm 的扁钢	电极固定在模板内侧，或装在混凝土的外侧面	条形基础、墙及保护层大于 50mm 的大体积结构和地面等

② 电热毯法。混凝土浇筑后，在混凝土表面或模板外覆盖柔性电热毯，通电加热养护混凝土的施工方法。

③ 工频涡流法。利用安装在构件钢模板外侧的钢管，内穿导线，通以交流电后产生涡流电，加热钢模板对混凝土进行加热养护的施工方法。

④ 线圈感应加热法。利用缠绕在构件钢模板外侧的绝缘导线线圈，通以交流电后在钢模板或混凝土内的钢筋中产生电磁感应发热对混凝土进行加热养护的施工方法。

⑤ 红外线辐射法。利用电热红外线加热器，对混凝土辐射，将辐射能转换为热能，对混凝土进行加热养护的施工方法。

采用电热法养护混凝土的温度应符合表 7-22 的规定。

表 7-22　电热法养护混凝土的温度（JGJ/T 104）　　　　　　　　单位：℃

水泥强度等级	结构表面系数/m⁻¹		
	<10	10～15	>15
32.5	70	50	45
42.5	40	40	35

三、养护方法选择与养护时间

1. 养护方法选择

采取何种养护方法应根据养护材料（或方式）的可获得性、混凝土质量要求、混凝土结构尺寸和形状、浇筑方式、现场条件、外观要求及经济成本等综合考虑。一般可遵循以下原则予以选择：

① 低水胶比（水胶比小于 0.5，尤其是小于 0.4）混凝土、地下室底板抗渗混凝土、掺有大量矿物掺合料或掺有膨胀剂的混凝土宜采用蓄水养护或喷雾（浇水）养护。

② 大面积平面结构（如楼板）宜采用喷雾（或洒水）养护或塑料薄膜覆盖养护。

③ 柱子、墙等竖向结构物应尽量采用湿润草帘、麻袋等覆盖物包裹，如有可能并在外面裹以塑料薄膜。

④ 公路、桥梁等大面积、大体积混凝土宜采用喷洒养护剂的密封养护方法。

⑤ 气温低于 5℃，不允许洒水养护，应创造条件对混凝土进行加热养护。

对比试验结果表明，养护方法不同对混凝土产生的影响也不同，表 7-23 给出了几种不同养护方法对 C30 混凝土强度发展影响的一组试验结果。

表 7-23　不同养护方法对 C30 混凝土强度发展影响的试验结果

养护方法	抗压强度/MPa			
	3d	7d	28d	60d
水中	18.5/100	27.8/100	38.6/100	45.1/100
涂刷硅酸盐类养护剂	15.9/86	22.2/80	33.6/87	37.9/84
涂氯-偏类养护剂	17.5/95	26.4/95	36.7/95	41.0/91
自然养护	15.3/83	19.7/71	31.3/81	36.5/81
塑料薄膜覆盖养护	20.3/109	28.1/101	43.6/113	44.2/98

注：表中分母数据为混凝土不同养护方法的抗压强度与水中养护的抗压强度之比值。

2. 养护时间

养护时间应得到充分的保障。一般情况下，露天自然养护时，不应少于 7 天；采用缓凝型外加剂、大掺量矿物掺合料配制的普通混凝土、抗渗混凝土、强度等级 C60 及以上的混凝土、后浇带混凝土的养护时间，不应少于 14 天。地下室底层和上部结构首层柱、墙混凝土带模养护时间，不宜少于 3 天，带模养护结束后可采用洒水养护、覆盖养护或喷涂养护剂养护方式继续养护。露天自然养护在不同气温下建议的浇水次数，如表 7-24 所示。

表 7-24　自然养护的最少浇水次数

正午气温/℃	10	20	30	40
浇水次数/(次/d)	2～3	4～6	6～9	8～12

值得提出的是，当采用露天自然养护时，应在混凝土浇筑完成后 12h 以内尽早进行覆盖，强度达到 1.2MPa 后才允许操作人员在上面行走、安装模板和支架等操作，但不得做冲击性操作。

第七节　商品混凝土在特殊气候条件下的施工

一、高温期施工

1. 高温期施工对混凝土的不利影响

当日平均气温达到 30℃ 及以上时，应按高温期施工规定组织施工。此时，不仅环境温度高，且常常伴随干燥和大风的发生。这三个环境因素对混凝土的不利影响主要表现在：

（1）凝结速度加快

温度越高，水泥水化速度越快，因此混凝土的初凝与终凝都会提前发生。试验结果表明：水胶比为 0.4～0.6 的混凝土，当温度从 28℃ 提高至 46℃ 时，初凝时间约缩短了一半。

（2）坍落度经时损失加快与增大

高温、干燥和大风都会导致混凝土失水过快，坍落度经时损失加快与增大。

（3）早期裂缝发生

早期裂缝即塑性收缩裂缝和干缩裂缝出现的概率明显增大。有试验结果表明，当混凝土中的水分，每小时的蒸发速率大于 $1.0kg/m^2$ 时，塑性收缩裂缝将不同程度发生。

此外，高温天气下浇筑混凝土还会出现一些更复杂的状况，如：引气困难，尽管可以通过使用更多的引气剂来弥补，但这对引气混凝土的配合比设计与施工非常不利；又如：当采用温度相对较低的混凝土在较高环境温度下浇筑时，混合料中的空气就会不同程度膨胀，从而使强度降低。

上述异常现象的发生都会给混凝土输送、泵送浇筑、终饰抹面和养护等工艺操作带来困难，甚至导致混凝土强度性能或耐久性能下降。

2. 高温期施工应采取的技术措施

除应控制混凝土浇筑时的最高气温外，尚应围绕以下施工过程采取技术措施。

（1）混凝土制备

① 适当增大缓凝剂的掺量，控制混凝土的凝结时间。但若凝结时间控制不好，会出现冷缝，因此，应格外注意。此外，缓凝剂的品种、掺量必须通过试验予以确定。

② 适当增加矿物掺合料的掺量。详见第五章第九节大体积混凝土的"大体积混凝土裂缝控制"有关内容。

③ 对骨料采取预冷降温。详见第五章第九节大体积混凝土的"大体积混凝土裂缝控制"有关内容。

④ 冷搅拌。详见第五章第九节大体积混凝土的"大体积混凝土裂缝控制"有关内容。

值得注意的是，为准备浇筑所进行的混凝土试配试验，其试验环境温度应与施工现场温度尽量相同，而不是在实验室温度（常温）下进行。

（2）混凝土运输与输送

运输应注意隔热并控制好运输距离，尽可能缩短运输时间。混凝土到达工地后应及时卸料，进行浇筑，避免停留时间过长引起较大的坍落度经时损失。输送采用泵送时，输送管道应覆盖湿布或隔热材料。

（3）混凝土浇筑

浇筑时，模板、钢筋、旧混凝土基层都要洒水润湿，因为润湿水的蒸发，就会产生有效的冷却降温。在浇筑过程中，要合理地分段分层，尽量使新旧混凝土浇筑间隔时间缩短。在可能条件下，混凝土浇筑时间，最好选在当日气温较低的早上或晚间进行，以便使浇筑后的气温能随着混凝土的凝结而逐渐上升。通常情况下，当水分蒸发速率大于 $1kg/(m^2 \cdot h)$ 时，应在施工作业面采取挡风、遮阳、喷雾等措施。

（4）混凝土养护

应格外加强养护，避免暴晒、风吹或暴雨浇淋，避免出现"起壳"现象和塑性裂缝。水养护是最理想的养护手段，但养护水的温度不能过分低于混凝土的温度，以防温差应力过大。停止养护时要逐渐使混凝土表面干燥，以防产生裂缝。

二、雨期施工

雨天会对混凝土的生产、运输和浇筑等施工过程造成不利的影响，其至影响混凝土的质量。因此，《混凝土结构工程施工规范》（GB 50666）标准规定：雨期施工期间，除应采用防护措施外，小雨、中雨天气不宜进行混凝土露天浇筑；大雨、暴雨天气不应进行混凝土露天浇筑。此外，尚应注意采取以下措施：

① 应增加露天堆放粗、细骨料含水率的实时检测频次，及时调整混凝土配合比，防止混凝土搅拌的实际用水量超过设计用水量。

② 对混凝土搅拌、运输设备和浇筑作业面采取防雨措施，并应加强施工机械检查维修及接地接零检测工作，防止漏电、雷击带来的损失。

③ 施工时，要选用具有防雨水冲刷性能的模板脱模剂。

④ 应采取防止基槽或模板内积水的措施。若基槽或模板内和混凝土浇筑分层面出现积水时，应在排水后再浇筑混凝土。

⑤ 混凝土浇筑完毕后，应及时采取覆盖塑料薄膜等防雨措施。

混凝土浇筑过程中，对因雨水冲刷致使水泥浆流失严重的部位，应采取补救措施后再继续施工。

三、冬期施工

现行行业标准《建筑工程冬期施工规程》（JGJ/T 104）规定：当室外日平均气温连续5天稳定低于5℃，即进入冬期施工，当室外日平均气温连续5天高于5℃，即解除冬期施工。当混凝土未达到受冻临界强度而气温骤降至0℃以下时，亦应按冬期施工的要求采取应急防护措施。

1. 冬期施工对混凝土的不利影响

冬期施工，将对混凝土产生下述不利影响：

（1）混凝土强度发展缓慢

随着温度的降低水泥的水化反应减慢。因此，低温和负温条件下，如不采取有效措施，新浇筑混凝土强度的增长将十分缓慢，混凝土可能数月都达不到拆模强度，将使冬季施工无法继续进行。

（2）混凝土强度受损，甚至被冻坏

负温条件下水的结冰过程将伴随着体积膨胀，在混凝土强度较低尚不能抵抗水结冰产生的冻胀应力时，就会对混凝土的强度造成损伤，甚至混凝土被冻坏。

2. 混凝土受冻模式

混凝土强度受损或被冻坏程度与混凝土受冻模式有关。

（1）初期受冻

初期受冻，又称立即受冻，是指混凝土刚刚浇筑后，未经预养在凝结硬化前的受冻。混凝土将变得松散，没有强度。但由于混凝土刚刚完成浇筑，结构尚未形成，所以，这种受冻的混凝土再经立即拌和、正温养护，其最终强度、耐久性能虽有不同程度的损失，但不会全部丧失，降低的程度主要取决于混凝土内部结构的破坏程度。

（2）早期受冻

即混凝土结构已初步形成，但尚未达到受冻临界强度时发生的冻结。此类冻结发生，将导致混凝土不同程度破坏，虽经正温养护，也会导致最终强度较大的损失或完全丧失。

（3）预养受冻

即混凝土浇筑后经过预养已达到受冻临界强度后的受冻。此阶段，混凝土已有的强度足以抵抗水结冰产生的冻胀应力，受冻后的混凝土经正温养护后，其最终强度基本没有损失或损失不大。

3. 冬期施工应采取的技术措施

应围绕以下施工过程采取技术措施：

（1）混凝土制备

① 优先选用水化速度快、水化热较大的硅酸盐水泥或普通硅酸盐水泥，尤以早强型最好。有条件的工程可选用快硬类特种水泥，如：硫铝酸盐水泥。当采用蒸汽养护时，亦可选用矿渣硅酸盐水泥。

混凝土最小水泥用量不宜低于 $280kg/m^3$，水胶比不应大于 0.55。

② 尽可能少掺矿物掺合料，尤其是不要使用需水量较大且活性较低的矿物掺合料。

③ 骨料应清洁，不得含有冰、雪、冻块及其他易冻裂的有害物质。

④ 掺用防冻剂、早强剂等化学外加剂。当采用非加热养护方法时，所选用的外加剂应含有引气组分或掺入引气剂，含气量宜控制在 3.0%～5.0%。对于钢筋混凝土掺用氯盐类防冻剂时，氯盐掺量不得大于水泥质量的 1.0%。

⑤ 原材料加热，提高入模温度。宜首先对水加热，当加热水仍不能满足要求时，可对骨料进行加热，水、骨料加热的最高温度应符合表 6-15 的规定。当水和骨料的温度仍不能满足热工计算时，可提高水温到 100℃，但水泥不得与 80℃ 以上的水直接接触。

（2）混凝土搅拌

混凝土搅拌时间应符合表 2-38 或表 6-17 的规定。

（3）混凝土运输

为满足混凝土入模温度不应低于 5℃ 的规定，混凝土运输应采取以下措施：

① 尽量缩短运输与浇筑时间。不同环境温度、不同运输与浇筑时间对混凝土出机温度的要求参见表 7-25。

表 7-25　混凝土出机温度计算结果

运输与浇筑时间/h	不同环境温度时对混凝土出机温度的要求/℃					
	0℃	−5℃	−10℃	−15℃	−20℃	−25℃
1	7.3	9.6	11.9	14.2	16.4	18.7
1.5	8.9	12.8	16.7	20.7	24.6	28.5
2.0	11.5	17.9	24.4	30.9	37.3	43.8

注：1. 表中数据为混凝土采用滚筒式搅拌车运输、转运 2 次时的计算结果；

2. 考虑到一些不确定因素的影响，实际生产时，混凝土出机温度应比表中的计算温度高 2～3℃。

② 混凝土运输与运输机具应进行保温或具有加热装置。

（4）混凝土浇筑

① 泵送浇筑前应对泵管进行保温，并应采用与施工混凝土同配合比砂浆预热润滑。

② 不允许在冰冻地面上浇筑混凝土。浇筑前，应尽可能地预热模板，应清除模板和钢筋上的冰雪与污垢。

③ 不得在强冻胀性地基土上浇筑混凝土，在弱冻胀性地基土上浇筑混凝土时，地基土不得受冻，在非冻胀性地基土上浇筑混凝土时，混凝土受冻临界强度应符合以下规定：

a. 采用蓄热法、暖棚法、加热法等施工的普通混凝土，采用硅酸盐水泥、普通硅酸盐水泥配制时，其受冻临界强度不应小于设计混凝土强度等级值的 30%；采用矿渣硅酸盐水泥、粉煤灰硅酸盐水泥、火山灰质硅酸盐水泥时，不应小于设计混凝土强度等级值的 40%。

b. 当室外最低气温不低于−15℃时，采用综合蓄热法、负温养护法施工的混凝土受冻临界强度不应小于 4.0MPa，当室外最低气温不低于−30℃时，采用负温养护法施工的混凝土受冻临界强度不应小于 5.0MPa。

c. 对强度等级等于或高于 C50 的混凝土，受冻临界强度不宜小于设计混凝土强度等级值的 30%。

d. 对有抗渗要求的混凝土，受冻临界强度不宜小于设计混凝土强度等级值的 50%。

e. 对有抗冻耐久性要求的混凝土，受冻临界强度不宜小于设计混凝土强度等级值的 70%。

f. 当采用暖棚法施工的混凝土中掺入早强剂时，可按综合蓄热法受冻临界强度取值。

g. 当施工需要提高混凝土强度等级时，应按提高后的强度等级确定受冻临界强度。

（5）混凝土养护

混凝土的养护，可根据外界气温、热源条件和使用原材料的不同，按以下两种情况分别采取措施：

① 养护期间混凝土不需加热。当有下述情况之一时，混凝土养护期间可不需加热：

a. 外界气温在一段时间内不会很低。

b. 结构尺寸较厚大（如大体积混凝土）。

c. 混凝土拌合物入模温度较高，水泥的水化热较大。

d. 入模后混凝土温度降低到 0℃ 以前即可获得受冻临界强度。

通常，采取的养护方法或措施有：

a. 蓄热法。混凝土浇筑后，利用原材料加热以及水泥水化放热，并采取适当保温措施延缓混凝土冷却，在混凝土温度降到 0℃ 以前达到受冻临界强度的施工方法。

b. 综合蓄热法。掺早强剂或早强型复合外加剂的混凝土浇筑后，利用原材料加热以及水泥水化放热，并采取适当保温措施延缓混凝土冷却，在混凝土温度降到 0℃ 以前达到受冻临界强度的施工方法。此法适用于环境温度在日平均气温不低于－10℃或极端温度不低于－16℃的条件下施工。

c. 负温养护法。在混凝土中掺入防冻剂，使其在负温条件下能够不断硬化，在混凝土温度降到防冻剂规定温度以前达到受冻临界强度的施工方法。

当采用上述养护方法时，尚应采用具有足够保温效果的保温材料（棉帘、保温毡、阻燃聚苯板等）覆盖在混凝土受冻表面，防止热量过快地损失，保温材料的厚度可以通过热工计算确定。

② 养护期间需加热。当有下述情况之一时，混凝土养护期间需要利用外部热源对新浇筑的混凝土进行加热养护：

a. 天气严寒、气温较低。

b. 结构尺寸不厚大。

c. 混凝土浇筑后，要求强度能有较快的增长，若只做简单的保温蓄热，混凝土的强度增长达不到预期要求。

养护加热可采取蒸汽法、电热法、暖棚法。暖棚法即将混凝土构件或结构置于搭设的棚中，棚内设置散热器、排管、电热器或火炉等加热棚内空气，使混凝土处于正温环境下养护的施工方法。

目前，工程上常用的做法是，平板结构采用覆盖（棉帘或保温毡）保温养护法，竖向结构浇筑时采用模板保温法（在模板外加一层阻燃聚苯板），拆模后墙体外可悬挂草袋或毛毡，柱子用塑料薄膜（和草袋）包裹。当温度较低，保温材料不足以维持防冻温度时，混凝土就需要采用加热养护。可以直接加热模板或在混凝土和模板周围设加热罩。如2002年冬季，北京市某立交桥箱梁施工时，为保证混凝土强度较快增长，在桥下点燃120个煤炉进行加热。但这种"干热"养护法要确保混凝土不能被完全干燥。

近年来，型钢混凝土组合结构（混凝土钢管柱结构或混凝土柱中有型钢的型钢柱结构）工程越来越多，因其结构导热的特殊性，混凝土热量的损失加快，温度应力带来的潜在危险增大。因此，这类结构在低温施工时，要采取有效措施对型钢预热处理（常用的做法是低压电加热），预热温度宜大于混凝土入模温度，确保型钢与混凝土有可靠的黏结性。混凝土浇筑后，应采取适当的保温措施。

4. 混凝土拌合物热工计算

热工计算是指对混凝土拌合物温度、混凝土拌合物出机温度、运输到现场的出罐温度、输送到浇筑地点（即入模）温度以及混凝土拌合物浇筑施工完成时的温度计算，依据 JGJ/T 104 的规定，有关计算如下：

（1）混凝土拌合物温度

按式(6-9)计算。

（2）混凝土拌合物出机温度

$$T_1 = T_0 - 0.16(T_0 - T_p) \tag{7-9}$$

式中　T_1——混凝土拌合物出机温度，℃；

T_p——搅拌机棚内温度，℃。

（3）混凝土拌合物运输到现场的出罐温度

混凝土拌合物运输到现场的出罐温度计算，按式(7-10)进行：

$$T_2 = T_1 - \Delta T_y \tag{7-10}$$

式中　T_2——混凝土拌合物运输到现场的出罐温度，℃；

ΔT_y——采用装卸式运输工具运输混凝土时的温度降低，℃。

$$\Delta T_{y} = (\alpha t_{1} + 0.032n)(T_{1} - T_{a}) \tag{7-11}$$

式中　t_1——混凝土拌合物运输到浇筑地点的时间，h；

　　　α——温度损失系数，当用混凝土搅拌车输送时，$\alpha = 0.25h^{-1}$，h^{-1}；

　　　n——混凝土拌合物运转次数（如罐车-混凝土泵，则 $n=1$）；

　　　T_a——室外环境温度，℃。

（4）混凝土拌合物输送到浇筑点的温度（入模温度）

$$T_{3} = T_{2} - \Delta T_{b} \tag{7-12}$$

$$\Delta T_{b} = 4\omega \frac{3.6}{0.04 + \dfrac{d_{b}}{\lambda_{b}}} \Delta T_{1} t_{2} \frac{D_{w}}{c_{c}\rho_{c}D_{1}^{2}} \tag{7-13}$$

式中　T_3——混凝土拌合物输送到浇筑点的温度，℃；

　　　ΔT_b——采用泵管输送混凝土时的温度降低，℃；

　　　ΔT_1——泵管内混凝土的温度与环境气温差，商品混凝土时 $\Delta T_1 = T_2 - T_a$，℃；

　　　T_a——指环境温度，即气温，℃；

　　　t_2——混凝土拌合物在泵管内输送的时间，h；

　　　c_c——混凝土的比热容，常取 $0.97kJ/(kg \cdot K)$，$kJ/(kg \cdot K)$；

　　　ρ_c——混凝土的质量密度，kg/m^3；

　　　λ_b——泵管外保温材料热导率，$W/(m \cdot K)$；

　　　d_b——泵管外保温材料厚度，m；

　　　D_1——混凝土泵管内径，m；

　　　D_w——混凝土泵管外直径（包括外围保温材料），m；

　　　ω——透风系数，见表 7-26。

表 7-26　透风系数 ω（JGJ/T 104）

围护层种类	透风系数		
	$V_w < 3m/s$	$3m/s \leqslant V_w \leqslant 5m/s$	$V_w > 5m/s$
围护层由易透风材料组成	2.0	2.5	3.0
易透风保温材料外包不易透风材料	1.5	1.8	2.0
围护层由不易透风材料组成	1.3	1.45	1.6

（5）混凝土拌合物浇筑施工完成时的温度

$$T_{4} = \frac{c_{c}m_{c}T_{3} + c_{f}m_{f}T_{f} + c_{s}m_{s}T_{s}}{c_{c}m_{c} + c_{f}m_{f} + c_{s}m_{s}} \tag{7-14}$$

式中　T_4——混凝土浇筑完成时的温度，℃；

　　　c_f——模板的比热容，木模板常取 $2.51kJ/(kg \cdot K)$，$kJ/(kg \cdot K)$；

　　　c_s——钢筋的比热容，常取 $0.48kJ/(kg \cdot K)$，$kJ/(kg \cdot K)$；

　　　m_c——每立方米混凝土的质量，kg；

　　　m_f——每立方米混凝土相接触的模板质量，kg；

　　　m_s——每立方米混凝土相接触的钢筋质量，kg；

　　　T_f——模板的温度，℃；

　　　T_s——钢筋的温度，℃。

通过上述计算，得到的混凝土拌合物浇筑施工完成时的温度即混凝土的起始养护温度。

【例 7-3】　某工程顶板采用商品混凝土，12 月底进行泵送施工，$\phi 125mm$ 泵管采用

30mm 土工布包裹保温，泵送速度为 $45m^3/h$。该段顶板与每单位混凝土中的钢筋含量平均为 80kg（与每立方米混凝土相接触的钢筋为 80kg），木模板为 68kg。混凝土所用原材料的温度为：水 48℃、水泥 52℃、掺合料 31℃、砂子 3℃、石子 1℃。砂子含水率 5.6%，石子含水率 0%。搅拌机棚内温度 15℃，平均环境温度 −8℃，采用混凝土罐车（搅拌车）运输，从混凝土出站到工地所需时间约为 1.0h。混凝土配合比为：水泥 $270kg/m^3$、掺合料 $120kg/m^3$、水 $165kg/m^3$、砂子 $790kg/m^3$、石子 $1040kg/m^3$。对该顶板所用混凝土进行热工计算。

解：具体计算过程如下：

（1）由式(6-9)计算混凝土拌合物温度为：

$$T_0 = \frac{0.92\times(270\times52+120\times31+790\times3+1040\times1)+4.2\times48\times(165-790\times5.6\%-1040\times0)+4.2\times(790\times5.6\%\times3+0)-0}{4.2\times165+0.92\times(270+120+790+1040)}$$

$$=16.2(℃)$$

（2）由式(7-9)计算混凝土拌合物出机温度为：

$$T_1=16.2-0.16\times(16.2-15)=16.0(℃)$$

（3）由式(7-10)计算混凝土拌合物运输到现场的出罐温度为：

$$\Delta T_y=(0.25\times1+0.032\times1)\times(16+8)=6.8(℃)$$

$$T_2=16-6.8=9.2(℃)$$

（4）由式(7-12)计算混凝土拌合物经泵送到浇筑点温度，即入模温度为：

$$\Delta T_b=4\times1.5\times\frac{3.6}{0.04+\dfrac{0.03}{0.05}}\times(9.2+8)\times\frac{1}{45}\times\frac{0.133+0.03\times2}{0.97\times2400\times0.125^2}=0.1(℃)$$

即 $T_3=T_2-\Delta T_b=9.2-0.1=9.1(℃)$。

（5）由式(7-14)计算混凝土浇筑施工完成时的温度为：

$$T_4=\frac{0.97\times2400\times9.1+2.51\times68\times(-8)+0.48\times80\times(-8)}{0.97\times2400+2.51\times68+0.48\times80}=7.7(℃)$$

计算时考虑模板和钢筋的吸热影响，计算可得混凝土浇筑施工完成时的温度为 7.7℃，即混凝土的起始养护温度为 7.7℃。在冬施养护期间，可以此温度为起点进行后续混凝土温度跟踪检测计算，以便为养护措施的调整提供技术依据和保障。

5. 冬施期间测温方案

（1）测温点设置原则

测温点应设在有代表性的结构部位和温度变化大易冷却的部位。当采用加热养护时，在离热源不同的位置分别设置；大体积混凝土结构应在表面 100mm 及内部各不同深度分别设置。具体要求如下：

① 现浇混凝土梁、板，应垂直设置，测点深 1/3～1/2 梁高，间隔 3m，且每跨至少设 2 个测点。圈梁测点深 1/2 梁高，每流水段设 2～3 个测点。现浇板每流水段不少于 6 个，其中板四角部位应设置测点，板中可适当设置，测点深 1/2 板厚。

② 现浇混凝土柱，在每根柱子的柱头和柱脚各设 1 个测点，且设在迎风面，测点深 1/3 柱断面边长。

③ 现浇钢筋混凝土构造柱，每根柱上、下各设一个测点，测点深 100mm。

④ 大模板墙、横墙，每道轴线测一块墙板；纵墙轴线之间采取梅花形布置。每块板单面设测点 3 个测点，按对角布置。上下测点距模板上、下边缘 300～500mm，测点

深 100mm。

⑤ 剪力墙，参照大模板墙体设置。

⑥ 现浇钢筋混凝土外墙，西、北两侧各测两块外墙板，东南两侧测一块。

⑦ 楼梯间现浇混凝土休息平台及踏步板，每层设测点不少于 3 个。

⑧ 现浇阳台、雨罩、室外楼梯休息平台等零星构件，每个设测点 2 个。

⑨ 钢筋混凝土独立柱基，每个设测点 2 个，深 150mm。条形基础，每 5m 长设测点 1 个测点，深 150mm。箱形基础底板，每 20m² 设测点 1 个，深 150mm。

⑩ 室内抹灰工程，将温度计设置在楼房北面房间，距地面 50cm 处，每 50～100m² 设置 1 个。

（2）施工期间测温

测温项目与频次见表 7-27。

表 7-27　施工期间测温项目与频次（JGJ/T 104）

测温项目	频次
室外气温	测最高、最低气温
环境温度	每昼夜不少于 4 次
搅拌机棚内温度	每一工作班次不少于 4 次
水、水泥、矿物掺合料、砂、石及外加剂溶液的温度	每一工作班次不少于 4 次
混凝土出机、入模、浇筑温度	每一工作班次不少于 4 次

（3）养护期间测温

养护期间混凝土温度测量应符合下列规定：

① 采用蓄热法或综合蓄热法时，在达到受冻临界强度之前应每隔 4～6h 测量一次。

② 采用负温养护法时，在达到受冻临界强度之前应每隔 2h 测量一次。

③ 采用加热法时，升温与降温阶段应每隔 1h 测量一次，恒温阶段每隔 2h 测量一次。

④ 混凝土在达到受冻临界强度后，可停止测温。

⑤ 大体积混凝土测温时间间隔：混凝土浇筑后 1～3 天为 2h，4～7 天为 4h，其后为 8h；大体积混凝土养护测温不少于 15 天。

6. 冬施期间混凝土试件管理

（1）试件留置数量

混凝土抗压强度试件留置数量，如表 7-28 所示。

表 7-28　冬施期间抗压强度试件留置目的与数量

混凝土种类	试件留置目的					试件总数 /组
	检测标养 28d 抗压强度	检测受冻前的抗压强度	检测同条件养护 28d 后再标养 28d 抗压强度	检测 600℃·d 时的抗压强度	检测拆模时的抗压强度	
掺加防冻剂	√	√	√	√	√	5
不掺防冻剂	√	√	用于检测冬期转入常温养护 28d 的抗压强度	√	√	5

注：每种功能试件的留置应不少于 1 组。

（2）试件留置要求

试件制作成型后应在温度为（20±5）℃的环境中静置 1～2 昼夜，然后放入温度为（20±2）℃、相对湿度为 95％以上的标准养护室中养护，标准养护龄期为 28 天。

四、成熟度法计算混凝土早期强度

预测混凝土早期强度时，通常采用成熟度法进行评估计算。参照 JGJ/T 104 的有关规定与要求，根据标准养护试件的龄期和强度资料，计算出对应强度等级的混凝土的成熟度与强度的数学关系，然后按照养护温度对一定龄期的早期强度进行预测。当采用蓄热法或综合蓄热法养护时，可按下述步骤确定混凝土强度：

① 用标准养护试件各龄期的成熟度与对应的强度数据，经回归分析拟合成式(7-15) 的成熟度-强度曲线方程：

$$f = a \mathrm{e}^{-\frac{b}{M}} \tag{7-15}$$

式中　f——混凝土立方体抗压强度，MPa；

a，b——配比特征参数；

M——混凝土养护的成熟度，℃·h。

② 根据现场混凝土测温结果，按式(7-16) 计算混凝土成熟度：

$$M = \sum (T + 15) \Delta t \tag{7-16}$$

式中　T——在时间段 Δt 内混凝土平均温度，℃。

③ 将成熟度 M 代入式(7-15)，计算出混凝土抗压强度 f。

④ 将混凝土抗压强度 f 乘以综合蓄热法调整系数 0.8，即为混凝土实际强度。

【例 7-4】　某公司冬施 C40 商品混凝土，标准养护时各龄期的成熟度与强度数据，如表 7-29 所示。用成熟度法计算混凝土早期强度。

表 7-29　C40 混凝土标准养护时各龄期的成熟度与强度

龄期/d	1	2	3	7
强度/(N/mm²)	11.4	20.4	28.0	39.5
成熟度/℃·h	840	1680	2520	5880

解：采用表 7-29 中数据，经回归分析计算得 $a = 45.532$，$b = 1196.961$，拟合成如下曲线方程：

$$f = 45.532 \mathrm{e}^{-\frac{1196.961}{M}}$$

当采用综合蓄热法养护时，其强度调整系数为 0.8。当平均养护温度 -5℃时，混凝土受冻临界强度 （F） 应为 4.0MPa，则：

$$f = F / 0.8 = 5.0 (\mathrm{MPa})$$

即 $5.0 = 45.532 \mathrm{e}^{-\frac{1196.961}{M}}$，得 $M = 541.9$。

当平均养护温度为 -5℃时，由 $M = \sum (T + 15) \Delta t$，可计算出 $\Delta t = 54.2 \mathrm{h}$。也就是说，该品种混凝土，要达到受冻临界强度 4.0MPa 的实际强度时，当平均养护温度 -5℃时，需养护 54.2h。那么，该强度等级的混凝土在其他温度下，达到 4.0MPa 时的时间，如表 7-30 所示。

表 7-30　温度与养护时间的关系

$T/℃$	10	8	5	3	0	-3	-5	-8	-10
t/h	21.7	23.6	27.1	30.1	36.1	45.2	54.2	77.4	108.4

同理，该公司其他强度等级混凝土的早期强度及与之对应的成熟度曲线参数，如表 7-31

所示。

表 7-31　不同强度等级混凝土早期强度及成熟度曲线参数

混凝土等级	标养强度/MPa				曲线参数	
	1d	2d	3d	7d	a	b
C10	2.1	5.9	7.9	12.3	16.158	1715.652
C15	3.4	8.1	10.5	16.4	20.177	1510.585
C20	5.1	9.5	14.6	21.3	24.997	1383.491
C25	6.5	12.6	16.8	25.1	29.144	1291.867
C30	7.2	14.3	21.1	30.1	36.244	1391.212
C35	9.2	15.6	25.4	34.4	40.235	1292.045
C40	11.4	20.4	28.0	39.5	45.532	1196.961
C45	13.6	23.6	33.3	44.7	51.947	1157.876
C50	16.1	26.5	37.4	49.6	56.756	1093.862
C55	18.3	29.3	39.8	51.9	58.829	1012.002
C60	20.2	33.7	42.5	56.6	64.098	991.648

在实际工程中，若需进行预测早期强度计算时，在满足 JGJ/T 104 标准的有关规定与要求（尤其是养护制度）外，同时应以现场实测温度、环境温度等有关数据为计算依据，以便减小计算值与真实值的误差。

第八节　超高泵送混凝土施工案例

1. 工程概况

某工程主塔楼建筑高度 528m，主体结构为钢筋混凝土核心筒、巨型柱框架支撑，浇筑混凝土总量约 12 万立方米。混凝土强度等级、施工部位以及最大泵送高度，如表 7-32 所示。

表 7-32　超高泵送混凝土强度等级、施工部位与最大泵送高度

序号	部位	强度等级	施工部位	最大泵送高度/m
1	塔楼范围内巨型柱	C70 自密实	B7～F46	227.35
		C60 自密实	F47～F76	364.35
		C50 自密实	F77～F106	503.20
2	塔楼核心筒剪力墙、连梁	C60	B7～F102	484.9
		C50	F103～F108	527.7
3	楼板	C30	一般楼层	527.7
		C40	首层、屋顶层、转换桁架楼层及相邻上下各一层楼板混凝土	498.4

注：F 表示地上楼层，B 表示地下楼层。

2. 技术性能要求

混凝土拌合物的性能指标要求见表 7-17。耐久性指标要求：混凝土 28 天碳化深度≤

15mm；28 天电通量≤1500C 或 84 天氯离子迁移系数≤3.0×10^{-12} m²/s；混凝土 180 天收缩率（采用接触法测试的硬化后混凝土的长期收缩率值）≤450×10^{-6}。

3. 原材料选用

混凝土采用的原材料及其主要性能指标，如表 7-33 所示。

表 7-33　混凝土用原材料及其主要性能指标

序号	名称	产地	品种	主要性能指标
1	水泥	唐山	P.O 42.5	抗压强度：3d 为 24～28MPa，28d 为 53～62MPa
2	砂	河北	水洗中砂	细度模数 2.4～2.6，含泥量 1.4%～2.1%
3	石	北京	5～20mm	连续级配，最大粒径 20mm，超过 20mm 的＜1.0%
4	粉煤灰	唐山	I 级	需水量比 92%～94%，细度 8%～12%，烧失量 1.6%～2.5%
5	硅灰	甘肃	S90	SiO₂ 含量 91.2%～93.6%，比表面积≥21000m²/kg
6	磨细矿渣	唐山	S95	比表面积 425～450m²/kg，28d 活性指数 96%～104%
7	SAP	北京		吸水倍率 30～40，粒度 50～100 目
8	外加剂	天津	聚羧酸系	符合 GB 8076 规定

4. 配合比设计

配合比设计主要参数：水胶比 0.28～0.39，矿物掺合料掺量 37%～41%，砂率 0.47～0.48，碎石最大粒径≤20mm；核心筒混凝土采用 60 天强度为验收强度。

经配合比试验所确定的施工配合比，如表 7-34 所示。

表 7-34　不同强度等级混凝土的施工配合比

混凝土强度等级	混凝土配合比/(kg/m³)								
	水	水泥	粉煤灰	磨细矿渣	硅灰	砂	碎石	外加剂	SAP
C70	160	360	180	—	35	760	850	9.8	0.58
C60	165	340	180	—	25	790	840	12.5	—
C40	165	300	100	50	20	830	940	9.8	—
C30	165	250	100	60	15	850	960	9.2	—

5. 施工组织设计

（1）施工区段划分

采用"竖向穿插、水平流水"方案组织施工。即塔楼结构施工按照核心筒、外框筒分为 2 个施工区段，核心筒结构施工领先外框筒结构施工，核心筒区竖向墙体及连梁整体沿⑧轴分为西、东两个流水施工段。顶升钢平台挂架同一功能层分为东、西两个流水段，分段位置位于连梁 1/3 跨处。

（2）设备选型

① 管路布置。以 100m（F018 层）为界，划分成低、高区两个混凝土浇筑施工段。浇筑管路布置如下：

a. 低区：布设 3 条普通泵管，均接至顶升钢平台。

b. 高区：布设 3 条超高压泵管。其中 2 条泵管接至顶升钢平台，进行核心筒混凝土浇筑；另 1 条泵管的主管道接至固定楼层，分流后附着巨型柱壁着巨型柱顶部，实现巨型柱浇筑和楼板混凝土的浇筑。

② 泵选配。F009 层墙体混凝土浇筑量最大，约 1346m³，分 2 个流水段施工，单次浇

筑最大方量约 673m³，故以此方量进行泵配置数量计算。

a. 泵送排量计算。分层浇筑厚度按 50(ZX50 型) 振捣棒确定，振捣棒有效长度 0.35m，则分层厚度为：$1.5 \times 0.35 = 0.525$(m)。

分层浇筑过程中，下层混凝土初凝之前必须浇筑完上层混凝土，取两层混凝土计算，则混凝土浇筑厚度为 $0.525 \times 2 = 1.05$(m)。

墙厚 1.2m，长约 100m，则混凝土连续浇筑量为：$1.05 \times 1.2 \times 100 = 126$(m³)。

混凝土初凝按最短 12h 考虑，则要求混凝土最低排量为：$126 \div 12 = 11.5$(m³/h)。

车载泵设计最大输出量为 50m³，α_1 取 0.8，η 根据现场统计数据本工程取 0.4，现场实际输出量按式(7-5) 计算，则 $Q_1 = 50 \times 0.8 \times 0.4 = 16$(m³/h)$> 11.5$(m³/h)，泵车排量满足要求。

b. 泵配置数量计算。采用"车载泵＋布料机"的方式，单次浇筑（一个流水段）最大方量约 673m³，计划完成时间 20h，T_0 取 20h，Q_1 为 16m³/h，按式(7-4) 计算所需泵车台数，计算得 $N_2 = 3$，即选用 3 台车载泵。

c. 泵选配。根据前期盘管模拟浇筑试验和泵压计算结果，低区混凝土施工选用三一重工 SY5121THB-9018 型混凝土车载泵；高区混凝土施工选用三一重工 HBT90CH-2150D 型高压拖泵。

③ 布料机选配。低区浇筑选用 2 台布料半径 28m 的 HGY28 型液压式布料机和 1 台布料半径 17m 的 HGY17 型液压布料机；高区浇筑选用 2 台 HGY28 型液压式布料机。

④ 泵管选配。低区泵管采用壁厚 4.5mm 的 125A 型普通泵管；高区泵管采用壁厚 12mm 的 150A 型超高压泵管。

⑤ 运输车选配。每台混凝土泵所配备的搅拌运输车数量，按式(7-1) 计算。本工程 V_1 取 10m³、S_0 取 16km/h，L_1 取 20km，T_1 取 20min，计算得 $N_1 = 8.3$，故每台泵所需配备搅拌车数量应不少于 9 台。

（3）泵管布置

按低、高区施工段布置混凝土浇筑管路。

① 首层水平泵管布置。首层水平管道布置，按照三个阶段施工的浇筑高度分别进行，将每个 90°弯管折成 6m 长的直管计算，泵管选配及布置方案见表 7-35。

表 7-35　首层水平泵管布置方案

泵管编号	1#			2#			3#		
	浇筑高度/m			浇筑高度/m			浇筑高度/m		
	0～98.9	98.9～300.4	300.4～527.7	0～98.9	98.9～300.4	300.4～527.7	0～98.9	98.9～300.4	300.4～527.7
泵管规格	普通125A 型	超高压150A 型	超高压150A 型	普通125A 型	超高压150A 型	超高压150A 型	普通125A 型	超高压150A 型	超高压150A 型
总长/m	28	74	104	28	91	121	25	64.5	94.5
90°弯管/根	—	5	3	—	4	4	—	3	3
30°弯管/根	—	—	—	—	—	—	—	—	1
20°弯管/根	—	—	—	—	—	—	—	1	1
截止阀/个	—	1	1	—	1	1	—	1	1

② 竖向（立）泵管布置。

a. 泵管布置。低区，主立管沿核心筒"十字区"剪力墙墙体布置；高区，从核心筒两个楼梯间各安装1♯、2♯竖向泵管，3♯泵管安装在风道。由于浇筑巨型柱及楼板需要，3♯泵管主立管在指定水平转换层进行分流，形成8条副立管，分别附着一个巨型柱爬升。立管相对巨型柱位置沿⑧轴与Ⓔ轴交点轴心对称布置，管径中心线始终与巨型柱保持400m间距。

b.泵管选配。塔楼竖向混凝土泵管长度按照楼层模数进行配置，即每段输送管的长度为楼层的高度。

低区，3条竖向泵管采用125A型普通泵管。高区，1♯、2♯竖向泵管配置一致，接至顶升钢平台上浇筑核心筒混凝土，采用150A型高压泵管；3♯泵管在核心筒内主管道采用超高压泵管，附着巨型柱副立管采用3m定尺125A型普通泵管。

③ 水平转换层泵管布置。

a.水平转换层布置。3♯泵管主要浇筑水平楼板混凝土及外框筒巨型柱内混凝土。外框筒巨型柱浇筑时，由于巨柱柱顶距离楼板面高度较高（约18m），无法使用小型布料机进行浇筑，大型布料机自重大，无法固定在钢梁上，故采用接管至巨型柱顶即水平分流转换，进行浇筑。每次浇筑时，利用3♯泵管接指定巨型柱泵管浇筑。楼板混凝土浇筑时，利用巨型柱上的泵管接管浇筑。

规定约每100m进行一次水平转换，水平转换层分别布设在：F003、F024、F046、F068、F089层。根据现场实际情况，如楼板施工滞后或二次结构、机电插入施工，可调整水平转换楼层。

b.水平转换泵管配置。F003转换层采用125A型普通泵管，F024、F046、F068、F090转换层采用150A型超高压泵管。

④ 顶升钢平台上泵管布置。

a.水平泵管布置。顶升钢平台上水平管布置时，避开作业通道，并用钢板覆盖。高区混凝土施工阶段，泵管采用"150A型超高压泵管＋螺栓式法兰连接"，布料机泵管采用"125A型普通泵管＋盘扣式法兰连接"，故当水平泵管与布料机进行连接时，需使用"转换管（连接方式转换）＋变径管（管径转换）"进行连接。

b.竖向泵管布置。1♯、2♯泵管连接顶升钢平台上布料机，上部泵管与顶升钢平台连接固定，下部泵管与核心筒墙体连接。当顶升钢平台顶升时，上下泵管断开，上部泵管随顶升钢平台顶升。

c.管道加节。管道加节，在顶升钢平台顶升过程中配合完成。当剪力墙浇筑完成后，拆开管道连接法兰螺栓，顶升钢平台顶升，加装对应楼层高度的高压耐磨泵管，完成管道加节。为消除钢平台与提升挂架的高度误差，在高压耐磨泵管与过度泵管之间加装不同规格与不同数量的快速垫片，与顶升高度等高度需配置非标管件，并配备补偿管进行高度补偿。补偿管通过不同高度的补偿片实现小范围高度补偿，补偿范围0～150mm，补偿管使用特制高强螺栓连接，如图7-9所示。

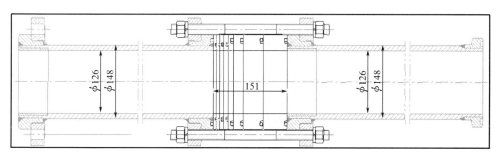

图7-9 高度补偿管的高强螺栓连接（单位：mm）

⑤ 竖向缓冲层泵管布置。为减轻竖向泵管内混凝土对首层水平转竖向的弯管压力以及对混凝土泵施加的反向压力，需设置S形缓冲弯即缓冲层。1♯泵管在F029～F031、2♯泵管在F073～F075分别设置一个缓冲层。缓冲层设置示意如图7-10所示。3♯泵管由于设置了水平转换层，故不设置S形缓冲层。

（4）水平泵管的固定

① 首层水平泵管的固定。水平泵管布置之前，需先确定管道布置的起始点，起始点是水平泵管转竖向泵管的转弯点。起始点确定后先将转弯泵管进行固定，如图7-11所示，然后再以该起始点为基准点，沿水平方向布置水平管道。

泵管安装在-0.2m楼板上时，泵管通过管夹直接固定在楼板上，楼板预留钢筋，安装泵管前先在预留钢筋位置焊接搭焊板，然后布设水平泵管，定位准确测量泵管与搭焊板距离，现场加工管卡并焊接在搭焊板上。

泵管安装在-0.8m楼板上时，泵管通过混凝土墩调整固定高度，如图7-12所示。保证泵管中心在同一标高。将设置在距管连接处0.5m的泵管管夹，焊接于混凝土墩中或地面预埋高强度钢板上，实现对泵管的固定。混凝土墩分为DA型、DB型、DC

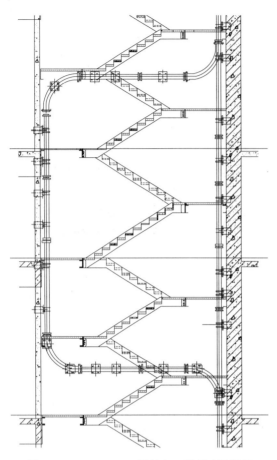

图7-10　F029～F031层竖向S形缓冲层设置

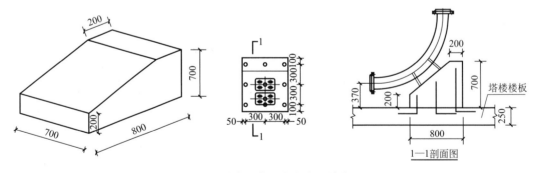

图7-11　首层转弯泵管固定方式（单位：mm）

型三类，如图7-13所示，根据泵管规格予以选择。

② 楼层板上水平泵管的固定。固定方式与首层泵管固定在-0.2m标高楼板方式相同。

③ 顶升钢平台上水平泵管的固定。采用定型管夹进行固定，管夹直接焊接在顶升钢平台的平台花纹钢板上。设置单元化的防砸构件覆盖泵管，避免泵管在钢结构、钢筋吊装过程中损坏。

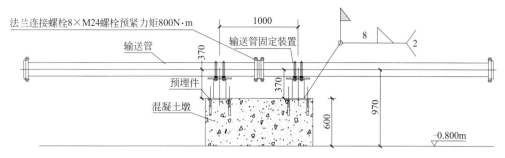

图 7-12　首层水平泵管固定示意图（单位：mm）

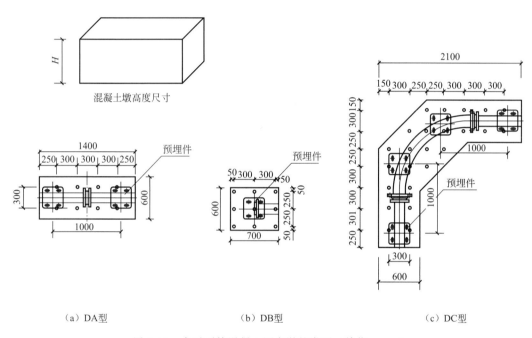

（a）DA 型　　　　　　　　（b）DB 型　　　　　　　　（c）DC 型

图 7-13　水平泵管混凝土固定墩的类型（单位：mm）

（5）竖向泵管的固定

竖向泵管固定是指：竖向泵管与核心筒墙体固定、与巨型柱固定以及与顶升钢平台固定。

① 与核心筒墙体固定。如图 7-14 所示，将固定泵管管夹焊接在墙壁预埋钢板上。每根 3m 管、90°弯管用 2 个泵管管夹。

② 与巨型柱固定。如图 7-15 所示，将固定泵管管夹焊接在巨型柱钢结构柱壁上。

③ 与顶升钢平台固定。如图 7-16 所示，在顶升钢平台挂架范围内，在桁架梁上焊接一道刚性吊柱，泵管与吊柱进行不少于两道固定，固定间距不大于 5m。

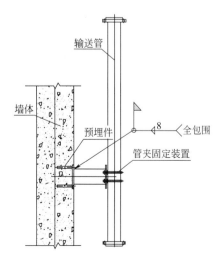

图 7-14　竖向泵管与核心筒墙体固定示意图

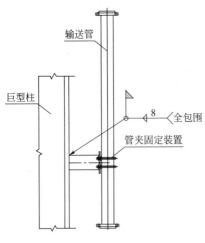

图 7-15　竖向泵管与巨型柱
钢结构固定示意图

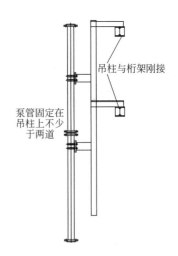

图 7-16　竖向泵管与顶升钢平台
吊柱固定示意图

（6）预埋件选型及安装

预埋件为 300mm×300mm×20mm（长×宽×厚）的 Q235B 钢板，穿孔塞焊 4 根 ϕ20mm 以上铆筋，植于地面或墙面。预埋件的位置根据竖向泵管位置确定。预埋件垂直方向偏差不得大于±50mm，水平方向偏差不得大于±20mm。

若钢板固定件需后植可采用化学螺栓或植筋方式进行。

（7）液压截止阀的安装

低区，不安装液压截止阀。高区，每条泵管安装一个液压截止阀，截止阀位于泵机出口处。

6. 施工准备

（1）编制施工方案

编制施工方案，报送项目部与监理审批，将审批的方案进行技术交底。

（2）制定应急响应措施

包括：原材料供应、供水、供电、天气变化、机械设备、交通运输、意外故障（如堵管、爆管等）以及质量控制等诸方面。

7. 现场施工

（1）混凝土浇筑

① 核心筒墙体混凝土浇筑。原则上按照楼层层高"一层一浇，分层浇筑"，分层浇筑厚度 500mm 左右；A1 段（西段）按照"从南向北"进行浇筑；A2 段（东段）按照"从南向北"进行浇筑。由于顶升钢平台距离混凝土浇筑作业面有 12m 左右的落差，所以使用混凝土"料斗＋串管"下料。

② 巨型柱内混凝土浇筑。采用导管导入法浇筑，导管底部插入混凝土浇筑面，边浇筑边向上提起导管，每 1.5m 高进行一次分层浇筑施工。

③ 压型钢板、钢筋桁架楼承板混凝土浇筑。采用接泵管"退管"浇筑。浇筑由一端赶浆，板的虚铺厚度应略大于板厚，用平板振捣器垂直浇筑方向来回拖动振捣。振捣完毕后用木刮杠刮平，然后再用木抹子压平、压实。

④ 后浇板混凝土浇筑。主楼楼板留设的措施性洞口，待后续施工完毕后用高于原部位一个等级的补偿收缩混凝土浇筑。

⑤ 施工缝留设及混凝土浇筑。

a. 施工缝留设。水平施工缝留设在楼层标高处，墙体混凝土一次浇筑到指定标高，且高出楼层标高 2cm，待拆模后，剔凿掉 2cm，使之漏出石子为止。可在核心筒连梁留设竖向施工缝，采用快易收口网对混凝土进行分隔，形成竖向施工缝。

b. 施工缝混凝土浇筑。浇筑前，应将其表面剔凿至渣石外漏，但不应破坏施工缝处钢筋，并将表面清洁干净，涂刷混凝土界面处理剂，铺 30～50mm 厚的 1:1 水泥砂浆后浇筑混凝土，或直接浇筑混凝土。

（2）混凝土振捣

① 核心筒混凝土采用 ZX50 型（暗柱等钢筋较密处使用 ZX30 型小直径）振捣棒实施振捣，振捣应"快插慢拔"，振动棒振点要分布均匀，间距不大于 400mm，呈梅花形布置，应插入下一层混凝土中 50mm，振捣时间 15～20s。

② 暗柱、约束边缘构件等型钢构件、钢筋布置较密部位，宜采取赶浆法浇筑，料斗固定在剪力墙钢筋稍稀处，下料点安排 2 台振捣棒配合赶浆作业。暗柱钢筋密集处采用 ZX30 型小直径振捣棒，并在墙体模板外侧设置附着式小型振动器辅助振捣。

（3）混凝土养护

① 墙体混凝土养护。墙体混凝土带模养护 1～3 天，拆模后，采用"刷养护剂＋覆膜"养护。冬期施工阶段，混凝土带模养护时，模板背楞处塞酚醛保温板块外附铁皮包裹进行保温养护。

② 楼板养护。楼板覆盖洒水养护时间不少于 7 天。冬期施工时楼板养护采用防火岩棉进行覆盖保温，不得采用浇水养护。

③ 巨型柱内浇混凝土养护。巨型柱内浇混凝土进行保温养护，巨型柱外侧张挂保温岩棉，保温范围高出浇筑面半层，低于底部半层。

（4）泵管清洗

采用水气联洗方法，即先用高压气体将混凝土压回地面进行气洗，再用泵车泵送清水进行水洗的方法。水洗以泵管末端出现清水为标准，管道内的水自然回流。

8. 混凝土质量控制

（1）混凝土的现场验收

对到场的每车混凝土均要求测定坍落度与温度，观察其工作性，不得发生离析、泌水现象，验收不合格混凝土要坚决退场，并不得重新搅拌后运回工地。

（2）混凝土试件留置

① 评估墙体承载能力试件。每层每个流水段留置多组同条件试件进行试压，用以评估所代表墙体对钢平台的支撑能力，当同条件试件抗压强度不小于 24MPa 时，方可进行钢平台的顶升。测试结果表明，3 天强度即可超过 24MPa。

② 抗压标养 7 天试件。每次浇筑同配合比、同部位的混凝土，留置一组。

③ 抗压标养 60 天试件。当每次浇筑同配合比、同部位的混凝土＜100m³ 时，留置一组；当≥100m³ 时，每 100m³ 留置一组；当一次连续浇筑超过 1000m³ 时，每 200m³ 留置一组。

④ 冬期施工时，需增加留置的同条件试件。

a. 作为拆模同条件养护试件，留置一组。

b. 结构实体检验用同条件养护试件，留置一组。

c. 检验混凝土是否达到抗冻临界强度的同条件养护试件，留置一组。

d. 判断混凝土是否遭冻害的同条件下养护试件，留置一组，该组试件在同条件下养护至 28 天，然后转入（20±2）℃、相对湿度为 95％以上的环境或水中继续养护 28 天。

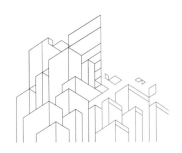

第八章

商品混凝土生产与施工设备

生产设备是商品混凝土质量的保证，是商品混凝土企业规模和生产能力的表征；施工设备是施工质量与施工进度的保证，是建筑工程施工企业规模和施工能力的表证。

本章将系统介绍商品混凝土生产与施工设备的种类、选型、工作原理、技术性能以及操作要求等。

第一节　原材料输送设备

输送设备是指将物料从贮存设备或砂石堆场输送到搅拌楼贮料层的贮料斗（料仓）或搅拌机中的设备。

一、粉状物料输送设备

粉状物料可采用机械输送、气力输送和混合输送三种方式。其常用的设备如表 8-1 所示。

表 8-1　粉料输送方式及常用设备

输送方式		不同方向的输送设备	
		水平方向	垂直方向
机械输送		螺旋输送机	斗式提升机
气力输送	正压压送式	鼓风机或空气压缩机、仓式泵	
	空气输送槽	输送斜槽	空气提升泵
混合输送		空气输送斜槽	斗式提升机

1. 螺旋输送机

目前，国内常用 GX 系列和 LSY 系列螺旋输送机。图 8-1 是 LSY 系列螺旋输送机的结构简图。电动机通过驱动装置带动装有螺旋叶片的轴旋转，装入壳体内的物料在叶片的推动下在壳体内轴向移动从卸料口处卸出。螺旋输送机输送能力大，防尘、防潮性能好，可实现水平、倾斜或垂直输送。其缺点是：功率消耗较大，螺旋叶片易磨损。

输送距离一般都小于 70m，以 50m 以下为最佳，若长距离输送，可采用输送生产率相同的两台螺旋输送机接力输送的方式。

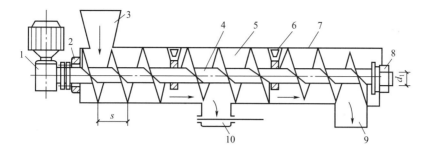

图 8-1　LSY 系列螺旋输送机的结构简图

1—驱动装置；2—首端轴承；3—装载漏斗；4—轴；5—壳体；6—中间轴承；

7—中间装载口；8—末端轴承；9—末端卸料口；10—中间卸料口

（1）主要技术参数

① 输送能力。可按式（8-1）计算：

$$Q = 47 \psi c n \rho s D^2 \tag{8-1}$$

式中　Q——螺旋输送机的输送能力，t/h；

　　　ψ——填充系数，见表 8-2；

　　　c——螺旋输送机的倾斜度系数，见表 8-3；

　　　n——螺旋输送机的极限转速，r/min；

　　　ρ——螺旋输送机内物料表观密度，见表 8-2，t/m³；

　　　s——螺旋输送机螺距，实体螺旋 $s = 0.8$m，带式螺旋 $s = D$，m；

　　　D——螺旋输送机螺旋直径，m。

表 8-2　螺旋输送机内物料参数

物料	物料表观密度 ρ/(t/m³)	填充系数 ψ	物料特性系数 A	物料特性系数 K	物料阻力系数 ω
水泥	1.25	0.25～0.30	35	0.0565	2.5
粉煤灰	0.6	0.4	75	0.0415	1.2

注：表中所列表观密度数值只供计算螺旋输送机输送能力时使用。

表 8-3　螺旋输送机的倾斜度系数

倾斜角 θ/(°)	0	5	10	15	20
c	1.00	0.90	0.80	0.70	0.65

GX 系列螺旋输送机输送水泥、粉煤灰时，其最大输送能力，如表 8-4 所示。

表 8-4　GX 系列螺旋输送机的最大输送能力

螺旋直径/mm	水泥		粉煤灰	
	螺旋轴最大转速/(r/min)	最大输送能力/(t/h)	螺旋轴最大转速/(r/min)	最大输送能力/(t/h)
150	90	4.1	190	4.5
200	75	7.9	150	8.5
250	75	15.6	150	16.5

螺旋直径/mm	水泥		粉煤灰	
	螺旋轴最大转速/(r/min)	最大输送能力/(t/h)	螺旋轴最大转速/(r/min)	最大输送能力/(t/h)
300	60	21.2	120	23.3
400	60	51.0	120	54.0
500	60	84.3	90	79.0
600	45	134.2	90	139.0

② 螺旋直径。可按式(8-2) 计算：

$$D = K \sqrt[2.5]{\frac{Q}{\psi \rho c}} \tag{8-2}$$

式中　　K——物料特性系数，见表 8-2。

其他符号意义同前。

由式(8-2) 求得的螺旋直径，尚应根据下式进行校核：

对于筛分过的物料：　　　　　　　$D \geqslant (4 \sim 6) a_{max}$

对于未筛分过的物料：　　　　　　$D \geqslant (8 \sim 10) a_{max}$

式中　　a_{max}——被输送物料任何截面上的最大尺寸。

若因被输送物料的颗粒大小需要，选择较大的螺旋直径，则在维持输送量不变的情况下，应选择较低的螺旋轴转速，以延长其使用寿命。

GX 系列螺旋输送机螺旋直径应根据下列的标准系列进行圆整：

$D = 150\text{mm}, 200\text{mm}, 250\text{mm}, 300\text{mm}, 400\text{mm}, 500\text{mm}, 600\text{mm}$

③ 极限转速。为了保证在一定的输送量下，物料不应受太大的切向力而抛起，螺旋轴转速有一定极限，一般可按式(8-3) 进行计算：

$$n = \frac{A}{\sqrt{D}} \tag{8-3}$$

式中　　n——螺旋输送机的极限转速，r/min；

　　　　A——物料特性系数，见表 8-2；

　　　　D——螺旋直径，m。

根据式(8-3) 算出的螺旋轴转速，应圆整为表 8-5 所列的螺旋轴标准转速。

表 8-5　螺旋输送机螺旋轴标准转速

转速/(r/min)	20	30	35	45	60	75	90	120	150	190

④ ψ 值验算。当螺旋直径或螺旋轴转速圆整到与其相近的标准值后，应按式(8-4) 再检验其填充系数。

$$\psi = \frac{Q}{47 cn\rho s D^2} \tag{8-4}$$

若验算的 ψ 值仍在表 8-2 的范围内，则圆整合适。圆整后计算的 ψ 值允许略低于表 8-2 所列数值的下限，但不得高于表列数值的上限。

⑤ 转轴功率。按式(8-5) 计算：

$$N_0 = K_1 \frac{Q}{367} (\omega L_h \pm H) \tag{8-5}$$

式中　　N_0——螺旋轴上所需功率，kW；

K_1——功率储备系数，$K_1 = 1.2 \sim 1.4$；

Q——输送机的输送量，t/h；

ω——物料的阻力系数，见表8-2；

L_h——螺旋输送机的水平投影长度，m；

H——物料的提升高度，m。

上式中，当向上输送时 H 取正号，向下输送时 H 取负号。

⑥ 电动机额定功率。按式(8-6)计算：

$$N = \frac{N_0}{\eta} \tag{8-6}$$

式中　N——电动机所需功率，kW；

η——驱动装置的总效率，可取 $\eta = 0.94$。

（2）螺旋输送机的驱动装置

驱动装置由 JO_2 型电动机、JZQ 型（或 ZH 型）减速机、弹性联轴器、弹性联轴器罩壳、驱动装置底座等五部分组成。驱动装置型号编写方法，如 JJ2125-1 和 JZ3235-2 等，其中：

第一个"J"表示用 JO_2 型电动机；

第二个"J(或 Z)"表示用 JZQ 型（或 ZH 型）减速机；

"21""32"表示电动机机座型号，即 JO_2-21 或 JO_2-32 电动机；

"25""35"表示减速机的中心距为 250mm 或 350mm，即 JZQ250 或 ZH350 减速机；

"1""2"表示装配方式为右装、左装。

【例8-1】 已知：水泥在松散状态下，表观密度 $\rho = 1250 \text{kg/m}^3$，温度不超过100℃；要求达到的输送量 $G = 45 \text{t/h}$；水平布置，输送距离20m。确定螺旋输送机选型。

解：查表8-2和表8-3得 $\psi = 0.25$，$K = 0.0565$，$A = 35$，$c = 1$，按式(8-2)计算螺旋输送机螺旋直径，得：

$$D = 0.412 \text{m}$$

因此，可选用 ϕ500mm 螺旋输送机，$D = 500 \text{mm}$。

按式(8-3)计算螺旋输送机的极限转速，得：$n = 49.5 \text{r/min}$，取转速的标准值，$n = 45 \text{r/min}$。

按式(8-4)校验其填充系数 ψ，得：$\psi = 0.17$，低于推荐值0.25，可减小螺旋直径，取 $D = 400 \text{mm}$，则 $n = 55.3 \text{r/min}$，取 $n = 60 \text{r/min}$。重新校验 ψ 值：$\psi = 0.249$，这个 ψ 值接近推荐值，因此，定 $D = 400 \text{mm}$，$n = 60 \text{r/min}$。

按式(8-5)计算螺旋轴上所需功率，得：$N_0 = 7.35 \text{kW}$。

按式(8-6)计算电动机所需功率，得：$N = 7.82 \text{kW}$。

上述选型结果综合如下：

选用 GX400×20m 螺旋输送机输送水泥。

输送量：45t/h；转速：60r/min；B_1 制法；螺距为 $0.8 \times 400 = 320$(mm)。

驱动装置可有三种方案：

① 选用 JJ5240-1 型

电动机 $JO_2$52-4，10kW，1440r/min；减速机 JZQ400-Ⅳ-1Z，i（传动比）$= 23.34$，右装。

② 选用 JZ5235-1 型

电动机 $JO_2$52-4，10kW，1440r/min；减速机 JZ350-Ⅳ-1Z，i（传动比）$= 24.60$，右装。

③ 选用减速电动机 JTC-902，9.5kW，60r/min。

2. 斗式提升机

适用于垂直输送粉状物料与小粒状物料。其特点是：提升高度大，一般为 30～40m，最高可达 80m；输送能力大，一般为 5～18t/h，最高可达 600t/h；具有良好的密封性。但它对过载的敏感性较大，斗链容易磨损。

（1）斗式提升机类型

如图 8-2 所示，斗式提升机分为胶带（TD）、环链（TH）及板链（TB）等三种类型，其技术性能见表 8-6。

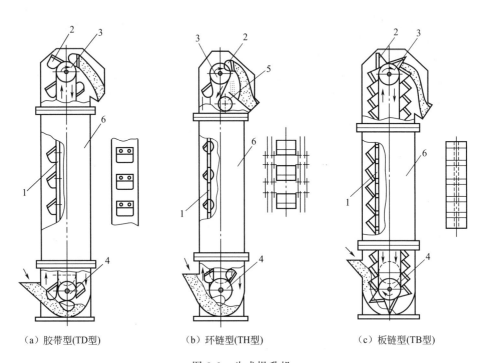

（a）胶带型(TD型)　　　　（b）环链型(TH型)　　　　（c）板链型(TB型)

图 8-2　斗式提升机

1—胶带或链；2—料斗；3—驱动滚筒或链轮；4—张紧轮；5—星轮；6—外罩

表 8-6　斗式提升机的类型与技术性能特点

设备性能特点	斗式提升机的类型		
	TD 型	TH 型	TB 型
牵引构件	橡胶带	锻造的环链	板链
料斗布置方式	间断布置	间断布置	密接布置
装卸料方式	快速离心卸料	掏取式装料，离心式卸料	流入式装料，慢速重力式卸料
料斗形式	深斗、浅斗	深斗、浅斗	深斗、浅斗
运输物料品种	粉状、粒状、小块状、无磨琢性或半磨琢性的散装物料，如水泥、砂等	粉状、粒状、小块状物料，如煤、水泥等	块状、磨琢性物料，如碎石、矿石等
备注	物料温度不超过 60℃，如果采用耐热橡胶带，物料允许温度 150℃		

（2）主要技术参数

① 输送能力。按式（8-7）计算：

$$Q = 3.6 \frac{i}{a} \rho \psi v \qquad (8-7)$$

式中　Q——斗式提升机的输送能力，t/h；

　　　i——料斗容积，L；

　　　a——料斗的间距，m；

　　　ρ——物料表观密度，t/m³；

　　　ψ——填充系数，见表 8-2；

　　　v——提升速度，m/s。

② 料斗的容积与间距。按式（8-8）计算：

$$\frac{i}{a} = \frac{Q}{3.6 \rho \psi v} \qquad (8-8)$$

根据计算所得 i/a 值，由表 8-7 可选择料斗的容积和间距。当输送块状物料时，尚需根据被输送物料的最大块度 a_{max} 对料斗口的尺寸 A 按式（8-9）进行验算：

$$A = m a_{max} \qquad (8-9)$$

式中，m 为修正系数，当 a_{max} 的颗粒含量占 10％～25％时，则修正系数 $m = 2.25$；当 a_{max} 的颗粒含量为 50％～100％时，$m = 4.25～4.75$。

表 8-7　料斗容积和间距

提升机型号	斗宽/mm	料斗制法	(i/a)/(L/m)	料斗间距 a/m	料斗容积 i/L
TD 型	160	S	3.67	0.3	1.10
		Q	2.16	0.3	0.65
	250	S	8.00	0.4	3.20
		Q	6.67	0.4	2.60
	350	S	15.60	0.5	7.80
		Q	14.00	0.5	7.00
	450	S	22.65	0.64	15.00
		Q	23.44	0.64	14.50
TH 型	300	S	10.40	0.5	5.20
		Q	8.80	0.5	4.40
	400	S	17.50	0.6	10.50
		Q	16.70	0.6	10.00
TB 型	250	鳞式	16.50	0.20	3.30
	350	鳞式	40.80	0.25	10.20
	450	鳞式	70.00	0.32	22.40

注：料斗 S 制法表示深斗，料斗 Q 制法表示浅斗。

③ 电动机所需功率。电动机驱动轮轴的所需功率，近似地按式（8-10）计算：

$$N_0 = \frac{QH}{367}(1.15 + K_1 K_2 v) \qquad (8-10)$$

式中　N_0——电动机驱动轮轴所需功率，kW；

Q——提升机输送量，m^3/h；

H——提升高度，m；

v——提升速度，m/s；

K_1，K_2——系数，见表8-8。

表8-8　系数 K_1、K_2 的值

类型		带式		单链式		双链式	
		深斗和浅斗	鳞斗	深斗和浅斗	鳞斗	深斗和浅斗	鳞斗
系数 K_1	<100①	0.60	—	1.10	—	—	—
	100～250①	0.50	—	0.80	1.10	1.20	—
	250～500①	0.45	0.60	0.60	0.83	1.00	—
	500～1000①	0.40	0.55	0.50	0.70	0.80	1.10
	>1000①	0.35	0.50	—	—	0.60	0.90
系数 K_2		1.60	1.10	1.30	0.80	1.30	0.80

① 数字表示生产率，单位 kN/h。

电动机功率，可按式（8-11）计算：

$$N=\frac{K'N_0}{\eta}$$ (8-11)

式中　N——电动机所需功率，kW；

　　　K'——功率储备系数，$H<10m$，$K'=1.45$，$10m<H<20m$，$K'=1.25$，$H>20m$，$K'=1.15$；

　　　η——总传动效率，对于三角皮带传动的减速器，$\eta=0.90$。

3. 气力输送装置

气力输送是利用气流的动能使粉状物料呈悬浮状态，并通过管道输送到目的地的输送方法。其特点是：输送过程密闭，管路布置灵活，便于实现集中、分散、大高度、长距离的各种地形输送。输送能力大，一般为 15～250t/h，最高可达 600t/h。

（1）气力输送类型

① 吸送式气力输送。如图8-3所示，真空泵或离心式鼓风机的抽气作用，使管道内处于负压，而吸嘴部位压力接近于大气压，在压差的作用下，物料被吸入输料管内，与空气混合进行输送，后经分离器及收尘器的分离卸入料仓。

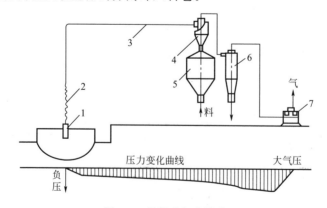

图8-3　吸送式气力输送

1—吸嘴；2—软管；3—输料管；4—分离器；5—料仓；6—收尘器；7—真空泵

根据系统负压的大小，吸送式又可分为高真空（—0.02～—0.05MPa）吸送式和低真空（0～—0.02MPa）吸送式两种。前者采用真空泵作动力，后者采用离心式鼓风机作动力。吸送式一般用于从几处向一处集中输送的场合。

② 压送式气力输送。如图 8-4 所示，压送式是靠从空压机排出的气流通过输料管时再混入物料进行输送的。工作压力高于大气压，压力为 0.1～0.7MPa 的属高压式输送，压力低于 0.05MPa 的为低压式输送。适用于从一处向几处分散输送的场合。

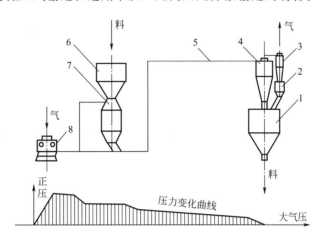

图 8-4　压送式气力输送装置示意图

1—料仓；2—贮料斗；3—收尘器；4—分离器；5—输料管；6—受料斗；7—仓式泵；8—空气压缩机

③ 吸送-压送混合式气力输送。如图 8-5 所示，物料由负压吸送到集料仓内，然后采用压送式气力输送装置将物料输送到较远的仓库中。其中，正压和负压两个系统互不相连，同时运行。适用于将物料从数处输送到另外几处卸料点。

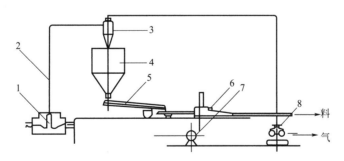

图 8-5　吸送-压送混合式气力输送装置示意图

1—吸嘴；2—输料管；3—分离器；4—料仓；5—斜槽；6—螺旋输送泵；7—空气压缩机；8—真空泵

目前，商品混凝土搅拌站多采用压送式气力输送。

（2）气力输送装置

① 输送设备。主要有螺旋泵和仓式泵。螺旋泵有单管和双管之分，仓式泵有单仓泵和双仓泵之分。单仓泵是周期工作，双仓泵由两个单仓泵组合，交替工作，能连续供料。搅拌站常选单仓泵输送粉状物料，其工作压力一般为 0.5MPa。

单仓泵的输送能力，按式（8-12）计算：

$$G = \frac{60V\rho\psi}{t_1 + t_2}$$
(8-12)

式中　G——单仓泵的输送能力，t/h；

　　　V——仓的容积，m^3；

　　　ρ——仓内物料表观密度，水泥取 $\rho=1.25t/m^3$，t/m^3；

　　　ψ——仓内物料充满系数，一般取 $\psi=0.7\sim0.8$；

　　　t_1——装满一仓料所需时间，无喂料设备时，$t_1\leqslant1min$，有喂料设备时按其能力选择，min；

　　　t_2——卸空一仓料所需时间，当 $V=2.5\sim3.5m^3$ 时，$t_2=7\sim8min$，min。

② 输送管道。输送压缩空气的管道一般采用水、煤气输送钢管或热轧无缝钢管；输送水泥的管道一般采用热轧无缝钢管。管道布置应尽量减少弯头和弯管数量；直管部分应尽量保持平直，当输送管道较长时，应每隔 $15\sim30m$ 安装辅助吹气管道，用以消除可能造成物料堵塞的现象。

③ 分离器。物料经管道输送到卸料地点，必须将气料流的速度降低，以使物料从气流中分离出来，所用的设备是分离器，如图 8-6 所示。常用的分离器的类型和各自的特点见表 8-9。

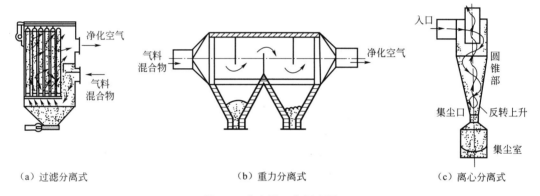

（a）过滤分离式　　　　　　（b）重力分离式　　　　　　（c）离心分离式

图 8-6　分离器工作原理图

表 8-9　分离器的类型和特点

类型	特点
过滤分离式	收尘效率可达 90%～99%，用作第二级分离器，又称袋式收尘器
重力分离式	分离效率仅 30%左右，对粗颗粒分离较有效，常用作第一级分离器
离心分离式	效率较高，可达 70%～90%，常用于第一级粗颗粒粉尘的分离，又称旋风式

④ 供气设备。通常是罗茨鼓风机或空气压缩机，其工作特点见表 8-10。

表 8-10　供气设备的类型和特点

类型	特点
罗茨鼓风机	用于低压气力输送系统，排风压力在 0.7MPa 以下
空气压缩机	用于高压气力输送系统，排风压力在 0.8MPa，排气量一般为 6～20m^3/min

（3）气力输送系统有关计算

① 压缩空气耗量。按式（8-13）计算：

$$Q=\frac{W}{\mu\rho_a} \tag{8-13}$$

式中　Q——压缩空气消耗量，m^3/min；

W——物料输送量，t/h；

μ——混合比，高压式 $\mu=10\sim50$，低压式 $\mu=1\sim10$；

ρ_a——空气的密度，kg/m^3。

实际上，考虑到管道密封不严，漏气量约占 $15\%\sim20\%$。因此，实际选用的空气消耗量按式(8-14)予以修正：

$$Q'=(1.15\sim1.20)Q \tag{8-14}$$

② 管道内径。按式(8-15)计算：

$$d=0.1457\sqrt{\frac{W}{\mu\rho_a v_a}} \tag{8-15}$$

式中　d——输料管内径，m；

v_a——输送管道出口风速，m/s。

μ，ρ_a 意义同上式。

输送管道出口风速，可按式(8-16)或式(8-17)计算：

当 $\mu\leqslant10$

$$v_a=\frac{\dfrac{W}{\rho_s}+60Q}{900\pi d^2} \tag{8-16}$$

当 $\mu>10$

$$v_a=\alpha\sqrt{\rho_s}+BL^2 \tag{8-17}$$

式中　ρ_s——水泥的表观密度，t/m^3；

α——统计系数，水泥取 $\alpha=12$；

B——物料的特征系数，水泥取 $B=3\times10^{-5}$；

L——输送管道换算长度，m。

③ 管道计算长度。将输送管道的垂直段、倾斜段、管件和阀件折算为水平直管的计算长度，按式(8-18)计算：

$$L=\sum L_1+K_2\sum L_2+K_3\sum L_3+\sum L_4 \tag{8-18}$$

式中　L——管道的计算长度，m；

$\sum L_1$——各水平直管的总长度，m；

$\sum L_2$——各倾斜管的总长度，m；

$\sum L_3$——各垂直管的总长度，m；

$\sum L_4$——弯管和阀件的计算长度，m，见表 8-11 和表 8-12；

K_2——折算系数，$K_2=1.1\sim1.5$；

K_3——折算系数，$K_3=1.3\sim2.0$。

表 8-11　弯管的计算长度（当弯角 $\theta=90°$时）

弯管的曲率半径与直径比(R/D)	4	6	10	20
粉状物料	4～8m	5～10m	6～10m	8～10m
均匀粒状物料	—	8～10m	10～16m	12～20m
不均匀粉状物料	—	—	12～20m	15～25m

表 8-12　阀件的计算长度　　　　单位：m

阀件	双路换向阀门			换向接管	
	带盘形阀	带旋塞阀	带双路 V 形螺旋	双路	三路
计算长度	8～10	3～4	2～3	3～4	3～5

④ 风机风压。输送管道起点与终点之间的压差可根据输送压缩气体的管道阻力进行计算。压送式气力输送管道终点处的压强 $P_{终} \approx 9.8 \times 10^4 Pa$，其起点的压强，按式（8-19）计算：

$$P_{起} = \sqrt{1 + \frac{\beta\mu v_a^2}{d}} \pm P_h \tag{8-19}$$

式中　$P_{起}$——风机风压，Pa；

　　　β——实验系数；

　　　P_h——气、料混合物柱高度造成的压差，向上输送物料取正号，向下输送物料取负号，Pa。

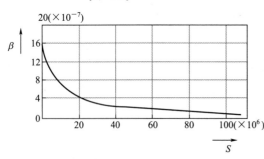

图 8-7　β 与 S 的关系曲线

实验系数 β 的确定：对于压送式气力输送装置，β 是 $S\left(=\dfrac{\mu L v_a^2}{d}\right)$ 的函数，β 的大小可根据 S 值从图 8-7 的曲线查出。

P_h 的确定：在垂直提升管道中，若将物料提升到 H 高度（$H = \sum L_3$），则 P_h 为料管单位横截面积上的混合物重量，按式（8-20）计算：

$$P_h = \frac{H\rho_a'\mu}{10^4} \tag{8-20}$$

式中　ρ_a'——空气在垂直管道中的重度，对于压送式气力输送装置，$\rho_a' = 1.6 \sim 2.0 kN/m^3$，$kN/m^3$。

空气压缩机、鼓风机的出口压力按式（8-21）计算：

$$P_{机} = KP_{工} + P_{管} \tag{8-21}$$

式中　$P_{机}$——空气压缩机、鼓风机出口压力，Pa；

　　　K——供料装置内的压力损失系数，一般取 $K = 1.15 \sim 1.25$；

　　　$P_{工}$——工作压强，对于压送式 $P_{工} \approx P_{起}$，Pa；

　　　$P_{管}$——导气管内的压强损失，对于压送式管道 $P_{管} = (2 \sim 3) \times 10^4 Pa$，Pa。

4. 空气输送斜槽

它是利用空气使物料在流动状态下沿斜槽向下流动的连续输送设备，常用来输送水泥和矿物掺合料等。其特点是：功率消耗较小，仅是螺旋输送机所需功率的 $1/5 \sim 1/2$，输送量大，但无法实现向上输送。

（1）斜槽构造

如图 8-8 所示，由两个 "⌒" 型槽上下对合而成，并用多孔板隔成上下两部分，下部为通气室，上部为输料槽。整个斜槽分段安装连接，与水平方向的倾角为 $4° \sim 6°$，标准槽长度为 3m，有弯槽（$15°$、$30°$、$45°$、$90°$），还有三通槽、四通槽，一般每隔 45m 必须安装一台风机。

（2）主要技术参数

① 输送能力。按式（8-22）计算：

$$Q = 3600KFv\rho \tag{8-22}$$

式中　Q——斜槽的输送能力，t/h；

　　　K——物料流动阻力系数，一般取 $K = 0.9$；

　　　F——槽内物料的横截面积，槽内料层的厚度一般为 $50 \sim 80mm$，m^2；

v——槽内物料流动速度，斜度 $i=4\%$ 时，$v=1.0\mathrm{m/s}$，斜度 $i=5\%$ 时，$v=1.25\mathrm{m/s}$，斜度 $i=6\%$ 时，$v=1.5\mathrm{m/s}$，$\mathrm{m/s}$；

ρ——流态化物料的表观密度，充气水泥的物料表观密度 $\rho=0.75\sim1.05\mathrm{t/m^3}$，$\mathrm{t/m^3}$。

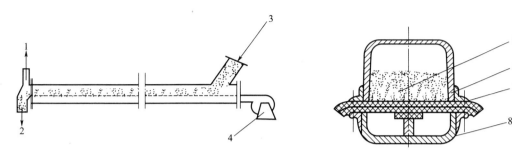

图 8-8　空气输送斜槽构造示意图

1—排风口；2—出料口；3—进料口；4—鼓风机；5—物料；6—上壳体；7—多孔板；8—下壳体

常用空气输送斜槽的输送能力，见表 8-13。

表 8-13　空气输送斜槽的输送能力

帆布斜槽		多孔板斜槽			
斜槽宽度/mm	输送能力（斜度6%）/(m³/h)	斜槽宽度/mm	不同斜度时输送能力/(m³/h)		
			4%	5%	6%
250	30	250	40	50	60
315	60	400	80	100	120
400	120	500	120	150	180
500	200	600	160	200	240

注：表中输送能力是指水泥的输送。

② 耗气量。按式（8-23）计算：

$$Q=60qBL \qquad (8\text{-}23)$$

式中　Q——耗气量，$\mathrm{m^3/h}$；

q——每平方米透气层每分钟的耗气量，一般多孔板 $q=1.5\mathrm{m^3/(m^2\cdot min)}$，纺织品透气层 $q=2.0\mathrm{m^3/(m^2\cdot min)}$，$\mathrm{m^3/(m^2\cdot min)}$；

B——斜槽的宽度，m；

L——斜槽的长度，m。

③ 风机的出口风压。按式（8-24）计算：

$$p=\Delta p_1+\Delta p_2+\sum\Delta p_3 \qquad (8\text{-}24)$$

式中　p——风机出口的风压，Pa；

Δp_1——透气层的阻力，对于多孔板，$\Delta p_1\approx2000\mathrm{Pa}$，对于纺织物，$\Delta p_1\approx1000\mathrm{Pa}$，$\mathrm{Pa}$；

$\sum\Delta p_3$——送气管网的阻力之和，Pa；

Δp_2——物料的阻力，Pa，按式（8-25）计算。

$$\Delta p_2=h\rho' \qquad (8\text{-}25)$$

式中　h——料层高度，m；

ρ'——流态化物料的表观密度，$\mathrm{t/m^3}$。

根据上述计算所确定的空气耗量和风压，即可确定风机的型号和规格。一般多采用离心式风机。

二、砂石输送与堆场设备

1. 胶带输送机

简称皮带机，可水平或倾斜方向输送各种散状物料，具有结构简单、工作平稳可靠、对物料适应性强、输送能力较大、功耗小、操作方便等特点。固定式胶带输送机总体结构，如图 8-9 所示。当胶带机倾斜向上输送时，不同物料允许的最大倾角 β 如表 8-14 所示。

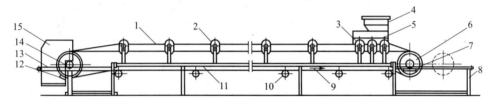

图 8-9　胶带输送机结构示意图

1—输送带；2—上托辊；3—缓冲托辊；4—料斗；5—导料栏板；6—导向滚筒；

7—螺栓拉紧装置；8—尾架；9—空段清扫器；10—下托辊；11—中间架；

12—弹簧清扫器；13—头架；14—传动滚筒；15—头罩

表 8-14　各种物料允许的最大倾角 β

物料名称	倾角 $\beta/(°)$	物料名称	倾角 $\beta/(°)$	物料名称	倾角 $\beta/(°)$
碎石	18	湿砂	23	陶粒	10～13
卵石	17	干砂	15	水泥	20

（1）主要技术参数

① 输送能力。按式（8-26）计算：

$$Q = KB^2 \rho_0 v C \xi \tag{8-26}$$

式中　Q——输送散状物料时的输送能力，t/h；

ρ_0——输送物料的表观密度，t/m³；

B——带宽，m；

K——断面系数，它与堆积角 θ、带宽 B 有关，K 值见表 8-15；

C——倾斜角系数，与输送机的倾斜角 β 有关，C 值见表 8-16；

v——带速，m/s；

ξ——速度影响系数，见表 8-17。

表 8-15　断面系数 K

带宽/mm	堆积角 $\theta/(°)$									
	15		20		25		30		35	
	槽形	平形	槽形	平形	槽形	平形	槽形	平形	槽形	平形
	K 值									
500、650	300	105	320	130	355	170	390	210	420	250
800、1000	335	115	360	145	400	190	435	230	470	270
1200、1400	355	125	380	150	420	200	455	240	500	280

表 8-16　倾斜角系数 C

倾斜角 $\beta/(°)$	$\leqslant 6$	8	10	12	14	16	18	20	22	24	25
C 值	1.0	0.96	0.94	0.92	0.90	0.88	0.85	0.81	0.76	0.74	0.72

表 8-17　速度影响系数 ξ

$v/(m/s)$	$\leqslant 1.0$	$\leqslant 1.6$	$\leqslant 2.5$	$\leqslant 3.2$	$\leqslant 4.5$
ξ	1.05	1.0	0.98~0.95	0.94~0.90	0.84~0.80

② 驱动滚筒轴功率。按式(8-27)进行:

$$N_0 = (K_1 L_h v + K_2 Q L_h \pm 0.00273 Q H) K_3 \qquad (8-27)$$

式中　N_0——驱动滚筒轴功率,kW;

$K_1 L_h v$——输送带及托辊转动部分运转功率,kW;

$K_2 Q L_h$——物料水平输送功率,kW;

$0.00273 Q H$——物料垂直提升功率(向上输送时取正号,向下输送时取负号),kW;

Q——物料输送能力,t/h;

v——带速,m/s;

L_h——输送机水平投影长度,m;

H——输送机垂直提升高度,m;

K_1——空载运行功率系数,见表 8-18;

K_2——物料水平运行功率系数,见表 8-18;

K_3——附加功率系数,见表 8-19。

表 8-18　K_1、K_2 系数

工作条件			清洁、干燥		少量尘埃、正常湿度		大量尘埃、湿度较大	
托辊阻力系数			平形	槽形	平形	槽形	平形	槽形
			0.018	0.020	0.025	0.030	0.035	0.040
K_1	带宽 B/mm	500	0.0061	0.0067	0.0084	0.0100	0.0117	0.0134
		600	0.0074	0.0082	0.0103	0.0124	0.0144	0.0165
		800	0.0100	0.0110	0.0137	0.0165	0.0192	0.0220
$K_2 / \times 10^{-5}$			4.91	5.45	6.82	8.17	9.55	10.89

表 8-19　K_3 系数

倾斜角 $\beta/(°)$	带长 L/m								
	15	30	45	60	100	150	200	300	>300
	K_3								
0	2.80	2.10	1.80	1.60	1.55	1.50	1.40	1.30	1.20
6	1.70	1.40	1.30	1.25	1.25	1.20	1.20	1.15	1.15
12	1.45	1.25	1.25	1.20	1.20	1.15	1.15	1.14	1.14
20	1.30	1.20	1.15	1.15	1.15	1.13	1.13	1.10	1.10

注:系数 K_3 值与输送机水平投影长度 L_h、倾斜角 β、物料表观密度 ρ_0 及托辊阻力系数有关;K_3 是在考虑有一个空段清扫器、一个弹簧清扫器、一个 3m 长的导料栏板及物料加速阻力等因素的情况,但未考虑卸料装置的附加功率。

③ 电动机功率。按式(8-28) 计算:

$$N = \frac{KN_0}{\eta} \tag{8-28}$$

式中　N——电动机所需功率，kW;

　　K——功率安全系数，对于 JO_2 型电动机，$K=1.4$，对于 JO_3 型电动机及采用液力联轴器驱动装置，$K=1.0$;

　　η——驱动机构的效率，一般对光面滚筒取 $\eta=0.88$，对胶面滚筒取 $\eta=0.90$。

④ 带速和带宽。带速可按表 8-20 予以选择。

表 8-20　输送散状物料时的带速

物料的性质	B/mm		
	500、650	800、1000	1200、1400
	v/(m/s)		
无磨琢性和磨琢性小的物料(砂、煤)	0.8～2.5	1.0～3.15	1.0～4.00
有磨琢性的中小块物料(碎石)	0.8～2.0	1.0～2.50	1.0～3.15
有磨琢性的大块物料(大块石料)	0.8～1.0	1.0～2.00	1.0～2.50

带宽按式(8-29) 计算:

$$B = \sqrt{\frac{Q}{K\rho_0 v C \xi}} \tag{8-29}$$

式中　B——带宽，mm。

其他符号意义同前。

按上式计算带宽后，还应按物料的块度加以校核带宽值:

对于未筛分过的物料，$B \geqslant 2a_{max} + 200mm$。

对于已筛分过的物料，$B \geqslant 3.3a + 200mm$。

式中　a_{max}——物料的最大块度，mm;

　　a——物料的平均块度，mm。

不同带宽推荐输送物料的最大块度如表 8-21 所示。

表 8-21　输送物料的最大块度

带宽/mm		500	650	800	1000
最大块度/mm	已筛分	100	130	180	250
	未筛分	150	200	300	400

注:未筛分物料中最大块度不超过 15%。

【例 8-2】 胶带输送机布置形式及尺寸如图 8-10 所示。输送物料为碎石，粒度 5～30mm，表观密度 1.8t/m³，堆积角（安息角）20°，输送量 200t/h，工作环境为干燥有尘的通廊内。

用简易计算法计算所需皮带机的主要参数。

解: (1) 带宽计算　已知 $Q=200t/h$，$\rho_0=1.8t/m^3$，由表 8-15 选取 $K=320$，由表 8-16 选取 $C=0.88$，$v=1.25m/s$，由表 8-17 选取 $\xi=1.0$，由式(8-29) 计算可得:

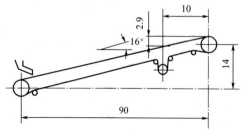

图 8-10　胶带输送机的布置简图（单位：m）

$$B = \sqrt{\frac{200}{320 \times 1.8 \times 1.25 \times 0.88 \times 1.0}} = 0.577 (\mathrm{m})$$

选用宽 650mm 皮带。查表 8-21，可以满足粒度要求。

（2）传动滚筒功率计算　已知 $L_h = 90\mathrm{m}$，$H = 14\mathrm{m}$，$Q = 200\mathrm{t/h}$，$v = 1.25\mathrm{m/s}$，$\rho_0 = 1.8\mathrm{t/m^3}$，倾斜角 $\beta = 16°$；由此查表 8-18，在干燥有尘时取 $K_1 = 0.0124$，$K_2 = 8.17 \times 10^{-5}$，查表 8-19，$K_3 = 1.18$；将数据代入式（8-27）可得：

$$N_0 = (0.0124 \times 90 \times 1.25 + 8.17 \times 10^{-5} \times 200 \times 90 + 0.00273 \times 200 \times 14) \times 1.18 = 12.4 (\mathrm{kW})$$

（3）电动机功率计算　对于胶面传动滚筒 $\eta = 0.90$，选用 $\mathrm{JO_3}$ 型电动机时 $K = 1.0$，由式（8-28）计算可得：

$$N = 1.0 \times \frac{12.4}{0.9} = 13.8 (\mathrm{kW})$$

可选用 $\mathrm{JO_3}$-160S-4 型电动机，额定功率 15kW。

（2）胶带输送机部件选型

① 输送胶带。既是牵引件，又是承载件。分为普通胶带和特殊胶带两类。前者的芯体材料主要是棉帆布，其最大强度为 $600\mathrm{N/(cm \cdot 层)}$，适用温度为 $-10 \sim 50℃$。后者夹钢绳芯，胶带使用寿命长，可达 $6 \sim 10$ 年，比前者寿命长 $2 \sim 3$ 倍。

胶带宽度与帆布层数的关系如表 8-22 所示。常用胶带的重量如表 8-23 所示。

表 8-22　胶带宽度 B 与帆布层数 Z 的关系

宽度 B/mm	300	400	500	650	800	1000	1200	1400	1600
层数 Z	3~4	3~4	3~4	4~5	4~6	5~8	5~10	6~12	6~12

表 8-23　胶带的重量

帆布层数 Z	带宽 B/mm		
	500	650	800
	胶带每米自重 ω/(kg/m)		
3	5.02	—	—
4	5.82	7.57	9.31
5	—	8.62	10.6
6	—	—	11.8

胶带的连接方法主要有两种，各自的特点如表 8-24 所示。

表 8-24　胶带的连接方法及其特点

连接方法	特点
机械连接	机械接头（用卡子连接）接头强度只相当于胶带本身的 35%~40%，只适用于检修时间要求短的场合
硫化胶接	分热胶接和冷胶接。采用热硫化胶接法时，接头强度只相当于胶带本身的 85%~90%

胶带的全长，按式（8-30）计算：

$$L_0 = 2L + \frac{\pi}{2}(D_1 + D_2) + AN \tag{8-30}$$

式中　L_0——输送胶带全长，m；

　　　　L——输送机头尾滚筒中心距，m；

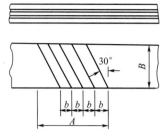

图 8-11　输送胶带接头示意图

D_1，D_2——头、尾滚筒直径，m；

N——输送带的接缝数；

A——输送带接头长度，见图 8-11，机械接头时，$A=0$；硫化接头时，$A=(Z-1)b+B\tan30°$，m；

Z——输送带芯布层数；

B——输送带宽度，m；

b——硫化接头搭接长度，一般取 $b=0.15m$，m。

当采用卸料车时，卸料车需增加的输送胶带长度，见表 8-25。

表 8-25　卸料车需增加的输送胶带长度

带宽 B/mm	500	650	800
增加长度/m	3.0	3.2	3.5

② 传动滚筒和改向滚筒。胶带输送机的动力由电动机经减速器传给传动滚筒，依靠滚筒与胶带之间的摩擦力驱使胶带运转。传动滚筒的直径是根据传递力矩而选定的，但它还与胶带宽度有关。常用传动滚筒直径与胶带宽度的关系见表 8-26，传动滚筒直径与帆布层数的关系见表 8-27。

表 8-26　传动滚筒直径与胶带宽度的关系

胶带宽度 B/mm	500	650	800	1000	1200	1400
滚筒直径 D/mm	500	500	500	630	630	800
		630	630	800	800	1000
			800	1000	1000	1250
					1250	1400

表 8-27　传动滚筒直径与帆布层数的关系

传动滚筒直径 D/mm		500	650	800
帆布层数 Z	硫化接头	4	5	6
	机械接头	5	6	7~8

输送胶带运行方向可利用改向滚筒或托辊来改变。改向滚筒主要用于180°、90°及小于45°的改向，改向滚筒的直径应比传动滚筒直径要小，改向滚筒直径与传动滚筒直径的配合关系，见表 8-28。

表 8-28　改向滚筒直径与传动滚筒直径的配合关系

胶带宽度 B/mm	传动滚筒直径/mm	180°改向滚筒直径/mm	90°改向滚筒直径/mm	<45°改向滚筒直径/mm
500	500	400	320	320
650	500	400	400	320
	630	500	400	320
800	500	400	400	320
	630	500	400	320
	800	630	400	320

胶带宽度 B/mm	传动滚筒直径/mm	180°改向滚筒直径/mm	90°改向滚筒直径/mm	<45°改向滚筒直径/mm
	630	500	500	400
1000	800	630	500	400
	1000	800	500	400
	630	500	500	400
1200	800	630	500	400
	1000	800	500	400
	1250	1000	630	400
	800	630	500	400
1400	1000	800	500	400
	1250	1000	630	400
	1400	1250	630	400

③ 托辊。托辊的作用是支承输送带和带上物料的质量，减少输送带下垂度，以保证运行平稳。一般均采用槽形托辊为上托辊，平形托辊为下托辊。槽形托辊的外形示意图，如图 8-12 所示，常用带宽的托辊外形尺寸 A 与 H 值见表 8-29。

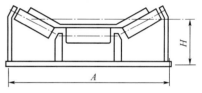

图 8-12 槽形托辊的外形示意图

表 8-29 槽形托辊的外形尺寸

带宽/mm		500	650	800
外形尺寸/mm	A	720	870	1070
	H	210	230	240

④ 拉紧装置。拉紧装置的作用是使输送胶带保持一定的张力，以使带与传动滚筒之间产生必要的摩擦力；同时，限制胶带在托辊间的垂度，使输送机能正常运转。如图 8-13 所示，拉紧装置主要有螺旋式和坠重式两种形式，其中坠重式又分为车式和垂直式，其特点见表 8-30。螺旋式拉紧装置的适用功率和许用拉紧力见表 8-31。

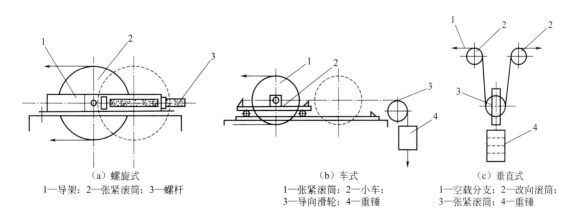

（a）螺旋式
1—导架；2—张紧滚筒；3—螺杆

（b）车式
1—张紧滚筒；2—小车；
3—导向滑轮；4—重锤

（c）垂直式
1—空载分支；2—改向滚筒；
3—张紧滚筒；4—重锤

图 8-13 拉紧装置示意图

表 8-30　胶带拉紧装置的形式与特点

拉紧形式		特点
螺旋式		多用于长度小于 80m、受地位限制和功率较小的输送机上。其优点是结构简单,布置紧凑和外形尺寸小。缺点是不能自动调节,且行程小
坠重式	车式	适用于长度 50～100m 的水平方向输送机。优点是结构简单可靠,调节范围较大,应优先选用;缺点是外形尺寸较大,有时会产生跳动现象
	垂直式	适用于长度大于 100m 的倾斜输送机,其优点是利用了输送机走廊的空间位置;缺点是改向滚筒多,物料易落入输送带与拉紧滚筒之间,使胶带磨损增快

表 8-31　螺旋式拉紧装置的适用功率与许用拉紧力

带宽/mm	500	650	800
适用功率/kW	15.6	20.5	25.2
许用拉紧力/kN	12	18	24
改向滚筒直径/mm	400	400	400

2. 拉铲

它是一种间歇作业的堆料和上料设备,中小型搅拌站经常使用。拉铲的形式和特点如表 8-32 所示。

表 8-32　拉铲的形式和特点

拉铲形式	使用特点
地锚式	采用地锚形式固定拉铲的钢丝绳改向滑轮,铲运距离 30～40m,适合简易的小型搅拌站
悬臂式	钢丝绳固定在可以回转的悬臂上,构造简单、使用灵活,铲运距离 20m 左右,适合中小型搅拌站

拉铲的铲运量应是实际需要量的 1.5 倍以上,其铲运量按式(8-31)计算:

$$Q = \frac{60qK}{2t_0 + \dfrac{L}{v_1} + \dfrac{L}{v_2}} \tag{8-31}$$

式中　Q——单位时间的铲运量,m^3/h;

q——铲斗容量,m^3;

K——铲斗填充系数,取 $K = 1.0 \sim 1.4$;

t_0——每次循环中拉铲转换方向时间,取 $t_0 = 0.3 \sim 0.5 min$,min;

L——拉铲运距,m;

v_1——拉铲空斗时运行速度,取 $v_1 = 40 \sim 80 m/min$,m/min;

v_2——拉铲满斗时运行速度,取 $v_2 = 20 \sim 50 m/min$,m/min。

不同生产能力的混凝土搅拌楼,应有不同长度的拉铲铲臂,并应符合表 8-33 的要求。

表 8-33　不同生产能力搅拌楼的铲臂长度

生产能力/(m³/h)	15～35	40～75	80～120
铲臂长度 l/m	$12 \leqslant l < 13.5$	$15 \leqslant l < 17.5$	$17.5 \leqslant l < 19.5$

3. 链斗卸料机

如图 8-14 所示,主要用于大中型搅拌站散状物料的卸车、堆料作业。其生产能力如表 8-34 所示。

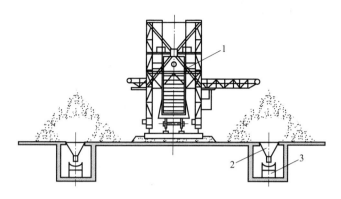

图 8-14　火车来料地沟式集料堆场示意图

1—链斗卸料机；2—地沟式料斗；3—胶带输送机

表 8-34　链斗卸料机生产能力

材料名称	砂	石	陶粒
卸料能力/[t/(h·台)]	250～300	210～280	150～200

链斗卸料机台数，按式(8-32) 计算：

$$n=\frac{W}{QTK}\tag{8-32}$$

式中　n——链斗卸料机台数，台；

　　　W——铁路运输一次来料总量，t；

　　　Q——链斗卸料机生产能力，t/(h·台)；

　　　T——规定卸料时间限额，h；

　　　K——铲斗填充系数，取 $K=0.8\sim1.0$。

4. 推土机和装载机

用于辅助堆料和上料，其作业的合理距离一般为 50m 以内，场地坡度一般在 20°～25°，不适合用于轻骨料堆场。

(1) 推土机生产能力

按式(8-33) 计算：

$$Q=\frac{1}{2}abh\psi n\rho_0 K_1 K_2\tag{8-33}$$

式中　Q——推土机连续运转的生产能力，t/h；

　　　b——推土机推土板宽度，m；

　　　ψ——物料损失系数，$\psi=1-0.005L$；

　　　a——推土机推土板前料堆的长度，按式(8-34) 计算，m。

$$a=\frac{h}{\tan\theta}\tag{8-34}$$

式中　h——推土机推土板的高度，m；

　　　θ——物料的动态堆积角，为自然安息角的 110%～115%；

　　　n——推土机每一工作时内循环次数，按式(8-35) 计算。

$$n=\frac{3600}{\dfrac{2L}{v}+t}\tag{8-35}$$

式中 L——推运距离，m；

　　v——推土机运行平均速度，一般取 $v=0.9\sim1.1\text{m/s}$，由于运距短，不考虑调转机头，m/s；

　　t——推土机提升、放下推土板及变换速度所占用的时间，一般取 20s；

　　ρ_0——料的表观密度，kg/m^3；

　　K_1——设备利用系数；

　　K_2——工作时场地坡度影响系数，见表 8-35。

表 8-35　K_2 值

工作场地坡度/(°)	+10	+5	0	−5	−10	−15	−20
K_2	0.6	0.75	1.0	1.3	1.7	2.1	2.5

（2）推土机台数

按式(8-36) 计算：

$$N=\frac{Q_s K}{Q K_1 K_2} \tag{8-36}$$

式中 N——推土机需要台数；

　　K——倒运作业量系数，一般取 $K=1.5\sim2.5$；

　　Q_s——上料系统生产能力，t/h。

其他符号意义同前。

（3）装载机生产能力

按式(8-37) 计算：

$$Q=\frac{3600qk\eta}{T} \tag{8-37}$$

式中 Q——装载机连续运转的生产能力，m^3/h；

　　q——装载机铲斗容量，m^3；

　　k——装载机铲斗系数，取 0.80；

　　η——装载机的作业效率，取 $0.6\sim0.8$；

　　T——装载机循环时间，s。

其中，T 可按式(8-38) 计算：

$$T=\frac{L}{v_1+v_2}+t_0 \tag{8-38}$$

式中 L——料堆至搅拌机配料斗距离，m；

　　v_1——前进速度，取 $v_1=0.18\sim0.22\text{m/s}$；

　　v_2——返回速度，取 $v_2=0.24\sim0.25\text{m/s}$；

　　t_0——固定时间，即旋转、装斗、翻斗时间，取 $t_0=35\text{s}$。

计算过程中，可不考虑装载机在作业过程中行走地面高差不同而造成的行进速度的变化。

三、水和液体外加剂输送设备

水和液体外加剂常用的上料输送设备是管道泵或潜水泵。

水与液体外加剂的输送上料管路系统各自独立，分别上料、计量。应注意的是，水和外加剂的输送管道直径不宜太大，否则影响计量精度。

第二节　原材料贮存设备

贮存设备是指设置于搅拌机的上方或旁边的料仓。设置的主要目的是使原料有一定的贮备量，以保证混凝土生产制备的正常进行。此外，还可以实现对骨料含水率的测定以及冬季生产时对骨料的加热。

一、料仓设置目的

1. 原材料贮备

料仓可实现对原材料的一定贮备，其贮备量和数量如表 8-36 所示。

表 8-36　料仓的贮备量和数量

材料品种	一般骨料	需加热骨料	水泥	矿物掺合料
贮备量/h	≥2	≥4	≥2	≥2
料仓数量/个	2～3	2～3	2～3	1～2

2. 骨料含水率测定

详见第六章第四节"料仓"中的有关内容。

3. 骨料预热

骨料可在原材料堆场进行第一次预热，在搅拌楼的料仓再进行第二次预热。预热的方法是通过配置在料仓中封闭的蒸汽排管传热，预热管布置示例如图 8-15 所示。

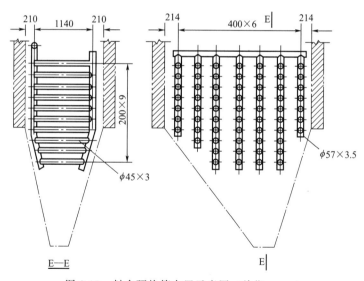

图 8-15　料仓预热管布置示意图（单位：mm）

二、料仓设计

1. 料仓设计要求

① 料仓平面布置形式应视搅拌机的平面布置形式来确定，如图 8-16 所示，其特点

见表 8-37。

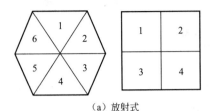

（a）放射式　　　　　　　　　（b）一列式　　　　　　　　　（c）双列式

图 8-16　料仓的平面布置示意图

表 8-37　料仓的平面布置形式和特点

平面布置形式	特点
放射式	围绕着某一给料点布置,特点是可贮存不同规格品种的原材料,适用于单阶式搅拌楼
一列式	各仓根据搅拌机的相应位置,贮存不同规格、品种的原材料,适用于双阶式搅拌楼
双列式	可贮存多种规格、品种的原材料,适用于产量大、混凝土品种多的搅拌楼

② 原则上不得露天敞口设置。当采用抓斗式起重机上料时,所设露天敞口的料仓,要加设活动仓顶盖。当采用胶带机时,胶带机头部要加罩,并设检修平台。

③ 料仓下料口的位置应便于给料、称量设备的安装、检修,并在下料口和给料设备之间设闸门。

④ 料仓内壁应设有供安装检修用的铁爬梯。

⑤ 水泥料仓要设破拱装置,砂石仓要设振动装置。

2. 料仓主要几何参数

（1）仓底倾角

不同材质料仓的特点如表 8-38 所示。仓体的内壁应光滑,料仓仓底锥角应不小于表 8-39 所列值,一般情况下,仓底的最小倾角应大于 50°,方形仓应大于 55°。

表 8-38　不同材质料仓的特点

材质品种	设备特点
钢材	制作安装方便,钢材和物料之间摩擦系数小,安装检修加热管道和破拱装置很方便,但耗钢材量大,费用高
钢筋混凝土	使用寿命长,节省钢材,但制作较复杂,投资费用也比较大
混合材质	贮料斗的直壁部分采用钢筋混凝土结构,锥体部分采用钢板焊接

表 8-39　料仓仓底锥角和出料口尺寸

材料名称	料仓壁材料		出料口尺寸
	金属	混凝土	
干砂	40°	50°~55°	150mm×150mm
湿砂	50°	60°	450mm×450mm
特湿砂	65°	75°	500mm×500mm
100~150mm 碎石	50°	—	450mm×450mm
50~100mm 碎石	45°	50°~55°	300mm×300mm
<50mm 碎石	45°	50°~55°	300mm×300mm
水泥、粉煤灰	55°	60°	250mm×250mm

（2）出料口尺寸

按式(8-39)计算：

$$A = (d_{\max} + 80)K\tan\alpha \tag{8-39}$$

式中　A——方形出料口的边长或圆形出料口的直径，mm；

$\quad\quad K$——物料特性系数，对于未分类物料取 $K=2.4$，对于分类物料取 $K=2.6$；

$\quad d_{\max}$——物料粒度的最大几何尺寸，mm；

$\quad\quad \alpha$——物料自然安息角，一般取 $\alpha=30°\sim50°$。

出料口尺寸以方形或圆形为好，若长方形出料口，其出料口面积应比方形口大 $10\%\sim20\%$。

按上式选取的出料口尺寸可满足下料通畅的要求。然而是否能满足搅拌机生产能力的要求，尚需按式(8-40)进行校核。

$$Q = 3600Fv \tag{8-40}$$

式中　Q——生产要求料仓排出物料的能力，m³/h；

$\quad\quad F$——出料口面积，m²；

$\quad\quad v$——物料通过出料口的平均速度，一般取 $v=0.5\sim2.0$m/s，m/s。

常用料仓出料口尺寸见表 8-39。

3. 料仓构造形式

如图 8-17 所示，料仓按其几何形状分为角锥形、角锥混合形、圆锥形及圆锥混合形四种形式。常用的是方形的和圆形的。

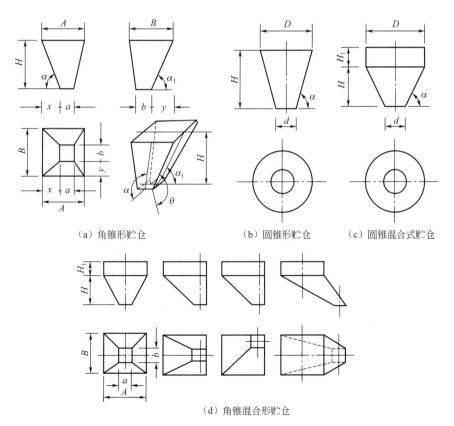

（a）角锥形贮仓　　　　（b）圆锥形贮仓　　　　（c）圆锥混合式贮仓

（d）角锥混合形贮仓

图 8-17　料仓构造形式示意图

三、料仓有效容积计算

1. 角锥形料仓

有效容积，按式(8-41)计算：

$$V = \frac{H}{6} [ab + AB + (a+A)(b+B)]K \tag{8-41}$$

当为方形料仓时，$A=B$、$a=b$，则：

$$V = \frac{H}{3} (a^2 + A^2 + aA)K \tag{8-42}$$

式中　V——料仓有效容积，m^3；

　A，B——料仓上口尺寸，m；

　a，b——料仓下口尺寸，m；

　H——料仓高度，m；

　K——料仓有效利用系数，一般料仓取 $K=0.85$，仓内设有横向加热管道 $K=0.65\sim$ 0.70，仓内设有纵向加热管道 $K=0.70\sim0.75$。

仓壁倾斜角，按式(8-43)计算：

$$\cot\alpha = \frac{x}{H}; \quad \cot\alpha_1 = \frac{y}{H} \tag{8-43}$$

式中　x，y——仓壁水平投影长度，m；

　α，α_1——仓壁倾斜角度，$(°)$。

仓壁夹边倾斜角，按式(8-44)计算：

$$\tan\theta = \frac{H}{\sqrt{x^2 + y^2}} = \frac{1}{\sqrt{\cot^2\alpha + \cot^2\alpha_1}} \tag{8-44}$$

式中　θ——仓壁夹边倾斜角度，$(°)$。

2. 角锥混合形料仓

有效容积分别按式(8-45)与式(8-46)计算：

当 $H_1 < H$ 时

$$V = \frac{H}{6} [ab + AB + (a+A)(b+B)]K + ABH_1K \tag{8-45}$$

当 $H_1 \geqslant H$ 时

$$V = \frac{H}{6} [ab + AB + (a+A)(b+B)] + ABH_1K \tag{8-46}$$

式中　H_1——直壁部分高度，m。

其他符号意义同前。

3. 圆锥形料仓

有效容积，按式(8-47)计算：

$$V = \frac{\pi}{12} (d^2 + dD + D^2)HK \tag{8-47}$$

式中　D——贮料斗上料口直径，m；

　d——贮料斗下料口直径，m。

仓壁倾斜角，按式(8-48)计算：

$$\tan\alpha = \frac{2H}{D-d} \tag{8-48}$$

其他符合意义同前。

4. 圆锥混合形料仓

有效容积分别按式(8-49)和式(8-50)计算：

当 $H_1 < H$ 时

$$V = \frac{\pi}{12}(d^2 + dD + D^2)HK + \frac{\pi}{4}D^2 H_1 K \qquad (8-49)$$

当 $H_1 \geqslant H$ 时

$$V = \frac{\pi}{12}(d^2 + dD + D^2)H + \frac{\pi}{4}D^2 H_1 K \qquad (8-50)$$

其他符号意义同前。

四、料仓部件

1. 分料设备

它是将不同品种或规格的原材料，卸入规定的料仓内的专用设备。主要组成有：

（1）三通阀

阀体有三个口，一进两出（左进、右出和下出），可分为电动、手动和气动三类。常用的有：电动正三通阀、电动直三通阀、手动正三通阀、手动斜三通阀和手动直三通阀。

（2）进料回转料斗

它是向若干个料仓中分配物料的部件，分为电动和手动两类，其技术性能见表 8-40。自动控制的回转料斗结构及工作原理如图 8-18 所示。当碰块随料斗一起转动，碰到相应位置的行程开关时，料斗自动停止，发出信号，显示所对准的料仓，开启料仓闸门，并启动皮带运输机运行，输送上来的物料经回转料斗投入相应的料仓内。当料满时，料仓内的料位指示器发出信号，回转料斗转动，继续实现物料的装仓。

表 8-40 进料回转料斗技术性能

项目名称		进料回转漏斗形式	
		电动	手动
电动机	型号	JQ_3-90S	—
	功率/kW	1.1	—
	转速/(r/min)	1000	—
料斗出口回转半径/mm		约980	约950
配料仓数/个		5	无规定

2. 料位指示器

它是指示料仓中料面高度的装置。根据其功能分为两大类：一类是极限料位测定，即测定料面的料空或料满，如图 8-19 所示；另一类是连续料位测定，即连续测定料面位置，随时了解贮料情况，以便及时报警或自控装仓。

料位指示器的常见种类有：

（1）薄膜式料位指示器

它是以橡皮薄膜作为料位感知元件，当物料压迫橡皮膜时，料杆移动触动开关并发出信号。适用于贮存粉末、细粒和半流体材料的料仓中。

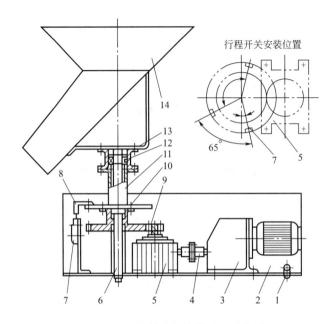

图 8-18　回转料斗的结构原理示意图

1—吊环；2—底板及罩；3—齿轮减速电机；4—联轴器；5—蜗轮减速器；6—轴及套管；

7—行程开关；8—碰块；9—圆柱齿轮；10—向心球轴承；11—法兰轴；

12—向心球轴承；13—推力轴承；14—漏斗

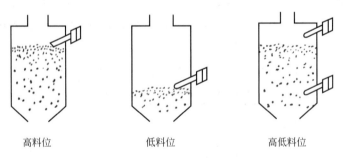

图 8-19　料位指示器安装示意图

（2）浮球式料位指示器

料位指示器上安装有空心金属球，当物料装满料仓时，压迫金属球使其偏转，使开关接通或断开并发出信号。适用于贮存粉末和块状材料的料仓中。

（3）电动式料位指示器

料位指示器中有套蜗轮、蜗杆机构，料满时物料使蜗轮制动，蜗杆因电机驱动继续旋转而发生轴向移动，从而触动终点开关而发出信号。

（4）电容式料位指示器

利用悬挂在料仓内的重锤作为一个测量电极，料仓壁作为另一个电极。随着料仓内物料的增加或减少，电极之间的介质即被改变，从而引起电容量的变化，此变化通过电容式传感器感应仪表显示出料位变化。

（5）超声波料位指示器

由一个超声波发生器和一个接收器组成，并将其安装在仓顶。超声波从发生器发射出来，当遇到物料时就反射回来而被接收器所接收。从发射至接收所需的时间是与发生器至料面的距离成正比的。所以，只要测定和记录这一时间值，通过模量的转换就能求得料位的实际高度。超声波料位指示器不会受温度和湿度的影响，而且本身又无运动零件，也不与物料接触，所以无磨损，也不会因受冲击而影响测量精度，是一种较理想的料位指示器。

3. 溜管和溜槽

溜管和溜槽与水平面的倾斜角，一般应比物料的静止时的自然安息角大 5°～20°。

溜管和溜槽的放料能力，按式(8-51) 进行验算：

$$Q = 3600iv_{\min}\rho F \tag{8-51}$$

式中　Q——溜管和溜槽的放料能力，kg/h；

　　　i——利用系数，敞开式 $i=0.5～0.6$；封闭式 $i=0.35～0.5$；

　　$v_{\min}$——物料在溜管和溜槽中最小运动速度，$v_{\min}=0.5～2.0$m/s，m/s；

　　　ρ——散状物料的表观密度，kg/m³；

　　　F——溜管和溜槽的截面尺寸，m²。

4. 料仓闸门

用来控制料仓卸料口的开启与关闭。可分为手动式、气动式和电动式，多采用气动闸门。按闸门外形又有弧形（扇形）门和反弧形门之分，如图 8-20 所示，砂、粒径小卵石用反弧形门，大一点的骨料用弧形门。工作时，由气缸控制闸门的弧形活门，变换销的位置可调节弧形活门开口的大小。

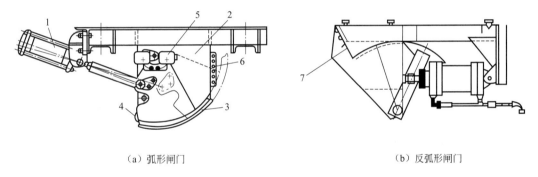

（a）弧形闸门　　　　　　　　　　　（b）反弧形闸门

图 8-20　料仓闸门示意图

1—气缸；2—出料口侧板；3—弧形活门；4—密封钢带；5—行程开关；6—销；7—橡胶板

第三节　给料设备

给料设备也称给料器，是按要求将料仓中物料定量供给称量设备的专用设备。

一、给料器类型与应用特点

1. 给料器类型

给料器类型如图 8-21 所示。

（1）胶带式给料器

其结构如图 8-22 所示。皮带用托辊支承或用钢板支承，两侧设有挡板，橡胶刮板可防

（a）扇形闸门给料器

（b）叶轮给料器

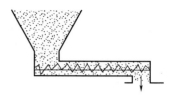

（c）螺旋给料器

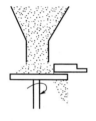

（d）圆盘给料器

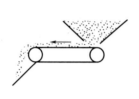

（e）胶带给料器

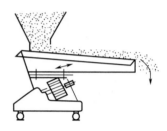

（f）电磁振动给料器

图 8-21　常用给料器示意图

止物料对皮带的黏附。给料能力按式(8-52)进行计算：

$$Q = 3600DHV\gamma i \tag{8-52}$$

式中　Q——给料能力，kg/h；

D——挡板间距，m；

H——料层厚度，m；

γ——物料堆积密度，kg/m³；

i——充盈系数，$i = 0.75 \sim 0.8$；

V——皮带线速度，m/h。

（2）螺旋给料器

其结构如图 8-23 所示，即安装在料仓卸料口下面的短螺旋输送机。通过调节螺旋输送机主轴转速实现对给料量的控制。给料能力，按式(8-53)计算：

$$Q = 60\pi \frac{D^2}{4} sni\gamma = 47D^2 sni\gamma \tag{8-53}$$

式中　Q——给料能力，kg/h；

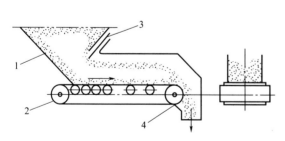

图 8-22　胶带式给料器示意图

1—料斗；2—皮带机；3—调节闸板；4—橡胶刮板

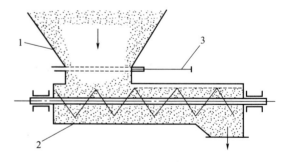

图 8-23　螺旋给料器示意图

1—进料斗；2—筒身；3—插板

D——螺旋叶片直径，m；

s——螺距，m；

n——转速，r/min；

γ——物料表观密度，kg/m³；

i——充盈系数，对粉末物料 $i=0.8$，对细料物料 $i=0.6\sim0.7$。

（3）闸门式给料器

采用扇形板做旋转运动的切断式闸门。闸门的启闭方式为气动，又称气动闸门。

（4）叶轮式给料器

给料器的外壳中有一个可旋转的带叶片的鼓筒，通过改变鼓筒转速来调节给料量。当鼓筒旋转时，充满叶片空格的物料，会依次转至下方进行卸料。

（5）圆盘式给料器

安装在料仓的底部，它是靠刮板将旋转圆盘上的物料刮下来供料的。其供料量可由刮板的插入深度来调节。

（6）电磁振动给料器

它由料槽、电磁振动器和减振弹簧组成。振动器工作时，处于料槽中的水平物料受到振动惯性力的作用，处于悬浮状态，在物料惯性力的水平分力的推动下，向出料方向流动。

2. 给料器应用特点

给料器应用特点见表 8-41。

表 8-41　给料器应用特点

给料器类型	设备特点
闸门式	仅适用于称量精度要求不高的粗、细骨料的粗称给料。特点是：结构简单、操作方便、使用时无噪声，但误差较大
叶轮式	适用于粉状与细粒物料的给料。特点是：运行稳定、无噪声，误差较小
圆盘式	适用于松散物料的连续给料
胶带式	适用于细粒或粒度较大（＜50mm）物料的精称给料。特点是：运行平稳、无噪声、设备磨损小、使用寿命长
螺旋式	适用于粉状物料的给料。优点是：运行密闭性好、平衡可靠、工艺布置灵活；缺点是：设备磨损严重
电磁振动式	适用于粗细骨料的给料。优点是：构造简单、体积小、重量轻、给料均匀、操作方便、耗电小等；缺点是：安装调整较困难

二、给料周期

给料周期按式（8-54）计算：

$$T=\frac{t}{n_1 n_2} \tag{8-54}$$

式中　T——给料器的给料周期，s；

n_1——共用一台称量设备的累计称量次数；

n_2——每套称量设备供应的搅拌机台数；

t——给料器允许给料总周期（小于搅拌周期与累计称量时间之差），s。

第四节　称量设备

称量设备即计量设备,是完成混凝土一次搅拌量所需各物料重量计量任务的专用设备。其(动态)称量误差要求详见第六章表 6-14。

一、称量方式

有重量称量与体积称量之分;又有单独称量和累积称量之分,前者是每个称量斗只称一种物料,后者是每个称量斗可称多种物料,即称完一种物料后,再累加称量另一种物料。通常,水泥、矿物掺合料、水和外加剂多采用单独称量,骨料采用累积称量。

二、称量设备类型与技术要求

1. 称量设备类型

分为杠杆电子秤、应变电子秤和粒子秤等类型,其特点见表 8-42,目前,多采用应变电子秤或杠杆电子秤称量。

表 8-42　称量设备的类型和特点

称量设备类型	设备特点
杠杆电子秤	秤本身带有配料、卸料和电气控制装置,自动化程度较高,能实现程序控制
应变电子秤	由一次元件和二次仪表组成,自动测量静拉力和静压力,传感器安装在称量斗上。特点是结构简单、质量轻、体积小、称量精度高、使用方便稳定,同时可距离控制
皮带秤	可实现对骨料的连续计量
粒子秤	采用放射同位素 γ 射线,穿过物料产生光电效应,产生电子时进行测量,特点是称量准确、精度高,但在使用时应注意对人体的防护

(1) 应变电子秤

其结构如图 8-24 所示。秤斗上安装有气缸控制的弧形斗门,并被直接吊在 3～4 个拉力传感器上。称量完毕后,由气缸拉动弧形斗门将料卸入搅拌机或输送装置中。

(2) 杠杆电子秤

其结构如图 8-25 所示,它结合了杠杆秤和电子秤的优点。实际物重通过杠杆比进行缩小,缩小后的重量以拉力形式作用在拉力传感器上进行称量。

2. 称量设备技术要求

一是准确,称量设备的称量范围和精度应符合现行国家标准《建筑施工机械与设备混凝土搅拌站(楼)》(GB/T 10171)、《非连续累计自动衡器》(GB/T 28013)和行业标准《数字指示秤》(JJG 539)中规定的普通准确度级要求。

二是快速,以便实现一套称量设备为 2～4 台搅拌机供料。通常,快速与准确两者相互制约,为此,将称量过程设计为粗称和精称两个阶段。

三、称量系统及数据传输模式

商品混凝土制备,采用电脑自动控制操作,称量系统及数据传输模式通常可以表述为:

机械秤架→称重传感器→称重仪表（或放大器）→计算机。

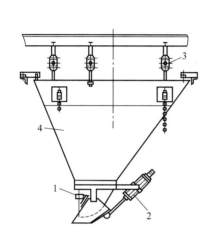

图 8-24　骨料应变电子秤示意图

1—限位开关；2—斗门气缸；
3—传感器；4—秤斗

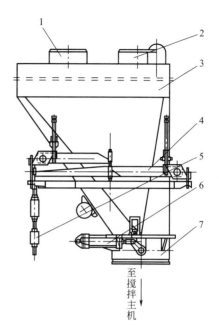

图 8-25　粉料杠杆电子秤示意图

1—进料口；2—排气口；3—料斗；4—杠杆；
5—传感器；6—气缸；7—斗门

1. 称重传感器

常见的传感器结构如图 8-26 所示，是一个由应变电阻组成的电阻桥，AB 端称为传感器的桥压端，传感器的桥压一般在 $U_{AB}=10V$ 左右，CD 端称为传感器输出端，一般输出电压为 $V_{CD}=0\sim20mV$。

2. 称重仪表

称重仪表（或放大器）的结构如图 8-27 所示，一般用 220V 供电，并有桥压 10V 输出供给传感器，前置放大器对传感器的毫伏级称重信号加以处理。处理后一路为显示称重信号，另一路供计算机作控制用信号。控制信号一般用 232 或 485 接口输出给计算机，或者给出 $0\sim5V$、$0\sim10V$、$4\sim20mA$ 的标准信号供计算机处理。

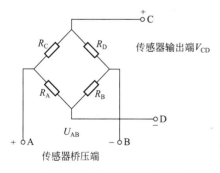

图 8-26　传感器结构示意图

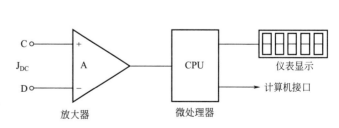

图 8-27　称重仪表结构示意图

3. 机械秤架

机械秤架是将称量筒体经过传感器固定在其支架上，由于所用的传感器不同，其秤架也有不同，主要有以下三种形式。

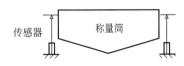

图 8-28 压式传感器秤架示意图

（1）压式传感器秤架

如图 8-28 所示，其优点是安装容易，缺点是会出现传感器不在一个平面上，某个传感器悬空的现象，会使称量筒体发生偏移。

（2）拉式传感器秤架

如图 8-29 所示，其优点是称量筒的受力点较均匀，缺点是拉杆螺栓容易拉脱，称量筒晃动比较大。

（3）悬臂梁式传感器秤架

如图 8-30 所示，目前用得较多，其特点是安装容易，更换方便，受力均匀，称量筒晃动比较小。

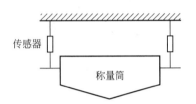

图 8-29 拉式传感器秤架示意图

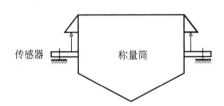

图 8-30 悬臂梁式传感器秤架示意图

四、称量系统常见故障与修复

称量系统多因传感器出现故障，因此，应首先对传感器进行常规检查与故障判断。

1. 传感器故障判断方法

（1）排除法

① 通电情况下，逐个排查传感器电缆线，在断开某个传感器时，仪表显示恢复正常，则说明此传感器有问题。

② 若传感器已全部拆除，可逐个接入系统，当故障复现时，则此传感器有问题。

③ 通电情况下，对秤的 3 只传感器分别测量其红、白线的毫伏输出，同一侧的 2 只传感器的毫伏输出电压相加应约等于另一侧的单独传感器毫伏输出电压，差异较大的传感器可能损坏。

（2）阻抗判断法（电阻法）

用万用表测量传感器的输出、输入阻抗，若某点电阻无穷大或一端电阻近似零可能是传感器连线断路，或是传感器内部断线；若测出的端电阻和臂电阻差不多大，而且随着测量时间加长，电阻也在变化，那么一般是接头处受潮或有不严重的短路现象。

（3）输出信号判断法（电压法）

测量传感器的输出端的电压，空载时超过 20mV，但小于 1V，则可判断是传感器故障。拆开连接线头，分别测 3 只传感器的输出电压，其中一只输出端电压大于 20mV，基本判定这只传感器已损坏，而且很可能是传感器的应变体变形造成的。

（4）"压角"法

用 100kg 砝码，轮流放在其中一只传感器位置上，每只传感器的输出电压应增加 2mV 左右，若其中一只传感器基本没有输出电压（约 2mV）增量，说明这只传感器已损坏；若发现某个传感器上显示重量小，基本判定秤的重量压在另外 2 只传感器上，应调整称量筒的水平度，即可解决问题。

此外，常见的故障还有，在空秤时电子秤仪表上的数字慢慢上升，零点总是稳不下来，但显示值并不来回变动，这是典型的传感器接头受潮现象。

电压法是最有效也是最直观的故障判断方法，最好是在校准电子秤之后，把空载时的传感器输出电压记录下来，作为故障判断的依据。

2. 称量系统常见故障与修复方法

称量系统常见故障与修复方法，如表 8-43 所示。

表 8-43　常见故障与修复方法

故障现象	故障原因	故障修复方法
仪表上的数字一直稳定不下来,空秤或加砝码时,总是在零点左右漂移	对于压式或悬臂梁式传感器秤架,由于使用时间长,物料落点偏在一边,使称量筒移位;对于拉式传感器秤架,由于拉杆活络节处卡得过紧	把称量筒正位或是把拉杆的活络节处调整到灵活位置
用砝码校正时发现线性不好,多见于压式传感器秤架	先用压角法检查是否有个别传感器损坏,若没有,应使用电压法检查每个传感器的输出端。多由于单个传感器悬空或不受力造成	调整水平度。采用圆形或方形的称量筒,最好使用 3 只传感器;对于小型秤最好用一只梁式传感器
多见于额定称重为 5t 的悬臂梁式传感器,1t 以下线性很好,但超过 1t,线性较差,而且越大线性越不好	通常是某只传感器的应变区有杂物。对于大量程传感器,在小重量的情况下不发生形变,但加大重量后,传感器就会发生微小的形变	梁式传感器的应变区,一般在中间部位,外形上较两端要窄一些,安装时一端不能超过应变区
砝码校验最大量程(5t)的骨料秤,发现 2t 以下很正常,超过 3t 电子秤显示值就小于砝码值,经检查传感器通常良好	称重量偏大、传感器产生形变、有物体托住称量筒,或多因骨料秤与搅拌机之间的软接头粘有水泥等杂物	更换软接头,秤与搅拌机的软接头的间隙,最好超过 20cm
多见于累计称量的皮带秤,导致混凝土的表观密度比配合比设计的混凝土表观密度偏大	多因皮带秤和斜皮带的接口处有废料而影响称量精度;或因拉式传感器的皮带秤所使用的防止晃动的机构发生拉紧和不活络现象	应加强称量设备系统的维护保养和定期校验工作

第五节　混凝土搅拌设备

混凝土搅拌设备即混凝土搅拌机，合理选用搅拌机是实现混凝土产量与质量要求的根本保证。

一、搅拌机种类与结构

1. 搅拌机种类

常用搅拌机的种类和特点见表 8-44，其理论生产能力见表 8-45；自落式搅拌机和强制式搅拌机小时工作循环次数见表 8-46。商品混凝土搅拌站一般采用强制定盘式立轴或双卧轴搅拌机。

表 8-44　搅拌机的种类和特点

搅拌机的种类		设备特点
自落式		拌筒内安装若干径向搅拌叶片。拌筒旋转时,物料被叶片带到一定高度,然后借自重下落。周而复始,物料获得均匀拌和。又分为锥形反转出料和锥形倾翻出料搅拌机两种形式
强制式	定盘式	搅拌叶片除了绕本身的轴线转动(自转)外,叶片组的转轴还围绕圆盘的中心轴回转(公转)。能消除离心力对骨料的影响,拌合物不易产生离析,较转盘式应用普遍
	转盘式	搅拌机内装有搅拌叶片的十字轴,只做自转而不做公转,它是靠整个圆盘做相反方向的旋转运动,而达到行星强制搅拌作用。与涡桨式相比,搅拌效果较好,但结构较复杂,功率消耗较大
	涡桨	立轴式涡桨搅拌机的搅拌盘固定,搅拌叶片总成绕立轴同心旋转,实现对物料进行强制的搅拌、推压、翻动、剪切、抛起等多种运转。搅拌作用强烈,搅拌时间短,混凝土匀质性好,生产效率较高;但叶片、衬板磨损快,功率消耗较大。其构造如图 8-31 所示
	单卧轴	在水平搅拌轴上分别装有两根对称布置的左、右螺旋搅拌叶片和两个铲刮叶片。搅拌时,混合料形成强烈的对流运动,使混合料在较短时间内均匀拌和,且功率消耗小、结构紧凑,能够满载启动,其构造如图 8-32 所示
	双卧轴	由水平安置的两个相连的圆槽拌筒、两根相反方向转动的搅拌轴和传动机构等组成,其构造如图 8-33 所示。由于沿搅拌轴的圆周方向安装的搅拌叶片呈前后上下左右错开布置,从而使拌合料在两个拌筒内轮番得到搅拌。搅拌时,搅拌叶片一方面将拌筒底部和中间的拌合料向上搅拌,另一方面又将拌合料沿轴线分别前后推压,再加上叶片的回推作用,使拌合料得到快速而又均匀的搅拌。其特点是兼有自落式与强制式两种搅拌功能,所以搅拌效果好。叶片耐磨性比涡桨强制式搅拌机高两倍,动力消耗较小。它适用于单盘方量较大的搅拌机,也能搅拌粒径 80～120mm 的骨料
周期式		搅拌机的装料、搅拌和卸料是按周期分步进行的,在前一批混合料搅拌完成并卸出之后,才能进行下一批的装料和拌制。其优点是:结构较为简单,容易准确控制混凝土的配合比和保证搅拌质量。广泛应用于建筑工程和商品混凝土搅拌站。在标准工况下,其工作循环次数如表 8-46 所示
连续式		搅拌机的卧式圆槽拌筒内装有螺旋状的搅拌叶片,各组成物料分别按配合比经连续称量后送入搅拌机内,搅拌好的混凝土从卸料端连续向外卸出。特点是:搅拌时间短,生产率高,但搅拌质量不易控制,适用于道路或水利工程的现场施工

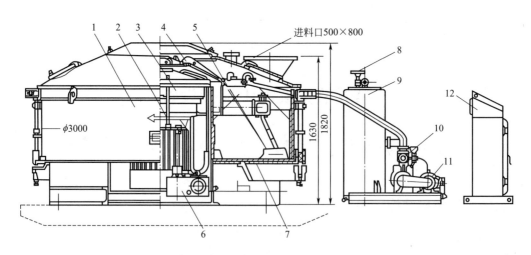

图 8-31　立轴涡桨强制式搅拌机构造示意图（单位：mm）

1—搅拌盘；2—主电动机；3—行星齿轮减速器；4—搅拌叶片总成；5—搅拌叶片；6—润滑油泵；7—气动出料门；8—调节手轮；9—水箱；10—水泵及五通阀；11—水泵电动机；12—操作台

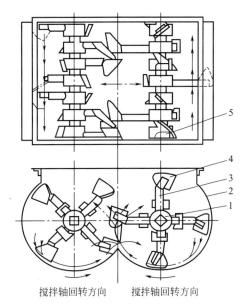

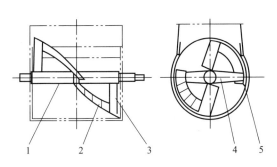

图 8-32　单卧轴强制式搅拌机构造示意图
1—搅拌轴；2—耐磨叶片衬；3—铲刮叶片；
4—搅拌臂；5—螺旋叶片

图 8-33　双卧轴强制式搅拌机构造示意图
1—搅拌轴；2—搅拌筒；3—搅拌臂；
4—搅拌叶片；5—侧叶片

表 8-45　搅拌机生产能力

项目	数值
理论生产能力/(m³/h)	15,20,25,30,35,40,45,50,55,60,65,70,75,80,90,100,120,150,180,200,225,240,270,300,320,360,400,460

表 8-46　工作循环次数　　　　　　　　　　　　　　单位：次/h

搅拌机公称容量 W/L	$500 \leqslant W \leqslant 1500$	$1500 < W \leqslant 2000$	$2000 < W \leqslant 4000$	$4000 < W \leqslant 6000$
强制式搅拌机	$\geqslant 50$	$\geqslant 40$	$\geqslant 35$	$\geqslant 30$
自落式搅拌机	$\geqslant 30$	$\geqslant 25$	$\geqslant 20$	$\geqslant 15$

2. 搅拌机结构

一般由下列主要装置与部件构成：

① 搅拌装置：主要部件是搅拌筒和搅拌叶片；

② 进料装置：可提升的料斗、固定式漏斗和旋转漏斗；

③ 卸料装置：斜槽出料、螺旋叶片出料和倾翻出料机构；

④ 传动装置：由胶带、齿轮减速机构或液压元件等构成；

⑤ 供水系统：由水泵、继电器、定量水表或虹吸作用的量水罐等构成。

二、搅拌机选型与有关计算

1. 搅拌机选型

搅拌机必须满足：拌合料均匀性好、搅拌时间短、卸料快、残留量少、耗能低以及污染少等要求，有关技术性能应符合现行国家标准 GB/T 9142 的有关规定。

选型必须根据所拌制的混凝土的品种和性能以及搅拌站的产量及一次混凝土最大用量来确定。通常，搅拌站采用强制式搅拌机，其容量为 $2.0 \sim 4.0 \mathrm{m}^3/$盘。

2. 搅拌机有关计算

（1）搅拌机生产能力

按式（8-55）计算：

$$q = 3600 \frac{V}{t_1 + t_2 + t_3} \tag{8-55}$$

式中　q——搅拌机小时生产能力，m^3/h；

$\quad$ V——搅拌机出料容量，若采用进料容量时，需乘以出料系数 $0.50\sim0.67$，搅拌机拌筒的几何容量与进料容量之比为 $2\sim3$，m^3；

$\quad$ t_1——进料时间，见表 8-47；

$\quad$ t_2——搅拌时间，见表 6-17，对于轻骨料混凝土，预湿时，搅拌不宜少于 60s，未预湿时，搅拌不宜少于 120s；

$\quad$ t_3——卸料时间，自落式锥形倾翻出料搅拌机和强制搅拌机应在 15s 以内，自落式锥形反转出料搅拌机应在 30s 以内。

表 8-47　搅拌机的进料时间

项目	单阶式搅拌楼		双阶式搅拌楼	
	一次投料	顺序投料	落地布置	布置于 3～4m 楼层
时间/s	5～8	10～15	20～30	30～40

（2）搅拌机数量

按式（8-56）计算：

$$N = \frac{Q}{qK_2} \tag{8-56}$$

式中　N——搅拌机计算台数（取整数），台；

$\quad$ K_2——设备利用系数，$K_2 = 0.85$；

$\quad$ Q——混凝土小时计算产量，可按式（8-57）计算，m^3/h。

$$Q = \frac{Q'}{n} \tag{8-57}$$

式中　n——日工作小时数，h；

$\quad$ Q'——混凝土日计算产量，按式（8-58）计算，m^3/d。

$$Q' = K \frac{Q''}{TK_1} \tag{8-58}$$

式中　Q''——年设计产量，m^3/a；

$\quad$ K——日产不平衡系数，一般取 $K=1.2$；

$\quad$ K_1——时间利用系数，$K_1 = 0.9$；

$\quad$ T——年工作日，d。

第六节　混凝土运输设备

商品混凝土采用翻斗车与搅拌运输车运输。

翻斗车是一种带有防止风雨侵入和水分蒸发外罩的自卸卡车。但在行驶过程中，混凝土受到振动容易产生离析，因此，适用于混凝土坍落度较小、运输半径不大以及零散、数量不大时商品混凝土的供应。

搅拌运输车是能在行驶途中实现对混凝土不断进行搅拌的特殊运输车辆，是商品混凝土搅拌站最常用的混凝土运输工具。

一、搅拌运输车类型

简称搅拌车或罐车，由汽车底盘、搅拌筒、传动系统、供水装置等部分构成，通常，按以下形式进行分类。

1. 按混合料状态分类

（1）湿料搅拌运输车

运输拌和好的、质量符合施工要求的混凝土拌合物。运输途中，搅拌筒一直保持 1～4r/min 的低速运转；到达施工现场后，搅拌筒反转快速出料。如图 8-34 所示，是目前商品混凝土搅拌站最常用的搅拌运输车类型。

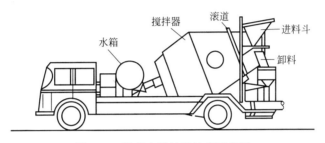

图 8-34　混凝土搅拌运输车示意图

（2）干料搅拌运输车

在搅拌站装运按配合比配制好的干混合料，到达施工现场前，将配合比设计要求的拌合水和外加剂注入搅拌筒内，并使搅拌筒按搅拌机的标准速度转动，在运输途中完成搅拌全过程。

（3）半干料搅拌运输车

即在搅拌站装运按配合比配制好的水泥、砂、石、掺合料及部分拌合水和液体外加剂的混合物，运输途中，搅拌筒一直保持低速运转，并持续补足拌合水，等搅拌筒总转数达到70～100 时，则可认为完成了搅拌全过程。

后两种搅拌运输车更适用于运距较大、浇筑作业面分散的混凝土工程。

2. 按搅拌筒容量分类

分类见表 8-48，相对于搅拌筒的几何容积来说，混凝土料的充盈率一般为 90% 左右。

表 8-48　搅拌运输车按搅拌筒容量分类

车型	轻型搅拌运输车		中型搅拌运输车				重型搅拌运输车			
容量/m³	2.0	2.5	4.0	5.0	6.0	7.0	8.0	9.0	10.0	12.0

3. 按搅拌运输车附加功能分类

增加搅拌运输车的功能，以扩大其使用范围，常见的功能形式有：

（1）配有皮带长 10m、带宽 400mm、倾角 27°、回转可达 270° 且升运高度达 6m 的输送机。

（2）配有混凝土泵和最大工作高度可达 23m 的折叠式臂架布料杆。

（3）配有装料铲，可自行集运并装入各组成材料，在运输途中可自动往搅拌筒内注入拌合水和液体外加剂,并完成搅拌全过程。

4. 按搅拌筒形式分类

筒型可分为自落式斜筒型、自落式卧筒型和强制式立筒型三种。目前,我国广泛采用的是倾角为10°~20°的斜筒型搅拌车。

如图8-35所示,无论何类搅拌运输车,其搅拌筒内都焊有按阿基米德螺旋曲线或对数螺旋曲线设计的带状搅拌叶片,由于具有相等的下滑角,因此,物料沿筒体各部位的叶片表面具有相等的下滑速度,从而,改善了搅拌质量,加快了进、出料的速度。

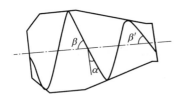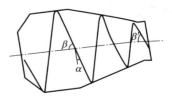

(a)阿基米德螺旋曲线　　　　　　　　　(b)对数螺旋曲线

图8-35　叶片的两种螺旋曲线

二、搅拌运输车使用与维护保养

1. 搅拌运输车使用

必须严格执行使用规程或安全操作规程,以下几项要求尤为重要:

① 投入使用前必须经空车和负荷试运转;启动前,应重点检查转向机构和制动器、轮胎气压、仪表、灯光、喇叭、燃油、润滑油、冷却水、各连接件等,将变速杆置于空挡位置、拉紧手制动器;启动后,观察各仪表指示值,检查发动机的运转情况,待水温升到40℃以上,方可起步。

② 装料时,操纵杆放在"装料"的位置,并调节搅拌筒转速,使进料顺利。

③ 行驶中,若发现有异响、异味、发热等异常情况,应立即停车检查;变速时应逐级增减,挂挡时避免齿轮撞击,水温未达到70℃时,不得高速行驶。

④ 作业结束,应先对搅拌筒内进行注水清洗;待发动机熄火后,对料槽、搅拌筒入口和托轮等处进行冲洗或清除。清洗高压水应避开仪表及操纵杆等部位,压力水喷嘴与车身油漆表面的距离不得小于40cm。

⑤ 冬期施工时,开机前,检查水泵是否结冰;下班时,排除搅拌筒内及供水系统内的残存积水,关闭水泵开关,将控制手柄置于"搅拌、出料"位置。

⑥ 人员进入筒内作业时,必须首先关闭汽车发动机,保证搅拌筒内通风良好,空气新鲜,无可燃气体和有害灰尘。

2. 搅拌车维护保养

搅拌运输车的日常维护保养项目与控制标准见表8-49。

表8-49　搅拌运输车维护保养项目与控制标准

序号	项目	控制标准
1	车辆外观及驾驶室卫生情况	车辆外表面油漆完好无损,无锈蚀现象、无硬伤划痕。外部车容整洁干净,不允许有油泥、灰尘、混凝土积块和水泥痕迹
		驾驶室无杂物,挡风玻璃完好;前后的保险杠无变形;罐口封闭完好,无破损、漏浆现象,斗内无混凝土积块;无渗、漏油、气、电现象

续表

序号	项目	控制标准
2	照明系统	各种照明指示灯(远光灯、近光灯、小灯、转向灯、倒车灯、刹车灯、雾灯、牌照灯、后尾灯)的外罩完好,工作正常
3	轮胎	轮胎气压符合标准,无硬伤,有备用轮胎
4	发动机机油	在发动机灭火 20min 后,机油油位必须在中线偏上,最高线以下,不允许低于下线
5	机油压力	怠速时 0.5～3.0kgf/cm² ,最大转速时 3.0～5.0kgf/cm²(1kgf/cm²=98066.5Pa)
6	液压油	液面在检查口范围内,不得高于或低于检查口
7	润滑油	在中线偏上处,不得低于下限或超过上限
8	电瓶	电瓶保持清洁,接线牢固,接线柱不应有氧化物。电瓶水液面符合规定要求(液面应高于极板 15mm 以下,不得露出极板)
9	冷却水	从水箱盖口处能看得见冷却水,热车时正常水温在 70～90℃
10	刹车油	不得低于下限
11	制动器	车辆提速踩刹车时,各个轮胎有对称的拖印
12	手制动	车辆停在坡上,只拉手刹能使车辆停住
13	气压	气压表的压力在 6.0～9.0kgf/cm²
14	转向	横、直拉杆不松垮,转向轻灵,灵敏有效,流动间隙 15mm 以内
15	离合器	踏板自由行程在 35～55mm,结合平稳,分离彻底,无异响
16	喇叭	工作正常
17	雨刷器	灵敏有效
18	通信设备	清洁完好,工作有效
19	润滑	各润滑部位不得缺润滑油
20	紧固	各外部螺栓联结牢固、可靠
21	各大总成	无异响,工作可靠
22	发动机尾气	排放符合环保标准

第七节　混凝土泵与其他浇筑设备

一、泵

1. 泵种类与特点

(1) 按泵的驱动方式分

① 挤压式泵。泵的压力较小,其输送距离和排量不大,因此它并不是混凝土泵的发展方向。

② 气压式泵。是一种没有动力传动装置的风动混凝土输送设备,与空压机储气罐出料器配套使用,其浇筑速度、输送距离尚不能满足现代混凝土施工的要求。

③ 活塞式泵。分为机械式和液压式两种。由于机械式比较笨重,已逐渐被具有泵程远、排量大、减少堵塞等特点的液压式泵所代替,成为混凝土泵的发展方向。

如图 8-36 所示，常用的活塞泵由一个混凝土接料斗、两个分配阀（一进一出）、两个活塞缸和液压缸等构成。工作时，一个活塞缸在吸入冲程产生真空，通过进入阀从料斗中吸入混合料；另一个活塞缸在排出冲程产生推力，通过输出阀将已吸入的混合料推入泵管中，并直至输送到浇筑区域。泵缸中的活塞运动是由液压力或机械力推动，其动力可以由柴油、汽油发动机或电动机供给；接料斗中设有搅拌装置，以防止混合料离析或黏结斗壁现象发生。

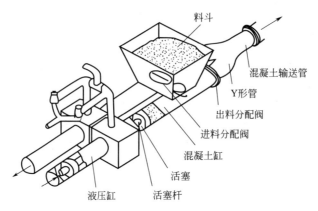

图 8-36　活塞式混凝土泵示意图

（2）按泵是否移动和移动方式分

① 拖式泵。简称地泵，如图 8-37 所示。又有小型泵、中型泵和特殊应用的大型泵之分，其主要技术性能见表 8-50。

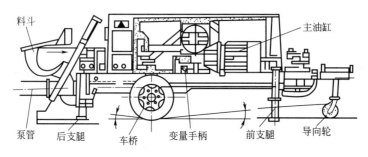

图 8-37　地泵结构示意图

表 8-50　地泵主要技术性能

泵类型	主要技术性能		
	泵送能力/(m³/h)	功率/kW	出口压力/MPa
小型泵	40～65	≤90	≤15
中型泵	50～80	90～180	16～25
大型泵	≥85	≥180	≥26

② 汽车泵。如图 8-38 所示。泵送系统可以由自带的驱动装置驱动，也可以由车辆驱动。车辆驱动的泵送能力每小时可达 $100～120m^3$。通常，布料杆由 3～5 节可弯曲臂管组成，并且可以自由旋转（图 8-39），一般臂管直径为 125mm。

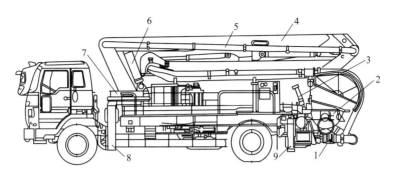

图 8-38　汽车泵结构示意图

1—Y 形管；2—料斗；3—闸板阀；4—臂架；5—泵管；6—液压缸；7—回转支承盘；8，9—液压支腿

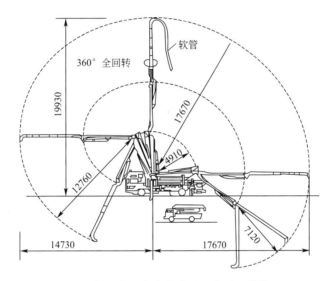

图 8-39　三折叠式泵车浇筑范围示意图（单位：mm）

2. 泵主要技术参数

（1）泵的排量

即指单位时间内的最大输出量（即泵送能力），是标准条件下所能达到的最高限额。

（2）泵送距离

即指单位时间内的最大输送距离，也是标准条件下所能达到的最高限额。

然而，在实际施工中，混凝土泵的排量与泵送距离相互制约，若泵送距离增大，则实际的排量就要降低，两者不可能同时达到理论值。

有关泵的实际平均输出量与最大泵送距离的计算，详见第七章第三节下"泵送距离的计算"中的有关内容。

3. 泵维护保养

汽车泵的日常维护保养应做到料斗和泵管无混凝土积块或水泥痕，其余要求见表 8-49。

二、其他浇筑设备

1. 塔式起重机

俗称塔吊，如图 8-40 所示，可以实现对混凝土的水平与垂直运输。运输时，装满混凝土的吊斗或吊罐，由塔式起重机提升到浇筑地点。吊斗如图 8-41 所示，卸料口为漏斗状，其底部有可启闭的卸料门。常用的塔式起重机主要有两种，其特点见表 8-51。

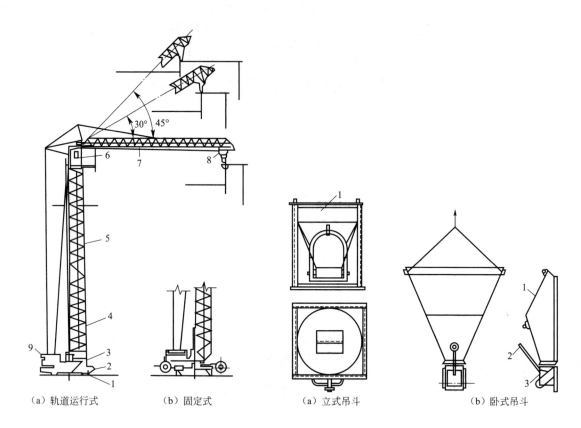

（a）轨道运行式　　　　　（b）固定式　　　　　　（a）立式吊斗　　　　　（b）卧式吊斗

图 8-40　塔式起重机

1—车轮；2—车架；3—回转平台；4—下塔身；

5—上塔身；6—操纵室；7—起重臂；

8—起重小车；9—平衡重物

图 8-41　混凝土浇筑吊斗

1—入料口；2—手柄；3—卸料口的扇形门

表 8-51　塔式起重机（塔吊）的种类与特点

种类	各自特点
上回转式	采用液压油泵提升上部塔身,起升速度采取变速机构,起升力矩范围在6～2200t·m,旋转机构采用星心摆线叶轮减速器,水平、旋转、变幅运动范围大且平稳。构造简单,易拆卸且便于运输,占地小。缺点是:结构庞大、自重大,铺轨费用高
下回转式	起升机构采用电力液压推杆制动器调整,具有慢速下降性能,传动机构采用谐敏变阻器,使结构平稳,易整体运输。利用自身动力可自行安装拆卸。设有起重量限制器和起升高度限位器,以及行走、幅度限位器等安全保护装置

2. 布料杆（器）

是完成混凝土输送、布料、摊铺、浇筑的机具，一般与混凝土泵配套使用。分为汽车式布料杆和独立式布料杆两种，较常用的是独立式布料杆。独立式布料杆又分为移置式布料杆和管柱式机动布料杆两种，如图 8-42 所示，其技术性能参数见表 8-52。

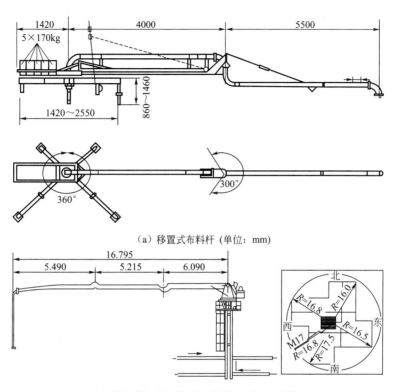

（a）移置式布料杆（单位：mm）

（b）管柱式机动布料杆及工作范围示意图（单位：m）

图 8-42　布料杆示意图

表 8-52　移置式布料杆与管柱式机动布料杆技术性能参数

类别与型号	移置式布料杆（RVM10-125 型）	管柱式机动布料杆（M17-125 型）
泵送管直径/mm	125	125
布料臂架节数/节	2	3
最大幅度/m	9.5	16.8
回转角度/(°)	第一节 360，第二节 300	360
作业力矩/(kN·m)	1409	270
自重/kg	670	1000
工作重量/kg	1750	2800
平衡重/kg	850	1200
电机功率/kW	—	7.5

3. 串筒与溜管

混凝土自由倾落的高度不宜超过 2m，若超过 2m，应采用如图 8-43 所示的溜管、串筒等辅助下料。通常，串筒直接连接在泵车的输送管上。

4. 溜槽

顾名思义，它是一种能使混凝土沿斜坡流动，形似水槽的一种浇筑设施，常常在基础底板大体积混凝土浇筑施工中被采用。

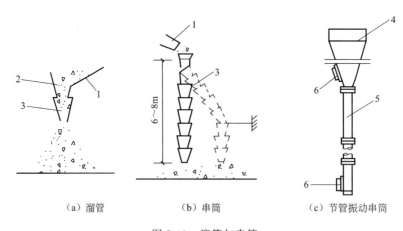

（a）溜管　　　　　　（b）串筒　　　　　（c）节管振动串筒

图 8-43　溜管与串筒

1—溜管；2—挡板；3—串筒；4—漏斗；5—节管；6—振动器

（1）溜槽的材料选择

需遵循以下原则：

① 脚手架由横杆、竖向立杆、安全栏杆、斜杆、挡脚板、剪刀撑等组成，采用明黄色 $\phi48mm \times 3.5mm$ 钢管，并用扣件连接成整体。

② 钢管采用无变形、无裂纹和无严重锈蚀的明黄色 $\phi48mm \times 3.5mm$ 焊接钢管，钢管材质为 Q235 钢，应符合现行国家标准《碳素结构钢》（GB/T 700）的有关规定。

③ 可锻铸铁扣件应符合现行国家标准《钢管脚手架扣件》（GB 15831）的有关规定，应与钢管管径相配合。

④ 脚手板采用≥50mm 厚的松木板，宽度为 200～250mm，长 4m，两端应各设直径为 4mm 的镀锌钢丝箍。其材质应符合现行国家标准《木结构设计标准》（GB 50005）中Ⅱ级材质的规定。

（2）溜槽搭设要求

溜槽搭设施工顺序：铺设角钢支撑→调整角钢支撑垂直度并与下层附加钢筋和中层钢筋网焊接→搭设钢管脚手架→铺设溜槽→搭设人行跳板→铺设密目安全网。具体要求如下：

① 溜槽搭设如图 8-44 所示，高长比以 1∶3 左右设置为宜。

② 角钢支撑间距为 1600mm，脚手架立杆纵横向间距及横杆纵横向间距均为 1600mm；并每隔 6000mm 设置剪力撑，中间每隔 1000mm 设水平拉接钢管并设置斜撑。

③ 溜槽采用钢丝绳固定，钢丝绳可以固定在锚杆或底板钢筋上。

④ 溜槽采用组合小钢模拼接成内径 600mm 宽，两侧高 400mm，在溜槽上口用钢丝或 2mm 宽钢板与两侧模板拉接。

⑤ 主溜槽与分支间在交界处溜槽底部用钢板制作活动开口，主溜槽下部设置专用漏斗转移混凝土，分流时将底部钢板打开，混凝土由漏斗通过串筒转移至分支。

⑥ 在底板钢筋之上利用钢管脚手架搭设溜槽支撑，上部用小钢模拼接做溜槽滑道，底部用 50mm×100mm 木方垫在脚手架上，并绑扎牢固，上口每 3m 做一次连接。

⑦ 用串筒顶部挂件将串筒固定在溜槽底面的脚手架上，浇筑过程中根据需要拆换，每个溜槽配置若干套串筒。串筒底部用活动溜槽配合浇筑。

⑧ 溜槽支架顶部设置安全护栏和挡脚板。

溜槽搭设完毕后应进行验收或检查，合格后方可按规定使用，用后也应按规定予以拆除。

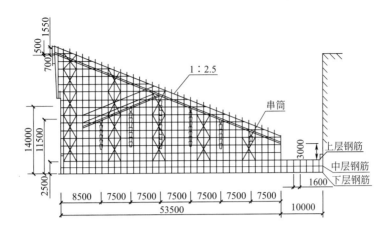

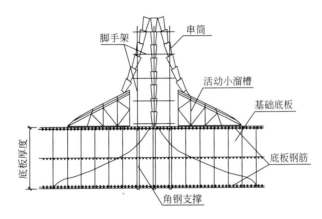

图 8-44 某工程溜槽搭设示意图（单位：mm）

第八节 混凝土密实成型机械

借助机械力使入模后的混凝土混合料填充模型和密实的机械称为密实成型机械。密实成型方法不同所选用的密实成型机械也不同，其中振动密实成型机械在商品混凝土施工中最常用，其类型见表 8-53。

表 8-53 振动密实成型机械的类型

分类	具体类型
作用方式	内部振动器、表面振动器、外部振动器及振动台等四类，如图 8-45 所示
振动频率	低频（33～83Hz）、中频（83～133Hz）和高频（133～417Hz）
动力	电动式、风动式、内燃式和液压式
振动原理	偏心式、行星式和电磁式

（a）内部振动器

（b）外部振动器

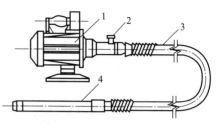
（e）电动软轴行星插入式振动器示意图

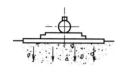
（c）表面振动器

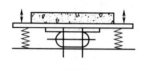
（d）振动台

图 8-45　振动密实成型机械示意图
1—电动机；2—防逆装置；3—软轴软管组件；4—振动棒

一、内部振动器

即利用偏心旋转运动对混凝土施加周期性的力，实现对混凝土的密实成型。

1. 内部振动器类型、特点与应用范围

内部振动器又称插入式振动器或称为振捣棒，其类型与特点如表 8-54 所示，其主要参数与应用范围如表 8-55 所示，常用的电动-行星式内部振动器的型号与参数如表 8-56 所示。

表 8-54　内部振动器类型与特点

分类方法	类型与特点
按电动机与振捣棒之间的传动形式分	软轴式，采用挠性传动软轴联结电动机与振捣棒，适用于中、小型振动器，由人工手动操作
	电动直联式，电动机直接装在振捣棒内以直接驱动偏心轴，适用于大型振动器（直径大于100mm），需用机械吊挂操作
按振动子激振原理分	偏心轴式，利用振捣棒内的偏心轴高速旋转时产生的离心惯心力作为激振力，通过轴承传递给振动棒壳体，使振动棒产生简谐振动。因其结构复杂，逐渐被行星式所取代
	行星式，利用振捣棒中一端空悬的转轴旋转时，下端的圆锥部分沿棒壳内的圆锥面滚动形成的行星运动，以驱动棒体产生圆振动

表 8-55　内部振动器主要参数与应用范围

捣头直径/mm	混凝土中工作时的振动频率/Hz	空气中工作时的平均振幅/mm	作用半径/mm	混凝土浇筑速率/(m³/h)	应用范围
20~40	150~250	0.4~0.8	80~150	0.8~4	薄墙和受限处流动性混凝土。可用作大型的振捣器的补充，制造实验室样品
30~60	142~208	0.5~1.0	130~250	2.3~8	薄墙、柱、梁、薄路面和接缝处的塑性混凝土
50~90	133~200	0.6~1.3	180~360	4.5~15	墙、柱、梁和厚路面的较稠的塑性混凝土（坍落度小于 80mm）
80~150	117~175	0.8~1.5	300~500	11~31	坍落度小于 50mm 的大体积混凝土
130~180	92~142	1.0~2.0	400~600	19~38	在重力坝、大型码头、厚墙等中的大体积混凝土

表 8-56　电动-行星式内部振动器的型号与规格

基本参数	型号					
	ZX25	ZX35	ZX50	ZX70	ZX85	ZX100
振动棒直径/mm	25	35	50	70	85	100
空载振动频率/Hz,　　　≥	25	217	183	183	150	133
空载最大半振幅/mm,　　≥	0.4	0.8	1.0	1.2	1.2	1.3
电动机功率/kW	0.8	1.1	1.1	1.5	1.5	1.5
混凝土坍落度为 30～40mm 时生产率/(m³/h),　　　　　　≥	0.5	3.0	6.0	8.0	10	12
振动棒质量/kg,　　　　≤	2.5	3.5	6.0	8.0	10	12
软轴直径/mm	8.0	10	13	13	13	13
软管外径/mm	22	30	36	36	36	36

2. 内部振动器生产率

生产率可按式(8-59) 计算:

$$Q = 2Kr^2 h \frac{3600}{t_1 + t_2} \tag{8-59}$$

式中　Q——内部振动器生产率, m³/h;

　　　K——时间利用系数, $K = 0.9$;

　　　r——振动棒的作用半径, m;

　　　t_1——振动棒在每点的振动时间, $t_1 = 15～30s$;

　　　t_2——振动棒由一点移至另一点的时间, $t_2 = 5～10s$;

　　　h——作用深度, $h = L - (0.05～0.15)$, 其中 L 为振动棒的工作长度, $0.05～$
　　　　　$0.15m$ 为插入已振实混凝土混合料层深度, m。

二、外部振动器

1. 外部振动器类型、特点与应用范围

（1）表面振动器

其工作部件是一钢制振板以及振板上装有一个带偏心块的电动振动器, 振动力通过振板传递给混凝土。其振动作用深度较小, 一般为 150～250mm, 仅适用于面积大、厚度小而平整的结构物, 如路面、地面、屋面等。

（2）附着式振动器

安装于模板上, 直接振动模板, 间接振动混凝土。其振动作用不强, 仅适用于薄壁混凝土结构或是带有密集钢筋的混凝土结构, 如墙板或剪力墙等。附着式振动器的主要技术参数见表 8-57。

表 8-57　附着式振动器的主要技术参数

项目	型号						
	ZW_4A	ZW_5	ZW_5A	ZW_7	ZW_{10}	ZW_{11}	ZW_{20}
频率/Hz	46.6	47.3	47.6	47.5	46.6	47.5	47.5
电动机功率/kW	0.5	1.1	1.5	1.5	1.0	1.5	3.0

项目	型号						
	ZW_4A	ZW_5	ZW_5A	ZW_7	ZW_{10}	ZW_{11}	ZW_{20}
电压/V	380	380	380	380	380	380	380
偏心动力矩/(N·cm)	42	49	52	65	100	109	200
激振力/N	3700	4300	4800	6000	9000	10000	10000～13000
振幅/mm	—	—	—	1.2～2.0	2.0	2.0	5.0～6.0
总质量/kg	23	26	27.5	37.5	57	57	65
外形尺寸 (长×宽×高)/mm	365×210×218	395×212×228	410×210×240	420×250×260	410×325×240	390×325×246	531×270×313
木底板尺寸	500×400×50 mm³	600×400×50 mm³	700×500×50 mm³	720×540×50 mm³	小于0.4m³	小于0.4m³	650×450×50 mm³
地脚螺栓孔 中心距①/mm	160×170	170×180	170×170	184×200	250×280	230×286	160×180
地脚螺栓直径/mm	12	12	12	16		—	12

① 它是4个螺栓孔的相对位置，为长方形。

（3）振动台

由上部框架和下部支架、支承弹簧、电动机、齿轮同步器、振动子等组成。上部框架是振动台的台面，通过螺旋弹簧支承在下部的支架上。振动台只能做上下方向的定向振动，在商品混凝土搅拌站用于实验室混凝土试件的成型。

2. 表面振动器生产率

生产率按式（8-60）计算：

$$Q = K_1 sh \frac{3600}{t_1 + t_2} \tag{8-60}$$

式中　Q——表面振动器生产率，m^3/h；

K_1——时间利用系数，$K_1 = 0.9$；

s——振动器底板面积，m^2；

t_1——振动棒在每点的振动时间，$t_1 = 15～30s$；

t_2——振动棒由一点移至另一点的时间，$t_2 = 5～10s$；

h——振动底板伸入混合料的深度，m。

3. 表面振动器有效作用深度

有效作用深度则可根据式（8-61）近似计算：

$$h_1 = \frac{m}{\rho A} \tag{8-61}$$

式中　h_1——表面振动器有效作用深度，m；

ρ——混凝土混合料体积密度，kg/m^3；

A——表面振动器底板作用面积，m^2；

m——被振实混凝土混合料层的质量，可按式（8-62）计算。

$$m = \frac{m_0 l}{A_1} - w \tag{8-62}$$

式中　m_0——偏心块的质量，kg；

l——偏心距，mm；

w——振动器质量，kg；

A_1——振动器与混合料一起振动时的极限振幅，不应低于表 8-58 之数值。

表 8-58　不同振动频率时的混合料的极限振幅

振动频率/Hz	25	50	75	100
极限振幅/cm	0.037	0.014	0.006	0.004

第九节　清洁生产设备

一、除尘设备

主要有干式除尘器、袋式除尘器和湿式除尘器等三大类，其效率如表 8-59 所示。目前，商品混凝土搅拌站常用袋式除尘器。

表 8-59　各类除尘器的除尘效率对比表

粉尘粒径 /μm	除尘效率/%		
	干式除尘器	袋式除尘器	文丘里湿式除尘器
>75	90	99.9	99.9
40～75	80	99.9	99.9
5～40	50	99.9	99.0
<5	10	99.9	98.0

袋式除尘器是一种利用做成袋形的天然纤维或无机纤维，将气体中的粉尘过滤出来的净化设备。根据除尘方式分为中部振打袋式除尘器和脉冲喷吹袋式除尘器。

1. 中部振打袋式除尘器

构造如图 8-46 所示。过滤室分成 2～9 个分室，每个分室内挂有 14 个滤带，含尘气体由进风口经过隔风板分别进入各室的滤袋中，气体经过滤袋后，通过排气管排出。振打清灰装置通过摇杆、振打杆和框架，按一定周期振打滤袋，袋上附着的粉尘随之脱落。打开回风管闸板，利用通风机的压力或大气压力使空气以较高的速度从滤袋外向滤袋内反吹，使滤袋纤维内滞留的粉尘吹出，并与被振打掉的粉尘一起落入下部的集尘斗中，由螺旋输送机和分格轮送走。各室滤袋虽轮流振打清灰，但整个除尘器连续工作。除尘器中还装有电热器，在气温低或气体湿度大时使用。

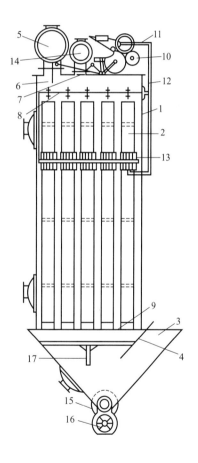

图 8-46　中部振打袋式除尘器构造示意图
1—过滤室；2—滤带；3—进风口；4—隔风板；
5—排气管；6—排气管闸板；7—回风管闸板；
8—清袋铁架；9—滤袋下口花板；10—摩擦轮；
11—摇杆；12—打杆；13—框架；14—回风管；
15—螺旋输送机；16—分格轮；17—热电器

2. 脉冲喷吹袋式除尘器

构造如图 8-47 所示，箱体内装有数百个由耐热合成纤维制成的、网眼极小的过滤袋。除尘器工作时，一级除尘后的含尘气体进入箱体，在折流板的截流下被分散，然后从每个滤袋的外侧流动进入滤袋内，在滤袋的筛分、拦截、冲击、扩散和静电吸附等作用下，使微尘黏附于滤袋孔隙间而从烟气中分离出来。黏附于过滤袋外面的粉尘，采用脉冲压缩空气使滤袋产生振动和抖动，将滤袋上的粉尘抖落到箱体的下部，并由螺旋输送器输送到粉料仓。

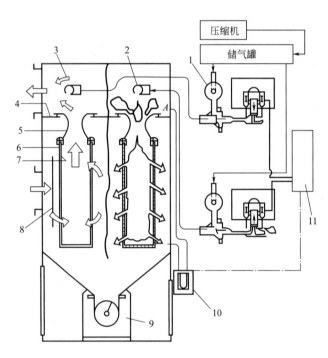

图 8-47 脉冲喷吹袋式除尘器构造示意图

1—脉冲阀；2—喷吹管；3—净气；4—管座板；5—喉管；

6—滤袋；7—袋骨架；8—折流板；9—螺旋输送器；

10—差压计；11—控制器

袋式除尘器通常作为二级除尘装置来使用。它的前一级除尘器多选用阻力较小的单筒干式旋风式除尘器。

二、废混凝土清洗回收与再利用设备

据初步测算，一个年生产能力为 10 万立方米的混凝土搅拌站，仅清洗混凝土搅拌运输车所形成的浆水每日高达 $40m^3$，平均每生产 $100m^3$ 的混凝土，将产生 $1.0 \sim 1.5m^3$ 的废弃混凝土。

1. 废混凝土清洗回收与再利用设备

废混凝土清洗回收设备构成如图 8-48 所示，废混凝土清洗回收再利用设备构成如图 8-49 所示。

（1）进料洗涤斜槽

又称为冲洗槽，一般为长方形料槽，可容纳 2～3 个冲洗位置，可容纳 2～3 台混凝土搅

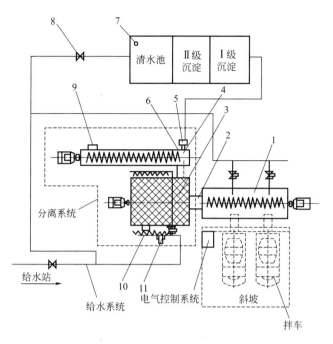

图 8-48　废混凝土清洗回收设备构成示意图

1—进料洗涤斜槽；2—给料管；3—砂石分离机；4—分砂机；5—溢浆口；6—泥浆泵；7—清水池；8—阀门；
9—出砂口；10—出石口；11—电磁阀

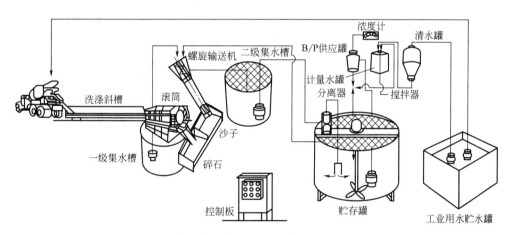

图 8-49　废混凝土清洗回收再利用设备构成示意图

拌运输车同时卸料及清洗。被均匀冲洗的砂石料送入废混凝土清洗分离机（即分离系统）中。

（2）清洗分离机

由砂石分离机、分砂机组成。砂石分离机由滚筒筛及水路组成，滚筒筛的筛筒管螺旋前进方向与水平方向成仰角设计，使物料可在有限筛分过程中翻转，并接受喷射水流的充分清洗与分离。分砂机是通过清洗池上溢流槽高度的合理布置使得砂粒与泥浆充分分离。

（3）给水系统

由冲水管路、分离冲水管路和进料斗冲水管路 3 部分构成。清洗过程全部采用循环清洗，因此污水基本零排放。

（4）定量浆水贮存罐

用来控制浆水定量使用。浆水浓度采用浆水浓度计进行观测和控制，浓度计标杆上划分为绿色、黄色和红色三个区，分别表示浆水浓度≤3％、3％～5％和≥5％。

由于浓度小于5％的浆水表观密度和清洁水表观密度相当接近，故浓度读数存在约10％～15％的误差，因此，注入定量浆水贮存罐的浆水体积应预先设定为每次混凝土拌和用水量的70％～80％，其余20％～30％的拌合水由清水补充。

为防止浆水中的水泥颗粒在浆水贮存罐中沉淀固结，设置搅拌系统，进行定时间歇式搅拌。

2. 废混凝土清洗回收再利用工艺流程

废混凝土清洗回收再利用工艺流程如图8-50所示。首先，混凝土搅拌运输车将残余的混凝土及清洗搅拌罐的废水，卸入进料洗涤斜槽中，经冲洗后，将砂石料送入清洗分离机中。

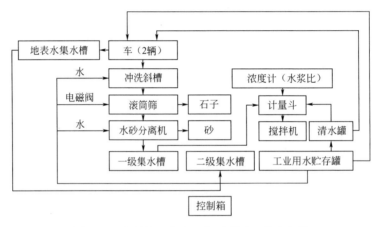

图8-50　废混凝土清洗回收再利用工艺流程图

然后，经砂石分离机的再次充分清洗与筛分将碎石分离出来。剩余的砂和水泥浆送入螺旋分砂机中，经分砂机内不断旋转的输送螺旋将砂粒排出砂口。

水泥浆不断从分砂机低端溢出，经泥浆泵和管道进入集水槽（即沉淀池）。水泥浆在集水槽中经不断沉淀而收集起来，并通过计量斗投入到定量浆水储存罐中，并在一定的浆水浓度下存放与使用。

第十节　设备维护与保养以及常见故障与排除

一、混凝土实验室常用仪器与设备

商品混凝土搅拌站实验室，通常由水泥与矿物掺合料实验室、砂石骨料实验室、混凝土制备室、混凝土物理力学实验室、混凝土耐久性实验室以及混凝土养护室等组成，所需配备的仪器与设备参见表8-60。

表 8-60　混凝土实验室需配备的常用仪器与设备

序号	试验名称	试验内容	仪器与设备名称	规格与型号	主要技术参数
1	水泥与矿物掺合料	水泥/矿粉比表面积	全自动比表面积测定仪	FBT-9	试料层体积 $V=1.819\text{cm}^3$，K 值 1.8288
		水泥标准稠度用水量、外加剂净浆流动度	水泥净浆搅拌机	NJ-160A	
		水泥/矿粉活性指数、SL 流动度比、FA 需水量比	水泥胶砂搅拌机	JJ-5	
		水泥/矿粉活性指数	水泥胶砂振实台	ZS-15	振幅 14.7～15.3mm
		水泥/矿粉/膨胀剂试块	标准恒温恒湿养护箱	40 型	温度(20±1)℃,湿度≥90％
			水泥自动养护水箱	BWJ	温度(20±1)℃
			电动抗折试验机	DKZ-5000	最大试验力 5000N
			电脑恒应力压力试验机	BC-300D	最大试验力 300kN
			水泥胶砂试模	$(160\times40\times40)\text{mm}^3$	
			水泥抗压夹具	$(40\times40)\text{mm}^2$	
		水泥标准稠度用水量/凝结时间	水泥标准稠度凝结测定仪	(0～70)sm/m	
		水泥安定性	水泥煮沸箱	FZ-31A	
		粉煤灰/膨胀剂细度	水泥细度负压筛析仪	FSY-150B	准确度等级 0.05 级
			负压试验筛		
		矿粉流动度比、粉煤灰需水量比	水泥胶砂流动度测定仪	NLD-3	
		粉煤灰/矿粉烧失量	高温箱型电阻炉	SX2-2.5-12 型	准确度等级一等
2	砂、石骨料	人工砂、石粉含量	全自动智能石粉含量测定仪	NSF-1	
		砂/石/外加剂含固量	电热鼓风干燥箱	101-4 型	
		砂子细度模数	方孔砂子筛	0.075～4.75mm	
		骨料级配	摇筛机	—	
		石子连续级配	方孔石子筛	2.36～31.5mm	
		石子针片状含量	针片状规准仪	—	
		石子压碎指标值	石子压碎指标测定仪	—	
3	外加剂	膨胀剂试块养护	膨胀剂养护箱	SJ-40A 型	温度(20±2)℃，湿度60％±5％
		外加剂钢筋锈蚀	钢筋锈蚀仪	PS-6 型	准确度等级 0.1 级
		外加剂 pH 值	酸度计	PHS-25	测量范围 pH 0～14
		外加剂密度	比重计	婆梅氏	

序号	试验名称	试验内容	仪器与设备名称	规格与型号	主要技术参数
4	混凝土制备	混凝土成型	混凝土振动台	0.5m×0.5m	频率 49.7Hz,振幅 0.483mm
		抗渗试块	混凝土抗渗试模	—	
		混凝土搅拌	实验室用混凝土搅拌机	强制式	
		坍落度试验	混凝土坍落度筒及捣棒	—	
		混凝土含气量测定	含气量测定仪	—	
		混凝土凝结时间测定	贯入阻力仪	RGZ-120	力值 0~120kg
5	混凝土养护	混凝土强度快测	混凝土加速养护箱	HJ-84	
		混凝土标准养护	标准养护室全自动控温控湿设备	FHBS 型	温度(20±2)℃,湿度>95%
		混凝土防冻与抗冻	低温箱	DXZ25-370 型	
6	混凝土物理力学及耐久性	混凝土抗渗等级测定	自动调压混凝土抗渗仪	HP4.0-5	
		混凝土强度等级测定	电液式压力试验机	YA-3000kN	最大试验力 3000kN
		混凝土/外加剂氯离子测定	氯离子含量测定仪	NJCL-B 型	准确度等级 0.1 级
7	其他	试模尺寸检查	宽座角尺	80mm×50mm	
		骨料烘干箱	玻璃温度计	0~300℃	测量范围 0~300℃
		混凝土坍落度	钢直尺	0~500mm	
		混凝土压力泌水仪	压力表	0~60MPa	
			电接点压力表	0~6MPa	
		试验环境温湿度控制	温湿度表	TH101B	
		混凝土密度、砂石试验	容量筒	1L	
			容量筒	10L	
		粉体材料密度	比重瓶	—	
		粉煤灰/膨胀剂细度	电子天平	JY5002	最大量程 500g,精度 0.01g
		水泥胶砂、外加剂净浆	电子天平	JJ2000	最大量程 2000g,精度 0.1g
			电子天平	JY20002	最大量程 2000g,精度 0.01g
		粉煤灰/矿粉烧失量、外加剂含固量	电子天平	FA2004	最大量程 200g,精度 0.1mg
		水泥/矿粉比表面积	电子天平	JJ200B	最大量程 200g,精度 1mg
		混凝土试配、砂石试验	电子台秤	XK3100	最大量程 100kg,精度 100g

二、生产设备维护与保养

商品混凝土搅拌站应建立设备巡检制度，以及设备保养验收标准，凡验收不合格的设备应停止运行。生产设备维护、保养项目与控制标准见表 8-61。

表 8-61　搅拌站生产设备的维护、保养项目与控制标准

序号	项目	控制标准
1	皮带机	运转无异响,托轮、滚轮润滑良好,磨损情况正常,清洁,不跑偏
2	料斗	未磨透,斗门开闭正常
3	配重轮	润滑良好、工作正常
4	布料器	工作灵敏、有效,润滑清洁良好
5	骨料仓	磨损情况符合规定要求
6	粉料仓除尘器	除尘效果良好,外部干净,无堆积、结块
7	粉料仓料位计	工作正常,外部干净,无堆积、结块
8	砂、石料下料斗门	磨损情况良好,开闭正常,无明显锈蚀,不漏气
9	外加剂上料系统	泵及管路工作正常,不漏不溢,无积结外加剂
10	搅拌机外部卫生	不漏水、灰、外加剂,表面无混凝土块和痕迹。机房干净、整洁,无杂物
11	搅拌机各润滑点	润滑良好
12	搅拌机衬板	不磨透,无掉块现象
13	叶片、搅刀、主轴及叶支承	无严重磨损
14	叶片与底衬间隙	3~5mm,最大部位不超过 12mm
15	主轴半环间隙	≤3.5mm
16	密封轴承	不漏浆、润滑良好
17	计量系统	工作灵敏可靠,示值误差在规定范围内
18	配电柜	工作正常,外部干净,内部无灰尘
19	控制室卫生	室内(包括计算机)保持清洁卫生,控制台上无杂物,办公桌上物品放置整齐
20	水泵及上水系统	工作正常,润滑、紧固良好,不渗不漏
21	控制室各仪表	保持清洁,仪表工作正常
22	粉料仓破拱装置	不漏灰,工作正常
23	布袋除尘器	不破漏,工作正常,及时清理积尘(每班两次)
24	高压配电系统	清洁无灰尘,工作可靠,符合标准
25	各电机、齿轮箱、送灰器	无异响、工作可靠,清洁无灰尘,润滑良好
26	供暖加热系统	无跑、冒、滴、漏现象

三、生产设备常见故障与排除

商品混凝土搅拌站生产设备常见故障与排除方法见表8-62。

表8-62　搅拌站生产设备常见机械故障与排除方法

故障现象	原因分析	排除方法
搅拌主机系统		
主机抱轴	粉料下料点位置不对	更改下料位置,保证粉料落点远离搅拌轴
	时间参数设置不对	重新设置参数:先投砂石,水泥、矿物掺合料延时5~15s,水延时5~6s
	前后两盘混凝土之间间隔时间太长	时间间隔超过60min要清洗一次搅拌机
主机"闷车"	中间仓下料超过额定生产方量,称量不准;严重超载,物料箍轴	1. 配料机料门卡住 2. 骨料计量不准 3. 中间仓上锅料未下完
	搅拌锅内壁积料及主机抱轴严重	定期清洁主机内壁和主轴搅刀上的黏结余料
	主机电机损坏或皮带张紧力不够(不一致)或老化打滑	检查电机或皮带并调整张紧度到一致
	搅拌的混凝土太干	检查配比内水含量;检查每罐水是否下完;调校水秤是否准确
	每罐混凝土未卸干净,锅内留有余量	调整卸料时间
	人为误操作造成二次投料	清除多余物料并按工艺流程操作
	搅拌叶片或侧叶片与罐内壁间隙较大,有异物进入其间卡滞	调整叶片与衬板的间隙,使之不大于5mm,并及时清理异物
	电压过低	重新检查线路电压,电缆过细、过长
	搅拌参数设置错误	认真检查相应配料数据和下料工艺并及时修正
	减速箱及菊花轴损坏	检查更换
主机停机	电源缺相或断路器和热继电器电流整定太小	检查三相电源;检查断路器;检查热继电器
	因闷锅引起的停机	根据闷锅的原因并及时处理
	主机观察门开关引起的停机	检查并更换观察门开关
主机门不开或不关	油泵电机是否跳闸	检查热继电器,补加液压油
	操作台禁止出混凝土开关是否打开	打开允许卸料开关
	手/自动转换阀是否关闭	关闭手动转换阀
	卸料挡板与出料口衬板之间的间隙过大,异物或集料卡住	更换料口衬板,保持衬板和卸料挡板的间隙在5~10mm
	卸料门电子感应器损坏;电磁阀与继电器之间的接线脱落、虚接或继电器损坏;电磁阀线圈烧损或阀芯卡滞;时间继电器损坏	检查接线,必要时更换感应器

续表

故障现象	原因分析	排除方法
主机门不开或不关	气路系统压力不足,气缸内泄漏或油雾器损坏	检查油雾器、接头、气缸等部位是否损坏,必要时更换
	出混凝土门液压电机工作油缸不动作	检查电路
主机轴端漏浆	浮动密封环损坏	更换浮动密封环
	轴端密封润滑不足	检查油路,清理添加足够的润滑油
出混凝土门实际已关但显示未关好	主机卸料门的接近开关损坏或接触点调准不合理	更换接近开关调准接触点
主机不启动	空压机未启动或供气压力未达到	启动空压机、等待5~10min
	搅拌缸检修开关及主机上的带钥匙紧急开关未接通	关闭搅拌缸上面的透视孔、关闭钥匙,并拔下钥匙
	操作台上的紧停开关是否接通	操作台上的紧停开关旋开
	主机电源开关是否接通	接通电源开关
	主机停止信号是否接通	及时检查、接通信号
主机关门不到位	门位感应指针松动	增加全开时间
	接近开关位置不合理	调整接近开关位置
	混凝土门异物卡住不能到位	手动操作一下搅拌机开门按钮,清除异物
	接近开关或阀有故障	检查更换
主机运转有异响	主机端轴承损坏	检查润滑油及密封;若轴承发热说明轴承损坏,更换轴承
	搅拌叶片和内衬板碰撞	调整叶片与衬板的间隙≤5mm,防止卡轴引起叶片断裂和搅拌臂损伤
主机报警器报警	油位、油压、油温、油质等引起	检查油位、油温、油压及油是否含水
关门到位指示不亮,按关门按钮无反应	液压油泵断路器跳闸或液压油路故障	合上相应电闸,并检查油位及管路
除尘系统故障	透气孔冒灰或主机除尘器无气压反吹动作	1. 检查除尘风机电路 2. 检查除尘管道或送气管是否堵塞

称量系统

故障现象	原因分析	排除方法
周期性±300kg超欠秤	下料门开度过大	根据原材料湿度、细度、季节温度适时调准
	气压偏低	检查气路
	精称值和超欠秤报警值设置过大	根据原材料适时调准
周期性±500kg以上范围超秤	气压偏低	检查气路
	传感器损坏	更换传感器
	变送器损坏	更换变送器
	秤斗受外力作用	检查清理
粉秤称量后重量下跌	蝶阀关闭不严	调整称量斗蝶阀使其关闭到位
	透气孔和除尘管堵塞	及时清理
	秤斗软连接安装过紧或过短	更换软连接材质并使其张紧度合适

故障现象	原因分析	排除方法
显示重量不稳定	传感器、变送器和 PLC 接地不好	及时检查、调整
	传感器、变送器损坏	及时检查更换
	信号线接触不紧或受外界干扰	及时检查、调整
粉料计量速度慢	粉料仓下料不畅	开启气吹破拱装置
	粉料起拱、料仓出料口处结块堵塞	检查出料口是否结块、开启破拱装置
	出料蝶阀开度过小	检查蝶阀开度,使其处于全开位置
	粉料仓内物料不足	及时向仓内补充物料
	螺旋输送机叶片变形或磨损过大	必要时校正或更换螺旋叶片
	粉料密度过小	要求材料生产商对物料进行加密处理
某种物料计量不停	下料门有异物卡住,接触器粘住脱不开	点动下料门或清理、更换接触器
物料计量完毕后一直处于卸料状态	卸料开关未复位	切换到手动模式点动,检查开关是否良好
	卸料后仪表显示数据过大	检查计量秤是否有异物,并将仪表清零
粉料出现比较大的亏损,一般超过 2%	粉料蝶阀泄漏	先反复开关粉料蝶阀,如果是小的杂质卡在蝶阀边上就会很快解决,要是没有改善就应修理或更换粉料蝶阀
	搅拌机在开门时粉料秤上出现负值,一般有 20~40kg	加大和畅通搅拌机出气孔,并及时清理搅拌机的出气管道
	粉料秤与搅拌机软连接处的水泥浆凝结硬化	经常清理软接头处的积料,使之保持松软。并定期校准电子秤,而且应该校正到常用量
粉料出现较大的盈余,一般超过 2%	上一盘秤里的粉料未卸完就接着称下一盘粉料,余料就作为下一盘粉料的量	粉料秤向搅拌机内投料时到了零区范围不能马上关门,应该延时 2~3s 再关门为好,如果超过投料时间应该自动启动粉料秤的振动,使称好的粉料快速干净地投完
	粉料秤的出气孔堵塞	及时进行出气管道清理
螺旋机停止后粉料秤仪表值还在慢慢上升	破拱压力过大或破拱电磁阀漏气	破拱压力调到 0.2MPa 左右;修理或更换破拱电磁阀
物料秤静态称重不准	压头和压盘处发卡	若压头或压盘发卡,应及时处理,使其光滑无阻力
	秤体与外界互相干涉	及时进行隔离
	各个传感器型号不匹配	更换型号一致的传感器
	传感器损坏或未安装好	检查传感器的安装或更换传感器
	仪表损坏	更换仪表
	称量物料时偏载	进行下料口调整
物料秤动态称重不准	计量落差设置不合理	根据计量误差调整过冲量或中速量
	投料时空气负压较大	更改软连接设计或清理通气管
	除尘装置堵塞	除尘装置及时清理

续表

故障现象	原因分析	排除方法
叠加称量,螺旋输送机切换时其断路器跳闸	一个螺旋输送机的接触器由于机械动作的滞后未断开而另一个接触器又吸合	将对应的称量仪表的参数值增大一点
计量表启动后马上停止	落差值过大	减小落差设置值
仪表称量的误差值过大	传感器损坏或未安装好	检查传感器的安装或更换传感器
	仪表参数设置不正确	调整仪表参数(精称、落差等)

电气系统

故障现象	原因分析	排除方法
接触器跳动或有嗡嗡声	接触器磁路耦合不好	断开后再合上即可
	电源电压不稳	检查线路,找到原因消除电压不稳因素
开机跳闸	负载线圈短路	检查配料机气缸线圈、主机风压反吹线圈、外加剂精称线圈、桶仓破拱阀等
配料机振动电机频繁跳闸	细骨料含水或含泥太大,震动力太大	控制原材质量设置点动震动
	断路器电流值设置太小	调准断路器设定值
	震动电机损坏	更换震动电机
集料仓卸料门无料时启闭困难	气水分离器滤芯太脏导致气路不畅	及时清洗或更换滤芯
	消声器太脏	及时清理消声器
待料斗卸完料后有料指示灯继续闪烁	待料斗关门到位开关未感应到	调整待料斗关门到位检测开关使其在关到位时接通
断路器跳闸	启动各自的负载,开关跳闸	1. 检查断路器的额定电流值是否与电机铭牌上的额定值匹配 2. 检查线路是否短路 3. 检查电源是否缺相
接触器频繁断开吸合	电源质量太差,电压不稳定且刚好处于接触器工作的临界状态	保证电源质量,电压要满足设备正常工作要求
一个电磁阀动作,所有的电磁阀都连电	印刷电路板上的100号线未接或接触不好	检查印刷电路板上的100号线并接好
	印刷电路板上的续流二极管击穿	更换整块印刷电路板或只更换损坏的续流二极管
电磁阀工作不正常	对应的PLC输出点是否有输出	检查输出点
	电磁阀内是否有异物	清除电磁阀内的异物
在自动运行中,待料斗有料指示灯长时间闪烁	关门到位开关未感应到信号	1. 检查磁性开关是否松动 2. 清理待料斗门周围的附着物
空压机启动后不转	空压机自带的热保护继电器启动	将热保护继电器复位
电接点压力表工作异常	压力设定值过大	调整压力设定值为0.4MPa
	动作触头氧化接触不良	更换电接点压力表
所有输出指示灯及PLC指示无显示	直流开关电源故障	1. 检查交流电源输入 2. 检查直流开关电源输出是否正常

故障现象	原因分析	排除方法
空压机频繁启动	管道漏气	检查气路是否漏气
	主机反吹、破拱气压调节过大	调准反吹、破拱值不大于 0.2MPa
	气轻微堵塞	清理
	储气罐水太多,存气空间小	每天排水
	空压机压差高低值调节太小	调准高低压差值
气缸动作缓慢	气路气压低	检查气路
	干燥过滤器堵塞	清理或更换干燥过滤器
	消声器堵塞	清洗消声器
	气缸密封损坏漏气	更换气缸或维修
气缸主阀不换向或换向不灵	电磁线圈接线不良或短路	用万用表检查是否断线,必要时更换线圈
	电磁阀排气慢或不排气	清洗电磁换向阀
	先导阀密封件损坏	更换新品
	润滑备件不良	改善润滑条件
	控制流通道不通畅	检查清洗
	工作压力过低	提高气源工作压力,检查气路是否泄漏

斜皮带机

故障现象	原因分析	排除方法
斜皮带跑偏	滚筒支架安装与架体不垂直	调整滚筒支架,保证左右支架等高、垂直
	托辊安装倾斜	调整托辊
	附加挡板阻力严重不平衡	改善附加挡板的阻力
	受料部位有较大的不平衡冲击力	改善受料部位不平衡的冲击力,不出现偏载
	滚筒或托辊的局部上粘有物料	及时清除所粘物料
	张紧力不均匀	在输送带支架末端调整滚筒螺栓使输送带松紧度一致
	滚筒中线和输送带中线不在一个垂直线上	调整固定滚筒螺栓,校正滚筒的水平度和平行度
	主从动滚筒的位置调整不当	调整主从动滚筒的位置
	输送带接口不直	重新粘接皮带
	机架中间连接处不直	校正机架连接处
	皮带整体受到的阻力不平衡	调整托辊支架和滚筒支架使阻力平衡
输送带撒料严重或输料不上	清扫器调整没有到位	调整清扫器,使其与输送带接触保持 50N 的正压力
	清扫器清扫刮片磨损	更换清扫刮片
	接料斗两侧挡料胶板严重磨损	更换挡料胶板
	输送带的张紧不够	调整张紧

续表

故障现象	原因分析	排除方法
皮带接口断裂及横向撕裂	接头硫化处理不合格	加强对皮带装配人员的培训,防止皮带接口方向装反
	瞬时冲击负载过大,薄弱部分受交变应力影响断裂	尽量减少负载,特别是有配重张紧装置的皮带,应控制配重在 200～300kg 内,以雨季不打滑为宜
	接口方向与皮带运动方向不相适应	由专业人员采用冷粘修补
	长期使用,疲劳损坏	修补或更换
皮带表面脱胶	皮带与托辊间或清扫器发生相对运动产生的磨损	加强巡查,及早发现,及早处理
	胶层硫化处理不合格	选择质量合格的皮带
	物料(特别是尺寸偏大物料)对皮带产生的冲击磨损	选择对应产品
皮带纵向撕裂	物料中混有如圆钢、角钢等异物	严格控制物料尺寸;进行除铁处理;加强巡查,防止异物卡死皮带;加强对配料站格筛网的维护,有损坏及时修复
	托辊过度磨损甚至穿孔,卷起的边角,割伤皮带	多巡视,及早发现问题,及时处理,加强维护是关键
	托辊卡死,间隙中夹杂的碎石等尖角异物,刮伤皮带	加强巡查,防止异物卡死托辊
	人为误操作,操作人员在做清理皮带等操作时,损坏皮带	修理完后有专人负责检查
斜皮带不启动	斜皮带检修开关未复位	检查皮带紧停开关是否打开(斜皮带机两头各一个)
	皮带机电源开关未接通	接通电源开关
	主机停止信号未接通	接通信号

给料系统

故障现象	原因分析	排除方法
给料机仓门开关困难	供气系统压力不足	调整气压
	销轴被卡	打润滑黄油
	出料口变形	校正出料口
	被大异物卡住	清除异物
	换向阀换向缓慢	更换换向阀
	气缸压力不正常	更换气缸
	气管漏气或者气管堵塞	检查气管,并疏通排除气管漏气
给料机的称量精度下降或称量不准	换向阀换向缓慢	检查阀体内是否存在异物
	气缸动内卸	更换气缸或换密封圈
	卸料口过大	调节料仓边螺栓将仓门调小
	传感器损坏	更换传感器

故障现象	原因分析	排除方法
电动滚筒工作不正常	轴端渗油	检查油量,若是油过量则保证油量;若是密封损坏则更换密封
	电动滚筒出现异常噪声	检查轴或齿轮,根据情况更换轴承或者齿轮
骨料称量斗不进料	称量斗门未关到位	检查称量斗卸料门是否关到位及磁感应开关指示灯是否亮
	称量仪表是否正常	检查仪表进料指示灯是否亮
骨料称量完后不卸料	待料斗关门到位开关未感应到	检查待料斗门是否被卡
	称量仪表是否有输出	检查仪表卸料信号
	皮带机是否启动	检查水平皮带机是否运转
	待料斗门未关到位	检查待料斗门是否关到位
	骨料称的精称门未关到位	检查骨料称的精称关门信号
	待料斗开门时间没有达到所设定的值	根据系统要求设定
	未定义骨料的卸料顺序	定义骨料的卸料顺序
震动器与骨料斗连接处断裂	激震力过大	调节激震力大小
	震动器与斗体连接面积过小	加大震动器与斗体连接底座尺寸
	长时间震动	控制原材料质量,减少震动时间或点震
螺旋机故障	螺旋机本身电机损坏	更换电机
	螺旋机内有异物	关掉蝶阀将观察口打开,让螺旋电机反转直至把异物取出
螺旋机工作有异响,负载功率增大	中间轴偏移,轴座端与相邻螺旋体端接触磨损	合理使用调整垫,使两端间隙距离不大于3mm
	物料结块	清除结块物料
螺旋机输送量明显减少	相邻螺旋体叶片导程不吻合	调整螺旋体相互角度位置
	螺旋叶片径向磨损,间隙过大	更换螺旋叶片
螺旋机正常运转,粉料称没有读数	粉料凝固成硬块,阻碍了粉料从粉料仓到搅笼	打开通气孔的挡板,凿出粉料硬块
	破拱没打开	打开破拱
螺旋输送机出料口不出料	电机为反转	把电机接线任意2条进行调位即可
	空气开关损坏	及时检查更换
	电机接线可能有一相接触不良	及时检查处理
水泵不上水	水泵内有空气	灌引水将水泵内的空气排出
	水泵电机已坏	更换水泵电机
	天气原因,水管某处受冻	给冻住处的水管加热,将水管内冰块融化
	水泵不动作	检查相关接触器和继电器是否工作正常,端子是否接触良好

续表

故障现象	原因分析	排除方法
粉料和待料斗 不卸料	粉料称量不到位	检查仪表是否称量完毕且各自的卸料信号是否发出
	搅拌机门没有关好	检查搅拌机的门是否关到位
	卸料电磁阀是否有电或打开	检查卸料电磁阀
	搅拌主机是否工作	检查搅拌主机是否运转
外加剂不上料	外加剂电机或叶轮损坏	更换电机或叶轮
	外加剂罐内物料不足	添加外加剂
	气候原因造成外加剂结晶导致管道堵塞	疏通清洗外加剂管道,采取预防措施(如保温、加热等)
	外加剂泵不动作	检查相关的电路,查看端子是否接触良好

粉料仓

故障现象	原因分析	排除方法
粉料罐顶冒灰	除尘器滤芯堵塞	在泵送粉料前,启动罐顶除尘器振动器 1～2min,把除尘器滤芯上的积灰振落。在泵送完毕后,再开罐顶除尘器 1～2min,振落积灰。并定期清理除尘器滤芯和安全阀
	输送压力超过 1.5MPa	控制压力在 1.0MPa 左右
	除尘滤芯胀裂或脱落	更换新滤芯
	料位计失灵,料仓内物料装入过多	料仓顶部留有不小于 2m 的压力释放空间
输送管返灰	仓顶收尘器滤芯堵塞	清理仓顶收尘器滤芯
	上料位计损坏,致使上料量超出输送管出口	检查修复上料位计
收尘器与粉仓连接处撕开,使收尘器从粉仓顶掉下	上料时,收尘器滤芯堵塞,压力安全阀失灵	经常性维护和保养收尘器和压力安全阀等附件
	仓内压力过高,仓顶薄弱部位因高压产生变形或破坏	控制上料气压
粉仓料位计失灵	仓顶或仓壁漏水导致料位计可能被结块的水泥卡住	清除结块水泥。经常检查粉仓的密封情况。发现失灵,可拆开料位计的安装螺栓,清除结块,并移出料位计,确认料位计运转是否正常。检验料位计时,注意安全。运转正常后,再将料位计装好,装料位计时,一定在螺栓部位加密封胶带
	料位计损坏	更换料位计
	进料过多料位灯无法正常工作	关闭料位灯,待用完多余的料后再将料位灯打开
	料位灯不工作	打开料位盖,检查是否有积水,排除后再检查其是否完好,否则更换
粉仓破拱失效	破拱电磁阀损坏	更换电磁阀
	线路故障	检查线路使电路通畅
	助流装置失效或者压力过小	检查维修助流装置;调节减压阀使气压保持在 0.1～0.3MPa 之间

四、某商品混凝土搅拌站 HZS180 搅拌楼设备布置示意图（图 8-51）

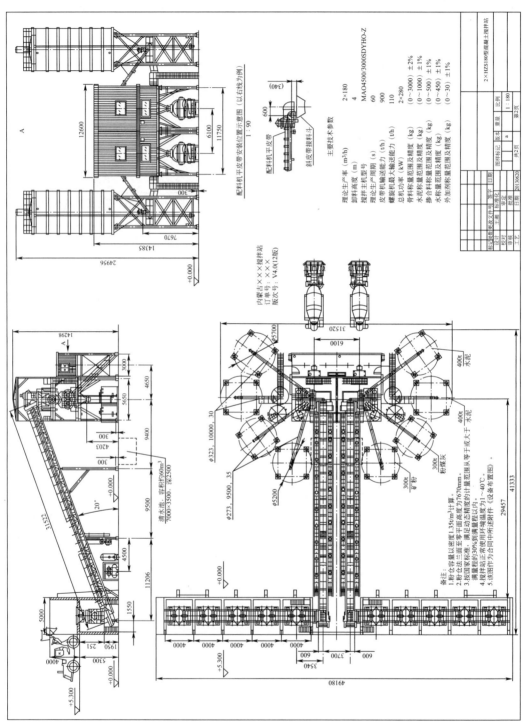

图 8-51　HZS180搅拌楼设备布置示意图（单位：除标高为m外，其余为mm）

五、某商品混凝土搅拌站 HZS240 搅拌楼设备布置示意图（图 8-52）

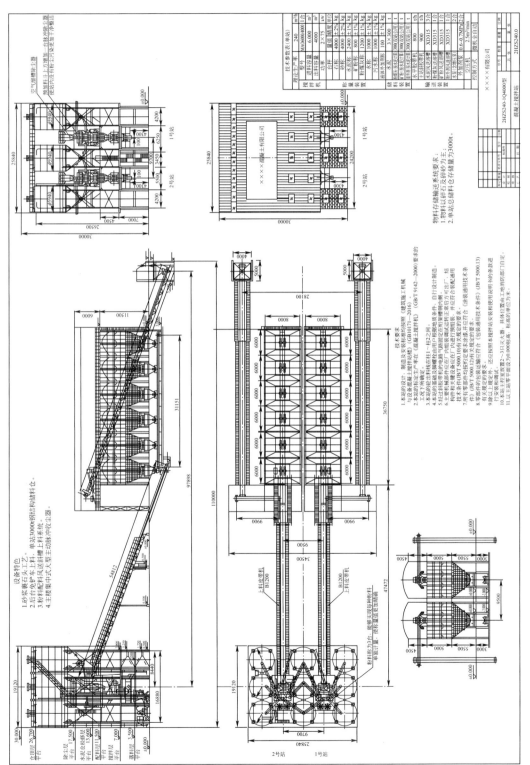

图 8-52 HZS240 搅拌楼设备布置示意图（单位：除标高为 m 外，其余均为 mm）

六、某商品混凝土搅拌站 HZS270 搅拌楼设备布置示意图（图 8-53）

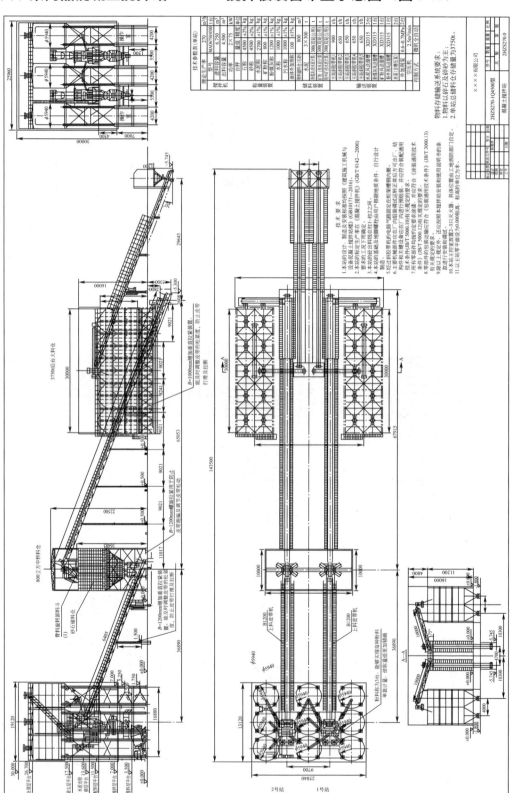

图 8-53　HZS270搅拌楼设备布置示意图（单位：除标高为 m 外，其余均为 mm）

第九章
商品混凝土质量管理

什么是质量？质量即反映实体满足明确和隐含需要的能力的特性总和。

企业通过质量管理，不仅能生产出满意的产品，而且可以不断降低质量成本，为企业赢得明显的经济效益。

本章在介绍全面质量管理基本知识的基础上，阐述了质量管理与质量控制理论在商品混凝土生产与施工中的应用。

第一节　全面质量管理概论

全面质量管理是指企业在最经济的水平上，并考虑到充分满足顾客要求的条件下，进行市场研究、设计、制造和售后服务，综合运用一套科学的管理手段和方法，把企业内各部门的研制质量、维持质量和提高质量等活动构成为一体的一种有效的系统管理活动。

一、全面质量管理基本理念

1. 顾客满意

就是顾客不仅对购买和使用的产品的技术性能（质量）感到满意，而且对销售和使用过程中的服务感到满意，是衡量产品质量的唯一标准。

这里所说的"顾客"，它不只是指企业产品出厂后的直接用户，而且包括企业内部（即本组织结构）中所有部门和所有层次的人员。从广义上来说，产品质量的好坏，还可能影响到社会，如环境污染等，所以"社会"也是一个顾客。

2. 质量是设计、制造出来的，而不是检验出来的

设计、制造、检验是产品生产的三个阶段。其中：设计质量是先天性的，它决定了产品质量的等级和水平；制造质量是设计质量的实现，其既要保证产品符合设计要求，又要实现制造成本最低；检验是对产品进行最后把关，它不能决定产品的质量。

3. 一切用数据说话

科学的统计方法，如：排列图法、因果分析图法、直方图法、分层法、控制图法、散布图法和统计分析表法以及近年提出的关联图法、亲和图法、系统图法、过程决策图法、矩阵

图法、矩阵数据解析法和矢线图法等，是全面质量管理的基本手段。使用这些方法对问题进行定量分析，用数据说话才能避免盲目性、主观性，提高科学性和准确性，才能有利于观察、分析和解决问题。

4. 一切用实践来检验

全面质量管理的重要特点就是重视实践，即使检验合格的产品在实践中质量不能满足使用要求，仍然不是令人满意的产品。

由以上理念可以看出，全面质量管理它是一个全过程的质量管理、全员参与的质量管理以及全面采用科学的质量管理。

二、质量管理和质量管理标准化

1. 质量管理

指企业确定质量方针、目标和职责，并在质量管理体系中，通过诸如质量策划、质量控制、质量改进和质量保证使其实施的全部管理职能的所有活动。

（1）质量策划

指策划一套创新体系、产品组合、研发流程、生产工艺或质量目标等，其着重点在于确定质量目标，并规定必要的运行过程和相关资源以实现质量目标。

（2）质量控制

又称工序质量控制，是保证生产过程中的各工序能始终处于受控状态，持续稳定生产出合格的产品，其着重点在于满足质量要求。它是一个设定标准、测量结果、判定是否达到了预期的要求，并对出现的质量问题进行原因分析，采取措施进行补救并防止再发生的过程。

（3）质量改进

指审计、回溯、测量分析、知识管理、专项改进的活动或过程，其着重点在于增强组织满足要求的能力。

（4）质量保证

质量保证活动是一个以可信性为核心，贯穿于从产品设计到销售服务后的质量信息反馈为止的全过程。

2. 质量管理标准化

其目的在于：改进产品、过程和服务的适应性，使企业在生产经营和管理范围内获得最佳秩序。

（1）质量管理标准化内涵

① 产品标准化。指在现代化大生产中，工业产品品种、规格的简化，尺寸、质量和性能方面的统一化。

② 工作标准化。包括业务标准化和作业标准化。业务标准，是指对各部门业务工作的一些具体规定，如技术管理规定、设备管理规定等。作业标准，包括工艺流程、操作规程、装配作业程序等规定。

（2）标准化表现形式

① 简单化。指在一定范围内缩减对象（事物）的类型数目，使之在既定时间内足以满足一般需要的标准化形式。

② 统一化。是把同类事物两种以上的表现形态归并为一种或者限定在一个范围内的标准化形式。

③ 通用化。指在相互独立的系统中，选择和确定具有功能互换性或尺寸互换性的子系统或功能单元的标准化形式。

④ 系列化。通常指产品系列化，它是对同一类产品中的一组产品同时进行标准化的一种形式。

⑤ 组合化。指按照标准化的原则，设计并制造出若干组通用性较强的单元，根据需要拼合成不同用途物品的标准化形式。

三、质量管理过程

1. 产品设计过程质量管理

产品设计是产品质量源头，是一个既要满足顾客要求又要满足制造要求的双向逼近过程。在产品设计中和设计完成之后，都要组织有关人员进行论证和评审，甚至进行实验室试验，必要时进行现场试验以及小批量试生产，之后，最终确定产品生产制造的技术与工艺参数。

2. 生产制造过程质量管理

生产制造过程是产品从设计质量到实物质量的实现过程，其任务是建立一个控制状态下的生产系统。所谓控制状态，就是生产的正常状态，即生产过程能够稳定、持续地生产出符合设计质量的产品。这一过程包括以下三个阶段的主要活动内容。

（1）生产技术准备阶段

人员准备、物资和能源准备、装备准备、工艺准备、计量仪器准备、质量控制系统设计、设计组织生产方案与验证工艺及装备等。

（2）生产制造阶段

现场文明生产管理、生产工序管理和工序质量改进、作业者自检、工序审核、不合格品处理与计算机辅助质量管理系统等。

（3）运输阶段

供应方应提供防止产品损坏或变质的运输方法。对混凝土而言，它是一种极易在运输过程中发生性能变化的半成品，因此，商品混凝土供应商应形成有关"注意事项及特殊情况下应采取的工艺措施"等混凝土运输的文件。

3. 服务过程质量管理

分为售前服务和售后服务。

（1）售前服务

指产品投放市场以前所进行的前期质量活动。此阶段，策划一份详尽周到的产品说明书（或技术交底书）十分必要。例如，作为商品的混凝土，其技术性能、施工方法、施工过程中的注意事项及施工后的技术保证等都应在说明书中加以详细说明，必要时，混凝土供应商应派专人对施工企业的有关人员进行技术培训，并在施工过程中进行现场技术指导。

（2）售后服务

指产品投放市场以后使用过程中的服务过程。例如，对混凝土进行养护，虽然，通常由施工单位负责，但作为混凝土供应商，除应在说明书中加以说明外，还应派专人到养护现场进行指导和监督，并把有关事宜加以记录，形成书面材料予以备存。

值得一提的是，除不可抗拒的因素外，产品在质量保证期内发生质量问题，供应商仍有责任提供免费服务。因此，全面质量管理要求供需双方应在合同中，必须将质量保证期和服务条款加以说明。

四、工序质量控制

工序是产品形成的基本环节。工序质量控制是生产制造过程控制的核心，对保障产品质量、降低生产成本和提高生产效率有着至关重要的影响。

1. 工序质量控制内容

工序质量控制是在加强一般工序质量控制的同时，对关键工序和特殊工序进行重点控制，使工序能够长期稳定地生产合格产品，其主要内容包括：

① 对生产制造过程中产品质量变异情况进行数据统计，并进行质量分析。

② 对生产制造过程的质量状态进行评价，以及工序能力的评估，进而采取适宜的控制方法以满足质量保证要求。

工序质量控制通过工序标准化管理予以实现。由于工序质量受"人（man）、机（machine）、料（material）、法（method）、环（environment）、测（measure）"即 5M1E 六方面因素的影响，因此，工序标准化就是要寻求 5M1E 的标准化。其具体要求主要涵盖：①工序流程布局科学合理；②工序质量控制点得到有效确立；③相关生产管理办法、质量控制办法和工艺操作文件规范有效；④重要的生产过程运用调查表、控制图、因果图等统计技术进行统计分析与监控；⑤记录资料及时按要求填报；⑥生产设备、检验及试验设备、工装器具、计量器具等必须处于完好状态和受控状态等。

2. 质量的变异性

同一批产品，即使所采用的原材料、生产工艺等都相同，产品质量之间也会出现或多或少的差异，即质量变异。

影响质量变异的因素可归纳为两类：

（1）偶然性因素

即指那些不易控制的一些偶发性或随机性因素，如同一批原材料的质量不均匀性，设备的磨损、振动与冲击，操作者和试验人员的差异等。虽不易避免，但对质量变异影响程度一般不大。

（2）系统性因素

即非偶然性因素，如原材料规格或品种的改变、机具设备发生故障、操作不按规程等。对质量变异影响程度较大，但容易识别，可以避免。

借助控制图，就能识别这两类因素，使生产能长期维持在稳定的质量状态下，这个状态称为质量控制状态或管理状态。

研究表明，产品质量变异服从正态分布，正态分布的概率计算公式为：

$$F(x) = \frac{1}{\sqrt{2\pi}\sigma} \int_{-\infty}^{x} e^{\frac{-(x-\mu)^2}{2\sigma^2}} dx \tag{9-1}$$

式中　μ——总体平均值；

σ——总体标准差。

根据标准正态分布的规律，可以计算以下概率：

$$P[(\mu-\sigma)<x<(\mu+\sigma)] = P[-\sigma<(x-\mu)<\sigma] = P\left(-1<\frac{x-\mu}{\sigma}<1\right) = F(1)-F(-1)$$

$$P[(\mu-\sigma)<x<(\mu+\sigma)] = 0.6826 \tag{9-2}$$

同理：

$$P[(\mu-2\sigma)<x<(\mu+2\sigma)] = 0.9546 \tag{9-3}$$

$$P[(\mu-3\sigma)<x<(\mu+3\sigma)] = 0.9973 \tag{9-4}$$

$$P[(\mu-6\sigma)<x<(\mu+6\sigma)] = 0.999999998 \tag{9-5}$$

如果质量特性值 x 服从正态分布，那么在 $\pm 3\sigma$ 范围内就包含了 99.73% 的质量特性值，这就是所谓的 3σ 原则。

在±3σ 范围内几乎 100％地描述了质量特性值的分布规律，所以在实际问题的研究中，已知研究的对象总体分布服从正态分布或近似正态分布，就不必从－∞到＋∞范围内去研究，只着重分析±3σ 范围就可以了。应该指出的是，3σ 原则与σ 的值无关，无论σ 值大小，±3σ 范围内均包含了 99.73％的质量特性值。

3. 生产过程的质量状态

工序质量控制的基本原理，就是通过 μ 和σ 的变化控制生产过程的质量状态，判断其失控与否。

（1）受控状态

即 μ 和σ 不随时间变化，且在质量要求的范围之内。

（2）失控状态

有两种情况，一种是稳定状态，即 μ 和σ 不随时间变化，但不符合质量要求；另一种是不稳定状态，即 μ 和σ 其中之一或两者同时随时间变化，但不符合质量要求。

五、质量检验

1. 进货检验

对购进的原材料、外购件和外协件等进厂时的检验，包括验收质量证明文件或做必要的复检。进货检验有两种形式：

（1）首件（批）样品检验

应提供具有代表性的样品，其目的主要是对供应单位所提供的产品质量水平进行评价，并建立具体的衡量标准。

（2）成批进货检验

这是为了防止不符合标准的原材料、外购件和外协件进入企业的生产过程，以免产生不合格品。可根据检验项目的程度进行以下分类：

① 必检，是关键项目，如：水泥的强度、泵送剂的减水率和砂、石级配等。

② 抽检，是重要的项目，如：水泥的细度、泵送剂的匀质性和砂、石的密度等。

③ 免检，是一般的项目，但应验收质量证明文件，如：水泥的碱含量和砂、石的有机物含量等。

2. 工序检验

指对产品以及影响产品质量的主要工序要素（即 5M1E）的检验，其目的是防止出现大批不合格品或避免不合格品进入下道工序。工序检验通常有以下三种形式：

（1）首件检验

指对新产品正式投产时的首批产品，或生产因故终止后，对重新开始生产的首批产品，或对原材料、操作工人等生产条件有所变化时的首批产品进行的检验。如：商品混凝土生产的"开盘鉴定"就是典型的首件检验。

（2）巡回检验

指按一定的时间间隔或路线，采用抽查的形式，对刚生产出来的产品进行检验。如：对生产中以及施工现场商品混凝土的技术性能检验就是典型的巡回检验。

（3）末件检验

指一批产品加工完毕后，对最后一个加工产品的全面检查。

3. 完工检验

指对完工后的产品在入库，或进入下道工序或出厂前所做的最后一次全面检查。

六、验收抽样方案设计

抽样，是指"出于一定的目的，而从总体中取出样本的程序"。抽样必须按照概率和数理统计理论给定的合理形式来进行，以保证取出的样本对总体具有代表性，避免判断失准。

样本，是指"研究中实际观测或调查对象中的一部分个体"。在验收抽样方案设计时，如何确定样本的类型是一个极其重要的问题，随机样本是最理想的样本类型，不过，完全的随机样本并非容易取得，只能采用容易得到的样本。

质量特性，即"帮助识别或区分各种实体产品的一种属性"。这种属性能加以描述或度量，以便和标准比较确定合格或不合格。质量特性值有计数值与计量值之分。所谓计数值（离散数据、定性数据、属性数据）是指用计数的方法得到的非连续性的数据，其值不符合连续标准的任何测量，如：特性和属性、物体的数量、设备编号等。所谓计量值（连续数据、定量数据）是指其值可以用一个连续的量来表示，如：混凝土的坍落度、强度等，都是质量特性的计量值。

通过检验一个样本的质量特性值，计算其统计值，如：平均值 μ，并与某一个标准数 A 相比较，从而确定一批产品是否合格，称为计量验收抽样方案，可有以下两种情况。

1. 批的标准差 σ 已知

此种情况，可以用批平均值和批不合格品率作为质量的衡量指标，来设计抽样方案。

（1）保证批平均值 μ 的单次抽样方案

利用批平均值 μ 作为衡量质量水平的标志，是计量值抽样方案的重要类型。所谓单次抽样，即一次抽样，利用一次抽样的检查结果，对一批材料或产品的质量好坏作出判断。如：混凝土强度、泵送剂的减水率等，都可采用这种方案。

在对其进行检验之前，对检验结果往往有一个预期值，即设计值 m_0，通过比较实测平均值 $\overline{x}$ 与设计值 m_0 的大小来判断该批产品的质量水平。这种判断方法的实质即用一个随机样本的平均值 $\overline{x}$ 去推断检验批的平均值 μ，这就可能会出现两种错误判断。把质量合格的批判定为不合格而拒收，即第一类错判，其概率为 α（如：$\alpha=0.05$）；同样，也可能把质量不合格的批判为合格，即第二类错判，其概率为 β（如：$\beta=0.10$）。也就是说，在确定了未来的控制界限后，在被判定为合格的批中，总体仍有 α（即 5%）的不合格品，即保证率为 $(1-\alpha)$（即保证率为 95%）；在不合格的批中，总体仍有 β 的合格品（即总体仍有 10% 合格的可能性）。

判断原材料或产品是否合格时，根据质量特性值所规定的控制界限不同，有以下三种情况。

① 只规定上限值。某些质量特性值，如：原材料中的有害物质含量、混凝土的碳化深度等，希望其越小越好，只规定样本平均值 $\overline{x}$ 的一个上控制界限。此种情况下，规定质量特性值的批平均值 μ 小于或等于 m_0 的批为优质批，另外再规定一个上限 m_1，即平均值 μ 大于或等于 m_1 的批为劣质批。两种错判的风险分别为 α 及 β，如图 9-1 所示。由求得的样本大小 n，与上限合格判断值 $\overline{X}_U$ 共同组成一个抽样方案。

其抽样方案就是要确定样本 n 的大小，以及样本平均值 $\overline{x}$ 的上限合格判断值 $\overline{X}_U$，以便进行比较判断，从检验批中随

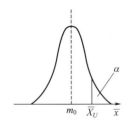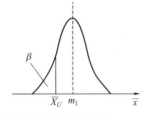

图 9-1　只规定上限时质量特性实测值分布

机抽取一个样本，样本大小为 n，实测其特性值后计算平均值 $\overline{x}$：

$\overline{x} \leqslant \overline{X}_U$ 时，判为合格；

$\overline{x} > \overline{X}_U$ 时，判为不合格

由数理统计学的知识可知：

对于优质批，$\mu = m_0$，则

$$\overline{X}_U = m_0 + K_\alpha \frac{\sigma}{\sqrt{n}} \tag{9-6}$$

对于劣质批，$\mu = m_1$，则

$$\overline{X}_U = m_1 - K_\beta \frac{\sigma}{\sqrt{n}} \tag{9-7}$$

式(9-6) 减去式(9-7) 后得：

$$0 = (m_0 - m_1) + (K_\alpha + K_\beta) \frac{\sigma}{\sqrt{n}} \tag{9-8}$$

整理后：

$$n = \left(\frac{K_\alpha + K_\beta}{m_0 - m_1} \right)^2 \sigma^2 \tag{9-9}$$

其中，m_0、m_1 是事先给定的，系数 K_α、K_β 是可求的，σ 是已知的，可求出 n。当 $\alpha = 0.05$，$\beta = 0.10$ 时，K_α、K_β 可由正态分布表查得：$K_\alpha = 1.645$，$K_\beta = 1.282$。由此，式(9-9) 可变为：

$$n = \left(\frac{2.927}{m_0 - m_1} \right)^2 \sigma^2 \tag{9-10}$$

令 $\frac{K_\alpha}{\sqrt{n}} = G_0$，则式(9-6) 可写为：

$$\overline{X}_U = m_0 + \sigma G_0 \tag{9-11}$$

n 求得后，可求得合格判断值的系数 G_0，即

$$G_0 = \frac{1.645}{\sqrt{n}} \tag{9-12}$$

σG_0 即为到上控制限 $\overline{X}_U$ 的距离。

② 只规定下限值。某些材料的质量特性值，如：某一强度等级的混凝土强度、混凝土的使用寿命等，希望其越大越好，只规定样本平均值 $\overline{x}$ 的一个下控制界限。此种情况下，规定质量特性值的批平均值 μ 大于或等于 m_0 的批为优质批，另外再规定一个下限 m_1，即平均值 μ 小于或等于 m_1 的批为劣质批。两种错判的风险分别为 α 及 β，如图 9-2 所示。此种情况与上一种情况基本相同，区别在于 m_1 表

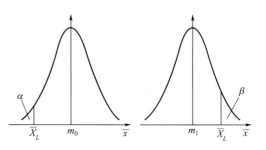

图 9-2　只规定下限时质量特性实测值分布

示质量特性值的规定下限。由求得的样本大小 n，与下限合格判断值 $\overline{X}_L$ 共同组成一个抽样方案。

其抽样方案就是要确定样本 n 的大小，以及样本平均值 $\overline{x}$ 的下限合格判断值 $\overline{X}_L$，以便

进行比较判断，从检验批中随机抽取一个样本，样本大小为 n，实测其特性值后计算平均值 $\bar{x}$：

$$\bar{x} \geqslant \overline{X}_L \text{ 时，判为合格；}$$

$$\bar{x} < \overline{X}_L \text{ 时，判为不合格}$$

与上一种情况基本相同，可直接得到如下关系式：

$$n = \left(\frac{K_\alpha + K_\beta}{m_0 - m_1}\right)^2 \sigma^2 \tag{9-13}$$

令 $\dfrac{K_\alpha}{\sqrt{n}} = G_0$，则

$$\overline{X}_L = m_0 - \sigma G_0 \tag{9-14}$$

当 $\alpha = 0.05$，$\beta = 0.10$ 时，K_α、K_β 可由正态分布表查得：$K_\alpha = 1.645$，$K_\beta = 1.282$。由此，可得：

$$n = \left(\frac{2.927}{m_0 - m_1}\right)^2 \sigma^2 \tag{9-15}$$

n 求得后，可求得 G_0，即

$$G_0 = \frac{1.645}{\sqrt{n}} \tag{9-16}$$

G_0 即为到下控制限 $\overline{X}_L$ 的距离。

③ 同时规定上、下限值。有时，希望某些质量特性值离设计值或预期值不要太远，如：混凝土的泌水率、砂的细度模数等。

规定 m_{U0}、m_{U1} 为有关上限的平均值，规定 m_{L0}、m_{L1} 为有关下限的平均值。根据前述两种情况相应的方法，求出样本的大小 n，并计算合格判断值的系数 G_0，然后求出上限或下限的合格判断值，如图 9-3 所示。

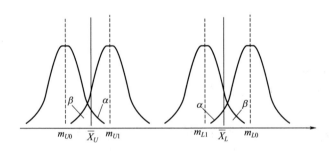

图 9-3 同时规定上、下限时质量特性实测值分布

上限合格判断值：
$$\overline{X}_U = m_{U0} + \sigma G_0 \tag{9-17}$$

下限合格判断值：
$$\overline{X}_L = m_{L0} - \sigma G_0 \tag{9-18}$$

但这种方法只适用于 $(m_{U0} - m_{L0})\sqrt{n}/\sigma > 1.7$ 的情况。

【例 9-1】 有一批设计强度为 (36 ± 1)MPa 的 C30 混凝土，规定：强度平均值落在 (36 ± 6)MPa 以内的批为优质批，强度平均值落在 (36 ± 6)MPa 以外的批为劣质批。已知：$\sigma = 4$MPa，$\alpha = 0.05$，$\beta = 0.10$，试设计抽样方案。

解： 依题意得 $m_{L1}=30\text{MPa}$，$m_{L0}=35\text{MPa}$，$m_{U0}=37\text{MPa}$，$m_{U1}=42\text{MPa}$。

由式（9-10）可得：

$$n=\left(\frac{2.927}{m_{U1}-m_{U0}}\right)^2\sigma^2=6$$

由式（9-12）可得：

$$G_0=\frac{1.645}{\sqrt{n}}=0.672$$

由式（9-17）可知，上限合格判断值为：

$$\overline{X}_U=m_{U0}+\sigma G_0=37+0.672\times 4=39.7（\text{MPa}）$$

由式（9-18）可知，下限合格判断值为：

$$\overline{X}_L=m_{L0}-\sigma G_0=35-0.672\times 4=32.3（\text{MPa}）$$

该题说明，对该批混凝土进行抽样检验时，需要有 6 个强度值才能确定出其强度水平，且合格与否的判断依据并非质量标准，而是应用概率和数理统计的理论，通过科学的计算来确定。

（2）保证批不合格品率 P 的单次抽样方案

抽样方案一般要预先规定一个不合格品率 P_0 及另一个不合格品率 P_1，且 $P_1>P_0$，当交验批不合格品率 $P\leqslant P_0$ 时，作为优质品接收；当批不合格品率 $P>P_1$ 时，应作为劣质品拒收。$P=P_0$ 的批错判为不合格的概率为 α，$P=P_1$ 的批错判为合格的概率为 β。根据质量特性值所规定的控制界限不同，仍然有以下三种情况：

① 只规定上限值（S_U）。产品的质量特性值 x 服从正态分布，当 x 超出上限 S_U 时，则为不合格品，P_0 表示不合格品率，如图 9-4 所示：当平均值 m_0 变为 m_1 时，由于 S_U 是一固定值，所以不合格品增加，相应地不合格品率由 P_0 增加到 P_1，P_1 是不合格品率的极限值。

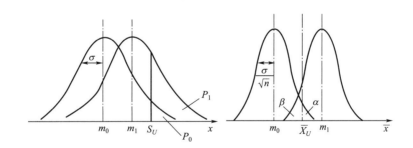

图 9-4　只规定上限时的质量特性值分布

其抽样方案就是要确定样本 n 的大小，以及样本平均值 $\overline{x}$ 的上限合格判断值 $\overline{X}_U$，以便进行比较判断，从检验批中随机抽取一个样本，样本大小为 n，实测其特性值后计算平均值 $\overline{x}$：

$$若\overline{x}\leqslant\overline{X}_U\ 则判为合格；$$

$$若\overline{x}>\overline{X}_U\ 则判为不合格$$

当 m_0、m_1、α、β 一定时，由图 9-4 所示关系可得：

$$S_U=m_0+K_{P0}\sigma \tag{9-19}$$

或：

$$S_U=m_1+K_{P1}\sigma \tag{9-20}$$

对样本平均值$\bar{x}$则有：

$$\overline{X}_U = m_0 + K_\alpha \frac{\sigma}{\sqrt{n}} \tag{9-21}$$

或：

$$\overline{X}_U = m_1 - K_\beta \frac{\sigma}{\sqrt{n}} \tag{9-22}$$

由式(9-19)减去式(9-21)得：

$$S_U - \overline{X}_U = \left(K_{P0} - \frac{K_\alpha}{\sqrt{n}} \right) \sigma \tag{9-23}$$

由式(9-20)减去式(9-22)得：

$$S_U - \overline{X}_U = \left(K_{P1} + \frac{K_\beta}{\sqrt{n}} \right) \sigma \tag{9-24}$$

由式(9-23)和式(9-24)可知：

$$K_{P0} - \frac{K_\alpha}{\sqrt{n}} = K_{P1} + \frac{K_\beta}{\sqrt{n}} \tag{9-25}$$

令：$K_{P0} - \dfrac{K_\alpha}{\sqrt{n}} = K$，并把 n 代入式(9-25)得：

$$K = \frac{K_{P0} K_\beta + K_{P1} K_\alpha}{K_\alpha + K_\beta} \tag{9-26}$$

故式(9-23)可改写为：

$$S_U - \overline{X}_U = K\sigma \tag{9-27}$$

由此可得样本上限的合格判断值为：

$$\overline{X}_U = S_U - K\sigma \tag{9-28}$$

这样，系数 K_{P0}、K_{P1}、K_α、K_β 可根据给定的 P_0、P_1、α、β 由正态分布表查得，S_U 是已知的，就可确定出 n 和 $\overline{X}_U$ 的值。

② 只规定下限值（S_L）。如图9-5所示，此种情况与上一种情况基本相同，区别在于 m_1 表示质量特性值的规定下限。

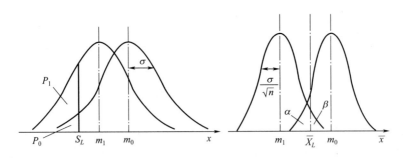

图 9-5　只规定下限时的质量特性值分布

其抽样方案就是要确定样本 n 的大小，以及样本平均值 $\bar{x}$ 的下限合格判断值 $\overline{X}_L$，以便进行比较判断，从检验批中随机抽取一个样本，样本大小为 n，实测其特性值后计算平均值 $\bar{x}$：

若 $\bar{x} \geqslant \overline{X}_L$ 则判为合格；

$$若 \overline{x} < \overline{X}_L \text{ 则判为不合格}$$

根据前面相同的推导方法，可以得到：

$$n = \left(\frac{K_\alpha + K_\beta}{K_{P0} - K_{P1}} \right)^2 \tag{9-29}$$

$$K = \frac{K_{P0} K_\beta + K_{P1} K_\alpha}{K_\alpha + K_\beta} \tag{9-30}$$

$$\overline{X}_L = S_L + K\sigma \tag{9-31}$$

n 值与 K 值含义及表达式都与前一种完全相同。

【例 9-2】 某工程设计采用一批 C30 混凝土，强度保证率达到 99% 时定为优质品，并规定若强度保证率小于 91% 则判为不合格，已知 $\sigma = 3\text{MPa}$，设 $\alpha = 0.05$，$\beta = 0.10$，试设计抽样方案。

解： 依题意可知 $P_0 = 1\%$，$P_1 = 9\%$，$S_L = 30\text{MPa}$。

由正态分布表查得：$K_{P0} = 2.33$，$K_{P1} = 1.34$，$K_\alpha = 1.645$，$K_\beta = 1.282$。

由式 (9-29) 计算得到：$n = 18$。

由式 (9-30) 计算得到：$K = 1.77$。

由式 (9-31) 计算合格判断值为：$\overline{X}_L = 35.3\text{MPa}$。

③ 同时规定上限值 S_U 和下限值 S_L。可按前述两种情况的步骤和方法，求出样本大小 n 及系数 K，进而求出 $\overline{X}_U$ 和 $\overline{X}_L$ 的值。

$$\overline{X}_U = S_U - K\sigma \tag{9-32}$$

$$\overline{X}_L = S_L + K\sigma \tag{9-33}$$

但是上述方法的应用必须以 $(S_U - S_L)/\sigma$ 大于表 9-1 中相应的值为条件。

表 9-1　同时规定上、下限值时的应用条件值

P_0	$\dfrac{S_U - S_L}{\sigma}$	P_0	$\dfrac{S_U - S_L}{\sigma}$
0.10	7.9	1.50	6.0
0.15	7.7	2.00	5.8
0.20	7.5	3.00	5.5
0.30	7.2	5.00	5.0
0.50	6.9	7.00	4.7
0.70	6.6	10.00	4.3
1.00	6.4	15.00	3.8

2. 批的标准差 σ 未知

若批的标准差 σ 未知时，可按以下三种情况设计抽样方案。

(1) 只规定上限值（S_U）

当被检验批次的标准差 σ 为已知时，判断规则为：

$$若 \overline{x} \leqslant \overline{X}_U (= S_U - K\sigma) \text{ 时，或若 } \overline{x} \leqslant S_U - K\sigma \text{ 时，判为合格；}$$

$$若 \overline{x} > \overline{X}_U (= S_U - K\sigma) \text{ 时，或若 } \overline{x} > S_U - K\sigma \text{ 时，判为不合格}$$

但当 σ 未知时，一般用样本无偏方差的平方根 S 代替标准差 σ，可按式 (9-34) 计算：

$$S = \sqrt{\frac{\sum\limits_{i=1}^{n}(x_i - \overline{x})^2}{n-1}} = \sqrt{\frac{n}{n-1}}\sigma_S \tag{9-34}$$

式中，σ_S 为样本标准差。现在可以把 σ 已知时的判别式相应改为：

$$\text{若 } \overline{x} \leqslant (S_U - K'\sigma) \text{时，判为合格；}$$
$$\text{若 } \overline{x} > (S_U - K'\sigma) \text{时，判为不合格}$$

式中，K' 是与 σ 已知时相应的系数。必须指出的是，这里 S 不是一个常量，而是一个随机变量。根据数理统计知识可以知道，当 $n > 5$ 时，S 近似地服从正态分布 $N\left(\sigma, \dfrac{\sigma^2}{2(n-1)}\right)$，此处 σ 是样本的标准差。同理，当 $n > 5$ 时，不管其批质量特性值是否服从正态分布，样本的平均值 $\overline{x}$ 总是近似地服从正态分布 $N\left(\mu, \dfrac{\sigma^2}{n}\right)$，既然 S 和 $\overline{x}$ 都近似地服从正态分布，S 和 $\overline{x}$ 又相互独立，所以它们的线性组合 $(\overline{x} + K'S)$ 也近似地服从正态分布 $N\left(m + K'\sigma, \dfrac{\sigma^2}{n} + \dfrac{K'^2\sigma^2}{2(n-1)}\right)$，现在要求质量平均值为 m_0 时相应的不合格品率为 P_0，判为优质批，发生第一种错误的概率为 α；质量平均值为 m_2 时，相应的不合格品率为 P_1，判为劣质批，发生第二种错误的概率为 β。

与 σ 已知时的形式类似，可以得到以下关系：

$$S_U = m_0 + K'\sigma + K_\alpha\sigma\sqrt{\frac{1}{n} + \frac{K'^2}{2(n-1)}} \tag{9-35}$$

或：

$$S_U = m_1 + K'\sigma - K_\beta\sigma\sqrt{\frac{1}{n} + \frac{K'^2}{2(n-1)}} \tag{9-36}$$

由 $\dfrac{S_U - m_0}{\sigma} = K_{P0}$，$\dfrac{S_U - m_1}{\sigma} = K_{P1}$ 可得：

$$K_{P0} = K' + K_\alpha\sqrt{\frac{1}{n} + \frac{K'^2}{2(n-1)}} \tag{9-37}$$

或：

$$K_{P1} = K' - K_\beta\sqrt{\frac{1}{n} + \frac{K'^2}{2(n-1)}} \tag{9-38}$$

式(9-37) 与式(9-38) 联立可得：

$$K' = \frac{K_{P0}K_\beta + K_{P1}K_\alpha}{K_\alpha + K_\beta} \tag{9-39}$$

与标准差已知时的合格判定系数 K 完全相同。

把式(9-39) 代入式(9-37) 中可得：

$$n = \left(1 + \frac{K^2}{2}\right)\left(\frac{K_\alpha + K_\beta}{K_{P0} - K_{P1}}\right)^2 \tag{9-40}$$

（2）只规定下限值（S_L）

对产品或原材料的某一质量特性值只规定下限时，判断规则为：

$$\text{若 } \overline{x} \geqslant (S_L + K'S) \text{时，判为合格；}$$
$$\text{若 } \overline{x} < (S_L + K'S) \text{时，判为不合格}$$

其中，样本大小 n 及 $K(K = K')$ 与只规定上限时完全相同。

（3）同时规定上限值 S_U 和下限值 S_L

此种情况，实际上就是要求质量特性值 x 满足 $S_L \leqslant x \leqslant S_U$，否则就属于不合格品。这种情况如图 9-6 所示。

曲线 a 的 μ 和 σ 是符合要求的，曲线 b 是由于 σ 变大，而使两侧尾区超出了 P_1 和 P_2 的要求，曲线 c 和 d 是 μ 发生了偏移。具体讨论如下：

① 同时控制两个尾区的面积。设 P_1 为 $x < S_L$ 的不合格品率允许值，P_2 为 $x > S_U$ 不合格品率允许值，与单侧规格时相似，对双侧规格应建立如下判断：

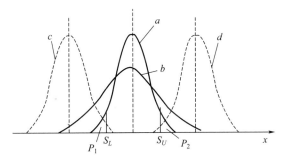

图 9-6　同时规定上限、下限时质量特性实测值分布

当 $(\overline{x} - K_1 S) \geqslant S_L$ 和 $(\overline{x} + K_2 S) \leqslant S_L$ 同时成立时，则判断该批合格；否则，判为不合格。$\overline{x}$ 和 S 分别为样本的平均值和标准差，K_1、K_2 分别为合格判定系数。因此，方案的制定，就是要确定 n 的值以及 K_1、K_2 值的大小。

对任意规定的样本大小 n，如果希望以大于或等于 0.9 的概率保证在经过抽样判断为合格的批中，左尾区的不合格品率不超过 P_1，同时，右尾区的不合格品率不超过 P_2，则可通过表 9-2 查得 K_1 和 K_2 的值。

表 9-2　同时控制两尾区面积的抽样方案的 K_1 或 K_2 的值

n ＼ P_1 或 P_2	0.2	0.1	0.05	0.025	0.02	0.01
2	6.987	10.253	13.090	15.586	16.331	18.500
3	3.039	4.258	5.311	6.244	6.523	7.340
4	2.295	3.188	3.957	4.637	4.841	5.438
5	1.976	2.742	3.400	3.981	4.156	4.666
6	1.795	2.494	3.092	3.620	3.779	4.243
7	1.676	2.333	2.894	3.398	3.538	3.973
8	1.590	2.219	2.754	6.227	3.369	3.783
9	1.525	2.133	2.650	3.106	3.242	3.641
10	1.474	2.066	2.568	3.011	3.144	3.532
11	1.433	2.011	2.503	2.935	3.065	3.443
12	1.398	1.966	2.448	2.872	3.000	3.371
13	1.368	1.928	2.402	2.820	2.945	3.309
14	1.343	1.895	2.363	2.774	2.898	3.257
15	1.321	1.867	2.329	2.735	2.857	3.212
16	1.301	1.842	2.299	2.701	2.821	3.172
17	1.284	1.819	2.272	2.670	2.789	3.117
18	1.268	1.800	2.249	2.643	2.761	3.105
19	1.254	1.782	2.227	2.618	2.736	3.077
20	1.241	1.765	2.208	2.596	2.712	3.052

n \ P_1 或 P_2	0.2	0.1	0.05	0.025	0.02	0.01
21	1.229	1.750	2.190	2.576	2.691	3.028
22	1.218	1.737	2.174	2.557	2.672	3.007
23	1.208	1.724	2.159	2.540	2.654	2.987
24	1.199	1.712	2.145	2.525	2.638	2.969
25	1.190	1.702	2.132	2.510	2.623	2.952
30	1.154	1.657	2.080	2.450	2.561	2.884
35	1.127	1.624	2.041	2.406	2.515	2.833
40	1.106	1.598	2.010	2.371	2.479	2.793
50	1.075	1.559	1.965	2.320	2.426	2.735

② 控制两个尾区面积之和。若至少以 0.9 的概率保证经检验判断为合格的批中，只希望 $x<S_L$ 和 $x>S_U$ 的两部分产品的总和不超过某一不合格品率 P_0 时，若 $(\overline{x}-KS)\geqslant S_L$ 和 $(\overline{x}+KS)\leqslant S_U$ 同时成立，判为合格；否则，判为不合格。K 值可由表 9-3 查得。

表 9-3 控制两尾区之和抽样方案的 K 值

n \ P_1 或 P_2	0.2	0.1	0.05	0.025	0.02	0.01
2	6.987	10.253	13.090	15.586	16.331	18.500
3	3.039	4.258	5.331	6.244	6.523	7.340
4	2.295	3.188	3.957	4.637	4.841	5.438
5	1.976	2.742	3.400	3.981	4.156	4.666
6	1.806	2.494	3.092	3.620	3.779	4.243
7	1.721	2.334	2.894	3.389	3.538	3.972
8	1.666	2.227	2.755	3.227	3.369	3.783
9	1.626	2.158	2.652	3.106	3.242	3.641
10	1.595	2.112	2.576	3.012	3.144	3.531
11	1.570	2.075	2.520	2.938	3.066	3.444
12	1.550	2.045	2.479	2.879	3.004	3.371
13	1.533	2.020	2.446	2.833	2.953	3.312
14	1.519	1.999	2.419	2.796	2.912	3.261
15	1.506	1.981	2.395	2.767	2.880	2.319
16	1.496	1.965	2.374	2.742	2.853	3.184
17	1.488	1.950	2.356	2.720	2.830	3.155
18	1.478	1.938	2.340	2.701	2.181	3.130
19	1.470	1.927	2.325	2.683	2.791	3.109
20	1.463	1.916	2.312	2.667	2.775	3.090
25	1.437	1.877	2.262	2.606	2.711	3.017
30	1.419	1.851	2.227	2.565	2.667	2.967

P_1 或 P_2 n	0.2	0.1	0.05	0.025	0.02	0.01
35	1.406	1.831	2.202	2.534	2.637	2.929
40	1.396	1.816	2.182	2.510	2.609	2.901
50	1.381	1.791	2.154	2.476	2.573	2.859

七、控制图

质量控制即为达到质量要求所采取的作业技术和活动。由于每个生产、服务或管理过程，在多种因素作用下，都存在一定的变异，因此研究过程的变异性将有助于控制质量，通常借助控制图予以实现。

1. 控制图

即为监测过程、控制和减少过程变异，将样本统计量值序列以特定顺序描点绘出的图，是对过程数据的图形化表示，可对过程的变异进行直观评估。特定顺序通常指按时间顺序或样本获得顺序。

（1）控制图类型

主要包含用于判定"过程稳定"和"过程验收"两类控制图。为了达到或维持过程稳定，可以使用常规控制图；如果以验收为目的，则使用验收控制图。

（2）控制图构成

典型的控制图（如常规控制图），通常是以样品组号为横坐标，以质量特性值为纵坐标，并标有根据质量特性值求得的中心线和位于中心线上、下两侧的控制限线的一个直角坐标系。其中中心线反映统计量预期变化的中心水平，控制限定义了一个区间，区间的宽度在某种程度上由过程的固有变异确定。如果过程受控，则控制图中描点的统计量会随机落在两条控制限所确定的区域内。

有时，控制图中还有称为"警戒限"的第二组控制限。如果图中描点超出警戒限，但未超出控制限，表明存在影响过程的可疑原因，需要注意，此时，不需要对过程采取任何"措施"。

（3）控制图原理

是将抽样所得数经计算处理，并以质量特性状态点子的形式按样组抽取次序标注在图中，视点子与中心线及上、下控制界限线的相对位置及其排列形状，鉴别工序中有无存在影响质量变异的系统因素，分析和判断工序是否处于控制状态，从而能够动态地反映产品质量的变化，区分出正常波动与异常波动，起到预防为主、稳定生产和保证质量的作用。

2. 常规控制图

采用常规控制限的控制图，又称休哈特控制图，主要用来从图形上判断变异源于随机原因还是特殊原因。常规控制限是基于统计学方法，根据仅由随机原因产生的过程变化确定的控制限。

（1）常规控制图构成

其构成如图 9-7 所示。中心线用 $CL(\sigma$ 或 $\overline{X})$ 表示，σ 是总体标准差或总体标准差的估计值。上下控制限位于中心线两侧的 3σ 距离处，分别用 $U_{CL}(\overline{X}+3\sigma)$ 和 $L_{CL}(\overline{X}-3\sigma)$ 表示；警戒限位于中心线两侧 2σ 距离处，分别用 $U'_{CL}(\overline{X}+2\sigma)$ 和 $L'_{CL}(\overline{X}-2\sigma)$ 表示。其中，CL、U_{CL} 和 L_{CL} 分别为英文 central line、upper control line 和 lower control line 的缩写。

$[\overline{X}-2\sigma，\overline{X}+2\sigma]$ 范围内的区间称作 I 区，又称正常区。若试验点出现在此范围内认为正常。$[\overline{X}-2\sigma，\overline{X}-3\sigma]$ 和 $[\overline{X}+2\sigma，\overline{X}+3\sigma]$ 范围内的区间称为 II 区，又称警戒区，若某个试验点出现在此范围时，就要注意是否还有试验点继续在此范围内出现，如果继续出现必须查明原因采取措施。在 $[\overline{X}-3\sigma，\overline{X}+3\sigma]$ 以外区间，称为 III 区，又称异常区。试验点出现在此区时，必须立即查明原因，采取有效措施，使生产恢复到正常状态，否则将有不合格品产生。

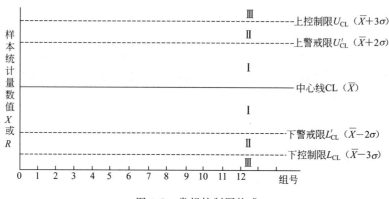

图 9-7　常规控制图构成

（2）常规控制图类型

现行国家标准《控制图　第 2 部分：常规控制图》（GB/T 17989.2）规定，常规控制图分为计量控制图和计数控制图两类，如表 9-4 与图 9-8 所示。

表 9-4　常规控制图的类型

质量特性		控制图名称	简记	分布
计量型		均值-极差控制图	$\overline{X}\text{-}R$ 控制图	正态分布
		均值-标准差控制图	$\overline{X}\text{-}s$ 控制图	
		单值-移动极差控制图	$X\text{-}R_{\mathrm{m}}$ 控制图	
		中位数-极差控制图	$\widetilde{X}\text{-}R$ 控制图	
计数型	计件型	不合格品率控制图	p 控制图	二项分布
		不合格品数控制图	np 控制图	
	计点型	缺陷数控制图	c 控制图	泊松分布
		单位缺陷数控制图	u 控制图	

① 计量控制图。描点所用统计量是连续尺度的常规控制图。用于产品质量特性为计量值情形，如：混凝土的强度、水胶比、坍落度、含气量等连续变量。主要有：均值-极差控制图和单值-移动极差控制图。

a. 均值-极差控制图（$\overline{X}\text{-}R$）和均值-标准差控制图（$\overline{X}\text{-}s$）是应用最为广泛的一对控制图。前者由子组均值（$\overline{X}$）和子组极差（R）控制图组成；后者由子组均值（$\overline{X}$）和样本标准差（s）控制图组成。当子组样本量 n 较小（$n<10$）时，可采用 $\overline{X}\text{-}R$ 控制图；当 n 较大（$n\geqslant10$）时，倾向使用 $\overline{X}\text{-}s$ 控制图。因为随着子组样本量的增大，用极差估计过程标准差 s 的效率会降低。

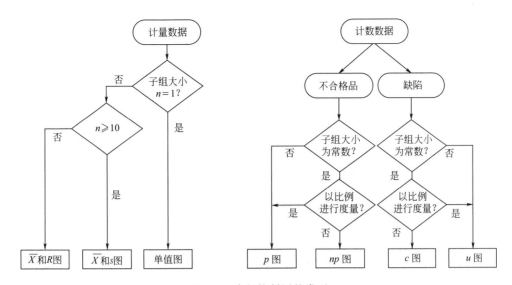

图 9-8　常规控制图的类型

b. 单值-移动极差控制图（X-R_m）由单值（X）和移动极差（R_m）控制图组成。单值控制图主要是在每批产品或每一抽样间隔周期内只能得到一个测定值，且其数据不易分批或分批是不可能甚至是无意义的情况下，用于判断生产过程的平均值是否处于或保持在所要求的水平。移动极差控制图是用来判断生产过程的标准差是否处于或保持在所要求的水平。

上述控制图的控制限的计算公式，如表 9-5 所示。

表 9-5　计量控制图的控制限计算公式（GB/T 17989.2）

控制图名称与符号			U_{CL}（上限）	CL（中线）	L_{CL}（下限）	备注
$\overline{X}$-R（或）$\overline{X}$-s	$\overline{X}$	σ 未给出	$U_{CL}=\overline{\overline{X}}+A_2\overline{R}$ 或 $U_{CL}=\overline{\overline{X}}+A_3\overline{s}$	X	$L_{CL}=\overline{\overline{X}}-A_2\overline{R}$ 或 $L_{CL}=\overline{\overline{X}}-A_3\overline{s}$	X:单次试验的观测值; $\overline{X}$:观测值子组的平均值; $\overline{\overline{X}}$:子组平均值的平均值; R:子组极差,子组观测值中的极大值与极小值之差; $\overline{R}$:平均极差; R_m:移动极差,相邻两个观测值的差; $\overline{R}_m$:移动极差的平均值; s:子组内观测值得到的样本标准差; $\overline{s}$:子组样本标准差的平均值; σ_0:过程标准差的给定值; μ_0:过程平均值的给定值
		σ_0 给出	$U_{CL}=\mu_0+A\sigma_0$	μ_0	$L_{CL}=\mu_0-A\sigma_0$	
	R	σ 未给出	$U_{CL}=D_4\overline{R}$	$\overline{R}$	$L_{CL}=D_3\overline{R}$	
		σ_0 给出	$U_{CL}=D_2\sigma_0$	$d_2\sigma_0$	$L_{CL}=D_1\sigma_0$	
	s	σ 未给出	$U_{CL}=B_4\overline{s}$	$\overline{s}$	$L_{CL}=B_3\overline{s}$	
		σ_0 给出	$B_6\sigma_0$	$c_4\sigma_0$	$B_5\sigma_0$	
X-R_m	X	σ 未给出	$U_{CL}=\overline{X}+2.66\overline{R}_m$	$\overline{X}$	$L_{CL}=\overline{X}-2.66\overline{R}_m$	
		σ_0 给出	$U_{CL}=\mu_0+3\sigma_0$	μ_0	$L_{CL}=\mu_0-3\sigma_0$	
	R_m	σ 未给出	$U_{CL}=3.267\overline{R}_m$	$\overline{R}_m$	0	
		σ_0 给出	$U_{CL}=3.686\sigma_0$	$1.128\sigma_0$	0	

注：计量控制图控制限的因子 A、A_2、A_3、B_3、B_4、B_5、B_6、D_1、D_2、D_3、D_4、c_4、d_2 等，可由现行国家标准 GB/T 17989.2 查得。

② 计数控制图。描点所用统计量是可数的或分类变量的常规控制图，主要有：不合格品率控制图（p 控制图）、不合格品数控制图（np 控制图）、缺陷数控制图（c 控制图）及单位缺陷数控制图（u 控制图）。

a. p 控制图。用比例或百分比来表示落在给定类别中的数目除以总数。

b. np 控制图。子组样本量为常数时，落在给定类别中的数目。

c. c 控制图。当可能发生的事件的机会是固定的，事件发生的次数。

d. u 控制图。当可能发生的事件的机会是变化的，每单位事件发生的次数。

值得一提的是，应用计数控制图时，一张控制图就足够了。因为计数控制图的假定分布仅有一个独立的参数，即均值水平。

计数控制图控制限的计算公式如表 9-6 所示。

表 9-6　计数控制图的控制限计算公式（GB/T 17989.2）

统计量	标准值未给定		标准值给定	
	中心线	3σ 控制线	中心线	3σ 控制线
p	$\bar{p}$	$\bar{p}\pm 3\sqrt{\bar{p}(1-\bar{p})/n}$	p_0	$p_0\pm 3\sqrt{p_0(1-p_0)/n}$
np	$n\bar{p}$	$n\bar{p}\pm\sqrt{n\bar{p}(1-\bar{p})}$	np_0	$np_0\pm\sqrt{np_0(1-p_0)}$
c	$\bar{c}$	$\bar{c}\pm 3\sqrt{\bar{c}}$	c_0	$c_0\pm 3\sqrt{c_0}$
u	$\bar{u}$	$\bar{u}\pm 3\sqrt{\bar{u}/n}$	u_0	$u_0\pm 3\sqrt{u_0/n}$

（3）常规控制图的判断规则

在质量特性状态点随机排列的情况下，符合下列情况之一者，就认为生产过程处于控制状态：

① 连续 25 个点全部落在控制界限内。

② 连续 35 个点中，落在控制界限以外的点不超过 1 个。

③ 连续 100 个点中，落在控制界限以外的点不超过 2 个。

当然，即使按以上准则判断生产处于控制状态时，如果有点子落在控制界限以外，也要找出界限外点的异常原因，并加以处理。上述情况一般是在分析过去数据，计算控制界限时使用。

在生产过程控制时，出现下列情况之一者，则判定生产状态处于异常状态：

① 点子落在控制界限以外（或恰在控制界限线上）。

② 1 个点落在 A 区以外 [图 9-9(a)]。

③ 连续 9 点落在中心线同一侧 [图 9-9(b)]。

④ 连续 6 点递增或递减 [图 9-9(c)]。

⑤ 连续 14 点中相邻点交替上下 [图 9-9(d)]。

⑥ 连续 3 点中有 2 点落在中心线同一侧的 B 区以外 [图 9-9(e)]。

⑦ 连续 5 点中有 4 点落在中心线同一侧的 C 区以外 [图 9-9(f)]。

⑧ 连续 15 点落在中心线两侧的 C 区内 [图 9-9(g)]。

⑨ 连续 8 点落在中心线两侧且没有一个点在 C 区内 [图 9-9(h)]。

3σ 控制限表明，只要过程处于统计控制状态，大约 99.7% 的统计量取值将落在控制限内，而落在控制界限以外的概率为 0.27%，是一个小概率事件。若在控制状态下，小概率事件发生，因个别质量特性值落在控制界限外，而误认为生产过程失控，称之为第一类错误判断。

若控制中心线已经偏移，但仍有一定比例的质量特性值落在控制界限内，而误认为生产过程正常，称为第二类错误判断。

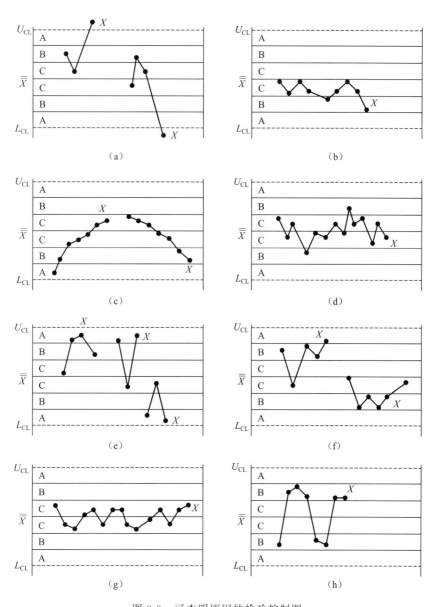

图 9-9　可查明原因的检验控制图

八、质量成本管理

1. 质量成本基本概念

（1）质量成本构成

质量的货币价值可用"质量成本"代表。质量成本又称质量费用，是指将产品质量保持在规定的质量水平上所需的有关费用，由以下两部分构成。

① 运行质量成本（或工作质量成本、内部质量成本）。指企业为保证和提高产品质量而支付的一切费用以及因质量原因所造成的损失费用之和。主要包括：

a. 内部质量损失成本（又称内部故障成本）；b. 鉴定成本；c. 预防成本；d. 外部质量损失成本（又称外部故障成本）。

② 外部质量保证成本。指企业为用户提供所要求的客观证据所需支出的费用。主要包括：a. 为提供特殊附加的质量保证措施、程序、数据等所需支出的费用；b. 产品的验证试验和评定所需支出的费用；c. 满足用户要求，进行质量体系认证所需支出的费用。

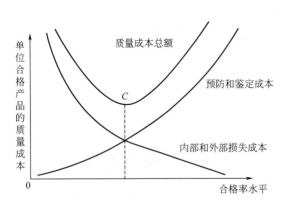

图 9-10　传统质量成本模型示意图

（2）最佳质量成本

为生产质量好、成本低的产品，企业就要寻求最佳质量成本。从图 9-10 质量成本模型中可以看出：质量预防成本与鉴定成本之和的曲线随着制造质量（合格率）的提高而上升；而质量内部与外部损失成本之和的曲线则随着制造质量的提高而下降，而两条曲线的交点所对应的质量成本 C，即为最佳质量成本。

2. 质量成本管理

（1）质量成本的预测和计划

预测即对质量成本作出短期、中期和长期的预测，是企业进行质量成本管理的基础，是质量决策的依据。

计划是在预测的基础上，对质量成本总额及降低率、各项质量成本项目的比例以及实现降低率的措施所做的费用计划。

一般认为，质量成本中，预防成本占 10％左右，鉴定成本占 30％左右，损失成本占 60％左右比较合适（表 9-7）。

表 9-7　质量成本比例

序号	项目	占销售收入比例/％				占质量成本比例/％			备注
		预防成本	鉴定成本	损失成本	质量成本总和	预防成本	鉴定成本	损失成本	
1		1.0	3.0	7.0	11.0	9.1	27.3	63.6	总体平均
2		0.6	1.5	3.7	5.8	10.3	26	63.7	一般制造
3		0.34	1.76	1.78	3.89	8.7	45.3	46.0	交通工具
4		0.2	2.0	2.8	5	3.3	40.3	56.3	机械产业

注：数据来源于互联网，其他行业未在表中列出，"总体平均"包括所有行业。

（2）质量成本分析

通过质量成本核算的数据，对质量成本的形成、变动原因进行分析评价。内容包括：①质量成本总额分析；②质量成本构成分析；③质量成本与销售收入总额的比较分析。对质量成本分析后，要形成详细的分析报告。

（3）质量成本控制

它是以降低成本为目标，把影响质量成本的各个质量成本项目控制在计划范围内的一种管理活动。内容包括：①事前控制；②事中控制；③事后控制。通过查明实际质量成本偏离目标值的问题和原因，在此基础上提出切实可行的措施，以便进一步对改进质量、降低成本进行决策。

（4）质量成本特性曲线

质量成本中四大项目的费用大小与产品质量合格水平（合格品率或不合格品率）存在着

一定的变化关系。这条反映变化关系的曲线，称为质量成本特性曲线，如图 9-11 所示。

分析图中曲线，可以得出以下三点结论：

① 在最佳点（p）左侧，应增加预防成本，采取质量改进措施，以降低质量总成本；在最佳点右侧，若增加预防成本，质量总成本上升，应撤销原有措施，即降低预防成本。

② 增加预防成本，在一定程度上可降低鉴定成本。

③ 增加鉴定成本，可降低外部质量损失成本，但可能增加内部质量损失成本。

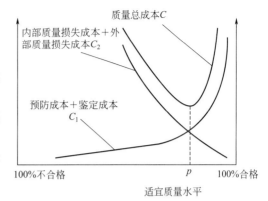

图 9-11　质量成本特性曲线

第二节　商品混凝土质量控制

商品混凝土质量控制意指：为了最经济地建造安全的混凝土构筑物而在混凝土制备和施工的各个阶段所进行的有效的、有组织的技术活动。

一、质量控制分析

1. 质量控制类型

（1）初步控制

根据混凝土设计要求的合格质量水平，确定合理的原材料组成和各生产工序的最优工艺参数。

（2）合格控制

根据规定的控制标准，对混凝土性能进行经常性检验，及时纠正偏差，以保持生产过程中混凝土各项性能指标稳定在合格质量水平。

（3）生产控制

混凝土在交付使用前，根据规定的质量验收标准，进行检验评定，决定是否出厂或验收。

值得一提的是，上述控制，它们之间并没有严格界限，例如，混凝土原材料的质量检验、混凝土配合比的设计与确定，虽已在初步控制中予以控制，但在生产控制中，也要予以检验控制。

2. 质量控制应遵循的原则

① 必须配备相应的技术人员和必要的检验及试验设备，建立健全必要的技术管理与质量控制制度。

② 应通过质量检测，计算统计参数，应用各种质量管理图表，掌握动态信息，控制整个生产和施工期间的混凝土质量，并制订改进与提高质量的措施，不断完善质量控制过程，使混凝土质量稳定提高。

③ 质量控制的主体并非只限于混凝土供应商，施工方和监理方等都有各自的责任，因此，有关各方必须组成有机的质量控制管理体系并协同工作。

④ 应建立施工过程中突发事件的应急控制与处理机制。

二、质量控制项目

实施质量控制时所选用的质量特性，称为质量控制项目或质量管理项目。

1. 质量控制项目的选择

所选择的混凝土的质量控制项目，应满足以下条件：

① 必须能综合地反映出混凝土在最后施工阶段的质量，即构筑物混凝土的重要特性。

② 试验方法必须简单，而且能够迅速地获取试验值。

③ 必须是单一数值表示的具体特性。

④ 除了选择硬化混凝土的质量特性外，还要选择原材料、新拌混凝土的有关质量特性。

⑤ 对既需经费又耗时，方能获取的质量特性，应由与其密切相关的质量特性予以表征或推测。

例如，混凝土的工作性、28 天抗压强度以及耐久性，虽然是混凝土质量的最基本、最重要的特性，但不宜作为质量控制项目，可以采用代用特性来表征或推测。通常的做法是：

（1）坍落度（或扩展度）表征工作性

工作性无法准确定义和记述，可以通过监控坍落度（或扩展度）来实现对工作性的控制。

（2）早期强度推测 28 天抗压强度

通过试验准确求出一定条件下，早期强度与 28 天抗压强度两者之间的关系，就可以实现对 28 天抗压强度的控制。

（3）含气量和水胶比推测长期性能与耐久性能

混凝土的长期性能与耐久性能与混凝土的含气量和水胶比密切相关，因此，对长期性能与耐久性能的质量控制转而变为对含气量和水胶比的控制。

2. 质量控制项目对象

通常，商品混凝土的控制项目对象，主要包含以下几个方面：

（1）原材料质量控制

原材料质量控制的流程，如图 9-12 所示。应选择对混凝土质量最为敏感的质量特性值

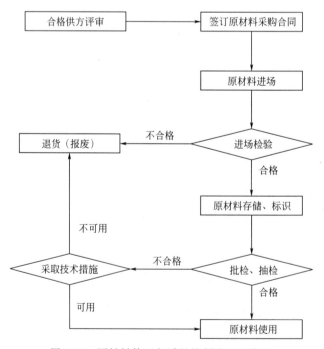

图 9-12　原材料管理与质量控制流程示意图

进行控制。取样与验收均应符合现行国家或行业相关标准规定。

① 水泥质量控制。主要控制项目、组批条件、检验与验收依据，见表9-8。

表 9-8　水泥的控制项目、组批条件、检验与验收依据

名称	控制项目	验收组批条件及批量	检验与验收依据
水泥	凝结时间、安定性、胶砂强度和氯离子含量等	同一厂家、同一品种、同一等级且连续供应的，500t/批（不足500t，按一批计）	GB 175 或其他有关标准

② 骨料质量控制。主要控制项目、组批条件、检验与验收依据，见表9-9。

表 9-9　骨料控制项目、组批条件、检验与验收依据

序号	骨料名称	控制项目	验收组批条件及批量	检验与验收依据
1	石子	颗粒级配、针片状颗粒含量、含泥量、泥块含量、压碎值指标和坚固性	每400m³ 或600t 为一个检验批（不足400m³ 或600t，按一批计）；当质量比较稳定，进料量又较大时，可1000t为一批	JGJ 52
2	砂	颗粒级配、细度模数、含泥量、泥块含量、坚固性、氯离子含量和有害物质含量；海砂尚应包括贝壳含量；人工砂尚应包括石粉含量和压碎值指标		JGJ 52，人工砂应符合GB/T 14684，海砂应符合JGJ 206
3	轻骨料	颗粒级配、堆积密度、筒压强度、吸水率、粒形系数、含泥量、泥块含量	同一类别、同一规格且同密度等级，每200m³ 为一个检验批（不足200m³ 按一批计）	JGJ/T 12 GB/T 17431.1
4	再生粗骨料	颗粒级配、微粉含量、泥块含量、吸水率、压碎指标、表观密度、空隙率、针片状颗粒、坚固性	同一厂家、同一类别、同一规格、同一批次，每400m³ 或600t 为一个检验批（不足400m³ 或600t，按一批计）	GB/T 25177 JGJ/T 240
5	再生细骨料	泥块含量、再生胶砂需水量比、表观密度、颗粒级配、细度模数、微粉含量、堆积密度、空隙率		GB/T 25176 JGJ/T 240

③ 外加剂质量控制。主要控制项目、组批条件、检验与验收依据，见表9-10。

表 9-10　外加剂的控制项目、组批条件、检验与验收依据

序号	外加剂名称	控制项目	验收组批条件及批量	检验与验收依据
1	高性能减水剂 高效减水剂 普通减水剂	pH 值、密度（或细度）、混凝土减水率	同一厂家、同一品种、同一性能、同一批号且连续进场的混凝土外加剂，50t/批（不足50t 的按一批计）	GB 8076 GB 50119
2	引气剂 引气减水剂	pH 值、密度（或细度）、含气量、混凝土减水率（引气减水剂）		
3	缓凝剂 缓凝减水剂 缓凝高效减水剂	pH 值、密度（或细度）、混凝土凝结时间、混凝土减水率（缓凝型减水剂）		
4	早强剂 早强减水剂	密度（或细度）、1d、3d 抗压强度、钢筋锈蚀，混凝土减水率（早强减水剂）。混凝土有饰面要求的还应观测硬化后混凝土表面是否析盐		
5	泵送剂	pH 值、密度（或细度）、坍落度 1h 经时变化值		
6	防冻剂	密度（或细度）、R_{-7}、R_{-7+28} 抗压强度比、钢筋锈蚀		JC/T 475 GB 50119

序号	外加剂名称	控制项目	验收组批条件及批量	检验与验收依据
7	膨胀剂	限制膨胀率	同一厂家、同一品种为200t/批（不足200t的按一批计）	GB 23439 GB 50119
8	防水剂	pH值、密度（或细度）、钢筋锈蚀	同一厂家、同一品种为50t/批（不足50t的按一批计）	JC/T 474 GB 50119

注：当需要检验本表以外的其他项目时，可根据相应标准进行。

④ 矿物掺合料质量控制。主要控制项目、组批条件、检验与验收依据，见表9-11。

表 9-11　矿物掺合料的控制项目、组批条件、检验与验收依据

序号	矿物掺合料名称	控制项目	验收组批条件及批量	检验与验收依据
1	粉煤灰	细度、需水量比、烧失量、三氧化硫含量、安定性（C类）、游离氧化钙含量（C类）	同一厂家、同一品种、同一技术指标、同一批号且连续进场，200t/批（不足200t，按一批计）	GB/T 1596
2	磨细矿渣	比表面积、流动度比、活性指数	同一厂家、同一品种、同一技术指标、同一批号且连续进场，500t/批（不足500t，按一批计）	GB/T 18046
3	硅灰	比表面积、二氧化硅含量	同一厂家、相同级别、连续供应，30t/批（不足30t，按一批计）	GB/T 27690
4	石灰石粉	细度、碳酸钙含量、流动度比、含水量、安定性、MB值、活性指数	同一厂家、相同级别、连续供应，200t/批（不足200t，按一批计）	GB/T 51003 JGJ/T 318 GB/T 30190
5	钢渣粉	比表面积、流动度比、活性指数、安定性、三氧化硫含量、游离氧化钙含量、氧化镁含量		GB/T 20491
6	磷渣粉	细度、流动度比、活性指数、安定性、五氧化二磷含量		GB/T 26751 JG/T 317
7	沸石粉	吸氨值、细度、需水量比	同一厂家、相同级别、连续供应，120t/批（不足120t，按一批计）	JG/T 566
8	复合矿物掺合料	细度（比表面积或筛余量）、流动度比、活性指数	同一厂家、相同级别、连续供应，500t/批（不足500t，按一批计）	GB/T 51003 JG/T 486

注：1. 主要控制项目尚应包括放射性；

2. 可根据需要检验本表以外的其他项目。

⑤ 水质量控制。主要控制项目：pH值、不溶物含量、可溶物含量、硫酸根离子含量、氯离子含量、水泥凝结时间差和水泥胶砂强度比。当混凝土骨料为碱活性时，控制项目尚应包括：碱含量。技术指标应符合现行行业标准 JGJ 63 的规定。同一水源不少于一个检验批。

（2）混凝土拌合物质量控制

主要控制项目：坍落度及其损失、扩展度、凝结时间、含气量、水溶性氯离子含量、均匀性、水胶比等。

混凝土拌合物性能试验方法应按照现行国家标准 GB/T 50080 的有关规定进行。

① 坍落度及其损失、扩展度。拌合物在满足施工要求的前提下，尽可能采用较小的坍落度或扩展度。通常，对泵送混凝土，其拌合物坍落度设计值不宜大于180mm；泵送施工的高强混凝土，其拌合物的扩展度不宜小于500mm；自密实混凝土，其拌合物的坍落扩展度不宜小于600mm。泵送混凝土拌合物的坍落度经时损失不宜大于30mm/h。此外，混凝

土拌合物不得离析或泌水。

拌合物坍落度或扩展度应在搅拌地点和浇筑地点分别取样检测，评定时应以浇筑地点的测试结果为准。当要求的坍落度或扩展度为某一定值时，其检测结果不得超过表 9-12 的允许偏差值。

表 9-12 坍落度和扩展度的允许偏差（GB 50164）

拌合物性能	坍落度			扩展度
设计值/mm	≤40	50～90	≥100	≥350
允许偏差/mm	±10	±20	±30	±30

② 凝结时间。质量控制要求是：既不能过长又不能过短。

③ 含气量。应满足设计和施工要求。对一般环境条件下混凝土而言，含气量宜符合表 9-13 的规定；对处于潮湿或水位变动的寒冷和严寒环境以及盐冻环境的混凝土，应符合表 3-14 的规定。

表 9-13 掺引气剂混凝土含气量的限值（GB 50164）

粗骨料最大公称粒径/mm	20	25	40
混凝土含气量/%	≤5.5	≤5.0	≤4.5

拌合物含气量的检测结果与要求值的允许偏差应控制在 ±1.0% 以内。

④ 水溶性氯离子含量。拌合物中水溶性氯离子最大含量应符合表 3-13 的规定。

⑤ 均匀性。检验生产过程中混凝土拌合物的均匀性时，应按现行国家标准 GB/T 9142 的规定进行，详见第六章第四节"混合料搅拌"中的有关内容。当评定运输与施工过程中的混凝土拌合物的均匀性时，一般通过观察混凝土拌合物是否发生离析、泌水，颜色是否一致予以确定。

⑥ 水胶比。将水胶比作为质量管理项目，以间接实现对混凝土抗压强度的控制。但由于水胶比的测量相对较复杂，因此，只能通过设计水胶比来实现对混凝土抗压强度的控制。

（3）强度质量控制

采用标准养护 28 天（或设计规定的大于 28 天龄期）的混凝土立方体试件抗压强度作为强度控制项目，因耗时过长，已不符合实际需要。

由于采取快速养护方法所获得的混凝土早龄期强度与标准养护获得的混凝土 28 天或其他龄期强度存在着比较好的函数关系，因此，可以通过早龄期强度实施对 28 天强度或其他龄期强度的质量控制。

先检测、统计混凝土的早龄期强度值和标准差，然后按照所确定的强度关系式推定 28 天或其他龄期强度，接着绘制强度质量控制图，并分析强度变异的原因，最后针对主要因素采取有效改进措施，达到控制 28 天或其他龄期强度的目的。

① 早龄期强度测（推）定。现行行业标准《早期推定混凝土强度试验方法标准》（JGJ/T 15）中，给出了混凝土强度的多种快速试验方法，如加速养护法、促凝压蒸法和扭矩测试法等，这里简要介绍其中四种方法。

a. 沸水法、热水法、温水法。此三种快速测定混凝土强度的试验方法，见表 9-14。

表 9-14　三种混凝土强度快速试验方法

| 试验方法 | 养护介质 | 养护温度/℃ | 养护制度 | | | 试验周期 | 加速养护设备 |
			前置时间	加速养护时间	后置时间		
沸水法		≥98	24h±15min [(20±5)℃]	4h±5min		29h±15min	加速养护箱
热水法	水	80±2	1h±10min [(20±5)℃]	5h±5min	1h±10min [(20±5)℃]	7h±15min	加速养护箱及试模密封装置
温水法		55±2	1h±10min [(20±5)℃]	23h±15min		25h±15min	加速养护箱及试模密封装置

注：1. 表中三种试验方法所采用的混凝土试件尺寸、成型方法和拌合物的坍落度及立方体抗压强度的试验方法，以及不同尺寸试件强度的换算系数，均与常规试验方法相同。

2. 沸水法，试件采用脱模浸养；其余两种方法，试件带模浸养。

b. 砂浆促凝压蒸法。用砂浆强度推定混凝土强度，试验方法见表 9-15。

表 9-15　促凝压蒸试验方法

| 试验方法 | 养护介质 | 养护温度 | 促凝剂 | 养护制度 | | | | 加速养护设备 |
				掺入促凝剂到盖上钢盖板时间	盖锅至到达(90±10)kPa 压力时间	恒温压蒸时间	放气至开始试验时间	
促凝压蒸法	水蒸气	120℃	CS CAS	3min 内	(15±1)min	1h	放气至锅无压力	专用小压力表、压蒸锅、电炉等

注：1. 促凝剂 CS　无水碳酸钠(Na_2CO_3)：无水硫酸钠(Na_2SO_4)＝75%：25%。

2. 促凝剂 CAS　无水碳酸钠(Na_2CO_3)：无水硫酸钠(Na_2SO_4)：铝酸钠($NaAlO_2$)＝60%：25%：15%。

3. 采用砂浆小试件，专用试模尺寸为：40mm×40mm×50mm。

4. 使用缓凝型外加剂或掺粉煤灰掺合料时，压蒸时间可适当延长。

② 建立强度关系式与推定强度。

a. 线性回归方程，见式(9-41)：

$$f_{cu}^e = a + b f_{cu}^a \tag{9-41}$$

b. 幂函数回归方程，见式(9-42)：

$$f_{cu}^e = a(f_{cu}^a)^b \tag{9-42}$$

式中　f_{cu}^e——标准养护 28 天混凝土抗压强度的推定值，MPa；

f_{cu}^a——加速养护混凝土（砂浆）试件抗压强度值，MPa；

a，b——回归系数，应按 JGJ/T 15 附录 A 的规定计算。

为建立混凝土强度关系式进行专门试验时，应采用与工程相同的原材料制作试样。拌合物的坍落度应与工程所用的相近。其余有关规定详见标准 JGJ/T 15 中第 7.0.3～7.0.7 条。

③ 确定混凝土强度控制目标值。从统计特性上讲，混凝土强度是一个随机变量。在基本条件相同的情况下，生产的同批混凝土，其强度的分布，可视为正态分布。

商品混凝土企业连续生产的混凝土，除应按现行国家标准 GB/T 50107 规定分批进行合格评定外，尚应对一个统计周期内的相同等级和龄期的混凝土强度进行统计分析，计算表征混凝土质量控制水平的强度标准差（σ）、实测强度达到强度标准值组数的百分率（P）、强度的变异系数（δ_b）以及强度均值（$\mu_{f_{cu}}$），并从中选择最有代表性的数值作为强度控制目标值。

a. 强度标准差（σ）。σ 应按式(3-3)计算。

混凝土 28 天（或其他规定的评定龄期）和早龄期强度的目标值及相应强度标准差，应根据正常生产中积累的强度资料按月（或季）求得相应龄期的强度，并统计平均值及其标准差。

采用强度标准差表征商品混凝土的生产控制水平，其值应符合表 9-16 中的要求。

表 9-16 　混凝土强度标准差 （GB 50164）

混凝土强度等级	＜C20	C20～C40	≥C45
强度标准差 σ/MPa	≤3.0	≤3.5	≤4.0

b. 实测强度达到强度标准值组数的百分率（P）。应按式(9-43) 计算：

$$P = \frac{n_0}{n} \times 100\% \qquad (9\text{-}43)$$

式中　n_0——统计周期内试件强度不低于要求强度标准值的试件组数；

n——统计周期内相同强度标准值的混凝土试件组数。

采用 P 来表征混凝土的生产控制水平，其值不应小于 95%。

通常，生产企业的统计周期取一个月。例如：某商品混凝土公司一个月的 166 组 C30 同配合比混凝土的标准养护 28 天抗压强度值如表 9-17 所示，采用式(3-3) 和式(9-43) 计算，其 σ 为 3.4MPa，P 为 100%，满足相关强度质量控制标准要求。

表 9-17 　混凝土强度统计分析数据表

月日	序号	测定强度值/MPa									平均值 $\overline{X}$	极差 R	备注
		X_1	X_2	X_3	X_4	X_5	X_6	X_7	X_8	X_9			
6.21	1	38.4	39.4	41.3	46.0	43.4					41.3	7.6	
6.22	2	42.5	38.3	40.8	40.3	41.4	42.6	40.9	40.7	40.7	40.5	4.2	
6.23	3	43.3	39.6	39.4	39.0	38.8					40.3	4.3	
6.24	4	43.2	41.1	41.7	41.2						41.8	2.1	
6.25	5	42.4	40.1	43.5	40.4	39.6	40.8				41.6	3.4	
6.26	6	41.0	39.4	41.2	41.1	39.1					40.7	1.8	
6.27	7	48.2	40.9	39.3	40.0	39.9					42.1	8.9	
6.28	8	41.4	40.2	46.4	45.5	40.9	39.5				43.3	6.2	
6.29	9	44.6	47.3	43.8	43.5	44.0	43.8	42.6	40.4		44.8	3.8	
6.30	10	39.4	41.9	38.6	43.4	38.9	44.5	42.0			40.8	4.8	
7.01	11	41.3	37.4	38.8	42.8	37.2					40.1	5.4	
7.02	12	39.3	42.9	42.6	37.6	42.9	39.8				40.6	5.3	
7.03	13	38.2	37.6	37.2	36.0	41.4					37.3	2.2	
7.04	14	47.1	46.0	45.5	41.7	40.2					45.1	5.4	
7.05	15	49.2	38.3	41.4	37.5						41.6	11.7	
7.06	16	40.8	46.9	43.0	44.6						43.8	6.1	
7.07	17	46.6	47.2	45.0	43.4	44.0	42.6	48.0			45.6	3.8	
7.08	18	49.4	42.2	35.6	38.4						41.4	13.8	
7.09	19	39.6	35.6	48.1	36.3	39.7					39.9	12.5	
7.10	20	37.5	37.1	38.7	47.9	40.6					40.3	10.8	

月日	序号	测定强度值/MPa									平均值$\overline{X}$	极差 R	备注
		X_1	X_2	X_3	X_4	X_5	X_6	X_7	X_8	X_9			
7.11	21	46.8	43.1	44.8	39.2						43.5	7.6	
7.12	22	44.9	40.4	44.3	46.2						44.0	5.8	
7.13	23	35.1	41.2	37.6	34.4						37.1	6.8	
7.14	24	45.7	41.8	49.7	44.9	36.0	39.3				45.5	7.9	
7.15	25	38.8	39.0	39.0	48.0	40.6	39.9	44.2	41.9		41.2	9.2	
7.16	26	48.0	39.3	42.4	48.1	47.1					44.5	8.8	
7.17	27	43.9	44.3	42.0	40.4	44.0	43.9	40.6			42.7	3.9	
7.18	28	48.8	41.3	48.3	42.2	43.3	41.8				45.2	7.5	
7.19	29	39.2	44.6	47.3	43.6	46.0					43.7	8.1	
7.20	30	44.9	41.3	48.5	48.3	40.2	42.8	42.1			45.8	7.2	
Σ											1265.7	196.9	

注：表中平均值和极差为"$X_1 \sim X_4$"作为子组时的数据。

c. 强度的变异系数（δ_b）。应按式（9-44）计算：

$$\delta_b = \frac{\sigma}{m_{f_{cu}}} \qquad (9\text{-}44)$$

式中　$m_{f_{cu}}$——混凝土强度均值，MPa。

d. 强度均值（$m_{f_{cu}}$）。应按式（9-45）计算：

$$m_{f_{cu}} = \frac{\sum\limits_{i=1}^{n} f_{cui}}{n} \qquad (9\text{-}45)$$

④ 绘制强度质量控制图。一般，在统计控制的初级阶段或不易分批的情况下，宜采用单值-移动极差控制图（X-R_m）；当质量稳定或可以分批时，可采用均值-极差控制图（$\overline{X}$-R）。此外，为分析混凝土强度的变异原因，也可绘制坍落度控制图、水灰（胶）比控制图等。

⑤ 分析影响混凝土强度变异的因素。当在控制图上发现异常情况时，应对影响混凝土强度的因素进行分析，可绘制因果分析图，据此确定影响混凝土强度异常的主要原因或因素。

⑥ 确定解决主要问题的对策。针对影响混凝土强度的因素分析和要解决的主要问题，应编制对策表，并应及时检查主要问题解决情况，评价所采取措施的有效性，最终达到控制强度和逐步提高质量控制水平的目的。

（4）强度质量控制图应用示例

【例 9-3】 某商品混凝土企业生产 C30 混凝土，设计要求其配制强度为 42.0MPa，生产质量控制要求其 σ_0 为 3.5MPa。每天定时（每隔 6h）抽样制作试件进行快速试验，并利用已积累的同类混凝土强度数据，推定出 28 天标准强度结果，如表 9-17 所示（表中标注的"$X_1 \sim X_4$"列），连续统计 30 天数据，分析质量控制情况。

解：样本已分批，可采用 $\overline{X}$-R 控制图分析。在 μ_0、σ_0 已给出的情况下，依据表 9-5 中所列公式，由 $n=4$，$k=30$，查现行国家标准 GB/T 17989.2 可得：$A=1.5$、$d_2=2.059$、$D_2=4.698$、$D_1=0$。计算控制线如下：

（1）R 控制图

$$\text{CL} = d_2\sigma_0 = 2.059 \times 3.5 = 7.21(\text{MPa})$$

$$U_{CL} = D_2\sigma_0 = 4.698 \times 3.5 = 16.44(\text{MPa})$$

$$U'_{CL} = d_2\sigma_0 + \frac{2}{3}(D_2 - d_2)\sigma_0 = 2.059 \times 3.5 + \frac{2}{3} \times (4.698 - 2.059) \times 3.5 = 13.36(\text{MPa})$$

（2）$\overline{X}$ 控制图

$$\text{CL} = \mu_0 = 42.0(\text{MPa})$$

$$U_{CL} = \mu_0 + A\sigma_0 = 42.0 + 1.5 \times 3.5 = 47.25(\text{MPa})$$

$$U'_{CL} = \mu_0 + \frac{2}{3}A\sigma_0 = 42.0 + \frac{2}{3} \times 1.5 \times 3.5 = 45.00(\text{MPa})$$

$$L_{CL} = \mu_0 - A\sigma_0 = 42.0 - 1.5 \times 3.5 = 36.75(\text{MPa})$$

$$L'_{CL} = \mu_0 - \frac{2}{3}A\sigma_0 = 42.0 - \frac{2}{3} \times 1.5 \times 3.5 = 38.50(\text{MPa})$$

由以上计算可得到 $\overline{X}$-R 控制图，如图 9-13 所示。

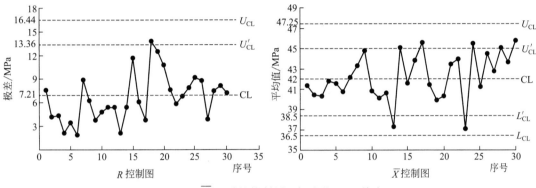

图 9-13　$\overline{X}$-R 质量控制图（标准差 σ_0 已给出）

从图 9-13 可以看出，各个试验值几乎都能落进 2σ 界限内，说明控制状态正常。

【例 9-4】　某商品混凝土企业生产 C30 混凝土，设计要求强度最高为 48.0MPa、最低为 36.0MPa。每天定时（每隔 6h）抽样制作试件进行快速试验，并利用已积累的同类混凝土强度数据，推定出 28 天标准强度结果，如表 9-17 所示（表中标注的"$X_1 \sim X_4$"列），连续统计 30 天数据，分析质量控制情况。

解： 样本已分批，可采用 $\overline{X}$-R 控制图分析。在 μ_0、σ_0 未给出的情况下，依据表 9-5 中所列公式，由 $n = 4$，$k = 30$，查现行国家标准 GB/T 17989.2 得：$A_2 = 0.729$、$D_3 = 0$、$D_4 = 2.282$。控制线计算如下：

（1）R 控制图

$$\text{CL} = \overline{R} = 6.56\text{MPa}$$

$$U_{CL} = D_4\overline{R} = 2.282 \times 6.56 = 14.97(\text{MPa})$$

$$U'_{CL} = \overline{R} + \frac{2}{3}(D_4\overline{R} - \overline{R}) = 6.56 + \frac{2}{3} \times (2.282 \times 6.56 - 6.56) = 12.17(\text{MPa})$$

（2）$\overline{X}$ 控制图

$$\overline{\overline{X}} = \frac{1265.7}{30} = 42.2(\text{MPa})$$

$$\overline{R} = \frac{196.9}{30} = 6.56(\text{MPa})$$

$$\text{CL} = \overline{\overline{X}} = 42.2\text{MPa}$$

$$U_{\mathrm{CL}} = \overline{\overline{X}} + A_2\overline{R} = 42.2 + 0.729 \times 6.56 = 46.98(\mathrm{MPa})$$

$$L_{\mathrm{CL}} = \overline{\overline{X}} - A_2\overline{R} = 42.2 - 0.729 \times 6.56 = 37.42(\mathrm{MPa})$$

$$U'_{\mathrm{CL}} = \overline{\overline{X}} + \frac{2}{3}A_2\overline{R} = 42.2 + \frac{2}{3} \times 0.729 \times 6.56 = 45.39(\mathrm{MPa})$$

$$L'_{\mathrm{CL}} = \overline{\overline{X}} - \frac{2}{3}A_2\overline{R} = 42.2 - \frac{2}{3} \times 0.729 \times 6.56 = 39.01(\mathrm{MPa})$$

由以上计算可得 $\overline{X}$-R 控制图，如图 9-14 所示。

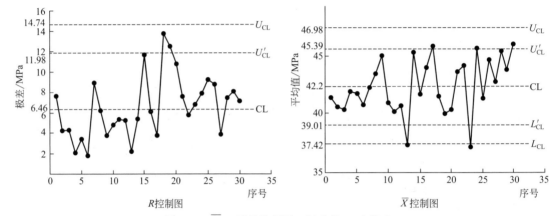

图 9-14　$\overline{X}$-R 质量控制图（标准差 σ_0 未给出）

从图 9-14 中可以看出，有 2 个子组的均值偏低，数据点落在了 3σ 界限外，此时就应该检查造成这种离散的原因，并采取措施加以纠正。在原因查明的情况下，应利用经剔除 3σ 之外数据点后的资料，重新计算控制界限线，以便对以后生产的同类混凝土的质量参数进行控制。控制界限线通常是一个月计算修改一次。

【例 9-5】　某商品混凝土企业，以生产 C30 混凝土为主，按照现行有关标准要求进行出厂检验，其强度数据如表 9-17 所示，对其质量控制情况进行分析。

解：因对检测数据进行子组划分无实际意义，采用单值-移动极差（X-R_{m}）控制图对强度进行质量分析。在 μ_0、σ_0 未给出的情况下，$k=166$，依据表 9-5 中所列公式，计算控制线如下：

$$\overline{X} = \frac{6977.2}{166} = 42.0(\mathrm{MPa})$$

$$\overline{R}_{\mathrm{m}} = \frac{545.9}{165} = 3.31(\mathrm{MPa})$$

（1）R_{m} 控制图

$$\mathrm{CL} = \overline{R}_{\mathrm{m}} = 3.31\mathrm{MPa}$$

$$U_{\mathrm{CL}} = 3.267\overline{R}_{\mathrm{m}} = 3.267 \times 3.31 = 10.8(\mathrm{MPa})$$

$$U'_{\mathrm{CL}} = 2.511\overline{R}_{\mathrm{m}} = 7.21\mathrm{MPa}$$

由于移动极差图显示第 82、102、103、118 和 122 数据点落在控制限外，说明过程未处于受控状态，表明可能有某些可查明的原因在起作用。剔除这几个点后，重新计算 $\overline{X}$ 和 $\overline{R}_{\mathrm{m}}$。

$$\overline{X} = \frac{6774.8}{161} = 42.1(\mathrm{MPa})$$

$$\overline{R}_{\mathrm{m}} = \frac{484.3}{160} = 3.03(\mathrm{MPa})$$

$$CL = \overline{R}_m = 3.03 MPa$$

$$U_{CL} = 3.267 \overline{R}_m = 3.267 \times 3.03 = 9.90 (MPa)$$

$$U'_{CL} = 2.511 \overline{R}_m = 6.60 MPa$$

（2）X 控制图

$$CL = \overline{X} = 42.1 MPa$$

$$U_{CL} = \overline{X} + 2.660 \overline{R}_m = 42.1 + 2.660 \times 3.03 = 50.16 (MPa)$$

$$L_{CL} = \overline{X} - 2.66 \overline{R}_m = 42.1 - 2.660 \times 3.03 = 34.04 (MPa)$$

$$U'_{CL} = \overline{X} + 1.773 \overline{R}_m = 47.47 MPa$$

$$L'_{CL} = \overline{X} - 1.773 \overline{R}_m = 36.73 MPa$$

由以上计算得到的 $X\text{-}R_m$ 控制图如图 9-15 所示。

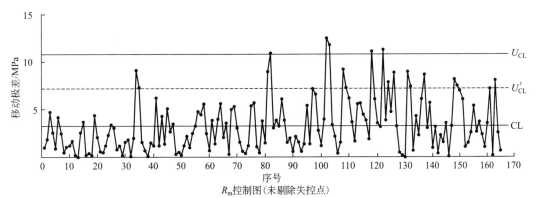

R_m控制图(未剔除失控点)

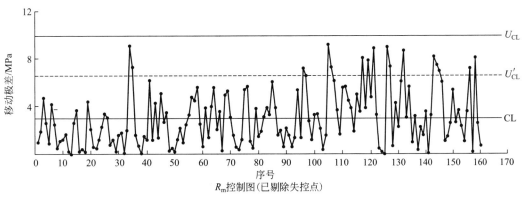

R_m控制图(已剔除失控点)

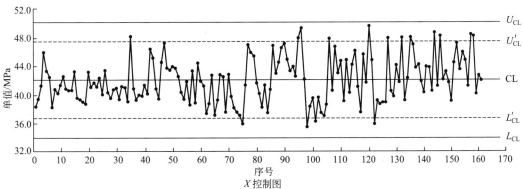

X 控制图

图 9-15　$X\text{-}R_m$ 质量控制图

分析 X 控制图可以判断：①生产是否处于稳定状态；②强度平均值是否高于或接近所要求的混凝土配制强度；③强度分布的下限值与设计要求强度的关系等。从而为后续生产是否维持现状，是否重新予以调整，提供科学依据。

分析 R_m 控制图可以看出：由于是每天抽取的试样，若原材料质量、骨料含水量有较大变化或材料计量误差过大时，移动极差将增大。

（5）分析影响混凝土强度变异的因素

当在控制图上发现异常情况时，应对影响混凝土强度的因素进行分析，可绘制因果分析图，据此确定影响混凝土强度异常的主要原因或因素。

（6）确定解决主要问题的对策

针对影响混凝土强度的因素分析和要解决的主要问题，应编制对策表，并应及时检查主要问题解决情况，评价所采取措施的有效性，最终达到控制强度和逐步提高质量控制水平的目的。

第三节　商品混凝土工序质量控制

商品混凝土"工序"意指从原材料进场、储存、混凝土配合比设计、生产制备直至混凝土施工完成后，所经历的全过程。

一、原材料储存质量控制

原材料进场后，除应按有关要求进行进场检验外，还应分类存放和标识。

水泥和矿物掺合料出厂超过 3 个月，均应进行复检，合格方可使用。

砂、石骨料堆场应有遮雨设施，并应符合有关环境保护的规定。在运输和堆放时应注意：

① 应按产地、种类和规格分别堆放，在运输装卸和堆放过程中应防止颗粒离析、混入杂质。

② 堆放高度不宜超过 5m，对于单粒级或最大粒径不超过 20mm 的连续粒级，其堆料高度可增加到 10m。

粉状外加剂应防止受潮结块，如有结块，应进行检验，合格者应经粉碎至全部通过 $600\mu m$ 筛孔后方可使用；液态外加剂应储存在密闭容器内，并应防晒和防冻，如有沉淀等异常现象，应经检验合格后方可使用。

二、原材料计量质量控制

计量通常采用电子计量系统与设备，且应具有：生产状态模拟显示，各种动态数据实时显示，称量动态自动补偿，称量提前量自动修正等功能。

计量设备的精度应符合现行国家标准 GB/T 10171 的有关规定，并应由法定计量部门定期校验，企业每月应自检 1 次。每盘混凝土原材料计量的允许偏差，应符合表 6-14 规定，且应每班检查 1 次，并应根据粗、细骨料含水率的变化，实时调整粗、细骨料和拌和用水的称量。

三、配合比质量控制

1. 配合比设计

配合比设计应遵循现行行业标准 JGJ 55 的规定进行。

首次使用的配合比应进行开盘鉴定。开盘鉴定应包括以下内容：

① 生产使用的原材料是否与配合比设计一致。

② 混凝土拌合物性能是否满足施工要求。

③ 混凝土强度是否满足评定要求。

④ 混凝土耐久性能是否满足设计要求。

开盘鉴定应由企业技术负责人组织有关技术、质检、生产人员参加，并至少留置一组 28 天标准养护试件用于验证配合比。

通常，商品混凝土企业都会根据本企业常用的原材料等技术条件，建立不同强度等级的常用混凝土配合比清单。通常，配合比设计流程依图 9-16 所示进行。

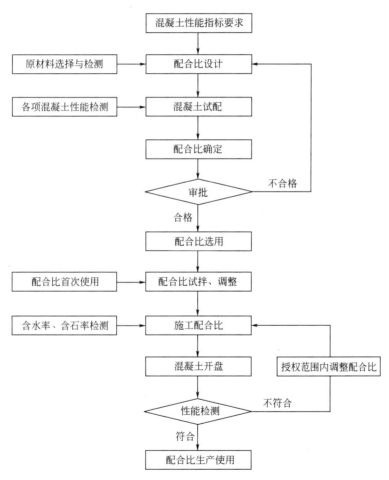

图 9-16　配合比设计（管理）流程图

2. 配合比设计评审

评审的主要内容包括：产品的适用性、产品的技术水平、产品的竞争能力、产品设计的标准化程度、技术经济分析、工艺可操作性等。

混凝土设计评审后，要填写设计评审报告，报告应对该设计能否付诸生产做出评价。如果不能交付生产，应指出设计中所存在的问题，并提出改进意见。

应该指出的是，商品混凝土与其他产品一样，设计过程是一个向终极目标动态逼近的过程，要完全满足工程特点和施工特点等要求是十分困难的，只有最佳逼近，才有可能产生理想的设计结果。

四、混凝土制备质量控制

混凝土制备应能满足以下要求：

① 保证拌合物质量的均匀性、工作性以及硬化后混凝土的强度和耐久性。

② 混凝土供应须满足施工进度要求。

1. 制备前准备

① 根据当日生产任务量，组织原材料供应，保证原材料的品种、规格、数量和质量符合配合比设计要求。

② 测定砂石含水率，准确换算施工配合比。对首次使用的配合比或配合比使用间隔时间超过 3 个月或原材料发生变化的配合比应进行开盘鉴定。

③ 检查上料、给料及称料设备的工作状态和计量显示器的零点复位，检查搅拌机各联结部位的连接状态及润滑情况，在检查无误的情况下，启动搅拌机进行空转检查。

④ 明确混凝土交付地点、交付现场情况以及运输路线和道路交通状况，合理安排运输车辆，确保混凝土连续供应。施工现场应有专人负责混凝土的接收、指挥和协调。

2. 混凝土制备

配合比系统输入应有专人负责，一人输入、一人复核，按有关工艺要求进行，确保准确无误。并随时关注设备的运转和计量秤的工作情况，确保设备运行正常。

3. 制备过程检查

① 检查内容：粗细骨料的含水率；冬、暑期所用原材料温度及混凝土出机温度；搅拌机及计量设备的强检和自检；核对施工配合比等。

② 混凝土出厂前，应逐车检查混凝土拌合物坍落度，当混凝土有抗冻性要求时，应检测混凝土拌合物的含气量。

③ 应设专职检查员进行混凝土质量检查控制，做到每班都有质量检查记录和交接班记录。

五、混凝土运输质量控制

应配备足够数量的运输工具，满足施工进度要求；搅拌罐车，接料前应用水湿润罐体，但必须排净积水；运输途中或等候卸料期间，应保持罐体 3～5r/min 的正常运转；卸料前先进行快速旋转 20s 以上。此外，冬期运输时，搅拌罐车有保温措施，夏季应采取隔热措施。

六、混凝土浇筑质量控制

混凝土浇筑施工虽然由施工方负责，但商品混凝土企业的专业技术人员，也应配合施工方做好技术服务工作。

1. 混凝土输送

输送混凝土的容器和输送管不应吸水、漏浆，并应保证输送通畅。容器和输送管在冬、夏季应分别采取保温和隔热措施。当需要二次倒运时，倒运设备应不吸水。

当采用泵送混凝土时，应保证混凝土连续泵送，并应符合现行行业标准 JGJ/T 10 的有关规定。混凝土输送泵的选型、配备的台数以及泵管的选型与布置等要求，详见第七章第三节下"泵与管道的选型与布置"中的有关内容。

2. 混凝土浇筑

浇筑的质量控制详见第七章第二节下"浇筑前的准备工作"和"浇筑遵循的原则"中的有关内容。

3. 混凝土振捣与饰面

① 混凝土振捣。振捣应根据混凝土拌合物特性、混凝土结构、构件或制品的制作方式等，选择适当的振捣方式和振捣时间，确保混凝土拌合物充满密实整个模型。

振捣施工应按照现行国家标准 GB 50666 的有关规定进行。

② 饰面。饰面应在混凝土终凝前进行。

需要注意的是，混凝土拌合物从搅拌机卸出后到浇筑完毕的延续时间不宜超过相关规定，详见表 7-2 和表 7-3。

七、混凝土养护质量控制

养护方法的类型、选择及技术要求，详见第七章第六节"养护方法"中的有关内容。

各种养护方法既可单独使用，又可复合使用。商品混凝土生产企业应按照相关技术要求，在施工技术方案中，明确养护方案。

值得一提的是，同条件养护试件的养护条件必须与所代表实体结构部位的养护条件相同。

第四节　生产技术准备控制

一、人员、物资与设备准备

加强对操作工人培训；制定物资供应计划以及设计或选择先进的工艺生产设备。

二、工艺准备

1. 工艺性审查

指产品设计的可生产性审查。针对混凝土产品的性能要求，审查其质量保证、企业的生产条件的符合性等。

2. 制定工艺方案

即工序设计方案。根据产品的需要，对有关的工艺加工方法等工艺要素和某些重大原则性问题提出明确规定和要求。

3. 工艺系统设计

即工艺流程设计。包括从采购混凝土原材料开始，到生产加工、运输、浇筑的全过程，它清楚地反映了混凝土生产所经过的所有加工工序。

4. 单元工序的工艺设计

它是对产品每一个加工单元（工序）进行加工方法的设计，进行工序分析，找出工序关键性要素及变化规律。如混凝土搅拌工序，针对每一特定的混凝土产品，工艺设计要明确规定加料顺序、搅拌时间和搅拌工艺方法等。并把以上内容编成作业指导书，并以此作为工序检查和质量控制的依据。

5. 制订工艺材料定额和工时定额

制订科学的工艺材料定额和工时定额，并且编制材料、工时定额表，以便加强管理。定额应不断加以修正，以保证其科学性、合理性和经济性。

三、计量与检测设备准备

计量与检测设备是工序质量控制的探测器。所有原材料都要经过计量，计量设备要及时采用校正后的砝码定期对其进行校正。检测设备的误差会对产品的质量提供错误的信息，直接影响产品质量和质量控制，必须按时予以复检。

四、设计组织生产方案

应根据产品的品种与特性组织生产方案，其内容包括工艺流程、工艺参数、质量检验点和检验周期等。

五、质量控制系统和组织方案验证

1. 单工序验证

主要是对关键工序的工艺文件、工艺参数的控制指标、工艺装备和生产设备进行验证。

2. 全部生产线的验证

是指对产品形成全过程的各环节之间的连接及整个系统的生产的稳定性进行验证。对于混凝土生产过程来说，是对原材料的运输和加工、原材料的计量、混凝土的搅拌、混凝土的运输、混凝土的浇筑、混凝土的试验等部分的生产工序逐一进行验证。

第五节　清洁文明生产与工序质量改进

一、现场文明生产管理

清洁文明生产水平代表了企业经营管理的基本素质。良好的生产秩序和整洁的工作场所是保证产品质量的必要条件，是消除质量隐患的重要途径。现场文明生产管理包括以下几个方面的内容：

① 严明的工艺纪律和工艺法规，操作员严格按照工艺标准进行操作，工序间的记录准确。

② 原材料、物品等堆放储运有条不紊，设备整洁完好。

③ 生产具有节奏性和均衡性。

④ 工作场地布局合理，人、机布置合理，无多余杂物，工作环境自然条件良好。

⑤ 技术、安全、质量教育标准化。

二、工序质量改进

首先，技能培训。混凝土作为一种特殊的商品，品种繁多、用途各异，技术要求不同，并且随着科学技术的不断进步，新技术、新产品不断出现。这就要求生产工人尤其是技术工作者与时俱进，知识不断更新。

其次，标准化作业是产品质量保证的关键。经过训练的员工应自觉了解指导标准化作业的生产技术文件，其中包括原材料与混凝土施工的有关国家或行业规范，作业指导书、混凝土配合比等。并在了解的基础上严格实施，在实施过程中按规则进行检验，以保证作业实施的连续性和准确性，不间断地加以必要改进，补充和制定新的作业标准。

第六节　商品混凝土质量检验

质量检验又称合格控制，贯穿于商品混凝土的整个生产与施工全过程中。

一、原材料质量检验

原材料进场时，应按规定批次验收型式检验报告、出厂检验报告或合格证等质量证明文件，外加剂产品还应具有使用说明书。

混凝土原材料进场时应进行检验，检验样品应随机抽取，检验控制项目、组批条件、检验与验收依据，应符合表 9-8～表 9-11 的规定。

当符合下列条件之一时，可将检验批量扩大一倍。

① 经产品认证机构认证符合要求。

② 来源稳定且连续三次均一次性检验合格。

③ 同一厂家的同批出厂材料，用于同时施工且属于同一工程项目的多个单位工程。

二、混凝土拌合物质量检验

包含出厂检验与交付（货）检验，应按照现行国家标准 GB/T 14902 的有关规定进行。

检验项目应根据设计、合同规定和施工需要而定。通常，检验的项目是坍落度与坍落度经时损失、扩展度与水溶性氯离子含量等，掺有引气型外加剂的混凝土应检验其含气量。

当判断混凝土质量是否符合要求时，坍落度及含气量应以交货检验结果为依据；水溶性氯离子含量以企业提供的资料为依据；其他检验项目应按合同规定进行。

混凝土拌合物的检验频率应符合下列规定：

① 混凝土坍落度等取样检验频率，应符合 GB/T 50666 的有关规定。

② 同一工程、同一配合比、采用同一批次水泥和外加剂的混凝土的凝结时间应至少检验一次。

③ 同一工程、同一配合比的混凝土的水溶性氯离子含量应至少检验一次；同一工程、同一配合比和采用同一批次海砂的混凝土的氯离子含量应至少检验一次。

三、硬化混凝土质量检验

1. 强度

强度的试验方法应符合现行国家标准 GB/T 50081 的有关规定，检验评定应符合 GB/T

50107 的有关规定，其他力学性能检验应符合设计要求和有关标准的规定。

混凝土试件的取样、留置、养护应依据 GB/T 14902 和 GB 50204 进行。

2. 长期性能与耐久性

检验方法，应符合现行国家标准 GB/T 50082 的有关规定，结果评定，按照现行行业标准《混凝土耐久性检验评定标准》（JGJ/T 193）中的有关规定进行。

四、混凝土结构实体质量检测

当混凝土强度验收不合格时，就要对结构实体进行混凝土强度检测。常用的检测方法有回弹法、钻芯法和拔出法等。

1. 回弹法

此法检测强度的根据是回弹值与混凝土弹性能（弹性模量）具有一定的相关关系，而混凝土弹性模量又与其强度具有一定的相关关系，因此，根据回弹值与混凝土强度之间的相关关系，就可以从回弹值推算混凝土的抗压强度。

（1）回弹仪的质量要求

常用的是中型回弹仪，其冲击动能 2.027J。影响回弹仪性能的因素主要有：①弹击拉簧的刚度应取 0.784N/mm；②弹击杆前段球面半径 $r=25mm$；③指针长度应为 20mm 和摩擦力应等于 0.65N；④影响弹击锤起跳位置的相关部件，如弹击锤是否相应于刻度尺的"100"处脱钩、弹击锤的冲击长度是否等于 75mm 等。

（2）回弹值的影响因素

回弹值除受回弹仪性能本身影响外，还受以下因素的影响：①混凝土碳化深度的增加，使得混凝土回弹值相应增加；②混凝土表面湿度越大，回弹值越低；③混凝土表面比较粗糙，有疏松层、浮浆、蜂窝、麻面时，回弹值离散性较大；④回弹仪测试角度，非水平方向的测试结果往往小于水平方向的测试结果；⑤混凝土的不同浇筑面，浇筑表面的回弹值较浇筑侧面的低，浇筑底面的回弹值较浇筑侧面的高；⑥钢筋保护层厚度、表层钢筋直径与疏密程度，若钢筋保护层厚度小、表层钢筋直径大、钢筋配置较密，都会导致回弹值偏高。

此外，若混凝土掺用引气剂，混凝土内部生成的气孔，会对回弹值有较大的影响。

（3）回弹法检测技术

依据现行行业标准《回弹法检测混凝土抗压强度技术规程》（JGJ/T 23）的相关要求进行。当采用 4.5J 或 5.5J 的回弹仪时，可依据现行标准《高强混凝土强度检测技术规程》（JGJ/T 294）的有关内容实施。

2. 钻芯法

钻芯法是采用钻芯机从混凝土中钻取芯样，利用芯样强度对混凝土质量进行评估的现场实体检测方法。它是一种直观、可靠、准确的现场检测方法。依据现行行业标准《钻芯法检测混凝土强度技术规程》（JGJ/T 384）的相关要求进行。

（1）钻芯法检测强度技术的应用

钻芯法尤其适用于下列情况：

① 对试件抗压强度结果有怀疑。

② 因材料、施工或养护不当而发生混凝土质量问题时。

③ 混凝土遭受冻害、火灾、化学侵蚀或其他损坏时。

④ 建筑结构或构筑物服役期较长时。

（2）钻芯法检测强度技术的影响因素

① 芯样尺寸。

a. 芯样直径。芯样为圆柱体试件。试验证明，芯样直径越大，强度值就越低。

b. 芯样高径比。压力机上下压板对芯样产生的"环箍效应"，将导致：高径比越大，则测得的抗压强度值越低。

② 芯样端面与轴线之间的垂直度。偏差过大会降低芯样抗压强度。试验证明，当垂直度不超过1°时，对试验结果影响不明显。因此，芯样的垂直度应控制在1°以内。

③ 钢筋。若芯样试件中存在钢筋，将会对抗压试验结果产生较大的影响，其影响程度与钢筋在芯样试件中的位置有关：与芯样轴线平行的纵向钢筋，对芯样抗压强度影响较大。因此，芯样试件中不允许存在与芯样轴线平行的纵向钢筋。与芯样轴线垂直的横向钢筋，对芯样抗压强度的影响较为复杂。若钢筋较细，其影响相对较小；若钢筋位于芯样周边附近时，会使芯样抗压强度有较大程度的降低。

④ 芯样的干湿状态。芯样的干湿状态对其抗压强度有较大的影响。应将芯样密封保存，使其干湿状态能与现场结构混凝土基本一致。若芯样与被测结构或构件湿度有较明显差别，芯样应在抗压强度试验前，做以下处理：若结构物比较干燥，芯样应在室内自然干燥3天以上再进行抗压试验；若结构物比较潮湿，芯样应在（20±5）℃清水中浸泡40~48h，从水中取出后立即进行抗压试验。

⑤ 芯样端面状态。芯样端面如果不平整，会使试件与压力机之间局部接触，因而导致应力集中，使实测强度偏低。

当芯样端面不平整时，通常可采用硫黄胶泥或水泥砂浆对其进行补平，补平后的芯样应满足相关标准规范要求。

（3）芯样抗压强度试验

按现行国家标准 GB/T 50081 中对立方体试样抗压试验的规定进行。

芯样试件抗压强度值按式（9-46）计算：

$$f_{cu,cor} = \frac{\beta_c F_c}{A_c} \qquad (9\text{-}46)$$

式中 $f_{cu,cor}$——芯样试件抗压强度值，精确到 0.1MPa，MPa；

F_c——芯样试件抗压试验的破坏荷载，N；

A_c——芯样试件抗压截面面积，mm^2；

β_c——芯样试件强度换算系数，取 1.0。

应注意，上式强度的换算系数取值为 1.0 的前提是抗压芯样试件的高径比为 1。当高径比小于 0.95 或大于 1.05 时，不宜进行试验。而且，宜采用直径 100mm 的芯样。

钻芯法可用于确定检测批或单个构件的混凝土抗压强度推定值。当用钻芯法确定检测批的强度推定值时，芯样试件的数量应根据检测批的容量确定（当采用直径 100mm 的芯样试件时，最小样本数量不宜小于 15 个），并按照相关标准进行计算和评定。

需要说明的是，钻芯法检测时需要从构件或结构体上钻取一定数量的芯样，这将或多或少对检测实体造成一定程度的破坏，因此，就其实质来说，钻芯法应是一种半破损或微破损的检测方法。

3. 拔出法

拔出法是检测混凝土强度的一种微破损现场检测方法。目前，该法依据《拔出法检测混凝土强度技术规程》（CECS 69）进行。

（1）拔出法的类型

① 预埋拔出法是在混凝土表层以下的一定距离（因检测装置不同而不同）深处，预先埋入一个钢质锚固件，混凝土硬化后，通过对锚固件施加拔出力，当拔出力增至一定限度

时，混凝土将沿着一个与轴线成一定角度的圆锥面破裂，并最后拔出一个类圆锥体。通过预先建立的拔出力与强度的测强曲线推定出混凝土的强度。

此法尤其适用于下列情况：决定拆除混凝土模板或施加荷载的适当时间；决定施加或放松预应力的适当时间；决定吊装、运输构件的适当时间；决定停止湿热养护或冬季施工时停止保温养护的适当时间等。

② 后装拔出法。后装拔出法是在已硬化混凝土表面钻孔、磨槽、嵌入锚固件并安装拔出仪进行拔出试验，测得极限拉拔力，根据预先建立的拔出力与强度的测强曲线推定出混凝土的强度。后装拔出法检测混凝土强度主要用于下列情况：混凝土试件与结构的混凝土质量不一致或对试件强度检验结果有怀疑时；供强度试验用的混凝土试件数量不足时；有待改建或扩建的旧结构物需要了解其混凝土强度时；用于大于 C60 以上混凝土抗压强度，回弹仪不能检测时。

(2) 拔出法检测强度技术的影响因素

① 粗骨料粒径。混凝土拉拔力的变异系数随粗骨料最大粒径的增加而增大。

② 混凝土强度等级。高强混凝土的回归曲线斜率小于中、低强混凝土的回归曲线斜率。

③ 反力支承形式。采用圆环式支承时，达到极限拉拔力以前混凝土表面无任何破坏迹象，继续拉拔，在圆环内侧产生整齐的环状裂缝，随后圆环内的混凝土同锚固件一起被拔出，拔出体呈截顶的圆锥状。

采用三点式支承时，可降低拉拔力。破坏时，除了环向裂缝，还会出现一些通过轴心孔的径向裂缝，被拔出的混凝土呈喇叭状，或被分解成一些碎块。

第七节　商品混凝土不合格品控制

一、原材料不合格品控制

1. 进场检验不合格品控制

通常，进场原材料初检时发生的不合格，主要有两种情况，一是粉体材料温度超标，即粉体材料有温度要求时应等待或采取降温措施，直到温度降到规定温度以下时方可入仓。二是部分检验项目不合格，但可以进行复试，如果复试不合格，应采取退货处理。

2. 批次检验不合格品控制

批次检验不合格时，应立即暂停该批原材料的使用，并对该批原材料留样进行复试。复试合格应查明批次检验不合格原因，并予以纠正。复试仍不合格时，应进行试验充分论证是否能够采取技术措施降级使用，否则对该批原材料进行清仓退货处理。同时应查明原因，并对使用该批原材料生产的混凝土质量进行追踪。如果工程质量达到相关质量要求，应制定相应预防措施；如果工程质量因为该批原材料出现质量问题，应按有关质量问题（事故）处理办法进行处理。

二、拌合物不合格品控制

通常情况下，拌合物不合格品是指出厂检验不合格未准出厂的混凝土拌合物以及出厂后剩余或退回的混凝土拌合物，即剩退回混凝土拌合物。

1. 拌合物不合格品类型

① 废品是指与混凝土配合比设计、技术条件、工艺规范等要求不符，且不合格项在技术上无法修复或不能经济修复，丧失应有的适用性的产品。

② 回用品是指与混凝土配合比设计、技术条件、工艺规范等要求不符，但仍具有原定适用性的产品。如：高效减水剂掺量过大，混凝土坍落度大于设计坍落度，静停一段时间以后，混凝土仍然可以使用，基本性能保持不变等情况。

③ 返工品是指与混凝土配合比设计、技术条件、工艺规范等要求不符，但能经济返工，经返工后能够达到要求的不合格品。如：外加剂掺量小于设计值，混凝土坍落度小于设计要求的混凝土坍落度，通过二次加入外加剂可以达到要求的混凝土等。

④ 降级品是指混凝土按相应的等级进行检验不合格，经降等后合格的产品。如：混凝土由于特定的原因水胶比失控，强度可能低于设计强度，但仍能满足下一强度等级要求的混凝土。

2. 不合格品处置方式

企业应制定不合格品管理制度，对识别、隔离和处理不合格品作出明确规定。且应在保证工程结构质量安全的前提下，尽可能减少资源的浪费。根据不合格品的类型，常见的处置方式有：

① 调整使用。拌合物工作性能不满足施工要求的，经调整合格后可使用，如返工品。

② 降低要求使用。对于出厂检验温度、含气量不能满足使用要求的拌合物，可转发到符合温度、含气量控制要求的其他工程部位，如回用品和降级品。

③ 降级使用。拌合物性能调整后仅能满足低强度等级或非结构部位要求的，可降级使用，如降级品。

④ 报废处理。如拌合物不能在有效时间内浇筑的必须做报废处理，如拌合物严重离析的必须做报废处理等。

第八节　商品混凝土使用说明书示例

某商品混凝土公司混凝土使用说明书
（技术交底书）

尊敬的客户：

您好！感谢您选用本公司生产制备的混凝土承建优质工程！为了便于双方沟通与配合，及时、高效、保质、保量地完成混凝土的供应任务，诚将我公司服务程序和混凝土产品使用注意事项说明如下。

1. 产品介绍

预拌混凝土是指由水泥、骨料、水以及根据需要掺入的外加剂和矿物掺合料等组分按一定比例，经计量、拌制后通过运输车在规定时间内运至使用地点的拌合物。

通常，预拌混凝土按以下方法进行分类：

（1）按强度与耐久性要求分

普通混凝土（C10～C55）、高强混凝土（C60及以上）、抗渗混凝土（P6～P16）及抗冻混凝土（F50～F400）等。

（2）按稠度指标要求分

低塑性混凝土（10～40mm）、塑性混凝土（50～90mm）、流动性混凝土（100～150mm）及大流动性混凝土（>160mm）等。

（3）按施工工艺特点分

自卸混凝土、水下灌注混凝土、泵送混凝土、超长距离泵送混凝土及自密实混凝土等。

（4）按不同特殊技术要求可分

大体积混凝土、补偿收缩混凝土、轻骨料混凝土、重混凝土、耐腐蚀混凝土、防水混凝土等。

本公司提供的产品详见双方预拌混凝土买卖合同中相关条款的具体内容。

2. 产品性能

（1）拌合物性能

① 工作性。工作性是衡量混凝土拌合物质量的重要指标之一，预拌混凝土的工作性一般采用坍落度表示，常用的坍落度范围在120～220mm之间。

② 凝结时间。凝结时间是混凝土凝结硬化达到一定程度的时间，分为初凝时间和终凝时间。

a. 初凝时间，为混凝土拌合物从加水搅拌开始至贯入阻力值达到3.5MPa时的时间。

b. 终凝时间，为混凝土拌合物从加水搅拌开始至贯入阻力值达到28MPa时的时间。浇筑后的混凝土凝结时间受环境温度影响较大，在温度为（20±2）℃的试验条件下，常温季节混凝土的凝结时间一般控制在8～12h，冬季一般控制在6～8h(室外通常为10～14h)。混凝土的凝结时间可以根据具体施工的需要进行调整。

③ 泌水与压力泌水。混凝土拌合物浇筑之后到开始凝结期间，固体粒子下沉，水上升，并在表面析出的现象称为泌水；压力泌水是混凝土在压力的作用下的泌水现象，主要用来衡量混凝土的可泵性。

④ 表观密度。表观密度是指混凝土拌合物捣实后的单位体积质量。普通混凝土的表观密度一般为2350～2450kg/m³。

⑤ 含气量。混凝土拌合物内的空气含量。非引气型混凝土的含气量一般在1%～2%，引气型混凝土的含气量一般控制在3%～6%。

（2）硬化混凝土性能

① 力学性能。混凝土力学性能包括抗压强度、抗折强度、弹性模量等，以相应的强度等级表示。

② 耐久性能。混凝土的耐久性是指混凝土在实际服役环境下抵抗各种破坏因素的作用，长期保持强度和外观完整性的能力。混凝土耐久性指标一般包括：抗渗性能、抗冻性能、抗硫酸盐侵蚀性能、抗氯离子渗透性能、抗碳化性能和早期抗裂性能等。

3. 产品特点

（1）产品使用的时效性

混凝土拌合物性能随时间延长会发生较大变化，必须在有效的时间内完成拌合物的运输与浇筑。若时间过长而未能及时浇筑，可能会出现坍落度损失较大、失去部分流动性的现象，此时可根据实际情况，加入随车携带的外加剂进行调整或与我公司质量控制部门联系，切勿强行浇筑施工。

（2）产品质量验收的滞后性

预拌混凝土在现场交付时，只能检验拌合物的性能，其硬化后的力学性能、耐久性能等重要性能指标的检验需在28天或更长时间后方可进行。

（3）产品质量影响因素的复杂性

混凝土的原材料、生产、运输、浇筑、养护及环境条件等因素对混凝土拌合物及硬化后的混凝土质量均有不同程度的影响。

本公司提供的产品性能与特点详见本公司提供的技术资料。

4. 产品使用注意事项

（1）提前订货

施工单位在具备混凝土浇筑条件的前提下，订货计划应提前下达，以便我公司能够做好原材料、设备等方面的准备工作，以保证混凝土质量及供应的及时性和连续性。一般情况下，普通混凝土提前 24h，特殊混凝土提前 3 天。

（2）交付检验

混凝土拌合物到达现场后，施工单位应及时按照标准规范的要求或合同的约定进行数量及质量的检查验收。

① 检测混凝土拌合物性能应按照《普通混凝土拌合物性能试验方法标准》（GB/T 50080）的规定进行，检测人员应持有试验员上岗证并规范操作。

② 施工方应及时对混凝土的数量进行确认，有争议时可通过称重方式进行检测。

（3）泵送与浇筑

施工方在混凝土泵送、浇筑与振捣等环节应严格按照《混凝土结构工程施工规范》（GB 50666）的规定进行施工，并应注意以下几点：

① 现场严禁加水。

② 不要盲目要求搅拌站放大坍落度。

③ 不可盲目追求外观质量而严重过振。

④ 不可为防止断车而要求现场大量压车。

（4）应高度重视混凝土养护

及时、有效的养护措施能促使混凝土的强度正常或加速增长，并可降低混凝土的收缩和出现裂缝的概率，对混凝土最终质量至关重要。特别是在高温、干燥、大风等天气条件下，混凝土表面水分的蒸发速度比较快，如不及时补充水分，很容易导致混凝土表面失水开裂，严重时会贯穿整个平面结构，导致渗漏。养护具体措施如下：

① 浇筑抹面时，不得为了方便抹面而随意洒水，抹面后应及时覆盖保水，混凝土初凝后终凝前应进行二次抹面。

② 混凝土终凝后应派专人对混凝土进行保湿、保温养护。掺用缓凝外加剂、膨胀剂或大体积混凝土，以及有抗渗要求的混凝土应采用蓄水或湿麻袋养护，养护时间不少于 14 天。

③ 地下室外墙、剪力墙、柱等竖向结构，由于养护水分容易散失，可在 24h 后将侧模松开 5～10mm，然后间断性从顶部淋水，使水从板缝中流入、湿润整个结构侧面；或者拆模后用挂湿麻袋的方法进行养护。

④ 在冬期施工期间，当室外温度不低于 −15℃ 时，应采用蓄热法养护。当采用蓄热法不能满足要求时，可选用综合蓄热法养护。对结构易受冻的部位应加强保温措施。混凝土在养护期间应防风、防失水。混凝土养护到具有抗冻临界强度后才可撤除养护措施。混凝土受冻前的抗冻临界强度不应低于标准规定值。混凝土采用负温养护时，施工方应加强测温，当混凝土内部温度降到防冻剂规定温度之前，混凝土强度应达到相应的抗冻临界强度。其他具体事项参见我公司提供的冬施技术方案。

（5）拆模

混凝土的拆模时间除需考虑拆模时的混凝土强度外，还应考虑到拆模时的混凝土温度和环境温度，两者的差值不能过高，以免混凝土因温差过大或降温过快而开裂，更不能在此时浇筑凉水养护。混凝土内部开始降温以前以及混凝土内部温度最高时不得拆模。

（6）试件

试件留取应有代表性并按规范进行制作、养护。

5. 常见早期裂缝与预防

混凝土裂缝有多种类型，早期发生的裂缝多因收缩而发生，常见的裂缝形式有：

（1）塑性收缩裂缝

发生在混凝土尚未完全失去塑性的阶段，产生塑性收缩裂缝的根本原因是混凝土早期失水过多。此类裂缝多呈平行排列或呈鸡爪状，深 12mm 左右，很少扩展至周边。

产生塑性收缩裂缝的主要原因有：

① 环境温度增加，或相对湿度大幅下降。

② 风速增加。

③ 为使过湿表面干燥而加洒水泥。

④ 在抹面时为了光整，对撒了干水泥的表面另外加水。

为防止塑性收缩裂缝的发生，必须做到：

① 对基础和模板进行湿润，以便降低吸水，或使用防潮层。

② 不在阳光下施工。在棚顶下工作，或给混凝土遮阳。

③ 搭立挡风棚或临时墙，减弱混凝土表面的风速。

④ 安排清晨或黄昏施工。

⑤ 适当使用人力和设备对混凝土做快速抹面、磨光。

⑥ 当施工延长时，用塑料薄膜、湿麻袋或养护纸覆盖混凝土。

⑦ 在表面喷洒水分蒸发抑制剂，减少混凝土的水分蒸发和失水。

⑧ 抹面结束立刻进行保湿养护。

（2）沉降收缩裂缝

它是混凝土混合料浇筑振捣后又发生不均匀（或局部）沉降而产生的裂缝。

产生沉降收缩裂缝的主要原因：

① 混合料流动性过大，特别是离析、泌水的物料，即使振捣结束后，大粒径的粗骨料也会失稳继续下沉，破坏混凝土的整体性，尤其是欠振捣部位的混凝土更易发生沉降。

② 粗骨料下沉受到钢筋、预埋件等障碍物阻挡，物料连贯性遭到破坏，障碍物上下两层间会形成缝隙，并时常伴有顺筋裂缝的发生。

预防沉降收缩裂缝的措施：

① 控制混凝土混合料的流动性，不宜过大，严防离析、泌水。

② 振捣适度，不要过振、更不能欠振，对截面尺寸较高的构件，应分层浇筑振捣，待下层物料沉降稳定后再浇筑表层。

③ 控制粗骨料粒径，不宜过大，应保证钢筋最小水平间距大于粗骨料粒径的 3 倍以上。

（3）干燥收缩裂缝

它是混凝土因干燥失水过快或过多而引起的裂缝。

与施工有关的预防干燥收缩的措施主要是：

① 加强养护，既能保证混凝土强度发展，增强抗裂能力，又能防止水分过早蒸发而引起干缩。

② 初凝前对混凝土表面进行二次抹压，能有效弥合已发生的表面干缩裂缝。

③ 适度振捣，防止混凝土表面泌水。

6. 生产服务

（1）浇筑计划

浇筑混凝土前，请您安排专人提前24h向我公司市场经营部，以传真或电话形式申报混凝土浇筑计划。

（2）任务安排

我公司市场经营部承接到您提交的混凝土浇筑计划单后，将及时传递生产任务至实验室、调度中心，调度中心在安排任务前将与您进行联系，了解现场情况及有无相关要求。

（3）核实任务

在正式浇筑混凝土前2h，请您安排专人与我公司生产调度中心进行联系，再次核准混凝土的品种及到达现场时间，以免延误生产。

（4）联络方式

在混凝土施工过程中如出现生产、交通禁行、技术、质量以及其他需要配合的问题时，请您及时与我公司相关部门联络，我们将竭诚为您提供24h优质服务。

市场经营部：（FAX：××××××××，TEL：××××××××）

生产调度中心：（TEL：××××××××、××××××××）

在特殊结构或特殊混凝土浇筑前，我公司将以专项技术方案的形式，对相关事项进行详细说明。

×××商品混凝土公司

××年××月××日

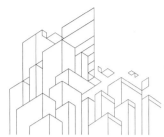

第十章
商品混凝土质量通病
分析与防治

质量通病统指那些时常出现的影响商品混凝土工作性、力学、耐久以及稳定等性能的质量缺陷。尽管，质量缺陷并非完全等同于造成较大经济损失或其他损失的质量事故，但缺陷往往是产生质量事故的直接或间接原因。

本章将对商品混凝土常见的质量缺陷即通病产生的原因予以分析，并提出防治措施。

第一节　水泥与减水剂相容性

减水剂是商品混凝土中应用最普遍的一种外加剂，使用中发现即使采用同一种减水剂也会因水泥品种与水泥用量等不同而表现出不同的应用效果，尤其是会导致新拌混凝土的流变性能及其随时间的变化大不一样，这一现象称作水泥与减水剂的相容性。水泥与减水剂相容性不好，不仅给商品混凝土的制备、运输、浇筑成型带来困难，甚至会引起商品混凝土缺陷或质量事故的发生。

一、影响水泥与减水剂相容性因素

试验和研究结果表明，影响水泥与减水剂相容性的因素很多，如水泥的细度、矿物组成、含碱量、石膏形态、混合材品种与质量等，以及高效减水剂的内在性质：分子量分布，聚合度与聚合性质（直链、支链与梳状等），官能团的类型、数量及其在分子结构的位置等。

1. 水泥细度

水泥颗粒越细，其比表面积越大，则对减水剂的吸附数量就会越大，水泥的流变效果就会越差。

2. 水泥矿物成分

C_3A 对相容性影响最大，其含量越多，水泥与减水剂相容性就越差。主要原因在于 C_3A 对减水剂的吸附量远高于其他矿物成分，如图 10-1、图 10-2 所示。因此水泥矿物组成中 C_3A 含量越多，不仅其吸附减水剂的数量就会越多，水泥浆体中其他矿物成分吸附减水剂的数量就会越少，而且由于 C_3A 的水化速度快，早期生成的水化产物也会覆盖或包裹所吸附的减水剂，其实质就是大大降低了减水剂的"有效"浓度，水泥的流变效果必然变差。

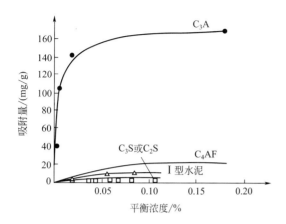

图 10-1　木钙减水剂在水泥单矿物上的
吸附等温曲线

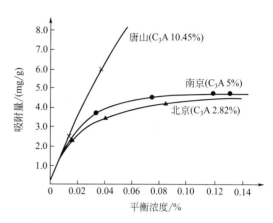

图 10-2　NF 高效减水剂在 C_3A 矿物上的
吸附等温曲线（$W/C=4.0$，温度 20℃）

水泥矿物成分对减水剂吸附能力的顺序依次是：$C_3A>C_4AF>C_3S>C_2S$。

3. 水泥中石膏

石膏作为调凝剂在水泥熟料粉磨过程中加入，由于磨温升高会使一部分二水石膏（$CaSO_4 \cdot 2H_2O$）脱水转变成半水石膏（$CaSO_4 \cdot 1/2H_2O$）或无水石膏（硬石膏，$CaSO_4$）。另外也有少数水泥厂直接使用硬石膏或工业石膏（氟石膏等）作为调凝剂。含有这类石膏调凝剂的水泥，如果遇到木钙或糖钙等减水剂，其浆体流动性就可能很快丧失，即产生"假凝"现象。这是因为含还原糖或多元醇的木钙、糖钙减水剂会使硬石膏或氟石膏的溶解度大大降低（如图 10-3、图 10-4 所示），使 SO_4^{2-} 溶出速度降低，造成液相中可溶性硫酸盐不足，不能生成必要数量的钙矾石来抑制水泥的水化程度，使 C_3A 在很短的时间内急速水化，生成丰富的水化铝酸钙晶体，造成了"假凝"。研究结果表明，若水泥熟料中 C_3A 含量低于 8% 时，"假凝"现象也可能不会发生。

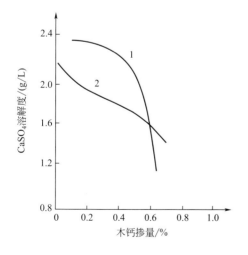

图 10-3　木钙减水剂对不同石膏溶解度的影响
1—二水石膏；2—硬石膏

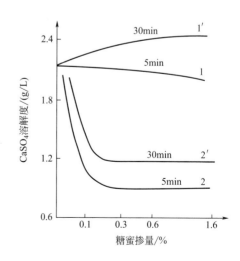

图 10-4　糖蜜减水剂对不同石膏溶解度的影响
1,1′—二水石膏；2,2′—硬石膏

4. 水泥碱含量

煅烧水泥熟料所使用的黏土质原料中，一般都不同程度地含有碱（$R_2O + Na_2O$）。在水泥熟料煅烧过程中，这些碱会固溶在熟料矿物中，不仅会减少熟料矿物的生成量，并会影响熟料矿物的结构形成和水泥的性质。通常，水泥熟料含碱量越高，水泥的流变性能越差。因为水泥中的碱有助于加速水泥水化时 C_3A 的溶出，一方面会提高水泥的水化硬化的速度，即具有明显的促凝和早强作用；另一方面也会导致水泥颗粒对减水剂的吸附数量增大。

值得一提的是，煅烧熟料的碳酸钙原料和燃料煤中往往会含有硫酸盐、硫化物和元素硫等杂质，在煅烧过程中也会固溶在熟料中。同时存在碱和 SO_3 时就会形成碱的硫酸盐，这叫作碱的硫酸盐化。碱的硫酸盐化程度值 SD 可用下式计算：

$$SD = \frac{SO_3}{1.292Na_2O + 0.85K_2O} \tag{10-1}$$

碱的硫酸盐化程度对水泥的流变性能影响很大。加拿大 Sherbrook 大学 P. C. Aitcin 等人用不同的水泥以相同水胶比和超塑化剂掺量（0.6%）进行流变性试验（用通过 Marsh 锥形筒的流动时间来表示），试验结果如表 10-1 所示。

表 10-1 碱的硫酸盐化程度对水泥流变性的影响

编号	勃氏比表面积/(m^2/kg)	通过 Marsh 筒的流动时间/s		熟料硫酸盐化程度 SD/%
		搅拌后 5min	搅拌后 60min	
1	377	53	63	71
2	372	53	63	69
3	383	54	61	103
4	386	59	77	71
5	371	53	99	68
6	353	59	139	66

由表 10-1 可见，各试样细度相近，初始流动性相近，但 1h 后的流动性损失明显不同，且与 SD 成反比。流动性损失最小的是 3 号试样，其 SD 最大，为 103%；流动性损失最大的是 6 号试样，其 SD 最小，为 66%，1h 后的流动时间延长了一倍多。由式（10-1）不难看出，水泥中硫酸盐、硫化物和元素硫等杂质含量一定的条件下，水泥中碱含量越高，其碱的硫酸盐化程度值就越小。

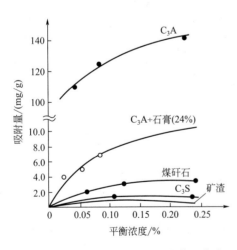

图 10-5 NF 高效减水剂的吸附等温曲线

5. 水泥中混合材

如图 10-5 所示，吸附实验结果表明，对高效减水剂 NF 的吸附活性：$C_3A > C_3A+$石膏＞煤矸石＞C_3S＞矿渣。可见，水泥中混合材的品种和性质会影响减水剂的作用效果。通常，以矿渣和含碳量少的粉煤灰作为混合材，有利于提高减水剂对水泥的流变效果，而减水剂对掺煤矸石混合材的水泥其流变效果较差。

6. 减水剂内在性质

仅就萘系高效减水剂而言，其影响水泥相容

性的内在性质如下所述。

（1）磺化度

合成时的磺化越完全，则反应生成的 β-萘磺酸盐甲醛缩合物分子中，带有磺酸基—SO_3H 的萘环就会越多，该减水剂对水泥的流变效果就会越好。

（2）聚合度

研究结果表明，萘系高效减水剂聚合度也即平均分子量对其减水性能影响很大，当聚合度约为 10 时，其对水泥的流变效果好。

二、水泥与减水剂相容性改善措施

目前，改善水泥与减水剂相容性的技术措施并不十分成熟，根据已有的研究成果，主要有以下措施。

1. 选择 C_3A 含量较低的水泥

其实质就是提高混凝土中减水剂的"有效"浓度。

2. 控制水泥-减水剂体系中碱含量

研究结果表明，对水泥与减水剂相容性来说，水泥中的可溶性碱存在一个最佳值，为 0.4%～0.5% Na_2O 当量，此时水泥的流变性最大，流动性损失最小。若低于最佳值，当加入 Na_2SO_4 时，水泥的流变性会显著增加；若高于最佳值，当加入 Na_2SO_4 时，水泥的流变性会略有降低。

3. 控制水泥细度和颗粒级配

其实质就是控制水泥的水化需水量，控制水泥水化速度，降低水泥颗粒对减水剂的吸附作用，提高混凝土中减水剂的"有效"浓度。通常，水泥的比表面积应控制在 300～350m²/kg。

4. 适宜增掺矿物掺合料

已经发现，粉煤灰颗粒的表面部分被蒸发沉淀的碱性硫酸盐所覆盖，它易于溶解并延缓 C_3A 的水化；有些粉煤灰中含少量的 P_2O_5，对水泥水化也有延缓作用。

5. 复合缓凝剂

糖类缓凝剂（如蔗糖、糖蜜等）能有效抑制 C_3A 早期水化，但用于以硬石膏或氟石膏作调凝剂的水泥可能会产生假凝；碱含量高的水泥不宜采用酸性缓凝剂（如柠檬酸等），而应改用碱性缓凝剂如三聚磷酸钠等。

6. 减水剂复合使用

不同品种减水剂的复合使用，是改善水泥与减水剂相容性的最有效措施之一。将两种或两种以上的高效减水剂（或普通减水剂）按一定的比例复合在一起使用，即能克服单一品种减水剂应用时存在某些性能的不足，又能充分利用其自身突出的某一性能，由于协同作用而产生叠加效应。在减水剂复合使用中萘系高效减水剂和木质素磺酸钙减水剂是两种普遍采用的组分。常见的复合减水剂类型及其复合组分的官能团类型，见表 10-2。

表 10-2　减水剂的复合类型

复合类型	复合组分主导官能团	复合组分非主导官能团	复合组分所属系列
萘系高效减水剂与木钙减水剂	—SO_3H	—OH　—O—	磺酸
三聚氰胺系高效减水剂与木钙减水剂	—SO_3H	=NH　—OH　—O—	磺酸
萘系与三聚氰胺系高效减水剂	—SO_3H	—OH　—O—　=NH	磺酸
萘系与氨基磺酸系高效减水剂	—SO_3H	—OH　—O　—NH_2	磺酸
萘系与脂肪族高效减水剂	—SO_3H	—O—	磺酸

值得一提的是，聚羧酸高效减水剂虽然是一类与水泥相容性好的减水剂，但已有的研究结果表明，聚羧酸高效减水剂与萘系高效减水剂不能混合使用。

第二节　混凝土拌合物坍落度经时损失

通常，对于普通混凝土拌合物来说，其坍落度发生经时损失应当视为一种正常现象。然而，对于掺加减水剂尤其是高效减水剂的混凝土拌合物来说，较大的坍落度经时损失已给商品混凝土的施工带来不利。

一、坍落度经时损失机理

目前，关于混凝土拌合物坍落度经时损失的机理尚未取得一致的认识。国外学者研究认为，坍落度经时损失的机理在于水泥开始水化（即第一阶段）时，由于减水剂吸附在水泥颗粒上，阻碍了水泥与水的反应，推迟了水化产物新晶体的生成。随后，第二阶段水化反应开始时，不仅减水剂对水泥颗粒的分散作用使水泥颗粒的比表面积增大，水化过程加快，水化产物新晶体加速生成，且掺减水剂的拌合物中 C_3A 与石膏反应生成的细小钙矾石不断增多，迅速消耗拌合物中的游离水，这都将导致掺减水剂的拌合物的坍落度经时损失。国内学者研究认为：高效减水剂吸附在水泥颗粒表面或早期水化物上，它或是被水化物包围，或是与水化物反应而被消耗掉，变得不能发挥效力，而水泥水化产生的 $Ca(OH)_2$、C-S-H 等水化产物使新拌混凝土的黏度增大。

二、影响坍落度经时损失因素

根据已有的研究结果，可将影响因素归结如下：

1. 高效减水剂与水泥相容性

凡影响高效减水剂与水泥相容性的因素都会影响坍落度的经时变化特征。

2. 减水剂品种

减水剂品种不同，对混凝土坍落度经时损失的影响效果也不同。如掺用木质素磺酸盐类减水剂的混凝土，原始坍落度小，坍落度经时损失也小；使用萘系（FDN）或三聚氰胺系（SM）等品种的高效减水剂混凝土，原始坍落度较大，坍落度经时损失也较大。

减水剂对混凝土坍落度经时损失大小影响的一般规律是：

缓凝减水剂＜引气减水剂＜普通减水剂＜高效减水剂

3. 骨料吸水率

骨料干燥、骨料吸水率大，都会不同程度减少混凝土有效拌合水的量，导致混凝土坍落度经时损失增大。尤其是轻质骨料、细粉状骨料，这种影响会表现得更大也更复杂。

4. 施工环境

施工环境温度高，水泥水化速度快，坍落度经时损失加大；天气干燥，风大，水分易蒸发，坍落度经时损失也要加快。因此，在炎热或风天环境下施工时更要采取有效措施控制坍落度经时损失。

5. 减水剂掺加方法、掺量和掺加时间

减水剂以液体加入要比以粉体加入在混凝土拌合物中的分散、溶解速率快，坍落度经时损失也快；采用后掺法、分次掺入法或适当增加掺量与同掺法相比坍落度经时损失也不一样。图 10-6 所示为廉慧珍、李铭臻等的实验结果。实验条件为水胶比 0.36，掺入沸石岩粉 10%，使用高效减水剂 FDN。由于水胶比低不适宜用完全的后掺法，因此改用首次先掺 0.5%，30min 后再掺入其余量的分次掺入法，与同掺法相比。

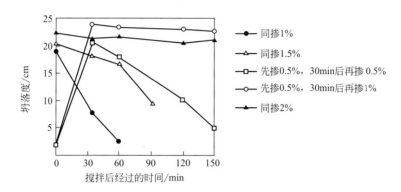

图 10-6　高效减水剂（FDN）不同掺量、不同掺入方式
和时间对混凝土坍落度的经时变化的影响

由图 10-6 可见，分次掺入的效果优于同掺法；适当增加掺量也会取得较理想的效果。

三、改善坍落度经时损失措施

目前，改善坍落度经时损失过大，主要采取以下技术措施。

1. 从减水剂出发

（1）与缓凝剂复合

常用的缓凝剂品种详见第二章第三节"缓凝剂"中的有关内容。

（2）与引气剂复合

引气剂引入的微小气泡不仅可有效将水泥粒子隔离，阻止水泥粒子过早凝聚，且能起到"滚珠"润滑作用，对提高混凝土流动性和改善坍落度经时损失有效。但引气剂引入的微小气泡必须能在相当长的时间内稳定存在，否则会加速混凝土的坍落度经时损失。此外，尚应注意引气剂对混凝土强度的不利影响。

（3）两种或两种以上减水剂复合

例如萘系与三聚氰胺系减水剂，是两种减水率大、混凝土坍落度经时损失大的高效减水剂，研究结果表明：两者复合使用，与单独使用 FDN（萘系）或 SM（三聚氰胺系）相比，在总掺量不变的情况下，可提高其与水泥的相容性，大幅降低流动性混凝土坍落度的经时损失，一组代表性的试验结果，如表 10-3 所示。

表 10-3　FDN 与 SM 复合对混凝土坍落度经时损失的影响

减水剂种类和掺量	坍落度经时变化/mm				坍落度经时损失率/%		
	0min	60min	120min	150min	60min	120min	150min
FDN(1.0%)	240	190	20	—	20.8	91.7	100
SM(1.0%)	230	210	130	70	8.7	43.5	69.6
FDN(0.5%)+SM(0.5%)	235	230	205	140	2.1	12.8	40.4

（4）采用新型高性能减水剂

聚羧酸系高效减水剂分子呈梳形结构，主链上连接着支链和取代基，分子中含有

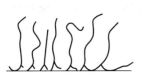

图 10-7　接枝共聚体的齿形吸附

—COOH、—OH、—SO₃等多种官能团，其在水泥粒子表面的吸附形态，如图 10-7 所示，呈齿形吸附形态，将形成具有强烈分散性和亲水性的立体保护膜，从而减少混凝土坍落度的经时损失。

2. 从胶凝材料出发

① 采用 C_3A 含量低、碱含量低及碱的硫酸盐化程度（SD）高的水泥。

② 采用天然石膏作为调凝剂的水泥。

③ 改变水泥的表面状态：细度、颗粒分布、水泥表面元素。

④ 改变胶结材组成，掺优质矿物掺合料，降低水泥用量，降低水泥水化速度。

3. 从工艺出发

① 采用减水剂后掺法、分次掺入法。

② 控制原材料入搅拌机温度或采取冷却措施制备混凝土，尽量降低混凝土出料温度。

③ 加强运输过程中的隔热，特别是运输距离长、天气炎热或采取冷却措施制备的混凝土必须采取隔热措施。

总之，如何采用经济有效的办法控制混凝土坍落度经时损失仍是目前亟待解决的应用技术问题。

第三节　混凝土过度缓凝和闪凝

水泥水化时，当其溶解-水化-结晶过程发展到一定阶段，水泥-水体系就会形成大量的凝胶体，其一般在 10nm 以下的尺寸范围内，随水化产物增多，结晶逐步析出，以至于相互啮合形成网状结构而不能自由移动，这时外观表现出失去流动性，这就是所谓的凝结。在商品混凝土施工过程中，为了保证工程质量，有时需要促进混凝土的凝结，即为速凝，有时需要延缓混凝土的凝结，即为缓凝。

一、过度缓凝

过度缓凝是商品混凝土施工中时有发生的异常现象，严重时混凝土长期不凝结，没有强度，出现工程质量事故。究其原因可归结如下。

1. 缓凝剂掺量过大

目前，商品混凝土搅拌站所使用的泵送剂，多由外加剂厂商预先配制供应，主要组分中通常含有一定量的缓凝剂，这种组分比例固定的泵送剂虽然使用方便，但搅拌站在使用时难以调整。当为提高混凝土减水率、强度，增加流动性，减少坍落度经时损失等原因增加泵送剂掺量时，缓凝组分的掺量也随之增大，势必要不同程度地延缓混凝土的凝结时间，甚至导致混凝土过度缓凝。

此外，用于气温较高条件下的泵送剂，当气温明显降低时，若泵送剂掺量未做调整，缓

凝剂的缓凝作用也势必增强，使混凝土过度缓凝的可能性增大。

2. 助磨剂的缓凝作用

水泥磨制时，为提高粉磨效率采用助磨剂，助磨剂主要组分多为有机酸类物质，其中的大多数，恰恰是水泥水化的缓凝剂，当助磨剂的缓凝作用与泵送剂中的缓凝组分的缓凝作用产生叠加效应时，就可能造成混凝土过度缓凝。

3. 砂中淤泥含量过高

砂中的淤泥多含有动植物腐烂而产生的各种有机酸，它们也会对水泥水化产生强烈的抑制作用，也是造成混凝土过度缓凝一个不容忽视的原因，应引起注意。

通常，缓凝剂掺量仅是水泥质量的万分之几，掺量甚微，因而其掺量的微小变化都会对混凝土的正常缓结产生较大的影响，对此，混凝土工作者必须引起重视。

此外，作为缓凝剂也存在着与水泥的相容性问题，例如：磷酸盐类、糖类缓凝剂能有效延缓 C_3S 的水化，对 C_3A 的水化影响不明显；羟基羧酸盐类，特别是葡萄糖酸钠能有效抑制 C_3A 的水化。因此，若缓凝剂与水泥两者相容性不好，或者起不到对混凝土的缓凝作用，或者将导致混凝土的过度缓凝。

当混凝土出现过度缓凝时，应加强养护，避免混凝土因失水过多而开裂，尽量提高养护温度，加速水泥水化。若措施得当，过度缓凝的混凝土经几天后，也会凝结，后期强度不会受到影响。通常，经 7 天后混凝土仍不能正常凝结，就要清除，否则既影响工期，又难以保证工程质量。

二、闪凝

闪凝是商品混凝土施工中偶有发生的异常现象，闪凝发生时，混凝土迅速凝结，水泥水化终止，结构疏松无强度，究其原因可归结如下。

1. 硬石膏与氟石膏作为水泥的调凝剂

普通减水剂中含有一些还原糖和多元醇，而这些成分会影响水泥中某些调凝剂如硬石膏与氟石膏在水化过程中 SO_4^{2-} 的溶出速度，这就大大加快了 C_3A 的水化速度，特别是当水泥中 C_3A 含量较高时，更容易发生闪凝。

2. 含碳酸钠或含三乙醇胺的早强剂掺量过大

含碳酸钠早强剂使用不当或含三乙醇胺的早强剂掺量过大都会有闪凝发生的可能。

3. 助磨剂的副作用

有机类助磨剂与普通减水剂中还原糖和多元醇的叠加效应也可能导致混凝土闪凝现象发生。

4. 石膏调凝剂掺量不足

当磨制水泥熟料时，作为调凝剂的石膏掺量很少时，水泥加水后 C_3A 很快水化，产生的大量热，促使混凝土瞬间凝结。

5. 二水石膏（$CaSO_4 \cdot 2H_2O$）脱水相变

水泥磨制时，磨温过高，水泥调凝剂二水石膏（$CaSO_4 \cdot 2H_2O$）脱水转变成半水石膏（$CaSO_4 \cdot 1/2H_2O$）或无水石膏（$CaSO_4$），此种水泥配制的混凝土可能发生闪凝。

发生闪凝的混凝土，其结构酥松没有强度，只能拆除。

第四节　混凝土离析与泌水

离析与泌水是商品混凝土搅拌、运输和泵送施工中最易发生的异常现象，两者含义虽然不同，但离析和泌水往往伴随发生。

一、离析与泌水产生原因

新拌混凝土可视作由液体相（水或水泥浆）和颗粒相（水泥粒子、粗细骨料）和少量气相组成的一非均相悬浮分散体系。由于颗粒相的密度不同、粒子的直径不同等，将导致新拌混凝土体系是一个不稳定的分散体系，该体系将通过固体颗粒的沉降分离而寻求稳定，沉降分离的动力是颗粒的自重，阻力是体系的浮力与黏性阻力。若视固体颗粒为球形，周围的混凝土为黏性体，颗粒对于周围的混凝土保持着相对速度 v_0（其值范围不太大时），这种颗粒所承受的黏性阻力 f 按照 Stokes 定律为：

$$f = 6\pi r \eta v \tag{10-2}$$

式中　r——颗粒的半径，mm；

　　　η——混凝土的黏性系数，Pa·s；

　　　v——颗粒的沉降速度，mm/s。

当颗粒的自重与浮力和阻力达到平衡时，颗粒便开始以等速沉降，其运动方程如式(10-3)所示：

$$\frac{4}{3}\pi r^3 \rho \frac{\mathrm{d}v}{\mathrm{d}t} = \frac{4}{3}\pi r^3 \rho g - 6\pi r \eta v - \frac{4}{3}\pi r^3 \rho_\mathrm{f} g \tag{10-3}$$

式中　ρ——颗粒的密度，kg/m³；

　　　ρ_f——液相的密度，kg/m³；

　　　g——重力加速度，m/s²。

整理上式，并假定初始条件 $t=0$，$v=0$，最终速度为 V，积分得式(10-4)：

$$V = \frac{2r^3 g(\rho - \rho_\mathrm{f})}{9\eta} \tag{10-4}$$

由上式可知，颗粒相粒子的沉降速度与颗粒相粒子的直径及颗粒相与液体相的密度差成正比，与液体相的黏度成反比。可见，粗骨料粒径越大、黏度越小的混凝土越易发生离析。

对于新拌混凝土来说，可近似认为存在三个颗粒相与液体相的悬浮系统，即粗骨料与砂浆、骨料与水泥浆、骨料与水泥粒子和水三个悬浮系统，当不同颗粒相粒子分别在上述三个悬浮系统中发生运动分离时，将导致混凝土呈现不同的现象与结构。

1. 粗骨料与砂浆悬浮系统

当粗骨料粒径较大，若粗骨料密度 ρ 与砂浆密度 ρ_f 之差较大且为正值，砂浆就没有足够的黏度阻止粗骨料的沉降；相反，若粗骨料密度 ρ 与砂浆密度 ρ_f 之差较大且为负值，砂浆也没有足够的黏度阻止粗骨料的上浮，沉降与上浮都将导致粗骨料自砂浆中分离，即混凝土离析。前者见于普通或重质混凝土，后者见于轻骨料混凝土。只有粗骨料密度 ρ 与砂浆密度 ρ_f 相近时，粗骨料与砂浆悬浮系统即新拌混凝土才能保持较好的稳定性。

2. 骨料与水泥浆悬浮系统

同理，若骨料密度 ρ 与水泥浆密度 ρ_f 之差较大，水泥浆没有足够的黏度阻止骨料的运动，将会出现骨料下沉，水泥浆上浮的分离，即混凝土泌浆。

3. 骨料与水泥粒子和水悬浮系统

对于这一悬浮系统来说，颗粒相粒子的运动分离将导致固体颗粒与水的相互分离，即混凝土泌水。

从以上分析可知，离析和泌水发生的根本原因在于新拌混凝土混合料这一非均相悬浮体系中，液体相没有足够的黏度抵抗颗粒相的分离运动。

事实上，新拌混凝离析或泌水发生的原因远不止此，如：减水剂用量、水泥的需水量、矿物掺合料的保水性、颗粒的粗细程度与级配、泵送混凝土时的压力、密实成型时的振动参数等都对新拌混凝土离析或泌水发生有着不可忽视的影响。

二、离析与泌水的危害

混凝土发生离析与泌水，对混凝土的性能、结构以及施工等都将产生不同程度的危害。

1. 产生外分层

离析和泌浆将混凝土明显分成粗骨料混凝土层、砂浆层和水泥浆层，混凝土失去匀质性，与匀质性较好的混凝土相比，其承载能力下降。

2. 产生内分层

泌水会导致粗骨料或钢筋下方产生水囊，削弱水泥石与粗骨料或与钢筋间的握裹力，混凝土强度下降。泌水通路的存在又会使混凝土的抗渗性、抗冻性及抗环境介质侵蚀性下降。

3. 表面易开裂

离析和泌水将会导致表面混凝土水泥浆含量大或表面水灰比变大，干缩变形增大，在下层富骨料混凝土较高弹性模量的约束下，混凝土表面易产生裂缝或起粉起砂。

4. 表面有缺陷

对于离析泌水较严重的混凝土，密实成型后常伴有表面蜂窝、麻面、空洞或砂线等缺陷。

5. 堵塞泵送管道

在泵送压力的作用下，水或水泥浆较快析出，就会使混凝土拌合物流变性变差，使泵压增高，严重时会堵塞泵送管道。

当然，混凝土轻微泌水有时也并非缺点，例如在大风或高温天气下施工的水平结构混凝土，如果覆盖养护不及时，水分蒸发过快，混凝土出现收缩裂缝的概率就会增大，若混凝土有轻微泌水，就可以从一定程度上减少这种塑性开裂。

三、离析与泌水预防控制措施

预防控制新拌混凝土出现离析和泌水，可以从以下几方面入手。

1. 调整配合比

通过适当增加水泥和优质矿物掺合料用量、适当降低水胶比或提高砂率来提高拌合物的黏度。但应注意，磨细矿渣的保水性不如硅灰、磨细粉煤灰、磨细沸石粉，所以掺磨细矿渣的混凝土拌合物可能更易泌水，应控制其掺量。

2. 改善骨料颗粒级配

避免使用单一粒级的粗骨料，适当提高小粒径粗骨料用量。

3. 调整减水剂掺量

离析与泌水若因混凝土水胶比过大而发生时，应适当增加减水剂掺量降低水胶比；若因减水剂过量而发生时，则应适当减少减水剂掺量。

4. 掺用引气剂、增稠剂

引气剂或增稠剂的托浮增黏作用都会使得混凝土中骨料颗粒的沉降速度减慢。特别是在混凝土泵送过程中，引入的球状气泡如同滚珠一样，改变了混凝土内部骨料间做相对运动时的摩擦机制，变骨料间的滑动摩擦为滚动摩擦，减小了内摩擦阻力，使混凝土拌合物在管道中能同步运动，明显减少压力作用下混凝土的离析与泌水，如表 10-4 所示。

表 10-4　引气剂对混凝土拌合物泌水率的影响

品种	不掺	松香热聚物	OP	合成洗涤剂 AS	ABS	FS
泌水率/%	100	86.5	37	42	48	84

注：OP—烷基苯酚聚氧乙烯醚；AS—烷基磺酸钠；ABS—烷基苯磺酸钠；FS—脂肪醇硫酸钠。

5. 更换水泥

水泥储存时间长或超期，颗粒变粗，需水量降低，拌制的混凝土易泌水，采用新鲜水泥、混合材掺量较少的水泥或较高粉磨细度的水泥可以有效地减少泌水。

6. 采取合理的工艺制度

如：对混凝土采取适宜的搅拌时间、浇筑时沿斜面或平面滑移、避免长距离的自由下落以及适宜的振捣等，都将有助于减少混凝土离析与泌水。

四、离析与泌水评定方法

1. 离析评定方法——抗离析性能试验

试验方法见表 10-5。

表 10-5　混凝土拌合物抗离析性能试验（GB/T 50080）

项目	主要内容
范围	本试验方法适用于混凝土拌合物抗离析性能的测定
仪器设备	1. 电子天平：最大量程为 20kg，感量不大于 1g。 2. 试验筛：筛孔公称直径为 5.00mm，金属方孔筛，筛框直径应为 300mm，并应符合现行国家标准《试验筛　技术要求和检验　第 2 部分：金属穿孔板试验筛》（GB/T 6003.2）的规定。 3. 盛料器：如右图所示，应由钢或不锈钢制成，内径应为 208mm，上节高度为 60mm，下节带底净高为 234mm，在上、下层连接处需加宽 3～5mm，并设有橡胶垫圈
试验步骤	1. 先取(10.0±0.5)L 混凝土于盛料器中，放置在水平位置上，加盖静置(15.0±0.5)min。 2. 方孔筛应固定在托盘上，然后将盛料器上节混凝土拌合物完全移出，应用小铲辅助将拌合物及其表层泌浆倒入方孔筛；移出上节混凝土后应使下节混凝土的上表面与下节筒的上沿齐平，称量倒入试验筛中混凝土的质量 m_c，精确到 1g。 3. 将上节混凝土拌合物倒入方孔筛后，应静置(120±5)s。 4. 将筛及筛上的混凝土拌合物移走，称量通过筛孔流到托盘上的砂浆质量 m_m，精确到 1g
结果计算	离析率按下式计算： $$SR = \frac{m_m}{m_c} \times 100$$ 式中　SR——混凝土拌合物离析率，精确至 0.1%，%； 　　　m_m——通过标准筛的砂浆质量，g； 　　　m_c——倒入标准筛混凝土的质量，g

2. 泌水评定方法——泌水试验

试验方法见表 10-6。

表 10-6　混凝土拌合物泌水试验（GB/T 50080）

项目	主要内容
范围	本方法适用于骨料最大公称粒径不大于 40mm 的混凝土拌合物泌水的测定
仪器设备	1. 容量筒：容积应为 5L，并应配有盖子。 2. 量筒：容量 100mL，分度值 1mL，并应带塞。 3. 振动台：应符合现行行业标准《混凝土试验用振动台》(JG/T 245)的规定。 4. 捣棒：应符合现行行业标准《混凝土坍落度仪》(JG/T 248)的规定。 5. 电子天平：最大量程应为 20kg，感量不应大于 1g
试验步骤	1. 用湿布润湿容量筒内壁后应立即称量，并记录容量筒的质量。 2. 混凝土拌合物试样应按下列要求装入容量筒，并进行振实或插捣密实，振实或捣实的混凝土拌合物表面应低于容量筒筒口(30±3)mm，并用抹刀抹平。 (1)混凝土拌合物坍落度不大于 90mm 时，宜用振动台振实，应将混凝土拌合物一次性装入容量筒内，振动持续到表面出浆为止，并应避免过振。 (2)混凝土拌合物坍落度大于 90mm 时，宜用人工插捣，应将混凝土拌合物分两层装入，每层的插捣次数为 25 次；捣棒由边缘向中心均匀地插捣，插捣底层时捣棒应贯穿整个深度，插捣第二层时，捣棒应插透本层至下一层的表面；每一层捣完后应使用橡皮锤沿容量筒外壁敲击 5～10 次，进行振实，直至混凝土拌合物表面插捣孔消失并不见大气泡为止。 (3)自密实混凝土应一次性填满，且不应进行振动和插捣。 3. 应将筒口及外表面擦净，称量并记录容量筒与试样的总质量，盖好筒盖并开始计时。 4. 在吸取混凝土拌合物表面泌水的整个过程中，应使容量筒保持水平、不受振动；除了吸水操作外，应始终盖好盖子；室温应保持在(20±2)℃。 5. 计时开始后 60min 内，应每隔 10min 吸取 1 次试样表面泌水；60min 后，每隔 30min 吸取 1 次试样表面泌水，直至不再泌水为止。每次吸水前 2min，应将一片(35±5)mm 厚的垫块垫入筒底一侧使其倾斜，吸水后应平稳地复原盖好。吸出的水应盛放于量筒中，并盖好塞子；记录每次的吸水量，并应计算累计吸水量，精确至 1mL
结果计算	(1)泌水量按下式计算： $$B_a = V/A$$ 式中　B_a——单位面积混凝土拌合物的泌水量，精确至 0.01mL/mm^2，mL/mm^2； 　　　V——累计的泌水量，mL； 　　　A——混凝土拌合物试样外露的表面面积，mm^2。 (2)泌水率按下式计算： $$B = \frac{V_w}{(W/m_T)m} \times 100$$ 式中　B——泌水率，精确至 1%，%； 　　　V_w——泌水总量，mL； 　　　m——混凝土拌合物试样质量，$m = m_2 - m_1$，g； 　　　m_T——试验拌制混凝土拌合物的总质量，g； 　　　W——试验拌制混凝土拌合物拌和水用量，mL； 　　　m_2——容量筒及试样总质量，g； 　　　m_1——容量筒质量，g
结果判定	泌水量和泌水率的结果是取三个试样测值的平均值。三个测值中的最大值或最小值，有一个与中间值之差超过中间值的 15% 时，应以中间值作为试验结果；最大值和最小值与中间值之差均超过中间值的 15% 时，应重新试验

3. 泌水评定方法——压力泌水试验

试验方法见表 10-7。

表 10-7　混凝土拌合物压力泌水试验（GB/T 50080）

项目	主要内容
范围	本方法适用于骨料最大公称粒径不大于 40mm 的混凝土拌合物压力泌水的测定
仪器设备	1. 压力泌水仪：缸体内径为（125.00±0.02）mm，内高为（200.0±0.2）mm；工作活塞公称直径为 125mm；筛网孔径为 0.315mm。 2. 烧杯：容量应为 150mL。 3. 量筒：容量应为 200mL
试验步骤	1. 应将混凝土拌合物试样分两层装入，每层的插捣次数为 25 次；捣棒由边缘向中心均匀地插捣，插捣底层时捣棒应贯穿整个深度，插捣第二层时，捣棒应插透本层至下一层的表面；每一层捣完后应使用橡皮锤沿缸体外壁敲击 5～10 次，进行振实，直至混凝土拌合物表面插捣孔消失并不见大气泡为止。 2. 自密实混凝土拌合物试样应一次性填满压力泌水仪（如右图）缸体，且不应进行任何振动和插捣，装入的混凝土拌合物表面应低于压力泌水仪缸体筒口（30±2）mm。 3. 将缸体外表擦干净，压力泌水仪安装完毕后应在 15s 以内给混凝土试样施加压力至 3.2MPa，并应在 2s 内打开泌水阀门，同时开始计时，并保持恒压，泌出的水接入 150mL 烧杯里，并应移至量筒中读取泌水量，精确至 1mL。 4. 加压至 10s 时读取泌水量 V_{10}，加压至 140s 时读取泌水量 V_{140} 1—压力表；2—工作活塞；3—缸体；4—筛网
结果计算	泌水率按下式计算： $$B_V = \frac{V_{10}}{V_{140}} \times 100$$ 式中　B_V——压力泌水率，精确至 1%，%； 　　　V_{10}——加压至 10s 时的泌水量，mL； 　　　V_{140}——加压至 140s 时的泌水量，mL

　　值得一提的是，虽然上述方法给出了定量数据，但只能作为新拌混凝土离析与泌水程度相互比较的一个判断，尚不能作为新拌混凝土是否离析或泌水的判据。

五、滞后泌水

　　通常所说的泌水是指发生在混凝土搅拌后较短时间内的普通泌水，或经泵压作用以及浇筑振捣作用而发生的普通泌水。而"滞后泌水"是指新拌混凝土的初始状态很好，并具有良好的黏聚性和流动性，但搅拌后或入模后经较长时间（1～2h 或更长），混凝土出现的明显泌水现象。

　　普通泌水与滞后泌水不仅在发生时间上存在明显差异，且在形成原因上也有较大差异，但对混凝土所产生的危害相似。

　　1. 滞后泌水产生原因

　　目前，已知的滞后泌水原因主要有：

　　① 水泥的矿物组成中，早期水化矿物 C_3A、C_3S 含量低，水泥水化的诱导期延长。

　　② 由于搅拌时间不足或温度过低等原因，减水剂的减水作用滞后，导致水泥水化一定时间后，部分减水剂才逐渐开始发挥减水作用，使更多自由水析出。

　　③ 矿物掺合料掺量过大，尤其是其保水性差或粉体颗粒级配不合理。

④ 具有缓凝功能的外加剂掺量过多，造成水泥水化速度减缓，混凝土凝结时间过长，泌水沉降过程延长。

2. 预防控制措施

① 应加强外加剂（尤其是缓凝剂与减水剂）与水泥的适应性试验分析，及时调整其掺量。

② 应根据混凝土品种确定适宜的搅拌时间，使减水剂在搅拌时间内充分发挥作用。

③ 适当调整矿物掺合料的掺量，采用颗粒级配合理、保水性好的矿物掺合料。

第五节　混凝土开裂

预防商品混凝土开裂，已经成为混凝土学者研究的热点，尽管取得了一些有益的研究成果，但混凝土的开裂仍屡屡发生，令人感到棘手。

一、裂缝类型、成因及其预防措施

裂缝是固体材料中的一种不连续现象。混凝土裂缝有多种分类方法，如按裂缝的可视程度或宽度有微观裂缝与宏观裂缝之分。

微观裂缝肉眼不可见，宽度为 0.05mm 以下，主要有以下三种裂缝：

① 黏着裂缝，即骨料与水泥石黏结面间出现的裂缝。

② 水泥石裂缝，即分布于骨料间水泥石中的裂缝。

③ 骨料裂缝，即骨料自身存在的裂缝。

混凝土中微观裂缝的存在难以预见，虽然对混凝土的物理力学性能有着重要影响，但荷载实验结果表明，荷载只有超过某一极限强度时，裂缝才会扩展与贯通，导致混凝土破坏。

宽度大于等于 0.05mm 的裂缝称为宏观裂缝，肉眼可见。

混凝土构建筑物在实际使用过程中承受两大类荷载，其中外荷载（静荷载、动荷载和其他荷载）称为第一类荷载；变形荷载（收缩、膨胀、温度、不均匀沉降等）称为第二类荷载。因此，裂缝的主要成因不外乎以下三种：①由外荷载产生的直接应力引起的裂缝，称之为"荷载裂缝"；②由外荷载作用，结构次应力引起的裂缝，称之为"荷载次应力裂缝"；③由变形变化引起的裂缝，即第二类荷载裂缝，它是混凝土中最常见的一类裂缝。

本节主要讨论第二类荷载裂缝发生的具体原因以及预防措施。

1. 收缩裂缝

收缩裂缝是商品混凝土中最常见的一类裂缝。

（1）塑性收缩裂缝

即在混凝土尚未完全失去塑性时，所发生的一种早期收缩裂缝。产生塑性收缩裂缝的根本原因是混凝土早期失水过多，或是蒸发失水，如：炎热或大风天气养护不好、凝结时间过长、模板垫层吸水率较大等。近年来，研究发现掺用减水剂的混凝土早期收缩值增大，如表 10-8 中数据所示。在混凝土配合比相同的条件下，掺萘系、脂肪族和氨基磺酸系减水剂混凝土与空白混凝土相比，24h 时的收缩值分别增加 310%、258% 和 268%。从绝对值来看，空白混凝土的收缩值小于 $70 \times 10^{-6} \mathrm{m/m}$，而掺减水剂混凝土的收缩值（24h）均大于 $200 \times 10^{-6} \mathrm{m/m}$，可见后者出现裂缝的可能性会大大增大。

表 10-8　减水剂对混凝土早期收缩的影响

减水剂品种	混凝土收缩值/($\times 10^{-6}$m/m)				
	6h	12h	24h	36h	48h
空白	52	57	62	63	64
萘系	102/96	219/284	254/310	258/310	259/305
脂肪族系	64/19	180/216	222/258	216/243	226/253
氨基磺酸系	82/58	183/221	228/268	232/268	233/264

注：分子为混凝土收缩值；分母中数据为掺减水剂混凝土与空白混凝土相比，收缩值的增加百分比，%。

已有的研究认为，当混凝土拌合物表面水的蒸发速率大于泌水速率时，在水泥浆尚未充分凝固前，表面的水就会在固体颗粒层的表面或者由表面进入固体颗粒内并形成凹液面，进而产生表面张力，迫使固体颗粒相互凝聚靠拢而收缩。工程经验也表明，水泥颗粒比表面积增大，水灰比降低，均会加剧塑性收缩开裂。

预防塑性收缩裂缝，可采取以下措施：

① 加强早期养护。混凝土浇筑后应及时进行喷雾、洒水等增湿操作或覆盖，初凝前应及时对混凝土表面进行抹压或二次抹压。

② 避免阳光直射或风天施工。遮阳、降低入模温度，都能减少开裂概率。风天施工，应支护临时挡风棚或覆盖临时性塑料薄膜，降低或避免风速对混凝土表面水分的蒸发速率的影响。有研究资料报道，当水分蒸发速率超过 0.5～1.0kg/(m² • h) 时，塑性收缩开裂概率大增。

为估算不同环境条件下（空气温度与相对湿度、风速等）的不同温度混凝土表面水分的蒸发速率，美国波特兰水泥协会在 ACI 305.1 标准中提出如图 10-8 所示的估算方法，或采

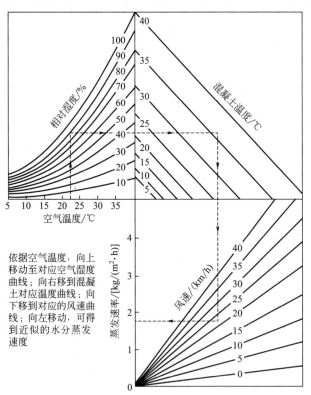

图 10-8　混凝土表面水分蒸发速率估算

用门泽尔计算式进行估算，即

$$W = 0.315 \times (e_c - e_a R) \times (0.253 + 0.060V) \tag{10-5}$$

$$e_c = 133.3 \times 10^{5.10765 - \frac{1750.286}{T_c + 235}} \tag{10-6}$$

$$e_a = 133.3 \times 10^{5.10765 - \frac{1750.286}{T_a + 235}} \tag{10-7}$$

式中　W——混凝土表面水分蒸发速率，$kg/(m^2 \cdot h)$；

　　　T_c——混凝土的温度，℃；

　　　T_a——空气的温度，℃；

　　　R——空气的相对湿度；

　　　V——风速，可根据表 10-9 选取，km/h。

表 10-9　风力等级与风速的关系

风级	名称	风速		陆地物象
		m/s	km/h	
0	无风	0.0～0.2	0.0～0.7	烟直上,感觉没风
1	软风	0.3～1.5	1.1～5.4	烟示风向,风向标不转动
2	轻风	1.6～3.3	5.8～11.9	感觉有风,树叶有一点响声
3	微风	3.4～5.4	12.2～19.4	树叶树枝摇摆,旌旗展开
4	和风	5.5～7.9	19.8～28.4	吹起尘土、纸张、灰尘、沙粒
5	清劲风	8.0～10.7	28.8～38.5	小树摇摆,湖面泛小波,阻力极大
6	强风	10.8～13.8	38.9～49.7	树枝摇动,电线有声,举伞困难
7	疾风	13.9～17.1	50.0～61.6	步行困难,大树摇动,气球吹起或破裂
8	大风	17.2～20.7	61.9～74.5	折毁树枝,前行感觉阻力很大,可能伞飞走
9	烈风	20.8～24.4	74.9～87.8	屋顶受损,瓦片吹飞,树枝折断

应注意，式(10-5) 的理论依据是不同温度下水的饱和蒸气压对水分蒸发能力的影响，该式计算时的适用条件是标准大气压、温度 1～60℃。

③ 浇筑前润湿模板或垫层。对吸水率较大的模板或垫层，混凝土浇筑前应充分润湿，以防止吸水。

④ 振捣适度。若过度振捣，易造成表面混凝土含水量和水泥浆含量较大，使失水收缩倾向增大。

⑤ 调整混凝土配合比。尽量减少水泥用量、减水剂用量，砂率不宜过高，水胶比不宜过大，适量增掺矿物掺合料，避免混凝土发生离析与泌水，加入适量合成纤维。

⑥ 控制好凝结时间。尤其是要控制好混凝土从初凝到终凝的这段时间，应尽可能短。

（2）沉降收缩裂缝

沉降收缩裂缝指混凝土拌合物浇筑振捣后，粗骨料再次发生不均匀（或局部）沉降而产生的裂缝。产生沉降收缩裂缝的主要原因是新拌混凝土的稳定性差，特别是离析、泌水的物料，即使振捣结束后，局部大粒径的粗骨料也会失稳继续下沉，这种现象在欠振捣部位的混凝土更易发生。此外，粗骨料下沉受到钢筋、预埋件等障碍物阻挡，拌合物的连贯性遭到破坏，障碍物上下两层间就会形成缝隙。所以，此种裂缝既能在混凝土表面出现，又可能作为隐蔽裂缝存在于混凝土内部。

预防沉降收缩裂缝的根本措施在于提高混凝土的稳定性，杜绝拌合物离析与泌水的发生。此外，尚要做到：

① 分层浇筑、振捣适度。对截面尺寸较高的结构，应分层浇筑，待下层拌合物沉降稳定后再浇筑上层，既不要过振，更不能欠振。

② 控制粗骨料粒径。应保证骨料最大粒径不大于钢筋净间距的 3/4。

尽管混凝土塑性收缩裂缝是以时间为出发点定义的一种裂缝，而沉降收缩裂缝是以裂缝发生原因为出发点定义的一种裂缝，但两者并没有严格的界限，因为沉降收缩裂缝基本都发生在新拌混凝土的塑性阶段。

（3）干燥收缩裂缝

混凝土中水和周围空气的湿度、温度处于某一平衡状态时，若周围空气的状态发生变化，即湿度下降或温度上升，混凝土就会失水而干燥。干燥过程中，首先是混凝土中气孔水和毛细孔水的蒸发。气孔水的蒸发并不引起混凝土的收缩。而毛细孔水的蒸发，使毛细孔内水面后退，水弯月面的曲率半径 r 变小（见图 7-7）。根据 Laplas 公式可知，在水溶液表面张力 σ 不变时，毛细孔张力 P 与 r 成反比，即混凝土干燥失水，毛细孔水曲率半径变小，毛细孔张力增大，引起混凝土收缩，此类收缩称为干缩。

混凝土的干燥过程是由表及里逐步扩展，在混凝土中呈现含水梯度。因此产生表面收缩大、内部收缩小的不均匀收缩，致使表面混凝土承受拉力，内部混凝土承受压力，当表面混凝土所承受的拉应力超过其极限抗拉强度时，便产生裂缝。

此外，水泥石的弹性模量远比骨料的弹性模量小，所以水泥石的干燥收缩也会受到骨料的限制作用而产生微裂缝。

预防干燥收缩的措施：

① 加强养护。加强早期养护，格外重要，既能保证混凝土强度发展，增强抗裂能力，又能防止水分过早蒸发而引起的干燥收缩。

② 掺加矿物掺合料。混凝土发生干缩的主要组分是水泥石，因此，对于无早强要求、不急于使用的混凝土工程在配合比设计时，应采用优质矿物掺合料替代一部分水泥用量。

③ 降低水灰比。采用高性能减水剂，降低水灰比。因为水灰比越大，混凝土收缩越大。但应注意，高性能减水剂掺量不宜过大，否则会增大混凝土塑性收缩裂缝发生概率。

④ 提高混凝土的集灰比。提高混凝土的集灰比，可以增大骨料对干燥收缩的限制作用。

⑤ 掺用减缩剂。减缩剂能有效降低水的表面张力，从而减小引起干缩的毛细孔张力。

⑥ 表面进行二次抹压。初凝前对混凝土表面进行二次抹压，能有效弥合已发生的表面干缩裂缝。

此外，严格控制骨料的含泥量、石粉含量，调整好骨料级配，减小骨料空隙率，适度振捣等都将有助于减小混凝土的干燥收缩。

（4）碳化收缩裂缝

空气中的二氧化碳（CO_2）在水存在条件下，与水泥的水化产物氢氧化钙 $[Ca(OH)_2]$ 反应生成碳酸钙（$CaCO_3$）、硅胶、铝胶和游离水，并伴随体积收缩，甚至产生表面裂缝。

预防碳化收缩裂缝的措施：一是加强浇水养护，使混凝土表面处于饱水润湿的状态；二是通过合理的配合比、适度振捣和二次抹压提高混凝土表面的致密程度，阻止二氧化碳向混凝土内部扩散。具体措施详见本章第七节"碳化防治措施"中的有关内容。

2. 温度裂缝

混凝土结构中若存在温度梯度或温差时，将产生温差应力，一旦温差应力超过混凝土能承受的极限抗拉强度时，就会产生温度裂缝。温度裂缝多发生于大体积混凝土的结构中，或长期暴露于大气环境中受外界气温骤降影响的混凝土结构中。

混凝土结构中存在温差，主要有两方面的原因：一是胶凝材料的水化热，由于大体积混凝土截面尺寸大，混凝土的导热性能差，水化热必然在相当长的时间里聚集在混凝土结构中不易散发而引起温度分布不均匀；二是外界环境温度的急剧变化也必然引起混凝土内外存在温差。预防温度裂缝产生的具体措施详见第五章第九节"大体积混凝土裂缝控制"中的有关内容。

3. 延迟钙矾石裂缝

钙矾石（AFt）是一种多硫型水化硫铝酸钙（$3CaO \cdot Al_2O_3 \cdot 3CaSO_4 \cdot 32H_2O$）。水泥在加水搅拌的最初几个小时内，石膏就与水泥中的铝酸钙组分反应生成具有膨胀性的AFt（详见第二章第一节下"硅酸盐水泥的水化"中的有关内容）。此阶段的AFt，通常被称为初级钙矾石。初级钙矾石既是混凝土早期强度的贡献者，又有利于对混凝土的早期收缩予以补偿。

研究结果表明，AFt在温度大于75℃时不能稳定存在，因此混凝土早期热养护或温升（如大体积混凝土水化热引起的温升）时，本该早期生成的AFt将无法生成，或者生成后就立即在高温下被分解，此时，构成AFt的化学组分（主要是SO_3）将被C-S-H凝胶吸附并保留下来。当温度降低时，这部分SO_3又会被释放出来，在高Ca/Si和S/Al的条件下，AFt就会在已硬化的混凝土中再次生成，这种重新生成的钙矾石即被称为二次钙矾石或延迟钙矾石。若延迟钙矾石产生的膨胀力超过已硬化混凝土的抗拉强度时，就会导致混凝土的开裂，甚至剥落破坏。

根据水泥化学原理可知，AFt的生成条件要求体系有高的S/Al，否则将生成单硫型硫铝酸钙（AFm），同时，又要求体系有较高的Ca/Si，否则体系不能提供足够的CaO以生成AFt。因此，可以采取以下措施预防延迟钙矾石反应的发生：减少水化热、降低体系的Ca/Si、降低体系的S/Al（如尽量避免使用硫铝酸钙型膨胀剂）、限制水泥用量、掺用优质矿物掺合料等。

4. 沉陷与外荷载裂缝

这是一类由于地基变形或施工不当所造成混凝土不均匀沉陷（变形）而发生的第二类荷载裂缝，或因外荷载过大而发生的第一类荷载裂缝。此类裂缝发生的主要原因是：

① 地基软硬不均匀或是结构上荷载悬殊，而引起地基局部沉陷过大。

② 地面荷载过大。

③ 模板刚度不足、支撑间距过大或支撑不牢固。

④ 拆模过早，承载过大。混凝土结构尚未达到拆模强度，或是拆模后结构承受过大荷载。此种原因产生的裂缝多见于剪弯构件的梁、板中。

避免沉陷与荷载裂缝发生应从设计和施工两方面着手。

综上，除上述常见混凝土裂缝外，有时也会出现因砂石含泥量过高而产生的收缩裂缝；水泥安定性不良、膨胀剂使用不当、钢筋锈蚀以及碱-骨料反应而产生的膨胀裂缝；混凝土受冻而产生的冻胀裂缝，以及施工不当而产生的冷缝等。

需要指出的是，上述任何一个原因都可能引发裂缝，而裂缝的发展可能是由于另外一些原因，因此，在分析与判断裂缝原因时不能只看表象。

二、裂缝鉴别与特征

1. 裂缝鉴别

鉴别裂缝是预防和处理裂缝的基础工作，主要应从以下几个方面入手。

（1）裂缝发生位置与分布

不同类型的裂缝可能发生在建筑物的不同位置处，如表面、侧面或底面，或发生在建筑物的边缘或中心。其分布特征，如裂缝走向、裂缝间距、裂缝密度或裂缝率等也不尽相同。

（2）裂缝走向与形状

裂缝的走向可能与结构或构件的轴线垂直，可能与结构或构件的短边平行，可能是斜向、竖向或水平向。其形状可能是一端宽一端窄、中间宽两端窄；呈弯曲状、螺旋状或无规则网状（龟裂）等。

（3）裂缝尺寸

即裂缝的主要参数：宽度、长度和深度。尤其是深度变化较大，有表面的、有深层的，甚至有贯穿的。

（4）裂缝数量

裂缝数量多与裂缝类型相关，通常，收缩裂缝数量较多，沉降与荷载裂缝数量较少。

（5）裂缝发生时间

裂缝发生时间与裂缝的类型有关，但应注意发现裂缝的时间不一定就是混凝土开裂的时间。

（6）裂缝发展与变化

主要指裂缝的尺寸与数量随时间推移而发生的变化，但应注意这些变化与环境温度、湿度的关系。

2. 裂缝特征

裂缝特征随裂缝的类型而异，几类常见裂缝的特征概述如下。

（1）收缩裂缝

早期收缩裂缝都出现在混凝土终凝前，呈现在混凝土裸露表面，缝浅、短，呈不规则状。硬化后的收缩裂缝产生时间与建筑物尺寸、结构、环境、材料等因素有关，从终凝延至数月。在建筑结构中部附近较多，两端较少见，裂缝方向往往与结构构件轴线垂直，其形状多数是两端窄中间宽，通常是数量多，宽度不大，深度不深，仅在板类构件常见贯穿板厚的裂缝。收缩裂缝会随时间而发展。

（2）沉陷与荷载裂缝

由地基变形产生的裂缝多见于建筑物结构的下部，裂缝位置都在沉降曲线曲率较大处，其方向与地基变形所产生的主应力方向垂直，在墙上多为斜裂缝，在梁或板上多为垂直裂缝，在柱上多为水平裂缝，形状一般都是一端宽一端窄，尺寸大小不一，大多发生在混凝土结构建成初期，也有少数发生在施工期，随时间及地基变形的发展裂缝尺寸加大，数量增多。

由荷载引起的裂缝都出现在应力最大处，缝较深，受拉裂缝与主应力垂直，一端宽，另一端窄；剪切裂缝，一般沿45°方向伸展；受压裂缝一般与压力方向平行，形状多为两端窄中间宽；扭曲裂缝呈斜向螺旋状，缝宽度变化不大；冲切裂缝常与冲切力呈45°左右斜向发展。通常，裂缝尺寸不大，缝宽从表面向内部逐渐缩小，若荷载过大，裂缝宽度较大。荷载裂缝一般在结构拆模、结构超载时产生，且随荷载加大和承载时间延长而扩展。

（3）温度裂缝

温度裂缝其形状一般是一端宽一端窄，走向一般平行短边，有表面的、深层的和贯穿的，会随温差的骤变变化而发展。温度裂缝多发生在大体积混凝土施工中，其裂缝特征与鉴别见表10-10。

表 10-10　大体积混凝土裂缝特征与鉴别

裂缝类别	位置	方向	形状	出现时间	数量	尺寸大小			发展变化
						宽度	深度	长度	
表面	出现在裸露表面	无规律	表面宽内里窄	早期或结构拆模、寒潮来临时	较多	无规律	较浅	变化较大	随内部热量散发、温差减小，裂缝减轻
内部	多在基础（或下部结构）交接面以上，长条结构的中部	与结构短边平行	下面宽向上变窄而逐渐消失	后期、混凝土内部温度降低较多时	较少	变化较大	较深	变化较大	随混凝土内部温度降低，裂缝不断发展，降至最低温度后，不再扩大变化
贯穿	常见内部与表面裂缝重叠位置	与结构短边平行	下面宽上面窄，有时宽度变化不大	后期、混凝土内部温度降低较多时	更少	变化较大	沿全截面断裂	变化较大	随混凝土内部温度而变化

通常，在鉴别裂缝时，首先要确定裂缝产生的时间（如浇筑后数小时至 1 天、数天或数十天以上等），其次是裂缝的形状与分布（走向、形状、尺寸、数量以及有无规律性、表面、贯通等），然后区分混凝土的变形因素（收缩型、膨胀型、外力等）和裂缝影响范围（材料、构件、整个结构物等），最后结合混凝土材料组成、施工养护、环境条件和早期受荷等情况进行综合分析。如果时间少于 10h 或终凝前，则该裂缝可初步被定义为塑性裂缝，可能是表层水分的过度蒸发、约束或泌水沉降等原因引起的。如果时间超过 10h，但不到 48h（尤其是该裂缝发生在气温较低时，如早晨），则很可能是温度收缩裂缝为主。如果时间超过 2 天（终止湿养护后），则其主要类型可归于干缩裂缝。当然，化学收缩是同时存在的，其大小与混凝土的水胶比、水化温度等有关。

综上，裂缝是一个比较复杂的工程质量问题。

三、裂缝修补

在实际结构物中，收缩产生的拉应力对受压构件的承载能力影响甚微，对受拉构件，宽度小于 0.15～0.20mm 的细裂缝也是允许的。为了避免宽裂缝的产生，结构设计规范又规定了结构伸缩缝的间距，因此从力学的角度，结构工程师对收缩裂缝并不太在意。然而宽裂缝、贯穿深度较大的裂缝对结构物的使用性能（如渗水和影响外观）以及重要结构的耐久性的影响却是不可忽视的。

不同类型的裂缝其危害程度也不一样，有的影响结构安全，有的影响结构耐久性，有的影响结构正常使用，有的对结构安全、耐久性和使用功能均无影响。裂缝是否需要修补处理，如何修补处理等问题，应根据裂缝性质（结构裂缝、非结构裂缝）、形状与发展变化、所处环境、结构类型及有关规范规定（表 10-11）等综合加以分析考虑。裂缝修补技术，可按照现行国家标准《混凝土结构加固设计规范》（GB 50367）的有关内容实施。

表 10-11　结构构件的裂缝控制等级及最大裂缝宽度限值（GB 50010）

环境类别	钢筋混凝土结构		预应力混凝土结构	
	裂缝控制等级	最大裂缝宽度限值/mm	裂缝控制等级	最大裂缝宽度限值/mm
一	三级	0.30(0.40)	三级	0.20
二 a		0.20		0.10

环境类别	钢筋混凝土结构		预应力混凝土结构	
	裂缝控制等级	最大裂缝宽度限值/mm	裂缝控制等级	最大裂缝宽度限值/mm
二 b	三级	0.20	二级	—
三 a、三 b			一级	—

注：1. 对处于年平均相对湿度小于60%地区一类环境下的受弯构件，其最大裂缝宽度限值可采用括号内的数值。

2. 在一类环境下，对钢筋混凝土屋架、托架及需做疲劳验算的吊车梁，其最大裂缝宽度限值应取为0.20mm；对钢筋混凝土屋面梁和托梁，其最大裂缝宽度限值应取为0.30mm。

1. 裂缝修补原则

裂缝修补通常遵循以下原则。

（1）查明情况

主要应查明混凝土结构的性质、使用状况与环境，以及裂缝的现状和发展变化情况等。

（2）明确修补目的

根据混凝土结构使用要求和裂缝的性质等确定处理应达到的目的——满足使用要求、确保结构安全、保证耐久性。

（3）确定修补时间

对于稳定的裂缝，较宽、较深裂缝，危及结构安全的裂缝应及早进行处理，对于变化发展的裂缝应在裂缝稳定后进行处理。

（4）确定修补方案

根据裂缝特征选择适宜的修补材料与修补方法。修补不仅要做到效果可靠，而且要做到施工方便、安全、经济合理。

（5）满足设计要求

不违背相关标准规范的有关规定。

2. 裂缝修补材料

（1）修补材料类别

裂缝的修补材料主要是以高分子聚合物为基料，并辅以适量溶剂（助剂）的各种黏合剂和注浆密封剂等，或掺入定量水泥或其他粉料的混合物。

① 改性环氧树脂类、改性丙烯酸酯类、改性聚氨酯类等的修补液（包括配套的打底胶和修补胶）和聚合物注浆料等的合成树脂类。

② 无流动性的聚硅氧烷、聚硫橡胶、改性丙烯酸酯、改性聚氨酯等柔性的嵌缝密封胶类。

③ 超细无收缩水泥注浆料、改性聚合物水泥注浆料以及不回缩微膨胀水泥等的无机胶凝材料类。

④ 无碱、耐碱或高强度玻璃纤维织物类与其适配的胶黏剂。

（2）主要技术性能

常用裂缝修补胶与聚合物水泥注浆料基本性能指标见表10-12和表10-13。

表 10-12 裂缝修补胶（注射剂）基本性能指标

检验项目		性能或质量指标	检验方法标准
钢-钢拉伸抗剪强度标准值/MPa		≥10	GB/T 7124
胶体性能	抗拉强度/MPa	≥20	GB/T 2568
	受拉弹性模量/MPa	≥1500	GB/T 2568

续表

	检验项目	性能或质量指标	检验方法标准
胶体性能	抗压强度/MPa	≥50	GB/T 2569
	抗弯强度/MPa	≥30,且不得呈脆性(碎裂状)破坏	GB/T 2570
不挥发物含量(固体含量)/%		≥99	GB/T 14683
可灌注性		在产品使用说明书规定的压力下能注入宽度为 0.1mm 的裂缝	现场试灌注固化后取芯样检查

注：当修补目的仅为封闭裂缝，而不涉及补强、防渗的要求时可不做灌注性检验。

表 10-13　修补裂缝用聚合物水泥注浆料基本性能指标

	检验项目	性能或质量指标	检验方法标准
胶体性能	劈裂抗拉强度/MPa	≥5	GB 50367 附录 G
	抗压强度/MPa	≥4	GB/T 2567
	抗折强度/MPa	≥10	GB 50367 附录 H
注浆料与混凝土的正拉黏结强度/MPa		≥2.5,且为混凝土破坏	GB 50367 附录 F

（3）裂缝修补材料选用原则

应根据裂缝的成因、裂缝结构与分布特征以及修补目的合理选用。

① 若恢复结构承载力或耐久性，应选用黏结力大、强度高的热固性或热塑性黏合剂。

② 若密闭裂缝且有防渗要求时，应选用极限变形值较大的弹性体注浆密封剂。

③ 对于活动性裂缝，应选用延伸率大的弹性体材料。

3. 裂缝修补方法

裂缝修补的方法很多，主要有以下几类。

（1）表面封闭法

这是一类最常用的裂缝修补方法，主要适用于对承载能力无影响的表面裂缝。根据所用材料和施工方式不同又分为以下几种方法：

① 涂刷、压抹。混凝土表面出现宽度＜0.3mm、深度较浅、条数较多的裂缝时，待混凝土硬化后可采用环氧浆液涂刷处理裂缝。操作要点是：清刷需修补的表面，去除油渍污垢，然后用丙酮或酒精擦洗，待干燥后，用毛刷每隔 3～5min 涂刷一次，涂层厚度达 1mm 左右为止。采用此法，环氧浆液渗入深度可达 15～80mm。

配制环氧浆液时，要根据外界气温调整固化剂掺量，应保证环氧浆液固化前能有足够的渗入裂缝的时间。

对于数量不多、缝宽＞0.1mm 的裂缝可采用环氧胶泥压抹修补裂缝。操作要点是：表面清洗，去除油渍污垢，若表面潮湿，应用喷灯烘烤干燥、预热，先涂刷一层环氧浆液；再用铁抹子沿裂缝走向压抹一层宽 20～40mm、厚 1～2mm 左右的环氧胶泥。若表面干燥困难，则采用环氧焦油胶泥压抹修补。

环氧胶泥层尺寸及环氧胶泥、环氧浆液、环氧焦油胶泥的参考配方分别见表 10-14～表 10-16。

表 10-14　修补裂缝用环氧胶泥层尺寸

裂缝宽度/mm	胶泥层宽/mm	胶泥层厚/mm	裂缝宽度/mm	胶泥层宽/mm	胶泥层厚/mm
0.1～0.3	20	1	1.0～2.0	40	2
0.3～1.0	30	1			

表 10-15　环氧胶泥参考配方

材料名称	环氧树脂/g	二乙烯三胺或乙二胺/mL	邻苯二甲酸二丁酯/mL	甲苯/mL	水泥/g
规格/型号	6101 号/6105 号	工业级	工业级	工业级	—
配方 1	100	8～10(13～15)	30	—	250～300(350～400)
配方 2	100	8～10(13～15)	10	10	250～350(350～400)

注：括号外配方用于修补裂缝；括号内配方用于粘贴注浆嘴。

表 10-16　环氧浆液、环氧胶泥、环氧焦油胶泥参考配方

材料名称		环氧树脂/g	煤焦油/g	邻苯二甲酸二丁酯/mL	丙酮/mL	乙二胺/mL	粉料/g
环氧浆液		100	—	10	—	8～12	
环氧胶泥	1	100	—	30	—	8～10	350～400
	2	100	—	10	—	8～10	350～400
	3	100	—	—	0～10	6～8	150～250
	4	100	—	30～50	—	8	250～450
环氧焦油胶泥	1	100	100	5	—	12	100
	2	100	50	5	—	12	100

注：1. 粉料可用滑石粉、水泥、石英粉。

2. 环氧焦油胶泥配方 1 用于底层，配方 2 用于面层。

3. 有机溶剂丙酮易燃，固化剂乙二胺易燃、低毒、有腐蚀性，使用时应注意防护或更换其他相应品种。

② 环氧胶料粘贴玻璃纤维布。此法用于数量较多、细小、较浅的裂缝修补。操作要点是：表面处理清洁，并干燥，若表面有凹陷可用环氧胶泥或环氧焦油胶泥腻子料找平。涂刷环氧胶泥打底料，自然固化（固化时间视环境温度而确定）后，涂刷第二遍打底料，打底料涂层应薄而均匀。第二遍打底料自然固化后，均匀涂刷一层衬布料，随即铺放一层玻璃纤维布，并压实。之后，在其上均匀涂刷一层衬布料（玻璃纤维布应浸透）。如需粘贴两层玻璃纤维布，则可紧接着铺衬一层布压实，其上均匀涂刷一层衬布料。第二层玻璃纤维布周边应比第一层宽 10～12mm。

环氧胶泥与环氧焦油胶泥打底料、腻子料及衬布料的参考配方见表 10-17。

表 10-17　粘贴玻璃纤维布胶料参考配方（质量份）

胶料类别		材料名称					
		环氧树脂	煤焦油	稀释剂	固化剂		石英粉
				丙酮	乙二胺	乙二胺-丙酮溶液(1∶1)	
环氧胶泥	打底料	100	—	60～100	(6～8)	12～16	0～20
	腻子料			0～10			150～200
	衬布料			15			15～20
环氧焦油胶泥	腻子料	50	50	(3～4)	6～8		200～250
	衬布料						5～15

注：表中括号内数据可视情况选用。

（a）钢锚栓　　（b）金属锚板

图 10-9　表面扒钉缝合法修补裂缝

③ 扒钉缝合。此法用于数量不多、走向清晰、较浅裂缝的修补。操作要点是：在裂缝两边钻孔或凿槽，将 ⌐ 形金属扒钉嵌入裂缝两边或槽中，再用环氧树脂砂浆等无收缩型砂浆灌入孔或槽中加以硬化锚固，实现缝合裂缝，如图 10-9 所示。环氧树脂砂浆参考配方见表 10-18。

表 10-18　环氧树脂砂浆参考配方（质量份）

树脂砂浆类别	材料名称						
	环氧	聚酰胺	丙酮	二丁酯	乙二胺	水泥	砂
1	1000	500	100	—	—	1000	1500
2	1000	—	80	100	100	—	2500

④ 面层覆盖。混凝土结构表面裂缝数量较多，分布面较广时，多采用面层覆盖方法进行裂缝修补。作为覆盖面层的材料主要有以下几类：

a. 高密实度细石混凝土。水泥宜为强度等级≥42.5的硅酸盐水泥或普通硅酸盐水泥，掺加适量减水剂，控制水胶比≤0.35，坍落度≤200mm，石子粒径≤15mm，砂为细度模数2.3～3.0的中砂。

b. 聚合物混凝土或砂浆。在普通细石混凝土或砂浆中，通常加入水泥质量5%～25%的聚合物，以增加混凝土或砂浆的黏结性和抗渗性。聚合物主要有3种类型：乳胶（如氯丁橡胶乳液、丁苯橡胶乳液等）、液体聚合物（如不饱和聚酯、环氧树脂等）和水溶性聚合物（如纤维素衍生物、聚丙烯酸盐、糠醇等），其中乳胶是应用最广泛的一种。

c. 整体树脂层。采用环氧树脂、聚氨酯、聚丙烯酸酯及酚醛树脂等作为覆盖裂缝的面层。由于造价高，多用于裂缝较重且须快速修复的场合。

面层覆盖施工前，混凝土表面应进行凿毛，用钢丝刷并配以高压水冲洗，使被覆盖的表面达到清洁、坚实、粗糙的要求。覆盖面层材料 a 时，应在被覆盖的混凝土表面上压抹一层厚约 2mm 的水泥浆层。若覆盖面层材料 b、c 时，被覆盖的混凝土表面应进行干燥。

覆盖面层施工后，应根据覆盖材料的性能不同采取适宜的方式进行养护。

多数情况下，覆盖面层内应铺放一层玻璃纤维布或配置双向钢丝网片，一般钢丝直径为 $\phi3$～$\phi4$mm，双向间距为 100～200mm。

覆盖面层前，应进行设计验算，防止因结构自重增加后，对结构产生不利影响。

（2）局部修补法

此种方法多用于因地基沉降或荷载过大而引起的裂缝修补，裂缝宽度一般为 0.1～0.5mm，且数量不多。根据需修补的混凝土结构的不同，主要有以下几种方法。

① 充填密封法。沿裂缝长度方向凿开一 V 形或梯形槽，槽宽一般为 10～20mm，槽中分层充填密封材料，如图 10-10 所示。V 形槽适用于一般裂缝修补，梯形槽用于渗水裂缝的修补。

② 栓塞法。在沿裂缝长度方向的两端（必要时在裂缝两侧）钻孔，然后将孔灌满注浆密封剂，形成圆柱形栓塞，如图 10-11 所示，钻出的孔径一般为 50～75mm。栓塞既可以阻止裂缝尖端因应力集中继续扩展，又能阻止裂缝横向扩展（在裂缝两侧钻孔时），此种方法多用于数量很少、长度较长裂缝的处理。

③ 预加应力法。在贯穿裂缝上钻孔，注意避开钢筋，然后穿入螺栓（预应力筋），施加预应力后，使裂缝闭合，拧紧螺母，之后对裂缝表面予以修补。若条件允许，成孔方向应与裂缝走向垂直，如图 10-12(a) 所示；钻孔方向不能与裂缝走向垂直时，应采用双向施加预应力，如图 10-12(b) 所示。

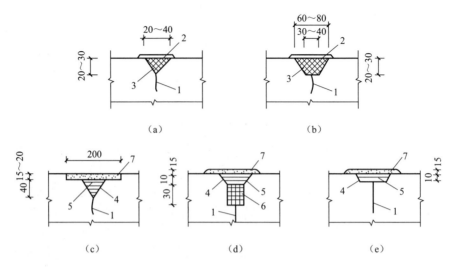

图 10-10　充填密封法修补裂缝（单位：mm）

1—裂缝；2—环氧浆液；3—环氧砂浆；4—水泥净浆（厚 2mm）；

5—1：2 水泥砂浆；6—聚氯乙烯胶泥或沥青油膏；

7—1：2.5 水泥砂浆或刚性防水五层做法

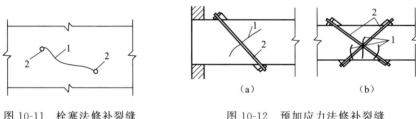

图 10-11　栓塞法修补裂缝　　　　　图 10-12　预加应力法修补裂缝

1—裂缝；2—钻孔　　　　　　　　　1—裂缝；2—预应力筋

（3）压力注浆法

采用压送设备将灌浆材料灌注于裂缝内，通过扩散、固化，使裂缝弥合的一种修补方法。

根据灌浆材料的不同，可分为水泥注浆法和聚合物注浆法。

① 水泥注浆法。采用微膨胀水泥或微膨胀水泥砂浆作为灌浆材料，适用于缝宽≥0.5mm 的稳定裂缝。

② 聚合物注浆法。亦称化学灌浆法，主要采用环氧树脂或甲基丙烯酸甲酯为主液配制的灌浆材料，其参考配方如表 10-19 和表 10-20 所示，特别适用于缝宽≥0.05mm 的裂缝补强和防渗。

表 10-19　环氧树脂浆液参考配方

材料名称	规格	配方（质量份）				
		1	2	3	4	5
环氧树脂	6101 号或 634 号	100	100	100	100	100
糠醛	工业	—	20～25	—	50	50
丙酮	工业	—	20～25	—	60	60

续表

材料名称	规格	配方(质量份)				
		1	2	3	4	5
邻苯二甲酸二丁酯	工业	—	—	10	—	—
甲苯	工业	30~40	—	50	—	—
苯酚	工业	—	—	—	—	10
乙二胺	工业	8~10	15~20	8~10	20	20
使用性能		1d后固化,流动性稍差	2d后为弹性体,流动性较好	4d后为弹性体,流动性较好	6d后为弹性体,流动性很好	7d后为弹性体,流动性很好

表 10-20　甲基丙烯酸甲酯浆液参考配方

材料名称	代号	配方(质量份)		
		1	2	3
甲基丙烯酸甲酯	MMA	100	100	100
聚醋酸乙烯酯		18	—	0~15
丙烯酸		—	10	0~10
过氧化二苯甲酰	BPO	1.5	1.0	1~1.5
对甲苯亚磺酸	TSA	1.0	1.0~2.0	0.5~1.0
二甲基苯胺	DMA	1.0	0.5~1.0	0.5~1.5

注浆前应对裂缝进行处理,视裂缝情况不同采用以下几种处理方法:

a. 表面处理。裂缝缝宽≤0.3mm且较浅时,先用钢丝刷清除缝表面污物,再用毛刷蘸丙酮或酒精等有机溶剂擦洗干净并烘干。

b. 凿槽法。裂缝缝宽>0.3mm且较深时,沿裂缝走向凿成宽50~100mm,深30~50mm的"V"形槽,清除碎屑、粉尘,清洗干净并烘干。

c. 钻孔法。对于长而深的裂缝,如大体积混凝土的裂缝,通常采取此法。在裂缝上钻孔,孔径一般为50mm,缝宽≥0.5mm时,孔距可取2~3m;缝宽<0.5mm时,应酌情缩小孔距。钻孔后,清除孔内的碎屑和粉尘,并用粒径10~20mm的干净石子充填钻孔,这样既可以节省料浆,又可以抑制料浆固化收缩。

聚合物注浆多采用注浆泵进行连续压送注浆。注浆泵主要由泵体、储浆筒、注浆管和注浆嘴组成。注浆时应将注浆嘴埋设在裂缝交叉处、较宽处、终端处以及钻孔处,其间距应视料浆黏度、裂缝宽度以及裂缝分布情况而定。通常,缝宽≤1mm时,间距宜取350~500mm;当缝宽>1mm时,宜取500~1000mm。在一条裂缝上必须有进浆嘴、排气嘴和出浆嘴。

封缝是注浆修补裂缝工艺过程中一个重要的工序,裂缝封不住,不仅卸压、漏浆,而且料浆不可能向裂缝纵深渗透,注满裂缝。封缝主要有两种方式。

a. 不凿槽的裂缝。当裂缝细小时,先在裂缝两侧涂一层宽约20~30mm环氧树脂液,然后抹一层厚约1mm、宽度20~30mm环氧树脂胶泥(环氧树脂液加水泥制成);当裂缝较宽时,先在裂缝两侧涂一层宽约80~100mm环氧树脂液,然后粘贴1~3层已经除去润滑剂的玻璃丝布进行封缝。

b. 凿"V"形槽的裂缝。先在"V"形槽面上涂刷一层厚约1~2mm环氧树脂液,然后分两次抹压厚度约5mm水泥砂浆层进行封缝。

封缝后应对封缝材料进行养护和压气试漏。试漏时，先沿裂缝涂一层肥皂水，然后从注浆嘴通入压缩空气（压力与正式注浆压力相同）。若封闭不严，可用有蓝矾（硫酸铜）、绿矾（硫酸亚铁）、明矾（硫酸铝钾）、红矾（重铬酸钾）、紫矾（硫酸铬钾）和水泥配制的快干水泥或用水泥与水玻璃配制的浆液进行密封堵漏。快干水泥的配方为：水∶五矾∶水泥＝1∶5∶（10～15）。

注浆应自下而上（竖缝）或由一端到另一端（平缝）顺序进行，逐渐加压至规定压力（聚合物浆液为 0.2MPa，水泥浆液为 0.4～0.8MPa）后，维持此压力继续注浆，待出浆嘴溢浆后，立即关闭阀门，将出浆嘴堵住后，再持续压注几分钟。

聚合物注浆材料中多含有易燃、易爆、危害健康的材料，使用时一定要采取必要的防护措施，防止意外事故发生。

4. 裂缝修补效果检验

裂缝修补后，是否达到预期效果，可按照现行国家标准《建筑结构加固工程施工质量验收规范》（GB 50550）的有关条款检测评价，也可采用下述方法进行检验评定。

（1）外观检查

观察已经修补的裂缝是否再次开裂、扩展和渗漏。

（2）取芯试验

对注浆法修补的裂缝，在料浆完全固化或达龄期强度后，钻取混凝土芯样，观察浆液渗入与分布情况，并检验芯样强度和芯样破坏界面。钻取芯样应符合以下规定：

① 取样的部位应由设计单位决定。

② 取样的数量应按裂缝注射或注浆的分区确定，每区应不少于 2 个芯样。

③ 芯样应骑缝钻取但应避开内部钢筋。

④ 芯样的直径不应小于 50mm。

⑤ 取芯造成的孔洞，应立即采用强度等级较原构件提高一级的细石混凝土填实。

芯样检验应采用劈裂抗拉强度测定方法，当检验结果符合下列条件之一时判定为符合设计要求：

① 沿裂缝方向施加的劈力，其破坏应发生在混凝土内部（即内聚破坏）。

② 破坏虽有部分发生在界面上，但这部分破坏界面不大于破坏面总面积的 15％。

（3）水压试验

对裂缝较多的构件，料浆固化或达龄期强度后布设压水孔，进行打水压试验，检验是否进水和渗漏。水压试验压力为灌浆压力的 70％～80％。

（4）荷载试验

对恢复承载能力的结构构件修补，一般应做非破坏性荷载试验。对钢筋混凝土结构构件和允许出现裂缝的预应力混凝土构件，检验允许荷载作用下其挠度和裂缝宽度；对不允许出现裂缝的预应力构件，则检验允许荷载作用下其挠度和抗裂性能。

（5）振动试验

采用 10kg 左右的沙袋或重锤，从一定高度自由下落，分别冲击裂缝修补后和未经修补质量良好的同样构件，测量冲击产生的自由振动数和振幅，通过数据对比分析，检验裂缝修补效果。

四、裂缝自愈合

混凝土中的微裂缝，如果相互贴近且不发生切向位移，有时在潮湿环境中最大裂缝宽度约为 0.1～0.2mm 的微裂缝将完全愈合。这种现象称为裂缝的自愈合，主要是因为裂缝处尚未水化的水泥颗粒继续水化，以及水泥水化产物氢氧化钙与二氧化碳发生反应产生不溶性碳酸钙。

一般来说，裂缝宽度越窄，混凝土龄期越短，即内部的未水化水泥颗粒越多，其自愈合的现象越易发生。

五、混凝土结构早期裂缝机理分析

在完全约束的混凝土中，由收缩应变产生的拉应力（破坏力）是应变 ε 和弹性模量 E 的乘积 εE，当 $\varepsilon E > f_t$（抗拉强度）时，混凝土开裂，也即 $\varepsilon > \varepsilon_{极限}$ 时，混凝土开裂。通常，水化充分的混凝土的 $\varepsilon_{极限}$ 为 $(100 \sim 150) \times 10^{-6}$，而按标准试验方法在实验室测得的收缩值一般在 $(200 \sim 300) \times 10^{-6}$，大于极限拉应变值。

瑞典水泥和混凝土研究所（CBI）J. Byfors 的研究结果表明，混凝土成型后 $4 \sim 8h$，弹性模量将从 $10 \sim 100 MPa$ 迅速增大到 $1 \times 10^4 \sim 1 \times 10^5 MPa$，增加了 3 个数量级，如图 10-13 所示。与此同时，伴随混凝土抗压和抗拉强度的正常增长，极限拉应变由 2h 的 4000×10^{-6} 急剧下降，如图 10-14 所示，$6 \sim 8h$ 时下降到最低值 40×10^{-6} 左右（只有 2h 的 1% 左右），随后又逐步增大到硬化混凝土的正常极限拉应变 100×10^{-6} 左右。混凝土终凝时，抗压强度约为 $0.7 MPa$，抗拉强度约为 $0.07 MPa$，若混凝土弹性模量按 $1.0 \times 10^4 MPa$ 计，只要产生大于 $0.07 \div (1.0 \times 10^4) = 7 \times 10^{-6}$ 的拉应变则混凝土就会开裂。

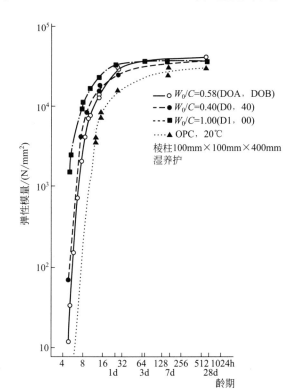

图 10-13　混凝土早期弹性模量
随时间的变化曲线

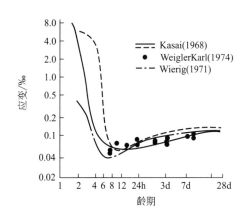

图 10-14　混凝土早期极限拉应变
随时间的变化曲线

总之，混凝土凝结硬化早期，弹性模量增加较快，而极限抗拉强度增加较慢，各种因素导致变形的叠加，超过混凝土极限拉应变时，就会出现裂缝。

六、混凝土结构裂缝间距的计算

依据标准《超长大体积混凝土结构跳仓法技术规程》（DB11/T 1200）的规定，对裂缝间距（伸缩缝间距）即超长混凝土结构的一次连续浇筑的最大长度进行计算：

$$L_{\max} = 2\sqrt{\frac{HE_{(t)}}{C_x}}\,\mathrm{arcch}\left(\frac{|\alpha\Delta T_{2(t)}|}{|\alpha\Delta T_{2(t)}|-\varepsilon_k}\right) \tag{10-8}$$

式中 $L_{\max}$——裂缝最大间距，mm；

$E_{(t)}$——对应龄期的混凝土弹性模量，MPa；

H——底板厚度或板墙高度，mm；

C_x——地基或基础水平阻力系数（即外约束介质的水平变形刚度）；

α——对应龄期时混凝土的线胀系数；

$\Delta T_{2(t)}$——互相约束结构的综合温降温差，包括水化热温差、气温差、收缩当量温差，℃；

ε_k——对应龄期时钢筋混凝土的极限拉伸值。

计算参数的对应龄期，应选择混凝土裂缝出现概率最大的龄期，如 2 天、3 天等。

当求出裂缝最大间距后，可以按式（10-9）计算出裂缝最大宽度 $\delta_{f\max}$，即

$$\delta_{f\max} = 2\psi\sqrt{\frac{HE_{(t)}}{C_x}}\,\alpha\Delta T_{2(t)}\,\mathrm{th}\left(\sqrt{\frac{C_x}{HE_{(t)}}}\times\frac{L_{\max}}{2}\right) \tag{10-9}$$

式中 ψ——裂缝宽度衰减系数，与配筋率有关，可按表 10-21 选取。

表 10-21　裂缝宽度衰减系数

配筋率/%	0～0.2	0.3～0.4	0.5～0.6	0.7～0.8	0.9～1.0
ψ	0.3	0.24	0.18	0.12	0.06

其他参数的取值如下：

（1）混凝土弹性模量 $E_{(t)}$

$E_{(t)}$ 可按式（5-51）计算。

（2）水平阻力系数 C_x

C_x 影响因素比较复杂，它不仅与地基性质、结构尺寸、弹性模量、塑性和徐变等有关，而且随着变形速度增加而增大，随着垂直压力增加而增大，可按表 5-137 取值。

（3）混凝土线胀系数 α

通常情况下，取值为 10×10^{-6}℃$^{-1}$。

（4）综合温降温差 $\Delta T_{2(t)}$

$\Delta T_{2(t)}$ 按式（5-50）计算。

（5）钢筋混凝土的极限拉伸值 ε_k

ε_k 可按式（5-15）计算。

（6）不同龄期混凝土的抗拉强度 $f_{tk(t)}$

$f_{tk(t)}$ 可按式（5-56）计算。

【例 10-1】　某工程 C40 P10 地下室外墙混凝土结构，配筋率 0.83%，钢筋直径 20mm，墙高 5m，墙厚 800mm，每次浇筑 15m。对混凝土抗裂情况进行分析计算。

解：（1）水平阻力系数

考虑到在基础底板混凝土上浇筑地下室外墙，C_x 取 150×10^{-2}N/mm^3。

（2）混凝土的弹性模量

考虑到外墙混凝土结构裂缝的特点和施工情况，按 2 天时最易出现裂缝的龄期进行计算，此时其弹性模量约为：$E_{(2)}=3.25\times10^4\times(1-\mathrm{e}^{-0.09\times2})=0.54\times10^4(\mathrm{MPa})$。

（3）混凝土的极限拉伸值

$$\varepsilon_k=0.5\times2.39\times\left(1+\frac{0.83}{2}\right)\times10^{-4}=1.69\times10^{-4}$$

（4）水化热温差

水化热使混凝土的最高温度达到 56.8℃，表面温度 29.1℃，环境平均温度 18℃，其温度分布平均值为 $(4\times56.8+29.1+29.1)\div6=47.6(℃)$。

（5）收缩当量温差

$$\varepsilon_{y(2)}=3.24\times10^{-4}\times(1-\mathrm{e}^{-0.01\times2})=0.064\times10^{-4}$$

收缩当量温差为 $\dfrac{\varepsilon_{y(2)}}{\alpha}=\dfrac{0.064\times10^{-4}}{10\times10^{-6}}=0.6(℃)$

（6）综合温差

$$\Delta T_{2(2)}=47.6+0.6-18=30.2(℃)$$

则裂缝最大间距为：

$$L_{\max}=2\times\sqrt{\frac{5000\times0.54\times10^4}{1.5}}\times\operatorname{arcch}\left(\frac{|10\times10^{-6}\times30.2|}{|10\times10^{-6}\times30.2|-1.69\times10^{-4}}\right)=12.3(\mathrm{m})$$

裂缝最小间距为：

$$L_{\min}=\frac{1}{2}L_{\max}=6.1(\mathrm{m})$$

平均裂缝间距为：

$$L=\frac{1}{2}(L_{\max}+L_{\min})=\frac{1}{2}\times(12.3+6.1)=9.2(\mathrm{m})$$

裂缝最大宽度为：

$$\delta_{f\max}=2\times0.12\times\sqrt{\frac{5000\times0.54\times10^4}{1.5}}\times10\times10^{-6}\times30.2\times\mathrm{th}\left(\sqrt{\frac{1.5}{5000\times0.54\times10^4}}\times\frac{12.3}{2}\right)$$
$$=0.28(\mathrm{mm})$$

裂缝最小宽度为：

$$\delta_{f\min}=2\psi\sqrt{\frac{HE_{(t)}}{C_x}}\alpha\Delta T_{2(t)}\mathrm{th}\left(\sqrt{\frac{C_x}{HE_{(t)}}}\times\frac{L_{\min}}{2}\right)=0.19(\mathrm{mm})$$

裂缝平均宽度验算为：

$$\delta_f=2\psi\sqrt{\frac{HE_{(t)}}{C_x}}\alpha\Delta T_{2(t)}\mathrm{th}\left(\sqrt{\frac{C_x}{HE_{(t)}}}\times\frac{L}{2}\right)=0.24(\mathrm{mm})$$

通过计算可知，这种裂缝宽度很可能引起渗漏，为此，必须改进施工质量和设计条件，才能保证不出现有害裂缝。施工中，常采用膨胀加强带代替后浇带或跳仓法施工的方法来补偿结构的收缩。

第六节　混凝土强度不足

强度是商品混凝土最重要的力学性能指标，是混凝土配合比设计与混凝土工程质量验收的主要依据。混凝土强度不足不仅影响结构承载能力，还将影响结构的抗渗、抗冻等耐久性能。

一、强度不足发生的主要原因

造成混凝土强度不足的原因可归结为以下几方面。

1. 原材料质量差

（1）水泥质量差

水泥是混凝土强度的主要贡献者，其质量对混凝土强度影响最大。水泥质量差常常表现在以下方面：

① 水泥出厂强度偏低。混凝土配合比设计时，大多根据所采用的水泥强度等级进行计算（如配制强度），当28天实测强度低于所选用的水泥强度等级时，就会造成混凝土强度不足。

② 水泥储存时间过长、受潮。水泥储存时间过长或受潮，颗粒将变粗，活性下降，影响强度。

③ 掺用早强剂。少数水泥厂家为降低磨耗，水泥磨制时掺用 Na_2SO_4 等早强剂，提高水泥早期强度，而导致水泥后期强度倒缩。

（2）粗、细骨料质量差

① 粗骨料强度低、针片状含量高、粉尘含量高，压碎指标偏大。

② 细骨料细度模数低、黏土含量高、云母含量高以及有机杂质含量高，不仅影响混凝土强度，甚至影响混凝土正常凝结。

（3）矿物掺合料质量差

粉煤灰、磨细矿渣等需水量偏大、细度偏粗、含碳量偏多，三氧化硫含量高等。

（4）外加剂质量差

外加剂尤其是减水剂质量差或质量波动大，都会明显影响混凝土的水胶比而影响强度。

2. 配合比设计不合理

（1）随意套用配合比

施工配合比应根据工程特点、施工条件和原材料情况，由实验室试配并经开盘试验后确定。但是，目前少数商品混凝土企业仅根据水泥强度等级和混凝土强度等级要求套用以往的配合比，因而造成许多强度不足的事故。

（2）水泥强度富余系数选取偏大

配合比设计时，水泥强度富余系数选取偏大，高于水泥实际强度富余系数。

（3）粗细骨料级配差

粗细骨料级配不合理、砂率过高、细骨料含水率变化增大混凝土实际水胶比等，都会导致混凝土强度不足。

3. 施工不规范

① 计量不准，水泥用量不足或用水量偏大。

② 搅拌时间过短、投料顺序颠倒，导致拌合物质量不均匀，影响强度。

③ 混凝土离析、泌水，浇筑前没有采取重新搅拌等有效措施予以处理。

④ 运输或停放时间过长，浇筑前混凝土甚至已初凝；或坍落度经时损失过大，浇筑前随意加水等。

⑤ 模板漏浆、振捣不密实以及养护措施不当等也会造成混凝土强度不足。

综上所述，造成混凝土强度不足的因素是多方面的，应引起商品混凝土设计者、生产者和施工者各方的足够重视。

二、强度不足对结构的影响

混凝土强度不足所导致其结构承载能力的降低主要表现在：

① 降低结构强度；

② 抗裂性能变差；

③ 结构构件刚度下降。

混凝土强度不足对不同结构强度的影响程度差别较大，其规律如下。

（1）轴心受压构件

通常，按混凝土承受全部或大部分荷载进行设计。因此，混凝土强度不足对受压构件强度影响大。

（2）轴心受拉构件

对钢筋混凝土受拉构件，其拉力主要由钢筋承载，因此混凝土强度不足，对受拉构件强度影响不大。

（3）受弯构件

混凝土强度不足对受弯构件的正截面强度影响不大，而对斜截面的抗剪强度影响较大，应予以重视。

（4）偏心受压构件

混凝土强度不足，可能发生混凝土受压破坏，尤其对小偏心受压或受拉钢筋配置较多的构件影响明显。

（5）冲切强度构件

混凝土强度不足，会显著降低构件抗冲切能力。

三、强度不足事故的处理

事故处理前，应正确判断混凝土强度不足对不同结构构件承载能力的影响，并综合考虑抗裂、刚度、耐久性等要求，选择以下处理方法。

（1）测定混凝土实际强度

采用非破损检验方法或钻芯取样法，测定混凝土实际强度，作为事故处理依据。

（2）加强养护

若混凝土实际强度与设计要求相差不多，结构受荷时间较晚，可采用加强养护，促进混凝土后期强度发展，利用混凝土后期强度的原则处理强度不足事故。

（3）减小结构荷载

通过采用减轻结构荷载、减轻建筑物自重等方法处理强度不足事故，如采用轻质材料代替重质材料、降低建筑物总高度等。

（4）结构加固补强

针对不同结构构件（梁、板、柱等）分别采用：增大截面、置换混凝土、体外预应力、外包型钢、粘贴钢板、粘贴纤维复合材、预应力碳纤维复合板、植筋技术等加固方法予以补强。

结构加固前，应根据建筑物的种类，分别按现行国家标准《工业建筑可靠性鉴定标准》（GB 50144）和《民用建筑可靠性鉴定标准》（GB 50292）进行结构检测与鉴定。

（5）拆除重建

混凝土强度严重不足或强度对结构承载能力影响十分敏感的结构构件（如轴心受压、小偏心受压柱等），如不宜用加固补强法处理时，均应拆除重建。

混凝土强度不足处理方法选择，如表 10-22 所示。

表 10-22　混凝土强度不足处理方法选择参考表

原因或影响程度		处理方法				
		测定实际强度	利用后期强度	减小结构荷载	结构加固	拆除重建
与设计值的差值	大	—	—	△	√	△
	小	△	√	—	△	—
构件受力特征	轴心或小偏心受压	△	—	△	√	—
	冲切受弯（正截面）	—	—	△	△	—
	抗剪	—	—	△	√	—
强度不足原因	原材料质量差 严重	△	—	—	√	√
	原材料质量差 一般	—	—	—	△	—
	配合比不当	△	—	△	√	—
	施工工艺不当	△	△	△	√	—
	试块代表性差	√	—	—	△	—

注：√—常用；△—也可选用。

第七节　混凝土碳化

空气中 CO_2 气体渗透到混凝土内，在有水分存在的条件下，与水泥水化产物 $Ca(OH)_2$ 反应生成 $CaCO_3$ 和 H_2O，使混凝土碱度降低的过程称为混凝土碳化，又称作中性化。其化学反应式为：

$$Ca(OH)_2 + CO_2 = CaCO_3 + H_2O$$

一、影响碳化因素

1. 环境条件

混凝土碳化是一个液相反应过程。研究结果表明，混凝土中的可蒸发水过多和过少都不利于碳化。过多时，混凝土中的孔被溶液所充斥，透气性小，二氧化碳的扩散主要是通过孔溶液中溶解后的迁移，因此碳化速度慢；而过少时，不足以溶解 CO_2 和 $Ca(OH)_2$ 晶体，此时的碳化速率主要决定于 CO_2 和 $Ca(OH)_2$ 晶体的溶解速度，而不是 CO_2 的扩散速度。因此，处于相对湿度低于 25％ 空气中的混凝土或处于相对湿度＞95％ 空气中或水中的混凝土难以碳化；而处于相对湿度 50％～75％ 空气中的不密实混凝土最容易碳化。

此外，在湿度相同时，风速愈大、温度愈高，混凝土碳化速度愈快。

由于碳化反应是一种化学反应，CO_2 浓度对碳化速度有很大影响。环境中 CO_2 浓度越大，混凝土内外 CO_2 浓度梯度就越大，CO_2 就越容易在混凝土中扩散，同时也使碳化反应速度加快。已有的研究结果表明，当 CO_2 浓度为 1％～20％ 时，混凝土碳化速度与 CO_2 浓度的平方根成正比。

2. 组成材料

水泥中混合材掺量越大或混凝土中矿物掺合料掺量越大，碳化速度越快。这是因为混合材或矿物掺合料与水泥水化产物 $Ca(OH)_2$ 发生二次水化反应，使混凝土碱度进一步降低。因此，相同水泥用量、不同品种的硅酸盐类水泥混凝土的碳化速度的变化规律是：硅酸盐水泥混凝土最小，普通硅酸盐水泥混凝土次之，粉煤灰、火山灰质和矿渣硅酸盐水泥混凝土较大。

对相同配合比的混凝土，掺用减水剂或引气剂，可以大大改善混凝土的工作性，减小水胶比，提高混凝土的密实性，使碳化速度减慢。

3. 水胶比、水泥用量

水胶比小的混凝土或单方水泥用量多的混凝土，由于结构密实、透气性小，碳化速度慢；且单方水泥用量多的混凝土，其水泥水化产物 $Ca(OH)_2$ 也多，碱度的提高也有利于减缓碳化速度。

4. 浇筑和养护质量

混凝土浇筑和养护质量是影响混凝土密实性的重要因素，若浇筑、养护不规范，方法不恰当，就会造成混凝土内部毛细孔粗大，甚至表面开裂，从而加速 CO_2 的渗透，加速混凝土碳化。

二、碳化防治措施

碳化后的混凝土不仅强度降低，碳化收缩引起混凝土开裂，而且在耐久性方面，碳化严重时易引起钢筋锈蚀而导致结构破坏，故应引起足够的重视，采取有效的措施加以预防，对已经碳化的混凝土应进行必要的处理。

1. 预防措施

① 认真做好混凝土配合比设计，尽量选用掺混合材较少的水泥，控制混凝土中矿物掺合料掺量，掺用减水剂、引气剂降低水胶比。

② 认真操作，防止混凝土在浇筑、密实成型过程中发生离析、泌水、内分层现象，确保混凝土的质量匀质性与密实性。

③ 加强养护，促进水泥水化，提高混凝土的密实度。

④ 施工时要将钢筋用垫块垫好，使钢筋的混凝土保护层厚度满足设计要求。

⑤ 施工缝要尽量做到少留或不留，必须要留的，应做好接缝处的密封处理。

2. 碳化处理方法

① 碳化深度较小并小于钢筋保护层厚度、碳化层比较坚硬的，可用环氧原浆涂料进行涂刷表面封闭。

② 碳化深度大于钢筋保护层厚度或碳化深度虽然较小，但碳化层疏松剥落的，均应凿除碳化层，表面冲洗后，抹压硅粉砂浆（由水泥砂浆掺加硅粉拌制而成）或浇筑高强细石混凝土，最后以环氧原浆做涂层保护。

③ 碳化深度过大、钢筋锈蚀明显、危及结构安全的构件应拆除重建。

④ 钢筋锈蚀严重的，应在修补前除锈，并应根据锈蚀情况和结构需要加补钢筋。

碳化处理后的结果要达到阻止或尽可能减缓外界有害气体进入混凝土内侵蚀，使混凝土内部和钢筋一直处在高碱性环境中。

3. 碳化深度值测量

碳化深度值的测量方法有两种，一种是 X 射线法，另一种是化学试剂法。X 射线法不仅能测试完全碳化深度，还能测试部分碳化深度，这种方法适用于试验室的精确测量。现场检测主要采用化学试剂法，所用测量试剂及测量方法如下。

（1）碳化测量试剂

所用试剂为 1％的酚酞酒精液，将 1g 酚酞溶于 100mL 95％酒精中摇匀，存于滴瓶中备用。

酚酞为白色或微带黄色的细小晶体，难溶于水而易溶于酒精。它是一种酸碱指示剂也是一种弱有机酸，在 pH＜8.2 的溶液里为无色内酯式结构。

（2）碳化深度值测量方法

① 在测区表面凿开直径约为 15mm 的孔洞，其深度大于混凝土的碳化深度。

② 用洗耳球或小皮老虎吹净灰尘碎屑，并不得用水冲洗。

③ 将 1％的酚酞酒精滴在孔洞边缘处。

④ 当变色稳定时，用游标卡尺或碳化深度测定仪测量没有变色的混凝土深度，即为碳化深度值。测量不少于 3 次，取其平均值，每次读数精确至 0.5mm。

第八节　混凝土碱-骨料反应

近年来，由于碱-骨料反应导致的工程事故时有发生，而引起混凝土界学者的重视。特别是含碱外加剂的使用，使得混凝土发生碱-骨料反应的概率明显上升。

一、碱-骨料反应的破坏特征

非外力引起的碱-骨料反应破坏，具有许多明显的特征。

1. 时间特征

国内外工程破坏的案例表明，碱-骨料反应破坏一般发生在混凝土浇筑后二三年或者更长时间，它比混凝土收缩裂缝发生的速度慢，但比其他耐久性破坏的速度快。

2. 膨胀特征

碱-骨料反应破坏是反应产物的体积膨胀引起的，往往使结构物发生整体位移或变形，如伸缩缝两侧结构物顶撞、桥梁支点膨胀错位、水电大坝坝体升高等；对于两端受约束的结构物，还会发生弯曲、扭翘等现象。

3. 裂缝特征

对于不受约束和荷载的部位，或约束和荷载较小的部位，碱-骨料反应破坏一般形成网状裂缝；对于钢筋限制力较大的区域，裂缝常常平行于钢筋方向；在外部压应力作用下，裂缝也会平行于压应力方向。碱-骨料反应致使混凝土开裂的同时，经常出现局部膨胀，使裂缝两侧的混凝土出现高低错位和不平整。

4. 凝胶析出特征

发生碱-硅酸反应的混凝土表面经常可以看到有透明或淡黄色凝胶析出，析出的程度取决于碱-硅酸反应的程度和骨料的种类，若反应程度较轻或骨料为硬砂岩等时，则凝胶析出现象一般不明显。由于碱-碳酸盐反应中未生成凝胶，故混凝土表面不会有凝胶析出。

5. 部位特征

碱-骨料反应破坏的一个明显的特征就是越潮湿的部位反应越强烈，膨胀和开裂破坏越明显；对于碱-硅酸反应引起的破坏，越潮湿的部位其凝胶析出等特征也越明显。

6. 内部特征

混凝土会在骨料间产生网状的内部裂缝，在钢筋等约束或外压应力作用下，裂缝会平行于压应力方向成列分布，与外部裂缝相连；有些骨料发生碱-骨料反应后，会在骨料周围形成一个深色的反应环；检查混凝土切割面、光片或薄片时，会在发生碱-硅酸反应的混凝土孔隙、裂缝、骨料-浆体过渡区发现凝胶。

由于碱-骨料反应的复杂性，仅凭上述一个或几个特征尚不能准确判定是否发生了碱-骨料反应破坏，需要结合骨料活性测定、混凝土碱含量测定、渗出物鉴定、残余膨胀试验等手段综合判定是否发生了碱-骨料反应破坏及预测混凝土的剩余膨胀量。

二、预防碱-骨料反应发生的措施

碱-骨料反应发生的充分和必要条件是：骨料具有碱活性、混凝土中碱含量超过一定量、流动的水以及足够长的反应时间。据此，可提出以下预防碱-骨料反应发生的措施。

1. 控制混凝土中总碱量

这里所指总碱量，既包括水泥又包括其他原料所带入混凝土中的碱量。通常，对原料中碱含量的限制措施有：

① 宜选用碱含量不大于 0.6% 的通用硅酸盐水泥。

② 宜选用碱含量不大于 2.5% 的粉煤灰、不大于 1.0% 的粒化高炉矿渣粉、不大于 1.5% 的硅灰。

③ 宜选用碱含量不大于 1500mg/L 的拌和用水以及低碱含量的外加剂。

对混凝土中碱含量的限制，各国都提出了不同的标准。现行国家标准 GB/T 50733 中明确提出了碱含量的限制指标：不宜大于 $3kg/m^3$；在现行行业标准《高强混凝土结构技术规程》（CECS 104）中也做出了下列规定：为了防止破坏性碱-骨料反应，当结构处于潮湿环境且骨料有碱活性时，每立方米混凝土拌合物（含有外加剂）的含碱量（$Na_2O + 0.658K_2O$）不宜大于 3kg。

2. 选择非碱活性骨料

碱活性骨料的使用是发生碱-骨料反应的根源所在，因此，对于处于潮湿环境下、碱环境下的重要和特殊的混凝土工程（如水利工程等）所采用的骨料要进行碱活性评定，采用非碱活性骨料。

3. 采用碱-骨料反应抑制剂

主要是锂盐，如碳酸锂（Li_2CO_3）或氯化锂（$LiCl$），其对碱-骨料反应的抑制在于 Li^+

具有比 Na^+、K^+ 更小的离子半径和更高的电荷密度，能优先生成非膨胀性产物硅酸锂凝胶 Li-S-H，覆盖在骨料表面，阻止 Na^+、K^+ 对骨料的侵蚀。

4. 掺用（超细）活性掺合料

研究结果表明，一定掺量的超细活性掺合料，如粉煤灰、粒化高炉矿渣粉和硅灰等对碱-骨料反应的发生都有不同程度的延缓或抑制作用，因为它们的二次水化作用会不同程度地降低混凝土中的有效碱含量。具体要求如下：

（1）采用硅酸盐水泥或普通硅酸盐水泥时

① 对于快速砂浆棒法检验结果，其膨胀率大于 0.20％的骨料，F 类 I 级或 II 级粉煤灰掺量不宜小于 30％；当复合采用粉煤灰和粒化高炉矿渣粉时，粉煤灰掺量不宜小于 25％，粒化高炉矿渣粉掺量不宜小于 10％。

② 对于快速砂浆棒法检验结果，其膨胀率为 0.10％～0.20％范围的骨料，F 类 I 级或 II 级粉煤灰掺量不宜小于 25％。

③ 当上述两条规定均不能满足抑制碱-硅酸反应活性有效要求时，可再增掺硅灰或用硅灰取代相应掺量的粉煤灰或粒化高炉矿渣粉，硅灰掺量不宜小于 5％。

（2）采用其他通用硅酸盐水泥时

① 可将水泥混合材中掺量 20％以上部分的混合材，分别计入粉煤灰和粒化高炉矿渣粉掺量中。

② 计入后应符合上述①的规定。

5. 其他措施

① 盐碱环境条件下，混凝土表面应采用防碱涂层隔离。

② 对于大体积混凝土，混凝土浇筑体内最高温度不应超过 80℃。

③ 采用蒸汽或湿热养护时，混凝土最高养护温度不应超过 80℃。

④ 混凝土潮湿养护时间不宜少于 10 天。

⑤ 施工时加强对混凝土裂缝控制，裂缝出现应及时修补。

⑥ 配合比设计中，宜掺用适量引气剂。

三、骨料碱活性评定

目前，我国对骨料碱活性评定，视岩石种类及所含活性矿物种类采用不同的试验方法。

1. 骨料碱活性试验方法选择

首先，宜采用岩相法对骨料的岩石类型和碱活性进行检验，根据检验结果按以下规定选择试验方法。

① 检验结果为碱-硅酸反应活性或可疑的骨料应采用快速砂浆棒法进行检验。

② 检验结果为碱-碳酸盐反应活性或可疑的骨料应采用岩石柱法进行检验。

③ 若不具备岩相法检验条件且不了解岩石类型的情况下，可直接采用快速砂浆棒法和岩石柱法分别进行碱-硅酸反应活性和碱-碳酸盐反应活性检验。

2. 骨料碱活性试验方法

（1）硅质骨料碱活性判定

主要有快速砂浆棒法和砂浆长度法，前者应符合现行国家标准 GB/T 14685 的规定，后者应符合现行行业标准 JGJ 52 的规定，试验方法分别列于表 10-23 和表 10-24 中。

表 10-23 骨料碱-硅酸反应检验方法（快速砂浆棒法）（GB/T 14685）

项目	主要内容
目的	适用于检验硅质骨料与混凝土中的碱发生潜在碱-硅酸反应的危害性,不适用于碳酸类骨料
仪器设备	1. 方孔筛:公称直径为 4.75mm、2.36mm、1.18mm、600μm、300μm、150μm 的筛各一只。 2. 天平:称量 1000g,感量 0.1g。 3. 比长仪:由百分表和支架组成,百分表量程范围 10mm,精度 0.01mm。 4. 水泥胶砂搅拌机:应符合现行国家标准 GB/T 17671 的要求。 5. 恒温养护箱(室):温度控制范围(40±2)℃,相对湿度 95% 以上。 6. 鼓风干燥箱:能使温度控制在(105±5)℃。 7. 养护筒:由耐腐蚀材料制成,应不漏水,筒内设有试件架。 8. 其他:试模(25mm×25mm×280mm)、跳桌、破碎机、秒表、镘刀、捣棒、量筒、干燥器等
试样制备	1. 将试样缩分成约 5kg,破碎(砂不须破碎)后,筛分成五个粒级(见下表),淋水洗净并放于干燥箱烘至恒重,分别存于干燥器中备用。 2. 采用碱含量(以 Na$_2$O 计,即 K$_2$O×0.658+Na$_2$O)大于 1.2% 的高碱水泥。低于此值时,掺浓度为 10% 的 Na$_2$O 溶液,将碱含量调至水泥量的 1.2%。 3. 水泥与骨料的质量比为 1:2.25,水灰比为 0.47;每组 3 个试件共需水泥 440g(精确至 0.1g),破碎骨料 990g(各粒级的质量按下表分别称取,精确至 0.1g)。用水量按 GB/T 2419 确定。跳桌跳动频率为 6s 跳动 10 次,流动度以 105～120mm 为准 **碱骨料反应用破碎骨料各粒级的质量** | 公称粒级	4.75～2.36mm	2.36～1.18mm	1.18mm～600μm	600～300μm	300～150μm
---	---	---	---	---	---
质量/g	99.0	247.5	247.5	247.5	148.5	
试验步骤	1. 砂浆搅拌按现行国家标准 GB/T 17671 规定的方法进行。 2. 搅拌完成后,将砂浆分两层装入试模内,每层捣 40 次,测头周围应填实,浇捣完毕后用镘刀刮除多余砂浆,抹平、编号并标明测长方向。 3. 试件成型后,立即带模放入标准养护室(箱)内。养护(24±2)h 后脱模,立即测量试件的长度,此长度为试件的基准长度。测长应在(20±2)℃恒温室中进行,每个试件至少重复测量两次,其算数平均值作为长度测定值,待测的试件须用湿布覆盖,以防止水分蒸发。 4. 测完基准长度后,将试件垂直立于养护筒的试件架上,但试件不能与水接触(一个养护筒内的试件品种应相同),加盖后放入(40±2)℃养护箱或养护室内。 5. 测长龄期自测定基长之日起计算,14d、1 个月、2 个月、6 个月,如有必要还可适当延长。在测长前一天,应把养护筒从(40±2)℃的养护箱或养护室内取出,放到(20±2)℃的恒温室中。测长方法与测基准长度方法相同,测量完毕后,应将试件放入养护筒中,加盖后放回(40±2)℃的恒温养护箱或养护室继续养护至下一个测试龄期。 6. 每次测长后,应对每个试件进行挠度测量和外观检查。 7. 挠度测量:把试件放在水平面上,测量试件与平面间的最大距离,应不大于 0.3mm。 8. 外观检查:观察有无裂缝,表面沉积物或渗出物,特别注意在空隙中有无胶体存在,并作详细记录
结果计算	试件的膨胀率按下式计算,精确至 0.001%: $$\varepsilon_t = \frac{L_t - L_0}{L_0 - 2\Delta} \times 100$$ 式中 ε_t——试件在 t 龄期的膨胀率,%; L_0——试件的基长,mm; L_t——试件在 t 龄期的长度,mm; Δ——测头长度,mm。 膨胀率以 3 个试件膨胀值的算术平均值作为试验结果,精确至 0.01%。一组试件中任何一个试件的膨胀率与平均值相差不大于 0.01%,则结果有效,而膨胀率平均值大于 0.05% 时,每个试件的测定值与平均值之差小于平均值的 20%,也认为结果有效
结果判定	采用修约值比较法进行评定,当 6 个月龄期膨胀率小于 0.10% 时,判定为无潜在碱-硅酸反应危害。否则,则判定为有潜在碱-硅酸反应危害

表 10-24　碎石或卵石的碱活性试验（砂浆长度法）（JGJ 52）

项目	主要内容
目的	适用于鉴定硅质骨料与水泥（混凝土）中的碱产生潜在反应的危险性，不适用于碱-碳酸盐反应活性骨料检验
仪器设备	1. 试验筛：筛孔公称直径为 5.00mm、2.50mm、1.25mm、630μm、315μm、160μm 的方孔筛各一只。 2. 胶砂搅拌机：应符合现行行业标准《行星式水泥胶砂搅拌机》（JC/T 681）的规定。 3. 台秤：称量 5000g，感量 5g。 4. 测长仪：测量范围 280～300mm，精度 0.01mm。 5. 胶砂搅拌机：应符合 JC/T 681 的规定。 6. 恒温箱（室）：温度控制范围(40±2)℃。 7. 养护筒：由耐腐蚀材料制成，应不漏水，筒内设有试件架。 8. 其他：试模（25mm×25mm×280mm）、跳桌、养护筒、破碎机、镘刀、捣棒、量筒、干燥器等
试样制备	1. 石料：将试样缩分成约 5kg，破碎筛分后，各粒级都应在筛上用水冲净黏附在骨料上的淤泥和细粉，然后烘干备用。石料按下表中的石级配表级配配成试验用料。 砂或石料级配表

公称粒级	5.00～2.50mm	2.50～1.25mm	1.25mm～630μm	630～315μm	315～160μm
分级质量/%	10	25	25	25	15

2. 水泥：水泥含碱量应为 1.2%，低于此值时，可掺浓度为 10%的氢氧化钠溶液，将碱含量调至水泥量的 1.2%。当具体工程所用水泥含碱量高于此值时，则应采用工程所使用的水泥。
3. 水泥与骨料的质量比为 1∶2.25。每组 3 个试件，共需水泥 440g，石料 990g。砂浆用水量按现行国家标准《水泥胶砂流动度测定方法》（GB/T 2419）确定，跳桌跳动次数为 6s 跳动 10 次，流动度应为 105～120mm。
4. 砂浆长度法试件成型 24h 前，将试验所用材料（水泥、骨料、拌和用水等）放入(20±2)℃的恒温室中 |
| 试验步骤 | 1. 先将称好的水泥、砂（或石料）倒入搅拌锅内，应按现行国家标准 GB/T 17671 规定的方法进行搅拌。
2. 将砂浆分两层装入试模内，每层捣 40 次，测头周围应捣实，浇捣完毕后用镘刀刮除多余砂浆，抹平表面，并标明测定方向及编号。
3. 试件成型完毕后，带模放入标准养护室，养护(24±4)h 后脱模（当试件强度较低时，可延至 48h 脱模）。脱模后立即测量试件的基长(L_0)，测长应在(20±2)℃恒温室中进行，每个试件至少重复测试两次，取差值在仪器精度范围内的两个读数的平均值作为长度测定值（精确至 0.02mm）。待测的试件须用湿布覆盖，以防止水分蒸发。
4. 测量后将试件放入养护筒中，盖严筒盖放入(40±2)℃的养护室里养护（同一筒内的试件品种应相同）。
5. 自测量基长起，第 14d、1 个月、2 个月、3 个月、6 个月再分别测长(L_t)，需要时可以适当延长。在测长前一天，应把养护筒从(40±2)℃的养护室取出，放入(20±2)℃的恒温室。试件的测长方法与测基长方法相同，测量完毕后，应将试件调头放入养护筒中盖好筒盖放回(40±2)℃的养护室继续养护至下一测试龄期。
6. 在测量时应观察试件的变形、裂缝和渗出物等，特别应观察有无胶体物质，并作详细记录 |
| 结果计算 | 试件的膨胀率按下式计算，精确到 0.001%：

$$\varepsilon_t = \frac{L_t - L_0}{L_0 - 2\Delta} \times 100$$

式中　ε_t——试件在 t 龄期的膨胀率，%；
　　　L_0——试件的基长，mm；
　　　L_t——试件在 t 龄期的长度，mm；
　　　Δ——测头长度，mm。
以三个试件膨胀率的平均值作为某一龄期膨胀率的测定值 |

项目	主要内容
结果计算	任一试件膨胀率与平均值应符合下列规定： 1. 当平均值小于或等于 0.05％时，单个测定值与平均值的差值均应小于 0.01％； 2. 当平均值大于 0.05％时，单个测定值与平均值的差值均应小于平均值的 20％； 3. 当三个试件的膨胀率均大于 0.10％时，无精度要求； 4. 当不符合上述要求时，去掉膨胀率最小的，用其余两个试件的膨胀率的平均值作为该龄期的膨胀率
结果评定	当砂浆 6 个月的膨胀小于 0.10％或 3 个月的膨胀率小于 0.05％时（只有在缺 6 个月膨胀率资料时才有效），可判定为无潜在危害。否则，应判定为具有潜在危害

（2）碳酸盐类骨料碱活性判定

检验碳酸盐骨料的碱-碳酸盐反应活性的岩石柱法应符合现行行业标准 JGJ 52 中的规定，试验要求列于表 10-25 中。

表 10-25　碳酸盐骨料的碱活性试验（岩石柱法）（JGJ 52）

项目	主要内容
目的	适用于检验碳酸盐岩石是否具有碱活性
仪器设备与试剂	1. 钻机：配有小圆筒钻头。 2. 测长仪：量程 25～50mm，精度 0.01mm。 3. 试件养护瓶：由耐碱材料制成，能盖严以避免溶液变质和改变浓度。 4. 锯石机、磨片机等。 5. 氢氧化钠溶液：1mol/L，(40±1)g 氢氧化钠（化学纯）溶于 1L 蒸馏水中
试样制备	1. 应在同块岩石的不同岩性方向取样；岩石层理不清时，应在三个相互垂直的方向上各取一个试件。 2. 钻取的三个岩石圆柱体试件直径为(9±1)mm，长度为(30±5)mm，试件两端面应磨光、互相平行且与试件的主轴线垂直
试验步骤	1. 试件编号后，放入盛有蒸馏水的瓶中，置于(20±2)℃的恒温室内，每隔 24h 取出擦干表面水分，进行测长，直至试件前后两次测得的长度变化不超过 0.02％为止，以最后一次测得的试件长度为基长(L_0)。 2. 将测完基长的试件浸入盛有浓度为 1mol/L 氢氧化钠溶液的瓶中，液面应超过试件顶面至少 10mm，每个试件的平均液量至少应为 50mL。同一瓶中不得浸泡不同品种的试件，盖严瓶盖，置于(20±2)℃的恒温室中，溶液每六个月更换一次。 3. 在(20±2)℃的恒温室中进行测长(L_t)。每个试件测长方向应始终保持一致。测量时，试件从瓶中取出，先用蒸馏水洗涤，将表面水擦干后再测量。测长龄期从试件泡于碱液时算起，在 7d、14d、21d、28d、56d、84d 时进行测量，如有需要，以后每一个月一次，一年后每三个月一次。 4. 试件在浸泡期间，应观察其形态的变化，如开裂、弯曲、断裂等，并作详细记录
结果计算	试件长度变化应按下式计算，精确至 0.001％： $$\varepsilon_{st} = \frac{L_t - L_0}{L_0} \times 100$$ 式中　ε_{st}——试件浸泡 t 后的长度变化率，％； 　　　L_0——试件的基长，mm； 　　　L_t——试件浸泡 t 后的长度，mm

项目	主要内容
目的	适用于检验碳酸盐岩石是否具有碱活性
结果计算	测量精度要求为:同一试验人员,同一仪器测量同一试件,其误差不应超过±0.02%;不同试验人员,同一仪器测量同一试件,其误差不应超过±0.03%
结果评定	1. 同块岩石所取的试样中以其长度变化率最大的一个测值作为分析该岩石碱活性的依据; 2. 试件浸泡84d的长度变化率超过0.10%,应判定为具有潜在碱活性危害

第九节　混凝土钢筋锈蚀

一、钢筋锈蚀过程

根据钢筋锈蚀程度以及锈蚀对混凝土结构的破坏程度,可将钢筋锈蚀过程划分为以下几个阶段。

1. 锈蚀初生期

从混凝土浇筑后到钢筋表面局部开始出现锈斑、锈片所经历的时间。此期,所产生的锈蚀产物量少,因此,对混凝土结构不会产生任何应力。

2. 锈蚀发展期

从钢筋开始锈蚀到钢筋锈蚀产物导致钢筋与混凝土间的黏结性能开始遭到破坏所经历的时间。

3. 锈蚀破坏期

从钢筋与混凝土间的黏结性能开始遭到破坏,到钢筋与混凝土过渡区处出现径向内部裂缝,裂缝向混凝土表面发展,贯穿混凝土保护层所经历的时间。

4. 锈蚀危害期

此期间,混凝土保护层开裂、剥落,钢筋完全丧失工作能力,致使钢筋混凝土结构不能安全使用。

二、钢筋锈蚀危害

混凝土中的钢筋一旦发生锈蚀,其危害主要表现在以下诸方面。

1. 混凝土开裂

锈蚀产物的体积一般是钢筋被腐蚀体积的2~4倍,锈蚀产物产生的体积膨胀将使钢筋外围混凝土产生环向拉应力,当环向拉应力达到混凝土的抗拉强度时,在钢筋与混凝土过渡区处将出现径向内部裂缝。随着钢筋锈蚀的进一步加剧、钢筋锈蚀量的增加,径向内部裂缝向混凝土表面发展,直到贯穿整个混凝土保护层,产生顺筋方向的锈胀裂缝,甚至保护层被剥落。裂缝利于有害离子渗入,进一步加剧钢筋锈蚀。

2. 不能共同工作

钢筋与混凝土间锈蚀层的产生,将起到"润滑"与"隔离"作用,破坏钢筋与混凝土间的黏结和共同工作的性能。

3. 钢筋力学性能下降

钢筋锈蚀最初在钢筋表面形成点蚀坑，点蚀坑逐渐扩大、合并，发生大面积的剥蚀，钢筋有效截面积减小，钢筋的力学性能下降。有试验结果表明，钢筋截面积损失率分别下降1.2%、2.4%和5%时，钢筋混凝土板的承载力将分别下降8%、17%和25%。

不言而喻，上述危害最终将不同程度影响钢筋混凝土结构构件的适用性、耐久性以及安全性。

三、钢筋锈蚀预防措施

通过对钢筋锈蚀机理（详见第四章第三节中"钢筋锈蚀"的有关内容）的分析，可采取以下措施预防钢筋锈蚀。

1. 提高混凝土密实度

混凝土密实度提高，可以有效抑制 Cl^- 和 CO_2 等酸性气体渗入混凝土中。因此，从保护钢筋免于腐蚀加以考虑，在混凝土制备和施工时，应采取适当提高水泥用量、降低水胶比、掺用优质矿物掺合料、防止离析与泌水、加强振捣密实以及养护等有利于提高混凝土密实度的各种措施。

2. 防止混凝土裂缝

裂缝是引起钢筋锈蚀的有害介质渗入混凝土中的最为简捷通路，必须控制其发生，若有发生，应及时予以修补。

3. 适当增加保护层厚度

增加保护层厚度可以延长混凝土碳化达到钢筋表面的时间和 Cl^- 等有害介质扩散到钢筋表面的时间，推迟钢筋的锈蚀。

构件中普通钢筋及预应力钢筋的混凝土保护层厚度应满足以下规定：

① 受力钢筋的保护层厚度不应小于受力钢筋的公称直径。

② 设计使用年限为 50 年的混凝土结构，最外层钢筋的保护层厚度应符合表 10-26 的规定；设计使用年限为 100 年的混凝土结构，最外层钢筋的保护层厚度不应小于表 10-26 中数值的 1.4 倍。

表 10-26　混凝土保护层的最小厚度 (c)（GB 50010）　　　单位：mm

环境类别	板、墙、壳	梁、柱、杆	环境类别	板、墙、壳	梁、柱、杆
一	15	20	三 a	30	40
二 a	20	25	三 b	40	50
二 b	25	35			

注：1. 混凝土强度等级不大于 C25 时，表中保护层厚度数值应增加 5mm；

2. 钢筋混凝土基础应设置混凝土垫层，基础中钢筋的混凝土保护层厚度应从垫层顶面算起，且不应小于 40mm。

4. 控制矿物掺合料掺量

商品混凝土制备时，都掺有一定数量的粉煤灰或磨细矿渣等矿物掺合料，它们对改善混凝土工作性、防止混凝土离析与泌水、提高混凝土密实度等起到了有益作用。但粉煤灰或磨细矿渣的二次水化作用，将会降低混凝土的碱度，显然对预防钢筋锈蚀不利，因此，必须权衡利弊，将矿物掺合料控制在一个合适的掺量范围内。

5. 采用阻锈剂

处于"盐害"环境（如海洋与沿海、盐碱地、工业盐、道路除冰盐环境等）的混凝土和掺用氯盐外加剂（如某些早强剂、防冻剂等）的混凝土应掺加阻锈剂。

　　阻锈剂是一类通过化学、电化学作用来改善和提高钢筋防腐蚀能力的化学物质。按其阻锈机理，可分为阳极型、阴极型和复合型三类。

　　阳极型阻锈剂是以形成钝化膜抵抗 Cl^- 的渗透来抑制钢筋锈蚀的。这类阻锈剂多以具有强氧化性的亚硝酸盐（亚硝酸钠、亚硝酸钙）、铬酸盐（重铬酸钠、重铬酸钾）为主要成分。以亚硝酸盐为例，其阻锈机理的反应式表示如下：

$$Fe^{2+} + OH^- + NO_2^- \longrightarrow NO\uparrow + \gamma\text{-}FeOOH$$

　　由于生成的 $\gamma\text{-}FeOOH$ 沉积在铁的表面，形成钝化膜，封闭了 Cl^- 的锈蚀作用。然而在无足够的 NO_2^- 时，上述反应中 NO_2^- 消耗尽时，则失去阻锈效果。

　　阴极型阻锈剂大都是表面活性物质，如：高效脂肪酸铵盐、苯胺、磷酸酯等，它们选择性吸附在阴极区，形成吸附膜，从而阻止或减缓电化学反应的阴极过程。

　　复合型阻锈剂，其分子结构中可有一个以上的定向吸附基团，如氨基醇类、氨基羧酸类、氨基酯类等，这类阻锈剂能提高阳极与阴极之间的电阻，从而阻止锈蚀的电化学过程。

6. 采用耐腐蚀特种钢筋

　　不锈钢钢筋、镀锌钢筋、包铜钢筋等特种钢筋以及涂有环氧树脂、聚乙烯缩丁醛涂层的钢筋都有良好的耐腐蚀性能。

7. 采取阴极保护

　　阴极保护是通过降低腐蚀电位或将被保护金属作为阴极，施加外部电流进行阴极极化，或用电化学顺序低的易蚀金属作牺牲阳极，以减少或防止金属腐蚀的一种电化学保护方法。

8. 混凝土表面涂覆

　　表面涂覆是指通过侵入或隔离作用方式在混凝土表面形成一层能阻止水、氯化物、二氧化碳等有害介质渗入其内部的涂层。

　　侵入式，是采用低黏度涂料，将其涂于（或喷于）风干的混凝土表面上，靠毛细孔的表面张力作用或涂料中渗透剂的渗透作用将涂料渗入混凝土表层中，并通过与氢氧化钙的反应产物使毛细孔壁憎水化，或者填充毛细孔，使孔细化。侵入式采用的涂料主要是有机硅化合物，如烷基烷氧基硅烷、烷基烷氧基硅氧烷聚合物、硅树脂等。

　　隔离式，是在混凝土表面覆盖一层能使有害介质与混凝土相隔离的涂层。常用的隔离层材料有环氧、丙烯酸酯、甲基丙烯酸甲酯、乙烯树脂等。

四、钢筋锈蚀状况检测

　　检测评估钢筋的锈蚀状况，有助于发现钢筋混凝土结构潜在的危险，以便及时采取保护措施，同时还可以为新结构的设计提供改进依据。钢筋锈蚀状况的检测可根据测试条件和测试要求选择剔凿检测、电化学测定方法和综合分析判断方法。

1. 剔凿检测方法

　　此法直观、简便、易操作，是一种破损检测方法，通常有两种做法：

　　① 通过外露钢筋或剔凿出钢筋用游标卡尺直接测定钢筋的剩余直径、腐蚀坑深度、长度及锈蚀物的厚度推算钢筋锈蚀的截面损失率。量测钢筋剩余直径前应将钢筋除锈。

　　② 按照 GB/T 50082 中规定的方法，按式(10-10) 计算钢筋锈蚀后的失重率。

$$L_w = \frac{w_0 - w - \dfrac{(w_{01} - w_1) + (w_{02} - w_2)}{2}}{w_0} \times 100 \tag{10-10}$$

式中　L_w——钢筋锈蚀失重率，精确至 0.01，%；

　　　w_0——钢筋未锈前质量，g；

w——锈蚀钢筋经过酸洗（12%盐酸溶液）处理后的质量，g；

w_{01}，w_{02}——基准校正用的两根钢筋的初始质量，g；

w_1，w_2——基准校正用的两根钢筋酸洗后的质量，g。

2. 电化学测定方法

电化学测定方法是基于钢筋锈蚀的电化学本质而发明的一种钢筋锈蚀状况非破损检测方法。可采用极化电阻原理的检测方法，测定钢筋锈蚀电流和混凝土的电阻率，也可采用半电池原理的检测方法，测定钢筋电位。根据电化学测试结果判定钢筋的锈蚀状况，如表 10-27～表 10-29 所示。

表 10-27　钢筋锈蚀电流与钢筋锈蚀速率和构件损伤年限判别 （GB/T 50344）

序号	锈蚀电流 I_{corr}/$(\mu A/cm^2)$	锈蚀速率	保护层出现损伤年限
1	<0.2	钝化状态	—
2	0.2～0.5	低锈蚀速率	>15 年
3	0.5～1.0	中等锈蚀速率	10～15 年
4	1.0～10	高锈蚀速率	2～10 年
5	>10	极高锈蚀速率	不足 2 年

表 10-28　混凝土电阻率与钢筋锈蚀状态判别 （GB/T 50344）

序号	混凝土电阻率/$(k\Omega \cdot cm)$	钢筋锈蚀状态判别
1	>100	钢筋不会锈蚀
2	50～100	低锈蚀速率
3	10～50	钢筋活化时,可出现中高锈蚀速率
4	<10	电阻率不是锈蚀的控制因素

表 10-29　钢筋电位与钢筋锈蚀状态判别 （GB/T 50344）

序号	钢筋电位状况/mV	钢筋锈蚀状态判别
1	−500～−350	钢筋发生锈蚀的概率为 95%
2	−350～−200	钢筋发生锈蚀的概率为 50%,可能存在坑蚀现象
3	−200 或高于−200	无锈蚀活动性或锈蚀活动性不确定,锈蚀的概率为 5%

3. 综合分析判断方法

检测的参数可包括混凝土的裂缝宽度、保护层厚度、强度、碳化深度、混凝土中有害物质含量以及含水率等，根据综合情况评定钢筋的锈蚀状况。

第十节　混凝土面层质量缺陷

有时，混凝土面层会出现色差、黑斑、气泡、麻面以及蜂窝等缺陷，不仅影响混凝土的表面观感，也会影响混凝土的使用性能。

一、色差与黑斑

色差与黑斑是混凝土表面观感质量最为常见的缺陷，就其实质而言，黑斑它是一种更为严重或更为明显的色差。通常，对表面没有特殊要求的混凝土，可以不需考虑色差与黑斑对混凝土表观质量的影响，但对某些混凝土，如清水混凝土、装饰混凝土等必须采取有效措施予以控制。

1. 色差与黑斑成因

研究结果表明，色差与黑斑的成因较多，尤以下述几个原因多见。

（1）原材料因素

水泥对清水混凝土表面色泽的影响明显。水泥的不同批次，以及即使同一批次的水泥也会因其矿物成分、混合材品种与掺量、碱含量等不同，导致清水混凝土的表面存在白、灰、青等各种不同的颜色。

骨料受地质形成条件的影响，成分与结构较为复杂，对光的折射、反射后所呈现出来的颜色必将不同。

（2）配合比因素

水灰比不同，混凝土的孔结构与表面孔的含水量就会不同，水分通过孔向外迁移所析出氢氧化钙等晶体的数量以及对光的折射、反射后所呈现出来的颜色也将不同。混凝土表面含水量较高时，反射程度较低，表面颜色深而黑。

（3）模板因素

模板的材质（表10-30）、吸水率、光洁程度、表面的附着物以及涂刷脱模剂的质量与厚薄等也都会影响清水混凝土的表面色差与黑斑。表面的光滑程度影响光反射，不同粗糙度的模板制得的混凝土构件颜色深浅不同，比如用钢、铝模制作的混凝土表面颜色更易于均匀，而镜面模板制作的混凝土表面颜色较深。

表 10-30　模板材质对混凝土面层产生的不利影响及建议重复使用的次数

模板材质	对混凝土面层产生的影响	可重复使用次数
木胶板	不同的吸水性能会导致斑点	最多 5 次
有塑料保护层木胶板	结合处必须密封，否则会导致斑点	10 次
钢板	可能导致颜色变化；锈蚀可能导致斑点	50～100 次

（4）施工因素

拌合物不均匀、离析、泌水，浇筑出现较长的时间间断，振捣过度以及振捣棒接触模板等都将导致表面形成色差与黑斑。

（5）环境因素

环境温度对色差与黑斑影响敏感。工程实践表明，温度低，水化慢，混凝土达到较高密实度的时间较长，毛细孔水分蒸发时间也就相对较长，表面结构析出水化产物较多，混凝土表面的颜色较深，常常呈现青色；反之，温度较高，水化较快，较高的水化热致使混凝土内部温度高，毛细孔水蒸发快，析出晶体较少，颜色较浅，多表现为灰白色。环境湿度和大风天气影响混凝土表面水分的蒸发，导致混凝土表面在高湿度时，颜色深；低湿度、大风时，颜色浅。

工程经验表明，多种因素可以导致清水混凝土产生严重的色差与黑斑，其发生的常见部位与原因，如表 10-31 所示。

表 10-31　色差与黑斑发生的常见部位与主要原因

序号	出现的部位或条件	主要原因
1	模板拼接处、施工缝处等，清水混凝土存在不同程度的质量缺陷	此处的清水混凝土失水快，导致此处清水混凝土的水胶比低于其他部位清水混凝土水胶比，因为水胶比小而颜色深于其他部位
2	多见于竖向结构的分层浇筑层间处，或竖向结构下部	混凝土分层施工时，下层清水混凝土浆体上浮，下层清水混凝土骨料下沉，导致层间处混凝土水胶比和混凝土组成明显不同，下部轻微泌水
3	混凝土表面层无骨料处	混凝土表面层无骨料处水分迁移快、迁移量大，析出的氢氧化钙晶体多，而表面层骨料处水分迁移受阻，析出的氢氧化钙晶体少
4	油性脱模剂涂刷厚度不一致，混凝土泌水不均	泌出的水在混凝土表面分布不均匀，导致混凝土表面水养护条件不同，而油性脱模剂的使用不仅会加剧水分布不均匀的程度，而且当水被消耗或蒸发后，厚度不同的油中固体物质在混凝土表面的沉淀程度不同

2. 色差与黑斑控制措施

针对色差与黑斑产生的原因，通常采取以下措施予以控制：

① 掺加适量的粉煤灰、硅灰等矿物掺合料，消耗水泥水化反应中析出的氢氧化钙。

② 避免混凝土养护期的温、湿度较大变化。

③ 选用吸水均匀、润湿性好的模板。使用钢模板时，可在钢模板表面涂环氧保护层或粘贴透水的内衬。无论何种模板重复使用的次数都不宜过多，建议重复使用的次数参见表 10-30。

④ 选用与模板材质相适合的脱模剂，涂刷均匀、厚度一致，必要时，可在脱模剂中加入改变表面张力的消泡剂。施工实践表明，木模采用乳化石蜡脱模剂，钢模板采用脱模漆或清漆时，混凝土面层质量效果较好。常用脱模剂的特点与应用范围，如表 10-32 所示。

表 10-32　常用脱模剂的特点与应用范围

种类	脱模剂的特点	应用范围
纯油类	白色或茶褐色液体或乳剂，中性，个别呈弱碱性。如矿物油、植物油和动物油等	钢模、木模
乳化油类	采用润滑油类、乳化剂、稳定剂及助剂配制而成。分水包油(O/W)型和油包水(W/O)型两种	钢模、木模
皂化油(水性)类	采用植物油、矿物油及工业废油与碱类作用而制成的水溶性皂类脱模剂。冬季和雨季不能使用	木模
石蜡类	采用 40%～50% 石蜡加乳化剂在水中乳化而成，属水包油型	钢模
化学活性剂类	一般为淡黄色液体，pH 呈中性，密度 $0.82 \sim 0.89 g/cm^3$，易溶于水	钢模
油漆类	化工合成的油漆，如醇酸清漆、磁漆等	钢模、胶合板模
合成树脂类	由不饱和聚酯树脂、甲基硅树脂、环氧树脂、聚氨酯为主要成分配制而成	钢模、木模
其他	用纸浆废液、海藻酸钠等配制而成	钢模

⑤ 避免混凝土离析、泌水、过振，减少甚至避免混凝土浇筑施工的间断。

二、表面气泡

1. 表面气泡成因

泡沫是常见的有代表性的一种胶体化学现象，是气体在液（固）体中的分散体系，气体是分散相，液（固）体是连续相。泡沫存在于连续层内部时称为气泡，大多数气泡是指分散气泡。

当混凝土拌合物入模后，模板内壁表面总会附着一定量的气泡，这些气泡或许是混凝土拌合物浇筑过程中与模板挤压形成的，或许是混凝土拌合物内部的气泡经过振捣聚集到模板内壁的。

研究表明，气泡的产生与稳定性取决于连续相表面张力的大小、气泡表面膜强度、气体的透过性，以及气泡之间液膜两侧所形成的定向吸附的双电层结构中，带相同电荷的离子间的静电斥力的作用等。气泡附着或脱离固体表面的难易程度主要与其接触角、表面张力和液体的黏度等有关。基于以上认识，可将混凝土表面气泡的成因概括为以下几个方面：

（1）原材料因素

水泥碱含量过高，水泥过细，会增加混凝土拌合物中的含气量，尤其是水泥磨制过程中所使用的具有表面活性的助磨剂的品种、质量、用量，都会不同程度降低体系的表面张力，影响拌合物中的含气量。

减水剂，尤其是引气型减水剂是一类典型的表面活性剂，具有较强烈的引气功能，其不同的类型和掺量都会影响拌合物中气泡的数量和大小。

矿物掺合料的品种与掺量会影响拌合物的黏度，进而影响气泡的表面膜强度和气体的透过性。若黏度大，将不利于拌合物中气泡的破裂与排出，即影响气泡的数量。

（2）配合比因素

骨料级配不合理，砂率过高或细砂（或细颗粒）比例过大以及拌合物坍落度过小等，都会影响拌合物的黏度，进而影响拌合物中气泡的数量。

（3）施工因素

模板表面光滑（洁）程度，会影响气泡在模板表面的吸附，不利于气泡破裂与排出，表面粗糙的模板吸附的气泡就会多。

模板的吸水性、脱模剂的性质、脱模剂的涂刷厚度等也会影响气泡的形成与存在，通常，不吸水的钢模、油性类脱模剂以及过厚的涂刷，都会增大混凝土表面气泡存在的概率。

搅拌会裹入空气，将在混凝土拌合物中形成气泡，因此，清水混凝土对搅拌时间控制应更为严格。

此外，混凝土分层浇筑的厚度以及浇筑后的振捣也是影响气泡形成与存在的一个不容忽视的重要因素。显然，分层浇筑厚度越大，气泡上升行程就会越长，气泡排出就会越加困难。浇筑振捣过程既是混凝土拌合物中气泡排出的过程，又是气泡并聚、空气被裹入的过程，欠振不利于气泡的排出，过振又会导致气泡被排出的同时，又会引入新的气泡。因此，振捣器的选择、振点的布置、振捣时间的控制等应格外引起重视。

2. 表面气泡的控制

基于上述对气泡成因分析，可采取以下针对性的技术措施，尽可能地减少气泡形成与存在。

（1）材料方面

① 优先选择低碱、细度适宜、助磨剂掺量较低、质量稳定且试配时气泡较少的水泥。

② 选用引气气泡小、分布均匀稳定的减水剂，并尽可能减少其掺量。

③ 若需掺用引气剂时，应选择能在混凝土中形成稳定性好、分布均匀、密闭独立、直径 $20\sim200\mu m$ 的微小气泡的优质引气剂，并应严格控制其掺量。

④ 掺加适量的消泡剂，降低水泥浆体的表面张力，对减少表面气泡非常有效。实践证明，采用硅醚共聚类的消泡剂或 0.05% 的磷酸三钠可以很好地消除混凝土表面气泡，而且不影响混凝土的其他性能。但是，消泡剂在使用前一定要经过试验，确定其品种和最佳掺量。

（2）配合比设计方面

① 在满足强度的条件下，应尽量降低胶凝材料的用量，以利于降低混凝土拌合物的黏度，以利于气泡的破裂与排出。

② 选用粒径较大、级配良好、针片状颗粒含量少的粗骨料；砂率适宜并尽可能小。

③ 水胶比降低虽然会导致气泡稳定性增加，但会显著降低混凝土拌合物的起泡能力，因此，应尽量降低水胶比。

④ 防止减水剂过量，在强度可控的前提下尽可能减少减水剂的用量。

⑤ 在水胶比不变的情况下，尽可能提高吸水率较低或需水量比较小的原材料的用量，最大限度地增加拌合物中的自由水含量或水膜厚度。

⑥ 根据结构施工部位的具体情况，采用适宜的混凝土坍落度。

（3）施工方面

① 模板要保持干净、光洁、平整。墙体内大型预留洞口底模应设排气孔，使气泡能及时排出。异型截面构件要单独设计模板，可根据各种截面形式，在有可能导致气泡排出不畅的部位增加排气孔或设计气流通道或粘贴透水模板布。工程实践表明，采用渗水透气性多功能模板布或吸水模板施工的混凝土结构表面气泡较少。

② 避免采用对气泡有黏滞作用的脱模剂。采用质量好的改性聚氨酯类或水性脱模剂，最好使用消泡型的脱模剂。若使用油性脱模剂，应在其中适当掺入滑石粉。而且，脱模剂要涂刷薄而均匀，不得有流淌现象。

③ 严格控制搅拌时间。

④ 严格控制混凝土的分层浇筑厚度：当采用插入式振捣器时，分层厚度不应大于振捣棒作用部分长度的 1.25 倍；当采用平板振捣器时，分层厚度不宜大于 200mm。通常情况下，泵送混凝土的分层厚度不大于 500mm，非泵送混凝土的分层厚度不大于 400mm，剪力墙混凝土分层厚度不超过 300mm。

⑤ 严格控制振捣时间和采用正确的振捣方法，做到：不欠振、不过振、不漏振。若采用插入式振捣棒振捣，要按照"快插慢拔、上下抽拔"的方法；当墙体厚度大于 250mm 时，振动棒插点排成梅花式；墙体厚度小于等于 250mm 时，振动棒插点排成一字形。

此外，复振是消除混凝土结构面层气泡最有效的方法之一。JGJ/T 10 中规定，混凝土振捣密实后，间隔 $20\sim30min$ 复振一次。

3. 表面气泡修补

工程实践表明，采用与混凝土配合比、同品种、同比例的胶凝材料配制成的粉料对表面气泡进行填抹，基本可以达到与混凝土表面颜色相近、强度相当的效果。填抹应在混凝土构件刚拆模时进行，可保证粉料与修补基体的水化时间基本相当。若表面气泡缺陷较大，必须采用混凝土原浆进行修补。

三、麻面

麻面是指混凝土局部表面缺浆，呈现许多小凹坑、麻点而无漏筋的现象。

1. 麻面产生原因

① 模板表面粗糙或黏附水泥浆渣等杂物，未清理干净，拆模时将混凝土表面水泥浆粘掉而出现麻面。

② 木模板未浇水润湿或润湿不够，使混凝土表面水分被模板吸收而失水过多出现麻面。

③ 模板拼缝不严密，局部漏浆。

④ 模板脱模剂涂刷不均匀或局部漏刷或失效，混凝土表面与模板黏结造成麻面。

⑤ 混凝土振捣不实，气泡未完全排出，聚集在模板表面形成麻点。

⑥ 某些脱模剂对气泡有黏附作用，使气泡聚集在模板表面形成麻点。

⑦ 混凝土养护期过短，过早拆模，混凝土表面与模板黏结造成麻面。

2. 麻面预防措施

① 模板表面清理干净，不得粘有硬化水泥浆等残渣。

② 认真涂刷脱模剂，均匀而不漏刷。

③ 堵严模板缝，并在浇筑过程中及时处理好漏浆。

④ 混凝土分层浇筑振捣，并适时用木槌敲打模板外侧，使气泡溢出。

3. 麻面修补

若表面做粉刷，可不进行处理，否则应对麻面部位充分湿润后，用水泥砂浆抹平压光。

四、蜂窝

蜂窝是指混凝土由于局部酥松、水泥砂浆少、石子外露而在石子间出现类似蜂窝状的空隙。若蜂窝发生在构件主要受力部位则为严重缺陷，其他部位有少量蜂窝则为一般缺陷。

1. 蜂窝产生原因

① 混凝土配合比不当或材料计量不准，造成水泥砂浆少、石子多。

② 混凝土工作性差，难以振捣密实。

③ 混凝土搅拌时间不足，或因浇筑前停放时间过长，拌合料分层离析，导致拌合物不均匀。

④ 混凝土下料高度过大或一次下料量过多，造成石子和水泥砂浆分离。

⑤ 混凝土分层过厚或未分层浇筑，振捣不实、漏振或振捣时间不足。

⑥ 模板缝隙大、封堵不严密，或模板支护不牢，局部撑开跑模，水泥砂浆流失过多。

⑦ 布筋过密或石子粒径过大，部分石子被钢筋截留卡壳导致下方混凝土无法密实。

2. 蜂窝预防措施

① 精心设计，合理确定混凝土配合比，使混凝土拌合物具有良好的工作性，不产生离析。

② 原材料计量准确，控制好石子的最大粒径和骨料的级配。

③ 加强搅拌，确保拌合物拌和均匀。

④ 控制拌合物下料高度，若下料高度超过2m，应加设串筒或滑槽。

⑤ 确保模板支护质量，做到无缝隙、无孔洞，牢固可靠。

⑥ 应分层浇筑、分层振捣，防止漏振。

⑦ 宜采用带浆下料法或赶浆捣固法。振捣棒应插入下层混凝土5cm，移动间距不应大于其作用半径的1.5倍；平板振捣器在相邻两段之间应搭接振捣30～50mm；振捣器至模板的距离不应大于振捣器有效作用半径的1/2。

⑧ 根据混凝土坍落度和振捣有效作用半径确定合适的振捣时间，参见表10-33。

表10-33　振捣时间与混凝土坍落度和振捣有效作用半径的关系

坍落度/mm	40～70	80～120	130～170	180～200	200以上
振捣时间/s	17～22	13～17	10～13	7～10	5～7
振捣有效作用半径/cm	25～30	25～30	30～35	35～40	35～40

3. 蜂窝修补方法

① 较小蜂窝，洗刷干净后，用1:2或1:2.5的水泥砂浆抹平压实。

② 较大蜂窝，凿除薄弱松散颗粒，洗刷干净后支模，用高一强度等级的细石混凝土填塞振实。

③ 较深蜂窝，可以在其内部填设压浆管和排气管，表面抹砂浆或支模浇筑混凝土封闭后，进行水泥压浆处理。

第十一节　其他质量缺陷

除以上所述混凝土面层质量缺陷外，在施工过程中若方法或措施不当也会产生一些影响建筑物外观，甚至影响建筑物结构性能和耐久性的质量缺陷。

一、孔洞

孔洞指混凝土结构内部存在的，其深度和长度均超过混凝土保护层厚度的孔穴，局部没有混凝土，钢筋局部裸露。若孔洞发生在构件主要受力部位则为严重缺陷，其他部位有少量孔洞则为一般缺陷。

1. 孔洞产生原因

① 在钢筋较密或预留孔洞、预埋件处混凝土下料受阻，未振捣就继续浇筑上层混凝土。

② 混凝土离析严重，跑浆、石子成堆又未充分振捣或漏浆。

③ 混凝土内掉进工具、木块等杂物，混凝土下落受阻。

④ 混凝土一次下料过多、过厚或过高，振捣不到位，形成松散孔洞。

2. 孔洞预防措施

① 在钢筋密集处及复杂部位，采用细石混凝土浇筑，认真振捣，必要时辅以人工捣实。

② 预留孔洞处、预埋件处应从两侧同时下料，一次浇筑至这些部件底部，振实后再浇筑上部混凝土，或在部件下部侧面加开浇灌口下料，振实后再封好模板，继续向上浇筑。

③ 认真进行混凝土配合比设计，防止混凝土离析。

④ 防止木块、工具等异物落入模腔，如有落入应暂停浇筑，取出后再继续浇筑。

3. 孔洞修补

① 凿除孔洞周围松散混凝土，用高压水冲洗干净，支模后用高一强度等级的细石混凝

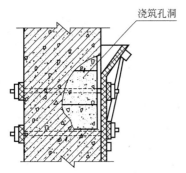

图 10-15　混凝土孔洞处理示意图

土浇筑振捣密实，如图 10-15 所示。如遇到钢筋穿过孔洞时，可先由人工填实钢筋里面的孔洞；为避免新旧混凝土接缝处出现收缩裂缝，可掺膨胀剂补偿收缩。

② 对面积大而深进的孔洞，按①清理后，在内部埋设压浆管、排气管，充填清洁碎石（粒径 10～20mm），表面抹砂浆或浇筑混凝土，养护至一定强度后，采用水泥压力灌浆方法，使之密实。

二、露筋

露筋是指钢筋混凝土结构内部主筋、副筋或箍筋等裸露在表面，没有被混凝土包裹。若纵向受力钢筋有露筋则为严重缺陷，其他部位有少量露筋则为一般缺陷。

1. 露筋产生原因

① 钢筋保护层垫块放得太少或漏放，或在施工中垫块位移或脱落，致使钢筋紧贴模板。

② 脱模剂漏刷或木模板润湿不够，或脱模过早，脱模时粘掉混凝土保护层。

③ 混凝土构件截面小、钢筋密集，石子粒径大卡在钢筋上，阻止拌合物下落，导致钢筋下侧没有混凝土填充。

④ 保护层厚度偏小或保护层处混凝土漏振，或振捣棒撞击钢筋或踩踏钢筋，使钢筋位移，造成露筋。

⑤ 混凝土配合比不当，拌合物离析严重，靠模板位置缺浆或漏浆。

2. 露筋预防措施

① 认真放置钢筋保护层垫块，确保钢筋位置和保护层厚度正确，受力钢筋的保护层厚度可参照表 10-26。

② 应根据钢筋的疏密程度，选用石子的粒径。通常，石子最大颗粒尺寸不得超过结构截面最小尺寸的 1/4，同时不得大于钢筋净距的 3/4。截面较小、钢筋密集的部位，宜用细石混凝土浇筑。

③ 脱模剂涂刷均匀、不漏刷，木模要充分浇水润湿、支模牢固。

④ 防止混凝土离析，保护层部位混凝土要仔细浇筑振捣，杜绝漏振。

⑤ 脱模时间应根据试件试压结果正确掌握，避免过早脱模。

3. 露筋修补方法

① 检查保护层厚度，若保护层厚度能满足要求，只是保护层混凝土疏松或部分脱落，则将疏松部分凿除，冲洗干净后，用 1:2 或 1:2.5 水泥砂浆将露筋部分抹平压实，并认真养护。

② 若钢筋保护层厚度不足，除采取①的处理外，尚应进行表面粘贴、涂覆等外加保护层处理。

三、缺棱、掉角

缺棱、掉角是指结构构件边角处或洞口直角处，混凝土局部脱落，造成截面不规则、棱角缺损。

1. 缺棱、掉角产生原因

① 脱模时，边角部分受外力撞击，或被模板粘掉，或脱模后保护不好受外力碰撞。

② 脱模剂漏刷或涂刷不均匀或木模在混凝土浇筑前未充分浇水湿润，或混凝土养护龄期过短，没达到脱模强度。

③ 冬季低温下施工，过早拆除侧面非承重模板，或混凝土边角受冻，造成脱模时棱角破坏。

2. 缺棱、掉角预防措施

① 拆除侧面非承重模板时，混凝土应具有不低于 1.2MPa 的脱模强度，脱模时注意保护边角，避免用力过猛、过急，吊运时，防止撞击，必要时采用角钢、草袋等保护。

② 脱模剂涂刷到位，木模应充分浇水润湿，混凝土浇筑后应加强养护。

③ 冬季混凝土浇筑后，应做好覆盖保温工作，防止受冻。

3. 缺棱掉角修补方法

① 缺棱掉角较小，凿除该处松散颗粒，冲刷干净后用 1：2 或 1：2.5 水泥砂浆或聚合物砂浆补齐抹平，并加强养护。

② 缺棱掉角较大，可将该处松散颗粒凿除，冲刷干净后，支模，用比原混凝土高一强度等级的细石混凝土填满捣实，并认真养护。

四、缝隙、夹渣

缝隙、夹渣是指混凝土内存在水平或垂直的成层松散混凝土或夹杂物，使结构整体性受到破坏。若缝隙或夹渣发生在构件主要受力部位则为严重缺陷，其他部位有少量缝隙或夹渣则为一般缺陷。

1. 缝隙、夹渣产生原因

① 施工缝或后浇带未经表面处理，就浇筑混凝土，新旧混凝土接触不良，产生缝隙。

② 混凝土分层浇筑，在施工间歇时，施工缝处掉入锯末、草茎、木块等杂物，未经清理就浇筑混凝土，造成成层夹有杂物。

③ 混凝土浇筑高度过大，未设串筒或溜槽下料，造成混凝土离析，粗骨料成层堆积形成缝隙。

2. 缝隙、夹渣预防措施

① 认真处理好施工缝表面和后浇带两侧面，清除接缝处的锯末、草茎、木块等杂物。

② 混凝土浇筑高度大于 2m 时，应设串筒或溜槽下料。

③ 混凝土分层浇筑时，如间歇时间较长，应采取二次振捣后，再浇筑上一层混凝土。

④ 接缝处浇筑混凝土前应铺一层水泥浆或浇 50～100mm 厚与混凝土配合比相同的水泥砂浆，或 100～150mm 厚减半石子混凝土。

3. 缝隙、夹渣修补方法

① 缝隙或夹渣为一般缺陷缝隙时，凿除该处松散混凝土，用 1：2 或 1：2.5 水泥砂浆强力填塞压实。

② 缝隙或夹渣为严重缺陷时，清除松散部分或内部夹杂物，用压力水冲洗干净后支模，埋设压浆管、排气管，填充细石混凝土，将表面封闭后进行压浆处理。

五、烂根

烂根是指墙柱混凝土浇筑拆除模板后，其根部混凝土观感破烂，石子或钢筋外露的现象，是施工过程中常见的质量问题。

1. 烂根成因

① 混凝土黏聚性差，浆石易产生离析，振捣后石子在底部沉积，浆体不足。

② 模板拼缝不严，漏浆。

③ 墙柱根部未铺浆或铺浆厚度不够。

④ 入模高度过大（大于 3m 时），混凝土在下落过程与钢筋反复碰撞，浆石分离造成烂根。

⑤ 混凝土浇筑和振捣时跑模漏浆。

⑥ 混凝土欠振或漏振，导致浇筑不密实。

⑦ 水平钢筋紧贴模板，保护层厚度不够，导致混凝土不能正常下落，常发生于竖向钢筋和箍筋较密的暗柱根部。

2. 烂根预防措施

① 调整混凝土黏聚性，保证匀质性。

② 在支模前沿模板边线粘贴胶海棉条或双面胶带，保证模板无缝隙。

③ 增大底部砂浆层铺设厚度至 200～500mm 或更大。

④ 降低入模高度或采用串筒。

⑤ 采用钢管等加固措施，防止模板向外变形、跑模。

⑥ 加强技术交底与过程监督，保证振捣满足施工方案要求。

⑦ 支模时采用定位卡具，准确固定模板与钢筋间距、位置。

3. 烂根修补方法

① 烂根面积较大时，凿除烂根部位，用高标号砂浆填实，压光。

② 浅表性（深度小于 20mm）烂根时，可采用高一强度等级的砂浆人工抹压密实修补。深度较大时，需凿除无浆混凝土到完全密实时，支模补浇高一强度等级混凝土。

③ 对跑模较大的变形烂根，待混凝土强度达到 10MPa 左右后，将跑模多余部位凿除、凿平。

六、盐析

有时，在已凝结硬化的混凝土表面会出现一些白色的粉末状物质，通常将其称为盐霜，此种现象称为盐析、析霜或泛白。

对盐霜的化学分析可知，它是 $CaCO_3$、K_2CO_3、Na_2CO_3、Na_2SO_4 等多种化合物的混合物，对盐析发生的机理分析可知，它既是一种物理现象，又是一种化学现象。所谓物理现象即指：来自水泥水化产物、外加剂和水泥的 $Ca(OH)_2$、$NaOH$、KOH、Na_2SO_4、K_2SO_4 等碱和盐随水迁移至混凝土表面，随着水分的不断蒸发，溶液浓度不断增大并析出。所谓化学现象即指：这些 $Ca(OH)_2$、$NaOH$、KOH 碱类和空气中 CO_2 发生碳化作用而生成 $CaCO_3$、Na_2CO_3、K_2CO_3，在混凝土表面呈现出白色的结晶物。

盐析的发生不仅会影响混凝土的外观质量，而且从本质上讲，盐析的发生也是一种溶出性侵蚀，不仅能大大降低混凝土的抗渗性，而且随着混凝土中碱的流失，一方面，使高碱度的水化产物稳定存在的平衡遭到破坏，水化产物逐渐分解，最终丧失胶凝性（详见第四章第三节"抗环境介质侵蚀性"的有关内容）；另一方面，使混凝土体系的碱度（pH 值）降低，最终导致钢筋的锈蚀。因此，盐析是一个不容忽视的现象。

1. 盐析发生原因

① 混凝土泌水或振捣不密实，渗透性增大，混凝土内部游离水渗出混凝土表面的概率

增大,盐析发生的可能性越大。

② 混凝土内部的可溶性碱或盐含量越高,可供析出的碱或盐就越多,盐析发生的可能性越大。

③ 反复干湿循环、冷热交替或风速过大的外界环境,致使混凝土早期失水过快,盐析发生的可能性也会增大。

2. 盐析预防措施

(1) 减少和避免混凝土泌水

具体措施详见本章第四节"离析与泌水预防控制措施"中的有关内容。

(2) 降低混凝土中碱或盐含量

具体措施有:

① 宜选用低碱水泥。

② 宜选用盐、碱含量低的化学外加剂,如低浓萘系高效减水剂,其 Na_2SO_4 含量高,通常在 20% 以上,而聚羧酸系高效减水剂具有弱酸性,不仅自身碱度低,而且可以和水泥中的碱反应,降低混凝土中的碱含量;又如无机类早强剂、防冻剂盐含量均很高,不宜选用,应尽量选用有机类或无机与有机复合类早强剂、防冻剂。

③ 混凝土宜掺用矿物掺合料,掺合料的二次水化反应不仅可以消耗掉一部分水化产物 $Ca(OH)_2$,而且选用低碱度矿物掺合料,如经脱硫处理的粉煤灰,也可以有效降低混凝土中的 Na_2SO_4、K_2SO_4 含量。

(3) 提高混凝土的密实度和抗渗性

具体措施详见第四章第三节"影响混凝土抗渗性的因素"的有关内容。

(4) 加强施工管理

可采取的措施有:混凝土成型后初凝前进行二次抹面,加强湿养护,混凝土表面进行防水封闭处理等。

3. 盐霜的处理方法

① 早期盐霜较轻可以用刷子刷除或用水清理干净。

② 较重盐霜可用高压水枪冲洗或经轻微喷砂后再用水清洗干净。

③ 不易清洗的盐霜,应考虑采取酸洗的方法,常用的酸洗液有:5%～10% 的稀盐酸,10% 的稀磷酸,5% 的稀磷酸与醋酸的混合液等,酸洗后一定用水冲洗掉残余的酸液。

七、磨蚀

在某些环境中使用的混凝土,如路面、水工结构物等,会长期受到车辆、行人及水流夹带的泥沙的磨蚀。磨蚀使混凝土表面产生很大的局部应力,若混凝土的强度和硬度不足以抵抗该应力的破坏作用,混凝土将由表及里遭到破损。例如,水工结构物混凝土在夹沙水流的作用下,表面的水泥石首先被磨蚀掉,骨料慢慢地裸露,形成一条条顺水流方向的沟槽,随着磨蚀时间的延长,沟槽逐渐加深,骨料越来越多地裸露出来,至一定高度后,在高速水流的冲刷下必将脱落。

1. 预防磨蚀措施

① 减少和避免混凝土离析、泌水。特别是要避免混凝土因过度离析、泌水而发生外分层,防止混凝土表面因外分层而出现厚厚的耐磨蚀性差的砂浆层,具体措施详见本章第四节"离析

与泌水预防控制措施"中的有关内容。

② 提高混凝土的强度是改善磨蚀的最有效的措施之一,特别是混凝土表面的密实度和强度一定要高,有研究结果表明:混凝土抗压强度由 50MPa 提高至 100MPa,耐磨性可提高 50%。具体措施详见第四章第三节"影响混凝土强度因素"的有关内容。

③ 改善和提高骨料与水泥石界面过渡区的强度,具体措施详见第四章第三节"影响过渡区结构因素"的相关内容。

④ 骨料在混凝土组成中所占比例最大,试验结果表明,质地坚硬的骨料、耐磨性好的骨料能提高混凝土的耐磨蚀性;此外,骨料的含量、粗骨料的最大粒径对混凝土的耐磨蚀性也有一定的影响,且存在一个最佳值,耐磨蚀混凝土配制时,应根据试验予以确定。

⑤ 透水性模板及其真空脱水工艺对提高混凝土表面耐磨性极其有利,因此条件允许时,应采取该工艺密实成型混凝土。

2. 磨蚀混凝土修补

一般采用"凿旧补新"的方法,即把混凝土表面破损部分清除干净,贴、涂同质量的修补材料。为使修补材料与混凝土表面结合良好,必须严格控制施工工艺,并按一定程序进行。先将磨损混凝土表面凿毛,直至露出新混凝土表面,按施工工序及施工质量要求,使用聚合物水泥改性砂浆修补磨损混凝土表面。常用的流程是:旧混凝土凿毛→钢刷除锈、污→用清水冲洗、烘干→基面涂刷界面剂、钢筋防锈剂→抹聚合物砂浆→养护→涂防碳化剂。操作过程中应注意:

① 在已磨蚀的旧混凝土处凿毛,直至露出新混凝土基层。凿毛必须彻底、全面,但也不宜深度过大而破坏了未碳化的混凝土。

② 对凿毛的混凝土表面进行冲洗,使用饮用水连续、均匀地喷洒,使混凝土达到饱和状态,且表面无明水。

③ 要严格按说明配比配制聚合物砂浆,拌和用水使用饮用水,每次拌和的量应根据砂浆使用量确定,拌和后马上使用,砂浆存放时间不宜过长,以确保砂浆质量。若拌和好的砂浆未能及时使用,不可再加水拌和重新使用。

④ 抹砂浆之前,先在基面上涂刷一层聚合物界面剂,以增加砂浆与混凝土的黏结力。涂界面剂与抹砂浆应协调进行,在界面剂达到似黏非黏时立刻抹砂浆,以达到最佳的黏结效果。界面剂黏稠的时间视施工时的气温、湿度、风速等条件而定,应在现场以经验控制。

⑤ 先覆盖一层塑料布,再加盖一层草帘子进行养护。

八、气蚀

气蚀亦称空蚀,是由于水流在发生流速急剧变化的情况下发生的。在高速水流区域,压力就会降低,当压力降低到环境温度下的水的蒸气压时,就会产生大量的气泡或气泡群,水力学上称为气穴。气穴被水流带到压力较大的区域(如流速较慢区域)时,气穴立刻被冲击而破裂,在很短的时间内在很小的区域产生了很高的压力。气穴的反复破裂作用在混凝土某一部位的表面上时,相当于受到一个反复冲击的力,致使混凝土发生坑穴式破坏,尤其是气泡群引起的坑穴式破坏更为严重。尽管气蚀主要是由于压力变化(取决于流速变化)所致,但水中含有少量未溶解的空气,也会加剧气蚀的发生。

气蚀破坏的发展是不稳定的，通常是在初期轻度破坏之后，就发生剧烈的破坏，随后又以缓慢的速率破坏。

提高混凝土抗气蚀性的方法参见本章第十一节"预防磨蚀措施"的相关内容。

此外，表面混凝土采用聚合物混凝土、纤维混凝土或喷覆弹性涂料也可以提高混凝土的抗气蚀性。但是，即使最好的混凝土也无法经受无限期的气蚀作用，因此，解决气蚀破坏的最好的方法在于减少气蚀作用。要做到这一点，应使混凝土表面光滑平整，避免出现不规则表面，如凹陷、突起、接缝和表面不平，避免坡度和曲率出现突变，以免造成水流由表面脱开的趋向。如果可能的话，应避免局部水流速度的增加。

受气蚀作用破坏的混凝土的修补，详见本章第十一节"磨蚀混凝土修补"中的有关内容。

参 考 文 献

[1] 中国硅酸盐学会.硅酸盐辞典［M］.北京：中国建筑工业出版社，1983.

[2] 袁润章.胶凝材料学［M］.2版.武汉：武汉理工大学出版社，1996.

[3] 葛兆明，余成行，等.混凝土外加剂［M］.2版.北京：化学工业出版社，2012.

[4] 戴金辉，葛兆明.无机非金属材料概论［M］.2版.哈尔滨：哈尔滨工业大学出版社，2004.

[5] 葛勇，张宝生.建筑材料［M］.北京：中国建材工业出版社，2003.

[6] 梁治齐，宗慧娟，李金华.功能性表面活性剂［M］.北京：化学工业出版社，2002.

[7] 蔡正咏，王足献.正交设计在混凝土中的应用［M］.北京：中国建筑工业出版社，1985.

[8] 刘数华，冷发光，李丽华.混凝土辅助胶凝材料［M］.北京：中国建材工业出版社，2010.

[9] 肯 W·戴.混凝土配合比设计、质量控制与规范［M］.曾力，译.北京：中国建材工业出版社，2011.

[10] de Larrard F.混凝土混合料的配合［M］.廖欣，叶枝荣，李启今，译.北京：化学工业出版社，2004.

[11] 科勒帕蒂（M. Collepardi），科勒帕蒂（S. Collepardi），特洛里（R. Troli）.混凝土配合比设计［M］.刘数华，李家正，译.北京：中国建材工业出版社，2009.

[12] 重庆建筑工程学院，南京工学院.混凝学［M］.北京：中国建筑工业出版社，1981.

[13] 张承志.商品混凝土［M］.北京：化学工业出版社，2006.

[14] 明德斯（S. Mindess），杨（J. F. Young），达尔文（D. Darwin）.混凝土［M］.吴科如等，译.北京：化学工业出版社，2004.

[15] 科斯马特卡（S. H. Kosmatka），柯克霍夫（B. Kerkhoff），帕纳雷斯（W. C. Panarese）.混凝土设计与控制［M］.钱觉时等，译.重庆：重庆大学出版社，2005.

[16] 内维尔.混凝土的性能［M］.刘数华等，译.北京：中国建筑工业出版社，2010.

[17] Sandor Popovics.新拌混凝土［M］.陈志源，沈威等，译.北京：中国建筑工业出版社，1990.

[18] Ramachandran V S, Feldman R F, Beaudoin J J.混凝土科学——有关近代研究的专论［M］.黄士元，孙复强等，译.北京：中国建筑工业出版社，1986.

[19] 管学茂，杨雷.混凝土材料科学［M］.北京：化学工业出版社，2011.

[20] 徐定华，徐敏.混凝土材料学概论［M］.北京：中国标准出版社，2002.

[21] 黄大能，沈威，等.新拌混凝土的结构和流变特征［M］.北京：中国建筑工业出版社，1983.

[22] 王启宏，等.材料流变学［M］.北京：中国建筑工业出版社，1985.

[23] 黄明奎.公路工程材料流变学［M］.成都：西南交通大学出版社，2010.

[24] 张立娟，岳湘安.石油工程流变学［M］.北京：石油工业出版社，2015.

[25] 塔特索尔 G H.混凝土工作性［M］.陈莲英，杜效栋，译.北京：中国建筑工业出版社，1983.

[26] 巴勒斯 H A，赫顿 J H，瓦尔特斯 K.流变学导引［M］.吴大诚，古大治等，译.北京：中国石化出版社，1992.

[27] 石油与天然气勘探开发工会，等.钻井泥浆与水泥浆流变学手册［M］.曾祥熹，译.北京：石油工业出版社，1984.

[28] 李克文，沈平平.原油与浆体流变学［M］.北京：石油工业出版社，1994.

[29] 吴中伟，廉慧珍.高性能混凝土［M］.北京：中国铁道出版社，1999.

[30] 张誉，等.混凝土结构耐久性概论［M］.上海：上海科学技术出版社，2003.

[31] 索默 H（H. Sommer）.高性能混凝土的耐久性［M］.冯乃谦等，译.北京：科学出版社，1998.

[32] 沈钟，赵振国，康万利.胶体与表面化学［M］.4版.北京：化学工业出版社，2012.

[33] Paul C Hiemenz.胶体与表面化学原理［M］.周祖康，马季铭，译.北京：北京大学出版社，1986.

[34] 吴树森，章燕豪.界面化学——原理与应用［M］.上海：华东化工学院出版社，1989.

[35] 亚当森 A W.表面的物理化学（上册）［M］.顾惕人，译.北京：科学出版社，1984.

[36] 安雪晖，等.自密实混凝土技术手册［M］.北京：中国水利水电出版社，2008.

[37] 李继业，刘福盛.新型混凝土实用技术手册［M］.北京：化学工业出版社，2005.

[38] 朱宏军，程海丽，姜德民.特种混凝土和新型混凝土［M］.北京：化学工业出版社，2004.

[39] 陈肇元，朱金铨，吴佩刚.高强混凝土及其应用［M］.北京：清华大学出版社，1992.

[40] 赵志缙.泵送混凝土［M］.北京：中国建筑工业出版社，1985.

[41] 李继业.混凝土配制实用技术手册［M］.北京：化学工业出版社，2008.

[42] 邓宗才.高性能合成纤维混凝土［M］.北京：科学出版社，2003.

［43］ 樊承谋，赵景海，程龙保 . 钢纤维混凝土应用技术［M］. 哈尔滨：黑龙江科学技术出版社，1986.

［44］ Mario Collepardi. 混凝土新技术［M］. 刘数华，冷发光，李丽华，译 . 北京：中国建材工业出版社，2008.

［45］ 岩崎训明 . 混凝土的特性［M］. 尹家辛，李景星，译 . 北京：中国建筑工业出版社，1980.

［46］ 谢广慧，等 . 水泥混凝土路面施工及新技术［M］. 北京：人民交通出版社，2000.

［47］ 冶金工业部建筑研究院，等 . 耐火混凝土［M］. 北京：冶金工业出版社，1980.

［48］ 李国新，宋学锋 . 混凝土工艺学［M］. 北京：中国电力出版社，2013.

［49］ 庞强特 . 混凝土制品工艺学［M］. 武汉：武汉工业大学出版社，1990.

［50］ 赵传文 . 中小型混凝土制品厂生产及工艺设计［M］. 哈尔滨：哈尔滨工程大学出版社，1996.

［51］ 陆厚根 . 混凝土制品机械［M］. 武汉：武汉工业大学出版社，1990.

［52］ 陈立军，张春玉，赵洪凯 . 混凝土及其制品工艺学［M］. 北京：中国建材工业出版社，2012.

［53］ 国家建筑工程总局，东北建筑设计院 . 混凝土制品厂工艺设计［M］. 北京：中国建筑工业出版社，1982.

［54］ 田奇 . 混凝土搅拌楼及沥青混凝土搅拌站［M］. 北京：中国建材工业出版社，2005.

［55］ 刘丽华，杨建军 . 混凝土机械日常使用与维护［M］. 北京：机械工业出版社，2010.

［56］ 陈裕成 . 建筑机械与设备［M］. 北京：北京理工大学出版社，2009.

［57］ 周振平，孙武和，赵二飞，等 . 混凝土机械构造与使用维护［M］. 北京：化学工业出版社，2013.

［58］ 戈威尔 G W，阿济兹 K. 复杂混合物在管道中的流动（上册）［M］. 权忠舆，叶良溪，译 . 北京：石油工业出版社，1983.

［59］ 程国良，金光华 . 工业企业管理原理与方法［M］. 上海：复旦大学出版社，1990.

［60］ 韩素芳，王安岭 . 混凝土质量控制手册［M］. 北京：化学工业出版社，2011.

［61］ 姚大庆，于明 . 预拌混凝土质量控制实用指南［M］. 北京：中国建材工业出版社，2014.

［62］ 罗富荣，马昕，尹兆旭 . 北京市轨道交通工程预拌混凝土管理手册［M］. 北京：化学工业出版社，2013.

［63］ 北京大学数学力学系数学专业概率统计组 . 正交设计［M］. 北京：人民教育出版社，1976.

［64］ 白新桂 . 数据分析与试验优化设计［M］. 北京：清华大学出版社，1986.

［65］ 傅维潼 . 概率论与数理统计辅导［M］. 北京：清华大学出版社，2001.

［66］ 张仁瑜，王征，孙盛佩 . 混凝土质量控制与检测技术［M］. 北京：化学工业出版社，2007.

［67］ 王铁梦 . 工程结构裂缝控制［M］. 北京：中国建筑工业出版社，1997.

［68］ 姚燕 . 高性能混凝土的体积变形及裂缝控制［M］. 北京：中国建筑工业出版社，2011.

［69］ 韩素芳，耿维恕 . 钢筋混凝土结构裂缝控制指南［M］. 北京：化学工业出版社，2005.

［70］ 徐有邻，顾祥林 . 混凝土结构工程裂缝的判断与处理［M］. 北京：中国建筑工业出版社，2010.

［71］ 王赫 . 建筑工程事故处理手册［M］.2 版 . 北京：中国建筑工业出版社，1998.

［72］ 蒋元骊，韩素芳 . 混凝土工程病害与修补加固［M］. 北京：海洋出版社，1996.

［73］ 伯罗斯 . 混凝土的可见与不可见裂缝［M］. 廉慧珍，覃维祖，李文伟，译 . 北京：中国水利水电出版社，2013.

［74］ 徐至钧，等 . 混凝土结构裂缝预防与修复［M］. 北京：机械工业出版社，2010.

［75］ 赵国藩，彭少民，黄承逵，等 . 钢纤维混凝土结构［M］. 北京：中国建筑工业出版社，1999.

［76］ 孟文清 . 建筑工程质量通病分析与防治［M］. 郑州：黄河水利出版社，2005.

［77］ 蒋亚清 . 混凝土外加剂应用基础［M］. 北京：化学工业出版社，2004.

［78］ 中国建筑学会混凝土外加剂应用技术专业委员会，中国土木工程学会混凝土外加剂专业委员会 . 混凝土外加剂及其应用技术［M］. 北京：机械工业出版社，2004.

［79］ 傅沛兴 . 比粒度研究的新进展［J］. 商品混凝土，2010（11），26-29.

［80］ Kaplan D，de Larrard F，Sedran T. Design of Concrete Pumping Circuit［J］，ACI Materials Journal，2005，102（2）：110-117.

［81］ Choi M S，Park S B，Kang S T. Effect of the Mineral Admixtures on Pipe Flow of Pumped Concrete［J］. Journal of Advanced Concrete，2015，13：489-499.

［82］ Doris Strehlein. 清水混凝土表面黑色斑纹的特征与形成机理［J］. 沈荣熹，译 . 商品混凝土，2009（5）：58-62.

［83］ 余成行，等 . 混凝土拌合物流变特性对超高泵送性能的影响［J］. 混凝土与水泥制品，2018（3）：1-6.

［84］ 余成行 . 混凝土拌合物工作性泵送损失的分析与控制［J］. 江西建材，2014，141（12）：47-51.

［85］ 刘伟宝，等 . 港工自密实混凝土流变特性研究［J］. 水运工程，2014（1）.

［86］ 余成行，等 . 低收缩 C70 自密实大体积混凝土的配制［J］. 混凝土，2015（10）：102-108.

［87］ 余成行，等 . C70 内浇混凝土巨柱的施工与实体检测［J］. 混凝土与水泥制品，2016（6）：82-87.

［88］ 阎培渝，余成行，等．高强自密实混凝土的减缩措施［J］.硅酸盐学报，2015（4）.

［89］ 阎培渝，余成行，等．C70 高强混凝土的工程应用［J］.施工技术，2015（12）.

［90］ 余成行，洪敬福，王友超．低收缩 C70 自密实大体积混凝土的配制［J］.混凝土，2015（10）.

［91］ 余成行．钢管混凝土超高泵送顶升施工工艺的初步研究［J］.第四届全国特种混凝土技术学术交流会暨中国土木工程学会混凝土质量专业委员会 2013 年年会论文集，2013.

［92］ 周永祥，王永海，等．膨胀剂在混凝土早期收缩中的效能研究［J］.混凝土世界，2013（04）：43-47.

［93］ 余成行，师卫科．泵送混凝土技术与超高泵送混凝土技术［J］.商品混凝土，2011（10）.

［94］ 余成行．C60 泵送顶升自密实钢管混凝土的配制与施工［J］.混凝土，2010（10）.

［95］ 阎培渝，余成行．薄层活性粉末混凝土的现场免振捣浇筑施工［J］.混凝土，2009（8）.

［96］ 余成行，刘敬宇，王磊．C60 超高泵送混凝土的配制与施工［J］.混凝土，2008（6）.

［97］ 刘刚，徐有邻，余成行．大体积混凝土实体强度的实测及研究［J］.混凝土，2007（9）.

［98］ 余成行，刘敬宇，肖鑫．C60 钢纤维自密实混凝土的配合比设计和应用［J］.混凝土，2007（7）.

［99］ 余成行，刘刚，徐有邻．大体积混凝土温度及应变的测量与分析［J］.混凝土，2007（2）.

［100］ 余成行，师卫科，宋元旭．大掺量粉煤灰混凝土在中央电视台新台址工程中的应用［J］.混凝土，2006（8）.

［101］ 张汉君．富裕浆体量混凝土配合比设计方法［J］.商品混凝土，2006（5）：20-21.

［102］ 钱晓倩，詹树林，方明晖，等．减水剂对混凝土早期收缩和总收缩的影响［J］.混凝土，2004（5）：17-20.